Introduction to Chemical Processes:

PRINCIPLES, ANALYSIS, SYNTHESIS

Sencond Edition

Regina M. **Murphy**

머피의

제2판

화학공정계산

| 김광주 • 김덕준 • 김종우 • 류재건 • 이민규 • 조영민 • 조은범 옮김 |

Mc Graw Hill

사이플러스 Science plus

Introduction to Chemical Processes: Principles, Analysis, Synthesis, 2nd Edition

1 2 3 4 5 6 7 8 9 10 SP 20 24

Original: Introduction to Chemical Processes: Principles, Analysis, Synthesis, 2nd Edition. © 2023
By Regina Murphy
ISBN 978-1-25-988397-2

This authorized Korean translation edition is published by Sciplus Publishing Co., Ltd. in arrangement with McGraw-Hill Education Korea, Ltd. This edition is authorized for sale in the Republic of Korea.

This book is exclusively distributed by Sciplus Publishing Co., Ltd.

When ordering this title, please use 979-11-88731-42-8

Printed in Korea

지은이 머리말

Preface

화학 공정 계산: 원리, 분석, 조합은 화학 공학 및 관련 분야의 학생들을 위한 입문 1학기 또는 2분기 과정에서 사용하도록 고안되었다. 본문에서는 학생들이 한 학기 동안 대학 수준의 일반화학을, 한두 학기 동안 대학 수준의 미적분학을 수강했다고 간주한다. 선형 대수학 또는 유기 화학에 대한 배경지식이 높을수록 학생의 자료 이해가 더 깊어지지만, 성공적인 완성을 위해 이러한 배경이 필요하지 않도록 구성되었다.

코스 동향

화학 공학 입문 과정은 전통적으로 화학 공정 계산에 중점을 둔다. 물질 및 에너지 수지를 가르치고 열역학의 몇 가지 개념을 소개하며, 단위, 차원 및 곡선 맞춤(curve fitting)에 대한 기타 정보가 포함되어 있다. 학기 말이 될 무렵 잘 정의된 어떤 문제가 주어지면 대부분의 학생들은 물질 및 에너지 수지 방정식을 설정하고 풀 수 있지만, 이러한 계산이 실제로 제품을 만들기 위한 화학 공정 설계와 어떻게 관련되어 있는지 잘 이해하지 못한다.

몇 년 전 UW-Madison의 화학 공학 교수진은 입문 과정을 재설계하기로 결정했다. 목표는 두 가지였다: (1) 학생들에게 화학 공정이 원료를 유용한 제품으로 변환하는 방법에 대한 더 나은 지식을 제공하고, (2) 화학공학자가 의사 결정을 내리고 향후 새로운 공정과 제품의 제약 조건의 수지를 맞추는 방식에 대한 지식을 학생들에게 제공하는 것이다. 우리는 학기 말에 학생들이 최소한의 정보로 실제 산업 공정과 유사한 화학 공정 흐름도를 조합할 수 있기를 원했다. 여기에는 적절한 분리 기술 선택, 합리적인 조업 조건 결정, 주요 프로세스 변수 최적화, 에너지 요구량 계산, 물질 및 에너지 흐름 계산이 포함된다. 이는 제한된 사례, 이상화, 근사 및 간편한 논리를 사용하여 입문 수준에서 가능해진다. 우리는 또한 지속 가능한 자원 활용, 프로세스 안전, 환경 보호 및 경제에 대한 개념을 공학 교육의 초기 단계에 통합하여 이러한 원칙이 학생의 문제 해결 실습에 자연스럽게 내장되기를 원했다.

현대적인 접근 방식은 학생들에게 화학 공정 합성의 창의적인 전략을 생각하는 데 필요한 도구를 제공하고, 화학과 공정 간의 연결에 대한 학생들의 이해를 크게 향상시킨다. 이는 학생들에게 커리큘럼 대부분을 위한 뼈대를 제공한다. 즉 학생들은 기본 개념과 실제 엔지니어링 문제 해결을 연결할 수 있기 때문에, 열역학, 이동 및 동역학 분야의 공학 과학 과정의 엄격함과 추상성을 극복하고 공학 과학 과정을 공부할 수 있는 더 많은 동기를 부여받는다. 고급 공정 설계 과정은 동일한 영역이지만, 보다 정교한 수준으로 다시 공부한다. 학생들은 화학 공정의 원리와 공정 합성 및 분석 전략이 세포 내 약물 이동부터 생태계 내 오염 물질 축적에 이르기까지 엄청나게 다양한 문제에 유리하게 적용될 수 있음을 배운다. 사용하기 쉬운 계산 도구를 바로 사용할 수 있다는 것은 입문 과정의 학생들이 까다롭고 복잡한 문제를 해결할 수 있음을 의미한다.

구성

학생들은 화학과 수학을 좋아하고 실제 응용에 관심이 있기 때문에 화학공학을 전공하는 경우가 많다. 이 책을 기획하면서 우리는 이러한 동기를 염두에 두려고 노력했다.

제1장에서는 신입생 화학 과정에 대한 링크를 제공한다. 원료와 반응 경로에 대해 정보에 입각한 선택을 하기 위해 간단한 화학양론적 개념이 어떻게 사용되는지 보여준다. 공학은 단순히 계산하는 것이 아니라 계산을 현명하게 사용하여 올바른 선택을 하는 것임을 학생들은 이해해야 한다. 선택을 위해 계산, 데이터 및 경험적 방법을 결합한다는 아이디어는 본문 전체의 중심 주제이다.

제2장에서는 원료, 반응 화학, 처리 단계 및 제품에 대한 아이디어를 전달하기 위한 화학공학자의 수단인 공정흐름도에 대한 단순하지만 강력한 아이디어를 소개한다. 여기에서 학생들은 공정흐름 계산을 위한 10가지 단계를 배우고 시스템 변수, 시스템 및 흐름 사양, 물질수지를 매우 개념적인 방식으로 소개한다. 다양한 활용에서 도출된 많은 예제가 자세히 설명되어 있다.

제3장에서는 물질수지 방정식, 반응 화학양론, 공정흐름도를 다시 살펴보는 데 보다 정확한 수학적 접근 방식을 사용한다. 전체적으로 이 책은 나선형 구성을 유지하며, 먼저 이전 장에서 소개된 개념을 강화한 다음 이러한 개념에 대한 학생들의 이해를 확장하고 심화시킨다. 이 장에서는 학생들이 고급 교과과정에서 볼 수 있는 표기법을 사용하여 질량 보존 원리에서 물질 수지 방정식을 유도하며, 과도공정에 대해서도 고려하였다. 학생들은 정보 정리, 제약 조건 식별, 논리적 문제 해결 전략 개발을 위한 필수 도구인 자유도 분석을 배운다.

제4장과 5장에서는 화학 반응과 반응기에 대해 더 깊이 탐구한다. 제4장에서 학생들은 반응시스템에 물질수지 방정식을 적용하는 추가 연습을 한다. 원자로 성능의 정량적 측정이 소개되고, 학생들은 성능 사양이 원자로 물질수지 계산에 어떻게 영향을 미치는지 배운다. 산업적으로 중요한 주요 반응에 대한 설명 정보가 제공되며, 반응기 흐름도 합성을 위한 경험적 방법이 논의된다. 제5장에서는 화학 반응 열역학 및 화학 동역학의 핵심 개념을 소개하고, 학생들은 더 나은 성능을 위해 반응기 작동 조건을 선택하기 위해 반응열역학 또는 동역학 제약 조건을 물질 수지와 통합하는 방법을 배운다.

제6장과 7장은 분리기에 중점을 둔다. 6장에서는 주요 분리 기술을 설명하고, 적절한 분리 방법을 선택하며, 여러 분리 단계를 순서화하기 위한 경험적 방법을 제공한다. 분리막 성능의 정량적 측정이 소개되고, 학생들은 이러한 성능 사양이 분리막 재료 수지 계산에 어떻게 사용되는지 배운다. 7장에서는 평형 기반 분리에

대해 더 자세히 설명한다. 학생들은 상평형 정보를 얻기 위해 물리적 특성 데이터, 그래프 및 방정식을 사용하는 데 있어 상당한 경험을 얻는다. 상평형 제약 조건이 물질 수지 방정식과 결합되어 일반적인 분리 장치를 설계 및 분석하는 방법을 배우고, 분리기 성능을 향상시키기 위해 공정 작동 조건을 선택하는 방법을 배운다.

제8장에서는 에너지 수지 방정식이 도출되고, 학생들은 공정 에너지 계산을 해결하기 위한 12가지 단계를 학습한다. 일과 열과 같은 개념이 소개된다. 학생들은 운동 에너지나 위치 에너지의 변화를 계산하는 방법과 방정식, 표, 그래프를 통해 내부 에너지나 엔탈피를 구하는 방법을 배운다. 많은 예제 문제는 중요한 문제를 해결하기 위해 열역학적 정보와 에너지 수지 방정식을 적용하는 방법을 보여준다. 제9장은 8장에서 배운 기본 개념의 보다 복잡한 적용을 보여주는 "견본"이다.

제1~4장과 6장은 1/4 코스의 교육이나 좀 더 여유로운 접근을 원하는 사람들을 위한 물질 수지 및 화학 공정에 대한 훌륭한 소개를 제공한다. 반응열역학이나 상평형을 소개하고 싶지 않은 강사는 5장과 7장을 생략할 수 있다. 열역학 수업에서 에너지 수지를 가르친다면 8장과 9장은 생략할 수 있다. 수학적 배경이 부족한 학생의 경우 모든 선형 대수 섹션과 비정상 상태 문제를 건너뛸 수 있다.

첫 번째 버전에서 변경된 내용이다. 지은이는 초판의 일반적인 취향과 접근 방식을 유지했다. 주요 변경 사항은 다음과 같다.

1. 주제가 소개될 때 별도의 섹션으로 분류되지 않고 간단한 매트릭스 조작(예: 화학 반응의 수지를 맞추기 위한)이 책에 통합되었다. 학생들은 MatLab이나 Python과 같은 프로그램이나 행렬 방정식을 쉽게 풀 수 있는 계산기에 대한 접근성이 높고 친숙하다.
2. 자유도 분석이 2장에서 3장으로 이동되었다. 이는 학생들에게 문제 해결을 위한 더 많은 연습을 제공하고 방정식과 변수를 계산하는 체계적인 수단을 도입하기 전에 직관력을 구축한다. 이는 또한 DOF 분석 전에 반응 개념의 범위를 도입할 수 있게 하여 반응 변수를 계산하는 방법을 더 명확하게 만든다.
3. 제3장의 미분물질수지 방정식의 전개가 대폭 개편되었다. 적분 물질 수지 방정식의 표기가 단순화되었다. 흐름도의 선형 모델에 대한 고급 자료는 저자가 해당 자료를 가르친 적이 없다는 것을 발견했기 때문에 삭제되었다.
4. 이전 4장은 두 개의 장으로 나누어졌다. 하나는 반응 시스템의 물질 수지 방정식을 사용한 원자로 성능과 실습에 중점을 두었고, 두 번째 장은 반응, 운동역학 및 동역학에 대한 고급 재료를 다루었다. 기존 4장이 다소 무거웠던 반면, 새로운 4장과 5장은 범위와 규모가 1~3장과 더 유사하다.
5. 마찬가지로 이전 5장은 두 부분으로 나뉘었는데, 새로운 6장은 분리막에 대한 설명 정보와 물질 수지 방정식을 분리 흐름도에 적용하는 실습에 중점을 두었고, 새로운 7장은 상평형과 평형 기반 분리에 대한 고급 자료를 다루고 있다. 이후의 자료도 재구성되어 특정 유형의 상평형이 도입된 후 즉시 해당 평형 데이터를 분리 문제에 적용했다.

6. 또한, 동일한 크기의 “내용”을 더 많이 만들기 위해 이전 책의 6장을 두 개로 분할했다. 새로운 8장은 에너지 수지에 대한 소개를 제공한다. 에너지 수지 방정식의 전개가 개편되고 일부 재료의 순서가 재배열되었다. 이제 학생들은 온도, 압력 및 상 변화에 따른 엔탈피 변화를 찾는 방법을 배우고, 반응이나 혼합으로 인한 엔탈피 변화를 연구하기 전에 이 새로운 지식을 에너지 수지 문제에 즉시 적용한다. 9장은 에너지 수지의 적용을 설명하는 몇 가지 고급 주제를 포함한다.
7. 장 끝에 문제 중 일부가 생략되었고, 새로운 문제가 많이 추가되었다. “준비 단계” 및 “심화 문제”의 경우 본문의 해당 섹션에 명시적으로 연결되어 있다.

본문의 특징

- **화학과 링크한다**. 이 책은 신입생 화학 과정에 대한 명확한 링크를 제공한다. 학생들은 화학이 공정과 어떻게 관련되는지 이해하면 공정에 더 많은 관심을 갖고 화학 공정이 수행하는 작업에 대해 더 잘 이해할 수 있다.
- **화학 공정을 조합한다**. 이 책은 안전하고 신뢰할 수 있으며 환경적으로 건전하고 경제적인 화학 공정 설계를 위한 수단으로 공정 계산을 다루고 있다. 저자의 접근 방식을 통해 학생들은 이러한 계산이 원하는 제품을 만들기 위해 화학 공정을 설계할 때 이루어져야 하는 선택에 어떻게 영향을 미치는지 잘 이해할 수 있다.
- **확실한 문제 해결 전략을 개발한다**. 좋은 문제 해결 전략을 개발하는 것은 이 입문 과정의 중요한 결과이다. 학생들은 방정식을 도출하고 사양을 설명하는 체계적인 접근 방식을 찾을 수 있다. 이 책의 새로운 특징은 초보 학생들에게 실무 엔지니어가 계산뿐만 아니라 수집된 경험에도 의존한다는 개념을 소개하는 경험적 방법을 사용한다는 것이다.
- **발명하고 분석한다**. 이 책은 “프로세스 종합” 철학의 최고를 현대적인 접근 방식, 문제 및 기술과 통합한다. 학생들은 공정 조합의 원리가 생명공학, 의학, 재료과학 및 환경 보호 문제에 유익하게 적용된다는 것을 배운다.
- **교육학이 주도하도록 한다**. 이 책은 독자를 안내하고 주제를 향상시키는 도구인 교육학이 많이 포함되어 있다. 이 책의 몇 가지 교육적인 요소로 Hint, Quiz, 화학 이야기 및 사례 연구 섹션이 포함되어 있다. 교육학적 요소에 대한 전체 개요는 교재 안내 섹션을 참고하라.
- **소프트웨어를 살펴본다**. 이 책은 하나의 소프트웨어 프로그램에 직접적으로 연결되어 있지 않으므로 학생들은 소프트웨어를 문제 해결을 위한 공통 도구로 사용할 수 있다. 부록에서는 Excel을 사용하여 방정식에 맞는 데이터를 찾거나 방정식의 근을 찾는 방법과 MATLAB을 사용하여 행렬 방정식을 푸는 방법을 보여준다.

지은이 소개

About the Author

Regina Murphy는 1978년 MIT에서 화학 공학 학사학위를 취득한 후 Chevron의 Richmond Refinery에 취직하여 실제 엔지니어링을 배웠다. Chevron에서 5년 동안 여러 직책을 맡으며 열심히 일했다. 1983년 MIT로 돌아와 Clark Colton과 Martin Yarmush의 지도하에 박사 학위를 받았다. 1989년에는 위스콘신대학교 매디슨 캠퍼스의 화학공학과 교수진에 합류하여 지금까지 행복하게 재직하고 있다. 연구 관심 분야는 단백질의 잘못된 접힘과 응집, 특히 신경퇴행성 질환과 관련된 것이다. 신입생을 위한 입문 과정부터 졸업반 디자인까지 학부 과정 전반에 걸쳐 여러 과정을 가르쳤다. 그녀는 교육에 대한 공헌에 대해 캠퍼스 수준에서 가장 높은 표창인 Chancellor's Distinguished Teaching Award를 포함하여 여러 교육상을 수상했다. 2018년부터 2021년까지 학과장을 역임하면서 여러 명의 새로운 교수진을 고용하고 교육 및 연구 실험실 공간을 개조하는 주요 프로젝트를 시작했다. UW의 교수인 남편 Mark Etzel과 함께 매디슨의 모노나 호수에 있는 오래된 빅토리아풍 주택에 살고 있다. 쌍둥이 아들은 모두 UW Madison의 자랑스러운 졸업생이다.

교재 안내

Guided Tour

개념을 강화하는 도구

▸ 이 장에서는

▸ 학습 용어

"이 장에서는" 섹션에서는 주제에 대한 간략한 소개와 각 장에서 다루는 질문 목록을 제공한다. 각 장의 시작 부분에는 학습할 ***"학습 용어"*** 목록도 나와 있다. 이러한 요소는 각 장을 읽을 때 기본 사항에 집중하는 데 도움이 된다.

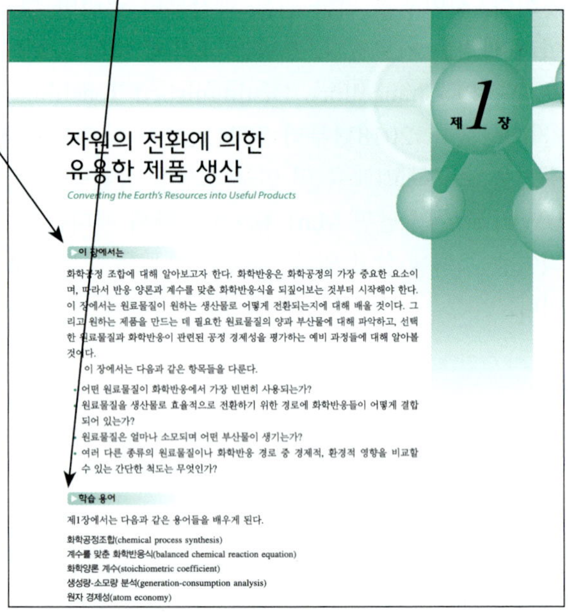

제 1 장

자원의 전환에 의한 유용한 제품 생산

Converting the Earth's Resources into Useful Products

▸ 이 장에서는

화학공정 조합에 대해 알아보고자 한다. 화학반응은 화학공정의 가장 중요한 요소이며, 따라서 반응 양론과 계수를 맞춘 화학반응식을 되짚어보는 것부터 시작해야 한다. 이 장에서는 원료물질이 원하는 생산물로 어떻게 전환되는지에 대해 배울 것이다. 그리고 원하는 제품을 만드는 데 필요한 원료물질의 양과 부산물에 대해 파악하고, 선택한 원료물질과 화학반응이 관련된 공정 경제성을 평가하는 예비 과정들에 대해 알아볼 것이다.

이 장에서는 다음과 같은 항목들을 다룬다.

- 어떤 원료물질이 화학반응에서 가장 빈번히 사용되는가?
- 원료물질을 생산물로 효율적으로 전환하기 위한 경로에 화학반응들이 어떻게 결합되어 있는가?
- 원료물질은 얼마나 소모되며 어떤 부산물이 생기는가?
- 여러 다른 종류의 원료물질이나 화학반응 경로 중 경제적, 환경적 영향을 비교할 수 있는 간단한 척도는 무엇인가?

▸ 학습 용어

제1장에서는 다음과 같은 용어들을 배우게 된다.

화학공정조합(chemical process synthesis)
계수를 맞춘 화학반응식(balanced chemical reaction equation)
화학양론 계수(stoichiometric coefficient)
생성량-소모량 분석(generation-consumption analysis)
원자 경제성(atom economy)

> **Quiz 7.4**
>
> Antoine 식으로부터 H_2O의 100°C에서의 증기압을 계산하면 얼마인가?

▸ Quiz

"Quiz"는 본문 보조단에 포함되어 있으며, 각 장에서 다루는 주제에 대한 학생의 이해를 테스트하기 위한 것이다. 각 장이 끝날 때마다 퀴즈에 대한 답이 제공된다.

> **Hint**
>
> 그림 7.3을 주의 깊게 공부해야 한다! 평형 기초 분리의 설계와 분석에 성공하려면 평형단 개념에 대한 명확한 이해가 필요하다.

▸ Hint

"Hint"는 본문 보조단에서 찾을 수 있다. 학생들의 어려운 점을 돕기 위해 고안되었다.

> **예제 2.5 ▸** **축적이 있는 분리: 공기 건조**
>
> 공기는 공장 전 구간에 걸쳐 사용되는 조절 밸브(흐름을 조절하는 특수 밸브)를 움직이는 데 사용된다. 만약 공기에 습기가 많이 존재한다면 사용 전에 건조해야 한다. 장치에 사용되는 건조 공기를 생산하기 위해, 1.5 mol%의 H_2O(증기 상태)를 포함하고 있는 공기를 100 ft^3/min의 유량으로 탱크를 통해 공급하여 습한 공기를 여과하고 83°F에서 1.1 atm의 압력으로 압축한다. 탱크는 60 lbs의 알루미나(Al_2O_3) 입자들로 채워져 있다. 공기 중의 수증기는 알루미나 입자 표면에 흡착되고, 단지 0.06 mol%의 H_2O가 함유된 건조 공기가 탱크에서 나간다. 알루미나 입자에 흡착될 수 있는 최대 수분의 양은 알루미나 lb당 0.22 lb H_2O이다. 탱크는 알루미나 입자를 교환하기 전까지 얼마나 오래 동안 운전할 수 있는가?

▸ 예제

100개 이상의 "예제"는 문제가 설명하기 위해 고안된 개념적 아이디어와 선택된 특정 응용 프로그램을 나타낸다. 예제 문제에는 고전적이고 현대적인 주제가 사용되었다.

사례 연구

생물학적 방법에 의한 정밀 화학제품 제조

1장의 사례 연구에서 아디프산과 카테콜과 같은 생성물을 제조하기 위한 원료로서 두 개의 6-탄소 화합물인 벤젠과 글루코오스를 비교해 보았다. 여기서는 글루코오스로부터 아디프산을 제조하는 데 있어 생물학적 방법과 화학적 방법에 의한 공정을 살펴보고자 한다. 이를 위해 블록흐름선도를 합성한 후 공정흐름 계산을 수행하고자 한다. 우리의 목표는 글루코오스로부터 12,000 kg/h의 아디프산 생산을 위한 예비 공정을 구축하는 것이다.

1장에서 설명했듯이 아디프산은 헥사메틸렌디아민과 함께 나일론-6,6를 합성

▸ 사례 연구

"***사례 연구***"는 대부분의 장 끝부분에 제공된다. 이러한 심층적인 예는 해당 장의 주요 개념을 현대 문제에 적용하는 방법을 보여준다. 사례 연구는 분석과 종합을 통합하고 복잡한 문제와 문제를 해결하는 능력에 대한 학생들의 자신감을 높여준다.

▸ 요약

"***요약***" 섹션은 각 장의 끝부분에 나타내었으며, 해당 장의 주요 정의와 방정식에 대한 개요를 제공한다.

요약

- 화학공정은 아래와 같은 3종류의 흐름선도에 의해 도식적으로 표현된다.
  - **유입량-유출량선도**
  - **블록흐름선도**
  - **공정흐름선도**

  각 선도는 자세한 정도, 선도를 만드는 데 필요한 정보의 양, 그리고 선도를 만드는 비용이 서로 다르다.

화학 이야기 **8월의 구아노 전쟁**

1804년에 독일의 지리학자인 Alexander von Humboldt는 유럽 사람들에게 신세계로부터 놀라운 물질인 페루의 구아노(Peruvian guano)를 소개하였다. 물고기를 먹는 바닷새가 남미 연안의 바위섬 위에 질소분이 많은 배설물을 오랜 기간 동안 퇴적시켰다. 건조한 기후는 150피트 깊이의 구아노 퇴적물 층을 만들었다. 미국은 이들 새똥의 확보가 중요했기 때문에 1856년에 구아노 섬 조례를 통과시켰다. 이 법은 구아노로 덮인 바위나 섬을 발견한 미국 시민들에게 토지 소유와 물질의 수확을 허락했다. 아마도 이는 토지의 소유권이 역사나

▸ 화학 이야기

"***화학 이야기***"는 화학 산업과 그 제품에 기여한 사람들의 삶에서 일어난 역사적 사건을 설명한다. 이야기는 우리가 당연하게 여기는 화학 제품에 생명을 불어넣고, 화학 기술의 영웅들의 인간성을 설명하고, 사회적, 정치적 힘이 과학 및 공학적 진보를 주도한다는 것을 보여주고, 기술적 혁신이 때때로 원치 않는 부작용을 낳는다는 점을 독자들에게 경고한다.

연습 문제

준비 단계

› 2.2절

P2.1 실험실에서 100mL의 용량 플라스크를 저울 위에 올려 놓고 눈금이 0 g이 되도록 영점 조절을 한다. 그런 다음 저울의 눈금이 15.90 g이 될 때까지 플라스크에 무수과당(anhydrous fructose, $C_6H_{12}O_6$, 과일의 주요 당 성분)을 넣는다. 그리고 플라스크에 물을 100 mL 선까지 채운다. 이제 저울의 눈금은 105.97 g을 나타내고 있다. 용액 중의 과당의 wt%와 mol%를 계산하라.

P2.2 대두박은 기름을 추출함으로써 콩에서부터 얻어진다. 대두박은 탄수화물과 비소화성 섬유질과 함께 약 48%의 단백질을 포함하고 있다. 일반적으로 이러한 단백질의 약 70%의 대두 단백질로 회수되어 대두 베이컨, 대두 빵 또는 다른 형태의 육질류로 만들어진다. 100 lb의 대두박에서 분리할 수 있는 대두 단백질은 몇 lb나 되는가? 만일 대두박이 $375/톤에 팔린다면, 대두박 단백질의 가격은 lb당 얼마로 추산되는가?

심화 문제

› 2.2절

P2.37 11.2 lb의 N_2, 2.4 lb의 H_2가 170,000 cm^3의 부피를 갖는 용기에 담겨진다. 용기의 온도는 298 K이다. (a) 이상 기체 법칙을 이용하여 용기 내 압력을 계산하라. psia, psig, kPa, atm의 단위로 답해 보라. (b) 질소가 수소와 완전

▸ 연습 문제

연습 문제는 네 가지 범주로 나뉜다.

- **준비 단계**: 기본 정의와 간단한 계산을 다루는 단답형 질문이다. 최소한의 숙련도.
- **심화 문제**: 심화 문제는 해당 장에서 배운 기본 기술과 개념을 다룬다. 평균 숙련도.
- **핵심 문제**: 핵심 문제는 둘 이상의 기술이나 개념을 적용해야 하며, 여러 (이전) 장의 자료가 포함될 수 있다. 창의력이 필요하며 일부 문제에서는 학생들이 완전한 정보가 없는 상태에서 현명한 결정을 내려야 한다.
- **설계 문제**: 설계 문제는 그룹 프로젝트로 사용하기에 가장 적합하며, 팀워크를 촉진하고 의사소통 기술을 향상시키는 데 사용할 수 있다.

명명법 목록(일반 단위)

List of Nomenclature (Typical Units)

a_i	activity of compound i (dimensionless)
C_p	heat capacity at constant pressure, (J/gmol °C or J/g K)
C_v	heat capacity at constant volume, (J/gmol °C or J/g K)
E_k	kinetic energy (kJ)
E_p	potential energy (kJ)
f_{Ci}	fractional conversion of reactant i (dimensionless)
f_{Rij}	fractional recovery of component i in stream j (dimensionless)
f_{Sj}	fractional split to stream j (dimensionless)
g	acceleration due to gravity (m/s^2)
$\Delta\hat{G}_f^\circ$	standard molar Gibbs energy of formation (kJ/gmol)
$\Delta\hat{G}_r$	molar Gibbs energy of reaction (kJ/gmol)
$\Delta\hat{G}_r^\circ$	standard molar Gibbs energy of reaction (kJ/gmol)
h	height above a reference plane (m)
H_i	Henry's law constant (atm)
H	enthalpy (kJ)
$\dot{H}$	enthalpy flow (kJ/s)
$\hat{H}$	molar or specific enthalpy (kJ/gmol or kJ/g)
$\Delta\hat{H}_c^\circ$	standard enthalpy of combustion (kJ/gmol)
$\Delta\hat{H}_f^\circ$	standard molar enthalpy of formation (kJ/gmol)
$\Delta\hat{H}_m$	molar or specific enthalpy of melting (kJ/gmol or kJ/g)
$\Delta\hat{H}$	molar or specific enthalpy of mixing (kJ/gmol or kJ/g)
$\Delta\hat{H}_r$	molar enthalpy of reaction (kJ/gmol)
$\Delta\hat{H}_r^\circ$	standard molar enthalpy (kJ/gmol)
$\Delta\hat{H}_{\text{soln}}$	molar or specific enthalpy of solution (kJ/gmol or kJ/g)

$\Delta\hat{H}_v$	molar or specific enthalpy of vaporization (kJ/gmol or kJ/g)
K_a	chemical reaction equilibrium constant
M	molar mass (g/gmol)
m_{sys}	mass in system (g)
$\dot{m}$	mass flow rate (g/s)
n_{sys}	moles in system (gmol)
$\dot{n}$	molar flow rate (gmol/s)
P	pressure (atm, N/m^2, bar)
p_i	partial pressure of compound i (atm, N/m^2, bar)
P_i^{sat}	saturation pressure of compound i (atm, N/m^2, bar)
Q	heat (kJ)
$\dot{Q}$	rate of heat transfer (kJ/s)
R	ideal gas constant (J/gmol-K, bar cm^3/gmol K)
$\dot{R}_{ik}$	mass rate of reaction of compound i in reaction k (g/s)
$\dot{r}_{ik}$	molar rate of reaction of compound i in reaction k (gmol/s)
$S_{A\to P}$	selectivity for conversion of reactant A to product P (dimensionless)
t	time (s)
T	temperature (°C, K)
T_b	normal boiling point temperature (°C, K)
T_m	normal melting point temperature (°C, K)
U	internal energy (kJ)
$\hat{U}$	molar or specific internal energy (kJ/gmol or kJ/g)
v	velocity (m/s)
V	volume (m^3)
$\hat{V}$	molar or specific volume (m^3/gmol, m^3/kg)
w_i	weight fraction of i (dimensionless)
W	work (kJ)
W_s	shaft work (kJ)

$\dot{W}$	rate of work transfer (kJ/s, kW, hp)
$\dot{W}_s$	rate of shaft work transfer (kJ/s, kW, hp)
x_i	mole fraction of *i*, typically in the liquid phase (dimensionless)
x_{is}	mole fraction of *i* in the solid phase (dimensionless)
y_i	mole fraction of *i* in the vapor phase (dimensionless)
$y_{A\to P}$	fractional yield for conversion of reactant A to product P (dimensionless)
z_i	mole fraction of *i*, typically when phase is undefined (dimensionless)

▸ 아래첨자

f	final
h	element
i	compound or component
j	stream
k	reaction
sys	system
0	initial

▸ 그리스 문자

α_{AB}	separation factor for components A and B (dimensionless)
ε_{hi}	number of atoms of element *h* in compound *i*
ν_{ik}	stoichiometric coefficient of compound *i* in reaction *k*
ρ	density (kg/m^3 or $gmol/m^3$)
ξ	extent of reaction (gmol)
$\dot{\xi}$	extent of reaction (gmol/s)
χ_k	multiplying factor for reaction *k*
η	efficiency (dimensionless)

주요 식 목록

List of Important Equations

물질수지식

미분형식:

Total mass:

$$\frac{dm_{\text{sys}}}{dt} = \sum_{\text{all } j_{\text{in}}} \dot{m}_j - \sum_{\text{all } j_{\text{out}}} \dot{m}_j$$

Mass of i:

$$\frac{dm_{i,\text{sys}}}{dt} = \sum_{\text{all } j_{\text{in}}} \dot{m}_{ij} - \sum_{\text{all } j_{\text{out}}} \dot{m}_{ij} + \sum_{\text{all } k} \nu_{ik} M_i \dot{\xi}_k$$

Total moles:

$$\frac{dn_{\text{sys}}}{dt} = \sum_{\text{all } j_{\text{in}}} \dot{n}_j - \sum_{\text{all } j_{\text{out}}} \dot{n}_j + \sum_{\text{all } k} \sum_{\text{all } i} \nu_{ik} \dot{\xi}_k$$

Moles of i:

$$\frac{dn_{i,\text{sys}}}{dt} = \sum_{\text{all } j_{\text{in}}} \dot{n}_{ij} - \sum_{\text{all } j_{\text{out}}} \dot{n}_{ij} + \sum_{\text{all } k} \nu_{ik} \dot{\xi}_k$$

적분형식:

Total mass:

$$m_{\text{sys},f} - m_{\text{sys},0} = \sum_{\text{all } j_{\text{in}}} m_j - \sum_{\text{all } j_{\text{out}}} m_j$$

Mass of i:

$$m_{i,\text{sys},f} - m_{i,\text{sys},0} = \sum_{\text{all } j_{\text{in}}} m_{ij} - \sum_{\text{all } j_{\text{out}}} m_{ij} + \sum_{\text{all } k} M_i \nu_{ik} \xi_k$$

Total moles:

$$n_{\text{sys},f} - n_{\text{sys},0} = \sum_{\text{all } j_{\text{in}}} n_j - \sum_{\text{all } j_{\text{out}}} n_j + \sum_{\text{all } k} \sum_{\text{all } i} \nu_{ik} \xi_k$$

Moles of i:

$$n_{i,\text{sys},f} - n_{i,\text{sys},0} = \sum_{\text{all } j_{\text{in}}} n_{ij} - \sum_{\text{all } j_{\text{out}}} n_{ij} + \sum_{\text{all } k} \nu_{ik}\xi_k$$

계성능규격

분할기

Fractional split:

$$f_{Sj} = \frac{\text{moles leaving in stream } j}{\text{moles fed to splitter}} = \frac{\dot{n}_j}{\dot{n}_{\text{in}}}$$

반응기

Fractional conversion:

$$f_{Ci} = \frac{\text{moles of } i \text{ consumed by reaction}}{\text{moles of } i \text{ fed to reactor}} = \frac{-\sum_{\text{all } k} \nu_{ik}\dot{\xi}_k}{\dot{n}_{i,\text{in}}}$$

Selectivity:

$$s_{A\to P} = \frac{\text{moles of reactant A converted to product P}}{\text{moles of reactant A consumed}} = \frac{\nu_{A1}}{\nu_{P1}} \frac{\sum_{\text{all } k} \nu_{Pk}\dot{\xi}_k}{\sum_{\text{all } k} \nu_{Ak}\dot{\xi}_k}$$

Yield:

$$y_{A\to P} = \frac{\text{moles of reactant A converted to desired product P}}{\text{moles of reactant A fed}}$$

$$= -\frac{\nu_{A1}}{\nu_{P1}} \frac{\sum_{\text{all } k} \nu_{Pk}\dot{\xi}_k}{\dot{n}_{A,\text{in}}}$$

분리기

Fractional recovery:

$$f_{Rij} = \frac{\text{moles of } i \text{ leaving in stream } j}{\text{moles of } i \text{ fed to separator}} = \frac{\dot{n}_{ij}}{\dot{n}_{i,\text{in}}}$$

Separation factor:

$$\alpha_{AB} = \frac{z_{A1}}{z_{A2}}\frac{z_{B2}}{z_{B1}} = \frac{\dot{n}_{A1}}{\dot{n}_{A2}}\frac{\dot{n}_{B2}}{\dot{n}_{B1}}$$

화학반응평형

$$K_a = \prod_{\text{all } i} a_i^{\nu_i}$$

where, to a first approximation,

$$a_i = \frac{y_i P}{1 \text{ atm}} \qquad \text{for a gas}$$

$$a_i = x_i \qquad \text{for a liquid}$$

$$a_i = 1 \qquad \text{for a solid}$$

$$\ln K_{a,T} = \frac{-\Delta \hat{G}_r^\circ}{298R} + \frac{\Delta \hat{H}_r^\circ}{R}\left[\frac{1}{298} - \frac{1}{T}\right]$$

where $\Delta \hat{G}_r^\circ = \sum \nu_i \Delta \hat{G}_{i,f}^\circ$ and $\Delta \hat{H}_r^\circ = \sum \nu_i \Delta \hat{H}_{i,f}^\circ$.

상평형

Raoult's law:

$$y_i = \frac{P_i^{\text{sat}}}{P} x_i$$

Henry's law:

$$y_i = \frac{H_i}{P} x_i$$

에너지수지식

Differential form:

$$\frac{d(E_{k,\text{sys}} + E_{p,\text{sys}} + U_{\text{sys}})}{dt} = \sum_{\text{all } j_{\text{in}}} \dot{m}_j(\hat{E}_{kj} + \hat{E}_{pj} + \hat{H}_j) - \sum_{\text{all } j_{\text{out}}} \dot{m}_j(\hat{E}_{kj} + \hat{E}_{pj} + \hat{H}_j) + \sum_j \dot{Q}_j + \sum_j \dot{W}_{sj}$$

Integral form:

$$(E_{k,\text{sys}} + E_{p,\text{sys}} + U_{\text{sys}})_f - (E_{k,\text{sys}} + E_{p,\text{sys}} + U_{\text{sys}})_0 = \sum_{\text{all } j_{\text{in}}} m_j(\hat{E}_{kj} + \hat{E}_{pj} + \hat{H}_j) - \sum_{\text{all } j_{\text{out}}} m_j(\hat{E}_{kj} + \hat{E}_{pj} + \hat{H}_j) + \sum_j Q_j + \sum_j W_{sj}$$

차례

Contents

제2장

제3장

제4장

제5장

반응기는 왜 완전하지 못한가?: 반응평형과 반응속도론 ▸ 325

제6장

제7장

제 1 장

자원의 전환에 의한 유용한 제품 생산

Converting the Earth's Resources into Useful Products

▶ 이 장에서는

화학공정 조합에 대해 알아보고자 한다. 화학반응은 화학공정의 가장 중요한 요소이며, 따라서 반응 양론과 계수를 맞춘 화학반응식을 되짚어보는 것부터 시작해야 한다. 이 장에서는 원료물질이 원하는 생산물로 어떻게 전환되는지에 대해 배울 것이다. 그리고 원하는 제품을 만드는 데 필요한 원료물질의 양과 부산물에 대해 파악하고, 선택한 원료물질과 화학반응이 관련된 공정 경제성을 평가하는 예비 과정들에 대해 알아볼 것이다.

이 장에서는 다음과 같은 항목들을 다룬다.

- 어떤 원료물질이 화학반응에서 가장 빈번히 사용되는가?
- 원료물질을 생산물로 효율적으로 전환하기 위한 경로에 화학반응들이 어떻게 결합되어 있는가?
- 원료물질은 얼마나 소모되며 어떤 부산물이 생기는가?
- 여러 다른 종류의 원료물질이나 화학반응 경로 중 경제적, 환경적 영향을 비교할 수 있는 간단한 척도는 무엇인가?

▶ 학습 용어

제1장에서는 다음과 같은 용어들을 배우게 된다.

화학공정조합(chemical process synthesis)
계수를 맞춘 화학반응식(balanced chemical reaction equation)
화학양론 계수(stoichiometric coefficient)
생성량-소모량 분석(generation-consumption analysis)
원자 경제성(atom economy)
계산기준(basis)
규모 인자(scale factor)
공정 경제성(process economy)

▶1.1 서론

화학공정은 물질의 물리·화학적 성질을 변화시켜 원료물질을 원하는 제품으로 전환한다(그림 1.1). 왜 인간은 화학공정을 조합하고 설계하고 만들고 운영할까?

고유의 특성을 가진 제품을 만들기 위해서이다. 대부분의 아이들은 매일 학교에 점심 도시락을 가져간다. 도시락이 더 가볍고 안전하고 주스나 우유를 담았을 때 포장재를 간편하게 열 수 있다면 좋지 않을까? 무균 포장 음료 상자는 이러한 조건들을 다 갖추고 있어서 학생들의 도시락 가방에서 무겁고 큰 보온병을 대신하게 되었다. 하지만 비록 일회용 제품들이 편리할지 몰라도 폐기물 오염에 대해 우려하게 된다.

폐기물을 쓸모 있는 생산물로 재활용하기 위해서이다. 1파운드의 치즈를 만들려면 10파운드의 우유가 필요하다. 나머지 9파운드는 결국 유장(乳漿)이 된다. 유장은 필요 없는 부산물이 되어, 근처 수로에 버려지거나 논밭에 뿌려졌다. 하지만 지금은 유장의 유용한 성분들을 회수할 수 있는 공정이 개발되었다. 예를 들면, 단백질 락토페린(lactoferrin)을 유장에서 정제하여 유아용 분유의 철분 함유량을 높이는 데 이용한다. 또한 유장 설탕은 생분해성 고분자를 제조하는 원료로 사용된다.

천연 물질의 성능을 향상하기 위해서이다. 빈크리스틴은 빈카라는 식물에 소량 함유된 알칼로이드이다. 고농도의 정제된 빈크리스틴은 백혈병과 림프종을 치료하는 탁월한 약물임을 알게 되었다. 빈크리스틴의 성공으로 구조적으로 관련 있는 분자의 합성에 관한 연구가 활발해졌고, 이러한 연구들이 결국에는 암을 치료하는 효과적인 약을 만드는 데 공헌할 것이다.

물질을 에너지로 전환하기 위해서이다. 매일 우리의 집을 냉·난방하거나, 자동

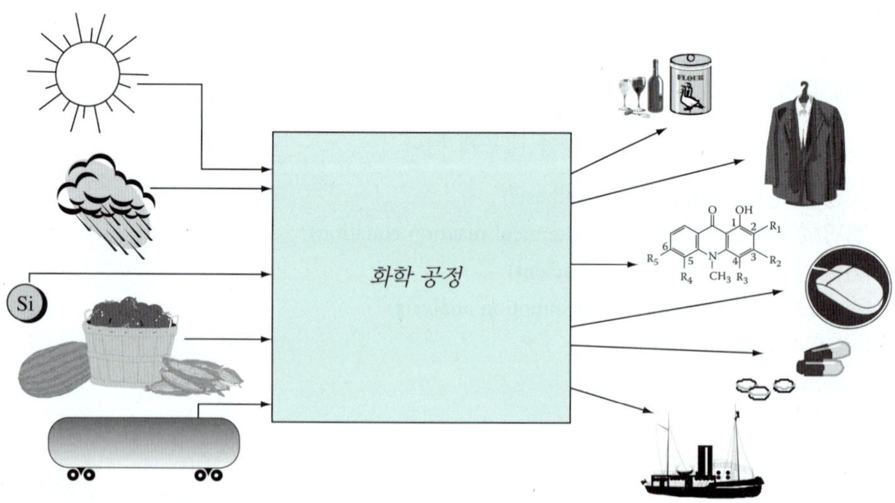

그림 1.1 화학공정은 원료물질을 원하는 제품으로 변화시킨다. 우리는 화학공정의 조합에서 적합한 원료물질을 선택하여 그 원료물질의 특징들을 제품의 특징으로 바꾸는 화학반응과 물리 작용을 선택한다. 운전을 안전하게 하고, 원료물질을 효율적이고 경제적으로 사용하며, 제품을 믿을 수 있게 만들어내고, 환경에 최소한의 피해만을 주는 화학공정을 설계하는 것을 목표로 한다.

차를 나아가게 하거나, 음식을 조리하는 데에 많은 양의 에너지가 쓰인다. 이러한 대부분의 에너지는 화석연료(천연가스, 석유, 또는 석탄)의 연소로부터 얻어진다. 이러한 공정에서는 원료물질이 산소와 반응하여 이산화탄소와 물을 생성한다. 반응의 생성물이 아닌 반응에 의해서 방출된 에너지가 우리의 에너지원으로 사용되는 것이다.

대부분의 산업(제지, 요식, 플라스틱, 섬유, 유리, 전자재료, 석유, 의약 등)은 화학공정과 관련이 있다. **화학공정조합**(chemical process synthesis)을 위한 과학과 기술은 적절한 원료물질과 화학반응 경로를 선택하고 효율적, 경제적이고 안전하고 신뢰성이 있는 화학공정을 개발하는 것이다. 공정 개발이 이루어지기 전에 제품의 품질을 결정해야 하는데, 결과적으로 제품 공학과 공정 공학은 밀접하게 연관되어 있다. 원료물질의 품질과 유용성, 경제성 예측, 제품 안전성과 신뢰성, 시장 예측, 특허, 독점기술 등 모든 것이 공정 설계에 영향을 미친다.

1.2 원료물질

궁극적으로 우리는 모든 원료물질을 지구로부터 얻는다. 주요 원료물질들은 공기, 물, 미네랄, 화석연료, 농산물이다.

공기. 풍부하고 즉시 사용 가능하며 저렴한 공기는 많은 화학공정들에서 산소와 질소의 원천이 된다. 산소는 산화 작용에 광범위하게 사용되는데, 산화 작용의 가장 중요한 역할은 열과 전기를 발생시키기 위해 연료를 태우는 것이다. 질소를 액체 암모니아로 변화시켜 대기 중의 질소를 모으는 방법의 발견은 세계 인구의 증가에 따라 충분한 식량 생산에 대한 영향으로, 모든 농업 비료 산업에 뿌리를 내렸다.

물. 물은 많은 화학공정에서 반응물로 사용되고 용매로서 중요한 역할을 하는데, 특히 유전공학[고대(맥주 제조), 중세(발효를 통한 항생물질의 생산), 현대(유전공학으로 만들어진 세포로부터 인슐린 생산)]에서 그러하다. 물은 결국 청정연료인 수소의 원천으로도 작용할 수 있다.

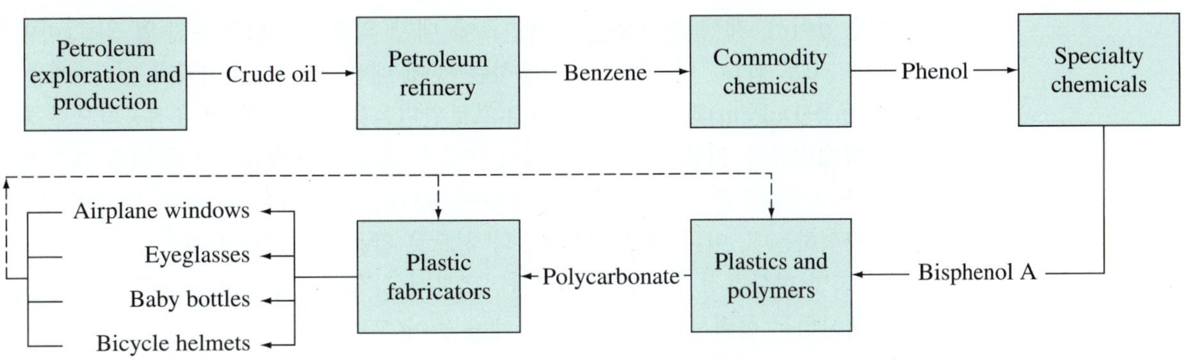

그림 1.2 많은 회사와 공정은 원유와 같은 원료물질을 자전거 헬멧과 같은 제품으로 변화시킬 필요가 있다. 기업과 지방자치단체들은 수명이 다한 소비재를 재활용하여 새로운 제품으로 다시 가공함으로써 재활용 공정을 연결하고자 노력한다.

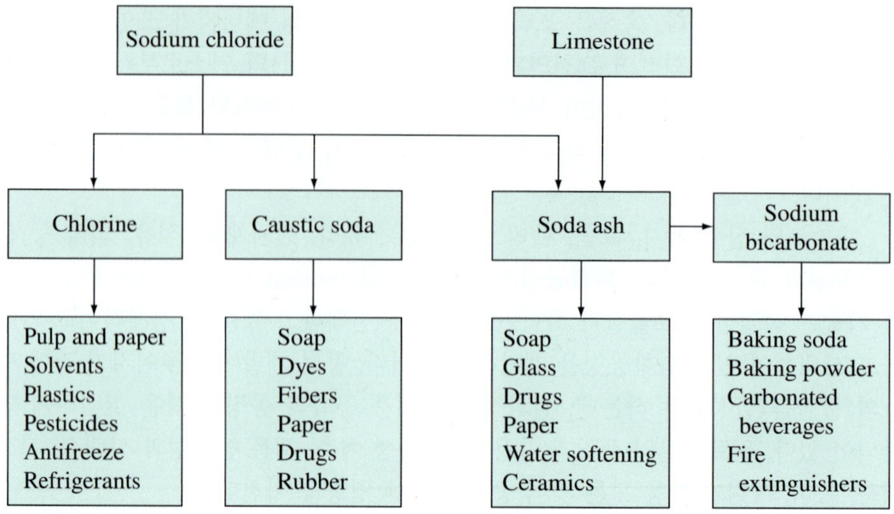

그림 1.3 중요한 범용화학물질뿐만 아니라 평범한 가정용 제품들도 염소-알칼리 산업의 일부로서, 소금과 석회석으로부터 만들어진다. 1977년 R. N. Shreve and J. A. Blink 저 *Chemical Process Industries* 4판으로부터 인용.

화석연료. 천연가스, 원유, 석탄은 지구상의 생명체들이 썩어서 생성된 탄화수소 물질이다. 우리에게 열, 빛, 전기를 제공하는 것 이외에도 화석연료는 플라스틱 음료수 병이나 콘택트렌즈의 고분자, 옷이나 커튼의 섬유, 의약품, 그리고 구충제와 같은 탄소 기반 제품들의 합성에 있어서 원료물질의 역할을 한다(그림 1.2).

미네랄. 미네랄은 고체의 무기물 또는 화합물이다. 중요한 미네랄 중의 하나는 소금이다. 소금은 저장과 조미의 기능 외에도 거대한 염소-알칼리 산업의 원료물질이다(그림 1.3). 미네랄은 컴퓨터용 실리콘 칩이나 자전거용 알루미늄을 생산하는 무기 화학 산업의 공급원이기도 하다.

농산물과 임산물. 살아 있는 식물들은 탄소 기반이지만 그들은 또한 상당한 양의 고정된 산소와 (때로는) 질소를 포함한다. 물론, 우리의 음식물은 이러한 원료물질로부터 생산된다. 농업 원료물질로부터 만들어지는 기타 생산물들에는 종이, 양모나 면과 같은 천연 섬유, 그리고 의약품이 있다. 탄소를 포함하는 화학제품 생산에 있어서, 재생 불가능한 화석연료에 대한 의존성을 낮추는 농업 원료(바이오매스라고도 함)를 원료물질로 사용하는 것에 대해 관심이 증대되고 있다. 예를 들어, 듀퐁(DuPont)과 협력사들은 1,3-프로판디올을 만들기 위해 유전공학으로 처리한 박테리아를 이용하여 옥수수에서 추출한 포도당을 발효하는 공정을 개발했다. 1,3-프로판디올은 정제된 다음 반응하여 3GT(상품명: Sorona)라고 불리는 고분자를 형성하는데, 이는 가공되어 섬유나 천으로 활용된다(그림 1.4).

몇몇 화학공정 업체들은 원료물질로부터 시작하고 중간체를 만들어 이후 제품을 생산하는 협력사들에 판매한다. 예를 들어(그림 1.2):

- 석유 회사는 지하 유정에서 원유를 뽑아낸다.
- 석유 정제 회사는 벤젠을 얻기 위해 석유를 가공한다.

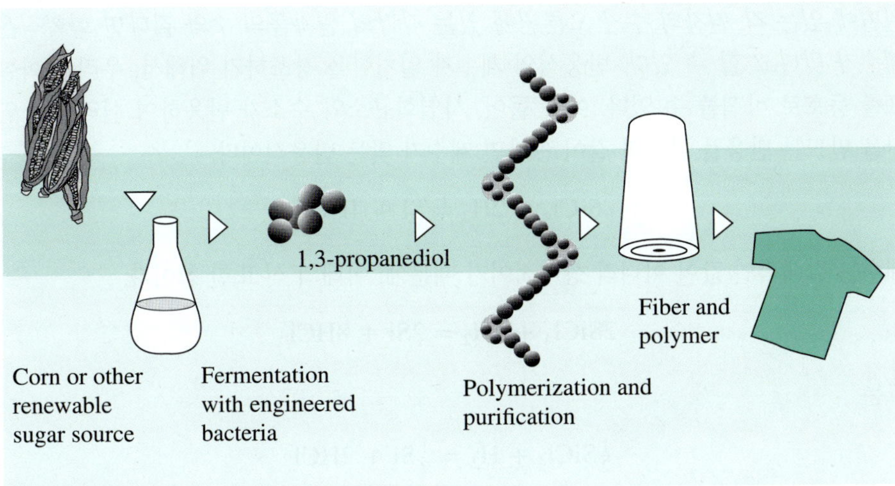

그림 1.4 옥수수로부터 섬유를 합성하는 이러한 듀퐁 공정처럼 재생 가능한 자원으로부터 화학제품을 생산하려는 새로운 공정들이 개발되고 있다.

- 범용화학제품 회사는 벤젠을 반응시켜 페놀을 얻는다.
- 정밀화학제품 회사는 페놀을 비스페놀 A로 바꾼다.
- 플라스틱 회사는 비스페놀 A를 폴리카보네이트로 중합한다.
- 섬유 회사는 폴리카보네이트로 비행기 유리창, 방탄유리, 안경, 아기 젖병, 컴팩트디스크, 헬멧을 만든다.
- 소비자들은 안경, 아기 젖병, 컴팩트디스크를 구매하고, 사용한 후에 쓰레기 매립장이나 재활용 통에 버린다.
- 재활용 업체는 버려진 물질들을 새로운 제품으로 재가공한다.

▶ 1.3 계수를 맞춘 화학반응식

모든 화학공정의 핵심에는 하나 이상의 화학반응이 포함된다. 만일 A와 B가 화학반응하여 생성물 C와 D를 만든다면, 다음과 같이 쓴다.

$$A + B \rightarrow C + D$$

예를 들어, 전자제품 규격의 실리콘을 만들 때, 사염화규소($SiCl_4$)는 수소와 반응하여 순수한 실리콘과 염산을 만든다.

$$SiCl_4 + H_2 \rightarrow Si + HCl$$

화살표는 반응물로부터 생산물로의 반응의 방향을 나타낸다. 위의 반응식은 화학양론 계수가 맞지 않는다.

화학반응에 참여하는 구성물이 무엇인지 뿐 아니라 그 양까지 보여주기 위해서는 **계수를 맞춘 화학반응식**(balanced chemical reaction equation)을 사용한다. *식의*

왼편에 있는 각 원자의 수가 오른편에 있는 각각의 원자들의 수와 같다면 화학식은 계수가 맞다고 할 수 있다. 반응식의 계수가 일치함을 강조하기 위해서, 우리는 화살표를 등호로 바꿔줄 수 있다. 예를 들어, 사염화규소와 수소가 반응하여 실리콘과 염산을 만드는 반응을 다음과 같이 쓴다면 계수가 맞는 반응식이다.

$$SiCl_4 + 2H_2 = Si + 4HCl$$

계수는 절대적인 값이 아니라 상대적이기 때문에, 아래의 식 또한 참이다.

$$2SiCl_4 + 4H_2 = 2Si + 8HCl$$

또는

$$\tfrac{1}{2}SiCl_4 + H_2 = \tfrac{1}{2}Si + 2HCl$$

계수가 반드시 정수일 필요가 없으므로 위와 같이 쓸 수 있다.

반응식이 방정식으로 쓰여 있으므로, 모든 구성물을 등호의 오른쪽으로 옮겨 쓰면 다음과 같다.

$$0 = -\tfrac{1}{2}SiCl_4 - H_2 + \tfrac{1}{2}Si + 2HCl$$

이제 각각의 구성물 i에 대하여 **화학양론 계수**(stoichiometric coefficient) ν_i를 정의하고, 구성물이 반응물일 경우 *ν_i는 음수이고, 생성물일 경우 ν_i는 양수임*을 지정하자. 예를 들어 이번의 반응식으로부터,

Quiz 1.1
ν_{H_2}의 값은 무엇인가?

$$\nu_{SiCl_4} = -\tfrac{1}{2}$$

이고,

$$\nu_{HCl} = +2$$

이다.

$$\varepsilon_{hi} \equiv \text{구성물 } i\text{의 } h \text{ 원소에 대한 원자수}$$

라고 정의하자. 예를 들어, 사염화규소 한 분자에 염소 원자가 4개 포함되므로, $\varepsilon_{Cl,SiCl_4} = 4$이다. 반드시 모든 i 구성물에 대한 합이 0임을 나타낸 다음과 같은 화학식의 경우에만 h 원소에 대해 계수를 맞춘 식이다.

$$\boxed{\sum_i \varepsilon_{hi}\nu_i = 0} \qquad \textbf{(1.1)}$$

Hint
화학양론 계수를 맞출 때는, 각각의 화합물에 포함되는 빈도가 가장 적은 원소부터 시작한다.

위의 예시에서, 염소 원자는 사염화규소와 염산에 포함되어 있으므로 $SiCl_4$ ($\varepsilon_{Cl,SiCl_4} = 4$), HCl ($\varepsilon_{Cl,HCl} = 1$)이고, 염소에 대한 식 (1.1)은 다음과 같이 나타낸다.

$$\varepsilon_{Cl,SiCl_4}\nu_{SiCl_4} + \varepsilon_{Cl,HCl}\nu_{HCl} = 4(-\tfrac{1}{2}) + 1(+2) = 0$$

염소뿐만 아니라 화학식에는 규소와 수소 원자 또한 포함되어 있으므로, 두 개의 비슷한 식을 작성할 수 있다.

$$\varepsilon_{\mathrm{Si,SiCl_4}}\nu_{\mathrm{SiCl_4}} + \varepsilon_{\mathrm{Si,Si}}\nu_{\mathrm{Si}} = 1(-\tfrac{1}{2}) + 1(+\tfrac{1}{2}) = 0$$
$$\varepsilon_{\mathrm{H,H_2}}\nu_{\mathrm{H_2}} + \varepsilon_{\mathrm{H,HCl}}\nu_{\mathrm{HCl}} = 2(-1) + 1(+2) = 0$$

화학식의 계수를 모를 때, 각각의 원소에 대한 식 (1.1)을 적용하면 계수를 맞춘 화학식을 체계적으로 찾을 수 있다. 예를 들어, 메테인(CH_4)이 연소하여 이산화탄소(CO_2)와 물이 생기는 반응에 대해 생각해보자. *계수가 맞지 않는* 반응식을 쓰면 다음과 같다.

$$CH_4 + O_2 \rightarrow CO_2 + H_2O$$

세 개의 원소(C, H, O)와 네 개의 구성물(CH_4, O_2, CO_2, H_2O)이 있으므로, 네 개의 미지의 계수를 포함하는 세 대의 식을 얻을 수 있다. 각각의 구성물에 대해 ε_{hi}를 알고, 식 (1.1)에 적용하면 다음과 같이 작성할 수 있다.

Quiz 1.2
왜 $\nu_{\mathrm{CH_4}}$를 1이 아닌 −1로 설정하는가?

$$\text{C:}\quad 1\nu_{\mathrm{CH_4}} + 0\nu_{\mathrm{O_2}} + 1\nu_{\mathrm{CO_2}} + 0\nu_{\mathrm{H_2O}} = 0$$
$$\text{H:}\quad 4\nu_{\mathrm{CH_4}} + 0\nu_{\mathrm{O_2}} + 0\nu_{\mathrm{CO_2}} + 2\nu_{\mathrm{H_2O}} = 0$$
$$\text{O:}\quad 0\nu_{\mathrm{CH_4}} + 2\nu_{\mathrm{O_2}} + 2\nu_{\mathrm{CO_2}} + 1\nu_{\mathrm{H_2O}} = 0$$

네 개의 미지수에 대하여 세 개의 식이 존재하므로, 여러 가지의 해가 존재한다. 화학반응식의 계수는 상대적인 값이므로, 임의로 하나의 화학양론 계수를 지정할 수 있다. 예를 들어, 우리는 $\nu_{\mathrm{CH_4}}$를 기준으로 잡고, $\nu_{\mathrm{CH_4}} = -1$로 설정할 수 있다. 그러면 이제 세 개의 미지수가 남게 되는데, 세 개의 식으로부터 $\nu_{\mathrm{O_2}} = -2$, $\nu_{\mathrm{CO_2}} = 1$, $\nu_{\mathrm{H_2O}} = 2$임을 알 수 있다. 결국, 계수를 맞춘 화학반응식은 아래와 같다.

Quiz 1.3
$\nu_{\mathrm{CH_4}} = -1$로 두는 대신, $\nu_{\mathrm{O_2}} = -1$로 두는 경우를 생각해보자. 양론 계수를 맞춘 화학반응식은 어떻게 되는가?

$$(1)CH_4 + 2O_2 \rightarrow (1)CO_2 + 2H_2O$$

예제 1.1 계수를 맞춘 화학반응식: 질산 합성

질산(HNO_3)은 다른 여러 가지 물질들과 함께 나일론의 제조에 사용되는 중요한 산이다. 질산을 만들기 위한 반응에서, 암모니아(NH_3)와 산소(O_2)가 반응해서 일산화질소(NO)와 물(H_2O)이 생성된다. 화학양론적으로 계수를 맞춘 화학반응식을 적어 보라.

› 풀이

아래와 같이 계수가 맞지 않는 화학식을 적는다.

$$NH_3 + O_2 \rightarrow NO + H_2O$$

세 가지의 원소와 네 가지의 화합물이 있으므로 네 개의 미지수에 대해 세 개의 식을 얻을 수 있다.

$$\text{N:}\quad 1\nu_{\mathrm{NH_3}} + 1\nu_{\mathrm{NO}} = 0$$
$$\text{H:}\quad 3\nu_{\mathrm{NH_3}} + 2\nu_{\mathrm{H_2O}} = 0$$
$$\text{O:}\quad 2\nu_{\mathrm{O_2}} + 1\nu_{\mathrm{NO}} + 1\nu_{\mathrm{H_2O}} = 0$$

$\nu_{\mathrm{NH_3}} = -1$로 지정하면 질소 원자로부터 $\nu_{\mathrm{NO}} = 1$임을 알 수 있다. 그리고 수소 원자로

부터 $\nu_{H_2O} = \frac{3}{2}$이며, 마지막으로 산소 원자로부터 $\nu_{O_2} = -\frac{5}{4}$임을 알 수 있다. 따라서 계수를 맞춘 화학반응식은 아래와 같다.

$$NH_3 + \frac{5}{4}O_2 \rightarrow NO + \frac{3}{2}H_2O$$

[다른 양론 계수를 초기값으로 설정하도록 하여 같은 계수를 맞춘 방정식이 얻어지는지 확인하라.]

예제 1.2 ▸

계수를 맞춘 화학반응식: 아디프산 합성

아디프산은 나일론 제조의 중간 단계에 사용된다. (이번 장의 뒷부분에서 이 공정에 대해 더 자세한 내용을 다루게 된다.) 아디프산의 합성은 여러 가지의 화학반응 과정으로 이루어진다.

반응 1. 사이클로헥세인(C_6H_{12})은 산소(O_2)와 반응하여 사이클로헥산올($C_6H_{12}O$)을 만든다.

반응 2. 사이클로헥세인(C_6H_{12})은 산소(O_2)와 반응하여 사이클로헥산온($C_6H_{10}O$)을 만든다.

물(H_2O)은 이들 반응 중 한 반응의 부산물이다.

반응 3. 사이클로헥산올은 질산염과 반응하여 아디프산($C_6H_{10}O_4$)을 만든다.

반응 4. 사이클로헥산온은 질산염과 반응하여 아디프산($C_6H_{10}O_4$)을 만든다.

일산화질소(NO)와 물(H_2O)은 반응 3과 4의 부산물이다.

위의 네 개의 반응에 대한 네 개의 계수를 맞춘 화학반응식을 적어 보라.

풀이

반응 1. *문제에서 물은 이 반응의 부산물일 것이다. 만약 그렇다고 하면*, 어떻게 되는지 살펴보자. 계수가 맞지 않는 화학식은 아래와 같다.

$$C_6H_{12} + O_2 \rightarrow C_6H_{12}O + H_2O$$

세 가지의 원소와 네 가지의 화합물이 있으므로, 임의로 화학양론 계수를 정할 수 있다. 탄소는 두 가지의 화합물에 들어 있고 산소와 수소는 각각 세 가지의 화합물에 포함되어 있으므로, 가장 적은 가짓수의 화합물에 포함된 원소를 식 (1.1)에 적용하면 된다.

$$\text{C:}\quad 6\nu_{C_6H_{12}} + 6\nu_{C_6H_{12}O} = 0$$

> **! Hint**
> 원소 하나의 화학양론식이 오직 두 개의 화학양론 계수만으로 구성되어 있다면, 그 화학양론 계수 중 하나를 고정값으로 선택한다.

위의 화학양론 계수 중 하나를 기준으로 정한다면, 나머지 하나의 계수도 즉시 얻을 수 있다. $\nu_{C_6H_{12}O} = +1$을 기준으로 정하다. 그렇다면, 다음과 같다.

$$\nu_{C_6H_{12}} = -1$$

그 후, 나머지 두 개의 원소에 대해서도 해를 구하면 다음과 같다.

$$\text{H:}\quad 12\nu_{C_6H_{12}} + 12\nu_{C_6H_{12}O} + 2\nu_{H_2O} =$$
$$12(-1) + 12(1) + 2\nu_{H_2O} = 0$$

$$\text{O:} \quad 2\nu_{O_2} + \nu_{C_6H_{12}O} + \nu_{H_2O} = 2\nu_{O_2} + 1 + \nu_{H_2O} = 0$$

위의 식에서 쉽게 다음의 해를 얻을 수 있다.

$$\nu_{H_2O} = 0$$
$$\nu_{O_2} = -\tfrac{1}{2}$$

계수를 맞춘 화학반응식은 다음과 같다.

$$C_6H_{12} + \tfrac{1}{2}O_2 \rightarrow C_6H_{12}O$$

계수를 맞춘 화학반응식을 찾음으로써, 우리는 물이 반응 1의 부산물이 아니라는 결론을 얻을 수 있다.

반응 2. 사이클로헥세인이 산소와 반응하여 사이클로헥산온과 함께 부산물인 물을 만드는 반응의 (계수가 맞지 않는) 화학반응식은 다음과 같다.

$$C_6H_{12} + O_2 \rightarrow C_6H_{10}O + H_2O$$

반응 1에서와 같은 방법으로 세 원소에 대한 각각의 식을 적어 보자.

$$\text{C:} \quad 6\nu_{C_6H_{12}} + 6\nu_{C_6H_{10}O} = 0$$
$$\text{H:} \quad 12\nu_{C_6H_{12}} + 10\nu_{C_6H_{10}O} + 2\nu_{H_2O} = 0$$
$$\text{O:} \quad 2\nu_{O_2} + \nu_{C_6H_{10}O} + \nu_{H_2O} = 0$$

임의로 $\nu_{C_6H_{12}} = -1$로 정하고 위의 세 식을 풀어 보면 세 개의 화학양론 계수를 얻을 수 있다.

$$C_6H_{12} + O_2 \rightarrow C_6H_{10}O + H_2O$$

반응 3. 세 번째 반응에서는 사이클로헥산올($C_6H_{12}O$)과 질산염(HNO_3)과 반응하여 아디프산($C_6H_{10}O_4$)을 만들고, 부산물로 일산화질소(NO)와 물(H_2O)을 생성한다. 계수가 맞지 않는 반응식은 다음과 같다.

$$C_6H_{12}O + HNO_3 \rightarrow C_6H_{10}O_4 + NO + H_2O$$

네 가지의 원소와 다섯 가지의 화합물이 있으므로,

$$\text{C:} \quad 6\nu_{C_6H_{12}O} + 6\nu_{C_6H_{10}O_4} = 0$$
$$\text{H:} \quad 12\nu_{C_6H_{12}O} + \nu_{HNO_3} + 10\nu_{C_6H_{10}O_4} + 2\nu_{H_2O} = 0$$
$$\text{O:} \quad \nu_{C_6H_{12}O} + 3\nu_{HNO_3} + 4\nu_{C_6H_{10}O_4} + \nu_{NO} + \nu_{H_2O} = 0$$
$$\text{N:} \quad \nu_{HNO_3} + \nu_{NO} = 0$$

탄소나 질소 중 어떤 원소든지 좋은 선택이다. $\nu_{C_6H_{12}O} = -1$이라고 한다면, 탄소의 경우에서 $\nu_{C_6H_{12}O_4} = 1$임을 곧바로 알 수 있다. 이 값을 나머지 세 가지의 원소 식에 대입해 보자.

$$\text{H:} \quad -12 + \nu_{HNO_3} + 10 + 2\nu_{H_2O} = 0$$
$$\text{O:} \quad -1 + 3\nu_{HNO_3} + 4 + \nu_{NO} + \nu_{H_2O} = 0$$
$$\text{N:} \quad \nu_{HNO_3} + \nu_{NO} = 0$$

위의 어떤 식에서도 바로 계수를 구하기는 어렵다. 직접 계산해 보면,

1. 산소에 대한 식에서 질소에 대한 식을 빼서, ν_{NO}를 제거한다.

$$3 + 2\nu_{HNO_3} + \nu_{H_2O} = 0$$

2. 위의 식에 2를 곱한 후 수소에 대한 식을 빼서, ν_{H_2O}를 제거한다.

$$8 + 3\nu_{HNO_3} = 0$$

3. ν_{HNO_3}를 구하고 나서, 나머지 화학양론 계수들도 마저 구해 준다.

$$\nu_{HNO_3} = -\frac{8}{3}$$
$$\nu_{NO} = \frac{8}{3}$$
$$\nu_{H_2O} = +\frac{7}{3}$$

계수를 맞춘 화학반응식은 다음과 같다.

$$C_6H_{12}O + \frac{8}{3}HNO_3 \rightarrow C_6H_{10}O_4 + \frac{8}{3}NO + \frac{7}{3}H_2O$$

Quiz 1.4

예제 1.2의 반응 3에 대한 계수를 맞춘 화학반응식에서, 화학양론 계수가 정수의 형태가 아니다. 정수 계수만을 사용하여 식을 다시 써보라.

반응 4. 계수를 맞춘 화학반응식은 다음과 같이 구할 수 있다(세부 과정은 직접 해보라).

$$C_6H_{10}O + 2HNO_3 \rightarrow C_6H_{10}O_4 + 2NO + H_2O$$

1.3.1 ▸ 화학 반응의 계수를 맞추기 위한 행렬의 사용

원소수지식을 사용하여 화학반응식의 계수를 맞춘 것을 떠올려 보자.

$$\sum_i \varepsilon_{hi}\nu_i = 0 \tag{1.1}$$

ε_{hi}는 분자 i에 있는 원소 h의 원자의 개수이고, ν_i는 화학양론 계수이다. H개의 원소가 있다면, 미지의 ν_i를 알기 위한 H개의 방정식은 동시에 풀려야 한다. 이것은 선형방정식이고, 해를 구하기 위해 행렬을 사용하면 간단하다.

예제 1.1에서 암모니아(NH_3)와 산소(O_2)가 반응하며 일산화질소(NO)와 물(H_2O)이 생성되는 반응을 예로 들어 보자. 반응에 참여하는 세 가지의 원소와 네 가지의 화합물이 있으므로, 네 개의 모르는 화학양론 계수를 알기 위해 세 개의 반응식이 동시에 풀려야 한다. 세 개의 반응식은 예제 1.1에서 확인할 수 있고, 이 반응식들을 행렬 A에 대해 $\mathbf{Ax} = \mathbf{b}$라고 쓸 수 있다.

$$\begin{matrix} N: \\ H: \\ O: \end{matrix} \begin{bmatrix} 1 & 0 & 1 & 0 \\ 3 & 0 & 0 & 2 \\ 0 & 2 & 1 & 1 \end{bmatrix} \begin{bmatrix} \nu_{NH_3} \\ \nu_{O_2} \\ \nu_{NO} \\ \nu_{H_2O} \end{bmatrix} = \begin{bmatrix} 0 \\ 0 \\ 0 \end{bmatrix}$$

A_의 각 열은 한 화합물의 화학식이라는 것을 주의하라!_ 예를 들어, 1열은 $N_1H_3O_0$, 즉 NH_3이다. 다시 말해, 원소 수지식을 구할 필요 없이 각 화합물에 대한 화학식

으로 행렬을 쓸 수 있다! 벡터 **x**는 간단히 네 개의 화합물에 대한 화학양론 계수를 나타낸다.

네 개의 변수가 있지만, 오직 세 개의 화학식만을 가지므로 행렬 **A**는 사각 행렬이 아니다. 더군다나 벡터 **b**는 모두 0으로 이루어져 있다. 이 방정식은 무수히 많은 해를 가진다. 방정식을 풀기 위해 임의로 반응물 중 하나의 화학양론 계수를 −1이라고 지정하면 하나의 해를 얻을 수 있다. $\nu_{NH_3} = -1$이라고 하자. 우리는 암모니아(NH_3)를 기준 화합물이라고 한다. 그런 다음, 이제 미지수를 좌항으로 옮겨 원소 수지식을 다시 써보자.

$$\begin{aligned} &\text{N:} \quad \nu_{NO} = 1 \\ &\text{H:} \quad 2\nu_{H_2O} = 3 \\ &\text{O:} \quad 2\nu_{O_2} + \nu_{NO} + \nu_{H_2O} = 0 \end{aligned}$$

(방정식을 쉽게 풀 수 있게 되었지만, 설명을 위해 계속해 보자). 위 미지수에 대한 세 개의 식을 행렬로 새롭게 나타낸다.

$$\begin{matrix}\text{N:}\\ \text{H:}\\ \text{O:}\end{matrix} \begin{bmatrix} 0 & 1 & 0 \\ 0 & 0 & 2 \\ 2 & 1 & 1 \end{bmatrix} \begin{bmatrix} \nu_{O_2} \\ \nu_{NO} \\ \nu_{H_2O} \end{bmatrix} = \begin{bmatrix} 1 \\ 3 \\ 0 \end{bmatrix}$$

세 가지 사실을 유념하자. 첫째, 3 × 3 사각 행렬이다. 이것은 유일한 해를 갖기 위한 필요조건이다. 둘째, 행렬 **A**를 검증한다. 각 열은 화학양론 계수를 모르는 화합물의 화학식이다. 셋째, 벡터 **b**를 검증한다. 이것은 기준으로 선택한 화합물(NH_3)의 화학식이다! 이제 해를 쉽게 구할 수 있다. 계산기의 행렬 함수를 이용하거나 소프트웨어를 사용할 수 있다.

*I*개의 화합물과 *H*개의 원소를 포함하는 화학반응식의 계수를 맞추기 위한 행렬법을 다시 살펴보자.

1. 포함된 원소를 열거하라(C, H, O, N).
2. 반응물 중의 하나를 기준 화합물로 선택하라. 기준 화합물의 화학양론 계수는 −1로 설정한다.
3. 기준 화합물을 제외한 다른 모든 화합물의 화학조성을 행렬의 열에 열거하라. 단계 1에서 정한 순서대로 원소를 나열하고 0을 잊지 않고 쓰도록 주의하라. 행렬은 *H*개의 행(*H*개의 원소)과 *I* − 1개의 열(총 *I*개의 화합물에서 기준 화합물을 뺀 값)을 갖는다.
4. 벡터 **x**에는 미지의 계수를 나열하라. 벡터는 *I* − 1개의 항(총 *I*개의 화합물에서 기준 화합물을 뺀 값)을 가진다. 행렬 안의 화합물과 계수가 같은 차수를 갖도록 하라.
5. **b** 벡터에는 기준 화합물의 조성을 나열하라. 단계 1에서 정한 순서대로 하되, 0을 잊지 않도록 주의하라.
6. 계산기나 프로그램을 사용하여 행렬식의 해를 찾는다.

예제 1.3 ▸ **행렬을 이용한 화학반응식 계수 맞추기: 아디프산**

사이클로헥산올($C_6H_{12}O$)과 질산(HNO_3)은 반응하여 아디프산($C_6H_{10}O_4$)을 생성하고, 일산화질소(NO)와 물(H_2O)을 부산물로 갖는다. 행렬식을 사용하여 화학양론 계수를 구하라.

› 풀이

우리는 이 문제를 예제 1.2(반응 3)에서 이미 다뤘지만, 이번에는 행렬법을 사용하여 풀어 보도록 하자. $C_6H_{12}O$을 기준 화합물로 정하고, $\nu_{C_6H_{12}O} = -1$이라고 하면, 다음과 같이 행렬식을 쓸 수 있다.

$$\begin{matrix} \text{C:} \\ \text{H:} \\ \text{O:} \\ \text{N:} \end{matrix} \begin{bmatrix} 0 & 6 & 0 & 0 \\ 1 & 10 & 0 & 2 \\ 3 & 4 & 1 & 1 \\ 1 & 0 & 1 & 0 \end{bmatrix} \begin{bmatrix} \nu_{HNO_3} \\ \nu_{C_6H_{10}O_4} \\ \nu_{NO} \\ \nu_{H_2O} \end{bmatrix} = \begin{bmatrix} 6 \\ 12 \\ 1 \\ 0 \end{bmatrix}$$

해는 다음과 같다.

$$\begin{bmatrix} \nu_{HNO_3} \\ \nu_{C_6H_{10}O_4} \\ \nu_{NO} \\ \nu_{H_2O} \end{bmatrix} = \begin{bmatrix} -8/3 \\ 1 \\ 8/3 \\ 7/3 \end{bmatrix}$$

(예제 1.2의 해와 비교해 보라.)

▸ 1.4 생성량-소모량 분석

원료물질을 선택하고 계수를 맞춘 화학반응식을 얻는 것은 화학공정조합의 초기 단계이다. 많은 화학공정은 이용할 수 있는 원료물질로부터 원하는 제품을 생산하기 위해 다중 화학반응식을 조합해야 한다. 최소량의 원료물질로부터 최대량의 생산물을 경제적으로 얻기 위해, 또는 특히 독성이 있거나 해로운 물질이 포함된 부산물을 최소한으로 얻기 위해 이러한 화학반응식의 조합이 종종 일어난다.

생성량-소모량 분석(generation-consumption analysis)은 이와 같은 목표를 이루기 위해 다중 화학반응을 포함하는 화학반응 경로를 조합하는 체계적인 방법이다. 이러한 분석법은 원하는 양의 생산물을 만들기 위해 소모되는 원료물질의 양과 생성물 1몰당 생성되는 부산물의 양을 계산해준다.

예를 들어, 한 회사가 농산업의 부산물로 지속적으로 발생하는 글루코오스로부터 아이소부탄올($C_4H_{10}O$)을 생성하는 발효 과정을 개발 중이라고 하자. 계수를 맞춘 화학반응식은 다음과 같다.

$$C_6H_{12}O_6 \rightarrow C_4H_{10}O + 2CO_2 + H_2O \qquad \textbf{(R1)}$$

회사의 목표는 아이소부탄올을 "플랫폼" 화학물질(화석연료로부터 만들어지는 재생 가능한 자원으로부터 다른 화학물질로 만드는 과정의 중간체로서 작용하는 화학물질)로 사용하는 것이다. 한 가지 아이디어는 옥탄가가 높은 휘발유에 혼합되고, 플라스틱 병을 만들거나 왁스(심지어 귀지도)의 용액으로 사용되는 자일렌(C_8H_{10})을 만드는 것이다. 자일렌은 두 단계에 걸쳐 아이소부탄올로부터 생성된다. 첫째, 아이소부탄올은 탈수 과정을 통해 아이소부텐(C_4H_8)을 생성한다.

$$C_4H_{10}O \rightarrow C_4H_8 + H_2O \qquad \textbf{(R2)}$$

그리고 아이소부텐은 반응하여 자이렌과 부산물로 수소를 생성한다.

$$2C_4H_8 \rightarrow C_8H_{10} + 3H_2 \qquad \textbf{(R3)}$$

반응 (R2)와 (R3)를 살펴보자. 반응 (R2)에서, *소모된* 아이소부탄올 1몰당 1몰의 C_4H_8이 *생성된다*. 반응 (R3)에서, 소모된 아이소부텐 2몰당 1몰의 자일렌이 생성된다. 필요한 반응물은 아이소부탄올이고, 필요한 생성물은 자일렌이다. 즉, 아이소부텐은 생성되거나 소모되지 않아야 한다. 그러므로 반응 (R2)에서 2몰의 아이소부텐이 생성되어야 하고, 단순히 식에 2를 곱해줌으로써 원하는 식을 얻을 수 있다.

$$2C_4H_{10}O \rightarrow 2C_4H_8 + 2H_2O \qquad 2 \times \textbf{(R2)}$$

이러한 개념을 수식으로 표현할 수 있다.

$$\nu_{ik} = k \text{ 반응에서 } i \text{ 구성물의 화학양론 계수}$$

로 정의된다. 예를 들어, $\nu_{H_2,3} = +3$이다.

$$\chi_k = \text{반응 } k\text{에 대한 곱인자(multiplying factor)}$$

로 정의된다. 예를 들어 위의 과정에서 반응 (R2)와 (R3)를 조합할 때 아이소부텐이 생성되거나 소모되지 않도록, $\chi_2 = 2$를 사용해 주었다.

반응에서 구성물 i의 총 생성량/소모량은 다음과 같다.

$$\boxed{\nu_{i,\text{총합}} = \sum_{\text{all } k} \nu_{ik}\chi_k} \qquad \textbf{(1.2)}$$

전체 반응에서 생성된 *생성물*에 대해서, $\nu_{i,\text{총합}} > 0$이다.

전체 반응에서 소모된 반응물질에 대해서, $\nu_{i,\text{총합}} < 0$이다.

생성되거나 소모되지 않은 중간생성물에 대해서,

$$\nu_{i,\text{총합}} = 0 \qquad \textbf{(1.3)}$$

이 등식은 화학반응식을 하나의 공정으로 조합할 때 알맞은 곱인자를 찾기 위해 사용된다. 글루코오스로 자일렌을 생성하는 경우에서[(R1)부터 (R3)], 아이소부탄올과 아이소부텐 모두 중간생성물이므로, 원리적으로 생성되거나 소모되는 양이 없다. 두 개의 중간생성물을 식 (1.2)와 (1.3)에 적용하면, 두 개의 연립방정식과 세 개의 곱인자를 얻을 수 있다.

$$\nu_{\text{isobutanol,net}} = \nu_{\text{isobutanol,1}}\chi_1 + \nu_{\text{isobutanol,2}}\chi_2 + \nu_{\text{isobutanol,3}}\chi_3 = 0$$
$$\nu_{\text{isobutene,net}} = \nu_{\text{isobutene,1}}\chi_1 + \nu_{\text{isobutene,2}}\chi_2 + \nu_{\text{isobutene,3}}\chi_3 = 0$$

알고 있는 화학양론 계수를 대입하면 다음과 같다.

$$\nu_{\text{isobutanol,net}} = (+1)\chi_1 + (-1)\chi_2 + (0)\chi_3 = 0$$
$$\nu_{\text{isobutene,net}} = (0)\chi_1 + (+1)\chi_2 + (-2)\chi_3 = 0$$

연립방정식의 개수보다 미지수가 한 개 더 많기 때문에, 아직 χ_k의 값을 알 수 없다. 해를 구하기 위해, 하나의 곱인자에 임의의 수를 설정할 수 있다. $\chi_3 = 1$이라고 하자. 그렇다면 연립방정식은 다음과 같이 전개된다.

$$(+1)\chi_1 + (-1)\chi_2 = 0$$
$$(+1)\chi_2 = 2$$

이제 연립방정식의 해를 구할 수 있다: $\chi_1 = 2, \chi_2 = 2$.

이 과정을 다음과 같이 일반화할 수 있다. I개의 성분을 포함하는 K개의 반응을 생각해 보자. 생성량-소모량 분석을 하기 위해서,

1. 모든 K 반응에 대한 계수를 맞춘 화학반응식을 적는다.
2. 하나의 열에 모든 I 성분(반응물과 생성물)을 나열한다.
3. 각 반응 k에 대하여, 각 성분에 해당하는 ν_{ik}를 열에 맞춰 적는다. 그러면 각 반응을 나타내는 K 열이 생기게 된다.
4. 각 반응에 대한 곱인자 χ_k를 구해서 성분의 최종 생성량 혹은 소모량을 조정한다. 어떤 성분 i에 대해 최종 생성/소모량을 0으로 만들려면, χ_k는 다음과 같다.

$$\nu_{i,\text{총합}} = \sum_{\text{all } k} \chi_k \nu_{ik} = 0 \quad \textbf{(1.3)}$$

5. 식 (1.2)와 단계 4에서 찾은 χ_k를 사용하여 최종 생성량과 소모량을 계산한다.

왜 단계 4를 할 수 있는가? 그 이유는 반응물과 생성물의 화학양론 계수가 절대적인 값이 아니라 상대적인 값 또는 비율이기 때문이다. 따라서 계수를 맞춘 화학반응식에 공통인수를 곱해 주어도 무방하다.

왜 단계 4를 해야 하는가? 여러 가지 이유가 있다. 한 가지 예를 들면, 고가의 성분에 대한 최종 소모나 독성이거나 해로운 부산물의 최종 생성을 피하기 위함이다.

노트: 식 (1.3)을 만족하는 χ_k를 언제나 찾을 수 있는 것은 아니다. 그러한 경우 목적을 이루기 위해서 다른 부가적인 화학반응을 찾을 필요가 있다.

생성량-소모량 분석은 다음의 두 가지 예제에서 설명되어 있다.

예제 1.4 ▸ **생성량-소모량 분석: 암모니아 합성**

암모니아는 오늘날 화학 산업에서 가장 많이 생산되고 있는 물질 중 하나이다. 암모니아 합성은 증기(H_2O)와 메테인(CH_4)이 반응하여 일산화탄소와 수소가 생성되는 과정

이다. 그다음, 일산화탄소(CO)와 물이 반응하여 이산화탄소(CO_2)와 더 많은 수소(H_2)를 생성하고, 질소(N_2)와 수소가 결합하여 최종적으로 암모니아(NH_3)를 생성한다.

일산화탄소(CO)와 수소(H_2)의 생성량이나 소모량을 0인 상태로 하기 위해서, 이러한 반응들을 어떻게 조합해야 할까?

〉풀이

먼저 계수를 맞춘 화학반응식은 다음과 같다.

$$CH_4 + H_2O \rightarrow CO + 3H_2 \quad \textbf{(R1)}$$

$$CO + H_2O \rightarrow CO_2 + H_2 \quad \textbf{(R2)}$$

$$N_2 + 3H_2 \rightarrow 2NH_3 \quad \textbf{(R3)}$$

이 반응식들을 이용하여 곱인자를 고려하지 않은 생성량-소모량 표를 만들어 보자.

Compound	**R1** ν_{i1}	**R2** ν_{i2}	**R3** ν_{i3}	**Net** $\nu_{i,\text{net}}$
CH_4	−1			−1
H_2O	−1	−1		−2
CO	+1	−1		0
H_2	+3	+1	−3	+1
CO_2		+1		+1
N_2			−1	−1
NH_3			+2	+2

이 해는 제한조건인 일산화탄소의 최종 생성-소모량은 0임을 만족하지만, 수소의 최종 생성-소모량은 0이 아니므로 문제의 조건에 부합하지 않는다. 이 두 가지 중간생성물에 대하여 식 (1.3)을 적용해 보자.

$$\text{CO:} \quad \chi_1 - \chi_2 = 0$$

$$\text{H}_2\text{:} \quad 3\chi_1 + \chi_2 - 3\chi_3 = 0$$

우리가 할 일은 위의 방정식을 만족하는 해의 집합(χ_1, χ_2, χ_3)을 구하는 것이다. 세 개의 변수에 대해 두 개의 식이 주어지므로, 하나 이상의 해를 얻을 수 있다. 하나 이상의 해가 존재하므로 곱인자 중 하나의 값을 0보다 큰 임의의 수로 지정한 뒤, 나머지 두 개의 식을 풀어 해를 구할 수 있다.

$$\chi_1 = 1$$

로 지정하자. 그렇다면 나머지 두 개의 해를 구할 수 있다.

$$\chi_2 = 1, \chi_3 = \tfrac{4}{3}$$

앞에서 구한 값들을 (R1), (R2), (R3) 열의 각 항에 곱해 주면, 우리가 원하는 결과를 얻을 수 있다.

Compound	$\chi_1\nu_{i1}$	$\chi_2\nu_{i2}$	$\chi_3\nu_{i3}$	$\nu_{i,net}$
CH_4	−1			−1
H_2O	−1	−1		−2
CO	+1	−1		0
H_2	+3	+1	−4	0
CO_2		+1		+1
N_2			−4/3	−4/3
NH_3			+8/3	+8/3

Quiz 1.5

예제 1.4에서, $\chi_2 = 3$으로 정하고 χ_1과 χ_3의 해를 구한다면. 최종 반응은 어떻게 될까?

CO_2의 최종 생성량과 소모량이 없는 경우인 예제 1.4에서 일련의 반응식을 조합할 수 있는가?

마지막 열에서 암모니아 합성의 최종 반응을 알 수 있다.

$$CH_4 + 2H_2O + \tfrac{4}{3}N_2 \rightarrow CO_2 + \tfrac{8}{3}NH_3$$

예제 1.5 ▸

생성량-소모량 분석: 솔베이 공정

석회석($CaCO_3$)이 산화칼슘(CaO)으로 분해되어 물과 반응하면 수산화칼슘($Ca(OH)_2$, "milk of lime")이 된다.

$$CaCO_3 \rightarrow CaO + CO_2 \quad \textbf{(R1)}$$

$$CaO + H_2O \rightarrow Ca(OH)_2 \quad \textbf{(R2)}$$

수산화칼슘이 염화암모늄과 반응하여 암모니아와 염화칼슘을 생성한다.

$$Ca(OH)_2 + 2NH_4Cl \rightarrow 2NH_3 + CaCl_2 + 2H_2O \quad \textbf{(R3)}$$

암모니아는 물에 녹아 수산화암모늄을 만드는데, 수산화암모늄은 이산화탄소와 반응하여 탄산암모늄을 생성하고, 그 후 중탄산암모늄이 생성된다.

$$NH_3 + H_2O \rightarrow NH_4OH \quad \textbf{(R4)}$$

$$2NH_4OH + CO_2 \rightarrow (NH_4)_2CO_3 + H_2O \quad \textbf{(R5)}$$

$$(NH_4)_2CO_3 + CO_2 + H_2O \rightarrow 2NH_4HCO_3 \quad \textbf{(R6)}$$

중탄산암모늄이 염화나트륨과 반응하여 중탄산나트륨을 생성하고, 더 많은 염화암모늄을 생성한다.

$$NH_4HCO_3 + NaCl \rightarrow NH_4Cl + NaHCO_3 \quad \textbf{(R7)}$$

마지막으로, 중탄산나트륨($NaHCO_3$, 베이킹소다)은 원하는 생성물인 탄산나트륨로 분해되고, 이산화탄소와 물을 부산물로 방출한다.

$$2NaHCO_3 \rightarrow Na_2CO_3 + CO_2 + H_2O \quad \textbf{(R8)}$$

석회석과 소금으로부터 탄산나트륨을 만드는 과정을 떠올려 볼 때, 위의 공정을 사용하는 것이 효율적인가?

풀이

이 공정의 8가지 반응에는 14종류의 구성물이 포함된다. 이 화학반응들을 평가하기 위해, 곱인자를 고려하지 않고 표 1.1a에서 생성량-소모량 분석을 해보자.

표 1.1a ▸ 솔베이 공정(첫 번째)의 생성량-소모량 분석

Compound	R1 ν_{i1}	R2 ν_{i2}	R3 ν_{i3}	R4 ν_{i4}	R5 ν_{i5}	R6 ν_{i6}	R7 ν_{i7}	R8 ν_{i8}	Net $\nu_{i,net} = \sum \nu_{ik}$
$CaCO_3$	−1								−1
CaO	+1	−1							0
CO_2	+1				−1	−1		+1	0
H_2O		−1	+2	−1	+1	−1		+1	+1
$Ca(OH)_2$		+1	−1						0
NH_4Cl			−2				+1		−1
NH_3			+2	−1					+1
NH_4OH				+1	−2				−1
$(NH_4)_2CO_3$					+1	−1			0
NH_4HCO_3						+2	−1		+1
$NaCl$							−1		−1
$NaHCO_3$							+1	−2	−1
$CaCl_2$			+1						+1
Na_2CO_3								+1	+1

우리가 원하는 생성물인 1몰의 탄산나트륨을 얻기 위해 1몰의 탄산칼슘과 1몰의 염화나트륨이 필요할 때, 다른 구성물들의 생성량이나 소모량도 존재하게 된다. 최종적으로 탄산칼슘과 염화나트륨 외에 어떤 원료물질도 최종 소모량이 없도록, 그리고 암모니아가 포함된 구성물 중 어느 것이라도 최종 생성이나 소모가 없도록 반응 경로를 조합할 수 있을까? 다시 말해서, 염화암모늄, 암모니아, 수산화암모늄, 탄산암모늄, 중탄산암모늄, 중탄산나트륨에 대해서 마지막 열의 계수를 0으로 만드는 곱인자를 구할 수 있는가? 여섯 가지 성분에 대해 식 (1.3)을 적용하면 다음과 같다.

$$NH_4Cl: \quad -2\chi_3 + \chi_7 = 0$$

$$NH_3: \quad 2\chi_3 - \chi_4 = 0$$

$$NH_4OH: \quad \chi_4 - 2\chi_5 = 0$$

$$(NH_4)_2CO_3: \quad \chi_5 - \chi_6 = 0$$

$$NH_4HCO_3: \quad 2\chi_6 - \chi_7 = 0$$

$$NaHCO_3: \quad \chi_7 - 2\chi_8 = 0$$

모든 제한조건을 만족시키는 하나의 해는 아래와 같다.

$$\chi_3 = \chi_5 = \chi_6 = \chi_8 = 1$$
$$\chi_4 = \chi_7 = 2$$

(R4)와 (R7) 반응의 화학양론 계수에 2를 곱하고, 다른 반응에는 1을 곱하면 어떻게 되는지 보자(표 1.1b).

표 1.1b ▸ 솔베이 공정(두 번째)*의 생성량-소모량 분석

Compound	R1	R2	R3	R4	R5	R6	R7	R8	Net
	ν_{i1}	ν_{i2}	ν_{i3}	$\chi_4\nu_{i4}$	ν_{i5}	ν_{i6}	$\chi_7\nu_{i7}$	ν_{i8}	$\nu_{i,\text{net}} = \sum\chi_k\nu_{ik}$
$CaCO_3$	−1								−1
CaO	+1	−1							0
CO_2	+1				−1	−1		+1	0
H_2O		−1	+2	**−2**	+1	−1		+1	**0**
$Ca(OH)_2$		+1	−1						0
NH_4Cl			−2				**+2**		**0**
NH_3			+2	**−2**					**0**
NH_4OH				**+2**	−2				**0**
$(NH_4)_2CO_3$					+1	−1			0
NH_4HCO_3						+2	**−2**		**0**
NaCl							**−2**		**−2**
$NaHCO_3$							**+2**	−2	**0**
$CaCl_2$			+1						+1
Na_2CO_3								+1	+1

*Changes are shown in bold.

완벽하다! 이제 암모니아를 포함하는 모든 성분이 더 이상의 최종 생성이나 소모가 없는 완전한 중간생성물이 되었다. 게다가, 중탄산나트륨의 최종 소모량도 없다. 결과적으로 14개의 성분이 포함된 8개의 화학반응의 최종 반응식은 다음과 같다(표 1.1b의 마지막 열을 통해 알 수 있음).

$$CaCO_3 + 2NaCl \rightarrow Na_2CO_3 + CaCl_2$$

1.4.1 ▸ 생성량-소모량 분석에서 행렬의 사용

식 (1.2)와 (1.3)에서 알맞은 χ_k을 찾기 위해 행렬을 사용할 수 있다. 검산 과정에 의해 행렬이 개발되었기 때문에, 이 방법은 특히 반응들이 매우 많은 계에서 유용하다. 또한 행렬법은 한 화합물이 중간 생성물질이나 부산물이 되는 경우 반응이 조합될 수 있는지가 불분명할 때 유용하다! 목적은 $\mathbf{Ax} = \mathbf{b}$ 식을 찾는 것이다. 여기서 $\mathbf{A}$는 모든 화합물의 화학양론 계수를 포함하는 행렬이고 최종 생성량-소모량이 0이다. $\mathbf{x}$는 미지의 곱인자 χ_k를 포함하는 벡터이고, $\mathbf{b}$는 기준 반응으로 선택된

한 반응의 화학양론 계수를 포함하는 벡터이다. 그러면 **x**를 구할 수 있고, 생성량-소모량 분석을 완성할 수 있다. 절차는 다음과 같다.

1. 반응에 나타나는 모든 화합물을 나열하라. 행렬 **A**를 쓰기 위해 열에는 각 반응의 화학양론 계수를 순서대로 나열한다. **A**는 I행(각 구성물)과 K열(각 반응)을 갖는다. 적어도 반응의 수만큼 화합물이 존재한다.
2. **A**의 행을 조사하라. 0이 아닌 항목이 한 개인 행이 있으면 그 행을 지워라. 이 행에 대응하는 화합물은 반응계에서 오직 하나의 반응에서만 나타난다. 최종 생성량-소모량은 0이 될 수 없고, 중간생성물이 될 수 없다. 반응물이나 생성물 중 하나이다.
3. 행렬 **A**의 행이 열보다 하나 작으면 단계 4로 가라. 그렇지 않으면 **A**의 남은 행을 조사하고 원료물질이나 생성물에 적당한 화합물을 확인하라. 그것은 독성이 없거나 싼 원료 또는 비싼 부산물이기 때문에 '적당한' 것이다. 열보다 행이 한 개 적을 때까지 적당한 화합물의 행을 지워나간다(화합물의 개수는 반응 개수보다 한 개 적어야 함).
4. 기준 반응으로 하나의 반응을(열 중에서) 정한다. $\mathbf{b} = (-1) \times$ 기준 반응의 화학양론 계수라 한다. 행렬 **A**의 열을 지운다.
5. 행과 열의 수가 같은지, 미지의 곱인자인 변수 벡터 **x**, 기준 반응을 나타내는 벡터 **b**를 이용한 행렬 **A**의 사각 계수를 확인하라. **x**를 풀고, 해를 이용하여 생성량-소모량 분석을 완성한다.

실제로는 절차가 그리 복잡하지 않다. 예제 1.6을 보자.

행렬을 이용한 생성량-소모량 분석: 질산 합성 ◀ 예제 1.6

우리는 쉽게 이용할 수 있고 싼 원료로부터 질산(HNO_3)을 생성하는 반응 경로를 밝히고자 한다. 다음 반응의 조합이 유용할 것이다.

$$O_2 + 2CH_4 \rightarrow 2CO + 4H_2 \qquad \textbf{(R1)}$$

$$CO + H_2O \rightarrow CO_2 + H_2 \qquad \textbf{(R2)}$$

$$N_2 + 3H_2 \rightarrow 2NH_3 \qquad \textbf{(R3)}$$

$$4NH_3 + 5O_2 \rightarrow 4NO + 6H_2O \qquad \textbf{(R4)}$$

$$2NO + O_2 \rightarrow 2NO_2 \qquad \textbf{(R5)}$$

$$3NO_2 + H_2O \rightarrow 2HNO_3 + NO \qquad \textbf{(R6)}$$

질산을 생산하는 반응 경로를 조합하기 위해 행렬법을 이용하라. 가능하다면 메테인(CH_4), 물, 산소, 질소와 같이 저렴하고, 쉽게 이용할 수 있는 원료를 사용하려고 한다. 그리고 일산화질소, 이산화질소, 암모니아, 일산화탄소와 같은 독성 물질이나 환경에 해로운 화합물들은 피하려고 한다.

› 풀이

1. 포함된 모든 화합물을 나열하고, 계수를 맞춘 화학반응식으로부터 화학양론 계수

를 행렬로 나타낸다.

$$
\begin{matrix} \\ O_2 \\ N_2 \\ CH_4 \\ H_2O \\ CO \\ CO_2 \\ H_2 \\ NH_3 \\ NO \\ NO_2 \\ HNO_3 \end{matrix}
\begin{matrix} \mathrm{R1} & \mathrm{R2} & \mathrm{R3} & \mathrm{R4} & \mathrm{R5} & \mathrm{R6} \\ \end{matrix}
\begin{bmatrix}
-1 & 0 & 0 & -5 & -1 & 0 \\
0 & 0 & -1 & 0 & 0 & 0 \\
-2 & 0 & 0 & 0 & 0 & 0 \\
0 & -1 & 0 & 6 & 0 & -1 \\
2 & -1 & 0 & 0 & 0 & 0 \\
0 & 1 & 0 & 0 & 0 & 0 \\
4 & 1 & -3 & 0 & 0 & 0 \\
0 & 0 & 2 & -4 & 0 & 0 \\
0 & 0 & 0 & 4 & -2 & 1 \\
0 & 0 & 0 & 0 & 2 & -3 \\
0 & 0 & 0 & 0 & 0 & 2
\end{bmatrix}
$$

2. 다음으로, 목록을 조사하여 한 항목만 있는 행을 제거한다. 반응물인 질소와 메테인 및 원하는 생성물인 질산이 포함된다. 또한, 이산화탄소는 오직 하나의 반응에서만 나타나기 때문에 *반드시* 생성물로 존재해야 함을 알 수 있다. 정리한 행렬은 다음과 같다.

$$
\begin{matrix} \\ O_2 \\ H_2O \\ CO \\ H_2 \\ NH_3 \\ NO \\ NO_2 \end{matrix}
\begin{matrix} \mathrm{R1} & \mathrm{R2} & \mathrm{R3} & \mathrm{R4} & \mathrm{R5} & \mathrm{R6} \\ \end{matrix}
\begin{bmatrix}
-1 & 0 & 0 & -5 & -1 & 0 \\
0 & -1 & 0 & 6 & 0 & -1 \\
2 & -1 & 0 & 0 & 0 & 0 \\
4 & 1 & -3 & 0 & 0 & 0 \\
0 & 0 & 2 & -4 & 0 & 0 \\
0 & 0 & 0 & 4 & -2 & 1 \\
0 & 0 & 0 & 0 & 2 & -3
\end{bmatrix}
$$

3. 화합물의 개수는 일곱 개, 반응 개수는 여섯 개로 화합물의 개수가 반응의 개수보다 하나 더 많다. 절차에 따르면, 반응 개수보다 화합물의 개수가 하나 더 적어야 한다. 원료나 부산물로 적당한 두 가지 물질을 찾는다. 산소와 물이 알맞으므로 제거하자. 이제 남은 다섯 개의 화합물은 최종 생성량-소모량이 0이 된다. 다시 쓰면 다음과 같다.

$$
\begin{matrix} \\ CO \\ H_2 \\ NH_3 \\ NO \\ NO_2 \end{matrix}
\begin{matrix} \mathrm{R1} & \mathrm{R2} & \mathrm{R3} & \mathrm{R4} & \mathrm{R5} & \mathrm{R6} \\ \end{matrix}
\begin{bmatrix}
2 & -1 & 0 & 0 & 0 & 0 \\
4 & 1 & -3 & 0 & 0 & 0 \\
0 & 0 & 2 & -4 & 0 & 0 \\
0 & 0 & 0 & 4 & -2 & 1 \\
0 & 0 & 0 & 0 & 2 & -3
\end{bmatrix}
$$

4. 임의로 기준이 되는 반응을 하나 선택한다[(R1)을 선택하자]. (R1)에 대응하는 벡터 **b**를 생성하고 **A**로부터 열을 지운다. 벡터 **x**에는 곱인자 χ_k를 나열한다. 결국, 다음과 같다.

$$\begin{bmatrix} -1 & 0 & 0 & 0 & 0 \\ 1 & -3 & 0 & 0 & 0 \\ 0 & 2 & -4 & 0 & 0 \\ 0 & 0 & 4 & -2 & 1 \\ 0 & 0 & 0 & 2 & -3 \end{bmatrix} \begin{bmatrix} \chi_2 \\ \chi_3 \\ \chi_4 \\ \chi_5 \\ \chi_6 \end{bmatrix} = \begin{bmatrix} -2 \\ -4 \\ 0 \\ 0 \\ 0 \end{bmatrix}$$

5. 행렬 **A**의 열은 (R2)부터 (R6)까지 다섯 개의 반응에 대응한다. 행렬의 행은 남아 있는 물질(CO, H_2, NH_3, NO, NO_2)의 화학양론 계수에 대응한다. 이들은 최종 생성량-소모량이 없는 화합물들이다. 위 행렬식을 계산기나 컴퓨터로 풀면, 곱인자를 구할 수 있다.

$$\mathbf{x} = \begin{bmatrix} 2 \\ 2 \\ 1 \\ 3 \\ 2 \end{bmatrix}$$

마지막으로, 생성량-소모량 표를 완성하기 위해 대응하는 χ_k에 화학양론 계수 ν_{ik}를 곱한다.

Compound	R1	R2	R3	R4	R5	R6	Net
O_2	−1			−5	−3		−9
N_2			−2				−2
CH_4	−2						−2
H_2O		−2		+6		−2	+2
CO	+2	−2					0
CO_2		+2					+2
H_2	+4	+2	−6				0
NH_3			+4	−4			0
NO				+4	−6	+2	0
NO_2					+6	−6	0
HNO_3						+4	+4

총괄 반응은 다음과 같다.

$$9O_2 + 2N_2 + 2CH_4 \rightarrow 2H_2O + 2CO_2 + 4HNO_3$$

▶ 1.5 물질수지와 공정 경제성에 대한 소개

이번 절에서는 특정한 양의 생산품을 만드는 데 필요한 원료물질의 양과 부산물의 양, 그리고 원료물질의 비용 등을 계산하기 위해서 생성량-소모량 분석으로부터 얻은 결과를 어떻게 이용하는지에 대해 알아볼 것이다. 이것은 매우 간단하지만 화학공정을 조합하는 초기 단계에서 필수적이며, 이를 기초로 원료물질과 화학반응 경로에 대한 여러 대안을 평가할 수 있다.

1.5.1 ▸ 질량, 몰, 몰질량

먼저 몇 가지 정의에 대해 간단히 알아보자.

원자량(atomic mass)은 원자 질량 단위(amu)로 표현된다. 1 amu는 하나의 ^{12}C 원자량의 1/12배이며, $1.66053873 \times 10^{-27}$ kg이다. 주기율표의 원자량은 자연계에 존재하는 동위원소의 분포에 대해 평균한 그 원소의 평균 질량이다. 탄소의 원자량은 12.011 amu (동위원소 ^{12}C, ^{13}C, ^{14}C를 모두 고려)이며, ^{12}C의 상대적 원자량(무차원)은 12이다. 원자량과 원자 번호에 관한 목록은 부록 B를 참고하라.

분자량(molecular mass)은 분자를 이루는 모든 원자의 원자량의 합이다. **몰질량**(molar mass)은 원자나 분자 1몰($6.02214199 \times 10^{23}$)을 그램으로 표시한 질량이다. 몰질량은 분자량과 같은 값을 가지지만, [grams/gram-mole]의 단위를 쓰거나 [g/gmol]으로 간단히 쓴다.

설명 ▸ 글루코오스($C_6H_{12}O_6$)는 6개의 탄소(원자량 12.011 amu)와 12개의 수소(원자량 1.0079 amu), 6개의 산소(원자량 15.9994 amu)를 포함하고 있다. 글루코오스의 분자량은 6(12.011) + 12(1.0079) + 6(15.9994) = 180.157 amu이다. 글루코오스의 몰질량은 180.157 g/gmol이다.

몰을 질량으로 바꾸려면 전체 *몰수*에 *몰질량*을 곱한다. 질량을 몰로 바꾸려면 전체 *몰수*에 *몰질량*을 나눠준다.

설명 ▸ $$100.0 \text{ gmol 글루코오스}\left(\frac{180.157 \text{ g 글루코오스}}{\text{gmol 글루코오스}}\right) = 18{,}020 \text{ g 글루코오스}$$

$$100.0 \text{ g glucose}\left(\frac{\text{gmol 글루코오스}}{180.157 \text{ g 글루코오스}}\right) = 0.5551 \text{ gmol 글루코오스}$$

매우 정확한 계산이 필요하지 않은 경우, 일반적으로 원자량의 근사치를 사용하여 나타낼 수 있다. 다음을 기억해 두라.

$$H = 1$$

$$C = 12$$

$$N = 14$$

$$O = 16$$

$$S = 32$$

설명 ▸ 글루코오스($C_6H_{12}O_6$)의 몰질량은 6(12) + 12(1) + 6(16) = 180 g/gmol이다.

$$100 \text{ gmol 글루코오스}\left(\frac{180 \text{ g 글루코오스}}{\text{gmol 글루코오스}}\right) = 18{,}000 \text{ g 글루코오스}$$

$$100 \text{ g glucose}\left(\frac{\text{gmol 글루코오스}}{180 \text{ g 글루코오스}}\right) = 0.55 \text{ g 글루코오스}$$

앞으로 화학공학자로 살아가면서, 여러 가지 단위 체계를 접할 것이다. 비록 대부분 과학적 논의에서 SI 단위계(kg, m, sec, K)를 사용하지만, 많은 산업현장에서는 아직도 영국 단위계(lb, ft, sec, °F)를 사용한다.

하나의 질량 단위를 다른 단위계로 바꾸려면 다음의 환산인자를 이용해야 한다.

$$1 \text{ lb} = 453.59 \text{ g} = 16 \text{ oz} = 0.45359 \text{ kg} = 5 \times 10^{-4} \text{ ton}$$
$$1 \text{ kg} = 1000 \text{ g} = 35.274 \text{ oz} = 2.2046 \text{ lb} = 10^{-3} \text{ metric ton}$$
$$1 \text{ ton} = 907{,}180 \text{ g} = 2000 \text{ lb} = 907.18 \text{ kg} = 0.90718 \text{ metric ton}$$
$$1 \text{ metric ton} = 10^{6} \text{ g} = 2204.6 \text{ lb} = 1000 \text{ kg} = 1.1023 \text{ ton}$$

설명 ▸ $$5.075 \text{ tons}\left(\frac{2000 \text{ lb}}{\text{ton}}\right) = 10{,}150 \text{ lb}$$

$$5.075 \text{ ton}\left(\frac{907.18 \text{ kg}}{\text{ton}}\right)\left(\frac{35.274 \text{ oz}}{\text{kg}}\right) = 162{,}400 \text{ oz}$$

Quiz 1.6

104 g의 에탄올(C_2H_5OH)에는 몇 gmol의 에탄올이 포함되어 있는가?

에탄올 104 gmol에는 몇 g의 에탄올이 포함되어 있는가?

에탄올 104 lb는 몇 kg인가?

에탄올 104 lb는 몇 kgmol인가?

gram(g)을 제외하면 대부분의 질량 계산에서 lb, kg, ton 단위를 사용하고 있기에, 몰질량은 다른 단위계로 쓰는 것이 유용하다. 몰질량은 [lb/lbmol], [kg/kgmol], [ton/tonmol]이나 다른 편리한 단위를 사용하여 표현할 수 있다. 어떤 성분이든지 여러 다른 단위계에서의 몰질량은 동일하다. 질량 단위로 주어지는 환산인자는 하나의 몰단위를 다른 몰단위로 전환하는 데 사용된다.

$$1 \text{ lbmol} = 453.59 \text{ gmol} = 16 \text{ oz.mol} = 0.45359 \text{ kgmol} = 5 \times 10^{-4} \text{ tonmol}$$
$$1 \text{ kgmol} = 1000 \text{ gmol} = 35.274 \text{ oz.mol} = 2.2046 \text{ lbmol} = 10^{-3} \text{ metric tonmol}$$
$$1 \text{ tonmol} = 907{,}180 \text{ gmol} = 2000 \text{ lbmol} = 907.18 \text{ kgmol} = 0.90718 \text{ metric tonmol}$$
$$1 \text{ metric tonmol} = 10^{6} \text{ gmol} = 2204.6 \text{ lbmol} = 1000 \text{ kgmol} = 1.1023 \text{ tonmol}$$

설명 ▸ 글루코오스($C_6H_{12}O_6$)의 몰질량은 180.157 g/gmol이다. 또한 180.157 lb/lbmol, 180.157 kg/kgmol, 또는 180.157 ton/tonmol이기도 하다.

글루코오스 104.2 kgmol의 질량은 다음과 같다.

$$104.2 \text{ kgmol}\left(\frac{180.157 \text{ g 글루코오스}}{\text{kgmol 글루코오스}}\right) = 18{,}770 \text{ kg 글루코오스}$$

1.5.2 ▸ 원자 경제성

원자 경제성(atom economy)은 반응물을 생성물로 전환하는 화학반응 경로의 효율을 측정하는 간단명료한 도구이다.

$$\text{원자 경제성} = \frac{\text{원하는 생산물의 질량}}{\text{반응물의 총 질량}}$$

! Hint
분모의 합은 최종 소모량이 있는 화합물만을 포함한다.

원자 경제성에 대해 다음과 같은 수학적 표현을 사용한다.

$$\text{원자 경제성} = \frac{\nu_P M_P}{-\sum\limits_{\text{all reactants}} \nu_i M_i} \tag{1.4}$$

위에서 ν_p와 M_p는 원하는 생산물인 P에 대한 화학양론 계수와 몰질량을 나타내고, 마찬가지로 ν_i와 M_i는 반응물 i에 대한 화학양론 계수와 몰질량을 나타낸다. 다중 반응이 결합되어 있는 경우에는, 식 (1.4)의 화학양론 계수는 최종 반응식에서의 계수이다.

생성량-소모량 분석을 마친 후 다음 단계는 반응 경로에 대해 원자 경제성을 계산하는 것이다. 주어진 반응 경로에 대해 할 수 있는 가장 최선의 일은 원자 경제성을 분석하는 일이다. 실제 공정에서는 원료물질의 이용에 있어서 이론적 원자 경제성만큼의 좋은 효율을 달성할 수 없다.

다른 조건이 모두 같다면, 높은 원자 경제성의 반응 경로가 더욱 바람직하다. 더 적은 폐기물을 배출하며 효과적으로 원료물질을 사용하므로, 가격 면에서 더 효율적이다.

예제 1.7 ▸ 원자 경제성: 르블랑 vs. 솔베이

르블랑 공정은 탄산나트륨을 만드는 오래된 방법이다. 최종 반응식은 다음과 같다.

$$2NaCl + H_2SO_4 + 2C + CaCO_3 \rightarrow Na_2CO_3 + 2HCl + 2CO_2 + CaS$$

예제 1.5의 솔베이 공정과 르블랑 공정의 원자 경제성을 비교해 보라.

› 풀이

르블랑 공정에서 편리하도록 모든 반응물과 원하는 생산물인 Na_2CO_3에 대해 화학양론 계수 ν_i와 몰질량 M_i를 표로 만들어 놓았다.

Compound	ν_i	M_i	$\nu_i M_i$
NaCl	−2	58.5	−117
H_2SO_4	−1	98	−98
C	−2	12	−24
$CaCO_3$	−1	100	−100
Na_2CO_3	+1	106	+106

식 (1.4)를 이용하여 원자 경제성을 계산해 보자.

$$\frac{\nu_p M_p}{-\sum\limits_{\text{all reactants}} \nu_i M_i} = \frac{106}{-[(-117)+(-98)+(-24)+(-100)]} = 0.31$$

솔베이 공정(예제 1.5)의 최종 반응식은 다음과 같다.

$$2NaCl + CaCO_3 \rightarrow Na_2CO_3 + CaCl_2$$

화학양론 계수와 몰질량을 통해 원자 경제성을 계산하면 다음과 같다.

$$\frac{\nu_p M_p}{-\sum\limits_{\text{all reactants}} \nu_i M_i} = \frac{106}{-[(-117)+(-100)]} = 0.49$$

결과에 따르면, 원료물질을 더욱 잘 활용한 공정은 솔베이 공정임을 알 수 있다.

원자 경제성: 4-아미노디페닐아민(ADPA)의 합성 ◀ 예제 1.8

4-ADPA(4-aminodiphenylamine, $C_6H_5NHC_6H_4NH_2$)는 고무 타이어의 마모를 줄이기 위한 물질을 만드는 데 사용된다. 기존의 공정은 네 가지의 반응이 필요했다: 벤젠의 염소화 반응에 의해 클로로벤젠이 되고, 질산과 반응하여 PNCB(*p*-nitrochlorobenzene)을 제조하고, PNCB와 포르말린이 반응하여 4-NDPA가 제조되고, 4-NDPA의 수소화 반응에 따라 4-ADPA가 제조된다. 계수를 맞춘 화학반응식은 다음과 같다.

$$C_6H_6 + Cl_2 \rightarrow C_6H_5Cl + HCl \tag{R1}$$

$$C_6H_5Cl + HNO_3 \rightarrow C_6H_4ClNO_2 + H_2O \tag{R2}$$

$$C_6H_4ClNO_2 + C_6H_5NHCHO + 0.5K_2CO_3 \rightarrow C_6H_5NHC_6H_4NO_2 + KCl + CO + 0.5CO_2 + 0.5H_2O \tag{R3}$$

$$C_6H_5NHC_6H_4NO_2 + 3H_2 \rightarrow C_6H_5NHC_6H_4NH_2 + 2H_2O \tag{R4}$$

1990년대 초기, 새로운 공정이 개발되어 상업화되었다. 새로운 공정은 니트로벤젠과 아닐린을 원료물질로 하여 단 두 단계의 반응만을 거치면 된다.

$$C_6H_5NO_2 + C_6H_5NH_2 \rightarrow C_6H_5NHC_6H_4NO + H_2O \tag{R1}$$

$$C_6H_5NHC_6H_4NO + 2H_2 \rightarrow C_6H_5NHC_6H_4NH_2 + H_2O \tag{R2}$$

기존의 공정과 새로운 공정의 원자 경제성에서 차이는 무엇인가?

풀이

먼저, 기존의 방법으로 생성량-소모량 분석을 완성하자.

Compound	ν_{i1}	ν_{i2}	ν_{i3}	ν_{i4}	$\nu_{i,\text{net}}$
C_6H_6	−1				−1
Cl_2	−1				−1
C_6H_5Cl	+1	−1			0
HCl	+1				+1
HNO_3		−1			−1
$C_6H_4ClNO_2$		+1	−1		0
H_2O		+1	+0.5	+2	+3.5
C_6H_5NHCHO			−1		−1
K_2CO_3			−0.5		−0.5
$C_6H_5NHC_6H_4NO_2$			+1	−1	0
KCl			+1		+1
CO			+1		+1
CO_2			+0.5		+0.5
H_2				−3	−3
$C_6H_5NHC_6H_4NH_2$				+1	+1

그리고 마지막 "최종" 열의 화학양론 계수를 이용해서 원자 경제성을 평가하자. 원자 경제성을 평가하는 데 있어서 우리는 원료물질(음의 화학양론 계수)과 원하는 생산물(4-ADPA)만을 고려해주면 된다.

Compound	ν_i	M_i	$\nu_i M_i$
C_6H_6	−1	78	−78
Cl_2	−1	71	−71
HNO_3	−1	63	−63
C_6H_5NHCHO	−1	121	−121
K_2CO_3	−0.5	138	−69
H_2	−3	2	−6
$C_6H_5NHC_6H_4NH_2$	+1	184	+184

$$\frac{\nu_P M_P}{-\sum\limits_{\text{all reactants}} \nu_i M_i} = \frac{184}{-[(-78)+(-71)+(-63)+(-121)+(-69)+(-6)]} = 0.45$$

이제 새로운 방법에 대한 생성량-소모량 분석을 해보자.

Compound	ν_{i1}	ν_{i2}	$\nu_{i,net}$
$C_6H_5NO_2$	−1		−1
$C_6H_5NH_2$	−1		−1
$C_6H_5NHC_6H_4NO$	+1	−1	0
H_2O	+1		+1
H_2		−2	−2
$C_6H_5NHC_6H_4NH_2$		+1	+1

그리고 새로운 방법에 대한 원자 경제성을 평가해 보자.

Compound	ν_i	M_i	$\nu_i M_i$
$C_6H_5NO_2$	−1	123	−123
$C_6H_5NH_2$	−1	93	−93
H_2	−2	2	−4
$C_6H_5NHC_6H_4NH_2$	+1	184	+184

$$\frac{\nu_P M_P}{-\sum_{\text{all reactants}} \nu_i M_i} = \frac{184}{-[(-123)+(-93)+(-4)]} = 0.84$$

기존의 공정이 새로운 공정으로 전환되면서 원자 경제성이 0.45에서 0.84로 증가했다. 이 괄목할만한 업적은 Presidential Green Chemistry Challenge Award에서 인정받게 되었다.

Quiz 1.7

예제 1.4를 주목하자. 암모니아 합성에서의 원자 경제성은 얼마인가?

1.5.3 ▸ 공정 경제성

우리는 앞서 원료물질과 원하는 생산물, 반응 경로를 선택하여 생성량-소모량 분석을 하고, 원자 경제성을 계산할 수 있게 되었다. 주어진 양의 생산물을 만드는 데 필요한 원료물질의 총량은 얼마인가? 원료물질의 가격, 생산품의 가치, 이익(또는 손실)은 얼마인가?

우리는 생성량-소모량의 결과로부터 시작할 수 있는데, 소모된 원료물질의 양과 생성된 생산물의 양에 대한 *상대적인* 몰수비를 알려주기 때문이다. 다음으로, 아래와 같은 간단한 과정이 필요하다.

1. 몰을 질량으로 전환
2. 생산 규모의 조정(scale up 또는 scale down)
3. 질량을 화폐로 전환

다시 한 번 이러한 과정들을 하나씩 다루어 보자.

1. *몰을 질량으로 전환.* 몰을 질량으로 전환하기 위해서 화학양론 계수 ν_i를 몰

질량 M_i로 곱한다. 화학양론 계수는 몰질량에 대한 절댓값이 아닌 상대적인 값을 나타내기 때문에, 이러한 계산을 통해 상대 질량 값이 주어진다.

2. *생산 규모의 조정.* 원하는 생성량은 다음의 모든 계산에 의해 **계산기준**(basis)을 제시해준다. *기준이란 공정의 규모를 나타내는 수량이나 유량이다.* 원료물질과 생산물 모두 기준화합물이 될 수 있다. **규모 조절 인자**(scale factor)를 이용하여 상대질량값을 기준으로 *크기를 조정*하는데, 규모 조절인자는 다음과 같다.

$$\text{규모 조절 인자} = \frac{\text{기준값}}{\text{상대질량값}}$$

이제, 규모 조절 인자를 원료물질이나 생산물의 상대적인 양에 곱해서 어떤 원료물질이나 생산물의 양이라도 계산할 수 있다.

3. *질량을 화폐로 전환.* 각 화합물의 양에 단가를 곱해서 원료물질의 비용과 생산물의 가치를 계산할 수 있다.

전체 공정 경제성을 평가하려면, 모든 원료물질의 비용과 모든 생산물의 가치를 합해서 간단히 구할 수 있다. 공정이 수익성을 가지려면 이 합이 0보다 훨씬 커야 한다.

예제 1.9 ▸ **공정 경제성: 솔베이 공정**

솔베이 공정(예제 1.5)은 석회석($CaCO_3$)과 소금($NaCl$)을 소비하여 소다회(Na_2CO_3)를 생산하고 부산물로 염화칼슘($CaCl_2$)을 만든다. 만일 하루 1,000 ton의 소다회를 생산하려고 하면, 석회석과 소금의 공급 속도는 얼마인가?

현재 가격이 $CaCO_3$ \$87/ton, NaCl \$95/ton, Na_2CO_3 \$105/ton, $CaCl_2$ \$250/ton이라고 하자. 부산물인 $CaCl_2$은 팔 수 없다고 하면, 솔베이 공정은 경제적으로 볼 때 합리적인가? 만약 부산물을 팔 수 있다고 하면 경제성은 어떻게 변화하겠는가?

표 1.2 ▸ 1000 tons/day의 소다회 생산에 대한 원료물질의 요구량과 공정 경제성

Compound	ν_i	M_i	$\nu_i M_i$	tons/day, $\nu_i M_i \times SF$	\$/ton	\$/day, tons/day × \$/ton
NaCl	−2	58.5	−117	−1104	95	−105,000
$CaCO_3$	−1	100	−100	−943	87	−82,000
Na_2CO_3	+1	106	+106	1000	105	+105,000
$CaCl_2$	+1	111	+111	1047	250	+262,000
Sum (w/o $CaCl_2$)						−82,000
Sum (w/ $CaCl_2$)			0	0		+180,000

*A negative number indicates a material consumed, or a cost. A positive number indicates a material generated, or income. SF = 1000/106.

풀이

예제 1.5의 표 1.1b에서, 네 가지 화합물: NaCl, $CaCO_3$, Na_2CO_3, $CaCl_2$의 최종 생성과 소비에 대해 알 수 있다. 이 화합물들은 최종 반응에 의한 화학양론 계수에 따라 표 1.2의 처음 두 열에 나열되어 있다.

몰을 질량으로 바꾸기 위해, 몰질량 M_i을 화학양론 계수 ν_i에 곱해서 상대질량값(4열)을 구했다. 그 후, 생산 규모를 조절한다. Na_2CO_3의 상대질량은 106이고, 원하는 생산물인 Na_2CO_3의 생성량은 1000 tons/day이므로 규모 조절 인자 $SF = 1000/106$이다. 모든 화합물에 대해 하루에 생산 혹은 소비된 양인 tons/day를 알기 위해 4열의 수에 규모 조절 인자를 곱한다. 마지막으로, *질량을 화폐단위로* 전환한다. 톤당 원료물질의 비용이나 생산물의 가치는 6열에 나와 있다. tons/day를 \$/ton에 곱하면 우리는 \$/day를 알 수 있다.

소비된 원료물질의 질량은 만들어진 생산물의 질량과 같아야 한다. tons/day 열의 모든 수를 합함으로써 이를 확인할 수 있다(각 숫자의 부호 주의). 그 합은 0이 되어야 한다.

염화칼슘을 팔 수 없다면, 원료물질의 비용만을 생각했을 때 하루에 \$82,000의 총 손실이 생긴다. 이 손실은 에너지 비용, 노동 비용, 자본 비용이 포함되지 않았는데, 실제로 이 모든 비용은 전체 공정 경제성에 모두 포함된다. 만약 염화칼슘의 판매가 가능하다면 하루 \$180,000의 이윤이 발생한다. 사실, 이러한 결과를 놓고 볼 때 솔베이 공정이 소다회를 부산물로 얻고 염화칼슘을 제조하는 방법으로 적합하다고 할 수 있다!

Hint
소모된 모든 물질의 질량 합은 생산된 모든 물질의 질량 합과 같아야 한다.

1.5.4 ▸ 공정 능력과 제품 가치

화학공정 시설은 규모가 매우 다양하다. 어떤 공정은 너무 작아서 손안에 놓을 수도 있는 반면에, 다른 공정은 여러 개의 도시 구획을 포함할 만큼 크기도 하다. 화학제품은 그 가치가 매우 다양하다. 주머니 잔돈만큼의 가치를 갖기도 하고 때로는 금보다 더 가치 있다. 표 1.3은 화학공정의 규모와 화학제품의 가치에 대해 크기순으로 나열된 유용한 정보를 제공한다.

Quiz 1.8
예제 1.9에서 \$105/ton인 탄산나트륨을 1000 tons/day로 생산하는 공정에 대해 평가하였다. 표 1.3을 사용하여 이 공정이 "범용제품(commodity)"인지, "특수제품(specialty)"인지 분류하라.

표 1.3 ▸ 화학공정의 생산 용량, 제품가치, 폐기물 발생량

Chemical category	Typical plant capacity, lb/year	Typical product value, \$/lb	Typical waste generation, lb waste/lb product
Petroleum	1 billion–100 billion	0.1	0.1
Bulk (commodity)	10 million–1 billion	0.1–2	<1–5
Fine (specialty)	100 thousand–10 million	2–10	2–50
Pharmaceuticals	1 thousand–100 thousand	10–infinity	10–100

사례 연구

6-탄소 화학

사례연구에서 우리는 유기화학산업에서 특정 공정의 중요성에 대해 깊이 있게 살펴봄으로써 원료물질, 생산물과 반응 경로를 결정하는 것이 1장에서 소개된 개념에 어떻게 적용되었는지 설명할 것이다. 이러한 공정들은 6-탄소 화합물과의 결합과 관련되어 있다. 두 가지 질문에 대해 알아보자.

1. 벤젠은 석유에서 정제된 6-탄소 화합물이다. 하루에 15,000 kg의 벤젠이 주어진다고 하자. 벤젠으로부터 얻을 수 있는 유용한 6-탄소 제품은 무엇인가?
2. 벤젠을 재생 가능한 자원으로 대체했을 때, 동일한 6-탄소 제품을 만들 수 있는가?

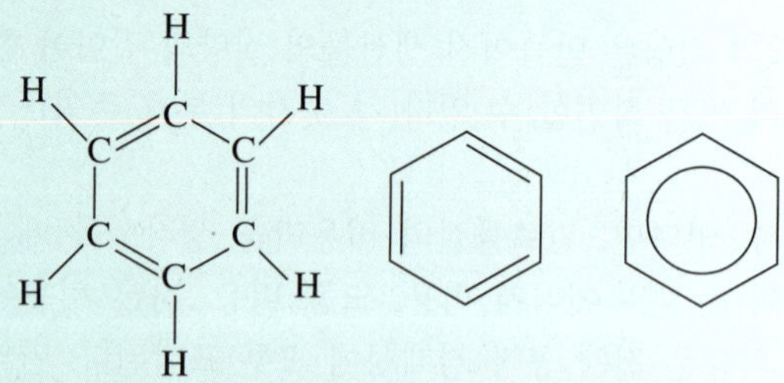

그림 1.5 합성 유기화학산업에서 가장 중요한 원료물질인 벤젠, C_6H_6의 구조에 대한 세 가지 표현법.

벤젠과 같은 간단한 유기 화합물은 현대사회의 휴대용 통신기기에 사용되는 플라스틱, 합성세제, 의약품과 섬유에 사용되는 원료물질이다. 예를 들어 나일론을 생각해보자. 나일론은 제 2차 세계대전 초기인 1940년 초기에 처음 상업적으로 판매되었다. 섬유는 낙하산, 텐트, 밧줄, 비행기 타이어코드와 다른 군사 장비에 사용되면서 전쟁 장비에 없어서는 안 될 요소로 자리매김했다. 아마도 나일론의 가장 큰 상업적 성공은 이전에 공급되었던 실크 스타킹이 나일론 스타킹으로 대체되면서 이루어졌다.

나일론에는 여러 종류가 있는데, 그중에서도 가장 중요한 것은 나일론-6,6이라고 불리는 제품이다. 나일론-6,6은 고분자 화합물인데 작은 구조의 단위체가 수없이 많은 공유결합으로 연결되어 매우 큰 고분자의 형태를 이루고 있다. 나일론-6,6은 두 개의 반복되는 단위체로 되어있는데, 둘 다 6-탄소 화합물이다: 헥사메틸렌디아민과 아디프산. 우리는 벤젠으로부터 아디프산을 제조하는 공정에 초점을 맞

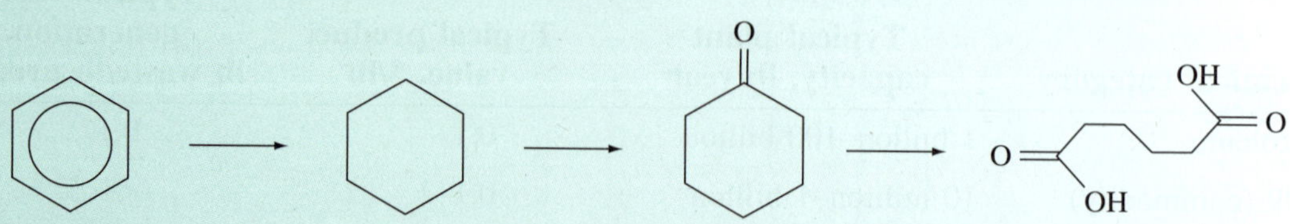

Benzene, C_6H_6 Cyclohexane, C_6H_{12} Cyclohexanone, $C_6H_{10}O$ Adipic acid, $C_6H_{10}O_4$

그림 1.6 중간체로써 사이클로헥세인과 사이클로헥산온을 포함하는 화학반응에서 벤젠이 아디프산으로 전환된다.

출 것이다. 아디프산과 중요한 중간체 구조를 볼 수 있다. 반응이 진행되어도 6-탄소 구조는 유지됨을 확인할 수 있다.

반응 1. 벤젠이 수소화되어 사이클로헥세인이 된다.

$$C_6H_6 + 3H_2 \rightarrow C_6H_{12} \quad \textbf{(R1)}$$

반응 2. 사이클로헥세인이 부분적으로 산소와 반응하여 산화되고, 사이클로헥사논($C_6H_{10}O$)과 물을 생성한다.

$$C_6H_{12} + O_2 \rightarrow C_6H_{10}O + H_2O \quad \textbf{(R2)}$$

반응 3. 사이클로헥산온이 질산과 반응하여 아디프산을 만든다.

$$C_6H_{10}O + 2HNO_3 \rightarrow C_6H_{10}O_4 + 2NO + H_2O \quad \textbf{(R3)}$$

표 1.4는 생성량-소비량을 분석한 것이다. 더 이상의 수정이 없어도 중간체인 사이클로헥세인과 사이클로헥산온의 최종 생성량/소모량은 0이다.

최종 반응은 다음과 같다.

$$C_6H_6 + 3H_2 + O_2 + 2HNO_3 \rightarrow C_6H_{10}O_4 + 2NO + 2H_2O$$

벤젠 1몰, 수소 3몰, 산소 1몰, 질산 2몰을 소비하여 아디프산 1몰을 만들었다. 그

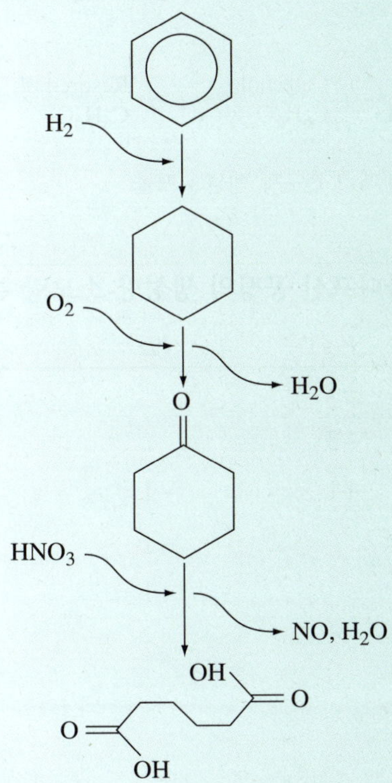

그림 1.7 벤젠이 아디프산으로 전환되는 화학 경로. 다른 원료물질과 부산물을 알 수 있다.

리고 두 종류의 폐기물이 발생하는데, 산화질소는 공기 중으로 방출되고 물은 배수구를 따라 배출된다(물론 수질 처리 장치를 거쳐서!). 산화질소 화합물의 배출은 환경적 관심사이나 산화질소를 생성하는 질산의 산화를 방지하는 어떠한 상업적 공정도 지금까지 개발되지 못했다.

아디프산은 나일론-6,6을 만드는 데 85%가 이용되고, 벤젠으로부터 얻을 수 있는 가치 있는 제품 중 하나이다. 다른 선택지가 있는가?

하나의 아이디어는 카테콜인데, 정밀화학 제품의 주요 원료물질이다. 카테콜은 L-Dopa(파킨슨병을 치료하는 데 사용됨)와 같은 의약품과 바닐린과 같은 향료를 만드는 데 이용된다.

카테콜은 디하이드록시벤젠($C_2H_6O_2$)의 세 가지 이성질체 중 하나이다. 나머지 둘, 하이드로퀴논(*p*-하이드록시벤젠)과 레조르시놀(*m*-하이드록시벤젠) 또한 공업적으로 중요한 화학물질이다(이성질체는 동일한 분자식을 가지지만, 구조적으로 원자 배치가 다른 화합물이다). 카테콜의 구조에서 왜 벤젠이 원료물질인지를 쉽게 파악할 수 있다.

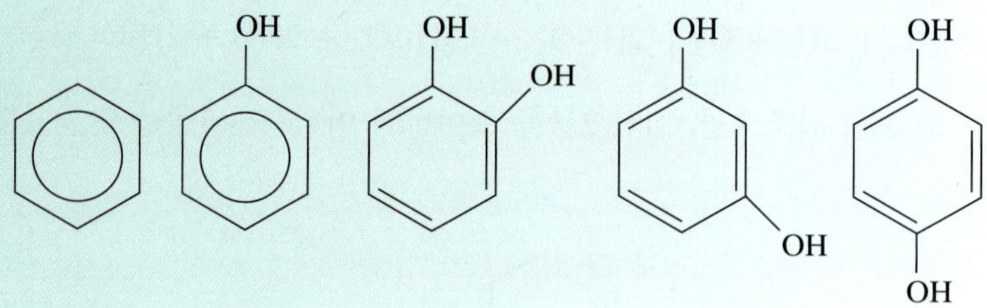

Benzene, C_6H_6 | Phenol, C_6H_5OH | Catechol, $C_6H_6O_2$ | Resorcinol, $C_6H_6O_2$ | Hydroquinone, $C_6H_6O_2$

그림 1.8 디하이드록시벤젠과 그 전구체, 벤젠 + 페놀.

표 1.4 ▸ 벤젠-아디프산 공정의 생성량-소모량 분석

Compound	ν_{i1}	ν_{i2}	ν_{i3}	$\nu_{i,net}$
C_6H_6	−1			−1
H_2	−3			−3
C_6H_{12}	+1	−1		0
O_2		−1		−1
$C_6H_{10}O$		+1	−1	0
HNO_3			−2	−2
$C_6H_{10}O_4$			+1	+1
NO			+2	+2
H_2O		+1	+1	+2

벤젠이 카테콜이 되는 반응 경로에 대해 알아보자.

반응 1. 벤젠과 프로필렌(C_3H_6)이 결합하여 아이소프로필벤젠(C_9H_{12}, 혹은 쿠멘)을 만든다.

$$C_6H_6 + C_3H_6 \rightarrow C_9H_{12} \qquad \textbf{(R1)}$$

반응 2. 쿠멘은 산소와 반응하여 불안정한 중간체인 수산화 쿠멘($C_9H_{12}O_2$)을 만든다.

$$C_9H_{12} + O_2 \rightarrow C_9H_{12}O_2 \qquad \textbf{(R2)}$$

반응 3. 수산화 쿠멘은 페놀(C_6H_6O)과 부산물인 아세톤(C_3H_6O)으로 분해된다.

$$C_9H_{12}O_2 \rightarrow C_6H_6O + C_3H_6O \qquad \textbf{(R3)}$$

반응 4. 페놀은 강한 산화제인 과산화수소(HOOH)와 반응하여, 카테콜을 생성한다.

$$C_6H_6O + H_2O_2 \rightarrow o\text{-}C_6H_6O_2 + H_2O \qquad \textbf{(R4)}$$

생성량-소모량 분석이 표 1.5에 나타나 있다.

최종 결과는 다음과 같다.

$$C_6H_6 + C_3H_6 + O_2 + H_2O_2 \rightarrow o\text{-}C_6H_6O_2 + H_2O + C_3H_6O$$

최종적으로, 1몰의 카테콜을 만들기 위해 벤젠 1몰, 프로필렌 1몰과 두 종류의 산소공급원인 O_2와 H_2O_2를 소비했다. 아디프산의 경우와 달리 이 반응에서는 가치

표 1.5 ▸ 벤젠-카테콜 공정의 생성량-소모량 분석

Compound	ν_{i1}	ν_{i2}	ν_{i3}	ν_{i4}	$\nu_{i,\text{net}}$
C_6H_6	−1				−1
C_3H_6	−1				−1
C_9H_{12}	+1	−1			0
O_2		−1			−1
$C_9H_{12}O_2$		+1	−1		0
C_6H_6O			+1	−1	0
C_3H_6O			+1		+1
H_2O_2				−1	−1
o-$C_6H_6O_2$				+1	+1
H_2O				+1	+1

있는 부산물을 생성했는데, 아세톤은 다른 유기 화합 물질을 합성하는 유용한 용매이자 원료물질이다.

우리는 벤젠을 통해 얻을 수 있는 두 가지 유용한 제품에 관해 확인해 보았다. 두 공정의 원자 경제성을 비교해 보면 어떠한가? 단지 원료물질의 비용과 생산물의 가치에 대해서만 생각해 봤을 때, 가장 좋은 선택은 무엇인가? 벤젠의 가격이 \$0.41/kg이라고 하자. (벤젠의 가격은 원유가격의 변동에 따라 급격히 변한다.)

선택 1. 벤젠을 판다. 15,000 kg/day의 벤젠을 이 가격에 팔면 \$6,150/day가 생긴다.

$$\frac{15{,}000\text{ kg benzene}}{\text{day}} \times \frac{\$0.41}{\text{kg benzene}} = \frac{\$6150}{\text{day}}$$

선택 2. 아디프산을 만든다. 이 선택에 대한 생성량-소모량 분석은 표 1.4에 나와 있다. *ICIS Chemical Business*나 다른 방법을 통해서 가격 정보를 알 수 있으며, 아래와 같이 표를 이용해 생성량-소모량 분석을 할 수 있다. 계산 기준은 하루에 소비되는 벤젠의 양으로, 15,000 kg/day이다.

원자 경제성은 다음과 같다.

$$\frac{\nu_P M_P}{-\sum\limits_{\text{all reactants}} \nu_i M_i} = \frac{146}{(78 + 6 + 32 + 126)} = 0.60$$

공정 경제성이 매력적이다. 단순히 벤젠을 팔았을 때의 가치보다 상당히 증가한, \$27,000/day이라는 매우 높은 이익을 얻을 수 있다. 물론, 공정 설비 비용과 운전 비용을 무시하고, 공장이 세워지게 되면 전체적인 생성량의 증가로 인해 발생할지도 모를 아디프산의 가격 변동은 없다고 가정한다. 이러한 예비평가는 이 공정을

표 1.6 ▸ 벤젠-아디프산 공정의 공정 경제성

Compound	ν_{i1}	M_i	$\nu_{i1} M_i$	kg/day (SF = 192.3)*	\$/kg	\$/day
C_6H_6	−1	78	−78	−15,000	0.41	−6,150
H_2	−3	2	−6	−1,154	0.2	−230
O_2	−1	32	−32	−6,154	~0	0
HNO_3	−2	63	−126	−24,230	0.40	−9,700
$C_6H_{10}O_4$	+1	146	+146	+28,076	1.54	+43,200
NO	+2	30	+60	+11,538	~0	0
H_2O	+2	18	+36	+6,923	~0	0
Sum			0	0		+27,100

*The scale factor SF is (15,000 kg benzene/day)/(78 g benzene) = 192.3.

더욱 상세하게 다룰 가치가 있다는 것을 알려준다.

선택 3. 카테콜을 만든다. 자, 이제 벤젠으로부터 카테콜을 생산하는 선택에 관해 고려해보자(표 1.7).

만약, 아세톤과 카테콜이 모두 유용한 제품이라면, 원자 경제성은 0.90이라는 매우 큰 값을 가질 것이다. 그러면 총 수익은 $89,300/day에 이른다!

처음으로 돌아가서, 반응물로 널리 이용되는 원료물질인 벤젠에 대해 생각해 보자. 왜 벤젠인가? 벤젠은 원류로부터 추출되고 매우 풍부하며 값이 저렴하다. 석유 화학산업에서 수십 년의 연구 개발이 이를 가능하게 했다. 우리는 어떻게 땅에서 원유를 얻고, 원유에서 벤젠을 정제하며, 여러 가지 효용을 가진 원유에 포함된 다른 성분을 이용하는 방법을 알고 있다.

그러면 대체 무엇이 문제인가? 첫째, 석유는 한정적 자원이다. 둘째, 벤젠은 발암물질이다. 셋째, 쉽게 기화되기 때문에 공기 중으로 증발해서 스모그를 발생시킨다. 게다가 벤젠-아디프산 공정에서 산화질소가 생성되는데, 이는 오존층을 파괴하고 온실효과를 일으킨다.

벤젠을 대체할 또 다른 원료물질이 있는가? 이미 사용 가능한 6-탄소 화합물 중에 재생 가능한 자원은 무엇인가? 그러한 화합물 중 하나는 글루코오스($C_6H_{12}O_6$)이다. 독성이 없으며, 옥수수와 같이 재생 가능한 자원에서 생산된다. 글루코오스의 구조를 아디프산과 카테콜의 구조와 비교해 보라. 글루코오스는 벤젠보다 아디프산과 카테콜의 구조와 유사하다.

그러면 글루코오스가 아디프산과 카테콜의 생산에 대한 원료물질로서 벤젠을 대체하기에 적합한가? 첫 번째 과제는 글루코오스를 원하는 제품으로 전환하는 반응 경로를 확인하는 것이다. 불행히도, 벤젠처럼 일정한 화학반응식을 가지고 있지 않다. 글루코오스는 벤젠을 이용한 공정에서 자주 이용되는 고압과 고온에 견디지

표 1.7 ▶ 벤젠-카테콜 공정의 공정 경제성

Compound	ν_i	M_i	ν_i	kg/day (SF = 192.3)	$/kg	$/day
C_6H_6	−1	78	−78	−15,000	0.41	−6,150
C_3H_6	−1	42	−42	−8,077	0.26	−2,100
O_2	−1	32	−32	−6,154	~0	0
H_2O_2	−1	34	−34	−6,538	1.49	−9,740
C_3H_6O	+1	58	+58	+11,154	0.86	+9,600
o-$C_6H_6O_2$	+1	110	+110	+21,153	4.62	+97,700
H_2O	+1	18	+18	+3,462	~0	0
Sum				0		+89,300

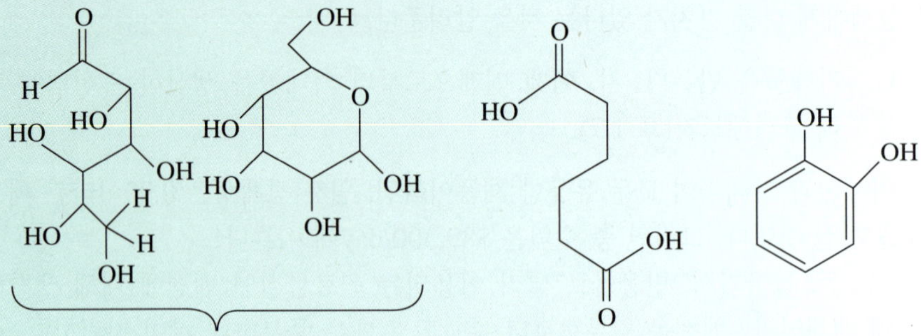

Glucose, $C_6H_{12}O_6$ Adipic acid, $C_6H_{10}O_4$ Catechol, $C_6H_6O_2$

그림 1.9 아디프산과 카테콜과 비교한 글루코오스의 선형, 환형 구조.

못한다. 한편, 글루코오스는 효모나 박테리아와 같은 미생물(인간이 아닌!)에게 매우 유용한 공급원료이다. 박테리아나 효모는 에너지, 신진대사, 성장과 번식을 위해 글루코오스를 소비한다. 현대의 유전공학 방법으로 미생물이 글루코오스를 소비하여 인간에게 유용한 다른 생산물을 만들게 하기도 한다.

연구실에서는 글루코오스를 뮤코닉산($C_6H_6O_4$)으로 전환하는 게 박테리아 *E.coli*를 유전공학적으로 이용하고 있다. *E.coli*가 1몰의 뮤코닉산을 만드는 데 $\frac{7}{3}$몰의 글루코오스와 $\frac{17}{2}$몰의 산소가 필요하다. 부산물로 이산화탄소와 물이 생성된다.

$$\tfrac{7}{3}C_6H_{12}O_6 + \tfrac{17}{3}O_2 \rightarrow C_6H_6O_4 + 8CO_2 + 11H_2O \qquad \textbf{(R1)}$$

다음으로, 뮤코닉산은 재래식 반응기에서 수소와 반응하여 아디프산을 만든다.

$$C_6H_6O_4 + 2H_2 \rightarrow C_6H_{10}O_4 \qquad \textbf{(R2)}$$

글루코오스의 아디프산 전환에 대한 생성량-소모량 분석은 표 1.8에 나타나 있다.

글루코오스를 직접 카테콜로 전환하는 데 *E.coli*를 사용할 수 있다. 박테리아

표 1.8 ▸ 글루코오스-아디프산 공정의 생성량-소모량 분석

Compound	ν_{i1}	ν_{i2}	$\nu_{i,\text{net}}$
$C_6H_{12}O_6$	−7/3		−7/3
O_2	−8.5		−8.5
$C_6H_6O_4$	+1	−1	0
CO_2	+8		+8
H_2O	+11		+11
H_2		−2	−2
$C_6H_{10}O_4$		+1	+1

표 1.9 ▸ 글루코오스-아디프산 공정의 원자 경제성과 공정 경제성

Compound	ν_i	M_i	$\nu_i M_i$	kg/day (SF = 192.5)*	$/kg	$/day
$C_6H_{12}O_6$	−7/3	180	−420	−80,850	0.60	−48,500
O_2	−8.5	32	−272	−52,360	~0	0
CO_2	+8	44	+352	+67,760	~0	0
H_2O	+11	18	+198	+38,120	~0	0
H_2	−2	2	−4	−770	0.2	−150
$C_6H_{10}O_4$	+1	146	+146	+28,100	1.54	+43,300
Sum				0		−5,400

*The scale factor SF = 28,100/198 = 192.5.

가 글루코오스를 카테콜로 전환하는 반응은 $\frac{7}{3}$몰의 글루코오스가 산소와 합쳐져 1몰의 카테콜과 함께 이산화탄소와 물이 부산물로 생성되는 반응이다.

$$\tfrac{7}{3}C_6H_{12}O_6 + \tfrac{15}{3}O_2 \rightarrow C_6H_6O_2 + 8CO_2 + 11H_2O \qquad \textbf{(R1)}$$

원료물질로서 글루코오스와 벤젠의 원자 경제성, 공정 경제성을 비교하는 방법은 무엇인가? 원하는 생산물의 생산 속도를 같게 함으로써 글루코오스와 벤젠의 비교가 가능하다. 카테콜 21,150 kg/day 또는 아디프산 28,100 kg/day. (생산 속도는 계산의 정확성을 위해 반올림했다.) 글루코오스의 가격은 곡물 가격, 순도, 지역에 따라 다소 변동이 있다. 글루코오스의 가격은 $0.60/kg이라고 하자. 산소의 소비 비용은 없고 이산화탄소와 물의 가치도 0이라고 가정한다.

표 1.9는 아디프산의 생산에서 글루코오스를 원료물질로 사용하는 것은 확실히 좋은 선택이 아님을 보여준다. 원자 경제성은 0.21에 지나지 않는데, 그 이유는 이산화탄소를 만드는 데(박테리아의 생존과 성장에 필요한 에너지를 공급함) 너무 많은 양의 탄소가 소비되기 때문이다. 이 공정은 손해이다.

표 1.10은 글루코오스-카테콜 공정의 원자 경제성이 형편없음을 보여주지만, 카테콜 제품의 가치 덕분에 이익을 얻는다. *단지* 원료물질의 비용만을 생각하면 글루코오스는 벤젠에 비교가 되지 않는다. 그 외의 고려사항(환경적 영향, 원료 자원에 대한 의존성, 특허권, 에너지 비용, 장치 비용, 안전, 기술적 가능성, 원료물질의 가격 변동에 대한 예측)에 대한 고려를 통해 의사결정은 더 비싼 원료물질을 사용하는 쪽으로 기울게 된다. 예를 들어, 카테콜 제조에서 글루코오스를 이용하는 경우가 아닌 벤젠을 사용했을 때, 많은 양의 하이드로퀴논 이성질체가 부산물로서 생성된다. 만일 카테콜과 하이드로퀴논을 분리하는 데 큰 비용이 든다면 글루코오스 공정이 경제적으로 더욱 경쟁력을 가지게 된다.

서로 다른 공정을 비교할 때, 원료물질의 비용과 제품의 가치를 고려하는 것만

표 1.10 ▸ 글루코오스-카테콜 공정의 공정 경제성

Compound	ν_i	M_i g/g-mol	$\nu_i M_i$	kg/day (SF = 192.3)	\$/kg	\$/day
$C_6H_{12}O_6$	−7/3	180	−420	−80,770	0.60	−48,500
O_2	−7.5	32	−240	−46,150	~0	0
CO_2	+8	44	+352	+67,690	~0	0
H_2O	+11	18	+198	+38,080	~0	0
o-$C_6H_6O_2$	+1	110	+110	+21,150	4.62	+97,700
Sum				0		+49,200

이 아니라 폐기물의 발생을 고려할 필요가 있다. 폐기물의 발생은 구매한 귀중한 원료물질이 우리가 원하지 않는 쓸데없는 물질로 전환됨을 의미한다. 최선의 경우는 "폐기물"이 가치 있는 부산물인 경우이다. 최악의 경우는 독성을 가진 폐기물을 비용을 들여 처리해야 하는 경우이다. 폐기물의 발생에 대해 다음의 네 가지 공정을 통해서 비교해 보자: 벤젠-아디프산 공정, 벤젠-카테콜 공정, 글루코오스-아디프산 공정, 글루코오스-카테콜 공정(표 1.11).

이 계산값은 *최소의* 폐기물이 발생한다는 가정하에 이루어진 것임을 명심하자. 공정의 비효율성에 대해서는 고려하지 않았다. 벤젠을 이용한 공정이 글루코오스를 이용한 공정보다 소량의 폐기물을 발생시킨다. 글루코오스의 탄소 중 많은 양이 생성물이 아닌 이산화탄소로 배출되었다(이미 원자 경제성 계산을 통해서 확인한 바 있음). 왜 그럴까? 한 가지 이유는 발효 과정에서 박테리아의 생존과 성장을 위해 글루코오스가 이산화탄소로 전환되기 때문이다. 더 정확한 비교를 위해서는 벤젠 공정을 운영하기 위해 얼마나 많은 에너지가 필요한지 알고, 그 에너지를 얻는 데 필요한 석유 연료의 양과 따라서 발생하는 이산화탄소의 양을 측정해야 한다. 만약 그러하다면, 폐기문의 계산은 원료물질뿐 아니라 에너지의 소비도 고려해 주어야 한다.

표 1.11 ▸ 네 가지 공정으로부터 생성되는 폐기물

Raw material	Product	kg/day product	kg/day byproduct	Identity of byproduct	kg/day wastes	Identity of wastes	kg waste per kg product
Benzene	Adipic acid	28,100	0		18,500	NO, H_2O	0.66
Benzene	Catechol	21,150	11,150	acetone	3,460	H_2O	0.16
Glucose	Adipic acid	28,100	0		105,880	CO_2, H_2O	3.77
Glucose	Catechol	21,150	0		105,770	CO_2, H_2O	5.00

요약

- 화학공정은 원료물질을 유용한 제품으로 전환한다. **화학공정조합**(chemical process synthesis)의 초기 단계에서는, 특정한 제품을 만들기 위해 원료물질을 선택하거나, 특정한 원료물질로부터 제품을 만든다. 우리는 원료물질을 원하는 제품으로 전환하기 위해 화학반응경로를 결정한다. 이러한 선택은 공정의 기술적, 경제적 가능성에 중대한 영향을 미친다.
- 계수를 맞춘 화학반응식은 공정계산에서부터 시작해야 할 필요가 있다. 모든 요소에 대해 다음의 식을 만족한다면 화학식은 계수가 맞다 할 수 있다.

$$\sum_{\text{all } i} \varepsilon_{hi}\nu_i = 0$$

여기에서 ε_{hi}는 화합물 i의 원소 h의 원자 개수, ν_i는 화합물 i의 **화학양론 계수**(stoichiometric coefficient)이다: 화합물이 반응물일 때 ν_i는 음수, 생성물일 때 ν_i는 양수이다.

- **생성량-소모량 분석**(generation-consumption analysis)은 I개의 화합물과 K개의 반응을 포함하는 화학반응 경로를 분석하는 체계적인 방법이다. 생성량-소모량 분석을 하려면,

(1) 모든 K개의 반응에 대한 계수를 맞춘 화학반응식을 적는다.
(2) 하나의 열에 모든 I개의 화합물(생성물과 반응물)을 나열한다.
(3) 그 옆의 열에 각각의 반응 k에 대하여 화합물 i에 따른 화학양론 계수 ν_{ik}를 적는다. 반응마다 하나씩, 총 K개의 열이 생기게 된다.
(4) 최종 생성량/소모량의 합이 0이 되어야 하는 모든 화합물 i에 대해, 다음의 식을 만족시키는 곱인자 χ_k을 찾는다.

$$\sum_{\text{all } k} \chi_k \nu_{ik} = 0$$

(5) 다음을 계산한다.

$$\nu_{i,\text{net}} = \sum_{\text{all } k} \nu_{ik}\chi_k$$

이것은 화합물 i의 최종 생성/소모량의 합이다. 화합물 i의 합이 음수이면 원료물질이 소모되었음을 의미한다. 화합물 i의 합이 양수이면 생산물이 생산되었음을 의미한다. 총합이 0인 화합물은 중간생성물이며, 최종적으로 생성 또는 소모가 없음을 나타낸다.

- **계산기준**(basis)은 공정의 규모를 나타내는 양이나 유량이다. 규모 조절 인자는 기준에 대해 공정의 규모를 늘리거나 줄이는 간편한 방법을 제공한다. **규모 조절 인자**(scale factor)는 기준량에 대한 상대량의 비이다.
- **원자 경제성**(process economy)은 주어진 반응 경로에 대해 원료물질의 활용 효율성에 관한 간단한 지표이다.

$$\text{원자 경제성} = \frac{\nu_P M_P}{-\sum_{\text{all reactants}} \nu_i M_i}$$

- 먼저 생성량-소모량 분석을 한 후, 원하는 생산 속도에 대한 척도를 조정하고, 제품의 가치와 원료물질의 비용의 차를 계산하면 **공정 경제성**(process economy)에 대한 간단한 측정이 가능하다.

화학 이야기 소금으로 비누 만들기

비누는 동식물의 지방이나 기름을 알칼리 물질과 혼합함으로써 만들어진다. 오늘날 비누를 만드는 데 쓰이는 알칼리는 가성소다(수산화나트륨, NaOH)이지만, 과거에는 탄산나트륨(Na_2CO_3), 수산화칼륨(KOH), 탄산칼륨(K_2CO_3)을 흔히 사용하였다.

Library of Congress Prints & Photographs Division [LC-USF34-T01-034006-D]

1700년대 유럽에서 비누는 부유층만 쓰는 사치품이었다. 하지만 값싼 면직물을 만드는 기술이 급속히 발전하고 있었다. 면직물을 염색하고 팔기 전에 세탁해야 했고, 따라서 직물 제조를 위한 비누의 수요는 급격히 증가했다. (개인 위생을 위한 비누의 사용은 여전히 보기 드물었다.) 동시에 유리와 종이 산업이 팽창했다. 두 제품 모두 제조하는 데 탄산나트륨이 필요했다. 직물, 유리, 비누 산업의 성장으로 알칼리의 새로운 원천에 대한 수요가 커졌다.

프랑스의 루이 16세는 흔한 식탁용 소금을 현재에는 탄산나트륨이나 소다회(soda ash)로 더 잘 알려진 '세탁용 소다'로 바꾸는 공정을 개발하는 사람에게 50만 달러에 상응하는 상을 수여한다는 공표를 했다. 프랑스 왕이 탄산나트륨을 값지게 여긴 이유는 무엇일까? 그 당시에 프랑스의 공장들이 알칼리를 수입하는 공급원은 두 가지였다. 해초를 수확하고 태워서 재를 얻었던 스페인과 아일랜드의 농부들, 땅을 깨끗이 하고 잿물(potash, KOH, NaOH, K_2CO_3, Na_2CO_3의 혼합)을 만들기 위해 덤불을 태웠던 뉴잉글랜드의 정착민들이었다. 몇 가지 문제점이 생겼다. 첫째, 증가하는 수요를 충족시킬 충분한 해초가 없었다. 둘째, 프랑스는 미국의 독립 전쟁을 지지했는데, 그것은 영국이 뉴잉글랜드에서 프랑스로의 잿물 수출을 막는 결과를 초래했다. 원료물질의 수입을 차단당함으로써 프랑스의 산업은 위태로워졌다.

왕에게는 다행스럽게도, 그 당시에 화학이 꽤 유행했다. 프랑스에서 가장 부자였으며 프랑스 전제군주의 거침없는 비판자였던 Orleans 공작은 그의 저택 부지에 큰 화학 연구실을 세웠다. Nicolas LeBlanc은 공작의 후원을 받았던 가난하지만 재능 있는 젊은이 중 한 명이었다. LeBlanc은 일반적인 소금은 매우 안정된 상태이지만 그것을 황산으로 처리하면 더 큰 반응성을 나타내는 황산나트륨으로 변화를 일으킬 수 있다는 사실을 알게 되었다. 그가 탄산나트륨을 만들기 위해 황산나트륨과 석회를 반응시키는 아이디어를 얻기까지는 5년이 더 걸렸다. 1789년에 LeBlanc은 상을 받을 계획이었다. 하지만 그에게는 불행히도, 1789년에 프랑스 혁명이 일어났다. 결국 LeBlanc은 루이 왕으로부터 상을 받지 못한다. 왕은 훨씬 더 불행하게도, 교수형을 당했다.

이러한 좌절에도 불구하고, LeBlanc은 공작의 재정적인 지원을 얻어 1791년에 그의 첫 번째 공장을 세웠지만, 이후 몇 년간은 순조롭지 못했다. 1793년에 공작은 체포되어 처형당했다. 그 후 LeBlanc의 공장은 정부에 의해 압류당하고, 그는 직업을 잃었으며, 딸은 사망하였다. 낙담하고 파산한 LeBlanc은 63세의 나이에 스스로 머리에 총을 쏴 생을 마감했다.

하지만 이 이야기는 여기서 끝나지 않는다. 르블랑 공정은 살아남아서 이후 수십 년간 번성한다. 세탁용 소다의 수요는 폭발했고, 그의 공정은 대량으로 세탁용 소다를 만드는 믿을 만하고 경제적인 유일한 방법이었다. 그러나 르블랑 공정은 환경적으로는 재앙이었다. 산성 가스가 삼림을 황폐화하고, 농장을 파괴하고, 일꾼들을 중독시키며, 지표에 스며들었다. 염화수소 가스는 부산물인 고체 황과 결합하여, 치명적이고 악취가 나는 가스인 황화수소를 만들었다. 역겨움을 느낀 영국인들은 1863년에 화학 오염을 다루는 최초의 법률 중 하나인 알칼리 법을 통과시켰다. 더 넓은 지역으로 가스를 분산시키기 위해 높은 굴뚝들이 세워졌다. 폐기된 생성물을 회수하고 재사용하기 위한 설비들이 소다회 공장 옆에 세워졌다.

1860년대 중반에 Ernest Solvay는 다른 일련의 화학반응을 개발하는 방법을 알아냈다. Solvay는 LeBlanc이 만든 것과 같은 물질인 소다회를 만들기 위해 LeBlanc이 사용한 것과 같은 원재료인 석회와 소금을 사용했다.

그러나 반응 경로가 달라 어떠한 산도 소모되거나 생성되지 않았고 유용한 부산물인 염화칼슘($CaCl_2$)이 만들어졌다. 게다가, 르블랑 공정이 회분식 공정인데 반해 솔베이 공정은 연속 공정이었다. Henry Ford가 대규모 자동차 생산의 시조이듯, Ernest Solvay가 대규모 화학물질 제조의 시조라고 말할 수 있을 것이다. 1915년경에 이르러 솔베이 공정은 르블랑 공정을 완전히 대체했다. Ernest Solvay는 수백만 달러를 벌어들였고 그것을 모두 자선 단체에 기부했다.

Historic Collection/Alamy Stock Photo

오늘날 미국에서는 소금과 석회를 통해 소다회를 만드는 것보다 주로 와이오밍에서 소다회를 캐내는 것이 더 저렴하다. 소다회의 천연 원료가 없는 나라들에서는 솔베이 공정이 여전히 사용된다. 1890년대 값싼 수력 발전은 염화나트륨을 변화시켜 오늘날 비누를 만드는 데 사용되는 알칼리인 수산화나트륨을 만드는 전기 공정의 발전을 이루었다.

Quiz 정답

1.1 $\nu_{H_2} = -1$.

1.2 메테인은 생산물이 아니라 반응물이기 때문이다.

1.3 $0.5CH_4 + O_2 \rightarrow 0.5CO_2 + H_2O$.

1.4 $3C_6H_{12}O + 8HNO_3 \rightarrow 3C_6H_{10}O_4 + 8NO + 7H_2O$.

1.5 $3CH_4 + 6H_2O + 4N_2 \rightarrow 3CO_2 + 8NH_3$. 불가능하다. CO_2를 포함하는 반응이 하나밖에 없기 때문이다.

1.6 2.26 gmol; 4790 g; 47.2 kg; 1.024 kgmol.

1.7 0.51.

1.8 730 million lb/year, $0.05/lb이므로 범용성이다.

참고 문헌 및 추천 도서

1. *ICIS Chemical Business*는 범용화학물질에 대한 최신 가격 정보뿐만 아니라 화학산업의 이야기를 싣는 주간지이다. 온라인으로 정기 구독 가능하며 많은 대학 서점에 있다.
2. *Chemical and Engineering News*는 미국 화학회(American Chemical Society)에서 발행되는 대단히 읽기 쉬운 주간 잡지이다. 연구 뉴스, 산업 뉴스, 화학자와 화학공학자들에게 흥미로운 정책 논쟁이 이루어진다. 정기 기사는 봉급 조사, 다양한 산업 부문에서의 특정 기업의 성과에 대한 자료, 그리고 화학 생산에 대한 정보들을 다룬다. 온라인과 대부분의 대학 도서관에서 이용 가능하고, 미국 화학회의 모든 회원은 이용할 수 있다.
3. *Chemical Engineering Progress*는 미국 화학공학회(American Institute of Chemical Engineers)에서 발행한 뉴스 잡지이다. 기술 공학과 산업 전개, 공학 문제점에 대한 실무적인 해결책, 그리고 화학 공학자들에게 흥미로운 경력자의 조언은 다룬다. 많은 대학 도서관에서 구할 수 있고 미국 화학공학회의 모든 회원이 이용할 수 있다.
4. *The Kirk-Othmer Encyclopedia of Chemical Technology*는 화학제품과 공정에 관한 대량의 정보가 포함된 방대한 자료의 보고이다.
5. *Prometheans in the Lab: Chemistry and the Making of the Modern World*, (Sharon Bertsch McGrayne 저)는 중요한 화학 발전 뒤의 사람과 장소들에 대한 균형 있고 매력 있는 사례 연구이다. 이 책은 모든 화학 이야기의 주요 참고 문헌으로 다루어졌다. McGraw Hill에 의해 2001년 출판되었다.

연습 문제

준비 단계

1.2절

P1.1 다음 가정용 제품들을 생각해 보라: 종이봉투, 플라스틱 음료병, 와인잔. 각 제품에 대해 원료물질을 나열하라(미네랄, 화석연료, 농산물).

P1.2 다섯 가지 주요 원료물질을 나열하라. 다음의 물질이 필요할 때, 어떤 원료물질을 선택할 것인가? (a) N_2 (b) Fe (c) C (d) H.

1.3절

P1.3 프로필렌, 암모니아, 산소로부터 아크릴로나이트릴을 합성하는 다음 반응의 계수를 맞춘 화학식을 완성하라.

$$C_3H_6 + NH_3 + O_2 \rightarrow C_3H_3N \text{ (아크릴로나이트릴)} + H_2O$$

P1.4 요소[$(NH_2)_2CO$]는 상온에서 고체인데 잔디용 비료에 섞여 포장된다. 빻에 뿌려지면, 훌륭한 영양 성분이 되는 암모니아(NH_3)와 부산물인 이산화탄소로 분해된다. 물과 공기가 이용 가능하고, 반응물 또는 부산물로서 작용함을 주의하여 화학양론 계수를 맞춘 화학식을 적어라.

P1.5 요소(NH_2CONH_2)와 에틸렌글라이콜($C_2H_6O_2$)은 반응하여 에틸렌카보네이트($C_3H_4O_3$)와 암모니아(NH_3)를 생성한다. 화학양론 계수를 맞춘 화학식을 찾아라.

P1.6 카보런덤(탄화규소, SiC)은 존재하는 가장 단단한 물질 중 하나이고, 연삭 바퀴를 코팅하는 공업 연마제로 사용된다. SiO_2 (모래)가 석탄(C)과 반응하여 만들어지고, 부산물로 일산화탄소(CO)만이 생성된다. 화학양론 계수를 맞춘 화학반응식을 적어라.

P1.7 당신은 휘발유의 주요 구성물인 아이소옥테인(C_8H_{18})의 연소에 관심이 있다. 산소와 반응하여 이산화탄소와 물은 유일한 생성물로 얻는 산화반응식을 완성하라. $\nu_{C_8H_{18}} = -1$이라면, ν_{O_2}, ν_{CO_2}, ν_{H_2O}의 값은 무엇인가?

P1.8 질화갈륨(GaN)은 발광 다이오드(LED)를 만드는 데 사용된다. GaN은 트리메틸갈륨[$(CH_3)_3Ga$]와 암모니아(NH_3)가 반응하여 만들어지고, 부산물은 메테인(CH_3)이다. 네 가지 구성물에 대한 계수를 맞춘 화학반응식을 적어라. 그 후, $\nu_{GaN} = 1$로 설정하여 나머지 화학양론 계수를 구하라.

P1.9 석회(milk of lime, $Ca(OH)_2$)은 염화암모늄(NH_4Cl)과 반응하여 염화칼슘($CaCl_2$)을 생성하고 암모니아(NH_3), 물(H_2O)을 부산물로 가진다. 몇 개의 수지식을 찾을 수 있는가? 계수를 맞춘 화학반응식을 찾기 위해 몇 개의 수지식이 필요한가?

P1.10 프로필렌(C_3H_6), 암모니아(NH_3), 산소(O_2)는 반응하여 아크릴로나이트릴(C_3H_3N)을 생성하고, 물을 부산물로 가진다. $\nu_{C_3H_6} = -2$일 때, 다른 구성물들에 대해 화학양론 계수를 결정하라.

P1.11 니트로글리세린[$C_3H_5(NO_3)_3$]은 폭발해서 이산화탄소, 물, 질소, 산소로 분해된다. 니트로글리세린의 폭발 분해에 대한 계수를 맞춘 화학식을 적어라.

P1.12 백금은 자동차나 연료전지, 공업 반응기에서 휘발유의 옥탄가를 높이는 데 사용되는 촉매이다. 백금은 $(NH_4)_2PtCl_6$가 Pt, NH_4Cl, N_2, HCl로 분해되는 반응에서 생성된다. 이 반응에 대한 계수를 맞춘 화학반응식을 적어라. 그리고 $\nu_{HCl} = 6$으로 설정하고 다른 구성물들에 대한 화학양론 계수를 찾아라.

› 1.4절

P1.13 황산은 세 단계를 거쳐 만들어진다. (R1) 황(S)은 O_2와 연소하여 SO_2을 생성한다, (R2) SO_2은 이후 산화되어 SO_3을 생성한다, (R3) SO_3는 물에 용해되어 H_2SO_4가 된다. 세 단계에 대한 계수를 맞춘 화학반응식을 적어라. 그리고 $\chi_1 = \chi_2 = \chi_3 = 1$일 때, SO_2와 SO_3에 대한 생성량과 소모량이 0임을 보여라.

P1.14 (a) 반응물, (b) 중간생성물, (c) 원하는 제품, (d) 부산물에 대한 $\Sigma \chi_k \nu_{ik}$의 값은 양수, 음수 또는 0 중 각각 무엇인가? 아래 첨자 k의 의미를 설명하라. 왜 χ_k의 첨자는 하나인 데 반해, ν_{ik}의 첨자는 두 개인가?

› 1.5절

P1.15 요소[$(NH_2)_2CO$]는 비료의 질소 원료이다. (a) 요소 1몰당 질량수, (b) 요소 100 g당 질소의 그램 수를 계산하라.

P1.16 N_2 1 gmol과 N_3 3 gmol이 반응하여 NH_3 2 gmol이 생성된다면, 10억 lb의 NH_3를 만들 때 필요한 N_2와 H_2의 양은 몇 lb인가?

P1.17 4.4 lb mol의 H_2O가 있다. 각각 lb, kg, tons 단위에서 H_2O의 질량을 구하라.

P1.18 물 1갤런은 8.35 lb이다. 1갤런의 물에 들어 있는 lbmol과 gmol을 계산하여라.

P1.19 R이 알파 탄소의 체인에 연결된 아미노산의 일반적인 화학식은 $NH_2CH(R)COOH$이다. 20가지의 자연적으로 발생하는 아미노산이 있고, 각 아미노산은 서로 다른 측쇄를 가진다. R이 $—CH_2CH_2SCH_3$(—는 주쇄와 연결되어 있는 탄소를 나타냄)인 아미노산 메싸이오닌(methionine)의 몰질량을 계산하라.

P1.20 폴리에틸렌 테레프탈레이트(PET)는 플라스틱 음료 용기와 같은 제품에 사용되는 범용성 고분자이다. 이 고분자의 화학식은 $CH_2[C_{10}H_8O_4]_nOH$이고, n은 단위체의 반복 단위 개수를 나타낸다. n = 50이라면, PET의 몰질량은 얼마인가?

P1.21 세계적으로 연간 245 million tons의 황산(H_2SO_4)이 생산되고 있다. H_2SO_4의 연간 생산량은 kg, lb, g, gmol의 단위로 계산하라. 그리고 전 세계 인구로 나누어 한 사람당 사용하는 H_2SO_4의 질량을 kg 단위로 계산하라.

P1.22 수크로스(sucrose, 식용 설탕)의 몰질량은 342 g/gmol이다. lb/gmol과 lb/lbmol의 단위로서 수크로스의 몰질량은 얼마인가?

P1.23 이스트(효모)의 원소 분석 결과, 효모는 C 50 wt%, H 6.94 wt%, O 33.33 wt%로 구성된다. 효모가 단일 화학식 $CH_xO_yN_z$로 표현된다면, x, y, z의 값은 각각 얼마인가?

P1.24 매년 400억 lb의 암모니아(NH_3)가 생산된다. 연간 NH_3의 생성량을 lbmol, ton, tonmole로 나타내라.

P1.25 1 kg의 CH_4가 연소하면 몇 kg의 CO_2가 생성되는가?

P1.26 예제 1.4에서, 메테인, 물, 질소로부터 암모니아를 생성하기 위해 세 가지 반응이 조합되었다. 이산화탄소는 전체 반응의 부산물이다. 생성되는 암모니아 1 g당 만들어지는 이산화탄소는 몇 g인가?

P1.27 암모니아의 가격이 \$0.0045/gmol이라면, metric ton당 암모니아의 가격은 몇 \$인가?

P1.28 염소(Cl_2)의 가격이 \$0.45/kg이라면, 염소 1 gmol의 가격은 얼마인가?

P1.29 8 gmol의 NH_3을 생성하기 위해 3 gmol의 CH_4, 6 gmol의 H_2O, 4 gmol의 N_2가 필요하다. 이 암모니아 합성의 원자 경제성을 계산하라.

P1.30 재생 가능한 자원으로 디젤 연료 첨가물을 만드는 새로운 반응 경로는 기체 상태에서 에탄올(C_2H_5OH)을 탈수반응시켜 에테르($(C_2H_5)_2O$)로 만드는 것이다. 이 반응의 계수를 맞춘 화학반응식을 적어보고, 원자 경제성을 계산하라.

P1.31 벤젠(C_6H_6)과 수소(H_2)로부터 사이클로헥세인(C_6H_{12})을 만드는 공정을 설계 중이다. 사이클로헥세인의 생산 속도는 84,000 lb/day이다. 공정에서 하루에 얼마의 수소가 필요한가(lb/day)? 벤젠이 \$0.15/lb, 수소가 \$0.09/lb, 사이클로헥세인이 \$0.18/lb라고 가정할 때, 수입은 하루에 얼마인가(\$/day)?

P1.32 예제 1.8에서, 우리는 4-ADPA를 생산하는 공정의 원자 경제성을 전통적인 방식과 새로운 방식을 비교하여 구해 보았다. 전통적인 방식과 새로운 방식을 비교하여, 연간 300 million lb의 4-ADPA가 생산될 때 만들어지는 부산물의 양을 계산하라(lb/year).

P1.33 요소와 같은 범용성 화학물질보다 이부프로펜과 같은 의약품의 제조에서 폐기물(폐기물 lb/ 제품 lb)이 더 많은 세 가지 이유를 나열하라.

P1.34 다음 단어들을 정의하라. 계산기준, 규모 조절 인자, 원자 경제성. 그리고 10살 아이에게 이 단어들을 어떻게 설명할 것인지 묘사하라.

P1.35 12-oz.의 병에 들어 있는 물은 \$1.75에 판매된다. 이 제품의 가치는 \$/lb로 얼마인가? 이 가격을 기준으로 할 때, 이 제품은 범용제품인가, 특수제품인가, 아니면 의약품인가?

심화 문제

P1.36 Alka-Seltzer®과 같은 개미산은 아스피린($C_9H_8O_4$), 탄산나트륨($NaHCO_3$), 시트르산($C_3H_5O(COOH)_3$)을 포함한다. 알약이 물에 용해될 때, 마지막 두 개의 화합물이 "fizz(거품)"을 생성하는 반응 사이의 계수를 맞춘 화학반응식을 적어라.

P1.37 복통의 원인 중 하나는 위산(HCl)의 과다분비이다. HCl과 반응하여 소금(약간의 이산화탄소와 물과 함께)을 생성하는 반응을 통해 과다 분비된 산을 중화시키는 제품을 만들어야 한다. 그램당 중화 능력이 가장 훌륭한 제품을 고르려고 한다면, 탄산나트륨($NaHCO_3$), 탄산칼슘($CaCO_3$), 탄산마그네슘($MgCO_3$) 중 어느 것을 선택하겠는가?

P1.38 요소[$(NH_2)_2CO$)]는 잔디용 비료에 섞여 정원사들에게 판매된다. 땅에 뿌려지면, 자발적으로 훌륭한 영양 성분이 되는 암모니아와 이산화탄소로 분해된다. 계수를 맞춘 화학반응식을 적어라. 그리고 이 반응의 원자 경제성을 평가해 보라.

P1.39 사이클로헥산온($C_6H_{10}O$)은 질산(HNO_3)과 반응하여 아디프산($C_6H_{10}O_4$)을 생성한다. NO는 이 반응의 부산물이다. 행렬을 사용하여 알맞은 화학양론 계수를 찾고, H_2O도 이 반응의 부산물인지 결정하라.

P1.40 암모니아(NH_3)와 산소(O_2)가 반응하여 산화질소(NO), 산화이질소(N_2O, 웃음가스라고 불림), 또는 이산화질소(NO_2, 갈색 대기 오염 물질)를 생성한다. 부산물로 물이 생성된다. 행렬을 사용하여 세 가지 반응에 대해 알맞은 화학양론 계수를 찾아라. (문제 상황을 설정하면, 각 경우에 대해 해결하기 쉬울 것이다.)

P1.41 글루코오스($C_6H_{12}O_6$)가 옥수수 같은 농산물로부터 만들어지는 반면, 헥세인(C_6H_{14})은 석유를 정제하여 만들어진다. 각각의 6-탄소 화합물에 대해, 산소와 연소하여 이산화탄소와 물을 생성하는 반응식을 완성하라. 헥세인과 글루코오스 각각에 대하여 1 gram당 몇 gram의 이산화탄소가 생성되는가?

P1.42 (a) 메테인(CH_4)은 천연가스의 주요 구성물이다. 1 kg의 메테인이 연소할 때, 몇 kg의 이산화탄소가 생성되는가?

(b) 휘발유는 액체 탄화수소 복합체이지만, 아이소옥테인(C_8H_{18})으로 구성되었다고 가정해 보자. 그렇다면 1 kg의 아이소옥테인이 연소할 때 몇 kg의 이산화탄소가 생성되는가?

(c) 석탄은 고체 탄화수소 복합체이다. 석탄의 평균 원자 구조사 $C_{23}H_{15}O$라고 가정하자. 1 kg의 석탄이 연소할 때 몇 kg의 이산화탄소가 생성되는가?

P1.43 글리세롤($C_3H_8O_3$)은 바이오디젤 제조의 부산물이고, 이 화학물질에 대한 새로운 사용에 관한 연구가 떠오르고 있다. 한 가지 아이디어는 글리세롤을 물과 반응시켜 CO_2와 H_2로 만들고, H_2를 연료전지에 사용하는 것이다. 글리세롤 1 lb를 소모할 때, 생성되는 H_2와 CO_2의 질량은 각각 몇 lb인가?

P1.44 프레온가스(CFC)는 냉매로서 널리 사용되고 있으며 무독성의 안정한 물질이기 때문에 매우 매력적이다. 하지만 그 안정성은 대기 중에서 분해되지 않고 오랫동안 존재한다는 의미이기도 하다. CFC는 대기 오존층의 파괴와 관련이 깊다. 몇몇 과학자들이 옥살산나트륨($Na_2C_2O_4$)이 CFC와 반응하여 세 가지 고체[불화나트륨(NaF), 염화나트륨(NaCl), 코크스(C)]를 이산화탄소와 함께 생성하는 반응을 통해 CFC를 파괴할 수 있다고 제안했다. CFC(프레온-12, CF_2Cl_2) 분자 하나를 옥살산나트륨으로 분해하는 반응의 계수를 맞춘 화학반응식을 구해보라. 1 g의 프레온-12를 파괴하는 데 쓰이는 옥살산나트륨과 고체 생성물의 총량은 몇 g인가?

P1.45 자성 나노입자는 의료 화상(imaging)이나 약물 전달에 관한 연구에서 찾아볼 수 있다. 어느 실험에서 $Fe(CO)_5$ 1.52 mmol이 올레산 1.28 g과 혼합되어

철 올레산염 복합체를 만든다. 그 후 산화 트리메틸아민[$(CH_3)_3NO$] 0.34 g이 혼합물에 첨가된다. 침전은 균일하고 매우 순수한 결정성 γ-Fe_2O_3 나노입자를 만든다. 이 방법의 원자 경제성을 계산하라.

P1.46 우물물에 과다한 질산염이 포함되면 "청색증 아기" 증후군을 일으킨다. 어떤 박테리아는 메탄올이 첨가된다면 물에서 질산염을 제거하는 반응을 유도하는 능력이 있다. 반응식은 다음과 같이 쓴다.

$$HNO_3 + CH_3OH \rightarrow C_3H_7NO_2 + CO_2 + H_2O$$

위의 반응식은 계수가 맞지 않는다. 정확한 화학양론 계수를 구하라. 10 L 우물물의 질산염 함유량을 64 mg/L에서 10 mg/L로 감소시키는 데 필요한 메탄올의 양은 몇 g인가?

P1.47 R 그룹이 알파 탄소의 연결된 아미노산의 일반적인 화학식은 $NH_2CH(R)COOH$이다. 단백질에는 20가지의 아미노산이 있고, 각 아미노산은 서로 다른 R 그룹을 가진다. 아래 예시를 보자.

글라이신: R = —H
메싸이오닌: R = $—CH_2CH_2SCH_3$
트립토판: R = $—CH_2(C_4NH_2)(C_4H_4)$

단백질은 아미노산들이 연결된 선형 고분자이고, 한 아미노산의 카복실 말단은 다음 아미노산의 아마이드 말단과 결합하며 물 분자를 방출한다.

$$NH_2CH(R)_1COOH + NH_2CH(R)_2COOH \rightarrow NH_2CH(R)_1CONHCH(R)_2COOH + H_2O$$

이러한 반응이 연속적으로 발생하여 아미노산들은 서로 연결된다.

먼저, 글라이신, 메싸이오닌, 트립토판의 몰질량을 계산하라. 그 후 16개의 글라이신, 3개의 트립토판, 8개의 메싸이오닌으로 구성된 단백질의 몰질량을 계산하라. (*주의*: 이 단백질은 매우 드물다! *힌트*: 몇 개의 아마이드 결합이 만들어지는가?)

P1.48 "바이오 교결작용(biocementation)"은 오염된 흙으로부터 독성 물질의 누출을 막기 위한 새로운 아이디어다. 기본적으로, 특수 미생물은 요소[$(NH_2)_2CO$]와 염화칼슘($CaCl_2$)을 따라 흙 속에서 퍼진다. 미생물들은 화학물질을 처리하고 탄산칼슘($CaCO_3$)을 침전시키는데, 그것은 이후 흙을 뭉쳐 딱딱하게 만든다. 염화암모늄이 이 반응의 부산물이다. 물이 반응물 또는 부산물이 될 수 있음을 주의하여 이 반응의 계수를 맞춘 화학반응식을 결정하라. 또한, 1 lb의 탄산칼슘을 만드는 데 필요한 요소와 염화칼슘의 질량은 몇 lb인지 계산하라.

P1.49 폴리에틸렌 테레프탈레이트(PET)는 플라스틱 음식 포장 용기나 음료 용기에 사용되는 고분자이다. 플라스틱을 재활용하는 것은 쓰레기를 줄이는 데 중요한 방법이나, 고분자를 바로 재활용하는 것은 기술적으로 어렵다.

한 가지 선택사항은 고분자를 이루는 단위체로 "해체"하고, 그것들을 반응물로 사용하여 새로운 고분자를 만드는 것이다. 메탄올 분해에서, PET ($CH_3[C_{10}H_8O_4]_nOH$, n은 반복 단위의 개수)는 메탄올(CH_3OH)과 반응하여 다이메틸테레프탈레이트(DMT, $C_{10}H_{10}O_4$)를 생성하고, 부산물로 글리콜($C_2H_6O_2$)을 갖는다. DMT는 그 후 더 많은 PET를 만들기 위해 재사용된다. $n = 50$이라고 하자. PET 1몰을 완전히 분해하여 DMT로 만들려면 메탄올은 몇 몰이 필요한가? PET 1 g당 필요한 메탄올과 생성되는 DMT는 몇 g인가?

P1.50 황산(H_2SO_4)은 S와 O_2를 반응시켜 SO_3를 만들고, SO_3와 H_2O를 혼합시켜 만든다. 연간 245 million tons의 황산을 공급하는 데 필요한 S, O_2, H_2O의 질량은 몇 ton인가?

P1.51 노트북이나 스마트폰에 사용되는 반도체 제조에서 고순도의 실리콘은 모래(SiO_2)와 석탄(C)으로부터 다음 세 반응을 거쳐 만들어진다.

(R1) $SiO_2 + C \rightarrow Si + CO$

(R2) $Si + Cl_2 \rightarrow SiCl_4$

(R3) $SiCl_4 + H_2 \rightarrow Si + HCl$

위의 화학반응식은 계수가 맞지 않는다. 먼저, 계수를 맞춘 화학반응식을 완성하라. 그다음, 100 g의 고순도 실리콘을 제조하는 데 필요한 반응물의 양(g)을 계산하라. 또, 각 부산물의 양(g)을 계산하라.

P1.52 프랑스 빵을 만들 때, 소량의 효모가 반죽에 첨가된다. 효모는 촉매로 작용하는데, 녹말에서 글루코오스($C_6H_{12}O_6$)를 소모하고, 반죽을 부풀게 하는 CO_2를 생성한다. 게다가, 효모는 밀가루의 단백질에서 글루코오스와 암모니아(NH_3)를 소모하여 더 많은 효모를 만들어내는데, 그것은 화학식이 $CH_{1.66}O_{0.6}N_{0.166}$인 "가짜" 화합물로 모형화될 수 있다. 한 제과점은 그들의 반죽 레시피를 조절하기 위한 실험을 하고 있었다. 어떤 실험에서, 효모 1 g당 CO_2 3.9 g이 생성되었다. 글루코오스가 소모되어 CO_2를 만드는 반응과 글루코오스와 암모니아가 소모되어 효소를 만드는 반응의 계수를 맞춘 화학식을 작성하라. O_2와 H_2O는 각 반응에서 반응물 또는 생성물로 작용할 수 있다. 그다음, CO_2를 만드는 데 소모되는 글루코오스의 분율과 더 많은 효모를 만드는 데 필요한 글루코오스의 분율을 계산하라.

P1.53 환원제인 수소화붕소나트륨($NaBH_4$)은 물을 사용하여 화학물질을 수소화하는 고전적인 방법이다. 현대에 촉매의 출현으로 인해, 수소는 직접적으로 사용될 수 있게 되었다. 아세토페논(methyl phenyl ketone, $C_6H_5COCH_3$)의 1-페닐에탄올($C_6H_5CH(OH)CH_3$, 다양한 의약품의 중간생성물)으로의 수소화 반응을 비교하려고 한다. 먼저, (a) $NaBH_4$와 물이 아세토페논과 반응하여 1-페닐에탄올을 생성하고 부산물로 $NaB(OH)_4$를 만드는 전통적인 반응, (b) 수소와 아세토페논이 1-페닐에탄올을 생성하는 촉매 반응의 계수를 맞춘 화학반응식을 결정해야 한다. 그리고 전통적인 방법과 촉매 반응의 원자

경제성을 계산하여 비교하라.

P1.54 1-페닐에탄올($C_6H_5CH(OH)CH_3$)은 Mg, HCl, CO_2를 이용하여 카복실산($C_6H_5CH(CH_3)COOH$)으로 변화할 수 있다. 이 반응의 부산물은 소금과 물이다. 계수를 맞춘 화학반응식을 쓰고 원자 경제성을 계산하라. 그 후, 이 전통적인 접근을 일산화탄소(CO)를 사용하는 새로운 반응과 비교하라.

P1.55 베이킹소다(탄산수소나트륨, $NaHCO_3$)는 쿠키나 빵, 케이크 등을 굽는 데 사용된다. 베이킹소다가 가열되거나 산성 식품과 혼합될 때, CO_2는 만들고 있는 제품을 부풀어 오르게 해준다. 베이킹소다가 분해될 때, 탄산나트륨(Na_2CO_3)과 다른 구성물이 최종 생성물이다. 그 다른 구성물이 무엇인지 알아내고, 계수를 맞춘 화학반응식을 적어라. 그리고 1 g의 베이킹소다를 사용할 때 생성되는 CO_2의 질량(g)을 구하여라.

P1.56 화학자는 황산(H_2SO_4)과 무수크롬산(CrO_3)을 첨가함으로써, 실험실에서 가능한 1-페닐에탄올($C_6H_5CH(OH)CH_3$)의 아세토페논($C_6H_5COCH_3$)으로의 산화반응을 수행할 수 있다. 이 반응은 황산크롬($Cr_2(SO_4)_3$)을 부산물로 생성한다. CrO_3은 발암물질로 의심되고, 이 반응이 제조업 규모로 수행된다면 다량의 황산크롬 폐기물이 만들어질 우려가 있다. 더 큰 단위에서도 실현 가능한 대체 기술은 과산화수소(H_2O_2)를 산화제로 사용한다. 계수를 맞춘 화학반응식을 결정하여(추가적인 부산물을 포함하도록 한다), 원자 경제성을 계산하고, 생성된 아세토페논 1 lb당 생성되는 부산물의 질량(lb)을 구하여 두 가지 방법을 비교하라.

P1.57 우리가 먹는 음식에 들어 있는 단백질은 C, H, N, O를 포함한다. 우리가 음식의 단백질을 소화하면, 질소 중 일부는 재순환하여 근육 단백질로 사용되고, 일부는 암모늄 이온이 된다. NH_4^+는 독성이 매우 강하고, 따라서 우리의 몸은 그것을 제거하기가 어렵다. 다음은 우리 세포 내에서 일어나는 해독 반응의 간단한 요약이다.

$$NH_4HCO_3 + C_5H_{12}O_2N_2 \text{ (ornithine)} \rightarrow C_6H_{13}O_3N_3 \text{ (citrulline)}$$

$$C_6H_{13}O_3N_3 + C_4H_7O_4N \text{ (aspartic acid)} \rightarrow C_{10}H_{18}O_6N_4 \text{ (arginosuccinate)}$$

$$C_{10}H_{18}O_6N_4 \rightarrow C_4H_4O_4 \text{ (fumarate)} + C_6H_{14}O_2N_4 \text{ (arginine)}$$

$$C_6H_{14}O_2N_4 \text{ (arginine)} \rightarrow CH_4ON_2 \text{ (urea)} + C_5H_{12}O_2N_2 \text{ (ornithine)}$$

모든 생물의 기관계에서 그러하듯 물은 어디서나 이용할 수 있고, 반응물 또는 생성물이 될 수 있다. 반응의 계수를 맞춰보고, 필요한 곳에 물을 추가하라. 생성량-소모량 분석을 이용하여 전제 반응을 결정하라. 과량의 암모니아가 어디에서 나타나는가? 물의 최종 생성이나 소모가 있는가?

P1.58 비누는 여러 가지 지방산의 나트륨인데, 동물성 기름과 같은 자연 생산물에서 추출된다. 전형적인 공정에서 스테아르산글리세롤이 뜨거운 물과 접촉하여 스테아르산과 글리세린을 만든다.

$$(C_{17}H_{35}COO)_3C_3H_5 + 3H_2O \rightarrow 3C_{17}H_{35}COOH + C_3H_5(OH)_3$$

글리세롤이 제거된 후, 스테아르산은 수산화나트륨(NaOH)에 의해 중화되어 스테아르산나트륨 비누를 생성한다.

$$C_{17}H_{35}COOH + NaOH \rightarrow C_{17}H_{35}COONa + H_2O$$

스테아르산글리세롤이 $2.50/kg, 수산화나트륨이 $1.25/kg이고, 부산물로 글리세롤이 $2.20/kg에 판매될 수 있다고 한다면, 1 kg의 스테아르산나트륨 비누의 판매 하한가는 얼마인가? 이를 지역 마트에서 비누를 사는 가격과 비교하라.

P1.59 미국에서 휘발유, 폴리스타이렌, 아스피린의 시장 규모를 추정하라. 단순히 자신 또는 주변인들의 연간 소비량을 조사하여 330 million을 곱함으로써 추산할 수 있을 것이다. 그리고 표 1.3에 기재된 일반 공장의 값과 비교하라.

P1.60 부엌의 수도꼭지를 완전히 열어 정확히 10초간 물을 받았다. 조리용 저울로 그 물의 무게를 측정했고, 그 무게는 1,441 g이었다. 부엌의 수도꼭지가 화학 공장이라면, 이 속도는 정유 공장, 범용제품 공장, 특수제품 공장 또는 의약품 공장 중 무엇과 유사하겠는가? (표 1.3 참조)

P1.61 새롭게 제안된 공정의 예비 경제 분석을 하고 있다. 필요한 원료물질은 화합물 A(27,000 lb/h, $0.14/lb)과 화합물 B(8,100 lb/h, $1.01/lb)이다. 생산품은 화합물 C(32,000 lb/h)이고, $0.86/lb에 판매될 예정이다. 또한, 무시해도 될 정도의 부산물이 존재한다. 공정은 2주간의 공장 유지 보수를 위한 기간을 제외하고 1년 중 350일은 가동될 예정이다. 이 공정을 분석한 결과, (a) 연간 생산 속도, (b) 연간 원료물질의 비용, (c) 연간 판매량, (d) 연간 수익을 각각 어떻게 보고할 것인가? 올바른 단위와 숫자를 사용하여 답하라. (e) 이 공정은 어떤 종류의 공정 범주에 해당하는가? (표 1.3 참조)

핵심 문제

P1.62 시트랄은 레몬그라스 오일에서 추출되어 향수, 비누, 음료수와 같은 많은 소비 제품에 섞여서 향긋한 레몬-라임 향을 낸다. 부텐(C_4H_8)과 포름알데하이드(CH_2O), 그리고 산소로부터 다음 세 반응이 조합되어 시트랄을 합성한다.

$$C_4H_8 + CH_2O \rightarrow C_5H_{10}O$$

$$C_5H_{10}O + O_2 \rightarrow C_5H_8O$$

$$C_5H_{10}O + C_5H_8O \rightarrow C_{10}H_{16}O$$

물은 생성물이나 반응물로서 반응의 어디에나 참여할 수 있다. 계수를 맞춘 화학식을 결정하고, 부텐, 포름알데하이드, 산소 외에는 어떠한 화합물의 소모량도 없도록 생성량-소모량 분석을 해보라. 그리고, 생성되는 시트랄 1 kg 당 소모되는 반응물과 생성되는 부산물의 질량(kg)을 구하라.

P1.63 아세트산(CH_3COOH)을 생성하는 한 가지 경로는 메탄올이 탈수소화 반응을 통해 다이메틸 에테르($(CH_3)_2O$)로 변화한 후, 다이메틸 에테르가 CO와

물과의 카르보닐화 반응으로 아세트산을 생성하는 것이다. CO는 CO_2와 H_2의 이동반응으로 만들어지고, 부산물은 H_2O이다. 위에 서술한 세 가지 반응의 계수를 맞춘 화학반응식을 써보아라. 그리고 원료물질이 아세트산으로 변화하는 반응의 총 원자 경제성을 계산하라. 연간 10,000 metric tons의 아세트산을 만들려고 한다면, 사용해야 하는 메탄올의 양은 얼마인가?

P1.64 아이소부탄올은 발효 과정에 의해 생성될 수 있고, 최근 화석연료로부터 합성되는 다양한 화학물질을 만드는 과정에서 훌륭한 재생 가능한 공급원료로 평가된다. 당신의 회사는 최근에 아이소부탄올을 아이소부텐으로 전환하는 새로운 촉매를 발견해냈다.

$$C_4H_{10}O \rightarrow C_4H_8 + H_2O$$

아이소부텐은 이어지는 반응에서 자일렌(C_8H_{10})과 부산물로 수소를 생성한다. 자일렌은 휘발유의 옥탄 촉진제, 산업용 용액으로 쓰이거나, 다양한 플라스틱과 고분자를 만드는 데 사용되기도 한다. 먼저, 아이소뷰탄올 1,000 kg당 생성되는 자일렌의 질량(kg)을 계산하라. 만약 친환경적인 아이소뷰탄올의 가격이 \$950/ton이고 자일렌은 \$1500/ton에 판매된다면, 이 공정은 수익성이 있는 사업인가?

P1.65 질산(HNO_3)은 세 단계의 반응을 거쳐 만들어지는 중요한 범용성 화학물질이다. (R1) 암모니아(NH_3)는 산소(O_2)와 반응하여 산화질소(NO)와 물을 생성한다. (R2) NO는 이후 다시 O_2와 반응하여 이산화질소(NO_2)를 생성한다. (R3) NO_2는 물에 용해되어 HNO_3와 NO를 생성한다. 위 세 반응의 계수를 맞춘 화학반응식을 적어보고, NO와 NO_2의 총 생성/소모량이 0이 되도록 생성량-소모량 분석을 사용하여 암모니아와 산소로부터 질산을 합성하는 반응 경로를 조합해보라. 그 다음, 하루에 126,000 kg의 질산을 생산하는 공장에서 반응물의 소모량(kg/day)과 부산물의 생산량(kg/day)을 계산하라. 마지막으로, 일 년에 350일 공장을 가동한다고 가정할 때, 이윤(\$/year)을 계산하라. 다음의 가격으로 계산하면 된다. 암모니아 \$0.14/kg, 산소 \$0.033/kg, 물 \$0.012/kg, 질산 \$0.26/kg.

P1.66 헥사메틸렌디아민(HMD, $H_2N(CH_2)_6NH_2$)은 나일론-6, 6을 만드는 데 사용되는 두 가지 반응물 중 하나이다. 화학자 Connie는 HMD을 만드는 두 가지 대체 공정을 제안했다. 기술자 Eddie는 하루에 116,000 lb의 HMD을 생산하기 위해서 어떤 공정을 이용해야 할지 결정하려고 한다.

반응 경로 1: 부타디엔(C_4H_6)을 시안화수소(HCN)와 반응시켜 아디포니트릴($NC(CH_2)_4CN$)을 만든다. 그 후, 아디포니트릴을 수소와 반응시켜 HMD을 만든다.
반응 경로 2: 아크릴로니트릴(CH_2CHCN)을 수소와 반응시켜 아디포니트릴을 만든다. 그 후, 아디포니트릴을 수소와 반응시켜 HMD을 만든다.

기술자 Eddie는 어떤 공정을 추천해야 하나?

Compound	Formula	Cost, $/lb
Butadiene	C_4H_6	0.25
Hydrogen cyanide	HCN	1.13
Hydrogen	H_2	0.12
Acrylonitrile	CH_2CHCN	0.78
Adiponitrile	$NC(CH_2)_4CN$	??
Hexamethylenediamine	$H_2N(CH_2)_6NH_2$	??

P1.67 폴리카보네이트는 헬멧, 안경 렌즈, 비행기 창문 등과 같은 제품을 만드는 데 사용되는 강하고, 가볍고, 충격에 잘 견디며 투명한 고분자이다. 폴리카보네이트의 합성은 다음과 같이 페놀이 아세톤과 반응하여 비스페놀 A를 만드는 과정을 포함한다.

$$C_6H_5OH + CH_3COCH_3 \rightarrow C_{15}H_{16}O_2$$

그리고 비스페놀 A는 포스젠, 수산화나트륨과 반응하여 원하는 고분자와 염화나트륨을 생성한다.

$$C_{15}H_{16}O_2 + COCl_2 + NaOH \rightarrow [\text{—}OC_6H_4C(CH_3)_2C_6H_4OCO\text{—}]_n + NaCl$$

여기서 n은 고분자 사슬에서 단위체가 얼마나 반복되는가를 나타낸다. n = 50이라고 하자.

메테인이 수증기 개질로 CO를 만들고, 이후 CO가 염소 기체와 반응하여 포스젠이 생성된다.

$$CH_4 + H_2O \rightarrow CO + H_2$$
$$Cl_2 + CO \rightarrow COCl_2$$

위에 제시된 반응물과 생성물 외에도, CO_2와 H_2O 등의 간단한 화합물이 이 반응에서 생성되거나 소모될 수 있다. 이 반응의 계수를 맞춘 화학반응식을 써보아라. 그리고 CO와 $COCl_2$는 독성 물질이라서 반응 경로에서 최종 생성/소모량이 없도록 생성량-소모량 분석을 완성하라. 마지막으로 1 kg의 폴리카보네이트를 생성하는 데 필요한 반응물의 양(kg)을 계산하라.

P1.68 포스젠은 독성 물질이기 때문에, 조금 더 친환경적인 폴리카보네이트의 합성을 개발할 필요가 있다. 당신이 발견한 이 공정은 다이메틸카보네이트(DMC, $C_3H_6O_3$)가 필요하므로, 이제 친환경적이고 경제적으로 DMC를 생성하는 방법을 찾으려고 한다. 다음은 DMC를 생성하는 새로운 방법의 반응 경로이다:

메테인(CH_4)과 수증기(H_2O)의 반응으로 합성가스(CO와 H_2)를 생성한다.

$$CH_4 + H_2O \rightarrow CO + 3H_2 \qquad \textbf{(R1)}$$

CO와 H_2가 반응하며 메탄올(CH_3OH)을 생성한다.

$$CO + 2H_2 \rightarrow CH_3OH \quad \textbf{(R2)}$$

메탄올, CO, O_2로부터 다이메틸카보네이트를 생성한다.

$$2CH_3OH + CO + 0.5O_2 \rightarrow C_3H_6O_3 + H_2O \quad \textbf{(R3)}$$

위 세 반응을 조합하여 CO와 CH_3OH의 최종 생성/소모량이 없도록 DMC를 합성하는 반응 경로를 합성하라. 그리고 전체 반응의 원자 경제성을 평가하고, 1,800 kg DMC/day를 생산하기 위한 반응물과 부산물의 양(kg/day)을 계산하라. 마지막으로, 다음 가격을 참고하여 1년 중 350일 동안 공장을 가동할 때 얻을 수 있는 손익을 계산하라. 메테인 $0.22/kg, 수소 $0.88/kg, 메탄올 $0.38/kg, 산소 $0.12/kg, DMC $2.11/kg.

P1.69 아크릴로나이트릴은 합성고무와 올론(orlon) 섬유의 기초물질이다. 당신의 회사는 아크릴로나이트릴의 증가하는 수요를 맞추기 위해 새로운 공장을 세우려고 하고, 당신의 상사가 다음 세 가지 반응을 생각해 보라고 요청했다.

(a) $C_2H_2 + HCN \rightarrow C_3H_3N$

(b) $C_3H_6 + NH_3 + 1.5O_2 \rightarrow C_3H_3N + 3H_2O$

(c) $C_2H_4O + HCN \rightarrow C_3H_3N + H_2O$

위 세 가지 반응 각각에 대한 원자 경제성을 평가해 보라. 그 후, 다음 제시된 가격을 사용하여 각 반응에 대한 공정 경제성을 분석하라. 에틸렌 $4.92/kg, 시안화수소 $1.58/kg, 암모니아 $0.2/kg, 산소 $0.04/kg, 에틸렌옥사이드 $1.48/kg, 아크릴로나이트릴 $2.97/kg. 경제성과 환경문제, 안전 문제 등을 고려했을 때, 어떤 반응을 선택하겠는가? 계산 결과를 첨부하여 당신의 상사에게 제출할 분석 결과를 작성하라.

P1.70 요소(CON_2H_4)는 비료로 사용되며, 메테인(CH_4), 물, 질소를 원료로 하여 다음 네 가지 반응을 포함하는 반응 경로의 결과로 생산된다.

$$CH_4 + H_2O \rightarrow CO + 3H_2 \quad \textbf{(R1)}$$

$$CO + H_2O \rightarrow CO_2 + H_2 \quad \textbf{(R2)}$$

$$H_2 + \tfrac{1}{3}N_2 \rightarrow \tfrac{2}{3}NH_3 \quad \textbf{(R3)}$$

$$NH_3 + \tfrac{1}{2}CO_2 \rightarrow \tfrac{1}{2}CON_2H_4 + \tfrac{1}{2}H_2O \quad \textbf{(R4)}$$

위 네 반응을 조합하여 메테인, 물, 질소로부터 요소를 만드는 반응 경로를 합성하라. 이때 CO, CO_2, NH_3의 최종 생성/소모량은 0이 되어야 한다. 전체 반응의 원자 경제성을 평가하고, 120,000 kg/day의 요소를 생산하기 위한 반응물과 부산물의 양(kg/day)을 계산하라. 가격은 메테인이 $0.11/kg, 질소가 $0.011/kg, 수소가 $0.18/kg, 물이 $0.012/kg이고, 요소의 판매 가격은 $0.36/kg일 때, 총 손익($/day)은 얼마인가?

P1.71 함께 가열했을 때, 석회석($CaCO_3$)과 숯(C)이 반응하여 탄화칼슘(Ca_2C)과 이산화탄소(CO_2)를 생성한다.

$$2CaCO_3 + 2C \rightarrow Ca_2C + 3CO_2 \qquad \textbf{(R1)}$$

그 후, 탄화칼슘에 물을 방울방울 떨어트리면 아세틸렌(C_2H_2), 수소(H_2), 수산화칼슘($Ca(OH)_2$)이 만들어진다.

$$2Ca_2C + 8H_2O \rightarrow C_2H_2 + 3H_2 + 4Ca(OH)_2 \qquad \textbf{(R2)}$$

아세틸렌은 유용한 화합물이기 때문에, 우리는 석회석과 숯을 이용하여 아세틸렌을 만드는 공정이 실현 가능한지 알아보려고 한다. 위 두 반응을 조합하여 Ca_2C의 최종 생성/소모량이 없도록 하는 전체 반응식을 써보고, 전체 반응의 원자 경제성을 알아보라. 석회석의 가격이 \$0.03/lb, 숯이 \$0.02/lb이고 물을 무료로 이용 가능하며, 아세틸렌을 \$0.52/lb에 판매한다고 하면, 이 공정은 경제적으로 실현 가능한가? 수소 또한 \$0.40/lb에 판매할 수 있다면 어떠한가?

P1.72 휘동석(Cu_2S)은 탄광에서 발견되는 구리 침전물의 한 형태이다. 동전, 철사, 그 외에 다양한 용도로 사용되는 금속 Cu를 얻기 위해서 휘동석은 황산 제2철 산성 수용액에 용해되어 황산구리를 형성한다. 황산구리는 그 후 철과 환원반응으로 금속 구리와 황산철을 만든다. 황산철은 다시 황산 제2철을 생성하기 위해 황산, 과산화수소와 반응한다. 주요 반응은 다음 반응식을 따른다.

(R1) $Cu_2S + Fe_2(SO_4)_3 \rightarrow CuS + CuSO_4 + 2FeSO_4$
(R2) $CuS + Fe_2(SO_4)_3 \rightarrow CuSO_4 + 2FeSO_4 + S$
(R3) $CuSO_4 + Fe \rightarrow Cu + FeSO_4$
(R4) $2FeSO_4 + H_2SO_4 + H_2O_2 \rightarrow Fe_2(SO_4)_3 + H_2O$

위의 네 반응을 Cus, $Fe_2(SO_4)_3$, $CuSO_4$, $FeSO_4$의 최종 생성/소모량이 0이 되게 하는 최종 반응으로 조합할 수 있겠는가? 가능하다면, 전체 반응의 χ을 결정하라. 가능하지 않다면, 이유를 설명하고 위 화합물 중 일부의 최종 생성/소모량이 0이 되도록 하는 전체 반응식을 도출하라. 그 후, 금속 Cu 1g을 생산하는 데 필요한 Cu_2S와 다른 반응물들의 질량(g)을 계산하라.

P1.73 1,4-부탄디올($C_4H_{10}O_2$)은 타이어, 접착제, 개스킷, 발포 고무 등의 제품에 사용되는 폴리우레탄의 합성에 사용된다. 전통적으로, 1,4-부탄디올은 화석연료로부터 추출한 화합물을 사용하여 만들곤 했다. 글루코오스($C_6H_{12}O_6$)의 발효 작용으로 주요 부산물인 CO_2, H_2O와 함께 석신산($C_4H_8O_4$)을 생성하는 생물학적 경로가 제안되었고, 이 반응은 석신산의 1,4-부탄디올로의 수소화 반응으로 이어진다. 수소화 반응에 필요한 H_2는 메테인의 *수증기 개질*(steam reforming)으로 생성된다.

$$CH_4 + H_2O \rightarrow CO + 3H_2$$

물-기체 전이반응(water-gas shift reaction)은 수증기 개질에 의해 발생한 CO를 소모하는 데 사용된다.

$$CO + H_2O \rightarrow CO_2 + H_2$$

위 발효 반응과 수소화 반응의 계수를 맞춘 화학반응식을 적어라. 산소, 물, CO_2는 이 반응의 또 다른 반응물이나 생성물로 작용할 수 있다. 그 후, 두 반응을 조합하여 CO, H_2 또는 석신산의 최종 생성/소모량이 0이 되도록 하는 전체 반응 경로를 생각해보라.

글루코오스는 재생 가능한 자원으로부터 얻을 수 있는 반면, 수증기 개질에 사용되는 메테인은 재생 불가능한 천연가스로부터 얻는다. 그렇다면 1,4-부탄디올 1,000 kg을 만들기 위해서 몇 kg의 글루코오스와 메테인이 각각 사용되는가? 그리고 몇 kg의 CO_2가 생성되는가?

P1.74 사례연구에서, 원료물질로 벤젠, 산화제로 산소와 질산을 이용해서 아디프산을 만드는 화학반응에 대해 알아보았다.

당신의 회사는 큰 규모의 아디프산 공급업체인데, 전통적인 방식의 안전과 환경문제에 대해 우려하고 있다. 당신은 실험실 검정에서 전도유망해 보이는 두 가지의 아디프산 생성 공정 대체 반응 경로에 대해 알아본 바가 있다.

(a) 수용액에서 텅스텐산나트륨을 촉매로 하여, 사이클로헥세인(C_6H_{10})은 과산화수소(H_2O_2)와 반응하여 아디프산과 부산물로 물을 생성한다. 사이클로헥세인의 가격은 \$0.20/kg이고, 35 wt% 과산화수소 수용액(in water)의 가격은 \$0.25/lb이다.

(b) *N*-헥세인(C_6H_{14})은 적절한 촉매를 사용하여 산소와 반응한다. *N*-헥세인의 1/3은 아디프산과 반응하고, 나머지는 산화되어 부산물을 생성한다. *N*-헥세인의 가격은 \$0.33/kg이고, 산소는 무료로 이용할 수 있다.

두 반응 경로의 원자 경제성을 분석하고, 사례연구에서 제시된 전통적인 공정과 비교해 보라. 아디프산의 생성 속도는 28,100 kg/day, 판매 가격이 \$1.54/kg이라고 가정할 때, 발생할 수 있는 안전이나 환경문제를 모두 고려하여 당신의 분석과 추천 방책을 한 페이지 분량으로 요약하여 보고하라. 당신의 결정을 뒷받침하는 계산 과정도 첨부해야 한다.

설계 문제

P1.75 폴리염화비닐(PVC)은 염화비닐의 촉매중합에 의해 생성되고 플라스틱 파이프나 필름과 같은 제품을 만드는 데 널리 이용된다. 염화비닐(C_2H_3Cl)을 제조하는 공정을 설계하는 것이 당신의 임무이다. 합성화학에 관한 문헌을 조사해서 다음의 반응이 염화비닐과 또는 비슷한 분자를 포함하는 반응임을 알았다.

$$C_2H_2 + HCl \rightarrow C_2H_3Cl$$
$$C_2H_4 + Cl_2 \rightarrow C_2H_4Cl_2$$
$$C_2H_4Cl_2 \rightarrow C_2H_3Cl + HCl$$
$$2\ HCl + \tfrac{1}{2}\ O_2 + C_2H_4 \rightarrow C_2H_4Cl_2 + H_2O$$
$$C_2H_4Cl_2 + NaOH \rightarrow C_2H_3Cl + H_2O + NaCl$$

이 다섯 가지의 반응을 결합해서 염화비닐의 제조에 대한 몇 가지 다른 반응 경로를 제안해 보라. 다음의 단가표를 이용해서 어떤 공정이 가장 유망한지 분석하고, 원자 경제성과 공정 경제성을 평가하라. 당신은 PVC 제조업자이므로, HCl이나 $C_2H_4Cl_2$를 판매하는 사업에 대해서는 관여할 필요가 없다.

Compound	Price, $/lb
Ethylene (C_2H_4)	0.27
Dichloroethane ($C_2H_4Cl_2$)	0.17
Acetylene (C_2H_2)	1.22
Chlorine (Cl_2)	0.10
Hydrogen chloride (HCl)	0.72
Sodium hydroxide (NaOH)	1.13
Vinyl chloride (C_2H_3Cl)	0.22

P1.76 Round-up®은 유명한 생분해성(다소 논란이 되는) 비선택성 제초제이다. Round-up 합성에서의 주요 중간생성물은 DSIDA(disodium iminodiacetate, $C_4H_5NO_4Na_2$)이다. DSIDA 제조는 산성 조건에서 암모니아(NH_3), 포름알데하이드(CH_2O), 시안화수소(HCN)를 혼합해서 IDAN (iminodiacetonitrile)을 만드는 것부터 시작된다. (이는 Strecker 합성이라고 하는데, 비슷한 반응이 단백질의 기초물질인 아미노산의 합성에 이용된다.) 그리고 염화나트륨(NaOH) 수용액이 IDAN과 혼합되어서 DSIDA를 만들고, NH_3를 부산물로 발생시킨다.

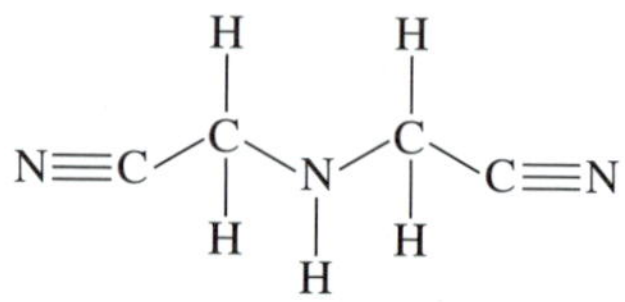

Iminodiacetonitrile (IDAN), $C_4H_5N_3$

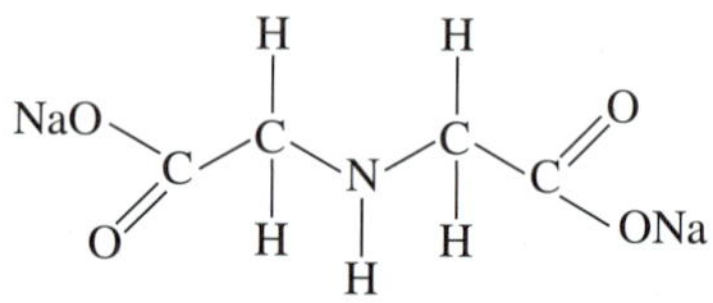

Disodium iminodiacetate (DSIDA), $C_4H_5O_4NNa_2$

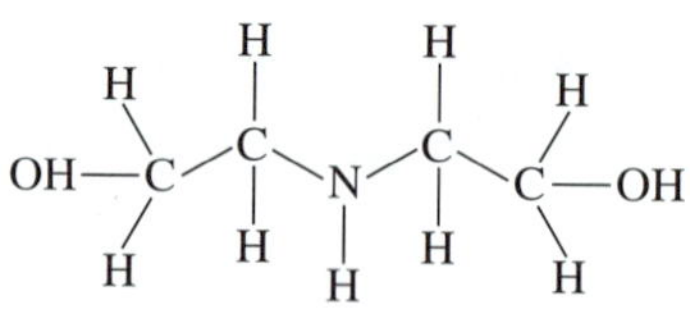

Diethanolamine, $C_4H_{11}O_2N$

이 반응 경로에는 몇 가지 문제가 있다. HCN은 독성이 매우 강한 물질이다. 또한, 발열반응이기 때문에 반응기에 대해 섬세한 제어를 하지 않는다면, 폭주반응(runaway reaction) 현상이 발생할 수 있다. 부반응이 존재하기 때문에(여기서는 고려하지 않음), 이 공정은 7 lb의 DSIDA를 제조하는 동안 1 lb의 시아나이드가 포함된 폐기물을 발생시킨다.

당신의 임무는 DEA, 즉 디에탄올아민을 이용해서 더 안전한 대체 공정을 개발하는 것이다. 구리 촉매가 첨가된 NaOH 용액에서 DEA의 반응으로 DSIDA를 만든다. DEA의 구조는 위에 나와 있다.

첫째, 암모니아와 포름알데하이드, 시안화수소, 수산화나트륨으로부터 DSIDA가 생성되는 반응의 화학양론 계수를 맞춘 화학반응식 두 가지를 알아보라. 그리고 전체 공정에 대한 생성량-소모량을 분석하라. DSIDA 1,770 lb/day를 생산할 때, 하루에 들어가는 원료물질의 비용을 결정하라.

둘째, DEA로부터 DSIDA를 합성하는 공정의 화학양론 계수를 구하라. 부산물은 무엇인가? 이 공정을 통해 DSIDA를 생산하는 비용과 기존의 HCN 공정의 비용에 대해 비교하라. 더 안전한 공정이 경제적으로 경쟁력을 가지는가?

DEA는 에틸렌(C_2H_4)이 산화되어 산화에틸렌(C_2H_4O)이 되고, 그 후 NH_3와의 반응을 통해 합성된다. O_2의 공급원은 공기이며, 비용은 들지 않는다고 가정하자. 계수를 맞춘 화학반응식을 적고, 생성량-소모량 분석을 마친 후, 유입-유출 표를 완성하라. 원료물질의 비용적인 측면에서, DEA를 구매하는 대신 만드는 것이 좋은 아이디어인가?

이 공정에 원료물질에 대한 다음의 가격이 적용된다.

Compound	Price
Formaldehyde (37 wt% in water)	\$0.15/lb solution
Ammonia	\$182/metric ton
Hydrogen cyanide	\$1.92/kg
Sodium hydroxide	\$0.40/lb
Diethanolamine	\$1.60/kg
Ethylene	\$0.48/lb
Hydrogen	~0

제2장

공정흐름: 변수, 선도, 수지

Process Flows: Variables, Diagrams, Balances

▷ 이 장에서는

화학공정 설계 과정에 대해 공부해 보고자 본다. 화학공정 특성을 기술하는 데 사용되는 주요 공정 변수들을 살펴보고, 생성량-소비량 분석 결과를 어떻게 유입량-유출량 선도에 나타내는지 알아본다. 화학공정을 나타내는 데 있어 두 개의 중요한 시각적인 표현방법(블록흐름선도와 공정흐름선도)을 소개한다. 블록흐름선도에서 사용되는 주요 공정단위들을 간단히 설명한 다음 물질수지 계산법에 대해 공부하기로 한다.

이 장에서는 다음과 같은 항목들을 다룬다.

- 중요한 공정 변수들로서는 어떤 것들이 있는가?
- 대부분의 화학공정에서 사용되는 4개의 주요 공정단위는 어떤 것들이 있는가?
- 공정흐름선도를 도식화하기 위한 세 가지 방법은 무엇인가?
- 공정흐름선도 설계는 어떻게 시작하는가?
- 공정흐름 유량은 어떻게 계산하는가?
- 공정흐름 계산을 위해서는 어떤 종류의 정보가 유용한가?

▷ 학습 용어

제2장에서는 다음과 같은 용어들을 배우게 된다.

공정흐름도(process flow sheet)
공정 변수(process variable)
공정흐름(process stream)
공정단위(process units): 혼합기, 반응기, 분리기, 분할기(mixer, reactor, separator, splitter)
유입량-유출량 선도(input-output diagram)
블록흐름선도(block flow diagram)
공정흐름선도(process flow diagram)
회분식 또는 연속흐름(batch or continuous-flow)
정상상태 또는 과도상태(steady-state or transient)
물질수지식(material balance equation)
계산 기준(basis)
계(system)
성분(component)
흐름조성규격(stream composition specification)
계성능규격(system performance specification)

2.1 서론

제품을 생산하기 위해서는 화학공장을 설계하고, 건설하고, 운전할 필요가 있다. *화학공장(chemical process plant)은 원하는 제품을 만들기 위해서 원료 물질들에 물리적 변화와 화학적인 변화를 일으키는 시설이다*(그림 2.1). 화학공장은 형태와 크기가 다양하지만, 일반적으로 비슷한 특징을 가지고 있다.

화학공장에서 물질의 이동 경로는 **공정흐름도**상에 시각적으로 나타내어지며, 일반적으로 화학공장은 다음과 같은 기능을 일부 또는 모두 포함한다(그림 2.2).

- *원료 준비*(feed preparation). 원료를 원하는 조성 또는 물리적 상태로 만든다.
- ***반응***(reaction). 제어 하에 원하는 화학반응이 일어나게 하는 조건을 제공한다.
- *분리와 정제*(separation and purification). 원료물질, 부산물, 폐기물로부터 원하는 생성물을 분리한다.
- *환경 제어*(environmental control). 폐기물을 재활용하거나 폐기한다.
- *생성물 조제*(product formulation). 최종 생성물을 혼합, 규격화, 포장, 저장한다.

그림 2.1 화학공장은 형태와 크기가 다양하다. *왼쪽*: 헝가리의 Danube Refinery의 청정 디젤유 생산 공장, *Holly Curry/McGraw Hill*. *중앙*: 제약공장의 일부분. *Monti Rakusen/Cultura/Image Source*. *오른쪽*: 치즈 제조 시설. *Monti Rakusen/Cultura/Getty Images*.

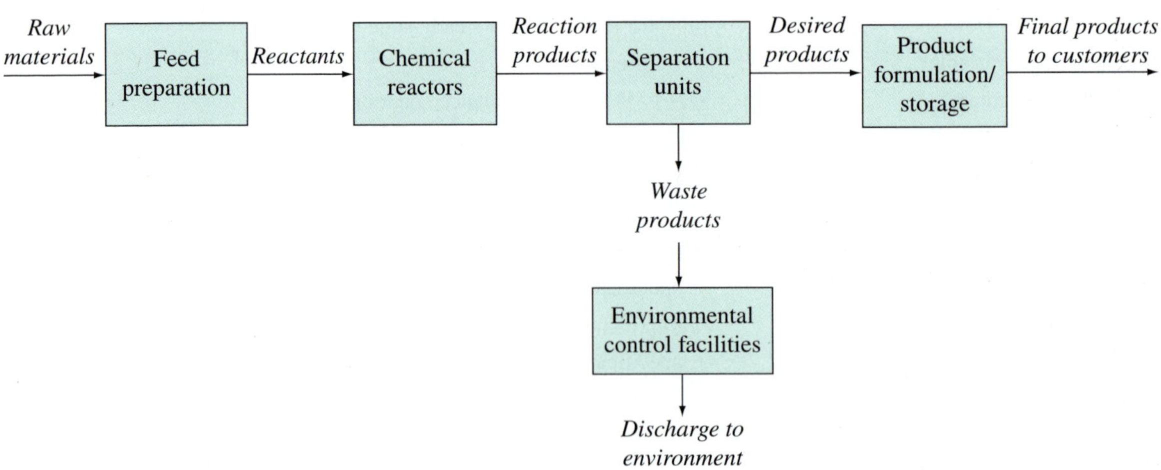

그림 2.2 원하는 제품을 얻기 위한 원료의 흐름을 공정흐름도상에 나타낸다.

이러한 기능을 수행하기 위해서 화학공장에서는 혼합기, 반응기, 컬럼, 건조기, 펌프, 열교환기, 파이프, 계측기 등을 다양한 방법으로 배열 구성하게 된다.

이 장에서 우리는 화학공정을 설명하는 데 필요한 핵심 공정 변수들과 화학공정을 도식화하기 위해 사용되는 세 종류의 흐름도(flow sheet)에 대해 알아본다. 공정단위를 선택하고 그것들을 실제적인 흐름도에서 서로 연결하는 간편추론법에 대해 공부한다. 물질수지식과 공정규격을 사용하여 간단한 공정흐름 계산법에 대해 공부한다.

2.2 공정 변수

공정흐름도에는 **공정 변수**(process variable)에 대한 정량화된 정보가 들어가며, 여기서 관심을 갖는 공정 변수는 몰, 질량, 조성, 농도, 압력, 온도, 부피, 밀도, 유량 등이다. 공정 변수들에 대한 논의를 하기 이전에 단위와 차원에 대해 먼저 일아 볼 필요가 있다.

2.2.1 차원과 단위

차원(dimension)은 기본적인 양으로 구성 요소의 물리적 성질을 말한다. 기본 차원에는 질량 m, 길이 L, 시간 t, 열역학적 온도 T, 물질량 n과 같은 몇 가지가 있다. 면적, 부피, 밀도, 압력과 같은 양은 이러한 기본 단위들로부터 유도된 것이다. 예를 들어, 면적은 L^2의 유도 차원을 가지며, 압력은 m/Lt^2의 유도 차원을 갖는다.

단위(unit)는 기본 또는 유도 차원의 구체적인 크기를 나타낸다. 과학 관련 강의에서 (SI) Système Internationale 단위계(kilogram, meter, second)를 주로 사용해 왔으나, 화학공정산업에서는 보다 다양한 단위계를 접하게 될 것이다. 예를 들면 다음과 같다.

Quiz 2.1
부피와 밀도의 차원은 무엇인가?

기본 차원	단위
질량 m	Kilogram, gram, ounce, ton, metric ton, ...
길이 L	Meter, foot, centimeter, mile, light-year, ...
시간 t	Day, hour, second, year, semester, ...
온도 T	Degree Celsius, degree Fahrenheit, Kelvin, degree Rankine, ...
물질량 n	Gram-mole, kilogram-mole, ton-mole, ...

특별한 종류의 단위들이 있다. 저자가 개인적으로 좋아하는 단위 중의 하나는 EFOB(equivalent fuel oil barrel)인데, 이는 부피의 척도가 아니라 에너지의 척도이다. 단위의 혼동을 피하기 위해서는 단위에 대해서 열심히 공부하는 방법 밖에 없다.

힌트: 숫자를 쓸 때에는 관련된 단위를 표기하라. 숫자는 단위가 없으면 의미가 없다. 만약 어떤 식의 차원이 일치한다면 그 식에 있는 모든 항들은 같은 차원을 가져야 한다. 따라서 등호(=), 더하기 기호(+) 또는 빼기 기호(−)의 양변에 있는 양들의 차원이 같은지를 확인해야 한다.

설명 ▸ 상점에 가서 식료품을 사는 경우에 출납계원은 식료품의 가격을 말할 때 52와 47이라고 하지 않고, 52달러 47센트라고 말한다.

Hint
계산을 할 때는 항상 차원이 같은지 먼저 확인하라.

설명 ▸ 매주 월요일마다 우유 2갤런과 쿠키 5상자를 구입한다고 하자. 구입한 식료품을 집으로 옮겨야 하기 때문에, 전체 식료품의 무게가 몇 파운드나 되는지 알고 싶다. 전체 식료품의 무게(파운드)를 계산하기 위해 우유 2갤런과 쿠키 5상자를 단순히 더할 수 있는가?

갤런은 부피[L^3]의 차원이며, 상자는 물질의 양을 나타내는 차원이다. 결과에서 파운드는 질량[m]의 차원을 가진다. 따라서 차원이 같지 않기 때문에 식은 차원적으로 일치하지 않는다. 원하는 것은 식의 모든 항들이 질량[m]의 차원을 갖는 것이다. 부피[L^3] 단위를 질량[m] 단위로 환산하기 위해서는 밀도, 즉 [m]/[L^3]를 곱해야 한다. 다시 말해서, 차원 해석을 하면 우유의 부피에 우유의 밀도(8.3 lb/gallon)를 곱하는 것이 필요하다는 것을 알 수 있게 된다. 물질량 [N]를 질량[m] 단위로 환산하기 위해서는 상자당 질량을 알아야 한다. 따라서 쿠키 포장을 조사하여 상자당 질량이 2.0 lb라는 것을 알았다. 이제는 전체 파운드를 계산할 수 있다.

Hint
단위변환을 할 때는 올바르게 환산하는지를 확인하기 위해 항상 교차 계산을 하라.

$$\left(2\text{ 갤런 우유} \times \frac{8.3\text{ lb}}{\text{갤런}}\right) + \left(5\text{ 상자 쿠키} \times \frac{2.0\text{ lb}}{\text{상자}}\right)$$

$$= (16.6\text{ lb 우유}) + (10.0\text{ lb 쿠키}) = 26.6\text{ lb 식료품}$$

설명 ▸ 만일 우유 1갤런의 가격이 25센트짜리 미국 은화 11개이고, 1.20달러는 1유로로 환전할 수 있으며, 1유로는 107엔으로 환전할 수 있다면, 우유 1갤런에 대한 가격으로 몇 엔을 지불해야 하는가?

$$\frac{11\text{ 은화}}{\text{갤런 우유}} \times \frac{0.25\text{ 달러}}{\text{은화}} \times \frac{1\text{ 유로}}{1.20\text{ 달러}} \times \frac{107\text{ 엔}}{\text{유로}} = \frac{245\text{ 엔}}{\text{갤런 우유}}$$

Hint
너무 크거나 너무 작지 않은 숫자를 가지고 작업할 수 있는 단위들을 선택하라.

설명 ▸ 0.004167 kg/s보다는 15 kg/h로, 15,000,000,000 mg/h보다는 15,000 kg/h 또는 15 metric tons/h로 나타내는 것이 좋다.

2.2.2 ▸ 질량, 몰, 조성

1.5.1절에서 질량 단위와 몰 단위 그리고 단위 환산에 대해 알아보았다. **몰질량**(molar mass)은 원자 또는 분자 1몰(6.02214×10^{23})이 갖는 질량으로서 [g/gmol]의 단위를 갖는다는 것을 상기하자. 사용상 편의를 위해 몰질량의 단위는 [lb/lbmol], [kg/kgmol], [ton/tonmol] 또는 [m/n]의 차원을 가진 유사한 다른 단위들

로 나타낼 수도 있다. *어떤 화합물의 몰질량의 수치는 이들 단위들 중에서 어떤 것을 사용하던 간에 동일하다.* *몰수*(mole)를 *질량*(mass)으로 변환시키기 위해서는 몰수에다 몰질량을 곱해 주어야 한다. 반대로 *질량*을 *몰수*로 변환시키기 위해서는 질량을 몰질량으로 나누어 주어야 한다. n_i는 화합물의 몰수, m_i는 화합물 i의 질량이고, M_i는 화합물의 분자량이라고 하면, 식의 형태로는 다음과 같다.

$$m_i = n_i M_i \tag{2.1}$$

때때로 어떤 화합물의 몰수 또는 질량이 주어진 경우에 원소의 총 몰수에 관심을 가지게 된다. 만일 n_{hi}가 화합물 i에 존재하는 원소 h의 몰수라고 한다면 다음과 같이 된다.

$$n_{hi} = \varepsilon_{hi} n_i = \varepsilon_{hi} \frac{m_i}{M_i} \tag{2.2}$$

여기에서 ε_{hi}는 화합물(i)에 존재하는 원소 h의 몰 퍼센트이다.

설명 ▸ 비커에 12 gmol 글루코오스($C_6H_{12}O_6$)가 들어 있다. 비커에 담긴 글루코오스의 질량과 글루코오스에 존재하는 탄소(C)의 그램-몰수를 알아보자.

$$m_{\text{glucose}} = n_{\text{glucose}} M_{\text{glucose}} = 12 \text{ gmol glucose} \times \frac{180 \text{ g glucose}}{\text{gmol glucose}} = 2160 \text{ g glucose}$$

$$n_{\text{C in glucose}} = \varepsilon_{\text{C in glucose}} n_{\text{glucose}} = \frac{6 \text{ gmol C}}{\text{gmol glucose}} \times 12 \text{ gmol glucose} = 72 \text{ gmol C}$$

화합물들이 혼합된 혼합물에 대해서 살펴보자. 만일 m이 전체 질량이고 n이 전체 몰수라면, 다음과 같이 된다.

$$m = \sum_i m_i \tag{2.3a}$$

$$n = \sum_i n_i \tag{2.3b}$$

여기서 합산 기호는 흐름 내에 존재하는 모든 화합물의 합이라는 것을 의미한다.

혼합물에서는 **조성**(composition)과 화합물의 *상대적인* 양을 나타내는 것이 중요하다. 조성은 일반적으로 질량 분율(질량 퍼센트) 또는 몰분율(몰 퍼센트)로 나타낸다.

질량과 무게는 일반적으로 교차 사용되며, 통상적으로 질량 분율은 w_i, 몰분율은 z_i로 표시하여 사용한다.

$$\text{성분 } i\text{의 질량 분율} = \frac{\text{성분 } i\text{의 몰수}}{\text{전체 몰수}} = w_i = \frac{m_i}{\sum_i m_i} = \frac{m_i}{m}$$

$$\text{성분 } i\text{의 질량 퍼센트} = \frac{\text{성분 } i\text{의 몰수}}{\text{전체 몰수}} \times 100\% = w_i \times 100\%$$

$$\text{성분 } i\text{의 몰분율} = \frac{\text{성분 } i\text{의 몰수}}{\text{전체 몰수}} = z_i = \frac{n_i}{\sum_i n_i} = \frac{n_i}{n}$$

$$\text{성분 } i\text{의 몰 퍼센트} = \frac{\text{성분 } i\text{의 몰수}}{\text{전체 몰수}} \times 100\% = z_i \times 100\%$$

설명 ▸ 글루코오스($C_6H_{12}O_6$) 12 g과 염화나트륨(NaCl) 3 g이 물 85 g에 용해되어 있다.

$$\text{질량 분율 글루코오스} = \frac{12 \text{ g glucose}}{12 \text{ g glucose} + 3 \text{ g salt} + 85 \text{ g water}} = 0.12$$

$$\text{질량 퍼센트 글루코오스} = \frac{12 \text{ g glucose}}{12 \text{ g glucose} + 3 \text{ g salt} + 85 \text{ g water}} \times 100\%$$

$$= 12 \text{ mass\%}$$

(Note: 질량 분율에 %를 붙이지 않는다. 글루코오스의 질량 분율은 0.12%가 아님.)

질량 분율과 몰분율은 무차원이다. 공정흐름에서 질량 분율과 몰분율의 합은 1이 되어야만 한다.

$$\sum_i w_i = 1$$

$$\sum_i z_i = 1$$

설명 ▸ 글루코오스($C_6H_{12}O_6$) 12 g과 염화나트륨(NaCl) 3 g이 물 85 g에 용해되어 있다.

$$\text{질량 분율 글루코오스} = w_{\text{glucose}} = \frac{12 \text{ g glucose}}{12 \text{ g glucose} + 3 \text{ g salt} + 85 \text{ g water}} = 0.12$$

$$\text{질량 분율 염화나트륨} = w_{\text{salt}} = \frac{3 \text{ g salt}}{12 \text{ g glucose} + 3 \text{ g salt} + 85 \text{ g water}} = 0.03$$

$$\text{질량 분율 물} = w_{\text{water}} = 1 - 0.12 - 0.03 = 0.85$$

질량 분율과 몰분율 사이의 변환을 위해서는 혼합물에 포함된 모든 화합물 분자량에 대한 정보를 알아야 한다.

$$w_i = \frac{z_i M_i}{\sum_i z_i M_i}$$

$$z_i = \frac{w_i / M_i}{\sum_i (w_i / M_i)}$$

설명 ▸ 글루코오스($C_6H_{12}O_6$) 12 g과 염화나트륨(NaCl) 3 g이 물 85 g에 용해되어 있다. 분자량은 각각 180, 58.5, 18 g/gmol이다.

$$w_{\text{glucose}} = \frac{12 \text{ g glucose}}{12 \text{ g glucose} + 3 \text{ g NaCl} + 85 \text{ g water}} = 0.12$$

질량 퍼센트 glucose = 0.12 × 100% = 12 mass% (12 wt%)

$$z_{\text{glucose}} = \frac{12 \text{ g glucose}/180 \text{ g/gmol}}{12 \text{ g glucose}/180 \text{ g/gmol} + 3 \text{ g NaCl}/58.5 \text{ g/gmol} + 85 \text{ g water}/18 \text{ g/gmol}} = 0.014$$

몰 퍼센트 glucose = 0.014 × 100% = 1.4 mol%

설명 ▸ 글루코오스($C_6H_{12}O_6$) 12 gmol과 염화나트륨(NaCl) 3 gmol이 물 85 gmol에 용해되어 있다.

$$z_{\text{glucose}} = \frac{12 \text{ gmol glucose}}{12 \text{ gmol glucose} + 3 \text{ gmol NaCl} + 85 \text{ gmol water}} = 0.12$$

몰 퍼센트 glucose = 0.12 × 100% = 12 mol%

$$w_{\text{glucose}} = \frac{12 \text{ gmol glucose (180 g/gmol)}}{12 \text{ gmole glucose (180 g/gmol)} + 3 \text{ g NaCl (58.5 g/gmol)} + 85 \text{ g water (18 g/gmol)}} = 0.56$$

질량 퍼센트 glucose = 0.56 × 100% = 56 mass% (56 wt%)

> **Quiz 2.2**
> 15 g 글루코오스와 85 g의 물이 들어 있는 비커가 있다, 비커에 들어 있는 글루코오스는 15 wt%인가, 0.15 wt%인가?

혼합물의 **조성**은 성분의 *상대적인* 양이기 때문에 조성은 몰비나 질량비로도 표현된다.

설명 ▸ 글루코오스($C_6H_{12}O_6$) 12 g과 염화나트륨(NaCl) 3 g이 물 85 g에 용해되어 있다. 이 혼합물의 염의 단위질량당 글루코오스의 질량비는 4 g glucose/g salt이다.

2.2.3 ▸ 온도와 압력

온도 *T* 온도 *T*는 기본 차원(dimension)이다. 켈빈(Kelvin) 온도(K)와 랜킨(Rankine) 온도(°R) 눈금은 둘 다 절대온도 눈금을 가진다(음수 온도가 존재하지 않음). 섭씨(Celsius) 온도(°C)와 화씨(Fahrenheit) 온도(°F)는 켈빈 온도(K)와 랜킨 온도(°R)로부터 일정한 값만큼 이동된 것이다. 각 온도 간의 변환에는 아래의 식이 사용된다.

$$T(\text{K}) = T(°\text{C}) + 273.15$$
$$T(°\text{R}) = T(°\text{F}) + 459.67$$
$$T(°\text{R}) = 1.8T(\text{K})$$
$$T(°\text{F}) = 1.8T(°\text{C}) + 32$$
$$T(°\text{C}) = \tfrac{5}{9}[T(°\text{F}) - 32]$$

> **Quiz 2.3**
> 어떤 계가 0 K에 존재한다면 이는 몇 °R의 온도에 해당하는가?

설명 ▸

$$25°C = 77°F = 298.15\ K = 536.67°R$$

압력 *P* 압력 *P*는 $[m/Lt^2]$의 차원이다. 사용된 많은 압력단위들에서 이를 구분하기가 쉽지는 않을 것이다. 하나의 압력단위에서 다른 압력단위로 변환하는 데 있어 아래의 환산계수를 이용한다.

$$1\ bar = 0.1\ MPa = 100\ kPa = 10^5\ Pa = 10^5\ N/m^2 = 10^6\ dyn/cm^2 = 750.062\ mm\ Hg\ (at\ 0°C) = 33.4553\ ft\ H_2O\ (at\ 4°C) = 14.50377\ lb_f/in^2\ (psi) = 0.9869233\ atm$$

$$1\ atm = 1.01325 \times 10^5\ Pa = 101.325\ kPa = 1.01325\ bar = 0.101325\ MPa = 760\ mm\ Hg\ (at\ 0°C) = 33.89854\ ft\ H_2O\ (at\ 4°C) = 14.69595\ lb_f/in^2\ (psi)$$

설명 ▸

$$5.075\ bar\left(\frac{1\ atm}{1.01325\ bar}\right)\left(\frac{760\ mm\ Hg}{1\ atm}\right) = 3807\ mm\ Hg$$

Quiz 2.4
압력 게이지를 사용하여 측정된 자전거 바퀴의 압력이 0 mmHg라면 이 타이어는 진공 상태인가?

대기에서 압력게이지는 1이 아니라 0을 나타낸다. 그래서 **계 기압** = (절대압) – (대기압)으로 나타낸다. 게이지 압력은 압력단위 뒤에 "g"를 표시하여 나타낸다. 예를 들면 "psig"(pounds of force per square inch gauge)와 같다. 공기펌프를 이용하여 자전거 타이어에 바람을 넣을 때, 당신이 읽는 압력 값은 게이지 압력 값일 것이다. 만약 압력게이지가 달린 자전거펌프를 가지고 있다면, 펌프가 타이어와 연결되지 않은 상태에서의 압력을 읽어 보라.

설명 ▸ 만일 게이지가 4.06 bar를 가리킨다면, 절대압력은 4.40 + 1.01 = 5.07 bar이다.

2.2.4 ▸ 부피, 밀도, 농도

부피 *V* 부피 *V*는 $[L^3]$의 차원을 갖는다. 부피 단위들 간의 단위변환은 아래의 환산계수를 이용한다.

$$1\ cm^3 = 1\ mL = 0.001\ L = 0.033814\ fl.\ oz.\ (U.S.) = 0.06102374\ in^3 = 2.6418 \times 10^{-4}\ gallons\ (U.S.) = 3.532 \times 10^{-5}\ ft^3$$

$$1\ liter\ (L) = 1000\ cm^3 = 1\ dm^3 = 0.001\ m^3 = 61.02374\ in^3 = 0.03531467\ ft^3 = 33.814\ fl.\ oz.\ (U.S.) = 2.11376\ pints\ (U.S.\ liquid) = 1.056688\ qt\ (U.S.\ liquid) = 0.26417205\ gallons\ (U.S.) = 0.21997\ gallons\ (U.K.)$$

$$1\ \text{ft}^3 = 28316.847\ \text{cm}^3 = 28.316847\ \text{L} = 0.028316847\ \text{m}^3 = 1728\ \text{in}^3$$
$$= 7.480519\ \text{gallons (U.S.)} = 0.803564\ \text{bushels (U.S. dry)} = 0.037037\ \text{yd}^3$$

$$1\ \text{barrel (oil)} = 158.987\ \text{L} = 42\ \text{gallons (U.S.)} = 1.333\ \text{barrels (U.S. liquid)}$$
$$= 5.614583\ \text{ft}^3 = 0.15899\ \text{m}^3$$

설명 ▸

$$5.075\ \text{ft}^3\left(\frac{7.480519\ \text{gal}}{\text{ft}^3}\right) = 37.96\ \text{gal (U.S.)}$$

질량당 부피는 **비용**(specific volume)이라 하며, $[L^3/m]$의 차원을 갖는다. 몰당 부피는 **몰부피**(molar volume)이라 하고, $[L^3/n]$의 차원을 갖는다. 비용 또는 몰부피는 $\hat{V}$로 나타내기로 한다. 그러면 단위를 보고서 어느 것을 의미하는지 알 수 있을 것이다.

밀도(specific density)는 간단하게 말해서 비용의 역수이고 $[m/L^3]$의 차원을 가진다. **몰밀도**(molar density)는 몰부피의 역수이고 $[n/L^3]$의 차원을 가진다. 밀도와 몰밀도는 ρ로 나타내기로 한다.

질량을 부피로 변환하기 위해서는 질량을 밀도로 나누거나 질량에 비용을 곱한다.

$$V = \frac{m}{\rho} = m\hat{V}$$

몰과 부피 사이의 변환도 같은 방법으로 할 수 있다.

설명 ▸ 4°C에서 물의 밀도(ρ)는 62.43 lb/ft^{3}이며, 물의 비용($\hat{V}$)은 (62.43 lb/ft^3) = 0.160 lb/ft^{3}이다. 물 234 lb는 (234 lb)/(62.43 lb/ft^3) = 3.75 ft^{3}의 부피를 차지한다. 물의 몰질량은 18 lb/lbmol이다. 4°C에서 물의 몰밀도는 (62.43 lb/ft^3)/(18 lb/lbmol) = 3.47 lbmol/ft^{3}이다.

비중(specific gravity)은 무차원이며 4°C의 물의 밀도에 대한 대상 물질의 밀도의 비이다. (때로는 4°C 외의 온도가 기준온도로서 사용되며 그런 경우에는 기준온도가 표시된다.) 고체의 밀도는 온도와 압력에 거의 무관하다. 액체의 밀도는 압력에는 거의 무관하지만 온도에는 어느 정도 영향을 받는다.

밀도단위들 간의 단위 환산은 아래의 환산계수를 이용한다.

$$1\ \text{g/cm}^3 = 1000\ \text{kg/m}^3 = 1\ \text{kg/L} = 62.42796\ \text{lb/ft}^3$$
$$= 8.345404\ \text{lb/gal (U.S.)} = 0.0361279\ \text{lb/in}^3$$

설명 ▸ 액체 벤젠의 비중은 $0.8765^{20/4}$(4°C의 액체 물에 관한 20°C의 벤젠의 밀도)

로 보고되었다. 4°C의 액체 물의 밀도는 1.00 g/cm^3(62.43 lb/ft^3)이다. 그러므로 20°C의 벤젠의 밀도는0.8765 g/cm^3(54.72 lb/ft^3)이다.

기체의 밀도는 압력과 온도에 크게 의존한다. 일반적인 온도와 압력에서 대부분의 가스와 가스 혼합물에 대해 몰 밀도는 이상기체 법칙으로부터 계산될 수 있다.

$$\rho = \frac{1}{\hat{V}} = \frac{n}{V} = \frac{P}{RT} \tag{2.4}$$

여기서 T는 절대온도이며, R은 이상기체상수이다.

$$R = 83.144 \text{ bar cm}^3/\text{gmol K} = 82.057 \text{ atm cm}^3/\text{gmol K} = 62.361 \text{ mmHg L/gmol K}$$
$$= 1.314 \text{ atm ft}^3/\text{lbmol K} = 0.083144 \text{ bar L/gmol K} = 0.082057 \text{ atm L/gmol K}$$
$$= 555.0 \text{ mm Hg ft}^3/\text{lbmol °R} = 10.73 \text{ psi ft}^3/\text{lbmol °R} = 0.7302 \text{ atm ft}^3/\text{lbmol °R}$$

이상기체 법칙은 법칙이라고 하기보다는 오히려 재료의 물리적 특성(기체의 몰밀도와 같은)과 공정 변수(온도, 압력과 같은)를 관계지어주는 *모델방정식*이다. 이 책에서는 기체들이 이상기체 법칙을 따른다고 가정하는데, 그 이유는 이와 같이 간단한 모델방정식이 충분히 사용 목적이 부합되기 때문이다. 어떤 압력과 온도에서 기체의 몰 밀도를 좀 더 정확하게 추정하기 위해서는 부록 B에 주어진 다른 모델 방정식들을 이용해야 한다.

일반적으로 기체의 비중과 밀도는 0°C, 1 atm의 **표준온도와 표준압력**(STP)에서의 값으로 나타낸다.

Hint
이상기체법칙은 액체와 고체에는 적용되지 않는다.

설명 ▸ 100°C, 3.50 atm에서 어떤 기체의 밀도는 다음과 같다.

$$\rho = \frac{3.50 \text{ atm}}{0.082057 \text{ L atm/gmol K } (373.15 \text{ K})} = 0.114 \frac{\text{gmol}}{\text{L}}$$

STP에서 밀도는 다음과 같이 된다.

$$\rho = \frac{1 \text{ atm}}{0.082057 \text{ L atm/gmol K } (273.15 \text{ K})} = 0.0446 \frac{\text{gmol}}{\text{L}}$$

Quiz 2.5
Johnnie Genius는 77°F 1 atm의 순수한 물의 몰 밀도(molar density)가 0.0019 ft^3/lbmol)라고 말하면 이상기체법칙을 이용하여 계산했다고 한다. Johnnie의 말이 옳은가?

STP에서 이상기체의 몰 비용은 22.414 L/gmol 또는 359 ft^3/lbmol이다.

농도(concentration)는 *용액*(solution)의 부피당 *용질*(solute)의 질량(또는 몰)을 말하며, $[m]/[L^3]$ 또는 $[n]/[L^3]$의 차원을 갖는다. 농도는 밀도와 차원은 같지만, 의미는 다르다. 액상용액의 밀도는 *용액*의 부피당 *용액*의 질량(또는 몰)을 의미한다.

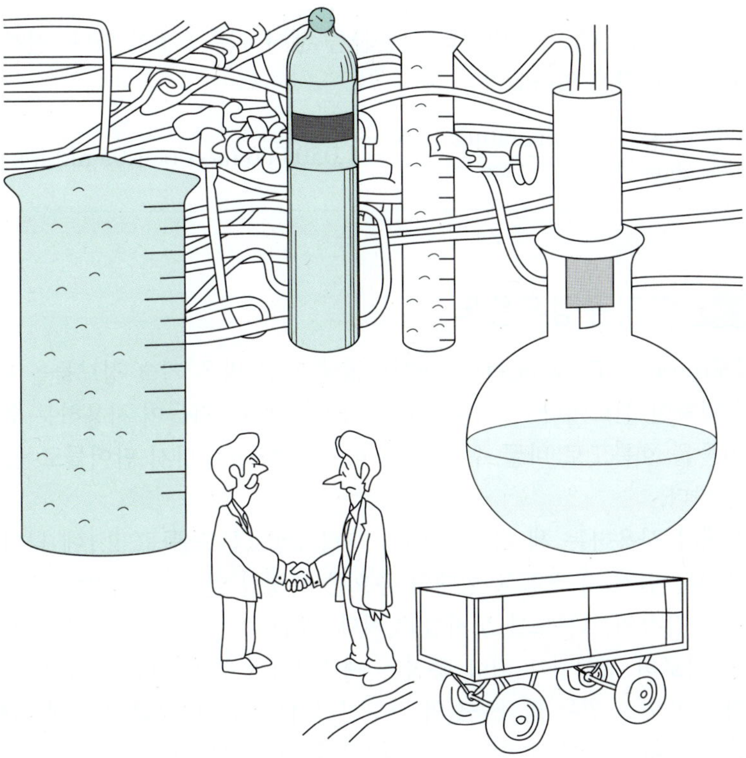

그림 2.3 실험실 규모의 공정을 실제 상업적 생산 공정으로 대형화하는 데는 단지보다 더 큰 비커를 구입하는 것 이상의 것이 필요하다.

2.2.5 ▶ 유량

유량(flow rate)은 $[m/t]$(질량 유량), $[n/t]$(몰유량), $[L^3/t]$(부피 유량) 차원을 가진다. 질량 유량, 몰 유량, 부피 유량의 단위 변환은 질량, 몰, 부피의 단위변환과 같은 방법으로 한다.

설명 ▶ 어떤 공정흐름의 질량 유량이 115.0 lb oxygen/min이다. 산소(O_2)의 몰질량은 31.9988 g/gmol이고, 이상기체법칙을 따른다. 따라서 STP에서 $\hat{V}$는 22.414 L/gmol이다. STP에서 부피 유량은 cm^3/s 단위로 다음과 같다:

$$\left(\frac{115.0 \text{ lb}}{\text{min}}\right)\left(\frac{453.59237 \text{ g}}{\text{lb}}\right)\left(\frac{1 \text{ gmol}}{31.9988 \text{ g}}\right)\left(\frac{22.414 \text{ L}}{\text{gmol}}\right)\left(\frac{1 \text{ min}}{60 \text{ s}}\right) = \frac{608.97 \text{ L}}{\text{s}}$$

공정 유량에서 시간은 초(s), 분(min), 시간(h), 일(d) 또는 년(yr)의 단위로 주어진다. 범용화학 공장들은 하루에 24시간, 한 주에 7일간 가동된다. 일반적으로 이들 공장은 청소를 하거나, 보수를 하거나, 설비의 개선을 위해 1~2주간의 짧은 기간 동안 운전을 정지(shutdown)하는 경우를 제외하고는 연중 가동된다. 따라서 일반적으로 일 년에 거의 350일 동안 가동된다. 그러나 특수한 화학공정 설비의 경우에는 가동되는 시간과 날짜 수가 매우 가변적이다.

설명 ▸ 125 lb/h의 유량으로 바닐라 추출물을 생산하는 공정이 있다. 연간 바닐라 추출물의 생산 유량은 얼마인가?

$$\frac{125\text{ lb}}{\text{h}} \times \frac{24\text{ h}}{\text{day}} \times \frac{350\text{ operating days}}{\text{year}} = 1{,}050{,}000\text{ lb/yr or }1.05\text{ million lb/yr.}$$

▸ 2.3 화학공정흐름도

공정흐름도(process flow sheet)는 화학공정에 관한 많은 기술 정보들을 나타내는 간결하고 명확한 선도이다. 공정흐름도는 화학공정기술자들이 사용하는 언어로서, 관련 단어들을 흐름도로 바꿀 수 있어야 하고 흐름도를 다시 단어들로 쉽게 바꿀 수 있어야 한다.

이 책에서 사용하는 세 가지 형태의 화학공정흐름도를 표 2.1에 나타내었다. 다음 절에서는 먼저 각 흐름도 형태의 중요한 특징을 알아본 후, 암모니아 합성을 실례로 하여 각각의 흐름도를 도시할 것이다. 메탄과 공기로부터 암모니아를 합성하는 반응 경로의 생성량-소비량 분석은 예제 1.4의 문제였다. 이와 같이 간단하면서 널리 사용되고 있는 화학물질의 장구하면서도 파란만장한 역사에 대해 좀 더 알고자 한다면 이 장의 끝에 있는 "화학 이야기"를 읽어보라.

2.3.1 ▸ 유입량-유출량 흐름선도

유입량-유출량 선도(input-output diagram, 그림 2.4)는 가장 간단한 공정흐름도이다. 이는 다음과 같은 특징을 가지고 있다.

- 하나의 블록은 그 공정에 있는 모든 화학적·물리적 변화를 나타낸다.
- 화살표는 물질의 이동 경로를 나타낸다.
- 원료물질은 왼쪽에서 유입된다.

표 2.1 ▸ 화학공정흐름도의 주요 형태

Diagram	Information
Input-output flow diagram	Raw materials Reaction stoichiometry Products
Block flow diagram	Everything above, plus Material balances Major process units Process unit performance specifications
Process flow diagram (PFD)	Everything above, plus Energy balances Process conditions (T and P) Major process equipment specifications

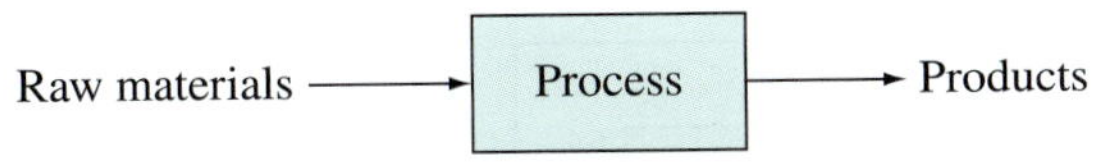

그림 2.4 일반적인 유입량-유출량 선도는 소비된 원료와 생성된 생성물을 간단히 나타낸다.

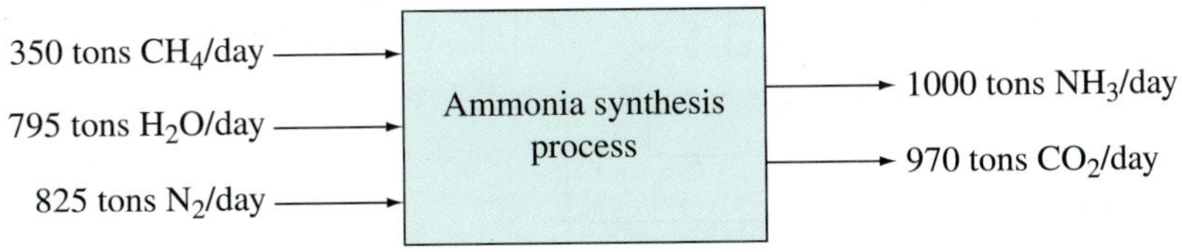

그림 2.5 암모니아 합성에 대한 이 유입량-유출량 선도는 예제 1.4의 생성량-소비량 분석을 대형화하여 나타낸 것이다.

Quiz 2.6
그림 2.5에서 공정에 유입되는 원료의 전체 질량은 생성물의 전체 질량과 같은가?

- 생성물은 오른쪽으로 유출된다.
- 원료물질과 생성물질의 유량(또는 양)을 나타낼 수도 있다.

그림 2.5는 하루에 1000톤의 암모니아 생산을 기준으로 한 암모니아 합성 경우의 유입량-유출량 선도를 나타낸다. 원료물질과 생성물질의 양은 1장에서 논의된 방법을 사용하여 계산했다.

유입량-유출량 선도는 가장 간단한 공정흐름도이다. 유입량-유출량 선도는 간단한 것임에도 불구하고 여전히 몇 가지 생각해야 할 점들이 있다. 예를 들면, 암모니아 합성에 대한 유입량-유출량 선도를 작성할 경우에 다음과 같은 문제점들을 생각해 볼 수 있다. 질소는 어디에서 얻는가? 공기를 사용해야 하는가? 만약 그렇다면, 산소는 어떻게 해야 하는가? 이러한 문제점들에 의문을 가져보고 답을 해보는 것은 양론 계수를 맞춘 화학수지식으로부터 실제 화학공정에 이르는 여정에 있어서의 각 단계들을 보다 생동감 있게 만들어준다.

2.3.2 ▸ 블록흐름선도

블록흐름선도(block flow diagram)는 좀 더 복잡하고 상세한 다음 단계를 나타낸다. 이 책에서는 블록흐름선도를 폭넓게 사용할 것이다. 이 선도는 다음과 같은 특징을 가지고 있다.

- 화학공정은 일련의 블록 또는 **공정단위**(process unit)로 표시된다.
- 화살표는 블록들을 연결하며, **공정흐름**(process stream), 즉 유입량(각각의 공정단위로 유입되는 물질)과 유출량(각각의 장치에서 나가는 물질)을 나타낸다.
- 원료물질은 왼쪽에서 유입된다.
- 생성물은 오른쪽으로 유출된다.
- 유입되는 양 또는 유량 그리고 유출되는 양 또는 유량은 선도에 직접 나타내거나 혹은 동반되는 표에 나타낸다.

블록흐름선도에는 단지 4가지 공정단위, 즉 **혼합기**(mixer), **반응기**(reactor), **분할기**(separator), **분리기**(splitter, 그림 2.6)를 포함시키는데, 이들 공정단위들은 각각 고유의 기능을 보유하고 있다.

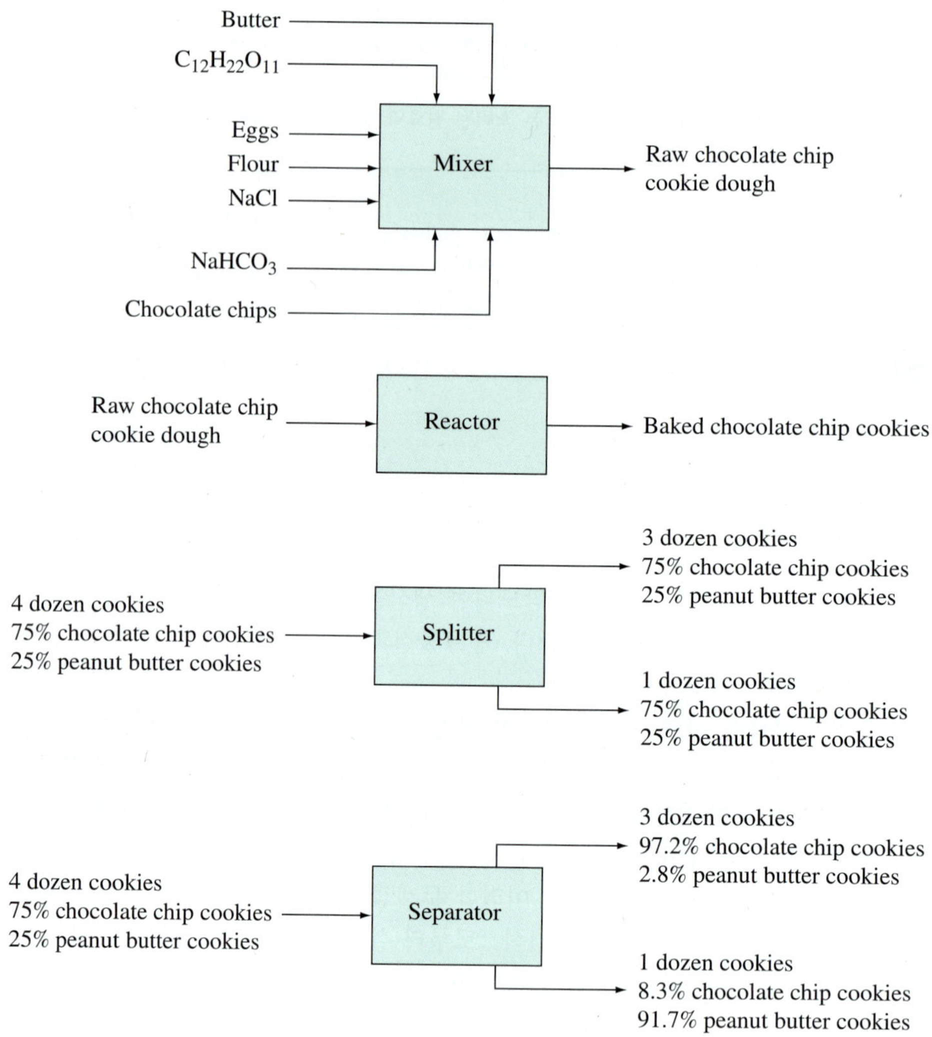

그림 2.6 블록흐름선도로 나타낸 공정단위 4종류의 예.

혼합기. 혼합기는 두 개 이상의 유입물을 하나의 유출물로 혼합한다.

반응기. 유입흐름에는 반응물들이 들어 있다. 하나의 반응기 안에서 하나 또는 그 이상의 화학반응이 일어난다. 유출흐름에는 미소비된 반응물뿐만 아니라 반응생성물도 포함된다. 가장 단순한 경우로는 유입흐름이 하나이고 유출흐름도 하나인 경우이다.

분할기. 분할기는 하나의 유입물을 두 개 이상의 유출물로 분할한다. 만약 분할기에 두 개 이상의 성분으로 구성된 혼합물이 유입되면 유출물은 유입물과 조성이 같다.

분리기. 하나의 유입흐름이 두 개 이상의 유출흐름으로 분리된다. 각각의 유출물은 조성이 서로 다르며, 그리고 유입물의 조성과도 다르다. 조성의 변화는 화학반응에 의해서가 아니라 물리적 작용에 의한 것이다. 가장 단순한 경우로는 유입흐름은 하나이고 유출흐름은 두 개인 경우이다.

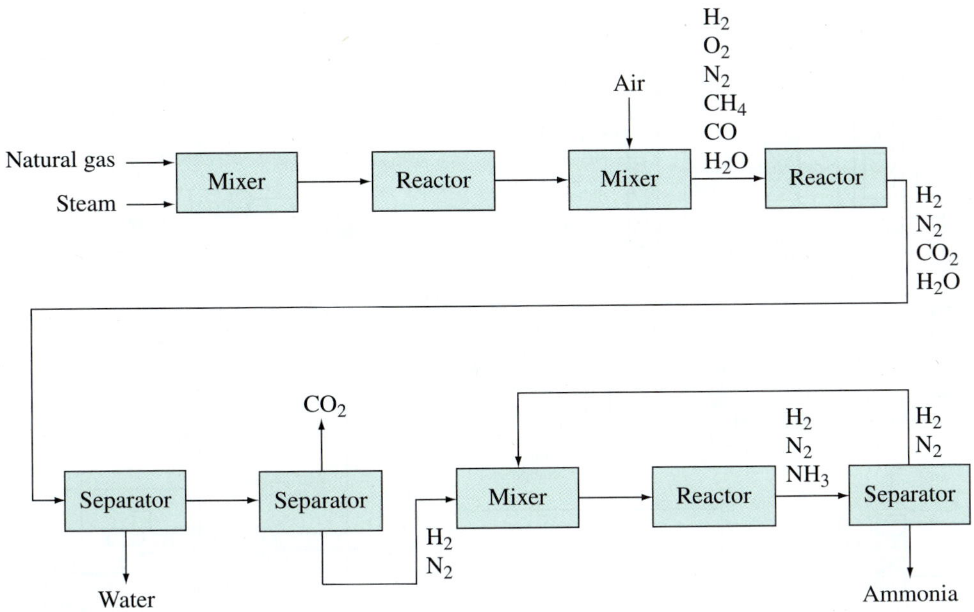

그림 2.7 천연가스로부터 암모니아를 합성하는 경우를 간략하게 나타낸 블록흐름선도.

이러한 4가지 종류의 공정단위들은 블록흐름선도에서 여러 방향으로 연결된다. 한 공정단위에서 유출되는 흐름은 다른 공정단위에의 유입흐름이 된다. 그림 2.7은 암모니아 합성공정을 간략하게 나타낸 블록공정선도이다.

Quiz 2.7
그림 2.7에서 첫 번째 반응기에서 나오는 생성물의 4가지 성분은 무엇인가?

2.3.3 ▸ 공정흐름선도

블록흐름선도는 주요한 공정단위들을 나타내고 공정단위들 사이의 물질흐름을 나타내는 데 유용한 개략도이다. 블록흐름선도는 작동되고 있는 화학공정의 실제적인 모습과는 거리가 있으나, **공정흐름선도**(process flow diagram, PFD)는 좀 더 복잡하고 보다 많은 정보를 나타내는 단계이다. 대부분의 공정흐름선도는 다음과 같은 특징을 갖는다.

Quiz 2.8
그림 2.7에서 마지막 공정단위는 분리기인가 분할기인가?

- 화학공정들은 연결된 일단의 공정장치들로써 표시된다.
- 중요한 모든 공정장치들이 개념적으로 작성된다. 반응기의 형식이나 분리 방법들이 선정된다.
- 물질을 이동시키는 장치(예를 들면, 펌프, 압축기, 콘베이어 벨트)와 물질을 냉각하거나 가열하는 장치(예를 들면, 열교환기, 노)가 포함된다.
- 각 장치에는 번호가 부여되고, 서술 명칭이 주어진다.
- 주요한 부대설비(흐름, 냉각수 등)가 표시된다.
- 공정장치는 화살표로 연결되고, 유입물(각 블록 안으로 이동하는 물질)과 유출물(각 블록 밖으로 이동하는 물질)이 표시된다.
- 공정흐름들은 번호가 주어진다.
- 물질은 왼쪽에서 유입되어 오른쪽으로 유출된다.

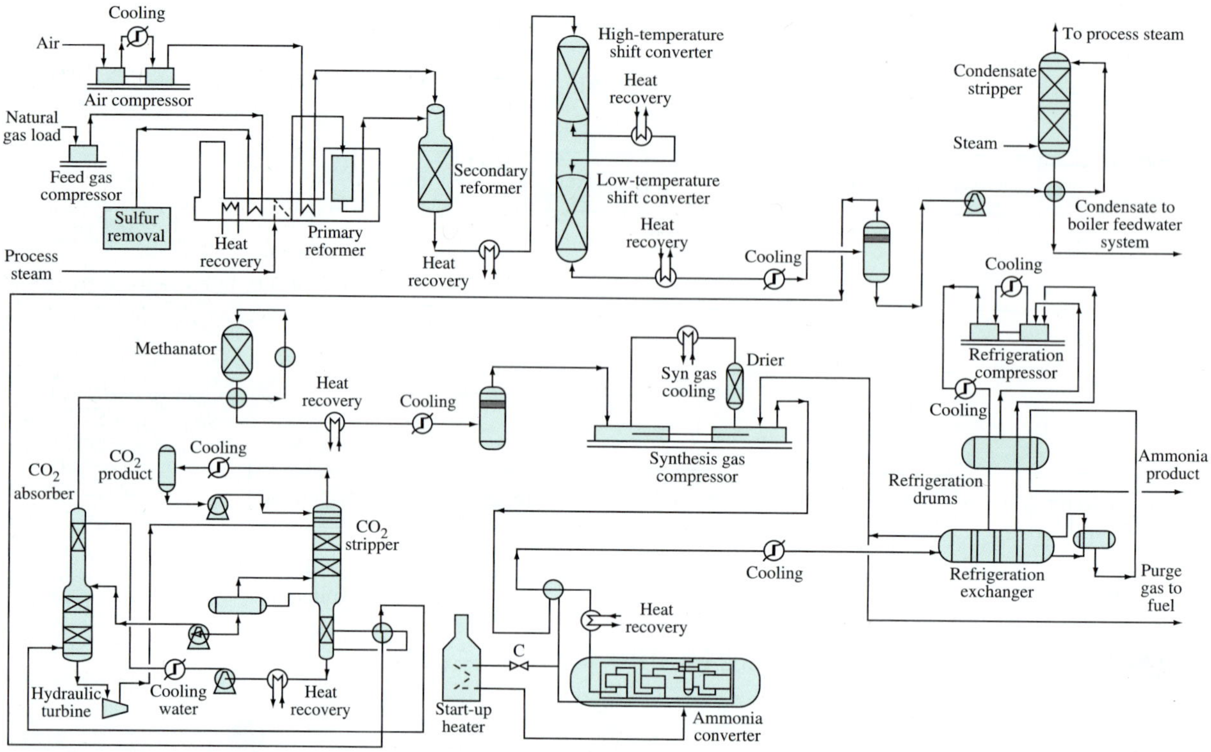

그림 2.8 암모니아 합성시설의 간략화된 공정흐름선도. *Kirk-Othmer Encyclopedia or Chemical Technology*에서 인용.

- 일반적으로 기체는 위로, 액체는 중간으로, 고체는 아래로 유출된다.
- 공정흐름들의 유량 또는 양, 조성, 온도, 압력, 상(phase)은 일반적으로 표를 이용해서 나타낸다.

그림 2.8은 암모니아 공장의 간략화된 공정흐름선도를 나타낸다. 그림 2.9는 대표적인 몇 가지 공정장치 아이콘들을 나타낸다.

화학공정은 가장 간략화된 선도로부터 가장 복잡한 선도로 체계적으로 진행됨에 따라 개념적인 것에서 실제적인 정보를 주게 된다. 각각의 선도를 작성하는 설계 경비는 표 2.1의 아래로 이동할수록 현저하게 증가하는데, 그 이유는 보다 많은 정보가 필요하기 때문이다. 그러므로 각 단계에서 공정은 경제성과 타당성이 재평가된다. 예를 들면 공정 경제성의 초기 평가는 단지 생성물의 가격과 원료물질의 가격 차이만을 고려한다. 이 단계에서는 유입량-유출량 선도만으로도 충분하다. 블록흐름선도를 작성한 뒤에는 요구되는 공정조작뿐만 아니라 대체 공정 안에 대한 보다 구체적인 모습이 드러나게 된다. 잠재적 이윤에 대해 보다 정확하게 추산하기 위해서는 자본비(토지 구매, 장비, 건물 등의 비용)와 운전비(재료, 에너지, 인건비)에 대한 정보가 필요하다. 자본비와 운전비를 예비적으로 추산하기 위해서는 공정흐름선도(PFD)를 작성하는 것이 필요하다. 보다 정확한 비용의 추산은 세부적인 공사도면을 작성한 뒤에 계산된다.

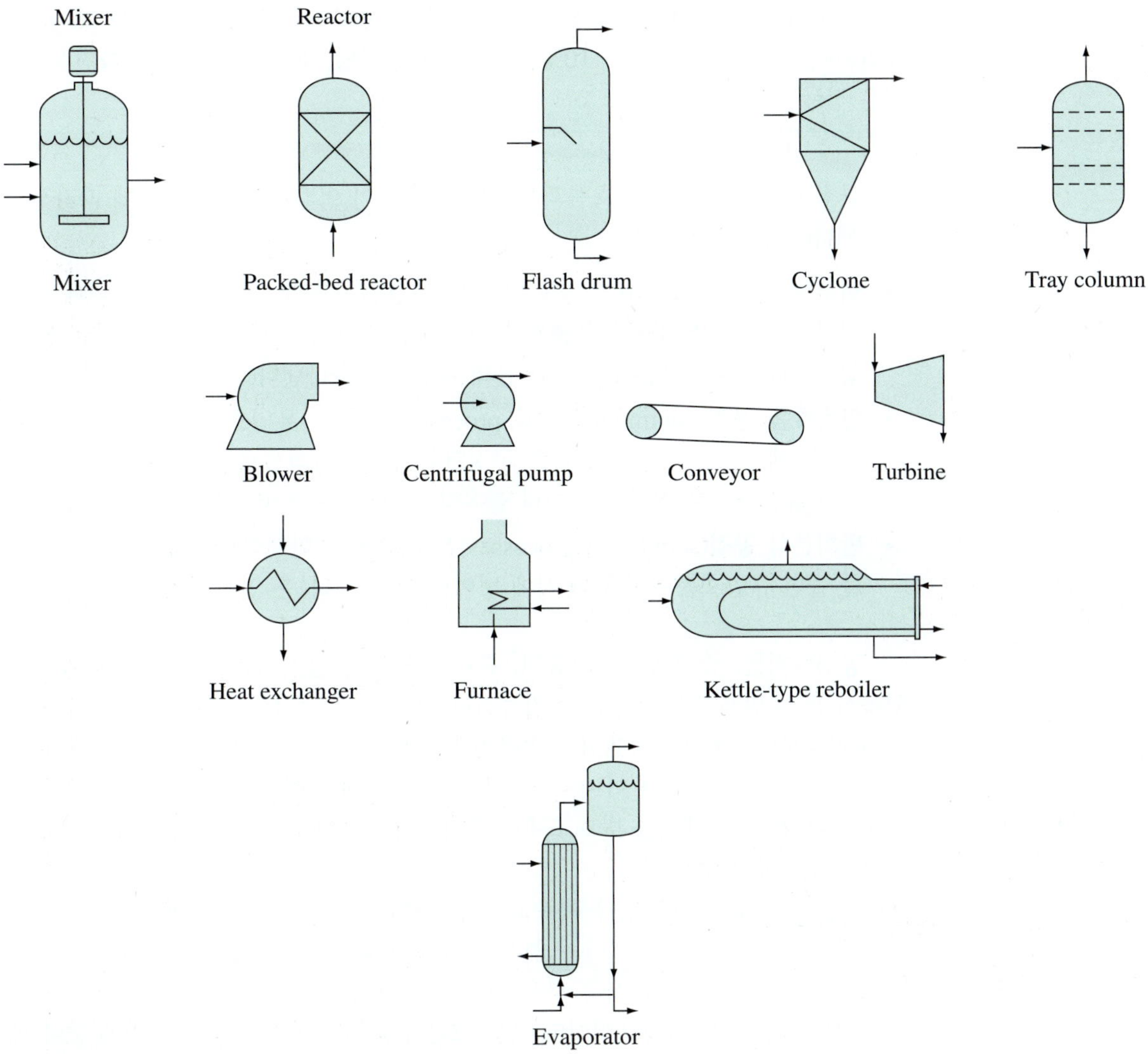

그림 2.9 공정흐름선도에 사용되는 공정장치 아이콘들. 그림에 주어진 것 이외에도 많은 다른 아이콘들이 사용된다. 이를 표현하는 데 있어 세부성과 정확성에 차이는 있을 수 있다.

2.3.4 ▸ 공정 운전 방식

화학공정 운전은 시간 의존성에 의해 분류할 수 있다.

- **정상상태**(steady-state)**공정**은 *시간에 무관*하다. 즉, 공정 변수가 시간에 따라서 변하지 않는다.
- **과도상태**(transient) **또는 비정상상태**(unsteady-state) **공정**에서는 *시간에 의존*한다. 하나 이상의 공정 변수가 시간에 따라 변한다.

설명 ▸ 아침 9시에 25°C의 온도에서 20% 포도당과 80% 물의 혼합물이 20 g/s의 유량으로 반응기로 유입되며, 50°C의 온도에서 10% 포도당, 10% 과당, 80% 물로

유출되고 있다. 오후 9시에도 25°C의 온도에서 20% 포도당과 80% 물이 20 g/s로 유입되어, 50°C의 온도에서 10% 포도당, 10% 과당, 80% 물로 유출된다면 이 공정은 정상상태이다.

공정 운전은 유입 공정흐름과 유출 공정흐름이 어떻게 처리되는지에 따라서도 분류된다(그림 2.10).

- **회분식 공정**(batch process)에서는 유입흐름들이 모두 동시에 공정단위에 넣어지며, 일정 시간 이후에 유출흐름들이 모두 동시에 공정단위에서 제거된다. 유입흐름과 유출흐름은 질량이나 몰의 차원으로 나타낸다.
- **연속흐름 공정**(continuous-flow processes)에서는 유입흐름이 연속적으로 공정단위에 들어가고 유출흐름은 공정단위에서 연속적으로 흘러 나간다. 유입흐름과 유출흐름은 질량 유량이나 몰유량의 차원으로 나타낸다.
- **반회분식 공정**(semibatch processes)은 회분식과 연속식이 조합된 것이다. 예를 들면 유입흐름은 모두 동시에 넣어지고 유출흐름은 연속적으로 제거된다.

공정단위들, 즉 혼합기, 반응기, 분리기 또는 분할기 중의 어떤 것도 회분식, 연속식 또는 반회분식으로 운전 가능하다. 각각은 정상상태나 비정상상태로도 운전이 가능하며, 단일 공정에서 혼합운전 방식도 가능하다. 예를 들어, 발효조 내에서 미세 유기물이 당류를 아미노산으로 전환하는 데 있어 48시간 동안 회분식으로 운전된 후, 얻어진 배지를 발효조에서 제거하여 탱크에 보관하고 이후 분리기로 연속적으로 공급할 수 있다.

회분식 공정은 제약이나 특수고분자, 개인용 건강 제품산업에서 일반적으로 이용된다. 이러한 산업들에서는 연간 생성량이 대개 낮으며(50~500 ton/yr 또는 그 이하), 동일한 장치를 계속 사용하여 여러 가지 다른 제품들을 생산한다. 회분식 공정의 한 예가 가정요리이다. 연속흐름공정은 일반적으로 연간 생성량이 매우 큰 석유산업이나 공업용 화학제품 산업에서 주로 이용한다(단일 제조 부문에서 1000~5000 ton/yr 또는 그 이상). 연속흐름공정에서는 장치가 단일 용도로 이용되며 하루에 24시간, 1주에 7일간 운전되기도 한다.

회분식 공정과 반회분식 공정은 기본적으로 비정상상태 조업이다. 연속흐름 공정은 비정상상태인 운전 개시와 정지 동안을 제외하고는 거의 항상 정상상태 조건하에서 운전된다. 정상상태의 경우에 제품의 품질은 보다 균일하며 일반적으로 운전 비용은 더 낮아진다.

세 종류의 흐름선도, 즉 유입량-유출량 선도, 블록흐름선도, 공정흐름선도는 공정이 회분식, 반회분식 또는 연속식으로 운전되던지 간에 혹은 정상상태 또는 비정상상태이든지 간에 이용된다.

Quiz 2.9

인간의 소화기계를 블록흐름선도로 나타내 보라. (a) 입, (b) 위, (c) 장의 공정단위 형태(혼합기, 분할기, 반응기, 분리기)를 규명해 보라. 소화기계는 회분식 또는 연속식, 반회식 중의 어느 방식으로 운전되는가? 정상상태인가? 아니면 비정상상태인가?

2.4 공정흐름 계산

2.2절에서는 중요한 공정 변수들의 단위와 차원에 대해 복습하였고, 2.3절에서는 여러 종류의 공정흐름도와 공정 운전 방식에 대해 공부하였다. 이 절에서는 앞서

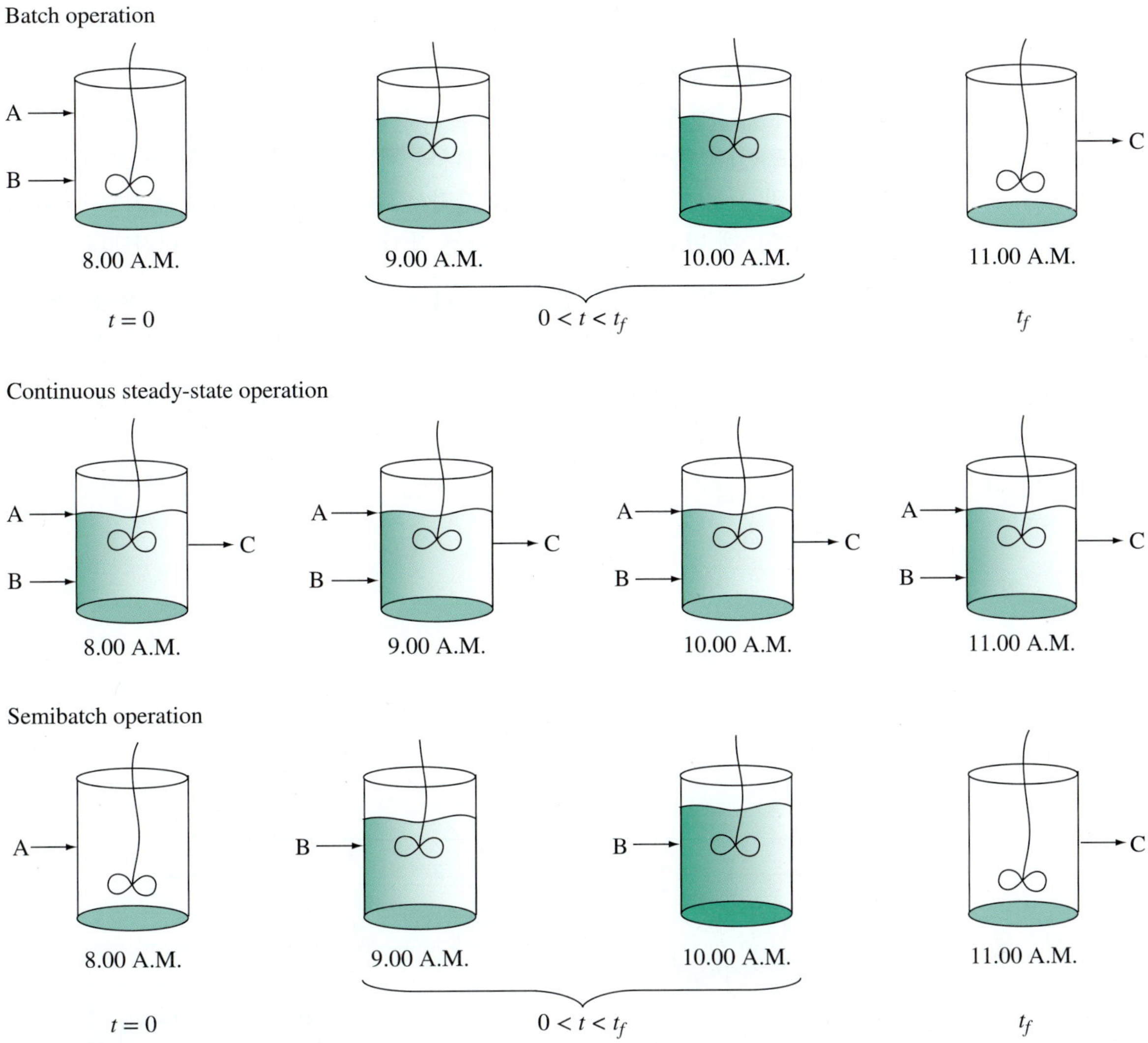

그림 2.10 반응기의 서로 다른 공정 운전 방식. 반응기가 하는 일은 화합물 A와 B를 화합물 C로 전환하는 것이라고 가정하자. *회분식 반응기*에서는 오전 8시에 A와 B가 반응기에 더해진다. 그 다음에 반응기에 어떤 물질도 들어가거나 나가지 않으며, 반응기에서 A와 B의 양은 시간이 지남에 따라 감소하고 C의 양은 시간이 지남에 따라 증가한다. 그런 다음에 오전 11시에 반응기로부터 생성물을 모두 동시에 제거한다. 정상상태에서 운전되는 *연속흐름 반응기*에서는 반응물 A와 B가 일정한 흐름으로 반응기로 들어가서, 반응기 내에서 일정한 속도로 반응이 일어나고, 그리고 생성물 C가 일정한 흐름으로 반응기에서 유출된다. *반회분식 반응기*가 운전되는 한 가지 방식은 다음과 같다. 오전 8시에 반응물 A가 반응기에 동시에 모두 더해지고, 그다음에 반응물 B가 천천히 반응기에 유입된다. 오전 11시에 B의 유입을 멈추고 반응기 안의 내용물을 제거할 때까지는 반응기로부터 아무것도 유출되지 않는다.

배운 생성량-소비량 분석, 공정흐름도 작성법, 공정 변수들을 종합하여 예비 공정 흐름 계산을 완성하고자 한다. 유입량-유출량 선도와 블록흐름선도에 대한 계산에 초점을 두고 있는데, 이들 계산은 공정흐름도를 설계하거나 대체 공정 안을 평가할 때에 필요하다.

공정흐름 계산을 하기 위해 필요한 몇 가지 중요한 정의들을 차례로 간단히 설명하고자 한다.

2.4.1 ▶ 계, 흐름, 규격

계(system) *계는 명확한 경계를 가진 규정된 부피*로 정의된다. 이런 경계를 두고 물질이 계의 내부에 있거나, 물질이 계의 바깥에 있거나, 그리고 물질이 계의 경계를 지나기도 한다. 블록흐름선도에서 하나의 계는 하나의 공정단위에 해당하거나 혹은 몇 개의 공정단위 주위에 경계를 그려서 그들을 하나의 계로 묶기도 한다(그림 2.11 참조). **계 변수**(system variable)는 계 내에서 양의 변화를 나타낸다.

흐름(stream) *흐름*은 계에 유입되는 유입물이나 계로부터 유출되는 유출물을 말한다. **흐름 변수**(stream variable)는 흐름에서 물질의 양 또는 유량을 나타낸다.

규격(specification) 공정흐름 계산에 있어 세 종류의 중요한 규격이 있다.

- 계산 기준
- 흐름조성규격
- 계성능규격

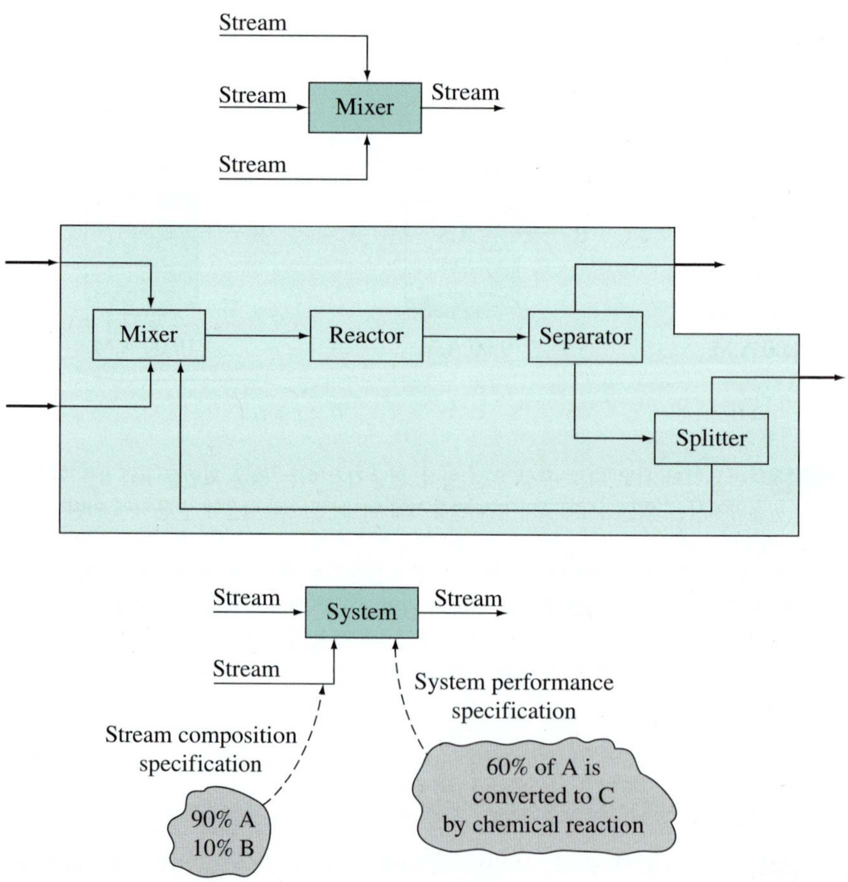

그림 2.11 흐름, 계, 규격의 예. *위*: 하나의 공정단위가 계(진한 색의 박스)로 정의되었다. *가운데*: 여러 개의 공정단위들이 하나의 계(연한 색의 박스)로 묶여 있다. 굵은 선으로 표시된 흐름들은 계의 유입과 유출을 나타낸다. *아래*: 흐름조성규격은 하나의 흐름을 설명해주는 반면, 계성능규격은 계 내부에서 일어나는 화학적 또는 물리적 변화를 설명해준다.

계산 기준(basis)은 공정의 크기를 나타내는 유량 또는 양이다. 대개 공정흐름 계산의 기준은 공정에 유입되는 원료물질 또는 공정에서 유출되는 생성물 중의 어느 하나의 양(질량 또는 몰) 또는 유량(질량/시간 또는 몰/시간)이 된다. 또는 흐름도 상의 어떤 공정흐름의 유량(또는 양)이 기준이 될 수도 있다.

설명 ▸

- *하루*에 *1000*톤의 암모니아가 생산된다.
- 증발기에서 유입되는 생 주스의 유량은 *260 lb/h*이다.
- 회분식 발효기에는 초기에 *5000 mL*의 부용(broth)이 채워져 있다.

흐름조성규격(stream composition specification)은 공정흐름의 조성에 대한 정보를 제공한다. 이 정보는 질량 또는 몰 퍼센트, 질량 또는 몰분율, 질량 또는 몰비, 혹은 농도의 형태로 주어진다. 흐름조성규격은 *단일* 흐름선의 성분들에 양적 정보를 제공한다.

설명 ▸

- 글루코오스가 공정에 *10 wt%* 포도당 용액으로 유입된다.
- 고객은 수소 생성물이 적어도 *99.9 mol%* 순도 이상일 것을 요구한다.
- 환경법규에서는 *폐수 1000 kg당 아세트산의 함량이 1 g* 이하여야 한다고 정하고 있다.

계성능규격(system performance specification)은 계 내에서 일어나는 화학적 또는 물리적 변화의 정도를 정량적으로 나타낸다. 계성능규격은 계로 들어오는 흐름과 계에서 나가는 흐름의 상관관계에 대한 정보를 제공한다. 예를 들면 혼합기의 경우 두 유입흐름의 상대적인 양이 될 수 있으며, 반응기의 경우 반응물의 양과 반응에 의해 소모되는 양의 관계가 될 수 있다. 분할기의 경우에는 유입되는 양 중 유출되는 흐름의 분율, 분리기의 경우에는 유입되는 양 중 회수되는 유출흐름의 양이 될 수 있다.

설명 ▸

- 혼합기로 유입되는 질소의 유량은 수소유량의 *3배*이다.
- 반응기에 공급된 질소의 *65%*가 암모니아로 전환된다.
- 분할기에 공급된 과일주스 흐름의 *2/3*는 병에 채워 넣는 장치로 보내진다.
- 우유를 원심분리기로 처리하면 지방의 *98%*는 상부에서 걷어낸 유체에서 회수된다.

2.4.2 ▸ 물질수지식

그림 2.12는 물고기가 사는 큰 호수를 나타낸다. 호수를 *계*(system)라 할 수 있다. 호수에는 물질, 즉 물, 물고기, 약간의 식물이 들어 있으며, 명확한 *경계*, 즉 공기와 접한 면, 땅과 접한 면, 개울물과 강물이 호수로 들어오고 나가는 지점이 있다. 물질은 그 경계를 통해 계로 들어가거나 계에서 나간다. 물과 물고기는 산 개울을 통해 호수로 들어오고 또한 호수에서 강으로 나간다. 비가 올 때는 호수로 물이 유입되고 해가 비출 때는 증발되어 유출된다. 만약 굶주린 곰이 호수로 오는 경우에는 더 많은 물고기가 호수에서 없어지게 될 것이다. 호수 안에서 물고기는 더 많은 새끼 물고기를 낳으며, 일부 작은 물고기들은 보다 큰 물고기에 의해 잡아먹힌다.

호수 안의 물고기 수가 증가되는지 아니면 감소되는지에 대해 알아보도록 하자. 호수 안의 물고기 숫자의 증가는 물고기들이 개울에서 호수로 헤엄쳐 들어오기도 하고, 그리고 호수 안에서 번식도 하기 때문이다. 한편 호수 안의 물고기 숫자의 감소는 물고기들이 호수에서 강으로 헤엄쳐 나가기도 하고 일부 물고기들은 다른 물고기에게 잡아먹히기 때문이다. 호수에서 물고기 숫자의 알짜 변화는 이러한 모든 요인들의 합과 같다.

개울에서 호수로 헤엄쳐 들어온 물고기의 수
− 호수에서 강으로 떠나는 물고기의 수
+ 호수에서 태어난(생성된) 물고기의 수
− 호수에서 잡아먹힌(소비된) 물고기의 수
= 호수의 물고기 수의 변화

이는 호수에서 물고기 수에 대한 **물질수지**(material balance)와 같다. 세울 수 있는 물질수지는 매우 많다. 수지를 모든 물고기에 대해 세울 수도 있으며, 또는 각각의 물고기종에 대해 세울 수도 있다. 굶주린 곰과 같이 물고기 수에 대한 다른 증가

그림 2.12 호수가 계이며, 그 경계는 점선으로 나타내었다. 약간의 물고기가 계 내에 있으며, 이 물고기들은 생성(재생성) 또는 소모(잡아 먹힘)되기도 한다. 계내서 움직이고 있는 물구기들은 계에 유입되기도 하고 계에서 유출하기도 한다.

요인이나 감소 요인을 고려할 수도 있다. 또한 비에 의해 호수로 유입되는 물이나 호수에서 증발로 유출되는 물을 고려하여 역시 물에 관해서도 수지를 세울 수 있다. 또는 질소, 인산 또는 산소에 대해 수지를 세울 수도 있다. 이들 모든 경우에 동일한 항들, 즉 호수의 경계를 통해서 유입되거나 또는 유출되는 물질, 그리고 호수 안에서 생성되거나 또는 소비되는 물질을 고려한다. 이러한 물질수지는 호수의 전체 물고기 수를 말해 주는 것이 아니라 단지 물고기 수의 변화만을 말해준다는 것을 유의해야 하며, 호수에서 물고기 수의 변화는 유입과 유출(흐름)뿐만 아니라 호수(계) 안에서 일어나고 있는 공정에 기인한다는 것을 유의해야 한다. 또한 대안으로 수지를 물고기의 수에 대해서보다는 오히려 물고기의 질량에 대해서도 세울 수 있다는 것을 유의한다. 질량에 대한 수지는 수에 대한 수지와는 다르다. 예를 들면, 큰 물고기가 작은 물고기를 잡아먹을 때 물고기의 수는 변하지만 전체 질량은 변하지 않는다.

물질수지식(material balance equation)의 일반적 형태:

$$\text{유입량} - \text{유출량} + \text{생성량} - \text{소비량} = \text{축적량} \tag{2.5}$$

여기서

유입량 = 계의 경계를 지나 계로 *들어가*는 물질

유출량 = 계의 경계를 지나 계에서 *나가*는 물질

생성량 = 계에서 *생성*되는 물질

소비량 = 계에서 *소비*되는 물질

축적량 = 계 내에서의 물질의 변화

*흐름 변수*와 계 변수에 대한 앞서의 정의에 의하면 유입량과 유출량은 *흐름 변수*이며, 반면에 생성량과 소비량 그리고 축적량은 *계 변수*이다. 방정식에서 각 항의 *차원*은 $[n]$(일반적으로 몰) 또는 $[m]$(질량)이다. 방정식에서 각 항의 *단위*들은 모든 변수에 대해서 같아야 한다.

2.4.3 ▸ 성분

물질수지식은 선택한 **성분**(component)에 대해 세울 수 있다. 예를 들어, 만약 물질수지식을 물고기의 수에 대해 세우기로 선택한다면 방정식에서 변수는 물고기의 유입량, 물고기의 유출량, 물고기의 생성량, 물고기의 소비량, 물고기의 축적량이 된다. 대안으로 만약 물질수지식을 물의 몰에 대해 세우기로 선택한다면, 방정식에서 변수는 물의 유입량, 물의 유출량, 물의 생성량, 물의 소비량, 물의 축적량이 된다.

공정흐름 계산에서 물질수지식은 다음과 같은 세 가지 **성분** 중 하나를 사용하는 것이 가장 일반적이다.

원소(element): 예를 들면 탄소 C, 산소 O, 수소 H 또는 비소 As.

화합물(compound): 정해진 분자식을 갖는 것이다. 예를 들면 수크로스 $C_{12}H_{22}O_{11}$, 산소 O_2, 물 H_2O 또는 비소화 갈륨 GaAs.

복합물질(composite material): 정해진 조성의 화합물이 혼합된 혼합물이다. 예를 들면 캔디바, 공기, 바닷물 또는 컴퓨터 칩이 해당된다.

대개의 경우 *화합물*에 관한 물질수지식은 특히 화학양론 관계를 알고 있는 화학반응에서 매우 편리하다. *원소*에 관한 물질수지식은 화학양론 관계를 모르는 화학반응이 존재하거나 또는 고려해야 할 화학반응이 다수일 때 편리하다. *복합 물질*에 관한 물질수지식은 공정의 어디에서도 물질의 조성 또는 화학적 구조에 변화가 없을 경우에만 이용할 수 있다.

2.4.4 ▸ 생성, 소비, 축적

화학공정의 경우에 **생성**(generation)과 **소비**(consumption)는 거의 대부분이 화학반응에 기인한다. 원소는 생성되거나 소비되지 않으며(핵반응은 예외다!), 생성되거나 소비되는 것은 단지 화합물뿐이다. 따라서 생성량과 소비량의 항은 화합물의 화학반응계수(1장에서 본 것처럼)와 관계된다. 만약 A와 B로부터 C가 생성되는 반응이 있다면, A와 B는 반응에 의해 소모되고, C는 반응에 의해 생성되므로,

$$\frac{\text{소비되는 A의 몰수}}{\text{소비되는 B의 몰수}} = \left|\frac{\nu_A}{\nu_B}\right|$$

$$\frac{\text{생성되는 C의 몰수}}{\text{소비되는 B의 몰수}} = \left|\frac{\nu_C}{\nu_B}\right|$$

생성량과 소비량 사이의 이러한 관계식은 화합물 A, 화합물 B, 화합물 C에 대해 작성된 물질수지식들에 대한 관련성을 제공한다. 소비된 A의 몰수와 생성된 C의 몰수의 관계는 위의 두 식을 조합함으로써 얻을 수 있다.

설명 ▸ 암모니아 합성과 관련된 반응수지식은

$$N_2 + 3H_2 \rightarrow 2NH_3$$

$$\frac{\text{소비되는 }H_2\text{의 몰수}}{\text{소비되는 }N_2\text{의 몰수}} = \left|\frac{\nu_{H_2}}{\nu_{N_2}}\right| = \frac{3}{1}$$

$$\frac{\text{생성되는 }NH_3\text{의 몰수}}{\text{소비되는 }N_2\text{의 몰수}} = \left|\frac{\nu_{NH_3}}{\nu_{N_2}}\right| = \frac{2}{1}$$

$$\frac{\text{생성되는 }NH_3\text{의 몰수}}{\text{소비되는 }H_2\text{의 몰수}} = \left|\frac{\nu_{NH_3}}{\nu_{H_2}}\right| = \frac{2}{3}$$

세 번째 관계식은 앞의 두 관계식에서 유도될 수 있다.

축적량(accumulation)은 양이 될 수도 있고, 음이 될 수도 있고, 또는 0이 될 수도 있다. 물질이 들어가고 생성되는 속도와 물질이 나가고 소비되는 속도가 맞지 않으면 축적량은 0이 아니다. 정상상태의 공정에서 축적량은 0이다.

설명 ▸

- 처음에 수프 주전자에는 수프 6컵이 채워져 있다. 셰프인 Charlie가 2컵을 추가로 넣었다면, 상자 내에 축적된 수프 컵의 수는 2가 된다.
- 처음에 수프 주전자에는 육수 6컵이 채워져 있다. 셰프인 Charlie가 2컵을 추가한 후, 배고픈 Hattie가 2컵을 빼내었다면 축적양은 0이다.
- 처음에 수프 주전자에는 육수 6컵이 채워져 있다. 배고픈 Hattie가 2컵을 빼내었다면, 축적양은 −2이다.

2.4.5 ▸ 공정흐름 계산의 계통적 절차

이제 공정흐름 계산을 완성하기 위해 이들 모든 요소, 즉 변수, 흐름도, 규격, 물질수지들을 함께 조합하고자 한다. 이러한 공정흐름 계산은 화학공정의 합성과 분석을 수립하는 데 있어 기초가 된다. 계통적 접근법은 공정흐름 계산을 성공적이면서 빈틈없이 완성할 수 있게 해주는 유일한 접근법이다. 다음과 같은 절차를 따르는 것을 적극 추천하며, 이 절차를 주의 깊게 공부하기 바란다.

10가지 간단한 단계에 의한 공정흐름 계산

단계 1. *흐름선도*를 그린다.

단계 2. *계*를 정의한다.

단계 3. 모든 수치관련 정보를 질량 또는 몰의 일관된 *단위*로 바꾼다.

단계 4. *성분*을 정하고, 계로 유입되고 유출되는 모든 물질흐름에 대해 *흐름 변수*를 정의한다.

단계 5. 계산 *기준*을 정한다. 정의된 계의 변수에 관해 기준에 따라 식을 작성한다.

단계 6. 생성, 소비, 축적에 대한 *계 변수*를 정의한다. 만약 화학양론 계수를 알고 있는 화학양론의 화학반응식이 있다면 반응물의 소비와 생성물의 생성을 관계지어주는 계 변수를 이용하여 식으로 작성한다. 만약 계가 정상상태가 아니라면 축적에 대한 계 변수를 정의한다.

단계 7. 모든 *흐름조성규격*과 *계성능규격*을 나열한다. 이들 규격들을 단계 4와 단계 6에서 정의한 흐름과 계의 변수를 이용하여 식으로 저장한다.

단계 8. 계에 들어가고 나가는 각 성분에 대한 *물질수지*식을 단계 4와 단계 6에서 정의한 흐름 변수와 계 변수를 이용하여 작성한다.

단계 9. 단계 5에서부터 단계 8에서 작성한 식들을 *푼다*. 필요하다면 단위를 환산한다.

단계 10. 풀이를 *확인*한다.

표에서 언급되지 않은 하나의 추가적 단계가 있다.

단계 0. *문제를 이해한다*. 잘못된 문제를 바르게 푸는 것은 올바른 문제를 틀리게 푸는 것보다 더 좋지 않다.

2.4.6 ▸ 공정흐름 계산에서 유용한 힌트

10가지 간단한 단계를 공정흐름 계산에서 적용할 때에 도움이 되는 몇 가지 유용한 힌트가 있다. 목록을 간단히 훑어보고 본격적으로 문제를 풀 때 다시 참조하라.

단계 1. 선도를 그린다.

- 이 단계를 생략하지 말아야 한다!
- 각 공정단위에 하나의 박스를 그린다. 각 박스에 혼합기, 반응기, 분할기 또는 분리기라는 이름을 붙인다.
- 각각의 유입흐름과 유출흐름에 대해 하나의 선을 그린다. 화합물이 혼합된 혼합물인 흐름에는 하나의 선만 그린다. 즉, 혼합물의 구성 화합물마다 선을 그리지 않는다.

단계 2. 계를 정의한다.

- 계는 하나의 공정단위, 일단의 공정단위들 또는 전체 공정일 수 있다.
- 공정단위들을 연결하는 공정흐름에 대해 알 필요가 없다면 여러 개의 공정단위들을 하나의 계로 묶는다.

단계 3. 모든 단위를 몰수나 질량으로 전환한다.

- 반응계수를 알고 있는 반응에 대해서는 몰수를 사용하라.

단계 4. 성분을 선택하고 흐름 변수를 정의한다.

- 화학양론 관계를 알고 있는 화학반응이 존재한다면 화합물을 성분으로 선택한다.
- 화학양론 관계를 모르는 화학반응이 존재한다면 원소를 성분으로 선택한다.
- 조성에 어떠한 변화도 일어나지 않는 경우에만 복합물을 성분으로 선택한다.

단계 5. 계산 기준을 정의한다.

- 원료 물질의 유입량 또는 원하는 생성물의 유출량이 종종 유용한 계산 기준이 된다.
- 문제를 풀기 쉽게 하기 위해서 계산 기준을 변화시키고, 그런 다음에 원래의 계산 기준으로 되돌리기 위해 해를 확대시키거나 축소시킬 수 있다.
- 계산 기준이 규정되지 않는다면 임의의 계산 기준을 정의한다.

단계 6. 계 변수를 정의한다.

- 원소는 소비되거나 생성되지 않으며, 소비되거나 생성되는 것은 단지 화합물이다.

- 각각의 화학반응에 대하여 각 성분에 대한 반응 계수를 토대로 소모되고 생성되는 관계식을 작성한다.
- 정상상태 연속 공정의 경우에 축적량은 0이다.

단계 7. 흐름조성규격과 계성능규격을 나열한다.

- 분할기 경우에 모든 유출흐름은 같은 조성을 가진다는 규격이 숨겨져 있다.
- 혼합기에서 통용되는 계성능규격은 두 유입흐름선의 비이다.
- 반응기에서 통용되는 계성능규격은 반응물의 전환율 또는 전환%이다.
- 분리기에서 통용되는 계성능규격은 유입된 성분 중 유출흐름에서 회수되는 분율이다.
- 분할기에서 통용되는 계성능규격은 유입흐름 중 특정한 유출흐름으로 분할되는 분율이다.

단계 8 물질수지식을 작성한다.

- 각 성분에 대해 각 물질수지식을 작성한다.
- 총 질량에 관한 수지식은 성분 물질수지식들 중의 하나와 대체된다.

단계 9. 식들을 푼다.

- 가장 적은 수의 미지 변수를 가진 식을 제일 먼저 푼다.

단계 10. 풀이를 확인한다.

- 이 단계를 건너뛰지 말아야 한다!
- 문제를 풀기 위해서 성분 물질수지식을 사용했다면 총괄 물질수지식을 사용하여 풀이를 확인한다.

2.5 다양한 예제 문제

이 절에는 공정흐름 계산을 연습하기 위해 많은 예제 문제들이 담겨 있다. 각각의 예제 문제들에 대해 작성된 풀이를 보기 이전에 스스로 문제를 해결하기 위해 노력하기를 권장한다. 잘 풀리지를 않는 경우에는 풀이를 보고, 그런 다음에는 그것을 덮고 스스로 풀려고 노력하도록 한다. 만약 그래도 안 풀린다면, (1) 문제를 이해했는지, (2) 물질수지식에서 다른 항들을 올바르게 확인했는지, (3) 10가지 간단한 단계를 따르고 있는지, (4) 유용한 Hint를 참고하고 있는지를 확인해본다. 예제들은 간단한 문제에서 시작하여 복잡한 문제로 나아가기 때문에 다음 문제로 나아가기 전에 각 문제들을 *스스로 풀 수 있는지*를 꼭 확인하도록 한다.

주의! 공정흐름 계산을 할 때 야기할 수 있는 가장 큰 첫 번째 실수는 문제의 풀이를 따라갈 수 있다고 해서 문제를 이해했다고 착각하는 것이다. 그것은 마이클 조단의 슛을 보았기 때문에 당신도 NBA 스타가 될 수 있다고 생각하는 것과 같다(또는 베토벤의 음악을 들었기 때문에 당신도 교향곡을 쓸 수 있다고 생각하거나). 두 번째 실수는 쉽고 "직관적으로 바로 알 수 있는" 문제의 경우에서조차도 "10가지 간단한 단계"와 같은 계통적 절차를 따르지 않는 것이다. 직관적 통찰은 중요하다. 그러나 그것은 논리가 더해지는 경우에 더욱 빛을 발하는 것이다.

예제 2.1 ▸ 혼합기: 축전지용 산 생산

당신의 직업은 200 kg/day의 축전지용 산을 생산할 수 있는 혼합기를 설계하는 것이다. 혼합기는 연속적이고 정상상태로 운전된다. 축전지용 산은 18.6 wt% 황산 수용액이어야 한다. 사용되는 원료는 77 wt%의 황산 수용액과 순수한 물이다. 각 원료물질을 얼마의 유량으로 혼합기에 넣어야 하는가?

〉풀이

단계 1. *선도를 그린다.* 혼합기를 나타내는 블록을 그린다. 사용되는 유입물은 2개, 즉 진한 황산과 순수한 물이 있으므로 장치로 들어가는 화살표 2개를 그린다. 유출물은 축전지용 산 하나이므로 장치에서 나가는 화살표 하나만을 그린다.

단계 2. *계를 정의한다.* 계는 혼합기이다.

단계 3. *단위를 검토하라.* 모든 관련 정보는 kg/day 혹은 wt%로 주어져 있다, 모든 단위가 일치하므로 단위 환산은 이 경우 필요가 없다.

단계 4. *성분을 선택하고 흐름 변수를 정의한다.* 성분은 원소, 화합물, 또는 복합물이 될 수 있다. 성분으로는 진한 황산(H_2SO_4)과 물(H_2O)의 두 가지 화합물을 선택하는 것이 가장 합당한 이유는 다음과 같다. 산 용액은 복합물이지만 계 내에서 조성이 변하기 때문에 성분으로 복합물을 선택할 수 없다. 계 내에서 화학반응이 일어나지 않기 때문에 원소(H, S, O) 또는 화합물(H_2SO_4, H_2O) 중에서 선택하는 것이 합당하다. 화합물은 2개인 반면에 원소는 3개이고, 산 용액의 조성에 관한 정보가 원소가 아니라 화합물의 항으로 주어져 있기 때문에 화합물을 성분으로 선택하는 것이 가장 간단해진다. 황산은 S로 물은 W로 나타내도록 한다.

공정흐름선에 1, 2, 3으로 번호를 매긴다. 흐름 1에 두 개의 성분이 존재하므로 흐름선 1과 관련해서는 2개의 흐름 변수, S_1과 W_1을 정의하자. 같은 방법으로, 흐름선 2에는 1개의 흐름 변수, W_2가 존재하며, 흐름 3에는 2개의 흐름 변수, S_3, W_3가 존재하므로 총 5개의 흐름 변수가 존재한다. 이러한 변수를 나타내어 선도를 다시 그리면,

> **! Hint**
> 공정흐름이 혼합물인 경우에는 하나의 선을 그리고, 혼합물의 모든 성분들을 나타내기 위해 선에다 명칭을 붙인다.

단계 5. *계산 기준을 정의한다.* 축전지용 산의 원하는 생산속도는 하루에 200 kg으로 주어져 있으므로, 이는 계산 기준으로 유용하게 사용할 수 있다. 흐름 변수의 항으로 표현하면

$$S_3 + W_3 = 200 \text{ kg/day}$$

단계 6. *계 변수를 정의한다.* 화학반응이 없기 때문에 생성에 관한 변수 또는 소비에 관한 변수는 필요가 없다. ($S_{cons} = S_{gen} = W_{cons} = W_{gen} = 0$). 계는 정상상태에서 운전되므로 축적 변수는 0이다($S_{acc} = W_{acc} = 0$).

단계 7. *규격을 나열한다.* 몇 개의 흐름조성규격이 있다. 진한 산 원료는 77 wt%의 황산 수용액이므로, 흐름 1에서 산의 질량 분율은 0.77이 된다. 흐름 변수의 항으로 표현하면

$$\frac{S_1}{S_1 + W_1} = 0.77$$

$$\frac{S_1}{W_1} = \frac{77}{23}$$

축전지용 산은 18.6 wt%의 황산을 함유해야 한다는 제품의 품질이 규정되어 있다. 흐름 변수의 항으로 표현하면

$$\frac{S_3}{S_3 + W_3} = 0.186$$

$$\frac{S_3}{W_3} = \frac{18.6}{81.4}$$

혼합기의 성능에 관한 부가적인 규격은 없으므로 단계 7까지 진행되었다.

단계 8. *물질수지식을 작성한다.* 성분이 2개, 즉 황산과 물이므로 2개의 독립적인 물질수지식이 존재한다. 식 (2.5)의 물질수지식을 각 성분에 적용해 보자.

> **Hint**
> 어떤 계에 2개의 성분이 존재한다면 2개의 물질수지식이 세워진다.

황산의 경우에

$$S_1 - S_3 + S_{gen} - S_{cons} = S_{acc}$$

S_{gen}, S_{cons}, S_{acc}은 모두 0이므로,

$$S_1 = S_3$$

물의 경우에도 물질수지식이 간단하게 정리되어

$$W_1 + W_2 = W_3$$

단계 9. *방정식을 푼다.* 위에 5개의 변수를 가진 5개의 방정식이 있다. 계산 기준과 흐름성 조성규격을 이용하여

$$S_3 = 37.2 \text{ kg/day}$$

$$W_3 = 162.8 \text{ kg/day}$$

의 해를 구한다. 또한 황산의 물질수지식을 기용하며

$$S_1 = 37.2 \text{ kg/day}$$

를 얻을 수 있다. 다음으로 흐름선 1의 흐름성 조성규격으로부터

$$W_1 = 11.1 \text{ kg/day}$$

를 얻을 수 있으며, 마지막으로 물의 물질수지식으로부터

$$W_2 = 151.7 \text{ kg/day}$$

의 해를 구할 수 있다. 새로운 정보가 추가된 흐름선도는 다음과 같다.

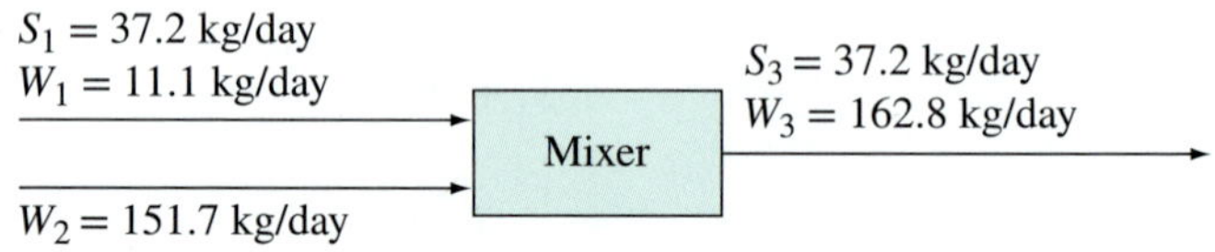

단계 10. *해답을 확인한다.* 해답을 확인하기 위해 총 질량에 대한 물질수지식을 사용한다.

$$S_1 + W_1 + W_2 = S_3 + W_3$$

$$37.2 + 11.1 + 151.7 = 37.2 + 162.8$$

$$200 = 200 \text{ check!}$$

예제 2.2 ▸

반응기: 암모니아 합성

수소와 질소의 혼합 기체가 반응기에 공급된다. 반응기에서는 혼합 기체가 반응하여 암모니아(NH_3)가 생성된다. 반응기로 들어가는 질소의 유량은 150 gmol/h이며, 수소는 4 gmol H_2/gmol N_2의 비로 공급된다. 양론 계수를 맞춘 화학반응은 다음과 같다.

$$N_2 + 3H_2 \rightarrow 2NH_3$$

반응기에 공급되는 질소의 70%는 반응에 의해 운전된다. 반응기는 정상상태로 작동된다. 반응기 출구에서 N_2, H_2, NH_3의 유량은 얼마인가?

풀이

단계 1, 2. *선도를 그리고, 계를 선택한다.* 반응기가 계이다. 반응기 출구흐름에서 미반응 원료가 있다는 것을 고려해야 한다.

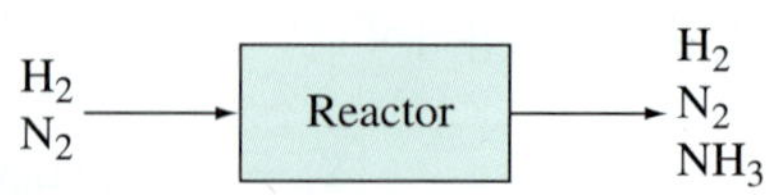

Hint
화학반응계수를 아는 반응인 경우에는 화합물을 성분으로 선택한다.

단계 3, 4. *단위를 확인하고, 성분을 선택하고, 흐름 변수를 정의한다.* 모든 수치 정보는 gmol 혹은 gmol/h의 단위로 주어져 있다. 화학반응 계수를 알고 있는 반응이기 때문에 화합물 N_2, H_2, NH_3를 성분으로 선택한다. N_2는 N으로, H_2는 H로, 암모니아는 A와 같이 기호로 나타내기로 하자. 흐름선은 흐름선 "in"

과 흐름선 "out"라 부르기로 한다. 흐름선 in에는 2개의 성분이 존재하므로 2개의 흐름 변수인 N_{in}과 H_{in}이 존재한다. 흐름선 out에는 3개의 성분이 존재하므로 3개의 흐름 변수인 N_{out}, H_{out}, A_{out}를 사용한다.

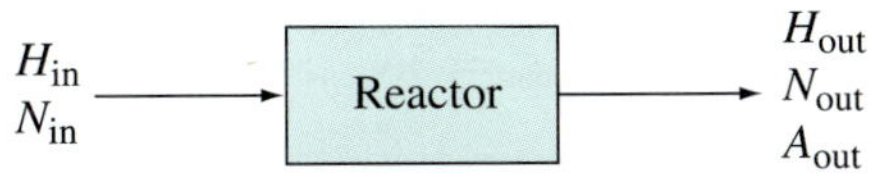

단계 5. *계산 기준을 정의한다.* 계산 기준으로 질소의 유량을 사용하면

$$N_{in} = 150 \frac{\text{gmol}}{\text{h}}$$

단계 6. *계 변수를 정의한다.* 화학반응은 3개 화합물, 즉 2개의 반응물과 1개의 생성물을 수반하기 때문에 생성과 소비에 관계된 3개의 계 변수, 즉 N_{cons} (반응에 의한 질소 소비속도), H_{cons}(반응에 의한 수소 소비속도), A_{gen}(반응에 의한 암모니아 생성속도)가 존재한다. 알고 있는 반응양론 계수를 이용하여 이들 계 변수를 관계짓는 2개의 식을 다음과 같이 나타낸다. 이 계는 정상상태이므로 축적에 대한 계 변수는 없다.

$$\frac{H_{cons}}{N_{cons}} = \frac{3}{1}$$

$$\frac{A_{gen}}{N_{cons}} = \frac{2}{1}$$

단계 7. *규격을 나열한다.* 수소는 4 gmol H_2/gmol N_2의 비로 공급된다는 1개의 흐름조성규격이 있다. 즉

$$\frac{H_{in}}{N_{in}} = 4$$

반응기 안에서 일어나는 반응을 기술하는 계성능규격이 1개 있다. 반응기에 공급된 질소의 70%가 소비된다. 즉

$$N_{cons} = 0.7 N_{in}$$

Quiz 2.10

계성능규격이 30%의 수소가 소비된다고 변경된다면 이것을 어떻게 식으로 표현할 것인가?

단계 8. *물질수지식을 작성한다.* 3개의 성분(N_2, H_2, NH_3)이 존재하기 때문에 3개의 독립적인 물질수지식이 존재하며, 이는 다음과 같이 간단히 된다.

$$N_{in} - N_{out} - N_{cons} = 0$$

$$H_{in} - H_{out} - H_{cons} = 0$$

$$-A_{out} + A_{gen} = 0$$

단계 9, 10. *문제를 풀고 확인한다.* 각 변수에 알고 있는 값을 대입한 다음에 풀이를 진행한다. 미지의 변수가 가장 적은 방정식을 제일 먼저 푼다. 해는 다음과 같다.

$$H_{in} = 4N_{in} = 4(150) = 600 \frac{\text{gmol}}{\text{h}}$$

$$N_{cons} = 0.7N_{in} = 0.7(150) = 105 \frac{\text{gmol}}{\text{h}}$$

$$H_{cons} = 3N_{cons} = 3(105) = 315 \frac{\text{gmol}}{\text{h}}$$

$$A_{gen} = 2N_{cons} = 2(105) = 210 \frac{\text{gmol}}{\text{h}}$$

$$N_{out} = N_{in} - N_{cons} = 150 - 105 = 45 \frac{\text{gmol}}{\text{h}}$$

$$H_{out} = H_{in} - H_{cons} = 600 - 315 = 285 \frac{\text{gmol}}{\text{h}}$$

$$A_{out} = A_{gen} = 210 \frac{\text{gmol}}{\text{h}}$$

Hint
해를 확인하기 위한 손쉬운 방법은 들어가는 총 질량흐름과 나가는 총 질량흐름이 같은지 비교하는 것이다.

해를 확인하기 위해 들어가는 총 질량흐름과 나가는 총 질량흐름이 같은지 확인한다. 질량 유량은 각 화합물의 몰 유량에 그 화합물의 몰질량을 곱한 것의 합이다.

Quiz 2.11
예제 2.2에서 반응기로 들어가는 총 몰 유량과 나가는 총 몰 유량은 같은가? 같다면 왜 같은가? 다르다면 왜 다른가?

결과들을 아래의 표에 요약하여 나타내었다.

Compound	Molar mass	Input		Generation − Consumption		Output	
		gmol/h	g/h	gmol/h	g/h	gmol/h	g/h
Nitrogen	28	150	4200	−105	−2940	45	1260
Hydrogen	2	600	1200	−315	−630	285	570
Ammonia	17	0	0	+210	+3570	210	3570
Total			5400				5400

예제 2.3 ▸

분리기: 과일 주스 농도

과일주스는 물, 프룩토오스(과당), 펄프, 구연산 및 다른 산들, 아세테이트 및 기타 화학물질들의 복합 혼합물이다. Fruity-Fresh 농장에서 제공되는 신선한 과일주스는 88 wt%의 물을 함유하고 있다. 과일주스 가공업자는 Fruity-Fresh로부터 2680 lb의 신선한 주스를 구입하여 증발기에 넣고 물의 75%를 증발시킨 다음에 증발기로부터 농축된 주스를 분리해냄으로써 농축주스를 만든다. 증발기에서 얼마나 많은 양의 물(lb)을 제거해야만 하는가? 만약 가공업자가 신선한 주스를 1 lb당 0.09 $에 구매하고 농축 주스를 1 lb당 0.50 $에 판매한다면, 가공업자는 이익을 남길 수가 있는가?

›풀이

단계 1, 2. *선도를 그리고 계를 선택한다.* 계는 증발기이며, 이는 분리기와 같은 역할을 한다.

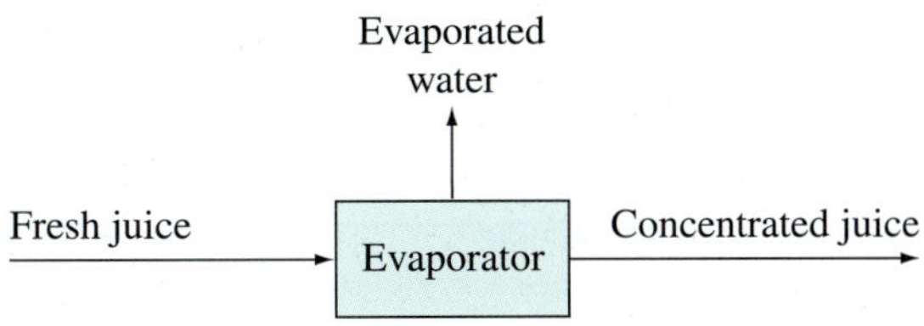

단계 3, 4. *단위를 검토하고, 성분을 선택하고, 흐름 변수를 정의한다.* 화학반응이 없기 때문에 모두를 질량 단위로 나타내는 것이 좋다. 주스는 88%의 물과 양을 알 수 없는 많은 다른 함유물질들로 구성되어 있다는 것 외에는 주스의 조성에 관한 정보를 얻을 수 없다. "다른 함유물질들"은 계속해서 남기 때문에 농축된 주스에서도 전부 나타나며, 어떤 화학반응도 일으키지 않는다. 따라서 프룩토오스(과당), 산, 펄프, 아세테이드 등을 함께 묶어서 고형물과 같은 하나의 복합물질로 생각할 수 있다. (고형물은 부유 고형물뿐만 아니라 용해된 용질을 포함한다.) 물은 W 그리고 고형물은 S라고 나타내기로 한다. 흐름은 1개의 유입흐름과 2개의 유출흐름으로 3개가 있으므로 각각에 1, 2, 3의 번호를 단다. 예를 들어 흐름 변수들을 W_1 = 흐름 1에서의 물의 유량과 같이 나타낸다.

! Hint
물질이 단일 흐름으로 구성되었다면 구성 성분을 복합물로 선택하라.

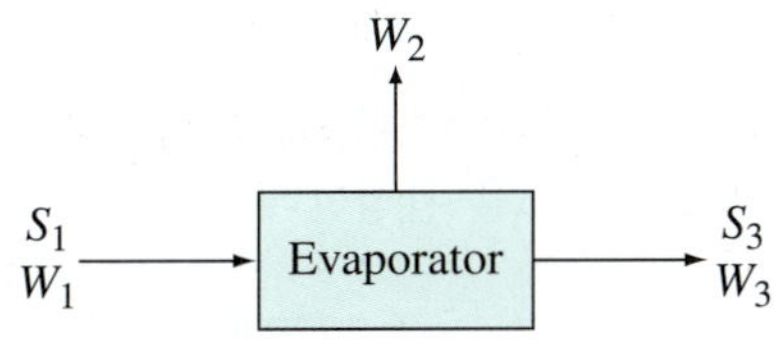

단계 5. *계산 기준을 정의한다.* 계산 기준은 증발기에 들어가는 신선한 주스의 양으로 한다. 즉

$$S_1 + W_1 = 2680 \text{ lb}$$

단계 6, 7. *계 변수를 정의하고 규격을 나열한다.* 화학반응이 없기 때문에 $S_{gen} = S_{cons} = 0$이며, $W_{gen} = W_{cons} = 0$이다. 증발기에 들어가는 모든 물질은 수증기 또는 농축 주스로 나오므로 증발기 내부에 축적되는 물질은 없다. 신선한 주스는 88%의 물로 이루어져 있다는 하나의 흐름조성규격이 있다.

$$W_1 = (0.88) \times (S_1 + W_1) = 0.88 \times 2680 = 2360 \text{ lb}$$

이 식을 앞의 식과 결합하면,

$$S_1 = 320 \text{ lb}$$

하나의 계성능규격이 있다. 우리는 신선한 주스 안의 75%의 물이 증발기에서 증발한다는 것을 알고 있다.

$$W_2 = 0.75 \times W_1 = 0.75 \times 2360 \text{ lb} = 1770 \text{ lb}$$

흐름선도에 알고 있는 정보들을 추가한다.

! Hint
계의 성능규격은 계에 의해 야기되는 유입흐름과 유출흐름 사이의 변화를 설명해 준다.

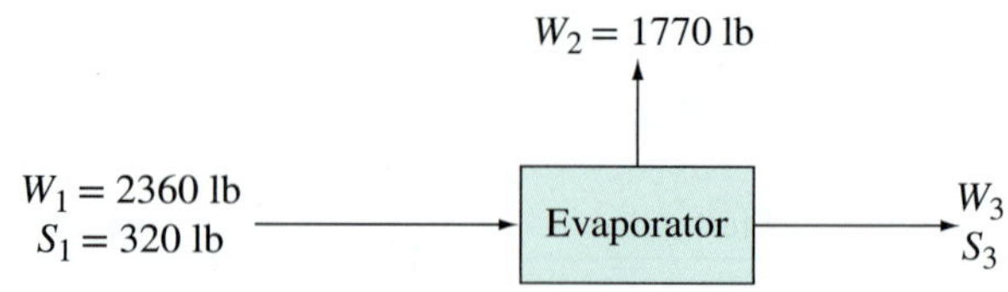

단계 8. *물질수지식을 작성한다.* 성분이 2개이므로 2개의 독립적인 물질수지식이 존재한다. 두 경우 모두 물질수지식은 유입량 = 유출량과 같이 간단하게 정리된다. 즉

$$W_1 = W_2 + W_3$$

$$S_1 = S_3$$

단계 9, 10. *문제를 풀고 검산한다.* 이제 알고 있는 수치를 식에 대입하고 풀면

$$W_1 = W_2 + W_3$$

$$2360 \text{ lb} = 1770 \text{ lb} + W_3$$

$$W_3 = 590 \text{ lb}$$

$$S_1 = S_3 = 320 \text{ lb}$$

Quiz 2.12
유입되는 물질의 전체 질량은 유출되는 물질의 전체 질량과 같은가?

이로부터 농축 주스의 총 양은 $W_3 + S_3 = 590 + 320 = 910$ lb이다.
이제 블록흐름선도를 완성한다.

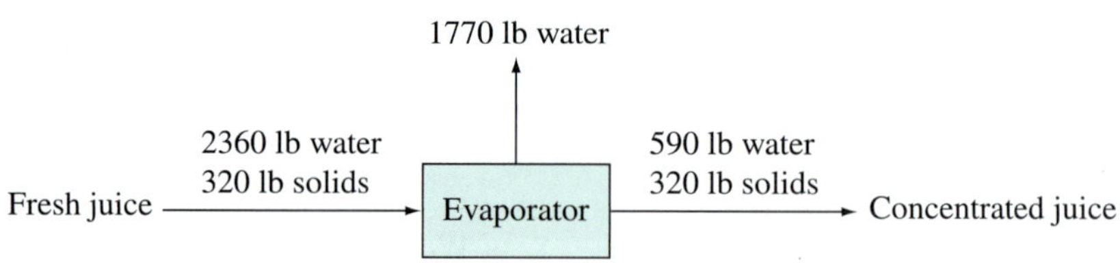

원료의 비용만을 고려할 경우에 가공업자의 이윤은 전체 질량에 대한 물질수지를 확인할 수 있다.

$$\left(910 \text{ lb concentrated juice} \times \frac{\$0.50}{\text{lb}}\right) - \left(2680 \text{ lb fresh juice} \times \frac{\$0.09}{\text{lb}}\right)$$

$$= \$455 - \$240 = \$215$$

예제 2.4 ▸ **분할기: 과일 주스 가공**

Fruity 부부는 Fruity-Fresh Farm에서 매일 275갤런의 주스를 짠다. 그들이 짠 주스 중 82%를 냉동 농축주스를 만드는 가공업자에게 판매하려고 계획하고 있다. 가공업자는 주스 고형물 1 lb당 0.75$를 지불한다. 주스의 17%는 지역 농산물 시장에서 신선한 주스로 판매하기 위해 병에 담아 2 L 한 병당 3$로 판다. 나머지는 자녀들을 위해 보관할 것이다. Fruity-Fresh Farm의 1년 총 소득($/yr)은 얼마인가?

풀이

단계 1, 2. *선도를 그리고 계를 정의한다.* 과일주스 가공업자는 유입이 1개이고 유출이 3개인 분할기를 필요로 한다.

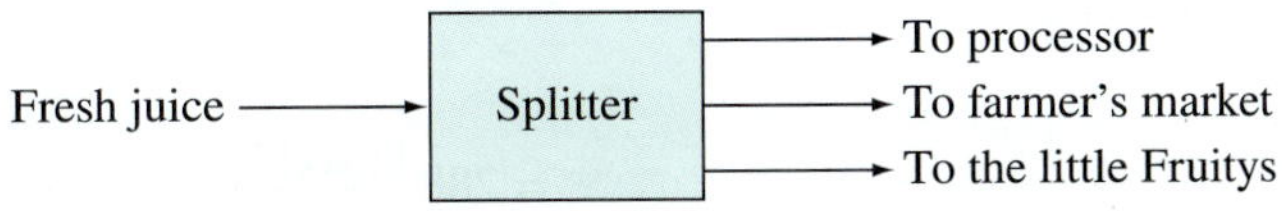

단계 3~5. *성분을 선택하고 흐름 변수를 정의한다. 단위를 확인하고 계산 기준을 정의한다.* 가공업자는 주스의 고형물 함량을 기준으로 해서 구입하기 때문에 2개의 성분을 고려하고, 물은 W로, 고형물은 S로 나타낸다. 1, 2, 3, 4로 정해진 4개의 흐름이 있다. 흐름 변수들에 적절한 이름을 붙인다. 예를 들면 S_3은 흐름 3에서의 고형물의 유량이다.

주스 유량은 gallon/day로 표시되어 있으며, 이는 부피 유량을 나타낸다. 항상 질량 또는 몰 양의 단위를 사용하여 문제를 풀도록 한다. 이 문제에서는 조성이 질량 백분율(wt%)로 표현되어 있기 때문에 질량 유량을 선택하도록 하자. 부피 유량을 질량 유량으로 바꾸기 위해서는 밀도가 필요하다. 주스의 밀도를 찾는 것은 쉽지 않지만 *CRC Handbook of Chemistry and Physics*에서 12 wt%의 프룩토오스 수용액과 같은 비슷한 용액의 밀도를 찾을 수 있다. 20°C에서 12 wt%의 프룩토오스 수용액의 밀도는 1.047 g/mL이므로 이것으로 충분하다.

분할기 안으로 들어가는 주스의 유량은 lb/day 단위로 다음과 같다.

$$275\frac{\text{gal juice}}{\text{day}} \times \frac{3.78\ \text{L}}{\text{gal}} \times \frac{1000\ \text{mL}}{\text{L}} \times \frac{1.047\ \text{g}}{\text{mL}} \times \frac{1\ \text{lb}}{454\ \text{g}} = 2400\frac{\text{lb}}{\text{day}}$$

주스 유량은 유용한 계산 기준이 되며, 흐름 변수의 항으로 나타내면 다음과 같다.

$$S_1 + W_1 = 2400\ \text{lb/day}$$

단계 6, 7. *흐름 변수를 정의하고 규격을 나열한다. 화학반응이 없으며, 계는 정상상태이다.* 그러므로 생성, 소비, 축적에 관한 변수들은 모두 0이다.

흐름조성규격으로부터 주스는 88 wt% H_2O임을 알 수 있으므로 흐름 변수의 항으로 나타내면

$$\frac{W_1}{S_1 + W_1} = 0.88\frac{\text{lb H}_2\text{O}}{\text{lb juice}}$$

혹은

$$W_1 = 0.88\frac{\text{lb H}_2\text{O}}{\text{lb juice}} \times 2400\frac{\text{lb juice}}{\text{day}} = 2112\frac{\text{lb H}_2\text{O}}{\text{day}}$$

그러므로

$$S_1 = 288\frac{\text{lb solids}}{\text{day}}$$

Hint
분할기는 흐름조성규격이 숨겨져 있다. 분할기에 들어오고 나가는 모든 흐름들은 동일한 조성을 가져야 한다.

분할기에서 모든 유입과 유출은 같은 조성을 가진다. 다시 말해서

$$\frac{W_2}{S_2 + W_2} = \frac{W_3}{S_3 + W_3} = \frac{W_4}{S_4 + W_4} = 0.88\frac{\text{lb H}_2\text{O}}{\text{lb juice}}$$

분할기는 주스의 82%를 가공업자에게 보내야 하고, 17%는 팔기 위해 병에 담아야 한다는 계성능규격을 만족시켜야 한다. 흐름 변수의 항으로 나타내면

$$S_2 + W_2 = 0.82 \times (S_1 + W_1)$$
$$S_3 + W_3 = 0.17 \times (S_1 + W_1)$$

W_1과 S_1의 값을 알고 있으므로 이것을 식에 대입하면

$$S_2 + W_2 = 0.82 \times \left(2400\frac{\text{lb}}{\text{day}}\right) = 1968\frac{\text{lb}}{\text{day}}$$

이것을 흐름조성규격과 결합하면 다음과 같이 된다.

$$W_2 = 1732\frac{\text{lb}}{\text{day}}$$

$$S_2 = 236\frac{\text{lb}}{\text{day}}$$

같은 방법으로 하면 다음이 얻어진다.

$$W_3 = 359\frac{\text{lb}}{\text{day}}$$

$$S_3 = 49\frac{\text{lb}}{\text{day}}$$

단계 8, 9. *물질수지식을 적고 식을 푼다.* 성분이 2개이므로 2개의 물질수지식이 존재하며, 유입 = 유출로 간단하게 된다.

$$S_1 = S_2 + S_3 + S_4$$
$$W_1 = W_2 + W_3 + W_4$$

알고 있는 수치를 대입하면

$$W_4 = 21\,\frac{\text{lb}}{\text{day}}$$

$$S_4 = 3\,\frac{\text{lb}}{\text{day}}$$

문제에서는 주스 생산자의 총 수입을 묻고 있다. 생산자의 1일 판매액을 계산하기 위해 가공업자와 농산물 시장에서의 판매액을 더하면

$$\text{가공업자에게 판매액} = S_2 \times \frac{\$}{\text{lb solids}} = \frac{236\text{ lb solids}}{\text{day}} \times \frac{\$0.75}{\text{lb solids}} = \frac{\$177}{\text{day}}$$

농산물 시장에서 제품을 팔 때는 고형물의 무게(lb)가 아니라 주스의 부피(L)당으로 팔린다. 그러나 가격 기준을 다른 기준으로 바꿀 수 있다.

$$\left(\frac{\$3.00}{2\text{ L juice}}\right)\left(\frac{\text{L}}{1000\text{ mL}}\right)\left(\frac{\text{mL juice}}{1.047\text{ g juice}}\right)\left(\frac{454\text{ g juice}}{\text{lb juice}}\right)\left(\frac{1\text{ lb juice}}{0.12\text{ lb solids}}\right) = \frac{\$5.42}{\text{lb solids}}$$

(Fruity 부부는 가능하면 가공업자에게 보다는 농산물 시장에 많이 팔아야 한다.)

$$\text{농산물 시장에서 판매액} = S_3 \times \frac{\$}{\text{lb solids}} = \frac{49\text{ lb solids}}{\text{day}} \times \frac{\$5.42}{\text{lb solids}} = \frac{\$266}{\text{day}}$$

Fruity 부부가 일 년 동안 매일 이 양을 팔 수 있다면 제품의 총 판매액은 \$443/day 혹은 \$162,000/day이 된다.

$$\text{Fruity 자녀들에 의해 소비되는 양} = S_4 \times \frac{\$}{\text{lb solids}} = \frac{3\text{ lb solids}}{\text{day}} \times \frac{\$5.42}{\text{lb solids}} = \frac{\$16.26}{\text{day}}$$

(만약 Fruity 자녀들이 물만 먹는다면 \$6000/year을 벌 수 있다.)

단계 10. *검산한다*. 답을 확인하는 한 가지 방법은 Fruity 자녀들에 의해 소모되는 주스의 고형물의 양은 12 wt%인지 알아보는 것이다. 아직 그 정보를 계산에서 사용하지 않았기 때문이다.

$$\frac{S_4}{S_4 + W_4} = \frac{3}{3 + 21} = 0.125\text{ (close enough)}$$

이 문제의 중간 단계에서 계산을 할 때 유효자리 숫자보다 더 많은 자리 숫자를 사용했다. 이것은 종종 반올림 오차를 피하는 데 효과적이다. 모든 유량을 유효자리 숫자에 맞추어 다시 계산해 보라. 흐름 4에서 주스의 고형물 함량은 얼마인가?

지금까지는 축적 항을 항상 0으로 두었다. 이는 공정이 정상상태 연속공정이거나 혹은 반응이 시작할 때 모든 원료를 계에 넣고 반응이 끝날 때 모든 물질을 계에서

제거하는 회분식 공정이거나 모두 이에 해당되었다. 이제는 반회분식 문제 2개를 검토해 보자. 이제 공정이 운전되는 동안 계 내에 물질이 축적되는 두 개의 예제를 다루어 보자.

예제 2.5 ▸ 축적이 있는 분리: 공기 건조

공기는 공장 전 구간에 걸쳐 사용되는 조절 밸브(흐름을 조절하는 특수 밸브)를 움직이는 데 사용된다. 만약 공기에 습기가 많이 존재한다면 사용 전에 건조해야 한다. 장치에 사용되는 건조 공기를 생산하기 위해, 1.5 mol%의 H_2O(증기 상태)를 포함하고 있는 공기를 100 ft^3/min의 유량으로 탱크를 통해 공급하여 습한 공기를 여과하고 83°F에서 1.1 atm의 압력으로 압축한다. 탱크는 60 lbs의 알루미나(Al_2O_3) 입자들로 채워져 있다. 공기 중의 수증기는 알루미나 입자 표면에 흡착되고, 단지 0.06 mol%의 H_2O가 함유된 건조 공기가 탱크에서 나간다. 알루미나 입자에 흡착될 수 있는 최대 수분의 양은 알루미나 lb당 0.22 lb H_2O이다. 탱크는 알루미나 입자를 교환하기 전까지 얼마나 오래 동안 운전할 수 있는가?

〉풀이

단계 1, 2. *선도를 그리고, 계를 선택한다.* 계는 분리기, 즉 알루미나 입자가 들어 있는 탱크이다.

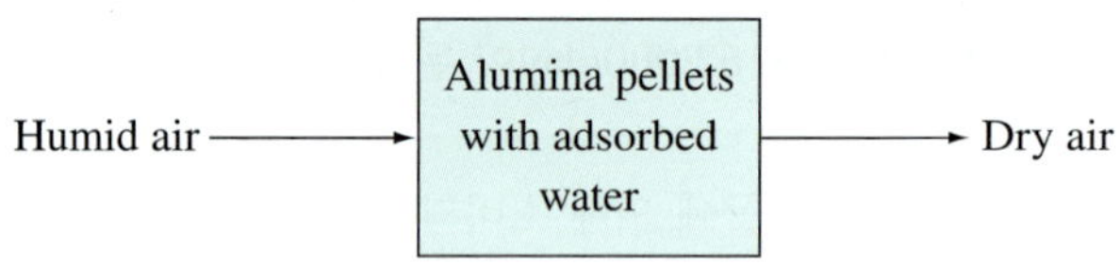

단계 3. *단위를 확인한다.* 이 경우 단위들이 일치하지 않는다. 공기의 유량은 부피 단위이고, 공기 중의 수증기 함량은 mol%로 주어졌으며, 알루미나 입자의 흡착 용량은 질량비로 주어졌다. 모든 단위를 변환하여 질량 또는 몰 단위로 일치시킨다.

우선 공기의 부피 유량을 몰 유량으로 변환하도록 하자. 이를 위해서는 공기의 밀도가 필요하다. 이들 조건에서 공기는 이상기체로 거동하는 것으로 가정하고, 이상기체 방정식으로부터 몰 밀도를 계산한다.

$$\frac{n}{V} = \frac{P}{RT} = \frac{(1.1\text{ atm})}{(0.7302\text{ ft}^3\text{ atm/lbmol °R})(83 + 459\text{ °R})} = 0.00278\frac{\text{lbmol}}{\text{ft}^3}$$

몰 유량은 부피 유량에 몰 밀도를 곱해서 간단히 구한다.

$$100\frac{\text{ft}^3}{\text{min}} \times 0.00278\frac{\text{lbmol}}{\text{ft}^3} = 0.278\frac{\text{lbmol}}{\text{min}}$$

이것이 분리기로 유입되는 가습공기의 총괄 몰 유량이다.

단계 4. *성분을 선택하고, 흐름 변수를 정의한다.* 공기는 복합물이며, 공기는 질소, 산소, 아르곤, 이산화탄소, 수증기와 다른 기체들을 함유하고 있다. 알루미나 입자는 공기 중에서 오로지 수증기만을 제거하며, 다른 모든 기체들은 흐름이 분리기를 통해 지나가는 동안 함께 존재한다. 그러므로 성분으로는 수증기(W)와 수증기가 제거된 공기(A)를 선택한다. 다시 말해서, 공기 중의 H_2O를 제외한 모든 기체들을 함께 묶어서 하나의 복합물로 간주한다. 흐름 변수들은 다음과 같다. A_1 = 탱크로 공급되는 수증기를 제외한 공기이고, W_1 = 탱크로 공급되는 수증기이며, A_2 = 탱크로부터 배출되는 수증기를 제외한 공기이고, W_2 = 탱크로부터 배출되는 수증기이다.

단계 5. *계산 기준을 정의한다.* 분리기에 공급되는 가습 공기의 총 몰 유량으로써 계산 기준으로 사용할 수 있다. 계 변수들의 항으로 나타내면

$$A_1 + W_1 = 0.278\,\frac{\text{lbmol}}{\text{min}}$$

단계 6. *계 변수들을 정의한다.* 화학반응이 없으므로 생성 또는 소비에 대한 계 변수가 필요하지 않다. 공기는 계 내부에 축적되지 않지만 수증기는 축적된다. 그러므로 1개의 계 변수, 즉 W_{acc}가 얻어지며, 이는 탱크 내에서 수증기의 축적 속도를 나타낸다.

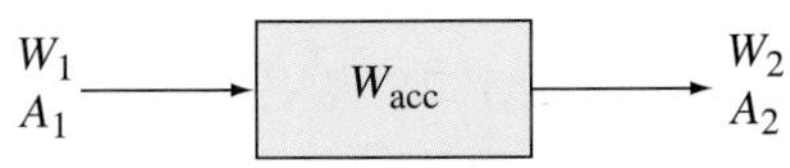

단계 7. *규격을 나열한다.* 흐름조성규격은 다음과 같다. 가습 공기는 1.5 mol%의 수증기를 함유하고 있고 건조공기는 0.06%의 수증기를 함유하고 있으므로,

$$\frac{W_1}{A_1 + W_1} = 0.015\,\frac{\text{lbmol water}}{\text{lbmol}}$$

$$\frac{W_2}{A_2 + W_2} = 0.0006\,\frac{\text{lbmol water}}{\text{lbmol}}$$

계성능규격은 계 내부에서 일어나는 물리적 혹은 화학적 변화를 반영한다. 이 문제의 경우에 탱크에는 60 lb의 알루미나가 들어 있으며, 이는 알루미나 1 lb당 약 0.22 lb의 수증기를 흡착할 수 있다. 따라서 탱크 내 총 허용 가능한 수증기 축적량은 다음과 같다.

$$60\text{ lb alumina} \times \frac{0.22\text{ lb water}}{\text{lb alumina}} \times \frac{\text{lbmole water}}{18\text{ lb water}} = 0.73\text{ lbmol water}$$

흐름 변수는 [mol/time]의 차원을 가지므로 계 축적 변수도 같은 차원, 즉 *축적속도*로 나타내는 것이 필요하다. 이는 총 축적량에다 물이 탱크 내부에 축적되도록 허용되는 시간 t로 나눈 것과 같다.

$$W_{acc} = \frac{0.73\text{ lbmol water}}{t\text{ (min)}}$$

단계 8~10. *물질수지를 세우고, 방정식을 풀고, 검산한다.* 2개의 성분, 즉 수증기를 제외한 공기와 수증기가 존재하므로 2개의 물질수지식을 적을 수 있다.

$$A_1 = A_2$$
$$W_1 - W_2 = W_{acc}$$

이 방정식으로부터 다음과 같은 값들을 얻을 수 있다(자세한 풀이는 생략함).

$$W_1 = 0.00417 \text{ lbmol/min}$$
$$A_1 = 0.2738 \text{ lbmol/min}$$
$$A_2 = 0.2738 \text{ lbmol/min}$$
$$W_2 = 0.000164 \text{ lbmol/min}$$
$$W_{acc} = 0.00401 \text{ lbmol/min}$$
$$t = 180 \text{ min}$$

흡착된 물의 총 질량에다 생성된 건조 공기의 질량을 더한 것이 3시간 동안 공급된 공기의 질량과 일치하는지를 확인함으로써 구한 해를 검산한다.

3시간 후에 분리기는 더 이상의 물을 흡착할 수 있는 용량이 남아 있지 않을 것이다. (물이 채워지고 있는 양동이를 생각해 보라. 결국에는 그것의 용량에 다다르게 된다.) 그와 같은 운전에서는 대개 2개의 탱크가 사용된다. 공기가 3시간 동안은 탱크 중의 하나를 통해 흐르고, 그다음에는 흐름이 두 번째 탱크로 바뀌게 된다. 젖은 알루미나 입자들은 버리는 것이 아니라 열을 가해 축적된 수분을 완전히 건조시켜 재생한다. 그런 다음 재생한 알루미나 입자들은 재사용한다.

예제 2.6 ▸ 축적이 있는 반응: 발광 칩

발광 다이오드(LED)는 소형 휴대용 게임기에서부터 거대한 광고판에 이르기까지 여러 종류의 빛을 내는 디스플레이에 사용되고 있다. LED는 반도체 재료로 만들며, 여러 겹의 얇은 반도체 재료 층을 기판 위에 쌓아 올린다. 반도체 재료의 화학적 조성을 변화시킴으로써 다른 색깔을 만들 수도 있다.

한 연구원이 파란색 LED를 제조하려고 한다. 그녀는 반응기에 1 cm × 1 cm 크기의 Al_2O_3 칩을 넣었다. MOCVD (metalorganic chemical vapor deposition, 유기금속 화학 증기 증착)라 하는 공정에서, trimetyl gallium [$(CH_3)_3Ga$]과 암모니아(NH_3)를 1:1의 몰비로 운반 기체와 함께 연속적으로 반응기에 공급한다. 두 반응물이 반응하여 생성되는 gallium nitride (GaN)는 Al_2O_3 칩 위에 평평한 층으로 증착되며, 생성되는 메탄(CH_4)은 운반 가스와 함께 연속적으로 반응기를 빠져나간다. 양론 계수를 맞춘 화학반응식은 다음과 같다.

$$(CH_3)_3Ga + NH_3 \rightarrow GaN + 3CH_4$$

연구원은 반응기에서 나가는 메탄의 유량(mol/h)을 측정함으로써 GaN 층의 높이 성장 속도를 시간당 마이크로미터 단위로 산정하기 위한 방법을 개발하고자 한다. 도와 줄 수 있는가?

풀이

단계 1~2. *선도를 그리고, 계를 정의한다.* 계는 반응기이다. 그림은 기판 위에서 성장하는 GaN 층을 나타낸다.

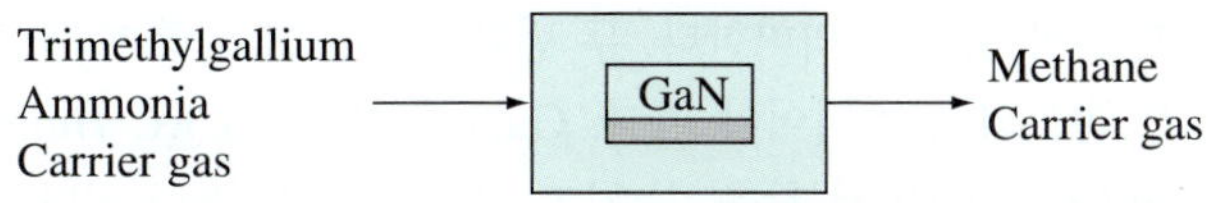

단계 3, 4. *단위를 확인하고, 성분을 선택하고, 흐름 변수를 정의한다.* 화학반응이 수반되기 때문에 질량보다 몰 단위를 사용하는 것이 좋다. 연구원은 반응기에서 유출되는 메탄의 유량을 μmol/h (10~6 gmol/h) 단위로 측정할 것이기 때문에 mol/h 단위를 사용하는 것이 좋다. 양론 관계를 아는 화학반응이 일어나기 때문에 성분으로 4개의 화합물, 즉 $(CH_3)_3Ga(T)$, $NH_3(A)$, $GaN(G)$, $CH_4(M)$을 사용한다. 또한 화학반응에 참여하지 않는 운반 기체가 존재하는데, 이것은 비활성 기체이므로 I로 나타내기로 한다. 계에 들어가고 나가는 2개의 흐름이 있다. 그 흐름들을 각각 흐름 1과 2로 표시한다. 흐름 변수들은 다음과 같다. T_1 = 반응기로 공급되는 trimethylgallium, A_1 = 반응기로 공급되는 암모니아, I_1 = 반응기로 공급되는 비활성 기체, M_2 = 반응기로부터 유출되는 메탄, I_2 = 반응기로부터 유출되는 비활성 기체. 흐름에는 GaN이 존재하지 않고 계 내에만 존재하기 때문에 GaN에 대한 흐름 변수는 없다.

단계 5, 6. *기준을 정의하고, 계 변수를 정의한다.* 문제 설명에 계산 기준이 명시되지 않았지만 걱정할 것이 없다. 편리한 대로 어떤 기준이든 정할 수 있다. 나가는 메탄의 유량에 대한 관계식을 구해야 하기 때문에 M_2를 기준으로 정하는 것이 좋다. 따라서 다음과 같이 선택한다.

> **Hint**
> 문제에 특별한 계산 기준이 주어지지 않았다면 임의대로 편리한 계산 기준을 정의하라.

$$M_2 = 100\ \mu\text{mol/h}$$

4개의 반응물과 생성물이 존재하기 때문에 생성과 소비에 대한 4개의 계 변수 즉, T_{cons}, A_{cons}, G_{gen}, M_{gen}가 존재한다. 양론 계수를 사용하여 이들 4개의 변수들을 관계 짓는 3개의 방정식을 얻을 수 있다.

$$\frac{A_{\text{cons}}}{T_{\text{cons}}} = 1$$

$$\frac{G_{\text{gen}}}{T_{\text{cons}}} = 1$$

$$\frac{M_{\text{gen}}}{T_{\text{cons}}} = 3$$

GaN은 칩 위에 축적되는 반면에 다른 성분들은 축적되지 않는다. 그러므로 축적에 대해 1개의 계 변수, 즉 G_{acc}가 있다.

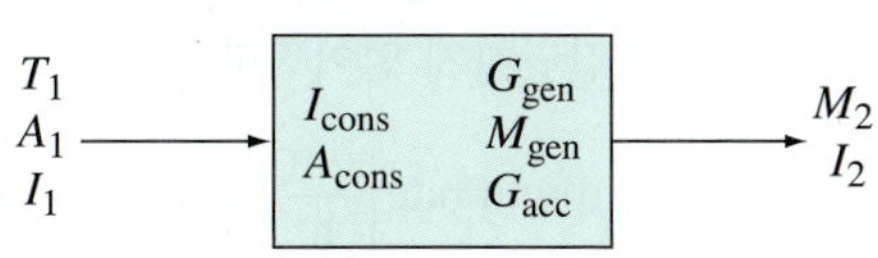

끝으로 단위로는 μmol/h를 선택한다. 그러나 연구원은 GaN 층의 성장 속도를 포함하는 관계식을 필요로 하고 있다. 한 단위를 어떻게 다른 단위로 바꿀 것인가? 층은 3차원적 구조로 Al_2O_3 칩의 크기에 의해 길이와 너비가 정해진다는 것을 인식해야 한다. 따라서 층 두께의 성장 속도는 실제적으로 부피 성장 속도를 의미한다. 두 번째로 밀도를 구하여 몰 성장 속도를 부피 성장 속도와 관계지어야 한다. GaN의 밀도는 *CRC Handbook of Chemistry and Physics*에서 찾을 수 있고 그 값은 6.1 g/cm^{3}이다. GaN에 대한 몰질량 84 g/gmol을 더하면 원하는 환산계수가 얻어진다. 아래에서 괄호는 단위를 나타낸다.

$$\text{Growth rate}\left[\frac{\mu\text{m}}{\text{h}}\right] = \frac{\left(\frac{10^4\,\mu\text{m}}{\text{cm}}\right)\left(\frac{\text{cm}^3}{6.1\text{ g}}\right)\left(\frac{84\text{ g}}{\text{gmol}}\right)\left(\frac{\text{gmol}}{10^6\,\mu\text{mole}}\right)}{1\text{ cm}\times 1\text{ cm}}\,G_{\text{acc}}\left[\frac{\mu\text{mol}}{\text{h}}\right]$$

$$= 0.138 G_{\text{acc}}\left[\frac{\mu\text{mol}}{\text{h}}\right]$$

단계 7, 8. *규격을 나열하고 물질수지식을 세운다.* 1개의 흐름조성규격이 주어졌다. 원료기체에서 몰비는 1:1이다. 즉

$$T_1 = A_1$$

5개의 성분이 존재하기 때문에 유입량 − 유출량 + 생성량 − 소모량 = 축적량으로부터 다음과 같이 간단하게 된 5개의 물질수지식이 얻어진다.

$$T_1 - T_{\text{cons}} = 0$$

$$A_1 - A_{\text{cons}} = 0$$

$$G_{\text{gen}} = G_{\text{acc}}$$

$$-M_2 + M_{\text{gen}} = 0$$

$$I_1 - I_2 = 0$$

단계 9, 10. *방정식을 풀고 검산한다.* 이 방정식들을 메탄 수지식에서 시작하여 푼다. 그 이유는 메탄 수지식에서는 미지수가 단지 1개뿐이기 때문이다. 메탄 수지식으로부터 M_{gen} = 100 μmol/h가 구해진다. 그 다음에는 양론 관계식을 사용하여 T_{cons} = 33.3 μmol/h = G_{gen} = G_{acc}를 구한다. 끝으로 단위 환산계수를 사용하여 G_{acc} = 33.3 μmol/h일 때 성장속도 = 4.60 μm/h를 구할 수 있다. (운반 기체 흐름에 대한 정보는 전혀 알지 못하기 때문에 운반 기체 흐름 I_1과 I_2에 대해서 풀 수가 없다. 하지만, 이는 연구원이 반응기에서 유출되는 전체 가스의 흐름이 아니라 메탄의 흐름만을 측정한다면 문제가 되지 않는다.)

100 μmol/h의 메탄을 계산 기준으로 할 때 성장 속도는 4.6 μm/h가 얻어졌다. 연구원은 어떠한 메탄 흐름의 측정값에도 적용 가능한 관계식을 원하고 있는데, 이는 얻어진 결과의 크기를 조절함에 의해 간단하게 얻어진다.

$$\text{growth rate}\left[\frac{\mu\text{m}}{\text{h}}\right] = 0.046\times M_2\left[\frac{\mu\text{mol}}{\text{h}}\right]$$

(계산 기준을 정하지 않고 방정식의 기호만을 사용해서도 이 해를 얻을 수 있다. 시도해 보라.)

2.6 다중 공정단위의 공정흐름 계산

지금까지의 모든 예제는 단일 계의 경우였다. 만약 여러 공정단위를 가진 블록흐름 선도에서의 공정을 계산해야 하는 문제가 있다면 어떻게 해야 할 것인가? 어려운 일 같아 보이지만, 각 부분별로 나누어 보면 그렇지 않을 것이다. 여기에도 "10가지 간단한 단계"를 적용할 수 있고, 몇 가지 도움이 되는 새로운 Hint가 있다.

단계 2. *계를 선택한다.*

- 각각의 공정단위를 차례대로 하나의 분리된 계로 선택할 수 있다. 하나의 계에 대한 계산을 마무리하면, 다음 계로 나아갈 수 있는 정보를 얻게 된다. 이 순서는 블록선도의 모든 공정흐름 변수와 계 변수들을 계산할 때 필요하다.
- 2개(또는 그 이상)의 공정단위를 합쳐서 계로 선택할 수도 있다. 이 경우 그룹으로 선택한 단위들 주변에 박스를 그려 넣는다. 유입흐름과 유출흐름은 박스의 경계를 통과하는 흐름으로써 박스 내부를 흐르는 흐름이 아니다. 이 경우는 박스 내에서의 흐름에 관해서 불충분한 정보를 가지고 있는 경우에 유리하다. 만약 모든 공정단위를 그룹으로 묶는 경우에는 블록흐름선도가 단지 하나의 입력-출력 선도로 전환된다. 이는 문제 풀이를 시작하기에 좋은 여건이 된다.

단계 8. *물질수지식을 작성한다.* 흐름선도의 *각* 계에 관련된 성분들에 대해서 각각의 물질수지식을 세운다.

단계 9. *방정식을 푼다.* 계산 결과를 표로 작성한다.

다음 몇몇 예제에서 다중 단위 문제에 대해 10가지 간단한 단계를 적용하여 설명하였다.

다중 공정단위: Toxin 축적 ◀ 예제 2.7

독소 면역체(IT)는 암세포를 죽이기 위해 고안된 약이다. IT는 두 가지 단백질로 구성되어 있다. 첫 번째 단백질(보통 항체)은 건강한 세포는 살려두고 암세포만을 공격하며, 반면에 두 번째 단백질(독소)은 내부에 들어가자마자 세포를 죽인다. 실험에 사용된 IT는 185,000 molecules/min의 속도로 암세포 속으로 침투한다. 세포 안에서 모든 IT는 먼저 엔도솜(분할기와 같은 역할을 함)이라 하는 구역으로 들어가게 되며, 엔도솜에 들어간 IT의 97%는 다시 세포 밖으로 빠져 나오게 된다. 나머지의 대부분은 리소좀이라고 하는 구역으로 보내져 5500 molecules/min의 분해 속도로 무해한 부산물로 분해된다. 남아 있는 IT는 시토솔이라고 하는 다른 구역으로 옮겨져서 축적된다. 세포를 죽이기 위해서는 세포 안에 IT 분자가 500개 정도 축적되어야 하는 것으로 추정된다. 얼마나 긴 시간이 필요한가?

풀이

단계 1, 2. *선도를 그리고 계를 정의한다.*

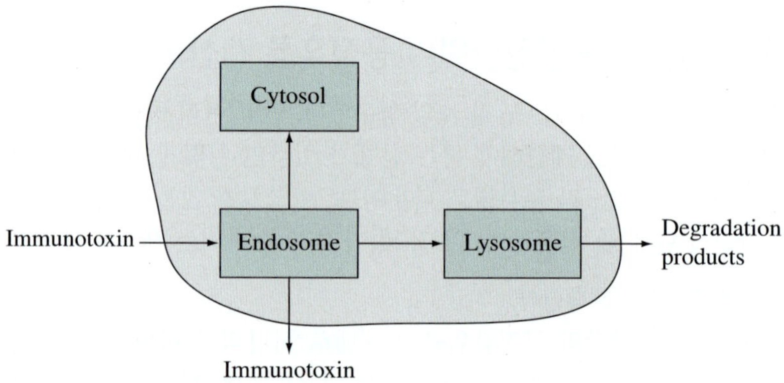

세포의 각 구역들을 박스로 나타낸다. 즉, 엔도솜은 분할기, 리소좀은 반응기, 시토솔은 저장 탱크이다. 각 구역을 각각 계로 선택할 수 있다. 또한 모든 구역을 같이 묶어서 세포 전체를 계로 고려할 수도 있다. 여기서는 후자를 시도해 보자.

단계 3~5. *단위를 환산하고, 성분을 선택하고, 흐름 변수를 정의하고, 계산 기준을 정의한다.* IT를 성분으로 하고, 단위는 molecules/min을 사용한다. 선택된 계에는 IT가 들어 있는 2개의 흐름(그들을 *유입흐름*, *유출흐름*이라 함)이 존재한다. (세 번째 흐름에는 단지 분해 생성물만 들어 있다.) 흐름 변수는 다음과 같다.

$$IT_{\text{in}} = \text{세포 안으로 유입되는 독소면역체}$$

$$IT_{\text{out}} = \text{세포에서 유출되는 독소면역체}$$

(분해 생성물에 대해서는 알 필요가 없기 때문에 그것에 관해서는 무시해도 된다.)

계산 기준은 다음과 같다.

$$IT_{\text{in}} = 185{,}000\,\frac{\text{molecules}}{\text{min}}$$

단계 6~10. *계 변수를 정의하고, 규격을 나열하고, 물질수지식을 세우고, 해를 풀고, 검산한다.* IT는 세포 내에서 분해반응에 의해 소비된다. 반응의 양론 관계에 대해선 전혀 알지 못하지만, 알짜 분해속도는 알기 때문에 계 변수 1개를 다음과 같이 적을 수 있다.

$$IT_{\text{cons}} = 5500\,\frac{\text{molecules}}{\text{min}}$$

세포 안의 축적물의 합계가 500개 분자가 되는 것이 언제인지 알기를 원하고 있다. 이것은 증가되는 축적 속도 IT_{acc}와 축적 시간 t의 곱과 같다.

$$IT_{\text{acc}} \times t = 500 \text{ molecules}$$

분할 비를 알고 있기 때문에 계성능규격 조건은 1개가 있다.

$$IT_{\text{out}} = 0.97IT_{\text{in}}$$

세포 전체에 대한 물질수지식은 다음과 같이 된다.

$$IT_{\text{in}} - IT_{\text{out}} - IT_{\text{cons}} = IT_{\text{acc}}$$

이 식들을 결합해서 풀면 다음과 같은 결과가 얻어진다.

$$IT_{\text{acc}} = 50\,\frac{\text{molecules}}{\text{min}}$$

$$t = 10 \text{ minutes}$$

다중 공정단위: 비누 제조 ◂ 예제 2.8

비누는 스테아르산과 같이 동물성 지방과 같은 천연 제품에서 나오는 다양한 지방산의 나트륨염이다. 예를 들어, 스테아린[트리글리세리드, 또는 글리세릴 트리스테아레이트(glyceryl tristearate)라고 함]은 우지(렌더링된 동물성 지방)의 주요 소재 중 하나이다. 화학적으로 스테아린은 스테아르 산의 글리세릴 에스테르이며 화학식 $(C_{17}H_{35}COO)_3C_3H_5$의 분자 구조를 가지고 있다. 비누를 만드는 첫 단계에서 스테아린과 뜨거운 물이 물:스테아린 몰비 10:1로 접촉하면, 각 지방 분자가 세 가지 지방산(스테아르산)과 글리세롤로 분해된다.

$$(C_{17}H_{35}COO)_3C_3H_5 + 3H_2O \rightarrow 3C_{17}H_{35}COOH + C_3H_5(OH)_3 \quad \textbf{(R1)}$$

스테아린은 100% 제품으로 전환된다. 이 반응기의 유출물은 2개의 유출흐름이 있는 분리기로 보내지고 여기서 모든 스테아르산과 10%의 물이 한 흐름으로 유출되며, 모든 글리세롤과 나머지 물은 다른 흐름에서 유출된다. 글리세롤/물 혼합물은 다른 분리기에 보내져서 이곳에서 모든 물이 증발되고 글리세롤은 다른 제품에 사용된다. 스테아린 산과 남은 물은 1:1 몰비로 부식제(NaOH)와 혼합하여 스테아린 산 나트륨 비누를 생성한다.

$$C_{17}H_{35}COOH + NaOH \rightarrow C_{17}H_{35}COONa + H_2O \quad \textbf{(R2)}$$

모든 스테아린 산은 나트륨과 반응하여 스테아린 산을 생성하고, 두 번째 반응기를 떠나는 비누/물 혼합물은 가열하여 증발에 의해 물을 제거하게 된다. 얻어진 비누는 마지막 가공에 들어가는데 공기를 주입하고 얼린 다음 막대 모양으로 자르게 된다.

890,000 lb/일의 스테아린이 나트륨스테아레이트 비누를 만들기 위해 한 시설에서 처리된다고 가정한다. 블록흐름선도를 그리고 정상상태 운전되고 있는 모든 흐름의 유량을 계산하라. 결과를 표 형식으로 요약하고 lb/day 및 lbmol/day의 단위로 보고하라.

풀이

언뜻 보기에는 지금까지 해결해 왔던 문제들보다 도전적인 문제로 보일 수 있다. 하지만 10단계를 잘 따르고 큰 문제를 더 작은 문제로 나누게 되면 이 문제는 상당히 관리하기 쉽다는 것을 알게 될 것입니다.

단계 1~4. *선도를 그리고, 계를 정의하고, 단위를 확인하고, 성분을 선택하고, 흐름 변수를 정의한다.* 공정에 대한 설명을 단계별로 잘 읽게 되면 혼합기 2개, 반응기 2개, 분리기 3개를 포함하는 블록흐름선도를 그릴 수 있다.

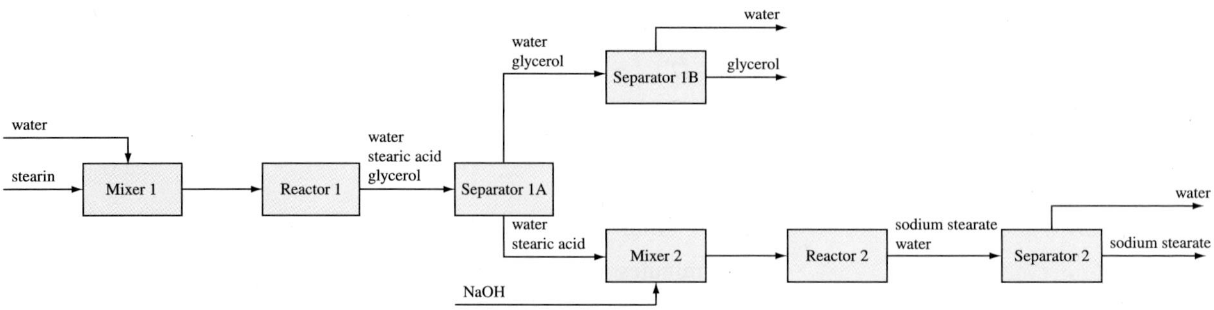

이 큰 문제를 해결하기 위해서 일련의 작은 문제를 해결하고 계의 선택을 변경할 수 있다. 특정적으로 대해 혼합기 1을 첫 번째 계로 선택한 다음 단위로 단계별로 진행한다.

유량은 lb/day 단위로 표현되어 있으나, 반응계수를 알고 있는 두 반응이 있으므로 lbmol/day 단위로 계산한 후 마지막에 다시 lb/day로 변환한다. 그만큼 성분의 선택은 계의 이름을 지정하는 만큼 간단하다: 물(*W*), 스테아린(*F*, 지방용), 스테아르산(*SA*), 글리세롤(*G*), 부식제(*C*), 나트륨 스테아레이트 비누(*S*). 흐름 변수의 추가 이름을 지정하려면, 왼쪽에서 오른쪽으로 그리고 위에서 아래로 이동하면서 흐름선에 번호를 매기면 된다. 다음은 흐름선 번호를 보여주는 블록흐름도이다.

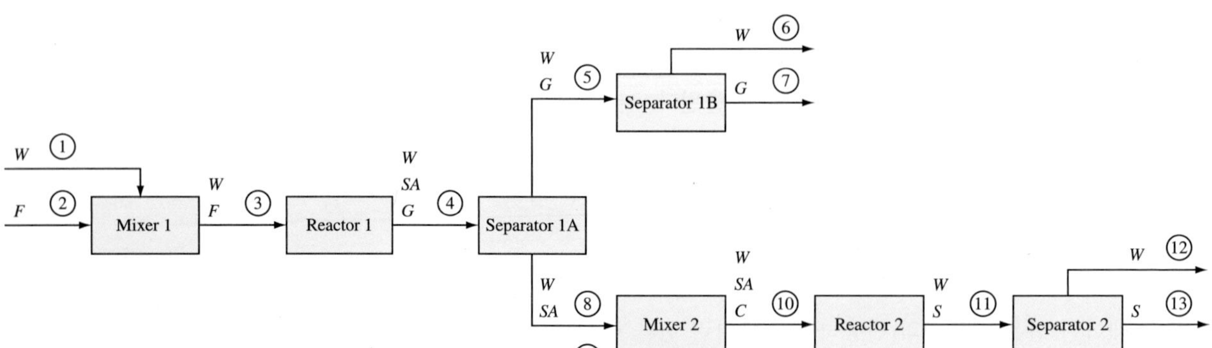

단계 5, 6. *계산 기준을 정의하고, 계의 변수를 정의한다.* 스테아린의 공급 유량은 지정되어 있어 계산 기준으로 사용할 수 있다. 몰 단위로 환산하면,

$$F_2 = 890{,}000\frac{\text{lb}}{\text{day}} \times \frac{\text{lbmol}}{890\text{ lb}} = 1000\frac{\text{lbmol}}{\text{day}}$$

공정이 정상상태이므로 축적 변수는 없다. 반응기 1과 2에서 생성 및 소모 변수가 있을 것이다. R1과 R2의 두 가지 반응이 있으므로, R1에 대해 화학반응수지식을 작성한다.

$$\frac{W_{\text{cons1}}}{F_{\text{cons1}}} = \frac{3}{1}$$

$$\frac{SA_{\text{gen1}}}{F_{\text{cons1}}} = \frac{3}{1}$$

$$\frac{G_{\text{gen1}}}{F_{\text{cons1}}} = \frac{1}{1}$$

R2에 대해서는

$$\frac{C_{\text{cons2}}}{SA_{\text{cons2}}} = \frac{1}{1}$$

$$\frac{S_{\text{gen2}}}{SA_{\text{cons2}}} = \frac{1}{1}$$

$$\frac{W_{\text{gen2}}}{SA_{\text{cons2}}} = \frac{1}{1}$$

단계 7. *규격을 나열한다*. 혼합기 2의 성능규격은

$$\frac{SA_8}{C_9} = \frac{1}{1}$$

또 다른 계 성능 사양은 혼합기 1에 유입되는 물:스테아린 비에서 나온다.

$$\frac{W_1}{F_2} = \frac{10}{1}$$

다음에 분리기 A에 적용되는 계성능규격이 있다.

$$W_8 = 0.1 \times W_4$$

단계 8, 9. *물질수지식을 작성하고 해를 얻고 검산한다*. 앞에서 언급했듯이 우선 첫 번째 계로 혼합기 1을 선택한다. 우리가 고려해야 할 것은 흐름선 1, 2, 3이다. 흐름 중 하나의 유량과 두 개의 유입흐름의 유량 비율을 알고 있기 때문에 혼합기 1이 좋은 선택이 될 수 있다. 물질 성분이 두 개뿐이므로 유입 유량 = 유출 유량의 두 개의 물질수지식을 설정할 수 있다.

$$W_3 = W_1$$

$$F_3 = F_2$$

물질수지식과 계산 기준을 결합하고, 혼합기 1의 성능규격을 적용하여 다음의 결과를 얻을 수 있다(모두 lbmol/h 단위):

$$F_3 = 1{,}000$$

$$W_3 = 10{,}000$$

이제 혼합기 문제를 해결했으므로 계로서 반응기 1을 선택한다. 혼합기 1을

해결함으로써 반응기 1에의 유입 정보를 알게 되었다. 이렇게 계를 선택하면 관련 흐름선은 3과 4가 된다. 반응기 1에는 4개의 성분이 있으므로 네 개의 물질수지식을 세울 수 있다. 축적량이 0이므로 (정상상태 작동으로 인해) 물질수지식은 다음과 같게 된다.

$$W_4 = W_3 - W_{\text{cons1}}$$

$$0 = F_3 - F_{\text{cons1}}$$

$$SA_4 = SA_{gen1}$$

$$G_4 = G_{gen1}$$

이후 네 개의 물질수지식과 화학반응계수의 비율을 이용하여 W_4, SA_4, G_4의 해를 얻게 된다.

다음 선택할 계는 흐름선 4, 5, 8을 지닌 분리기 1A이다. 반응기 1의 분석을 통해 흐름선 4에 대한 정보를 얻었으므로 이 결과와 분리기 1A 계성능규격과 물질수지식을 통해 흐름선 5와 8의 흐름 정보를 계산할 수 있다. 이러한 방식으로 우리는 모든 공정단위를 단계별로 해석할 수 있다. 나머지 식의 유도와 풀이는 남겨두고, 그 결과를 표 2.2에 요약했다.

표 2.2 비누 제조에 있어서의 성분흐름 분석, 모든 흐름 양의 단위는 lbmol/day

	1	2	3	4	5	6	7	8	9	10	11	12	13
W	10,000		10,000	7000	6300	6300		700		700	3700	3700	
F		1000	1000										
SA				3000				3000		3000			
G				1000	1000		1000						
C									3000	3000			
S											3000		3000
total	10,000	1000	11,000	11,000	7300	6300	1000	3700	3000	6700	6700	3700	3000

표 2.3 비누 제조에 있어서의 성분흐름 분석, 모든 흐름 양의 단위는 1000 lbmol/day

	1	2	3	4	5	6	7	8	9	10	11	12	13
W	180		180	126	113.4	113.4		12.6		12.6	66.6	66.6	
F		890	890										
SA				852				852		852			
G				92	92		92						
C									120	120			
S											918		918
total	180	890	1070	1070	205.4	113.4	92	864.6	120	984.6	984.6	66.6	918

단계 10 *Check.* 다수의 단위 공정이 있는 경우에는, 전체 질량 수지를 알아보는 것이 도움이 된다. 여기서는 전체 공정을 계로 보고, 계의 경계를 점선으로 나타내었다.

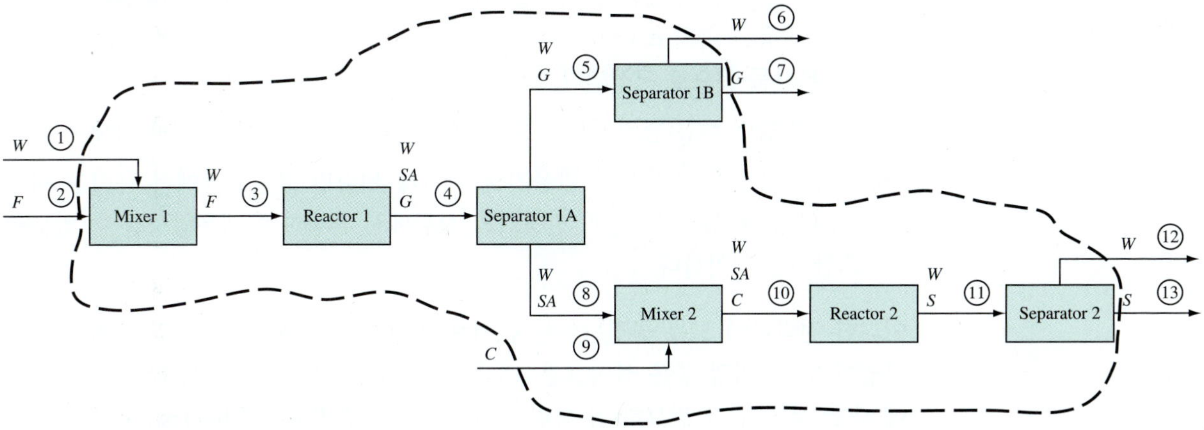

이렇게 계를 설정하면, 관련되는 흐름선은 1, 2, 6, 7, 9, 12, 13이 있다. 질량은 생성되거나 소모되지 않기 때문에, 유입되는 질량은 유출되는 질량과 같아야 한다. (물론, 몰 단위에서는 그렇지 않다.) 이 경우에는 특히, 1, 2, 9 흐름선을 통해 유입되는 질량은 6, 7, 12, 13 흐름선을 통해 유출되는 질량과 같게 된다.

$$180 + 890 + 120 = 113.4 + 92 + 66.6 + 918 \qquad ??$$

$$1190 = 1190$$

Check!

2.6.1 ▸ 블록흐름선도의 합성

예제 2.8에서는 예비 블록흐름선도가 주어지고, 공정흐름 계산을 완성해 보았다. 그러나 만약 반응경로와 계산 기준만이 주어진 상태에서 블록흐름선도를 먼저 합성해야 한다면 어떻게 해야 하는가? 이를 위해 시도할 수 있는 논리적인 접근 방법은 다음과 같다.

1. 반응 경로에서 알고 있는 화학반응을 가지고 시작한다. 각 반응에 대해 1개의 반응기 공정단위를 그린 다음에, 반응기에 들어가는 모든 반응물을 1개의 유입흐름으로 나타내고 반응기를 나가는 모든 생성물과 부산물을 1개의 유출흐름으로 나타낸다.
2. 각 반응기 앞에 혼합기를 설치한다. 혼합기로부터의 유출물은 반응기로 들어가는 유입물이 된다. 혼합기로 들어가는 유입물은 모두 어떤 형태로던지 쓸모가 있는 반응물들이다.

3. 만약 원료 물질들이 순수하지 못하거나 반응에 사용되지 않는 성분을 가지고 있을 때는 불필요한 성분들을 제거할 수 있는 분리기 설치를 고려할 필요가 있다.
4. 반응기를 거친 후에는 분리기를 더해준다. 분리기로 들어가는 물질은 반응기에서 반응을 마치고 나온 물질이다. 분리기에서 나오는 물질은 생성물, 미반응물, 부산물 등으로 구성된다.
5. 흐름의 양이 하류 공정에서 필요한 양보다 더 많을 때는 분할기를 더해준다.
6. 만약 미반응한 반응물이 반응기를 나가게 된다면 유출흐름에서 분리를 시키고, 다시 새로운 반응물과 반응기의 상류에서 혼합하여 재유입시킬 수 있도록 혼합기를 설치한다.

이러한 전략하에 모든 공정단위들을 서로 연결하는 데 사용할 수 있는 여러 가지 방법이 있다. 가장 좋은 블록흐름선도를 합성하기 위해서는 비용, 타당성, 안전성에 대한 분석이 더 필요하다. 숙련된 엔지니어는 **간편추론법**(heuristics)을 사용하여 보다 자세한 분석을 요구하는 몇 가지 요소는 남겨 두고서, 분명하게 바람직하지 않거나 실행할 수 없는 요소들은 제거한다. 간편추론법은 단순한 경험법칙으로서, 이는 경험과 논리를 바탕으로 한 유용한 지침들이다. 이들은 법칙들이 아니며, 또한 항상 올바른 것도 아니다. 많은 사람들이 날씨를 예측하는 데 유용한 간편추론법으로는 다음과 같은 것이 있다.

밤하늘이 붉으면 선원들은 좋아한다.
아침하늘이 붉으면 선원들은 경계한다.

그리고 시간 관리에 관한 간편추론법으로는 다음과 같은 것이 있다.

제 시간에 한 바늘이 아홉 바늘을 절약한다.

또는 유용한 것으로

늦게라도 하는 것이 하지 않는 것보다 더 낫다.

블록흐름선도를 합성하는 데 유용한 간편추론법으로는 다음과 같은 것들이 있다.

- 반응기로 유입되기 직전에 원료물질들을 서로 혼합한다.
- 가능한 한 부산물과 폐기물은 발생 즉시 제거한다.
- 가능하다면 분리하기보다는 분할시킨다.
- 가능하다면 비슷한 조성의 흐름들을 서로 혼합한다.

블록흐름선도는 간단하며 대체할 수 있는 도면을 얻는 데 요긴하게 사용될 수 있다. 이 단계에서, 각각의 공정단위의 필요성과 이들을 연결시키는 알맞은 방법에 대해 생각하게 된다. 초기 블록흐름선도는 여러 질문에 대한 답을 줄 수 있는 중요한 토대가 된다. 이 장의 마지막에 한 예로서 사례 연구를 해 보고자 한다.

2.6.2 ▸ 근사 전략

예비 블록흐름선도를 작성하는 데 몇몇 근사 전략이 사용될 수 있다. 이 전략은 공정규격에 대한 정보가 많지 않을 때 요긴하게 상용되며, 임의로 하는 것이 아니라 적합한 근거를 토대로 설정되는 것이다. 화학공정 합성에서 주로 사용하는 근사들은 3종류로 구분된다.

1. *흐름조성 근사*: 예를 들면,
   원료 물질은 순수하다.
   제품은 순수하다.
   공기는 질소와 산소로만 이루어져 있다.
   반응물들은 화학양론비로 공급된다.
2. *계 성능 근사*: 예를 들면,
   반응물은 반응에 의해 완전히 소비된다.
   반응기에서 원하지 않는 부 반응은 일어나지 않는다.
   분리기는 모든 성분들을 순수한 흐름으로 분리한다.
3. *물성 근사*: 예를 들면,
   기체는 이상기체이다.
   액체는 이상용액이다.
   고체의 밀도는 온도와 무관하다.

이러한 근사는 계산을 좀 더 손쉽게 해 주므로, 공정설계에서 매우 적절하게 사용된다. (이 장에서 다룬 예제들을 살펴보면 이러한 근사들이 사용된 경우들을 발견할 것이다.) 이러한 근사 전략을 사용하고자 할 때에는 다음 두 가지 질문을 스스로에게 해보는 것이 좋다.

- *이 근사치들이 실제와 비슷한가?* 삶지 않은 스파게티 가락의 모양을 가는 실린더 모양으로, 토르티야 빵을 원판으로, 그리고 칠면조를 구로 근사 표현하는 것은 합당하다. 그러나 스파게티 가락을 구로 근사하는 것은 합당하지 못하다. 대기 온도와 압력에서 공기의 밀도를 예측하는 데 있어서 이상기체 법칙을 이용하는 것은 합당하다. 그러나 대기온도에서 금의 밀도를 예측하는 데 있어서 이상기체 법칙을 이용하는 것은 합당하지 않다.
- *실제보다 가깝게 근사를 한다면 다른 판단을 했을까?* 벤젠 또는 글루코오스를 반응물로 사용할 것인가를 결정하는 데 있어서는, 각각을 순수한 원료물질로 고려하는 것은 가능하다. 그러나 글루코오스를 생산하는 두 제조업자 중에서 선택하는 경우에는 물질의 순도를 주의 깊게 고려해야 한다.

경험을 쌓아 나가게 되면, 어떤 근사를 하는 것이, 언제 근사를 하는 것이 안전한지를 아는 요령을 터득하게 될 것이다. 또한 좀 더 엄격한 조건들을 사용하여 문제를 언제 다시 분석해야만 하는지를 알 수 있게 될 것이다.

사례 연구

생물학적 방법에 의한 정밀 화학제품 제조

1장의 사례 연구에서 아디프산과 카테콜과 같은 생성물을 제조하기 위한 원료로서 두 개의 6-탄소 화합물인 벤젠과 글루코오스를 비교해 보았다. 여기서는 글루코오스로부터 아디프산을 제조하는 데 있어 생물학적 방법과 화학적 방법에 의한 공정을 살펴보고자 한다. 이를 위해 블록흐름선도를 합성한 후 공정흐름 계산을 수행하고자 한다. 우리의 목표는 글루코오스로부터 12,000 kg/h의 아디프산 생산을 위한 예비 공정을 구축하는 것이다.

1장에서 설명했듯이 아디프산은 헥사메틸렌디아민과 함께 나일론-6,6를 합성에 주로 사용된다. 나일론-6,6는 섬유, 카펫, 사출성형 자동차 부품 등을 만드는 데에 사용된다. 전통적으로는 원유에서 정제된 벤젠이 아디프산을 제조하는 데 원료로 사용되지만, 글루코오스와 같은 재생 가능 원료로 원유를 대체하는 데 관심이 커지고 있다.

*E-coli*는 유전적으로 글루코오스($C_6H_{12}O_6$)를 발효하여 뮤코닉산($C_6H_{12}O_6$)을 생성하는 데 사용된다. 글루코오스 중 일부분은 에너지를 공급하는 데 사용되므로, 실제 반응은 다음과 같다.

$$7C_6H_{12}O_6 + 25.5O_2 \rightarrow 3C_6H_6O_4 + 24CO_2 + 33H_2O \qquad \textbf{(R1)}$$

뮤코닉산은 아디프산에 비해 적은 수소를 포함하고 있어 두 번째 반응이 필요하며, 이는 일반적인 촉매를 사용하여 수행할 수 있다.

$$C_6H_6O_4 + 2H_2 \rightarrow C_6H_{10}O_4 \qquad \textbf{(R2)}$$

블록흐름선도를 합성하는 데 있어 1단계로서 두 개의 반응이 있으므로 두 개의 반응기를 반영할 필요가 있다.

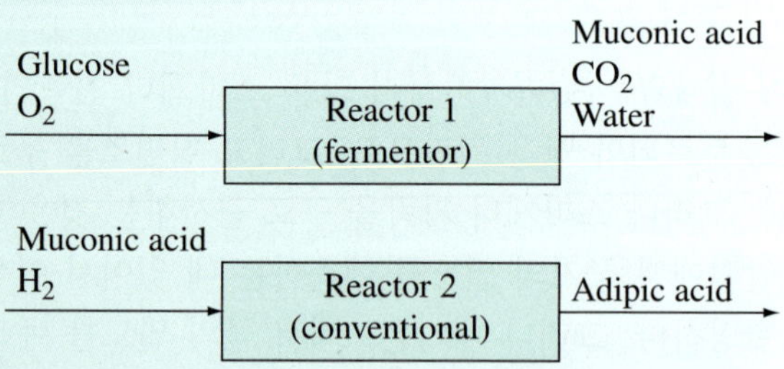

고려해야 할 몇 가지 사항이 있는데 첫째로는 반응기 1이 있다. 발효 반응에는 박테리아가 물에서 성장하므로 반응물 이외에도 박테리아와 물을 유입물로 간주할 수 있다는 점이다. 둘째로는 박테리아가 뮤코닉산을 생산하는 역할을 하는 이외에 자기 재생하므로 생성물로 간주되어야 한다는 점이다. 세 번째로는 O_2의 공급원을 결정해야 할 필요가 있다. 이 경우 순수한 산소보다 공기가 훨씬 저렴하므로 공기가 훨씬 매력적인 공급원이 될 것이나, 공기 중에는 N_2가 포함되어 있어 이것 역시 생성물에 포함되어야 한다는 점이다. 또한 많은 산소가 공정 운전에 사용되는 만큼 과잉의 산소 역시 생성물에 포함될 것이다. 다섯 번째로는 글루코오스가 모두 반응에 의해 소모되어 생성물에는 글루코오스가 포함되어 있지 않은 것으로 가정한다는 점이다. 우선 이러한 가정을 공정을 설계하는 데 반영하여 시작할 것이나 추후 공정이 훨씬 전제된다면 이러한 가정을 좀 더 현실적으로 보완할 수 있을 것이다. 이러한 고려사항을 토대로 반응기 1을 그리면,

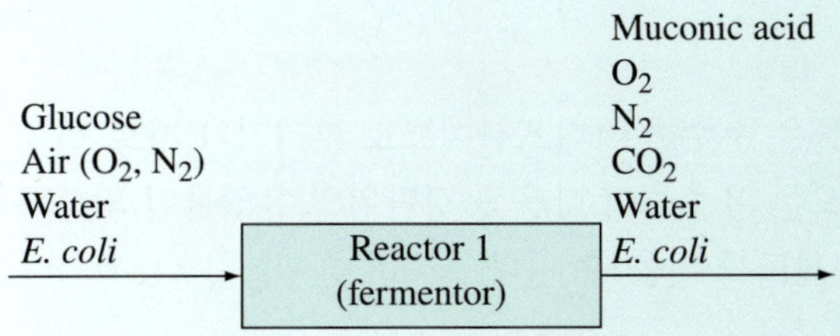

이제 반응기 2에 대해 살펴본다. 뮤코닉산과 수소는 반응비에 따라 유입되어 완전히 반응에 의해 소모된다고 가정한다. 첫 번째 공정설계에서는 이러한 가정을 도입할 것이며, 더불어 수소의 공급도 원활하게 이루어진다고 가정한다.

2단계로 블록흐름선도를 작성하는 데 있어, 각각의 반응기 앞에 혼합기를 배치한다. 혼합기 1의 유출물은 반응기 1의 유입물이 된다.

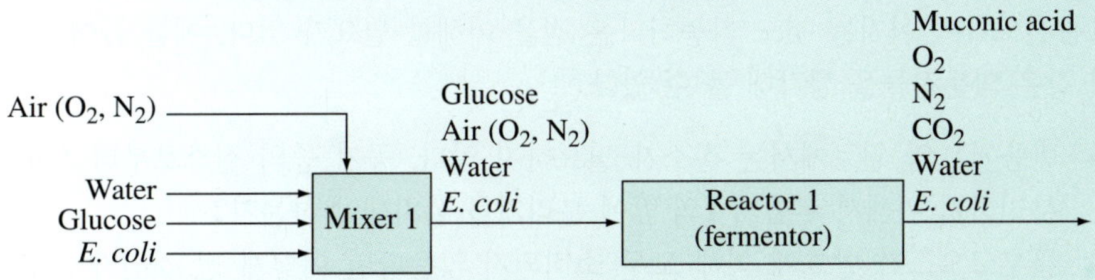

마찬가지로 혼합기 2의 유출물은 반응기 2의 유입물이 될 것이다.

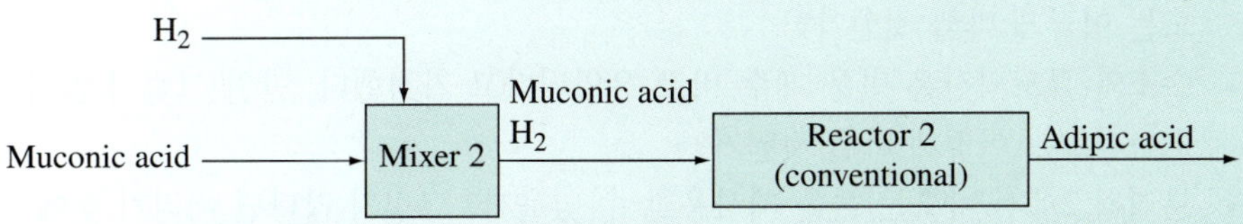

다음 단계는 원료의 순도를 확인하고 만일 순수하지 않다면 반응기에 유입하기 전에 분리할 필요가 있다. 공기는 산소와 수소의 혼합물이므로 순수하지 않으나 그 분리가 어렵고 비용이 많이 들어가므로 분리하지 않고 사용하고자 한다.

블록흐름선도를 작성하는 데 있어 4번째 단계로는 반응기 뒤에 분리기를 설치한다는 점이다. 반응기 1에서의 유출물은 부산물이나 필요 없는 물질들이 많이 포함되어 있다. 이러한 불순물은 경험으로부터 혼합기 2/반응기 2에 유입하기 전에 분리해 제거하는 것이 좋다. (대체 방안으로는 반응기 1의 모든 유출물을 혼합기에 유입한 후 반응기 2의 생성 흐름에서 분리하는 것이다.) 여기서는 반응기 1의 뒤에 2개의 분리기를 설치하여 첫 번째는 액체에서 기체를 분리하고, 두 번째는 물과 박테리아에서 뮤코닉산을 분리한다.

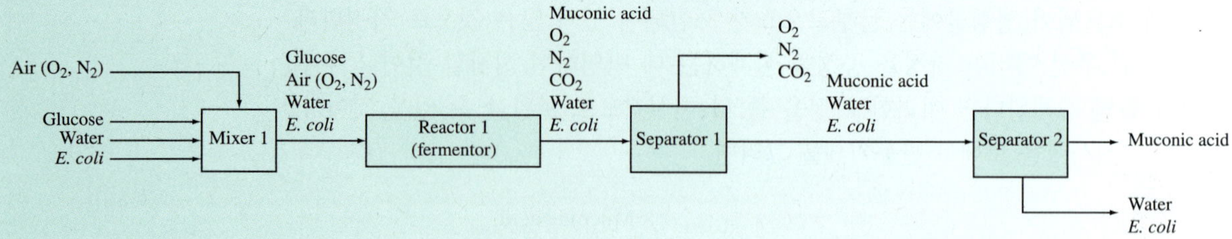

반응기 2의 유출물은 순수한 아디프산이므로 분리기가 따로 필요 없다. 이제 한 공정단위로부터 나오는 유출물이 다음 공정단위의 유입물이 되도록 합리적인 배열하게 되면 블록흐름선도를 얻을 수 있다.

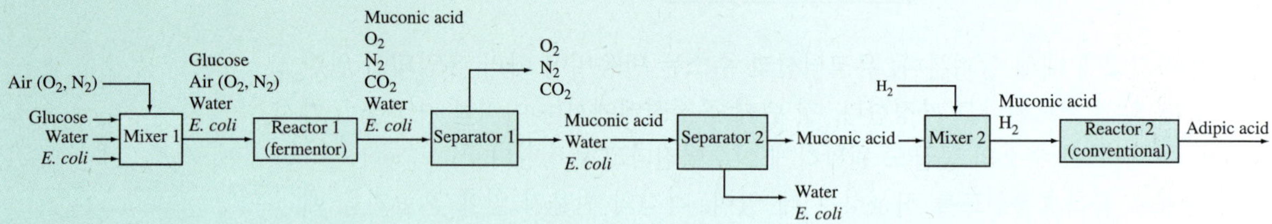

이렇게 흐름선도를 발전시켜 나갈 수 있으나, 계속 진행하기에 앞서 다른 형태의 흐름선도가 얻어지는 것도 가능하다는 점을 이해할 필요가 있다. 예를 들어, 다음과 같은 의문점들을 생각해 볼 수 있다.

- 반응기 1의 원료에서는 질소가 필요하지 않다. 공기 중의 질소로부터 산소를 분리하기 위해서 혼합기 1의 앞에 분리기를 설치해야 하는가?
- 글루코오스가 발효에 의해 모두 소비되지 않는다면 어떻게 될 것인가? 이 경우 흐름선도는 어떻게 바뀔 것인가?
- 반응기 2에서 수소와 뮤코닉산이 모두 소모될 것인가? 그렇지 않다면 흐름선도는 어떻게 바뀔 것인가?
- 수소와 뮤코닉산은 반응 계수 비로 유입된다고 가정했다. 만일 그렇지 않다면 흐름선도는 어떻게 바뀔 것인가?
- 분리기 2에서 나오는 물을 재사용할 수 있을까? 그렇지 않다면 버리기 전에 정제해야 할 것인가?
- 수소 공급이 원활하지 않다면 어떻게 할 것인가? 일반적으로 수소 가스는 대규모 여러 공정이 함께 포함된 대규모 화학공장이 아니면 손쉽게 얻을 수 없다. 이 경우 천연가스로부터 수소를 생성하는 반응기를 필요로 하게 된다.

이와 같은 질문들에 대한 답을 해보면 추가적인 정보나 연구를 해야 할 것들이 생길 것이다. 예비 블록흐름선도를 합성함으로써 다음 단계의 분석과 합성을 하는 데 필수적인 사항을 제공한다.

이제 합성된 공정흐름선도를 토대로 12,000 kg/h의 아디프산 생산을 위한 공정흐름 계산을 수행해 보자. 발효 전문가와 협의 후에 0.1 mol% 글루코오스 수용액(10 mg/mL)과 함께 산소를 양론비 대비 20% 과잉으로 공급하고자 한다.

일견, 이 문제는 도전적인 문제처럼 보이나 이 문제를 부분적으로 작게 나누고 10단계의 풀이 과정을 사용되면, 훨씬 다루기가 쉽다는 것을 알게 될 것이다. 선도를 가지고 있으므로 성분과 흐름선 변수를 정의하는 것으로 시작하자. 글루코오스, 물, 산소, 질소, 수소, 이산화탄소, 아디프산을 각각 *G*, *W*, *O*, *N*, *H*, *C*, *A*로 나타낸다. 박테리아는 그 질량이 무시할 수 있을 정도로 작아서 계산에서 제외할 것이며, 흐름선 번호를 왼쪽에서 오른쪽 방향으로 매긴다.

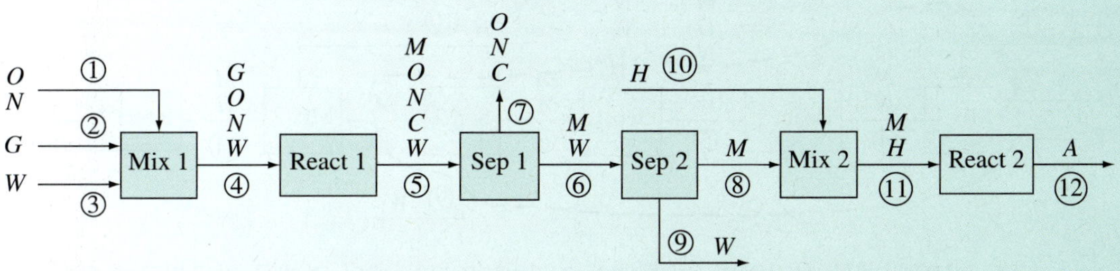

화학반응이 일어나므로 모든 단위를 몰(kgmol 또는 kgmol/h)로 전환한다. 원하는 아디프산의 생산 유량(12번 흐름선)이 12,000 kg/h이고 이는 146 g/gmol의 몰질량을 도입하면

$$A_{12} = 82.2 \text{ kgmol/h}$$

에 해당한다. 흐름선 12의 정보와 반응기 2의 반응비를 알기 때문에 반응기 2를 우선 계로 설정할 수 있다. 정상상태에서 뮤코닉산과 수소가 반응계수 비로 유입된다는 가정 하에서 흐름조성규격과 계 변수, 물질수지식을 작성할 수 있다.

$$\frac{M_{11}}{H_{11}} = \frac{1}{1}$$

$$\frac{M_{\text{cons},2}}{A_{\text{gen},2}} = \frac{1}{1}, \qquad \frac{H_{\text{cons},2}}{A_{\text{gen},2}} = \frac{2}{1},$$

$$A_{12} = A_{\text{gen},2}$$

$$M_{11} = M_{\text{cons},2}$$

$$H_{11} = H_{\text{cons},2}$$

이들로부터

$$M_{11} = 82.2 \text{ kgmol/h}$$

$$H_{11} = 164.4 \text{ kgmol/h}$$

를 얻을 수 있다. 거꾸로 진행하면, 혼합기 2를 시스템으로 설정할 수 있다. 두 종류의 성분에 대한 물질수지식을 세우면, 유입 유량 = 유출 유량이 되고, 이로부터

$$M_8 = M_{11} = 82.2 \text{ kgmol/h}$$

$$H_{10} = H_{11} = 164.4 \text{ kgmol/h}$$

를 얻을 수 있다. 뒤로 가면서 계속해서 각 공정단위에 대한 작업을 수행하며, 다음은 분리기 2를 계로 간주할 수 있다. 하지만 이 경우 반응기 2로부터 유출되는 물의 유량을 결정할 방법이 없는 어려움에 처하게 된다. 이러한 문제를 해결하는 데에는 다른 계를 설정함으로써 가능한데, 이 경우 점선으로 표시한 바와 같이 혼합기 1, 반응기 1, 분리기 1, 분리기 2를 모두 합쳐서 계로 고려할 수 있다.

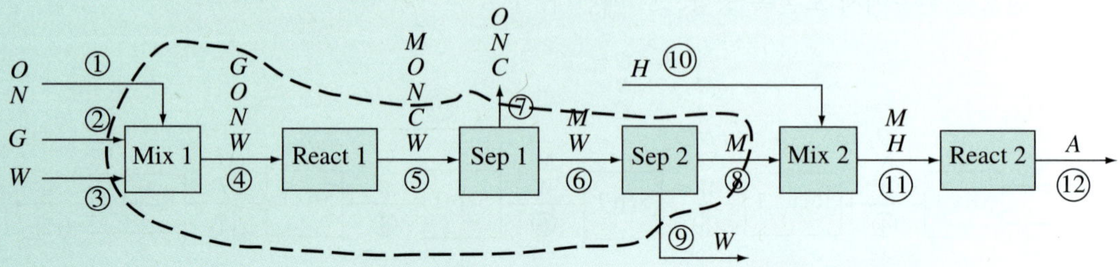

이렇게 계를 설정하면, 흐름선 1, 2, 3, 7, 8, 9가 계와 경계를 가로지르게 된다. 공기의 몰 조성비와 글루코오스:물의 조성비가 1:1000임을 알고 있으므로

$$\frac{O_1}{N_1} = \frac{21}{79}$$

$$\frac{G_2}{W_3} = \frac{1}{1000}$$

또한, 반응 시 1에 유입되는 공기는 반응에 필요한 양의 20% 과잉 공급된다고 했으므로

$$O_1 = 1.2 \times O_{\text{cons},1}$$

반응1 (R1)의 반응계수로부터 계 변수와 관련된 4개의 방정식을 얻을 수 있다.

$$\frac{G_{\text{cons},1}}{M_{\text{gen},1}} = \frac{7}{3}, \qquad \frac{O_{\text{cons},1}}{M_{\text{gen},1}} = \frac{25.5}{3}, \qquad \frac{C_{\text{gen},1}}{M_{\text{gen},1}} = \frac{24}{3}, \qquad \frac{W_{\text{gen},1}}{M_{\text{gen},1}} = \frac{33}{3}$$

각 성분 M, G, O, C, W, N에 대한 물질수지식 유출량 = 유입량 + 생성량 − 소모량을 작성하면

$$M_8 = M_{\text{gen},1}$$
$$0 = G_2 - G_{\text{cons},1}$$
$$O_7 = O_1 - O_{\text{cons},1}$$
$$C_7 = C_{\text{gen},1}$$
$$W_9 = W_3 + W_{\text{gen},1}$$
$$N_7 = N_1$$

위에 나타낸 일련의 방정식을 풀면, 1,2, 3, 7, 9 흐름선의 정보를 알아낼 수 있다. 전략적으로 (i) M_8의 알고 있는 값으로부터 물질수지식에서 $M_{\text{gen},1}$를 구할 수 있고,

(ii) 4개의 생성량/소모량 관련 식으로부터 계 변수들을 얻을 수 있으며, (iii) 글루코오스와 이산화탄소의 물질수지식으로부터 G_2와 C_7을 얻게 되고, (iv) W_3와 G_2의 비로부터 W_3를 구하고, (v) $O_{cons,1}$로부터 O_1을 구하고, (vi) 물과 산소의 물질수지식으로부터 W_9과 O_7을 각각 결정하고, 공기 중 질소와 산소의 비로부터 N_1을 결정하고 마지막으로, (viii) 질소의 물질수지식으로부터 N_7을 결정할 수 있다.

이 문제를 종결하기 위해서는, 다시 혼합기 1, 분리기 1, 그리고 다음으로 분리기 2 등을 계로 연속적으로 설정하고, 앞에서 물질수지식을 통해 얻은 해를 도입했을 때 계산 결과에 문제가 없는지 살펴보는 것이 필요하다. 이 과정은 본 장의 마지막으로 남겨 놓고자 한다.

요약

- 화학공정은 아래와 같은 3종류의 흐름선도에 의해 도식적으로 표현된다.
  - **유입량-유출량선도**
  - **블록흐름선도**
  - **공정흐름선도**

  각 선도는 자세한 정도, 선도를 만드는 데 필요한 정보의 양, 그리고 선도를 만드는 비용이 서로 다르다.
- 블록흐름선도에는 4가지 기본적인 **공정단위**(process unit), 즉 **혼합기**(mixer), **반응기**(reactor), **분리기**(separator), **분할기**(splitter)가 포함된다. 각 공정단위는 물질의 물리적 또는 화학적 변화를 수행하는 운전을 나타낸다. 블록흐름선도는 **공정흐름**(process stream)이 공정단위들 사이의 물질이송에 의해 공정단위를 어떻게 연결하고 있는지를 보여준다.
- 공정 운전은 유입흐름과 유출흐름을 다루는 방법에 따라 분류된다. **회분식**(batch) 공정에서는 유입흐름이 모두 동시에 공정단위로 들어가며, 유출흐름도 일정 시간 후에 모두 한꺼번에 제거된다. **연속흐름**(continuous-flow) 공정에서는 유입흐름이 연속적으로 공정단위로 들어가고, 유출흐름도 역시 연속적으로 공정단위에서 나간다. **반회분식**(semibatch) 공정은 회분식과 연속 흐름의 조합이다.
- **정상상태**(steady-state) 공정은 시간에 무관하다. 공정 변수는 시간에 따라 변화되지 않는다. **과도상태**(transient) 또는 **비정상상태**(unsteady-state) 공정에서는 하나 혹은 그 이상의 공정 변수가 시간에 따라 변한다. 회분식공정과 반회분식 공정은 비정상상태이다. 연속 흐름공정은 운전을 시작하고 운전을 정지하는 동안을 제외하고는 정상상태 조건하에서 운전된다.
- 계산 **기준**(basis)은 공정의 크기를 나타내는 유량 혹은 양이다. 계(system)는 잘 정의된 경계를 갖는 규정된 부피를 말한다. **흐름**(stream)은 계에 들어가는 유입

물과 계에서 나오는 유출물을 말한다. **흐름 변수**(stream variable)는 흐름에서의 양 또는 유량을 말하며, **계 변수**(system variable)는 계 내에서의 양의 변화를 나타낸다. **흐름조성규격**(stream compostion specification)은 공정흐름의 조성에 대한 정보를 제공한다. **계성능규격**(system performance specification)은 계 내에서 화학적 또는 물리적 변화가 발생하는 정도를 양적으로 표현한 것이다.

- **물질수지식**(material balance equation)은

$$\text{유입량} - \text{유출량} + \text{발생량} - \text{소비량} = \text{축적량}$$

  물질수지식은 **성분**(component)에 대해 계 주위에서 적는다. 성분은 원소, 화합물 혹은 혼합물이 될 수 있다.

- 공정흐름 계산을 성공적으로 수행할 수 있게 이끌어주는 체계적인 접근 방법으로 "10가지 간단한 단계"가 있다. 단계는 다음과 같다.

  (1) 흐름선도를 그린다.
  (2) 계를 선택한다.
  (3) 단위를 변환한다.
  (4) 성분을 선택하고, 흐름 변수를 정의한다.
  (5) 계산 기준을 정한다.
  (6) 계 변수를 정의한다.
  (7) 흐름조성규격과 계성능규격을 나열한다.
  (8) 물질수지식을 작성한다.
  (9) 해를 구한다.
  (10) 검산한다.

화학 이야기

8월의 구아노 전쟁

1804년에 독일의 지리학자인 Alexander von Humboldt는 유럽 사람들에게 신세계로부터 놀라운 물질인 페루의 구아노(Peruvian guano)를 소개하였다. 물고기를 먹는 바닷새가 남미 연안의 바위섬 위에 질소분이 많은 배설물을 오랜 기간 동안 퇴적시켰다. 건조한 기후는 150피트 깊이의 구아노 퇴적물 층을 만들었다. 미국은 이들 새똥의 확보가 중요했기 때문에 1856년에 구아노 섬 조례를 통과시켰다. 이 법은 구아노로 덮인 바위나 섬을 발견한 미국 시민들에게 토지 소유와 물질의 수확을 허락했다. 아마도 이는 토지의 소유권이 역사나 지리에 의해서보다는 화학에 의해 결정된 처음이자 유일한 것이었다.

기업심이 강한 미국인들은 유럽의 수입자들이 했던 것처럼 페루의 구아노를 유럽에 파는 행운을 얻었다. 급격한 인구 증가에 따른 식량 부족을 충족시

키기 위한 질소 비료가 충분하지 못했다. 공기 중에는 질소가 풍부하지만 암모니아나 암모늄 질산염과 같이 액체나 고체로 바꾸지 않으면 농작물을 기름지게 할 수 없다. 유감스럽게도, 질소의 3중 결합은 매우 안정하다. Fritz Haber가 나타나기 전까지는 아무도 질소의 3중 결합을 깨어 N을 얻고, 이를 H와 결합하여 암모니아를 만드는 방법을 생각해내지 못했다.

N_2로부터 합성된 질소 함유 비료로부터 엄청난 작물 생산 수율을 얻게 되었다.
Pradana/Shutterstock

Fritz Haber는 1858년 12월 9일 독일의 Breslau에서 태어났다. 그의 어머니는 그가 태어난 후 얼마 되지 않아 돌아가셨고, 아버지는 그를 친척에 맡겼다. 그는 뚜렷한 목표 없이 젊은 시절을 보내면서 6년 동안 6개의 대학을 다녔다. 그는 화학자가 되기를 원했지만 화학수업은 너무나도 지루하고 힘들었다. 마침내 그는 1891년 베를린대학에서 박사학위를 받고는 헝가리에 있는 증류주 제조장, 오스트리아에 있는 암모니아 소다 공장, 그리고 폴란드에 있는 암염 산지에서 화학공업기술에 대해 연구했다. 그는 특히 물리화학의 새로운 분야에 관심을 가지고 있었다. 그래서 Wilhelm Ostwald 밑에서 배우기를 원했지만 거절당했다. (Ostwald는 능력 있는 젊은이를 보는 안목이 없었던 것 같다. 또한 그는 Albert Einstein의 신청에 대해서도 거절했었다.) 마침내 그는 Karlsruhe 기술연구소에 일자리를 얻었다. 그때까지는 화학공학이 아직 별도의 독립된 학문분야가 아니었지만, Haber는 화학에 있어서의 많은 실질적인 문제들을 해결하면서 기술자처럼 생각하고 일을 하였다. 그는 시간이 날 때는 넌센스한 시를 쓰기도 하는 멋지고 정열적인 사람이었다.

1901년에 Fritz는 Clara Immerwahr와 결혼하였다. 그녀는 브레슬라우 대학에서 박사학위(화학 분야에서)를 받은 최초의 여성이자 유대인이었다. (유대인으로 태어난 Fritz는 1892년에 기독교로 개종했는데, 그것은 그가 대학에서 일자리를 얻을 수 있는 유일한 방법이었기 때문이었다.) 결혼 초기에 Clara는 화학문헌을 번역하기도 하고, Fritz가 *공업적 기체반응의 열역학*(Thermodynamics of Technical Gas Reactions)이란 책을 쓰는 일을 도우면서 과학의 실력을 유지했다. 그러던 중 아이들이 생기게 되었다. Fritz는 사려가 깊지 못한 남편이자 아버지였다. 사전 통보도 없이 저녁식사에 많은 친구들을 집으로 데려오곤 했으며, 첫 아들이 태어나고 얼마 되지 않아 5개월이나 미국 여행을 떠나기도 했다.

Haber는 그의 과학적 기여가 보상을 받을 가치가 있다는 것을 인정받기까지는 힘든 시기를 보냈다. 그것은 그가 유대인이라는 배경 때문이거나, 유명한 교수들에 의해 이미 연구되고 있는 분야에 무모하게(또한 성공적으로) 뛰어든 그의 성향 때문이었다. (Oswald는 그에게 "통례적인 것보다 더 빠른 속도로 얻는 업적은 동료들 사이에서 본능적인 반대를 불러일으키게 된다"고 말했다.) 결국 Fritz는 1906년에 독일의 교수직 승진에 있어 난관에 부딪혔다. 그래서 더욱더 질소를 고정하는 문제에 관심을 가지게 되었다. 세기의 전환점에서 독일은 그 문제를 해결하는 데 매진했다. 독일의 화학자들과 화학기술자들은 세계에서 최고였고, 독일의 화학 산업은 광범위하고 다양했으며, 독일의 농장들은 비료가 필요했지만 천연 비료의 지속적인 확보는 불투명했다. Oswald는 전기화학자인 Walther Nernst와 질소를 고정하는 문제에 대해 함께 일했으나 성공하지 못했다. Haber는 이러한 문제를 해결하는 데 몇 가지 장점을 갖춘 물리화학자였다. 그는 화학 공장에서 일한 경험이 있었으며, 기계장비를 가지고 일한 경험도 있었다. Haber는 암모니아를 생산하는 반응이 일어나도록 하기 위해서는 보다 높은 압력이 필요하다는 것을 깨달았다. Haber와 Robert Le Rossignol은 고압 실험실을 설계해서 만들었다. 그들은 수소와 질소가 아직 알려지지 않은 조건인 200°C와 200 atm하에서 암모니아로 전환된다는 것을 발견했다. 그 당시에 7 atm은 고압으로 간주되었다! 바스프(BASF)사의 수석화학자인 Carl Bosch는 당혹하였다. BASF사의 3명의 이사들이 자신들의 눈으로 직접 확인하기 위해서 하버의 실험실로 달려갔다. 공교롭게도 고압실의 틈새 중의 한 곳이 터져 실험은 실패했다. 그러나 이사들 중의 한 명이 틈새를 고정하는 것을 보기 위해 옆에서 오랫동안 기다리고 있다가 소량의 액체 암모니아가 생성되는 놀라운 광경을 볼 수 있었다. BASF사는 Haber와 그 공정을 상업화하기로 하는 계약을 서둘러 체결하였다.

실험실 규모의 실험을 공업 규모의 공정으로 바꾸지 않으면 안 되는 많은 문제들이 남아 있었다. 예를 들어 BASF사의 화학자들은 4000가지의 다른 촉매들을 실험한 결과, 마침내 철이 가장 좋다는 것을 발견했다. 그 공정은 1908년에 특허를 받았으며, 5년 만에 상업화되었다. 첫 번째 공장은 하루에 30톤을 생산했다. Haber는 믿을 수 없을 만큼 부자가 되었다. Haber-Bosch 공정의 발명은 금속 촉매 그리고 고압, 고온의 기체 반응과 같은 새로운 개념을 유입하면서 20세기 공업 화학 산업을 선도하였다.

프리츠 하버와 앨버트 아인슈타인.
German Photographer, (20th century)/German/ Bridgeman Images.

독일은 수입비료에 의존하던 것에서 자유롭게 되었다. Haber는 국가적 영웅이 되었다. 그는 베를린에 있는 Kaiser Wilhelm 연구소 소장으로 임명되었으며, Einstein과 Lise Meitner와 같은 과학자들을 포함하여 베를린의 부유층과 권력층과 교제했다. Fritz가 오랫동안 힘들게 했던 부인 Clara는 Fritz와는 매우 다른 사회 집단에서 움직였다. 개혁운동에 동참하고, 헐렁한 옷을 입고, 자신이 장을 보고, 하인들과 친해지고, 검소한 음식을 먹었다. 한 방문 과학자는 그녀를 청소부로 잘못 알아봤을 정도였다.

1914년 독일은 벨기에를 침략했다. 전쟁은 급속하게 확산되어 유럽의 많은 부분을 삼켜버렸다. Haber와 Max Planck 같은 다른 과학자들을 포함한 독일의 지식계층은 전쟁을 "정화 행동과 회복 수단"으로 보았다. Haber는 그의 과학적인 재능을 전쟁을 위해 질소를 기초로 탄약을 만드는 것으로 돌렸다. 그는 Bosch와 BASF사를 납득시켜 자신의 암모니아로부터 질산을 만들었다. Haber-Bosch 공정 없었다면 독일은 6개월 안에 폭발물이 바닥나고, 그 전쟁은 독일의 패배로 빠르게 종전되었을 것이다.

연합국과 독일은 수마일에 걸친 최전선에서 한 치의 양보도 없이 3년 동안 수백만 명의 생명을 희생시키면서 격전을 치뤘다. 전쟁의 막바지에 이르러 독일의 지도자(프랑스, 영국, 미국의 지도자들과 마찬가지로)들은 결국 화학무기와 비재래식 무기를 고려하게 되었다. 1899년과 1907년에 서명된 헤이그 협정(Hague States)에서는 불필요한 고통을 줄 수 있는 비재래식 무기의 사용을 금지했다. 그러나 많은 나라들(미국을 포함한)은 화학무기가 포탄이나 폭발물보다 얼마나 더 나쁜지를 깨닫지 못했다. 애국심이 강한 Haber는 독일을 위해 화학무기의 개발에 동의했다. 그는 벨기에 전선 근처에 액체 염소 저장용기 6000개를 매설하는 것을 직접 관리 감독했다. 그 저장용기에서 150톤의 염소가 방출되었고, 약 7000명의 프랑스 군인들이 독살되었다. 이것이 처음으로 화학무기를 전쟁에서 계획적으로 사용한 실례다. 비록 화학무기의 사용이 어떤 군사적 우위를 제공했다는 증거는 없지만, 전쟁 말기에 가서는 양국 모두 광범위하게 화학무기를 사용했다. Clara는 남편이 화학무기에 관해 일하는 것을 혐오했으며 그가 하는 무모한 일을 멈추기를 호소했으나 소용이 없었다. 그녀는 염소를 사용한 날로부터 일주일 뒤에 집에서 열린 저녁파티를 끝으로 다음날 아침 스스로 총을 겨누어 자살했다. 13살 된 아들 Hermann이 자살한 그녀를 발견했을 때는 생존해 있었지만 곧 사망했다. Fritz는 10대인 아들을 홀로 놔두고 다음날 아침 서부전선으로 향했다.

1918년 독일의 항복은 Fritz를 깊은 상심에 빠뜨렸다. 들리는 바에 의하면 Haber의 이름은 전범자의 명단에 올라 있었으며, 그는 두 번째 아내와 두 자녀를 스위스로 보내고 자신은 변장하여 도망쳤다고 한다. 그러나 그의 이름이 최종 명단에는 빠져 전범자로 기소되는 것은 모면했다. 그가 암모니아 합성공정의 개발에 대한 공로로 노벨상을 수상하면서 그의 운명은 한 번 더 극적으로 바뀌었다. 그가 화학무기에 관한 일을 했기 때문에 그의 노벨상 수상은 빗발치는 비난을 받았다. 독일인이 아닌 대부분의 노벨상 수상자들은 노벨상 수상을 거부했다.

베르사이유 평화 조약(Versailles Peace Treaty)과 1925년의 제네바 의정서(Geneva Protocol)에 의해 화학무기와 생물학적 무기의 사용을 금지하고 있음에도 불구하고, Haber는 독가스와 화학무기 연구를 계속해 나갔다. 그는 소련과 스페인에 독가스 공장들을 짓는 데 협력했으며, 헌신적 독일 민족주의자로 남았다. 나치(Nazi)당의 정권 부상은 그를 놀라게 했다. 그가 카이저 빌헬름 연구소의 소장으로 있을 때인 1933년에 그곳에서 일하는 모든 유대인을 한꺼번에 해고하고 그 자리를 모두 능력있는 독일 과학자들로 대체하라는 지시를 받았다. 당시에 많은 주요한 과학자들이 유대인이었기에 이것은 불가능한 일이었다. 그는 그러한 마찰로 인해 마음의 상처를 받았다. 그는 나치를 위해 독가스 만드는 일을 계속하는 것을 원하지 않았으며, 과학자들을 해임하는 것도 원하지 않았다. 그의 건강은 악화되고, 재정 상태도 불안정했다. 친구들마저 그를 돌보지 않았고, 화학 산업계에서도 지원을 중단했다(Carl Bosch이 예외로 그를 보살펴주었다). 마침내 그는 자신의 직위 유지의 정당성에 대한 주장과 고용 결정에 인종을 기준 삼는 것에 대한 탐탁지 않게 생각한다는 것을 편지로 쓰는 일을 실행에 옮겼으며, 이 일로 나치당을 격노케 만들었다. 나치당의 귀에 거슬리는 소리를 한 독일의 민족주의자 Haber는 독일을 떠나 다시는 돌아가지 않았다. 그는 1934년 스위스의 한 호텔에서 심장마비로 사망했다.

Haber를 깎아내리려 애쓰듯 나치당은 암모니아 합성공정을 발명한 것은 다른 사람들이었다고 주장했다. 하지만 여전히 그들은 Haber의 연구업적에서 파생되는 또 다른 결과를 이용하고자 했다. Haber의 지휘 아래 있던 독일의 post-WW I에서 개발된 농약인 치클론 비(Zyklon B)는 Haber 자신의 친척들의 일부가 수용된 포로수용소에서 그 친척들을 살상하는 데 사용되었다.

Quiz 정답

2.1 L^3, m/L^3

2.2 15 wt%

2.3 0°R

2.4 아니다. 타이어는 상압에 존재한다. 즉, 바람이 빠진 것을 의미한다.

2.5 아니다. 77°F, 1 atm에서의 H_2O는 기체가 아니기 때문이다.

2.6 맞다. 1970 tons/day가 유입되고, 1970 tons/day가 유출된다.

2.7 CH_4, H_2O, CO, H_2.

2.8 유출흐름은 조성이 다르기 때문이다.

2.9 입은 혼합기, 위는 반응기, 장은 분리기에 해당한다. 반회분식. 비정상상태.

2.10 $H_{cons} = 0.3*H_{in}$.

2.11 아니다. $150 + 600 \neq 45 + 285 + 210$.

2.12 2360 + 320 = 2680. 1770 + 590 + 320 = 2680. 그러므로 맞다.

참고 문헌 및 추천 도서

1. *CRC Handbook of Chemistry and Physics*(최신판)는 여러 가지 유기 및 무기 화합물들의 몰질량과 화학식, 그리고 순수 화합물뿐만 아니라 혼합물들의 밀도 등에 관한 많은 정보들이 수록되어 있는 참고 문헌이다. 또한 광범위한 단위 환산인자들이 수록되어 있다. CRC Handbook은 Florida Boca의 CRC

Press에서 출판되고 있다.

2. *Perry's Chemical Engineers'Handbook*(최신판)은 구입할 가치가 있는 또 하나의 참고 문헌이다. Perry Handbook은 단위 환산인자, 수학 총설, 그리고 여러 가지 물리적·화학적 자료들에 대한 장(chapter)들로 이루어져 있다. 이 핸드북의 대부분은 화학공학의 원리와 방법에 대해 다루고 있으며, 여러 가지 화학공정장치의 개략도가 수록되어 있다. 모두 kgmol/h의 단위
3. *Kirk-Othmer Encyclopedia of Chemical Technology*는 화학물질들과 화학공정들에 관한 정보들이 여러 권에 나누어 수록된 참고 문헌이다. 이 책은 백과사전 형태로 되어 있으며 공정의 경제성, 시장규모, 물리적·화학적 특성, 공정기술 등에 관한 자료가 수록되어 있다. 이 책은 New York의 Wiley사에서 출판되고 있다. 이와 비슷한 성격을 가진 다른 2권의 책으로는 New York의 McGraw-Hill에서 출판되는 *Shreve's Chemical Process Industries*(최신판)와 *McGraw-Hill Encyclopedia of Science and Technology*(최신판)가 있다.
4. *Knovel Engineering and Scientific Online Database*는 검색 가능한 정보를 담고 있는 광범위한 정보자료원이다. *Perry's Handbook*이나 *CRC Handbook*은 Knovel Database에서 검색할 수 있는 여러 가지 권위 있는 참고 문헌 중의 일부분이다.

연습 문제

준비 단계

2.2절

P2.1 실험실에서 100mL의 용량 플라스크를 저울 위에 올려 놓고 눈금이 0 g이 되도록 영점 조절을 한다. 그런 다음 저울의 눈금이 15.90 g이 될 때까지 플라스크에 무수과당(anhydrous fructose, $C_6H_{12}O_6$, 과일의 주요 당 성분)을 넣는다. 그리고 플라스크에 물을 100 mL 선까지 채운다. 이제 저울의 눈금은 105.97 g을 나타내고 있다. 용액 중의 과당의 wt%와 mol%를 계산하라.

P2.2 대두박은 기름을 추출함으로써 콩에서부터 얻어진다. 대두박은 탄수화물과 비소화성 섬유질과 함께 약 48%의 단백질을 포함하고 있다. 일반적으로 이러한 단백질의 약 70%의 대두 단백질로 회수되어 대두 베이컨, 대두 빵 또는 다른 형태의 육질류로 만들어진다. 100 lb의 대두박에서 분리할 수 있는 대두 단백질은 몇 lb나 되는가? 만일 대두박이 $375/톤에 팔린다면, 대두박 단백질의 가격은 lb당 얼마로 추산되는가?

P2.3 1000 g의 폴리스티렌(몰질량 20,800 g/gmol)이 4000 g의 스티렌 몰질량(104 g/gmol)에 용해되어 있다. 이 혼합물 중 폴리스티렌의 mol%를 계산하라.

P2.4 만약 공기가 79 mol%의 N_2와 21 mol%의 O_2로 이루어져 있다면, 공기 중의 N_2와 O_2의 wt%는 각각 얼마인가?

P2.5 20 g의 수소(H_2)를 20 g의 벤젠(benzene, C_6H_6), 20 g의 싸이클로헥산(cyclohexane, C_6H_{12})과 혼합한다. 수소, 벤젠, 싸이클로헥산의 질량 분율과 몰 분율은 얼마인가?

P2.6 20 mol%의 수소(H_2), 40 mol%의 벤젠(benzene, C_6H_6), 40 mol%의 싸이클로헥산(cyclohexane, C_6H_{12})이 혼합된 기체 100 g이 있다. 이 혼합기체에서 각 기체의 질량(g)은 얼마인가?

P2.7 2.4 mol %의 자당(Sucrose, $C_{12}H_{22}O_{11}$)이 물에 용해되어 있다. 이 용액에서 자당의 중량%를 계산하라.

P2.8 22 wt%의 에탄올과 78 wt%의 물로 구성된 용액이 있다. 이 용액의 에탄올의 mol%를 계산하라.

P2.9 10 mol%의 글루코오스가 물에 함유된 용액을 만들고자 한다. 1000갤런의 물에 넣어야 할 글루코오스는 면 lb인가?

P2.10 20개의 일반 아미노산 종류 중 아스팔트 산(aspartic acid, $C_4H_7O_4N$)의 몰질량(g/gmol)을 계산하라. 반올림하여 정수로 나타내라. 그리고 용해도(4.5 g/L)에 해당하는 아스팔트 산의 mol%를 계산하라. 밀도는 1 g/mL로 가정한다.

P2.11 생물학 교재에 의하면, 인간의 몸은 63%의 H, 25.5%의 O, 9.45%의 C, 1.35%의 N, 0.31%의 Ca, 0.22%의 P과 약간의 미량 원소로 구성되어 있다. 이것은 질량%인가 mol%인가? 만일 몸무게가 65 kg이라면, 지니고 있는 각각의 원소는 파운드(lb) 또는 파운드몰(lbmole)로 얼마나 되는가?

P2.12 어떤 화학 반응기가 10 atm의 압력(절대압력)과 200°C의 온도에서 운전되고 있다. 이 반응기의 온도와 압력을 kPa와 K, psig와 °F, bar와 R의 단위로 환산하라.

P2.13 $P \times V$의 차원은 어떻게 될 것인가? 기준 차원을 이용하여 나타내라.

P2.14 이상 기체 법칙을 이용하여, 0 C, 1 atm에서 이상 기체의 몰부피(cm^3/gmol)를 계산하라.

P2.15 2.7 lb의 CO_2가 67°F, 1080 mmHg의 용기 내에 채워져 있다. 이상 기체 법칙을 이용하여 용기의 부피(cm^3)를 계산하라.

P2.16 공기를 이상 기체라 가정하자. $mile^3$의 부피에 해당하는 공기의 질량(ton)은 얼마인가? 이 계산을 하는 데 필요한 가정이 있으면 나열하라.

P2.17 이상 기체 법칙을 이용하여 100°C 1 atm의 수증기의 몰부피(L/gmol) 를 계산하라. 그리고 그 값을 물의 몰부피와 비교하라 연기서 물의 밀도는 1 g/mL이다.

P2.18 (a) 1 ft^3의 액체 질소와 (b) STP에서 1 ft^3의 질소 기체의 질량(g)을 계산하라. 액체 질소의 비중은 0.808이며, 질소 기체는 STP에서 이상 기체로 가정한다.

P2.19 자전거 타이어가 100 psig로 적절히 유지되고 있다, 태양 빛과 바람에 의해 온도가 80°F를 나타내고 있다. 자전거를 탄 후 아스팔트 주차장에 있는 자동차 내부로 자전거를 실은 후 점심 식사를 하러 갔다. 돌아와 보니 자동차

내부가 뜨거워져 타이어가 부풀어 올랐음을 알 수 있었다. 타이어의 압력이 120 psi라면, 자동차 내부의 온도는 얼마인가?

P2.20 부엌이나 목욕탕의 수도꼭지를 완전히 열었을 때, 양동이와 시계를 이용하여 물의 유량을 측정해 보라. 측정 결과를 g/s, lb/h, kgmol/day, tons/yr로 나타내라.

P2.21 산소가 100°C, 75 psia의 조건에서 115 lb/min의 유량으로 파이프를 흐르고 있다. 몰 유량(lbmol/min), 부피 유량(m^3/min)을 실제 온도, 압력과 STP 상태에서 각각 구하라.

P2.22 22 mol%의 시안화 수소(hydrogen cyanide, HCN)와 78 mol%의 산화에틸렌(ethylene oxide, C_2H_4O)으로 구성된 혼합물이 반응기에 215 gmol/min의 유량으로 유입되고 있다. 가스의 압력과 온도가 200 kPa와 285°C라면, 부피 유량(cm^3/min)은 얼마인가?

P2.23 22 mol%의 시안화 수소(hydrogen cyanide, HCN)와 84 wt%의 일산화탄소 혼합물이 57 kg/min의 유량으로 반응기에 유입되고 있다. 가스의 압력과 온도가 2.5 bar와 247°C라면, 부피 유량(L/min)은 얼마인가?

P2.24 기체 연료 혼합물(80 mol% CH_4, 15 mol% C_2H_6, 5 mol% N_2)이 126 lb/min의 유량으로 버너에 유입되고 있다. 이 가스의 압력과 온도가 4.8 atm과 285°C라면, 부피 유량 (cm^3/min)은 얼마가 될 것인가?

P2.25 공기가 반응기에 60,800 cm^3/s의 유량으로 유입되고 있다. 이 공기의 온도와 압력은 323 K와 2.7 bar이고, 79 mol%의 질소와 21 mol%의 산소로 구성되어 있다. 이 공기를 이상 기체라고 간주하고, 반응기에 유입되는 공기의 몰 유량(gmol/s)과 질량 유량(g/s)을 계산하라.

P2.26 미국 내 자동차로 인해 배출되는 CO_2 기체의 질량(metric ton)을 추정해 보자. 300만 명의 인구와 1 mol의 휘발류가 연소될 때 8 mol의 CO_2가 배출되며, 휘발유 1 gallon당 28.6 mile을 가는 연비 하에서 평균 12,000 miles/년/인을 달리며, 휘발유의 비중을 0.7로 가정하자. 환경 단체에 따르면 매년 56억 metric ton의 CO_2가 발생하며, 그중 25%는 미국에서 발생한다고 주장한다. 이러한 값들을 당신이 계산한 결과와 비교해 보라.

2.3절

P2.27 (a) 혼합기, (b) 분할기, (c) 반응기, (d) 분리기의 기능을 하는 일상 가정용품들을 열거해 보라. 공정단위들 각각에 대해 간단한 블록흐름선도를 그리고 유입 유출되는 물질을 표기하라.

P2.28 자동차 엔진에 대해 입력-출력 선도를 그려라. 원료물질과 생성물을 명시하라.

P2.29 우유를 만드는 공정 공장의 블록흐름선도를 그려보라. 풀, 물, 산소 등을 유입흐름에 나타내고, 생성물과 부산물을 포함하는 유출흐름을 나타내라. 원료물질과 부산물을 흐름선도에 꼭 포함시켜라. 필요에 따라 혼합기, 분할기, 반응기, 분리기를 포함시켜라.

2.4절

P2.30 다음 각각이 흐름조성규격("C")에 해당하는지 계성능규격("P")에 해당하는지 결정하라.

(a) 톨루엔 유입물의 96%가 분리기의 하부로 회수된다.

(b) 반응기 유출물의 CO_2: H_2O의 몰비가 2:1이다.

(c) 분리기에서 나오는 증류 흐름선은 98.5 wt%의 에탄올을 포함하고 있다.

(d) 발효 조에 들어가는 글루코오스의 86%가 소모된다.

(e) 마법의 물약은 32 wt%의 미나리아재비를 포함해야 한다.

(f) 수소 중 10%만 반응하지 않는다.

(g) 수소의 99.9%는 훌래쉬 증류 장치의 기상흐름을 통해 유출된다.

(h) 물과 황산은 10:1 몰비로 혼합기에 투입된다.

(i) 주스의 1/3은 양을 줄이기 위해 분할한다.

(j) 농축주스액은 45%의 고형분을 가지고 있다.

P2.31 다음 각각의 상황에 대해 (1) 계와 (ii) 성분으로 무엇을 택할 것인지, 그리고 질량과 몰 단위 단위 중 무엇을 선택할 것인지 결정하라.

(a) N_2O_4가 반응기에 유입되며, 이때 그 일부분은 NO_2로 분해된다.

(b) LB 배양액(스립톤과 효모 추출물과 소금의 혼합물)이 발효조로 유입되며, 여기서 박테리아는 영양소를 1.4 g/h의 속도로 소모하고 있다.

(c) 수분해 반응기로부터 나오는 2번 흐름선인 reformate는 유동층 분해 반응기에서 나오는 휘발유와 합쳐져서 저장탱크로 보내지고 이후 분배를 위해 배에 선적된다.

(d) 100 μg의 약물이 방출 제어 캡슐에 저장된다. 환자에게 투여되면 8.5 μg/h의 속도로 방출된다.

P2.32 공기(79 mol%의 질소와 21 mol%의 산소를 함유하고 있다고 가정)가 1000 gmol/h의 유량으로 분리기에 공급되어 두 가지 생성물이 만들어진다. 공급된 공기 중의 산소의 80%는 이 생성물에서 회수되어 98 mol% O_2가 된다. 블록흐름선도를 그리고, 각 흐름선에서 성분을 나타내어라. (a) 계산 기준, (b) 흐름조성규격, (c) 계성능규격을 명시하라. 계산을 할 필요는 없다.

P2.33 흐름 변수를 논리적으로 선택하여 다음의 흐름조성규격들에 대한 방정식을 세워 보라.

(a) 흐름선 1은 75 wt%의 벤젠(B)과 25 wt%의 톨루엔(T)을 함유하고 있다.

(b) 반응기 유출흐름 중 CO_2:H_2O의 몰비는 2:1이다.

(c) 흐름선 3의 공기는 79 mol%의 N_2, 21 mol%의 O_2로 구성되어 있다.

P2.34 흐름 변수와 계 변수를 논리적으로 선택하여 다음의 계성능규격들에 대한 방정식을 세워 보라.

(a) 흐름선 1(물)과 흐름선 2(에탄올)가 혼합기에 3:1의 몰비로 유입된다.

(b) 반응기에 유입되는 에탄올의 45%가 소모된다.

(c) 50 wt%의 에탄올과 50 wt%로 구성되어 있는 흐름선 3은 분할기로 보내지며, 여기서 유입액의 30%가 흐름선 4에서 생성물로 유출되고 나머

지는 반응기로 보내진다.

(d) 증류 단에 유입되는 디에탄올아민의 98%가 기상 생성물로 회수된다.

P2.35 물질수지식은

$$\text{유입량} - \text{유출량} + \text{생성량} - \text{소모량} = \text{축적량}$$

으로 표현된다. 다음 각 경우에 대한 물질수지식에서 0이 되는 항을 제거하여 간단히 해보라. 그리고 각 계가 연속흐름 반회분식, 회분식 중 어디에 해당하는지 결정하라.

(a) 큰 탱크에 펌프로 물을 넣는다. 계는 탱크, 성분은 물이다.

(b) 설탕 결정이 들어 있는 큰 탱크에 펌프로 물을 넣는다. 계는 탱크, 성분은 설탕이다.

(c) 성분이 물인 것을 제외하면 (b)와 같다.

(d) 에틸렌과 공기를 정상상태에서 운전되고 있는 반응기에 공급되어, 에틸렌의 30%는 산소와 반응하여 산화에틸렌이 생성된다. 계는 반응기, 성분은 에틸렌이다.

(e) 성분은 산화에틸렌인 것을 제외하면 (d)와 같다.

(f) 성분은 질소인 것을 제외하면 (d)와 같다.

P2.36 화학공학 강의가 강의실 1234호에서 있는데, 오전 8시 50분에 그 강의실 안에는 6명의 학생들이 있다. 8시 50분과 9시 사이에는 42명의 학생이 들어오고 3명이 강의실을 떠나게 된다. 만일 강의실이 계이고 학생이 성분이라면, 유입물, 유출물, 생성물, 소모물, 축적물은 각각 무엇인가?

심화 문제

2.2절

P2.37 11.2 lb의 N_2, 2.4 lb의 H_2가 170,000 cm^3의 부피를 갖는 용기에 담겨진다. 용기의 온도는 298 K이다. (a) 이상 기체 법칙을 이용하여 용기 내 압력을 계산하라. psia, psig, kPa, atm의 단위로 답해 보라. (b) 질소가 수소와 완전히 반응하여 암모니아를 생성하고 있다. 만일 온도가 여전히 298 K로 있고, 암모니아 역시 이상 기체라면 용기 내 압력 *변화*(bar)는 얼마인가?

P2.38 당신의 회사는 45,000 lb의 암모니아를 저장할 현지 저장고가 필요하다. (a) 80°F, 5 atm에서의 기체, (b) 80°F, 12 atm에서의 액체. (c) −30°F, 1 atm에서의 액체 상태의 암모니아를 저장하려면 용기의 반경이 얼마가 되어야 하는가? 액상 암모니아의 밀도는 −30°F에서 42.6 lb/ft^3, 80°F에서 37.5 lb/ft^3이다. 기체의 밀도는 이상 기체 방정식으로부터 구할 수 있다. 온도와 압력을 얼마로 할 것인가? 그 이유는 무엇인가?

P2.39 바닷물은 1조 g의 물당 5 g의 금을 함유하고 있다. 1 oz의 금을 회수하는 데 필요한 바닷물의 양은 얼마인가? 지구상에 3.32×10^8 $mils^3$의 바닷물이 존재하고 그 밀도가 1.05 g/cm^3이라면 바다에는 얼마나 많은 금(ton)이 녹아 있는가?

P2.40 다음의 표는 미국에서 생산하고 회수되는 플라스틱에 대한 EPA 데이터를 나타낸 것이다. 연간 전 세계에서 생산되는 플라스틱의 양은 7천 8백만 ton으로 추산된다. 아래 표는 몇 가지 주요 플라스틱에 대한 정보를 담고 있는 것으로 보고, 다음을 계산하라. (a) 미국에서 생산되는 플라스틱의 전체 ton 수, 글로벌 생산량 대비 미국에서 생산된 플라스틱 양의 %, (c) 전 세계에서 회수되는 전체 ton 수와 미국에서 회수되는 플라스틱의 %.

Polymer name	Recycle number	Annual production, billion kg	Percent recycled
Poly(ethylene terephthalate)	1 PET	4.5	19.5
High density polyethylene	2 HDPE	5.5	10.3
Poly(vinyl chloride)	3 PVC	0.9	0.0
Low density polyethylene	4 LDPE	7.4	5.3
Polypropylene	5 PP	7.2	0.6
Polystyrene	6 PS	2.2	0.9

P2.41 종이와 폴리스티렌으로 폼 용기는 일반적으로 식품 서비스 산업에서 많이 사용된다. 어떤 재료의 용기가 환경적인 피해를 덜 주는지는 큰 논쟁거리가 되고 있다.

두 용기 모두 대부분 재활용이 잘 안 되어 쓰레기로 땅속에 묻히거나 태워지고 있다. 다음의 두 연구 결과는 종이와 폴리스티렌 컵을 만드는 데 소모되는 원료와 그 제조 과정에서 얻어지는 유출물에 대한 정보를 제공하고 있다.

Study 1

	Paper	Polystyrene
Raw materials per cup		
Wood chips (g)	33.2	
Petroleum (g)	5.9	3.25
Finished weight (g)	10.1	1.50
Water emissions (kg per metric ton)	99	21
Air emissions (kg per metric ton)	27.2	52.1

Study 2

	Paper	Polystyrene
Raw materials (lb per 10,000 cups)		
Bleached pulp	272.6	
Petroleum	38.5	138.9
Finished weight (lb per 10,000 cups)	229.1	46.9
Water emissions (lb per 10,000 cups)	2.9	1.2
Air emissions (lb per 10,000 cups)	18.2	5.9

우선, 스터디 1의 모든 데이터를 스터디의 2의 계산 기준(10,000 컵)을 토대로 전환하라. 그리고 원료와 최종 생성물의 중량을 고려하여, 스터디 1과 스터디 2에서의 종이와 폴리스티렌에 대한 원소 경제 이익을 계산하라. 좀 더 공정한 비교를 위해 1톤의 표백 펄프를 얻는 데 2톤의 나무 칩이 필요하다는 것을 고려할 필요가 있다. 이 후 물과 공기 유출물을 비교하라. 이러한 데이터가 당신이 종이와 폴리스티렌 컵 중 어느 것을 옹호하는지 도움이 되는가? 이를 설명하라.

P2.42 아래와 같이 메탄(CH_4)과 산소(O_2)는 연소기로 보내지기 전에 혼합하고 가열한다. 예열기를 나가는 흐름에서 메탄의 부피 유량, 질량 유량, 질량 분율은 얼마인가? 혼합물은 이상 기체 방정식을 따른다고 가정한다.

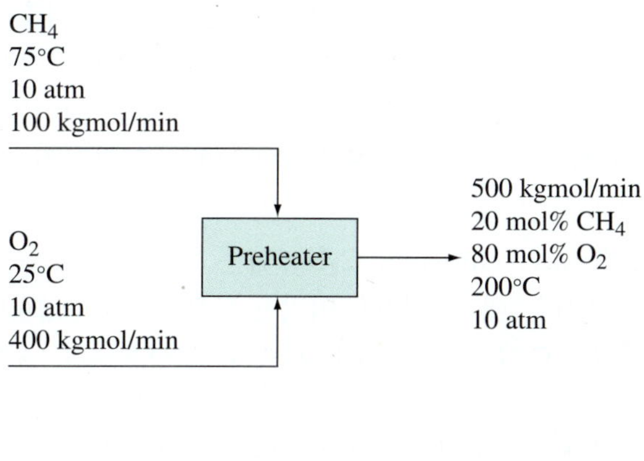

2.3절

P2.43 그림 2.8은 암모니아 합성 시설의 간략 공정흐름 선도이다. 혼합기, 분할기, 반응기 및/또는 분리기에서 사용할 적절한 단위를 제시하라. 그리고 온도와 압력을 변화시킬 수 있는 장치(예, 압축기, 열 교환기)를 제시하라.

P2.44 큐민(cumene, C_9H_{12})을 만드는 다음의 공정을 읽어보라.

프로필렌(프로판으로 오염되어 있는)이 벤젠과 혼합되어 반응기로 유입되고 이곳에서 두 반응이 일어난다. 프로필렌과 벤젠이 반응하여 큐민을 만들고

일부분의 큐민은 프로필렌과 좀 더 반응하여 이소프로필벤젠(isopropylbenzene)을 만든다. 반응 유출물은 냉각된 후 기-액 분리기에 보내져서 이 곳에서 증기(프로필렌과 프로판)와 액체(미반응 벤젠, 큐민, 디이소프로필벤젠)으로 분리된다, 증기 생성물은 분할기에 보내지고 여기서 일부분은 다른 공정으로 흘러들어 가고 나머지는 연료 기체로 태워질 수 있도록 보내진다. 액체 물질은 분리기에 보내지고 여기서 대부분의 벤젠은 제거되어 휘발유로 혼합된다. 남아 있는 물질은 또 다른 분리기에 보내져, 여기서 우리가 원하는 큐민이 거의 순수한 생성물로 회수되며, 부산물인 디이소프로필벤젠은 폐기된다.

혼합기, 반응기, 분할기, 분리기를 보이는 블록흐름선도를 스케치하라. 각 흐름선을 P(프로필렌), I(프로판), B(벤젠), C (큐민), D(디이소프로필벤젠)으로 나타내라.

P2.45 철을 "절인다"라고 하는 것은 산 욕조에 담궈서 그 표면의 녹을 제거하는 과정을 말한다. 이것은 철에 대해서는 긍정적으로 볼 수 있지만, 금속이 오염된 산 폐기물을 양산하는 문제가 있다. 산 폐기물은 황산, 인산, 염산, 질산 등 다양한 산을 함유한 수용액을 얘기한다. 이러한 폐기물은 근처 강에 손쉽게 버려져서는 안 된다. 스키드 장착된 산 폐기 장치는 작은 이러한 "절임" 운전 시에 사용된다. 모든 장치는 스키드에 장착되어 필요한 위치로 이동이 가능하다. 공정을 들여다보면, 산 폐기물은 우선 가열되고, 산들은 증기화하고 메탈 이온들(대부분 철)은 액상에 남게 된다. 산 증기는 포집한 후 냉각된 후 새로운 산으로 다시 사용하게 된다. 사용한 산의 90%가 회수되며, 나머지는 화학폐기물로 버려진다. 금속이온 용액은 모아져서 염을 첨가하게 되면 철과 다른 중금속을 불용의 금속염으로 석출하게 된다. 금속염들은 금속을 재생하는 다른 회사에 판매된다. 나머지 용액은 여전히 약간의 금속류를 포함하고 있게 되며 이는 화학폐기물로 처리된다.

각 흐름선의 성분과 함께 혼합기, 반응기, 분할기, 분리기를 보이는 블록흐름선도를 스케치하라.

P2.46 염화비닐(vinyl chloride, C_2H_3Cl)은 폴리염화비닐(polyvinylchloride, PVC)을 만드는 데 사용된다. 이러한 직접 염소화반응(chlorination) 공정에서는 에틸렌(C_2H_4)과 염소(Cl_2)가 원료로 사용된다. 공장에서 나오는 액체 염소는 점성 유체에 의해 오염되어 있기 때문에 우선 먼저 증발 장치로 보내어 이러한 오염물질들을 염소로부터 분리한다. 염소 증기와 에틸렌 증기는 혼합하여 반응기로 보내며, 이 혼합 증기는 완전 반응하여 이염화아세틸렌(dichlorethylene, $C_2H_2Cl_2$)으로 된다. 그런 다음에 이염화아세틸렌을 다른 반응기에 공급하면, 이염화아세틸렌의 일부는 반응하여 HCl과 C_2H_3Cl로 된다. 이 반응 혼합물들을 분리장치로 보내어, HCl을 두 개의 염소화된 에틸렌 생성물로부터 분리한다. 마지막 흐름은 다른 분리장치로 보내어서 미반응 이염화아세틸렌을 제거한다. 염화비닐 생성물은 저장고로 보내진다. 이 설명에 따라 블록흐름선도를 그려보라. 혼합기, 반응기, 분리기와 같은

단위 공정들을 정확히 명시하고, 각 공정흐름에서의 성분들을 나열하라.

P2.47 고순도의 전자용 실리콘을 만들기 위한 Siemens 공정에서는 야금용 실리콘 분말인 Si를 먼저 사염화규소(tetrachlorosilane)와 삼염화규소(trichlorosilane)로 전환한 다음 정제한다. 삼염화규소는 수소로 환원시키면 Si로 다시 돌아간다. 이 환원 반응은 고체 실리콘 막대에서 일어난다. 따라서 실리콘 막대는 실리콘 반응 용기 안에서 성장하게 된다. 다음의 선도는 대표적인 Siemens 공정에 대한 간단한 흐름선도이다. 흐름선에는 모든 성분들이 나타나 있지는 않다. 흐름선에 모든 성분들이 들어가도록 블록흐름선도를 다시 그려라. 한 개를 제외하면 모든 공정단위들은 정상상태로 운전된다. 비정상상태인 공정단위를 선도에 나타내라.

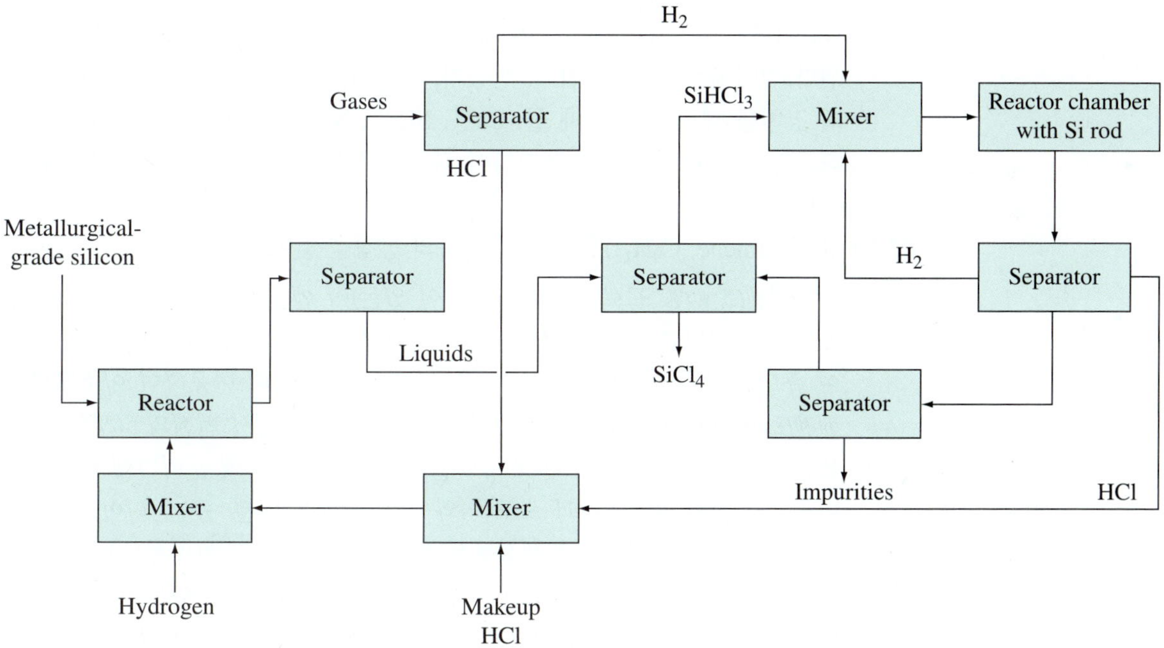

P2.48 다음은 *Technology Review*에 실린 turkey-parts-to-oil 공장에 관한 설명이다. "칠면조 부위와 물을 분쇄기에 넣고 빻은 것을 땅콩버터와 비슷하게 슬러리화한다. 그런 다음 이 슬러리를 275 kg의 압력 하에서 260°C까지 가열한다. 두 반응 단계 중 첫 번째 단계에서는 가열되고 압축된 슬러리가 분해된다. 즉, 유기물 분자 구조를 끊기 위해서 15분에서 1시간 사이로 반응시킨다. 혼합물은 훌래쉬 탱크로 보내서 압력을 낮춘다. 생성된 증기는 다시 포집하여 시스템의 동력으로 사용한다. 무기물들은 탱크 바닥으로 가라앉아 분리 탱크로 흘러간다. 유기물질들을 두 번째 탱크로 이동시킨다. 여기서 거의 500°C가 넘는 온도에서 유기물질들을 더욱 분해시킨다. 나선 모양의 운반 장치를 통해서 탄소 입자를 드럼으로 옮긴다. 뜨거운 유체는 증류 탱크로 옮겨 냉각하여 응축시킨다. 물은 탱크의 바닥으로 가라앉기 때문에 연료 가스를 상부에서 제거하면 디젤유와 휘발유의 혼합물과 비슷한 원유가 흘

러나오게 된다. 원유는 나중에 판매하기 위해서 저장 창고로 이동시킨다." 위 설명을 참고로 하여 블록흐름선도를 그려보라. 혼합기, 반응기 또는 분리기와 같은 공정단위들을 명시하라. 각 흐름에 존재하는 성분을 나타내는 흐름선을 나타내라.

2.4절

P2.49 "경수(hard water)"는 파이프, 커피포트, 욕조에 침적되기 쉬운 칼슘, 마그네슘 그리고 기타 미네랄 염들을 함유하고 있다. 경수는 연수화 장치에 의해 연수(soft water)로 바꿀 수 있다. 연수화 장치에서 경수는 용기 안에 존재하는 이온 교환 입자들을 통과해서 흐르게 된다. 입자에는 Na^+가 들어 있다. 물 속의 Ca^{++}와 Mg^{++}은 입자에 우선적으로 부착되어 Na^+을 치환함으로써 Na^+이 물 속에 용해된다. 이렇게 만들어진 연수는 연수화 장치로부터 유출된다. 연수화 장치는 혼합기, 반응기, 분할기, 분리기 중 어떤 것인가? 연수화 장치를 계로 정했을 때 물, Ca^{++}, Mg^{++}, Na^+에 대한 물질수지식을 세워라. 영(0)이 되는 항목을 제거하여 각 수지식을 간단히 하라. 그리고 이유를 설명하라.

P2.50 큐민(cumene, C_9H_{12})을 만드는 다음의 공정을 읽어보라.

프로필렌(5 wt% 프로판으로 오염되어 있는)이 벤젠과 1.4:1로 혼합되어 반응기로 유입되고, 이곳에서 두 반응이 일어난다. 프로필렌과 밴젠이 반응하여 큐민을 만들고 일부분의 큐민은 프로필렌과 좀 더 반응하여 이소프로필벤젠(isopropylbenzene)을 합성한다. 이 반응기 내에서 벤젠의 50%와 프로필렌의 50%가 소모된다. 반응 유출물은 냉각된 후 기-액 분리기에 보내지고 이곳에서 증기(프로필렌과 프로판)와 액체(미반응 벤젠, 큐민, 디이소프로필벤젠)으로 분리된다. 증기 생성물은 분할기에 보내지고 여기서 30%는 다른 공정으로 흘러들어가며 나머지는 연료 기체로 태워질 수 있도록 보내진다. 액체 물질은 분리기에 보내지고 여기서 99%의 벤젠은 제거되어 휘발유로 혼합된다. 큐민과 디이소플필벤젠은 100% 회수되어 또 다른 분리기에 보내지게 되고, 여기서 우리가 원하는 99.5 wt% 순도의 큐민 생성물로 회수되며, 부산물인 디이소프로필벤젠은 폐기된다. 본 공정을 통해 14,000 lb/day 유량의 큐민을 제조하고 있다.

(a) 계산 기준, (b) 모든 흐름조성규격, (c) 모든 계성능규격을 작성하라.

2.5절

P2.51 1920 kg의 산(12.43 wt% 황산 수용액)이 담겨 있는 탱크가 있다. 전지의 산 규격(18.63 wt% 황산)을 맞추기 위해서는 얼마의 농축 황산 용액(77.7 wt% 황산)을 탱크에 첨가해야 할 것인가?

P2.52 잔디나 정원용 비료를 생산하는 사람들은 질소, 인, 칼륨과 같은 활성 성분들의 양을 나타내기 위해 규격화된 방법을 사용한다. Gro-Right 비료는 5 wt%

의 N 형태의 질소, 10 wt%의 P_2O_4 형태의 인, 5 wt%의 K_2O 형태의 칼륨을 함유하고 있다는 의미로 5-10-5의 표가 붙여졌다. 비료는 질산암모늄(ammonium nitrate, NH_4NO_3), 인산칼슘(calcium phosphate, $[Ca(H_2PO_4)_2]$), 염화칼륨(potassium chloride, KCl)과 충진제 혼합을 통해 제조된다. 100 lb의 비료 포대 내 질산암모늄, 인산칼슘, 염화칼륨의 질량(lb)을 계산하라. 이를 위해 흐름선도를 그리고, 계산 기준을 설정하라. 포대 내 충진제는 몇 중량 %인가?

P2.53 프로판-공기 혼합물은 11.4 mol% 이상의 프로판이 포함되면 화염에 노출되어도 인화되지 않는다. STP에서 공기 100 L당 화염 가능성을 초과하여 인화를 피하기 위해서는 몇 g 이상의 프로판이 필요한가?

P2.54 자기 세척 창은 창문을 티타니아(titinia, TiO_2) 나노 입자로 코팅하여 만들어진다. 티타니아 입자는 태양광이 아래 촉매로 작용하여, 유기물 먼지와 때와 반응하는 CO_2와 물로 전환시키게 한다. 창을 코팅하기 위해 수용액 1 kg당 750 mg의 티타니아가 함유된 욕조를 준비해야 한다. 새로운 코팅 슬러리는 용액 kg당 1.5 g 티타니아의 농도로 구입이 가능하다. 코팅을 한 후 탱크 내에는 80 kg의 사용 후 용액이 남아 있다. 이 용액의 농도는 400 mg/kg 용액이다. 다음 코팅을 위해 사용 후 용액, 새로운 코팅 슬러리, 물을 합쳐서 125 kg의 용액을 만들려고 한다. 사용 후 용액이 채워져 있는 탱크에 얼마나 많은 양의 슬러리와 물을 넣어야 하는가?

P2.55 반도체 장비는 단결정 실리콘 막대를 사용하여 제조한다. 이 막대들을 만들기 위해서는 단결정 실리콘 "결정핵(seed)"을 용융된 Si의 용기에 담근다. 실리콘 결정핵을 천천히 회전시키면서 실리콘이 결정핵 위에 굳어짐에 따라 용융체로부터 뽑아 올린다. 초기에 직경이 100 mm인 막대가 50시간 동안 최종 길이가 60 cm로 성장한다. 막대의 직경은 일정하다. 고체 실리콘의 밀도는 2.33 g/cm^{2}이다. 실리콘이 막대 위에 축적되는 질량 속도(g/h)는 얼마인가?

P2.56 당신은 새로운 마법의 약이 필요한 마법사이며, 다음의 성분들을 함유하고 있는 세 개의 플라스크를 가지고 있다. 이것들을 솥에서 함께 혼합한 뒤 불을 지펴 가열하여 과량의 물을 증발시키고 27 wt%의 개구리의 발가락, 22 wt%의 도롱뇽의 눈알과 11 wt%의 박쥐의 털을 함유하고 있는 100 g의 액체 약을 제조하려고 한다. 각각의 플라스크에서 몇 그램의 액체를 솥에 부어 넣어야 할 것인가? 몇 그램의 물이 증발되겠는가?

	Flask A, wt%	Flask B, wt%	Flask C, wt%
개구리의 발가락	10	0	50
도롱뇽의 눈알	0	30	0
박쥐의 털	40	0	10
물	50	70	40

P2.57 공기(79 mol%의 질소와 21 mol%의 산소로 구성되었다고 가정)를 두 개의 유출흐름으로 분리한다. 분리 장치는 정상상태에서 작동한다. 하나의 흐름은 98 mol% 산소를 함유하고 있고, 컬럼으로 공급되는 공기의 80 mol%의 공기를 함유하고 있다. 나머지 하나의 유출흐름은 거의 대부분 질소로 구성되어 있다. 흐름선도를 그리고, 관련 정보를 표기하라. 흐름조성규격과 계성능규격을 결정하라. 1 ton/day의 산소를 생산하기 위해 필요한 공기의 양을 계산하라. 두 번째 유출흐름 내 질소의 mol%를 구하라.

P2.58 60 wt%의 벤젠과 40 wt%의 톨루엔을 함유하고 있는 기체가 정상상태에서 증류 컬럼에 유입되고 있다. 증류흐름과 탑저흐름의 두 개의 생성흐름이 있다. 유입된 벤젠의 95%는 증류흐름으로 회수되며, 이 흐름에서 98 wt%는 벤젠이다. 블록흐름선도를 그리고, 관련 정보를 표기하라. 계산 기준, 흐름조성규격, 계성능규격과 관련된 식을 작성하라. 벤젠과 톨루엔에 대한 물질수지식을 세우고 두 생성흐름선에서의 유량과 조성을 계산하라.

P2.59 천연가스는 85 mol%의 메탄과 15 mol%의 에탄을 포함하고 있다. 이 가스는 두 생성흐름으로 분리되는데 하나는 99 mol%의 메탄이고 다른 하나는 90 mol%의 에탄이다. 블록흐름선도를 그리고, 관련 정보를 표기하라. 계산 기준을 세우고, 흐름조성규격을 설정하라. 유입되는 메탄 중 메탄이 많이 함유된 흐름선으로 가는 메탄의 비율과 유입되는 에탄 중 에탄이 많이 함유된 흐름선으로 가는 에탄의 비율을 각각 계산하라.

P2.60 체리 잼을 만들기 위해 체리(18 wt%의 고체 성분, 82 wt%의 물로 구성되어 있음)와 설탕이 1:2 (lb/lb)의 체리:설탕 비율로 섞인다. 그리고 이 혼합물은 증발기로 공급되어, 2/3의 물이 증발된다. 블록흐름선도를 그리고, 관련 정보를 표기하라. 고형분과 설탕, 물에 대한 물질수지식을 작성하라. 10 lb 잼/h를 위해서 요구되는 체리의 공급 유량(lb/h)은 얼마인가?

P2.61 용기 내에서 10 lb의 체리(18 wt%의 고체 성분, 82 wt%의 물)와 20 lb을 한 번에 넣어 혼합한 후, 물은 0.20 lb/min의 속도로 증발된다. 블록흐름선도를 그리고, 관련 정보를 표기하라. 고형분과 설탕, 물에 대한 물질수지식을 작성하라. 30분 후에 용기에 남아 있는 물질의 질량(pound)은 얼마인가?

P2.62 고과당 옥수수 시럽은 많은 탄산음료에 사용되는 저렴하고 대중적인 감미료이다. 제조 시 시럽은 소량의 유색 불순물들을 함유하고 있다. 시럽이 음료와 섞이기 전에 활성 숯층에 여과시킴으로써 불순물들을 제거해야 된다. 불순물들은 숯에 흡착되지만 나머지 시럽은 숯층을 통과해 나간다. 숯은 kg당 0.4 kg의 불순물을 흡착시킬 수 있다. 당신은 시간당 115 lb의 고과당 옥수수 시럽을 처리할 수 있는 숯 여과 장치를 설계해야 한다. 시럽은 0.5 wt%의 불순물을 함유하고 있다. 교체하기까지 7일 동안 지속해서 사용될 수 있는 숯을 사용하고자 한다. 얼마나 많은 양의 숯(lb)이 사용되어야 하는가?

P2.63 질소와 산소가 1340 °R, 80 atm에서 운전되는 암모니아 합성 반응기에 1:3의 몰비로 공급된다. 공급 질소 중 25%는 암모니아로 전환되고, 반응기는 1000 lbmol/NH_3를 생산한다. 흐름선도를 그리고, 관련 정보를 표기하라.

계산 기준, 흐름조성규격, 계성능규격을 제시하라. N_2, H_2, NH_3에 대한 물질수지식을 작성하라. 반응기 온도와 압력조건 하에서 공급 기체의 부피 유량(ft^3/h)을 계산하라. 이상 기체로 가정하고 $R = 0.7302\ ft^3\ atm/lb\text{-}mol\ °R$이다.

P2.64 염화 디옥사이드(chlorine dioxide)는 종이 제조 산업에서 펄프를 표백하는데 사용되는데, 다음과 같은 반응에 의해 얻어진다.

$$6NaClO_3 + 6H_2SO_4 + CH_3OH \rightarrow 6ClO_2 + 6NaHSO_4 + CO_2 + 5H_2O$$

3200 kgmol/h의 45 mol% $NaClO_3$와 45 mol% H_2SO_4, 10 mol%의 CH_3OH의 혼합물이 정상상태로 운전되고 있는 반응기에 유입된다. 유입되는 CH_3OH의 75%가 생성물로 전환된다. 계산 기준, 흐름조성규격, 계성능규격을 설정하라. 반응기 유출흐름에서의 모든 화합물의 몰 유량을 계산하라.

P2.65 시트럴(citral, $C_{10}H_{16}O$)은 레몬그라스 유에서 추출되며, 그 감미로운 레몬향 때문에 세정제로부터 아이스크림에 이르기까지 많은 소비제품 제조에 많이 사용된다. 시트럴은 부텐, 포름알데히드, 산소로부터 얻을 수도 있는데 그 반응은 다음과 같다.

$$2C_4H_8 + 2CH_2O + 0.5O_2 \rightarrow C_{10}H_{16}O + 2H_2O$$

35 mol%의 부텐, 65 mol% 포름알데히드를 함유하는 기체(1200 gmol/h)를 공기(79 mol% N_2, 21 mol% O_2)와 8:3(가스:공기) 비율로 혼합한다. 이 혼합물을 반응기에 유입하면, 반응기에서는 혼합물이 촉매 존재 하에 반응하여 시트럴을 생성하게 된다. 반응기가 정상상태에서 운전된다면, (a) 반응기 유출흐름에서의 모든 성분에 대한 유량, (b) 반응기 유출흐름에서 시트럴의 mol%, (c) 반응에 의해 소모된 부텐과 포름알데히드의 %를 계산하라.

P2.66 10 mol% 프로필렌(C_3H_6), 12 mol% 암모니아(NH_3), 3 mol% 물, 75 mol% 공기로 구성된 기체가 있다. 공기 중 $N_2:O_2$ 몰비는 79:21로 가정한다. 기체는 8000 gmol/day의 유량으로 반응기에 유입된다. 이 반응기에서 프로필렌, 암모니아, 산소가 다음과 같은 반응에 의해 아크리로나이트릴(C_3H_3N)을 생성한다.

$$C_3H_6 + NH_3 + 1.5O_2 \rightarrow C_3H_3N + 3H_2O$$

30%의 프로필렌이 반응에 의해 소모되며, 반응은 정상상태에서 운전되고 있다. 블록흐름선도를 그리고, 관련 정보를 표기하라. (i) 계산 기준, (ii) 흐름조성규격, (iii) 계성능규격을 설정하라. 반응기 유출흐름에서의 모든 화합물의 몰 유량을 계산하라. 유출흐름에서 N_2 mol%는 유입흐름에서의 mol%와 비교해 적을까, 클까, 아니면 같을까?

P2.67 사염화규소($SiCl_4$, 또는 tetrachlorosilane)는 마그네슘(Mg)과 반응하여 순수한 고체 실리콘 규소(Si)와 염화마그네슘($MgCl_2$)을 만든다. 연구원은

255 g의 $SiCl_4$와 48 g의 Mg 혼합물을 비어 있는 실험실 규모의 작은 반응기에서 반응시켰다. 다음 날, 연구원은 반응기 내 전체 반응물을 제거하여 그 안에 오직 Si, $MgCl_2$, $SiCl_4$만이 존재한다는 사실을 알아내었다. 위 물질들이 각각 몇 그램씩 얻어지겠는가?

P2.68 84.2 wt%의 $SiCl_4$와 15.8 wt%의 Zn으로 구성된 혼합물이 303 g/h의 속도로 실험실 규모의 작은 반응기에 연속적으로 공급된다. 반응기는 정상상태에서 운전된다. 반응기 내부에서 Si가 다음 반응에 의해 생산된다.

$$SiCl_4 + 2\ Zn \rightarrow Si + 2\ ZnCl_2$$

반응기의 유출흐름은 Si, $ZnCl_2$, $SiCl_4$로 구성된다. 유출흐름의 유량과 조성을 계산하라. (이 반응은 전자용 실리콘을 공업적으로 생산하는 기준이었으나, 현재는 Siemens 공정으로 대체되었다.)

P2.69 일반적으로 가스그릴은 프로판을 약 500 g/h 속도로 연소한다. 프로판을 완전 연소하여 CO_2와 H_2O를 생성하는 데 필요한 산소의 부피 유량(cm^3/h)을 계산하라. 또한, 생성되는 CO_2의 유량을 g/h, cm^3/h의 단위로 계산하라. 공기 중 N_2:O_2 몰비는 79:21로 가정한다. 부피 유량은 STP에서 이상 기체 법칙으로부터 계산될 수 있다.

2.6절

P2.70 사례연구의 나머지 부분을 해결하라. 필요한 방정식을 유도하고 모든 흐름에서 모든 성분들에 대한 흐름을 찾아보라. 표 형태로 보고하고 이때 단위는 kgmol/h와 kg/h로 표기하라. 또한 공정에 유입되는 전체 질량 유량과 유출되는 전체 질량 유량은 같은가? (그래야 하는가?) 공정에 유입되는 전체 몰 유량과 유출되는 전체 몰 유량은 같은가? (그래야 하는가?)

P2.71 World Economic Forum에 의하면 플라스틱의 연간 생산량은 7천 8백만 ton으로 추정된다. 전체 생산량 중 98%는 새로이 제조, 생산되고 있으며, 2%는 재생된다. 7천 8백만 ton의 플라스틱 중 14%의 소각되고, 40%는 땅에 매립되고, 14%는 재활용되며, 나머지는 결국 환경에 노출된다.

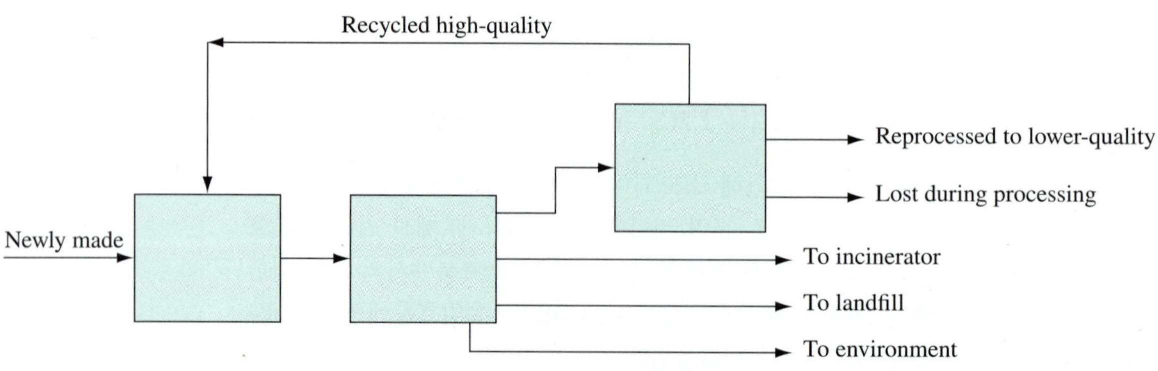

재활용되는 14%의 플라스틱 중 28%는 공정 운전 중 손실되며, 58%는 보다 낮은 질의 플라스틱으로, 14%는 내부 재순환 공정에 의해 높은 질을 가

진 플라스틱으로 회수된다. 아래 블록흐름선도는 여러 흐름을 보이고 있다. 각각의 공정단위를 혼합기, 분할기, 분리기 또는 반응기로 나타내라. 각 흐름에서의 플라스틱의 양을 계산하라.

P2.72 사탕수수로부터 설탕 결정을 생산하기 위한 공정의 일부로서, 원료 사탕수수 주스가 물 제거를 위해 세 개의 연속식 증발기에 공급된다. 85wt%의 물을 함유하고 있는 사탕수수 주스는 10,000 lb/h로 첫 번째 증발기에 공급된다. 각각의 증류기에서는 같은 양의 물이 제거된다. 마지막 증발기에서 배출된 농축된 사탕수수 주스는 40 wt%의 물을 함유하고 있다. 다음을 계산하라.

(a) 마지막 증발기에서 나가는 농축된 주스의 유량
(b) 각 증발기에서 제거된 물의 양
(c) 두 번째 증발기로 유입되는 주스 내 물의 농도

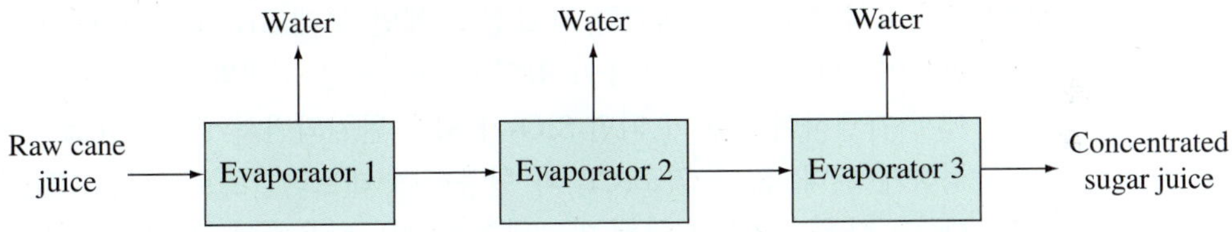

P2.73 많은 사람들은 우유내 당분인 락토오스(젖당)를 소화하는 데 어려움이 있다. 이를 해결할 수 있는 하나의 방법으로 락토오스를 락타아제라는 촉매를 이용하여 글루코오스(포도당)와 갈락토오스(유당)로 수화시키는 것이다.

$$C_{12}H_{22}O_{11} + H_2O \rightarrow C_6H_{12}O_6(glucose) + C_6H_{12}O_6(galactose) \qquad \textbf{(R1)}$$

글루코오스와 갈락토오스는 이성질체이다. 같은 분자식을 가지지만 그 구조가 다르다(그리고 글루코슨 갈락토오스보다 다른 더 달콤한 맛을 냄). 갈락토오스는 다름 효모 촉매 반응에 의해 글루코오스로 전환된다.

$$C_6H_{12}O_6(galactose) \rightarrow C_6H_{12}O_6(glucose) \qquad \textbf{(R2)}$$

락토오스를 글루코오스와 전환하는 공정을 제안하고 있다. 31.25 mol%의 락토오스와 물로 구성된 용액을 1000 kgmol/day의 유량으로 반응기 1에 유입한다. 유입된 락토오스의 92%는 R1 반응에 의해 소모된다. 반응기 1의 유출물은 반응기 2로 유입된다. 반응기 2에 유입되는 갈락토오스의 60%는 반응기 2에서 소모된다. 반응기 2의 유출물은 분리기 1에 유입되고, 여기서 3개의 생성물로 나온다. 순수한 글루스, 순수한 갈락토오스, 락토오스-물 용액이다. 블록흐름선도가 아래 그려져 있는데, 여기서 W는 물, G는 글루코오스, Ga는 갈락토오스를 나타낸다. 흐름선은 숫자로 구분되어 있다.

다음의 공정흐름 계산을 해 보라.

(a) 계산 기준 관련 식을 작성하라.
(b) 흐름조성규격을 표현하는 하나의 식을 작성하라.
(c) 계성능규격과 관련된 두 식을 작성하라.

(d) 적절한 흐름선 변수와 계 변수를 이용하여, 반응기 1, 반응기 2, 분리기 1와 관련된 물질수지식을 작성하라(오직 변수 이름만 사용하라).

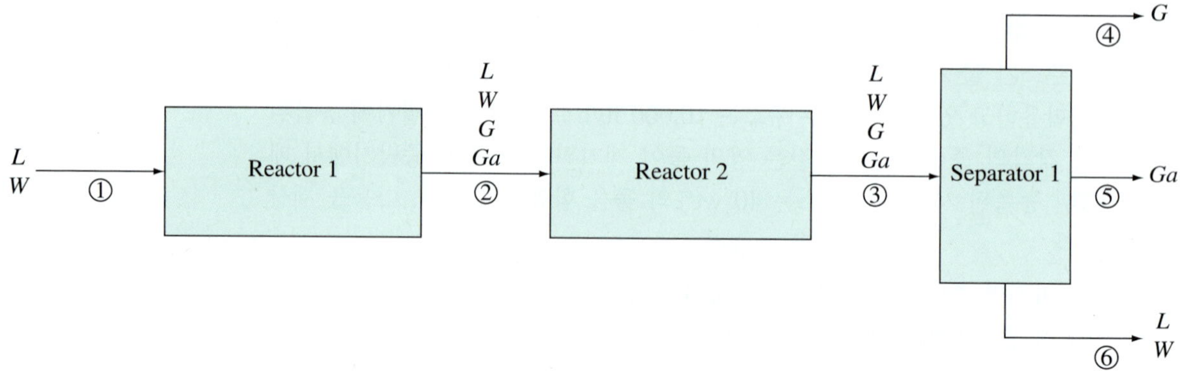

P2.74 고순도의 실리콘은 저렴한 재료인 고체인 모래(SiO_2)와 코크(C)으로부터 만들어진다. 세 가지 반응이 참여하는데 우선 모래와 코크를 전지 용광로에서 가열하여 고온이 되면 SiO_2가 Si로 환원되면서 일산화탄소 기체를 생성하게 된다. Si를 염소(Cl_2)와 반응하여 테트라클로로실란($SiCl_4$)을 만든다. 그 다음, $SiCl_4$는 고체 마그네슘(Mg)와 반응하여 고체의 염화 마그네슘($MgCl_2$)과 고순도의 Si를 얻는다. 두 고체 물질은 Si가 물에 녹지 않으므로 $MgCl_2$를 물에 용해시킴으로써 분리가 가능하다. 반응수지식을 세워보라. 합리적인 블록흐름선도를 작성하고, 혼합기, 반응기, 분리기를 나타내어라. 각 흐름선에서의 화합물을 표기하라. 전체 공정을 계로 간주하여, 고 순도 Si kg을 얻는 데 필요한 모든 반응물과 부산물의 질량을 계산하라.

P2.75 DEA(diethanolamine, $C_4H_{11}O_2N$)를 만드는 과정에서 에틸렌은 산화에틸렌으로 산화된 다음, DEA를 만들기 위해 산화에틸렌은 암모니아와 반응한다. 화학양론적으로 균형 잡힌 반응은 다음과 같다.

$$2C_2H_4 + O_2 \rightarrow 2C_2H_4O$$
$$2C_2H_4O + NH_3 \rightarrow C_4H_{11}O_2N$$

각 반응은 별도의 반응기에서 수행된다. C_2H_4, 공기(79 mol% N_2, 21 mol% O_2), NH_3가 사용 가능한 원료이다. 첫 번째 반응기에서 모든 산소와 25%의 에틸렌이 소모되며, 두 번째 반응기에서는 반응물의 완전한 전환이 이루어진다. 두 번째 반응기에는 산소가 사용되지 않는다. 산화에틸렌은 다른 기체와 쉽게 분리된다. 질소와 에틸렌은 서로 분리가 가능하나, 질소에서 산소를 분리하는 것은 엄청나게 비용이 많이 발생하는 제약이 있다.

이 정보를 바탕으로, 당신이 생각할 때 DEA를 만드는 가장 좋은 공정을 나타내는 블록흐름선도를 스케치하라. 모든 공정단위에 "혼합기", "반응기", "분리기" 또는 "분할기"로 적절하게 표기하라. 각 흐름선에 모든 구성 성분을 표시하고, 이유를 간단히 설명하라. 어떤 계산도 할 필요는 없다.

P2.76 디메틸카보네이트(DMC, $C_3H_6O_3$)는 다음과 같은 메탄올의 산화카르보닐화 공정에 의해 합성할 수 있다.

$$2CH_3OH + CO + \frac{1}{2}O_2 \rightarrow C_3H_6O_3 + H_2O$$

80 mol% CH_3OH와 20 mol% CO를 포함하는 2000 gmol/h 유량의 기체를 공기(79 mol% N_2, 21 mol% O_2)와 혼합한 후 정상상태에서 운전되는 반응기로 유입되어 반응이 일어난다. 반응기를 떠나는 흐름(반응기 유출물)의 유량은 2264 gmol/h이고, 이 흐름에는 O_2가 포함되어 있지 않다.

반응기 유출물은 분리기로 공급되고, 두 개의 흐름이 분리기에서 나온다. 분리기를 떠나는 하나의 흐름선("기체 생성물")은 질소, CO 및 분리기에 공급된 메탄올의 10%를 포함한다. 다른 흐름("액체 제품")에는 나머지 메탄올과 모든 물과 DMC를 포함한다.

블록흐름선도를 그리고, 관련 정보를 표기하라. 구성 성분과 흐름선 숫자를 선도에 나타내라. 먼저 *혼합기와 반응기*를 계로 선택한다. 혼합기에 공급되는 공기의 몰 유량(gmol/h)을 계산하고, 반응기 유출물의 mol% DMC 및 반응기에 공급된 메탄올 중 반응에 의해 소모된 메탄올의 %를 계산하라. 그런 다음 *분리기*를 계로 선택하고, 배출되는 액체 제품의 유량(gmol/h)과 액체 제품 중 DMC의 mol%를 계산하라.

P2.77 아크릴로니트릴(C_3H_3N, 탄소 섬유, 아크릴 섬유, 나일론, 훈증제, 합성 고무를 만드는 데 사용됨)은 프로필렌(C_3H_6)의 촉매 암모니아 산화에 의해 합성된다.

$$2C_3H_6 + 2NH_3 + 3O_2 \rightarrow 2C_3H_3N + 6H_2O$$

프로필렌, 암모니아, 공기(79 mol% N_2, 21 mol% O_2)를 혼합하고 반응기에 유입하면, 혼합물이 촉매 하에서 반응하여 아크릴로니트릴을 생성한다. 반응기는 정상상태에서 운전된다. 당신은 반응기의 성능을 모니터하는 책임을 지닌 공정엔지니어이다. 어느 날 반응기에서 나오는 가스 유량이 7095 gmol/min임을 알게 되고, 가스는 N_2, 프로필렌, 아크릴로니트릴과 더불어 28.19 mol%의 물과 1.88 mol%의 암모니아를 함유하고 있지만, O_2는 없다는 것을 확인했다.

아크릴로니트릴 반응기 유출물은 분리기로 공급된다. 두 개의 흐름이 분리기에서 나오는데, 하나의 흐름("기체 생성물")은 모든 질소, 분리기로 공급되는 프로필렌의 85%, 약간의 암모니아를 포함하고 있으며, 다른 흐름("액체 생성물")은 2.1 mol% 암모니아, 물, 아크릴로니트릴과 함께 프로필렌을 함유하고 있다.

관련 흐름선도를 그려라. 반응기를 계로 간주하여 물질수지식을 도출하라. (a) 반응기에서 나오는 아크릴로니트릴의 유량(gmol/min), (b) 프로필렌의 유량(gmol/min), 암모니아 및 반응기에 공급되는 공기, (c) 반응기에 공급되는 프로필렌 및 암모니아 중 반응에 의해 소비되는 % 등을 계산하라.

그런 다음 분리기를 계로 사용하여, 물질수지식을 유도하고, 다음을 계산하라. (d) 분리기에 공급된 암모니아 중 액체 제품에서 회수된 비율, (e) 액체 제품의 총 유량.

P2.78 1,3-프로판디올($C_3H_8O_2$)은 직물이나 플라스틱 병을 만드는 데 사용되는 고분자를 합성하는 데 필요한 중요한 요소이다. 1,3-프로판디올은 화학적·생물학적 경로를 통해 상업적으로 만들어진다. 한 종류의 화학적 경로는 하이드로포밀화라고 하는데 산화에틸렌(C_2H_4O)에서 시작한다.

$$C_2H_4O + CO + 2H_2 \rightarrow C_3H_8O_2$$

30 mol% C_2H_4O, 30 mol% CO, 40 mol% H_2를 포함하는 가스흐름을 900 gmol/min의 유량으로 반응기에 공급되며, 여기서 혼합물은 촉매 하에 $C_3H_8O_2$를 생성한다. 반응기는 정상상태에서 운전된다. 당신은 반응기의 성능을 모니터하는 책임을 지닌 공정 엔지니어이다. 어느 날 반응기에서 유출되는 가스흐름을 샘플링하고 36 mol% $C_3H_8O_2$가 포함되어 있는지 알게 되었다.

반응기 유출물은 분리기로 보내져, 분리기에서 두 개의 흐름으로 유출된다. 분리기를 떠나는 하나의 스트림("기체 생성물")은 일부분의 산화에틸렌, 일부분의 1,3-프로판디올와 함께 모든 H_2, CO를 포함하고 있다. 분리기에 공급되는 1,3-프로판디올의 95%는 다른 흐름("액체 생성물")에서 회수되는데, 여기서 1,3-프로판디올의 농도는 85 mol%이다.

공정흐름선도를 그리고, 관련 정보를 표기하라. 반응기를 계로 사용하여, 계산 기준, 흐름조성규격을 설정하라. 물질수지 방정식 작성하고 반응기 유출물의 총 유량(gmol/min)과 몰 조성을 계산하라.

그런 다음 분리기를 계로 선택한 후. 계산 기준, 흐름조성규격, 계성능규격을 설정한다. 물질수지식을 작성하고 기체 및 액체 제품 흐름의 유량과 조성을 계산하라.

P2.79 소르비톨은 "무설탕" 캔디의 한 성분이다. 단맛을 내지만, 박테리아가 그것을 먹이로 할 경우 물질대사를 시키지 못해 이를 썩게 하지 않는다. 그리고 사람 또한 그것을 물질대사를 시키지 못하므로 다이어트 식품으로 사용된다. 소르비톨($C_6H_{14}O_6$)은 글루코오스($C_6H_{12}O_6$)와 수소로부터 만들어진다 (글루코오스는 치아를 썩게 함). 100 kg/day의 유량을 갖는 30 wt%의 글루코오스 용액이 같은 양론비 유량의 수소와 혼합되어 반응기로 공급된다. 이 중 80%의 글루코오스는 소르비톨로 전환된다. 그 후 수소는 가스흐름으로 설탕 용액으로부터 분리된다. 얼마만큼의 수소(kg/day)가 이 공정에 공급되었는가? 공정에서 배출되는 액체 흐름의 조성(wt%)과 유량(kg/day)은 얼마인가?

핵심 문제

P2.80 미생물은 때로는 유사 화학물질로 인식되는 단백질, 탄수화물, 지방이 복합적으로 섞여 있다. 예를 들어, 박테리아 바이오매스는 $CH_{1.666}N_{0.20}O_{0.27}$

이라는 실험식을 가지고 있다. 호기성 환경에서, 박테리아는 글루코오스($C_6H_{12}O_6$)와 산소(O_2), 암모니아(NH_3)를 섭취하여 더 많은 박테리아($CH_{1.666}N_{0.20}O_{0.27}$), CO_2, 젖산($CH_3CH(OH)COOH$)과 물을 만든다. 글루코오스가 반응하여 CO_2와 젖산, 그리고 박테리아를 만드는 계수를 맞춘 세 가지 화학반응식을 적어라. 각각의 반응에서 O_2와/또는 NH_3 또한 반응물이고, CO_2와/또는 H_2O도 생성물이 될 수 있다.

g의 글루코오스를 완충 용액에 녹이고 용기에 옮긴 후 1.0 g의 박테리아와 약간의 암모니아를 혼합하고, 그 용액 속으로 공기를 주입하여 거품을 발생시킨다. 시간이 지난 후, 공기의 주입을 멈추고 글루코오스가 모두 소모되었고 용기에는 2.10 g의 박테리아, 3.6 g의 젖산과 물이 남아 있다는 것을 알게 되었다. 얼마나 많은 양(g)의 CO_2가 생성되었는가? CO_2, 젖산, 박테리아 만들기 위해 소비된 글루코오스의 분율은 각각 얼마인가?

P2.81 식물은 인산염이 필요하다. 인광석[$(CaF)Ca_4(PO_4)_3$]은 유기농 농부들이 광범위하게 사용하지만 인산염을 매우 느리게 방출한다. 인산염 암석이 황산(H_2SO_4)과 반응하면 인산일칼슘[$CaH_4(PO_4)_2H_2O$], 황산칼슘($CaSO_4$), 불화수소(HF)를 생성한다. 방출 속도가 빠른 과인산 비료는 이 반응에서 생성된 인산일칼슘과 황산칼슘의 혼합물이다. (HF는 사용하지 않는다.) 당신은 하루 600톤의 과인산 비료를 생산하기 위한 공정 설계 책임을 맡고 있다. 필요한 인광석과 황산의 유량을 ton/day로 계산하라. 인광석이 $125/톤, 황산이 $60/톤, 과인산염이 $280/톤에 판매한다면, 얼마의 연간 이익을 기대할 수 있겠는가? 이 공정은 연간 350일 동안 운전한다고 가정한다.

P2.82 유장(cheese whey)은 정제 유무 따라 특별한 용도의 다양한 단백질을 함유하고 있다. 예를 들어, 글리코매크로펩티드(glycomacropeptide, GMP)는 페닐알라닌(phenylalanine)을 함유하지 않아, 페닐케토누리아(phenylketonuria, PKU) 질병을 지닌 사람들에게 안전하게 소비될 수 있는 단백질 공급원이다. GMP는 PKU를 지닌 사람들이 소비할 수 있도록 베타-락토글로불린(beta-lactoglobulin)과 같은 다른 유장에서 꼭 분리되어야 한다.

개발 중인 공정에 있어서, 1.2 g GMP/L와 0.8 g BLG/L을 함유하는 유장을 150 mL/min의 유량으로 분리기에 넣는다. 분리기에는 이온교환 수지가 있어, 몇몇의 단백질을 흡착시킨다. 유장의 잔여물이 통과할 때, GMP 89%와 BLG 24%가 이온교환 수지에 흡착된다. 30분 후에 유장의 투입이 중지되고 10분 동안 150 mL/min의 유량으로 0.25 M NaCl을 함유하는 완충 용액이 분리기 안으로 투입된다. 이 시간 동안 이온교환 수지에 있는 모든 단백질들이 완충 용액과 함께 떨어져 나온다. 단백질을 함유하는 완충 용액을 모아서 모든 물을 증발시키고, 건조된 물질을 얻는다. 이 건조된 물질의 순도(wt% GMP)와 양(g)은 얼마인가?

P2.83 물에 아세트산(CH_3COOH)이 녹아 있는 용액인 식초는 와인이나 주스의 발효에 의해 만들 수 있다. 대체 방안으로 에탄올의 제어된 산화에 의해서도 화학적으로 합성이 가능하다. 부티크 식초를 만드는 공정을 설계하는데,

여기서는 우선 반응기에서 에탄올을 아세트산으로 산화시킨 후 특수 허브와 향신료를 혼합하게 된다. 이 공정은 기초 식초물(물에 5.0 wt% 아세트산 혼합)을 4000 kg/일 유량으로 생성해야 한다. 산소는 공기로 공급되며, 화학양론적 양으로 공급되어야 한다. 관련 화학반응 수지식을 작성하라. 공정 흐름선도를 스케치한 다음 공정으로 들어가는 공기, 에탄올, 물의 유량과 공정에서 유출되는 부산물의 유량을 계산하라.

P2.84 페닐케톤뇨증(PKU)은 환자가 거의 모든 단백질에 들어 있는 아미노산 페닐알라닌(Phe)을 처리할 수 없는 대사 장애이다. 이러한 이유로 환자는 일반적으로 단백질이 포함된 음식 섭취를 피해야 하며, 다소 맛이 좋지 않은 아미노산 음료를 섭취하여 영양 요구 사항을 충족해야 한다. 글리코마크로펩티드(GMP)라고 하는 치즈 유청 단백질은 Phe를 거의 포함하지 않는 독특한 단백질이지만 PKU 환자가 섭취 가능하고 맛이 보완된 음식을 만드는 데 사용할 수 있다. 그러나 GMP는 필수아미노산이 모두 함유되어 있어 않아 영양소를 충족시키기 위해 일부 아미노산으로 단백질 보충이 필요하다.

당신은 식품 제조업체에 판매되는 분말 형태의 단백질이 풍부한 제품 개발을 담당하고 있다. 아래 표는 GMP 그램당 mg 아미노산을 보여준다. (모든 아미노산을 표기한 것은 아니다.)

	Arg	His	Leu	Phe	Trp	Tyr	Lys
mg/g GMP	3.7	1.2	19.4	0	0	0.5	50.0

제조업체는 실제 단백질을 그램 단위로 판매하지만 영양사는 질소의 함량을 토대로 한 "단백질 등가(PE)" 그램을 알고 싶어 하는데, 여기서 1 PE 그램 = 6.25 × 제품의 N 그램에 해당된다. GMP의 경우 N 함량은 실험적으로 0.125 g N/g GMP로 결정된다, 결국 GMP 1 g은 0.78 PE g과 같다.

단백질이 풍부한 분말 제품의 경우 표적 아미노산이 있는데 이것은 순수한 아미노산(AA)에 GMP를 혼합하여 얻을 수 있는 아미노산의 조성이다. 이러한 표적치뿐만 아니라 N 함량(아미노산 몰당 N 몰)과 아미노산의 분자량을 표에 나열하였다. (AA는 3자리 코드를 사용했다.)

	Arg	His	Leu	Phe	Trp	Tyr	Lys
Target mg/PE g of product	90	24	200	0	14	93	60
Molar mass (g/gmol)	211	155	131		204	181	183
N content (mol N/mol AA)	4	3	1		2	1	2

분말 제품 100 g을 만들기 위해 혼합해야 하는 각 아미노산의 그램과 GMP의 그램을 계산하라. 또한 제품의 PE 그램을 계산하라. (*Hint*: 선도를 그리고 물질수지식을 도출하기 전에 단위와 기초에 대해 신중하게 생각하라.)

P2.85 신선한 오렌지 주스에는 물에 12 wt%의 용해된 고형물이 포함되어 있다. 대부분의 고형물은 설탕이지만 미량의 주스의 독특한 향과 풍미를 더하는

휘발성이 있으며 온도에 민감한 화합물을 포함하고 있다. 배송 전에 주스를 농축하기 위해 주스 맛/향 화합물의 손실을 최소화하기 위해 저온에서 작동하는 특수 증발기에서 물이 일부 제거된다. 그러나 이러한 화합물 중 일부는 증발기의 수증기 흐름에서 손실된다. 이를 보완하기 위해 "컷백"이 사용되는데, 여기서는 일부 신선한 주스가 농축 주스와 다시 혼합된다.

이러한 공정 중 하나로서 신선한 주스(10,000 lb/h)가 분할기에 공급된다. 신선한 주스의 90%는 증발기로 공급되고, 이곳에서 증발에 의해 수분이 제거된다. 증발기에서 나오는 액체에는 고형분 80 wt%가 용해되어 있다. 분할기에서 나온 신선한 주스의 나머지 10%가 증발기에서 나오는 농축 주스와 함께 혼합기로 유입된다. (a) 증발기에서 증발하는 물의 유량, (b) 공정을 떠나는 주스의 용존 고형물 함량을 계산하라.

P2.86 자동차 에어백은 3개의 고체 물질-아지드화나트륨(NaN_3), 질산칼륨(KNO_3), 규소 이산화물(SiO_2)로 채워져 있는 실린더를 가지고 있다. 충돌 시 전기 신호가 실린더로 보내져 아지드화 나트륨이 나트륨(Na)과 질소(N_2)로 빠르게 분해된다. Na 금속은 KNO_3와 반응하여 K_2O와 Na_2O을 생성하면서, 더 많은 N_2를 발생시킨다. K_2O와 Na_2O는 SiO_2와 융합하여 무정형의 유리질 고체를 생성한다. 아지드화나트륨의 분해와 금속나트륨과 질산칼륨의 반응에 대한 균형 잡힌 화학반응 수지식을 작성하라. 만일 백에 6 ft^3의 질소를 채우려 한다면, 얼마나 많은 NaN_3(lb와 ft^3)를 실린더에 채워야 하는가? 얼마나 많은 칼륨질산염과 이산화규소(lb와 ft^3)를 추천하는가? 충돌 시 에어백 내용물의 부피 증가는 얼마나 되는가? 고체 NaN_3, KNO_3, SiO_2의 밀도는 각각 1.846, 2.1, 2.6 g/cm^3이다. 이 문제를 해결하려면 먼저 에어백을 회분식 반응기로 생각하고, 계산 기준, 물질수지식을 도출해야 할 것이다.

P2.87 황산(H_2SO_4)은 황(S)을 공기(79 mol% N_2, 21 mol% O_2) 중에 연소하여 SO_2를 만들어 제조된다. 이 단계에서 모든 황을 산화하기 위해 1.2:1의 O_2:S 몰비로 운전하게 된다. 공기를 산소의 원료로 사용하여 촉매하에서 SO_2를 더욱 산화시켜 SO_3를 만든 다음, 물속에서 냉각시키면서 흡수시켜 만든다. N_2와 O_2는 물에 거의 용해되지 않는다. 원료물질로 물, 황, 공기를 이용하여 H_2SO_4(98 wt% H_2SO_4, 2 wt% H_2O)를 200 tons/day로 제조할 수 있는 공장을 설계하려 한다. 이 공정에서 사용될 수 있는 혼합기, 반응기, 분할기, 분리기 등을 보이는 블록흐름선도를 그려라. 필요한 원료물질의 유량을 ton S/day, ton H_2O/day, ft^3 air/h로 계산하라. 모든 흐름선의 유량을 몰과 질량 단위로 결정하라. 모든 계산이 가능하도록 적절한 가정과 근사치를 제시하고 그 합리성을 설명하라. 결과를 표로 요약하라.

P2.88 금은 시안화나트륨(NaCN)을 사용하여 암석에서 회수된다. 순금(Au)을 함유한 광석은 물에서 시안화나트륨과 반응하여 $NaAu(CN)_2$(수용액에 용해됨)와 NaOH를 생성한다. 그런 다음 고체 아연(Zn(s))이 $NaAu(CN)_2$와 반응하여 용해성 $Zn(CN)_2$와 금이 얻어지며, 이것들은 순수한 고체 덩어리로

침전된다. NaCN은 이 반응의 부산물이다. 0.019 wt%의 금을 함유한 1톤의 광석을 가공하여 순수한 금 덩어리를 얻는 공정에 대한 블록흐름선도를 스케치하라. 선도에는 필요한 모든 공정단위(혼합기, 반응기, 분할기 및/또는 분리기)를 표시해야 한다. 다른 반응물과 생성된 부산물의 양을 계산하고, 1톤의 암석에서 생산되는 순금 덩어리의 양을 부피로 계산하라. 금 덩어리의 밀도는 19.3 g/cm^{3}이며, 원자량은 Na(23), C(12), N(14), Au(197), O(16), H(1), Zn(65)이다.

P8.89 폴리카보네이트는 투명하고 충격에 강한 고분자로 콘택트렌즈, 젖병, 콤팩트디스크 등 다양한 제품을 만드는 데 사용된다. 폴리카보네이트는 현재 원자 경제성이 낮은 공정으로서 매우 독성이 강한 가스 포스 유전자($COCl_2$)로부터 만들어진다. 당신은 포스겐 대신 디메틸카보네이트(DMC, $C_3H_6O_3$)를 사용하여 폴리카보네이트 합성을 위한 "보다 친환경적인" 공정 개발에 관심이 있다. DMC를 제조하는 데 있어 더욱 경제적이고 환경 친화적인 방법을 찾고 있다. 다음과 같은 일련의 반응에 관심이 간다.

메탄과 증기로부터 합성가스(CO와 H_2의 혼합물) 생산:

$$CH_4 + H_2O \rightarrow CO + H_2$$

CO와 H_2로부터 메탄올(CH_3OH) 생산:

$$CO + H_2 \rightarrow CH_3OH$$

메탄올, CO, O_2로부터의 디메틸카보네이트 생성:

$$CH_3OH + CO + O_2 \rightarrow C_3H_6O_3 + H_2O$$

회계 부서에서는 이러한 화학 물질의 가격을 다음과 같이 알려주고 있다. 메탄($0.28/kg), 수소($1.1/kg), 메탄올($0.47/kg), 산소($0.12/kg), DMC($2.65/kg).

화학반응 수지식을 세워라. CO와 물의 생성과 소모없이 메탄과 물, 산소로부터 DMC를 제조하는 반응 경로에 대한 생성과 소비 생성-소비 분석하라. 3600 kg/일의 유량으로 DMC를 제조하는 반응 경로를 가진 공정에 대해 원료, 생성물, 부산물의 유량을 계산하라. 원료 가격과 제품의 가격만을 고려하여 이익($/day)을 계산하라.

합리적인 예비 설계로서 2~3개의 다른 블록흐름선도를 그려보라.

P8.90 항생 물질 생성 세포를 배양하는 발효조의 배양액을 만들려고 한다. (발효조는 미생물을 배양하기 위한 특별한 반응기이다.) 배양액은 15 wt% 글루코오스, 6 wt% 인산염, 6 wt% 질산염, 소량의 영양분을 포함하는 수용액이어야 한다. 공급업체에서는 이 혼합액을 $15/kg으로 생산하는데, 여러분의 상사는 당신이 이 혼합액을 훨씬 싸게 직접 제조할 수 있다는 데 대해 의심하고 있다. 몇몇 상용화된 분말들을 원료 성분들이 사용 가능하여, 이를 필요한 만큼 물과 섞을 수 있다. 각각의 질량 조성과 가격은 다음과 같다.

	"Fast-Feed"	"Super-Gro"	"Formula N"
Glucose	45%	0%	0%
Phosphate	2%	35%	12%
Nitrate	1%	15%	58%
Trace nutrients	3%	8%	0%
Filler	49%	42%	30%
Cost/kg	$20	$10	$15

(a) 원하는 조성의 배양액을 만들기 위한 이 분말들의 배합 조건을 제시해 보라. 배양액 1 kg당 필요한 분말과 물의 질량은 얼마인가?

(b) 배양액 1 kg당 가장 절약되는 것은 무엇인가? (물은 공짜라고 가정한다.) 만약 회분당 20 kg의 만드는 데 필요한 혼합장치와 저장탱크의 비용이 $2,000이라면, 이들 장치에 지불해야 하는 비용을 처음으로 벌충하기 위해서는 얼마나 많은 회분을 운전해야 하는가?

(c) 집에서 만드는 배양액에서 미량 영양소의 wt%는 얼마인가? 만약 3 wt%의 미량 영양소가 필요하다면 이 분말들을 사용하여 모든 규격을 충족시키는 배양액을 만들 수 있겠는가? 분말들의 어떤 조합을 추천하는가? 그리고 이러한 새로운 요구를 충족시키는 것은 경제성에 얼마나 영향을 미치는가?

P2.91 항생물질은 일반적으로 발효에 의해 얻어지며, 발효조는 유가식(fed-batch) 배양 조건에서 운전된다. 유가식 배양에서 발효조는 초기에 발효 배양액과 물로 채워진다. 세포가 성장함에 따라 영양소(글루코오스, 인산염, 질산염, 기타)는 소비되면서 생성물이 얻어진다. 세포가 성장하는 동안 세포에 영양을 공급하기 위해 배양액을 연속해서 추가적으로 더해 준다.

배양액은 15 wt% 글루코오스, 6 wt% 인산염, 6 wt% 질산염을 포함하는 수용액이다. 발효조는 6000 mL의 배양액과 약간의 항생물질을 생산하는 균류로 채워져 있다. 추가 배양액은 200 mL/h의 속도로 발효조에 연속적으로 넣어 준다. 세포는 글루코오스를 35 g/h, 인산염은 13 g/h, 질산염을 12 g/h의 속도로 소비한다. 발효는 위의 3가지 영양소 중 하나의 농도가 0이 될 때 멈추게 된다(이후로는 세포가 더 이상 자라지 않기 때문). 어떤 영양소가 맨 처음 없어지는가? 발효는 얼마나 오랜 동안 진행되는가? 발효조의 운전이 끝났을 때 남은 두 영양소의 농도(g/L)는 얼마인가?

P2.92 산화티타늄(TiO_2)은 흰색 페인트 제조용 안료로 가장 많이 사용되는 물질이다. 페인트를 제조하는 데 쓰이는 흰색 안료 가루는 최소 60% TiO_2와 5%의 ZnO, 25%의 충진물(보통 SiO_2 혹은 $CaCO_3$)로 이루어진다.

다음 분말들을 원료공급자에게서 얻을 수 있다. 흰색 안료를 만들기 위해 이 분말들을 혼합하는 블록흐름선도를 그려라,

	Powder A (wt%)	Powder B (wt%)	Powder C (wt%)	Powder D (wt%)
TiO_2	90	0	0	0
ZnO	0	50	0	0
$CaCO_3$	0	50	75	0
NaCl	10	0	25	10
SiO_2	0	0	0	90

규격을 만족시키며, 1000 kg의 흰색 안료를 만들기 위해 이 사용하는 분말들의 배합 비를 제안하라. 제조할 수 있는 가장 적은 wt%의 NaCl를 포함하는 생성물은 무엇인가? 그리고 가장 많은 wt%의 NaCl을 포함하는 생성물은 무엇인가?

P2.93 포틀랜드 시멘트는 다양한 물질들을 혼합하고, 분쇄하고, 가마 내에서 가열하여 만들어진다. 그 가마 내에서는 물의 증발, 마스네슘과 칼슘카보네이트의 분해와 같은 많은 변화가 일어난다. 가연성 물질은 연소되어 기체로 배출되기도 한다. 가마에서 배출되는 시멘트는 반드시 21 wt%의 SiO_2와 65 wt%의 CaO를 포함해야 하며, Fe_2O_3 함량은 1~5 wt% 사이여야 한다.

유용한 원료물질의 조성과 가격을 표에 나타내었다.

	Limestone (wt%)	Clay (wt%)	Mill scale (wt%)	Oyster shells (wt%)
SiO_2	1	68	0	1
CaO	54	0	0	54
Al_2O_3	0	20	0	0
Fe_2O_3	0	4	100	0
MgO	4	0	0	0
Ignitable material	41	8	0	45
Cost ($/ton)	88	35	Free	60

100 metric tons/day의 포틀랜드 시멘트를 제조하는 공정을 개발하고자 한다. 원료 물질을 혼합하여 모든 규격을 만족시키는 시멘트 제품을 제조하기 위한 가장 좋은 배합 비를 제안하라. 그리고 생산되는 시멘트 ton당 소비되는 원료물질의 가격($/ton)을 계산하라.

P2.94 석유 정제를 통해 원유는 여러 가지 다른 탄화수소 화합물의 혼합물로 분리된다. 하나의 생산흐름은 경 알칸류로서 이것은 메탄, 에탄, 프로판, 부탄, 펜탄 등으로 이루어져 있다. 한 공정시설에서는 경 알칸류 흐름[1000 kgmol/h, 10 mol% 메탄(M), 30 mol% 에탄(E), 15 mol% 프로판(P), 30 mol% 부탄(B), 15 mol% 이소펜탄(I)]이 유입 운전되어 다섯 개의 다른

흐름선으로 유출된다. 이들의 분리는 그림에서 보는 것처럼 일련의 증류 컬럼들에 의해 가능하다. 흐름선 1의 프로판의 71.3%는 흐름선 2로 유출된다. 흐름선 3의 프로판의 92.9%는 흐름선 4로 유출되며, 흐름선 5의 메탄의 99.5%는 흐름선 6으로 보내진다. (a) 계산 기준, (b) 모든 흐름조성규격, (c) 모든 계성능규격을 제시하라. 각각의 공정단위를 계로 설정하여, 물질수지식을 세워라. (전체 6개의 계가 있으며 이 중 5개는 분리기, 1개는 혼합기이다.) 전체 물질수지식의 숫자는 몇 개인가? 모든 흐름선의 유량(kgmol/h)과 조성(mol%)을 계산하라. 몰과 중량의 단위로 구한 계산 결과를 표로 나타내고, 이때 흐름선을 표의 행에, 성분을 표의 열에 표기하라.

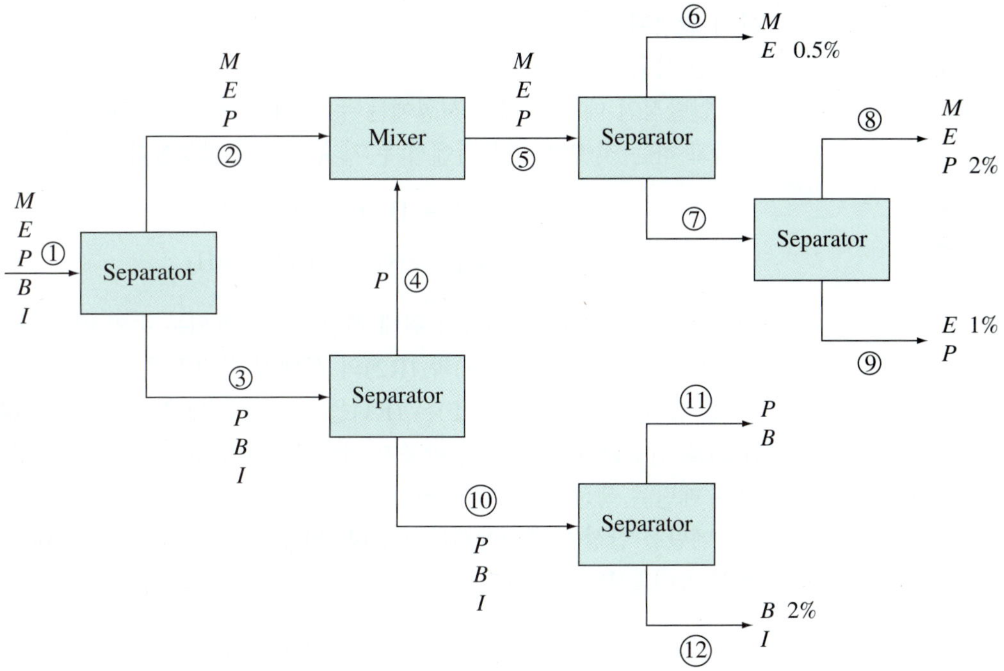

P2.95 사탕수수 산업은 하와이에서 큰 산업이다. 원료인 사탕수수는 우선 들밭에서 베어진 후, 쪼개지고, 잘게 부수어진다. 사탕수수 원료는 15 wt%의 자당, 25 wt%의 고형분, 그리고 물과 무시할 만큼의 첨가 불순물이 존재한다. 캘리포니아로 옮길 사탕수수 원료를 만들기 위해 방앗간에서 쪼개진 사탕수수를 물과 섞어서 불린다. 사탕수수에서 설탕 주스의 약 93%가 방앗간에서 회수된다. 처리 후의 수수(bagasse)는 20 wt%의 물을 함유하고 있으며, 회수하지 못한 주스 성분과 함께 연료용으로 사용하기 위해 태운다. 회수된 주스는 정화기로 보내져 이곳에서 석회를 넣어 불순물을 침전시킨다. 모든 라임은 “진흙” 형태로 침전되어, 어떤 주스도 진흙으로 손실되지 않는다고 가정한다. 정화기를 나오는 주스는 물을 85 wt% 함유하고 있으며, 이는 증발기로 보내지고, 여기에서 주스의 물의 함량이 40 wt%로 감소된다. 농축된 주스는 증발기/결정화기로 보내져, 물을 좀 더 제거한 후 설탕 결정을 형성하게 된다. 결정화기를 떠나는 결정과 시럽은 10 wt%의 물을 함유하고

있다. 결정들은 원심분리기에 의해 시럽으로부터 분리된다. 원료 설탕 결정은 97.8 wt%의 자당, 그리고 시럽[blackstrap molasses(당밀)]은 50 wt%의 설탕을 함유하게 된다.

사탕수수가 10,000 lb/h 유량으로 가공된다고 가정한다. 단순화된 공정 흐름선도를 그려보라. 원료 설탕 결정과 당밀의 유량, 방앗간에서 보낸 사탕수수에 첨가된 물의 유량, 그리고 첫 번째 증발기에서 제거되는 물의 유량을 구하라.

설계 문제

P2.96 원래 나무를 증류하여 만든 메탄올(CH_3OH)은 현재 일반적으로 메탄과 물에서 합성된다. 그것은 포름알데히드와 같은 다른 화학 물질의 생산을 위해 중요한 상업 용제와 공급 원료이다.

일반적인 메탄올 제조 시설에는 두 개의 반응기가 존재한다. 증기 개질기라고 하는 첫 번째 반응기에서 두 가지 반응이 발생한다.

$$CH_4 + H_2O \rightarrow CO + 3H_2 \qquad \textbf{(R1)}$$

$$CH_4 + 2H_2O \rightarrow CO_2 + 4H_2 \qquad \textbf{(R2)}$$

원치 않는 부작용을 억제하기 위해 개질기에 공급되는 증기:메탄 몰비는 일반적으로 2:1로 한다. (R1)과 (R2)의 상대적 중요성은 반응기 온도에 달려 있다. 고온(1500~1800°F)은 (R1)을 선호하고 낮은 온도(600~700°F)는 (R2)를 선호한다. 전형적인 반응기 압력은 300 psig이다. 이러한 조건에서 모든 메탄은 생산품으로 전환된다.

메탄올 합성 반응기에서는 고압(4500 psig)과 적당한 온도(500~600°F)에서 촉매를 통해 두 가지 반응이 발생한다.

$$CO + 2H_2 \rightarrow CH_3OH \qquad \textbf{(R3)}$$

$$CO_2 + 3H_2 \rightarrow CH_3OH + H_2O \qquad \textbf{(R4)}$$

반응기에 공급된 CO/CO_2의 약 15%가 메탄올로 변환된다.

사용 가능한 메탄은 2% N_2로 오염되어 있다. 메탄올과 물은 냉각과 응축을 통해 CO, CO_2, N_2, H_2에서 쉽게 분리된다. CO와 CO_2는 흡수에 의해 H_2와 N_2에서 분리된다. 두 번째 반응기에 필요한 가스를 고압으로 압축하는 것은 매우 비싸다.

당신의 임무는 이러한 정보를 기반으로 연간 6천만 파운드를 만드는 공정을 설계하는 것이다. 유입-유출 선도를 작성하고 수증기와 메탄의 전체 공급 유량을 계산하라. 다음에 원하는 설계를 잘 보여주는 블록흐름선도를 스케치하라. 각 흐름에 화학종을 표기하라. 당신이 제시한 블록흐름선도가 다른 대체 블록흐름선도보다 우수하다고 생각하는 이유를 한두 단락으로 설명하라. 수증기 개질기를 고온 또는 저온에서 실행할 것인지 결정하라.

마지막으로 펌프, 압축기, 열 교환기를 포함한 예비 공정흐름선도를 스케치하라. *공정흐름을 계산할 필요는 없다.*

P2.97 ABC 공업용 알코올 회사의 최고 경영자인 Big씨는 연속적인 회사 성장을 위해서는 새로운 제품이 필요하다고 결정했다. 에틸아세테이트(공업용 용매)의 시장은 확장되고 있어, ABC의 공정 팀으로서 당신의 조직은 700 million lb/yr의 에틸아세테이트를 생산하기 위한 공정을 제안했다. 회사에 있는 화학자와 환경공학자들과 초기 대화 이후에 다음과 같은 정보를 얻었다.

사용할 수 있는 원료:

70 mol%의 에탄올과 30 mol%의 물이 함유된 용액

공기(79 mol% 질소, 21 mol% 산소)

가능한 반응 경로:

에탄올 산화에 의한 초산과 물을 생성

$$C_2H_5OH + O_2 \rightarrow CH_3COOH + H_2O$$

반응은 촉매 상에서 고압력의 증기 상태에서 일어난다. 적어도 50 mol%의 질소가 희석제로서 원료에 포함되어야 한다. 에틸아세테이트는 유입 시에는 존재하지 않는다. 물은 원료에 존재 가능하다. 산소는 에탄올을 완전히 소비시키기 위해서 양론비보다 20% 초과해서 유입시킨다.

에탄올과 초산을 에스테르화시키면 다음과 같이 에틸아세테이트를 생산하게 된다.

$$C_2H_5OH + CH_3COOH \rightarrow CH_3COOC_2H_5 + H_2O$$

반응은 상온에서 용액상에서 일어난다. 평형 제약에 의해 단지 60%의 전환율이 달성된다. 산소는 원료 내에 사용이 금지되나, 물과 질소는 가능하다.

버려지는 생성물:

초산, 에탄올, 에틸아세테이트는 폐기 흐름선에 포함되어 공장에서 배출되면 안 된다.

이 정보를 이용하여 에틸아세테이트 생성에 필요한 공정흐름선도를 제안하라. Big씨에게 제안서로 제출하라. 제안서에는 (1) 공정의 주요 특징을 설명하는 1~2쪽의 집행 요약서, 당신이 설계하는 데 사용한 가정들, 설계를 마무리하는 데 필요한 불확실성이나 부가 정보, 그리고 Big씨에서 취해야 할 추천 행위 등이 포함되어야 하고, (2) 구체화할 수 있는 모든 흐름과 조성을 나타내는 완성 흐름선도, (3) 계산을 뒷받침할 수 있는 부록이 포함되어야 한다. (Big씨는 매우 바빠서 이것을 볼 시간이 많지 않으나 당신의 결과 보고는 다음 공장 일을 진행하는 데 매우 요긴하게 사용될 것이다.)

제3장

물질수지식의 수학적 분석 및 공정흐름도

Mathematical Analysis of Material Balance Equations and Process Flow Sheets

▶ 이 장에서는

2장에서 배운 핵심 개념을 토대로 보다 수학적이고 정밀한 접근 방법을 배우게 된다. 일반화된 물질수지식을 작성하고 더 복잡한 문제를 풀기 위해 이 물질수지식을 사용하게 된다. 선택 절에서는 정상상태 공정흐름도의 선형 모델을 세우고, 이 흐름도에서 선형대수기법이 어떻게 쓰이는지 배우게 된다.

이 장에서는 다음과 같은 항목들을 다룬다.

- 물질수지식 작성을 위한 수학적 방법은 무엇인가?
- 물질수지식에서 과도물질은 어떻게 다룰 것인가?
- 계성능에 유용한 규격은 무엇인가?
- 공정흐름도를 설명하기 위해 선형독립방정식으로 이루어진 계를 어떻게 나타낼 수 있는가?
- 방정식으로 이루어진 계의 해답이 있는 결정할 수 있는가?

▶ 학습 용어

제3장에서는 다음과 같은 용어들을 배우게 된다.

물질수지식(material balance equation)
반응진척도(extent of reaction)
선형방정식(linear equation)
선형모델(linear model)
분할율(fractional split)
전환율(fractional conversion)
회수율(fractional recovery)
자유도 분석(degree of freedom analysis)

3.1 서론

화학공정조합 방법은 진보하고 있다. 먼저 1장에서 다루었던 질문을 기초로 시작해보자. 만들고자 하는 제품은 무엇인가? 이용할 수 있는 원료물질은 무엇인가? 어떤 화학반응이 가능한가? 그러고 나서 2장에서 했던 것과 같이 블록흐름선도를 그리는 데까지 발전시킨다. 우리는 주요 공정단위를 확인하고 그 단위들이 어떻게 연결되는지 고찰한다. 그리고 근사식을 세우고, 공정흐름 계산을 수행하고 대안의 배치에 대한 예비평가를 한다.

우리는 하나 혹은 여러 개의 예비 블록흐름선도를 먼저 개략적으로 그린 후, 좀 더 세부항목에 관한 작업을 시작한다. 공정조합 단계에서 블록흐름선도를 이용하여 작업을 계속한다. 그리고 좀 더 실질적인 흐름의 조성규격과 계의 성능규격을 포함한다. 또 시간에 따라 변화하는 공정을 고려한다. 공정흐름 문제 해결을 위해 충분한 정보가 주어졌는지 결정해야 한다. 그리고 특정 공정 변수나 규격이 변화했을 때, 공정의 성능이 어떻게 변하는지 검토하는 방법을 개발한다. 즉, 우리는 공정흐름 계산에 더욱 정밀하고 수학적이고 체계적인 관점을 적용하게 된다.

3.2 물질수지식—복습

2장에서 우리는 물질수지식을 다음과 같이 소개했다.

$$\text{유입량} - \text{배출량} + \text{생성량} - \text{소모량} = \text{축적량} \quad (2.5)$$

계에 대한 명확한 결정, 성분에 대한 명시, 흐름과 계 변수에 대한 정의의 중요성을 배웠다. 이 절에서 우리는 다음의 네 가지 항목을 목표로 갖고 살펴보게 될 것이다. (1) 개념 숙지 반복, (2) 더욱 완벽하고 정확한 물질수지식 작성, (3) 공정계산 문제의 해 유무 판별을 위한 체계적인 방법 이해, (4) 복잡한 공정흐름 문제를 해결하기 위한 물질수지식의 사용.

그림 3.1 1970년대 휴대용 계산기가 나올 때까지, 엔지니어는 계산척 같은 도구나 인간의 뛰어난 계산 능력에 의존했다. 최근에 들어서 정확한 계산기와 PC로 인해 엔지니어는 놀라운 계산력을 갖게 되었고, 공학문제의 정확한 답을 수학적으로 쉽게 찾을 수 있게 되었다.
Source: Left: richcano/Getty Images; Right: George Marks/Retrofile/Getty Images

3.2.1 ▸ 흐름 변수

먼저 '*계*(system)'의 정의에 대해 알아보자. 계는 3차원이다. 명확히 정의된 경계 혹은 표면을 갖고 부피를 포함한다. 물질이 계를 들어가고 나간다면, 이것은 계의 경계를 통과하는 것이다. *흐름 변수*(stream variable)는 흐름 내에서 물질의 양 또는 유량을 뜻한다.

3장에서 사용할 수학적 접근 방식에서 흐름 변수는 *성분*(component)과 *흐름*(stream)을 식별할 수 있고, *치수*(dimension)를 나타내는 매우 간결한 명명법을 사용하여 표시된다. 흐름 변수는 질량 또는 몰의 치수를 포함하며 m 또는 n으로 표기하고 다음과 같이 나타낼 수 있다.

$$m\,[\text{질량}]$$

$$n\,[\text{몰}]$$

또는, 흐름 변수는 단위 시간당 질량 또는 단위 시간당 몰의 치수를 가진다. 다음과 같이 흐름 변수 위에 "점"을 배치하여 유량을 나타낸다.

$$\dot{m}\,[\text{질량/시간}]$$

$$\dot{n}\,[\text{몰/시간}]$$

아래 첨자 i와 j를 사용하여 *성분*(component)과 *흐름*(stream)을 식별한다.

$$i \equiv \text{성분}$$

$$j \equiv \text{흐름}$$

예를 들어, 압축 표기법 $\dot{m}_{ij}$는 흐름 j 내 성분 i의 질량 유량을 나타낸다.

특정 화합물의 몰과 질량 흐름 변수는 그 화합물의 몰질량 M_i으로 관계식을 세울 수 있다.

$$m_{ij} = M_i n_{ij}$$

$$\dot{m}_{ij} = M_i \dot{n}_{ij} \qquad \textbf{(3.1)}$$

설명 ▸ 흐름 1을 통해 질소(N)와 수소(H) 가스 혼합이 반응기로 공급된다. 질소 가스의 유량은 150 gmol/h이고 수소 가스의 유량은 600 gmol/h일 때, 아래 식을 만족한다.

$$\dot{n}_{N1} = 150 \text{ gmol/h}$$

$$\dot{m}_{N1} = M_N \dot{n}_{N1} = \left(\frac{28 \text{ g}}{\text{gmol}}\right)(150 \text{ gmol/h}) = 4200 \text{ g/h}$$

$$\dot{n}_{H1} = 600 \text{ gmol/h}$$

$$\dot{m}_{H1} = M_H \dot{n}_{H1} = \left(\frac{2 \text{ g}}{\text{gmol}}\right)(600 \text{ gmol/h}) = 1200 \text{ g/h}$$

흐름의 총 양 또는 유량은 아래 첨자를 제거하고 표시된다. 예를 들어, n_j는 흐름 j의 총 몰수를 나타낸다. 주어진 흐름 j에서 모든 개별 성분의 합은 전체와 동일하다. 수학적으로는 다음과 같이 표현된다.

$$\sum_{\text{all } i} m_{ij} = m_j, \qquad \sum_{\text{all } i} n_{ij} = n_j$$
$$\sum_{\text{all } i} \dot{m}_{ij} = \dot{m}_j, \qquad \sum_{\text{all } i} \dot{n}_{ij} = \dot{n}_j \tag{3.2}$$

이 식에서 합산은 모든 성분에 대해 수행한다.

설명 ▸ 흐름 1을 통해 질소(N)와 수소(H) 가스 혼합이 반응기로 공급된다. 질소 가스의 유량은 150 gmol/h이고 수소 가스의 유량은 600 gmol/h일 때, 아래 식을 만족한다.

$$\dot{n}_{N1} = 150 \text{ gmol/h}$$
$$\dot{n}_{H1} = 600 \text{ gmol/h}$$
$$\dot{n}_1 = \dot{n}_{N1} + \dot{n}_{H1} = 750 \text{ gmol/h}$$

공정흐름 계산에서 질량 또는 몰분율을 사용하는 것이 유용하다. 별도의 규정이 없는 한 질량 분율은 w_{ij}, 몰분율은 z_{ij}로 표현하다.

$$m_{ij} = w_{ij} m_j, \qquad n_{ij} = z_{ij} n_j$$
$$\dot{m}_{ij} = w_{ij} \dot{m}_j, \qquad \dot{n}_{ij} = z_{ij} \dot{n}_j \tag{3.3}$$

주어진 흐름 j의 질량 또는 몰분율의 합은 1이어야 한다.

$$\sum_{\text{all } i} w_{ij} = 1, \qquad \sum_{\text{all } i} z_{ij} = 1 \tag{3.4}$$

설명 ▸ 흐름 1은 포도당 수용액이다. 포도당(G)의 질량 분율은 0.12이고 용액의 총 질량은 100 g이다.

$$w_{G1} = 0.12$$
$$m_1 = 100 \text{ g}$$
$$m_{G1} = 0.12(100 \text{ g}) = 12 \text{ g}$$

설명 ▸ 흐름 2는 12 mol% 포도당(G), 3 mol% 염화나트륨(S), 물(W)로 구성되어 있다.

$$z_{G2} = 0.12$$
$$z_{S2} = 0.03$$
$$z_{W2} = 1 - 0.12 - 0.03 = 0.85$$

3.2.2 ▸ 계의 변수

*계의 변수는 계 내부 물질의 양 변화*를 말한다. 계 내부에서 두 가지 방식으로 물질의 양 변화가 발생한다. 하나는 *축적*(accumulation)이고, 다른 하나는 화학 반응에 의한 *생성*(generation) 또는 *소비*(consumption)이다.

3장에서 사용하는 수학적 표기법에서 계 *내부*(inside)의 양은 아래 첨자 *sys*를 사용하는 것으로 한다.

$$sys \equiv \text{계}$$

계 내부의 양은 질량 또는 몰 단위를 가지며, 특정 구성 성분 또는 전체의 양을 나타낸다. 예를 들어, $m_{i,sys}$는 계에서 성분 i의 질량이고, m_{sys}는 모든 성분의 총 질량이다.

Hint
$\dot{m}_{i,sys}$, $\dot{m}_{sys}$, $\dot{n}_{i,sys}$, $\dot{n}_{sys}$는 사용하지 않도록 한다. 질량과 몰 유량은 흐름의 경에만 사용하기 때문에 다음과 같이 계에 대해선 사용하지 않음에 주의하라.

3.2.2.1 화학 반응에 의한 물질의 생성과 소비 및 반응진척도

2장에서 다루었듯이 화학물은 계 내부에서 화학 반응에 의해 생성되거나 소비된다. 계의 경계를 통과하는 흐름과 마찬가지로 화학 반응에 의한 생성 또는 소비도 질량과 몰 또는 시간당 질량과 몰로 표현할 수 있다. 이것을 나타내기 위해 다음과 같은 표기법을 사용한다.

$$R[\text{질량}]$$

$$r[\text{몰}]$$

$$\dot{R}[\text{질량/시간}]$$

$$\dot{r}[\text{몰/시간}]$$

R과 r은 생성되거나 소비된 *질량과 몰*(quantities), $\dot{R}$과 $\dot{r}$은 *질량반응속도*와 *몰반응속도*(rates of reaction)를 뜻한다.

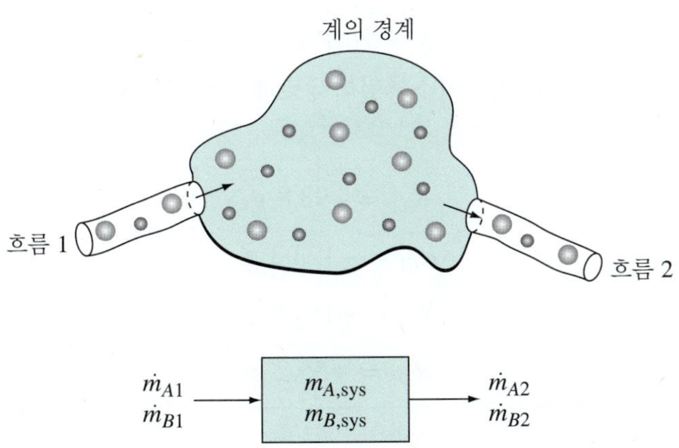

그림 3.2 (*위*) A(큰 점)와 B(작은 점)를 포함하는 계가 계 안으로 물질을 옮기는 한 흐름과 계 밖으로 물질을 옮기는 다른 흐름으로 이루어진 계. (*아래*) 블록흐름의 묘사.

다중 반응에서 특정 반응을 통해 특정 화합물이 생성되거나 소비되는지 표현하고자 할 때, *성분*(component)과 *반응*(reaction)을 식별하기 위해 아래 첨자 i와 k를 사용한다.

$$i \equiv \text{성분}$$
$$k \equiv \text{반응}$$

예를 들어, R_{A2}는 반응 2에서 생성되거나 소비되는 화합물 A의 질량이고, $\dot{r}_{B1}$는 반응 1에서 생성되거나 소비되는 화합물 B의 몰속도이다. 그렇다면 화합물의 생성 또는 소비 여부를 어떻게 알 수 있는가? 이것은 이것은 기호로 쉽게 알 수 있다. 예를 들어, 반응 2에 의해 A가 생성되었다면 R_{A2}는 양수, 소모되었다면 R_{A2}는 음수로 표시한다. (성분은 원소, 화합물 또는 복합재료가 될 수 있다. 일반적으로 성분을 식별하기 위해 아래 첨자 i를 사용한다. 하지만 오직 화합물만이 반응에 의해 생성되거나 소모되기 때문에, 이 절에서의 논의는 화합물인 경우에 한한다.)

설명 ▸ 흐름 1을 통해 질소(N)와 수소(H) 가스 혼합이 반응기로 공급된다. 질소 가스의 유량은 150 gmol/h이고 수소 가스의 유량은 600 gmol/h이다. 반응기 내에서 50 gmol/h 질소와 150 gmol/h의 수소 가스가 반응(R1)에 의해 소모되며 100 gmol/h 암모니아(A)가 생성되었을 때, 아래 식을 만족한다.

$$N_2 + 3H_2 \rightarrow 2NH_3$$
$$\dot{r}_{N1} = -50 \text{ gmol/h}$$
$$\dot{r}_{H1} = -150 \text{ gmol/h}$$
$$\dot{r}_{A1} = 100 \text{ gmol/h}$$

Quiz 3.1

우측과 같은 암모니아 생성 과정에서, $\dot{R}_{N1} + \dot{R}_{H1} + \dot{R}_{A1}$의 합과 $\dot{r}_{N1} + \dot{r}_{H1} + \dot{r}_{A1}$의 합은 얼마인가? 질량 단위에선 합이 0이 되고 몰 단위에선 0이 되지 않는지 설명하라.

설명 ▸ 진통제로 쓰이는 이부프로펜의 합성 첫 단계에서, 134 g 아세트 무수물(A)과 134 g 이소부틸벤젠(B)을 반응 용기에 넣고 섞는다. 반응을 통해 93.8 g A와 123.3g B가 소모되어 161.9 g 이소부틸아세토페논(C)과 55.2 g 아스트산(D)과 생성된다.

$$R_{A1} = -93.8 \text{ g}$$
$$R_{B1} = -123.3 \text{ g}$$
$$R_{C1} = +161.9 \text{ g}$$
$$R_{D1} = +55.2 \text{ g}$$

두 가지 유용한 관계식이 있다. 첫째, 반응 k 내 화합물 i의 질량 또는 질량 속도와 몰 또는 몰 속도는 그 화합물의 *몰질량*(M_i)을 통해 관계식을 만들 수 있다.

$$R_{ik} = M_i r_{ik}$$
$$\dot{R}_{ik} = M_i \dot{r}_{ik} \quad \textbf{(3.5)}$$

둘째, 한 화합물의 양 또는 속도와 같은 반응 내 다른 화합물의 양 또는 속도는 화학양론 계수를 통해 관계식을 만들 수 있다. 예를 들어, 화학양론적으로 계수를 맞춘 화학반응식이 다음과 같다고 가정해보자.

$$2A \rightarrow 3B$$

2 mol의 A가 소모되고, 3 mol의 B가 생성된다.

$$\frac{r_A}{r_B} = \frac{-2}{3}$$

보다 일반적으로, 화학 반응 k에 참여하는 두 화합물 A와 B에 대해 다음과 같은 식이 만족한다.

$$\frac{r_{Ak}}{r_{Bk}} = \frac{\nu_{Ak}}{\nu_{Bk}}$$

여기서 ν_{ik}는 반응 k 내 화합물 i의 화학양론 계수이다. ν_{ik}는 반응물에 대해서는 음수이고, 생성물에 대해서는 양수이다. 다음과 같이 다시 써서 일반화할 수 있다.

$$\frac{r_{Ak}}{\nu_{Bk}} = \frac{r_{Bk}}{\nu_{Bk}} = \frac{r_{ik}}{\nu_{ik}}$$

반응 속도를 화학양론 계수로 나눈 이 비율은 상당히 유용하여 **반응진척도**(extent of reaction), $\boldsymbol{\xi}$라고 한다.

$$\frac{r_{ik}}{\nu_{ik}} = \xi_k \quad \textbf{(3.6a)}$$

ξ의 단위는 r_{ik}의 단위와 동일하다.

동일한 논리에 기반하여 문자 위 "점"을 이용한 단위 시간당 반응 속도에도 적용 가능하다.

$$\frac{\dot{r}_{ik}}{\nu_{ik}} = \dot{\xi}_k \quad \textbf{(3.6b)}$$

$\dot{\xi}$ 단위는 $\dot{r}_{ik}$의 단위와 동일하다.

설명 ▸ 진통제로 쓰이는 이부프로펜의 합성 첫 단계에서, 134 g 아세트 무수물(A)과 134 g 이소부틸벤젠(B)을 반응 용기에 넣고 섞는다. 반응을 통해 93.8 g A와 123.3 g B가 소모되어 161.9 g 이소부틸아세토페논(C, M_C = 176 g/gmol)과 55.2 g 아스트산(D, M_D = 60 g/gmol)이 생성된다.

$$R_{A1} = -93.8 \text{ g}, \quad r_{A1} = R_{A1}/M_A = (-93.8 \text{ g})/(102 \text{ g/gmol}) = -0.92 \text{ gmol}$$

Hint
반응진척도의 아래 첨자는 반응 k를 나타내는 데만 사용하고, 화합물 또는 흐름을 표기하지 않음에 주의하라.

$$R_{C1} = 161.9\text{ g},\quad r_{C1} = R_{C1}/M_C = (161.9\text{ g})/(176\text{ g/gmol}) = 0.92\text{ gmol}$$

(r_{B1}과 r_{D1}은 직접 계산하라.)

설명 ▸ 흐름 1을 통해 질소(N)와 수소(H) 가스 혼합이 반응기로 공급된다. 질소 가스의 유량은 150 gmol/h이고 수소 가스의 유량은 600 gmol/h이다. 반응기 내에서 50 gmol/h 질소와 150 gmol/h의 수소 가스가 반응(R1)에 의해 소모되며 100 gmol/h 암모니아(A)가 생성되었을 때, 다음의 식이 만족한다.

$$N_2 + 3H_2 \rightarrow 2NH_3$$

$$\dot{\xi}_1 = \dot{r}_{N1}/\nu_N = (-50\text{ gmol/h})/(-1) = 50\text{ gmol/h}$$

$$\dot{\xi}_1 = \dot{r}_{H1}/\nu_H = (-150\text{ gmol/h})/(-3) = 50\text{ gmol/h}$$

$$\dot{\xi}_1 = \dot{r}_{A1}/\nu_A = (100\text{ gmol/h})/(+2) = 50\text{ gmol/h}$$

Quiz 3.2

$2C_2H_4 + O_2 \rightarrow 2C_2H_4O$에서 $\dot{r}_{에틸렌} = -4$ gmol/s이면 $\dot{\xi}$는?

$C_2H_4 + 0.5O_2 \rightarrow C_2H_4O$에서 $\dot{r}_{에틸렌} = -4$ gmol/s이면, $\dot{\xi}$는?

반응진척도는 반응에 참여하는 모든 화합물의 소모속도와 생성속도를 연결시켜주기 때문에, 매우 유용하다. $\dot{\xi}$의 값은 화학양론적으로 계수를 맞춘 방법에 의존하는 것을 염두에 두어라. 2A → 3B 반응에서, $\dot{\xi} = 2$ gmol/s이면 $\dot{r}_B = 6$ gmol/s이지만 $A \rightarrow \frac{3}{2}B$ 반응에서는 $\dot{\xi} = 2$ gmol/s이면 $\dot{r}_B = 3$ gmol/s이다.

3.2.2.2 축적

축적은 계로 들어가고 나가는 물질의 양과 계 내부에서 화학반응에 의해 생성되거나 소모되는 양을 합한, 계 내부의 물질의 순 *변화*이다. 축적의 단위는 질량 또는 몰일 수 있고, 특정 성분 또는 전체 물질에 적용 가능하다. 생성이나 소비와 마찬가지로 축적을 *양* 또는 속도로 표현할 수 있다.

3파운드의 감자가 들어 있는 양동이가 있다. 어떤 사람이 여기에 감자를 더 추가하여 최종적으로 양동이에는 11파운드의 감자가 있다. 즉, 양동이에는 (11 − 3) 또는 8파운드의 감자가 축적된다. 양으로 표현하는 축적은 초기와 최종 양의 *차이*이다. 이 차이를 나타내기 위해 양이 확인되는 특정 시간에 대한 아래 첨자를 추가해야 한다. 아래 첨자 f를 사용하여 최종 시간(종료 시점)을, 아래 첨자 0을 사용하여 초기 시간(최초 시점)을 나타낸다. 축적은 다음과 같이도 표현한다.

$m_{i,\text{sys},f} - m_{i,\text{sys},0}$ (성분 i의 질량 변화량)

$m_{\text{sys},f} - m_{\text{sys},0}$ (전체 질량 변화량)

$n_{i,\text{sys},f} - n_{i,\text{sys},0}$ (성분 i의 몰 변화량)

$n_{\text{sys},f} - n_{\text{sys},0}$ (전체 몰 변화량)

m_{sys}(계의 질량)과 $m_{\text{sys},f} - m_{\text{sys},0}$(시간에 따른 계의 질량 변화)의 차이점을 이해했는지 확인하라. *정상상태*(steady state)에서는 시간에 따른 변화가 없고 축적

$(m_{sys,f} - m_{sys,0})$은 0이 된다. 하지만 m_{sys}는 0이 아닐 수 있다.

이제 처음에 3파운드의 감자가 들어 있는 양동이를 다시 생각해보자. 누군가 분당 2개의 감자를 추가한다. 축적률(rate)은 2 감자/분이 되고 이러한 축적률은 *미분*(derivative)식으로 표현된다.

$$\frac{dm_{i,sys}}{dt} \quad \text{(성분 } i\text{의 질량 변화율)}$$

$$\frac{dm_{sys}}{dt} \quad \text{(총 질량의 변화율)}$$

$$\frac{dn_{i,sys}}{dt} \quad \text{(성분 } i\text{의 몰 변화율)}$$

$$\frac{dn_{sys}}{dt} \quad \text{(총 몰수의 변화율)}$$

*정상상태*에서는 시간에 따른 변화가 없고 축적($\frac{dm_{sys}}{dt}$)은 0이 된다. 하지만 계의 총량(m_{sys})은 0이 아닐 수 있다.

Hint
시간에 따른 정보를 얻고 싶다면 두 지점의 차이로 축적을 표현하고, 특정 시간에서 한 지점의 정보를 얻고 싶다면 미분 형태로 축적을 표현하라.

설명 ▶ 물이 탱크로 14 gmol/s의 속도로 들어가고 12 gmol/s의 속도로 나갈 때, 다음의 식이 만족한다.

$$\dot{n}_{W,in} = 14 \text{ gmol/s}$$

$$\dot{n}_{W,out} = 12 \text{ gmol/s}$$

$$\frac{dn_{W,sys}}{dt} = 2 \text{ gmol/s}$$

Hint
축적률은 시간에 대한 질량과 몰의 미분식이기 때문에 $\dot{m}_{i,sys}$, $\dot{m}_{sys}$, $\dot{n}_{i,sys}$, $\dot{n}_{sys}$를 사용하지 않음에 주의하라.

설명 ▶ 양동이에 처음 10 g의 수크로스(sucrose)가 있다. 수지가 100 g의 물을 양동이에 부은 후 잘 저어주었다. 최종적으로 모든 설탕(sugar)이 물에 녹았고, 양동이에는 110 g의 설탕물이 있을 때, 다음의 식이 만족한다.

$$m_{S,sys,0} = 10 \text{ g}, \quad m_{S,sys,f} = 10 \text{ g}$$

$$m_{S,sys,f} - m_{S,sys,0} = 10 - 10 = 0 \text{ g}$$

$$m_{W,sys,0} = 0 \text{ g}, \quad m_{W,sys,f} = 100 \text{ g}$$

$$m_{W,sys,f} - m_{W,sys,0} = 100 - 0 = 100 \text{ g}$$

$$m_{sys,0} = 10 \text{ g}, \quad m_{sys,f} = 110 \text{ g}$$

$$m_{sys,f} - m_{sys,0} = 110 - 10 = 100 \text{ g}$$

3.2.3 ▸ 미분 물질수지식: 몰 단위

전 장에서 물질수지식은 다음과 같다.

$$\text{유입량} - \text{배출량} + \text{생성량} - \text{소모량} = \text{축적량} \tag{2.5}$$

이 친숙한 물질수지식을 수학적인 형태로 작성해보자. 이 절에서는 *미분*(differential)[속도(rate) 기반] 물질수지식을 유도할 것이다. 즉 식 (2.5)를 유입속도(j = in), 배출속도(j = out), 화학반응(k = 1)에 의한 생성·소비속도, 축적률(rate)로 대체한다. 하나의 유입흐름, 하나의 배출흐름과 하나의 화학반응을 가질 때, 화합물 A의 미분 물질수지식을 몰 단위로 다음과 같이 작성한다.

$$\dot{n}_{A\text{in}} - \dot{n}_{A\text{out}} + \dot{r}_{A1} = \frac{dn_{A,\text{sys}}}{dt} \tag{3.7a}$$

> **Quiz 3.3**
> 두 개의 유입흐름(j = 1과 j = 2), 하나의 배출흐름(j = 3) 그리고 화학반응이 없을 때, 화합물 C에 대한 미분 물질수지식을 세워라.

반응속도 대신 반응진척도를 사용하여 다음과 같이 작성할 수 있다.

$$\dot{n}_{A\text{in}} - \dot{n}_{A\text{out}} + \nu_{A1}\dot{\xi}_1 = \frac{dn_{A,\text{sys}}}{dt} \tag{3.7b}$$

식 (2.5)와 (3.7)이 서로 대응됨을 확인하라. 식 (3.7) 좌변의 모든 변수는 변수 위에 "점"을 표시하는 속도의 형태로 표기된 반면 우변의 축적은 속도의 미분 형태로 표기하는 점을 확인하라.

식 (3.7)은 특정 화합물 하나에 적용되지만, 만약 두 개의 화합물이 있다면 식 (3.7)을 각 화합물에 대해 작성하면 된다. 예를 들어, 화합물 A와 B가 있고, 하나의 유입흐름(j = in), 하나의 배출흐름(j = out)과 하나의 화학반응(k = 1)을 가질 때 다음과 같이 작성한다.

$$\frac{dn_{A,\text{sys}}}{dt} = \dot{n}_{A\text{in}} - \dot{n}_{A\text{out}} + \nu_{A1}\dot{\xi}_1 \tag{3.8a}$$

$$\frac{dn_{B,\text{sys}}}{dt} = \dot{n}_{B\text{in}} - \dot{n}_{B\text{out}} + \nu_{B1}\dot{\xi}_1 \tag{3.8b}$$

또한 위 두 식을 더하면 다음과 같고,

$$\frac{dn_{A,\text{sys}}}{dt} + \frac{dn_{B,\text{sys}}}{dt} = \dot{n}_{A\text{in}} + \dot{n}_{B\text{in}} - (\dot{n}_{A\text{out}} + \dot{n}_{B\text{out}}) + \nu_{A1}\dot{\xi}_1 + \nu_{B1}\dot{\xi}_1$$

$n_{\text{A,sys}} + n_{\text{B,sys}} = n_{\text{sys}}$, $\dot{n}_{A\text{in}} + \dot{n}_{B\text{in}} = \dot{n}_{\text{in}}$이므로 다시 다음과 같은 식을 얻을 수 있다.

$$\frac{dn_{\text{sys}}}{dt} = \dot{n}_{\text{in}} - \dot{n}_{\text{out}} + (\nu_{A1} + \nu_{B1})\dot{\xi}_1 \tag{3.8c}$$

식 (3.8a)와 (3.8b)는 화합물 A와 B에 대한 물질수지식이고, 식 (3.8c)는 총괄 물질수지식이다. 계에는 오직 A와 B만 존재한다고 가정하였기 때문에, 식 (3.8a)와 (3.8b)로부터 식 (3.8c)를 유도할 수 있었음에 유의하라. 마찬가지로 두 개의 식으로부터 새로운 식을 유도할 수 있지만, 이들 중 오직 2개의 식만 *독립적*(independent)이다. 이 중 특정 문제 해결 시 가장 편리한 식을 사용하면 된다.

분해반응 ◀ 예제 3.1

반응기로 사산화이질소(N_2O_4)가 84 gmol/min으로 공급되고 반응기 내에서는 이산화질소(NO_2)로 분해된다. 이 반응기는 정상상태로 작동한다. 반응기에서 빠져나오는 흐름은 126 gmol/min이다. 반응진척도와 반응기에서 배출되는 흐름에서 각 성분의 몰유량을 구하라.

› 풀이

항상 흐름선도를 그리고 표시하는 것부터 시작한다.

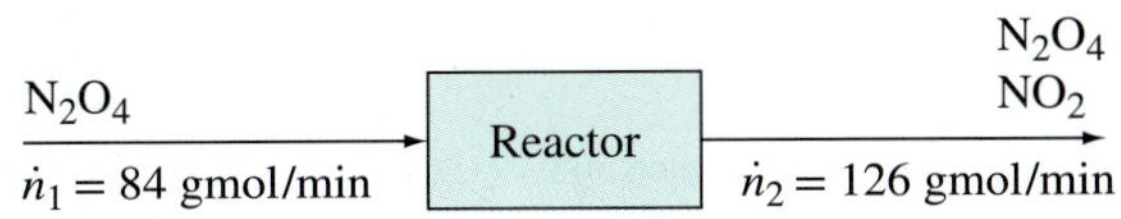

화학양론적으로 계수를 맞춘 반응식은

$$N_2O_4 \rightarrow 2NO_2$$

이다. N_2O_4를 화합물 A, NO_2를 화합물 B라고 하면, $\nu_A = -1$, $\nu_B = 2$이다.

식 (3.8c)를 보자. 반응기가 정상상태로 작동하기 때문에, 계 내부에서는 몰수의 변화가 없으며, 또는 $dn_{sys}/dt = 0$이다. 주어진 정보를 이용하면 $\dot{n}_1 = 84$ gmol/min, $\dot{n}_2 = 126$ gmol/min이고, 식 (3.14)에 대입하며 풀면,

$$0 = 84 - 126 + (-1 + 2)\,\dot{\xi}$$

$$\dot{\xi} = 42 \text{ gmol/min}$$

이다. 배출흐름에서 각 성분의 몰유량을 구하기 위해 식 (3.8a~b)로 돌아가서 N_2O_4에 대해 먼저 풀고, 그다음 NO_2에 대해 푼다.

$$\frac{dn_{A,sys}}{dt} = \dot{n}_{A1} - \dot{n}_{A2} + \nu_A\dot{\xi}$$

$$0 = 84 - \dot{n}_{A2} - 42$$

$$\dot{n}_{A2} = 42 \text{ gmol/min}$$

$$\frac{dn_{B,sys}}{dt} = \dot{n}_{B1} - \dot{n}_{B2} + \nu_B\dot{\xi}$$

$$0 = 0 - \dot{n}_{B2} + 2(42)$$

$$\dot{n}_{B2} = 84 \text{ gmol/min}$$

보다 일반적으로, 많은 흐름이 계에 많은 성분을 포함하면서 들어가고 나가고, 계 내부에서 많은 화학 반응이 일어난다(그림 3.3). 화합물 A가 두 개의 흐름 1과 2(j = 1과 j = 2)를 통해 계로 들어가고, 흐름 3과 4(j = 3과 j = 4)를 통해 계로부터 나간다고 가정해보자. 또한 화합물 A가 두 개의 화학반응 R1과 R2(k = 1과 k = 2)를 통해 소모된다고 가정해보자. 우리는 들어오고 나가는 모든 유량과 소모되고 생성되는 속도를 더함으로써 화합물 A에 대한 미분 물질수지식을 다음과 같이 세울

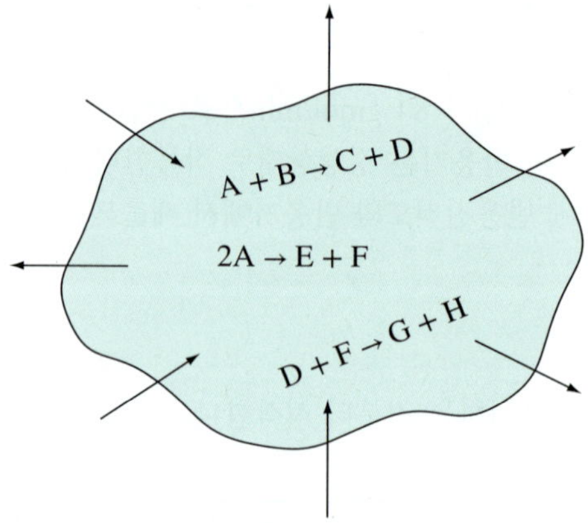

그림 3.3 일반적인 경우, 많은 흐름이 계에 많은 성분을 포함하면서 들어가고 나간다. 계에서는 다중 반응이 일어난다.

수 있다.

$$\text{유입량} - \text{배출량} + \text{생성량} - \text{소모량} = \text{축적량} \tag{2.5}$$

$$(\dot{n}_{A1} + \dot{n}_{A2}) - (\dot{n}_{A3} + \dot{n}_{A4}) + (\dot{r}_{A1} + \dot{r}_{A2}) = \frac{dn_{A,\text{sys}}}{dt}$$

또는 반응진척도를 이용하면,

$$(\dot{n}_{A1} + \dot{n}_{A2}) - (\dot{n}_{A3} + \dot{n}_{A4}) + (\nu_{A1}\dot{\xi}_1 + \nu_{A2}\dot{\xi}_2) = \frac{dn_{A,\text{sys}}}{dt}$$

와 같다.

추가로 일반화시키면, 많은 유입흐름(많은 j_{in} 값), 많은 배출흐름(많은 j_{out} 값), 많은 화학반응(많은 k 값)에 대하여 어떤 성분 i에 대한 몰 단위 미분 물질수지식은

$$\frac{dn_{i,\text{sys}}}{dt} = \sum_{\text{all } j_{\text{in}}} \dot{n}_{ij} - \sum_{\text{all } j_{\text{out}}} \dot{n}_{ij} + \sum_{\text{all } k} \dot{r}_{ik} \tag{3.9a}$$

또는 동등하게

$$\frac{dn_{i,\text{sys}}}{dt} = \sum_{\text{all } j_{\text{in}}} \dot{n}_{ij} - \sum_{\text{all } j_{\text{out}}} \dot{n}_{ij} + \sum_{\text{all } k} \nu_{ik}\dot{\xi}_k \tag{3.9b}$$

된다. 여기서 모든 흐름과 반응에 대해 합산한다. [식 (3.8)을 통상적인 미분식으로 표현하기 위해 식을 뒤집어 축적항을 왼쪽에 둔다.] 식 (3.9)는 **성분 i의 미분 몰수지식**(differential mole balance equation for component i)이다. 만약 총 I개의 성분이 있다면 식 (3.9) 형태의 독립적인 I개 식을 세울 수 있다.

만약 계가 정상상태로 작동 중이라면, 시간에 따른 변화는 없고 미분항은 0이 된다. 이 경우, 식 (3.9)는

Quiz 3.4

식 (3.9)에서 $dn_{i,\text{sys}}/dt$ 항은 왜 합산기호와 "점"이 없는가?

Quiz 3.5

$\Sigma_{\text{all}k}\nu_{ik}\xi_k$는 1장에서 다룬 생성량-소비량 분석의 "net" 열과 어떤 관계가 있는가?

$$\sum_{\text{all } j_{out}} \dot{n}_{ij} = \sum_{\text{all } j_{in}} \dot{n}_{ij} + \sum_{\text{all } k} \dot{r}_{ik} \quad \textbf{(3.10a)}$$

또는 동등하게

$$\sum_{\text{all } j_{out}} \dot{n}_{ij} = \sum_{\text{all } j_{in}} \dot{n}_{ij} + \sum_{\text{all } k} \nu_{ik} \dot{\xi}_k \quad \textbf{(3.10b)}$$

로 적을 수 있다. 식 (3.10)은 **성분 *i*의 정상상태 미분 몰수지식**(steady-state differential mole balance equation for component *i*)이다.

Hint

정상상태의 계에 대해 $\frac{dn_{i,sys}}{dt} = \frac{dm_{i,sys}}{dt} = 0$ 이 만족한다.

미분 몰수지: 요소 제조하기 ◀ 예제 3.2

요소($(NH_2)_2CO$)는 암모니아로부터 만들어져 비료 원료로 널리 사용되고 있다. (소변의 성분이기도 하고, 단백질과 아미노산의 물질대사를 통해서도 만들어진다.) 상업적으로 요소는 암모니아와 이산화탄소로부터 제조된다.

$$2NH_3 + CO_2 \rightarrow (NH_2)_2CO + H_2O \quad \textbf{(R1)}$$

암모니아 85 mol%, 이산화탄소 15 mol%로 구성된 한 흐름은 230 gmol/min의 속도로 반응기로 들어가고, 이산화탄소 80 mol%, 물 20 mol%로 구성된 다른 흐름은 100 gmol/min의 속도로 반응기로 들어간다. 여기서 반응기는 정상상태로 운전된다. 반응기 내부에서, 암모니아는 180 gmol/min의 속도로 소모된다(그림 참조). 배출되는 총 유량과 각 성분들의 유량을 구하기 위해 식 (3.9)와 (3.10)을 이용하라.

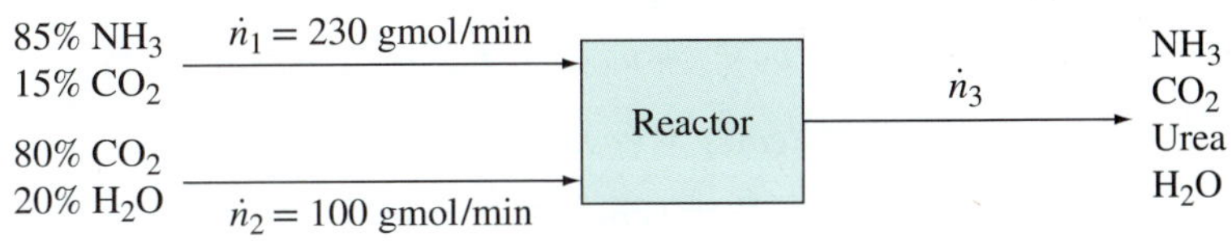

› 풀이

암모니아, 이산화탄소, 요소, 물을 각각 *A, C, U, W*라고 하자. 흐름은 흐름선도에서 보여지듯이 숫자로 표현된다. 먼저 암모니아의 소모속도 $\dot{r}_{A1}$을 이용해 (R1)의 반응진척도($\dot{\xi}_1$)를 계산한다.

$$\dot{r}_{A1} = -180 \text{ gmol/min} = \nu_{A1}\dot{\xi}_1 = (-2)\dot{\xi}_1$$

$$\dot{\xi}_1 = 90 \text{ gmol/min}$$

이제 네 성분의 배출흐름을 계산하기 위하여 식 (3.10)을 이용하자. 반응기는 정상상태로 운전되고 있다는 것을 명심하라.

$$\dot{n}_{A3} = \dot{n}_{A1} + \nu_{A1}\dot{\xi}_1 = (0.85)230 + (-2)90 = 15.5 \text{ gmol NH}_3\text{/min}$$

$$\dot{n}_{C3} = \dot{n}_{C1} + \dot{n}_{C2} + \nu_{C1}\dot{\xi}_1 = (0.15)230 + (0.8)100 + (-1)90 = 24.5 \text{ gmol CO}_2\text{/min}$$

$$\dot{n}_{U3} = \nu_{U1}\dot{\xi}_1 = (+1)90 = 90 \text{ gmol urea/min}$$

$$\dot{n}_{W3} = \dot{n}_{W2} + \nu_{W1}\dot{\xi}_1 = (0.2)100 + (+1)90 = 110 \text{ gmol H}_2\text{O/min}$$

예제 3.3 ▸ 미분 몰수지: 보다 싼 반응물로 요소 제조하기

요소는 메탄(CH_4), 물, 질소를 이용하여 4개의 반응에 의해 제조된다.

$$CH_4 + H_2O \rightarrow CO + 3H_2 \tag{R1}$$

$$CO + H_2O \rightarrow CO_2 + H_2 \tag{R2}$$

$$N_2 + 3H_2 \rightarrow 2NH_3 \tag{R3}$$

$$NH_3 + 0.5CO_2 \rightarrow 0.5(NH_2)_2CO + 0.5H_2O \tag{R4}$$

메탄, 물, 질소를 원료로 하여 정상상태에서 90 gmol/min로 요소를 제조하는 공정을 설계하고자 한다. 그리고 공정배출흐름에는 반응물(CH_4, H_2 또는 N_2)은 물론 중간 생성물(CO, CO_2, 또는 NH_3) 또한 남아 있지 않아야 한다. 반응물의 도입속도를 구하라. 부산물은 무엇인가?

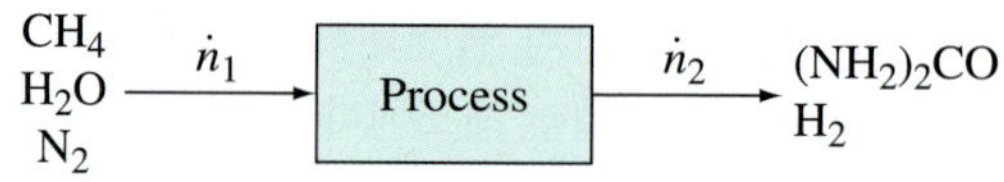

풀이

1장에서 우리는 이 같은 문제를 해결하기 위해 생성량-소모량 분석을 사용했다. 여기서는 대신 미분 몰수지식을 사용하자. 메탄, 물, 일산화탄소, 이산화탄소, 수소, 질소, 암모니아, 요소를 각각 M, W, CO, CD, H, N, A, U로 표시한다. 공정은 정상상태이기 때문에 모든 성분의 $dn_{i,sys}/dt = 0$이다. 식 (3.10)을 간단히 하면 다음과 같다.

Hint
유속 $\dot{n}_{ij}$에서 j는 흐름 번호이고, 화학양론 계수 ν_{ik}에서 k는 반응 번호이다.

$$0 = \dot{n}_{M1} + \nu_{M1}\dot{\xi}_1 = \dot{n}_{M1} - \dot{\xi}_1$$

$$0 = \dot{n}_{W1} + \nu_{W1}\dot{\xi}_1 + \nu_{W2}\dot{\xi}_2 + \nu_{W4}\dot{\xi}_4 = \dot{n}_{W1} - \dot{\xi}_1 - \dot{\xi}_2 + 0.5\dot{\xi}_4$$

$$0 = \nu_{CO1}\dot{\xi}_1 + \nu_{CO2}\dot{\xi}_2 = \dot{\xi}_1 - \dot{\xi}_2$$

$$0 = \nu_{CD2}\dot{\xi}_2 + \nu_{CD4}\dot{\xi}_4 = \dot{\xi}_2 - 0.5\dot{\xi}_4$$

$$\dot{n}_{H2} = \nu_{H1}\dot{\xi}_1 + \nu_{H2}\dot{\xi}_2 + \nu_{H3}\dot{\xi}_3 = 3\dot{\xi}_1 + \dot{\xi}_2 - 3\dot{\xi}_3$$

$$0 = \dot{n}_{N1} + \nu_{N3}\dot{\xi}_3 = \dot{n}_{N1} - \dot{\xi}_3$$

$$0 = \nu_{A3}\dot{\xi}_3 + \nu_{A4}\dot{\xi}_4 = 2\dot{\xi}_3 - \dot{\xi}_4$$

$$\dot{n}_{U2} = 90 \text{ gmol/min} = \nu_{U4}\dot{\xi}_4 = 0.5\dot{\xi}_4$$

이제 거꾸로 먼저 반응진척도를 구하고 그 다음 유량을 구한다.

$$90 \text{ gmol/min} = 0.5\dot{\xi}_4 \quad \Rightarrow \quad \dot{\xi}_4 = 180 \text{ gmol/min}$$

$$2\dot{\xi}_3 = \dot{\xi}_4 \quad \Rightarrow \quad \dot{\xi}_3 = 90 \text{ gmol/min}$$

$$\dot{\xi}_2 = 0.5\dot{\xi}_4 \quad \Rightarrow \quad \dot{\xi}_2 = 90 \text{ gmol/min}$$

$$\dot{\xi}_1 = \dot{\xi}_2 \quad \Rightarrow \quad \dot{\xi}_1 = 90 \text{ gmol/min}$$

$$\dot{n}_{N1} = \dot{\xi}_3 \quad \Rightarrow \quad \dot{n}_{N1} = 90 \text{ gmol/min}$$

$$\dot{n}_{W1} = \dot{\xi}_1 + \dot{\xi}_2 - 0.5\dot{\xi}_4 \quad \Rightarrow \quad \dot{n}_{W1} = 90 \text{ gmol/min}$$

$$\dot{n}_{M1} = \dot{\xi}_1 \quad \Rightarrow \quad \dot{n}_{M1} = 90 \text{ gmol/min}$$

$$\dot{n}_{H2} = 3\dot{\xi}_1 + \dot{\xi}_2 - 3\dot{\xi}_3 \quad \Rightarrow \quad \dot{n}_{H2} = 90 \text{ gmol/min}$$

이제 우리는 많은 성분, 많은 흐름, 많은 화학반응을 고려할 수 있도록 더 일반화시키고자 한다. 한 흐름의 총 유량은 그 흐름의 모든 성분들의 유량의 합과 같다. 만약 흐름 1이 I개의 성분이 있다면,

$$\dot{n}_{A1} + \dot{n}_{B1} + \dot{n}_{C1} + \cdots \dot{n}_{I1} = \sum_{\text{all } i} \dot{n}_{i1} = \dot{n}_1$$

이고, 만약 모든 J_{in} 유입흐름을 더하면 계로 유입되는 총 유량을 다음과 같이 얻을 수 있다.

$$\sum_{\text{all } i} \dot{n}_{i1} + \sum_{\text{all } i} \dot{n}_{i2} + \sum_{\text{all } i} \dot{n}_{i3} + \cdots = \sum_{\text{all } j_{\text{in}}} \sum_{\text{all } i} \dot{n}_{ij} = \dot{n}_1 + \dot{n}_2 + \dot{n}_3 + \cdots = \sum_{\text{all } j_{\text{in}}} \dot{n}_j$$

그리고 이와 유사하게 총 배출량은 $\sum_{\text{all } j_{\text{out}}} \dot{n}_j$이다.

식 (3.9)에서 다중반응에 참여하는 단일 성분의 경우를 고려하였다. 만약 화합물 A가 총 K개의 반응에 관여한다면, 화합물 A의 생성과 소비는 모든 반응을 더하거나, 또는

$$\dot{r}_{A1} + \dot{r}_{A2} + \dot{r}_{A3} + \cdots \dot{r}_{AK} = \sum_{\text{all } k} \dot{r}_{Ak}$$

이고, 또는 반응진척도를 이용하면

$$\nu_{A1}\dot{\xi}_1 + \nu_{A2}\dot{\xi}_2 + \nu_{A3}\dot{\xi}_3 + \cdots \nu_{AK}\dot{\xi}_K = \sum_{\text{all } k} \nu_{Ak}\dot{\xi}_k$$

와 같다. 이와 유사하게, 만약 동일한 반응에 화합물 B가 관여한다면,

$$\dot{r}_{B1} + \dot{r}_{B2} + \dot{r}_{B3} + \cdots \dot{r}_{BK} = \sum_{\text{all } k} \dot{r}_{Bk}$$

$$\nu_{B1}\dot{\xi}_1 + \nu_{B2}\dot{\xi}_2 + \nu_{B3}\dot{\xi}_3 + \cdots \nu_{BK}\dot{\xi}_K = \sum_{\text{all } k} \nu_{Bk}\dot{\xi}_k$$

이다. 만약 화합물 A와 B의 생성과 소비를 모두 더한다면 다음과 같다.

$$\dot{r}_{A1} + \dot{r}_{A2} + \dot{r}_{A3} + \cdots \dot{r}_{AK} + \dot{r}_{B1} + \dot{r}_{B2} + \dot{r}_{B3} + \cdots \dot{r}_{BK} = \sum_{\text{all } k} \dot{r}_{Ak} + \sum_{\text{all } k} \dot{r}_{Bk}$$

2개의 화합물 A와 B뿐 아니라 I개의 화합물을 가지고 있다면 어떻게 될까? 우리는 우변에 I개의 합산 기호를 추가해야 한다. 우리는 이것을 다음과 같이 간결하게 쓴다.

$$\sum_{\text{all } k} \dot{r}_{Ak} + \sum_{\text{all } k} \dot{r}_{Bk} + \cdots + \sum_{\text{all } k} \dot{r}_{Ik} = \sum_{\text{all } k} \sum_{\text{all } i} \dot{r}_{ik}$$

이중 합산은 $k = 1$에서부터 $k = K$까지 각 화학반응에 대해 $i = 1$에서부터 $i = I$의 성분 모두를 더하는 것을 말한다. 합산할 때 순서는 중요하지 않다.

반응진척도를 이용하면, i 성분에 대한 합계에 $\dot{\xi}_k$를 포함시킬 필요가 없기 때문에 합산은 다음과 같이 조금 더 간단해질 수 있다.

$$\sum_{\text{all } k} \nu_{Ak}\dot{\xi}_k + \sum_{\text{all } k} \nu_{Bk}\dot{\xi}_k + \cdots \sum_{\text{all } k} \nu_{Ik}\dot{\xi}_k = \sum_{\text{all } k} \dot{\xi}_k \sum_{\text{all } i} \nu_{ik}$$

종합하면, 식 (3.11) **총괄 미분 물질수지식**(total mole differential material balance equation)을 얻을 수 있다.

$$\frac{dn_{\text{sys}}}{dt} = \sum_{\text{all } j_{\text{in}}} \dot{n}_j - \sum_{\text{all } j_{\text{out}}} \dot{n}_j + \sum_{\text{all } i} \sum_{\text{all } k} \dot{r}_{ik} \qquad \textbf{(3.11a)}$$

$$\frac{dn_{\text{sys}}}{dt} = \sum_{\text{all } j_{\text{in}}} \dot{n}_j - \sum_{\text{all } j_{\text{out}}} \dot{n}_j + \sum_{\text{all } k} \dot{\xi}_k \sum_{\text{all } i} \nu_{ik} \qquad \textbf{(3.11b)}$$

예제 3.4 ▸ 총괄 미분 몰수지식: 보다 저렴한 반응물로 요소 제조하기

예제 3.3에서 네 가지 화학반응기반의 요소 제조 경로를 설명하였다. 해당 예시와 풀이를 참조하여 $\dot{n}_1$, $\dot{n}_2$, $\sum_{\text{all } k}\dot{\xi}_k\sum_{\text{all } i}\nu_{ik}$를 구하라. 그리고 식 (3.11b)와 일치하는지 확인하라.

› 풀이

$$\dot{n}_1 = \dot{n}_{M1} + \dot{n}_{W1} + \dot{n}_{N1} = 90 + 90 + 90 = 270 \text{ gmol/min}$$

$$\dot{n}_2 = \dot{n}_{U2} + \dot{n}_{H2} = 90 + 90 = 180 \text{ gmol/min}$$

$$\sum_{\text{all } k} \dot{\xi}_k \sum_{\text{all } i} \nu_{ik} = \dot{\xi}_1(\nu_{M1} + \nu_{W1} + \nu_{CO1} + \nu_{H1}) + \dot{\xi}_2(\nu_{CO2} + \nu_{W2} + \nu_{CD2} + \nu_{H2}) + \dot{\xi}_3(\nu_{N3} + \nu_{H3} + \nu_{A3}) + \dot{\xi}_4(\nu_{A4} + \nu_{CD4} + \nu_{U4} + \nu_{W4})$$

$$\begin{aligned}\sum_{\text{all } k} \dot{\xi}_k \sum_{\text{all } i} \nu_{ik} &= 90((-1) + (-1) + 1 + 3) + 90((-1) + (-1) + 1 + 1) \\ &\quad + 90((-1) + (-3) + 2) + 180((-1) + (-0.5) + 0.5 + 0.5) \\ &= 90(2) + 90(0) + 90(-2) + 180(-0.5) = -90 \text{ gmol/min}\end{aligned}$$

계는 정상상태에 있음을 상기하며, 식 (3.10b)에 대입하면,

$$\frac{dn_{\text{sys}}}{dt} = \sum_{\text{all } j_{\text{in}}} \dot{n}_j - \sum_{\text{all } j_{\text{out}}} \dot{n}_j + \sum_{\text{all } k} \dot{\xi}_k \sum_{\text{all } i} \nu_{ik}$$

$$0 = 270 - 180 - 90??$$

$$0 = 0 \quad \text{Check!}$$

3.2.4 ▸ 미분 물질수지식: 질량 단위

일부 공정 계산에선 몰 대신 질량을 사용하는 것이 더 효율적이거나 심지어 필수적이다. 몰질량 M_i를 활용하여 몰 단위 미분 물질수지식을 질량 단위 미분 물질지식으로 유도하는 것은 비교적 간단하다. 식 (3.1)과 (3.5)를 이용하여 몰 변수를 질량 변수로 바꾸면, **성분 *i*의 미분 질량수지식**(differential mass balance equation for component *i*)을 얻을 수 있다.

$$\frac{dm_{i,\text{sys}}}{dt} = \sum_{\text{all } j_{\text{in}}} \dot{m}_{ij} - \sum_{\text{all } j_{\text{out}}} \dot{m}_{ij} + \sum_{\text{all } k} \dot{R}_{ik} \qquad \textbf{(3.12a)}$$

또는 반응진척도를 이용하면

$$\frac{dm_{i,\text{sys}}}{dt} = \sum_{\text{all } j_{\text{in}}} \dot{m}_{ij} - \sum_{\text{all } j_{\text{out}}} \dot{m}_{ij} + \sum_{\text{all } k} \nu_{ik} M_i \dot{\xi}_k \tag{3.12b}$$

정상상태에서 식 (3.12)는:

$$\sum_{\text{all } j_{\text{out}}} \dot{m}_{ij} = \sum_{\text{all } j_{\text{in}}} \dot{m}_{ij} + \sum_{\text{all } k} \dot{R}_{ik} \tag{3.13a}$$

또는 동등하게

$$\sum_{\text{all } j_{\text{out}}} \dot{m}_{ij} = \sum_{\text{all } j_{\text{in}}} \dot{m}_{ij} + \sum_{\text{all } k} \nu_{ik} M_i \dot{\xi}_k \tag{3.13b}$$

이다. 총 질량은 어떤가? *총 몰수는 보존되지 않지만, 총 질량은 보존되기 때문에* 총 몰수에 대한 계산보다 더 쉽다. 결과는 질량 단위의 모든 반응 항들의 합 $\sum_{\text{all } k} \dot{R}_{ik}$은 0이어야 한다! 이미 Quiz 3.1에서 답을 보여주었다. 그러므로 **총괄 미분 질량수지식**(total differential mass balance equation)은 간단히 다음과 같다.

$$\frac{dm_{\text{sys}}}{dt} = \sum_{\text{all } j_{\text{in}}} \dot{m}_j - \sum_{\text{all } j_{\text{out}}} \dot{m}_j \tag{3.14}$$

미분 질량수지식: 설탕 용해 ◀ 예제 3.5

많은 양의 설탕이 들어 있는 통이 있다. 물은 3 kg/min의 속도로 통에 들어가고 설탕은 물에 녹는다. 84 wt%인 설탕물은 3 kg/min의 속도로 통을 빠져나간다. 흐름선도는 다음과 같다. 식 (3.12)와 (3.14)를 이 문제를 풀기 위해 적용해 보라.

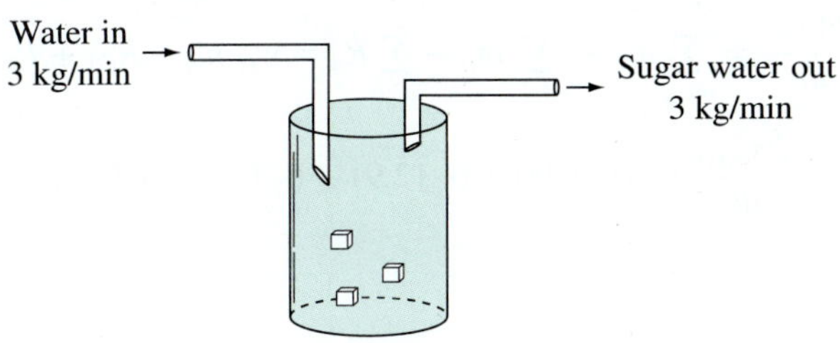

› 풀이

총괄 미분 질량수지식을 먼저 적용하면,

$$\frac{dm_{\text{sys}}}{dt} = \sum_{\text{all } j_{\text{in}}} \dot{m}_j - \sum_{\text{all } j_{\text{out}}} \dot{m}_j = \dot{m}_{\text{in}} - \dot{m}_{\text{out}} = 3 - 3 = 0 \text{ kg/min}$$

이다. 통의 전체 질량은 시간에 따라 변하지 않는다.

계에는 두 가지 성분이 있다(설탕: S, 물: W). 통에서는 화학반응은 일어나지 않고 설탕이 물에 녹는 물리적인 변화($\dot{R}_S = \dot{R}_W = 0$)가 일어난다. 식 (3.12)를 각 성분에 차례대로 적용하면 다음과 같다.

$$\frac{dm_{W,\text{sys}}}{dt} = \dot{m}_{W\text{in}} - \dot{m}_{W\text{out}} = \dot{m}_{W\text{in}} - w_W \dot{m}_{\text{out}} = 3 - (0.16)3 = +2.52 \text{ kg/min}$$

$$\frac{dm_{S,\text{sys}}}{dt} = \dot{m}_{S\text{in}} - \dot{m}_{S\text{out}} = \dot{m}_{S\text{in}} - w_S \dot{m}_{\text{out}} = 0 - (0.84)3 = -2.52 \text{ kg/min}$$

$\frac{dm_{W,\text{sys}}}{dt} + \frac{dm_{S,\text{sys}}}{dt} = \frac{dm_{\text{sys}}}{dt}$인 점을 유념하라.

예제 3.6 ▸ 미분 질량수지식: 발효조에서의 글루코오스 소모

20 wt%의 글루코오스를 포함하고 있는 배양액은 100 g/h의 일정한 속도로 발효조에 들어간다. 발효조에 있는 효모는 12.9 g/h의 속도로 글루코오스를 소모한다. 발효조는 1.4 g/h의 속도로 글루코오스를 소모하는 박테리아로 오염된다. 발효조에서의 글루코오스 변화 속도를 구하라.

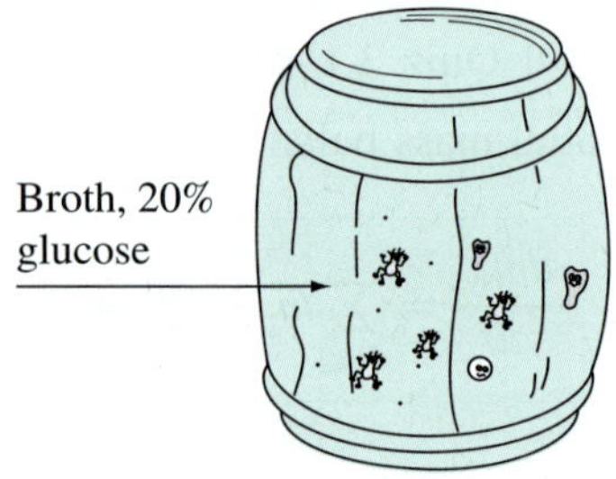

› 풀이

성분은 글루코오스 하나뿐이다. 하나의 유입흐름이 있고 배출흐름은 없고 효모와 박테리아에 의해 글루코오스가 소모되는 두 가지 반응이 있다. 식 (3.12)를 글루코오스가 적용하면 다음과 같다.

$$\frac{dm_{G,\text{sys}}}{dt} = \sum_{\text{all } j_{\text{in}}} \dot{m}_{ij} - \sum_{\text{all } j_{\text{out}}} \dot{m}_{ij} + \sum_{\text{all } k} \dot{R}_{ik} = w_G \dot{m}_{\text{in}} + \dot{R}_{G1} + \dot{R}_{G2}$$

$$\frac{dm_{G,\text{sys}}}{dt} = (0.2)100 + (-12.9) + (-1.4) = 5.7 \text{ g/h}$$

식 (3.9), (3.11), (3.12), (3.14)는 복잡해 보이지만 이미 익숙한 개념을 수학적인 방식으로 표현한 것일 뿐이다. 표 3.1은 이 네 개의 미분 물질수지식을 정리하여 2장에서 배운 물질수지식과 비교한다.

3.2.5 ▸ 적분 물질수지식

단일 성분이든 전체이든, 물 단위나 질량 단위이든 미분 물질수지식은 계의 한순간의 시간에 대해 적용된다. 하지만 유한한 시간간격 $t = t_0$에서 $t = t_f$까지 계에 대해서 어떻게 될지 생각해 보라(그림 3.4 참조). 우리는 여전히 다음 식에서 출발

표 3.1 ▸ 물질수지식: 미분형식

	Accumulation =	Input	− Output	+ Generation − Consumption
Total mass	$\frac{dm_{\text{sys}}}{dt} =$	$\sum_{\text{all } j_{\text{in}}} \dot{m}_j$	$-\sum_{\text{all } j_{\text{out}}} \dot{m}_j$	
Mass of i	$\frac{dm_{i,\text{sys}}}{dt} =$	$\sum_{\text{all } j_{\text{in}}} \dot{m}_{ij}$	$-\sum_{\text{all } j_{\text{out}}} \dot{m}_{ij}$	$+\sum_{\text{all } k} M_i \nu_{ik} \dot{\xi}_k$
Total moles	$\frac{dn_{\text{sys}}}{dt} =$	$\sum_{\text{all } j_{\text{in}}} \dot{n}_j$	$-\sum_{\text{all } j_{\text{out}}} \dot{n}_j$	$+\sum_{\text{all } k} \dot{\xi}_k \left(\sum_{\substack{\text{all } i \\ \text{compounds}}} \nu_{ik} \right)$
Moles of i	$\frac{dn_{i,\text{sys}}}{dt} =$	$\sum_{\text{all } j_{\text{in}}} \dot{n}_{ij}$	$-\sum_{\text{all } j_{\text{out}}} \dot{n}_{ij}$	$+\sum_{\text{all } k} \nu_{ik} \dot{\xi}_k$

할 수 있다.

$$\text{축적량} = \text{유입량} - \text{배출량} + \text{생성량} - \text{소모량} \tag{2.5}$$

하지만 우리는 이제 정의한 유한한 시간간격에 걸쳐서 발생하는 유입, 배출, 반응과 축적을 속도가 아닌 양으로 계산해야 한다. 다시 말해 우리는 몰/시간 또는 질량/시간의 단위가 아닌 몰수와 질량의 단위를 사용해야 한다. 예를 들어, 화합물 A를 시간간격 $t = t_0$에서 $t = t_f$까지 흐름 1을 통해 계로 넣는다고 가정해 보자. 흐름 1을 통해 계로 유입된 A의 몰수, n_{A1}는 특정 시간간격 동안 추가된 A의 총량이다. 이 경우 우리는 $t = t_0$에서 $t = t_f$ 사이에 A가 정상상태로 계에 들어오는지, 또는 하나의 큰 덩어리로 들어오는지에 대해 구체적으로 명시하지 않는다. 이와 유사하게, 계 내부에서 A가 반응 2에 의해 반응에 참여한다면, R_{A2}는 시간간격 $t = t_0$에서 $t = t_f$까지에 걸쳐 반응 2에 의해 소모된 양이다. 축적량은 더 이상 미분형이 아닌 차

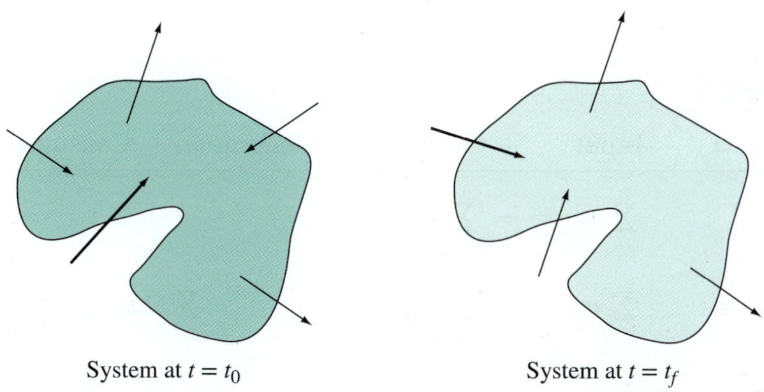

그림 3.4 다른 시간에서의 다중 도입과 다중 배출의 계. 계는 3차원의 닫힌 계이고, 경계는 2차원의 표면이다. 계는 어둡게 표시되었고, 경계는 선으로 나타낸다. 어두운 정도는 계(시간에 따라 변하는) 내부에 있는 물질의 양을 나타낸다. 물질유입과 배출흐름은 화살표로 표시되었다. 선의 굵기는 물질흐름의 양을 나타낸다(시간에 따라 변하는).

이로 표기된다. $n_{A\text{sys},f} - n_{A\text{sys},0}$는 시간간격 $t = t_0$에서 $t = t_f$까지 A의 몰수 변화이다. 미분 물질수지식을 바탕으로, 우리는 **적분 물질수지식**(integral material balance equation)의 일반적인 형태를 빠르게 적을 수 있다.

몰 단위로 성분 i에 대하여,

$$n_{i,\text{sys},f} - n_{i,\text{sys},0} = \sum_{\text{all } j_\text{in}} n_{ij} - \sum_{\text{all } j_\text{out}} n_{ij} + \sum_{\text{all } k} r_{ik} \quad \textbf{(3.15)}$$

총 몰수에 대하여,

$$n_{\text{sys},f} - n_{\text{sys},0} = \sum_{\text{all } j_\text{in}} n_j - \sum_{\text{all } j_\text{out}} n_j + \sum_{\text{all } i} \sum_{\text{all } k} \quad \textbf{(3.16)}$$

질량 단위로 성분 i에 대하여,

$$m_{i,\text{sys},f} - m_{i,\text{sys},0} = \sum_{\text{all } j_\text{in}} m_{ij} - \sum_{\text{all } j_\text{out}} m_{ij} + \sum_{\text{all } k} R_{ik} \quad \textbf{(3.17)}$$

총 질량에 대하여,

$$m_{\text{sys},f} - m_{\text{sys},0} = \sum_{\text{all } j_\text{in}} m_j - \sum_{\text{all } j_\text{out}} m_j \quad \textbf{(3.18)}$$

Hint
정해진 시간간격에 걸친 총 질량 변화를 분석할 때, 적분 물질수지식을 사용하라.

반응진척도를 이용하여 적분 물질수지식을 표 3.2에 정리하였다.

예제 3.7 ▸ 적분식: 혼합과 적하

대형 정련소에 있는 혼합시설과 적하 시설에서 세 가지 다른 공정, 개질기, isomax, 유동접촉분해장치(FCC)에서 오는 휘발유는 큰 저장탱크로 들어간다. 이 공정들은 연속적으로 운전되고, 하루에 휘발류 15,400, 18,200, 10,500배럴씩 각각 생산한다. (1배럴

표 3.2 ▸ 물질수지식: 적분형식

	Accumulation =	Input	− Output	+ Generation − Consumption
Total mass	$m_{\text{sys},f} - m_{\text{sys},0} =$	$\sum_{\text{all } j_\text{in}} m_j$	$- \sum_{\text{all } j_\text{out}} m_j$	
Mass of i	$m_{i,\text{sys},f} - m_{i,\text{sys},0} =$	$\sum_{\text{all } j_\text{in}} m_{ij}$	$- \sum_{\text{all } j_\text{out}} m_{ij}$	$+ \sum_{\text{all } k} M_i \nu_{ik} \xi_k$
Total moles	$n_{\text{sys},f} - n_{\text{sys},0} =$	$\sum_{\text{all } j_\text{in}} n_j$	$- \sum_{\text{all } j_\text{out}} n_j$	$+ \sum_{\text{all } i} \sum_{\text{all } k} \nu_{ik} \xi_k$
Moles of i	$n_{i,\text{sys},f} - n_{i,\text{sys},0} =$	$\sum_{\text{all } j_\text{in}} n_{ij}$	$- \sum_{\text{all } j_\text{out}} n_{ij}$	$+ \sum_{\text{all } k} \nu_{ik} \xi_k$

은 42갤론이고, 휘발유의 밀도는 약 6.6 lb/gal이다.) 유조선은 휘발유를 싣기 위해 항구로 들어온다. 유조선은 휘발유 61.0백만 lb을 실을 수 있고 가득 채우는 데는 54시간이 걸린다. 유조선에 휘발유를 옮기기 전, 저장탱크에는 154,000배럴이 들어 있다. 선장은 유조선을 채우는 데 휘발유가 충분하지 않다고 우려하지만, 혼합, 적하시설의 감독관은 걱정할 필요가 없다고 한다. 누가 맞는지 살펴보라.

❯풀이

흐름선도는 다음과 같다. 각 흐름에는 번호를 매긴다.

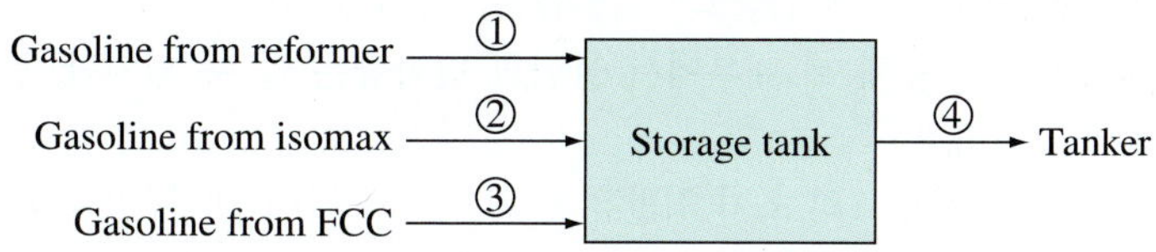

계는 저장탱크이다. 모든 계산은 질량 기준으로 이루어지므로 부피 유량에서 질량 유량으로의 전환이 필요하다. 환산 인자는 다음과 같다.

$$\frac{42\text{ gal}}{\text{barrel}}\times\frac{6.6\text{ lb}}{\text{gal}}\times\frac{1\text{ day}}{24\text{ h}}=11.55\frac{\text{lb/h}}{\text{barrel/day}}$$

특정 성분이 아닌 물질의 총량에 관심 있으므로, 전체 질량 기준으로 계산한다. 제공된 정보로부터 각 흐름의 질량유량을 계산한다.

$$\dot{m}_1=15{,}400\frac{\text{barrels}}{\text{day}}\times 11.55\frac{\text{lb/h}}{\text{barrel/day}}=178{,}000\frac{\text{lb}}{\text{h}}$$

$$\dot{m}_2=18{,}200\frac{\text{barrels}}{\text{day}}\times 11.55\frac{\text{lb/h}}{\text{barrel/day}}=210{,}000\frac{\text{lb}}{\text{h}}$$

$$\dot{m}_3=10{,}500\frac{\text{barrels}}{\text{day}}\times 11.55\frac{\text{lb/h}}{\text{barrel/day}}=121{,}000\frac{\text{lb}}{\text{h}}$$

$$\dot{m}_4=\frac{61{,}000{,}000\text{ lb}}{54\text{ h}}=1{,}130{,}000\frac{\text{lb}}{\text{h}}$$

정해진 시간간격(54시간)에 걸쳐 발생한 일에 관심이 있기 때문에, 적분 물질수지식을 사용한다[식 (3.18)].

$$m_{\text{sys},f}-m_{\text{sys},0}=\sum_{\text{all } j_{\text{in}}} m_j-\sum_{\text{all } j_{\text{out}}} m_j$$

간단히 하면 다음과 같다.

$$m_{\text{sys},f}-m_{\text{sys},0}=m_1+m_2+m_3-m_4$$

이 문제에서 각 흐름을 통해 정해진 시간간격(54시간)에 걸쳐 저장탱크로 들어오고 나간 양의 총량을 알아야 하고, 우리는 각 흐름의 유량을 알고 있다. $t_0=0$에서 $t_f=54$까지 유량을 적분함으로써 각 흐름의 총량을 계산할 수 있다.

$$m_1=\int_{t_0}^{t_f}\dot{m}_1 dt=\int_0^{54}178{,}000\,dt$$

$$=178{,}000\frac{\text{lb}}{\text{h}}\times(54-0)=9{,}612{,}000\text{ lb}$$

유사하게, 다음을 알 수 있다.

$$m_2 = 11{,}340{,}000 \text{ lb}$$
$$m_3 = 6{,}534{,}000 \text{ lb}$$
$$m_4 = 61{,}000{,}000 \text{ lb}$$

또는

$$m_{\text{sys},f} - m_{\text{sys},0} = 9{,}612{,}000 + 11{,}340{,}000 + 6{,}534{,}000 - 61{,}000{,}000 = -33{,}500{,}000 \text{ lb}$$

이다. 축적량이 음수이므로 저장탱크의 휘발유는 고갈되고 있다.

적분물질수지식을 통해 계 내부에서 물질의 변화량은 알 수 있지만, 절대량을 알 수 없다는 점에 유의하라.

다행히 우리는 저장탱크의 초기 휘발유 양을 다음과 같이 알 수 있다.

$$m_{\text{sys},0} = 154{,}000 \text{ barrels} \times \frac{42 \text{ gal}}{\text{barrel}} \times \frac{6.6 \text{ lb}}{\text{gal}} = 42{,}700{,}000 \text{ lb}$$

Hint
적분 물질수지식을 사용하여 정해진 시간간격 동안 회분식과 반회분 공정의 성능을 분석하라.

그러므로

$$m_{\text{sys},f} = -33{,}500{,}000 + 42{,}700{,}000 = 9{,}200{,}000 \text{ lb}$$

이다. 선적을 다 한 후에도 저장탱크에는 900만 lb(33,000배럴) 이상의 휘발유가 들어 있으므로 선장은 걱정할 필요가 없다.

예제 3.8 ▸ 비정상상태의 적분식: 체리잼 만들기

Jumpin' Jam 공장에서는 용기에 잘게 썬 100 lb의 체리와 200 lb의 설탕을 섞고 물을 증발시켜 체리잼을 만든다. 혼합물이 걸쭉해짐에 따라 물의 증발속도는 줄어든다. Jumpin' Jam의 엔지니어, Charlie Cherrypit은 물의 증발속도를 $\dot{m}_{w,\text{evap}} = 2.0 - 0.03t$로 추정했다. 여기서 t의 단위는 분(min)이고 $\dot{m}_{w,\text{evap}}$의 단위는 lb/min이다. 잼 240 lb를 만드는 데 걸리는 시간을 구하라.

풀이

흐름선도는 다음과 같다. 용기를 계로 정하였다.

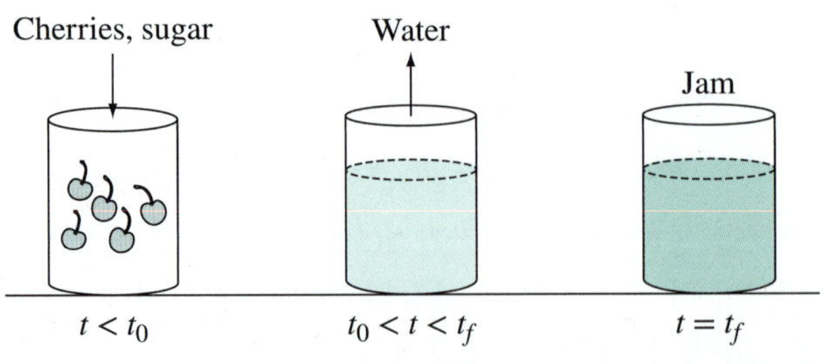

위 공정은 반회분식 공정이다. 체리와 설탕은 용기에 한 번에 채워지고 물은 연속적으로 증발된다. 그리고 잼은 냄비에 남는다. 이 문제의 몇 가지 특징에 주의하라. 계로 들어가는 *초기량*, 주어진 *시간간격*($t_f - t_0$, 문제의 답)이 있고, 최종적으로 계에 남는 *총 질량*을 알고자 한다. 그리고 *어떠한 화학반응도 존재하지 않는다*. 주어진 정보로 문제를 풀기 위해서는 적분 총 질량수지식을 사용해야 한다.

$$m_{\text{sys},f} - m_{\text{sys},0} = \sum_{\text{all } j_{\text{in}}} m_j - \sum_{\text{all } j_{\text{out}}} m_j$$

주어진 정보로부터, $t = t_0$에서,

$$m_{\text{sys},0} = 100 \text{ lb cherries} + 200 \text{ lb sugar} = 300 \text{ lb}$$

잼은 240 lb가 만들어져야 하므로,

$$m_{\text{sys},f} = 240 \text{ lb}$$

$t = t_0$에서 $t = t_f$까지 용기로 들어가고 나가는 물질흐름은 없으므로,

$$\sum_{\text{all } j_{\text{in}}} m_j = 0$$

용기에서는 시간에 따라 속도가 감소하는 수증기가 배출되므로 $t = t_0$에서 $t = t_f$까지 냄비에서 배출되는 총 질량을 계산할 수 있고, 다음과 같이 식을 적분해야 한다.

$$m_{\text{out}} = m_{\text{evap}} = \int_{t_0}^{t_f} \dot{m}_{\text{evap}}\, dt = \int_{t_0}^{t_f} (2.0 - 0.03t)dt$$
$$= 2(t_f - t_0) - 0.015(t_f - t_0)^2$$

이 식들을 물질수지식에 대입하면 다음과 같다.

$$240 - 300 = -[2(t_f - t_0) - 0.015(t_f - t_0)^2]$$

이것은 2개의 해를 갖는 2차 방정식이고 2개의 해로서 Δt는 45.6분 또는 87.7분이다 무엇이 맞는가? 오직 하나의 답만이 타당하다. 만약 Δt가 87.7분이라면, 증발속도는 음수(−0.0631 lb/min)가 된다. 이는 물이 용기 안으로 들어간다는 것을 의미하므로 옳지 않다. 그러므로 $\Delta t = 45.6$이어야 한다. 잼이 모두 만들어졌을 때 증발속도는 +0.0631 lb/min으로 초기 증발속도보다 약 80% 적다.

▶ 3.3 공정흐름도의 선형모델

2장에서 우리는 몇 가지 예비 블록흐름선도에서의 공정흐름 계산을 수행했다. 그 예시 중에서, 우리는 문제를 간단히 하기 위해 가정을 세웠다. 예를 들어 분리가 완벽하게 되거나 반응물은 전부 소모된다는 것이다. 이제 우리는 실제 공정흐름도를 가정 없이 간단히 분석하고자 한다.

이 절에서 다뤄질 내용은 **공정흐름도의 선형모델**(linear model of a process flow sheet)을 수학적으로 나타내는 것이 목적이다. 블록흐름선도와 같은 공정흐름도는 공정단위, 공정흐름, 그리고 그것들이 어떻게 연결되어 있는지 보여주는 것이다. 선형모델은 흐름도의 *수학적*(mathematical) 표현이다.

공정흐름도의 선형모델을 밝히기 위해 우리는 정상상태에서의 물질수지식과 각 공정단위에 대한 적절한 계성능규격을 조합함으로써 선형방정식을 이끌어 낸다. 이 선형방정식은 공정단위로부터 나가는 흐름을 들어오는 흐름의 선형방정식

과 계성능규격으로 표현한다.

모든 공정흐름 문제가 선형분석을 따르는 것은 아니다. 예를 들어, 시간의존 공정은 선형방정식으로 나타낼 수 없다. 오직 어떤 계성능에 대한 설명만이 선형방정식을 이끌어낼 수 있다. 반응기와 분리기의 분석은 비선형함수를 포함하기도 한다는 것을 이후 장에서 보게 될 것이다. 그래도 공정흐름 문제가 선형방정식의 집합으로 계산될 수 있으면, 선형분석은 여전히 강력한 수학적 도구가 된다. 복잡한 공정흐름도의 모든 공정단위를 나타낼 수 있는 선형대수 방정식을 작성할 수 있다면, 그 흐름도의 수학적인 분석은 단순화된다. 또한 모델을 설정하면 다양한 설계 결정이 전체 공정흐름에 미치는 영향을 조사하기 더 쉽다.

3.3.1 ▸ 계의 성능규격과 공정단위의 선형모델

개별 공정단위를 분석하는 것으로 시작한다. 2장에서 배웠듯이 4개의 기본적인 공정단위가 있다: *혼합기*(mixer), *분할기*(splitter), *반응기*(reactor), *분리기*(separator). 이 4개의 공정을 무수히 많은 방법으로 조합하여 여러 가지 생산품을 만들 수 있다는 것은 놀라운 일이다. 결과의 다양성은 화학반응, 반응기 설계, 분리기술, 공정단위 간의 조합의 다양성을 통해 이루어진다.

이 절에서는 네 가지 종류의 공정단위 각각에 대한 정상상태 미분 성분 몰수지식[식 (3.10)]을 적용한다. 그리고 그 유형의 공정단위에 대한 계의 성능규격을 적절하게 설명할 수 있는 선형모델을 세울 것이다. 이와 함께, 정상상태에서 작동하는 공정단위의 선형모델은 물질수지식과 계의 성능식으로 구성된다. 선형방정식은 모든 유입흐름에 대해 알고 있다고 가정하여 구성되고, 모든 배출흐름을 계산하는 수단으로 사용된다. 이러한 모델은 행렬 형식으로 작성할 수 있는 일련의 선형방정식($\mathbf{Ax} = \mathbf{b}$, 여기서 x는 미지의 변수를 포함)을 만들어낸다. 간단히, 이 절에서는 몰 단위에 대해서만 다룰 예정이나 질량 단위도 똑같이 사용 가능하다.

혼합기(Mixer) 혼합기는 여러 유입흐름(J_{in})을 결합하여 하나의 배출흐름으로 섞는다. 다음 개략도는 $J_{\text{in}} = 3$인 혼합기의 블록흐름도를 보여준다.

화학반응을 없으므로, 혼합기의 정상상태 미분 성분 몰수지식[식 (3.10)]은 다음과 같이 간략화된다.

$$\dot{n}_{i,\text{out}} = \sum_{\text{all } j_{\text{in}}} \dot{n}_{ij} \qquad \textbf{(3.19)}$$

혼합기를 통과하는 I개 성분이 있다면, 식 (3.19) 형태의 I개의 독립적인 수지식을 작성할 수 있다.

혼합기의 성능은 총 흐름 또는 특성 성분의 흐름과 같이 다른 유입흐름 간 *비율*(ratio)로 명시된다. 이 형태의 독립적인 규격은 최대 $J_{\text{in}} - 1$개로 제공된다.

혼합기의 선형모델은 식 (3.19) 형태의 I개 물질수지식과 $J_{\text{in}} - 1$개의 혼합기 성능규격을 조합하여 세울 수 있다.

혼합기의 선형모델: 설탕 혼합 ◀ 예제 3.9

두 수용액이 연속 정상상태 혼합기에서 섞여진다. 용액 A는 15 mol% 글루코오스, 12 mol% 프룩토오스, 73 mol% 물로 구성되고 180 kgmol/h의 속도로 들어간다. 혼합기 배출량의 40%가 용액 A로 구성되도록 설계된다. 용액 B는 6 mol% 글루코오스, 3 mol% 프룩토오스, 91 mol% 물로 구성된다. 혼합기의 배출흐름에서 각 성분의 유량을 구하라. 그리고 혼합기의 총 배출 유량과 용액 B의 총 유량을 구하라.

› 풀이

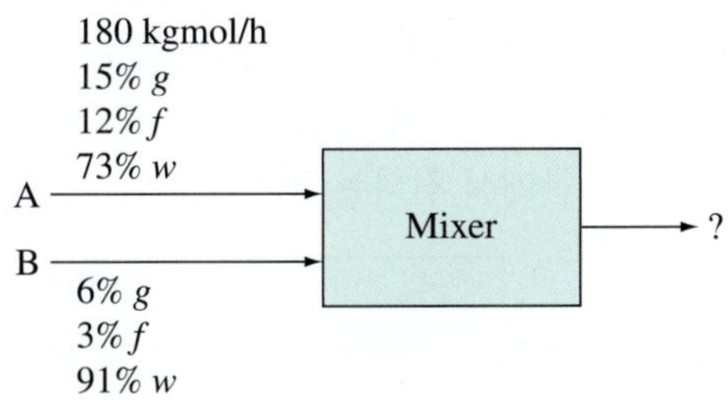

글루코오스를 g, 프룩토오스를 f, 물을 w라고 하자. 흐름을 표시하기 위해 A, B, out을 아래 첨자로 사용한다. 3개의 성분이 있으므로 3개의 방정식을 쓸 수 있다.

$$\dot{n}_{g,\text{out}} = \dot{n}_{gA} + \dot{n}_{gB}$$

$$\dot{n}_{f,\text{out}} = \dot{n}_{fA} + \dot{n}_{fB}$$

$$\dot{n}_{w,\text{out}} = \dot{n}_{wA} + \dot{n}_{wB}$$

2개의 유입흐름($J_{\text{in}} = 2$)이 있으므로, $J_{\text{in}} - 1$개 또는 1개의 계 성능식이 있다.

$$\dot{n}_A / \dot{n}_B = 40/60$$

부터

$$\dot{n}_A = 180 \text{ kgmol/h}$$

다음이 주어져 있으므로,

$$\dot{n}_B = \left(\frac{60}{40}\right)(180) = 270 \text{ kgmol/h}$$

임을 쉽게 알 수 있다. 주어진 흐름의 조성과 성분 물질수지식을 합하면 다음과 같다:

$$\dot{n}_{g,\text{out}} = z_{gA}\dot{n}_A + z_{gB}\dot{n}_B = (0.15)180 + (0.06)(270) = 42 \text{ kgmol/h}$$

$$\dot{n}_{f,\text{out}} = z_{fA}\dot{n}_A + z_{fB}\dot{n}_B = (0.12)180 + (0.03)(270) = 29 \text{ kgmol/h}$$

$$\dot{n}_{w,\text{out}} = z_{wA}\dot{n}_A + z_{wB}\dot{n}_B = (0.73)180 + (0.91)(270) = 359 \text{ kgmol/h}$$

행렬의 형태로 정리하면, 이 식들은 간단히 다음과 같다.

$$\begin{bmatrix}1 & 0 & 0\\0 & 1 & 0\\0 & 0 & 1\end{bmatrix}\begin{bmatrix}\dot{n}_{g,\text{out}}\\\dot{n}_{f,\text{out}}\\\dot{n}_{w,\text{out}}\end{bmatrix}=\begin{bmatrix}42\\29\\359\end{bmatrix}$$

해는 다음과 같다.

$$\begin{bmatrix}\dot{n}_{g,\text{out}}\\\dot{n}_{f,\text{out}}\\\dot{n}_{w,\text{out}}\end{bmatrix}=\begin{bmatrix}42\\29\\359\end{bmatrix}$$

혼합기에 대한 행렬 **A**는 항상 단위행렬이라는 것을 유념하라! 이는 혼합기에 대해 항상 성립하므로 바로 쓸 수 있는 것이다.

분할기(Splitter) 분할기는 하나의 유입흐름을 받아 *동일한 조성*(idential composition)을 가진 2개 이상 배출흐름으로 나눈다. 다음 개략도는 3개의 배출흐름(J_{out} = 3)을 가지는 분할기 예시이다. 분할기의 핵심 특징은 모든 성분의 몰 또는 질량분율이 유입흐름과 모든 배출흐름에서 같다는 것이다.

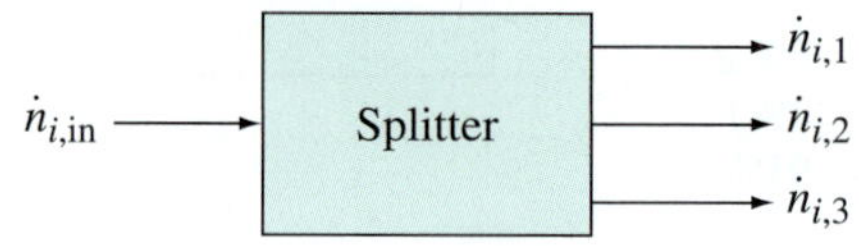

화학반응을 없으므로, 혼합기의 정상상태 미분 성분 몰수지식[식 (3.10)]은 다음과 같이 간략화된다.

$$\sum_{\text{all } j_{\text{out}}} \dot{n}_{ij} = \dot{n}_{i,\text{in}} \qquad \textbf{(3.20)}$$

분할기를 통과하는 I개 성분이 있다면, 식 (3.20) 형태의 I개의 독립적인 수지식을 작성할 수 있다.

분할기의 성능은 **분할율**(fractional split), f_{Sj}로 명기된다.

$$f_{Sj} = \frac{\text{흐름 } j_{\text{out}}\text{으로 나가는 몰수}}{\text{분할기로 들어가는 몰수}} = \frac{\dot{n}_{j_{\text{out}}}}{\dot{n}_{\text{in}}} \qquad \textbf{(3.21a)}$$

또는 유입흐름, 배출흐름과 관련된 선형방정식으로 다시 쓰면 다음과 같다.

$$\dot{n}_{j_{\text{out}}} = f_{Sj}\dot{n}_{\text{in}} \qquad \textbf{(3.21b)}$$

분할기의 모든 유입과 배출흐름의 조성은 동일하므로, 모든 성분 I에 대해서 다음이 항상 만족한다.

$$\dot{n}_{ij_{\text{out}}} = f_{Sj}\dot{n}_{i,\text{in}} \qquad \textbf{(3.21c)}$$

각 배출흐름은 f_{Sj} 값을 가지지만, 하나의 조건을 만족시켜야 한다. 모든 분할율의 합은 1이 되어야 한다. 즉,

$$\sum_{\text{all } j_{\text{out}}} f_{Sj} = 1$$

그러므로 오직 최대 $(J_{\text{out}}-1)$개의 f_{sj} 값을 독립적으로 명시할 수 있다.

I개의 물질수지식[식 (3.20)]에 $I \times (J_{\text{out}}-1)$개의 성능방정식을 더해 분할기의 선형모델을 구성한다[식 (3.21c)].

혼합기의 선형모델: 설탕 분할 ◀ 예제 3.10

9.8 mol% 글루코오스, 6.6 mol% 프룩토오스, 83.6 mol% 물을 포함하는 용액이 430 kgmol/h의 속도로 연속, 정상상태로 작동하는 분할기로 들어간다. 분할기는 A, B, C 3개의 배출흐름을 갖는다. 흐름 A로 나가는 분할율은 25%($f_{SA}=0.25$), 흐름 B로 나가는 분할율은 35%($f_{SB}=0.35$)이다. 배출흐름들의 유량을 계산하라.

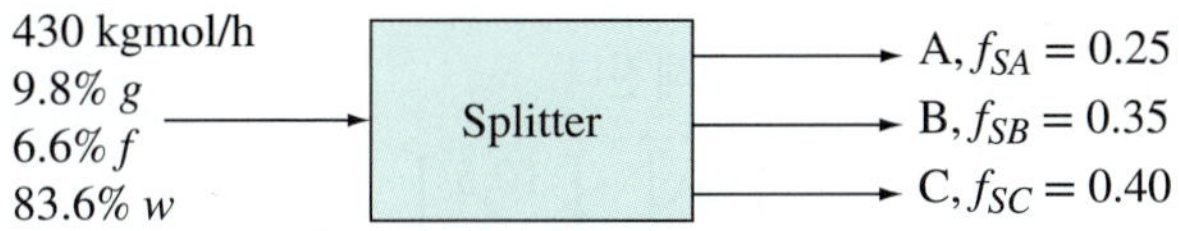

〉풀이

3개의 성분과 3개의 배출흐름이 있다($I=3$, $J_{\text{out}}=3$). 그러므로 3개의 물질수지식과 3 × (3 − 1), 즉 6개의 분할기 성능식이 있다.

물질수지식은

$$\dot{n}_{gA}+\dot{n}_{gB}+\dot{n}_{gC}=\dot{n}_{g,\text{in}}$$
$$\dot{n}_{fA}+\dot{n}_{fB}+\dot{n}_{fC}=\dot{n}_{f,\text{in}}$$
$$\dot{n}_{wA}+\dot{n}_{wB}+\dot{n}_{wC}=\dot{n}_{w,\text{in}}$$

이고, 분할기 성능식은 다음과 같다.

$$\dot{n}_{gA}=f_{SA}\dot{n}_{g,\text{in}}$$
$$\dot{n}_{fA}=f_{SA}\dot{n}_{f,\text{in}}$$
$$\dot{n}_{wA}=f_{SA}\dot{n}_{w,\text{in}}$$
$$\dot{n}_{gB}=f_{SB}\dot{n}_{g,\text{in}}$$
$$\dot{n}_{fB}=f_{SB}\dot{n}_{f,\text{in}}$$
$$\dot{n}_{wA}=f_{SB}\dot{n}_{w,\text{in}}$$

Ax = b의 행렬형태로 쓰면 방정식은 다음과 같다.

$$\begin{bmatrix}1&0&0&1&0&0&1&0&0\\0&1&0&0&1&0&0&1&0\\0&0&1&0&0&1&0&0&1\\1&0&0&0&0&0&0&0&0\\0&1&0&0&0&0&0&0&0\\0&0&1&0&0&0&0&0&0\\0&0&0&1&0&0&0&0&0\\0&0&0&0&1&0&0&0&0\\0&0&0&0&0&1&0&0&0\end{bmatrix}\begin{bmatrix}\dot{n}_{gA}\\\dot{n}_{fA}\\\dot{n}_{wA}\\\dot{n}_{gB}\\\dot{n}_{fB}\\\dot{n}_{wB}\\\dot{n}_{gC}\\\dot{n}_{fC}\\\dot{n}_{wC}\end{bmatrix}=\begin{bmatrix}\dot{n}_{g,\text{in}}\\\dot{n}_{f,\text{in}}\\\dot{n}_{w,\text{in}}\\f_{SA}\dot{n}_{g,\text{in}}\\f_{SA}\dot{n}_{f,\text{in}}\\f_{SA}\dot{n}_{w,\text{in}}\\f_{SB}\dot{n}_{g,\text{in}}\\f_{SB}\dot{n}_{f,\text{in}}\\f_{SB}\dot{n}_{w,\text{in}}\end{bmatrix}$$

이제 3개의 유입흐름과 2개의 분할율을 더한 것을 규정하다면, 9개의 미지수에 9개의 방정식을 갖게 된다. 이 문제의 행렬식은 다음과 같다.

$$\begin{bmatrix} 1 & 0 & 0 & 1 & 0 & 0 & 1 & 0 & 0 \\ 0 & 1 & 0 & 0 & 1 & 0 & 0 & 1 & 0 \\ 0 & 0 & 1 & 0 & 0 & 1 & 0 & 0 & 1 \\ 1 & 0 & 0 & 0 & 0 & 0 & 0 & 0 & 0 \\ 0 & 1 & 0 & 0 & 0 & 0 & 0 & 0 & 0 \\ 0 & 0 & 1 & 0 & 0 & 0 & 0 & 0 & 0 \\ 0 & 0 & 0 & 1 & 0 & 0 & 0 & 0 & 0 \\ 0 & 0 & 0 & 0 & 1 & 0 & 0 & 0 & 0 \\ 0 & 0 & 0 & 0 & 0 & 1 & 0 & 0 & 0 \end{bmatrix} \begin{bmatrix} \dot{n}_{gA} \\ \dot{n}_{fA} \\ \dot{n}_{wA} \\ \dot{n}_{gB} \\ \dot{n}_{fB} \\ \dot{n}_{wB} \\ \dot{n}_{gC} \\ \dot{n}_{fC} \\ \dot{n}_{wC} \end{bmatrix} = \begin{bmatrix} 42.1 \\ 28.4 \\ 359.5 \\ 10.5 \\ 7.1 \\ 89.9 \\ 14.8 \\ 9.9 \\ 125.8 \end{bmatrix}$$

$\mathbf{x} = \mathbf{A}^{-1}\mathbf{b}$임을 이용하면, 해는 쉽게 구해진다.

$$\begin{bmatrix} \dot{n}_{gA} \\ \dot{n}_{fA} \\ \dot{n}_{wA} \\ \dot{n}_{gB} \\ \dot{n}_{fB} \\ \dot{n}_{wB} \\ \dot{n}_{gC} \\ \dot{n}_{fC} \\ \dot{n}_{wC} \end{bmatrix} = \begin{bmatrix} 10.5 \\ 7.1 \\ 89.9 \\ 14.8 \\ 9.9 \\ 125.8 \\ 16.8 \\ 11.4 \\ 143.8 \end{bmatrix}$$

분할기 행렬식의 일반적인 구조에 주목하라. 알려진 유입흐름과 분할율은 벡터 **b**에 있고, 미지의 배출흐름은 벡터 **x**에 있다. A 행렬은 3 × 3 항등행렬과 3 × 3 영행렬의 조합이다. A 행렬의 형식은 다른 수의 성분과 다른 수의 배출흐름을 통합하기 위해 신속히 조정될 수 있다.

반응기(Reactor) 반응기는 화학반응에 의해 반응물을 생성물로 변환시킨다. 이상적인 반응기는 오직 하나의 유입흐름과 하나의 배출흐름이 있는 것이다.

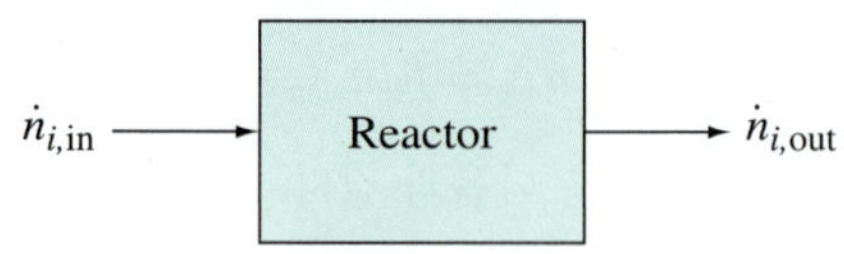

정상상태에서의 성분 몰수지식은 다음과 같다.

$$\dot{n}_{i,\text{out}} = \dot{n}_{i,\text{in}} + \sum_{\text{all } k} \nu_{ik} \dot{\xi}_k \tag{3.22}$$

반응기는 화학공정에서 매우 중요하므로 두 장에서 걸쳐 다시 설명된다. 여기서 우리가 알아야 할 내용은 선형모델로 반응기의 성능규격을 작성하는 방법에 관한 것이다. 이 장에서 우리는 반응기 성능을 설명하기 위해 **전환율**(fractional conversion)을 사용할 것이다. 4장에서 전환율을 더 자세히 다루겠고, 또한 여러 반응기의 성능을 설명하는 유용한 측정법에 대해 알아보겠다.

전환율(f_{Ci})은 반응기에 공급되는 반응물과 화학반응에 의해 소모되는 반응물의 비이다.

$$f_{Ci} = \frac{\text{반응에 의해 소모되는 } i\text{의 몰수}}{\text{반응기로 공급되는 } i\text{의 몰수}} = \frac{-\sum_{\text{all } k} \nu_{ik}\dot{\xi}_k}{\dot{n}_{i,\text{in}}}$$

위 식을 다시 쓰면, 반응기 성능을 설명하는 선형방정식을 얻는다.

$$f_{Ci}\dot{n}_{i,\text{in}} = -\sum_{\text{all } k} \nu_{ik}\dot{\xi}_k \tag{3.23}$$

$0 \le f_{Ci} \le 1$이라는 점을 명심하라.

전환율은 반응기에 공급되는 어떠한 반응물로도 정의될 수 있지만 반응 생성 화합물에 대해선 사용하지 않는다. 서로 다른 화합물의 전환율은 화학양론 계수로 관계있다. 같은 반응의 반응물이라 하더라도 공급 속도가 다르다면 서로 다른 화합물의 전환율은 다를 수 있다.

설명 ▸ 반응 $2A + B \to C + D$에서, $f_{CA} = 2\dot{\xi}_1/\dot{n}_{A,\text{in}}$이고, $f_{CB} = \dot{\xi}_1/\dot{n}_{B,\text{in}}$이다.

설명 ▸ 반응기로 화합물 A와 B가 $\dot{n}_{A,\text{in}} = 100$ gmol/min와 $\dot{n}_{B,\text{in}} = 100$ gmol/min의 속도로 공급된다. A와 B는 $2A + B \to C + D$의 반응식을 통해 반응하며, $\dot{\xi}_1 = 20$ gmol/min이다. 이때, $f_{CA} = 2\dot{\xi}_1/\dot{n}_{A,\text{in}} = 2(20)/100 = 0.4$이고, $f_{CB} = 20/100 = 0.2$이다.

설명 ▸ 반응기로 화합물 A와 B가 공급되고, 두 화학반응이 일어난다.

$$2A + B \to C + D \tag{R1}$$

$$\frac{1}{2}B + C \to E \tag{R2}$$

그러므로

$$f_{CA} = 2\dot{\xi}_1/\dot{n}_{A,\text{in}}$$

$$f_{CB} = \left(\dot{\xi}_1 + 0.5\dot{\xi}_2\right)/\dot{n}_{B,\text{in}}$$

이다.

만약 K개의 독립적인 화학반응기가 있다면 K개까지 독립적인 전환율을 명시할 수 있다. 반응기의 선형모델은 I개의 물질수지식[식 (3.22)]과 K개의 반응기 성능방정식을 포함할 수 있다.

예제 3.11 ▶ 반응기의 선형모델: 글루코오스와 프룩토오스의 이성질화 반응

9.8 mol% 글루코오스, 6.6 mol% 프룩토오스, 83.6 mol% 물이 172.3 kgmol/day의 속도로 반응기에 들어간다. 글루코오스와 프룩토오스는 이성질체이다: $C_6H_{12}O_6$로 같은 분자식을 갖지만 다른 화학구조를 가져 프룩토오스가 글루코오스보다 더 달다. 반응기에서는 글루코오스의 53.25%가 프룩토오스로 전환된다.

$$C_6H_{12}O_6\ (\text{glucose}) \rightarrow C_6H_{12}O_6\ (\text{fructose})$$

반응기를 나오는 배출흐름의 유량과 조성을 계산하라.

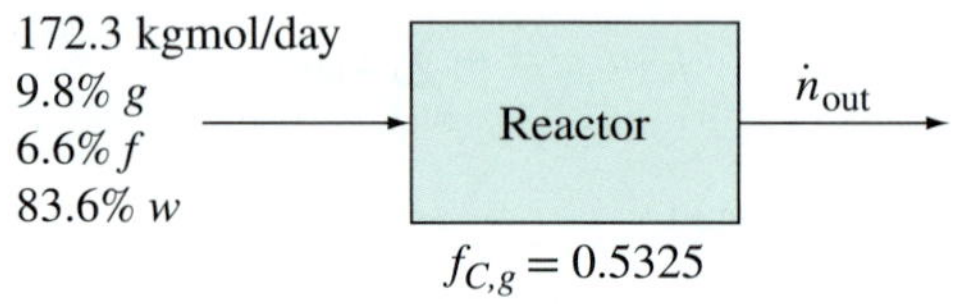

풀이

3개의 성분과 1개의 반응이 있다. 그러므로 좌항에는 미지수를 놓고 3개의 물질식과 1개의 성능 방정식을 작성한다.

$$\dot{n}_{g,\text{out}} + \dot{\xi} = \dot{n}_{g,\text{in}}$$

$$\dot{n}_{f,\text{out}} - \dot{\xi} = \dot{n}_{f,\text{in}}$$

$$\dot{n}_{w,\text{out}} = \dot{n}_{w,\text{in}}$$

$$\dot{\xi} = f_{C,g}\dot{n}_{g,\text{in}}$$

방정식을 행렬 형식으로 나타내고 반응기의 선형모델을 구성하면 다음과 같다.

$$\begin{bmatrix} 1 & 0 & 0 & 1 \\ 0 & 1 & 0 & -1 \\ 0 & 0 & 1 & 0 \\ 0 & 0 & 0 & 1 \end{bmatrix} \begin{bmatrix} \dot{n}_{g,\text{out}} \\ \dot{n}_{f,\text{out}} \\ \dot{n}_{w,\text{out}} \\ \dot{\xi} \end{bmatrix} = \begin{bmatrix} \dot{n}_{g,\text{in}} \\ \dot{n}_{f,\text{in}} \\ \dot{n}_{w,\text{in}} \\ f_{C,g}\,\dot{g}_{g,\text{in}} \end{bmatrix}$$

배출흐름과 반응진척도는 4개의 미지 변수이고 모두 벡터 **x**에 속한다. 글루코오스의 전환율, $f_{C,g} = 0.5325$과 유입흐름의 유량은 이미 알고 있고 벡터 **b**에 속한다. 행렬식에 값들을 대입하면 다음과 같다.

$$\begin{bmatrix} 1 & 0 & 0 & 1 \\ 0 & 1 & 0 & -1 \\ 0 & 0 & 1 & 0 \\ 0 & 0 & 0 & 1 \end{bmatrix} \begin{bmatrix} \dot{n}_{g,\text{out}} \\ \dot{n}_{f,\text{out}} \\ \dot{n}_{w,\text{out}} \\ \dot{\xi} \end{bmatrix} = \begin{bmatrix} 16.9 \\ 11.4 \\ 144 \\ 9.0 \end{bmatrix}$$

행렬은 이미 간단한 형태로 나타나고 선형방정식은 독립적이다. 그럼 해는 다음과 같다.

$$\begin{bmatrix} \dot{n}_{g,\text{out}} \\ \dot{n}_{f,\text{out}} \\ \dot{n}_{w,\text{out}} \\ \dot{\xi} \end{bmatrix} = \begin{bmatrix} 7.9 \\ 20.4 \\ 144 \\ 9.0 \end{bmatrix}$$

예제 3.11에서 어떻게 행렬식을 세웠는지 생각해 보자. 벡터 **x**의 맨 위에 반응물의 배출흐름을 놓고 그 밑에 생성물 배출흐름, 반응하지 않는 화합물과 반응진척도를 차례로 놓았다. 어떠한 개수의 흐름과 반응진척도의 경우에도 이 형식을 사용하여 벡터를 구성할 수 있다. 벡터 **b**에는 같은 순서로 유입흐름을 놓고 다음에 전환율과 반응물의 유입흐름의 곱을 놓는다. 행렬 **A**는 4개의 부분으로 구성된다. 왼쪽 윗부분은 단위행렬이고, 오른쪽 윗부분은 각 반응물과 생성물에 대한 음의 화학양론 계수를 갖는 열이다. 오른쪽 아랫부분은 반응물에 대한 음의 화학양론 계수이고 왼쪽 아랫부분은 모든 항이 0이다. 반응물과 생성물이 많아질수록 단위행렬은 확대되고, 반응의 개수가 많아질수록 화학양론 계수에 대한 열의 개수는 늘어난다. 이 형태를 따라서 행렬 **A**를 작성할 수 있다.

분리기(Separator) 분리기는 최소한 하나의 유입흐름과 2개 이상의 배출흐름을 갖는다. 배출흐름은 유입흐름과 서로 조성이 다르다. 분리기는 화학반응이 아닌 물리적으로 조성이 변하도록 한다. 6장과 7장에서 분리기술을 심도 있게 다룰 것이다.

하나의 유입흐름과 2개 이상의 배출흐름을 갖는 분리기에 대한 정상상태 미분 물질수지식은 다음과 같다.

$$\sum_{\text{all } j_{\text{out}}} \dot{n}_{ij} = \dot{n}_{i,\text{in}} \quad \textbf{(3.24)}$$

혼합물로부터 원하는 성분을 회수하거나 순수한 생성물을 생산하기 위해 분리기를 사용한다. 분리기의 선형모델을 세우기 위해 **회수율**(fractional recovery), f_{Rij}을 이용한 분리기의 성능을 설명할 것이다.

$$f_{Rij} = \frac{\text{흐름 } j_{\text{out}}\text{로 배출되는 } i\text{의 몰수}}{\text{분리기로 들어가는 } i\text{의 몰수}} = \frac{\dot{n}_{ij_{\text{out}}}}{\dot{n}_{i,\text{in}}}$$

다시 쓰면, 분리기의 성능을 배출흐름과 유입흐름의 관계로 표현하는 선형 방정식을 얻는다.

$$\dot{n}_{ij\text{out}} = f_{Rij}\dot{n}_{i,\text{in}} \quad \textbf{(3.25)}$$

모든 성분의 회수율에 대해 비슷한 식을 쓸 수 있다. 분리기에서 한 성분의 회수율은 다른 성분과 같지 않다: $f_{RAj} \neq f_{RBj} \neq f_{RCj} \neq \cdots$.

이것은 분리기의 회수율과 분할기의 분할율의 중요한 차이이다. 회수율은 각 성분과 배출흐름에 대해 고유한 값을 가지는 반면, 분할율은 각 배출흐름에 대해서만 고유한 값을 가진다. 모든 배출흐름에서 성분 i에 대한 회수율을 더하면 1이 된다.

$$\sum_{\text{all } j_{\text{out}}} f_{Rij} = 1$$

I개의 성분과 J_{out}개의 배출흐름을 가지는 분리기에 대해 $I \times (J_{\text{out}} - 1)$개의 독립적인 회수율을 가진다.

! Hint
한 흐름에 대해 모든 성분의 회수율의 합은 1이 아님에 주의하라.

예제 3.12 ▶ 분리기의 선형모델: 설탕 용액

9.8 mol% 글루코오스, 6.6 mol% 프룩토오스, 83.6 mol% H_2O가 172.3 kg mol/day의 속도로 분리기에 들어간다. 3개의 생성물 흐름이 정상상태로 작동하는 분리기를 나간다. 흐름 A는 가장 많은 글루코오스를 포함하고, 흐름 B는 프룩토오스, 흐름 C는 물을 가장 많이 포함한다. 글루코오스의 94%는 흐름 A에서 회수되고, 4%는 흐름 B에서 회수된다. 프룩토오스의 85%는 흐름 B에서 회수되고, 10%는 흐름 A에서 회수된다. 물의 70%는 흐름 C에서 회수되고, 흐름 A와 B에서는 각각 15%씩 회수된다. 모든 배출 흐름의 유량을 계산하라.

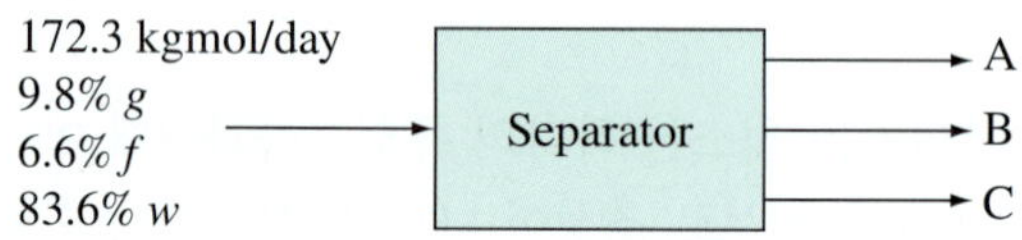

› 풀이

3개의 성분(g, f, w)과 3개의 배출흐름(A, B, C)이 있으므로, 3개의 정상상태 미분 몰수지식을 세울 수 있다.

$$\dot{n}_{gA} + \dot{n}_{gB} + \dot{n}_{gC} = \dot{n}_{g,\text{in}}$$

$$\dot{n}_{fA} + \dot{n}_{fB} + \dot{n}_{fC} = \dot{n}_{f,\text{in}}$$

$$\dot{n}_{wA} + \dot{n}_{wB} + \dot{n}_{wC} = \dot{n}_{w,\text{in}}$$

6개의 분리기 성능식을 써보자.

$$\dot{n}_{gA} = f_{RgA}\dot{n}_{g,\text{in}}$$

$$\dot{n}_{fA} = f_{RfA}\dot{n}_{f,\text{in}}$$

$$\dot{n}_{wA} = f_{RwA}\dot{n}_{w,\text{in}}$$

$$\dot{n}_{gB} = f_{RgB}\dot{n}_{g,\text{in}}$$

$$\dot{n}_{fB} = f_{RfB}\dot{n}_{f,\text{in}}$$

$$\dot{n}_{wB} = f_{RwB}\dot{n}_{w,\text{in}}$$

9개의 식을 행렬 형식으로 나타내면 다음과 같다.

$$\begin{bmatrix} 1 & 0 & 0 & 1 & 0 & 0 & 1 & 0 & 0 \\ 0 & 1 & 0 & 0 & 1 & 0 & 0 & 1 & 0 \\ 0 & 0 & 1 & 0 & 0 & 1 & 0 & 0 & 1 \\ 1 & 0 & 0 & 0 & 0 & 0 & 0 & 0 & 0 \\ 0 & 1 & 0 & 0 & 0 & 0 & 0 & 0 & 0 \\ 0 & 0 & 1 & 0 & 0 & 0 & 0 & 0 & 0 \\ 0 & 0 & 0 & 1 & 0 & 0 & 0 & 0 & 0 \\ 0 & 0 & 0 & 0 & 1 & 0 & 0 & 0 & 0 \\ 0 & 0 & 0 & 0 & 0 & 1 & 0 & 0 & 0 \end{bmatrix} \begin{bmatrix} \dot{n}_{gA} \\ \dot{n}_{fA} \\ \dot{n}_{wA} \\ \dot{n}_{gB} \\ \dot{n}_{fB} \\ \dot{n}_{wB} \\ \dot{n}_{gC} \\ \dot{n}_{fC} \\ \dot{n}_{wC} \end{bmatrix} = \begin{bmatrix} \dot{n}_{g,\text{in}} \\ \dot{n}_{f,\text{in}} \\ \dot{n}_{w,\text{in}} \\ f_{Rg,A}\dot{n}_{g,\text{in}} \\ f_{Rf,A}\dot{n}_{f,\text{in}} \\ f_{Rw,A}\dot{n}_{w,\text{in}} \\ f_{Rg,B}\dot{n}_{g,\text{in}} \\ f_{Rf,B}\dot{n}_{f,\text{in}} \\ f_{Rw,B}\dot{n}_{w,\text{in}} \end{bmatrix}$$

마지막으로 벡터 b에 수치를 대입하고 x를 푼다.

$$\begin{bmatrix} 1 & 0 & 0 & 1 & 0 & 0 & 1 & 0 & 0 \\ 0 & 1 & 0 & 0 & 1 & 0 & 0 & 1 & 0 \\ 0 & 0 & 1 & 0 & 0 & 1 & 0 & 0 & 1 \\ 1 & 0 & 0 & 0 & 0 & 0 & 0 & 0 & 0 \\ 0 & 1 & 0 & 0 & 0 & 0 & 0 & 0 & 0 \\ 0 & 0 & 1 & 0 & 0 & 0 & 0 & 0 & 0 \\ 0 & 0 & 0 & 1 & 0 & 0 & 0 & 0 & 0 \\ 0 & 0 & 0 & 0 & 1 & 0 & 0 & 0 & 0 \\ 0 & 0 & 0 & 0 & 0 & 1 & 0 & 0 & 0 \end{bmatrix} \begin{bmatrix} \dot{n}_{gA} \\ \dot{n}_{fA} \\ \dot{n}_{wA} \\ \dot{n}_{gB} \\ \dot{n}_{fB} \\ \dot{n}_{wB} \\ \dot{n}_{gC} \\ \dot{n}_{fC} \\ \dot{n}_{wC} \end{bmatrix} = \begin{bmatrix} 16.9 \\ 11.4 \\ 144 \\ 15.9 \\ 1.14 \\ 21.6 \\ 0.68 \\ 9.7 \\ 21.6 \end{bmatrix}$$

해는 다음과 같이 쉽게 얻을 수 있다.

$$\begin{bmatrix} \dot{n}_{gA} \\ \dot{n}_{fA} \\ \dot{n}_{wA} \\ \dot{n}_{gB} \\ \dot{n}_{fB} \\ \dot{n}_{wB} \\ \dot{n}_{gC} \\ \dot{n}_{fC} \\ \dot{n}_{wC} \end{bmatrix} = \begin{bmatrix} 15.9 \\ 1.14 \\ 21.6 \\ 0.68 \\ 9.7 \\ 21.6 \\ 0.32 \\ 0.56 \\ 100.8 \end{bmatrix}$$

Quiz 3.6

"포도당의 94%가 스트림 A에서 회수된다."와 "스트림 A는 94% 포도당이다"라고 말하는 것의 차이점은 무엇인가?

3.3.2 ▸ 공정 토폴로지

지금까지 모든 공정흐름도에서 공통적인 4개의 개별 공정단위에 대해 설명했고, 각각에 대해 성능규격을 어떻게 정의하는지 보았다. 공정흐름도의 중요한 특징은 **토폴로지**(topology)다-공정단위들이 연결되어 있는 방식, 공정단위 간 흐름의 방향. 공정흐름도의 수학적모델에서 한 공정단위로부터 나가는 흐름과 다른 장치로 들어오는 흐름을 적절히 수식화하여 각 공정단위 간 연결을 보여줄 수 있다.

우리가 다룰 3개의 기초 토폴로지가 있다. *발산구조*(diverging tree), *수렴구조*(converging tree), *루프*(loop)이다. 그림 3.5는 일반적인 형식을 설명한다. 실제 흐름도에서도 비슷한 형식의 조합이나 한 부분은 자주 보게 될 것이다. *발산구조*(diverging tree)는 정제와 같은 공정에서 일반적으로 쓰인다. 원유같은 혼합물은 성분별로 분리된다. *수렴구조*(converging tree)는 고분자나 약품과 같은 복합한 유기 물질의 합성에 일반적으로 쓰인다. 여러 화학반응을 거쳐 하나의 생성물을 만든다. *루프*(loop)는 낮은 전환율의 반응기에 특히 유리하여 화학공정에서 쉽게 볼 수 있다.

일반적인 토폴로지 형식을 관찰하는 것은 복합한 공정흐름도에서의 공정 흐름 계산에 대한 전략을 고안하는 데 도움을 준다. 발산구조로는 초기값(원료의 공급속도)으로 시작하고 순방향으로 계산한다. 수렴구조로는 결과값으로 시작하고 역방향으로 계산하는 것이 쉽다.

공정흐름도에서 루프는 다소 어렵다. 루프를 해결하는 유용한 방법은 루프 내부의 "분할흐름"을 찾아 루프를 분할하는 것이다. 그리고 한 흐름과 다른 흐름이 관련되는 성능규격을 이용함으로써 루프를 따라 움직이는 성분을 추적한다. 이제 시작점에 올 때까지 루프를 실행한다. 이렇게 하여 우리는 유입흐름과 배출흐름 사이에 새로운 관계식을 유도한다.

혼합기, 반응기, 분리기를 포함하는 전형적인 루프에 대해 설명해 보자. A, B 두 반응물과 생성물 C가 있다. 반응은 다음과 같다.

$$A + 0.5B \rightarrow 2C$$

흐름선도는 그림 3.6에 나타낸다. 반응기 내의 A의 전환율 f_{CA}, 흐름 5의 A, B, C 회수율 f_{RA5}, 흐름 1의 모든 성분들의 몰유량, $\dot{n}_{A1}$과 $\dot{n}_{B1}$는 제시되어 있다.

이 루프에서의 수수께끼는 흐름 5를 모르면 흐름 2를 풀 수 없고, 흐름 2를 모르면 흐름 5를 풀 수 없다는 것이다. 그러므로 흐름 5와 흐름 1 사이의 관계식이 필요하다. 이 식을 얻기 위해 루프를 따라 성분 A를 추적할 것이다.

루프 내 아무 흐름에서나 시작할 수 있다. 반응기로 들어가는 흐름 2에 시작하겠다. 이제 루프를 돌게 된다. 반응 성능규격으로부터 흐름 3의 성분 A 유량과 흐름 2의 A 유량을 관련지어 준다.

$$\dot{n}_{A3} = (1 - f_{CA})\dot{n}_{A2}$$

루프를 계속 따라가면서 흐름 5의 A 유량과 흐름 3의 A 유량을 관련지어 준다.

$$\dot{n}_{A5} = f_{RA5}\dot{n}_{A3}$$

두 식을 결합하면 흐름 5와 흐름 2의 A 유량에 대한 식이 나온다.

$$\dot{n}_{A5} = f_{RA5}(1 - f_{CA})\dot{n}_{A2}$$

루프를 계속 실행하면, 시작한 곳으로 다시 돌아오게 된다.

$$\dot{n}_{A2} = \dot{n}_{A1} + \dot{n}_{A5}$$

위의 마지막 두 식을 결합하면 다음과 같다.

$$\dot{n}_{A5} = f_{RA5}(1 - f_{CA})(\dot{n}_{A1} + \dot{n}_{A5})$$

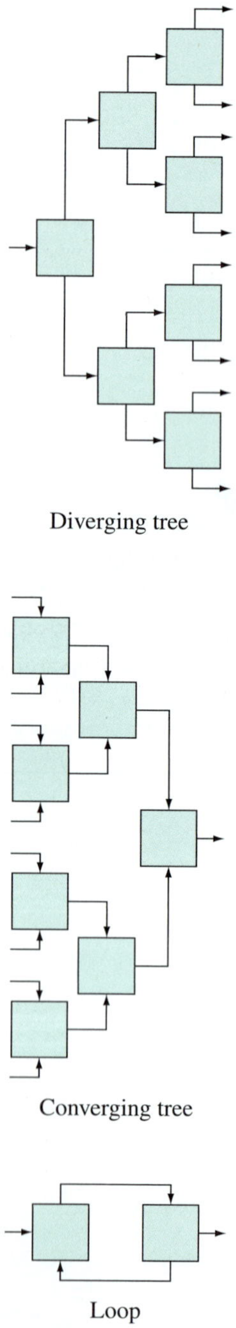

그림 3.5 공정흐름선도의 일반적인 토폴로지 형태.

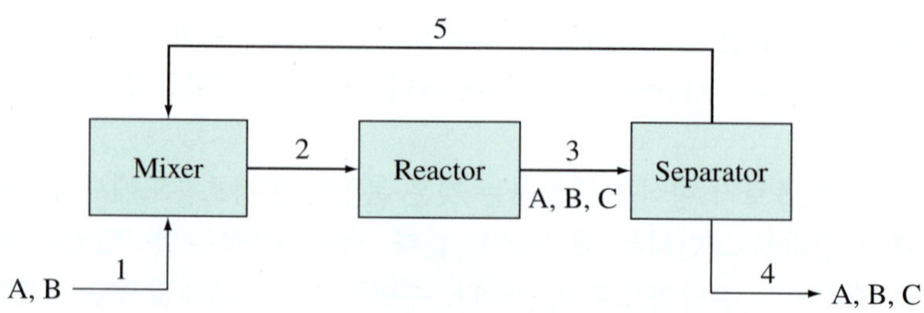

그림 3.6 순환루프를 포함하는 전형적인 블록흐름선도. 흐름 2, 3, 5는 루프 내에 있다.

다시 정리하면 다음과 같다.

$$\dot{n}_{A5} = \left[\frac{f_{RA5}(1 - f_{CA})}{1 - f_{RA5}(1 - f_{CA})}\right]\dot{n}_{A1}$$

이제 $\dot{n}_{A5}$는 주어진 계의 성능규격과 흐름들로 표현할 수 있다,

다중 공정단위와 순환: 오래된 공장의 재사용 ◀ 예제 3.13

고객은 에틸렌옥사이드의 새로운 공급자로 당신의 회사를 고려하고 있다. 고객은 생산물이 적어도 98%의 에틸렌옥사이드를 포함할 것을 요구하고 연당 170만 kg mol을 구입하고자 한다. 그 계약은 충분히 수익성이 있다.

다행히도, 당신의 회사는 생산물의 낮은 수요 때문에 몇 년 동안 사용하고 있지 않던 에틸렌옥사이드 공장을 보유하고 있다. 이제 새 고객이 생겨 공장을 다시 가동시키려고 한다. 공장으로부터 나온 데이터를 많이 잃긴 했지만 예전의 블록흐름선도를 구할 수 있다. 공장은 다음과 같은 반응으로 에틸렌옥사이드를 생산한다.

$$2C_2H_4 + O_2 \rightarrow 2C_2H_4O$$

반응기가 에틸렌 공급의 6%의 전환율로, 분리기는 에틸렌옥사이드의 97%의 회수율로 운전되고, 미반응 에틸렌과 산소가 각각 98%, 99.95%로 순환된다는 사실을 알았다. 여러 운전 기록으로부터 에틸렌은 최대 196 kg mol/h, 산소는 최대 84.5 kg mol/h의 유량으로 설정됨을 알았다.

이 시설이 고객의 요구를 만족할 것인가? 그렇지 않다면 요구를 만족시키기 위해 공장을 수정하는 데 있어서 어느 계성능규격이 전체 공정 성능에 영향을 가장 많이 끼치는지 결정하라. 시설은 최대 공급 유량으로 운전된다고 가정하라.

풀이

다음과 같은 블록흐름선도가 있다.

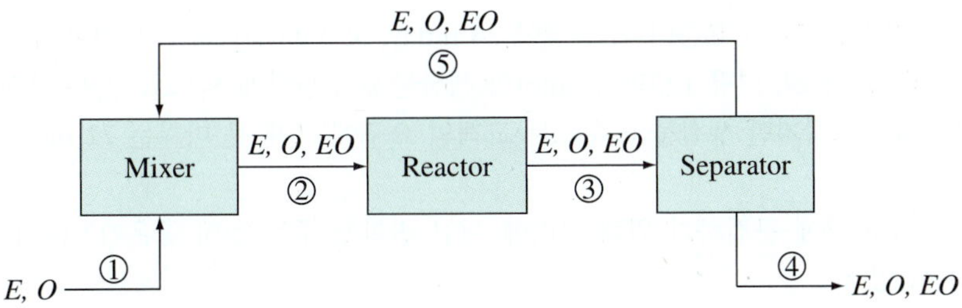

각 공정단위에 대한 식은 다음과 같다.

혼합기(mixer): 3개의 물질수지식

$$\dot{n}_{E2} = 196 + \dot{n}_{E5}$$

$$\dot{n}_{O2} = 84.5 + \dot{n}_{O5}$$

$$\dot{n}_{EO2} = \dot{n}_{EO5}$$

반응기(reactor): 3개의 물질수지식과 1개의 반응기 성능식

$$\dot{n}_{E3} = \dot{n}_{E2} - 2\dot{\xi}$$
$$\dot{n}_{O3} = \dot{n}_{O2} - \dot{\xi}$$
$$\dot{n}_{EO3} = \dot{n}_{EO2} + 2\dot{\xi}$$
$$\dot{\xi} = \frac{f_{CE}\dot{n}_{E2}}{2} = 0.03\dot{n}_{E2}$$

분리기(separator): 3개의 물질수지식과 1개의 분리기 성능식

$$\dot{n}_{E4} + \dot{n}_{E5} = \dot{n}_{E3}$$
$$\dot{n}_{O4} + \dot{n}_{O5} = \dot{n}_{O3}$$
$$\dot{n}_{EO4} + \dot{n}_{EO5} = \dot{n}_{EO3}$$
$$\dot{n}_{E5} = f_{RE5}\dot{n}_{E3} = 0.98\dot{n}_{E3}$$
$$\dot{n}_{O5} = f_{RO5}\dot{n}_{O3} = 0.995\dot{n}_{O3}$$
$$\dot{n}_{EO4} = f_{REO4}\dot{n}_{EO3} = 0.97\dot{n}_{EO3}$$

루프를 실행하여 다음을 도출한다.

$$\dot{n}_{E5} = \frac{f_{RE5}(1 - f_{CE})}{1 - f_{RE5}(1 - f_{CE})}\dot{n}_{E1} = \frac{0.98 \times 0.94}{1 - (0.98 \times 0.94)}196 = 2291$$

이 방정식들은 에틸렌옥사이드 공장의 수학적모델을 구성한다. 이제 식을 하나씩 풀거나, 행렬식을 사용하거나, 프로그램을 사용하여 방정식들을 풀 수 있다. 반응 진행도, $\dot{\xi} = 74.6$ kgmol/h가 얻어진다.

	$\dot{n}_{i1}$	$\dot{n}_{i2}$	$\dot{n}_{i3}$	$\dot{n}_{i4}$	$\dot{n}_{i5}$
Ethylene	196	2487	2338	47	2291
Oxygen	84.5	2051	1976	10	1966
Ethylene oxide	0	4.5	154	149	4.5
Total	280	4542	4468	206	4262

흐름 4는 생성물(제품) 흐름이다. 공장이 24 h/day, 350 days/year로 운전한다고 하면, 시간당 206 kg mol, 연당 173만 kg mol의 생산물을 생산하게 되므로, 겨우 고객의 요구를 만족한다. 하지만 생산물의 순도는 고객의 요구에 크게 못 미치는 72 mol%에 불과하다.

고객의 요구에 근접하기 위해 공정에 어떤 변화를 주는 것이 좋은가? 여기 몇 가지 방안이 있다.

1. 에틸렌의 전환율을 증가시킨다.
2. 생성물로 가는 에틸렌옥사이드의 회수율을 향상시킨다.
3. 순환되는 에틸렌의 회수율을 향상시킨다.
4. 혼합기에 공급되는 산소를 감소시킨다.

다음 단계는 이 중 어떤 변화가 공정 운전에 있어 가장 큰 영향을 끼치는지 계산하는 것이다. 식을 세우면 검토하기 쉬워진다. 우리의 목적에 근접하는 공정 운전에서 변환을 찾을 수 있다면 그 변화를 가능하도록 장치를 재설계하는 데 집중할 수 있다.

3.4 자유도 분석

보다 수학적 접근 방식을 사용하여 흐름 계산 문제를 해결하는 방법을 배웠다. 그렇다면 공정흐름 문제를 실제로 풀지 않고서도 문제에 대한 해가 *존재*하는지 예상할 수 있는 빠른 방법이 있는가? 아니면 하나 이상의 해가 존재하는가? 만약 너무 많지도 않고 적지도 않는 적절한 *양*의 정보와 적절한 종류의 정보가 있다면 문제는 풀릴 것이다. 어떤 문제가 유일해를 갖는지 여부를 확인할 수 있는 수학적 방법이 있다. 여기서 제시하고자 하는 것은 **자유도 분석**[degree of freedom (DOF) analysis]이라고 하는 매우 간단한 방법이다. DOF 분석은 문제를 실제로 풀어보지 않고서도, 그리고 심지어는 방정식을 세우지 않고서도, 특정한 공정흐름 계산 문제가 풀 수 있는 것인지 없는 것인지를 알아보기 위한 빠른 방법이다. 단지 수를 셀 수 있으면, DOF 분석을 할 수 있다. 게다가 DOF 분석은 해의 존재를 확인한 후 알맞은 식을 선택할 수 있도록 돕는다. 약간의 연습이 필요하지만 과정을 익힌 후에는 DOF 분석이 매우 빠르고 유용한 문제 해결 기술임을 알 수 있다.

3.4.1 ▸ 단일 공정단위의 자유도 분석

기본적인 절차는 다음과 같다("10가지 간단한 단계"와 중첩됨을 보라!)

1. 흐름선도를 그리고, 계를 정의한다.
2. 성분을 선택한다.
3. 각 흐름에서의 성분을 나타내기 위해 흐름선도에 명칭을 붙인다.
4. 문제가 비정상상태인지 또는 계에 축적 성분이 있는지 확인하라.
5. 화학반응을 작성한다.
6. 그리고...

독립변수(the number of independent variable)의 수를 센다.

Determine the number of...	By counting...	in mathematical notation
stream variables	components in each stream	n_{ij}, m_{ij}, $\dot{n}_{ij}$, and/or $\dot{m}_{ij}$
reaction variables	independent chemical reactions	$\dot{\xi}_k$ or ξ_k
accumulation variables	components that accumulate or are depleted inside system	$n_{isys,f} - n_{isys,0}$, $m_{isys,f} - m_{isys,0}$, $dn_{i,sys}/dt$, and/or $dm_{i,sys}/dt$

독립방정식(the number of independent equations)의 수를 센다.

Determine the number of···	comments	equations of the type
specified flows	component or total flow	$n_{ij} = \cdots$, $\dot{n}_{ij} = \cdots$, $n_j = \cdots$, $\dot{n}_j = \cdots$, or equivalent in mass units
specified stream compositions	at most $(I - 1)$ independent specified stream compositions	$z_{ij} = \cdots$, or $w_{ij} = \cdots$, $n_{ij}/n_j = \cdots$, or similar
specified system performances	mixer feed ratio; fractional split, conversion or recovery	$\dot{n}_1/\dot{n}_2 = \cdots, f_{Sj} = \cdots, f_{Ci} = \cdots$, $f_{Rij} = \cdots$
splitter restrictions	total of $(I - 1) \times (J_{\text{out}} - 1)$ equations	$z_{ij_{\text{out}}} = z_{ij_{\text{in}}}$ or $w_{ij_{\text{out}}} = w_{ij_{\text{in}}}$
material balance equations	Total of I equations	Table 3.1 or Table 3.2

7. 계산한다.

DOF = *독립변수의 수 – 독립방정식의 수*를 계산한다.

$DOF = 0$일 경우: 그 문제는 *올바르게 규정*되었고 변수의 수와 방정식의 수가 같은 경우로서 풀릴 것이다.

$DOF < 0$일 경우: 그 문제는 *초과 규정*된 것이다. 변수의 수보다 방정식의 수가 더 많다. 방정식 중의 일부가 중복되거나 성립되지 않는 것이다.

$DOF > 0$일 경우: 그 문제는 *부족 규정*된 것이다. 방정식의 수보다 변수의 수가 더 많다. 이것은 최적화할 필요가 있다. 최소 비용과 같이 원하는 수익을 나타내는 더 많은 식들을 추가할 수 있다.

DOF 분석에서 가장 큰 어려움 중 하나는 방정식이 독립적인지 아닌지를 구별하는 것이다. 독립방정식은 2개 혹은 그 이상의 방정식들이나 규격들을 결합시키는 것에 의해 얻어질 수 없는 유일한 정보를 제공해준다. 만약 어떤 문제에서 DOF < 0인 것을 알았다면 모든 방정식들과 규격들을 주의 깊게 살펴보아야 한다. 다음은 흔히 범하기 쉬운 2가지 오류들이다.

- 만약 반응물이 완전하게($f_{Ci} = 1.0$) 소비된다면, 반응기 출구에서 반응물에 대한 흐름 변수는 존재하지 않는다. 따라서 반응물의 100% 소비($f_{Ci} = 1.0$)는 독립적인 규격이 *아니다*.
- 만약 문제에서 모든 I 흐름의 조성이 주어져 있다면 그 중 오직 $(I - 1)$개만이 독립적이다.

다음의 예제들에서는 지금까지 공부하였던 것들에 대한 DOF 분석을 예를 들어 설명한다.

DOF 분석: 과일 주스 가공 ◂ 예제 3.14

Fruity씨 부부는 Fruity-Fresh Farm에서 매일 275 gallons의 오렌지 주스를 짜낸다. 주스는 89 wt%의 물, 8 wt%의 탄수화물과 미량의 다른 화합물들로 구성된다. 그들은 주스의 82%를 가공업체에 팔아 냉동 농축주스를 만들었다. 그 중 17%는 병에 담아 지역 농산시장에서 팔고, 1%는 자식들을 위해 보관하였다. 이 문제가 올바르게 규정되었는지 결정하라.

풀이

3개의 배출흐름을 가지는 분할기 문제이다. 주스는 물, 탄수화물, 다른 화합물 3개의 성분(W, C, O)으로 구성된다.

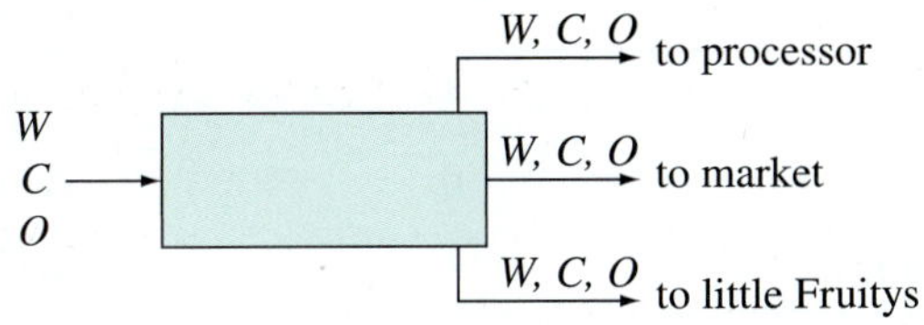

독립변수의 수를 센다.

	No.	explanation
stream variables	12	3 in inlet, 3 in each of 3 outlets
reaction variables	0	no reaction
accumulation variables	0	steady-state

독립방정식의 수를 센다.

	No.	explanation
specified flows	1	275 gallons/day fed
specified stream compositions	2	89 wt% water, 8 wt% carbohydrates
specified system performances	2	82% to processor, 17% to market
splitter restrictions	4	3 component, 3 outlets so $(3-1)(3-1)=4$
material balance equations	3	1 for each component, W, C, O

독립변수의 수 = 12
독립방정식의 수 = 1 + 2 + 2 + 4 + 3 = 12

DOF = 12 − 12 = 0이다. 이 문제는 완전 규정되었다!

DOF 분석: 공기의 건조 ◂ 예제 3.15

습한 공기(1.5 mol% H_2O 증기, 83°F, 1.1 atm)를 100 ft^3/min의 속도로 탱크에 공급한다. 탱크는 알루미나(Al_2O_3) 입자들로 채워져 있다. 공기 중의 수증기는 알루미나 입자 표면에 흡착되고, 0.06 mol% H_2O가 함유된 건조 공기가 탱크에서 나간다. 탱크에서 수분의 축적속도는 얼마인가? DOF를 구하라.

풀이

계는 알루미나 입자로 구성된 탱크와 물(W), 공기(A)이다. 화학반응은 없지만 탱크 내부에서 수분이 축적된다.

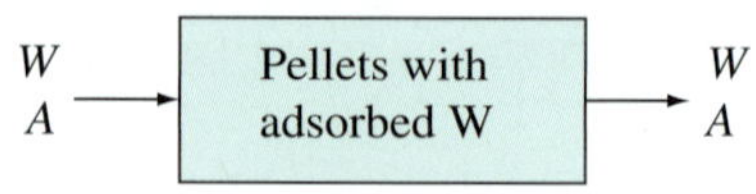

독립변수의 수를 센다.

	No.	explanation
stream variables	4	2 in inlet, 2 in outlet
reaction variables	0	no reaction
accumulation variables	1	W in tank

독립방정식의 수를 센다.

	No.	explanation
specified flows	1	100 ft^3/min air fed
specified stream compositions	2	1.5 mol% water in inlet, 0.06 mol% water in outlet
specified system performances	0	
splitter restrictions	0	
material balance equations	2	1 for each component

독립변수의 수 = 4 + 1 = 5
독립방정식의 수 = 1 + 2 + 2 = 5

DOF = 5 − 5 = 0이다. 이 문제는 완전 규정되었다!

예제 3.16 ▸

DOF 분석: 암모니아 합성

수소와 질소의 기체 혼합물이 반응기로 공급되고 반응에 의해 암모니아 NH_3가 생성된다. 반응기로 유입되는 질소유량은 150 gmol/h이고, 수소는 4 gmol H_2/gmol N_2의 비로 공급되어 생성물로 전환된다. 반응기는 정상상태로 운행될 때 이 문제는 올바르게 규정되었는지 정하고 문제를 푸는 데 필요한 변수와 식을 찾아라.

풀이

흐름선도는 아래와 같으며, 흐름 1과 흐름 2 그리고 3가지 성분(H, N, A)을 나타내었다.

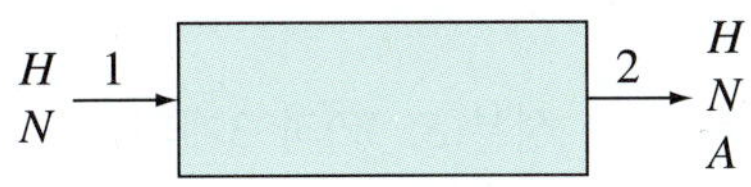

공정은 정상상태로 운행되고 한 가지 화학반응은 다음과 같다.

$$N_2 + 3H_2 \rightarrow 2NH_3$$

독립변수의 수를 센다.

	No.	explanation	variables
stream variables	5	2 in stream 1 3 in stream 2	$\dot{n}_{H1}$, $\dot{n}_{N1}$ $\dot{n}_{H2}$, $\dot{n}_{N2}$, $\dot{n}_{A2}$
reaction variables	1	1 reaction	$\dot{\xi}_1$
accumulation variables	0	steady state	

독립방정식의 수를 센다.

	No.	explanation	equations
specified flows	1	150 gmol/h N_2 in stream 1	$\dot{n}_{N1} = 150$ gmol/h
specified stream compositions	1	4:1 H_2:N_2 ratio in stream 1	$\dot{n}_{H1}/\dot{n}_{N1} = 4$
specified system performances	1	70% N_2 is converted in reactor	$f_{CN} = 0.7 = (1 \times \dot{\xi}_1)/\dot{n}_{N1}$
splitter restrictions	0		
material balance equations	3	1 for each component, *H*, *N*, *A*	$\dot{n}_{H2} = \dot{n}_{H1} - 3\dot{\xi}_1$ $\dot{n}_{N2} = \dot{n}_{N1} - \dot{\xi}_1$ $\dot{n}_{A2} = 2\dot{\xi}_1$

독립변수의 수 = 5 + 1 = 6
독립방정식의 수 = 1 + 1 + 1 + 3 = 6

DOF = 6 − 6 = 0이다. 이 문제는 완전 규정되었다!

표에서 세는 것 외에도 문제를 푸는 데 필요한 변수와 방정식을 작성하였다. 첫 번째 표에서 식별된 변수를 사용하여 두 번째 표에 방정식을 작성한 점에 유념하라. DOF 분석은 올바른 변수와 방정식을 식별을 도와 문제를 풀 수 있도록 한다.

예제 DOF 분석: 배터리 산 생산 ◂ 예제 3.17

당신의 업무는 200 kg/day의 축전지용 산을 생산하기 위한 혼합기를 설계하는 것이다. 혼합기는 정상상태에서 작동될 것이다. 축전지용 산은 반드시 18.6 wt%의 H_2SO_4 수용액이어야 한다. 사용 가능한 원료물질은 77 wt%의 농축된 황산 용액, 4.5 wt%의 희석된 황산 용액, 순수한 물이다. 이 문제는 완전하게 규정되었는가? 어떤 변수와 식을 사용해야 하는가?

풀이

흐름선도는 아래와 같고, 두 가지 성분(S, W)과 3개의 유입흐름과 1개의 배출흐름을 나타내었다.

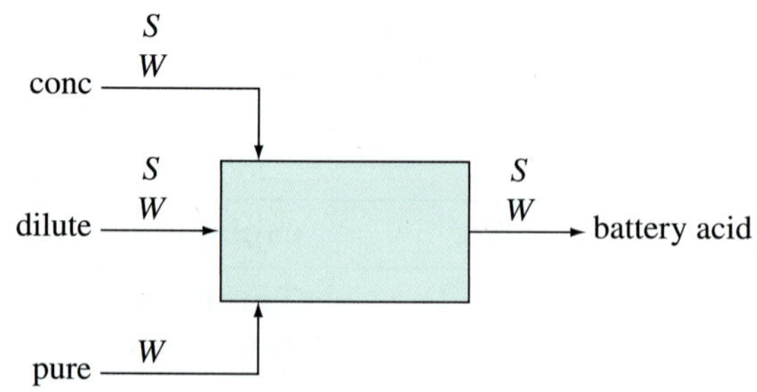

공정은 정상상태로 운행되고 화학반응은 없다.

독립변수의 수를 센다.

	No.	explanation	variables
stream variables	7	2 in "conc" 2 in "dilute" 1 in "pure" 2 in "battery"	$\dot{n}_{S,\text{conc}}$, $\dot{n}_{W,\text{conc}}$ $\dot{n}_{S,\text{dil}}$, $\dot{n}_{W,\text{dil}}$ $\dot{n}_{W,\text{pure}}$ $\dot{n}_{S,\text{batt}}$, $\dot{n}_{W,\text{batt}}$
reaction variables	0	no reaction	
accumulation variables	0	steady state	

독립방정식의 수를 센다.

	No.	explanation	equations
specified flows	1	200 kg/day battery acid	$\dot{n}_{S,\text{batt}} + \dot{n}_{W,\text{batt}} = 200$ kg/day
specified stream compositions	3	77 wt% S in conc'd 4.5 wt% S in dilute 18.6 wt% S in battery	$\dot{n}_{S,\text{conc}}/(\dot{n}_{S,\text{conc}} + \dot{n}_{W,\text{conc}}) = 0.77$ $\dot{n}_{S,\text{dil}}/(\dot{n}_{S,\text{dil}} + \dot{n}_{W,\text{dil}}) = 0.045$ $\dot{n}_{S,\text{batt}}/(\dot{n}_{S,\text{batt}} + \dot{n}_{W,\text{batt}}) = 0.186$
specified system performances	0		
splitter restrictions	0		
material balance equations	2	1 for each component	$\dot{n}_{S,\text{batt}} = \dot{n}_{S,\text{conc}} + \dot{n}_{S,\text{dil}}$ $\dot{n}_{W,\text{batt}} = \dot{n}_{W,\text{conc}} + \dot{n}_{W,\text{dil}} + \dot{n}_{\text{pure}}$

독립변수의 수 = 7

독립방정식의 수 = 1 + 3 + 2 = 6

DOF = 7 − 6 = 1이다. 이 문제는 부족 규정이다

부족 규정된 문제는 종종 여러 가지 기회를 제공해 준다. 예를 들면, 비용을 최소화하기 위해 다른 물질의 상대적인 흐름을 조절할 수 있다. 이렇게 하면 제약조건이 하나 더 추가되고 문제를 풀 수 있다.

3.4.2 ▸ 다중 공정단위 기반 블록흐름선도의 자유도 분석

DOF 분석은 다중 공정단위를 가지는 블록흐름선도를 다룰 때 특히 유용하다. 이러한 문제는 복잡성과 정보의 양이 증가하기 때문이다. 우리는 정보가 충분한지 뿐만 아니라 정보가 부족한 문제에 대해서도 판단할 수 있다. DOF 분석은 공정흐름 계산을 완료하기 위한 전략을 설정하는 데 도움이 될 수 있다. 단일 공정단위와 유사한 방식으로 진행하지만 모든 흐름에서 흐름 변수와 각 공정단위에 대한 물질수지식을 세고 모두 더한다. 흐름의 조성과 계의 성능규격은 한 번만 세도록 한다.

다음 예시에서 이러한 공정을 설명한다. 먼저 블록흐름선도에서 개별 공정단위에 대해 DOF 분석을 완료한다. 개별 분석에선 거의 모든 단위가 부족 규정인 것을 볼 수 있다. 그런 다음 전체 공정에 대한 DOF를 계산하면 완전 규정된 것임을 알 수 있다. 공정 DOF 분석이 어떻게 일관된 계의 방정식과 변수들을 생성하기 위한 전략을 만들어 내어 해를 도출하는지 보여준다.

DOF 분석: 아디프산의 제조 ◂ **예제 3.18**

2장의 사례 연구에서 설명한 기술을 바탕으로 하여 글루코오스로부터 12,000 kg/h의 아디프산 생산을 위한 예비 블록선도를 아래처럼 나타낼 수 있다. 간단히, 공기(O_2가 21 mol%, N_2가 79 mol%)와 글루코오스 수용액(10 mg/mL)을 혼합하여 반응기 1로 공급되고, 글루코오스는 산소와 반응하여 뮤코닉산, 이산화탄소, 물을 생산한다. 반응기 1에서의 배출물은 분리기 1로 보내져 3개의 흐름으로 분리된다. 첫 번째 흐름은 가스(N_2, CO_2)만을 포함하고 두 번째 흐름은 물을 포함하며 제거된다. 세 번째 흐름은 뮤코닉산만을 포함하며 혼합기에서 수소와 섞인 후 반응기 2로 보내져 아디프산으로 만들어진다. 이 예시에서, 다음 5가지 조건을 설정한다. (1) 반응기 1에서 산소와 글루코오스는 모두 100% 변환된다. (2) 95%의 뮤코닉산은 분리기에서 회수되어 반응기 1로 보내진다. (3) 수소와 뮤코닉산은 3:1의 몰비율로 두 번째 혼합기에 공급된다. (4) 반응기 2~70%의 뮤코닉산이 전환된다. (5) 반응기 2의 배출흐름은 분리기 2로 보내져 모든 아디프산은 순수한 생성물로 회수하고, 반응하지 않은 수소와 뮤코닉산은 버려진다.

›풀이

블록흐름선도를 그리고 표시하는 것으로 시작한다. 성분은 글루코오스(G), 물(W), 산소(O), 질소(N), 뮤코닉산(M), 이산화탄소(C), 수소(H), 아디프산(A)이다. 계는 두 개의 혼합기, 두 개의 반응기, 두 개의 분리기로 구성된다. 공정 설명을 통해 어떤 성분이 어떤 흐름에 있는지 알 수 있다. 예를 들어, 반응기 1에서 산소와 글루코오스는 100% 소모되므로, 반응기 1의 배출흐름에 G와 O는 존재하지 않는다. 흐름선도를 올바르게 그리는 것이 매우 중요함을 알 수 있다.

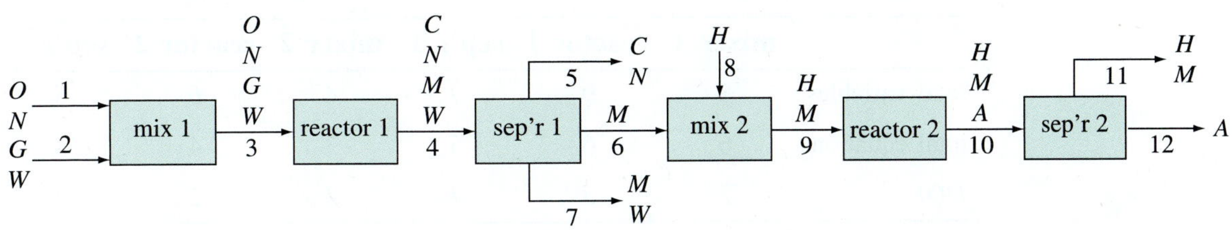

이제 각 공정단위의 변수와 방정식의 수를 세보도록 하자. 각 공정단위에 대해 그 공정단위의 유입흐름과 배출흐름만을 센다. 특정 단위에 대해 아는 정보만을 센다. 손쉽게 계산할 수 있더라도 계산할 필요가 있는 어떤 것도 세지 않도록 한다. 다음 특정 사항에 유의하라.

- 흐름 1과 흐름 2의 조성은 알고 있다. 두 흐름은 각각 2개의 성분이 있기 때문에 각 흐름에 대해 오직 하나의 조성만이 독립적이고 세어질 수 있다.
- 반응기 1에서 산소와 글루코오스는 모두 소모되기 때문에 반응기 1의 배출에는 산소와 글루코오스는 포함시키지 않는다. 그러므로 계의 성능규격으로 100% 전환율을 세지 않는다.
- 흐름 6과 흐름 8에서 수소와 뮤코닉산의 비율은 계의 성능규격으로 센다. 흐름 9에서 흐름 조성으로서 이 비율을 세지 않는다.
- 흐름 12에서 아디프산의 유속은 분리기 2에 대한 특정 유속으로 센다. 물질수지식을 풀어야만 알 수 있으므로 이 유속은 반응기 2(흐름 10)에 대한 것으로 세지 않는다.
- 흐름 12는 순수한 아디프산을 포함하고 흐름 11은 아디프산을 포함하지 않는다는 사실로부터 설명되기 때문에, 분리기 2에서 순수 생성물 흐름으로의 아디프산의 완전 회수는 회수 또는 조성의 독립적인 규격으로 세지 않는다.

각 공정단위에 대한 DOF 분석을 추가 설명 없이 아래 표에 정리하였다.

독립변수의 수를 센다.

	mixer 1	**reactor 1**	**sep'r 1**	**mixer 2**	**reactor 2**	**sep'r 2**
stream	8	8	9	4	5	6
reaction	0	1	0	0	1	0
accumulation	0	0	0	0	0	0

독립방정식의 수를 센다.

	mixer 1	**reactor 1**	**sep'r 1**	**mixer 2**	**reactor 2**	**sep'r 2**
flows	0	0	0	0	0	1
compositions	2	0	0	0	0	0
performances	0	0	1	1	1	0
splitter restriction	0	0	0	0	0	0
material balances	4	6	4	2	3	3

DOF 분석 결과는 다음과 같다.

	mixer 1	**reactor 1**	**sep'r 1**	**mixer 2**	**reactor 2**	**sep'r 2**
total variables	8	9	9	4	6	6
total equations	6	6	5	3	4	4
DOF	*2*	*3*	*4*	*1*	*2*	*2*

모든 공정단위는 부족 규정되었다. 방안은 없는가? 모든 변수와 규격을 셈으로써 전체 공정에 대한 DOF 분석을 해보도록 하자.

독립변수의 수를 센다.

	No.	explanation
stream variables	26	Count each component in every stream on the block flow diagram, and sum
reaction variables	2	Count both reactions
accumulation variables	0	Steady state

독립방정식의 수를 센다.

	No.	explanation
specified flows	1	12,000 kg/day adipic acid in stream 12
specified stream compositions	2	21% O_2 in stream 1 10 mg/ml glucose in stream 2
specified system performances	3	95% recovery muconic acid in separator 1 3:1 ratio of feeds to mixer 2 70% conversion of muconic acid in reactor 2
splitter restrictions	0	No splitters
material balance equations	22	4 (mixer 1) + 6 (reactor 1) + 4 (separator 1) + 2 (mixer 2) + 3 (reactor 2) + 3 (separator 2)

독립변수의 수 = 26 + 2 = 28

독립방정식의 수 = 1 + 2 + 3 + 22 = 28

$$\text{DOF} = 28 - 28 = 0$$

모든 개별 공정단위가 부족 규정되었음에도 불구하고 이 *공정*은 완전 규정되었기 때문에 해결할 수 있는 문제이다.

이제 DOF 분석이 답을 찾기 위해 올바른 변수와 방정식을 선택하도록 돕는지 알아보도록 하자. 변수의 경우, 26개의 흐름 변수($\dot{n}_{O1}$, $\dot{n}_{N1}$, $\dot{n}_{G2}$, ..., $\dot{n}_{A12}$)와 2개의 반응 변수(ξ_1, ξ_2)가 필요하다. 이 26개의 변수로 표현된 26개의 방정식이 필요하다. DOF 분석으로부터 그 방정식들이 무엇이 되어야 하는지 알고 있다.

특정 흐름: $\dot{n}_{A12} = 12{,}000$ kg/day

특정 흐름조성: $\dot{n}_{O1}/\dot{n}_{N1} = 21/79$, $\dot{n}_{G2}/\dot{n}_{W2} = 0.001$

특정 계의 성능: $f_{RM6} = 0.95 = \dot{n}_{M6}/\dot{n}_{M4}$, $\dot{n}_{H8}/\dot{n}_{M6} = 3$, $f_{CM} = 0.7 = \xi_2/\dot{n}_{M9}$

물질수지식: 다음 형태의 22개 식, $\sum_{\text{all } j^{\text{out}}} \dot{n}_{ij} = \sum_{\text{all } j^{\text{in}}} \dot{n}_{ij} + \sum_{\text{all } k} \nu_{ik}\xi_k$

사례 연구

나일론-6,6의 제조

나일론-6,6은 처음으로 대량 생산·판매된 합성 고분자이다. 나일론의 세계적인 생산량은 현재 1년에 80억 파운드에 이른다. 나일론 섬유는 카펫, 옷, 타이어에 쓰인다. 나일론수지는 자동차 사출성형, 전기부품, 필름, 전선과 케이블을 만드는 데 사용된다.

나일론은 같은 화학구조가 반복해서 연결되어 만들어진 고분자로서 분자량이 큰 분자이다. 나일론은 폴리아마드계에 속한다. (단백질도 폴리아마이드계이다.) 폴리아마이드는 카보닐(CO)과 아민(NH) 그룹을 포함한다. 나일론-6,6의 반복적인 구조는 다음과 같다.

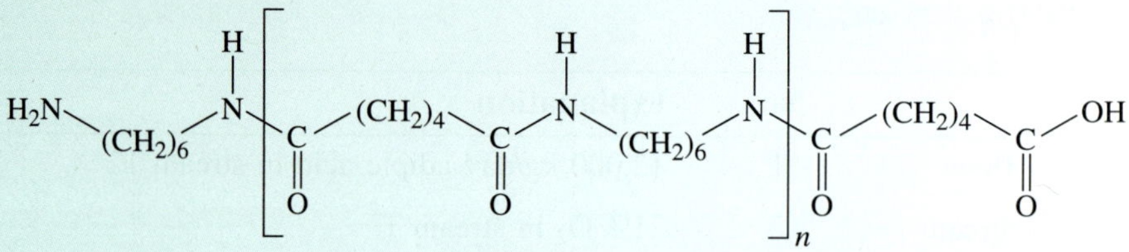

Nylon-6,6

"6,6"은 나일론이 각 6개의 탄소를 갖는 두 개의 다른 블록 혹은 단위체에서 만들어지는 것을 의미한다. 괄호는 반복 단위를 가리키고 n은 반복된 수를 나타낸다. 상업용 나일론-6,6은 평균 분자량이 12,000~20,000 이상이다. 반복 단위의 분자량이 226이기 때문에 나일론-6,6은 약 50~100개의 반복 단위를 포함한다.

나일론-6,6은 디카복실산과 아디프산(AA), 디아민, 헥사메틸렌디아민(HD)의 결합에 의해 만들어진다.

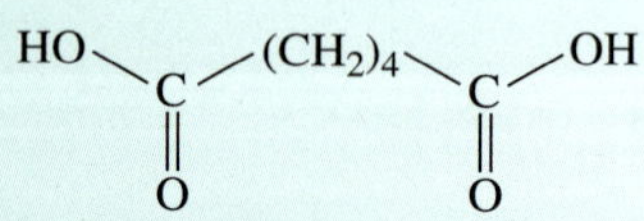

Adipic acid

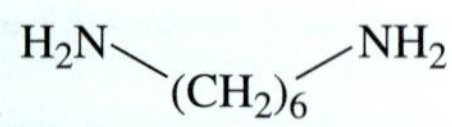

Hexamethylenediamine

(나일론-6,6의 반복단위에서 2개의 6개짜리 탄소 그룹을 구별할 수 있는가?)

고분자의 각 단위체는 "미작용기"이다. 즉 양끝에 모두 반응 그룹을 갖고 있다(아디프산의 카복실산와 헥사메틸렌디아민의 아민). 이는 이론적으로 두 단위체 끝을 결합하여 성장하는 데 제한이 없다는 것이다. 물(W)은 부산물이다. 이 반응을 *축합반응*이라 하고 많은 천연고분자와 합성고분자 반응에 있어서 중요한 부분을 차지한다.

$$n\ \mathrm{HOOC(CH_2)_4COOH} + n\ \mathrm{H_2N(CH_2)_6NH_2} \rightarrow$$
$$\mathrm{HO[OC(CH_2)_4CONH(CH_2)_6NH]_{\mathit{n}}H} + (2n-1)\ \mathrm{H_2O} \qquad \textbf{(R5)}$$

이 사례연구에서 우리는 나일론-6,6을 만드는 예비 공정흐름도를 제안할 것이다. 가장 간단한 설계로부터 실제적인 블록흐름선도로 확장함으로써 이것을 여러 번 반복할 것이다. 이 반복 작업이 1장에서 3장까지 봤던 과정을 따라가는지 관찰하자.

먼저 원료 공급에 대한 의문을 갖자. 아디프산과 헥사메틸렌디아민은 나일론 합성에 대한 단위체이다. 우리는 이것을 외부 공급자로부터 구입하기를 원하는가? 만들기를 원하는가? 대부분의 나일론 생산자들은 아디프산과 헥사메틸렌디아민을 두 가지 이유 때문에 직접 만든다. (1) 헥사메틸렌디아민의 시장이 없다. (2) 양질의 나일론을 생산하기 위해 단위체의 질을 제어하는 것은 절대적으로 중요하다.

이 두 화학물질은 어떻게 만들어야 하는가? 먼저 헥사메틸렌디아민 합성을 생각해 보자. 여기 상업적으로 사용되는 반응경로가 있다. 부타디엔과 시안화수소를 조합하여 아디포니트릴을 만든다.

$$C_4H_6 + 2HCN \rightarrow NC(CH_2)_4CN \qquad \textbf{(R1)}$$

그리고 아디포니트릴은 수소와 반응하여 헥사메틸렌디아민을 만든다.

$$NC(CH_2)_4CN + 4H_2 \rightarrow H_2N(CH_2)_6NH_2 \qquad \textbf{(R2)}$$

아디프산은 사이클로헥산으로부터 합성될 수 있다. (1장에서 글루코오스로부터 아디프산을 만드는 공정에 대해 설명했다. 하지만 그것은 아직 상용화되지 않았다.) 먼저 사이클로헥산은 부분산화되어 사이클로헥산온이 된다. 이때 물은 부산물이다. (실제로는 다른 반응들도 동시에 일어난다. 편의를 위해서 무시할 것이다.)

$$C_6H_{12} + O_2 \rightarrow C_6H_{10}O + H_2O \qquad \textbf{(R3)}$$

그리고 아디프산을 생성하기 위해 강한 산화제인 질산을 사용한다. 일산화탄소와 물은 부산물로 생성된다.

$$C_6H_{10}O + 2HNO_3 \rightarrow HOOC(CH_2)_4COOH + 2NO + H_2O \qquad \textbf{(R4)}$$

이 반응경로를 사용하고, 아디프산와 헥사메틸렌디아민의 최종 생성량이 없다고 가정하고 나일론-6,6(분자량 = 15,000, n = 66) 1몰의 생성에 대한 생성량-소모량 표를 만들자.

나일론-6,6을 100,000 lb/day로 생산할 수 있는 공정을 세워보자. 필요한 원료와 부산물 생성은 생성량-소모량 분석으로부터 계산되고 표 3.4에 요약된다.

우리는 이미 여러 가지에 대해 배웠다. 먼저 많은 양의 강산(질산)과 독성이 강한 물질(시안화수소)이 필요하다. 공정을 개발할 때, 안전에 관한 관심이 설계에 어떻게 영향을 미치는지 염두에 두어야 한다. 둘째, 유기물질이 포함된 많은 양의 폐수가 생성될 것이다. 폐수를 처리할 수 있는 공정을 설계해야 할 것이다. 셋째, 많은 양의 일산화탄소가 생성될 것이다. 환경에 나쁜 영향을 끼치므로 최소화해야 할 것이다. 초기 단계에서 우리는 반응물의 비용과 생성물의 가치를 비교함으로써 예비 경제성 분석을 해야 하고, 대체할 수 있는 원료나 반응들을 조사해 봐야 할 것이다.

하지만 우선은 그냥 블록흐름선도에서 공정을 세워보도록 하자. 2개 이상의 반응물이 필요할 때는 혼합기를 사용한다. 예비 블록흐름선도(그림 3.7)를 제안하기 위해 2장에서의 발견적 학습법을 이용한다. (반응물을 최대한 늦게 주입하라. 부산물을 최대한 빨리 제거하라.) 공정 토폴로지는 기본적으로 수렴구조이고,

표 3.3 ▶ 나일론-6,6 제조에 대한 생성량-소모량 분석

Compound	Abbreviation	ν_{i1}	ν_{i2}	ν_{i3}	ν_{i4}	ν_{i5}	$\nu_{i,net}$
C_4H_6	B	−66					−66
HCN	CN	−132					−132
$NC(CH_2)_4CN$	AN	+66	−66				
H_2	H		−264				−264
$H_2N(CH_2)_6NH_2$	HD		+66			−66	
C_6H_{12}	CH			−66			−66
O_2	O			−66			−66
$C_6H_{10}O$	CK			+66	−66		
H_2O	W			+66	+66	+131	+263
HNO_3	NA				−132		−132
$HO_2C(CH_2)_4CO_2H$	AA				+66	−66	
NO	NO				+132		+132
Nylon 6,6	N66					1	1

표 3.4 ▶ 나일론-6,6 100,000 lb/day의 생산을 위한 원료와 부산물의 흐름

Compound	$\nu_{i,net}$	M_i lb/lbmol	Flow rate, lb/day (SF = 100,000/14,934)
C_4H_6	−66	54	−23,900
HCN	−132	27	−23,900
H_2	−264	2	−3,500
C_6H_{12}	−66	84	−37,100
O_2	−66	32	−14,100
H_2O	+263	18	+31,700
HNO_3	−132	63	−55,700
NO	+132	30	+26,500
Nylon 6,6	+1	14,934	+100,000

고분자 생성 공정에 많이 사용된다.

공정흐름 계산을 하기 전에 그림 3.7에 나와 있는 블록흐름선도의 자유도 분석을 수행하자. 2장에 다루었던 단순 근사로 시작하자. 반응은 완전히 이루어지고, 분리기는 완전하게 조작되고 반응물은 화학양론비로 공급된다고 가정할 것이다.

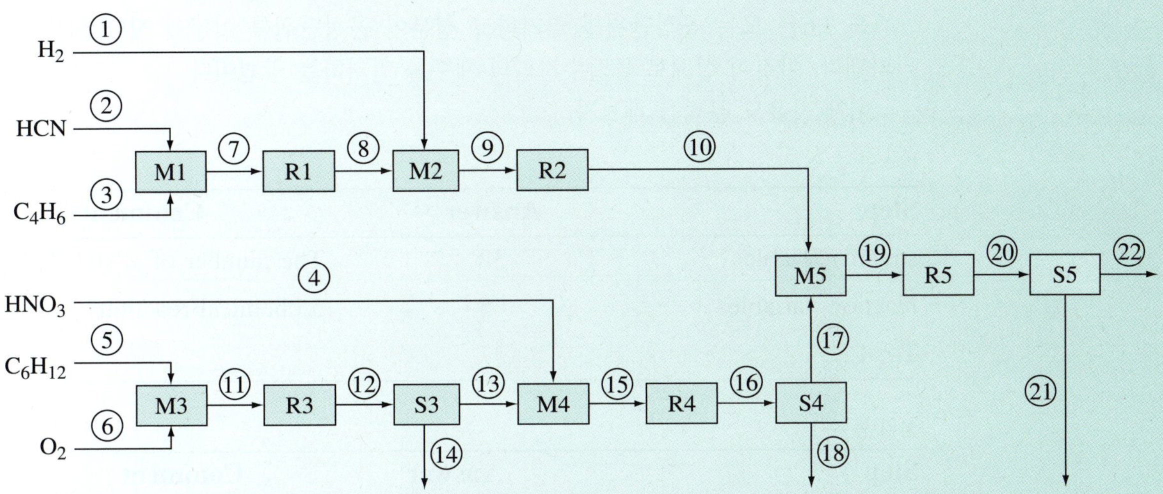

그림 3.7 나일론-6,6 생산을 위한 예비 블록흐름선도 혼합기(M), 반응기(R), 분리기(S)와 각 흐름 번호가 나타난다.

표 3.5는 이 근사에서 공정 흐름 중 성분이 어떻게 분포하는지 보여준다. 표에서 성분이 어떻게 나타나고 사라지는지 살펴보자. 원료에서 생산물까지의 진행을 표로 보여준다. 표 3.5는 *흐름 변수*의 계산을 나타낸다.

표 3.5 ▸ 그림 3.7의 흐름 변수 목록

×는 각 흐름에서 존재하는 성분을 나타낸다. 반응은 완전히 일어나고 분리기는 완전히 운전되며, 반응물은 화학양론비에 맞게 들어간다.

	1	2	3	4	5	6	7	8	9	10	11	12	13	14	15	16	17	18	19	20	21	22
B			×				×															
CN		×					×															
AN								×	×													
H	×								×													
HD										×									×			
CH					×						×											
O						×					×											
CK												×	×		×							
W												×		×		×		×		×	×	
NA				×											×							
AA																×	×		×			
NO																×		×				
N66																				×		×

표 3.6은 모든 공정단위를 열거하고 성분이 공정단위를 어떻게 지나가는지를 나타낸다. 이것이 실제로 물질수지식의 개수를 열거하는 방법이다.

이제 자유도 분석을 해보자.

변수의 총 수

Step	Answer	Comment
stream variables	32	The number of ×'s(표 3.5)
reaction variables	5	5 chemical reactions
Total	37	

식의 총 수

Step	Answer	Comment
Specified flows	1	Nylon-6,6 production rate of 100,000 lb/day
Specified stream compositions	0	
Specified system performances	0	
Material balance equations	36	표 3.6 참고
Total	37	

표 3.6 ▶ 그림 3.7의 물질수지식 목록

×는 공정단위의 성분에 대한 물질수지식을 나타낸다.

	M1	R1	M2	R2	M3	R3	S3	M4	R4	S4	M5	R5	S5
B	×	×											
CN	×	×											
AN		×	×	×									
H			×	×									
HD				×							×	×	
CH					×	×							
O					×	×							
CK						×	×	×	×				
W						×	×		×	×		×	×
NA								×	×				
AA									×	×	×	×	
NO									×	×			
N66												×	×

문제는 완전히 규정되었다.

이러한 분석은 계의 선형모델을 세우기 위해 어떤 정보가 필요한지 정확히 알려준다. 5개의 반응 변수와 32개의 계 변수(표 3.5에 나타냄), 36개의 물질수지식(표 3.6에 나타냄)과 1개의 유량. 흐름선도가 수렴구조의 일반적인 형식을 갖는 점에 주목한다. 그러므로 중요한 부분(생성물)부터 시작하고 거꾸로 수행하는 것이 가장 수월한 방법이다. 100,000 lb/day의 나일론-6,6 생성량을 기준으로 한다. 물질수지식으로 돌아가 S5에 대한 나일론-6,6의 물질수지식을 시작한다. 자세한 계산은 연습 문제로 남겨둔다.

많은 작업을 수행했지만 우리가 실제로 얻은 것은 블록흐름선도의 골격이다. 초기 단계에서 흐름선도는 중요한 설계에 대한 질문을 제기하는 데 도움이 된다. 순수한 산소 대신에 공기를 쓰면 어떻게 되겠는가? 질산은 순수한가 아니면 수용액인가? S3을 제거하고 S4를 하게 두면 어떻게 되겠는가? S3과 S4를 모두 제거하고 오직 하나의 분리기만 지나도록 하면 어떻게 되겠는가? 물을 제거하기 위한 분리기를 R4 전에 추가해야 하는가?

이 공정의 더 실제적인 모델을 만들기 위해서, 반응물의 완전 전화($f_C = 1.0$), 완전 분리($f_R = 1.0$), 양론비로 반응물 공급 등 모든 간단 근사를 제거한다. 이제 이 문제는 일반화된다. 본래, *한 성분이 공정에 들어가게 되면 그 성분의 존재는 모든 하류 부문에까지도 고려되어야 함*을 의미한다. 문제는 크게 복잡해졌으나 공정을 통해 성분을 따라가는 것은 사실 수월해졌다. 표 3.7과 3.8의 항에 ×를 넣는 것뿐이다.

표 3.7 ▶ 그림 3.7의 흐름 변수 목록

×는 각 흐름에 존재하는 성분을 가리킨다. 간단 근사는 적용되지 않았다.

	1	2	3	4	5	6	7	8	9	10	11	12	13	14	15	16	17	18	19	20	21	22
B			×				×	×	×	×									×	×	×	×
CN		×					×	×	×	×									×	×	×	×
AN								×	×	×									×	×	×	×
H	×								×	×									×	×	×	×
HD										×									×	×	×	×
CH					×						×	×	×	×	×	×	×	×	×	×	×	×
O						×					×	×	×	×	×	×	×	×	×	×	×	×
CK												×	×	×	×	×	×	×	×	×	×	×
W												×	×	×	×	×	×	×	×	×	×	×
NA				×											×	×	×	×	×	×	×	×
AA																×	×	×	×	×	×	×
NO																×	×	×	×	×	×	×
N66																				×	×	×

표 3.8 ▸ 그림 3.7의 물질수지식 목록

×는 공정단위의 각 성분에 대한 물질수지식을 나타낸다. 간단 근사는 적용되지 않았다.

	M1	R1	M2	R2	M3	R3	S3	M4	R4	S4	M5	R5	S5
B	×	×	×	×							×	×	×
CN	×	×	×	×							×	×	×
AN		×	×	×							×	×	×
H			×	×							×	×	×
HD				×							×	×	×
CH					×	×	×	×	×	×	×	×	×
O					×	×	×	×	×	×	×	×	×
CK						×	×	×	×	×	×	×	×
W						×	×	×	×	×	×	×	×
NA								×	×	×	×	×	×
AA									×	×	×	×	×
NO									×	×	×	×	×
N66												×	×

정보는 공정 토폴로지로부터 구한다.

(표 3.5와 3.7을 비교하고, 표 3.6과 3.8을 비교하라.) 이제 자유도 분석을 완성해 보자.

변수의 총 수

Step	Answer	Comment
Stream variables	111	The number of ×'s(표 3.7)
System variables	5	Still 5 chemical reactions
Total	116	

식의 총 수

Step	Answer	Comment
Specified flows	1	Nylon-6,6 production rate of 100,000 lb/day
Specified stream compositions	0	
Specified system performances	0	See explanation following.
Material balance equations	81	The number of ×'s(표 3.6)
Total	82	

자유도는 116 − 82 = 34이다. 아직 규정되지 않았다.

완전히 규정하기 위해 추가해야 할 규격의 종류는 어떤 것들이 있는가? 표를 이용할 수 있다.

- *혼합기.* 각 혼합기는 2개의 유입흐름이 있으므로 혼합기당 유입흐름의 비율에 대한 하나의 규격을 제공한다. 5개의 혼합기가 있으므로 **5**개의 독립적인 혼합기 성능이 규정될 수 있다.
- *반응기.* 반응기와 반응에 대한 전환율이 정해질 수 있다. 총 **5**개.
- *분리기.* 분리기에 대하여 $I \times (J_{\text{out}} - 1)$개의 독립 회수율이 있다. 각 분리기는 2개의 배출흐름을 갖는다. S3는 4개 성분, S4는 7개, S5는 13개 성분을 갖는다(표 3.8에 잘 나와 있음). 그래서 S3은 4개, S4는 7개, S5는 13개의 회수율, 총 **24**개이다.

위를 다 더하면 34개 규격이 된다. 우리가 필요한 숫자와 정확히 일치한다!

이러한 예비 분석은 공정흐름도의 선형모델을 세우는 데 필요한 모든 식을 유도하기 위한 체계적인 윤곽을 마련해준다. 그러므로 선형모델은 다음과 같이 구성된다.

- 물질수지식 81개
- 생성물 유량 1개
- 혼합기 성능규격(유입흐름의 상대적 유량) 5개
- 반응기 성능규격(전환율) 5개
- 분리기 성능규격(회수율) 24개

엔지니어는 자동적으로 모델식을 만들고 기준과 함께 주어진 흐름도, 흐름 조성, 계성능규격을 구하기 위해 *공정 시뮬레이터*를 사용한다.

힘든 작업을 다하게 되면, 이 흐름도의 선형모델을 풀 수 있다. 이러한 노력은 공정조합의 주된 특징이다. 몇 가지 경우를 검토하면서 살펴보자.

경우 1: *전환율에 따라 사이클로헥산의 소모량 변화는 어떻게 되겠는가?* 모든 반응과 분리기가 완전하게 조작된다면 사이클로헥산은 하루에 442.2 lbmol이 요구된다. 전환율이 감소하는 몇몇 경우를 조사한다. 100,000 lb/day의 속도로 나일론 생성량을 고정했고, 분리기에서의 회수율이 여전히 1.0이라고 가정했고, 반응물이 화학양론비로 공급된다고 가정했다.

(a) R3의 전환율이 0.9로 감소한다면, 사이클로헥산의 소모는 491.3 lbmol/day로 증가한다.

(b) R1의 전환율이 0.9로 감소한다면, 사이클로헥산의 소모는 491.3 lbmol/day까지 올라간다. 사이클로헥산은 R1에서 나온 것이 아니므로 처음에는 놀랄 수 있다. 모든 원료의 공급비가 지정되어 있기 때문에 이러한 결과가 나온다. 파생된 것 중 하나의 전환율이 다른 것에서보다 높다면 공급비를 조정

하기 위해 공정을 다시 설계해야 한다. 반응기 전환율의 함수로 공급비의 최적값을 찾기 위해 모델을 이용할 수 있다.

(c) 모든 반응기의 전환율이 0.9로 감소한다면, 사이클로헥산의 소모량은 기존 경우보다 약 40% 증가하여 606.6 lbmol/day가 된다.

(d) 모든 반응기의 전환율이 0.8로 감소한다면 R5의 전환율이 0.5로 떨어지는 것과 같다. 사이클로헥산의 소모량은 약 2배가 된다.

경우 2: *일산화질소의 생성에 가장 영향을 많이 끼치는 계의 성능규격은 무엇인가?* 일산화질소는 스모그와 같은 환경에 해로운 결과를 초래하기 때문에, 일산화질소 생성을 가능한 최소로 하고자 한다. 기존 경우에는 884.4 lb mol/day가 생성된다.

(a) R4의 전환율을 줄이는 것은 일산화질소 생성 속도에 아무런 영향을 주지 않는다.

(b) S4의 아디프산의 회수율을 0.9로 줄이는 것은 일산화질소 생성을 983 lb-mol/day까지 증가시킨다.

(c) S4의 아디프산의 회수율을 0.9로 줄이고 R5의 전환율을 0.9로 줄이는 것은 일산화질소 생성을 1092 lbmol/day까지 훨씬 더 증가시킨다.

경우 3: *분리기의 효율은 최종 생성물중 물의 양에 어떤 영향을 끼치는가?* 3개의 모든 분리기가 완전하게 운전되고, 나일론 생성물에는 물이 들어 있지 않다. 4가지 상황을 생각해 보자.

(a) S3, S4, S5에서 각각 99%의 물이 제거된다고 하면, 나일론 생성물은 0.16 wt%의 물을 포함하게 된다.

(b) S4, S5에서 99%, S3에서 90%의 물이 제거된다고 하면, 나일론 생성물은 똑같이 0.16 wt%의 물을 포함한다.

(c) S3, S5에서 99%, S4에서 90%의 물이 제거된다고 하면, 나일론 생성물의 물의 조성은 조금 증가하여 0.17 wt%가 된다.

(d) S3, S4에서 99%, S5에서 90%의 물이 제거된다고 하면, 나일론 생성물은 1.6 wt%의 물을 포함한다.

마지막 분리기에서의 물 제거가 가장 중요하다는 것을 확실하게 알 수 있다. 그래서 이 분리기에 대한 설계에 집중해야 한다.

이 같은 모델에 대한 탐구는 설계에서 변화를 이끌어 낼 것이다. 이러한 분석은 각 공정단위에 대한 상세 설계의 준비 과정이다. 예를 들어, 이렇게 질문할 수 있다. 반응 중 원치 않는 부반응이 일어나는가? 높은 전환율을 달성할 수 있는 반응기 설계가 가능한가? 혹은 분리나 순환이 필요할 것인가? 원하는 순도를 얻기 위해 어떤 분리기술이 필요한가? 분리기는 몇 개나 필요한가? 이것이 다음 장에서 다루고자 하는 질문이다.

요약

- **물질수지식**(material balance equation)은 질량보존의 법칙으로부터 유도된다.
- 미분 **물질수지식**은 다음 표로 정리된다(i는 성분, j는 흐름, k는 화학반응).

	Accumulation =	Input	− Output	+ Generation − Consumption
Total mass	$\frac{dm_{\text{sys}}}{dt} =$	$\sum_{\text{all } j_{\text{in}}} \dot{m}_j$	$- \sum_{\text{all } j_{\text{out}}} \dot{m}_j$	
Mass of i	$\frac{dm_{i,\text{sys}}}{dt} =$	$\sum_{\text{all } j_{\text{in}}} \dot{m}_{ij}$	$- \sum_{\text{all } j_{\text{out}}} \dot{m}_{ij}$	$+ \sum_{\text{all } k} \nu_{ik} M_i \dot{\xi}_k$
Total moles	$\frac{dn_{\text{sys}}}{dt} =$	$\sum_{\text{all } j_{\text{in}}} \dot{n}_j$	$- \sum_{\text{all } j_{\text{out}}} \dot{n}_j$	$+ \sum_{\text{all } k} \dot{\xi}_k \sum_{\text{all } i} \nu_{ik}$
Moles of i	$\frac{dn_{i,\text{sys}}}{dt} =$	$\sum_{\text{all } j_{\text{in}}} \dot{n}_{ij}$	$- \sum_{\text{all } j_{\text{out}}} \dot{n}_{ij}$	$+ \sum_{\text{all } k} \nu_{ik} \dot{\xi}_k$

미분 물질수지식은 임의의 시간에서의 값을 나타낸다. 정상상태에서 축적량의 값은 0이다. 정상상태 미분식은 연속, 정상상태 공정을 분석하는 데 이용된다.

- 적분 물질주식은 다음 표로 정리된다(i는 성분, j는 흐름, k는 화학반응).

	Accumulation =	Input	− Output	+ Generation − Consumption
Total mass	$m_{\text{sys},f} - m_{\text{sys},0} =$	$\sum_{\text{all } j_{\text{in}}} m_j$	$- \sum_{\text{all } j_{\text{out}}} m_j$	
Mass of i	$m_{i,\text{sys},f} - m_{i,\text{sys},0} =$	$\sum_{\text{all } j_{\text{in}}} m_{ij}$	$- \sum_{\text{all } j_{\text{out}}} m_{ij}$	$+ \sum_{\text{all } k} M_i \nu_{ik} \xi_k$
Total moles	$n_{\text{sys},f} - n_{\text{sys},0} =$	$\sum_{\text{all } j_{\text{in}}} n_j$	$- \sum_{\text{all } j_{\text{out}}} n_j$	$+ \sum_{\text{all } i} \sum_{\text{all } k} \nu_{ik} \xi_k$
Moles of i	$n_{i,\text{sys},f} - n_{i,\text{sys},0} =$	$\sum_{\text{all } j_{\text{in}}} n_{ij}$	$- \sum_{\text{all } j_{\text{out}}} n_{ij}$	$+ \sum_{\text{all } k} \nu_{ik} \xi_k$

적분 물질수지식은 정의된 시간간격에서의 계를 나타낸다. 적분수지식은 주로 회분식 계를 분석하는 데 이용된다.

- **반응진척도**(extent of reaction, ξ)는 단위 시간 동안에 일어난 반응의 수를 측정한 값이다. 반응진척도는 반응에서의 화합물의 생성량-소모량 속도와 관련 있다. 어떤 반응 k와 반응물 혹은 생성물 i에 대해 $\dot{\xi}_k = \dot{r}_{ik}/\nu_{ik} = \dot{R}_{ik}/\nu_{ik}M_i$이고 $\dot{r}_{ik}$는 반응 k에 의한 화합물 i의 몰유량($\dot{R}_{ik}$는 질량유량), ν_{ik}는 화학양론 계수이다(반응물에 대해서는 음수, 생성물에 대해서는 양수).
- 공정단위에는 4개의 기본적인 형식이 있다: 혼합기, 분할기, 반응기, 분리기.
  - 혼합기의 성능은 유입흐름의 상대 유량으로 나타낸다.
  - 분할기의 성능은 **분할률**(fractional split, f_{Sj})로 나타낸다.

$$f_{Sj} = \frac{\text{흐름 } j_{\text{out}}\text{으로 나가는 몰수}}{\text{분할기로 들어가는 몰수}} = \frac{\dot{n}_j}{\dot{n}_{\text{in}}}$$

- 반응기의 성능은 **전환율**(fractional conversion, f_{Ci})로 나타낸다.

$$f_{Ci} = \frac{\text{반응에 의해 소모되는 } i\text{의 몰수}}{\text{반응기로 공급되는 } i\text{의 몰수}} = \frac{-\sum_{\text{all } k} \nu_{ik}\dot{\xi}_k}{\dot{n}_{i,\text{in}}}$$

- 분리기의 성능은 **회수율**(fractional recovery, f_{Rij})로 나타낸다.

$$f_{Rij} = \frac{\text{흐름 } j\text{로 배출되는 } i\text{의 몰수}}{\text{불리기로 들어가는 } i\text{의 몰수}} = \frac{\dot{n}_{ij}}{\dot{n}_{i,\text{in}}}$$

화학 이야기 칫솔과 양말

미국 역사에 있어서 광란의 1920년대는 밀주와 주류 밀매점의 시대이자 부가 증가했던 거칠고 흥미로운 시기였다. 이 시기에 듀퐁 일가는 몇 안 되는 갑부 중 하나였다. 듀퐁사는 화약 제조사업을 시작으로 하여, 제1차 세계대전 당시 연합군에 폭발물을 공급하는 주요 납품 업체로 성장하였다. 제1차 세계대전의 종전과 경제 팽창의 평화로운 시작과 동시에 회사는 화약제조에서 소비재 생산으로 전환하였다. 듀퐁은 "생활에 필요한 좋은 물품들은 화학에서 나온다."라는 유명한 모토를 기반으로 새로운 소비자의 눈높이에 맞추었다. 회사는 그들의 셀룰로스/니트로셀룰로스 기술을 토대로 셀로판 포장지, 레이온 스타킹, 자동차에 밝은 색을 칠하는 래커 등을 제작, 판매했다.

당시에 잘 알려지지는 않았지만 셀룰로스와 니트로셀룰로스는 식물로부터 추출되는 고분자이다. 유럽 내의 화학자들 사이에 벌어진 격렬했던 논쟁은, 고분자들이 매우 크긴 하지만 이들이 실제 분자들인가, 혹은 아직 잘 알려지지 않은 비공유 힘에 의해 각각의 작은 분자들이 모인 집합체인가 하는 것이었다. 실제로 저명한 화학자들은 후자를 믿었는데 이는 분자량 100,000 정도의 분자에 대한 개념이 "코끼리는 길이가 1,500피트, 키가 300피트"라고 생각하는 것보다 더 어려웠기 때문이었다. Hermann Staudinger (훗날 노벨 화학상을 수상)만이 1926년에 유럽에서 열린 회담장에서 고분자는 실제 분자라고 주장한 유일한 화학자였다. Wallace Carothers라는 젊은 유기화학자는 Staudinger를 지지하던 소수 중 한 명이었다.

Wallace Crothers.
Photo Researchers/
Science History Images/
Alamy Stock Photo

1896년에 태어난 Wallace Carothers의 출발은 그리 좋지 않았는데, 그는 아버지의 비서 학교를 다녔고, 타이핑과 펜맨쉽을 공부했다. 나중에서야 그는 일리노이 대학과 하버드에서 화학을 공부했다. 1928년 Carothers는 Charles Stine으로부터 듀퐁을 소개 받았는데, Stine은 기업이 회사의 명성을 위해서는 기초연구 그룹이 있어야 한다고 믿었다. 이러한 생각은 당시로서는 획기적인 발상이었다. 듀퐁은 Carothers가 고분자에 흥미가 있음을 알고 관심을 가지고 있었다. Carothers는 고분자에 관한 Staudinger의 주장이 옳다는 것을 증명해 보이고 싶었고, 듀퐁은 자리를 마련해줄 것처럼 보였다.

Carothers는 고분자를 만드는 첫 번째 시도에서, 알코올과 유기산의 잘 알려진 반응을 이용하여 에스테르를 만드는 성과를 올렸다. 그는 만약 알코올과 산이 이작용기라면(즉, 양끝에 각 하나씩 두 개의 반응그룹을 갖는) 그들은 "폴리에스테르"라는 무한한 연결고리를 만들 거라고 추론하였다. 이는 어느 정도 결과를 얻었다. 폴리에스테르는 실제로 생산되었지만, 그들 분자량은 5000~6000밖에 안 되었고, 이득을 얻기는 힘들었다. Carothers는 중합작용이 일어날 때 엄청난 양의 물이 만들어지는 것을 알게 되었다. 그들은 중합작용이 일어나는 동안 계속해서 발생하는 물을 없애기 위해 "분자 증류기"를 추가했다. Carothers 연구실의 화학자 Julian Hill은 산/알코올의 혼합 반응 속에 분자 증류기를 설치하고 물을 증류시켰다. 12일 후 Julian는 유리막대로 결과물을 찔러 보았다. 막대를 끄집어내자 가늘고 긴 섬유가 흘러 나왔다. 그는 놀라움과 환희가 교차했다. 그것을 계기로 그들은 그 물질을 섬유로 바꾸어 옷, 카펫과 같은 것들을 만들었다. 이런 섬유는 튼튼하고 유연했지만, 낮은 온도에도 녹아내려 다림질을 할 때 문제가 생기는 심각한 단점이 있었다. 그들은 더 높은 온도에도 견딜 수 있는 합성 폴리아마이드를 합성하기도 했으나, 실적을 올리지는 못했고 계획을 접어야 했다.

1930년대의 경제 대공황은 듀퐁을 변화시켰다. 직원들을 해임했고 임금을 줄이게 되었다. Charles Stine은 해고되었고, 그를 대신하여 기초분야보다 응용분야에 더 관심이 많은 Elmer Bolton이 들어오게 되었다. Wallace Carothers는 상심이 깊었고 우울증에 빠졌다. 하지만 여전히 그의 과학적 업적은 대단했다.

Bolton은 Carothers에게 폴리아마이드에 관한 일을 다시 하게 했다. Carothers 연구팀의 Donald Coffman은 펜타메틸렌디아민과 sebacic acid로 만들어진 용해된 덩어리에 유리막대를 넣어 보고, 섬유를 끄집어내었다. 그 상품은 광채가 났고, 실크보다 튼튼하고, 뜨거운 물이나 드라이클리닝에도 손상되지 않았다. Coffman의 깜짝 놀랄 만한 발견에도 불구하고 실용화되지 않았는데, 너무 비싸고 만들기 어려웠기 때문이었다. 다음해 Carothers 연구팀의 Gerad Berchet가 첫 번째 나일론-6,6으로 된 값싼 벤젠계열 화학물질로부터 폴리아마이드 섬유를 만들어 내었다. 이 놀라운 업적으로 많은 양의 순수한 헥사메틸렌디아민과 아디프산을 만들 수 있게 되었고, 분자 길이를 조절할 수

Universal Images Group/SuperStock

있게 되었고, 어떠한 용매 속에서도 용해되지 않게 되었다. 이후 계속되는 몇 년간의 연구로 문제들은 해결되었고, 나일론-6,6은 처음으로 상업적으로 이용되었다.

Wallace Carothers는 그가 이루고자 했던 일을 이루었다. 그는 Staudinger의 고분자에 대한 이론을 합리화시켰다. 이러한 과정에서 그는 거대한 새로운 산업을 창출하였다. 하지만 그의 건강, 특히 정신적인 건강상의 문제가 생겼다. 그는 자신의 과학적 능력을 의심하기 시작하였다. 1936년 2월 그는 결혼을 함으로써 모두를 놀라게 했다. National Academy of Science에 선출되지만 병은 점점 악화되었고, 알프스에서 몇 달간 요양했다. 1937년 4월 Wallace는 호텔방에서 레몬주스에 청산가리를 넣어 마셨다. 그가 사망하고 7개월 후 딸이 태어났다.

나일론-6,6은 1940년에 대중들에게 선보였다. 첫 번째 상품은 칫솔모였는데, 일본의 만주침략 이후로 사용할 수 없게 된 중국산 돼지털을 대체하기 위해서였다. 그러나 나일론의 상업적 성공의 열쇠는 칫솔이 아닌 여성용 스타킹이었다. 1940년에 500만 켤레의 나일론 스타킹이 시장에 출시되었고, 하루 만에 매진되었다. 제2차 세계대전 중에는 낙하산, 타이어 코드, 텐트 등에도 나일론이 사용되었다. 현재는 옷, 섬유, 소파커버 등 무수히 많은 품목에서 1인당 1.5 lb 정도를 사용하고 있다.

폴리에스테르 섬유를 처음 발견한 Julian Hill과 듀퐁의 폴리머 연구원이었던 Paul Flory는 1960년대에 들어와 나일론과 기타 플라스틱류가 발생시키는 막대한 폐기물 문제와 값싼 석유로 일회용품 만드는 것을 기반으로 하는 전체 산업의 부상에 대해 우려를 제기하기 시작했다. 근래에 들어 점점 더 많은 기업들이 생분해성 고분자 물질을 만들기 위해 농산물을 이용하는 방법을 모색하고 있다. 어떻게 보면 이들 기업들은 돌고 돌아 셀룰로스 고분자들을 만들던 초기로 돌아가고자 하는 것이다.

Quiz 정답

3.1 0, −100. 질량은 보존되나 몰수는 그렇지 않다.

3.2 2 gmol/s, 4 gmol/s

3.3 $\dot{n}_{C1} + \dot{n}_{C2} - \dot{n}_{C3} = dn_{C,\text{sys}}/dt$

3.4 계가 하나뿐이므로 오직 하나의 값, $n_{i,\text{sys}}$을 가지기 때문에 합산은 없다.

3.5 이 항은 원하는 기준으로 조정된 순 열과 동일하다.

3.6 "글루코오스 94%가 회수된다"는 것은, 분리기로 들어가는 모든 글루코오스의 94%가 흐름 A로 가고, 나머지는 다른 흐름으로 간다는 것을 뜻한다.

"흐름 A에 있는 글루코오스 94%"는 흐름 A가 94%의 글루코오스와 6%의 다른 물질을 포함한 혼합물임을 뜻한다.

참고 문헌 및 추천 도서

1. For more Wallace Crothers and the story of nylon, read "The Nylong Drama" by D. A. Houshell and J. K. Smith Jr., *American Heritage of Invention and Technology*, Fall 1988, pp 40-55, or *Prometheans in the Lab*, S. B. McGrayne, McGraw Hill.
2. A good readable introduction to the basics of linear algebra is contained in Chap. 1 of *Linear Algebra and Its Applications*, 3rd ed., by Gilbert Strang, Harcourt, Brace, Jovanovich, San Diego (1988).

연습 문제

Hein's Law: Problems worthy of attack prove their worth by hitting back.

준비 단계

3.2절

P3.1 10 gmol 폴리스티렌(평균 분자량 66,000)과 벤젠(C_6H_6) 1000 gmol을 혼합했다. 혼합물에서의 폴리스티렌의 무게 분율과 몰분율을 구하라.

P3.2 5 wt% 염/95 wt% 물로 구성된 용액이 15 g/min의 유량으로 탱크 내부로 공급되고 있는데, 이미 탱크 내에 약간의 염이 혼합되어 있다. 10 wt% 염/90 wt% 물로 구성된 용액이 탱크 밖으로 15 g/min의 유량으로 배출된다. $\dot{m}_{w,\text{in}}$, $\dot{m}_{w,\text{out}}$, $\dot{m}_{s,\text{in}}$, $\dot{m}_{s,\text{out}}$, $\dot{m}_{\text{in}}$, $\dot{m}_{\text{out}}$은 얼마인가?

P3.3 주어진 아래 반응에서,

$$CH_4 + 2O_2 \rightarrow CO_2 + 2H_2O$$

만일 $\dot{\xi} = 4$ gmol/min이라면, 다음을 결정하라. $\dot{r}_{O_2}$, $\dot{r}_{CO_2}$, $\dot{r}_{H_2O}$, $\dot{r}_{CH_4}$, $\dot{R}_{CH_4}$, $\dot{R}_{O_2}$, $\dot{R}_{CO_2}$, $\dot{R}_{H_2O}$.

P3.4 100 gmol/min 수소와 100 gmol/min 질소가 정상상태로 반응기에 공급되어 암모니아를 제조한다.

$$N_2 + 3H_2 \rightarrow 2NH_3$$

반응기 밖으로 배출되는 암모니아의 유량이 45 gmol/min이라고 하면, $\dot{\xi}$는 얼마인가?

P3.5 5 wt%의 염 수용액이 15 g/min의 유량으로 탱크 내부로 공급되고 있는데 이미 탱크 내에 약간의 염이 혼합되어 있다. 10 wt%의 염 용액이 탱크 밖으로 15 g/min의 유량으로 배출된다. 염(S)에 대한 미분 질량수지식을 작성하고 $dm_{S,\text{sys}}/dt$을 구하라.

P3.6 다음 주어진 상황에 대하여 미분수지식과 적분수지식 중 어떤 것을 사용할 지 답하고, 표시된 성분에 대한 수지식을 간략화하라.

(a) 물이 큰 탱크로 공급되고 있다. 탱크는 수 시간에 걸쳐서 채워진다. 계: 탱크, 성분: 물.

(b) 양동이는 약간의 염으로 채워져 있다. 양동이에 물을 채워 염을 녹인다. 양동이가 모두 채워진 후, 모든 염이 빠져나올 때까지 염 용액을 빼낸다. 계: 양동이, 성분: 염.

(c) 에틸렌과 공기가 정상상태로 운행되는 반응기로 공급된다. 일부 에틸렌이 산소와 반응하여 에틸렌옥사이드를 만들어 낸다. 계: 반응기, 성분: 에틸렌.

(d) 에틸렌과 공기가 정상상태로 운행되는 반응기로 공급된다. 일부 에틸렌이 산소와 반응하여 에틸렌옥사이드를 만들어낸다. 계: 반응기, 성분: 에틸렌옥사이드.

P3.7 3장의 수학적 표기법을 사용하여 2장 예제 2.2의 물질수지식을 작성하라.

› 3.3절

P3.8 분할율, 전환율, 회수율을 정의하라. 분할기, 반응기, 분리기에 대해 흐름선도를 그려라. 흐름선도를 활용하여 정의를 설명하라.

P3.9 10 wt% 글루코오스/90 wt% 물 용액 100 lb/h이 분할기에 공급되고 있다. 분할기는 두 개의 흐름(2, 3)으로 나뉜다. 흐름 3의 글루코오스 유량이 75 lb/h일 때, f_{S3}, f_{S2}, W_{G3}는 얼마인가?

P3.10 10 mol% 글루코오스 용액이 1000 lbmol/h의 유량으로 이성화 반응기에 공급되는데, 일부의 글루코오스($C_6H_{12}O_6$)가 이성질체인 프룩토오스로 전환된다. 반응진척도가 40 lbmol/h일 때, f_{Cg}는 얼마인가?

P3.11 6 wt% 글루코오스/4 wt% 프룩토오스 용액이 100 lb/h의 유량으로 분리기에 공급된다. 두 가지 생성물의 흐름이 생긴다. 그 중 하나는 9 wt% 글루코오스/1 wt% 프룩토오스 용액 50 lb/h의 흐름이다. 이 생성물 흐름의 글루코오스 회수율은 얼마인가?

› 3.4절

P3.12 예제 3.1에서 흐름 변수, 반응 변수, 축적 변수는 각각 몇 개인가? 규정된 흐름과 독립 물질수지식은 각각 몇 개인가? DOF = 0임을 보여라.

P3.13 예제 3.2에서 독립 흐름 변수는 몇 개인가? 규정된 흐름조성은 몇 개이고 무엇인가? 규정된 흐름은 몇 개이고 무엇인가?

P3.14 예제 3.3에서 독립적인 흐름 변수는 몇 개인가? 반응 변수는 몇 개인가?

P3.15 "공기(질소 79 mol%와 산소 21 mol%로 가정) 극저온 증류 컬럼에서 처리되어 98 mol%의 산소 생성물과 질소가 풍부한 부산물을 만들어낸다. 공기 유입량 중 80%의 산소는 산소가 풍부한 생성물로 회수된다." 이 설명을 바탕으로 (a) 흐름조성 규격과 (b) 계의 성능규격을 찾아라. 3장의 표기법을 사용하여 이러한 규격을 표현하는 식을 작성하라.

심화 문제

3.2절

P3.16 100 gmol/s의 에탄(C_2H_6)과 400 gmol/s의 O_2가 연소기에 공급되고 있는데, 에탄은 완전연소하여 CO_2와 H_2O가 된다. $R_{C_2H_6}$, R_{O_2}, R_{CO_2}, R_{H_2O}는 얼마인가? $r_{C_2H_6}$, r_{O_2}, r_{CO_2}, r_{H_2O}는 얼마인가? 결과를 이용하여 질량은 보존되지만 몰수는 보존되지 않음을 보여라.

P3.17 두 가지 흐름이 혼합기로 공급된다. 그 중 하나의 흐름은 8 wt% 메탄올, 24 wt% 에탄올과 나머지는 물로 구성되어 있고 64 kg/h의 유량으로 흐른다. 다른 하나의 흐름은 15 wt% 아세트산, 10 wt%의 메탄올과 나머지는 물로 구성되어 있고 128 kg/h의 유량으로 흐른다. 혼합기는 정상상태에서 운행된다. 표 3.1 또는 표 3.2에서 적절한 형태를 선택하여 (a) 메탄올, (b) 에탄올, (c) 아세트산, (d) 물, (e) 전체에 대한 간략화된 수지식을 작성하라. 처음엔 $\dot{m}_{ij}$ 형태의 변수만을 사용하여 식을 작성하고 주어진 값을 대입하여 미지수를 풀어라.

P3.18 비어 있는 탱크로 물이 흘러간다. (a) 물의 유속이 1 kg/h로 일정하다고 가정해보자. 2시간 후에 탱크로 들어간 물의 양은 얼마인가? (b) 물의 유속이 $\dot{m}_w = 1 + 2t$로 시간(시)에 따라 증가한다면 2시간 동안 탱크로 들어간 물의 양은 얼마인가?

P3.19 5.4 mol%의 에탄올, 8.3 mol%의 아세트산과 물로 이루어진 용액이 97 kgmol/h의 속도로 반응기에 공급된다. 정상상태로 운행되는 반응기에서 에탄올과 아세트산이 반응하여 에틸아세테이트와 물을 만든다.

$$C_2H_5OH + CH_3COOH \rightarrow CH_3COOC_2H_5 + H_2O$$

에탄올의 몰속도는 4.8 kgmol/h이다. 흐름선도를 그리고 표기하라. 에탄올, 아세트산, 물, 에틸아세테이트에 대하여 정상상태 미분 몰수지식을 작성하고, 배출흐름의 유량(kgmol/h)과 조성(mol%)을 구하라.

P3.20 18 wt% 설탕과 82 wt% 물로 구성된 설탕무즙이 큰 용기에 담겨 있다. 물이 일정한 속도로 증발되어 제거된다. 초기에 용기는 100 kg의 설탕무즙으로 채워져 있었고, 설탕무즙이 65 wt% 설탕으로 농축될 때까지 증발된다면, 증발시켜야 할 물의 양은 얼마인가? 용기 내부에서 설탕 질량의 변화는 얼마인가? 먼저 흐름선도를 그리고, 표기한 후에 적분 질량수지식을 설탕과 물에 대하여 작성하라.

P3.21 유가 배양을 이용하여 필수아미노산인 리신을 생산한다. 발효조는 60 g의 글루코오스를 물에 녹여 만든 600 g의 배양액으로 채워져 있다. 리신을 만들어 내는 세포들은 발효조 제작 단계에서 채워준다. 같은 조성의 배양액이 추가로 발효조에 200 g/h의 유량으로 공급되고 세포는 25 g/h 속도로 글루코오스를 소비한다. 6시간 후에 발효조 내부의 글루코오스의 농도(g 글루코오스/g 배양액)는 얼마인가? 적분 질량수지식을 이용하여 해결하라.

P3.22 25 wt% 글루코오스, 6 wt% 인산염, 6 wt% 질산염과 물로 구성된 발효 배양액을 이용해, 균류에서 항생제를 생산하기 위해 발효조를 가동하려고

한다. 오전 8시에 발효조는 5000 g의 배양액과 항생제를 만드는 균류로 채워진다. 이후 수 시간에 걸쳐서 같은 조성의 배양액을 200 g/h 속도로 발효조에 추가한다. 세포는 글루코오스를 35 g/h의 속도로, 인산염을 13 g/h의 속도로, 질산염을 12 g/h의 속도로 소비한다. 이들 세 가지 성분 중 하나의 농도가 0이 되면, 발효량은 0이 된다(왜냐하면 세포가 더 이상 자랄 수 없기 때문이다). 어떤 성분이 가장 먼저 고갈되겠는가? 발효가 중단되었을 때 다른 두 성분의 농도는(g/g 발해액) 얼마인가? 흐름선도를 그리고, 적분 질량 수지식을 이용하여 해결하라.

3.3절

P3.23 3.7 mol% 에틸아세테이트, 2.6 mol% 아세트산, 5.4 mol% 에탄올과 물로 구성된 용액이 97 kgmol/h의 유량으로 분할기에 공급된다. 분할기는 정상상태로 운행되고 세 가지의 배출흐름이 있다. 27%가 흐름 1로, 54%가 흐름 2, 나머지는 흐름 3으로 배출된다. 흐름선도를 그리고, 표기하라. f_{S1}, f_{S2}, f_{S3}는 얼마인가? 배출흐름 3과 유입흐름, f_{S1}, f_{S2}, f_{S3}과의 관계식을 도출하고 모든 $\dot{n}_{j_{out}}$과 $\dot{n}_{ij_{out}}$의 값을 구하라.

P3.24 6.2 mol% 에탄올, 5.4 mo% 아세트산과 물로 구성된 용액이 97 kgmol/h의 유량으로 분리기에 공급된다. 분리기는 정상상태로 운행된다. 에탄올 중 94%가 흐름 A를 통해 배출되고, 4%는 흐름 B를 통해 배출된다. 아세트산 85%는 B를 통해 배출되고, 10%는 흐름 A로 배출된다. 물의 70%가 흐름 C를 통해 배출되고, 흐름 A와 B로 각각 15%가 배출된다. 흐름선도를 그리고, 표기하라. 모든 f_{Rij} 값은 얼마인가? 세 가지 배출흐름과 유입흐름, f_{Rij}과의 관계식을 도출하고 모든 $\dot{n}_{j_{out}}$과 $\dot{n}_{ij_{out}}$의 값을 구하라.

P3.25 9.8 mol% 글루코오스, 6.6 mol% 프룩토오스, 83.6 mol%의 물로 구성된 용액이 172.3 mol/min의 유량으로 반응기에 공급된다. 글루코오스와 프룩토오스는 이성질체이다. 같은 분자식을 가지나 구조는 다르다. 정상상태로 운행되는 반응기에서 53.25%의 글루코오스가 프룩토오스로 전환된다. 글루코오스의 몰 반응속도를 무엇인가? 반응진척도는 무엇인가? 글루코오스, 프룩토오스, 물의 미분 몰수지식을 유도하라. 반응기 배출흐름 내 모든 성분의 유량을 계산하라.

P3.26 이산화염소는 제지공업에서 펄프를 표백하는 데 쓰인다. 다음의 반응을 통해 기체가 발생한다.

$$6NaClO_3 + 6H_2SO_4 + CH_3OH \rightarrow 6ClO_2 + 6NaHSO_4 + CO_2 + 5H_2O$$

납이 코팅된 반응기에서 $NaClO_3$, H_2SO_4의 등몰 혼합물 3000 kgmol/h와 CH_3OH 200 kgmol/h이 혼합된다. 메탄올의 전환율은 90%이다. 반응기 출구의 조성은 얼마인가?

P3.27 포름알데하이드(HCHO)는 메탄올(CH_3OH)의 부분산화에 의해 생성된다. 메탄올과 산소가 반응할 때 두 가지 부반응이 일어나, 완전연소된 CO_2와 포름산(HCOOH)가 생성된다. 세 가지 반응 모두 물을 생성한다. 먼저

세 가지 균형 맞은 반응식을 작성하라. 정상상태로 운행되는 반응기로 100 kgmol/h 메탄올과 20 kgmol/h 산소가 공급되어 40%의 메탄올과 95%의 산소가 생성물과 전환된다고 가정하자. 반응기 배출흐름의 포름알데하이드와 포름산의 몰 비율은 10:1이다. 흐름선도를 그리고 표기하라. 메탄올 전환율, f_{CM}과 산소 전환율, f_{CO}의 세 가지 반응진척도와의 관계식을 작성하라. 그리고 모든 성분에 대한 미분 몰수지식을 유도하여 반응기 배출흐름의 모든 성분의 유량과 반응진척도를 계산하라.

P3.28 65 mol% 에틸렌과 35 mol% 산소로 구성된 흐름이 31,000 kgmol/h 유량으로 반응기에 공급된다. 반응기는 정상상태로 운행된다. 25%의 에틸렌과 90.9%의 산소가 생성물로 전환된다. 반응기 배출흐름은 에틸렌옥사이드, CO_2, 물, 에틸렌, 산소를 포함한다. 흐름선도를 그리고, 표기하라. 반응기에서 반드시 발생하는 화학반응 두 가지를 찾고 에틸렌과 산소의 전환율과 반응진척도 사이의 관계식을 찾아라.

3.4절

P3.29 "공기(질소 79 mol%와 산소 21 mol%로 가정) 극저온 증류 컬럼에서 처리되어 98 mol%의 산소가 풍부한 생성물과 질소가 풍부한 부산물을 만들어 낸다. 산소 중 80%가 산소가 풍부한 생성물로 회수된다." 이 설명에 부합하는 흐름선도를 그리고, 모든 흐름을 올바르게 표기하라. DOF 분석을 하고 문제가 올바르게 규정되었는지 확인하라. 어떤 흐름에 대해서도 계산할 필요가 없다.

P3.30 2장에서 예시 문제 하나를 선택하라. DOF 분석을 하고 문제가 올바르게 규정되었는지 보여라. 어떤 흐름에 대해서도 계산할 필요가 없다.

P3.31 먼저, 벌레, 기타 이물질(dbd)을 제거하기 위해 샐러드 채소를 세척하여 포장한다. 설비는 1500 16 oz의 채소를 매일 처리한다. 수확한 채소는 12 lb 당 1파운드의 dbd를 포함한다. 이러한 채소는 150 gallon 물로 하루에 한 번씩 세척한 후 폐수를 분리하다. 세척 과정은 채소로부터 99.9%의 dbd와 모든 폐수를 제거한다. 세척된 채소는 포장을 위해 보내고, 폐수는 강으로 버려진다. 공장은 환경규제에 의해 최대 1.5 vol% dbd 농도의 폐수를 일일 최대 4배럴까지만 버릴 수 있다. DOF 분석을 하고 문제가 올바르게 규정되었는지 확인하라. 어떤 방정식도 세울 필요가 없고, 어떤 흐름 계산도 할 필요가 없다.

P3.32 당신의 일은 배터리산 200 kg/day를 생산할 수 있는 혼합기를 만드는 것이다. 배터리산은 18.6 wt%로 H_2SO_4가 물에 녹아 있는 것이다. 원재료는 62 wt%로 농축된 황산 용액, 10.8 wt% 황산의 희석 용액, 0.5 wt% 산을 포함하는 폐산이 있다. 농축된 용액의 가격은 10 cent/kg이며, 희석된 용액은 2 cent/kg, 그리고 폐산은 무료이다. 흐름선도를 그리고, DOF 분석을 하라. 생산물의 가격과 원재료의 유량과 가격 사이의 관계식을 유도하라. 그리고 혼합기로 들어가는 농축된 산, 희석된 산과 물의 최적 흐름을 구하라.

핵심 문제

P3.33 당신은 새로운 마법의 물약이 필요한 마녀이다. 아래 나열된 성분을 포함하는 세 개의 플라스크가 주어졌다. 가마솥에 세 용액을 넣고 불로 가열하여 여분의 물을 증발시켜 27 wt% 개구리 발가락, 22 w% 도롱뇽 눈, 11 wt%의 박쥐털로 구성된 100 g의 물약을 만들고자 한다. 각 플라스크를 몇 g씩 가마솥에 추가해야 하는가? 몇 g의 물을 증발시켜야 하는가? 용액이 걸쭉해지면서 가마솥에서 물의 증발속도는 시간에 따라 감소한다. 증발속도가 $30 - 2t$ (g/min)이라면 적당량의 물을 증발시키는 데 얼마의 시간이 걸리겠는가?

	Flask A, wt%	Flask B, wt%	Flask C, wt%
개구리 발가락	10	0	50
도롱뇽 눈	0	30	0
박쥐털	40	0	10
물	50	70	40

P3.34 활성 성분인 *d*-phenothrin을 포함하는 살충제가 세계보건기구의 국제보건조약이 적용되어 국제선 여객 항공기의 객실에 뿌려지고 있다. 10,000 ppm의 *d*-phenothrin을 포함하고 있는 30,000 ft^3의 항공기 객실은 *d*-phenothrin의 농도가 100 ppm 이하로 감소될 때까지 신선한 공기를 공급받는다. *d*-phenothrin의 농도가 100 ppm이 되었을 때 객실은 안전하다고 간주된다. 객실에 공급되는 공기의 유량이 600 ft^3/min일 때, 객실이 안전할 때까지 걸리는 시간은 몇 분인가? 객실 내의 공기는 잘 섞여서 균일하다고 가정한다.

P3.35 12-oz의 커피잔은 200 mg의 카페인을 함유하고 있다. 카페인은 몸속에서 $dm_{c,\text{sys}}/dt = -0.116 m_{c,\text{sys}}$의 속도로 분해되고 있는데, 여기서 $m_{c,\text{sys}}$는 몸속의 카페인 질량이고, $m_{c,\text{sys}}$는 mg, t는 h의 단위를 가진다. 커피잔을 다 비우고 난 뒤 몸속 카페인 함량이 100 mg으로 떨어질 때까지 걸리는 시간은 얼마인가? 12-oz의 커피를 오전 6시에 마시고, 또 한 잔을 오후 2시에 마셨을 때, 체내의 카페인 함유량을 24시간 동안 시간의 함수로 표시해 보라. 오후 11시에 잠을 자는 데 어려움이 있다면 두 번째 커피는 마시지 않는 것이 훨씬 도움이 되지 않을까?

P3.36 이산화티탄은 백색 페인트의 안료로서 매우 널리 사용되고 있다. 페인트를 만드는 데 사용되는 백색 안료 분말은 TiO_2 70 wt%, ZnO 5 wt%, SiO_2 25 wt%를 포함하고 있어야 한다. 이러한 분말들은 각각 페인트 공장에서 50 kg 단위로 포장되고 있다. 오전 7시에 혼합기가 설치된 빈 탱크에 TiO_2 28봉지, ZnO 2봉지, SiO_2 10봉지를 채웠다. 그러고 나서 유액 페인트를 만들기 위해 500 kg/h로 백색 안료 분말을 꾸준히 배출시키면서 페인트를 만들기 시작했다. 오전 10시와 정오에 탱크에 TiO_2 14봉지, ZnO 1봉지, SiO_2 5봉지를 더 채웠다. 오후 3시에 그는 페인트 혼합 공정을 닫고 집으로 갔다.

작업 일을 시간 간격으로 나누어라. 그리고 각각의 간격에 대해 물질수지식을 적용시켜라. 탱크에 남아 있는 가장 적은 양의 가루는 무엇이고 그때가 언제인가? 탱크는 작동을 멈추는가? 기사가 하루 일과를 마치면 남아 있는 안료 가루의 양은 얼마나 되는가?

P3.37 화학 공장에서는 기화성의 액체인 아크릴알데하이드가 사고로 유출되기도 한다. 그렇게 되면 외부 공기의 아크릴알데하이드 농도가 빠르게 10 ppm에 이른다. 아크릴알데하이드는 매우 독성이 강한 물질이다. 약 4 ppm의 양에 노출되어도 인체에 즉시 위험을 초래한다. 유출 장소 근방의 제어실 안에서는 화학 공장의 기사가 일하고 있다. 제어실은 10,000 ft^3의 부피를 가지고 있고, 세 개의 공기 환풍기가 있다(다시 말해, 제어실의 공기 유량은 30,000 ft^3/h). 제어실 내에는 아크릴알데하이드 증기는 전혀 없다. 제어실 내의 공기는 잘 혼합되고, 바깥 공기의 농도는 여전히 10 ppm을 유지하고 있다고 가정하자. 이 기사는 얼마 만에 방독면을 써야 하는지 계산하라. (*힌트*: 제어실을 계로 이용하라.)

P3.38 신선한 과일 주스는 88 wt%의 물과 12 wt%의 고체로 구성되어 있다. 과일 주스 가공업자는 매주 신선한 주스를 사서 대부분의 물을 증발시켜서 농축된 주스를 만든다. 증발기가 깨끗할 때, 물을 1770 lb/day의 속도로 제거한다. 그러나 일주일 동안 증발기를 작동시키면, 부착물 때문에 증발기의 성능이 약화된다. 한 주가 지나면, 증발기를 멈추고 청소한다. 공장 기술자는 날마다 10%씩 증발 속도가 감소한다고 측정했다. 농축 주스는 44%의 고체를 함유해야만 한다. 신선한 원료 공급속도를 일(day) 단위의 시간 함수로 표현한 식을 유도하라. 주스 가공업자는 일주일에 얼마나 많은 양의 신선한 과일 주스를 사야 하는가?

P3.39 5000 L의 탱크가 40 wt%의 질산 수용액으로 차 있다. 이 용액의 밀도는 1.256 g/mL이다. 탱크 바닥에 부식으로 인한 작은 구멍이 생겼는데, 질산 용액이 새어 나가면서, 구멍의 직경이 커지고 있다. 이것은 구멍을 통해 나가는 유량을 시간에 따라 선형적으로 증가하게끔 한다. 새어 나가는 유량이 처음에는 5 L/min이었다가, 10분 후에 55 L/min이 되었다고 가정하자. 당신이 문제를 발견한 시간부터 20분이 지났을 때, 바닥으로 빠져나간 HNO_3의 양은 몇 g인가?

P3.40 15 wt%의 Na_2SO_4 용액이 12 lb/min의 속도로 혼합기로 공급되는데, 처음에는 Na_2SO_4와 물이 50-50(질량)으로 혼합된 100 lb의 혼합물을 담고 있다. 배출되는 용액은 12 lb/min의 속도로 배출된다. 배출되는 용액의 농도는 혼합기 내의 농도와 같은 균일혼합이라고 가정한다. 10분이 지난 후, 혼합기 내의 전체 질량은 얼마인가? 또, 그때의 Na_2SO_4의 농도는 얼마인가?

P3.41 사례연구의 표 3.5와 3.6에서 설명한 공정흐름 계산을 완료하라.

P3.42 공정 개시의 부분으로서 매우 해로운 물질(화합물 X)이 함유된 액체 용액이 빈 원료 탱크로 펌프를 통해 주입된다. 원통형 원료탱크는 지름이 1 m이고 높이가 3 m이다. 용액(밀도 = 1000 kg/m^3, 0.1 kg X/kg 용액)은 40 kg/

min의 속도로 유입된다. 1 m 높이의 탱크 벽에서 부식된 부분이 나타나고 누수가 발생한다. 누수 속도는 탱크가 채워질수록 악화되어 누수가 일어나는 부분 위 액체 높이의 반제곱에 따라 증가한다.

$$(\text{kg/min}) = 4 \times (\text{liquid height in tank} - \text{tank height at leak point})^{0.5}$$

탱크를 채우는 공정이 40분이 지난 후에 탱크 옆을 지나가다가 누수를 발견했다면, 얼마나 많은 양의 화합물 X가 새어 나갔겠는가?

P3.43 몇 가지 질병들은 환자의 혈류에 단백질을 주입함으로써 치료된다. 이것의 문제는 혈액에 단백질 농도가 갑자기 증가했다가 급격 저하하는 것이다. 이것은 환자들이 하루에 여러 번 주사를 맞아야 한다는 것을 의미한다. 보다 적은 주사로 보다 안정된 혈액 농도를 유지하는 것은 용출을 제어하는 기술을 통해서 성취될 수 있다. 예를 하나 살펴보자. 단백질 C는 응혈에 중요한 단백질이다. 연구원들은 고분자 입자에 단백질을 넣어 캡슐을 만들었다. 그 입자는 단백질 C가 서서히 용출되도록 고안되었다. 100개의 단백질 C 단위체들은 100 mg 고분자 입자마다 캡슐로 싸여졌다. 연구원들은 100 mg의 캡슐화 된 단백질 C를 혈액과 유사한 용액을 포함한 비커에 넣고 단백질 C가 퍼지는 양과 시간과의 상관관계를 측정하였다. 여기에 몇 개의 데이터가 있다.

Time, (h)	Total amount of protein C released into beaker, units
0	0
0.34	5
0.56	8
1.0	14
2.0	25
3.0	35

그들은 훌륭한 고분자 화학자인 연구원들이었지만 공학은 잘하지 못하였고 당신의 데이터 분석 도움을 필요로 한다. 그들은 당신이 다음을 결정하기를 원한다.

(a) 얼마나 많은 양의 단백질 C가 시간이 지남에 따라 입자 안에 남아 있는가?

(b) 시간에 따라 단백질 C가 용출되는 양(unit/h)은 얼마인가? 그다음에, 그들은 당신이 이 데이터를 입자 안에 남아 있는 단백질의 양에 따라 얼마나 많은 단백질 C가 용출되는지 모델 방정식을 만들고, 이 방정식을 단백질의 90%가 빠져나오는 데 얼마가 걸릴지를 결정하는 데 사용하기를 원한다. 도와줄 수 있겠는가? 각각의 시간 간격에 대하여 $\Delta m_{sys}/\Delta t$을 계산하는 것부터 시작하라. 그다음에 $\Delta m_{sys}/\Delta t$에 대한 m_{sys}을 도식화하라. 그리고 적절한 물질 수지 방정식을 작성하라.

P3.44 사탕수수로부터 설탕 결정을 생산하는 공정의 한 부분으로, 원료 사탕수수즙이 수분을 제거하기 위해 연속적으로 증발기로 보내진다. 85 wt%의 물로 이루어진 사탕수수즙을 10,000 lb/h로 첫 번째 증발기에 공급한다. 마지막 증발기에서 나오는 농축된 즙은 40 wt%의 물을 함유한다. 우선, 두 개의 증발기를 가진 시스템을 검토하라. 각각의 증발기에서 제거되는 물의 비율이 같다고 가정하고 각각의 증발기에서 증발되는 물의 양을 계산하라. 그 다음에, 물의 회수율이 각각의 증발기에서 같다고 가정하고 N개의 증발기가 있는 흐름도의 선형모델을 제시하라. N을 1에서 6까지 놓고, $f_{R,W}$에 대한 N을 도식화하는 데 당신의 모델을 사용하라.

P3.45 대부분의 의약품은 다단계의 합성에 의해 만들어지는 복잡한 유기 화학물질이다. 다시 말해, 원료물질을 원하는 제품으로 만들기 위해 필요한 많은 일련의 반응들이 있다. 반응기의 수와 반응기의 전환율이 의약품 생산속도에 어떤 영향을 미치는지 알아보자. 다중 반응을 요구하는 공정에 반응물을 양인 1000 kg/day로 공급한다고 가정하자. N개의 반응기와 각 반응기에 대한 전환율 f_C에 대해 흐름도의 방정식을 구해보라. N이 1에서 10까지 변하고 f_C가 0.1에서 0.9까지 변한다고 했을 때, 의약품 생산속도를 N과 f_C의 함수로 도시할 수 있는 모델을 사용하라.

P3.46 폐가스는 공기와 55 mol%의 DMF (dimethylformamide, 흔히 사용되는 용매)를 포함하고 있다. 정제장치는 단위공정으로 공급되는 흐름의 DMF 분율을 제거하는 데 이용된다. 정제장치를 나가는 물질들은 순환되어 입구로 다시 들어간다. 먼저, 이 공정의 DOF를 분석하라. 그러고 나서 분리기의 분할율 f_S와 회수율 f_R을 통해 DMF의 공급흐름과 생산흐름이 관련된 식을 세워 보라. 최종 제품의 순도를 계산하고 정제장치로 공급되는 흐름의 조성을 f_S와 f_R의 함수로 계산해 보고 그 결과를 그려보라. $f_R = 0.67$이고 배출가스의 DMF 함량이 10 mol%로 감소되어야 한다면 필요한 분할율은 얼마인가?

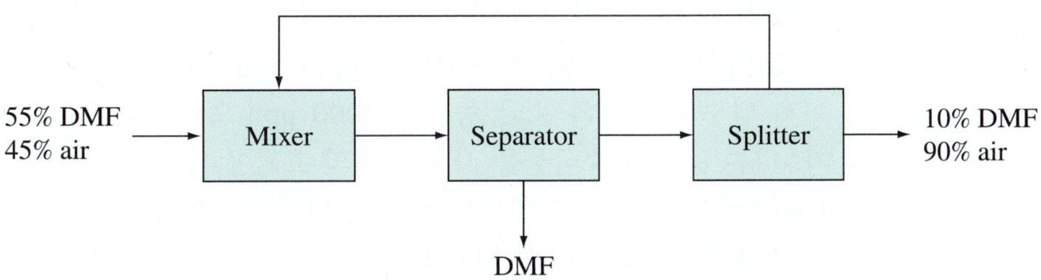

P3.47 석유 정제에서 원유는 몇 종류의 다른 탄화수소 혼합물로 분리된다. 하나의 생산흐름은 가벼운 부분인 C_1–C_5 알케인(메탄, 에탄, 프로판, 부탄, 펜탄)이다. 이들 탄화수소를 판매하기 전에 일련의 분리기를 이용해서 다섯 가지의 제품으로 분리해야 한다. 각각의 분리기는 두 개의 흐름을 만든다. 하나는 "탑상부(overhead)"이고 다른 하나는 "탑하부(bottoms)"이다.

우리가 다루고 있는 공정인 가벼운 알케인 흐름은 메탄 10%, 에탄 30%, 프로판 15%, 부탄 30%, 펜탄 15%로 이루어져 1000 kgmol/h의 속도로 흐른다. 이 흐름은 분리기 1로 보내진다. 분리기 1로 공급되는 100%의 메탄과 에탄, 그리고 44.6%의 프로판은 탑상부 생산물에 의해 얻어진다. 다른 모든 생산물은 탑하부 흐름에 의해 얻어진다. 분리기 1의 탑상부 흐름은 혼합기 1로 보내져서, 분리기 4의 탑상부 흐름과 혼합된다. 혼합기 1에서 나오는 흐름은 분리기 2로 보내진다. 분리기 2로 공급되는 메탄의 99.5%는 탑상부 생산물로써 얻어진다. 분리기 2로 공급되는 에탄의 99.83%와 그 외 모든 프로판은 탑하부 생산물로부터 얻어진다. 분리기 2의 탑하부 흐름은 분리기 3으로 보내진다. 분리기 3으로 공급되는 메탄의 100%와 에탄의 99.5%는 탑상부에서 얻어진다. 분리기 3으로 공급되는 프로판의 95.8%는 탑하부 생산물에서 얻어진다.

분리기 1의 탑하부 흐름은 분리기 4로 공급된다. 분리기 4로 공급되는 프로판의 96.4%는 탑상부에서 얻어지는데, 이는 이전에 언급했듯이 혼합기 1로 보내진다. 분리기 4로 공급되는 100% 부탄과 펜탄은 탑하부 생산물에서 얻어져서, 분리기 5로 공급된다. 분리기 5로 보내지는 100% 펜탄은 탑하부에서 얻을 수 있다.

블록흐름선도를 그리고, 숫자를 기입하라. 이것은 수렴이나 발산구조의 예가 되는가? 그리고 DOF 분석을 하라. 모든 흐름의 유량을 계산하기 위한 사용할 수 있는 계의 변수와 방정식을 모두 작성하라. 계산을 할 필요는 없다.

P3.48 소금물에서 1000 ton/day의 담수를 생산하고 소금물에서 30%의 물이 담수로 계에 공급되는 공정을 설계하려고 한다. 공급흐름으로부터 제거되는 소금은 부산물인 염수가 되어 공정에서 배출된다. (염수는 고농도의 소금 용액이다.) 일반식을 유도해서 다음의 설계 차이를 알아보고, 규격을 적용함으로써 간략화하도록 한다.

(a) 바닷물은 3.5 wt%의 소금과 물로 되어 있다. 바닷물의 공급 속도, 염수 부산물 생산 속도 및 소금 농도를 비교해 보라. 담수의 염분 농도는 처음에 0 ppm이었다가 나중에 10,000 ppm이 된다고 가정하자.

(b) 이제 담수 생산물의 소금 농도는 1000 ppm으로 고정된다고 가정하자. 다른 종류의 소금물을 사용할 때의 효과에 대해 알아보라. 소금이 1 wt%에서 10 wt%로 변동할 때, 공급되는 소금의 농도에 대한 함수로서 소금물의 공급 속도와 염수의 생성량, 그리고 염수의 소금 농도에 대해 계산하라.

공급되는 소금의 함량이나 생산되는 소금의 함량 중, 공정흐름 계산에서 더 많은 영향을 미치는 것은 무엇인가? 그 이유는 무엇인가? 소금이 조금 들어가 있더라도 담수가 순수한 물이라는 가정은 합리적인 가정인가?

설계 문제

P3.49 블록흐름선도에 대해 알아보자. 95 mol% 프로필렌(C_3H_6)과 5 mol% 프로판(C_3H_8)으로 이루어진 원료가 벤젠 B(C_6H_6) 원료와 몰비 1.2:1(프로필렌:

벤젠)로 혼합된다. 이 순수한 원료는 순환되는 흐름과 혼합되어 반응기로 들어간다. 두 개의 반응이 이 반응기 내에서 동시에 발생하여 원하는 생성물인 쿠멘 $C(C_9H_{12})$와 부산물 디이소프로필벤젠 $D(C_{12}H_{18})$가 생성된다.

$$C_3H_6 + C_6H_6 \rightarrow C_9H_{12} \qquad \textbf{(R1)}$$

$$C_3H_6 + C_9H_{12} \rightarrow C_{12}H_{18} \qquad \textbf{(R2)}$$

반응 조건하에서 프로판 I는 불활성이다. 반응기에서 나오는 물질들은 냉각되어 분리기로 보내진다. 그 후 분리기에서는 프로필렌과 프로판을 포함한 증기는 상부로, 벤젠과 쿠멘 그리고 디이소프로필벤젠을 포함하는 액체는 하부로 빠져나온다. 분리기를 빠져 나온 증기의 일부는 퍼지되고, 나머지는 순환되어 공정에 유입되는 원료와 혼합된다. 반응기를 빠져나온 액체는 두 개의 증류탑을 통과하여, 벤젠은 회수되어 재순환되고, 쿠멘과 디이소프로필벤젠은 분리되어 저장 탱크로 보내진다. 쿠멘의 생산 속도는 25 gmol/s 이다.

반응기 내에서 프로필렌과 벤젠의 분할율과 전환율이 초기에 규정되지 않은 경우에 흐름선도의 선형모델을 세워 보라. 모든 분리기는 완전하게 작동한다. 이때, 반응기로 들어가는 흐름 2의 유량이 이 세 가지 성능규격들로부터 어떠한 영향을 받는지 알아보기 위해 앞에서 세운 선형 모델을 이용해 보라.

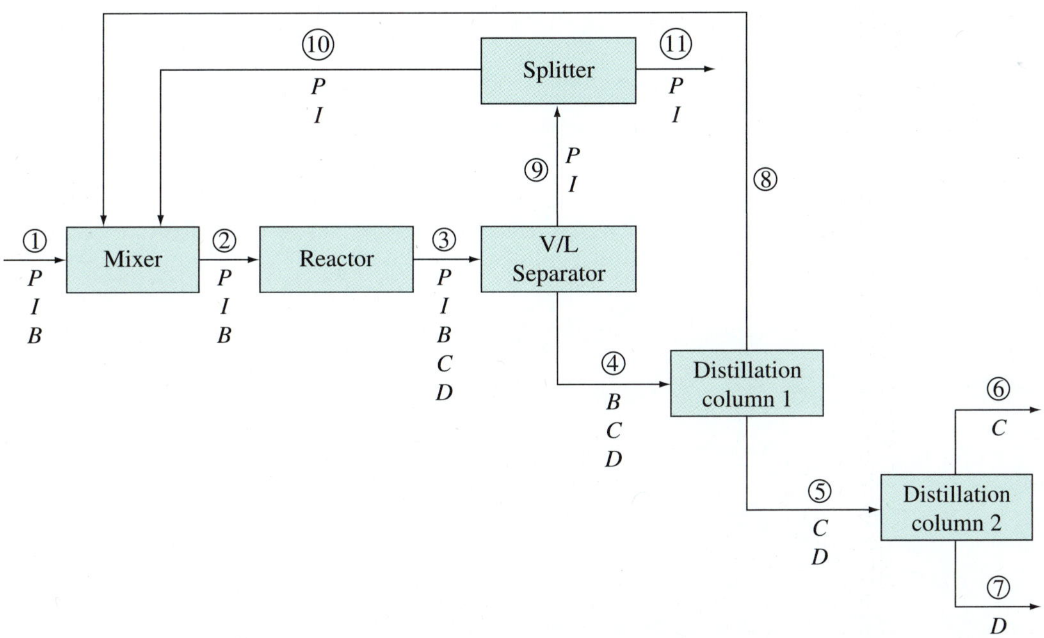

제 4 장

반응기 흐름도 작성과 반응기 공정 조건들의 선택

Synthesis and Analysis of Reactor Flow Sheets

▶ 이 장에서는

화학반응기들의 내부를 좀 더 자세히 살펴보고, 제1장에서 논의된 화학반응경로의 선택 방법에 대해 간단히 복습한다. 화학반응기에 대한 물질수지에 대하여 보다 포괄적으로 다시 공부하고, 화학반응기의 성능을 평가하는 데 사용되는 세 가지 방법, 즉 전환율, 수율, 선택도에 대해 소개한다. 화학반응평형과 화학반응속도가 화학반응기의 성능에 미치는 영향에 대해 다루고, 최적의 생산물을 얻기 위한 반응기의 설계 방법과 운전 방법에 대해 논의한다. 비록 당신이 반응기에 대한 전문가까지 되지는 않더라도 반응기 내부의 동작원리에 대해 더 깊은 통찰력을 얻을 수 있을 것이다.

이 장에서는 다음과 같은 항목들을 다룬다.

- 공업적으로 중요한 화학반응을 크게 분류하면 어떤 것들이 있는가?
- 화학반응기의 종류는 어떤 것들이 있는가?
- 반응기의 성능은 어떻게 기술하는가?
- 모든 반응기에서 반응물이 완전히 생성물로 전환되지 않는 이유는 무엇인가?
- 반응기 흐름도에 재순환 또는 퍼지흐름을 언제 넣는 것이 유용한가?

▶ 학습 용어

제4장에서는 다음과 같은 용어들을 배우게 된다.

반응진척도(extent of reaction)
제한반응물(limiting reactant)
과잉반응물(excess reactant)
촉매전환율(catalyst conversion)
수율(yield)
선택도(selectivity)
재순환(recycle)
퍼지(purge)

4.1 서론

화학반응기는 모든 화학공정의 심장부에 해당한다(그림 4.1). 화학반응이 일어날 수 있는 조건을 반응기가 제공해주기 때문에 원료물질이 생성물로 전환되게 된다. 사실상, 화학공학 기술자가 타 분야 기술자와 구별되는 특별한 기술 중의 하나가 반응계를 다루는 능력이라고 말할 수 있다. 화학반응공학에서 요구되는 사항들은 많다. 즉, 원료물질과 반응경로들을 선택해야 하고, 반응기 형태, 크기, 운전 조건들을 선택해야 하며, 반응기 공정흐름도를 설계해야 하고, 화학적 성질, 장치, 공정흐름도를 하나로 결합하여 안전하고 경제적이면서 환경적으로도 적절하게 해야 한다.

4.1.1 산업적으로 중요한 화학반응

인간이 원료물질을 원하는 제품으로 전환하기 위해 사용하는 무수한 화학반응들을 모두 나열하는 것은 불가능하다. 여기서는 산업적으로 중요한 화학반응의 몇 가지 범주를 열거하고자 한다. 이러한 화학반응의 대부분은 자연계에서도 중요한데 단일 세포 유기체에부터 생태계에 이르기까지 모든 것들이 기능을 하도록 해주기 때문이다.

산화(oxidation). 산화반응은 아마도 인간이 이용한 최초의 화학반응일 것이다. 탄소와 수소를 포함하고 있는 물질들의 완전 산화반응은 요리와 난방을 위한 열을 제공한다. 산화제는 산소에서부터 표백과 소독에 널리 사용되는 과산화수소, 그리고 폭발물에 사용되는 질산칼륨에 이르기까지 다양하다. 부분 산화는 화석 연료에서 유래된 탄화수소에 산소 그룹을 도입할 수 있게 하며, 알코올과 유기산을 비롯한 다양한 산업용 화학물질의 생산에서 중요한 단계이다.

수소화 및 탈수소(hydrogenation and dehydrogenation). 이러한 반응은 유기화학과 무기화학에서 매우 중요하다. 가솔린이나 다른 연료들이 연소할 때 유해한 산성 가스가 방출되는 것을 방지하기 위하여 원유를 수소화시켜 황과 질소를 제거한다. 지방을 오일로 탈수소시키면 탄소-탄소 단일결합이 이중결합으로 전환되어 물질이 고체에서 액체로 바뀐다. 질소를 수소화하면

그림 4.1 다양한 모양과 크기의 화학반응기. 범용 화학 플랜트에서는 실외 시설의 다층 반응기가 일반적이다. 양조장에서 사용되는 발효장치는 사람 크기만 하다. 포유동물 세포는 직경이 수마이크로미터밖에 되지 않는 작은 화학반응기와 같다.
왼쪽: Belish/Shutterstock; 중앙: anya Sakharova/Shutterstock; 오른쪽: Dr. Dennis Emery/Iowa State Univerdty/McGraw Hill

암모니아가 생산된다. 이 반응경로의 발견으로 농업생산량이 크게 증가하였다. 수소화 공정에서 반응물로는 일반적으로 수소가스 또는 수소화붕소나트륨과 같은 강력한 환원제가 사용된다.

중합(polymerization). 중합반응에서는 반응 말단기를 가진 하나 또는 두 가지 유형의 작은 분자가 서로 연결되어 사슬을 형성함으로써 분자량이 수백만에 이를 수 있다. 고무, 셀룰로오스, 전분, 단백질 및 DNA는 모두 천연적으로 얻어지는 고분자이다. 나일론, 폴리에스테르, 테프론, 폴리카보네이트 및 기타 합성 고분자들은 현대 생활의 어디에서나 사용되고 있다.

가수분해 및 탈수(hydrolysis and dehydration). 가수분해반응에서는 물이 화합물에 첨가되고, 탈수반응에서는 제거된다. 가수분해는 종종 큰 분자를 더 작은 분자로 쪼개며(예를 들어, 전분을 가수분해하면 당이 생성), 생분해의 핵심 화학반응이다. 반대로, 탈수반응은 주로 중합반응의 핵심 반응단계이다.

할로겐화 및 기타 치환반응(halogenation and other substitution reactions). 할로겐화합물은 전자를 끄는 힘이 매우 강하다. 특히 탄화수소에 염소와 불소가 첨가되면 물리화학적 특성이 바뀐다. 할로겐화탄화수소에는 프레온과 같은 냉매와 폴리염화비닐(PVC)과 같은 고분자가 있다. 이들은 일반적으로 화학적으로나 생물학적으로 쉽게 분해가 되지 않는다. 분해에 대한 이러한 저항성으로 인해 이들이 매우 유용하지만(예를 들어 PVC는 지하 배관에 널리 사용), 이러한 화합물이 환경에서는 오랫동안 존속한다는 것을 의미하기도 한다.

이성질화(isomerization). 이성질체는 분자식은 동일하지만 구성 요소의 공간적 배열이 다른 화학물질이다. 이러한 공간적 배열은 이성질체의 특성을 크게 바꿀 수 있다. 포도당과 과당은 둘 다 단순 탄수화물($C_6H_{12}O_6$)이지만 과당은 포도당보다 훨씬 더 달다. 포도당을 과당으로 전환하는 것은 큰 사업이다. 비다이어트 소다병에 적혀 있는 성분들을 확인해보라. *N*-옥탄과 이소옥탄(2,2,4-트리메틸 펜탄)은 모두 동일한 분자식(C_8H_{18})을 갖는 알칸족 화합물이지만 자동차 엔진에서는 매우 다르게 작용한다. 세단 자동차는 이소옥탄을 사용하면 경주용 자동차처럼 달리지만 노르말 옥탄을 사용하는 경우에는 노킹이 일어난다.

개환/고리화(ring openings/ring closing). 고리형 방향족 화합물은 염료나 의약품의 주성분이다. 벤젠(고리 방향족화합물)과 사이클로헥산(사이클로알칸화합물)은 매우 다양한 화합물의 합성에서 원료물질로 사용되는 대표적 고리형 화합물의 예이다. 개환반응은 고분자 합성이 일어나게 하는 중요한 반응 중의 한 종류이다.

4.1.2 ▸ 화학반응 선택을 위한 간편추론법

일어날 가능성이 있는 화학반응경로가 많은 경우에 원료와 화학반응경로를 초기에 선택할 때는 길잡이 역할을 해주는 몇 가지 간편추론법(경험법칙)을 사용하는 것이 유용하다. 간편추론법은 지침일 따름이지 법칙은 아니다. 숙련된 기술자들은 간편추론법을 사용함으로써 명백히 안전하지 않거나 실행 불가능한 방안은 배제하고, 더 자세히 평가할 수 있는 몇 가지 합리적인 대안을 신속하게 도출해낸다. 블록흐름선도 합성을 위한 몇 가지 간편추론법은 2.6.1절에서 소개되었다. 특히 반응기 설계에 유용한 몇 가지 몇 가지 유용한 간편추론법은 다음과 같다:

1. 최종 생성물 내에 반응물 원자들이 최대한 많이 포함되도록 한다. 원료물질은 화학 구조가 최종 생성물과 최대한 가까운 것을 선택한다. 반응물들의 일시적인 화학적 변형을 이용하는 화학합성은 피한다(예를 들어, 방지/무방지 방안). 최종 생성물에 포함되지 않는 원소들을 도입하는 것은 피한다.
2. 폭발, 화재 또는 독성물질의 누출 위험을 최소화하는 반응물을 선택한다. 만약 유해물질의 사용이 불가피한 경우에는 반응기 부피를 최소화하도록 설계한다. 다중 반응기가 필요한 합성에서는 위험한 중간체의 저장은 피한다.
3. 고순도의 원료물질을 사용하여 불필요한 부반응을 최소화한다. 가능하면, 원료를 반응기에 넣기 전에 정제하는 것을 고려한다.
4. 더 적은 단계가 요구되는 반응 계획안이 좋다.
5. 가능하다면 **촉매**(반응 속도를 높이는 물질)를 사용한다.
6. 가능한 한 주변 조건에 가까운 온도와 압력에서 자발적으로 일어나는 반응을 선택한다. 온도와 압력은 주변보다 높은 것이 낮은 것보다 더 바람직하다.

화학반응기 설계와 해석을 탐구함에 따라 이러한 많은 간편추론법의 근거가 더 명확해질 것이다.

4.1.3 ▸ 복습: 생산량-소비량 분석과 원자 경제성

화학반응기 흐름도의 설계에서 첫 번째 단계는 적절한 원료물질과 반응경로를 선택하는 것이다. 이들 개념에 대해서는 제1장에서 소개되었는데 여기서 복습해 본다.

생산량-소비량 분석(generation-consumption analysis)은 화학반응경로를 분석하는 계통적 방법이다. 생산량-소비량 분석을 하기 위해서는 계수를 맞춘 일련의 화학반응들을 사용하여 표를 작성하고, 다음과 같이 한다.

1. 첫 번째 열에 모든 화합물(반응물 또는 생성물)을 적는다.
2. 각 화학반응에 대해서는 새로운 열을 사용하여 해당 반응에 관련된 각 화합물에 대한 ν_{ik}를 적는다.
3. 각 행에 숫자를 적어 넣고 마지막 열에 합을 적어 넣는다.
4. 만약 마지막 열에 원하지 않는 0이 아닌 항목이 있으면 그 화학종과 관련된 반응의 행의 합이 0이 되게 하는 곱하기 인자를 찾는다.

원자 경제성(atom economy)은 주어진 반응경로에서 원료물질의 활용효율에 대한 간단한 지표로서, 일단 생산량-소비량 분석이 끝나면 다음과 같이 쉽게 계산할 수 있다.

$$\text{Fractional atom economy} = \frac{\nu_P M_P}{-\sum_{\text{all reactants}} \nu_i M_i} \quad \textbf{(1.4)}$$

여기서 ν_P와 M_P는 각각 생성물의 화학양론 계수와 몰질량이다. 일단 선택된 반응경로가 주어지면 생산량-소비량 분석과 원자 경제성 계산을 통해 무엇을 수행하는 것이 *최선*인지를 알 수 있다. 실제 공정에서는 원료물질을 결코 효율적으로 활용할 수 없을 것이다. *다른 조건이 같다면* 높은 원자 경제성을 갖는 반응경로가 더 바람직하다. 이 반응경로는 폐기물이 더 적어지고, 원료물질을 잘 활용함으로써 비용이 더 효율적이다.

생산량-소비량 분석과 원자 경제성: 이부프로펜의 개선된 합성법

◀ **예제 4.1**

이부프로펜[2-(*p*-이소부틸페닐)프로피온산, $C_{13}H_{18}O_2$]은 경미한 통증을 치료하는 데 사용되는 일반의약품이다. 이 의약품은 연간 약 3천만 파운드가 생산된다. 이부프로펜의 기존 합성법은 6단계로 이루어지며 이소부틸벤젠($C_{10}H_{14}$)과 무수초산($C_4H_6O_3$)을 사용하여 시작한다.

$$C_{10}H_{14} + C_4H_6O_3 + AlCl_3 + 6H_2O \rightarrow C_{12}H_{16}O + CH_3COOH + AlCl_3{\cdot}6H_2O \quad \textbf{(R1a)}$$

$$C_{12}H_{16}O + C_4H_7O_2Cl + NaOC_2H_5 \rightarrow C_{16}H_{22}O_3 + C_2H_5OH + NaCl \quad \textbf{(R1b)}$$

$$C_{16}H_{22}O_3 + HCl \rightarrow C_{13}H_{18}O + C_2H_5OOCCl \quad \textbf{(R1c)}$$

$$C_{13}H_{18}O + NH_2OH \rightarrow C_{13}H_{19}ON + H_2O \quad \textbf{(R1d)}$$

$$C_{13}H_{19}ON \rightarrow C_{13}H_{17}N + H_2O \quad \textbf{(R1e)}$$

$$C_{13}H_{17}N + 2H_2O \rightarrow C_{13}H_{18}O_2 + NH_3 \quad \textbf{(R1f)}$$

1990년대 초에 이부프로펜의 특허가 만료되자 새로운 공정이 개발되어 상용화되었다. 새로운 합성공정은 촉매를 사용하는 3가지 반응 단계로 이루어지며, 마찬가지로 이소부틸벤젠과 무수초산을 사용하여 시작한다.

$$C_{10}H_{14} + C_4H_6O_3 \rightarrow C_{12}H_{16}O + CH_3COOH \quad \textbf{(R2a)}$$

$$C_{12}H_{16}O + H_2 \rightarrow C_{12}H_{18}O \quad \textbf{(R2b)}$$

$$C_{12}H_{18}O + CO \rightarrow C_{13}H_{18}O_2 \quad \textbf{(R2c)}$$

기존 합성공정과 새로운 합성공정 간의 원자 경제성의 차이점은 무엇인가?

〉풀이

먼저 생산량-소비량 분석을 완료하고 기존 합성법의 원자 경제성을 계산해보자. 원자 경제성 계산의 경우에 알짜(net) 반응물은 모두 고려하지만 생성물은 원하는 생성물만을 고려한다.

Compound	ν_{i1a}	ν_{i1b}	ν_{i1c}	ν_{i1d}	ν_{i1e}	ν_{i1f}	$\nu_{i,\text{net}}$	M_i	$\nu_i M_i$
$C_{10}H_{14}$	−1						−1	134	−134
$C_4H_6O_3$	−1						−1	102	−102
$AlCl_3$	−1						−1	133.5	−133.5
H_2O	−6			+1	+1	−2	−6	18	−108
$C_{12}H_{16}O$	+1	−1							
CH_3COOH	+1						+1		
$AlCl_3 \cdot 6H_2O$	+1						+1		
$C_4H_7O_2Cl$		−1					−1	122.5	−122.5
$NaOC_2H_5$		−1					−1	68	−68
$C_{16}H_{22}O_3$		+1	−1						
C_2H_5OH		+1					+1		
NaCl		+1					+1		
HCl			−1				−1	36.5	−36.5
$C_{13}H_{18}O$			+1	−1					
C_2H_5OOCCl			+1				+1		
NH_2OH				−1			−1	33	−33
$C_{13}H_{19}ON$				+1	−1				
$C_{13}H_{17}N$					+1	−1			
$C_{13}H_{18}O_2$						+1	+1	206	+206
NH_3						+1	+1		

원자 경제성 분율은

$$\frac{\nu_P M_P}{-\sum_{\text{all reactants}} \nu_i M_i} = \frac{206}{134 + 102 + 133.5 + 108 + 122.5 + 68 + 36.5 + 33}$$

$$= 0.28$$

이제 새로운 합성법을 분석해 보자.

Compound	ν_{i2a}	ν_{i2b}	ν_{i2c}	$\nu_{i,\text{net}}$	M_i	$\nu_i M_i$
$C_{10}H_{14}$	−1			−1	134	−134
$C_4H_6O_3$	−1			−1	102	−102
$C_{12}H_{16}O$	+1	−1				
CH_3COOH	+1			+1		
H_2		−1		−1	2	−2
$C_{12}H_{18}O$		+1	−1			
CO			−1	−1	28	−28
$C_{13}H_{18}O_2$			+1	+1	206	+206

$$\frac{\nu_P M_P}{-\sum_{\text{all reactants}} \nu_i M_i} = \frac{206}{134 + 102 + 2 + 28} = 0.77$$

이는 놀라울 정도로 개선된 것이다.

4.1.4 ▸ 반응기 설계 변수

화학반응기에서 화학반응은 제어된 조건에서 일어난다. 화공기술자는 공정의 성능과 제품의 품질을 최적화하기 위하여 반응기 설계 변수의 선택에 상당히 고심한다. 반드시 고려해야 할 주요 변수들에는 다음과 같은 것들이 있다.

반응기 온도와 압력. 반응기 온도와 압력을 조절함으로써 원하는 생성물로 원료물질의 전환은 최대화하고, 반면에 원하지 않는 반응은 줄이거나 제거한다. 발효조는 일반적으로 약 37°C, 압력 1 atm에서 운전된다. 탄화수소 가스를 처리하는 반응기는 500~600°C의 높은 온도와 400 bar의 높은 압력에서 운전된다. 더 높은 온도와 압력이 가능하기는 하지만 장치를 설치하는 데 특별한 재료가 요구될 수 있다. 반도체 재료와 관련된 일부 반응은 진공하에서 수행된다. 최적의 성능을 위해서는 엄격한 온도와 압력의 제어가 필요하다.

반응기 부피(reactor volume). 화학반응기는 규모에 따라 크기가 다르다. 예를 들어 단일 효모 세포는 직경이 약 1 μm이지만, 자기 복제와 관련된 놀라운 반응을 포함하여 엄청난 수의 화학반응을 수행한다. 반면에 상용 화학반응기는 단일 화학반응을 사용하여 연간 백만 톤을 처리할 수 있으며, 높이 30피트와 너비 15피트인 경우가 많다. 반응기 크기는 처리할 물질의 부피와 원하는 반응에 필요한 시간을 기준하여 선택한다.

체류시간(residence time). 체류시간은 물질이 반응기 내에 머무는 시간이다. 체류시간은 반응속도에 따라 1초 미만에서부터 며칠에 이르기까지 다양하다. 연속반응기의 경우 체류시간은 반응기 부피를 반응기를 통과하는 부피 유량으로 나눈 값이다. 반응속도가 빠르다는 것은 필요한 체류시간이 더 짧다는 것을 의미하며, 이는 반응기 부피가 더 작아지는 것으로 해석되므로 결과적으로 장치 비용이 더 낮아진다.

반응물 첨가(reactant addition). 대부분의 화학반응은 2개 이상의 반응물을 필요로 한다. 반응물은 정확한 화학양론비로 혼합되어 반응기에 공급된다. 이것이 항상 최선의 선택은 아니다. 예를 들어 원치 않는 부산물을 최소화하거나, 가장 비싼 반응물의 완전한 전환을 보장하거나, 열방출을 제어하기 위해 화학양론비가 맞지 않는 공급비를 선택할 수도 있다. 반회분 반응기에서 같은 이유로 반응물 중 하나를 다른 반응물이 들어 있는 곳에 천천히 떨어뜨려 넣기도 한다.

촉매(catalyst). 촉매는 반응속도를 빠르게 하는 물질이다. 반응속도를 높이면 반응기의 크기가 줄어들고 비용이 절감된다. 촉매는 반응이 주변과 가까운 반응기 온도 및/또는 압력에서 일어나게 하므로 공정의 안전성을 높일 수 있다. 좋은 촉매는 원하지 않는 반응의 속도를 높이지 않으면서 원하는 반응의 속도를 증가시킨다. 그리하여 원하는 생성물은 더 많이 만들어지고 원하지 않는 부산물은 더 적게 만들어진다. 촉매는 반응에 의해 소비되지 않기 때문에 이론적으로는 무한정 사용할 수 있다. 산과 염기는 실험실이나 공장에서 촉매로 매우 흔하게 이용되고 있다. 범용 유기화학물질을 생산하는 대형 반응기에서는 종종 고체 금속 촉매가 더 유리하다. 이들 고체 촉매는 가격이 비싸지만 유체공정흐름에서 쉽게 분리 회수하여 재사용할 수 있다. 효소는 단백질 촉매이다. 효모세포는 대사작용이나 성장을 조절하기 위해 수백 종류의 효소가 필요하다. 효소는 선택성과 특이성이 매우 높은 촉매이기 때문에 특히 식품, 제약, 생명공학산업에서 상업적으로 사용되고 있다.

운전 방식(mode of operation). 반응기는 회분식, 반회분식 또는 연속식으로 운전할 수 있다. 회분식 반응기는 몇 가지 장점이 있다. 초기 설비 투자비가 낮고, 동일한 장비를 사용하여 다양한 제품을 생산할 수 있기 때문에 운전에 있어 유연성이 높다. 회분식 반응기는 소량의 특수 화학제품 생산에 좋으며, 생화학제품, 특수 고분자물질, 처방 의약품 응용 분야에서 널리 사용된다. 연속흐름반응기는 장기간 운전할수록 비용이 낮아지며, 품질의 관리가 양호하다. 그들은 범용 화학제품과 같은 대량의 생성물 제조에서 널리 사용된다. 반회분 반응기는 특수한 반응기로 예를 들어 고분자합성 또는 발효반응에서 때때로 사용된다.

혼합양식(mixing pattern). 반응기 내에서 혼합의 정도는 신중하게 조절된다. 회분식, 반회분식, 연속식 반응기는 내부 내용물을 완전히 혼합하여 교반 탱크 반응기로 운전할 수 있다. 교반 탱크 반응기 내부의 농도는 시간에 따라 달라질 수 있으나 반응기 내부의 모든 위치에서의 농도는 동일하다. 연속흐름반응기는 때때로 플러그흐름 반응기 형태로 설계되기도 한다. 플러그흐름 반응기에서 유체는 반응기를 통하여 "플러그(plug)"처럼 이동하며, 농도는 반응이 진행됨에 따라 거리에 따라 달라진다. 교반 탱크 반응기와 플러그흐름 반응기는 흐름 형태에서 많은 차이가 있다(그림 4.2).

그림 4.2 화학반응기의 대표적인 흐름 양식. (a) 교반 탱크 회분식, (b) 교반 탱크 연속흐름, (c) 플러그흐름.

4장과 5장에서는 여러 가지 반응기 설계 변수들의 선택이 반응기 성능에 어떤 영향을 미치는지 논의할 것이다. 반응기 설계 변수가 반응기 성능에 어떤 영향을 미치는지 알면 더 나은 공학적 선택을 할 수 있다. 그러나 우선 반응기 공정흐름 계산에 대해 복습하고 논의하도록 한다.

4.2 반응기 물질수지식

반응기는 한 가지 목적으로 존재한다. 즉, 원하는 화학반응이 일어나도록 하는 조건을 제공하는 것이다. 가장 간단한 형태의 반응기는 하나의 입력과 하나의 출력을 갖는다. 이 절에서는 반응계에 대한 물질수지식의 사용 방법에 대해 복습한다. 3장에서 배운 바와 같이 물질수지식에는 여러 가지 다른 형태가 있다. 이 절에서의 주요 목표는 특정 유형의 문제에 어떤 물질수지식이 가장 적합한지를 논의하는 것이다.

4.2.1 반응화학양론 계수를 아는 반응기

*화학양론 계수를 아는 경우*에 반응진척도의 개념은 반응계에 대한 공정흐름 계산에 매우 유용하다. 반응속도는 **반응진척도**(extent of reaction) $\dot{\xi}$(몰/시간)에 의해 특징지어진다는 것을 상기하라. $\dot{\xi}$는 화학양론 계수를 통해 반응물과 생성물의 반응속도를 관련시켜준다, $\dot{r}_A$가 반응물 A의 소비속도이고, $\dot{r}_B$는 생성물 B의 생성속도인 경우에 $\dot{r}_A$와 $\dot{r}_B$는 다음과 같은 관계를 갖는다.

$$\frac{\dot{r}_A}{\nu_A} = \frac{\dot{r}_B}{\nu_B} = \dot{\xi}$$

일반적으로 반응진척도는 다음과 같이 정의된다.

$$\dot{r}_{ik} = \nu_{ik}\,\dot{\xi}_k \tag{3.6b}$$

여기서 $\dot{r}_{ik}$는 반응 k에서 화합물 i의 반응 몰속도이고, ν_{ik}는 반응 k에서 화합물 i의 화학양론 계수이며, 그리고 $\dot{\xi}_k$는 반응 k의 반응진척도이다.

마찬가지로 반응진척도를 ξ(몰)과 같이 속도가 아닌 양으로 표현하면 다음과 같이 된다.

$$r_{ik} = \nu_{ik}\,\xi_k \tag{3.6a}$$

화학양론 계수를 아는 경우 물질수지식에 대한 최상의 선택은 반응기의 특성에 따라 달라진다. 반응기는 연속흐름인가? 회분식인가? 또는 반회분식인가? 정상상태인가 또는 비정상상태인가? 여러 가지 다른 경우들에 대해 검토해보도록 한다.

4.2.1.1 정상상태 연속흐름 반응기

*정상상태 연속흐름 반응기*는 범용 화학공정에서 많이 사용된다. 유입 및 유출 흐름이 각각 하나라고 가정하면 물질수지식은 다음과 같이 간단하게 된다.

$$\dot{n}_{i,\text{out}} = \dot{n}_{i,\text{in}} + \sum_{\text{all } k} \nu_{ik} \dot{\xi}_k \quad \textbf{(4.1)}$$

Hint
10가지 간단한 단계들 중에서 단계 1을 잊지 말라. 항상 선도를 그려라!

유출흐름에 대한 정보가 주어진다면 반응진척도에 대해 풀 수 있다. 또한 반응속도에 대한 정보가 주어지면 유출흐름에 대해 풀 수 있다. 먼저, 가장 잘 알려진 화합물에 대한 물질수지식을 구하고, 그 다음 다른 화합물에 대한 물질수지식을 구한다.

예제 4.2 ▶ 반응화학양론 계수를 아는 정상상태 연속흐름 반응기: 아세트산의 지속 가능한 합성

아세트산은 화석 연료에서 얻어지는 메탄올과 CO를 반응물로 하여 합성되는 중요한 벌크 화학물질이다. 재생 가능한 원료인 바이오매스로 만든 메탄올과 함께 쉽게 구할 수 있는 CO_2를 사용하는 대체 공정의 개발에 큰 관심이 주어지고 있다. 어떤 공정 개발팀이 다음 반응을 사용하여 아세트산을 합성하는 연구를 하고 있다.

$$CH_3OH + CO_2 + H_2 \rightarrow CH_3COOH + H_2O \quad \textbf{(R1)}$$

개발팀은 정상상태로 운전되는 파일롯 규모 반응기에 CH_3OH 25 mol%, H_2 25 mol%, CO_2 50 mol%의 혼합물을 20.0 gmol/h로 공급하였다. 반응기를 떠나는 흐름을 분석한 결과 아세트산 17.6 mol%을 함유하는 것으로 나타났다. 반응기 출구의 유속과 조성(모든 화합물의 mol%)은 얼마이며 반응진척도는 얼마인가?

〉풀이

검토를 위해 10가지 간단한 단계를 명시적으로 사용하여 진행하기로 한다.

단계 1~4. *선도를 그리고, 계를 선택하고, 단위를 확인하고, 구성 성분을 선택하고, 그리고 흐름 변수를 정의한다.* 반응기가 계이고 구성 성분은 메탄(M), CO_2 (C), H_2 (H), 아세트산(A), 물(W)이다. 단위는 모두 gmol/h 및 mol%이므로 단위 변환은 필요하지 않다. 흐름은 1과 2로 표시한다.

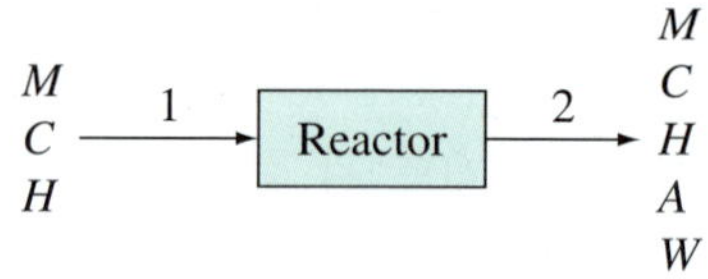

흐름 변수들은 $\dot{n}_{M1}$, $\dot{n}_{C1}$, $\dot{n}_{H1}$, $\dot{n}_{M2}$, $\dot{n}_{C2}$, $\dot{n}_{H2}$, $\dot{n}_{A2}$, $\dot{n}_{W2}$이다.

단계 5. *계산기준을 정한다.* 유량이 주어졌다. 흐름 변수의 항으로 다음과 같이 적는다.

$$\dot{n}_{M1} + \dot{n}_{C1} + \dot{n}_{H1} = 20.0 \text{ gmol/h}$$

단계 6. *계 변수를 정의한다.* 반응이 1개이므로 반응진척도 $\dot{\xi}_1$를 정의한다. 반응기는 정상상태로 운전되므로 축적 변수들에 대해 걱정할 필요는 없다.

단계 7. *모든 규격을 열거한다.* 입구흐름과 출구흐름 모두에 대한 흐름조성 정보가 주어졌다. 이들을 흐름 변수의 항으로 나타내면

$$\frac{\dot{n}_{M1}}{\dot{n}_{M1} + \dot{n}_{C1} + \dot{n}_{H1}} = 0.25$$

$$\frac{\dot{n}_{C1}}{\dot{n}_{M1} + \dot{n}_{C1} + \dot{n}_{H1}} = 0.50$$

$$\frac{\dot{n}_{A2}}{\dot{n}_{M2} + \dot{n}_{C2} + \dot{n}_{H2} + \dot{n}_{A2} + \dot{n}_{W2}} = 0.176$$

(또한 입구흐름에서 H_2 몰분율에 대한 방정식을 작성할 수 있다. 그러나 이것은 독립 규격이 아니다.)

반응기 성능규격이 없다.

단계 8. *물질수지식을 작성한다*. 구성 성분이 5개이므로 방정식이 5개 주어지며, 모두 식 (4.1)의 형식에 따라 반응 (R1)의 주어진 화학양론 계수를 통합하여 나타낸다.

$$\dot{n}_{M2} = \dot{n}_{M1} - \dot{\xi}_1$$
$$\dot{n}_{C2} = \dot{n}_{C1} - \dot{\xi}_1$$
$$\dot{n}_{H2} = \dot{n}_{H1} - \dot{\xi}_1$$
$$\dot{n}_{A2} = + \dot{\xi}_1$$
$$\dot{n}_{W2} = + \dot{\xi}_1$$

이 방정식들을 풀기 전에 먼저 DOF 분석을 해보자.

독립변수의 개수 계산:

	No.	Explanation
stream variables	8	3 in stream 1, 5 in stream 2
reaction variables	1	One reaction
accumulation variables	0	steady state

독립방정식의 개수 계산:

	No.	Explanation
specified flows	1	20 gmol/h fed
specified stream compositions	3	25 mol% methanol, 25 mol% hydrogen, 17.6 mol% acetic acid
specified system performances	0	
splitter restrictions	0	
material balance equations	5	1 for each component

독립변수의 수 = 8 + 1 = 9
독립방정식의 수 = 1 + 3 + 5 = 9

DOF = 9 − 9 = 0. 문제가 정확하게 규정되었다!

DOF 분석이 주어진 변수 및 방정식과 어떻게 연관되는지 주목해보자. 이제 방정식으로부터 출구흐름에서 모든 구성 성분의 유량과 반응진척도가 간단히 구해진다. 계산하는 편리한 방법은 "몰 표(mole table)"를 사용하는 것이다. "입구" 열은 흐름 1의 주어진 유량과 조성으로부터 계산할 수 있고, 반면에 "출구" 열은 물질수지식으로부터 계산할 수 있다.

Compound	Input (gmol/h)	Output (gmol/h)
methanol *M*	5	$5 - \dot{\xi}_1$
carbon dioxide *C*	10	$10 - \dot{\xi}_1$
hydrogen *H*	5	$5 - \dot{\xi}_1$
acetic acid *A*	0	$0 + \dot{\xi}_1$
water *W*	0	$0 + \dot{\xi}_1$
total	*20*	$20 - \dot{\xi}_1$

출구흐름에서의 주어진 아세트산 조성을 사용하여 $\dot{\xi}_1$을 구한다.

$$0.176 = \frac{\dot{\xi}_1}{(20 - \dot{\xi}_1)}$$

$$\dot{\xi}_1 = 3.0 \text{ gmol/h}$$

나머지 계산은 독자에게 맡긴다. 반응기 출구유량은 17 gmol/min이며, 메탄올 11.8 mol%, CO_2 41.2 mol%, H_2 11.8 mol%, 아세트산 17.6 mol%, 물 17.6 mol%를 함유하고 있다.

예제 4.3 ▸ **반응화학양론 계수를 아는 정상상태 연속흐름 반응기: 천연가스의 연소**

고대 식물이 오랜 시간에 걸쳐 분해되어 생성된 천연가스는 유정으로부터 얻으며, 이는 열과 에너지원으로 폭넓게 사용되고 있다. 천연가스의 조성은 유정에 따라 다르다. 다음은 3개의 다른 유정인 Well NM(뉴멕시코), Well B(브라질), Well TX(텍사스)에서의 천연가스 분석 결과이다.

Composition of Natural Gas (mol%)

Component	Well NM	Well B	Well TX
CH_4 (methane)	96.91	81.57	67.0
C_2H_6 (ethane)	1.33	9.17	3.8
C_3H_8 (propane)	0.19	5.13	1.7
C_4H_{10} (butane)	0.05	2.66	0.8
C_5H_{12} (pentane)	0.02	0.56	0.5
CO_2 (carbon dioxide)	0.82	0.39	0.0
N_2 (nitrogen)	0.68	0.52	26.2

정상상태에서 운전되고 있는 어떤 노(furnace)에서 Well NM산 천연가스 1.00 MMSCFD(1×10^6 ft^3/day)를 연소시킨다. 연료와 혼합되는 공기는 23.0 MMSCFD 공기(79 mol% N_2, 21 mol% O_2라 가정)이다. 굴뚝가스에서 검출되는 화합물은 단지 CO_2, H_2O, O_2, N_2이다.

다음과 같은 일반 화학식으로 나타내어지는 탄화수소의 완전연소반응식을 완성하라.

$$C_xH_y + \left(x + \frac{y}{4}\right)O_2 \rightarrow xCO_2 + \frac{y}{2}H_2O$$

굴뚝가스의 유량(kgmol/h)과 조성(mol%)은 얼마인가?

〉풀이

노에서 천연가스는 바닥이나 화실의 하단 벽을 따라 설치된 버너에 공급된다. 공기가 혼합되어 가스가 연소된다. 뜨거운 가스는 대류에 의해 상승하고, 상승하는 가스는 다른 유체와의 열교환에 의해 냉각된다. 예를 들어, 물이 흐르는 튜브를 노에 설치하면 가스가 상승하면서 물이 가열되어 증기가 된다. 냉각된 가스는 굴뚝을 통해 대기로 배출된다.

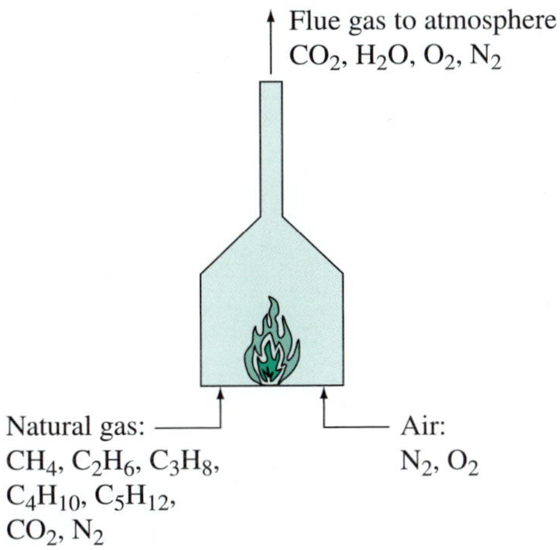

노는 다음 블록흐름선도에서 보는 것처럼 혼합기가 더해진 반응기로 모델링할 수 있다.

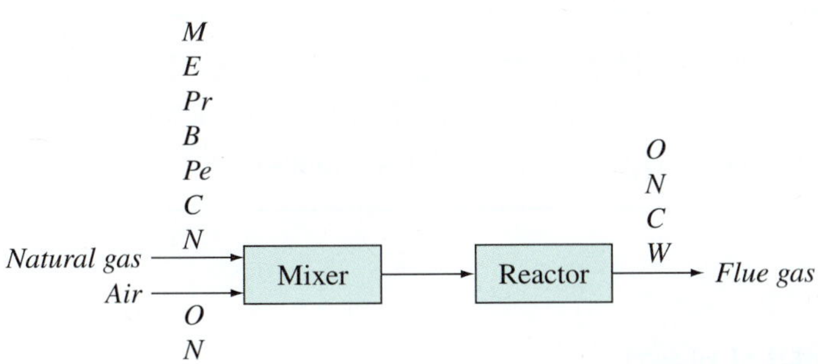

DOF 분석을 간단하게 해보자. 13개의 흐름 변수와 5개의 계 변수(탄화수소 각각에 대해 하나의 연소반응)가 있다. 노에 들어가는 모든 화합물들의 흐름은 9개의 규격(규정

된 흐름 2개와 독립 규정된 조성 7개)으로부터 쉽게 구해진다. 계에는 9개의 서로 다른 화합물이 있으므로 9개의 독립적인 물질수지식을 작성할 수 있다. 따라서, DOF = (13 + 5) − (9 + 9) = 0이다.

다음에는 부피유량을 몰유량으로 바꾸는 것이 필요하다, 천연가스와 공기는 이상기체의 거동을 한다고 가정한다. 부피유량은 표준 온도와 압력, 즉 0°C, 1 atm에서의 값이다(2.2.4절 참조). 따라서, 노에 들어가는 천연가스의 몰유량은 다음과 같다.

$$\dot{n} = \frac{P\dot{V}}{RT} = \frac{(1\text{ atm})(10^6\text{ ft}^3/\text{day})(1\text{ day}/24\text{ h})}{(0.082057\text{ L atm/gmol K})(1000\text{ gmol/kgmol})(0.03531467\text{ ft}^3/\text{L})(273.15\text{ K})}$$

$$\dot{n} = 52.6\text{ kgmol/h}$$

같은 방법으로 계산하면 노에 들어가는 공기의 유량은 1210 kgmol/h (N_2 956 kgmol/h, O_2 254 kgmol/h)이다.

계는 연속흐름이고 정상상태이기 때문에 식 (4.1)을 사용한다. 많은 수의 화합물이 주어질 경우에는 표를 작성하여 정보를 정리하는 것이 편리하다. 모든 속도의 단위는 kgmol/h이다.

Component	$\dot{n}_{i,\text{in}}$			$\sum \nu_{ik}\dot{\xi}_k$					$\dot{n}_{i,\text{out}}$
	Natural gas	**Air**	**Total**						
CH_4	50.98		50.98	$-\dot{\xi}_1$					0
C_2H_6	0.70		0.70		$-\dot{\xi}_2$				0
C_3H_8	0.10		0.10			$-\dot{\xi}_3$			0
C_4H_{10}	0.03		0.03				$-\dot{\xi}_4$		0
C_5H_{12}	0.01		0.01					$-\dot{\xi}_5$	0
CO_2	0.43		0.43	$\dot{\xi}_1$	$2\dot{\xi}_2$	$3\dot{\xi}_3$	$4\dot{\xi}_4$	$5\dot{\xi}_5$	$\dot{n}_{CO_2,\text{out}}$
N_2	0.36	956	956.4						$\dot{n}_{N_2,\text{out}}$
O_2		254	254	$-2\dot{\xi}_1$	$-3.5\dot{\xi}_2$	$-5\dot{\xi}_3$	$-6.5\dot{\xi}_4$	$-8\dot{\xi}_5$	$\dot{n}_{O_2,\text{out}}$
H_2O			0	$2\dot{\xi}_1$	$3\dot{\xi}_2$	$4\dot{\xi}_3$	$5\dot{\xi}_4$	$6\dot{\xi}_5$	$\dot{n}_{H_2O,\text{out}}$
Total	52.6	1210	1262.6						

각 탄화수소에 대한 수지식을 사용하여 $\dot{\xi}_k$를 구하고, 이들 값을 이용하여 나머지 화합물들의 유량을 구한다. 굴뚝가스의 유량은 1263.1 kgmol/h이고, 조성은 N_2 75.7 mol%, O_2 11.8 mol%, H_2O 8.3 mol%, CO_2 4.2 mol%이다.

4.2.1.2 회분식 반응기

*회분식 반응기*는 소량의 특수 화학제품 생산(예를 들어, 처방약, 특수 플라스틱) 그리고 때로는 고대부터 사용되어 오던 공정(예를 들어, 포도에서 와인으로의 발효)

에서 사용되고 있다. 회분식 반응기의 경우, $t = t_0$에서 $t = t_f$까지 정의된 시간 간격 동안 반응으로 인한 계의 변화에 관심이 있는 경우에 적분 몰수지식이 특히 유용하다.

정의에 의해 그 시간 간격 동안 반응기에 더해지거나 반응기로부터 제거되는 물질이 없기 때문에 물질수지식은 다음과 같이 간단히 된다.

$$n_{i,\text{sys},f} - n_{i,\text{sys},0} = \sum_{\text{all } k} \nu_{ik}\xi_k \tag{4.2}$$

일반적으로 회분식 반응기의 경우 계의 초기 함량 ($n_{i,\text{sys},0}$)은 규정된다. 반응진척도를 알면 최종 함량을 구할 수 있고, 반대로 최종 함량을 알면 반응진척도를 구할 수 있다.

반응화학양론 계수를 아는 회분식 반응기: 이부프로펜 합성 ◀ 예제 4.4

이부프로펜은 널리 알려진 진통제이자 해열제이다. 화학명이 2-(*p*-이소부틸페닐)프로피온산($C_{13}H_{18}O_2$)인 이 약은 이소부틸벤젠($C_{10}H_{14}$), 무수 아세트산($C_4H_6O_3$), H_2, CO을 사용하여 다음의 3단계 반응과정에 의해 합성된다.

$$C_{10}H_{14} + C_4H_6O_3 \rightarrow C_{12}H_{16}O + CH_3COOH \tag{R1}$$

$$C_{12}H_{16}O + H_2 \rightarrow C_{12}H_{18}O \tag{R2}$$

$$C_{12}H_{18}O + CO \rightarrow C_{13}H_{18}O_2 \tag{R3}$$

반응은 회분식 반응기에서 수행되었다. 초기에 반응기에는 $C_{10}H_{14}$ 1.4 gmol, $C_4H_6O_3$ 1.4 gmol, H_2 3 gmol, CO 2 gmol이 채워졌다. 반응기는 반응온도에 도달한 다음에 2.3 h 동안 유지하였다. 그런 다음 가스는 배출시키고, 액체는 회수하였다. 화학 분석 결과 액체에는 이소부틸벤젠 0.5 g, 무수 아세트산 0.5 g, 약간의 이부프로펜과 미확인 화합물이 포함되어 있다. 3.51 mol의 가스가 배출되었고, 배출가스에는 37.5 mol%의 CO와 H_2가 포함되어 있다. 이들 다른 화합물의 종류와 양을 구하라.

› 풀이

이 공정은 가스-액체 분리기가 달린 회분식 반응기이다.

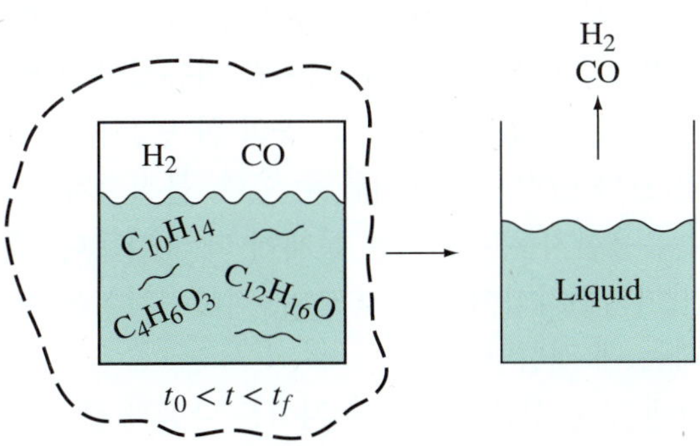

가스가 배출된 후 분리기에 남아 있는 액체는 $t = t_f$에서 회분식 반응기 내의 액체와 동일하다. 따라서 점선으로 표시된 회분식 반응기를 계로 선택하고 식 (4.2)를 이용하여 해석한다.

Quiz 4.1

초기 충전량이 예제 4.4와 동일한 경우에 생산할 수 있는 이부프로펜의 최대량은 얼마인가?

먼저 반응진척도를 구하기 위해 반응물을 고려한다. 계산을 표 형식으로 나타내면 다음과 같다(모두 gmol 단위).

Compound	$n_{i,\text{sys},0}$	$n_{i,\text{sys},f}$	$n_{i,\text{sys},f} - n_{i,\text{sys},0}$	$\sum_{\text{all } k} \nu_{ik}\xi_k$
$C_{10}H_{14}$	1.4	0.5	−0.9	$(-1)\xi_1$
$C_4H_6O_3$	1.4	0.5	−0.9	$(-1)\xi_1$
H_2	3	2.2	−0.8	$(-1)\xi_2$
CO	2.0	1.31	−0.69	$(-1)\xi_3$

이를 풀면 $\xi_1 = 0.9$ gmol, $\xi_2 = 0.8$ gmol, $\xi_3 = 0.69$ gmol로 쉽게 구해진다. 이제 이들 모든 화합물에 대해 $n_{i,\text{sys},0} = 0$임을 알고서, 반응진척도를 사용하여 액체 중의 이부프로펜 및 기타 물질들의 양을 구하면 다음과 같다.

Compound	$\sum_{\text{all } k} \nu_{ik}\xi_k$	$n_{i,\text{sys},f}$
$C_{12}H_{16}O$	(+1)0.9 + (−1)0.8	0.1
CH_3COOH	(+1)0.9	0.9
$C_{12}H_{18}O$	(+1)0.8 + (−1)0.69	0.11
$C_{13}H_{18}O_2$	(+1)0.69	0.69

4.2.1.3 반회분반응기

*반회분반응기*는 연속흐름 반응기와 회분식 반응기 양쪽 다의 특성을 보여준다. 반회분반응기는 일반적으로 다른 반응기에 비해 공장 운영자들에게 더 많은 주의를 필요로 한다. 반회분반응기는 반회분 특성이 어떤 중요한 이점을 제공하는 경우에만 사용된다. 한 가지 일반적인 상황은 반응기 내용물이 액체 또는 고체이지만 반응물 또는 생성물 중 하나가 기체인 경우이다. 이 경우 초기에 액체 또는 고체로 반응기를 충전한 다음 계속해서 기체 반응물을 추가(또는 기체 생성물 제거)하도록 선택할 수 있다. 반회분반응기는 반응이 폭발 가능성이 있는 경우에 때때로 사용된다. 다른 반응물이 들어 있는 용기에 소량의 한 반응물을 장기간에 걸쳐 조금씩 넣으면서 반응을 보다 안전하게 제어할 수 있다. 물질수지식에서 미분형과 적분형의 어느 것이 더 유용한지는 주어지는 문제에 따라 다르다. 특정 시간에서 계의 상태를 해석하려면 미분수지식이 가장 좋으며, 적분수지식은 정의된 시간 간격 동안의 공정을 해석하는 데 적합하다.

몰 항으로 나타낸 구성 성분의 적분 수지식은 다음과 같다.

$$n_{i,\text{sys},f} - n_{i,\text{sys},0} = \sum_{\text{all } j_{\text{in}}} n_{ij} - \sum_{\text{all } j_{\text{out}}} n_{ij} + \sum_{\text{all } k} r_{ik} \tag{3.15}$$

마찬가지로(표 3.2):

$$n_{i,\text{sys},f} - n_{i,\text{sys},0} = \sum_{\text{all } j_\text{in}} n_{ij} - \sum_{\text{all } j_\text{out}} n_{ij} + \sum_{\text{all } k} \nu_{ik}\xi_k$$

n_{ij}는 $t = t_0$에서 $t = t_f$까지의 시간 간격 동안 계의 경계를 통해 계에 들어오거나 나가는 총 몰수를 나타낸다. 반회분식 공정에는 일반적으로 경계를 가로지르는 흐름이 있으며, 여기서 유량이 일정할 수도 있지만 보통은 시간에 따라 변한다. 이를 다음과 같이 나타낼 수 있다.

$$n_{ij} = \int_{t_0}^{t_f} \dot{n}_{ij}\,dt \tag{4.3}$$

또한, r_{ik}(또는 $\nu_{ik}\xi_k$)는 $t = t_0$에서 $t = t_f$까지의 시간 간격 동안 반응 k에 의해 생성되거나 소비된 몰수를 나타낸다. 문제에서 총량 대신에 반응속도가 주어질 수도 있다. 반응속도가 일정할 수도 있지만 보통은 시간에 따라 변한다. 이는 다음과 같이 나타낼 수 있다.

$$r_{ik} = \int_{t_0}^{t_f} \dot{r}_{ik}\,dt \tag{4.4a}$$

또는

$$\nu_{ik}\xi_k = \int_{t_0}^{t_f} \nu_{ik}\dot{\xi}_k\,dt \tag{4.4b}$$

만약 $\dot{n}_{ij}$, $\dot{r}_{ik}$, $\dot{\xi}_k$가 상수이거나 혹은 시간 t의 함수로 주어진다면 식 (4.3)과 식 (4.4)는 적분수지식에서 사용할 수 있다.

반응화학양론 계수를 아는 반회분 반응기: 이부프로펜 합성 ◂ 예제 4.5

이부프로펜의 3단계 합성에서 마지막 반응은

$$C_{12}H_{18}O + CO \rightarrow C_{13}H_{18}O_2$$

CO는 매우 유독한 기체이기 때문에 반응기는 반회분 방식으로 운전하도록 설계되었다. 초기에 반응기에는 1.5 gmol의 $C_{12}H_{18}O$가 채워져 있으며, CO가 0.30 gmol/h의 속도로 더해진다. 만약 이러한 조건에서 반응속도가 0.27 gmol/h인 경우에 1.2 gmol의 이부프로펜을 생산하려면 반응기를 얼마나 오래 운전해야 하는가? 운전 종료 시 반응기에는 무엇이 들어 있는가?

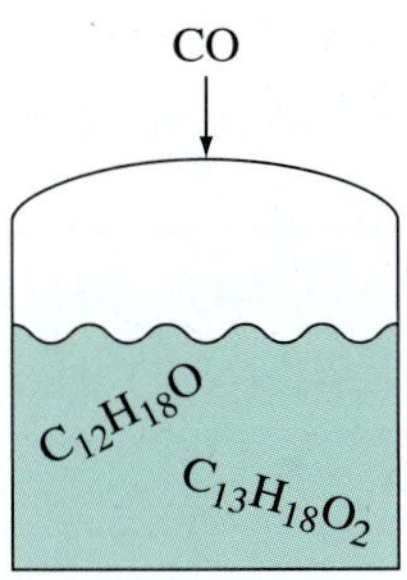

풀이

임의의 시간 간격 동안(비록 시간 간격이 얼마인지는 아직 모르지만!)에 무엇이 일어났는지에 관심이 있으므로 사용한다. 식 (4.3)과 (4.4)를 식 (3.15)에 대입하면

$$n_{i,\text{sys},f} - n_{i,\text{sys},0} = \int_{t_0}^{t_f} \dot{n}_{ij}\,dt - \int_{t_0}^{t_f} \dot{n}_{ij}\,dt + \int_{t_0}^{t_f} \nu_{ik}\dot{\xi}_k\,dt$$

이부프로펜(I, $C_{13}H_{18}O_2$)에 대한 수지식에서부터 시작한다. 초기에 반응기에는 이부프로펜이 없으며($n_{I,\text{sys},f} = 0$), 운전 종료 시 1.2 gmol의 이부프로펜을 얻고자 한다($n_{I,\text{sys},f} = 1.2$). 고려하는 시간 간격 동안 반응기에는 이부프로펜이 들어가거나 나가지 않으므로 입구와 출구 모두에서 $\int_0^{t_f} \dot{n}_{Ij}\,dt = 0$이다. 반응 R3의 반응 속도는 $\dot{r}_{I3} = \nu_{I3}\dot{\xi}_3 = 0.27$ gmol/h이다. 이 값을 물질수지식에 대입하면 다음과 같이 된다.

$$1.2 - 0 = 0 - 0 + \int_0^{t_f} 0.27\,dt$$

이를 풀면, 반응기 운전시간 $t_f = 4.44$ h가 구해진다.

$C_{12}H_{18}O$(A)의 경우에 적분수지식은 다음과 같이 간단히 된다.

$$\dot{n}_{A,\text{sys},f} = 1.5 - \int_0^{4.44} 0.27\,dt = 0.30\text{ gmol}$$

CO의 경우 반응속도뿐만 아니라 유입 유량도 고려해야 한다. 반응기에 CO의 초기 충전은 없으며, CO의 유출흐름도 없으므로 수지식은 다음과 같이 간단히 된다.

$$n_{\text{CO,sys},f} = \int_{t_0}^{t_f} \dot{n}_{\text{CO,in}}\,dt + \int_{t_0}^{t_f} \nu_{\text{CO}_3}\dot{\xi}_3\,dt$$

$$n_{\text{CO,sys},f} = \int_0^{4.44} 0.30\,dt - \int_0^{4.44} 0.27\,dt = 0.13\text{ gmol}$$

Hint
반회분반응기를 해석할 때 양(질량, 몰수)과 속도(질량/시간, 몰수/시간)를 구별하도록 특별히 주의한다.

4.2.2 ▸ 독립 화학반응

DOF 분석을 하기 위해서 독립 반응 변수의 개수(또는 독립적 화학반응의 개수)를 계산한다. 그러나 독립 반응의 개수를 어떻게 알 수 있으며, 제안된 반응 조합들이 *독립적*이라는 것을 어떻게 알 수 있는가?

거의 항상 사용하는 간단한 경험법칙은 주어진 계에서 독립 화학반응의 개수는 화합물의 개수 I에서 원소의 개수 H를 뺀 것과 같다는 것이다.

설명 ▸ 어떤 반응 기체 혼합물에 NO, NO_2, NH_3, H_2, H_2O, O_2, CO, CO_2가 포함되어 있다. 8개의 화합물과 4개의 원소(N, O, H, C)가 있으므로 독립 화학반응 개수는 $I - H = 8 - 4 = 4$개이다.

약간의 선형대수학적 요령을 사용하면 반응에 대한 사전 지식 없이 화합물 목록에서 출발하여 독립 반응의 개수를 결정하고, 더 나아가 화학적 지식 없이도 화학양론 계수가 맞추어진 일련의 독립 반응들의 조합을 얻는 방법이 있다! 화학에 대한 어떤 지식도 사용하지 않으므로 이 반응들은어떤 체계적인 통찰력을 제공하지 않을 수 있으며 화합물이 실제로 어떻게 결합하고 재구성되는지를 설명하지 않을 수도 있다. 그러나 우리의 관심사는 화학 메커니즘이 아니며, 단순히 공정흐름 계산을 완료하기에 충분한 정보만을 얻고자 하는 것이다.

다음은 선형 대수학적 근거에 대한 설명이 필요없는 방법론이다. 간단히 말해 이 방법은 전체 계에서 원소들이 생성되거나 소비되지 않는다는 것을 제약 조건으로 포함하고 있으며, 각 반응은 계수가 맞아야 한다는 제약 조건도 포함하고 있다.

*H*개의 서로 다른 원소로 구성된 *I*개의 화합물 계에 대한 일련의 독립 화학반응을 찾기 위해 다음과 같이 한다.

단계 1. *I*개의 열과 *H*개의 행을 갖는 행렬 **A**를 작성한다. 여기서 각 항목은 화합물 *i*에서 원소 *h*의 원자수이다.

단계 2. **A**의 "기약행사다리꼴"을 구한다. 이는 표준행렬 연산이다. 기약행렬은 *I*개의 열과 *H*개의 행을 가지며, $H \times H$인 단위행렬과 다른 개수의 $H \times (I - H)$인 행렬로 구성된다.

단계 3. 항목이 모두 0인 행들을 소거한다. (일반적으로 이러한 행은 없다.)

단계 4. (a) 단위행렬을 지우고, (b) 나머지 항목에 −1을 곱하고, (c) 아래에 $(I - H) \times (I - H)$인 새로운 단위행렬을 추가하여 새로운 행렬 $\mathbf{A}'$를 만든다. $\mathbf{A}'$는 *I*개의 행과 $(I - H)$개의 열을 갖는다.

단계 5. 독립 화학반응의 개수는 항이 두 개 이상인 $\mathbf{A}'$의 열의 수와 같다. 아래로 읽어서 각 반응의 화학양론 계수를 구한다.

이 방법은 다음 예제에서 다룬다.

독립 화학반응 ◂ 예제 4.6

화학자 Katie는 메탄과 산소로부터 메탄올을 합성하는 새로운 촉매를 연구하고 있다. 그녀는 반응계에서 시료를 채취하여 가스 혼합물에서 CH_4, CO, CO_2, O_2, H_2O, H_2, CH_3OH의 7가지 화합물을 확인하였다. 이 혼합물을 설명하는 독립적인 화학반응계를 구하라.

풀이

3가지 원소 C, H, O로 구성된 7가지 화합물이 있다. 7 − 3, 즉 4개의 독립적인 화학반응이 있을 가능성이 높다. 이를 증명하고 일련의 독립 반응 조합을 찾고자 한다.

단계 1: 7개의 열과 3개의 행을 갖는 행렬 **A**를 작성한다. 여기서 각 항목은 화합물 *i*에서 원소 *h*의 원자수이다. 각 열 위쪽에 7개의 화합물을, 각 행 옆쪽에 3개의 원소를 적는다.

$$\begin{array}{c} \\ C \\ H \\ O \end{array}\begin{array}{c} \begin{array}{ccccccc} CH_4 & CO & CO_2 & O_2 & H_2O & H_2 & CH_3OH \end{array} \\ \begin{bmatrix} 1 & 1 & 1 & 0 & 0 & 0 & 1 \\ 4 & 0 & 0 & 0 & 2 & 2 & 4 \\ 0 & 1 & 2 & 2 & 1 & 0 & 1 \end{bmatrix} \end{array}$$

단계 2: 기약행사다리꼴을 구한다. 이는 MATLAB과 같은 행렬 기반 방정식 풀이 프로그램이나 행렬 함수가 있는 공학용 계산기를 사용하여 쉽게 행할 수 있다. 결과는 다음과 같다.

$$\begin{array}{c} \\ C \\ H \\ O \end{array}\begin{array}{c} \begin{array}{ccccccc} CH_4 & CO & CO_2 & O_2 & H_2O & H_2 & CH_3OH \end{array} \\ \left[\begin{array}{ccc|cccc} 1 & 0 & 0 & 0 & 0.5 & 0.5 & 1 \\ 0 & 1 & 0 & -2 & -2 & -1 & -1 \\ 0 & 0 & 1 & 2 & 1.5 & 0.5 & 1 \end{array}\right] \end{array}$$

Identity matrix　　Remaining entries

단계 3과 4: 모두 0인 행은 없다. 단위행렬을 지우고, 나머지 항목에 -1을 곱한 다음 4×4인 단위행렬을 추가하여 $\mathbf{A}'$를 구한다.

Four independent reactions

$$\begin{array}{c} CH_4 \\ CO \\ CO_2 \\ O_2 \\ H_2O \\ H_2 \\ CH_3OH \end{array}\left[\begin{array}{cccc} 0 & -0.5 & -0.5 & -1 \\ 2 & 2 & 1 & 1 \\ -2 & -1.5 & -0.5 & -1 \\ \hline 1 & 0 & 0 & 0 \\ 0 & 1 & 0 & 0 \\ 0 & 0 & 1 & 0 \\ 0 & 0 & 0 & 1 \end{array}\right]$$

← Negative of remaining entries from matrix A

← Identity matrix

실제로 4개의 독립 반응이 있다. 각 열을 읽으면 다음과 같은 반응 조합이 구해진다.

$$2CO_2 \rightarrow 2CO + O_2$$

$$0.5CH_4 + 1.5CO_2 \rightarrow 2CO + H_2O$$

$$0.5CH_4 + 0.5CO_2 \rightarrow CO + H_2$$

$$CH_4 + CO_2 \rightarrow CO + CH_3OH$$

이 조합이 작성할 수 있는 *유일한* 독립 반응 조합은 아니다. 그러나 우리에게는 단지 하나가 필요하다. 화합물 O_2, H_2O, H_2, CH_3OH는 하나의 반응에서만 나타난다는 것에 주목하자. 이것은 이들 반응이 독립적이라는 또 다른 단서이다. 예를 들어, 첫 3개의 반응을 조합하여 4 번째 반응을 얻을 수 있는 조합은 없다. 왜냐하면 메탄올은 첫 3개의 반응 중 어느 하나에도 나타나지 않기 때문이다.

4.2.3 ▸ 화학반응양론 계수를 모르는 반응기

반응진척도의 개념은 화학양론 계수를 아는 경우에 매우 유용하다. 그러나 만약 ν_{ik}를 모르는 경우에는 어떻게 되는가? 그리고 ν_{ik}를 모르는 이유는 무엇인가? 두 가지 일반적인 상황이 있다. (1) 원료물질이 매우 복잡하고, 분자식이 알려지지 않았거나 불확실한 경우이다. 목재나 석탄과 같은 천연재료의 경우에 그러하다. (2) 반응 네트워크가 매우 복잡하고, 반응 생성물이 알려지지 않았거나 불확실한 경우이다. 연소 및 분해반응들이 이 범주에 속한다. 이러한 상황에서는 다른 전략이 필요하다.

4.2.3.1 원소가 구성성분인 수지식

*만약 원료물질 또는 반응생성물의 원소조성을 아는 경우*에는 화합물보다는 원소를 성분으로 사용한다. 원소는 화학반응을 하지 않기 때문에(핵반응은 무시함) $\xi_k = 0$이고, 반응기가 정상상태 연속흐름, 회분식 또는 반회분식인지 여부에 관계 없이 물질수지식은 간단하게 된다.

만약 화합물의 분자식과 화학반응식을 알더라도 화학반응식의 수가 많고 원소의 수가 적다면 화합물보다는 원소에 대한 수지식을 쓰는 것이 더 쉬울 수 있다. 분자식을 알고 있을 때 원소수지를 맞추기 위하여, 다음을 사용하여 화합물의 몰(또는 몰흐름)을 해당 화합물의 원소 몰(또는 몰흐름)로 변환한다.

> **Hint**
> 만약 분자식을 모르거나 반응의 개수가 원소들의 개수를 초과하는 경우에는 화합물보다는 원소에 대한 수지식을 사용한다.

$$n_h = \varepsilon_{hi} n_i$$
$$\dot{n}_h = \varepsilon_{hi} \dot{n}_i \tag{2.2}$$

여기서 ε_{hi}는 화합물 i 중의 원소 h의 원자수이고, $n_h(\dot{n}_h)$는 원소 h의 몰수(몰흐름)이다.

원소에 관한 물질수지식: 천연가스의 연소 ◂ **예제 4.7**

물질수지식에서 화합물 대신 원소를 구성성분으로 사용하여 예제 4.3을 다시 풀어보라.

› 풀이

예제 4.3에서 노에 들어가는 원료에는 8개의 화합물이 포함되어 있으며, 고려해야 하는 연소반응은 5개 있다. 그러나 원소는 단지 4개, 즉 C, H, O, N뿐이므로 단지 4개의 원소수지가 필요하다. 각 원소 h(여기서 h는 C, H, O 또는 N)에 대한 정상상태 몰수지식은 다음과 같이 간단히 된다.

$$\dot{n}_{h,\text{in}} = \dot{n}_{h,\text{out}}$$

화합물의 몰유량은 알지만 원소의 몰유량은 모르기 때문에 식 (2.2)를 각 흐름에 적용하여 각 원소의 몰유량을 구하는 것이 중요하다.

$$\dot{n}_{h,\text{in}} = \varepsilon_{hi}\, \dot{n}_{i,\text{in}}$$

이는 스프레드시트를 이용하면 쉽게 수행할 수 있다. 결과를 표로 나타내었으며, 모든 흐름은 kgmol/h로 주어졌다.

Molar flow,		C		H		O		N	
	$\dot{n}_{i,in}$	ε_{Ci}	$\dot{n}_{C,in}$	ε_{Hi}	$\dot{n}_{H,in}$	ε_{Oi}	$\dot{n}_{O,in}$	ε_{Ni}	$\dot{n}_{N,in}$
CH_4	50.98	1	50.98	4	203.92				
C_2H_6	0.70	2	1.40	6	4.20				
C_3H_8	0.10	3	0.30	8	0.80				
C_4H_{10}	0.03	4	0.12	10	0.30				
C_5H_{12}	0.01	5	0.05	12	0.12				
CO_2	0.43	1	0.43			2	0.86		
N_2	0.36							2	0.72
Total	52.6		53.28		209.34		0.86		0.72

마찬가지로 계산하면, 1912 kgmol N/h와 508 kgmol O/h가 공기흐름에 유입되는 것을 알 수 있다.

이제 각 원소에 대한 물질수지식을 구한다.

N 원자 수지:

$$\dot{n}_{N,in} = 1912\,\frac{\text{kgmol N in air}}{\text{h}} + 0.72\,\frac{\text{kgmol N in gas}}{\text{h}} = 1912.7\,\frac{\text{kgmol}}{\text{h}} = \dot{n}_{N,out}$$

Hint
미지수가 가장 적은 수지식을 먼저 푼다.

모든 N은 N_2로 나가기 때문에 굴뚝가스와 함께 배출되는 N_2의 유량은 다음과 같다.

$$\dot{n}_{N_2,out} = \frac{\dot{n}_{N,out}}{\varepsilon_{N,N_2}} = \frac{1912.7}{2} = 956.4\,\frac{\text{kgmol}}{\text{h}}$$

H 원자 수지:

$$\dot{n}_{H,in} = \frac{209.34\text{ kgmol}}{\text{h}} = \dot{n}_{H,out}$$

모든 H는 물로 나가기 때문에 다음과 같이 된다.

$$\dot{n}_{H_2O,out} = \frac{\dot{n}_{H,out}}{\varepsilon_{H,H_2O}} = \frac{209.34}{2} = 104.67\,\frac{\text{kgmol}}{\text{h}}$$

C 원자 수지:

$$\dot{n}_{C,in} = 53.28\,\frac{\text{kgmol}}{\text{h}} = \dot{n}_{C,out}$$

모든 C는 CO_2로 나간다:

$$\dot{n}_{CO_2,out} = \frac{\dot{n}_{C,out}}{\varepsilon_{C,CO_2}} = \frac{53.28}{1} = 53.28\,\frac{\text{kgmol}}{\text{h}}$$

O 원자 수지:

$$\dot{n}_{O,in} = \frac{508\text{ kgmol O in air}}{\text{h}} + \frac{0.86\text{ kgmol O in gas}}{\text{h}} = 508.86\,\frac{\text{kgmol}}{\text{h}} = \dot{n}_{O,out}$$

O는 H_2O, CO_2, O_2와 같이 여러 가지 형태로 나간다. H와 C 수지로부터 H_2O와 CO_2의 유량을 알 수 있다. (O 수지를 마지막으로 남겨 둔 것이 좋았네요!)

$$\dot{n}_{O,out} = \varepsilon_{O,H_2O}\dot{n}_{H_2O,out} + \varepsilon_{O,CO_2}\dot{n}_{CO_2,out} + \varepsilon_{O,O_2}\dot{n}_{O_2,out}$$

$$508.86\,\frac{\text{kgmol}}{\text{h}} = 1\left(104.67\frac{\text{kgmol}}{\text{h}}\right) + 2\left(53.28\frac{\text{kgmol}}{\text{h}}\right) + 2\dot{n}_{O_2,out}$$

$$\dot{n}_{O_2,out} = 148.8\,\frac{\text{kgmol}}{\text{h}}$$

요약하면:

굴뚝가스의 총유량 = 956.4 + 104.67 + 53.28 + 148.8 = 1263.1 kgmol/h

굴뚝가스의 조성은 11.8 mol% O_2
4.2 mol% CO_2
8.3 mol% H_2O
75.7 mol% N_2

4.2.3.2 질량반응속도 수지식

화학양론 계수를 모르는 상황에서는 반응의 질량속도가 유용하다. 이 전략은 예를 들어, 성분 i가 고분자(분자량 분포가 있는 경우) 또는 단백질과 같이 고유한 분자식이 없는 화학종의 혼합물일 때 적용할 수 있으며, 여기서 물질에서는 가수분해와 같은 일반적인 반응이 일어난다, 이러한 접근법을 예제 4.8에 예시하였다.

질량반응속도: 토양 오염물질의 미생물 분해 ◂ **예제 4.8**

버려진 주유소의 오래된 지하 저장 탱크에서 일부 물질이 땅속으로 누출되고 있다. 수년 후, 토양은 벤젠, 톨루엔, 에틸벤젠, 자이렌과 같은 방향족 물질(BTEX라고 함)로 오염되었다.

Benzene Toluene Ethylbenzene

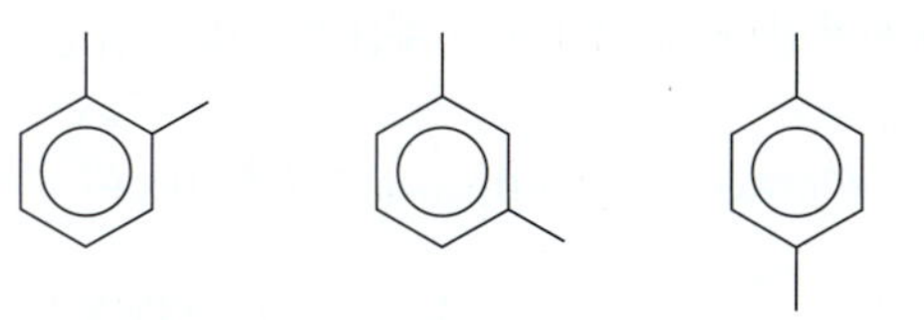

o-xylene *m*-xylene *p*-xylene

당신의 임무는 방향족 물질을 보다 덜 유해하고 더 휘발성이 강한 화합물로 분해하는 박테리아를 사용하여 오염된 토양을 정화할 수 있는지 확인하는 것이다. 한가지 아이디어는 토양 자체를 회분식 반응기로 간주하여 현장에서 토양을 정화하는 것이고, 대안은 오염된 흙을 파내서 유해 폐기물로 처분하는 것이다.

당신은 토양을 정화하는 데 걸리는 시간을 구하기 위하여 학술문헌에서 약간의 정보를 찾았다. 한 연구에서는 BTEX의 미생물 분해속도가 0.22 μg BTEX/g soil/day로 보고되었으며, 또 다른 연구에서는 분해속도가 6×10^{-5} μmol benzene/g soil/day, 2×10^{-3} μmol toluene/g soil/day, 6×10^{-4} μmol ethylbenzene/g soil/day, 1.8×10^{-3} μmol xylene/g soil/day로 보고되었다.

오염된 토양에는 8 μg BTEX/g soil이 들어 있으며, 토양은 0.1 μg BTEX/g soil까지 정화시켜야 한다. 두 연구 자료가 서로 일치하는가? 토양을 정화하는 데 얼마나 걸리는가?

〉풀이

두 연구를 비교해보기 위해 두 번째 연구 경우에 각 성분들의 몰질량을 곱해줌으로써 몰분해속도를 질량분해속도로 바꾼다.

$$\dot{R}_B = 6 \times 10^{-5}\,\frac{\mu\text{mol benzene}}{\text{g soil/day}} \times \frac{78\,\mu\text{g benzene}}{\mu\text{mol benzene}}$$

$$= 0.0047\,\mu\text{g benzene/g soil/day}$$

$$\dot{R}_T = 2 \times 10^{-3}\,\frac{\mu\text{mol toluene}}{\text{g soil/day}} \times \frac{92\,\mu\text{g toluene}}{\mu\text{mol toluene}}$$

$$= 0.18\,\mu\text{g toluene/g soil/day}$$

$$\dot{R}_E = 6 \times 10^{-4}\,\frac{\mu\text{mol ethylbenzene}}{\text{g soil/day}} \times \frac{106\,\mu\text{g ethylbenzene}}{\mu\text{mol ethylbenzene}}$$

$$= 0.064\,\mu\text{g ethylbenzene/g soil/day}$$

$$\dot{R}_X = 1.8 \times 10^{-3}\,\frac{\mu\text{mol xylene}}{\text{g soil/day}} \times \frac{106\,\mu\text{g xylene}}{\mu\text{mol xylene}}$$

$$= 0.19\,\mu\text{g xylene/g soil/day}$$

이들 속도는 첫 번째 연구에서 보고된 0.22 μg BTEX/g soil/day와 비교적 일치한다. 우리 목적에는 첫 번째 연구 결과가 더 유용하다. 여기서는 관련 화합물들의 혼합물로 주어지고, 이들 화합물의 총질량은 알지만 정확한 조성은 모르고 있다. 그러나, 두 번째 연구는 관찰된 분해속도가 오염물질의 종류에 따라 달라진다는 점을 지적하였다.

토양은 회분식 반응기이고, 특정 시간 간격 동안 일어나는 분해에 관심이 있으므로 적분 질량수지식을 사용한다. 토양 1 g을 계산기준으로 하면 다음과 같이 된다.

$$m_{\text{BTEX,sys},f} - m_{\text{BTEX,sys},0} = \int_{t_0}^{t_f} \dot{R}_{\text{BTEX}}\,dt$$

$$0.1\,\mu\text{g BTEX} - 8\,\mu\text{g BTEX} = \int_0^{t_f} -0.22\frac{\mu\text{g BTEX}}{\text{day}}\,dt = -0.22t_f$$

$$t_f = 36\text{ days}$$

순수한 벤젠의 분해속도를 살펴보면 놀라운 것을 발견하게 된다. 만약 순수한 벤젠으로 오염된 경우에 정화시간은 약 1580일로 훨씬 더 길어지게 된다!

다음 두 예제에서는 적분 방정식이 질량 반응속도와 함께 어떻게 사용되는지를 볼 수 있다. 여기서 반응속도는 시간의 함수이다.

비정상 유동과 화학반응이 있는 적분수지식: 약물 방출제어

예제 4.9

특정 질병이 있는 환자는 혈류에 단백질이나 약물을 주입하여 치료한다. 약물을 주입하면 혈중의 단백질이나 약물의 농도가 갑자기 매우 높은 수준으로 증가하지만, 그 후 농도가 급격히 떨어진다. 독성 부작용을 줄이고 치료 효능을 높이려면 혈중 농도를 안정적으로 유지하는 것이 바람직하다. 약물 방출제어 기술은 혈액 내 약물 농도의 변동을 줄여준다. 방출제어를 사용하면 단백질이나 약물이 고분자 내에 캡슐화되어 천천히 혈류로 방출된다. 이것은 혈류 내 약물이나 단백질의 농도를 더 낮고 더 일정한 수준으로 유지하게 해준다.

! Hint
막히는 경우에는 축적량 = 유입량 − 유출량 + (생성량 − 소모량)을 기억하고, 차원이 일치하는지 확인하고, 10가지 간단한 단계를 기억한다!

1. 약물 100 μg을 방출제어 캡슐에 넣은 다음 환자에게 주입한다. 약물은 $8e^{-0.1t}$ μg/h 속도로 방출되며, 여기서 t는 주입 후 시간이다. 24시간 후에 방출된 약물의 분율은 얼마인가?
2. 일단 혈류에 주입되면 분해반응과 배출과정의 결과로 약물이 3.1 μg/h의 속도로 손실된다. 혈류 내 약물의 질량(μg)은 주입 후 시간의 함수로 어떻게 변하는가? 약물 농도가 가장 높은 시간은 언제인가?

풀이

1. 캡슐을 계로 선택한다. 캡슐은 약물을 모든 방향으로 혈류 내로 방출된다.

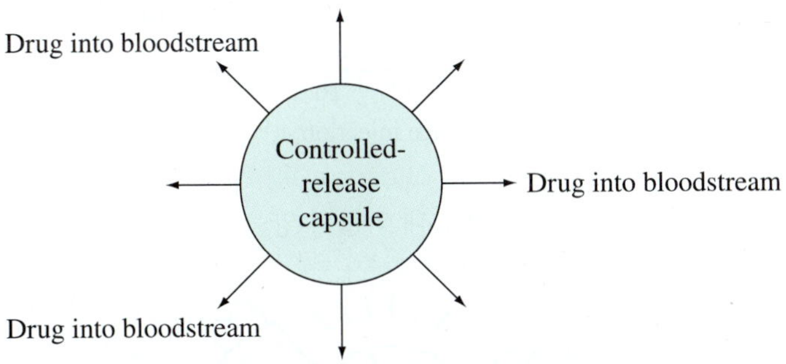

24시간 동안에 걸쳐 캡슐 내 약물 D의 질량 변화에 관심이 있으므로 약물을 구성성분으로 한 적분 질량수지식을 사용한다.

$$m_{D,\text{sys},f} - m_{D,\text{sys},0} = m_{D,\text{in}} - m_{D,\text{out}} + R_D$$

캡슐 내의 초기 약물양은 $m_{D,\text{sys},0} = 100$ μg이다. 캡슐에 들어가는 새로운 약물은 없기 때문에

$$m_{D,\text{in}} = 0$$

캡슐 내부에서는 화학반응이 없으므로

$$R_D = 0$$

캡슐에서 나가는 약물의 질량유량은 시간의 함수로 다음과 같다.

$$\dot{m}_{D,\text{out}} = 8e^{-0.1t}$$

이제 24시간 동안 캡슐에서 나가는 약물의 총질량유량이 구해진다.

$$\int_{t_0}^{t_f} \dot{m}_{D,\text{out}}\,dt = \int_0^{24} 8e^{-0.1t}\,dt = -\frac{8}{0.1}(e^{-2.4} - e^0) = 72.7\ \mu\text{g}$$

위 항들을 적분 질량수지식에 대입하면 다음과 같이 된다.

$$m_{D,\text{sys},f} - 100 = -72.7$$

24시간 후 캡슐에 남아 있는 약물은 다음과 같다.

$$m_{D,\text{sys},f} = -72.7 + 100 = 27.3\ \mu\text{g}$$

즉, 27.3%의 약물이 캡슐에 남아 있고, 72.7%는 주입 후 24시간 동안 방출되었다.

유사한 과정을 사용하여 0에서 24시간이 아니라 0에서 t로 적분하면 임의의 시간 t에서의 약물방출 분포를 구할 수 있다. 이러한 계산 결과는 다음과 같다.

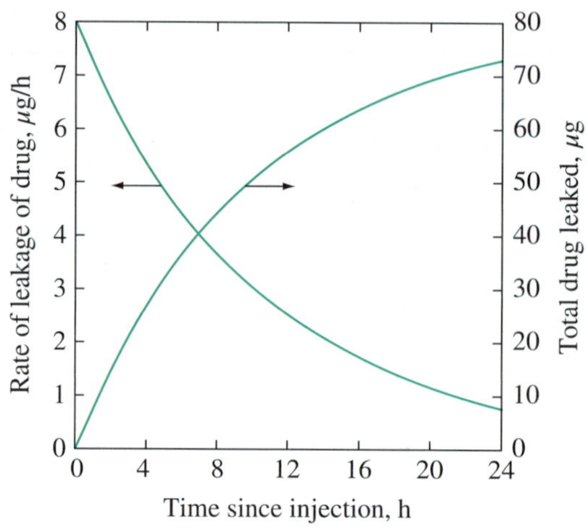

2. 이제 주입 후 임의의 시간 t에서 혈류 내 약물의 양을 알아보자. 계는 혈액이다.

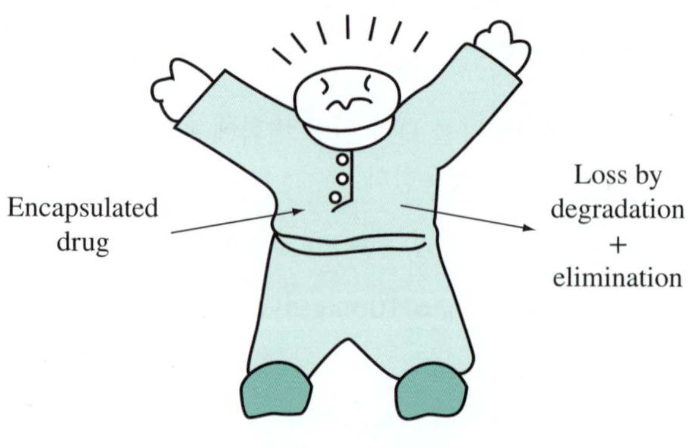

$t = 0$에서 t까지의 유한한 시간 간격 동안 계에서 약물의 순 축적량에 관심이 있기 때문에 적분 질량수지식이 유용하다. 초기에 혈액 내 약물이 없다고 가정하면 $m_{D,\text{sys},0}$이므로 다음과 같이 된다.

$$m_{D,\text{sys},f} = m_{D,\text{in}} - m_{D,\text{out}} + R_D$$

혈액으로 들어가는 약물의 질량유량은 캡슐에서 밖으로 나가는 약물의 질량유량과 같다. 즉,

$$m_{D,\text{in}} = \int_{t_0}^{t_f} \dot{m}_{D,\text{in}}\,dt = \int_0^t 8e^{-0.1t}\,dt = 80\,(1 - e^{-0.1t})$$

약물은 배출(나가는 질량유량) 및 분해반응에 의해 3.1 μg/h의 속도로 혈액에서 손실된다. 이 두 가지 손실 메커니즘을 구분할 수 있는 정보가 충분하지 않지만, 그들을 하나로 묶을 수는 있다.

$$m_{D,\text{out}} + R_D = \int_0^t (\dot{m}_{D,\text{out}} + \dot{R}_D)dt = \int_0^t 3.1dt = 3.1t$$

위의 식들을 적분 질량수지식에 대입하면 다음과 같다.

$$m_{D,\text{sys},f} = 80(1 - e^{-0.1t}) - 3.1t$$

$m_{D,\text{sys},f}$ 대 t의 그래프를 나타내었다. 캡슐에서 약물의 초기 빠른 방출은 혈중 농도를 증가시킨다. 약물의 방출이 느려지면 분해반응과 배출과정이 방출보다 빨라지고 약물농도는 감소한다. 주입 후 24시간이 지나면 약물은 남아 있지 않다. 최대 농도는 주입 후 약 9.5시간에서 도달된다.

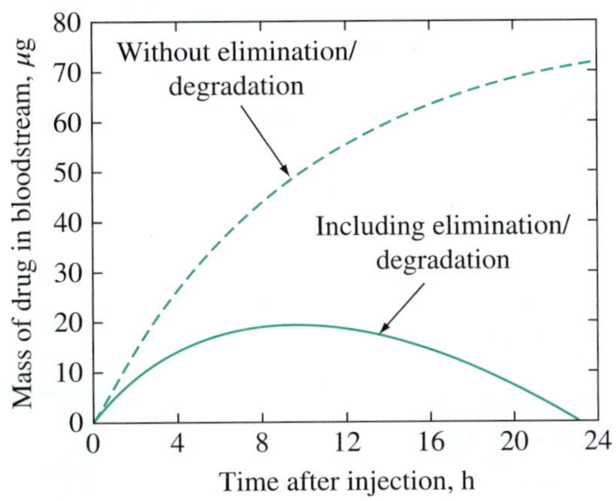

비정상 유동과 화학반응이 있는 미분수지식: 발효기에서 포도당 활용 ◀ 예제 4.10

효모는 포도당($C_6H_{12}O_6$)을 대사하여 에탄올(C_2H_5OH)을 만든다. 인류는 와인, 맥주 및 기타 알코올 음료를 만들기 위해 수천 년 동안 이 공정을 이용해 오고 있다. 화학반응은 매우 복잡하지만, 총괄반응은 다음과 같이 간단하게 나타낼 수 있다.

$$C_6H_{12}O_6 \rightarrow 2C_2H_5OH + 2CO_2$$

에탄올을 만드는 것 외에도, 효모는 성장하고 번식하며, 유지와 성장을 위해 약간의 포도당을 소비한다. 포도당 소비속도는 발효기 내의 효모수와 효모의 성장속도에 따라

달라진다. 따라서 포도당 소비속도는 효모가 증식함에 따라 증가한다.

1000 g의 포도당과 약간의 효모가 들어 있는 10-L 발효기를 고려해보자. 발효기는 반회분식으로 운전된다. 발효가 진행되는 동안 포도당이 20 g/h의 속도로 연속적으로 추가된다. 압력의 증가를 막기 위해 CO_2는 연속적으로 배출된다. 다른 생성물이나 부산물은 제거하지 않는다. 포도당의 질량소비속도 $\dot{R}_g$(시간당 소비되는 포도당 g)는 효모의 수가 증가함에 따라 시간이 지남에 따라 증가한다.

$$\dot{R}_g = -2.8e^{0.1t}$$

여기서 t는 시간이다. 포도당 소비의 약 90%는 에탄올 생산에 사용되고 나머지는 효모 성장에 사용된다.

1. 시간에 따른 발효기 내 포도당의 변화 속도를 그래프로 나타내라.
2. 임의의 시간에서 발효기 내 포도당과 에탄올의 양(g)을 그래프로 나타내라.
3. 발효기에서 배출되는 CO_2 유량을 시간의 함수로 계산하라.
4. 발효기 내 포도당 농도가 0(발효가 중지되는 지점)으로 떨어지는 데 얼마나 걸리는가? 그 시점에 발효기에는 얼마나 많은 에탄올이 들어 있는가?

〉풀이

항상 그렇듯이 선도를 가지고 시작한다. 선택된 계는 발효기이다. 발효기는 반회분식으로 운전된다. 용기 내 포도당과 에탄올 농도는 시간에 따라 변하고, CO_2는 연속적으로 제거된다. 모든 정보가 질량 또는 질량유량으로 주어지므로, 단위는 g과 h를 사용한다.

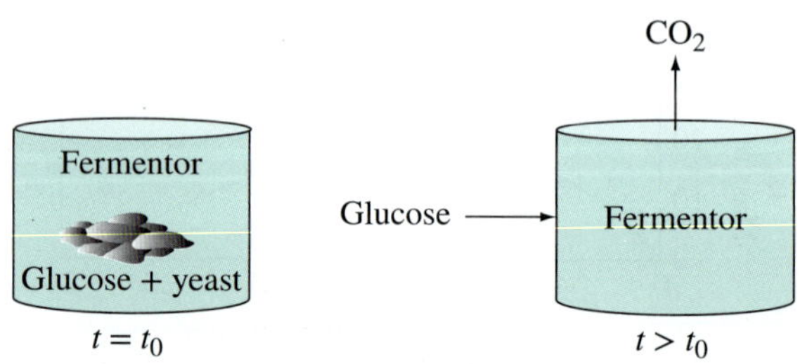

1. 주어진 시간에서 발효기 내 포도당 변화 속도를 알고자 하므로 미분식을 사용한다. 모든 정보가 질량 단위로 주어졌기 때문에 포도당을 구성성분으로 한 질량수지식을 이용한다. 포도당이 배출되는 흐름이 없으므로 미분 질량수지식은 간단히 다음과 같이 된다.

$$\frac{dm_{g,\text{sys}}}{dt} = \dot{m}_{g,\text{in}} + \dot{R}_g = 20 - 2.8e^{0.1t}$$

여기서 $\dot{m}_{g,\text{in}}$은 발효기 내로 유입되는 포도당의 질량유량이다

이 식을 시간에 대해 도시하면 다음과 같다.

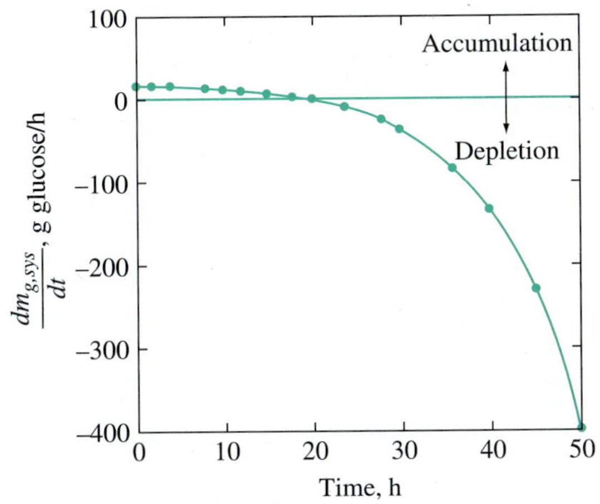

그래프에서 볼 수 있듯이 초기에는 발효기에 포도당이 알짜로 축적된다($dm_{g,sys}/dt > 0$). 그러나 20 h에서는 효모 개체수가 증가함에 따라 포도당 소비속도는 유입되는 유량과 같아진다($dm_{g,sys}/dt = 0$). 20 h 이상에서 소비속도는 유입되는 유량을 초과하고 포도당은 고갈된다($dm_{g,sys}/dt < 0$).

2. 주어진 시간에 발효기에 축적된 포도당의 양을 결정하기 위해서는 시간의 함수로 된 $m_{g,sys}$의 식을 구해야 한다. 이는 미분 물질수지식을 적분하면 얻어진다.

$$m_{g,sys} = \int(20 - 2.8e^{0.1t})\,dt = 20t - 28e^{0.1t} + C$$

여기서 C는 적분 상수이다. $t = 0$에서 $m_{g,sys} = 1000$ g이다. 이로부터 $C = 1028$ g이 구해진다.

$$m_{g,sys} = 1028 + 20t - 28e^{0.1t}$$

에탄올이 발효기에 들어가거나 나가지 않으므로 $t = 0$에서 계에 에탄올이 존재하지 않는다. 에탄올에 대한 미분 물질수지식은 다음과 같이 간단히 된다.

$$\frac{dm_{e,sys}}{dt} = \dot{R}_e$$

여기서 $m_{e,sys}$는 계 내의 에탄올 질량이고, $\dot{R}_e$는 에탄올의 질량반응속도이다

$\dot{R}_e$는 무엇인가? 포도당-에탄올 반응의 양론 관계로부터 포도당 1몰당 에탄올 2몰이 생산된다는 것을 알 수 있다. 즉 $\nu_e/\nu_g = -2$이다. 몰질량을 계산해보면 $M_e = 46$ g/gmol 그리고 $M_g = 180$ g/gmol이다. 마지막으로 문제 설명에서 소비되는 모든 포도당 중 90%가 에탄올을 생산한다고 하였다. 그러므로

$$\dot{R}_e = \frac{\nu_e M_e}{\nu_g M_g}(0.9\dot{R}_g) = -2\left(\frac{46}{180}\right)[0.9(-2.8e^{0.1t})] = 1.29e^{0.1t}$$

이 식을 에탄올에 대한 미분 질량수지식에 대입하여 적분($t = 0$에서 $m_{e,sys} = 0$으로) 하면 다음과 같이 된다.

$$m_{e,sys} = 12.9e^{0.1t} - 12.9$$

위의 두 식을 시간에 대해 도시하면 다음과 같다.

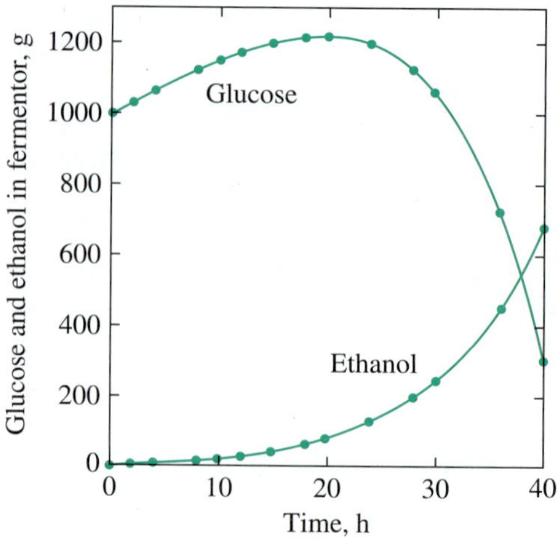

포도당은 초기값인 1000 g에서 증가하다가 약 20시간 후에 최대가 되고 그 후에는 급격히 감소한다. 에탄올은 초기에는 천천히 증가하지만 효모가 증식함에 따라 급격히 증가한다(포도당이 고갈될 때까지).

3. 에탄올과 반응하여 CO_2가 생산되므로, 화학양론 계수로부터 다음과 같이 계산할 수 있다.

$$\dot{R}_{CO_2}(\text{ethanol}) = \frac{\nu_{CO_2}}{\nu_e}\frac{M_{CO_2}}{M_e}\dot{R}_e = \frac{2}{2}\left(\frac{44}{46}\right)(1.29e^{0.1t}) = 1.23e^{0.1t}$$

효모의 유지와 성장을 위해 포도당이 소비될 때 CO_2가 추가적으로 생산된다. 이 양을 정확히 계산하기에는 정보가 충분하지 않다. 그러나 남아 있는 포도당(에탄올 생산 반응에서 소비되지 않은)은 모두 CO_2와 H_2O로 전환된다고 가정하는 제한된 경우에는 계산이 가능하다.

$$C_6H_{12}O_6 + 6O_2 \rightarrow 6CO_2 + 6H_2O$$

이로써 CO_2의 최대 가능 생산량을 구할 수 있다. 포도당의 10%가 유지와 성장을 위해 소비되기 때문에 이 반응에서 최대 CO_2 생산량은 다음과 같이 계산된다.

$$\dot{R}_{CO_2}(\text{maintenance}) = \frac{\nu_{CO_2}}{\nu_g}\frac{M_{CO_2}}{M_g}(0.1\dot{R}_g) = -\frac{6}{1}\left(\frac{44}{180}\right)[0.1(-2.8e^{0.1t})] = 0.41e^{0.1t}$$

CO_2의 최대 질량 반응속도는 에탄올 반응에서 발생하는 CO_2 생산속도와 유지와 성장과 관련된 반응에서 발생하는 CO_2 생산속도의 합으로 구할 수 있다.

$$\sum_{\text{all } k}\dot{R}_{CO_2,k} = 1.23e^{0.1t} + 0.41e^{0.1t} = 1.64e^{0.1t}$$

CO_2는 발효기에 축적되지 않도록 연속적으로 배출된다. CO_2에 대한 미분 질량수지식을 세우고 적분하면 다음과 같다.

$$\frac{dm_{CO_2,\text{sys}}}{dt} = 0 = -\dot{m}_{CO_2,\text{out}} + \sum\dot{R}_{CO_2}$$

$$\dot{m}_{CO_2,\text{out}} = 1.64e^{0.1t}$$

4. 발효기에서 포도당이 0이 되는 시간을 구하기 위해, $m_{g,\text{sys},f} = 0$임을 이용하여 적분

물질수지식을 풀 수 있다.

$$m_{g,\text{sys},f} - m_{g,\text{sys},0} = \int_{t_0}^{t_f} \dot{m}_{g,\text{in}}\, dt + \int_{t_0}^{t_f} \dot{R}_g\, dt$$

$$0 - 1000 = \int_0^{t_f} 20\, dt + \int_0^{t_f} -2.8 \exp(0.1\, t)\, dt$$

정적분을 계산하면 다음이 얻어진다.

$$0 - 1000 = 20t_f - 28[e^{0.1t_f} - e^0]$$
$$t_f = 42 \text{ h}$$

같은 방법으로 계산해보면 42시간 후에 발효기 내에는 에탄올이 847 g 들어 있는 것을 알 수 있다.

▶ 4.3 반응기 흐름조성과 계성능규격

이상적인 것은 높은 원자 경제성을 가진 반응물과 반응경로를 선택하는 것이다. (1) 원하는 화학반응에 의해 모든 원료를 유용한 제품으로 완전하게 빠르게 전환하고, (2) 원하지 않는 반응은 전혀 일어나지 않게 하기 위해 크기, 체류시간, 온도, 압력, 촉매, 혼합양식, 반응물 첨가 등의 조건들이 완벽하게 조합된 이상적인 화학반응기를 설계하는 것이다. 알다시피 이상 반응기(perfect reactor)는 거의 존재하지 않는다.

그림 4.3은 이상 반응기의 예와 실제 반응기의 예를 비교한 것이다. 이상 반응기에서는 반응물 A와 B가 정확한 화학양론비로 공급되고 다음과 같은 단일 반응에 의해 원하는 생성물 D로 100% 전환된다.

$$\text{A} + \text{B} \rightarrow \text{D}$$

보다 실제적인 반응기에서는 반응물 A와 B가 오염물 C와 함께 화학양론비가 맞지 않게 공급되고 원하는 생성물 D로는 부분적으로 전환된다. 이 경우 원하는 반응과 함께 두 가지의 원하지 않는 반응이 일어난다.

$$\text{A} + \text{C} \rightarrow \text{E} + \text{F}$$
$$\text{A} + \text{D} \rightarrow \text{G}$$

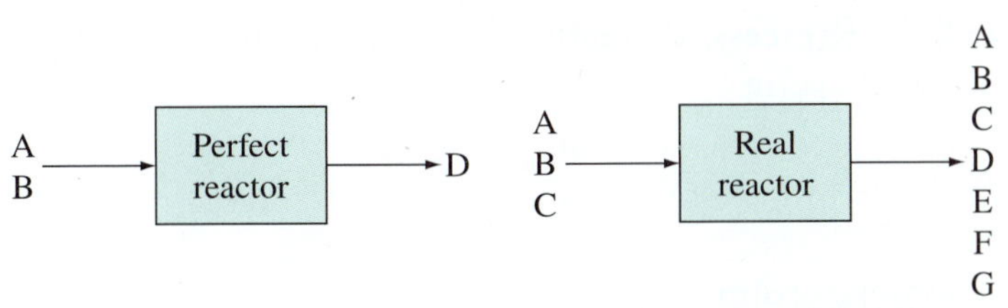

그림 4.3 이상 반응기에서 반응물 A + B는 원하는 생성물 D로 완전하게 전환되고, 그 외에 다른 것은 생성되지 않는다. 실제 반응기에서 반응물 A와 B, 오염물 C는 복합반응을 일으켜, D, E, F, G가 생성된다.

표 4.1 ▶ 그림 4.3의 이상 반응기와 실제 반응기의 자유도 분석

	Perfect reactor	Real reactor
Stream variables	3	10
Reaction variables	1	3
Total variables	4	13
Specified flows	1	1
Specified stream composition	0	0
Specified system performance	0	0
Material balances	3	7
Total equations	4	8
DOF	0	5

이상 반응기와 실제 반응기의 자유도를 비교해보면 명확해진다(표 4.1). 자유도 분석을 위해 D의 생산속도는 규정되고 반응기는 정상상태 연속흐름 방식으로 운전된다고 가정한다. 이상 반응기의 경우는 추가적인 규격들이 필요하지 않다! 실제로 1장에 있는 생산량-소비량 분석을 마친 다음 원하는 생산속도로 규모를 확대하는 경우에 묵시적으로 반응기가 완전하다고 가정하였기 때문에 모든 계산을 완료할 수 있었다. 그러나 실제 반응기는 상당히 부족하게 규정되어 있다. 계산을 계속하려면 흐름조성과 계 성능에 대한 추가 정보가 필요하다. 이 절에서는 일반적으로 사용되는 반응기 규격에 대해 설명한다. 편의상 모든 것을 미분수지식, 유량, 반응속도의 항으로 기술하지만, 동등한 규격이 적분수지식과 양(quantity)들에 적용될 수 있다

4.3.1 ▶ 흐름조성규격: 과잉반응물과 제한반응물

그림 4.3의 이상 반응기에서는 반응이 단지 하나이고, 반응물은 정확히 화학양론비로 공급된다. 그러나 때로는 반응물들이 화학양론비에 맞지 않게 공급되기도 한다. (왜 이것이 때로는 좋은 선택인지에 대한 이유는 이 장의 뒤에서 논의될 것이다.) 화학양론비보다 적게 공급되는 반응물(다른 반응물에 비해)을 **제한반응물**(limiting reactant)이라고 한다. 제한반응물에 비해 화학양론비보다 많게 공급되는 반응물을 **과잉반응물**(excess reactant)이라고 한다. A와 B가 반응물이고, 반응물들이 화학양론비로 공급되면

$$\frac{\dot{n}_{A,\text{in}}}{\dot{n}_{B,\text{in}}} = \frac{\nu_A}{\nu_B}$$

반응물 A가 *과잉*반응물이면

$$\frac{\dot{n}_{A,\text{in}}}{\dot{n}_{B,\text{in}}} > \frac{\nu_A}{\nu_B} \tag{4.5a}$$

마찬가지로, 반응물 A가 *제한*반응물이면

$$\frac{\dot{n}_{A,\text{in}}}{\dot{n}_{B,\text{in}}} < \frac{\nu_A}{\nu_B} \tag{4.5b}$$

반응물이 2개 이상일 경우 제한반응물은 다른 모든 반응물에 비해 식 (4.5b)가 성립하는 반응물이다. 동일한 반응물이 관여하는 두 개 이상의 반응이 있는 경우에 반응물이 화학양론비로 공급되는지 여부의 평가는 원하는 반응에 대해서만 한다.

백분율 과잉(percent excess)은 과잉반응물의 공급이 화학양론적 요구량을 초과하는 백분율을 나타내며, 다음과 같이 정의된다.

$$\frac{\dot{n}_{A,\text{in}} - \left(\frac{\nu_A}{\nu_B}\right)\dot{n}_{B,\text{in}}}{\left(\frac{\nu_A}{\nu_B}\right)\dot{n}_{B,\text{in}}} \times 100\% = \%\ \text{excess} \tag{4.6}$$

여기서 A는 과잉반응물이고, B는 제한반응물이다.

설명 ▸ 반응은 다음과 같다.

$$2\text{A} + \text{B} \rightarrow \text{D}$$

150 gmol/min의 A와 100 gmol/min의 B가 정상상태로 운전되는 연속흐름반응기에 공급된다. 여기서

$$\frac{\dot{n}_{A,\text{in}}}{\dot{n}_{B,\text{in}}} = \frac{150}{100} < \frac{\nu_A}{\nu_B} = \frac{2}{1}$$

A는 제한반응물이고, B는 과잉반응물이다.

$$\frac{\dot{n}_{B,\text{in}} - \left(\frac{\nu_B}{\nu_A}\right)\dot{n}_{A,\text{in}}}{\left(\frac{\nu_B}{\nu_A}\right)\dot{n}_{A,\text{in}}} \times 100\% = \frac{100 - \left(\frac{1}{2}\right)150}{\left(\frac{1}{2}\right)150} \times 100\% = 33.3\%\ \text{excess}\ B$$

설명 ▸ 150 gmol/min의 A와 100 gmol/min의 B가 정상상태로 운전되는 연속흐름반응기에 공급된다. 원하는 반응(R1)은 다음과 같다.

$$2\text{A} + \text{B} \rightarrow \text{D} \tag{R1}$$

원하지 않는 반응(R2)도 반응기에서 일어난다.

$$\text{A} + 3\text{B} \rightarrow \text{E} + \text{F} \tag{R2}$$

150 gmol/min의 A와 100 gmol/min의 B가 정상상태로 운전되는 연속흐름반응기에 공급되므로

Quiz 4.2

12 gmol의 $SiCl_4$와 20 gmol의 H_2가 반응하여 부산물로 염화수소 HCl과 함께 순수한 고체 실리콘 Si가 만들어진다, $SiCl_4$ 또는 H_2는 제한반응물인가? 과잉반응물의 백분율 과잉은 얼마인가?

$$\frac{\dot{n}_{A,\text{in}}}{\dot{n}_{B,\text{in}}} = \frac{150}{100} < \frac{\nu_{A1}}{\nu_{B1}} = \frac{2}{1}$$

A는 여전히 제한반응물이다. B는 33.3% 과잉으로 공급된다.

백분율 과잉은 연소반응에서 특별한 의미를 갖는다. 만약 연소반응이 다음과 같이 되면 완전 연소된 것으로 간주된다.

- 모든 C가 CO_2로 전환
- 모든 H가 H_2O로 전환
- 모든 S가 SO_2로 전환
- 모든 N이 N_2로 전환

비록 연료의 일부가 불완전 연소되더라도(예를 들어, 일부 CO가 생성) 완전연소로 가정하여 백분율 과잉을 계산한다.

설명 ▸ 메르캅탄(메탄티올, CH_4S)은 냄새가 빠지 않은 양말이나 썩은 양배추와 비슷한 화학물질이다. 100 gmol/min의 메르캅탄이 25% 과잉산소로 연소되는 노에 공급된다. 산소의 화학양론적 요구량은 CO_2, H_2O, SO_2로 완전연소된 것으로 가정하여 계산한다.

$$CH_4S + 3O_2 \rightarrow CO_2 + 2H_2O + SO_2$$

화학양론적 O_2 유량은

$$\dot{n}_{O_2,\text{in}} = \left(\frac{\nu_{O_2}}{\nu_{CH_4S}}\right)\dot{n}_{CH_4S,\text{in}} = \left(\frac{3}{1}\right)100 = 300 \text{ gmol/min}$$

25% 과잉 O_2는 다음과 같이 계산된다.

$$\frac{\dot{n}_{O_2,\text{in}} - \left(\frac{\nu_{O_2}}{\nu_{CH_4S}}\right)\dot{n}_{CH_4S,\text{in}}}{\left(\frac{\nu_{O_2}}{\nu_{CH_4S}}\right)\dot{n}_{CH_4S,\text{in}}} \times 100\% = \frac{\dot{n}_{O_2,\text{in}} - \left(\frac{3}{1}\right)100}{\left(\frac{3}{1}\right)100} \times 100\% = 25\% \text{ excess } O_2$$

또한 $\dot{n}_{O_2,\text{in}} = 375$ gmol/min이다.

예제 4.11 ▸ **과잉반응물: 잘못 관리된 노**

Well NM산 천연가스가 25% 과잉공기와 함께 1.00 MMSCFD의 유량으로 산업용 노에 공급된다. 굴뚝가스를 점검한 결과, CO와 CO_2가 1:10의 몰비로 들어 있는 것으로 나타났다. 또한, 굴뚝가스에는 N_2, O_2, H_2O가 들어 있다. 굴뚝가스의 유량과 조성(mol%)을 구하라.

풀이

예제 4.7에서 1.00 MMSCFD의 Well NM산 천연가스는 노에서 C 53.28 kgmol/h, H 209.34 kgmol/h, O 0.86 kgmol/h, N 0.72 kgmol/h의 몰유량에 해당하는 것으로 계산되었다. 먼저, 이들 원소의 완전연소에 필요한 산소의 화학양론적 양을 계산해보면, 1 kgmol O_2/kgmol C와 1/4 kgmol O_2/kgmol H가 필요하다. 탄화수소 연소반응의 일반식은 $C_xH_y + (x + \frac{1}{4}y)O_2 \rightarrow xCO_2 + {}^y\!/_2H_2O$이다.

53.28 kgmol/h의 C를 완전연소하는 데는 53.28 kgmol/h의 O_2가 필요하고, 209.34 kgmol/h의 H가 완전연소하는 데는 (209.34/4), 즉 53.34 kgmol/h의 O_2가 필요하다. 연료가스 자체에서는 (0.86/2), 즉 0.43 kgmol/h의 O_2가 공급된다. 따라서 완전연소를 위한 화학양론적 산소유량은 53.28 + 52.34 − 0.43, 즉 105.2 kgmol/h의 O_2이다. 따라서 반응기에 들어가는 총산소 흐름은 화학양론적 요구량에 25%를 더한, 즉 (105.2)(1.25) = 131.5 kgmol/h이다. 공기는 21 mol% O_2와 79 mol% N_2이므로 공기로부터의 질소유량은 131.5(0.79/0.21) = 494.7 kgmol/h이다.

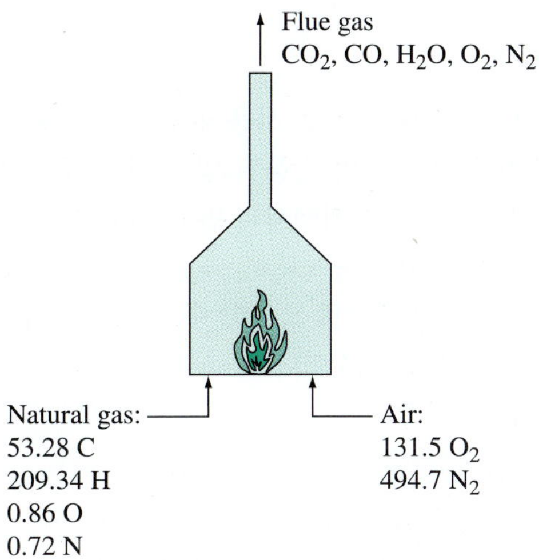

그런 다음 원소 수지식을 도출한다. CO_2:CO 비가 1.0이라는 정보와 결합하면 굴뚝가스의 유량과 조성이 구해진다.

$$\dot{n}_{N,in} = 2(494.7) + 0.72 = 990.12\,\frac{\text{kgmol}}{\text{h}} = \dot{n}_{N,out} = 2\dot{n}_{N_2,out}$$

$$\dot{n}_{N_2,out} = 495\,\frac{\text{kgmol}}{\text{h}}$$

$$\dot{n}_{H,in} = 209.34\,\frac{\text{kgmol}}{\text{h}} = \dot{n}_{H,out} = 2\dot{n}_{H_2O,out}$$

$$\dot{n}_{H_2O,out} = 104.67\,\frac{\text{kgmol}}{\text{h}}$$

$$\dot{n}_{C,in} = 53.28\,\frac{\text{kgmol}}{\text{h}} = \dot{n}_{C,out} = \dot{n}_{CO,out} + \dot{n}_{CO_2,out}$$

$$\dot{n}_{CO,out} = 0.1\dot{n}_{CO_2,out}$$

$$\dot{n}_{\text{CO,out}} = 4.84 \frac{\text{kgmol}}{\text{h}}, \qquad \dot{n}_{\text{CO}_2\text{out}} = 48.44 \frac{\text{kgmol}}{\text{h}}$$

$$\dot{n}_{\text{O,in}} = 2(131.5) + 0.86 = 263.8 \frac{\text{kgmol}}{\text{h}}$$

$$= \dot{n}_{\text{O,out}} = 104.67 + 4.84 + 2(48.44) + 2\dot{n}_{\text{O}_2\text{,out}}$$

$$\dot{n}_{\text{O}_2\text{,out}} = 28.7 \frac{\text{kgmol}}{\text{h}}$$

간단히 검토해보자. 만약 노가 제대로 작동하였다면 굴뚝가스에서 산소의 양은 공급된 공기 중에 들어 있는 과잉산소의 양, 즉 (0.25)(105.19) = 26.3 kgmol/h과 같아야 한다. 약간의 불완전연소가 있기 때문에 굴뚝가스에 들어 있는 O_2가 약간 더 많다.

굴뚝가스의 유량은 681.6 kgmol/h이며, 굴뚝가스의 조성은 72.6% N_2, 4.2 mol% O_2, 0.7 mol% CO, 7.1 mol% CO_2, 15.4 mol% H_2O이다.

4.3.2 ▸ 계성능규격

실제 반응기의 성능척도로 일반적으로 사용되는 것은 *전환율*, *선택도*, *수율*이다. 이러한 계성능규격은 반응기 출구와 반응기 입구 간의 구성 성분 흐름 또는 양의 변화에 관한 정보를 제공하며, 반응기에서의 반응진척도와 관련시킬 수 있다. 편의상 모든 성능규격은 유량 $\dot{n}_{ij}$ 및 반응속도 $\dot{r}_{ik} = \nu_{ik}\dot{\xi}_k$의 항으로 나타내지만 동등한 표현식을 n_{ij} 또는 $r_{ik} = \nu_{ik}\xi$의 항으로 도출할 수도 있다. 이들 성능척도 각각에 대해서는 순차적으로 하나씩 설명할 것이다.

4.3.3 ▸ 계성능규격: 전환율

반응물이 생성물로 전환된 분율은 가장 일반적으로 사용되는 반응기 성능의 척도 중의 하나이다. **전환율**(fractional conversion)은 다음과 같이 정의된다.

$$\text{전환율} = \frac{\text{소비된 반응물의 몰수}}{\text{공급된 반응물의 몰수}}$$

이제는 전환율을 수학적으로 정의해보자. 정상상태로 운전되고 있는 반응기에 반응물 i가 유량 $\dot{n}_{i,\text{in}}$으로 들어가서 유량 $\dot{n}_{i,\text{out}}$로 나간다고 가정하자. 반응물 i에 대한 정상상태 몰수지식은 다음과 같다.

$$\dot{n}_{i,\text{out}} = \dot{n}_{i,\text{in}} + \sum_{\text{all } k} \nu_{ik}\dot{\xi}_k \tag{4.1}$$

양변에서 $\dot{n}_{i,\text{in}}$를 빼면 다음과 같이 된다.

$$\dot{n}_{i,\text{out}} - \dot{n}_{i,\text{in}} = \sum_{\text{all } k} \nu_{ik}\dot{\xi}_k$$

좌변 항은 단순히 반응기에서 나가는 것과 들어가는 것 간의 차이고, 우변 항은 알짜 반응속도(생성 − 소비)이다. 만약 양변을 반응기에 들어가는 유량 $\dot{n}_{i,\text{in}}$으로 나누고, (−1)을 곱하면, 공급된 반응물의 몰당 소비된 반응물의 알짜 몰수, 즉 **전환율** f_{Ci}이 얻어진다.

$$f_{Ci} = \frac{\dot{n}_{i,\text{in}} - \dot{n}_{i,\text{out}}}{\dot{n}_{i,\text{in}}} = \frac{-\sum_{\text{all } k} \nu_{ik} \dot{\xi}_k}{\dot{n}_{i,\text{in}}} \quad \textbf{(4.7a)}$$

> **Quiz 4.3**
> 반응기로 들어가는 메탄(M)의 유량이 100 gmol/h이고 나가는 메탄 유량이 20 gmol/h인 경우에 f_{CM}은 얼마인가?

식 (4.7a)를 다시 정리하면

$$\dot{n}_{i,\text{out}} = (1 - f_{Ci})\dot{n}_{i,\text{in}}$$

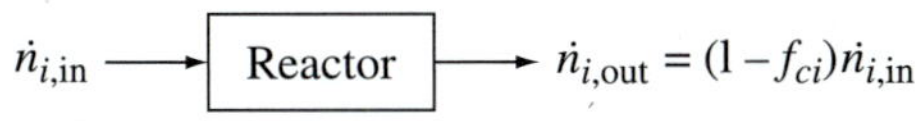

회분식 반응기에서의 전환율도 본질적으로 같은 방법으로 정의된다.

$$f_{Ci} = \frac{n_{i,\text{sys},0} - n_{i,\text{sys},f}}{n_{i,\text{sys},0}} = \frac{-\sum_{\text{all } k} \nu_{ik} \xi_k}{n_{i,\text{sys},0}} \quad \textbf{(4.7b)}$$

항상 $0 \leq f_{Ci} \leq 1$이다. *백분율 전환율*(percent conversion)은 전환율에 단순히 100%를 곱한 것이다. 명심해야 할 몇 가지 중요한 사항이 있다.

(a) 전환율은 단지 반응물에 대해서만 정의되는 것이며 생성물에 대해서 정의되는 것은 아니다.

(b) 만약 반응이 단지 하나이고 모든 반응물이 정확한 화학양론비로 반응기에 공급된다면, 한 반응물의 전환율은 모든 다른 반응물의 전환율과 동일하다.

(c) 만약 반응이 단지 하나이고 반응물이 화학양론비에 맞지 않게 공급된다면, 제한반응물의 전환율은 다른 모든 반응물의 전환율보다 더 커진다.

전환율: 암모니아 합성 ◀ 예제 4.12

암모니아(A)는 화학양론적으로 계수를 맞춘 다음의 반응에 의해 질소(N)와 수소(H)로부터 합성된다.

$$N_2 + 3\ H_2 \rightarrow 2\ NH_3$$

세 가지 경우를 고려해보자.

경우 1. 질소와 수소가 암모니아 합성반응기에 공급된다. 질소의 유량은 1000 kgmol/h이고, 수소의 유량은 3000 kgmol/h이며, $\dot{\xi}$ = 500 kgmol/h이다. 질소와 수소의 전환율을 구하라.

경우 2. 암모니아 합성반응기에 질소와 수소가 1:5의 비로 공급된다. 질소의 유량은 1000 kgmol/h이고, $\dot{\xi}$ = 500 kgmol/h이다. 제한반응물은 어느 것인가? 질소와 수소의 전환율을 구하라.

경우 3. 암모니아 합성반응기에 질소와 수소가 1:5의 비로 공급된다. 질소의 유량은 1000 kgmol/h이고, $\dot{\xi}$ = 1000 kgmol/h이다. 제한반응물은 어느 것인가? 질소와 수소의 전환율을 구하라.

풀이

경우 1.

$$\text{For nitrogen: } f_{CN} = \frac{-\nu_N \dot{\xi}}{\dot{n}_{N,\text{in}}} = \frac{500}{1000} = 0.50$$

$$\text{For hydrogen: } f_{CH} = \frac{-\nu_H \dot{\xi}}{\dot{n}_{H,\text{in}}} = \frac{(3)500}{3000} = 0.50$$

질소와 수소는 화학양론비(1:3)로 공급되므로 두 반응물의 전환율은 동일하다.

경우 2.

$$\text{For nitrogen: } f_{CN} = \frac{500}{1000} = 0.50$$

수소는 질소 유량의 5배, 즉 5000 kgmol/h로 공급된다.

$$\text{For hydrogen: } f_{CH} = \frac{(3)500}{5000} = 0.30$$

수소는 화학양론비보다 과잉으로 공급된다. 따라서 수소가 과잉반응물이고 질소는 제한반응물이며, 제한반응물의 전환율은 과잉반응물의 전환율보다 더 크다.

경우 3.

$$\text{For nitrogen: } f_{CN} = \frac{1000}{1000} = 1.00$$

$$\text{For hydrogen: } f_{CH} = \frac{(3)1000}{5000} = 0.60$$

수소는 과잉반응물이고 질소는 제한반응물이다. 질소는 반응에 의해 100% 소비된다. 그러나 수소는 약간 남는다.

Quiz 4.4

100 kgmol의 C_2H_4와 100 kgmo의 O_2가 반응하여 C_2H_4O가 만들어진다. 어느 반응물이 제한반응물인가? 과잉반응물의 최대 가능 전환율은 얼마인가?

예제 4.13 ▸ **전환율이 반응기 흐름에 미치는 영향: 암모니아 합성**

암모니아는 질소와 수소로부터 합성된다.

$$N_2 + 3H_2 \rightarrow 2NH_3$$

1000 kgmol/h의 NH_3를 생산하고자 하는 것으로 가정한다. N_2와 H_2가 화학양론비로 정상상태 연속흐름반응기에 공급되고, 반응기에서 전환율 30%가 얻어진다고 가정한다. 반응기에 유입 및 유출되는 N_2와 H_2의 유량을 구하라. N_2와 H_2는 화학양론비로 공급된다고 가정한다.

풀이

블록흐름선도는

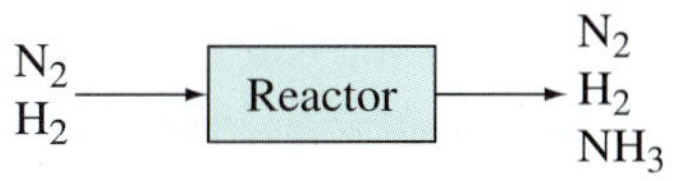

암모니아에 대한 미분 물질수지는 다음과 같다.

$$\dot{n}_{A,\text{out}} = \dot{n}_{A,\text{in}} + \nu_A \xi$$

계산기준은 반응기에서 나가는 NH_3 1000 kgmol/h, 즉 $\dot{n}_{A,\text{out}} = 1000$ kgmol/h이다. 반응기에는 암모니아가 공급되지 않는다. 물질수지식에 대입하면 다음과 같이 된다.

$$1000 = 0 + 2\xi, \text{ 즉 } \xi = 500 \text{ kgmol/h}$$

> **Hint**
> 만약 반응물이 화학양론비로 공급되고 단 하나의 반응만 있는 경우에는 전환율이 모든 반응물에 대해 동일하다.

N_2와 H_2가 화학양론비로 공급되므로 이들의 전환율은 같다. 즉,

$$f_{CN} = f_{CH} = 0.3.$$

(전환율은 생성물이 아닌 반응물에 대해서만 정의된다는 점에 유의하라.)
전환율의 정의로부터

$$f_{CN} = 0.3 = \frac{-\nu_N \xi}{\dot{n}_{N,\text{in}}} = \frac{-(-1)(500)}{\dot{n}_{N,\text{in}}}$$

또한,

$$\dot{n}_{N,\text{in}} = 1667 \text{ kgmol/h}$$

같은 방법으로 계산하면 다음이 얻어진다.

$$\dot{n}_{H,\text{in}} = 5000 \text{ kgmol/h}$$

이제 N_2와 H_2의 출구흐름을 다음과 같이 구할 수 있다.

$$\dot{n}_{N,\text{out}} = \dot{n}_{N,\text{in}}\ (1 - f_{CN}) = 1667(1 - 0.3) = 1167 \text{ kgmol/h}$$

$$\dot{n}_{H,\text{out}} = \dot{n}_{H,\text{in}}\ (1 - f_{CN}) = 5000(1 - 0.3) = 3500 \text{ kgmol/h}$$

4.3.4 ▸ 계성능규격: 선택도와 수율

이상 반응기에서는 하나의 원하는 화학반응이 하나의 반응기에서 일어난다. 그러나, 많은 실제 반응기에서는 화학반응이 그렇게 간단하지 않을 수 있으며, 하나 이상의 반응이 일어날 수 있다. 두 가지 가능성이 있다(그림 4.4).

> **Quiz 4.5**
> 화합물 A와 B가 반응하여 C를 만들고, 화합물 C와 B가 반응하여 D를 만드는 두 가지 반응이 있다고 가정하자. 이것은 병렬반응의 예인가? 또는 직렬반응의 예인가?

1. *병렬반응*(parallel reaction): 반응물이 다른 경로를 통해 서로 다른 생성물을 생성한다.
2. *직렬반응*(series reaction): 원하는 생성물이 추가로 반응을 하여 또 다른 생성물을 생성한다.

대부분의 경우 부산물의 생성은 원하지 않으며, 설계 목표는 원하는 생성물의 생산을 최대화하면서 부산물의 생산은 최소화하는 것이다.

이 경우에 반응물의 전환율은 반응기 성능을 완전하게 특징짓기에는 충분하지 못하다. 예를 들어, *반응물*의 전환율 규격은 원하는 *생성물*이 직렬반응에 의해 원하지 않는 생성물로 더욱 전환되는 것에 대해서는 설명하지 못한다.

복합반응이 일어날 때 반응기의 성능을 나타내주는 두 가지 새로운 수단, 즉 **선택도**(selectivity)와 **수율**(yield)을 소개한다. 이들은 다음과 같이 정의된다.

$$\text{선택도} = \frac{\text{원하는 생성물 A로 전환된 반응물 P의 몰수}}{\text{소비된 반응물 A의 몰수}}$$

$$\text{수율} = \frac{\text{원하는 생성물 A로 전환된 반응물 P의 몰수}}{\text{공급된 반응물 A의 몰수}}$$

(때로는 수율과 선택도가 다르게 정의된 것을 볼 수도 있을 것이다. 그러나 이 책에서는 위와 같이 정의하여 사용한다.)

이 두 용어에 대해 더 많은 수학적 정의가 필요하다. 첫 번째 질문은 반응물 중에서 반응물 A는 무엇인가?이다. 일반적으로 선택도와 수율은 제한반응물 혹은 가장 가격이 비싼 반응물 중의 어느 하나를 기준으로 하여 정의한다. 명확하게 하기 위해 규정된 반응물에 대한 선택도 또는 수율을 항상 명시해야 한다.

다음에는 선택도와 *거의* 같은 어떤 비(ratio)를 고려하고, 이 비를 통상적인 기호로 나타내면

$$\frac{\text{생성된 원하는 생성물 P의 몰수}}{\text{소비된 반응물 A의 몰수}} = \frac{\sum_{\text{all } k} \nu_{Pk}\dot{\xi}_k}{-\sum_{\text{all } k} \nu_{Ak}\dot{\xi}_k}$$

여기서 합계는 k개의 모든 반응에 대해 수행된다. "생성된 원하는 생성물 P의 몰수"는 *알짜* 생성이라는 것을 유념하자. 이 정의에는 생성물 P가 생성되는 원하는 반응뿐만 아니라 원하지 않는 부산물을 만들기 위해 P를 소비하는 반응도 포함된다. 이제 고려해야 할 것은 "원하는 생성물 P로 전환된 반응물 A의 몰수"가 "생성된 원하는 생성물 P의 몰수"와 어떻게 관련되는지이다. 반응물 A가 생성물 P로 전환되는 반응은 거의 항상 하나뿐이다. 이 반응을 R1이라고 하자. ν_{A1}와 ν_{P1}은 각각 반응 R1에서 A와 P의 화학양론 계수이다. 따라서

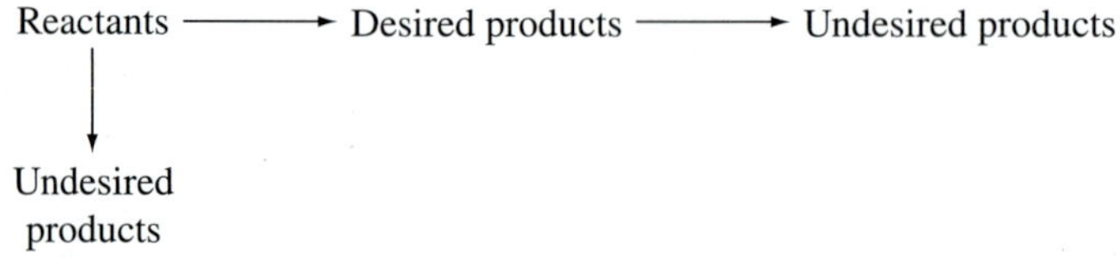

그림 4.4 병렬반응과 직렬반응. 반응기는 반응물이 원하는 생성물로 빠르게 전환되도록 하는 공정조건을 제공한다. 반응물이 원하지 않는 부반응을 일으켜 원하지 않는 부산물을 생성할 수도 있다. 또는 원하는 생성물이 더욱 화학반응을 하여 원하지 않는 부산물로 될 수도 있다. 최적인 것은 원하는 반응은 최대로 하면서 원하지 않는 모든 반응은 최소화하게끔 하는 반응기 설계 변수를 선택하는 것이다. 실제로는 높은 전환율과 높은 선택도 사이에서 타협해야 하는 경우가 종종 있다

$$\frac{\text{R1에 의해 반응물 A가 생성물 P로 전환된 몰수}}{\text{R1에 의해 생성된 생성물 P의 몰수}} = -\frac{\nu_{A1}}{\nu_{P1}}$$

이 두 비를 합치면 반응물 A를 생성물 P로 전환하기 위한 **선택도** $s_{A \to P}$가 구해진다.

$$s_{A \to P} = \frac{\nu_{A1}}{\nu_{P1}} \frac{\sum_{\text{all } k} \nu_{Pk} \dot{\xi}_k}{\sum_{\text{all } k} \nu_{Ak} \dot{\xi}_k} \qquad \textbf{(4.8a)}$$

이 정의에 따르면 $s_{A \to P}$는 항상 0과 1 사이이다. 백분율 선택도(percent selectivity)는 선택도에 단순히 100%를 곱한 것이다.

마찬가지로 다음과 같은 비를 고려해보자

$$\frac{\text{생성된 원하는 생성물 P의 몰수}}{\text{공급된 반응물 A의 몰수}} = \frac{\sum_{\text{all } k} \nu_{Pk} \xi_k}{\dot{n}_{A,\text{in}}}$$

이 비를 화학양론 계수 비 $-\nu_{A1}/\nu_{P1}$와 결합하면 **수율** $y_{A \to P}$가 얻어진다.

$$y_{A \to P} = -\frac{\nu_{A1}}{\nu_{P1}} \frac{\sum_{\text{all } k} \nu_{Pk} \dot{\xi}_k}{\dot{n}_{A,\text{in}}} \qquad \textbf{(4.9a)}$$

이 정의에서 $y_{A \to P}$는 항상 0과 1 사이이다. 백분율 수율(percent yield)은 수율에 단순히 100%를 곱한 것이다.

위의 정의들은 정상상태 연속흐름반응기에 적용한 것이다. 회분식 반응기의 경우도 유사한 정의가 적용된다.

$$s_{A \to P} = \frac{\nu_{A1}}{\nu_{P1}} \frac{\sum_{\text{all } k} \nu_{Pk} \xi_k}{\sum_{\text{all } k} \nu_{Ak} \xi_k} \qquad \textbf{(4.8b)}$$

$$y_{A \to P} = -\frac{\nu_{A1}}{\nu_{P1}} \frac{\sum_{\text{all } k} \nu_{Pk} \xi_k}{n_{A,\text{sys},0}} \qquad \textbf{(4.9b)}$$

Quiz 4.6
식 (4.9)에 음수 부호가 있는 이유는 무엇이며, 식 (4.8)에는 없는 이유는 무엇인가?

끝으로 전환율, 수율, 선택도에 대한 식 (4.7), (4.8), (4.9)를 비교해보라. 다음과 같이 됨을 유념한다.

$$y_{A \to P} = f_{C,A} \times s_{A \to P}$$

*전환율*은 반응물이 얼마나 많이 소비되었는지를 보여준다. *선택도*와 *수율*은 반응물이 원하는 생성물로 얼마나 효과적으로 전환되는지를 말해준다. 이들 세 항 중에서 두 항만이 독립적이다.

식 (4.8)과 (4.9)는 복잡해 보일 수도 있다. 다음 예제에서 이들의 사용 방법을 설명한다.

예제 4.14 ▶ **선택도와 수율의 정의: 아세트알데히드 합성**

아세트알데히드(CH_3CHO)는 O_2를 이용하여 에탄올(C_2H_5OH)을 부분 산화시켜 생산한다.

$$C_2H_5OH + 0.5O_2 \rightarrow CH_3CHO + H_2O \qquad \textbf{(R1)}$$

산화반응은 제어하기 어렵기 때문에 일부 에탄올은 완전 산화되어 이산화탄소와 물로 된다.

$$C_2H_5OH + 3O_2 \rightarrow 2CO_2 + 3H_2O \qquad \textbf{(R2)}$$

또한, 아세트알데히드의 일부는 부분적으로 산화되어 아세트산인 CH_3COOH로 된다.

$$2CH_3CHO + O_2 \rightarrow 2CH_3COOH \qquad \textbf{(R3)}$$

(이러한 반응은 대규모 화학공장에서 뿐만 아니라 인간을 포함한 유기체가 에탄올을 소비할 때도 발생한다.) 전환율, 수율, 선택도에 대한 식을 유도하라.

› 풀이

반응 (R1) + 반응 (R2)는 병렬반응의 예이며, 반면에 반응 (R1) + 반응 (R3)는 직렬반응의 예이다. 각 화합물의 알짜 반응속도를 표로 정리하면 편리하다(일종의 생산량-소비량 표!).

Compound	$\sum \nu_{ik}\dot{\xi}_k$
C_2H_5OH	$-\dot{\xi}_1 - \dot{\xi}_2$
O_2	$-0.5\dot{\xi}_1 - 3\dot{\xi}_2 - \xi_3$
CH_3CHO	$\dot{\xi}_1 - 2\dot{\xi}_3$
H_2O	$\dot{\xi}_1 + 3\dot{\xi}_2$
CH_3COOH	$2\dot{\xi}_3$
CO_2	$2\dot{\xi}_2$

Quiz 4.7
예제 4.14에서 에탄올의 완전 산화를 막는 방법을 생각해냈다면 전환율, 선택도, 수율은 증가하겠는가? 감소하겠는가? 또는 동일하게 유지되는가?

에탄올의 전환율은 다음과 같다.

$$f_{CE} = \frac{-\sum_{\text{all } k} \nu_{Ek}\dot{\xi}_k}{\dot{n}_{E,\text{in}}} = \frac{\dot{\xi}_1 + \dot{\xi}_2}{\dot{n}_{E,\text{in}}}$$

에탄올을 관심 반응물로 한 경우에 아세트알데히드의 선택도와 수율은 다음과 같다.

$$s_{E\rightarrow Ac} = \frac{\nu_{E1}}{\nu_{Ac1}} \frac{\sum_{\text{all } k} \nu_{Ac,k}\dot{\xi}_k}{\sum_{\text{all } k} \nu_{E,k}\dot{\xi}_k} = \frac{(-1)}{1}\frac{(\dot{\xi}_1 - 2\dot{\xi}_3)}{(-\dot{\xi}_1 - \dot{\xi}_2)} = \frac{\dot{\xi}_1 - 2\dot{\xi}_3}{\dot{\xi}_1 + \dot{\xi}_2}$$

$$y_{E\rightarrow Ac} = -\frac{\nu_{E1}}{\nu_{Ac1}} \frac{\sum_{\text{all } k} \nu_{Ac,k}\dot{\xi}_k}{\dot{n}_{E,\text{in}}} = -\frac{(-1)}{1}\frac{[\dot{\xi}_1 - 2\dot{\xi}_3]}{\dot{n}_{E,\text{in}}} = \frac{\dot{\xi}_1 - 2\dot{\xi}_3}{\dot{n}_{E,\text{in}}}$$

공정흐름 계산에서 선택도 사용: 아세트알데히드 합성 ◀ 예제 4.15

에탄올과 공기로부터 시간당 1200 kgmol의 아세트알데히드(CH_3CHO)를 생산하는 공장을 설계하여 짓고자 한다. 실험실 데이터에 의하면 새로운 촉매를 사용하고 공급비를 산소 1몰당 에탄올 5.7몰로 조정하는 경우에 아세트알데히드에 대한 선택도를 0.6으로 반응기에서 에탄올 전환율 25%와 O_2 전환율 100%를 달성할 수 있을 것으로 기대된다. 유일한 부산물은 아세트산과 물이다. 따라서 예제 4.14의 반응 (R1)과 (R3)은 중요하다. 반응 (R2)는 억제된다.

사용 가능한 원료는 순수한 에탄올과 공기(79 mol% N_2, 21 mol% O_2)라고 가정한다. 반응기에 들어가고 나가는 모든 성분들의 몰유량을 구하라.

풀이

마찬가지로 흐름선도를 가지고 시작한다.

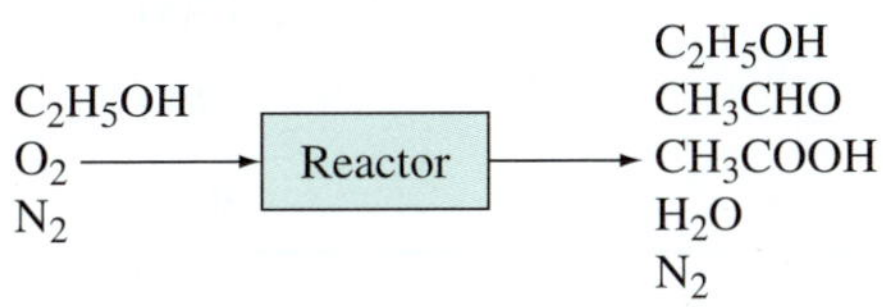

DOF 분석은 문제가 완전하게 규정되었다는 것을 보여준다. 변수가 10개(흐름 8개, 반응 2개)이고, 방정식이 10개(물질수지식 5개, 규정된 흐름 1개, 흐름조성규격 2개, 계 성능규격 2개)이다.

설계 기준은 1200 kgmol/h의 아세트알데히드 생산이다. 즉,

$$\dot{n}_{Ac,\text{out}} = 1200\frac{\text{kgmol}}{\text{h}}$$

정상상태로 가정하면 아세트알데히드에 대한 물질수지식은 다음과 같다.

$$\dot{n}_{Ac,\text{out}} = 1200 = 0 + (\dot{\xi}_1 - 2\dot{\xi}_3)$$

문제 설명에서 아세트알데히드에 대한 선택도는 0.6이므로

$$s_{E\to Ac} = 0.6 = \frac{\dot{\xi}_1 - 2\dot{\xi}_3}{\dot{\xi}_1} = \frac{1200}{\dot{\xi}_1}$$

따라서,

$$\dot{\xi}_1 = \frac{1200}{0.6} = 2000\frac{\text{kgmol}}{\text{h}} \quad \text{그리고} \quad \dot{\xi}_3 = 400\frac{\text{kgmol}}{\text{h}}$$

문제 설명에서 에탄올의 전환율은 0.25이다. 이 정보를 전환율의 정의와 위의 식과 결합하면 다음이 얻어진다.

$$f_{CE} = 0.25 = \frac{\dot{\xi}_1}{\dot{n}_{E,\text{in}}} = \frac{2000}{\dot{n}_{E,\text{in}}} \quad \text{또는} \quad \dot{n}_{E,\text{in}} = 8000\frac{\text{kgmol}}{\text{h}}$$

이제 에탄올에 대한 정상상태 수지식을 사용하면 다음이 얻어진다.

$$\dot{n}_{E,\text{out}} = \dot{n}_{E,\text{in}} - \dot{\xi}_1 = 8000 - 2000 = 6000\frac{\text{kgmol}}{\text{h}}$$

O_2의 공급속도는

$$\dot{n}_{O,\text{in}} = \frac{\dot{n}_{E,\text{in}}}{5.7} = \frac{8000}{5.7} = 1400\frac{\text{kgmol}}{\text{h}}$$

끝으로, 아세트산의 몰수지식은

$$\dot{n}_{AA,\text{out}} = \dot{n}_{AA,\text{in}} + 2\dot{\xi}_3 = 0 + 2(400) = 800\frac{\text{kgmol}}{\text{h}}$$

결과들을 아래와 같이 표로 정리하였다. 모든 숫자들의 단위는 kgmol/h이다.

	$\dot{n}_{i,\text{in}}$	$\sum \nu_{ik}\dot{\xi}_k$	$\dot{n}_{i,\text{out}}$
C_2H_5OH	8000	−2000	6000
O_2	1400	−1400	0
N_2	5300		5300
CH_3CHO		1200	1200
CH_3COOH		800	800
H_2O		2000	2000

높은 선택도와 높은 전환율 간에는 상충관계가 있다. 경험법칙에 따르면 일반적으로 전환율이 높은 것보다 선택도가 높은 것이 더 바람직하다. 선택도가 높으면, 일회통과 전환율이 낮고 그리고 재순환이 높은 경우에 원하는 생성물에 대한 높은 총괄전환율을 달성할 수 있으며, 원하지 않는 생성물을 만드는 데 원료물질을 낭비하지 않는다. 만약 원하지 않는 생성물이 만들어지면 분리 및 정제단계가 더 어렵고 복잡하며 비용이 많이 든다. 만약 원하지 않는 부산물이 독성이 있거나 유해한 경우에는 높은 폐기물 처리비용과 공장 안전 문제에 직면하게 된다. 부산물은 독성이 심하지 않지만, 원료물질 또는 원하는 생성물은 독성이 있거나 또는 반응기가 극한의 온도와 압력조건에서 운전되는 경우에는 선택도가 높은 것보다는 전환율이 높은 것이 더 바람직할 수 있다. 이러한 경우에 높은 전환율은 재순환을 줄이거나 없애주어 반응기 크기를 줄이고 안전 문제를 감소시킨다.

4.4 전환율과 전환율이 반응기 흐름도 합성에 미치는 영향

반응기에서 반응물이 생성물로 전환되는 전환율은 0과 1 사이에서 변한다. 다음 예제에서는 전환율의 변화가 반응기 설계와 운전에 미치는 영향에 대해 보여준다.

예제 4.16 ▶ 전환율이 반응기 흐름에 미치는 영향: 암모니아 합성

암모니아는 질소와 수소로부터 합성된다.

$$N_2 + 3H_2 \rightarrow 2NH_3$$

1000 kgmol/h의 암모니아를 생산하고자 하는 것으로 가정한다. 질소의 전환율을 조정

하는 것이 정상상태 연속흐름반응기의 유입 및 유출 유량에 미치는 영향을 조사하라. N_2와 H_2는 화학양론비로 공급된다고 가정한다.

풀이

블록흐름선도는

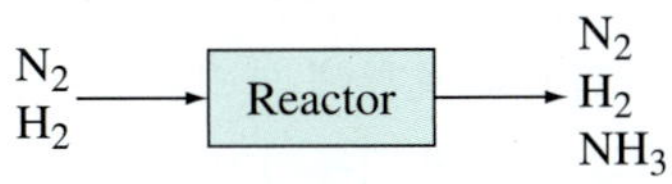

계산기준은 반응기를 떠나는 1000 kgmol/h 암모니아이다. 암모니아에 대한 정상상태 몰수지식으로부터 반응진척도를 구할 수 있다.

$$\dot{n}_{A,\text{out}} = 2\dot{\xi} = 1000\frac{\text{kgmol}}{\text{h}}$$

$$\dot{\xi} = 500\frac{\text{kgmol}}{\text{h}}$$

원하는 암모니아 생산속도가 규정되었기 때문에 반응물의 공급속도가 변하더라도 반응진척도는 일정하게 유지된다. 전환율의 정의로부터

$$f_{CH} = \frac{-\nu_H\,\dot{\xi}}{\dot{n}_{H,\text{in}}} = \frac{(3)(500)}{\dot{n}_{H,\text{in}}} = \frac{1500}{\dot{n}_{H,\text{in}}}$$

$$f_{CN} = \frac{-\nu_N\,\dot{\xi}}{\dot{n}_{N,\text{in}}} = \frac{(1)(500)}{\dot{n}_{N,\text{in}}} = \frac{500}{\dot{n}_{N,\text{in}}}$$

또한,

$$\dot{n}_{H,\text{out}} = (1 - f_{CH})\,\dot{n}_{H,\text{in}}$$

$$\dot{n}_{N,\text{out}} = (1 - f_{CN})\,\dot{n}_{N,\text{in}}$$

반응물이 화학양론비로 공급되기 때문에 $f_{CN} = f_{CH}$이다.

이제 이들 식을 사용하여 전환율의 변화가 반응기 흐름에 미치는 영향을 알아보자. 이러한 계산은 스프레드시트에서 쉽게 수행할 수 있다.

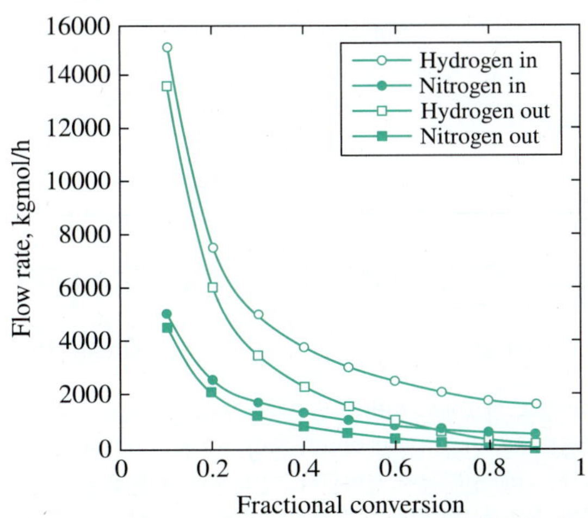

전환율이 감소함에 따라 반응기의 유입 및 유출 유량은 급격하게 증가한다.

4.4.1 ▸ 전환율과 재순환

반응기가 낮은 전환율로 운전되는 경우에는 예제 4.16에서 본 것처럼 반응기를 통과하는 반응물의 많은 부분이 생성물로 전환되지 않은 채 반응기를 통과한다. 이는 큰 문제를 일으킨다. 반응물에 대해 비용을 지불하고도 그 반응물을 완전히 사용하지 못하는 것이다! 해결 방법은 간단하다. **재순환시키는 것이다!** 재순환은 반응기 공정 흐름도를 변화시킨다. 반응기의 하부흐름에 분리기를 반드시 설치해야 하며, 미사용 반응물을 반응기 상부흐름의 혼합기에 되돌리기 위해 재순환흐름을 추가해야 한다.

재순환이 있는 경우에는 고려해야 할 두 가지 전환율이 있다. *반응기*의 입구와 출구흐름에 바탕을 둔 전환율을 *일회통과 전환율*(single-pass conversion)이라 한다. 공정(혼합기, 반응기, 분리기, 재순환흐름 포함)의 입구와 출구흐름에 바탕을 둔 전환율을 *총괄 전환율*(overall conversion)이라 한다(그림 4.5 참조). 총괄 전환율은 일회통과 전환율보다 항상 더 크다.

! Hint
총괄 전환율은 일회통과 전환율보다 항상 크다. 그러나 이 둘을 사용하여 계산된 반응진척도는 동일하다!

재순환이 있는 공정흐름도에서 공정흐름 계산을 완료하는 것이 어려울 수 있다. 다음은 재순환 문제에 직면하였을 때 고려해야 할 두 가지 전략이다(그림 4.5).

1. 반응기 입구에서 루프를 "분할"하고, "분할점"에서 시작하여 시작한 위치로 돌아갈 때까지 계속해서 루프의 각 장치 주위에 물질수지식을 작성한다. 방정식을 사용하여 분할흐름에서의 흐름을 원료흐름과 연결한다.
2. 혼합기, 반응기, 분리기를 하나의 블록으로 묶은 것을 계로 선택하고, 이 계에서 새로운 원료의 공급 속도와 생성물의 속도에 대한 공정흐름 계산을 완료한 다음에 계를 변경하여 가면서 각 공정단위에 대해 개별적으로 풀어나간다.

이러한 전략은 예제 4.17에서 설명된다.

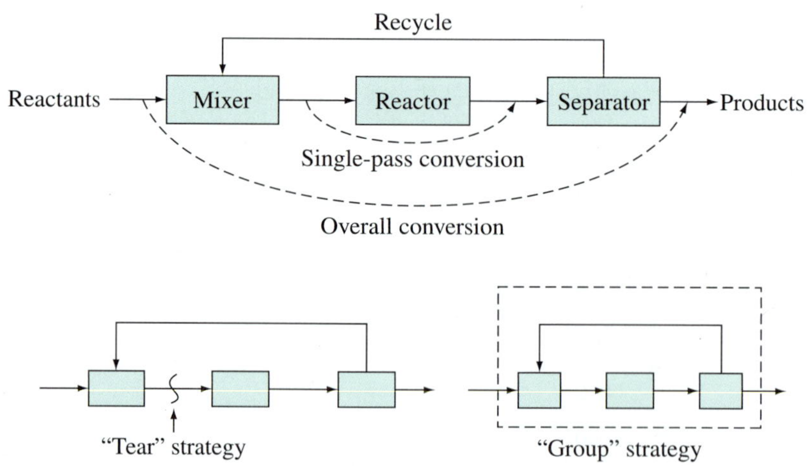

그림 4.5 전환율이 낮은 경우에는 미반응 반응물을 재순환시키는 것이 종종 경제적일 수 있다. 재순환이 있는 공정흐름도에는 반응기뿐만 아니라 혼합기와 분리기가 필요하다. 재순환이 있는 반응기 흐름도에서는 두 가지 다른 전환율이 정의된다. "일회통과" 전환율은 반응기 내에서 달성되는 전환율이며 반응기 입구와 출구에서의 반응물 흐름의 차이로부터 계산된다. "총괄" 전환율은 공정에서 달성된 전환율이며 공정의 입구와 출구에서의 반응물 흐름의 차이로부터 계산된다. 재순환이 있는 흐름도 분석에는 새로운 전략이 필요하다.

낮은 전환율과 재순환: 암모니아 합성 ◂ 예제 4.17

질소와 수소로부터 1000 kgmol/h의 암모니아를 생산하고자 한다. 반응기에 들어가는 질소의 유량을 단일통과전환율과 관련시키는 식을 유도하라. 반응물은 화학양론비로 공급되며 모든 미반응 반응물은 재순환하는 것으로 가정한다.

풀이

재순환이 있는 흐름선도는 아래와 같이 주어진다. 분리기는 완벽하게 동작하는 것으로, 즉 생성물인 암모니아에서 질소와 수소를 완전하게 분리하는 것으로 가정한다.

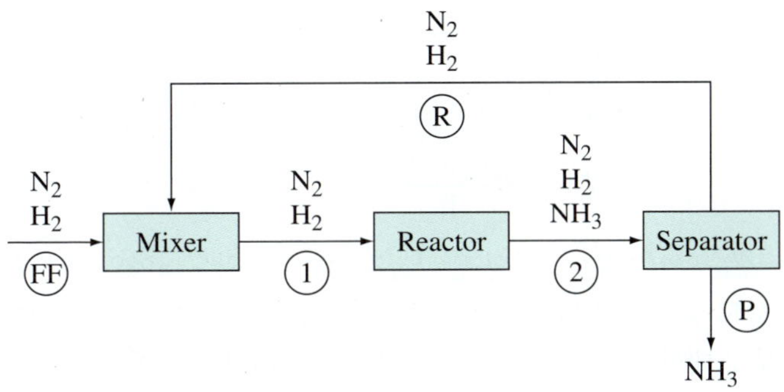

자세한 분석을 시작하기에 앞서 자유도를 조사해보자. 공정에는 총 11개의 변수, 즉 10개의 흐름 변수와 1개의 반응 변수가 있다. 1개의 규정된 흐름(암모니아 생산속도), 1개의 흐름조성규격(반응물은 화학양론비로 공급됨), 8개의 물질수지식(혼합기에서 2개, 반응기에서 3개, 분리기에서 3개)이 있다. 따라서 DOF = 11 − 10 = 1이다. 반응기에서 전환율의 계성능규격은 공정을 완전하게 규정한다.

평가를 위해 흐름 1에서 시작하여 끝나는 루프를 통한 질소흐름을 살펴보자. 루프가 있는 경우 가장 좋은 전략은 반응기 입구에서 루프를 분할하고, 분할점에서 시작하여 시작한 위치로 되돌아갈 때까지 루프를 통한 물질흐름을 따라가는 것이다.

반응기, 분리기, 혼합기에서의 질소 물질수지식은 각각 다음과 같다.

$$\dot{n}_{N2} = \dot{n}_{N1} - \dot{\xi}_1 = (1 - f_{CN})\dot{n}_{N1}$$

$$\dot{n}_{NR} = \dot{n}_{N2}$$

$$\dot{n}_{N1} = \dot{n}_{NR} + \dot{n}_{NFF}$$

이들 3개의 식을 결합하여 새로운 질소 공급유량(흐름 FF)과 반응기로의 질소 공급유량(흐름 1) 사이의 간단한 관계식을 얻을 수 있다.

$$\dot{n}_{N1} = \frac{\dot{n}_{NFF}}{f_{CN}}$$

새로운 질소의 공급유량 $\dot{n}_{NFF}$가 구해지면 루프를 통해 반대 방향으로 작업하여 주어진 전환율에 대한 모든 공정흐름을 구할 수 있다. 이를 위해 계를 "루프 외부(outside loop)"로 바꾸어 선택하여 검토해보자.

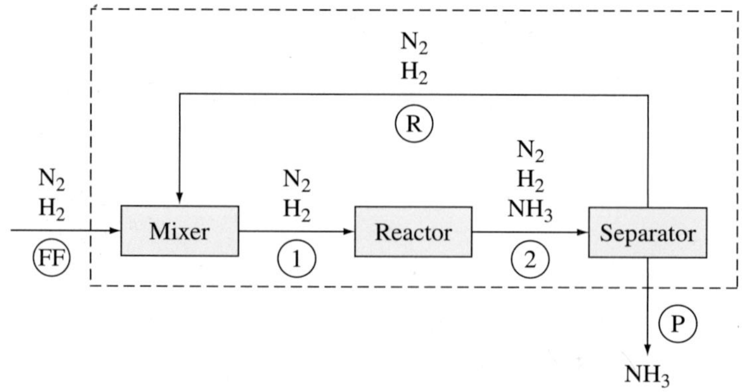

점선 안의 모든 것을 계로 간주하면 공정을 해석하기 쉬워진다.

$$\dot{n}_{AP} = 1000 = \dot{n}_{AFF} + \nu_A\, \dot{\xi} = 0 + 2\,\dot{\xi}$$

$$\dot{\xi} = 500\frac{\text{kgmol}}{\text{h}}$$

반응진척도는 재순환이 없는 경우와 달라지지 않는다. 암모니아의 생산속도가 동일하고, 어떤 반응물도 *공정*을 떠나지 않기 때문에 공정의 총괄 전환율은 1.0이다!

이제 이 계에 대한 공정흐름 계산을 간단히 마무리할 수 있다.

$$\dot{n}_{NP} = 0 = \dot{n}_{NFF} + \nu_{N_2}\,\dot{\xi} = \dot{n}_{NFF} - 500$$

$$\dot{n}_{NFF} = 500\frac{\text{kgmol}}{\text{h}}$$

같은 방법으로 계산하면 $\dot{n}_{NFF} = 1500$ kgmol/h가 구해진다.

이제는 순환 루프의 해석을 통해 유도한 식을 이용하여 반응기에 유입되는 유량(흐름 1)을 전환율의 함수로 계산할 수 있다.

$$\dot{n}_{N1} = \frac{500}{f_{CN}}$$

이것은 재순환이 없는 경우에 반응기 입구흐름에 대해 유도한 것과 똑같은 식이다(예제 4.16)! *반응기*의 유입 및 유출 흐름은 예제 4.16의 풀이에서 그래프에 표시된 것과 동일하다. 차이점은 *공정*에 유입되고 유출되는 질소와 수소의 흐름은 재순환이 없을 때보다 있을 때가 더 적다는 것이다. 일회통과 전환율이 훨씬 낮은 경우에도 총괄전환율은 1.0이 된다.

재순환이 있더라도 일회통과 전환율이 낮으면 비용이 따르게 된다. 반응기의 전환율이 낮다는 것은 반응기 유량을 더 높게 해야 한다는 것이고, 이는 반응기 부피가 더 커진다는 것을 의미한다. 반응기가 커지면 더 많은 비용이 들기 때문에 경제적 결과를 초래한다. 반응기 전환율이 낮으면 유해물질이 포함된 반응의 경우에도 마찬가지로 원하지 않는 안전 문제를 발생할 수 있다. 이는 반응기의 부피가 크면 사고 발생 시 더 큰 피해의 가능성이 있기 때문이다.

재순환을 사용하면서 낮은 전환율로 운전하는 것은 작은 이윤으로 사업이 운영되고 분리기술이 잘 개발되어 있는 범용 화학사업 분야에서 상당히 흔하다. 전환율이 100% 이하이면서 재순환을 사용하지 않는 경우가 있는가? 있다. 재순환을 사용하려면 생성물로부터 미반응 반응물을 분리할 수 있는 적절한 기술이 반드시 있어야 한다. 원료 가치에 비해 분리 비용이 비싸고, 제품을 판매하기 위해 반응물을 제거할 필요가 없는 경우에는 재순환하는 것이 정당화되지 않을 수 있다. 예를 들어, 중합반응기는 일반적으로 재순환 없이 운전되며 가능한 한 100%에 가까운 전환율로 운영된다. 이는 높은 분자량을 가진 분자 물질의 분리가 어렵기 때문이다.

4.4.2 ▸ 전환율, 재순환, 퍼지

반응기 흐름도에 재순환이 포함되어 있으나 원료에 반응물이 아닌 오염물질이 포함되어 있는 경우에는 어떻게 되는가? 예를 들어, 공기가 산소 공급원으로 사용되고 공기 중의 질소가 불활성 물질인 경우이다. 이 경우 오염물질은 공정 내에 들어가기는 하지만 나가지는 않는다. 오히려 오염물질이 공정 내에 축적되어 정상상태 운전이 되지 못한다. 한 가지 선택은 원료에 비반응성 오염물질이 포함되어 있는 경우에는 단순히 재순환을 사용하지 않는 것이다. 예를 들어, 제약 사업 분야에서는 재순환을 잘 사용하지 않는다. 원료 비용 절감을 정당화하기에는 원하지 않는 잠재적 독성 불순물이 축적될 위험이 너무 크다. 또 다른 선택은 반응기 원료흐름 또는 생성물흐름에서 오염물질을 분리하는 것이다. 그러나 만약 분리가 용이하지 않다면 어떻게 되는가? 세 번째 선택은 재순환을 0%와 100% 사이에서 절충하는 것이다. 이 선택은 재순환흐름의 일부를 분할하여 공정에서 제거하는 분할기를 설치하여 구현할 수 있다. 반응기 공정흐름도에서 이러한 수정을 **퍼지**(purge)라고 한다(그림 4.6).

분할기의 성능은 **분할율**(fractional split) f_{Sj}로 규정되며, 다음과 같다.

$$f_{Sj} = \frac{\text{moles leaving in stream } j}{\text{moles fed}} = \frac{\dot{n}_{j_{\text{out}}}}{\dot{n}_{\text{in}}} \qquad \textbf{(3.23a)}$$

여기서 $\dot{n}_{i,\text{in}}$은 분할기에 들어가는 성분 i의 유량이고, $\dot{n}_{j,\text{out}}$는 분할기를 떠나는 흐름 j의 유량이다.

식 (3.23a)를 다시 정리하면

$$\dot{n}_{j_{\text{out}}} = f_{Sj}\, \dot{n}_{\text{in}}$$

식 (3.23a)에서 분할율은 전체 흐름의 비로 정의되지만 동일한 분할율이 성분 i에 적용된다는 점을 인식하는 것이 중요하다. 이는 분할기가 있다고 해서 흐름조성이 변하지 않기 때문이다. 다시 말해서 퍼지 및 재순환흐름의 조성이 동일하기 때문에 모든 성분 i에 대해 다음과 같이 된다.

> **! Hint**
> 분할율은 퍼지 또는 재순환을 유출흐름으로 간주하고서 정의할 수 있다. 주의하기 바란다!

$$f_{Sj} = \frac{\dot{n}_{j_{\text{out}}}}{\dot{n}_{\text{in}}} = \frac{\dot{n}_{ij_{\text{out}}}}{\dot{n}_{i,\text{in}}}$$

재순환과 퍼지가 포함된 흐름도를 해석하기 위해서는 그림 4.6에서 보는 것과

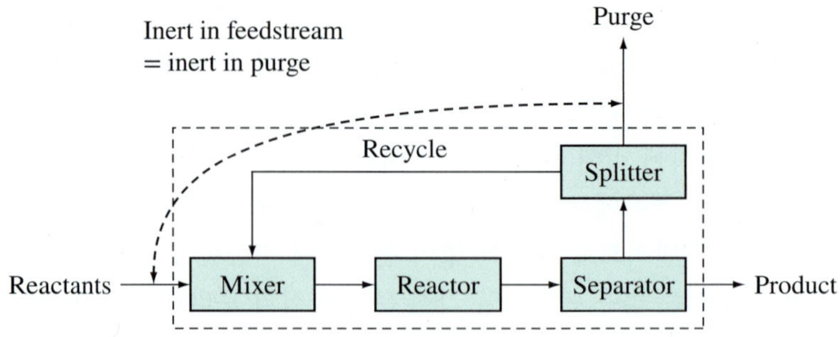

그림 4.6 반응기의 원료흐름에 비반응성 불활성물이 포함된 경우에는 축적을 방지하기 위해 재순환 루프에서 불활성물을 제거해야 한다. 분리비용이 너무 높으면 퍼지흐름이 있는 분할기를 선택한다. 공정으로 유입되는 불활성물의 유량은 퍼지에서 배출되는 불활성물의 유량과 같아야 한다

Hint
분할기가 있는 경우에 모든 유입흐름과 유출흐름의 조성은 같다.

같이 혼합기, 반응기, 분리기, 분할기, 재순환흐름을 하나의 계로 묶는 것이 도움이 된다. 정상상태 운전의 경우 공급되는 불활성물의 유량은 퍼지되는 불활성물의 유량과 같아야 한다. 이 사실을 사용하는 것이 퍼지 문제를 해결하는 데 사용되는 첫 번째 전략이다.

예제 4.18 ▶ 퍼지가 있는 재순환: 암모니아 합성

질소와 수소로부터 1000 kgmol/h의 암모니아를 만들고자 한다. 질소와 수소는 화학양론비로 정상상태 연속흐름공정에 공급된다. 비용을 절약하기 위하여 2 mol%의 아르곤으로 오염된 질소를 구입하였다. 아르곤은 불활성가스이다. 암모니아로부터 아르곤을 분리하는 것은 쉽지만, 질소로부터 아르곤을 분리하는 것은 비용이 너무 많이 든다. 질소와 수소는 화학양론비로 공정에 공급되며, 반응기는 일회통과 전환율이 0.2로 운전된다. 퍼지 흐름을 흐름도에 추가해야 하는 이유를 설명하라. 새로운 질소의 공급속도를 분할율과 관계짓는 식을 유도하라.

❯ 풀이

우선 예제 4.17의 흐름도를 사용하고, 새로운 원료흐름에 아르곤이 있다는 것을 고려하자.

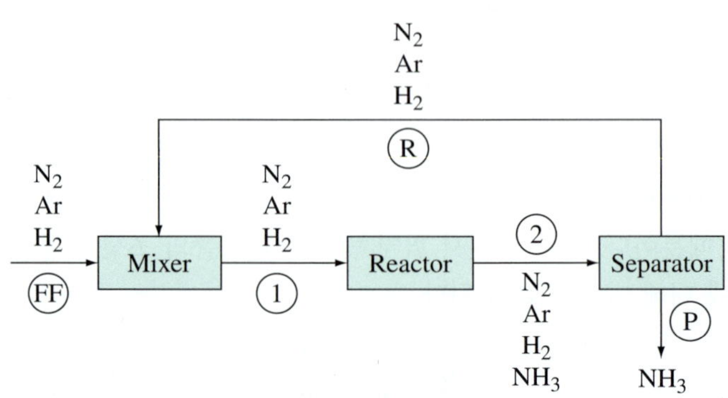

반응기로부터 시작하여 루프를 따라 아르곤에 대한 물질수지를 적는다.

$$\dot{n}_{Ar2} = \dot{n}_{Ar1} \qquad \text{반응기}$$

$$\dot{n}_{ArR} = \dot{n}_{Ar2} \qquad \text{분리기}$$

$$\dot{n}_{\text{Ar1}} = \dot{n}_{\text{Ar}R} + \dot{n}_{\text{ArFF}} \qquad \text{혼합기}$$

앞의 두 식을 결합하면 다음과 같이 된다.

$$\dot{n}_{\text{Ar1}} = \dot{n}_{\text{Ar}R}$$

$\dot{n}_{\text{Ar,FF}} \neq 0$이기 때문에 이는 세 번째 식과 모순된다.

만약 전체 공정을 계로 선택하면 문제를 명확하게 볼 수 있다. 새로운 원료흐름 내에 아르곤이 들어 있고, 반응에 의해 소비되지 않으며, 공정 밖으로 배출되지 않는다. 따라서 아르곤은 공정 내에 축적되어야 한다. 그러나 이는 정상상태 조건에 위배된다.

재순환흐름에서 아르곤을 분리시켜 보낼 수 있다. 그러나 문제 설명에 따르면 질소에서 아르곤을 분리하는 것은 너무 비싸므로, 질소/수소 혼합물에서 아르곤을 제거하는 것도 너무 비싸다.

세 번째 가능성이 있다. 만약 아르곤을 제거하기에 충분할 정도로 재순환흐름의 일부를 배출(퍼지)하면 어떻게 될까?

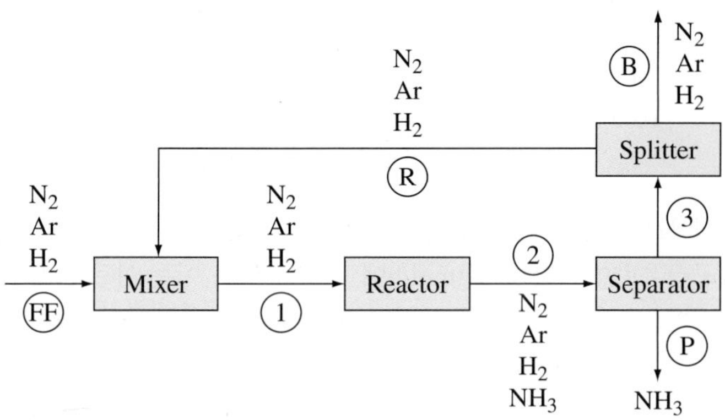

이제 아르곤에 대한 물질수지식이 약간 바뀐다. 루프를 따라 물질수지를 취하면

$$\dot{n}_{\text{Ar2}} = \dot{n}_{\text{Ar1}} \qquad \text{반응기}$$

$$\dot{n}_{\text{Ar3}} = \dot{n}_{\text{Ar2}} \qquad \text{분리기}$$

$$\dot{n}_{\text{Ar}R} + \dot{n}_{\text{Ar}B} = \dot{n}_{\text{Ar3}} \qquad \text{분할기}$$

$$\dot{n}_{\text{Ar1}} = \dot{n}_{\text{Ar}R} + \dot{n}_{\text{ArFF}} \qquad \text{혼합기}$$

앞에 있는 3개의 수지식을 결합하면 다음과 같이 되고

$$\dot{n}_{\text{Ar}R} + \dot{n}_{\text{Ar}B} = \dot{n}_{\text{Ar1}}$$

이를 마지막 수지식과 결합하면 다음과 같이 된다.

$$\dot{n}_{\text{Ar}B} = \dot{n}_{\text{ArFF}}$$

즉, 아르곤의 퍼지유량이 아르곤의 공급유량과 일치해야 한다. (혼합기, 분리기, 분할기를 하나의 계로 묶으면 동일한 결론에 도달된다.)

퍼지를 포함한 공정흐름도의 DOF 분석을 빠르게 해보자. 20개의 흐름 변수와

1개의 반응 변수로 총 21개의 변수가 있다. 규정된 흐름이 1개(암모니아 생산), 물질수지 14개(혼합기에서 3개, 반응기에서 4개, 분리기에서 4개, 분할기에서 3개), 계성능규격 1개(반응기에서 전환율)가 있다. 새로운 원료흐름에서의 N_2:H_2 비와 Ar:N_2 비는 모두 알고 있으므로 흐름조성에 대한 규격 2개를 고려한다. 마지막으로 2개의 분할기 제약조건이 있다. 이는 총 20개의 방정식을 제공하므로, DOF = 21 − 20 = 1이다. 공정을 완전하게 규정하기 위해서는 다음과 같이 분할율을 규정하는 것이 필요하다.

$$f_{SB} = \frac{\dot{n}_{ArB}}{\dot{n}_{Ar3}} = \frac{\dot{n}_{NB}}{\dot{n}_{N3}} = \frac{\dot{n}_{HB}}{\dot{n}_{H3}}$$

f_{SB}가 변함에 따라 흐름이 어떻게 변하는지 살펴보자. 물질수지식과 성능규격의 유도는 독자에게 맡긴다. 연립방정식은 f_{SB}를 0.01부터 0.99까지 변화시켜 풀었다.

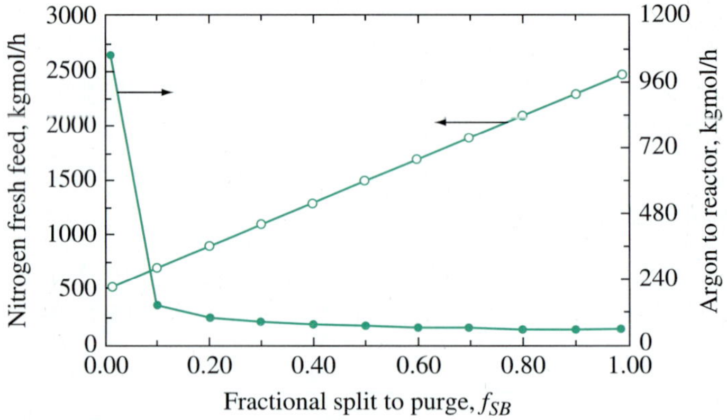

매우 낮은 분할율(낮은 퍼지, 분할기로 들어가는 대부분의 흐름이 재순환됨)에서는 새로운 질소의 공급유량이 약 500 kgmol/h에 근접하는데, 이는 아르곤 오염물질이 없을 때 관찰된 것이다. 그러나 반응기에 들어가는 아르곤 유량은 거의 1100 kgmol/h로 높다. 이는 반응기가 많은 유량의 불활성물을 처리할 수 있을 만큼 충분히 크게 설치해야 한다는 것을 의미한다. 다시 말해서, 추가적인 반응기 부피에 대해 비용은 지불하면서 활용은 전혀 못한다는 것이다! 분할율이 매우 높은 경우(높은 퍼지, 분할기로 유입되는 흐름이 거의 재순환되지 않음)에는 반응기에 들어가는 아르곤 흐름은 작지만 새로운 질소의 공급은 거의 2500 kgmol/h가 필요하다! 이는 재순환흐름이 전혀 없는 것과 같다. 최적의 퍼지량은 반응기 비용 대 원료 비용의 추가적인 경제성 분석에 의해 설정된다.

원료물질이 100% 순수할 수 없기 때문에 재순환이 있는 경우 퍼지흐름이 종종 요구된다. 퍼지속도 선택에는 중요한 경제적·안전상의 결과가 수반된다. 원료물질을 보존하기 위하여 비용을 들여 큰 반응기를 만들거나, 혹은 반응기의 비용을 줄이기 위하여 원료물질을 "폐기"한다. 만약 퍼지는 작게 하고 재순환은 많게 하면 반응기 공급물에서 오염물질의 농도가 높아진다(반응물의 농도는 낮아짐). 이는 반응속도에 악영향을 미치거나 원하지 않는 반응이 발생할 기회를 제공할 수 있다. 오염물질이 유해하거나 독성이 있는 경우에는 오염물질의 농도가 증가하면 안전성을 위협하게 된다. 만약 원료물질에 포함된 오염물질의 농도나 종류가 매일 바뀌면 높은 재순환 속도는 공정제어에 문제를 야기할 수도 있다. 최적의 재순환 및 퍼지 속도를 선택하기 위해서는 경제성, 안전성, 환경적 영향에 대한 자세한 평가가 필요하다.

Greener 공정의 진화

사례 연구

Round-up®은 인기 있는 생분해성 비선택성 제초제로 주요 활성 성분은 글리오포스페이트[*N*-(phosphonomethyl)glycine]이다. 이를 잎에 뿌리면 글리오포스페이트가 식물에 흡수되어 식물의 필수 아미노산을 만드는 특정 효소의 작용을 차단하게 되어 이 제초제를 뿌린 후 일주일 이내에 시들다가 죽게 된다. (글리오포스페이트의 안전성과 독성에 관련해서 뿐만 아니라 글리오포스페이트에 내성을 가진 작물 종자의 상업적 개발 및 글리오포스페이트에 내성을 가진 잡초의 출현에 대해서도 논란이 계속되고 있다. 그럼에도 불구하고 이 제초제는 농부와 가정 정원사 모두에게 여전히 인기가 있다.)

글리오포스페이트 합성의 주요 중간체는 DSIDA(disodium iminodiacetate), $C_4H_5NO_4Na_2$이다. 기존 공정에서 DSIDA는 포름알데히드, 암모니아, 시안화수소의 반응에 의해 생성된다. 보다 안전하고 환경 친화적인 화학물질을 사용하는 새로운 공정이 제안되었다. 이 공정에서 디에탄올아민(diethanolamine, DEA)은 두 단계의 반응경로를 통하여 에틸렌, 산소, 암모니아로부터 합성된다. 에틸렌(C_2H_4)은 에틸렌옥사이드(C_2H_4O)로 산화된다.

$$2C_2H_4 + O_2 \rightarrow 2C_2H_4O$$

그런 다음 에틸렌옥사이드는 암모니아(NH_3)와 반응하여 DEA가 된다.

$$2C_2H_4O + NH_3 \rightarrow C_4H_{11}O_2N$$

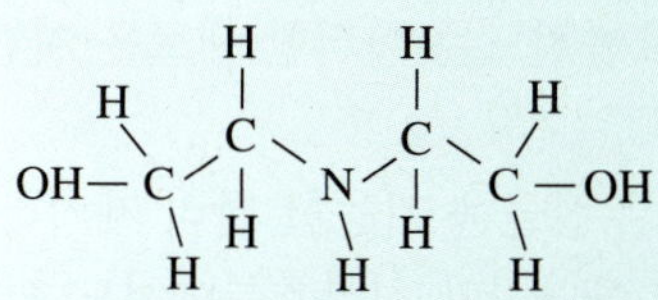

Diethanolamine, $C_4H_{11}O_2N$

마지막으로 DEA는 수산화나트륨과 반응하여 DSIDA를 만든다. 경제성에 대한 예비분석 결과는 좋아 보여서 이 새로운 공정을 설계하기 위한 몇 가지 아이디어를 검토하고자 한다.

이 사례연구에서는 DEA 제조에 중점을 두고자 한다. 목표는 105,000 kg/h (1,000 kgmol/h)의 DEA 생산을 위한 합리적인 블록흐름선도를 합성하는 것이다.

먼저 DEA 합성경로에서 두 반응을 고려하여 시작해보자. 두 반응에는 서로 다른 촉매가 필요하며 별도의 반응기에서 수행된다. 따라서 블록흐름선도에는 2개의 반응기가 포함되어야 한다.

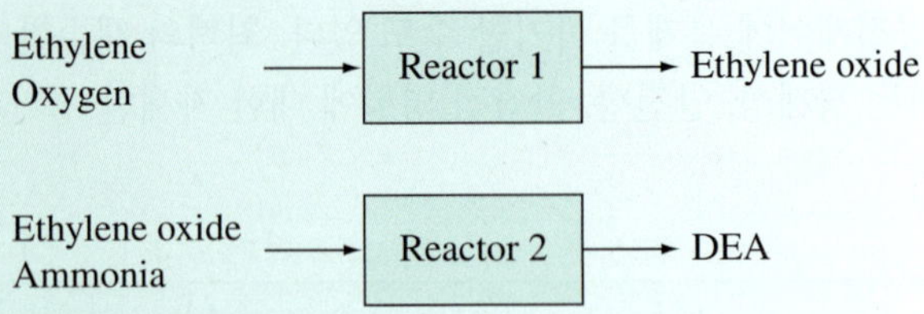

혼합기를 추가하고 혼합기와 반응기를 단일 예비 블록흐름선도에 연결한다.

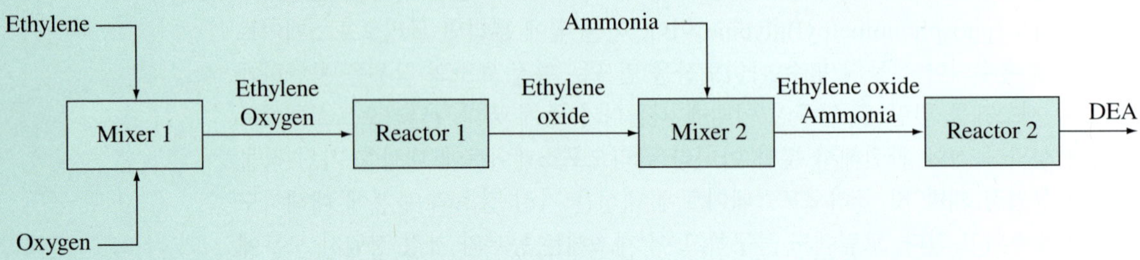

블록흐름선도 합성을 위한 간편추론법 중의 하나에 따라 혼합기 2에 NH_3를 도입하는 것을 선택한다(2.6.1절). 혼합기 1에 암모니아를 C_2H_4, O_2와 함께 공급할 수 있다. 그러나 (1) 이것은 반응기 1에서 필요한 부피(따라서 비용)를 증가시키고, (2) 암모니아의 산화와 같은 원하지 않는 다른 반응이 있을 수 있다.

반응기 1과 반응기 2 양쪽 모두에서 반응은 완결된다고 묵시적으로 가정한 것을 유념한다. 몇몇 화학자 친구들과 상의한 결과, 모든 산소가 에틸렌의 25%만 에틸렌옥사이드로 전환되도록 첫 번째 반응을 수행하는 것이 가장 좋다는 것을 알게 되었다. (산소를 제한반응물로 사용하는 반응기흐름선도를 설계하면 에틸렌이 CO_2로 완전 산화되는 것과 같은 부반응을 줄이는 데 도움이 된다.) 이는 반응기 1의 출구흐름에 에틸렌과 에틸렌옥사이드 *둘 다*가 포함되어 있다는 것을 의미한다. 게다가, 동료 화학자들은 두 번째 반응은 산소가 전혀 없는 상태에서 수행해야 한다고 하였다. 예비 블록흐름선도는 이러한 새로운 여건들을 고려하기 위해 약간의 수정이 필요하다.

또 다른 간편추론법은 부산물을 가능한 빨리 제거하는 것이 좋다고 제안한다. 미반응 에틸렌은 부산물이 아니지만 하부흐름에서도 필요하지 않다. 따라서 반응기 1 바로 뒤에 분리기를 추가하여 에틸렌을 제거한다. 만약 분리기가 에틸렌옥사이드 흐름에 산소가 완전히 없게끔 보장할 수 있다면 훨씬 더 좋아질 것이다. 이제 예비 블록흐름선도는 다음과 같이 나타낼 수 있다.

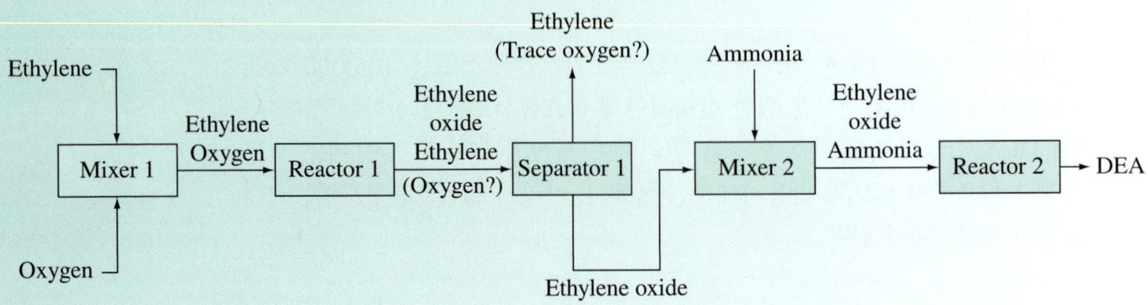

더 나은 대체 블록흐름선도가 있는가? 예를 들어, 공정장치들을 다른 형태의 배열로 연결할 수 있는가? 분리기를 반응기 2의 뒤에 배치할 수 있는가? 그러나 이것은 반응기 2에서 처리해야 하는 에틸렌의 양을 증가시켜 반응기의 크기(즉, 비용)를 증가시킨다. 또한, 혼합기 2로 공급되는 원료에서 미량의 산소를 제거하려면 일종의 분리기가 여전히 필요하다. 지금의 배열을 계속 사용할 것이다.

예비 블록흐름선도를 합성하는 이 단계에서 원료물질에 대해 조금 더 깊게 생각해 볼 수 있다. 구체적으로 무엇을 O_2의 공급원으로 사용해야 할까? 순수한 산소는 가격이 비싸다. 공기는 훨씬 저렴하지만 N_2가 많이 포함되어 있다. 한 가지 아이디어는 혼합기 1의 상부흐름에 위치한 분리기에 공기를 공급하는 것인데, 이는 공정의 나머지 부분에 O_2가 공급되기 전에 공기로부터 N_2를 제거하는 것이다. 두 번째 아이디어는 혼합기 1에 공기를 공급하는 것이다. 모든 O_2는 반응기 1에서 소비되고, N_2는 통과하는 것이다. 그런 다음 N_2를 분리기 1에서 에틸렌옥사이드로부터 에틸렌과 함께 분리하거나, 반응기 2의 뒤에 새로운 분리기 2를 추가하여 공정 후반에 DEA로부터 N_2를 분리할 수 있다.

첫 번째 대안은 O_2/N_2 분리기에 대한 추가 비용이 들지만 반응기 1을 통과하는 부피유량을 감소시켜 반응기 비용을 줄이게 된다. 두 번째 대안은 분리기를 추가할 필요는 없지만 반응기 1을 통과하는 질소의 유량이 증가하게 된다. 세 번째 대안은 분리기를 추가하는 것이 필요하며 두 반응기를 통과하는 질소의 유량도 늘어나게 된다. 이것은 가장 매력적이지 못한 선택이다. O_2로부터 보다는 에틸렌옥사이드로부터 N_2를 분리하는 것이 더 저렴하므로 최선의 선택은 두 번째 대안이다. 수정된 블록흐름선도는 다음과 같다.

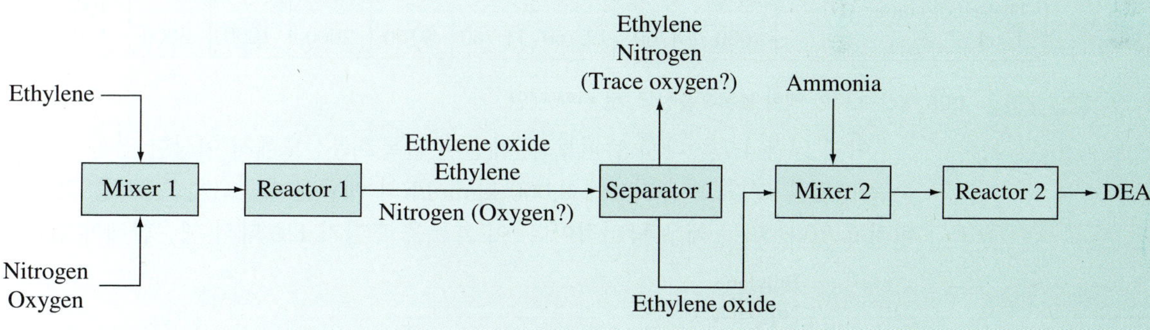

공정흐름의 계산을 완성해 보자. 성분은 화합물로 선택하고, 흐름에 번호를 붙이고, 계산기준은 원하는 DEA의 생산속도 105,000 kg/h(1,000 kgmol/h)를 사용하고, 공기의 조성은 대략 21 mol% O_2, 79 mol% N_2로 하고, 그리고 반응기 1에서 에틸렌의 전환율은 25%로 규정한다. 자세한 것은 독자에게 맡기고 그림 4.7에 결과를 요약하였다.

이제 이 결과를 얻는 데 어떠한 근사들이 사용되었는지에 대해서 검토해 보기로 한다.

- 공기는 오직 N_2와 O_2로만 이루어져 있다고 가정하였고, 공기 중에 존재하는 아르곤이나 다른 기체들을 무시하였다.

- 에틸렌은 순수하다고 가정하였고 존재할 수 있는 오염물질을 무시하였다.
- 분리기 2는 모든 에틸렌옥사이드를 다른 기체로부터 완전하게 분리한다고 가정하였다.
- 반응기 2에서 반응물은 생성물로 100% 전환된다고 가정하였다.
- 모든 부반응은 무시하였다(예를 들어, 반응기 1에서 C_2H_4가 CO 또는 CO_2로 산화).

이러한 근사를 사용하면 계산을 매우 간단하게 만들어 준다. 모든 근사들을 명시적으로 나열해 보는 것이 좋다. 설계가 진행됨에 따라 보다 실제적인 근사들이 주어지게 될 것이다.

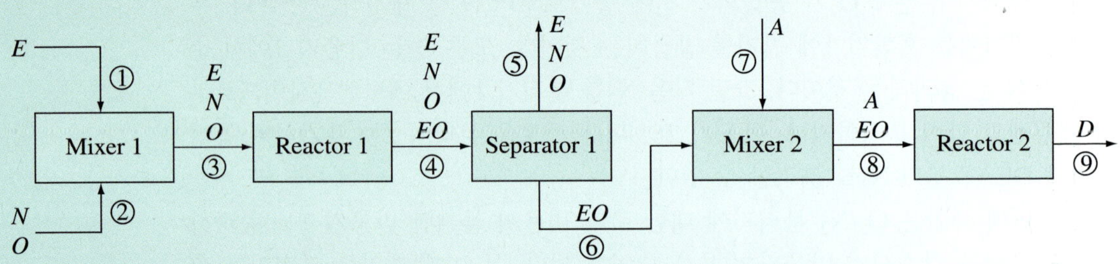

Flow (kgmol/h) \ Stream	1	2	3	4	5	6	7	8	9
Ethylene (*E*)	8000		8000	6000	6000				
Nitrogen (*N*)		3760	3760	3760	3760				
Oxygen (*O*)		1000	1000						
Ethylene oxide (*EO*)				2000		2000		2000	
Ammonia (*A*)							1000	1000	
Diethanoloamine (*D*)									1000
Total	8000	4760	12,760	11,760	9760	2000	1000	3000	1000

그림 4.7 DEA 생산에 대한 예비 블록흐름선도. 첫 번째 대안.

이제 그림 4.7을 다시 살펴보자. 제안된 블록흐름선도에서 이상한 점을 눈치챈 사람도 있을 것이다. 반응기 1에 8,000 kgmol/h의 에틸렌이 공급하고 그 중 75%를 버리고 있다! 이는 매우 낭비적이다. 이 흐름을 혼합기 1로 다시 재순환해야 한다.

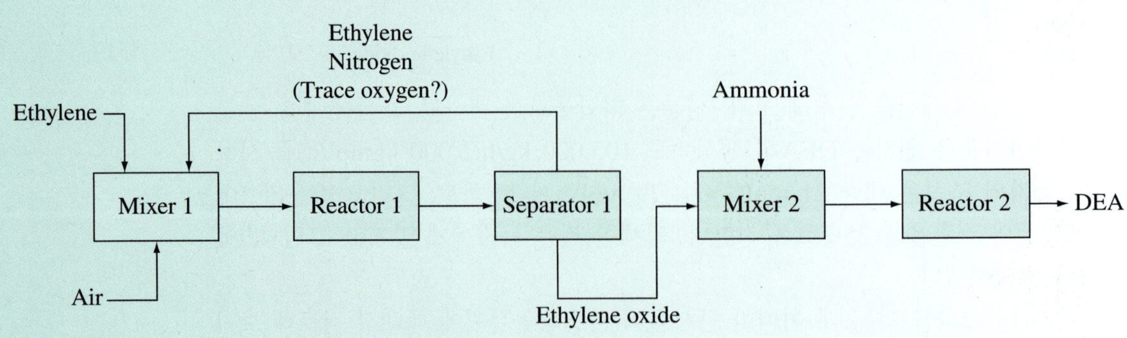

이 블록흐름선도에 어떤 문제가 있는지 알겠는가? 질소는 공기와 함께 공정에 들어가지만 공정 밖으로는 절대로 나가지 않는다. 질소는 반응에 의해 소비되지 않기 때문에 계 내에서 축적된다.

분리기 2를 추가해서 N_2로부터 미반응 에틸렌을 분리시킨 다음 반응기 1로 재순환시키자. 분리기는 완벽하게 작동한다고 가정한다. 이제 블록흐름선도는 다음과 같이 진화되었다.

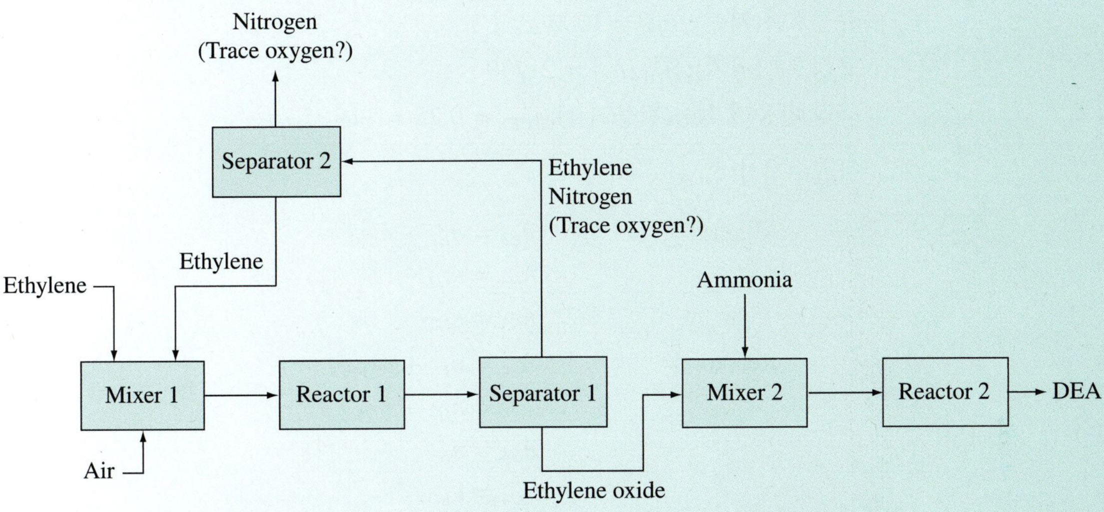

새로운 설계에 대한 공정흐름계산을 원하지만 먼저 문제가 완전하게 규정되었는지 검토해 보자. DOF 분석은 전체 공정뿐만 아니라 각 독립된 공정단위에 대해 행하여 표 4.2에 요약하였다. 공정이 완전하게 규정되었다. 이는 공정흐름계산을 계속 수행해 갈 수 있다는 것을 말해준다. 게다가 DOF 분석은 어떤 종류의 방정식이 얼마나 필요한지를 알려준다(예를 들어, 반응기 1 주변에서 4개의 물질수지식). 끝으로, DOF 분석에서 방정식을 푸는 가장 좋은 방법은 반응기 2의 수지식에서 시작하는 것이라는 것을 알 수 있다. 이는 반응기 2만이 완전하게 규정된 공정단위이기 때문이다.

표 4.2 ▶ DOF 분석 결과 요약

	Mixer 1	Reactor 1	Separator 1	Separator 2	Mixer 2	Reactor 2	Process
No. of variables							
Stream variables	7	6	6	4	4	3	18
Chemical reactions	0	1	0	0	0	1	2
No. of equations							
Flows	0	0	0	0	0	1	1
Stream compositions	1	0	0	0	0	0	1
System performance	0	1	0	0	0	0	1
Material balances	3	4	3	2	2	3	17
DOF	3	2	3	2	2	0	0

이제 10가지 간단한 단계를 적용하여 모든 공정흐름을 계산해 본다. 모든 흐름은 모두 kgmol/h 단위이며, 그림 4.8의 블록흐름선도에 대한 방정식은 다음과 같다.

규정흐름(기준): $\dot{n}_{D9} = 1000$

규정흐름(공기): $\dot{n}_{O1}/\dot{n}_{N1} = 21/79$

규정 반응기 성능(반응기 1): $f_{CE1} = 0.25 = -\nu_{E1}\,\dot{\xi}_1/\dot{n}_{E3}$

물질수지식:

Mixer:
$$\dot{n}_{E3} = \dot{n}_{E1} + \dot{n}_{E10}$$
$$\dot{n}_{O3} = \dot{n}_{O2}$$
$$\dot{n}_{N3} = \dot{n}_{N2}$$

Reactor 1:
$$\dot{n}_{E4} = \dot{n}_{E3} + \nu_{E1}\,\dot{\xi}_1$$
$$0 = \dot{n}_{O3} + \nu_{O1}\,\dot{\xi}_1$$
$$\dot{n}_{N4} = \dot{n}_{N3}$$
$$\dot{n}_{EO4} = \nu_{EO1}\,\dot{\xi}_1$$

Separator 1:
$$\dot{n}_{E5} = \dot{n}_{E4}$$
$$\dot{n}_{N5} = \dot{n}_{N4}$$
$$\dot{n}_{EO6} = \dot{n}_{EO4}$$

Separator 2:
$$\dot{n}_{E10} = \dot{n}_{E5}$$
$$\dot{n}_{N11} = \dot{n}_{N5}$$

Mixer 2:
$$\dot{n}_{EO8} = \dot{n}_{EO6}$$
$$\dot{n}_{A8} = \dot{n}_{A7}$$

Reactor 2:
$$0 = \dot{n}_{EO8} + \nu_{EO2}\,\dot{\xi}_2$$
$$0 = \dot{n}_{A8} + \nu_{A2}\,\dot{\xi}_2$$
$$\dot{n}_{D9} = \nu_{D2}\,\dot{\xi}_2$$

그림 4.8의 블록흐름선도를 기술하는 20개의 방정식이 체계적으로 얻어졌으며, 18개의 흐름 변수와 2개의 반응 변수가 있다. 반응기 2의 수지식에서 시작하여 나머지 방정식들을 하나씩 체계적으로 풀어 나간다(또는 방정식 풀이 소프트웨어를 이용함). 결과를 그림 4.8에 흐름선도와 함께 요약하였다.

그림 4.8의 흐름 1과 그림 4.7의 흐름 1을 비교해 보라. 새롭게 개선된 공정에서는 원료물질을 훨씬 더 잘 활용하고 있다! 반응기 1에서의 반응하지 않은 에틸렌을 혼합기 1로 재순환함으로써 모든 에틸렌이 반응에 의해 모두 소비되고 공정에서 나가는 것이 전혀 없는 것을 알 수 있다. 에틸렌의 일회통과 전환율은 25%에 불과하지만 총괄 전환율은 100%이다.

블록흐름선도가 구체화되어 가고 있다. 이 시점에서 이 흐름선도는 추가적인 질문들을 위한 발판 역할을 한다. 예를 들어, 에틸렌을 질소로부터 분리를 하는 것이 과연 용이할까?하고 의문을 가질 수 있다. 약간의 조사를 통해 에틸렌을 질소로

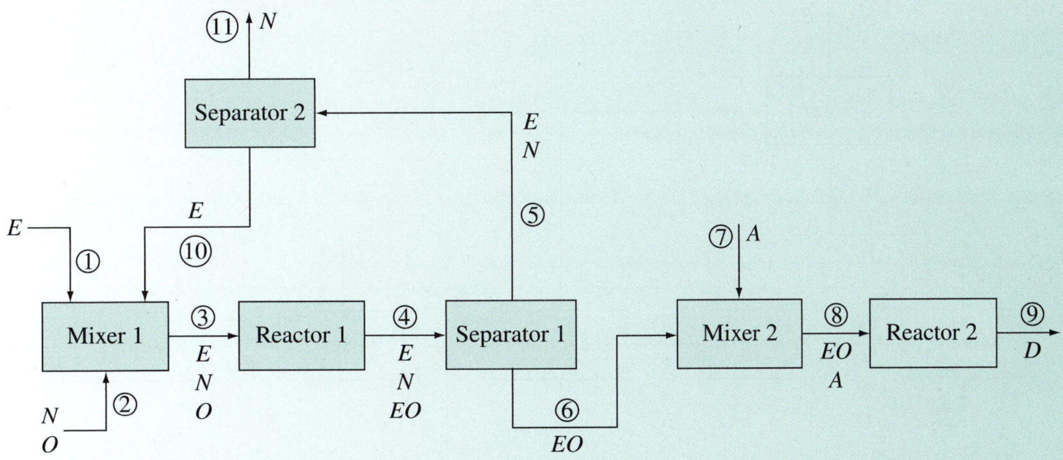

Flow (kgmol/h) \ Stream	1	2	3	4	5	6	7	8	9	10	11
Ethylene (*E*)	2000		8000	6000	6000					6000	
Nitrogen (*N*)		3760	3760	3760	3760						3760
Oxygen (*O*)		1000	1000								
Ethylene oxide (*EO*)				2000		2000		2000			
Ammonia (*A*)							1000	1000			
Diethanolamine (*D*)									1000		
Total	2000	4760	12,760	11,760	9760	2000	1000	3000	1000	6000	3760

그림 4.8 DEA 생산에 대한 예비 블록흐름선도. 두 번째 대안.

부터 분리하는 것이 저렴하지 않다는 것을 알 수 있다. 다시 선도로 되돌아가 살펴보자. 질소는 공정 밖으로 내보내고 에틸렌은 재순환하는 것이 필요하다. 그러나 앞서 논의한 것처럼 산소로부터 질소를 분리하거나 에틸렌으로부터 질소를 분리하는 데 비용을 들이는 것을 원치 않는다.

절충안은 다음과 같다: 질소/에틸렌 흐름의 *일부*를 빼내고, 나머지는 재순환한다. 이는 분리기 2를 분할기 1로 교체하면 된다. 에틸렌의 일부는 퍼지흐름과 함께 배출되지만 일부는 재순환된다.

이 최신 설계에 대한 공정흐름 계산을 진행하려면 먼저 분할기에 공급되어 혼합기 1로 재순환되는 에틸렌/질소 흐름의 분율을 규정하는 것이 필요하다. 분할기 1에 대해 계성능규격을 다음과 같이 규정해보자. 즉, 분할기 1로 공급되는 원료의 80%가 혼합기 1로 재순환된다. 그런 다음 앞서 설명한 것과 유사한 전략을 사용하여 공정흐름 계산을 완료할 수 있다. 자세한 내용은 생략하고 그림 4.9에 결과만 요약하였다.

그림 4.9와 그림 4.8을 비교해 보자. 분할기 1을 설치함으로써 값비싼 분리기 2를 설치하여 운전하는 비용을 절감하였다. (분할기는 3-방향조절밸브를 사용하면 간단하다.) 그러나 이것은 비용을 지불한 원료인 1,200 kgmol/h의 에틸렌을 그냥 버리는 대가를 치러야 한다. 그리고 반응기 1을 통과하는 흐름의 증가로 인해 반

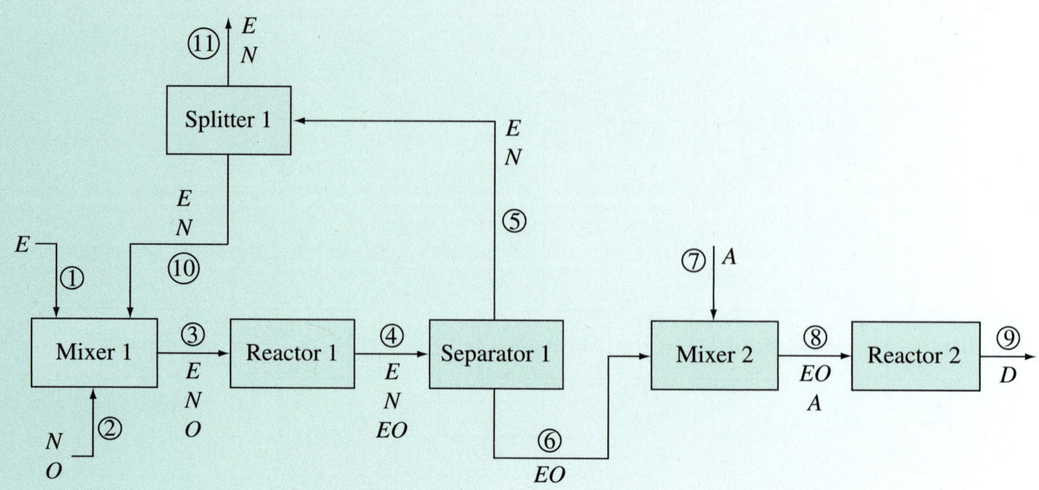

Flow (kgmol/h) \ Stream	1	2	3	4	5	6	7	8	9	10	11
Ethylene (E)	3200		8000	6000	6000					4800	1200
Nitrogen (N)		3760	18,800	18,800	18,800					15040	3760
Oxygen (O)		1000	1000								
Ethylene oxide (EO)				2000		2000		2000			
Ammonia (E)							1000	1000			
Diethanolamine (D)									1000		
Total	3200	4760	27,800	26,800	24,800	2000	1000	3000	1000	19,840	4960

그림 4.9 DEA 생산에 대한 예비 블록흐름선도. 세 번째 대안.

응기 크기와 비용이 증가하게 된다. 어떤 대안이 더 나은가? 장치와 원료의 비용을 면밀히 따져 보기 전까지는 알 수 없다. 그러나 최상의 대안을 마련하는 데 있어서 좋은 출발점이 된다.

요약

- 화학반응기는 모든 화학 공정의 심장부에 해당하며, 화공기술자는 반응경로를 선별하고, 반응기 설계 매개 변수를 선택하고, 반응기 흐름도를 설계하여 공정의 안전과 효율성을 극대화하는 동시에 제품이 품질 기준을 충족하도록 해야 한다.
- 반응진척도(ξ 또는 $\dot{\xi}$)의 개념은 반응화학양론 계수를 알 때 반응기 물질수지식에서 매우 유용하게 사용된다. 반응물이 복합 혼합물이거나 분자식을 알 수 없는 경우에는 원소를 구성 성분으로 사용하거나 또는 질량 반응속도를 사용하여 반응기 수지식을 세울 수 있다.

- 연속흐름, 회분식, 반회분 반응기는 모두가 화학공정에서 사용되며, 각 반응기 성능은 적절한 형태의 물질수지식을 사용하여 해석할 수 있다. 반응화학양론 계수를 아는 경우에 정상상태 연속흐름 반응기에 대한 물질수지식은 간단하게 다음과 같이 된다.

$$\dot{n}_{i,\text{out}} = \dot{n}_{i,\text{in}} + \sum_{\text{all } k} \nu_{ik} \dot{\xi}_k$$

- 반응화학양론 계수를 아는 경우에 회분식 반응기에 대한 물질수지식은 간단하게 다음과 같이 된다.

$$n_{i,\text{sys},f} = n_{i,\text{sys},0} + \sum_{\text{all } k} \nu_{ik} \xi_k$$

- 반응기 계 성능을 나타내주는 세 가지 유용한 척도로는 **전환율**(conversion), **선택도**(selectivity), **수율**(yield)이 있다.

$$\text{전환율} = \frac{\text{소비된 반응물의 몰수}}{\text{공급된 반응물의 몰수}}$$

$$f_{Ci} = \frac{\dot{n}_{i,\text{in}} - \dot{n}_{i,\text{out}}}{\dot{n}_{i,\text{in}}} = \frac{-\sum_{\text{all } k} \nu_{ik} \dot{\xi}_k}{\dot{n}_{i,\text{in}}}$$

$$\text{선택도} = \frac{\text{원하는 생성물 A로 전환된 반응물 P의 몰수}}{\text{소비된 반응물 A의 몰수}}$$

$$s_{A \to P} = \frac{\nu_{A1}}{\nu_{P1}} \frac{\sum_{\text{all } k} \nu_{Pk} \dot{\xi}_k}{\sum_{\text{all } k} \nu_{Ak} \dot{\xi}_k}$$

$$\text{수율} = \frac{\text{원하는 생성물 A로 전환된 반응물 P의 몰수}}{\text{공급된 반응물 A의 몰수}}$$

$$y_{A \to P} = -\frac{\nu_{A1}}{\nu_{P1}} \frac{\sum_{\text{all } k} \nu_{Pk} \dot{\xi}_k}{\dot{n}_{A,\text{in}}}$$

- 전환율이 낮은 경우에는 반응물을 재순환시킨다. 이것은 공정흐름도에 분리기의 추가가 필요하다. **재순환**(recycle)이 있으면 비록 일회통과 전환율이 낮더라도 공정에서 원료물질이 생성물로 전환되는 총괄전환율은 매우 높아지게 된다. 재순환은 특수 화학공정에서 보다 일반 화학공정들에서 더 보편적으로 사용되고 있다. 만약 원료물질 내에 불활성 물질이 존재하고, 재순환공정이 사용되는 경우에는 **퍼지**(purge)가 필요할 수도 있다. 퍼지가 있는 경우에는 분리기 다음에 분할기를 추가해야 한다.

화학 이야기 나를 괴롭히지 마!

벌레를 좋아하는 사람은 많지 않으며, 대부분의 사람들에게 골칫거리이다. 게다가 현재 알려진 100만 종의 곤충들 중에서 약 1%가 실제로 해충이다. 곤충은 게걸스럽게 먹으면서 질병을 옮기기 때문에 일부 벌레들은 인간의 생명과 건강을 위협한다. 예를 들어, 볼셰비키 혁명 직후에 약 2,500만에서 3,000만 명의 러시안들이 이(lice)가 퍼뜨리는 발진티푸스에 걸렸고, 약 300만 명이 사망하였다. 제1차 세계 대전 중에 중립국인 스위스에서는 곤충이 곡식을 많이 먹어 치우는 바람에 심각한 식량 부족에 시달렸다.

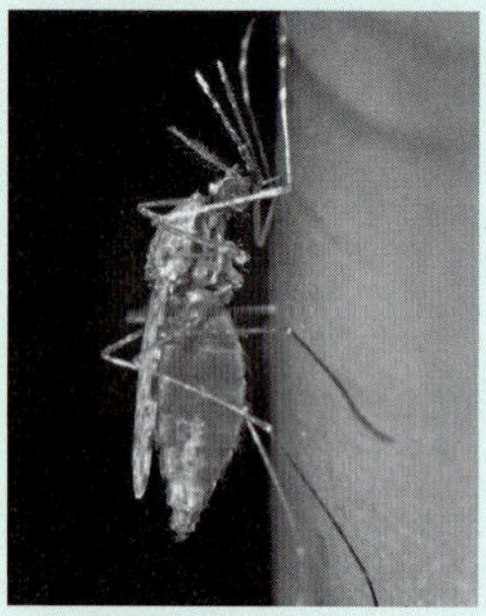

Jim Gathany
질병통제예방센터

Paul Herman Müller는 1899년에 스위스에서 태어났다. Paul은 17살에 학교를 그만둔 평범한 학생이었다. 그러나 그는 화학을 사랑했고 가족의 집에 실험실을 마련하였다. Paul은 결국 학교로 돌아가 1925년에 화학 박사학위를 받고는 스위스 화학회사인 J. R. Geigy에서 일하였다. (Geigy는 나중에 Ciba-Geigy가 되었고, 나중에 거대 제약회사 Novartis가 되었다.) Müller의 경력 초기에 회사는 좀방제 화합물, 즉 나방의 위장에 독성을 일으키는 염소화 탄화수소를 발견하였다. 이 발견은 Geigy가 살충제 사업을 확장하는 계기가 되었다. 이 물질이 발견되기 이전에는 화학적 곤충방제는 주로 니코틴이나 로테논(비싸고 불안정한 열대 식물 기반 화합물) 그리고 비소화합물(저작하는 곤충에게 잘 듣는 값싼 위장 독성물질이지만 인간이나 온혈동물에게도 독성을 크게 일으키는 물질)과 같은 천연 화합물에 국한되어 있었다.

1935년 Müller는 더 나은 살충제를 개발하는 일을 맡았다. 그는 "이상적인" 살충제에 대해 다음과 같은 몇 가지 기준을 설정하였다. 섭취보다는 접촉에 의해 죽일 수 있을 것, 다양한 종류의 곤충들을 죽일 수 있는 광범위한 살충제일 것, 물고기, 식물, 온혈동물에게는 무해할 것, 냄새가 없을 것, 가격이 저렴하고 화학적으로 안정할 것. Müller는 작업에 착수하여 화합물을 합성하고 테스트하기 시작하였다. 그는 몇 가지 화학구조에 대해 연구를 시작하고, 만약 화합물이 유망해 보이면 연관된 동족의 여러 가지 화합물들을 만들었다. 그는 4년 동안 일을 해가면서 하나씩 349개의 화합물을 만들었다. (오늘날은 화합물에 대한 대규모 "라이브러리"는 콤비네이션 화학에 의해 동시에 합성하고, 고효율 스크리닝을 사용하여 동시에 테스트한다. 그리하여 수백 또는 수천 개의 화학물질이 몇 주 내에 합성하고 테스트할 수 있다.) Müller는 클로랄과 클로로벤젠을 황산과 촉매로 반응시켜 그의 350번째 화합물인 디클로로디페닐트리클로로에탄(DDT)을 합성하였다. 그는 유리상자 내에 분무시킨 DDT가 파리를 죽였다고 보고하였다. 더 좋은 점은 몇 주일 뒤까지도 상자에는 독성이 남아 있었다는 것이다. DDT는 빛이나 산화에 의해 분해되지 않고, 증기압

swim ink 2 llc//Corbis/Getty Image

이 매우 낮아 사용한 후에도 약효가 계속 지속되었다. DDT는 콜로라도 감자 딱정벌레 유충과 같은 다른 많은 곤충을 죽였다. DDT는 물에 불용성이어서 상수원을 오염시키지 않을 것으로 생각되었다. Müller는 그의 목표를 달성하였다. 그는 매우 안정적이고, 값싸고, 강력하고 광범위한 접촉 독성물질을 개발하였다.

Geigy는 DDT를 살충제로 사용하는 특허를 받았다. 그것은 순식간에 히트를 쳤다. 1942년 Geigy는 스위스에 1인당 1파운드의 DDT가 함유된 살충제를 판매하여 감자 작황을 구제하였다. 스위스는 중립국이기 때문에 Geigy는 그들의 발명품을 연합국과 추축국 양쪽 모두에 보고하였다. 독일은 그들 스스로 살충제 개발 프로그램을 진행 중이었기 때문에 관심이 없었다. 그러나 미국은 매우 관심이 많았다. 불과 몇 달간의 테스트 끝에 DDT는 안전하고 효과적이라고 발표되었으며 그 사용이 급증하였다. 이탈리아의 나폴리에서는 연합군이 도시를 탈환한 후 130만 명의 난민에게 DDT를 뿌려 치명적인 발진티푸스의 확산을 막았다. 태평양 제도에는 연합군이 땅을 재점령하기 위해 싸우기 전에 모기를 박멸하기 위해 DDT를 살포하였다. (전쟁 초기에 모기가 만연하던 섬에서 말라리아는 군인 3명 중 2명을 무력화시켰다.)

1945년 8월에 DDT가 민수용으로 출시되어 사용된 적이 있었다! 낙농가, 사과 재배자, 소 목장주, 주부들은 모두 DDT를 사용하여 모든 곤충을 죽였다. 1950년대에 들어서는 세계보건기구가 말라리아 박멸을 위해 DDT 살포를 적극적으로 추진하였다. 이 노력은 매우 효과적이었다. 예를 들어, 스리랑카에서 말라리아 발병 건수는 1948년 280만 건에서 1963년에는 단 17건으로 줄었다! 이때까지 미국은 연간 1.5억 파운드 이상의 DDT와 거의 같은 양의 다른 염소화 탄화수소 살충제를 사용하고 있었다.

이 기적의 화학물질에 대해 열광하는 와중에 걱정스러운 소식이 들렸다. 일부 과학자들은 장기간 노출 시의 영향에 대해 검토된 적이 없다는 우려를 표명하였다. 일부에서는 어류가 죽고, DDT에 내성을 가진 곤충의 출현에 관한 이야기가 나왔다. 1948년 초에 Paul Muller는 자신의 발견으로 노벨 의학상을 수상했을 때 DDT가 생태계에 미치는 영향, 특히 남용에 대한 우려에 대해 말하였다. DDT는 살포된 곳에서 멀리 떨어진 곳, 즉 물고기를 잡아먹는 새와 우유에서 나타나기 시작하였다. 어떤 곳에서는 곤충을 먹는 새들이 먹이 부족으로 죽었다. 다른 곳에서는 DDT가 유해 곤충보다는 유익한 곤충들을 죽임으로써 포식자-피식자 관계를 엉망으로 만들었다. 이유식 제조업체는 DDT가 잔류하지 않은 과일이나 채소를 구할 수가 없었다.

DDT의 최고 기능이 최악의 것으로 판명되었다. DDT의 광범위한 살충 능력에 의해 전체 곤충 생태계가 파괴되었다. DDT는 화학적으로 비활성이어서 DDT를 살포한 후 수개월에서 수년 동안 환경에 남아있게 된다는 것을 의미하였다. DDT가 물에 녹지 않는다는 것은 지방이나 기름에 녹아서 어류, 조류, 포유동물의 지방조직에 축적된다는 것을 의미한다.

그녀의 연구실에 있는 Rascel Carson. George Rinhart/Corbis/Getty Images

1962년 Rascel Carson은 *침묵의 봄*(Silent Spring)이라는 책을 출간하였다. 지난 17년 동안 발표된 DDT에 대한 연구를 분석한 Carson은 DDT의 남용이 곤충과 새가 없는 조용한 봄을 향하여 냉혹하게 이어지고 있다고 주장하였다. 이 특별한 책은 DDT에 대한 논쟁을 과학자들의 연구실과 회의장에서 대중의 거실과 시청으로 옮기게 만들었다. 그리고 1964년에 송골매와 대머리독수리가 DDT로 인해 알의 껍질이 얇아져 죽어가고 있다는 증거가 드러났을 때 상황은 극적으로 반전되었다. 한때 인기가 있었던 살충제에 대한 대중의 항의가 성난 함성으로 커져 갔다. 1971년 미국에 설립된 EPA(Environmental Protection Agency)는 첫 번째 조치 중 하나로 DDT를 금지하였다. DDT에 대한 반감은 일반 대중에게 여전히 강하게 남아 있다. 최근 짐바브웨 담배 선적물에 미량의 DDT가 포함되어 있어 미국 반입이 차단되었다. (담배나 DDT는 어느 것이 더 큰 위험을 내포하는지 의문이다.)

DDT 사용이 금지된 지 30년 만에 흰머리독수리와 매가 돌아왔다. DDT는 분해속도가 매우 느리기 때문에 여전히 환경에 잔존하는 DDT는 약 10억 파운드에 달하는 것으로 추정된다. 농부들은 살충제를 다른 것으로 바꾸었다. 그러나 DDT 금지로 인해 부정적인 결과가 초래되었다. DDT 대체제로 개발된 파라티온과 같은 일부 살충제는 인간에게 급성 독성이 있는 것으로 판명되었다. DDT 살포 금지는 살충제에 내성을 가진 벌레들이 광범위하고 빠르게 확산함과 동시에 모기 개체 수의 증가와 모기 매개 질병의 놀라운 증가로 이어졌다. 전 세계적으로 매년 3억에서 5억 명의 사람들이 말라리아로 고통받고 있으며, 이 질병으로 1백만에서 2백만 명이 사망하는데 대부분이 아프리카의 어린아이들이다. 질병으로 인한 쇠약과 열병은 마을 전체의 허약한 경제를 마비시킨다. 급격하게 늘어나는 모기 개체수는 웨스트 나일 바이러스와 같은 다른 병원체의 확산에 부분적으로 연관이 있을 수 있다. 파괴되기 쉬운 생태계를 교란하지 않으면서 모기의 개체수를 제어할 수 있는 새로운 화학적, 생물학적, 생태학적 전략이 연구 중에 있다. 여기에는 곤충의 애벌레를 선택적으로 죽이는 Bacillus thurngiensis (BT)와 같은 천연 살충제 사용, 페로몬 미끼 트랩 설치, 박쥐와 같은 모기를 잡아먹는 포식자를 장려하는 기술이 포함된다.

Quiz 정답

4.1 1.4 gmol 이부프로펜.

4.2 수소가 제한반응물이고, 20% 과잉이다.

4.3 $f_{CM} = 0.80$.

4.4 C_2H_4, 50%

4.5 둘 다!

4.6 식 (4.10)에서 ν_{A1}과 $\Sigma\nu_{Ak}\,\dot{\xi}_k$는 음수이므로 선택도는 양수이다. 식 (4.11)에서 ν_{A1}은 음수이므로 수율이 양수가 되기 위해서는 – 부호가 필요하다.

4.7 $\dot{\xi}_2 = 0$. 따라서, 전환율은 감소하고, 선택도는 증가하며, 수율은 변하지 않는다.

참고 문헌 및 추천 도서

1. 이부프로펜의 새로운 합성경로는 1993년 Kirkpatrick 화학공학 공로상과 1997년 대통령 녹색화학 도전상을 포함하여 여러 개의 상을 수상하였다. 새로운 합성경로의 예는 M. C. Cann, M. E. Connelly (2000)가 저술한 *Real World Cases in Green Chemistry*에 자세히 설명되어 있다. 이는 미국화학회에서 출판되었다.
2. Sharon Bertsch McGrayne이 저술한 *Prometheans in the Lab: Chemistry and the Making of the Modern World* (McGraw Hill, 2001)은 Paul Muller, Rachel Carson 및 DDT의 발명에 대해 자세히 다루고 있다.

연습 문제

준비 단계

4.1절

P4.1 오늘 다룬 네 가지 화학반응을 나열하라. 4.1.1절에 열거된 반응 범주 중의 하나에 속하는 반응을 기술하라.

P4.2 예제 4.1에서 이부프로펜 제조를 위한 기존 합성법과 새로운 합성법을 비교하였다. 4.1.2절에 주어진 간편추론법을 고려하여 이 두 방법을 평가하라. 어떤 간편추론법이 기존 합성법에서는 위배되고 새로운 합성법에서는 위배되지 않는가?

4.2절

P4.3 반응 $2A + B \rightarrow C + 0.5D$를 고려해보자. $\dot{r}_A = -10$ gmol/h일 때 $\dot{r}_B$, $\dot{r}_C$, $\dot{r}_D$, $\dot{\xi}$를 구하라.

P4.4 연속흐름, 회분식, 반회분 반응기 간의 차이를 설명하는 흐름선도를 스케치하라. 그러고 나서 다음을 제조하기 위해 선택할 수 있는 반응기 유형을 설명하라. (a) 매년 45,000톤의 카프로락탐, (b) 플라스틱 고형 폐기물을 유용한 액체와 가스로 열분해, (c) 하루에 12다스의 컵케이크(cupcake).

P4.5 버너에 100 gmole/s의 메탄(CH_4)과 400 gmole/s의 O_2가 공급되어 메탄은 CO_2와 H_2O로 연소된다.

$$CH_4 + 2\ O_2 \rightarrow CO_2 + 2\ H_2O$$

버너는 정상상태로 운전되며 ξ = 100 gmol/s이다. 버너를 계로 사용하여 CH_4, O_2, CO_2, H_2O에 대한 미분 몰수지식을 작성하라.

4.3절

P4.6 프로판(C_3H_8)을 산소와 혼합하여 C_3H_8:O_2 몰비가 1:10이 되게 하였다. 반응에서 CO_2와 H_2O가 생성되는 경우에 제한반응물은 무엇인가? 다른 반응물의 백분율 과잉은 얼마인가?

P4.7 100 kg의 부탄(C_4H_{10})이 1600 kg의 공기와 혼합되어 연소된다. 부탄 또는 공기 중에서 어느 것이 제한반응물인가? 공기는 79 mol% N_2와 21 mol% O_2라고 가정한다.

P4.8 반응 $A + 2B \rightarrow C + D$를 고려해보자. (a) 100 gmol A와 200 gmol B가 반응기에 공급될 때 f_{CA} = 0.5이면 f_{CB}는 얼마인가? (b) 반응기에 A와 B가 각각 100 gmol씩 공급될 때 f_{CA} = 0.5이면 f_{CB}는 얼마인가?

P4.9 반응 $A + 2B \rightarrow C + D$와 $A + C \rightarrow E + F$를 고려해보자. C는 원하는 생성물이고, A와 B는 원하는 반응에 화학양론비로 공급된다. f_{CA} = 0.6이고 f_{CB} = 0.5일 때 $y_{A\rightarrow C}$는 얼마인가? $s_{A\rightarrow C}$는 얼마인가?

P4.10 반응 $A + 2B \rightarrow C + D$와 $A + C \rightarrow E + F$를 고려해보자. C는 원하는 생성물이고, A와 B는 원하는 반응에 대해 화학양론비로 공급된다. f_{CA} = 0.6이고 f_{CB} = 0.5일 때 ξ_1과 ξ_2는 얼마인가?

4.4절

P4.11 반응 $A + 2B \rightarrow C + D$를 고려해보자. 혼합기, 반응기, 분리기 및 재순환 흐름이 있는 공정에 50 gmol/h의 A와 100 gmol/h의 B가 공급된다. 반응기에서 일회통과 전환율 f_{CA} = 0.25와 ξ = 50 gmol/h이다. *반응기*에 들어가는 A의 유량은 얼마인가? A의 총괄 전환율은 얼마인가?

P4.12 일부 반응기 흐름도에는 왜 퍼지가 포함되어야 하는지 설명해보라.

심화 문제

4.2절

P4.13 아크릴로니트릴(C_3H_3N, 탄소 섬유, 아크릴 섬유, 나일론, 훈증제, 합성 고무 제조에 사용됨)은 프로필렌(C_3H_6)의 촉매에 의한 암모니아 산화반응에 의해 합성된다.

$$2C_3H_6 + 2NH_3 + 3O_2 \rightarrow 2C_3H_3N + 6H_2O$$

프로필렌, 암모니아, 공기(79 mol% N_2, 21 mol% O_2)를 혼합한 다음 반응기로 공급하고 여기에서 혼합물이 촉매 상에서 반응하여 아크릴로니트릴이 만들어진다. 반응기는 정상상태로 운전된다. 당신은 반응기의 성능 모니터링을 담당하는 공정기술자이다. 어느 날 반응기에서 나오는 가스 유량이

7095 gmol/min이고, 가스에는 N_2, 프로필렌, 아크릴로니트릴과 함께 28.19 mol%의 물과 1.88 mol%의 암모니아가 포함되어 있지만 O_2는 포함되어 있지 않은 것을 확인하였다.

흐름선도를 작성하고 DOF 분석을 사용하여 문제가 올바르게 규정되었다는 것을 보여라. 이 계의 모든 화합물에 대한 올바른 물질수지식을 작성하라. 다음을 계산하라. (a) 반응진척도 ξ, (b) 반응기에서 나오는 아크릴로니트릴의 유량(gmol/min), (c) 반응기에 공급되는 프로필렌, 암모니아, 공기의 유량(gmol/min).

P4.14 디메틸카보네이트(DMC, $C_3H_6O_3$)는 메탄올의 산화적 카르보닐화라는 공정에 의해 합성된다.

$$2CH_3OH + CO + \frac{1}{2}O_2 \rightarrow C_3H_6O_3 + H_2O$$

80 mol%의 CH_3OH, 20 mol%의 CO를 포함하는 가스가 2000 gmol/h의 유량으로 공기(79 mol% N_2, 21 mol% O_2)와 혼합된 다음에 정상상태로 운전되는 반응기에 공급되어 반응이 일어난다. 반응기를 떠나는 흐름의 유량은 2264 gmol/h이고, 이 흐름에는 O_2가 포함되어 있지 않다. 흐름선도를 작성하고 이 계의 모든 화합물에 대한 올바른 형태의 물질수지식을 작성하라. 반응기에 공급되는 공기 유량, 반응진척도 ξ, 반응기 유출물의 조성(mol%)을 구하라.

P4.15 1,3-프로판디올($C_3H_8O_2$)은 직물 또는 플라스틱 병을 만드는 데 사용되는 고분자의 합성에서 구성 단위이다. 1,3-프로판디올은 화학적 경로와 생물학적 경로를 통해 상업적으로 제조된다. 하이드로포밀화라고 불리는 한 가지 화학적 경로는 다음과 같이 에틸렌옥사이드(C_2H_4O)에서 시작한다.

$$C_2H_4O + CO + 2H_2 \rightarrow C_3H_8O_2$$

30 mol%의 C_2H_4O, 30 mol%의 CO, 40 mol%의 H_2가 함유된 가스흐름이 900 gmol/min의 속도로 반응기에 공급되고, 여기에서 혼합물이 촉매 하에서 반응하여 $C_3H_8O_2$가 생성된다. 반응기는 정상상태로 운전된다. 당신은 반응기의 성능 모니터링을 담당하는 공정기술자이다. 어느 날 반응기에서 나오는 가스흐름을 샘플링하여 36 mol%의 $C_3H_8O_2$가 포함된 것을 확인하였다. 흐름선도를 작성하고, DOF 분석을 하라. 그런 다음 반응기 유출물의 총 유량(gmol/min)과 몰 조성을 구하라.

P4.16 용매 재순환 시설에서 나오는 다양한 가스 폐기물 흐름은 화합물을 정제하는 데 엄청난 비용이 들기 때문에 혼합해서 연소시킨다. 일반적인 혼합 폐기물 흐름에는 15 mol%의 N_2, 5 mol%의 O_2, 10 mol%의 H_2O과 함께 5 mol%의 아세톤(C_3H_6O), 35 mol%의 메탄올(CH_3OH), 20 mol%의 무수아세트산($C_4H_6O_3$), 10 mol%의 벤젠(C_6H_6)이 들어 있다. 100 gmol의 폐가스흐름을 완전히 연소시키는 데 필요한 최소 공기량과 연소가스의 조성(mol%)을 구하라.

P4.17 Well TX의 천연가스를 사용하여 예제 4.3을 다시 풀어보라. Well TX와 Well NM 천연가스를 태울 때의 굴뚝가스 조성을 비교해 보고 실질적인 차이를 말하라. 이 문제는 원소를 구성 성분으로 사용하여 풀거나 또는 화학계수를 맞춘 화학반응 조합을 작성해서 화합물을 구성 성분으로 사용하여 풀 수 있다.

P4.18 아스피린(아세틸살리실산, $C_9H_8O_4$)은 무수 아세트산($C_4H_6O_3$)과 살리실산($C_7H_6O_3$)을 반응시켜 만든다. 아세트산(CH_3COOH)은 반응 부산물이다. (버드나무 잎을 씹는 것은 기원전 400년 전부터 통증을 조절하는 방법으로 알려져 있었으며, 활성 성분인 살리실산은 버드나무나 다른 나무의 뿌리, 껍질, 잎에 풍부하다.) 회분식 반응기에서 살리실산 150 g을 무수 아세트산 150 g과 혼합한다. 반응이 끝난 시간에서 아스피린 100 g이 만들어졌다. r_A와 R_A를 구하라. 여기서 “A”는 아스피린이다. 적분 물질수지식을 사용하여 반응 시간이 끝났을 때 반응기 내의 다른 모든 화합물의 양(g)을 구하라.

P4.19 지역 양조장 주인은 사용한 곡물 찌꺼기를 매립지로 보내거나 동물 사료로 사용하는 대신에 보일러의 연료로 사용할 수 있는지 여부를 테스트하고 싶어 한다. 곡물 찌꺼기를 화학분석한 결과 원소 조성은 14.4 wt% C, 6.2 wt% H, 78.8 wt% O, 0.6 wt% S이었다. 곡물 찌꺼기를 완전히 연소시키기 위해서는 사용한 곡물 찌꺼기 kg당 얼마나 많은 공기가 필요한가? 대기 중으로 배출되는 가스의 최대 허용 SO_2가 0.1 mol%일 경우에 SO_2를 제거하기 위해서는 스크러버를 설치해야 하는가?

P4.20 사용한 양조장 곡물 찌꺼기 1.00 kg(14.4 wt% C, 6.2 wt% H, 78.8 wt% O, 0.6 wt% S)을 실험실 반응기에 넣는다. 반응기에서 공기를 모두 빼내고 밀봉한 다음 반응기를 가열하여 열분해를 시작한다. 곡물 찌꺼기를 열분해 시에 발생하는 가스는 반응기에 물질이 남아 있지 않을 때까지 일정한 속도로 연속적으로 배출한다. 가스를 샘플링하여 CO, CO_2, H_2O, SO_2이 포함된 것으로 확인되었다. 곡물 찌꺼기가 완전히 열분해되는 데는 30분이 걸린다. 이 반회분 반응기를 모델링하는 물질수지식을 작성하라. 가스의 유량(ft^3/min), 배출된 가스의 총량(ft^3)과 배출된 가스의 조성(mol%)을 계산하라.

P4.21 Alka-Seltzer 알약 한개에는 아스피린($C_9H_8O_4$) 324 mg, 중탄산나트륨($NaHCO_3$) 1904 mg, 구연산($C_2H_3O(COOH)_3$) 1000 mg이 들어 있다. 알약을 물컵에 떨어뜨리면 반응이 일어난다. 쉬익하는 소리를 내는 마지막 두 성분 사이의 반응은 무엇인가? (*Hint*: 이 반응은 약한 염기를 생성한다.) 한 잔의 물에 용해된 Alka-Seltzer 한 알에서 발생하는 가스의 양은 얼마인가? 이 문제를 해결하기 위해 먼저 반회분 반응기를 공정으로 그린 다음에 적분 물질수지식을 적용하라.

P4.22 청색 발광 다이오드는 유기금속 화학기상증착(MOCVD)이라는 공정에 의해 질화갈륨(GaN)으로부터 제조할 수 있다. 실험실 규모의 MOCVD 반응기 내부에 1 cm × 1 cm 크기의 Al_2O_3 칩을 놓고서 불활성 기질 역할을 하도록 한다. 반응기에 트리메틸갈륨[$(CH_3)_3Ga$]과 암모니아(NH_3)를 연속적

으로 공급하면 다음과 같은 반응이 일어난다.

$$(CH_3)_3Ga\ (g) + NH_3\ (g) \rightarrow GaN\ (s) + 3\ CH_4\ (g)$$

고체 GaN는 Al_2O_3 칩 위에 증착되고 메탄가스는 반응기 밖으로 연속적으로 흘러 나간다.

암모니아와 트리메틸갈륨은 각각 18, 10 μmol/h의 일정한 유량으로 반응기에 공급된다. 반응기를 떠나는 출구가스 유량은 37 μmole/h이고 트리메틸갈륨, 암모니아, 메탄을 포함하고 있다. 출구가스의 조성(mol%)을 계산하라. GaN의 밀도가 6.1 g/cm^{3}이고 몰질량이 84 g/gmol이면, GaN 층을 1 μm 두께로 만드는 데 얼마나 걸리는가?

P4.23 당신은 Nomorepain 제약회사에 새로 고용된 공정기술자이다. Nomorepain 사는 예제 4.1에 설명된 새로운 촉매 반응 체계를 사용하여 진통제 이부프로펜을 만드는 공장을 짓는 데 관심이 있다. 당신의 임무는 실제 규모의 반응기를 설계하기 위한 첫 번째 단계로 다양한 촉매를 사용하여 반응속도를 측정하는 것이다. 한 실험에서는 실험실 규모의 회분식 반응기에 이소부틸벤젠(IBB) 134 g과 무수 아세트산(AAn) 134 g을 혼합하여 넣고 온도를 조정하고 촉매를 추가한 다음 1시간을 기다린다. 시간이 끝나면 반응을 멈추고 용기에 모든 물질을 모아서 화학분석을 위해 보낸다. 수년 동안 Nomorepain사에서 근무하고 있는 어떤 화학자가 용기에는 IBB 27 g, AAn 52 g, IBA(이소부틸아세토페논) 121 g, 아세트산(AAc) 68 g이 들어 있다고 보고하였다. 당신은 이 결과를 보고 화학자에게 분석이 잘못되었다고 말했다. 그는 반박하였다. 누가 옳은가? 화학자에게 당신이 옳다는 것을 설명하는 간결하고 정중하면서도 설득력 있는 메모를 작성하라(또는 어떻게 해서 그의 결과에 의문을 제기하는 실수를 저질렀는지를 설명하는 사과 메모를 작성하라).

P4.24 CO_2의 심해 주입법은 대기 중의 CO_2 농도를 줄이는 한 가지 방법으로 제안된다. 그러나 CO_2는 산성이기 때문에 해양에 주입하면 pH가 낮아져 해양 생물에 악영향을 미친다. 제안된 해결책 중 하나는 해양 근처에 위치한 발전소에 CO_2 격리 반응기를 건설하는 것이다. CO_2(~10 mol%) 함량이 높은 배출가스를 지속적으로 물이 분사되고 있는 다공성 석회암($CaCO_3$) 층을 통과하여 펌핑된다. 이 반응에서 알칼리성이며 물에 잘 녹는 탄산수소칼슘($Ca(HCO_3)_2$)이 생성된다. 이 생성물은 계속해서 바다로 지속적으로 펌핑된다. 반응기는 하루에 한 번 재충전된다고 가정하고 하루에 1톤의 CO_2를 처리하는 반회분 반응기를 설계하려고 한다. 반응기에 얼마나 많은 석회석을 넣어야 하는가? 이 반응기로 얼마나 많은 배출가스(MMSCFD)를 처리할 수 있는가?

P4.25 엔진 배기가스에는 N_2, O_2, NO, NO_2, H_2, H_2O, NH_3, HNO_3, CO, CO_2, CH_4를 포함하는 뜨거운 혼합가스가 포함되어 있다. 가스 혼합물이 냉각되어 촉매 변환기를 통과함에 따라 약간의 반응이 일어난다. 이들 화학종과 관련된 일련의 독립적인 화학반응을 구하라.

P4.26 다음 반응 조합은 선형 독립인가?

$$H_2O + CO \rightarrow CO_2 + H_2$$

$$2H_2 + O_2 \rightarrow 2H_2O$$

$$4H_2 + 2CO \rightarrow 2CH_4 + O_2$$

P4.27 메탄올(CH_3OH)과 산소가 반응하면 포름알데히드(HCHO), 포름산(HCOOH), CO, CO_2, H_2O와 같은 여러 화합물이 생성된다. 이 계에는 몇 개의 독립 화학반응이 있는가? 화학양론 계수를 맞춘 일련의 반응을 구하라.

4.3절

P4.28 20 lbmol/h의 프로필렌, 10 lbmol/h의 암모니아, 100 lbmol/h의 공기(21 mol% 산소, 79 mol% 질소)가 반응기에 공급되고 반응하여 아크릴로니트릴과 물(부산물로서)을 생성한다. 계수를 맞춘 반응은

$$2C_3H_6 + 2NH_3 + 3O_2 \rightarrow 2C_3H_3N + 6H_2O$$

암모니아의 90%가 생성물로 전환된다. 프로필렌과 산소의 전환율을 계산하라. 또한 반응기 출구흐름의 유량(lbmol/h)과 조성(mol%)을 계산하라.

P4.29 진통제 이부프로펜 제조의 첫 번째 단계에서는 이소부틸벤젠($C_{10}H_{14}$)과 무수아세트산($C_4H_6O_3$)이 촉매 상에서 반응하여 부산물인 아세트산과 함께 이소부틸아세토페논($C_{12}H_{16}O$)이 생성된다. 정상상태로 운전되는 반응기에 각 반응물을 1200 gmol/h로 공급한다. 출구 가스를 분석한 결과 42 mol%의 아세트산이 함유되어 있는 것으로 밝혀졌다. 계수를 맞춘 화학반응식을 적고 흐름선도를 그려보라. 반응기에서 반응진척도 ξ(gmol/h)는 얼마인가? 각 반응물의 전환율은 얼마인가?

P4.30 시트랄($C_{10}H_{16}O$)은 레몬그라스 오일에서 추출하며, 기분 좋은 레몬 라임향이 나기 때문에 식기 세제에서부터 아이스크림에 이르기까지 많은 소비자 제품에서 인기가 있다. 시트랄은 부텐(C_4H_8), 포름알데히드(CH_2O) 및 산소를 사용하여 합성하며 알짜 반응은 다음과 같다.

$$2C_4H_8 + 2CH_2O + 0.5O_2 \rightarrow C_{10}H_{16}O + 2H_2O$$

가스흐름(1200 gmol/h)은 35 mol%의 부텐과 65 mol%의 포름알데히드를 포함하고 있으며, 8:3의 가스:공기 몰비로 공기(79 mol% N_2, 21 mol% O_2)와 혼합된다. 이 혼합물은 반응기에 공급되며, 반응기 내에서 촉매를 통해 반응하여 시트랄을 만든다. O_2의 전환율은 0.9이다. 반응기는 정상상태로 운전된다. (a) 반응기 출구흐름에서 모든 성분의 유량, (b) 반응기 출구흐름에서 시트랄 mol%, (c) 부텐과 포름알데히드의 전환율을 계산하라. 또한 어떤 반응물이 제한적인지 명시하라.

P4.31 섬유를 제조하는 중에 생성되는 폐증기에는 20 mol%의 CH_4, 20 mol%의 CS_2, 10 mol%의 SO_2, 50 mol%의 H_2O가 포함되어 있다. 공장 관리자

는 폐증기를 태우고 연소가스를 대기로 방출하는 연소 시스템을 설치하려고 한다. 현지 환경규정은 배출가스를 최대 0.5 mol% SO_2로 제한하고 있으며, 관리자는 과잉공기로 연소가스를 희석하면 배출 기준에 도달할 수 있다고 제안한다. SO_2 함량에 대한 제약조건을 충족하기 위해 증기 100 lbmol 당 필요한 공기(lbmol)를 계산하라. 필요한 과잉공기 백분율은 얼마인가?

P4.32 일반적으로 천연가스는 약 97 mol%의 메탄(CH_4)과 3 mol%의 에탄(C_2H_6)을 함유하고 있다. 이 가스는 잘못 관리되고 있는 가정용 로에서 과잉공기로 연소되며, 연소가스에는 1:5의 CO:CO_2 몰비로 CO와 CO_2도 일부 포함되어 있다. 천연가스의 100%가 연소되고 산소의 90%가 생성물로 전환된다. 생성물 가스의 조성(mol%)을 구하고, 천연가스 몰당 공급된 공기 몰수를 계산하고, 반응기에 공급된 과잉공기 백분율을 구하라.

P4.33 에틸렌옥사이드는 에틸렌의 부분 산화에 의해 생성된다.

$$2\ C_2H_4 + O_2 \rightarrow 2\ C_2H_4O$$

완전 산화의 경우는 원하지 않는 부반응이 일어난다.

$$C_2H_4 + 3O_2 \rightarrow 2CO_2 + 2H_2O$$

회분식 반응기에 에틸렌, 산소, 질소를 초기 조성이 10 mol% C_2H_4, 12 mol% O_2, 78 mol% N_2가 되게 채우고, 반응기를 가열하였다. 일정 시간 후에 반응기를 냉각시켜 모든 물을 완전히 응축시켰다. 반응기를 열고 가스 시료를 채취하여 분석한 결과, 산소는 모두 없어졌으며, 에틸렌의 농도는 5.1 mol%였다. 에틸렌의 전환율은 얼마이며, 에틸렌으로부터 얻어지는 에틸렌옥사이드의 수율과 선택도는 얼마인가?

P4.34 부동액으로 사용되는 에틸렌글리콜($HOCH_2CH_2OH$)은 에틸렌옥사이드를 물과 반응시켜 생산한다. 부반응에 의해 원하지 않는 이량체(dimer)인 DEG가 생성된다. 즉,

$$C_2H_4O + H_2O \rightarrow HOCH_2CH_2OH$$

$$HOCH_2CH_2OH + C_2H_4O \rightarrow HOCH_2CH_2OCH_2CH_2OH$$

반응기에는 에틸렌옥사이드 10 gmol/min과 물 30 gmol/min이 공급된다. 에틸렌옥사이드의 전환율이 0.92이고 선택도가 0.85일 때, 반응기 출구에서의 조성과 수율은 얼마인가?

P4.35 사례연구에서 에틸렌, 산소, 암모니아로부터 디에탄올아민을 제조하였다. 여기서는 에틸렌옥사이드를 생산하는 첫 번째 반응기에 주목해보자. 반응은 다음과 같다.

$$2\ C_2H_4 + O_2 \rightarrow 2\ C_2H_4O \qquad \textbf{(R1)}$$

원하지 않는 부반응, 즉 에틸렌이 CO_2와 물로 되는 연소반응이 일어난다.

$$C_2H_4 + 3\ O_2 \rightarrow 2\ CO_2 + 2\ H_2O \qquad \textbf{(R2)}$$

산소원으로는 공기(79 mol% N_2, 21 mol% O_2)가 공급된다. 원료에서 C_2H_4:O_2 몰비는 3:1이다. 에틸렌의 전환율은 0.20이며 산소는 모두 소비된다.

500 kgmol/h의 에틸렌옥사이드를 생산하려 한다. 반응기 원료의 공급속도와 원료의 조성은 얼마인가? 에틸렌으로부터 에틸렌옥사이드로의 선택도와 수율은 얼마인가?

P4.36 에탄올 70 mol%와 물 30 mol%로 된 용액 100 gmol/min이 80 gmol/min의 공기(79 mol% N_2, 21 mol% O_2)와 함께 정상상태로 운전되고 있는 반응기에 공급된다. 에탄올(C_2H_5OH)은 산소와 반응하여 아세트알데히드(CH_3CHO)가 만들어진다. 아세트알데히드가 더욱 산화되면 아세트산(CH_3COOH)이 된다. 화학양론 계수를 맞춘 화학반응식을 2개 적어보라. 반응 부산물은 무엇인가? 제한반응물은 무엇인가? 제한반응물의 전환율이 100%이고 아세트알데히드의 생산속도가 25 gmol/min인 경우에 과잉반응물의 전환율, 에탄올로부터 아세트알데히드의 수율, 반응기 유출흐름의 조성과 유량을 계산하라.

P4.37 당신 이웃들은 가스 연소로의 운전에 대해 우려하고 있다. 어느 잡역부가 집에 방문하여 무상으로 연소로의 성능을 점검해주겠다고 제안하였다. 그 잡역부는 굴뚝에서 나가는 가스의 CO_2 함량이 15% 이상이 되면 건강에 위험하며, 시의 조례를 위반할 뿐 아니라 굴뚝을 상하게 하는 원인이 된다고 설명하였다. 그는 조심스럽게 굴뚝에서 배출되는 가스의 시료를 채취하고는 CO_2의 함량이 건조기준(물은 포함되지 않음)으로 30%라고 하였다. 그는 안전한 새 고효율 연소로를 저렴한 가격으로 구매하여 설치할 것을 제안하였다. 이웃들은 천연가스를 사용하고 있다. 굴뚝가스(건조기준)에서 CO_2의 몰백분율은 얼마로 추정되는가? 그의 제안에 대해 이웃들에게 무어라고 말하겠는가?

P4.38 BUG는 뛰어난 살충 특성을 지니고 있으면서도 생분해되고 조류, 어류, 포유류에 독성이 없는 새롭고 놀라운 화학물질이다. 당신의 회사는 6단계 반응을 거치는 새로 개발된 합성법을 사용하여 BUG를 제조하는 것에 관심이 있다. 아직 특허가 나오지 않았기 때문에 계획은 기밀 사항이다. 당신이 들을 수 있는 것은 A, B 등으로 표시된 여러 반응물이 필요하다는 것뿐이다. 각 반응기는 서로 다른 조건에서 운전되기 때문에 6개의 반응기가 필요하다. 달성 가능한 전환율과 함께 반응 경로가 아래에 주어졌다.

Reaction	Fractional conversion
A + B → C + H_2O	0.92
C + HCN → D + CO_2	0.95
D + 2NaOH → E + $2H_2O$	0.97
E + $2HNO_3$ → G + H_2O	0.95
G + 2 F → J + $2NaNO_3$	0.97
J + K → BUG + $2H_2O$	0.92

당신은 이 합성계획안에서의 폐기물 생산량을 평가하는 일을 담당하고 있다. 흐름선도를 스케치하라. 100 kgmol의 BUG 생산에 필요한 각 반응물의 몰수와 생성되는 각 폐기물의 몰수를 계산하라. 모든 반응물은 화학량론비로 공급된다고 가정한다. 여기서 얻어진 결과와 6단계 반응 전부 전환율이 1.0인 경우에 달성할 수 있는 결과를 비교하라. 만약 1개의 반응단계에서만 전환율을 향상시킬 수 있다면 어떤 것을 선택하겠는가? 그 이유는 무엇인가?

4.4절

P4.39 CO와 H_2의 혼합물이 정상상태로 운전되는 메탄올(CH_3OH) 합성 반응기에 공급되며, 여기서 CO의 50% 일회통과 전환율이 달성된다. 반응기 유출물은 분리기로 보내진다. 모든 메탄올은 생성물로 회수되고 미반응 CO와 H_2는 재순환된다. 메탄올 생산속도는 100 kgmol/h이다. CO와 H_2의 총괄전환율은 둘 다 100%이다. 공정에 CO와 H_2의 공급속도, 반응기로의 유량, 재순환흐름의 유량과 조성은 얼마인가?

P4.40 메탄올 합성공정에 110 kgmol/h CO, 230 kgmol/h H_2, 20 kgmol/h N_2의 새로운 원료가 공급된다. 새로운 원료는 재순환흐름과 혼합되어 반응기로 보내진다. 반응기 유출물은 분리되며, 여기서 메탄올은 순수한 생성물로 회수되고 미반응 CO, H_2, N_2는 재순환된다. 메탄올 생산속도는 100 kgmol/h이다. 분할기를 가스흐름에 배치하여 30%를 퍼지하고 나머지는 재순환한다. 흐름선도를 작성하고 DOF 분석을 하라. 그 후 CO와 H_2의 일회통과 전환율과 총괄 전환율, 반응기 원료 중의 N_2 백분율을 계산하라.

P4.41 수소는 산화철(Fe_2O_3)과 반응하여 부산물로 수증기와 함께 금속 철(Fe)이 생성된다. Fe_2O_3의 100% 전환율이 달성되며, 금속철은 수소-수증기 혼합물로부터 쉽게 분리된다. 물은 응축되며, 수소는 재순환된다. 수소 공급원은 1 mol%의 CO_2로 오염되었다. 재순환:새로운 원료의 비는 4:1이고, 반응기에 공급되는 가스의 최대 허용 가능한 CO는 2.5 mol%이다. 흐름선도를 작성하고 DOF 분석을 하라. 그런 다음 금속철 생산속도가 1 ton/day인 경우에 모든 공정흐름뿐만 아니라 H_2의 일회통과 전환율과 총괄 전환율을 계산하라. (*Hint*: 계산 기준을 가스 원료로 변경하는 것을 고려하라.)

P4.42 1974년에 일어난 악명 높은 Flixborough 사고에서 나일론 제조 공장이 폭발하여 28명의 근로자가 사망했다. 불은 일주일 넘게 타올랐다. 사고는 공기와 사이클로헥산(C_6H_{12})이 반응하여 사이클로헥산온($C_6H_{10}O$)을 만드는 공정에서 발생하였다. 폭발의 일부 원인은 사이클로헥산의 막대한 재고량 때문으로 추적되었으며, 이러한 많은 양의 재고는 반응기의 일회통과 전환율이 단지 6%에 불과하기 때문에 어쩔 수 없었다. 반응기의 일회통과 전환율이 단지 6%에 불과했기 때문에 재고가 필요하였다. 사이클로헥산온 생산량은 약 5400 kg/h였다. 반응기에 공급된 모든 산소는 소비되고 사이클로헥산의 총괄 전환율이 100%라고 가정한다. 새로운 공기와 사이클로헥산이 공정에 공급되는 유량을 반응기로 들어가는 유량을 계산하라.

핵심 문제

P4.43 미국 정착민들은 냄비에 동물성 지방과 함께 잿물(땔나무를 태우고 남은 수산화나트륨, 수산화칼륨, 탄산염의 혼합물)을 끓여서 비누를 만들었다. 현대의 대규모 연속 비누 제조공정에서도 매우 유사한 화학 반응을 사용한다: 수산화나트륨(NaOH)이 지방에서 생성된 지방산과 반응하여 비누화(saponification)라 불리는 과정이 진행된다. (우지와 코코넛오일이 가장 일반적인 지방 공급원이다.)

지방산의 일반 분자식은 RCOOH이고, 여기서 R은 긴 탄화수소 사슬이다. 비누화 반응은

$$RCOOH + NaOH \rightarrow RCOONa + H_2O$$

우지에서 다음과 같은 지방산, 즉 32 wt% 팔미트산($R = C_{15}H_{31}$), 26 wt% 스테아르산($R = C_{17}H_{35}$), 42 wt% 올레산($R = C_{17}H_{33}$)의 혼합물이 생산된다.

저가의 막대 비누는 24 wt% NaOH 수용액과 우지 유래 지방산을 혼합하여 생산한다. 비누화 장치 내부에서는 모든 지방산이 나트륨염으로 전환되며, 물을 추가하거나 제거하여 수분 함량을 조절한다. 비누 제품은 12 wt%의 물을 함유하고 있다. 하루에 1톤의 비누를 만들기 위해 몇 킬로그램의 우지 지방산이 필요한가? 얼마나 많은 물(kg/day)을 추가 또는 제거해야 하는가?

P4.44 빵의 반죽을 만들기 위해 밀가루와 물에 이스트를 첨가한다. 이스트는 밀가루에 있는 전분, 당분, 단백질을 먹고 살면서, 물과 더 많은 이스트를 생산할 뿐만 아니라 빵을 부풀게 하는 CO_2를 생성한다. 원소 분석에 따르면 효모는 50 wt% C, 6.94 wt% H, 9.72 wt% N, 33.33 wt% O를 함유하고 있다. 밀가루는 효모 성장과 대사에 필요한 포도당($C_6H_{12}O_6$)과 암모니아(단백질에서 NH_3)를 제공한다고 가정한다. 생산된 효모 1 g당 2 g의 CO_2가 생성된다. 150 in^3의 빵 반죽을 부엌 조리대에 놓고 1.5시간 동안 부풀게 하여 부피가 두 배로 커졌다고 가정한다. CO_2의 평균 생성 속도는 얼마인가? 몇 그램의 포도당이 소비되었으며, 포도당이 CO_2로 전환되는 선택도는 얼마인가? 생성되는 모든 CO_2는 빵 반죽에 갇혀 있으며, 그 부피는 이상 기체법칙으로부터 계산할 수 있다고 가정한다.

P4.45 면역독소는 암세포를 확실히 죽이도록 설계된 항체로 만든 단백질 약물이다. 이러한 약물이 효과를 발휘하려면 세포 내에 이입(암세포 내부로 가져와야 함)해야 하지만 일단 세포 내부에 들어가면 일부 면역독소는 프로테아제(단백질을 분해하는 효소)에 의해 분해되어 세포를 죽이는 능력이 파괴된다. 또한 세포는 내재된 약물의 일부를 외부 환경으로 다시 재순환(세포외로 배출)시킨다. 당신은 코드명이 Hermab라는 새로 개발된 면역독소의 가능성을 평가하고 있다. 면역독소가 암세포를 죽이려면 8시간 후에 세포 내부에 최소 30,000개의 분자가 축적되어야 한다. 실험실 데이터에 따르

면 Hermab은 단위세포 단위 시간당 62,000개 분자의 속도로 세포 내로 유입되고 단위세포 단위 시간당 57,000개 분자의 속도로 세포 외로 배출된다. 세포 내부의 Hermab은 시간당 2,700($1 - e^{-0.3t}$)개 분자의 속도로 분해된다. 여기서 t는 세포가 처음 약물에 노출된 이후의 시간이다. Hermab은 효과가 있어 보이는가?

P4.46 예제 4.9에서 약물 방출제어 문제를 검토하였다. 방출제어장치 내부의 약물이 1.1 μg/h의 일정한 속도로 비활성 형태로 분해된다는 점을 추가하여 다시 풀어보라. 임의의 시간에서 장치 내부의 약물 질량을 계산하고, 초기에 캡슐에 탑재된 약물에 대한 24시간 동안 방출된 약물의 총 분율을 계산하라.

P4.47 수소첨가 탈알킬화는 수소와 반응하여 방향족화합물에서 측쇄 알킬그룹(메틸과 같은)이 제거되는 공정이다. 이는 원유를 고가 연료로 개질하거나 가치 있는 다른 화학물질로 개질하는 중요한 공정이다. 반응기에서 다음과 같은 반응이 일어난다.

$$\underset{\text{toluene}}{C_6H_5CH_3} + H_2 \rightarrow \underset{\text{benzene}}{C_6H_6} + CH_4 \qquad \textbf{(R1)}$$

$$\underset{\text{xylene}}{C_6H_4(CH_3)_2} + H_2 \rightarrow \underset{\text{toluene}}{C_6H_5CH_3} + CH_4 \qquad \textbf{(R2)}$$

$$\underset{\text{pseudocumene}}{C_6H_3(CH_3)_3} + H_2 \rightarrow \underset{\text{xylene}}{C_6H_4(CH_3)_2} + CH_4 \qquad \textbf{(R3)}$$

또한 원치 않는 부반응이 일어난다. 즉, 두 개의 벤젠이 반응하여 디페닐을 형성한다.

$$\underset{\text{benzene}}{2C_6H_6} \rightarrow \underset{\text{diphenyl}}{C_6H_5C_6H_5} + H_2 \qquad \textbf{(R4)}$$

10 mol%의 벤젠(C_6H_6), 20 mol%의 톨루엔($C_6H_5CH_3$), 30 mol%의 자일렌[$C_6H_4(CH_3)_2$], 40 mol%의 슈도큐멘[$C_6H_3(CH_3)_3$]이 함유된 공정흐름이 100 gmol의 속도로 수소첨가 탈알킬화 장치에 공급된다. 이 공정흐름은 반응기로 공급되기 전에 5 mol 과잉인 수소와 혼합된다. 수소와 메탄은 다른 화합물들(방향족화합물로 표시)로부터 분리된다. 방향족화합물을 분석한 결과 슈도큐멘 28 mol%, 디페닐 1 mol%, 벤젠 19%, 톨루엔 1%를 함유하고 있는 것으로 밝혀졌다. 모든 반응물의 반응진척도와 전환율, 메탄 생성속도, 가스흐름에서 메탄의 mol%를 계산하라.

P4.48 일반적으로 촉매 성능은 실험실 반응기 또는 파일럿 플랜트 반응기를 사용하여 시험한다. 한 특정한 실험에서 경질 탄화수소 특히, 이소부탄을 탈수소하는 데 있어서 백금/주석 담지촉매의 효용성에 대해 시험하였다. 어느 날 실험자료가 다음과 같이 얻어졌다.

반응기 온도: 602°C

반응기 압력: 768 torr

입구 가스유량: 51.38 SCCM (cm^3/min)

출구 가스유량: 60.59 SCCM

입구 가스조성(mol%): 프로판 0.086%, 이소부탄 32.9%, *n*-부탄 0.068%, 수소 66.9%

출구 가스조성(mol%: 메탄 0.35%, 에탄 0.037%, 프로판 0.034%, 이소부탄 13.5%, 이소부텐 13.8%, *n*-부탄 0.20%, cis-부텐 0.0375%, trans-부텐 0.045%, 수소 71.6%

데이터의 신뢰성을 확인하기 위하여 탄소와 수소에 대한 수지식을 작성하라. 이소부탄이 생성물로 전환되는 전환율을 계산하라. 원하는 생성물이 부텐인 경우 부탄을 부텐으로 전환하기 위한 선택도는 얼마인가? 수율은 얼마인가?

P4.49 카테콜은 파킨슨병 치료에 사용되는 엘도파(L-dopa)와 같은 의약품뿐만 아니라 바닐린과 같은 인공 향료를 만드는 데 사용된다. 카테콜 합성에는 다음과 같은 4가지 반응이 요구된다.

벤젠(C_6H_6)과 프로필렌(C_3H_6)이 반응하여 쿠멘(C_9H_{12})을 만든다.

큐멘은 산소(O_2)와 반응하여 큐멘 하이드로퍼옥사이드($C_9H_{12}O_2$)를 만든다.

큐멘하이드로퍼옥사이드는 불안정하여 페놀(C_6H_6O)과 아세톤(C_3H_6O)으로 빠르게 분해된다.

페놀은 과산화수소(H_2O_2)와 반응하여 부산물로 물과 함께 카테콜($C_6H_6O_2$)을 생산한다.

당신은 파일럿 플랜트(소규모 공정시설)에서 공정연구 기술자로 일하고 있으며, 당신의 임무는 실제 규모 운전을 위한 운전 조건을 구하는 것이다. 한 실험에서 벤젠 1065 g/h, 프로필렌 745 g/h, O_2 394 g/h, H_2O_2 354 g/h의 혼합물을 파일럿 플랜트에 공급한다. 출구흐름을 분석한 결과 카테콜, 벤젠, 프로필렌, 페놀, 아세톤, 물이 포함되어 있는 것으로 밝혀졌다. DOF 분석을 행하여 공정을 완전히 규정하기에 충분한 정보라는 것을 보여라. 그 후 출구에서의 조성(각 화합물의 wt%)과 유량(g/h)을 계산하라. 또한 공정에 공급되는 각 반응물의 전환율을 계산하라.

P4.50 단백질 C는 응고에 필요한 혈액 단백질이다. 혈우병 환자는 단백질 C를 충분히 만들지 못한다. 한 연구원이 고분자 비드에 단백질 C 90 unit를 캡슐화한 새로운 방출제어 장치를 개발하고 있다. 단백질 C는 $13.5e^{-0.15t}$의 속도로 비드에서 혈류로 천천히 방출된다. 여기서 속도는 unit/h이고 t는 시간이다. 비드에 있는 단백질 C는 분해 반응속도가 2.3 unit 분해/h로 비가역 분해반응이 일어난다. 8시간 후에는 비드에 몇 unit의 단백질 C가 남아 있는가? 이때 초기에 비드에 있던 단백질 C의 얼마의 분율이 혈류로 방출되었고

얼마의 분율이 분해되었는가?

P4.51 어떤 고급 화장품 제조업체가 글리세롤($C_3H_8O_3$)을 과잉으로 공급하고 있으며, 글리세롤을 연료 전지에 사용하기 위한 수소로 변환하는 공정을 설계하려고 한다. 당신은 글리세롤과 물을 반응시켜 부산물인 CO_2와 함께 수소를 만드는 새로운 촉매를 발견하였다. 파일럿 플랜트 시험에서 글리세롤과 물(글리세롤 1.63 gmol/h, 물:글리세롤의 몰비 5:1)을 반응기에 공급하여 반응기 출구에서 35 mol%의 H_2가 함유된 것을 측정하였다. 글리세롤과 물의 전환율을 구하라. 그런 다음 글리세롤의 총괄 전환율을 높이기 위해 재순환을 사용하여 대규모 공정을 설계하는 방법을 스케치하라. 파일럿 플랜트 조건에서의 반응기 공급속도와 전환율을 그대로 유지하라. 글리세롤의 새로운 공급속도를 550 kg/day로 가정하고서 모든 흐름을 계산하라.

P4.52 당신은 반응물 A를 생성물 B로 전환시키는 화학 공정의 설계를 담당하고 있다. 불행하게도 이용 가능한 A의 공급원이 5 mol%의 불활성물 I로 오염되어 있다. 반응기를 일회 통과시에 A에서 B로의 전환율이 단지 15%에 불과하므로 A를 더 잘 활용하려면 재순환이 필요하다. A를 B에서 분리하는 것은 간단하지만 A에서 I를 분리하는 것은 엄청나게 비용이 많이 들기 때문에 퍼지가 필요하다. 당신의 임무는 최적의 재순환:퍼지 비를 결정하는 것이다. B의 생산속도 100 gmol/h를 계산기준으로 사용하여 새로운 원료 공급속도, 퍼지흐름에서 A의 mol%, 반응기에 공급 속도와 반응기 원료에서 I의 mol%를 먼저 4:1의 높은 재순환:퍼지 비에서 계산하고, 그런 다음 1:1의 낮은 재순환:퍼지 비에서 계산하라. 계산 결과를 바탕으로 하여 반응기 부피(따라서 장비 비용) 항으로 된 재순환:퍼지 비와 원료 비용 간의 관계에 대해 말하라.

P4.53 화학자 Connie는 에탄올과 공기로부터 아세트알데히드를 만드는 새로운 촉매를 개발하였다. 원하는 반응 외에도 일부 에탄올은 CO_2와 H_2O로 완전히 산화된다. Connie는 실험실 규모의 연속흐름반응기를 분석하였다. 반응기로의 공급물은 산소 1몰당 에탄올 5.7몰로 설정된다. 이러한 조건에서 에탄올의 일회통과 전환율은 25%이고, 아세트알데히드에 대한 선택도는 0.92이다. 1200 kgmol/h의 아세트알데히드를 생산하기 위해 이 공정을 대규모로 설계하는 방법을 보여주는 블록흐름선도를 스케치하라. 적절하다고 생각되면 재순환 및 퍼지 흐름을 포함시켜라. 질소, 산소, 이산화탄소는 효율적으로 분리할 수 없고 에탄올, 물, 아세트알데히드는 모두 서로 쉽게 분리할 수 있다고 가정한다. 공정의 DOF 분석을 완료하라. 모든 흐름들을 계산하라.

P4.54 부탄알(C_4H_8O)은 프로필렌(C_3H_6)이 CO, H_2와 반응하여 생성된다.

$$C_3H_6 + CO + H_2 \rightarrow C_4H_8O$$

기존 공정에서는 180 kgmol/h의 C_3H_6 (P)는 CO 50%와 H_2 50%를 포함하는 420 kgmol/h의 혼합물 및 프로필렌을 포함하는 재순환흐름과 혼합된다. 그런 다음 이 혼합물은 반응기에 공급되어 프로필렌의 일회통과 전환율이

30%로 얻어진다. 원하는 생성물인 부탄알은 첫 번째 흐름에서 제거되고 미반응 CO, H_2는 두 번째 흐름에서 제거되며 미반응 C_3H_6는 회수되어 재순환된다. 흐름선도를 작성하고 DOF 분석을 완료하라. 재순환흐름의 유량과 부탄알 생산속도를 계산하라.

지금 어떤 회사가 당신에게 연락하여 현재 공급원을 대체할 수 있는 더 저렴한 프로필렌 공급원을 제시할 수 있다고 주장한다. 그러나 불행하게도 이 저렴한 공급원은 5:95 비(프로판:프로필렌)의 프로판으로 오염되어 있다. 만약 부탄알 생산속도가 현재 속도로 유지되고 총괄 전환율이 0.90으로 달성될 수 있다면 이 저렴한 공급원이 경제적으로 매력적이다. 반응기 조건에서 프로판은 불활성이며 프로필렌에서 프로판을 분리하는 데 비용이 너무 많이 들기 때문에 퍼지흐름을 설치하기로 결정하였다. CO + H_2 흐름이 동일하게 반응기 내에서 CO + H_2 흐름이 동일하게(420 kgmol/h, 50 mol% CO) 유지되고, 프로필렌의 일회통과 전환율도 동일하게(0.3) 유지된다고 가정하라. 이를 고려하여 더 저렴한 프로필렌 공급원을 수용하도록 블록흐름선도를 어떻게 수정해야 하는지를 보여주고, *공정*에 흐르는 오염된 프로필렌의 유량, 불활성물 mol%, 퍼지흐름의 총 유량, 그리고 반응기로 들어가는 불활성물 mol%와 원료의 총유량(kgmol/h)을 계산하라.

P4.55 메탄올(CH_3OH)은 두 가지 반응경로를 통해 포름알데히드(HCHO)로 전환된다. 하나는 메탄올이 분해되어 포름알데히드와 수소(H_2)로 전환되는 경로이고, 다른 하나는 산화되어 포름알데히드와 물(H_2O)로 전환되는 경로이다.

$$CH_3OH \rightarrow HCHO + H_2$$

$$CH_3OH + \tfrac{1}{2}O_2 \rightarrow HCHO + H_2O$$

99 mol%의 메탄올과 1 mol%의 불활성 오염물질을 함유하고 있는 혼합물을 포름알데히드 공장의 공급원료로 사용한다. 공정에는 200 kgmol/h의 O_2와 함께 이 혼합물 1000 kgmol/h이 새 원료로 공급된다. 새 원료는 재순환흐름과 혼합되어 반응기에 공급된다. 이 반응기에서 얻어지는 메탄올의 전환율은 25%이다. 산소는 반응기에서 모두 소비된다. 반응기 유출물은 분리기에 보내어져 포름알데히드, 물, 수소는 제거되고, 메탄올과 오염물질은 반응기의 원료에 재순환된다. 반응기에서 오염물질의 농도를 조절하기 위해 재순환흐름에서 퍼지흐름이 분리된다. 재순환흐름에서 허용되는 최대 오염물질은 메탄올 100 mol당 오염물질 10 mol이다. 흐름선도를 그리고 DOF 분석을 하라. (a) 메탄올이 생성물로 전환되는 총괄 전환율, (b) 포름알데히드의 생산속도, (c) 퍼지:재순환 비, (d) 재순환:새로운 메탄올의 공급비를 구하라.

P4.56 아민은 암모니아의 유도체로, 이는 샴푸에 첨가되어 거품을 일으키고, 카펫 섬유의 구성단위로 사용되며, 썩은 생선의 악취를 유발한다. 산업적으로 아민은 고체 촉매를 사용하여 알코올과 암모니아로부터 생산되며, 부산물로 물이 생산된다. 알코올은 알켄 탄화수소로부터 생산된다. 알켄으로부터 아민을 직접 합성하는 경로는 알코올 중간체를 생산하는 비용을 피할 수 있다.

당신의 상사는 같은 반응기에서 두 가지 반응을 촉매작용함으로써 이 합성경로를 달성할 수 있는 새로운 촉매에 대한 보고서에 매우 큰 관심을 보이고 있다. 예를 들어, 부텐(C_4H_8), CO, H_2, 디메틸아민[$(CH_3)_2NH$]이 반응하여 부산물로 H_2O와 함께 분자식 $C_7H_{17}N$을 갖는 아민을 생성한다.

불행하게도 이 반응은 선형 아민과 가지형 아민의 혼합물을 생성하며, 선형 아민만이 상업적으로 관심의 대상이 되고 있다.

다음은 실험실 규모의 반회분 반응기에서 수행된 실험 자료이다. 부텐과 15 mmol의 디메틸아민은 초기에 표에 나열된 몰비로 유기 용매에 용해시켰다. CO와 H_2는 과잉 몰로 반응기를 통해 연속적으로 흐른다.

Temperature, °C	Moles butene/mole dimethylamine initially	Conversion of dimethylamine, %	Selectivity, linear amine, %
100	1.2:1	54	65
120	1.2:1	82	60
140	1.2:1	99	52

각 경우에 대해 실험 종료 시에 반응기에 들어 있는 부텐, 디메틸아민, 총 아민, 선형 아민의 mmol 수를 구하라. 선형 아민 생산을 위한 대규모 공정을 설계해야 한다고 상상해보라. 반응기 운전 온도가 공정흐름선도를 어떻게 바꾸는지를 생각해보라. 어느 운전 온도를 선택하겠는가? 답을 설명하라.

P4.57 PET는 2 L 플라스틱 소다 음료수병을 만드는 데 사용되는 고분자물질로써 테레프탈산(TA; HOOC-C_6H_4-COOH)을 중합시켜 만든다. 당신 회사에서 수행하는 TA 합성에서는 *p*-자이렌($CH_3C_6H_4CH_3$)을 10 wt%의 아세트산(CH_3COOH)에 용해시키고, 이 혼합물에 20% 과잉공기(원하는 반응 기준)가 통과하면서 거품을 일으킨다. 반응은 특허 등록된 고체 촉매상에서 일어나며, 원하는 생성물에 대해 100%에 달하는 전환율과 선택도가 얻어진다. 그러나 아세트산의 약 10%는 CO_2와 H_2O로 완전히 산화되고 반응은 매우 많은 에너지를 소비하므로 새로운 공정을 찾기 위한 연구가 계속되고 있다. 어느 날 Connie라는 화학자가 흥미로운 결과를 가지고 사무실에 들렀다. 그녀는 매우 묽고 저렴한 염을 촉매로 사용하여 과산화수소(H_2O_2)와 *p*-자이렌을 초임계수에 용해시키는 공정을 발견하였다. 과산화수소는 O_2와 H_2O로 분해되고 O_2는 *p*-자이렌과 반응하여 TA가 생성된다. Connie는 소형반응기에서 화학양론비로 반응물을 사용하여 시간당 약 10 g의 TA를 생산했으며 수율은 70% 이상, 선택도는 90% 이상이었다.

새로운 공정을 기존 공정과 비교하여 평가하라. 단순화된 블록흐름선도를 스케치하고, 이용 가능한 자료와 100 kg/day의 TA 생산량을 계산기준으로 사용하여 각 공정에 대한 공정흐름 계산을 행하라. Connie의 아이디어를 따르겠는가? 따르는 이유는 무엇인가? 따르지 않는 이유는 무엇인가?

P4.58 암모니아(NH_3)와 메탄올(CH_3OH)은 촉매하에서 반응하여 메틸아민(CH_3NH_2)을 생성하며, 이는 일부 고분자물질과 의약품 생산에 유용한 중간체이다. 메틸아민은 동일한 촉매하에서 더 반응하여 디메틸아민($(CH_3)_2NH$)을 생산하며, 이는 특수 용매로 시장이 제한적이다. 물은 두 반응 모두에서 부산물이다.

당신은 공정 연구실에서 특허 받은 새로운 촉매로 메틸아민 생산을 시험하고 있다. 한 실험에서는 실험실 규모의 반응기에 메탄올 100 gmol/h와 암모니아 100 gmol/h를 공급한다. 반응기 유출물은 포집하여 분석을 의뢰하였다. 분석 결과, 유출물에는 암모니아 20.0 mol%, 메탄올 9.4 mol%, 메틸아민 18.6 mol%, 디메틸아민 10.9 mol% 그리고 나머지는 물이 함유되어 있다.

메탄올과 암모니아로부터 메틸아민을 만드는 반응 (R1)과 메틸아민과 메탄올로부터 디메틸아민을 만드는 반응 (R2)에 대해 화학양론 계수를 맞춘 식을 적어라. 원소수지를 사용하여 실험실 분석이 합리적인지 확인하라. 실험자료로부터 (a) 메탄올의 전환율, (b) 메탄올에 기초한 메틸아민의 수율, (c) 메탄올에 기초한 메틸아민의 선택도, (d) 반응속도 $\dot{r}_1$(gmol/h), (d) 반응속도 $\dot{r}_2$(gmol/h)를 구하라.

P4.59 포름알데히드(HCHO)는 메탄올(CH_3OH)의 부분 산화에 의해 생산된다. 몇 가지 부반응도 동시에 일어나서 포름산(HCOOH), CO, CO_2, H_2O가 생성된다.

한 작업공정에서 공기(21 mol% O_2, 79 mol% N_2)가 새로운 메탄올 및 재순환 메탄올과 혼합되어 반응기에 공급된다. 반응기 유출물은 분리기로 보내져 세 가지 흐름, 즉 액체 생성물 흐름, 재순환되는 순수한 메탄올 흐름, 바깥으로 보내지는 배출가스 흐름이 만들어진다. 당신의 임무는 이 공정이 얼마나 잘 운전되는가를 평가하는 것이다. 공정의 여러 지점에서 시료를 채취하여 다음의 사실을 알았다. (a) 반응기 입구 흐름은 35 mol% CH_3OH이며, (b) 재순환된 메탄올은 순수하고, (c) 배출가스는 10.9 mol% H_2, 6.0 mol% CO_2, 0.3 mol% CO, 81.9 mol% N_2, 0.9 mol% O_2를 함유하고 있으며, (d) 액체 생성물 흐름에는 HCOOH와 H_2O가 30.3 mol% HCOOH로 들어 있다.

반응기에서 일어나는 모든 반응을 완진하게 기술하는 일련의 화학양론 계수를 맞춘 독립 화학반응식을 작성하라. DOF 분석을 사용하여 공정 운전을 완전하게 설명하기에 충분한 흐름조성들이 분석되었는지를 알아보라. 공정에 공급되는 메탄올 100몰당 두 가지 가치 있는 생성물, 즉 포름알데히드와 포름산의 생산속도를 구하라. 그런 다음 다른 모든 유량을 구하라. 끝으로 포름알데히드가 포름산보다 더 가치 있는 생성물이라면 공정 운전을 어떻게 조정해야 할 것으로 생각되는가?

P4.60 메탄올(CH_3OH)은 원래 나무를 증류하여 만들었다. 그러나 지금은 대부분이 메탄과 물로부터 메탄올을 생산한다. *증기 개질기*에서 다음 두 가지 반응

이 일어난다.

$$CH_4 + H_2O \rightarrow CO + 3H_2 \quad \textbf{(R1)}$$

$$CH_4 + 2H_2O \rightarrow CO_2 + 4H_2 \quad \textbf{(R2)}$$

증기 개질은 원하지 않는 부반응을 억제하기 위해 2배 과잉증기를 사용하여 행한다. (R1)과 (R2)의 상대적 중요성은 반응기 온도에 따라 다르다. 즉, 높은 온도(1500~1800°F)에서는 (R1)이 유리하며, 반면에 낮은 온도(600~700°F)에서는 (R2)이 유리하다. 일반적인 반응기 압력은 300 psig이다. 이러한 조건에서 모든 메탄은 생성물로 전환된다.

증기 개질기에서의 생성물은 고압(4500 psig)과 중간 온도(500~600°F)에서 운전되는 촉매 반응기로 보내진다. 다음 두 가지 반응이 일어난다.

$$CO + 2H_2 \rightarrow CH_3OH \quad \textbf{(R3)}$$

$$CO_2 + 3H_2 \rightarrow CH_3OH + H_2O \quad \textbf{(R4)}$$

반응기에 공급된 CO/CO_2의 약 15%가 메탄올로 전환된다.

사용 가능한 메탄은 2%의 N_2로 오염되어 있다. 메탄올과 물은 냉각과 응축을 통해 CO, CO_2, H_2로부터 쉽게 분리할 수 있다. CO와 CO_2는 흡수에 의해 H_2와 N_2로부터 분리할 수 있다. 두 번째 반응기에서 요구되는 고압으로 가스를 압축하는 것은 돈이 많이 든다.

당신의 임무는 이 정보를 기반으로 연간 6천만 파운드의 메탄올을 만드는 공정을 설계하는 것이다. 당신이 선호하는 설계를 보여주는 블록흐름선도를 스케치하라. 각 흐름에서의 화학종을 나타내라. 당신의 흐름도가 다른 대안의 배열보다 우수하다고 생각하는 이유를 두 문단 정도로 작성하라. 증기 개질기를 고온에서 운전할 것인지 혹은 저온에서 운전할 것인지를 보여라. *공정흐름을 계산할 필요는 없다.*

설계 문제

P4.61 무수프탈산($C_8H_4O_3$-줄여서 PA라고 하자)은 비닐 노트와 자동차 인테리어에 사용되는 가소제를 합성하는 데 널리 사용된다. 이를 생산하는 공정은 나프탈렌($C_{10}H_8$)의 부분 산화를 사용한다. 이 공정은 나프탈렌의 전환율 90%, PA에 대한 선택도는 85%로 운전된다. 부산물은 CO_2와 물이다.

당신은 *o*-자이렌(C_8H_{10})의 부분산화에 의해 PA의 생산을 촉진시키는 새로운 촉매를 연구하고 있다. 실험실 실험에서 PA에 대한 선택도를 65%로 하고서 75%의 자이렌 전환율이 얻어졌다. 원하지 않는 부산물은 짐작하는 것과 같이 CO_2와 물이다.

당신의 임무는 새로운 공정으로 전환하는 데 대한 경제적 타당성을 분석하는 것이다. 먼저 각 반응경로를 이용하여 1주에 2톤의 PA를 생산하는 반응기에 필요한 원료량을 구하라. 나프탈렌, *o*-자이렌 및 PA의 현재 가격을 조사하고, 재료비만을 기준으로 영업손익을 계산하라. 공기는 무료이고, 연소 생성물은 가치가 없다고 가정한다. 어느 공정을 추천하는가? 반응

생성물은 분리 가능하다고 가정하고 새로운 공정흐름도를 전개하라. 최적의 공정흐름도는 어떤 모양인가? 이것이 공정의 경제성을 어떻게 변화시키며, 그리고 반응경로 선택에 대한 당신의 생각을 어떻게 변화시키는가? 경제성 외에 선택에 영향을 미칠 수 있는 다른 고려 사항이 있는가?

P4.62 폴리염화비닐(PVC)은 염화비닐(C_2H_3Cl)을 촉매중합시켜 생산하며, 플라스틱 파이프나 필름과 같은 제품을 만드는 데 광범위하게 사용된다. 당신의 과제는 염화비닐을 만드는 공정을 설계하는 것이다. 합성 화학 문헌을 간단히 조사해보면, 염화비닐 또는 유사한 분자와 관련된 반응들을 찾을 수 있다.

$$C_2H_2 + HCl \rightarrow C_2H_3Cl \quad \textbf{(1)}$$

$$C_2H_4 + Cl_2 \rightarrow C_2H_4Cl_2 \quad \textbf{(2)}$$

$$C_2H_4Cl_2 \rightarrow C_2H_3Cl + HCl \quad \textbf{(3)}$$

$$2\ HCl + \tfrac{1}{2}O_2 + C_2H_4 \rightarrow C_2H_4Cl_2 + H_2O \quad \textbf{(4)}$$

$$C_2H_4Cl_2 + NaOH \rightarrow C_2H_3Cl + H_2O + NaCl \quad \textbf{(5)}$$

이 다섯 가지 반응을 혼합하고 일치시켜 염화비닐 생산을 위한 몇 가지 다른 반응경로를 제시하라. 아래의 시장 가격을 사용하여 어떤 경로가 가장 유망해 보이는지 분석하라.

Ethylene:	\$0.43/lb
Dichloroethane:	\$0.26/lb
Acetylene:	\$1.71/lb
Chlorine:	\$0.20/lb
Hydrogen chloride:	\$0.93/lb
Sodium hydroxide:	\$1.13/lb
Vinyl chloride:	\$0.44/lb

열거된 반응들에 대해 문헌자료와 파일럿 플랜트 연구로부터 다음의 정보가 얻어졌다.

반응 (1)은 촉매를 사용하고 120°C, 5 atm에서 진행한다. 100%의 반응기 일회통과 전환율을 달성할 수 있다.

반응 (2)는 촉매를 사용하고 95°C, 3 atm에서 진행한다. 이 조건하에서는 90%의 전환율을 얻을 수 있다.

반응 (3)은 촉매를 사용하고 400°C, 20 atm에서 진행한다. 80%의 반응기 일회통과 전환율을 달성할 수 있다.

반응 (4)는 촉매를 사용하고 300°C, 5 atm에서 진행한다. 70%의 반응기 일회통과 전환율을 달성할 수 있다.

반응 (5)는 촉매를 사용하고 80°C, 4 atm에서 진행한다. 100%의 반응기 일회통과 전환율을 달성할 수 있다.

디클로로에탄은 반응 (2)와 (5)의 조건에서는 액체이며, 반응 (3)과 (4)의 조건에서는 증기이다. 염화비닐과 에틸렌은 열거된 4가지 반응 조건 모두에서 증기이다.

또한 다음의 제약조건들이 적용된다.

(a) 생성물인 염화비닐에는 불순물이 허용되지 않는다.
(b) 원료물질인 에틸렌에는 2%의 탄소 입자를 함유하고 있다.
(c) 반응 (2)의 원료에는 단지 순수한 Cl_2와 C_2H_4만 허용된다.
(d) 반응 (3)의 원료에는 단지 순수한 $C_2H_4Cl_2$만 허용된다.
(e) 반응 (4)의 원료에는 $C_2H_4Cl_2$ 또는 C_2H_3Cl이 있어서는 안 된다.
(f) 반응 (5)의 원료에는 C_2H_4 또는 HCl이 없어야 한다.

염화비닐을 생산하기 위한 대체 처리 체계를 2~3가지 고안하라. 각 체계에서 요구되는 주요 분리 방법들을 찾아보라. 원료공급 문제나 공장 고장에 대한 허용값을 고려하라.

제 5 장

반응기는 왜 완전하지 못한가?: 반응평형과 반응속도론

Why Reactors Aren't Perfect: Reaction Equilibrium and Reaction Kinetics

▶ 이 장에서는

화학반응평형과 화학반응속도론이 반응기 성능에 미치는 영향을 고려하고, 최적의 산물을 얻기 위한 반응기를 설계하고 운전하는 방법에 대해 다룬다. 전문가가 되지는 못해도 반응기의 내부 작동에 대한 더 깊은 통찰력을 얻게 될 것이다.

이 장에서는 다음과 같은 항목을 다룬다.

- 화학반응 열역학과 화학반응속도론이 반응기 설계에 어떤 영향을 주는가?
- 반응기의 최적 온도와 압력은 어떻게 선택하는가?
- 모든 반응기에서 반응물이 완전히 생성물로 전환되지 않는 이유는 무엇인가?

▶ 학습 용어

제5장에서는 다음과 같은 용어들을 배우게 된다.

화학반응평형(chemical reaction equilibrium)
화학반응속도론(chemical kinetics)
촉매(catalyst)
Gibbs 반응 에너지(Gibbs energy of reaction)
반응엔탈피(enthalpy of reaction)
Gibbs 생성 에너지(Gibbs energy of formation)
생성엔탈피(enthalpy of formation)

▶5.1 서론

반응기 성능에 대한 척도로는 *어떤* 것들이 있는지는 설명하였지만 *그 이유*는 설명하지 않았다. 높은 일회통과 전환율을 달성하지 못하는 이유는 무엇인가? 높은 선택도를 달성하지 못하는 이유는 무엇인가? 반응기 성능을 제한하는 두 가지 주요 인자는 화학반응평형과 화학반응속도론이다. 이들 각 주제에 대해 책을 쓸 수도 있다(실제로 많은 사람들이 그렇게 하고 있다!). 앞으로 더 많이 배우게 될 것이므로 여기서는 이들에 대해 간단히 소개하는 정도로 다룬다.

5.1.1 ▸ 화학반응평형상수 K_a

반응물 A와 B가 생성물 P와 폐기물 W로 전환되는 다음과 같은 간단한 반응을 생각해보자.

$$2A + B \rightarrow P + 3W$$

만약 A와 B가 반응하여 P와 W를 생성하는 경우에 P와 W가 반응하여 A와 B를 생성할 수 있는가?

$$P + 3W \rightarrow 2A + B?$$

이론적으로 답은 예이다. 화학반응은 어느 방향으로나 진행될 수 있다.

정반응과 역반응이 동시에 일어나는 것을 나타내는 한 가지 방법은 다음과 같이 양방향 화살표를 사용하는 것이다.

$$2A + B \rightleftarrows P + 3W$$

실제 경우에 엔지니어들은 반응물이 원하는 생성물로 변하는 정반응은 원하지만 생성물이 반응물로 변하는 역반응은 원하지 않는다. 그러나 역반응은 너무 자주 일어난다. **화학반응평형**(chemical reaction equilibrium)을 평가함으로써 역반응을 어느 정도 고려해야 하는지 판단할 수 있다. 최대 가능 반응진척도를 구할 수 있으며, 화학반응평형 제약조건에 의해 주어진 한계 내에서 반응기 변수를 조정하여 최상의 전환율과 선택도를 달성할 수 있다.

반응계가 화학평형에 도달하면 반응물과 생성물의 농도는 시간에 따라 변하지 않는다. 평형에서 반응물과 생성물의 농도는 **화학반응평형상수**(chemical equilibrium constant) K_a로 정량화된다.

$$K_a = \prod_{\text{all } i} a_{i,\text{eq}}^{\nu_i} \tag{5.1}$$

여기서 $a_{i,\text{eq}}$는 계가 *평형에 있을 때* 화합물 i의 **활동도**이고, ν_i는 반응에서 화합물 i의 화학양론 계수이며, Π는 반응에 참여하는 모든 화합물의 활동도 곱이 계산된다는 것을 나타낸다.

설명 ▸ 다음 반응의 경우에

$$2A + B \rightleftarrows P + 3W$$

화학평형상수는 다음과 같다.

$$K_a = a_{A,eq}^{-2} a_{B,eq}^{-1} a_{P,eq} a_{W,eq}^{3} = \frac{a_{P,eq} a_{W,eq}^{3}}{a_{A,eq}^{2} a_{B,eq}}$$

*활동도*라는 단어에는 매우 익숙하지만 아마도 화학적 의미는 그렇지 않을 것이다. 화합물의 활동도는 다성분 혼합물에서 해당 화합물의 "화학 포텐셜"과 관련이 있다. 활동도는 혼합물 내 각 화합물의 양뿐만 아니라 혼합물의 상(phase)과도 관련이 있다. 지금까지 혼합물에서 화합물 i의 몰분율을 나타내기 위해 z_i를 사용하였다. 화학반응평형에서는 물질의 **상**을 추적하는 것이 중요하다. 통상적으로 y_i는 기상에 있는 화합물 i의 몰분율, x_i는 액상에 있는 화합물 i의 몰분율, x_{iS}는 고체상에 있는 화합물 i의 몰분율을 나타낸다. 상이 규정되지 않았거나 혼합물에 2개 이상의 상이 포함된 경우에 전체 혼합물의 몰분율을 고려할 때도 z_i를 사용한다.

설명 ▸ 어떤 증기-액체 혼합물이 40 gmol의 A와 60 gmol의 B를 포함하고 있다. 혼합물(F)이 드럼에 공급되어 증기상과 액체상으로 분리된다. 증기흐름(V)은 35 gmol A와 5 gmol B를 포함하고 있으며, 액체흐름(L)은 5 gmol의 A와 55 gmol의 B를 포함하고 있다. 이 공정의 경우,

$$z_{AF} = 0.4 \qquad z_{BF} = 0.6$$
$$y_{AV} = 0.875 \qquad y_{BV} = 0.125$$
$$x_{AL} = 0.083 \qquad x_{BL} = 0.917$$

열역학 수업에서 배우게 될 활동도에는 더 *많은* 것이 있지만, 이 책에서는 간단하게 다음과 같이 나타낸다.

$$\boxed{a_i = y_i P/1 \text{ atm}} \qquad \text{if } i \text{ is in the vapor phase} \qquad \textbf{(5.2a)}$$

여기서 P는 전압(atm)이다.

$$\boxed{a_i = x_i} \qquad \text{if } i \text{ is in the liquid phase} \qquad \textbf{(5.2b)}$$

$$\boxed{a_i = 1} \qquad \text{if } i \text{ is in the solid phase} \qquad \textbf{(5.2c)}$$

이러한 간략화된 식이 얻어지기까지는 여러 가지 가정들이 주어졌다. 증기상 화합물의 경우 증기가 이상기체 혼합물처럼 거동한다고 가정한다. 액상 화합물의 경우 이러한 가정은 (1) 물 또는 다른 용매 내에 있는 화합물의 희석 용액인 경우에,

(2) 크기와 화학적 형태가 비슷한 두 개 이상의 화합물이 혼합된 액상 혼합물의 경우에 상당히 좋다. 고상 화합물의 경우 고체상이 순수하면 이러한 가정이 좋다.

식 (5.1)을 이용하여 화학반응식으로부터 K_a에 대한 식을 유도하기 위해서는 반응은 화학양론 계수가 맞아야 하고, 반응물과 생성물의 상을 알아야 한다. 화학반응에서 화합물의 상은 분자식 바로 뒤에 기체(증기)상은 (g), 액체상은 (l), 고체상은 (s)로 표기한다.

끝으로, K_a의 차원에 대해 살펴보자. 활동도 계수 a_i는 무차원이기 때문에 K_a도 역시 무차원이다.

예제 5.1 ▸

K_a에 대한 식 유도: 3가지 경우

다음의 각 경우에 K_a에 대한 식을 몰분율과 압력의 항으로 유도하라.

경우 1. 암모니아의 기상 합성:

$$N_2(g) + 3H_2(g) \rightleftarrows 2NH_3(g)$$

경우 2. 묽은 수용액 내에서 살리실산과 아세트산으로부터 아스피린(아세트살리실산)의 합성

$$C_6H_4(OH)COOH(l) + CH_3COOH(l) \rightleftarrows C_6H_4(OCOCH_3)COOH(l) + H_2O(l)$$

경우 3. 황산바륨 광석을 황화바륨으로 환원

$$BaSO_4(s) + 4CO(g) \rightleftarrows BaS(s) + 4CO_2(g)$$

(g), (l), (s)는 반응물 또는 생성물이 각각 기상, 액상, 고상이라는 것을 나타낸다.

› 풀이

경우 1.

$$K_a = \frac{a^2_{NH_3,eq}}{a_{N_2,eq}\,a^3_{H_2,eq}} = \frac{(y_{NH_3,eq}P)^2}{(y_{N_2,eq}P)(y_{H_2,eq}P)^3} = \frac{(y_{NH_3,eq})^2}{(y_{N_2,eq})(y_{H_2,eq})^3}\frac{1}{P^2}$$

기상 반응의 K_a에 대한 식은 반응이 진행됨에 따라 총 몰수에 변화가 있는 경우 압력항을 포함하고 있다는 점에 유의하라.

경우 2. 아스피린은 A, 살리실산은 SA, 아세트산은 AA, 물은 W라 두면 다음과 같다.

$$K_a = \frac{(x_{A,eq})(x_{W,eq})}{(x_{SA,eq})(x_{AA,eq})}$$

이것은 조금 까다롭다. 이 반응은 묽은 수용액에서 일어난다. 따라서 평형에 있는 계에서 물의 몰분율 $x_{W,eq}$는 반응에 의해 생성되는 물뿐만 아니라 계에서의 모든 물을 포함한다. 성분(물 이외의)이 묽기 때문에 때로는 $x_{W,eq} \approx 1$이라 둘 수 있다.

$$K_a \approx \frac{(x_{A,eq})}{(x_{SA,eq})(x_{AA,eq})}$$

Quiz 5.1

기상반응 $2A \rightleftarrows B + C$를 고려해보자. K_a에 대한 식을 A, B, C의 몰분율의 항으로 나타내 보라. 식에 압력항이 들어 있는가?

경우 3. 황산바륨과 황화바륨은 두 개의 분리된 고체상을 형성한다. (두 고체는 미시적 규모에서는 혼합된 것처럼 보일 수 있지만, 분자 규모에서는 혼합되지 않는다.) 따라서 각 고체의 활동도는 1이다. 그리고

$$K_a = \frac{(a_{\mathrm{BaS,eq}})(a_{\mathrm{CO_2,eq}})^4}{(a_{\mathrm{BaS,eq}})(a_{\mathrm{CO,eq}})^4} = \frac{(1)(y_{\mathrm{CO_2,eq}}P)^4}{(1)(y_{\mathrm{CO,eq}}P)^4} = \frac{y^4_{\mathrm{CO_2,eq}}}{y^4_{\mathrm{CO,eq}}}$$

표기를 단순화하기 위해 이 장의 나머지 부분에서는 아래 첨자 "eq"를 생략하기로 한다. 그러나 K_a와 몰분율 사이의 관계는 *단지* 반응 혼합물이 평형에 있을 때만 성립한다는 것을 기억하는 것이 매우 중요하다.

5.1.2 ▸ Gibbs 반응 에너지

당신은 지금 무엇을 하고 있는지 생각해보라. 아마도 당신은 앉아서 책을 읽고, 숨을 쉬고, 소다수를 마시고 있을 것이다. 아마도 당신은 생각중일 것이다. 당신은 최저 에너지 상태에 있는 것은 아니다. (만약 그렇지 않다면 당신은 바닥에 죽어 있거나 부패한 시체가 되어 있을 것이다.)

화학반응 평형상수 K_a는 반응계의 최저 에너지 상태와 관련이 있다. 계의 에너지 상태를 나타내는 방법에는 여러 가지가 있다. 지금 관심이 있는 것은 **Gibbs 에너지**(Gibbs energy)라고 불리는 한 종류의 에너지이며, 이를 G로 표시한다. 화학 반응계와 같이 계가 평형에 있을 때 G는 최소가 된다(그러나 G가 0은 아님)(그림 5.1). 화학반응이 더 일어나서 G가 더 낮아질 수 있다면 계는 화학적으로 평형을 이루지 못한다. 화학적으로 반응하고 있는 계의 G는 반응이 평형으로 진행함에 따라 변한다. 반응이 반응물에서 생성물로 진행함에 따른 G의 변화를 **Gibbs 반응 에**

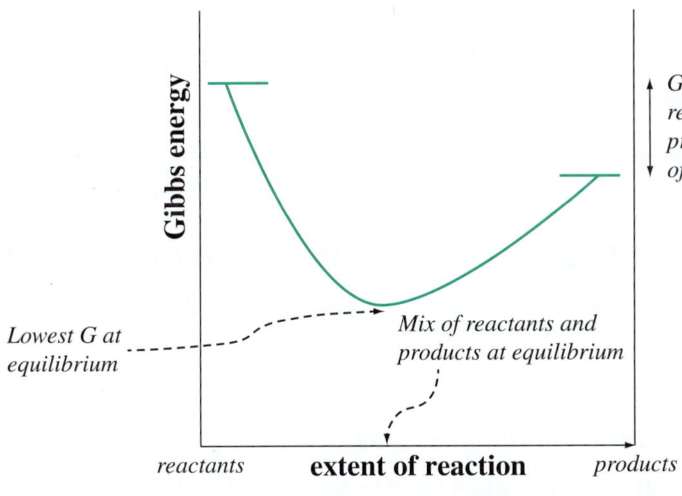

그림 5.1 반응계의 Gibbs 에너지 G는 반응물에서 생성물로 반응이 진행됨에 따라 변한다. 평형은 G가 반응경로를 따라 가장 낮은 지점에 도달할 때 도달하므로 평형에서 반응진척도, 반응물과 생성물의 혼합물을 결정해준다. Gibbs 반응 에너지는 생성물과 반응물 사이의 G의 차이다.

너지(Gibbs energy of reaction)라고 하며, $\Delta\hat{G}_r$로 표시한다. ("모자" 표시는 반응 1몰당 Gibbs 에너지 변화임을 나타낸다.) 음의 $\Delta\hat{G}_r$값은 생성물이 반응물보다 낮은 Gibbs 에너지를 가지므로 평형이 *생성물* 형성에 유리하다는 것을 나타낸다. 양의 $\Delta\hat{G}_r$값은 그 반대이다. $\Delta\hat{G}_r << 0$이면 반응은 실제로 비가역적이며 생성물로의 평형 전환율은 거의 100%에 도달한다. $\Delta\hat{G}_r >> 0$이면 반응은 많이 진행되지 "않으며" 생성물로의 전환율이 0%에 가깝다. 엔지니어들은 음수인 $\Delta\hat{G}_r$을 선호한다.

$\Delta\hat{G}_r$은 반응물을 생성물로 전환하기 위한 열역학적 구동력을 나타낸다. 따라서 인류에게 알려진 모든 반응의 $\Delta\hat{G}_r$ 표를 이용할 수 있다면 편리할 것이다. 그것은 상당히 긴 표가 될 것이다! 다행스럽게도 이 문제를 해결할 수 있는 방법이 있는데, *표준상태*(일반적으로 298 K, 1 atm)에서의 $\Delta\hat{G}_r$을 구하는 것이다. 이 값을 **표준 Gibbs 반응 에너지**(standard Gibbs energy of reaction)라고 하며, 표준상태를 나타내기 위하여 작은 위첨자 "°"를 사용하여 $\Delta\hat{G}_r^\circ$와 같이 나타낸다. $\Delta\hat{G}_r^\circ$을 구하기 위해서는 반응물과 생성물의 **표준 Gibbs 생성 에너지**(standard Gibbs energy of formation) $\Delta\hat{G}_{i,f}^\circ$를 알아야만 한다. 부록 B에 일반적인 화합물들에 대한 $\Delta\hat{G}_{i,f}^\circ$ 값의 표가 주어져 있다.

$\Delta\hat{G}_{i,f}^\circ$는 표준 온도와 표준 압력하에서 자연 상태 및 집합체 상태에 있는 원소로부터 화합물 i를 만드는 것과 관계되는 Gibbs 에너지 변화이다. "원소의 자연 상태와 집합체 상태에서"라는 구절은 약간의 설명이 필요하다. 이 구절은 모든 원소들이 자연적으로는 단원자 화합물로 존재하지 않기 때문에 필요하다. 예를 들어, 298 K, 1 atm에서 자연 상태와 집합체 상태의 산소는 O_2(g), 수소는 H_2(g), 헬륨은 He(g), 브롬은 Br_2(l), 탄소는 C(s), 황은 S_8(s)이다. 298 K, 1 atm에서 그리고 자연 상태와 집합체 상태의 원소의 경우에 $\Delta\hat{G}_{i,f}^\circ = 0$이다.

$\Delta\hat{G}_r^\circ$는 $\Delta\hat{G}_{i,f}^\circ$로부터 구할 수 있다.

$$\Delta\hat{G}_r^\circ = \sum \nu_i \Delta\hat{G}_{i,f}^\circ \tag{5.3}$$

여기서 ν_i는 화학종 i의 화학양론 계수이다(반응물의 경우는 음수, 생성물의 경우는 양수). $\Delta\hat{G}_{i,f}^\circ$는 화합물의 상에 따라 달라지므로 관심을 갖는 반응에서 화합물의 상을 기준으로 올바른 값을 선택하는 것이 중요하다.

설명 ▸ 부록 B로부터

Compound	CH_4(g)	O_2(g)	CO_2(g)	H_2O(g)	H_2O(l)
$\Delta\hat{G}_{i,f}^\circ$ kJ/gmol	−50.49	0	−394.37	−228.59	−237.19

다음 반응의 경우

$$CH_4(g) + 2O_2(g) \rightleftarrows CO_2(g) + 2H_2O(g)$$

$$\Delta\hat{G}_r^\circ = 50.49 + 0 - 394.37 - 228.59 = -572.47 \text{ kJ/gmol}$$

다음 반응의 경우

$$CH_4(g) + 2O_2(g) \rightleftarrows CO_2(g) + 2H_2O(l)$$

$$\Delta\hat{G}_r^\circ = 50.49 + 0 - 394.37 - 237.19 = -581.07 \text{ kJ/gmol}$$

$\Delta\hat{G}_{i,f}^\circ$, $\Delta\hat{G}_r^\circ$는 양수, 음수 또는 0일 수 있다. 부호에서 오류가 발생하기 쉬우므로 주의가 필요하다! $\Delta\hat{G}_r^\circ$는 화학양론 계수에 따라 달라지므로 수치값은 화학양론 계수를 맞춘 화학식의 형태에 따라 달라진다는 것을 아는 것이 중요하다!

Hint

Gibbs 에너지 변화는 반응물의 단위 몰당 또는 생성물의 단위 몰당이 아니라 반응의 단위 몰당으로 계산된다.

설명 ▸ 다음 반응의 경우:

$$NO(g) + 0.5O_2(g) \rightleftarrows NO_2(g)$$

부록 B에서 다음이 주어진다:

$$\Delta\hat{G}_{NO,f}^\circ = 86.57 \text{ kJ/gmol}$$

$$\Delta\hat{G}_{O_2,f}^\circ = 0 \text{ kJ/gmol}$$

$$\Delta\hat{G}_{NO_2,f}^\circ = 51.3 \text{ kJ/gmol}$$

$$\Delta\hat{G}_r^\circ = (-1)(86.57) + (-0.5)(0) + (1)(51.3) = -35.27 \text{ kJ/gmol}$$

다음 반응의 경우

$$NO_2(g) \rightleftarrows 0.5O_2(g) + NO(g)$$

$$\Delta\hat{G}_r^\circ = (1)(86.57) + (0.5)(0) + (-1)(51.3) = +35.27 \text{ kJ/gmol}$$

다음 반응의 경우

$$2NO(g) + O_2(g) \rightleftarrows 2NO_2(g)$$

$$\Delta\hat{G}_r^\circ = (-2)(86.57) + (-1)(0) + (2)(51.3) = -70.54 \text{ kJ/gmol}$$

Quiz 5.2

반응 $2NO_2(g) \rightleftarrows O_2(g) + 2NO(g)$의 경우에 $\Delta\hat{G}_r^\circ$은 얼마인가?

5.1.3 ▸ K_a 계산

이제 K_a의 값을 계산할 수 있는 충분한 정보를 가지고 있다. 그러나 계산은 표준상태 온도인 298 K에서만 가능하다. 식은 다음과 같다.

$$K_{a,298} = \exp(-\Delta\hat{G}_r^\circ/RT) \qquad \textbf{(5.4)}$$

단위에 대해 살펴보면, $\Delta\hat{G}_r$, $\Delta\hat{G}_r^\circ$, $\Delta\hat{G}_{i,f}^\circ$는 단위 몰당 에너지의 단위를 갖는다(예를 들면, kJ/gmol, cal/gmol 또는 Btu/lbmol). 식 (5.4)에서 R은 호환 가능한 단위를 가져야 한다. 적절한 R 값에는 8.3144 J/gmol K, 1.9872 cal/gmol K 또는 1.9872 Btu/lbmol °R이 있다. 식 (5.4)를 사용할 때 주의를 해야 한다. 일반적으로 다음과 같은 오류, 즉 $-\Delta\hat{G}_r^\circ$, R에 대해 동일한 단위를 사용하지 않거나, T에 대해 절대온도를 사용하는 것을 잊거나, 부호를 잘못 적거나, 또는 지수를 취하는 것을 잊어버리거나 하는 오류를 범한다.

설명 ▸ 다음 반응의 경우

$$NO(g) + 0.5O_2(g) \rightleftarrows NO_2(g)$$

$$\Delta\hat{G}_r^\circ = (-1)(86.57) + (-0.5)(0) + (1)(51.3) = -35.27 \text{ kJ/gmol}$$

$$K_{a,298} = \exp\left(\frac{-\Delta\hat{G}_r^\circ}{RT}\right) = \exp\left(\frac{-\left(-35.27\frac{\text{kJ}}{\text{gmol}}\right)\left(\frac{1000\text{ J}}{\text{kJ}}\right)}{\left(8.3144\frac{\text{J}}{\text{gmol K}}\right)(298\text{ K})}\right) = \exp(14.23)$$

$$= 1.52 \times 10^6$$

$\Delta\hat{G}_r^\circ$를 구하면 298 K에서 K_a를 계산할 수 있다. 그러나 대부분의 산업용 화학 반응기들은 298 K에서 운전되지 않는다. 막막한가? 다행하게도 이 문제는 또 다른 파라미터, 즉 **표준반응엔탈피**(standard enthalpy of reaction) $\Delta\hat{H}_r^\circ$를 사용하여 해결할 수 있다. 엔탈피는 또 다른 형태의 에너지 척도이지만, Gibbs 자유 에너지와 관련이 있다. $\Delta\hat{H}_r^\circ$는 $\Delta\hat{G}_r^\circ$와 유사한 방법으로 계산할 수 있다.

$$\Delta\hat{H}_r^\circ = \sum \nu_i \Delta\hat{H}_{i,f}^\circ \tag{5.5}$$

여기서 $\hat{H}_{i,f}^\circ$는 화합물 i의 표준 생성 엔탈피이며 부록 B의 표에서 $\Delta\hat{G}_{i,f}^\circ$ 바로 다음에 주어져 있다.

이제 $\Delta\hat{G}_r^\circ$, $\Delta\hat{H}_r^\circ$를 사용하여 임의 온도 T에서의 K_a를 구할 수 있다.

$$K_{a,T} = \exp\left(\frac{-\Delta\hat{G}_r^\circ}{298R} + \frac{\Delta\hat{H}_r^\circ}{R}\left(\frac{1}{298} - \frac{1}{T}\right)\right) \tag{5.6}$$

[식 (5.6)은 표준 온도가 298 K이고, T가 켈빈 단위일 때 적합하다. 켈빈 절대온도가 아닌 랭킨온도를 사용하는 경우에는 식을 수정해야 한다.] $T = 298$이면 식 (5.6)은 식 (5.4)와 같이 된다는 것에 주목하라.

설명 ▸ 다음 반응의 경우

$$NO(g) + 0.5O_2(g) \rightleftarrows NO_2(g)$$

부록 B에서 다음이 주어진다.

$$\Delta\hat{H}_{NO,f}^\circ = 90.25 \text{ kJ/gmol}$$

$$\Delta\hat{H}_{O_2,f}^\circ = 0 \text{ kJ/gmol}$$

$$\Delta\hat{H}_{NO_2,f}^\circ = 33.3 \text{ kJ/gmol}$$

$$\Delta\hat{H}_r^\circ = (-1)(90.25) + (-0.5)(0) + (1)(33.3) = -56.95 \text{ kJ/gmol}$$

1000 K에서 평형상수는

$$K_{a,T} = \exp\left(\frac{-\left(-35.27\dfrac{\text{kJ}}{\text{gmol}}\right)\left(\dfrac{1000\text{ J}}{\text{kJ}}\right)}{\left(8.3144\dfrac{\text{J}}{\text{gmol K}}\right)(298\text{ K})} + \frac{\left(-56.95\dfrac{\text{kJ}}{\text{gmol}}\right)\left(\dfrac{1000\text{ J}}{\text{kJ}}\right)}{\left(8.3144\dfrac{\text{J}}{\text{gmol K}}\right)}\left(\frac{1}{298} - \frac{1}{1000}\right)\right)$$

$$K_{a,T} = \exp(14.23 - 16.14) = 0.148$$

K_a 값은 다양한 반응과 다양한 온도에서 크기가 아주 큰 폭으로 달라진다(그림 5.2). $K_a >> 1$이면 반응은 비가역인 것으로 간주되며, 평형에서는 사실상 모든 반응물이 생성물로 전환된다. $K_a << 1$이면, 반응은 진행되지 "않는다". 이 범주에 속하는 반응은 산업적으로 의미가 없다. K_a의 크기는 $\Delta\hat{H}_r^\circ$의 크기와 부호에 따라 달라지며, 온도에 따라 급격하게 변할 수 있다. 식 (5.6)에서 알 수 있듯이 $\Delta\hat{H}_r^\circ < 0$이면 K_a는 T가 증가함에 따라 감소하고, 반면에 $\Delta\hat{H}_r^\circ > 0$이면 K_a는 T가 증가함에 따라 증가한다. 화학반응기에 대한 온도의 선택은 주요 설계 변수이며, 부분적으로는 원하는 평형의 정도에 기초한다.

K_a 계산: 에틸아세테이트 합성 ◀ 예제 5.2

에틸아세테이트는 산업적으로 중요한 용매이다. (아세테이트는 또한 여러 가지 과일들의 독특한 냄새의 원인이 되기도 한다.) 에틸아세테이트를 상업적으로 합성하는 경우에는 에탄올(C_2H_5OH)과 아세트산(CH_3COOH)을 액상에서 반응시켜 얻는다.

$$C_2H_5OH(l) + CH_3COOH(l) \rightleftarrows CH_3COOC_2H_5(l) + H_2O(l)$$

25°C에서 이 반응에 대한 K_a는 얼마인가? 80°C에서는 얼마인가?

› 풀이

먼저, 모든 반응물과 생성물에 대한 $\Delta\hat{G}_{i,f}^\circ$와 $\Delta\hat{H}_{i,f}^\circ$를 찾는다. 이들 값은 25°C, 1 atm에서 액상의 순수한 화합물을 생성하는 경우에 대한 것이다.

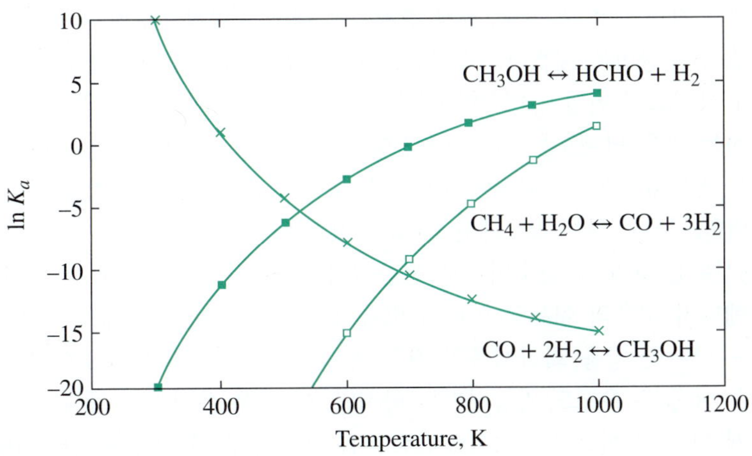

그림 5.2 화학평형상수는 온도에 따라 크게 변한다. ln $K_a > 0$인 반응이 좋다.

Quiz 5.3

그림 5.2에서 어떤 반응이 음의 반응 엔탈피를 갖는가? CO와 H_2로부터 메탄올을 생산하려 한다면 어떤 온도 범위를 선택하겠는가?

Species	ν_i	$\Delta\hat{G}^\circ_{i,f}$, kJ/gmol	$\Delta\hat{H}^\circ_{i,f}$, kJ/gmol
$C_2H_5OH(l)$	−1	−174.7	−277.6
$CH_3COOH(l)$	−1	−392.5	−486.2
$CH_3COOC_2H_5(l)$	+1	−318.4	−463.3
$H_2O(l)$	+1	−237.2	−285.8

다음에는 $\Delta\hat{G}^\circ_r$와 $\Delta\hat{H}^\circ_r$를 구한다.

$$\Delta\hat{G}^\circ_r = \sum \nu_i \Delta\hat{G}^\circ_{i,f} = (-1)(-174.7) + (-1)(-392.5) + (-318.4) + (-237.2)$$
$$= +11.6 \text{ kJ/mol}$$

$$\Delta\hat{H}^\circ_r = \sum \nu_i \Delta\hat{H}^\circ_{i,f} = (-1)(-277.6) + (-1)(-486.2) + (-463.3) + (-285.8)$$
$$= +14.7 \text{ kJ/mol}$$

표준상태 온도 298 K에서

$$K_a = \exp\left(\frac{-\Delta\hat{G}_r}{RT}\right) = \exp\left(\frac{-11{,}600 \text{ J/gmol}}{(8.3144 \text{ J/gmol K})(298 \text{ K})}\right) = 0.00926$$

80°C (353 K)에서의 K_a를 구하기 위하여 식 (5.6)을 사용한다.

$$\ln K_{a,353} = \frac{(-11{,}600 \text{ J/gmol})}{(8.3144 \text{ J/gmol K})(298 \text{ K})} + \frac{14{,}700 \text{ J/gmol}}{(8.3144 \text{ J/gmol K})}\left(\frac{1}{298} - \frac{1}{353}\right) = -3.757$$

$$K_{a,353\text{K}} = 0.0233$$

온도를 올리면 K_a가 증가하는데, 이는 평형에서 반응물이 생성물로 더 많이 전환되는 것을 의미한다. 이 반응은 가능한 한 높은 온도에서 진행시키는 것이 바람직하다. 그러나 혼합물을 액상 상태로 유지하는 것을 원하는 경우에는 온도가 제한된다.

5.1.4 ▸ 반응경로 선택 시 평형 고려사항

화학평형은 적절한 원료물질과 반응경로를 선택하는 데 있어 중요한 고려사항이다. 1장에서 원료 비용, 부산물, 원자 경제성에 대해 살펴봄으로써 대체 화학반응경로를 선별하는 방법을 배웠다. 이 모든 것이 중요한 기준이지만 실제 조건에서 화학반응이 실제로 일어날지 여부에 대해서는 고려하지 않았다. 반응경로의 타당성을 평가하는 다음 단계로는 화학반응평형을 고려하는 것이다. 경험적으로 $K_a \geq 1$인 반응을 찾는다. 완전한 평형에 도달하지 못하는 반응경로를 선정할 수밖에 없는 다른 특별한 이유가 있는 경우에만 더 낮은 값이 허용될 수 있다.

평형상수는 온도의 함수이므로 반응기 온도의 선택은 설계과정의 일부이다. 안전과 에너지 비용의 이유로 인하여 반응기 온도는 주변 온도에 가까운 것이 바람직하다. 단순한 상용 화학제품의 경우, 반응기 온도는 최대 500°C 정도까지가 적당하다. 더 높은 온도도 가능하기는 하지만, 이 경우 특별히 고려해야 할 사항들이 생기게 된다. 상한선은 약 1200°C로, 이는 뜨거운 불꽃의 온도이다. 고분자 물질이나 의약품과 같은 보다 복잡한 화학물질의 제조는 일반적으로 훨씬 낮은 온도

(약 25~100°C)에서 수행한다. 그 이유는 더 높은 온도에서는 화합물이 분해되기 때문이다.

반응경로 선택 시 화학평형 고려사항: 안전한 디메틸카보네이트 합성경로

◀ 예제 5.3

폴리카보네이트는 젖병에서부터 콤팩트디스크, 콘택트렌즈에 이르기까지 모든 제품에 사용되는 투명한 내충격성 고분자이다. 폴리카보네이트의 기존 제조법에서는 원료물질 중의 하나로 포스겐($COCl_2$)을 사용하는데, 포스겐은 매우 독성이 강한 화학물질이다. 더구나, 염소는 최종 생성물에 들어 있지 않으므로 원치 않는 염소화 부산물이 생성된다. 폴리카보네이트 제조를 위한 보다 환경 친화적인 접근 방식은 디메틸카보네이트(DMC)를 출발물질로 사용하는 것이다. 디메틸카보네이트는 폴리카보네이트 제조에 사용하는 것 외에도 연료 첨가제로, 그리고 리튬이온 배터리의 전해질로 사용할 수 있기 때문에 상업적으로 중요하다.

그러나 문제가 있다. 현재 DMC는 메탄올과 포스겐을 반응시켜 생산하고 있다.

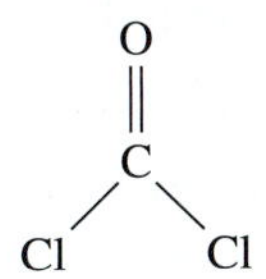

Phosgene, $COCl_2$

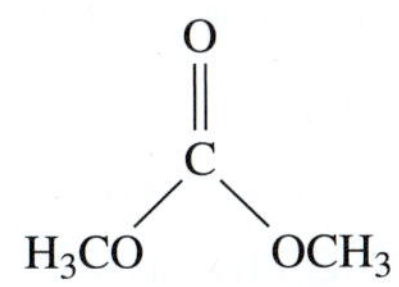

Dimethyl carbonate (DMC), $C_3H_6O_3$

$$COCl_2 + 2CH_3OH \rightleftarrows C_3H_6O_3 + 2HCl \qquad \textbf{(R1)}$$

포스겐을 사용하지 않으면서 DMC를 생산할 수 있는 대체 반응경로를 찾고 있다. 다음은 고려하고 있는 몇 가지 반응경로이다. 이들 모두 반응물 중 하나로 메탄올을 사용하며, 이들 모두 기체 상태에서 일어난다.

메탄올의 산화 카르보닐화(oxidative carbonylation of methanol):

$$2CH_3OH + CO + 0.5O_2 \rightleftarrows C_3H_6O_3 + H_2O \qquad \textbf{(R2)}$$

요소 메탄올 분해(urea methanolysis):

$$CON_2H_4 + 2CH_3OH \rightleftarrows C_3H_6O_3 + 2NH_3 \qquad \textbf{(R3)}$$

CO_2를 이용한 메탄올의 카르보닐화(carbonylation of methanol with CO_2):

$$2CH_3OH + CO_2 \rightleftarrows C_3H_6O_3 + H_2O \qquad \textbf{(R4)}$$

화학평형 고려사항을 기준으로 할 경우에 어느 경로를 선택하겠는가? 100°C에서 500°C까지의 운전 온도에서 살펴보라.

› 풀이

각 반응에 대한 화학반응 평형상수에 관한 정보가 필요하다. 부록 B의 자료에서 필요한 정보를 수집하고 각 반응의 화학양론 계수가 포함된 표로 정리한다. Gibbs 에너지와 엔탈피는 모두 기체 상태에서의 것이며 kJ/gmol 단위로 나타내고, 수치는 0.1 kJ까지로 반올림하였다.

	$\Delta\hat{G}^\circ_{f,i}$	$\Delta\hat{H}^\circ_{f,i}$	ν_{i1}	ν_{i2}	ν_{i3}	ν_{i4}
CH_3OH	−162.3	−200.9	−2	−2	−2	−2
$COCl_2$	−206.8	−220.1	−1			
CO	−137.3	−110.5		−1		
O_2	0.0	0.0		−0.5		
CON_2H_4	−152.7	−235.5			−1	
CO_2	−394.4	−393.5				−1
HCl	−95.3	−92.3	+2			
H_2O	−228.6	−241.8		+1		+1
NH_3	−16.6	−46.2			+2	
$C_3H_6O_3$	−452.4	−570.1	+1	+1	+1	+1

계산을 완료하기 전에 표에 주어진 정보를 간단히 살펴보자. 4가지 반응 모두에서 생산되는 DMC 1몰당 2몰의 메탄올이 소비된다. 4가지 다른 반응들을 비교해 보면, 반응물이 상대적으로 더 높은 Gibbs 에너지(less negative)를 가지고, 그리고 생성물이 상대적으로 더 낮은 Gibbs 에너지를 가지는 경우 평형상수가 더 유리하다는 점에 주목한다(그림 5.1을 다시 살펴보라). 반응물 중에서 CO_2가 매우 낮은(very negative) Gibbs 에너지를 가지므로 반응 R4는 우려된다는 것을 바로 알 수 있다. 생성물에서 보면 암모니아의 Gibbs 에너지가 상대적으로 높기 때문에 R3의 평형은 상대적으로 불리할 수 있다

이제 100°C(373 K), 500°C(773 K)에서 $\Delta\hat{G}^\circ_r$, $\Delta\hat{H}^\circ_r$, K_a를 계산한다. 결과는 표에 요약하였다. 음의 $\Delta\hat{H}^\circ_r$가 주어지므로 K_a는 모든 경우에 T가 증가함에 따라 감소한다.

	R1	R2	R3	R4
$\Delta\hat{G}^\circ_r$	−111.6	−219.1	−8.3	38.0
$\Delta\hat{H}^\circ_r$	−132.7	−299.5	−25.2	−16.6
$K_{a,373}$	8×10^{14}	7×10^{27}	3.7	6×10^{-8}
$K_{a,773}$	1.8×10^{5}	1.4×10^{6}	0.055	4×10^{-9}

R1과 R2의 경우 $K_a >> 1$이므로 R2는 화학평형 관점에서 포스겐 반응에 대한 매력적인 대안이다. 예상한 대로 R3는 덜 매력적이지만 여전히 실현 가능한데, 특히 낮은 온도에서는 더 그렇다. CO_2의 매우 큰 음의 Gibbs 에너지로 인해 R4는 실행 불가능하다. 즉, 평형이 반응물 쪽으로 멀리 떨어져 있어서 반응이 간단하게 "진행"되지 않는다. 이는 CO_2의 포집과 재사용에 많은 관심을 가져야 하는 불행한 상황이다.

이제 $\Delta\hat{G}^\circ_r$, $\Delta\hat{H}^\circ_r$로부터 계산할 수 있는 K_a[식 (5.6)]의 수치값을 평형 반응계에서 K_a를 몰분율과 관련시키는 방정식[식 (5.1)과 (5.2)]과 연관시키려 한다. 평형에

서 이들 수치값은 같아야 한다.

설명 ▸ 요소(U)와 메탄올(M)이 반응하여 디메틸카보네이트(DMC)와 암모니아(A)를 생산한다.

$$CON_2H_4(g) + 2CH_3OH(g) \rightleftarrows C_3H_6O_3(g) + 2NH_3(g)$$

$$K_a = \frac{y_{DMC}y_A^2}{y_U y_M^2}$$

373 K의 반응 혼합물은 요소 32 mol%, 메탄올 14 mol%, DMC 18 mol%, 암모니아 36 mol%를 포함하고 있으므로

$$\frac{y_{DMC}y_A^2}{y_U y_M^2} = \frac{(0.18)(0.36)^2}{(0.32)(0.14)^2} = 3.7$$

예제 5.3에서 $\Delta\hat{G}_r^\circ$, $\Delta\hat{H}_r^\circ$로부터 계산한 결과 $K_{a,373} = 3.7$이었다. 두 값이 일치하여 반응 혼합물이 평형에 있음을 나타낸다.

5.1.5 ▸ 화학반응평형과 전환율

산업적으로 중요한 많은 화학 반응기들은 반응기를 떠나는 물질이 화학평형에 있도록 운전된다. 비록 평형에 도달하지 않더라도 반응물과 생성물의 평형농도를 알면 반응기에서 일어날 수 있는 최상의 조건을 계산할 수 있다. 평형 제약조건에서 허용되는 것보다 더 높은 전환율은 얻을 수는 없다. K_a는 *평형에서*의 전환율을 계산할 수 있게 해주기 때문에 화학 반응계의 설계와 해석에 유용하다. 이러한 계산은 온도, 압력, 그리고 반응물 공급비와 같은 반응기 설계 변수들을 적절하게 선택할 수 있게 도와준다. 출구흐름이 평형에 도달하는 반응기의 경우 *달성 가능한 반응기의 성능은 물질 수지식과 결합된 화학반응 평형관계로부터 구할 수 있다.* 이 절에서는 K_a 값이 주어진 경우에 평형에서의 전환율을 계산하는 방법을 설명하고자 한다.

이러한 문제를 해결하기 위해 마찬가지로 물질수지식을 작성하고, 반응기 출구는 평형에 있다는 제약조건이 계성능규격을 제공해 준다는 것을 알고 있다. "요령"은 K_a에 대한 식 (5.1)을 물질 수지식과 연결하는 방법을 찾는 것이다. 정상 상태 연속흐름 반응기의 경우 다음과 같이 하면 된다.

(1) 모든 화합물에 대한 물질 수지식을 흐름 변수와 반응진척도의 항으로 작성한다.

$$\dot{n}_{i,\text{out}} = \dot{n}_{i,\text{in}} + \nu_i\dot{\xi}$$

(2) 다음 식을 사용하여 나가는 몰흐름 $\dot{n}_{i,\text{out}}$을 나가는 몰분율 $z_{i,\text{out}}$와 관련시킨다.

$$\frac{\dot{n}_{i,\text{out}}}{\dot{n}_{\text{out}}} = z_{i,\text{out}}$$

여기서 $\dot{n}_{\text{out}} = \sum_{\text{all } i} \dot{n}_{i,\text{out}}$이다.

(3) 식 (5.2)를 사용하여 K_a를 $z_{i,\text{out}}$의 항으로 나타내고, 그런 다음 물질 수지식에 대입하여 모든 $z_{i,\text{out}}$를 $\dot{\xi}$와 관련시킨다.

$$z_{i,\text{out}} = \frac{\dot{n}_{i,\text{in}} + \nu_i \dot{\xi}}{\dot{n}_{\text{out}}}$$

이 과정을 통해 K_a를 $\dot{n}_{i,\text{in}}$, $\dot{\xi}$와 관련시키는 식을 얻을 수 있다. 반응기로 유입되는 흐름을 알면 $\Delta\hat{G}_r^\circ$, $\Delta\hat{H}_r^\circ$로부터 K_a의 값을 계산하고 $\dot{\xi}$에 대해 풀 수 있다. 일단 $\dot{\xi}$에 대해 풀면 출구흐름과 전환율을 계산할 수 있다.

예제 5.4 ▸

반응기 성능과 K_a: 암모니아 합성

암모니아의 기상 합성 경우에 평형상수는 다음과 같다.

$$K_a = \frac{y_{\text{NH}_3^2}}{y_{\text{N}_2} y_{\text{H}_2^3}} \frac{1}{P^2}$$

298 K에서 $K_a = 6.6 \times 10^5$이며, 압력 단위는 atm이다. 반응기에는 1000 kgmol/h의 N_2와 3000 kgmol/h의 H_2가 공급되고, 반응기는 1 atm, 298 K에서 운전되며, 반응기를 나가는 기체는 화학평형에 있다고 가정한다. 질소가 암모니아로 전환되는 전환율은 얼마인가?

›풀이

항상 흐름선도를 가지고 시작한다.

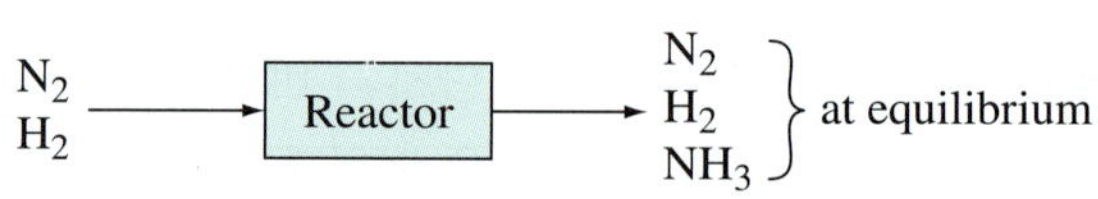

계수를 맞춘 반응식은 다음과 같다.

$$N_2 + 3H_2 \rightleftarrows 2NH_3$$

3개의 물질 수지식은

$$\dot{n}_{\text{NH}_3,\text{out}} = 2\dot{\xi}$$

$$\dot{n}_{\text{N}_2,\text{out}} = 1000 - \dot{\xi}$$

$$\dot{n}_{\text{H}_2,\text{out}} = 3000 - 3\dot{\xi}$$

나가는 총 몰흐름을 계산하는 것이 편리하다.

$$\dot{n}_{\text{out}} = \sum \dot{n}_{i,\text{out}} = 2\dot{\xi} + 1000 - \dot{\xi} + 3000 - 3\dot{\xi} = 4000 - 2\dot{\xi}$$

유출흐름에서 각 성분의 몰분율은

$$y_{NH_3,out} = \frac{\dot{n}_{NH_3,out}}{\dot{n}_{out}} = \frac{2\dot{\xi}}{4000 - 2\dot{\xi}}$$

$$y_{N_2,out} = \frac{\dot{n}_{N_2,out}}{\dot{n}_{out}} = \frac{1000 - \dot{\xi}}{4000 - 2\dot{\xi}}$$

$$y_{H_2,out} = \frac{\dot{n}_{H_2,out}}{\dot{n}_{out}} = \frac{3000 - 3\dot{\xi}}{4000 - 2\dot{\xi}}$$

반응기를 떠나는 기체는 평형에 있기 때문에 $y_{i,eq} = y_{i,out}$이며, 이들 식을 K_a에 대한 식에 대입하면 다음과 같이 된다.

$$K_a = \frac{(y_{NH_3,out})^2}{(y_{N_2,out})(y_{H_2,out})^3} \frac{1\ \text{atm}^2}{P^2}$$

$$6.6 \times 10^5 = \frac{(2\dot{\xi})^2(4000 - 2\dot{\xi})^2}{(1000 - \dot{\xi})(3000 - 3\dot{\xi})^3} \frac{1\ \text{atm}^2}{(1\ \text{atm})^2}$$

> **Hint**
> 반응기 출구가 평형에 있는 경우에만 출구흐름의 조성이 K_a 제약 조건을 충족해야 한다.

마지막으로 $\dot{\xi}$에 대해 풀고자 한다. 이 식은 비선형 방정식이고, *수학적으로* 방정식을 만족시키는 $\dot{\xi}$의 값이 1개 이상 있다. 그러나 *현 상황*을 만족시키는 $\dot{\xi}$의 값은 단지 하나뿐이다. $\dot{\xi}$는 음수가 아니어야 하며, $\dot{\xi}$는 1000보다 크지 않아야 한다(이유는?). 방정식을 풀기 전에 식을 살펴보고 해의 상한과 하한을 결정하는 것이 좋다.

스프레드시트, 방정식 풀이 프로그램, 프로그래밍 가능한 계산기 또는 시행착오법을 사용하면 다음과 같이 구해진다.

$$\dot{\xi} = 970 \frac{\text{kgmol}}{\text{h}}$$

따라서 질소의 전환율은 0.97이다. 물질 수지식을 사용하여 반응기를 나가는 몰흐름을 다음과 같이 계산한다.

$$\dot{n}_{NH_3,out} = 1940 \frac{\text{kgmol}}{\text{h}}$$

$$\dot{n}_{N_2,out} = 1000 - 970 = 30 \frac{\text{kgmol}}{\text{h}}$$

$$\dot{n}_{H_2,out} = 3000 - 2910 = 90 \frac{\text{kgmol}}{\text{h}}$$

이 문제를 풀기 위해 사용한 전략을 면밀히 살펴보기 바란다.

- 몰수지식을 사용하여 평형(반응기 출구에서)에서의 몰흐름을 입구 몰흐름, 전환율 $\dot{\xi}$ 및 알려진 화학양론계수의 함수로 표현하였다.
- 몰분율은 평형에서 화학종의 몰흐름을 총몰흐름으로 나눈 것으로 정의하였다.
- 평형상수는 반응물과 생성물의 평형 몰분율의 항으로 나타내었다.
- 입구흐름과 반응양론 관계를 아는 경우에는 모르는 것은 단지 $\dot{\xi}_k$ 뿐이며 이는 K_a 방정식이나 알려진 K_a 수치값을 이용하면 구할 수 있다.

예제 5.4에서 반응기의 온도와 압력을 규정하고 반응기의 성능을 구하였다. 또

다른 방법으로는 원하는 반응기의 성능을 규정하고 그 규격을 달성하는 데 필요한 반응기의 T와 P를 구할 수 있다. 평형에서 운전되는 반응기의 성능은 K_a가 반응기 온도의 함수이기 때문에 반응기 온도의 영향을 받는다. 경험에 의하면 산화, 수소화 및 가수분해반응의 경우에는 일반적으로 온도가 증가함에 따라 K_a가 감소한다. 탈수소 및 탈수반응의 경우에는 온도가 증가함에 따라 K_a가 증가하며, 이성질화반응의 경우에는 K_a가 온도에 민감하지 않다. 반응기의 성능이 반응기 *압력*에 의해 영향을 받을 수도 있다. K_a가 압력의 함수는 아니지만, 반응이 기상에서 일어나고 반응에 따라 몰수가 변하는 경우에는 평형전환율이 압력의 영향을 받을 수도 있다. 반응이 진행됨에 따라 몰수가 감소하는 경우에는 압력이 증가함에 따라 전환율이 증가하며, 그 반대도 마찬가지이다.

예제 5.5 ▸ P와 T의 함수로서의 평형 전환율: 암모니아 합성

예제 5.4에서 평형상태에서의 전환율이 298 K, 1 atm에서 높다는 것을 알았다. 그러나 유감스럽게도 이 온도에서는 반응속도가 매우 느려서 절대로 평형에 도달하지 못할 수도 있다. 이 반응이 합리적인 시간 내에 평형에 도달하려면 새로운 상업용 촉매를 사용하여 약 350~600°C의 온도가 필요하다.

당신의 임무는 일회통과 전환율이 50%라는 목표 성능규격이 주어진 경우에 암모니아 합성 반응기의 적절한 온도와 압력을 선택하는 것이다. 반응기에 1000 kgmol/h의 N_2와 3000 kgmol/h의 H_2가 공급된다고 가정하고, 그리고 반응기는 출구에서 평형에 도달하도록 설계되었다고 가정한다.

❯ 풀이

흐름선도는 앞의 예제에서와 같다.

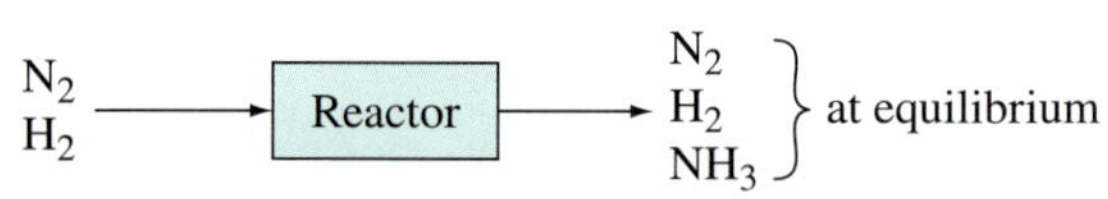

계수를 맞춘 반응식은

$$N_2 + 3H_2 \rightleftarrows 2NH_3$$

먼저 K_a를 T의 함수로 구해야 한다.

$$\Delta\hat{H}_r^\circ = \sum \nu_i \Delta\hat{H}_{i,f}^\circ = (-1)(0) + (-3)(0) + (+2)(-46{,}150) = -92{,}300 \text{ J/gmol}$$

$$\Delta G_r^\circ = \sum \nu_i \Delta G_{i,f}^\circ = (-1)(0) + (-3)(0) + (+2)(-16{,}600) = -33{,}200 \text{ J/gmol}$$

$$\ln K_a = -23.85 + \frac{11{,}100}{T}$$

예제 5.4에서 반응진척도의 함수로 주어진 K_a의 식을 얻었는데, 이는 이 문제에서도 여전히 유효하다.

$$K_a = \frac{(2\xi)^2(4000 - 2\xi)^2}{(1000 - \xi)(3000 - 3\xi)^3} \frac{1 \text{ atm}^2}{P^2}$$

설계 목표는 질소를 50% 전환시키는, 즉 전환율 $f_{cN} = 0.5$이다. 물질수지식과 전환율의 정의로부터 $\dot{\xi} = 500$ kgmol/h이 구해진다. 이 값을 대입하면 다음과 같다.

$$K_a = \frac{[2(500)]^2[4000 - 2(500)]^2}{(1000 - 500)[3000 - 3(500)]^3}\frac{1}{P^2} = \frac{5.333}{P^2}$$

이제 K_a에 두 개의 미지수, 즉 T와 P가 포함된 두 개의 식이 얻어진다. K_a를 350~ 600°C (633~873 K)에서 T의 함수로 계산한 다음에 계산된 K_a를 사용하여 P를 구한다. 예를 들면, $T = 633$ K에서 다음과 같이 계산된다.

$$\ln K_a = -23.85 + \frac{11100}{633} = -6.31$$

$$K_a = 1.81 \times 10^{-3} = \frac{5.333}{P^2}, \qquad P = \sqrt{\frac{5.333}{1.81 \times 10^{-3}}} = 54 \text{ atm}$$

이러한 계산은 스프레드시트에서 간단하게 수행할 수 있다. 결과를 P 대 T의 그래프로 도시하면, 원하는 전환율 0.5가 얻어지는 반응기 조건을 나타내는 선이 그려진다. 매우 높은 압력이 필요하다는 것에 주목하라. 암모니아 합성을 상업화하기 위해서는 이러한 높은 압력에서 작동하는 데 필요한 기계장비의 개발과 같은 중요한 기술혁신이 요구된다.

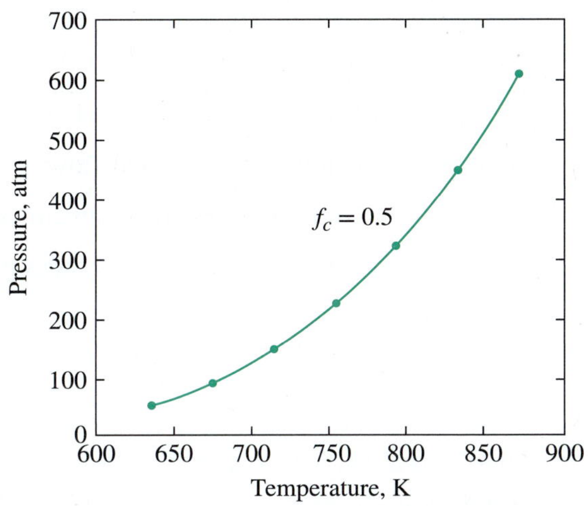

5.1.6 ▸ 화학반응평형, 선택도, 수율

제4장에서 보았듯이, 화학반응계에서는 하나 이상의 반응이 일어난다. 일반적으로 하나의 반응이 원하는 반응이며, 엔지니어로서 우리의 임무는 원하는 생성물에 대한 전환율과 선택도를 최대화하기 위한 반응기를 설계하고 운전조건을 선택하는 것이다. 반응계가 평형에 있다고 가정하고 선택도를 분석함으로써 목표를 가장 잘 달성하는 방법에 대한 통찰력을 얻을 수 있다. 화학 반응 평형관계를 물질 수지식과 결합하여 반응기 전환율, 선택도, 수율을 구할 수 있다.

DOF 관점에서 이러한 유형의 문제를 고려해보자. 어떤 정상상태 연속흐름 반응기의 *출구흐름이 화학평형에 있다*고 가정한다. 반응기에 R개의 반응물이 공급되어 K개의 반응에 의해 P개의 생성물이 생성된다고 가정하자. 반응기 입구에서

R개 흐름 변수, 반응기 출구에서 $R + P$개 흐름 변수, R개의 반응 변수로 모두 $2R + P + K$개의 변수가 있다. 물질 수지식의 수는 화합물의 수와 같으며 $R + P$이다. *출구흐름이 평형에 있다는 말은 K개의 제약조건을 추가해준다. 각 반응에 대해* K_a*에 대한 1개의 식을 쓸 수 있기 때문이다.* 이제 합산하면 식은 $R + P + K$개이다. 변수와 식의 숫자가 같아지기 위해서는 R개의 추가적인 제약조건이 필요하다. 일반적으로 이러한 제약조건은 모든 반응물의 입구 흐름을 규정함으로써 얻을 수 있다.

설명 ▸ 반응물 A와 B가 1:1 비로 공급되며, 100 gmol/min의 유량으로 반응기에 공급된다. 반응기 내에서 다음 두 가지 반응이 일어난다.

$$A + B \leftrightarrows C$$

$$A + 2B \leftrightarrows D + E$$

반응기 출구는 평형에 있다.

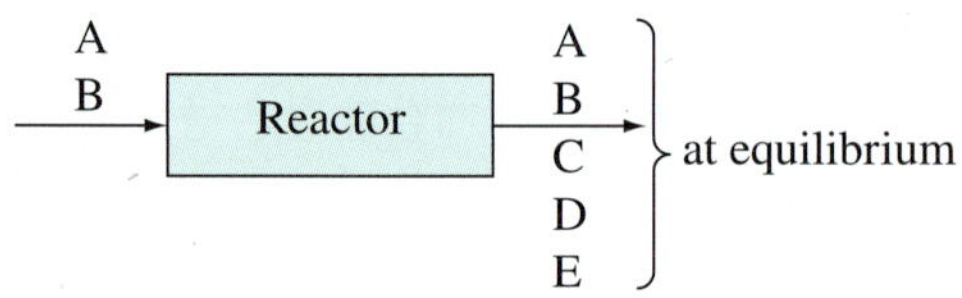

Number of stream variables	7	Number of material balances	5
Number of reaction variables	2	Number of specified flows	1
		Number of specified stream compositions	1
		Number of specified system performances	2
Total variables	9	Total equations	9

고려해야 할 복합반응이 있을 때 평형에 있는 반응계를 해석하는 전략은 앞서 반응이 하나뿐일 때 적용한 것과 유사하다. 그러나 수학적으로 조금 더 복잡해진다. 가장 혼란스러운 부분은 K_a 식을 흐름과 반응진척도의 항으로 유도할 때 생긴다. 명심해야 할 점은 모든 반응진척도가 각각의 K_a 식에 나타날 수 있다는 것이다. 예를 들어 반응이 두 개인 경우 K_{a1} 식에 ξ_1과 ξ_2가 모두 포함될 수 있다. 마찬가지로 K_{a2} 식에도 ξ_1과 ξ_2가 모두 포함될 수 있다.

정상상태 연속흐름 반응기의 경우에 전략은 다음과 같다.

(1) 모든 화합물에 대한 물질 수지식을 흐름 변수와 반응진척도의 항으로 작성한다.

$$\dot{n}_{i,\text{out}} = \dot{n}_{i,\text{in}} + \sum_{\text{all } k} \nu_{ik}\dot{\xi}_k$$

여기서 합계는 모든 K개 반응에 대해 취한다.

(2) 다음 식을 사용하여 나가는 몰흐름 $\dot{n}_{i,\text{out}}$을 나가는 몰분율 $z_{i,\text{out}}$와 관련시킨다.

$$\frac{\dot{n}_{i,\text{out}}}{\dot{n}_{\text{out}}} = z_{i,\text{out}}$$

여기서 $\dot{n}_{\text{out}} = \sum_{\text{all},i} \dot{n}_{i,\text{out}}$이다.

(3) 식 (5.1)과 식 (5.2)를 사용하여 각 반응 k에 대해 1개의 K_{ak} 식을 $z_{i,\text{out}}$의 항으로 나타내고, 그런 다음 물질 수지식에 대입하여 모든 $z_{i,\text{out}}$를 $\dot{\xi}_k$와 관련시킨다.

$$z_{i,\text{out}} = \frac{\dot{n}_{i,\text{in}} + \sum_k \nu_{ik}\dot{\xi}_k}{\dot{n}_{\text{out}}}$$

이 과정은 K_a를 $\dot{n}_{i,\text{in}}$ 및 모든 $\dot{\xi}_k$와 관련시키는 식을 얻게 해준다. 반응기로 유입되는 흐름을 알면 $\Delta\hat{G}_r^\circ$, $\Delta\hat{H}_r^\circ$에서 K_a의 값을 계산하고 $\dot{\xi}_k$에 대해 풀 수 있다. 일단 이들 값을 구하면 출구흐름, 전환율, 선택도, 수율을 계산할 수 있다.

다중 화학평형과 반응기 온도 *T*: NOx 생성 ◂ 예제 5.6

대기오염의 주요 원인은 NOx (녹스, 폭스, 삭스로 발음), 즉 NO, N_2O, NO_2와 같은 화합물의 생성이다. NOx의 주요 발생원 중 하나는 자동차, 산업용 노(furnace) 및 기타 발생원에서의 연소이다. NOx가 많이 발생하지 않도록 버너나 내연기관을 설계하는 가장 좋은 방법은 무엇인가? 이 질문에 답하기 위해 다음과 같은 질문을 해본다. 화학평형 고려사항이 엔진과 버너의 설계에 어떻게 적용되는가?

두 가지 주요 반응은 다음과 같다.

$$N_2 + O_2 \rightleftarrows 2NO \qquad \textbf{(R1)}$$

$$2NO + O_2 \rightleftarrows 2NO_2 \qquad \textbf{(R2)}$$

이들 두 반응은 모두 기상에서 일어나며, 연료가 연소된 후 뜨거운 불꽃에서 가장 중요하다. (R1)과 (R2)에 대한 평형상수는 각각 K_1과 K_2이며, 온도 T에 따라 다음과 같이 달라진다.

$$\ln K_1 = +2.97 - \frac{21{,}700}{T(K)}$$

$$\ln K_2 = -17.5 + \frac{13{,}700}{T(K)}$$

1. 평형상수 K_1과 K_2를 300 K(실내온도)에서부터 2000 K(불꽃온도)까지의 온도의 함수로 도시하라.
2. 연소 후 버너의 가스 조성은 O_2 6.4 mol%, N_2 73.8 mol% 그리고 나머지는 CO_2와 H_2O의 혼합물이다. 높은 불꽃온도는 반응을 더 진행되게 만들어 NOx를 생성한다. NO, NO_2, NOx (NO + NO_2)의 평형조성을 불꽃온도의 함수로 구하라. H_2O와 CO_2는 NOx 생성 반응에 참여하지 않기 때문에 완전히 불활성이며, 불꽃의 압력은 1 atm이라고 가정한다.

풀이

1. 온도는 반응 R1과 R2의 평형상수에 상반된 영향을 준다. 즉, K_a는 R1의 경우에 T가 증가함에 따라 증가하지만 R2의 경우는 감소한다. R2는 매우 높은 온도를 제외하고

는 R1보다 훨씬 더 유리하다. 따라서, 높은 온도에서는 NO 형성이 유리하고, 낮은 온도에서는 NO_2 형성이 유리하다. 온도의 영향이 매우 크고 온도 범위도 넓기 때문에, K_a보다는 ln K_a를 도시한다.

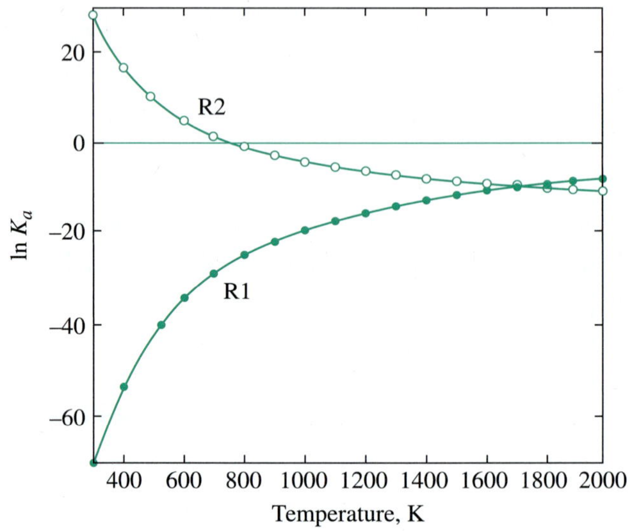

2. 흐름선도를 가지고 시작한다. 불꽃 자체가 "반응기" 역할을 한다. 편의상 계산기준으로 불꽃으로의 총유량 1000 gmol/h을 선택하고(어떤 기준이라도 좋음), CO_2와 H_2O는 I(불활성)로 묶는다.

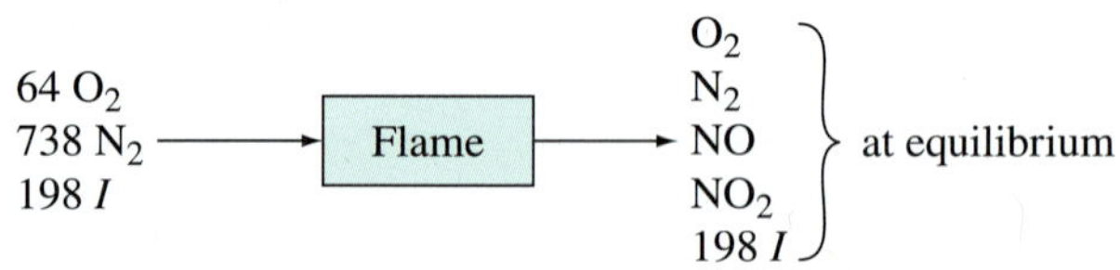

그 다음에는 물질 수지식을 세우고, 출구흐름에서 각 화합물의 몰분율에 대한 식을 반응진척도의 함수로 나타낸다.

Compound	$\dot{n}_{i,\text{in}}$	$\nu_{i1}\dot{\xi}_1 + \nu_{i2}\dot{\xi}_2$	$\dot{n}_{i,\text{out}}$	$y_{i,\text{out}}$
O_2	64	$-\dot{\xi}_1 - \dot{\xi}_2$	$64 - \dot{\xi}_1 - \dot{\xi}_2$	$\dfrac{64 - \dot{\xi}_1 - \dot{\xi}_2}{1000 - \dot{\xi}_2}$
N_2	738	$-\dot{\xi}_1$	$738 - \dot{\xi}_1$	$\dfrac{738 - \dot{\xi}_1}{1000 - \dot{\xi}_2}$
NO	0	$+2\dot{\xi}_1 - 2\dot{\xi}_2$	$+2\dot{\xi}_1 - 2\dot{\xi}_2$	$\dfrac{+2\dot{\xi}_1 - 2\dot{\xi}_2}{1000 - \dot{\xi}_2}$
NO_2	0	$+2\dot{\xi}_2$	$+2\dot{\xi}_2$	$\dfrac{+2\dot{\xi}_2}{1000 - \dot{\xi}_2}$
I	198	0	198	$\dfrac{198}{1000 - \dot{\xi}_2}$
Total	1000	$-\dot{\xi}_2$	$1000 - \dot{\xi}_2$	1

이 기상 반응의 경우 K_1과 K_2는 다음과 같이 구해진다(이들 식을 직접 유도해보라!).

$$K_1 = \frac{(y_{NO})^2}{y_{N_2} y_{O_2}} = \frac{(2\dot{\xi}_1 - 2\dot{\xi}_2)^2}{(738 - \dot{\xi}_1)(64 - \dot{\xi}_1 - \dot{\xi}_2)}$$

$$K_2 = \frac{(y_{NO_2})^2}{(y_{NO})^2 y_{O_2}} \left(\frac{1 \text{ atm}}{P(\text{atm})}\right) = \frac{(2\dot{\xi}_2)^2(1000 - \dot{\xi}_2)}{(2\dot{\xi}_1 - 2\dot{\xi}_2)^2(64 - \dot{\xi}_1 - \dot{\xi}_2)}$$

주어진 온도 T에서 K_1과 K_2의 수치값을 계산한다. 그러면 2개의 미지수 $\dot{\xi}_1$과 $\dot{\xi}_2$로 된 2개의 식이 얻어진다. 물리적으로 합리적인 값에 대한 제약조건, 예를 들어, $\dot{\xi}_1 + \dot{\xi}_2 < 64$, $\dot{\xi}_1 > \dot{\xi}_2$을 주목하면서 이들 식을 연립하여 푼다. 그런 다음 얻어진 값을 사용하여 물질수지식으로 부터 NO와 NO_2의 몰분율을 계산한다. 예를 들어, $T = 1500$ K에서 $K_1 = 1.0 \times 10^{-5}$이고, $K_2 = 2.3 \times 10^{-4}$이다. 위의 식에 이들 K_1과 K_2 값을 대입하고 스프레드시트나 방정식 풀이기를 사용하여 해를 구할 수 있다. (두 반응 모두 평형상수가 매우 낮다는 점에 유의한다. 이것은 반응진척도도 역시 낮다는 것, 즉 거의 0에 가깝다는 것을 나타낸다. 이것을 알면, $738 - \dot{\xi}_1 \approx 738$, $64 - \dot{\xi}_1 - \dot{\xi}_2 \approx 64$, $1000 - \dot{\xi}_2 \approx 1000$인 것을 이용하여 식을 더 간단히 할 수 있다!). $\dot{\xi}_1 = 0.343$, $\dot{\xi}_2 = 1.3 \times 10^{-3}$ gmol/h로 얻어졌다. 이 값을 이용하면 몰분율 $y_{NO} = 6.8 \times 10^{-4}$과 $y_{NO2} = 2.6 \times 10^{-6}$이 구해진다.

다른 온도에서도 같은 방법을 사용하면, T에 따른 y_{NO}와 y_{NO_2}의 그래프가 구해진다.

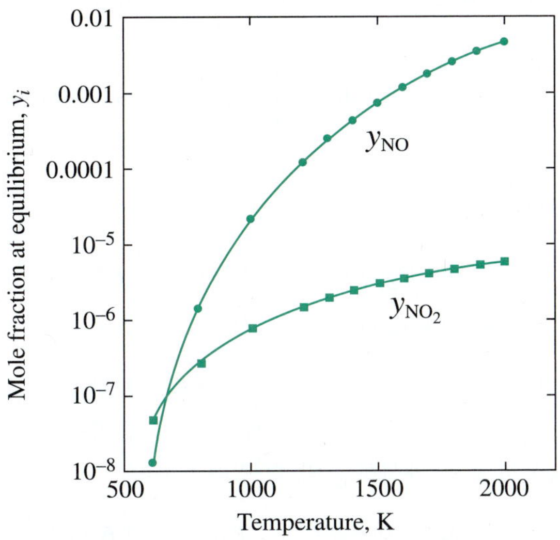

NOx의 생성은 온도에 따라 급격하게 증가한다. 산업용 보일러나 소각로는 NOx의 생성을 최소화하기 위해 충분히 낮은 불꽃온도에서 운전해야 하며, 반면에 완전연소를 달성하기 위해서는 충분히 높은 온도를 유지해야 한다. NO_2에 대한 NO의 비도 역시 온도에 따라 급격하게 변한다. 즉, 600 K 이하에서는 NO_2가 NOx의 주발생원이지만, 더 높은 온도에서는 NO가 NOx의 가장 중요한 기여원이 된다.

다중 화학평형과 선택도: 폐 에탄올에서 DEE 생산 ◀ 예제 5.7

당신 회사는 유기 원료인 면으로부터 셀룰로오스 아세테이트 및 기타 셀룰로오스 기반 중합체를 생산하는데, 대부분 물이지만 약 10 mol%의 에탄올을 포함하는 폐수가 생성된다. 현재는 이 용액을 가져가는 폐기물 처리업체에 비용을 지불하고 있다. 이 폐기물 흐름을 보다 환경적으로 건전하게 사용할 수 있을까? 한 가지 아이디어는 에탄올을 반응시켜 회사에서 셀룰로오스 제품을 제조하는 데 사용하는 용매인 디에틸에테르(DEE)를 만드는 것이다. 만약 이 아이디어가 효과가 있다면, 구매해야 하는 DEE 용매의 양을 줄이면서 폐기물 처리 문제를 하나 해결할 수 있다

에탄올에서 DEE로의 탈수반응은 증기상에서 다음과 같이 일어난다.

$$2C_2H_5OH(g) \rightleftarrows (C_2H_5)_2O(g) + H_2O(g) \qquad \textbf{(R1)}$$

그리고 DEE는 원하지 않는 탈수반응이 추가적으로 일어나 에틸렌으로 될 수 있다.

$$(C_2H_5)_2O(g) \rightleftarrows 2C_2H_4(g) + H_2O(g) \qquad \textbf{(R2)}$$

이 아이디어의 타당성을 결정하는 첫 번째 단계로 두 가지 다른 온도(373 K, 473 K)와 두 가지 다른 압력(1 atm, 10 atm) 하에서 평형에서의 전환율과 선택도를 계산하기로 결정하였다. 또한 폐기물 용액을 반응기에 직접 공급할 수 있는지, 아니면 일부 물을 먼저 분리해야 하는지도 궁금하다.

풀이

에탄올은 Et, 물은 W, 에틸렌은 E로 나타낸 흐름선도는 다음과 같다.

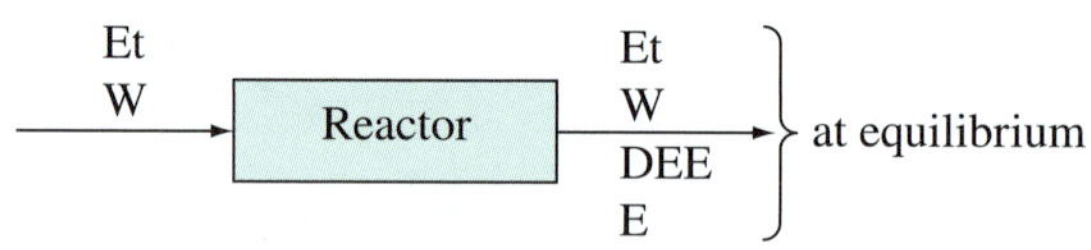

부록 B의 자료를 사용하면 다음이 얻어진다.

$$\Delta\hat{G}^\circ_{r1} = -15.19 \text{ kJ/gmol} \qquad \Delta\hat{H}^\circ_{r1} = -24.63 \text{ kJ/gmol}$$

$$\Delta\hat{G}^\circ_{r2} = +30.59 \text{ kJ/gmol} \qquad \Delta\hat{H}^\circ_{r2} = +115.89 \text{ kJ/gmol}$$

이러한 값들을 간단히 살펴보면 원하는 반응은 낮은 온도에서 유리하게 일어날 것이며, 반면에 원하지 않는 반응은 높은 온도에서 훨씬 더 유리할 것임을 나타낸다. 결과는 373 K와 473 K에서 K_a를 계산하면 알 수 있다.

$$K_{1,373} = 62.2 \qquad K_{1,473} = 11.6$$

$$K_{2,373} = 0.051 \qquad K_{2,473} = 134$$

물질 수지식은 다음과 같다.

$$\dot{n}_{Et,\text{out}} = \dot{n}_{Et,\text{in}} - 2\dot{\xi}_1$$

$$\dot{n}_{W,\text{out}} = \dot{n}_{W,\text{in}} + \dot{\xi}_1 + \dot{\xi}_2$$

$$\dot{n}_{\text{DEE},\text{out}} = \dot{\xi}_1 - \dot{\xi}_2$$

$$\dot{n}_{E,\text{out}} = 2\dot{\xi}_2$$

반응기에 공급되는 100 gmol/s($\dot{n}_{Et,\text{in}} = 10$, $\dot{n}_{W,\text{in}} = 90$ gmol/s)를 계산 기준으로 선택하여 K_a에 대한 식을 도출한다(자세한 내용은 독자에게 맡긴다).

$$K_1 = \frac{(\dot{\xi}_1 - \dot{\xi}_2)(90 + \dot{\xi}_1 + \dot{\xi}_2)}{(10 - 2\dot{\xi}_1)^2}$$

$$K_2 = \frac{(90 + \dot{\xi}_1 + \dot{\xi}_2)(2\dot{\xi}_2)^2 P^2}{(\dot{\xi}_1 - \dot{\xi}_2)(100 + 2\dot{\xi}_2)^2}$$

이제 1 atm과 10 atm인 경우에 각각 373 K과 473 K에서의 $\dot{\xi}_1$, $\dot{\xi}_2$를 계산할 수 있다. 이것은 스프레드시트나 방정식 풀이 소프트웨어를 사용하여 가장 잘 수행할 수 있다. 먼저 두 가지 제한조건, 즉 $0 \leq \dot{\xi}_1 \leq 5$ 및 $\dot{\xi}_2 \leq \dot{\xi}_1$에 주목하는 것이 유용하다. 에탄올의 전환율과 에탄올로부터 DEE 생산을 위한 선택도는 다음과 같이 계산된다.

$$f_{c,\mathrm{Et}} = \frac{2\dot{\xi}_1}{10}$$

$$s_{\mathrm{Et}\to\mathrm{DEE}} = \frac{2}{1}\frac{(\dot{\xi}_1 - \dot{\xi}_2)}{2\dot{\xi}_1}$$

결과를 표로 나타내었다.

T (K)	P (atm)	$\dot{\xi}_1$ (gmol/s)	$\dot{\xi}_2$ (gmol/s)	$f_{c,\mathrm{Et}}$	$s_{\mathrm{Et}\to\mathrm{DEE}}$
373	1	4.07	1.80	0.81	0.55
373	10	3.83	0.22	0.77	0.94
473	1	4.89	4.885	0.98	0.001
473	10	4.15	3.77	0.83	0.087

가장 높은 전환율(473 K, 1 atm)은 가장 낮은 선택도를 제공한다. 전환율과 선택도 사이의 절충점을 찾는 것은 매우 보편적이다. 일반적으로 낮은 전환율은 재순환을 통해 상쇄될 수 있기 때문에 높은 전환율보다는 높은 선택도가 더 좋다. 이러한 판별기준에 따라 최상의 운전 조건은 373 K, 10 atm이다. 물은 반응의 생성물이기 때문에 반응기에 들어가기 전에 물의 일부를 제거하면 전환율과 선택도가 향상된다.

때로는 원하는 화학반응이 합리적인 온도와 압력하에서도 매우 불리한 평형전환율을 가질 수 있다. 일회통과 전환율이 낮은 경우에는 단순히 재순환하면 된다. 불리한 평형 상태에서 화학 반응계를 설계하는 다른 방법이 있는가? 답은 예이다. 고려할 몇 가지 아이디어는 다음과 같다.

공급비를 조절한다. 반응물을 화학양론비로 공급할 필요가 없다. 반응물을 화학양론비로 공급하는 경우보다 제한 반응물의 전환율은 더 높고 과잉 반응물의 전환율은 더 낮다.

생성물 중의 하나를 연속적으로 제거한다. 만약 화학반응과 생성물 분리를 하나의 장치에서 적절하게 병행되면 평형은 전환율이 증가하는 쪽으로 진행된다.

유리한 평형을 갖는 반응과 결합한다. 원하는 반응의 부산물을 소비하는 반응은 평형을 전환율이 증가하는 쪽으로 이끈다.

이 장의 끝 부분에 있는 사례연구에서 이러한 아이디어 중의 일부를 더 자세히 살펴볼 수 있다.

5.2 화학반응속도론과 반응기 성능

비록 반응평형이 매우 유리한 경우라도 산업적으로 중요한 조건하에서는 평형을 달성하는 것이 현실적으로 불가능할 수도 있다. 그 이유는 반응속도가 느리기 때문이다.

화학반응속도론(chemical kinetics)은 화학반응속도에 관한 학문이다. 반응속도 전문가들은 온도, 압력, 촉매, 반응물, 생성물 농도에 따른 반응속도의 의존성을 이해하려고 노력하고 있다. *반응기 공학*(reactor engineering)은 원하는 반응을 효율적이고 안전하게 수행할 수 있도록 적절한 온도와 압력 제어, 흐름 형태와 체류시간을 갖춘 반응기를 설계하는 예술이자 기술이다. 이들 두 주제 모두를 우리가 다루기에는 너무 방대하므로, 여기서는 화학반응속도론과 반응기공학에 대해 약간 맛만 보기로 한다.

화학반응속도 전문가들은 반응속도(r_i'라 함)를 단위 시간당 화합물 i의 농도 변화로 정의한다.

$$r_i' = \frac{dc_i}{dt}$$

여기서 c_i는 i의 몰농도, 즉 반응기 부피 V_R당 i의 몰수이다.

$$c_i = \frac{n_i}{V_R}$$

r_i'는[몰/부피·시간]의 차원을 가지며, 반면에 미분 몰수지식에서 사용하는 $\dot{r}_i$는 [몰/시간]의 차원을 갖는다.

일반적으로 r_i'는 T, P, 촉매, 반응물 및 생성물의 농도의 복합한 함수이다. 불행하게도 r_i'를 이들 특성치와 관련시켜주는 일반 표현식은 없다. 세부적인 실험과 매개변수 맞추기(parameter fitting)를 통해 관계식을 구해야 한다. 이 절에서는 r_i'에 대해 간단하지만 유용한 표현식을 사용할 수 있는 세 가지 특별한 경우를 설명한다.

경우 1. *1차 비가역 반응*. 반응물 A가 생성물 P로 전환되는 경우를 고려해보자.

$$A \rightarrow P$$

이 반응이 비가역(예를 들어, $K_a >> 1$)이라면 다음과 같이 된다.

$$r_A' = \frac{dc_A}{dt} = -kc_A \tag{5.7}$$

이 식은 반응속도가 *반응물* 농도의 1승에 비례하고, 생성물 농도에는 무관하기 때문에 "1차 비가역"이라고 한다. 항 k는 *속도상수*라고 하며, 항상 양의 값을 가지고 1차 반응의 경우 [1/시간]의 차원을 갖는다. 속도상수는 다음의 Arrhenius 식에서 보는 바와 같이 일반적으로 온도에 따라 크게 증가한다.

$$k = k_0 \exp\left(-\frac{E_a}{T}\right) \tag{5.8}$$

여기서 k_0와 E_a는 실험에 의해 구해지는 매개변수들로, 특정한 반응이나 촉매에 대해 고유한 값을 갖지만 온도와는 무관하다.

이 간단한 경우는 저온살균이나 멸균과 같은 많은 중요한 반응들을 설명하는 데 매우 유용하다.

경우 2. *성장 속도식*. 대장균이나 효모와 같은 미생물은 영양분이 풍부한 먹이를 공급하면 빠르게 번식한다. 이 유기체는 배가증식(1이 2가 되고 4가 되고 8이 됨)을 하기 때문에 개체수가 증가함에 따라 성장속도도 증가한다(먹이가 고갈되지 않는 한). 어떻게 보면 미생물은 반응물이자 생성물이다! 이러한 속도식은 다음과 같이 표현된다.

$$r'_M = \frac{dc_M}{dt} = k_g c_M \tag{5.9}$$

여기서 k_g는 성장속도상수이고, 차원은 [1/시간]이다. 미생물 농도 C_M는 일반적으로 부피당 몰이 아니라, 부피당 개체수 또는 부피당 질량으로 나타낸다.

경우 3. *촉매 반응*. 두 가지 중요한 불균일 반응으로는 장작(firewood)의 연소나 자동차 배기에서 촉매에 의한 CO의 CO_2로의 전환이 있다. 이들 반응은 대부분 다음과 같은 형태의 속도식을 갖는다.

$$r'_A = \frac{dc_A}{dt} = -\frac{kK_{ads}c_A}{1 + K_{ads}c_A} \tag{5.10}$$

여기서 k_{ads}는 실험에 의해 구해지는 상수로서, 반응물과 온도뿐만 아니라 촉매의 물리 화학적 특성에 따라 달라진다. 많은 효소 촉매반응은 이와 유사한 식으로 모델링되는데, 이 경우의 식이 유명한 Michaelis-Menten 식이다.

물질수지식에서 r'_i를 ξ_i와 관련시키는 작업을 진행해야 한다. 이를 위해 반응기 공학 문제, 즉 *반응기 부피* V_R와 *반응기 혼합* 형태에 주목해야 한다. 반응기 기술자는 일반적으로 세 가지 유형의 반응기, 즉 교반탱크 회분식반응기, 교반탱크 연속흐름반응기, 플러그흐름 연속흐름반응기(그림 4.2 참조)를 고려한다. 완전혼합 반응기에서 온도와 농도는 반응기 전반에 걸쳐 균일하다. 회분식 교반탱크반응기의 경우 반응물의 농도는 시간이 지남에 따라 감소한다. 연속흐름 교반탱크반응기의 경우 반응기는 반응기 출구흐름과 동일한 농도와 온도를 갖는다. 플러그흐름 반응기에서 유체는 원통형 반응기를 통해 "플러그(plug)"처럼 이동한다. 단면 조각이 반응기를 통해 이동함에 따라 반응이 진행됨에 따라 농도와 온도가 변한다. 반응속도는 농도와 온도의 함수이기 때문에 반응속도는 반응기 내 위치의 함수이다. 이 설명에서 알 수 있듯이 반응기의 선택은 달성되는 반응진척도에 크게 영향을 미친다. 이러한 주제에 대해서는 화학반응속도론과 반응기공학 수업에서보다 많이 배우게 될 것이다. 여기서는 반응공학과 화학반응속도론을 결합함으로써 반응기 성능이 어떤 영향을 받는지를 보여주는 예제 2개를 기술한다.

5.2.1 ▸ 교반탱크 회분식반응기에서 1차 비가역 반응

먼저 반응속도를 고려한다. 1차 비가역 반응의 경우

$$A \rightarrow P$$

반응속도 표현식은

$$r'_A = \frac{dc_A}{dt} = -kc_A \tag{5.7}$$

농도 c_A는 반응기 부피 V_R당 A의 몰이다.

$$c_A = \frac{n_A}{V_R}$$

이것을 속도식에 대입하면 다음이 얻어진다.

$$r'_A = \frac{d\left(\frac{n_A}{V_R}\right)}{dt} = -k\left(\frac{n_A}{V_R}\right)$$

반응기 부피 V_R이 일정하다고 가정을 하면 이 식은 다음과 같이 간단하게 된다.

$$\frac{1}{V_R}\frac{dn_A}{dt} = -k\frac{1}{V_R}n_A$$

$$\frac{dn_A}{dt} = -kn_A \tag{5.11}$$

이제 반응기 설계를 고려해보자. 회분식반응기의 경우에는 입력과 출력이 없으며 미분 몰수지식은 다음과 같다.

$$\frac{dn_{A,\text{sys}}}{dt} = \dot{r}_A \tag{5.12}$$

식 (5.11)과 식 (5.12)를 비교해보자. 식 (5.11)에서 n_A는 반응계에서 A의 몰수, 즉 $n_{A,\text{sys}}$이므로 $\dot{r}_A = -kn_A = -kn_{A,\text{sys}}$이다. 몰수지식은 다음과 같다.

$$\frac{dn_{A,\text{sys}}}{dt} = -kn_{A,\text{sys}}$$

이 식을 다시 정리한 다음 $t = 0$(여기서 $n_{A,\text{sys}} = n_{A,\text{sys},0}$)에서 t_f(여기서 $n_{A,\text{sys}} = n_{A,\text{sys},f}$)까지 적분하면 다음과 같다.

$$\frac{dn_{A,\text{sys}}}{n_{A,\text{sys}}} = -kdt$$

$$\int_{n_{A,\text{sys},0}}^{n_{A,\text{sys},f}} \frac{dn_{A,\text{sys}}}{n_{A,\text{sys}}} = -\int_0^{t_f} kdt$$

$$\ln\frac{n_{A,\text{sys},f}}{n_{A,\text{sys},0}} = -kt_f$$

또는

$$n_{A,\mathrm{sys},f} = n_{A,\mathrm{sys},0}e^{-kt_f} \quad \textbf{(5.13)}$$

식 (5.13)의 양변에서 $n_{A,\mathrm{sys},0}$을 빼고 정리하면 우리에게 익숙한 적분 물질수지식 형태로 변환된다.

$$n_{A,\mathrm{sys},f} - n_{A,\mathrm{sys},0} = n_{A,\mathrm{sys},0}(e^{-kt_f} - 1) \quad \textbf{(5.14)}$$

식 (5.14)는 1차 비가역 속도식을 갖는 회분식반응기 경우의 일반식이다.

A의 전환율은 다음과 같다.

$$f_{CA} = \frac{n_{A,\mathrm{sys},0} - n_{A,\mathrm{sys},f}}{n_{A,\mathrm{sys},0}} = 1 - e^{-kt_f} \quad \textbf{(5.15)}$$

이러한 유도를 통해 반응기 성능은 반응속도와 반응기 설계의 함수임을 알 수 있다.

반응속도와 반응기 성능: 채소 가공처리 ◀ 예제 5.8

채소 통조림을 회분식 멸균기로 멸균하고자 한다. 각 캔은 용량이 250 mL이고, 평균 10,000개의 포자가 들어 있다. 안전과 저장 안정성을 위해 포자수를 평균 0.1 spore/can, 즉 감소율 99.999%로 감소시켜야 한다. 그러나 채소의 맛은 그대로 유지되는 것을 원한다.

포자 사멸은 1차 비가역 반응이며, 속도상수는 다음과 같다.

$$k = 9 \times 10^{15} \exp\left(-\frac{15000}{T}\right)$$

여기서 T는 온도(K)이고, k는 min^{-1}의 단위를 갖는다. 또한, 맛의 손실도 역시 1차 비가역 반응으로 모델링되며, 속도상수는 다음과 같다.

$$k_f = 9 \times 10^{5} \exp\left(-\frac{5000}{T}\right)$$

여기서 T는 온도 K, k_f는 min^{-1}의 단위를 갖는다. 소비자 미각 검사를 기준으로 하여 25%의 맛 손실은 수용하기로 한다.

안전하고 맛있게 먹을 수 있는 채소 통조림을 생산하는 방법이 있는가? 캔은 어떤 온도에서 가열해야 하는가? 얼마 동안 가열해야 하는가?

› 풀이

멸균기는 1차 비가역 반응속도를 갖는 회분식반응기이다. 문제를 풀기 전에 온도 변화에 따른 속도상수의 변화를 도시해보자.

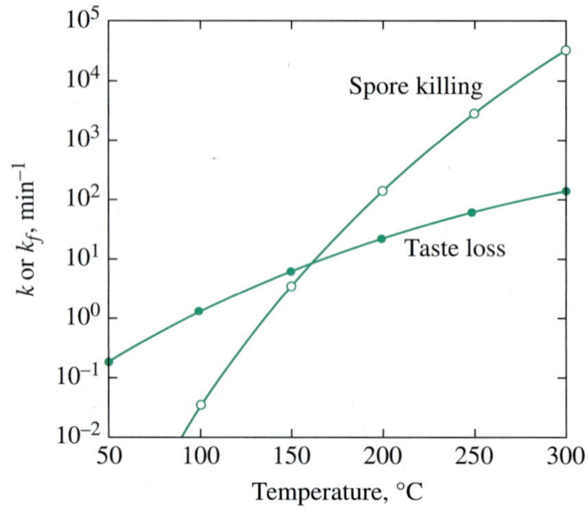

100°C (373 K)에서 포자사멸 경우의 k는 맛 손실 경우의 k_f보다 훨씬 낮다. 그러나 포자 사멸속도는 온도가 증가함에 따라 맛 손실 속도보다 빠르게 증가한다. 약 160°C에서는 속도가 비슷해진다. 따라서 충분한 포자사멸과 최소한의 맛 손실을 위해서는 160°C보다 더 높은 온도가 필요할 것으로 예상된다.

회분식반응기에서 1차 비가역 반응속도 경우 식 (5.15)을 사용할 수 있다.

포자사멸($f_{CA} = 0.99999$):

$$f_{CA} = 1 - e^{-kt_f} = 0.99999$$

다시 정리하고 양변에 자연로그를 취하면 다음과 같이 된다.

$$t_f = -\frac{\ln(1 - 0.99999)}{\left[9 \times 10^{15} \exp\left(\frac{-15000}{T}\right)\right]} = 1.28 \times 10^{-15} \exp\left(\frac{15{,}000}{T}\right)$$

맛 손실($f_{CA} = 0.25$):

$$t_f = -\frac{\ln(1 - 0.25)}{\left[9 \times 10^{5} \exp\left(\frac{-5000}{T}\right)\right]} = 3.20 \times 10^{-7} \exp\left(\frac{5000}{T}\right)$$

미지수 2개에 식이 2개이다. 이를 풀면 $T = 517$ K (244°C)이고, $t_f = 5$ ms가 얻어진다. 멸균과 저온살균은 맛의 손실이나 비타민의 분해를 방지하기 위해 종종 고온에서 짧은 시간 동안 행해진다.

5.2.2 ▸ 교반탱크 연속흐름반응기에서 성장 속도식

미생물의 성장 속도식은 종종 다음과 같이 표현된다.

$$r'_M = \frac{dc_M}{dt} = k_g c_M \tag{5.9}$$

여기서 k_g는 성장속도상수이고, 미생물의 농도 c_M은 일반적으로 부피당 미생물수 또는 부피당 질량으로 나타낸다.

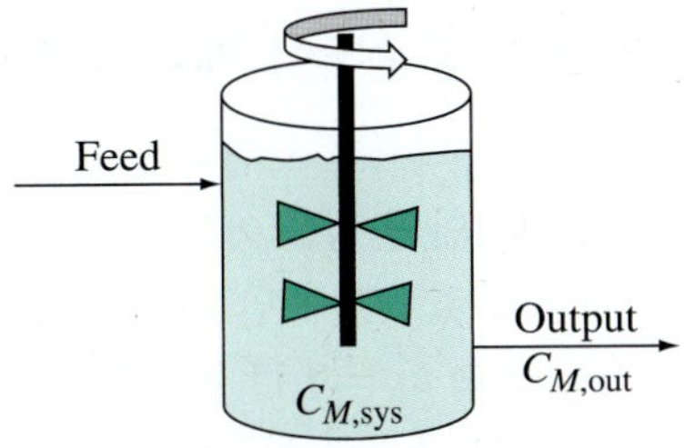

그림 5.3 연속흐름 교반탱크반응기의 개략도. 미생물 성장에 사용되는 경우에 이러한 반응기를 때로는 "키모스태트(chemostat)"라고 한다.

미생물 성장(발효)은 연속흐름 교반탱크반응기에서 수행할 수 있다(그림 5.3). 원료흐름은 미생물이 필요로 하는 모든 영양분을 포함하고 있는 "배지"라는 액체이다. 반응기 내용물은 잘 교반되고 있으며, "미생물"은 공급된 영양분을 먹으면서 식 (5.9)에 표시된 속도로 성장한다. 산출물은 미생물과 더불어 영양분이 고갈된 배지를 포함하고 있다.

반응기에는 초기에 소량의 관심 미생물을 접종하지만 새로운 미생물이 원료흐름과 함께 유입되지는 않는다. 반응기가 정상상태에서 운전되는 경우에 미생물 (M)에 대한 물질수지식은 다음과 같이 단순화된다.

$$\dot{n}_{M,\text{out}} = \dot{r}_M$$

여기서 $\dot{r}_M$은 반응기 내부에서 미생물의 성장속도(단위시간당 수)이다. 다시 말해서, 반응기 내부에서 성장에 의한 미생물의 증가는 반응기 밖으로 나가는 미생물의 유량과 정확히 일치한다! 일반적으로 질량 또는 몰 단위를 사용하지만 여기서는 반응기 안팎의 전체 흐름을 부피 단위로 나타내는 것이 편리하다. 여기서

$$\dot{n}_{\text{out}} = \rho \dot{V}_{\text{out}}$$

그리고 $\dot{n}_{\text{out}}$는 총 몰유출속도, ρ는 유체의 밀도(몰/부피), $\dot{V}_{\text{out}}$는 부피 유출속도(부피/시간)이다. 그러면

$$\dot{n}_{M,\text{out}} = c_{M,\text{out}} \dot{V}_{\text{out}}$$

계 내부에서 미생물 성장속도 $\dot{r}_M$은 반응속도뿐만 아니라 반응기 부피 V_R에 따라 달라진다. 즉, $\dot{r}_M = k_g c_{M,\text{sys}} V_R$이다. 물질수지식은 다음과 같다.

$$c_{M,\text{out}} \dot{V}_{\text{out}} = k_g c_{M,\text{sys}} V_R$$

다시 한번 반응기는 잘 교반되고 있다는 사실을 주목하라. 이는 반응기 내부의 모든 곳에서 농도가 같다는 것을 의미한다. 이것이 사실이라면 반응기를 *떠나는* 흐름의 농도는 반응기 *내에서*의 농도와 같아야 한다. 즉, $c_{M,\text{out}} = c_{M,\text{sys}}$이다! 이는 이해해야 할 중요한 사항이다. 왜냐하면 이로 인해 연속흐름 교반탱크반응기에서 성장속도 물질수지식이 다음과 같이 매우 단순화되기 때문이다.

$$\dot{V}_{\text{out}} = k_g V_R \tag{5.16}$$

예제 5.9 ▶ **교반탱크 연속흐름반응기에서 성장 속도식: 폐수 내 독성물질의 미생물 분해**

어떤 폐수흐름이 0.125 mmol/L의 농약으로 오염되어 있다. 당신 회사는 오염된 폐수흐름을 생분해하기 위한 환경친화적인 공정을 개발하고자 하며, 농약을 무해한 부산물로 분해할 수 있는 능력을 가지고 있으면서 인간에게 안전한 대장균 균주를 발견하였다 이 대장균 균주의 성장속도 상수 $k_g = 0.11\ \text{h}^{-1}$이다. 농약의 분해속도는 $k = 9.5\ \text{h}^{-1}$인 1차 비가역식으로 잘 설명된다. 1 L의 키모스태트(일종의 연속흐름 교반탱크반응기)에서 이 공정을 시험하고 있다. (a) 배지의 부피유량은 얼마로 해야 하는가? (b) 농약의 전환율은 얼마로 예상하는가?

❯풀이

(a) 부피유량은 식 (5.16)에서 구할 수 있다.

$$\dot{V}_{\text{out}} = k_g V_R = (0.11\ h^{-1}) \times (1\ L) = 0.11\ L/h$$

(b) 반응기를 계로 사용하면 농약 P에 대한 정상상태 물질수지식은 다음과 같다.

$$\dot{n}_{P,\text{out}} = \dot{n}_{P,\text{in}} + \dot{r}_P$$

밀도가 일정하면 부피 단위를 사용하는 것이 편리하다.

$$\dot{n}_{P,\text{out}} = c_{P,\text{out}}\dot{V}_{\text{out}},\ \text{그리고}\ \dot{n}_{P,\text{in}} = c_{P,\text{in}}\dot{V}_{\text{in}}$$

반응속도식은 1차 비가역이며, 농도는 반응기 내 농약의 농도이다. 즉,

$$\dot{r}_P = r'_P V_R = -kc_{P,\text{sys}}V_R$$

물질수지식은 다음과 같다

$$c_{P,\text{out}}\dot{V}_{\text{out}} = c_{P,\text{in}}\dot{V}_{\text{in}} - kc_{P,\text{sys}}V_R$$

정상상태에서 $\dot{V}_{\text{out}} = \dot{V}_{\text{in}}$이다! 반응기는 잘 교반되고 있으므로 $c_{P,\text{out}} = c_{P,\text{sys}}$이다. 주어진 값을 대입하면 다음과 같이 간단히 된다.

$$c_{P,\text{out}}(0.11\ L/h) = (0.125\ \text{mmol/L})(0.11\ L/h) - (9.5\ h^{-1})c_{P,\text{out}}(1\ L)$$

그리하여 풀면 다음이 얻어진다.

$$c_{P,\text{out}} = 0.00143\ \text{mmol/L}$$

즉, 98.8%의 농약이 분해되었다!

사례 연구 **수소와 메탄올**

1700년대에는 고래기름이었다. 1800년대는 석탄이 왕이었다. 그리고 1900년대 말에는 액체 석유가 지배하였다. 어떤 사람들은 금세기는 수소경제가 도래한다고 예측한다. 수소는 청정 연소 연료이며, 산화 시에 물만 생성된다. 수소는 미래에 휴대 전화에서부터 거대한 전기시설에 이르기까지 모든 것에 동력을 공급할 수 있는 에너지 효율적인 연료전지에 사용할 수 있는 연료원이다. 비록, 많은 사람들이

언젠가는 자동차나 트럭이 수소 연료전지로 움직이게 될 것이라고 제안해 왔지만, 고압의 기체 수소 저장탱크를 달고서 운전하는 사람들의 안전에 대한 우려가 표명되고 있다. 가능한 액체 연료 대안 중 하나로 메탄올이 제안되고 있는데, 주유소에서 취급하고 저장하는 데 있어 메탄올이 더 안전하기 때문이다. 아이디어는 액체 메탄올을 연료탱크에 저장한 다음에 현장에서 수소로 전환하여 연료전지에 공급할 수 있다는 것이다. 직접 메탄올 연료전지는 메탄올로 직접 작동할 수 있는 매력적인 대안이다. 수소와 메탄올은 연료전지에서의 잠재적 사용 외에도 원자 경제적인 화학합성경로에서 중요한 반응물이다. 그러나 수소는 쉽게 구할 수 있는 원료물질이 아니며 합성해야 하는 물질이다.

이 사례연구에서는 메탄으로부터 수소와 메탄올을 합성하는 과정을 살펴볼 것이다. 천연가스는 메탄의 주요 공급원이며, 풍부하기는 하지만 재생 가능한 자원이 아니다. 메탄은 호기성 소화조를 사용하여 소의 배설물 같은 폐기물을 포함하여 바이오매스로부터 생산할 수 있다. 이 사례연구에서는 메탄으로부터 수소와 메탄올을 합성하는 반응기의 설계에 평형 고려사항이 어떻게 도입되는지를 자세히 살펴볼 것이다.

메탄은 수증기 개질반응을 통해 수소로 전환된다.

$$CH_4(g) + H_2O(g) \rightleftarrows CO(g) + 3H_2(g) \qquad \textbf{(R1)}$$

먼저, 이 반응의 화학평형상수를 고려해보자. 이는 적절한 평형 전환율을 얻을 수 있는 반응기 온도와 압력을 찾는 데 도움이 된다. (평형 전환율보다 더 높게 얻을 수 없다는 것을 기억하라.) 메탄은 M, 물은 W, 일산화탄소는 CO, H_2는 H로 표기하기로 하자. 반응은 기상에서 일어난다. 화학평형상수는 다음과 같다.

$$K_a = \prod_{\text{all } i} (y_i P)^{\nu_i} = P^2 \frac{y_{CO} y_H^3}{y_M y_W}$$

메탄-수증기 개질의 경우에 K_a는 Gibbs 에너지와 반응 엔탈피로부터 다음과 같이 계산된다.

$$K_a = 25.8 - \frac{24800}{T}$$

여기서 P는 atm 단위이고, T는 K 단위이다.

이제 평형에서 전환율이 온도와 압력에 따라 어떻게 달라지는지 알 수가 있다.

첫 번째 목표는 평형 전환율을 반응기의 T와 P의 함수로 계산하는 것이다. 흐름선도는 개략적으로 다음과 같다.

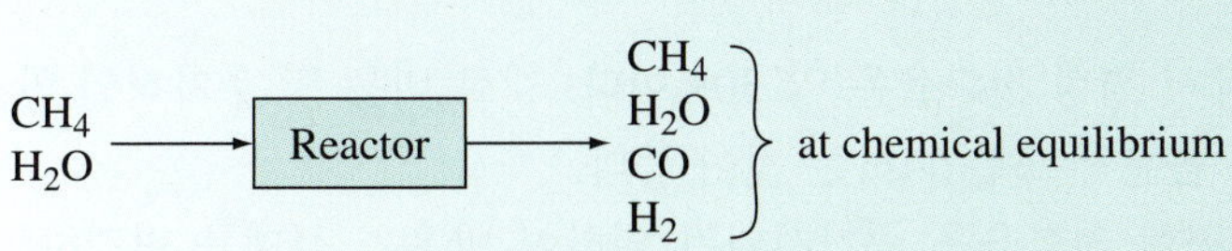

원하는 계산기준을 선택할 수 있다. 반응기에 공급되는 1.0 gmol/s의 CH_4를 선택

하자. 메탄 : 물의 공급비는 1 : 1 (화학양론비)이라고 가정하자. 메탄 M에 대한 정상상태 미분 물질 수지식은 다음과 같다.

$$\dot{n}_{M,\text{out}} = \dot{n}_{M,\text{in}} - \dot{\xi}_1 = 1.0 - \dot{\xi}_1$$

다른 성분들에 대해서도 마찬가지로 물질 수지식을 작성하고, 반응기를 나가는 성분의 몰흐름을 합산하여 총 몰흐름을 구하고, 성분의 몰흐름을 총 물질흐름으로 나누어 몰분율을 계산한다. 다음과 같이 표의 형식으로 하면 편리하다.

	$\dot{n}_{i,\text{in}}$	$\dot{n}_{i,\text{out}}$	$y_{i,\text{out}} = \dfrac{\dot{n}_{i,\text{out}}}{\dot{n}_{\text{out}}}$
CH_4	1	$1 - \dot{\xi}_1$	$\dfrac{1 - \dot{\xi}_1}{2 + 2\dot{\xi}_1}$
H_2O	1	$1 - \dot{\xi}_1$	$\dfrac{1 - \dot{\xi}_1}{2 + 2\dot{\xi}_1}$
CO	0	$\dot{\xi}_1$	$\dfrac{\dot{\xi}_1}{2 + 2\dot{\xi}_1}$
H_2	0	$3\dot{\xi}_1$	$\dfrac{3\dot{\xi}_1}{2 + 2\dot{\xi}_1}$
Total	2	$2 + 2\dot{\xi}_1$	1

이제, K_a를 T, P, $\dot{\xi}_1$의 항으로 나타낼 수 있다.

$$\frac{K_a}{P^2} = \frac{e^{\left(25.8 - \frac{24{,}800}{T}\right)}}{P^2} = \frac{(\dot{\xi}_1)(3\dot{\xi}_1)^3}{(1 - \dot{\xi}_1)^2(2 + 2\dot{\xi}_1)^2} \tag{5.17}$$

Quiz 5.4
물리적으로 타당한 $\dot{\xi}_1$ 값의 범위는 얼마인가?

주어진 T와 P의 값에 대해 평형에서의 $\dot{\xi}_1$을 구할 수 있다. 이것은 방정식 풀이기를 이용하면 그리 어렵지는 않다. 그런 다음 $\dot{\xi}_1$의 값을 이용하여 y_i, $\dot{n}_{i,\text{out}}$ 그리고 평형에서 메탄의 몰분율 f_{CM}을 계산한다.

T와 P에 대해 어떤 범위의 값이 타당한가? 식 (5.17)을 검토해보면 $\dot{\xi}_1$은 (1) 압력이 감소하거나 (2) 온도가 증가함에 따라 증가하는 것을 알 수 있다. 간편추론법을 통해 주변 압력보다 더 낮게 하지 않는 것이 좋다는 것을 알 수 있다. 온도가 약 600°C (873 K) 이상이 되면 특수한 소재가 요구된다. 그러나 필요에 따라서는 거의 600°C 가까이까지 올릴 수도 있다. 이러한 점들을 염두에 두고, 1 atm과 400~800°C에서 반응기 성능을 조사해보자. 계산 결과의 일부를 도시하면 다음과 같다.

600°C에서 평형 전환율은 약 30%이다. 재료 비용 및 추가적인 안전상의 우려 때문에 너무 높은 온도는 피하는 것이 좋다.

메탄의 평형 전환율을 증가시키기 위하여 반응기 설계를 변경하는 다른 방법은 없는가? 다음과 같은 두 가지 아이디어가 있다.

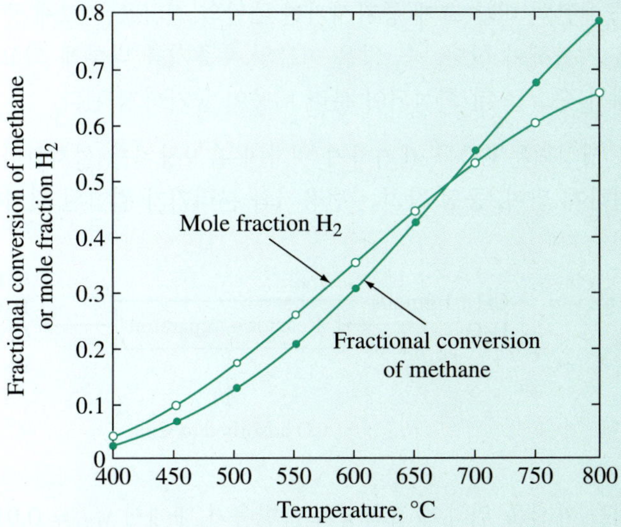

1. 메탄을 제한 반응물로 만들어서 반응을 촉진하기 위해 반응기 내 물의 양을 증가시킨다.
2. 현장에 흡착장치, 즉 CO가 선택적으로 달라붙는 고체 물질을 설치하여 기상에서 CO의 몰분율이 항상 낮은 수준(예를 들어, 0.01)으로 유지되게 한다. (6장과 7장에서 흡착에 대해 더 자세하게 다룰 것이다.)

이러한 아이디어를 좀 더 살펴보자.

아이디어 1. 물:메탄의 공급비를 화학양론비 이상으로 증가시킨다. T = 600°C, P = 1 atm, $\dot{n}_{M,\text{in}} = 1.0$로 두고 화학양론비를 1:1에서 9:1까지 변화시켜보자. 식 (5.17)이 약간 바뀌게 된다. (수정된 식을 유도할 수 있는지 확인해 보라.) 결과를 도시하면 다음과 같다.

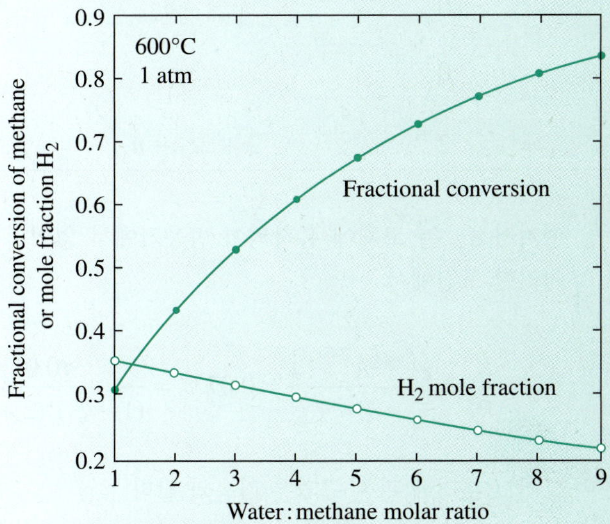

물:메탄의 비를 크게 증가시키면 메탄의 전환율은 크게 증가한다! 비용을 지불해야 한다. 즉, 많은 여분의 수증기를 다루게 되고, 생성물흐름에서 수소는 더 희석되어 분리 비용이 증가하게 된다.

아이디어 2. 생성되는 CO를 제거하기 위하여 흡착장치를 설치한다. 흐름선도가 변하게 되며, 공정 장치는 반응기와 분리기가 결합된 것이다.

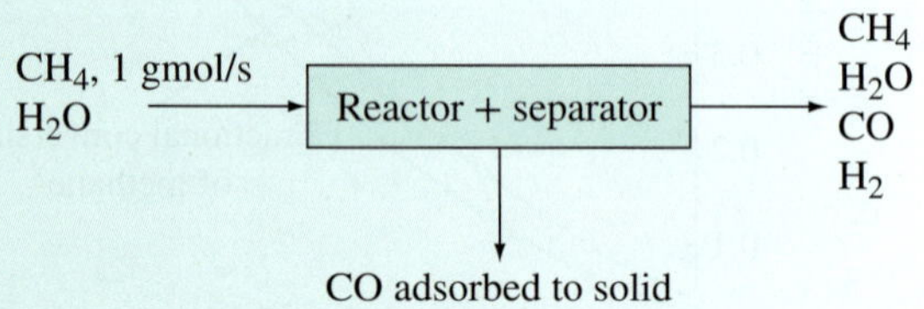

이들 계산을 위하여 흡착장치는 반응기 내에서 $y_{CO} = 0.01$를 유지시켜준다고 가정한다. (6장과 7장에서 흡착장치의 운전 방식과 흡착장치가 있는 경우에 기상의 조성을 어떻게 구하는지에 대해 자세히 배우게 될 것이다.) 메탄:물의 공급비는 1:1이고, 온도는 600°C, 압력은 1 atm이라 가정한다. 추가적인 출구흐름을 고려하기 위해 물질수지식을 수정해야 한다.

	$\dot{n}_{i,\text{in}}$	$\dot{n}_{i,\text{out}}$	$y_{i,\text{out}} = \dfrac{\dot{n}_{i,\text{out}}}{\dot{n}_{\text{out}}}$
CH_4	1	$1 - \dot{\xi}_1$	$\dfrac{1 - \dot{\xi}_1}{2 + 2\dot{\xi}_1 - \dot{n}_{ads}}$
H_2O	1	$1 - \dot{\xi}_1$	$\dfrac{1 - \dot{\xi}_1}{2 + 2\dot{\xi}_1 - \dot{n}_{ads}}$
CO	0	$\dot{\xi}_1 - \dot{n}_{ads}$	0.01
H_2	0	$3\dot{\xi}_1$	$\dfrac{3\dot{\xi}_1}{2 + 2\dot{\xi}_1 - \dot{n}_{ads}}$
Total	2	$2 + 2\dot{\xi}_1 - \dot{n}_{\text{ads}}$	1

여기서 $\dot{n}_{ads}$는 고체에 흡착되어 반응기에서 없어지는 CO의 유량이다. 이러한 조건에서

$$\frac{K_a}{P^2} = \frac{e^{\left(25.8 - \frac{24800}{T}\right)}}{P^2} = 0.0737 = \frac{(0.01)(3\dot{\xi}_1)^3}{(1 - \dot{\xi}_1)^2(2 + 2\dot{\xi}_1 - \dot{n}_{ads})^2}$$

그리고 분리에 관한 규격은 다음과 같다.

$$y_{CO} = 0.01 = \frac{\xi_1 - \dot{n}_{ads}}{2 + 2\dot{\xi}_1 - \dot{n}_{ads}}$$

이들 두 식을 연립하여 풀면 흡착장치를 추가하는 것은 전환율을 30%에서 65%로 증가시켜 준다는 것을 알 수 있다. 또한, 부산물인 CO가 연속적으로 제거되기 때문에 반응기에서 나가는 가스에는 수소가 더 풍부하게 된다(y_{H_2} = 0.73이며, 반면에 추가하지 안은 기본 경우에는 0.35임). 생각해 볼 수 있는 단점으로는 어떤 것들이 있는가?

이 두 가지 아이디어로 화학반응평형의 법칙을 위배하지 않고 이를 중심으로 하여 설계함으로써, 더 높은 전환율을 얻을 수 있었다는 것에 주목하라!

지금까지의 해석에서는 단지 한 가지 반응만 일어난다고 가정하였다. 실제로 화학은 종종 우리를 혼란스럽게 만드는 경우가 많다. 운이 나쁜 경우에는 이러한 트릭(trick)은 원하지 않는 반응의 형태로 나타난다. 즉, 반응물이 원하지 않는 다른 생성물로 전환되거나 또는 생성물 자체가 추가 반응을 하는 형태로 나타난다. 복합 화학반응이 있는 경우에 어떻게 하면 좋은 전환율과 선택도를 제공하는 반응기를 설계할 수 있는가? 우리가 아는 요령이 있다. 설명을 위해 수증기 개질에 대해 좀 더 자세히 살펴보자. 메탄의 수증기 개질에 의해 CO와 H_2이 생성된 것을 기억하라.

$$CH_4(g) + H_2O(g) \rightleftarrows CO(g) + 3H_2(g) \qquad \textbf{(R1)}$$

그리고 다른 반응기에 CO와 H_2를 공급하여 메탄올을 만든다.

$$CO(g) + 2H_2(g) \rightleftarrows CH_3OH(g)$$

그러나 수증기 개질 반응기에서 CO는 다시 수증기와 추가 반응을 거쳐 CO_2를 만든다. 이 반응이 유명한 수성가스 전환반응(water-gas shift reaction)이다.

$$CO(g) + H_2O(g) \rightleftarrows CO_2(g) + H_2(g) \qquad \textbf{(R2)}$$

수성가스 전환 반응의 화학평형상수는 다음과 같다.

$$\ln K_a = -5.1 + \frac{4950}{T}$$

여기서 T의 단위는 K이다.

이러한 복잡한 문제를 고려하면서 메탄올을 생산하려면 수증기 개질기를 어떻게 운전해야 하는가? 메탄올 반응은 CO 1몰당 H_2 2몰를 필요로 하며, 수증기 개질은 CO 1몰당 H_2 3몰을 생산한다. 따라서, 이미 CO가 부족한 상태이며, 수성가스 전환반응은 이를 더욱 악화시킨다. 수성가스 전환반응을 억제하면서 수증기 개질에서 만족스러운 전환율을 얻을 수 있는 온도와 압력이 있는가? 몇 가지 동향을 살펴보면서 시작하자.

수성가스 전환반응 경우에 평형관계식은 다음과 같다.

$$K_a = \frac{y_{CD}\, y_H}{y_{CO}\, y_W}$$

여기서 *CD*는 이산화탄소이다. 압력항이 없다는 것에 주목하라! 원하는 수증기 개질반응 R1 경우에 평형 전환율은 압력이 증가함에 따라 감소하고 원하지 않는 반응 R2의 반응진척도는 압력의 영향을 받지 않기 때문에, 원하는 반응에 유리하도록 가능한 낮은 압력에서 반응기를 설계해야 한다. 따라서, 설계압력을 1 atm으로 두도록 하자.

이제 두 가지 반응 R1과 R2에 대해 ln (K_a)를 도시하여 온도 의존성을 알아보자.

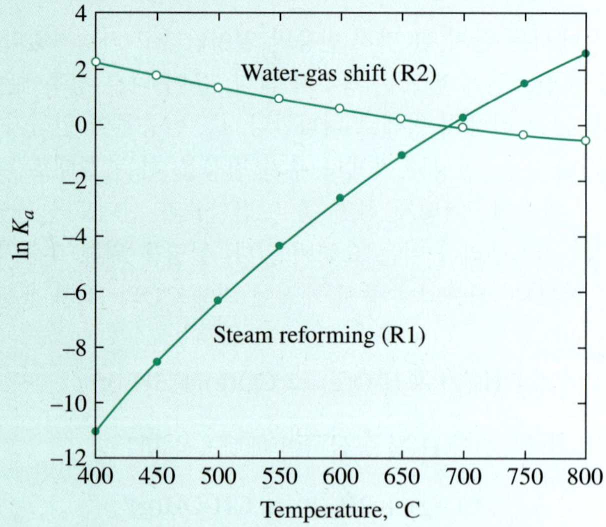

원하는 반응은 낮은 온도에서는 매우 불리하지만 높은 온도에서는 매우 유리하다. 원하지 않는 반응은 반대의 경향을 보인다. 이것은 좋은 소식이다. 원하지 않는 반응에 대한 K_a가 1보다 작고, 또한 원하는 반응보다도 작은 그러한 반응기 온도에서 운전하려고 한다. 앞에서 단지 하나의 반응만 고려한 경우에 선택했던 600°C의 온도는 너무 낮다. 725°C로 선택하자. 이온도에서 R1의 K_a가 R2의 경우보다 높다.

반응물이 화학양론비(원하는 반응 R1에 대해)로 공급된다고 가정하고, 반응기에 1 gmol/s의 CH_4 공급을 계산기준으로 사용한다.

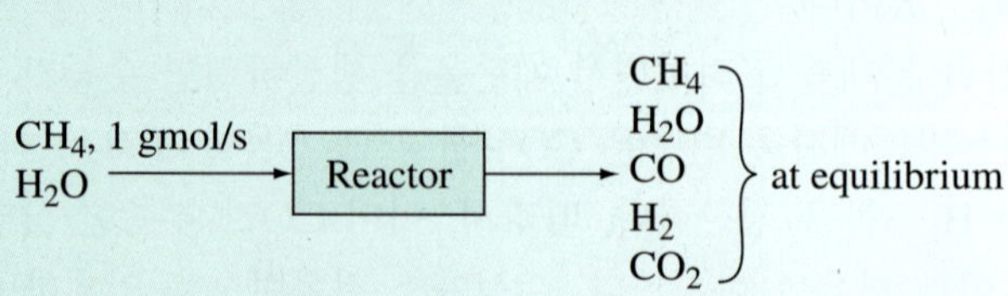

물질 수지식을 사용하여 전환율과 선택도를 계산해 보자. 이 해석에서는 CO_2를 성분 중의 하나로 추가하고, 두 반응의 속도를 모두 포함시킨다.

	$\dot{n}_{i,\text{in}}$	$\sum \nu_{ik}\dot{\xi}_k$	$\dot{n}_{i,\text{out}}$	$y_{i,\text{out}} = \dfrac{\dot{n}_{i,\text{out}}}{\dot{n}_{\text{out}}}$
CH_4	1	$-\dot{\xi}_1$	$1 - \dot{\xi}_1$	$\dfrac{1-\dot{\xi}_1}{2+2\dot{\xi}_1}$
H_2O	1	$-\dot{\xi}_1 - \dot{\xi}_2$	$1 - \dot{\xi}_1 - \dot{\xi}_2$	$\dfrac{1-\dot{\xi}_1-\dot{\xi}_2}{2+2\dot{\xi}_1}$
CO	0	$\dot{\xi}_1 - \dot{\xi}_2$	$\dot{\xi}_1 - \dot{\xi}_2$	$\dfrac{\dot{\xi}_1-\dot{\xi}_2}{2+2\dot{\xi}_1}$
H_2	0	$3\dot{\xi}_1 + \dot{\xi}_2$	$3\dot{\xi}_1 + \dot{\xi}_2$	$\dfrac{3\dot{\xi}_1+\dot{\xi}_2}{2+2\dot{\xi}_1}$
CO_2	0	$\dot{\xi}_2$	$\dot{\xi}_2$	$\dfrac{\dot{\xi}_2}{2+2\dot{\xi}_1}$
Total	2		$2 + 2\dot{\xi}_1$	1

이제 몰분율을 2개의 K_a 값과 관련시킨 2개의 방정식이 얻어지며, 그리고 모든 성분들의 몰분율을 $\dot{\xi}_1$과 $\dot{\xi}_2$의 항으로 나타낸 식들이 얻어진다.

표에 주어진 몰분율에 대한 식들을 K_a에 대한 식으로 바꾸어 해를 구하고, 수성가스 전환반응을 고려하지 않은 경우와 비교해 보자.

	Water-gas not considered		**Water-gas considered**	
	y_i	$\dot{n}_{i,\text{out}}$	y_i	$\dot{n}_{i,\text{out}}$
CH_4	0.125	0.38	0.12	0.40
H_2O	0.125	0.38	0.10	0.32
CO	0.19	0.62	0.16	0.53
H_2	0.57	1.86	0.59	1.88
CO_2			0.024	0.077
$\dot{\xi}_1$		0.62		0.60
$\dot{\xi}_2$				0.077

몇 가지 관찰사항: 첫째, 수성가스 전환반응이 메탄의 전환율에 미치는 영향은 작다. 둘째, H_2:CO 비는 3:1에서 3.6:1로 변경되었다. 이것은 메탄올을 만드는 것이 목표라면 좋지 않다. 왜냐하면 메탄올 합성 경우에 H_2:CO의 화학양론비가 2:1이기 때문이다. 셋째, CO로 전환된 메탄을 기준으로 한 선택도는 (0.60 − 0.077/0.60) = 0.87이다(수성가스 전환반응이 없는 경우에 1.0인 것과 비교해보라). 끝으로, 분리해 주어야 하지만 별로 유용하지 않은 부산물인 CO_2가 만들어지고 있다.

우리가 할 수 있는 또 다른 변경사항이 있는가? 물은 두 반응 모두에서 반응물이라는 것에 주목한다. 물에 대한 메탄의 화학양론적 공급비를 조정한다면 어떻게 되는가? 두 가지 다른 공급비, 즉 물을 2배 과잉 공급하는 경우와 메탄을 2배 과잉 공급하는 경우를 고려해보자. 반응기에 공급된 CH_4 1 gmol/s의 계산기준을 그대로 사용한다.

	CH_4:H_2O feed = 1:1		CH_4:H_2O feed = 1:2		CH_4:H_2O feed = 1:0.5	
	y_i	$\dot{n}_{i,out}$	y_i	$\dot{n}_{i,out}$	y_i	$\dot{n}_{i,out}$
CH_4	0.12	0.40	0.041	0.19	0.26	0.60
H_2O	0.10	0.32	0.22	0.99	0.034	0.079
CO	0.16	0.53	0.13	0.61	0.165	0.37
H_2	0.59	1.89	0.57	2.63	0.53	1.22
CO_2	0.024	0.076	0.043	0.20	0.009	0.021
$\dot{\xi}_1$		0.60		0.81		0.40
$\dot{\xi}_2$		0.077		0.20		0.021

이로써 큰 차이가 생겼다! 물을 과잉으로 사용하여 81%의 놀라운 메탄 전환율을 달성하였다. 그러나 선택도에서는 손해를 보았고, 0.75로 감소하였다. H_2:CO의 비가 4.4인 경우에는 더욱 나빠지며, *더 많은* CO_2가 생성되었다. 반응기를 통한 전체 흐름이 증가했는데, 이는 반응기가 더 커지고, 비용이 더 많이 든다는 것을 의미한다. 반대로, 메탄을 과잉으로 한 경우에는 메탄의 전환율이 40%까지 떨어지나, 선택도는 0.95로 더 좋아지고, CO_2가 적게 생성되며, H_2:CO의 비는 더 낮아진다.

최적의 반응기 조건을 결정하기 위해서는 추가적인 설계분석이 필요하다. 미반응 메탄을 재순환할 수 있는가? CO_2를 제거하는 것은 얼마나 어려운가? 그것으로 할 수 있는 유용한 것이 있는가? 과잉 H_2에 대한 다른 용도가 있는가? 일어날 수 있는 다른 반응이 있는가? 끝으로, 반응기는 평형에 가깝게 운전되고 있는가? 아니면 반응속도론적 고려사항이 전환율과 선택도에 크게 영향을 미치는가?

요약

- **화학반응평형**(chemical reaction equilibrium)은 달성 가능한 최대 전환율을 제한하며, 선택도에 영향을 미칠 수 있다. 화학평형상수 K_a는 다음과 같다.

$$K_a = \prod_{\text{all } i} a_i^{\nu_i}$$

여기서 a_i는 평형에서 화학종 i의 활동도이며, ν_i는 i의 화학양론 계수이다. 첫번째 근사는

$$a_i = \frac{y_i P}{1 \text{ atm}} \quad \text{for a gas}$$

$$a_i = x_i \qquad \text{for a liquid}$$
$$a_i = 1 \qquad \text{for a solid}$$

K_a는 온도의 함수이다.

$$\ln K_{a,T} = \frac{-\Delta\hat{G}_r^\circ}{298R} + \frac{\Delta H_r^\circ}{R}\left(\frac{1}{298} - \frac{1}{T}\right)$$

여기서

$$\Delta\hat{G}_r^\circ = \sum \nu_i \Delta\hat{G}_{i,f}^\circ \qquad \text{and} \qquad \Delta\hat{H}_r^\circ = \sum \nu_i \Delta\hat{H}_{i,f}^\circ$$

온도, 압력 그리고 반응물의 공급비를 조절하고, 반응기 흐름도를 수정함으로써 화학 반응 평형에 의해 부과되는 일부 제한을 극복할 수 있다.

- 반응기 출구에서 화학반응평형의 가정은 반응기 성능규격으로 사용될 수 있다. 전략은 (a) 모든 화합물에 대한 물질수지식을 흐름 변수와 반응진척도의 항으로 작성하고, (b) 단계 a의 결과를 사용하여 각 화합물의 몰분율에 대한 식을 흐름 변수와 반응진척도의 항으로 유도하고, (c) 단계 b에서의 몰분율을 식 $K_a = \prod a_i^{\nu_i}$에 대입하고, (d) K_a의 수치값($\Delta\hat{G}_r^\circ$, ΔH_r°로부터 계산)을 사용하여 평형에서의 반응진척도를 구한다. 그런 다음 평형에서의 전환율, 수율, 선택도를 계산할 수 있다
- 화학반응속도론은 전환율을 제한하며, 선택도에 영향을 미칠 수 있다. 온도, 압력, 반응물의 공급비, 촉매, 반응시간을 조정함으로써, 화학반응속도론에 의해 부과되는 일부 제약조건들을 극복할 수 있다. 반응기 성능은 화학반응속도론과 반응공학의 결과이다.

Quiz 정답

5.1 $Ka = y_B y_C / y_A^2$; 아니다.

5.2 70.54 kJ/gmole.

5.3 $CO + 2H_2 \rightarrow CH_3OH$. 400 K 이하인 T를 선택한다.

5.4 0과 1 사이여야 한다.

참고 문헌 및 추천 도서

1. *Perry's Chemical Engineers' Handbook and Lange's Handbook of Chemistry*에는 Gibbs 에너지와 생성 엔탈피에 대한 광범위한 값들의 목록이 들어 있다. 이 책의 부록 B에는 일부 자료만 표로 주어졌다.

연습 문제

준비 단계

5.1절

P5.1 다음 반응 경우의 K_a에 대한 식을 몰분율의 항으로 나타내라.

$$A(g) + 2B(g) \rightleftarrows P(g) + D(g)$$
$$A(l) + 2B(g) \rightleftarrows P(l) + D(l)$$
$$A(l) + 2B(l) \rightleftarrows P(l) + D(l)$$
$$A(s) + 2B(g) \rightleftarrows P(s) + D(g)$$

P5.2 $\Delta\hat{G}^{\circ}_{f,A} = -25.0$ kJ/gmol, $\Delta\hat{G}^{\circ}_{f,B} = 15.0$ kJ/gmol일 때, 다음 반응에 대한 $\Delta\hat{G}^{\circ}_{r}$은 얼마인가?

i. $A \rightleftarrows B$

ii. $2A \rightleftarrows B$

iii. $A \rightleftarrows 2B$

iv. $2A \rightleftarrows 2B$

P5.3 다음 각 경우에 대해 (a) 298 K, (b) 500 K에서 $K_a < 1$인지 또는 $K_a > 1$인지 말해보라.

i. $\Delta\hat{G}^{\circ}_{r}/R = 1000/K$ 그리고 $\Delta\hat{H}^{\circ}_{r}/R = 3000/K$

ii. $\Delta\hat{G}^{\circ}_{r}/R = 1000/K$ 그리고 $\Delta\hat{H}^{\circ}_{r}/R = -3000/K$

iii. $\Delta\hat{G}^{\circ}_{r}/R = -1000/K$ 그리고 $\Delta\hat{H}^{\circ}_{r}/R = 3000/K$

iv. $\Delta\hat{G}^{\circ}_{r}/R = -1000/K$ 그리고 $\Delta\hat{H}^{\circ}_{r}/R = -3000/K$

P5.4 기상 전환반응 $A(g) + B(g) \rightleftarrows P(g)$을 수행하는 반응기를 설계하려 한다. $\Delta\hat{G}^{\circ}_{r} = 20.0$ kJ/gmol이고 $\Delta\hat{H}^{\circ}_{r} = -15.0$ kJ/gmol이다. 반응기 출구가 평형에 있다면 최대 전환율을 얻기 위해 고온을 선택하겠는가? 또는 저온을 선택하겠는가? 고압을 선택하겠는가? 또는 저압을 선택하겠는가?

P5.5 반응 $A(l) + B(l) \rightleftarrows C(l)$의 경우, 반응기 운전 조건에서 $K_a = 5$이다. 반응기 출구 조성을 샘플링한 결과 33 mol% A, 33 mol% B, 34 mol% C로 측정되었다. 반응기 출구는 평형에 있는가?

P5.6 100 gmol의 화합물 A를 회분식 반응기에 넣고 반응 $A(l) \rightleftarrows C(l)$에 의해 화합물 C로 이성질화되도록 한다. 평형에서 반응진척도 $\xi = 42$ gmole이다. K_a의 값은 얼마인가?

P5.7 고과당 옥수수 시럽(탄산음료, 과일 맛 음료 및 기타 음료에 막대한 양이 사용됨)의 제조에서 포도당($C_6H_{12}O_6$)은 효소를 촉매로 사용하여 과당으로 이성질화된다. 반응이 상당히 빠르게 진행됨에도 불구하고 달성 가능한 최대 포도당 전환율은 50% 미만이다. 이 반응에 대한 K_a와 $\Delta\hat{G}^{\circ}_{r}$의 근사값은 얼마인가?

5.2절

P5.8 오염된 폐수에서 벤젠의 미생물 분해속도는 1차 비가역으로 모델링할 수 있다. 속도상수 $k = 2 \times 10^{-6}\ s^{-1}$일 경우에 벤젠이 99% 분해되는 데 걸리는 시간은 얼마인가?

P5.9 효모가 20리터 키모스태트(연속흐름 교반탱크반응기)에서 증식되고 있다. 성장 속도상수 $k_g = 0.24\ h^{-1}$일 경우에 반응기에서 나가는 부피유량(리터/시간)은 얼마인가?

P5.10 연속흐름 교반탱크반응기로 운전되는 20리터 발효기에서 효모가 증식되고 있다. 발효기에 2 g의 효모가 들어 있다면 출구흐름에서 효모 농도(그램/리터)는 얼마인가?

P5.11 반응 혼합물을 가열하여 반응속도를 높이기 위하여 소형 회분식 반응기를 특수 마이크로웨이브 장치 내에 배치하였다. 어떤 회사에서 자사의 마이크로웨이브 기술은 4분 안에 반응물의 90%를 의약품으로 전환할 수 있는 반면에, 기존 기술은 24시간 안에 52%만 전환할 수 있다고 주장하였다. 두 경우 모두에서 반응속도가 1차 비가역이라면 마이크로웨이브 기술 경우의 반응 속도상수 k는 기존 기술과 비교하여 몇 퍼센트 증가하는가?

심화 문제

5.3절

P5.12 기상반응 2A + B → C + D가 일어나는 반응기에 A와 B를 각각 100 gmol씩 넣는다. 반응은 평형에 도달한다. K_a에 대한 식을 각 반응물과 생성물의 몰분율과 전압의 항으로 나타내라. 그런 다음 K_a에 대한 식을 A의 전환율과 전압의 항으로 간략화시켜라. 반응기 압력을 높이면 A의 전환율이 증가하는가? 또는 감소하는가?

P5.13 동물세포는 포도당($C_6H_{12}O_6$)을 주요 에너지원으로 사용한다. 포도당의 호기성 대사는 포도당을 이산화탄소와 물로 완전 산화시킨다. (*호기성*이란 대사작용에 공기 중의 산소가 필요함을 의미한다.)

$$C_6H_{12}O_6 + 6O_2 \rightarrow 6CO_2 + 6H_2O$$

포도당 산화의 $\Delta\hat{G}_r^\circ$는 얼마인가?

이 반응은 무기 인산염과 ADP(adenosine diphosphate)로부터 ATP(adenosine triphosphate)의 합성과 연계된다. 이 반응의 $\Delta\hat{G}_r^\circ$는 +7.3 kcal/gmol이다.

$$ADP + H_3PO_4 \rightarrow ATP$$

만약 포도당의 호기성 대사에 의해 소비되는 산소 1몰당 6몰의 ADP가 ATP로 전환된다면, ATP에서 포도당의 화학에너지가 포스파마이드(phosphamide) 결합의 화학에너지로 전환되는 효율은 얼마인가?

P5.14 디메틸카보네이트(DMC)는 독성이 강한 포스겐을 사용하여 만들어지며 DMC 제조 시 염소화 부산물이 생성된다. 다른 많은 반응 경로들이 제안되고 있다. 일부 반응경로는 예제 5.3에서 논의되었으며 여기서는 두 가지를 더 제시한다.

Scheme 1: 메탄올, CO_2, 에틸렌옥사이드를 반응시켜 DMC, 포름알데히드(CH_2O)를 만든다.

Scheme 2: 디메틸에테르(CH_3OCH_3)를 물과 반응시켜 메탄올을 만든 다음 메탄올을 CO_2와 반응시켜 DMC와 물을 만든다.

표준 Gibbs 반응 에너지를 계산한 다음에 373 K와 773 K에서 K_a의 수치값을 구하여 각 계획안을 평가하라. 예제 5.3에서 논의된 것과 비교하여 이들 계획안 중 어느 것이 유망한가?

P5.15 30 mol% CO, 65 mol% H_2, 5 mol% N_2의 혼합물이 메탄올(CH_3OH) 합성 반응기에 공급되어 다음 반응이 일어난다.

$$CO + 2H_2 \leftrightarrows CH_3OH$$

반응기의 온도와 압력은 200°C, 4925 kPa이다. 반응기에서 나가는 흐름은 평형에 있다.

100 kgmol/h의 원료 혼합물이 반응기에 공급되는 경우에 반응기에서 나가는 모든 화학종의 유량을 계산하라.

P5.16 강철(Fe)은 공기 중에 방치되면 천천히 부식된다. FeO, Fe_3O_4 또는 Fe_2O_3 중에서 Fe 산화 생성물로 가장 가능성이 높은 것은 무엇인가? (화학평형을 사용하여 결정한다.)

P5.17 연료 전지용 수소를 생산하기 위해 정상상태 연속흐름반응기에서 메탄의 증기개질을 행한다. 반응은 다음과 같다.

$$CH_4 + H_2O \rightleftarrows CO + 3H_2$$

600°C에서 $K_a = 5.2$이며, 압력은 atm 단위이다. 반응기 공급비는 5:1(몰:몰)의 $H_2O:CH_4$이고, 반응기는 2 atm에서 운전된다고 가정한다. K_a를 메탄의 전환율과 관련시키는 식을 유도하라. 그런 다음 메탄의 평형 전환율이 90%보다 큰지 또는 작은지 확인하라.

P5.18 어떤 비누 제조업체가 새로운 촉매 공정을 사용하여 과잉 생산되는 글리세롤 부산물을 연료전지에서 사용할 수 있는 수소로 변환시키는 것을 고려하고 있다. 이 공정은 다음과 같은 반응을 수행한다.

$$C_3H_8O_3 + 3H_2O \rightleftarrows 3CO_2 + 7H_2$$

당신은 1.2 atm, 200°C에서 기상으로 운전되는 실험실 규모의 반응기에서 물:글리세롤의 공급비를 5:1(몰 단위)로 하여 새로운 촉매에 대한 실험을 진행하고 있다 파일럿 플랜트 반응기에서 글리세롤 공급속도는 150 g/hr이고 출구흐름의 수소 몰분율은 0.54로 측정되었다. 200°C에서 이 반응에 대한 평형상수 $K_a = 55$이며, 압력은 atm 단위이다. 반응기가 평형 전환율을 달성하고 있는가?

P5.19 암모니아(NH_3)와 메탄올(CH_3OH)을 반응시켜 의약품 생산에 유용한 중간체인 메틸아민(CH_3NH_2)을 생산한다. 메틸아민은 메탄올과 원하지 않는 반응을 일으켜 디메틸아민 $(CH_3)_2NH$를 생산한다. 물은 두 반응에서의 부산물이다. 회분식 실험실 반응기에서 새로운 촉매의 성능을 테스트하고 있다. 이 두 반응에 대한 평형상수는 반응기 운전조건에서 $K_{a1} = 4.1$이고 $K_{a2} = 2.8$이다. 두 반응 모두 액상에서 일어난다. 10 gmol의 메탄올과 10 gmol의 암모니아를 반응기에 넣고 15분을 기다린 다음에 반응기 내용물을 제거하고

분석하여 20.0 mol% 암모니아, 9.4 mol% 메탄올, 18.6 mol% 메틸아민, 10.9 mol% 디메틸아민, 그리고 나머지는 물이 함유되어 있는 것을 알았다. 반응은 15분 후에 평형에 도달했는가?

P5.20 아세트알데히드(CH_3CHO)는 에탄올(C_2H_5OH)의 탈수소화에 의해 생산된다.

$$C_2H_5OH \rightleftarrows CH_3CHO + H_2$$

정상상태에서 운전되고 있는 반응기에 120 gmol/h의 에탄올을 연속적으로 공급한다. 반응기는 200°C, 압력 2 atm에서 운전되고 반응기 출구가 평형에 있다면 K_a는 얼마인가? 출구흐름의 조성과 에탄올의 전환율은 얼마인가?

P5.21 글리세롤(바이오디젤 생산에서 부산물)을 수소로 전환하는 공정 개발에 관심이 있다. 기상 반응은

$$C_3H_8O_3 + 3H_2O \rightleftarrows 3CO_2 + 7H_2$$

실험실 규모의 회분식 반응기에 16.3 gmol의 물과 3.26 gmol의 글리세롤을 넣고 온도를 200°C, 압력을 1.2 atm으로 조정한다. 반응이 평형에 도달하도록 하면 반응기의 가스조성이 17.83 mol% H_2O, 0.29 mol% 글리세롤, 24.56 mol% CO_2, 57.31 mol% H_2임을 알 수 있었다. 이들 결과와 부록 B의 $\Delta\hat{G}_f^\circ$와 $\Delta\hat{H}_f^\circ$ 값을 사용하여 글리세롤의 $\Delta\hat{G}_f^\circ$(kJ/gmol)를 구하라.

5.4절

P5.22 아트라진은 특히 미국 중서부 옥수수 재배 지대에서 많이 사용되는 제초제이다. 일반적으로 식재 후 약 18~30일 지나 에이크당 0.75 lb의 아트라진을 옥수수밭에 뿌린다. 제초제는 화학적 가수분해와 미생물 활동에 의해 토양 속에서 천천히 분해된다. 만약 토양 속에서 아트라진의 분해속도가 1차 비가역이고 속도상수 $k = 0.0005\ h^{-1}$이라면, 아트라진이 토양속에서 초기값의 1/10로 분해하는 데는 며칠이 걸리겠는가?

P5.23 효소 우레아제는 1차 비가역 반응($k = 0.045\ h^{-1}$)에 의해 요소를 암모니아와 이산화탄소로 분해한다. 우레아제가 들어 있는 1리터 회분식 반응기에 20 mmol/리터의 요소를 넣었다면 24시간 후 요소의 농도는 얼마가 되겠는가?

P5.24 효소는 특정 반응에 촉매작용을 하는 단백질이다. 많은 효소가 상업적으로 중요하다. 예를 들어, 옥수수 전분을 포도당으로 분해하는 글루코아밀라아제가 있다. 글루코아밀라아제는 용해된 상태 그 자체로 사용하거나 또는 고체 비드에 고정화하여 옥수수 전분 수용액에 첨가할 수도 있다. 용해 상태 및 고정화된 글루코아밀라아제에 의한 옥수수 전분의 분해속도를 비교하고자 한다. 옥수수 전분 150 mg을 물 1 mL에 녹이고 효소를 첨가한 다음 시간 경과에 따른 포도당 생산량을 모니터링한다. 각 시점에서 생산된 덱스트로스의 양(mg)은 다음에 요약하였다.

	15 min	30 min	60 min	120 min
Soluble	31	57	93	127
Immobilized	88	124	145	150

자료를 도시하여 옥수수 전분에서 포도당으로의 분해가 1차 비가역 속도식을 따르는지 여부를 판단하라. 그런 다음에 자료를 사용하여 가용성 및 고정화 글루코아밀라아제에 대한 속도 상수 k를 추정하라.

P5.25 일부 항생제는 곰팡이 발효에 의해 생산된다. 한 종류의 항생제 생산 곰팡이를 초기 농도가 1.25 g/L이 되게끔 1리터 회분식 발효기에 넣는다. 성장 속도 상수 $k_g = 0.1\ h^{-1}$이다. 회분식 반응기에 대한 물질수지식을 사용하여 시간 t 후에 반응기 내에서의 곰팡이 질량에 대한 표현식을 유도하라. 그런 다음 $t = 12$ h에서 곰팡이의 질량을 계산하라.

핵심 문제

P5.26 단백질은 아미노산이 선형사슬로 배열된 폴리아미드(아미노산 중합체)이다. 사슬의 아미노산 서열은 단백질마다 다르다. 정상적인 생리학적 조건에서는 단백질은 특정구조로 접혀 있다. 단백질을 가열하면 단백질이 "풀려지고" 익힌 스파게티 가닥처럼 보인다. 이 풀림 과정은 단백질을 "원형인" N 상태에서 "풀려진" U 상태로 만든다.

$$N \Leftrightarrow U$$

N 또는 U 상태의 단백질 분율은 여러 가지 분광학적 도구를 사용하여 측정할 수 있다. 다음은 1 mg/mL 단백질 용액을 가지고 얻은 온도에 따른 N 상태 단백질의 백분율 자료이다.

T (°C)	35	45	55	56	58	60	61	63	65	70	75	80
% N	100	99.9	90.2	85.5	71.0	50.7	40.0	22.2	10.9	1.5	0.2	0.03

자료를 사용하여 접힘-풀림 반응의 $\Delta\hat{G}_r^\circ$와 $\Delta\hat{H}_r^\circ$를 구하라.

P5.27 p-자일렌(C_8H_{10})이 테레프탈산(TPA, $C_8H_6O_4$)으로 산화되는 경우의 $\Delta\hat{H}_r^\circ$를 계산하려 한다. 이 반응은 2리터 플라스틱 소다병에 들어 있는 고분자를 합성하는 데 사용된다. 반응은 다음과 같다.

$$C_8H_{10}(l) + 3O_2(g) \rightleftarrows C_8H_6O_4(s) + 2H_2O(l)$$

그러나 화합물들의 생성 엔탈피를 구할 수가 없다. 298 K에서 p-자일렌(l)을 CO_2(g)와 H_2O(l)로 연소시키는 경우 $\Delta\hat{H}_r^\circ = -1089.1$ kcal/gmol이고, 298 K에서 TPA(s)를 CO_2(g)와 H_2O(l)로 연소시키는 경우 $\Delta\hat{H}_r^\circ = -770.4$ kcal/gmol이다. 이 데이터를 사용하여 p-자일렌 산화 반응의 $\Delta\hat{H}_r^\circ$에 대한 수치값을 구하라. 그런 다음 CO_2와 H_2O에 대한 $\Delta\hat{H}_f^\circ$를 찾아서, p-자일렌에 대한 $\Delta\hat{H}_f^\circ$를 구하라.

P5.28 치즈 공장에서 회수한 젖산 부산물은 다양한 화학제품을 만드는 데 사용된다. 예를 들어, 수소화하면 1,2-프로판디올이 생산되는데, 이는 고분자 전구체나 식품 첨가제로 사용된다.

$$CH_3CHOHCOOH + 2H_2 \rightleftarrows CH_3CHOHCH_2OH + H_2O$$

공정의 원료는 젖산:H_2:불활성물이 1:3:2(몰비)로 함유된 증기흐름이며, 전압은 5 atm이고 유량은 300 mol/h이다. 반응은 가역적이며, 반응기 온도에서 평형상수 $K_a = 3.2$이다. 제한 반응물의 평형 전환율 및 반응기 출구조성은 얼마인가? 원료에서 불활성물의 농도가 증가함에 따라 평형 전환율은 증가하겠는가? 아니면 감소하겠는가? 먼저 정성적 추론을 사용하여 답을 말하고, 그런 다음 더 높은 불활성물 농도에서 전환율을 계산하여 당신의 추론이 옳은지를 확인하라. 반응기 압력이 달라짐에 따라 전환율도 달라지는가? 압력을 2 atm 증가시킴에 따른 영향을 계산하여 결과를 증명하라.

P5.29 합성세제 제조 과정 중의 하나는 프로펜(또는 프로필렌이라고도 함), CO와 수소를 사용하여 부탄알(또는 부틸알데히드라고도 함)을 제조하는 것이다.

$$CH_3CHCH_2 + CO + H_2 \rightleftarrows CH_3CH_2CH_2CHO$$

반응은 압력 5 atm의 기상 반응기에서 일어난다. 반응기로의 공급유량은 1200 gmol/h이다. 반응은 가역적이며, 운전 온도 180°C에서 평형상수 $K_a = 8$이다.

먼저, 원료가 20 mol% 프로펜, 40 mol% CO, 40 mol% H_2인 경우에 해석해보라. 프로펜의 전환율, 부탄알 생산속도, 반응기 출구에서 부탄알 백분율을 구하라. 그런 다음 프로펜 농도를 10~80 mol%로 달리한 경우에 이들을 다시 계산하라. 모든 경우에 CO와 H_2는 나머지 공급물이며, 1:1의 몰비로 공급된다. 결과를 도시하여 경향을 조사하라. 원료에서 프로펜의 백분율이 얼마일 때 최대 전환율이 얻어지는가? 원료에서 프로펜의 백분율이 얼마일 때 부탄알의 최대 생산속도가 얻어지는가? 이들 중의 하나가 최적이라고 생각하는가? 아니면, 다른 프로펜 원료 백분율을 선택하겠는가? 이유를 설명하라.

P5.30 다음의 수성가스 전환반응은

$$CO + H_2O \rightleftarrows CO_2 + H_2$$

빠르게 평형에 도달한다. 온도 100~1000°C의 범위에서 T에 따른 K_a를 구하라. CO와 H_2O는 화학양론비로 반응기에 공급된다고 가정하고, 반응기 출구가 평형에 있는 경우에 반응기 출구에서 CO와 H_2의 전환율을 주어진 온도 범위 내에서 온도의 함수로 구하라. 결과를 도시하라(y_{CO} 대 T, y_{H_2} 대 T). 반응기 출구에서 H_2:CO의 비가 2:1이 되도록 하려면 반응기 온도를 얼마로 선택해야 하는가?

P5.31 에탄올을 생산하는 한 가지 방법은 에틸렌을 증기상에서 수화시키는 것이다.

$$C_2H_4 + H_2O \rightleftarrows C_2H_5OH$$

에틸렌과 물은 같은 몰비로 반응기에 공급된다고 가정한다. 평형에서 생성된 에탄올의 몰수에 대한 일반 표현식을 온도와 압력의 함수로 유도하라. 이 식을 이용하여 1 atm에서 150~300°C, 150°C에서 1~50 atm 범위의 에탄올 생산량 그래프를 도시하라. 반응기 운전 조건을 최적화하는 관점에서 결과를 논평하라

P5.32 부탄(n-부탄, 이소부탄)은 정제공장에서 종종 과량으로 얻어진다. 부탄은 휘발성이 너무 높기 때문에 휘발유에 대량으로 혼합되지는 않는다. 이들을 반응시켜 휘발유에서 매우 가치가 높은 성분인 이소옥탄을 생산함으로써 이들의 가치를 크게 높일 수 있다. 이는 두 가지 반응으로 수행된다. 반응 R1은 n-부탄에서 n-부텐으로의 탈수소화이다.

$$nC_4H_{10} \rightleftarrows nC_4H_8 + H_2$$

반응 R2는 n-부텐과 이소부탄이 결합하여 이소옥탄을 만든다

$$nC_4H_8 + iC_4H_{10} \rightleftarrows iC_8H_{18}$$

반응 R1은 일반적으로 고온(400°C)에서 수행되는 반면, 반응 R2는 원하지 않는 중합 부반응을 방지하기 위해 저온(150°C)에서 수행되어야 한다. 이소옥탄의 경우 $\Delta\hat{G}_f^\circ = 11$ kJ/gmol이고 $\Delta\hat{H}_f^\circ = -224.1$ kJ/gmol이다.

이용 가능한 과잉 혼합 부탄흐름은 40 mol% 이소부탄과 60 mol% n-부탄인 상태이다. 양쪽 경우 모두 반응기 유출물이 평형에 도달하고, 모든 분리기는 한 화합물을 다른 화합물에서 완전히 분리할 수 있다고 가정한다. 필요한 만큼의 반응기, 분리기, 재순환 흐름을 포함하는 블록흐름선도를 합성하라. 100 gmol/h의 원료를 계산기준으로 사용하여 모든 흐름의 유량을 계산하라.

P5.33 아세트알데히드(CH_3CHO)는 에탄올(C_2H_5OH)의 탈수소화에 의해 생산된다.

$$C_2H_5OH \rightarrow CH_3CHO + H_2 \quad \textbf{(R1)}$$

원하지 않는 부반응으로 에틸아세테이트($CH_3COOC_2H_5$)가 생산된다.

$$2C_2H_5OH \rightarrow CH_3COOC_2H_5 + 2H_2 \quad \textbf{(R2)}$$

120 gmol/h의 에탄올을 정상상태에서 운전되는 반응기에 공급한다. 반응기는 400°C와 압력 2 atm에서 운전된다. 반응기 출구가 평형에 있을 때 에탄올의 전환율과 에탄올로부터 아세트알데하이드의 생산에 대한 선택도는 얼마인가? 전환율을 높이기 위해 온도와 압력을 어떻게 조정할 수 있는가? 선택도를 높이기 위해서는 온도와 압력을 어떻게 조정할 수 있는가? 전환율과 선택도 둘 다를 높이기 위해 온도와 압력을 조정하는 것이 가능한가?

P5.34 질산암모늄은 비료로 사용되지만 약간의 연료유와 혼합하면 폭발할 수 있

다. 질산암모늄의 폭발적인 분해는 오클라호마시티 폭탄테러뿐만 아니라 텍사스주 텍사스시티에서도 심각한 사고의 원인이 되었다. 폭발에서 발생하는 몇 가지 분해 반응이 제시되었다.

$$NH_4NO_3 \rightleftarrows N_2O + H_2O$$

$$NH_4NO_3 \rightleftarrows N_2 + H_2O + O_2$$

$$N_2O \rightleftarrows N_2 + O_2$$

반응의 화학양론 계수를 맞게 적어라. 이들 세 가지 반응은 독립적인가?

순수한 질산암모늄은 169.6°C 이하에서는 고체이다. 100°C에서 평형 혼합물은 무엇인가? 250°C에서는? 연료유에 질산암모늄이 더해지면 폭발이 일어나는 이유가 무엇이라고 생각하는가?

P5.35 날계란에 있는 살모넬라는 식중독의 주요 원인이다. 살모넬라균을 줄이기 위해 계란 껍질을 저온 살균하는 아이디어가 고려되고 있는데, 비결은 계란을 삶지 않고 박테리아를 죽이는 것이다. 계란을 삶을 때 일어나는 주요 화학작용 중의 하나는 단백질의 변성과 응고이다. 60°C 이하의 온도에서는 계란 단백질이 크게 변성되거나 응고되지 않기 때문에 한 연구자 그룹은 계란을 55°C의 뜨거운 공기에 노출시켜 살균하는 것을 제안하였다(*Food Microbiology*, 1996, vol. 13, pp. 93-101). 이 아이디어를 평가하기 위하여 계란에 살모넬라 박테리아를 접종하고, 다양한 시간 간격 동안 계란을 55°C로 유지한 다음, 계란에 남아 있는 박테리아의 수를 측정하였다. (박테리아는 밀리리터당 콜로니 생성 단위, 즉 cfu/mL로 정량화된다.) 분해속도를 1차로 가정하고 이들 자료를 이용하여 속도상수 k_f를 계산하라.

0 min	30 min	90 min	130 min
2.0×10^6 cfu/ml	1.4×10^5 cfu/ml	9.8×10^2 cfu/ml	10 cfu/min

P5.36 발효공정에서 사용되는 발효액은 사용하기 전에 반드시 멸균해야 한다. 각 회분마다 약 10 L의 발효액이 사용된다. 가열멸균을 사용하기로 하므로, 최적의 시간과 온도를 선택해야 한다. 멸균 전에 발효액 10 L에는 약 22,000개의 포자가 들어 있다.

박테리아 포자는 1차 비가역 반응에 의해 사멸되며, 속도상수는 다음과 같이 온도의 함수이다(*T*의 단위는 K).

$$k_{\text{death}} = 10^{39} e^{-35000/T} \text{ min}^{-1}$$

발효액의 배지에는 초기 농도가 5 mg/L인 매우 비싼 영양소가 포함되어 있다. 이 영양소는 열에 의해 1차 비가역 반응으로 다시 파괴되며, 속도상수는

$$k_{\text{destroy}} = 10^{4} e^{-4000/T} \text{ min}^{-1}$$

원하는 목표는 영양분의 파괴는 최소화하면서 포자를 사멸시키는 것이다. 먼저 298~500 K의 다양한 온도에서 사멸속도와 파괴속도를 도시하라.

그런 다음 목표를 포자사멸 99.999%, 영양분의 허용 가능한 파괴 정도를 (a) 50% 또는 (b) 5%로 할 경우에 적절한 멸균온도와 시간을 구하라.

발효액을 오염시키는 포자의 종류를 바꾼 경우에 사멸속도는 다음과 같다.

$$k_{\text{death}} = 10^{40} e^{-40000/T} \text{ min}^{-1}$$

이러한 변경사항을 인식하지 못하고 선택한 설계조건에서 계속 운전한다면 몇 퍼센트의 사멸을 달성할 수 있는가? 이것은 걱정거리가 될만한가?

P5.37 일부 백신을 만들기 위해서는 바이러스를 반응기 내 배양세포에서 성장시킨다. (바이러스는 야생형 감염성 바이러스에서 유전적으로 변형하거나 제조 후에 처리하여 치명성은 줄이면서도 면역 반응을 유발하도록 한 것이다.) 새로운 바이러스를 성장시키는 공정을 개발하고 있다. 실험을 통해 바이러스 성장속도는 반응기 온도에 따라 달라진다는 것을 알았다. 2 mL의 소형 회분식 반응기에서 성장속도는 31°C에서 2.9×10^6 viruses/day이고, 37°C에서 3.3×10^6 viruses/day이다. 그러나 바이러스는 온도가 높을수록 더 높은 분해(1차 비가역) 반응이 일어난다. 31°C에서 $k = 0.76 \text{ day}^{-1}$이고, 37°C에서 $k = 2.2 \text{ day}^{-1}$이다. 반응기에는 초기에 3×10^4개의 바이러스가 접종되었다고 가정한다. 12시간 후 반응기가 31°C에서 운전되는 경우 반응기의 바이러스 함량은 얼마인가? 37°C로 운전되는 경우에는 반응기의 바이러스 함량은 얼마인가? 어떤 온도를 선택해야 하는가?

P5.38 환자가 경구로 약물을 복용하면 체내 약물농도는 급격하게 상승한 다음 상당히 빠르게 감소한다. 장기간에 걸쳐 보다 안정적인 약물농도를 유지하기 위하여 약물을 방출제어장치에 캡슐화시킨다. 이러한 장치의 경우 캡슐화된 약물이 0.015 n_C의 속도로 장치에서 환자에게 방출된다. 여기서 n_C는 캡슐 내 약물의 양(micromoles)이고, 속도는 micromoles/h 단위이다. 약물은 화학적으로 불안정하므로 장치 내부에서 속도상수 $k = 0.003 \text{ h}^{-1}$인 1차 비가역 반응에 의해 비활성 형태로 분해된다. 방출제어장치를 계로 하여 약물에 대한 미분수지식을 유도하라. 만약 초기에 60 micromol의 활성 약물이 장치에 채워졌다면 1시간 후에 방출된 활성 약물의 총량은 얼마인가? 10시간 후는?

P5.39 과산화수소 용액은 염색하기 전에 면섬유를 표백하는 데 일상적으로 사용된다. 어떤 특수 면직물 제조업체에서는 0.3 wt% H_2O_2로 오염된 폐표백수가 하루에 50,000리터 생산되고 있다. 염색공정에서 물을 재사용하고 싶지만 잔류 과산화수소가 식물 유래 염료와 반응하여 색상을 파괴한다. 당신의 임무는 물을 재사용할 수 있도록 99%의 과산화수소를 제거하는 회분식 반응기를 설계하는 것이다. 두 가지 가능성, 즉 (1) 물과 산소로 과산화수소의 자발적인 분해, 또는 (2) 물과 산소로 과산화수소의 촉매분해를 고려하고 있다. 실험실 자료를 통하여 37°C에서 24 hr 후 H_2O_2의 5%는 촉매가 없어도 1차 반응에 따라 분해된다는 것을 알고 있다. 촉매를 사용하면 분해속도는

0.0005 gmole H_2O_2/L-min이며, 이 속도는 H_2O_2의 농도와는 무관하다. (1) 자발적인 분해와 (2) 촉매에 의한 분해의 경우에 99%의 과산화수소를 분해하려면 얼마나 오랫동안 기다려야 하는가?

P5.40 채소는 잘라서 냉장고에 보관하는 중에도 "호흡"을 한다. 예를 들어, 자른 브로콜리의 호흡속도는 다음과 같이 추정된다.

$$\dot{r}_{O_2} = \frac{219\, y_{O_2}}{0.014 + y_{O_2}}$$

여기서 $\dot{r}_{O_2}$는 채소의 산소섭취속도이며, 단위는 mL O_2/kg broccoli/h이다. 그리고 y_{O_2}는 브로콜리 주변 기체의 산소 몰분율이다. 만약 채소가 너무 빨리 "호흡"하면 채소는 빨리 상한다. 그러나 산소공급이 완전히 차단되면, 채소는 죽어 악취를 내면서 액체로 바뀌게 된다.

포장용 필름은 포장된 신선한 채소의 산소함량을 조절하여 호흡속도를 조절함으로써 채소의 저장수명을 늘리도록 설계되어 있다. 이 필름을 사용하면 공기에서 포장용기로 산소를 제한적으로 전달할 수 있다. 한 실험에서 자른 브로콜리 137 g을 용기(초기에는 공기가 들어 있음)에 넣고, 저밀도 폴리에틸렌 포장 필름으로 덮었다. 초기 산소섭취속도(mL O_2/h)는 얼마인가? 일부 산소는 필름을 통하여 전달되며, 정상상태에서 용기 내 O_2의 몰분율은 0.008인 것을 알았다. 정상상태에서 필름을 통한 O_2의 전달속도는 얼마인가?

설계 문제

P5.41 질산 제조의 첫 번째 단계는 암모니아와 산소로부터 NO를 합성하는 것이다.

$$4NH_3(g) + 5O_2(g) \rightleftarrows 6H_2O(g) + 4NO(g) \qquad \textbf{(R1)}$$

적어도 하나의 원치 않는 부반응이 발생할 수도 있다.

$$4NH_3(g) + 3O_2(g) \rightleftarrows 6H_2O(g) + 2N_2(g) \qquad \textbf{(R2)}$$

(a) 반응 R1과 R2에 대한 화학반응평형상수 K_1과 K_2에 대한 식들을 온도의 함수로 유도하라. 25~400°C의 온도에 대해 K_1 및 K_2 대 T를 도시하라. 또한 K_1과 K_2에 대한 식을 반응물과 생성물의 몰분율 그리고 압력의 항으로 유도하라.

(b) 이제 반응기 설계를 고려하라. 사용 가능한 원료는 암모니아와 공기(79 mol% N_2, 21 mol% O_2)이다. 반응기는 정상상태에서 운전되고 있으며 반응기 출구흐름은 평형에 있다고 가정한다. 모든 화합물에 대한 출구흐름의 몰유량에 대한 물질수지식을, 반응기에 공급되는 몰유량과 두 개의 반응진척도의 항으로 유도하라. 그런 다음 (a) 부분의 결과와 함께 이 방정식을 사용하여 K_1과 K_2에 대한 식을, 반응기에 공급되는 몰유량과 두 개의 반응진척도의 항으로 유도하라. 반응기에 공급된

400 gmol/h의 암모니아를 기준으로 사용하여 암모니아의 전환율 및 암모니아가 NO로 전환되는 선택도를, 3가지 온도(25°C, 150°C, 400°C), 3가지 압력(1 atm, 5 atm, 10 atm), 3가지 반응물 공급비(5:1, 1:1, 1:5 NH_3:O_2)에 대해 조사하여, *T*, *P* 및 NH_3:O_2 공급비의 함수로 어떻게 변하는지를 살펴보라.

(c) 항 (b)의 계산에서 암모니아와 물은 쉽게 응축되어 가스(N_2, O_2, NO)로부터 분리될 수 있지만 가스들 간의 분리에는 비용이 많이 든다는 사실과, 공기는 본질적으로 무료이지만 암모니아는 구매해야 한다는 사실을 고려할 경우에 반응기의 운전조건(*T*, *P* 및 NH_3:O_2 공급비)을 제안하라. 반응기를 포함하면서 필요에 따라 분리기, 분할기, 혼합기, 재순환흐름 등도 포함하는 흐름도를 스케치하라. 선택한 운전조건의 경우에 흐름도에 대한 공정흐름 계산을 완성하라.

P5.42 프로필렌(C_3H_6)과 벤젠(C_6H_6)이 반응하여 큐멘(C_9H_{12})을 생성한다. 불행하게도 디이소프로필벤젠이 생성되는 부반응도 발생한다. 두 가지 반응은

$$C_3H_6 + C_6H_6 \rightarrow C_9H_{12} \qquad \textbf{(R1)}$$

$$C_3H_6 + C_9H_{12} \rightarrow C_{12}H_{18} \qquad \textbf{(R2)}$$

당신 공장의 기존 공정에서는 5 mol%의 프로판(C_3H_8, 이 조건에서는 비반응성)으로 오염된 프로필렌이 벤젠과 혼합되어 반응기에 공급된다. 반응기는 3075 kPa(30.75 bar)에서 운전되며, 반응은 기상에서 일어난다. 반응기 유출물은 부분적으로 응축되어 증기-액체 분리기에 보내지며, 여기서 반응하지 않은 모든 프로필렌과 프로판이 증기로 분리된다. 이 흐름의 일부는 퍼지되고, 나머지는 반응기 입구로 다시 재순환된다. 분리기에서 나오는 액체에는 벤젠, 큐멘, 디이소프로필렌이 들어 있다. 이는 연속된 두 증류탑에 보내진다. 첫 번째 증류탑에서 벤젠은 탑상부에서 제거되어 반응기 입구로 다시 재순환된다. 큐멘과 디이소프로필렌은 두 번째 증류탑에 보내지며, 여기서 큐멘 생성물은 탑상부에서 분리되어 판매용 탱크에 저장된다. 디이소프로필렌은 연료로 태워진다.

반응기의 부피는 8 m^3(8000 L)이다. 이것은 유동층반응기로 고체 촉매가 들어 있으며, 반응기를 통하여 흐르는 가스흐름에 의해 촉매는 유동화된다. 반응기가 적절하게 작동하도록 유지하기 위하여, 반응기를 통한 부피유량을 반응기 온도와 압력, 그리고 반응기 입구의 총 몰유량에서 계산된 600 m^3/h 이하로 제한한다. 이 문제의 목적을 위해 반응기는 완전혼합반응기처럼 작동한다고 가정한다. 이는 반응기 내부의 온도와 농도가 모든 곳에서 동일하다는 것을 의미한다. 이러한 조건에서 반응기의 성능은 다음과 같이 정의된다.

$$\frac{V_R}{\dot{n}_{A,\text{in}}} = \frac{f_{CA}}{-r'_A}$$

여기서 V_R은 반응기 부피, $\dot{n}_{A,\text{in}}$은 제한 반응물 A가 반응기로 유입되는 몰유량, f_{CA}는 A의 전환율, r'_A는 A의 반응속도이다. 이러한 종류의 반응기에서 반응속도는 반응기 유출흐름의 농도에서 계산한다.

반응기에 기막히게 좋은 새로운 촉매를 넣었다. 이 새로운 촉매에 의한 (R1)과 (R2)의 반응속도식은 다음과 같다.

$$r'_c = k_1 c_p c_b$$
$$r'_d = k_2 c_p c_c$$

여기서 c_p, c_b, c_c, c_d는 각각 프로필렌, 벤젠, 큐멘, 디이소프로필벤젠의 몰농도(mol/L)이다. 속도상수는 다음과 같다.

$$k_1 = 2.8 \times 10^7 e^{-12{,}530/T}$$
$$k_2 = 2.3 \times 10^9 e^{-17{,}650/T}$$

여기서 T의 단위는 K이고, 속도상수의 단위는 L/gmol s이다.

벤젠의 가격은 $0.22/kg이고, 95% 프로필렌/5% 프로판 혼합물은 $0.209/kg이라고 가정한다. 큐멘의 판매가격은 $0.46/kg이다. 디이소프로필벤젠의 가치는 $0.20/kg이다. 최대 허용 반응기 압력은 30.75 bar이고, 반응기에 공급되는 벤젠:프로필렌의 몰비는 1:1이라고 가정한다. 모든 다른 장치(증류탑, 펌프, 증기-액체 분리기 등)는 어떠한 공정변화도 다룰 수 있다고 가정한다.

공정을 스케치하고, DOF 분석을 수행하라. 새로운 촉매를 사용하는 경우에 반응기와 공정의 성능을 분석하라. 반응기 온도, 재순환 및 퍼지가 전체적인 경제성에 미치는 영향을 조사하여 공정을 최적화하라. 모든 흐름에서 모든 성분들의 유량을 구하라. 원료물질과 생성물의 가격만을 고려하여 수익을 $/day로 계산하라. (a) 벤젠:프로필렌의 몰비를 변경하거나 (b) 프로필렌/프로판 흐름을 가격이 $0.26/kg인 순수 프로필렌으로 교체함에 따라 블록흐름선도와 경제성이 어떻게 영향을 받는지 조사하라.

결과를 기술하는 간단한 보고서를 작성하라. 공정설계를 최적화하는 데 있어서 주요 쟁점에 대해 논의하라. 최종적인 블록흐름선도(흐름이 표시된)를 첨부하라. 필요하다면 계산 과정이나 표와 그래프를 첨부하여 작업을 문서화하라.

제6장

분리 기술 선택 및 분리 흐름도 조합

Selection of Separation Technologies and Synthesis of Separation Flow Sheets

이 장에서는

분리에 대해 자세히 살펴보자. 대부분의 화학 공정에는 다수의 분리 장치가 필요하다. 예를 들어, 사용 가능하고 저렴한 원료가 순수하지 않다. 화학 공정 설계자는 원료의 불순물을 제거하기 위하여 추가 처리할 수 있는 방법을 개발해야 한다. 또한 화학 반응기는 불완전하다. 설계자는 원하지 않는 부산물을 제거하고, 순환을 위해 반응물을 회수하고, 고객 요구 사항을 충족하기 위해 원하는 제품을 정제하는 기술을 개발해야 한다. 일반적으로 이러한 모든 목표를 달성하려면 여러 가지 분리 장치를 함께 배치해야 한다.

이 장을 마친 후 답할 수 있는 질문은 다음과 같다.

- 화학 공정에서 사용되는 주요 분리 기술은 무엇인가?
- 주어진 문제에 대한 최상의 분리 기술을 선택하기 위해 어떤 기준이 사용되는가?
- 분리 장치의 성능을 어떻게 규정하나?
- 다중 분리가 포함된 흐름도를 가장 잘 조합하는 방법은 무엇인가?

학습 용어

제6장에서는 다음과 같은 용어들을 배우게 된다.

기계적 분리(mechanical separation)
속도 기초 분리(Rate-based separation)
평형 기초 분리(equilibrium-based separation)
분리제(separating agent)
제품 순도(product purity)
성분 회수(component recovery)
핵심 성분(key component)
여과(filtration)
원심분리(centrifugation)
증류(distillation)
결정화(crystallization)
추출(extraction)
흡착(adsortion)
흡수(absortion)

6.1 서론

분리공정은 현대 화학공정의 핵심 부분이며, 전형적으로 총 자본비용과 조업비용의 50% 이상을 차지하고 있다. 분리공정은 공정기술자가 해결해야 하는 도전할만한 다양한 문제를 제공하고, 기술적인 노하우와 창의적 사고를 요구한다. 다행히도 이런 임무를 수행하는 설계자에게 도움이 되는 규칙이 있다. 이 장에서는 적당한 분리 방법을 선택하기 위한 몇 가지 규칙에 대하여 논의하고, 어떤 일반 분리기술의 성능을 평가하는 방법에 대하여 설명하고, 합리적인 분리흐름도(separation flow sheet)를 작성하는 방법이 제시될 것이다. 우리는 정답에 매우 근접한 해를 얻을 수 있는 근사적 접근 방식을 취하고, 문제를 해결하는 데 도움을 주는 간편추론법(heuristics)을 적극 활용할 것이다.

6.1.1 물리적 특성 차이: 모든 분리의 기초

식품점에 가서 구입한 식료품을 가방에 담고 있다고 하자. 효율적으로 가방을 풀기 위해서 한 가방에는 모든 냉동식품을 담아야 하고, 다른 가방에는 손질된 식품, 세 번째 가방에는 야채를 담고, 네 번째 가방에는 통조림 제품을 담아야 한다. 물론 구입한 것은 가게의 통로를 따라다니면서 취해진 상품이지만 최종 용도에 따라서 분리된다. 어떤 제품을 어떤 가방에 담을 것인가를 결정하기 위하여 물성의 차이(외관, 온도, 보관 형태)를 이용했다.

이와 비슷하게 화학공장에서 물질의 혼합물은 적당한 생성물흐름(또는 순환, 폐기물흐름)으로부터 분리되어야 한다. 이것은 *물성의 차이*를 이용함으로써 실행된다. 분리 기술을 선택하는 첫 번째 단계는 분리되어야 하는 화합물들의 물성에 관한 정보를 수집하는 것이다. 그다음 우리는 다음의 네 가지 질문을 한다.

- 분리되어야 하는 성분들이 물성에서 얼마나 차이가 나는가?
- 성분들 간 큰 차이가 있는가?
- 이 차이를 이용할 수 있는가?
- 성분들이 정확하게 제품흐름으로 이동하는가?

이들 네 질문을 답함으로써 설계에 기초가 되는 가장 좋은 물성의 차이를 선택할 수 있다.

예제 6.1 ▸ 물성 차이: 소금과 설탕 분리

부엌으로 가서 식염(NaCl) 한 스푼과 설탕(자당, $C_{12}H_{22}O_{11}$) 한 스푼을 준비한다. 소금과 설탕을 함께 섞는다. 그 다음 이 혼합물로부터 순수한 소금과 설탕을 분리해 보라.

풀이

소금과 설탕은 크기와 외관에서 큰 차이가 없다. 따라서 이들 특성은 설탕과 소금을 분리하는 데 좋은 기초를 제공하지 못한다. 외관과 크기는 "큰 차이" 시험에 적용이 안 된다.

Physical property	Salt	Sugar
Appearance	White, crystalline	White, crystalline
Size	A few micrometers	A few micrometers
Taste	Salty	Sweet
Meltability over a stove-top burner	Won't melt	Melts
Solubility in water	Dissolves	Dissolves

소금과 설탕은 맛에서 매우 다르다. 맛으로 설탕과 소금을 분리할 수 있는 공정을 어떻게 설계할 수 있겠는가? 가능성은 있지만 단맛과 짠맛을 구별하여, 소금과 설탕을 따로따로 적절히 배치할 수 있는 어떤 센서를 필요로 한다. (어떻게 가능한지 상상해 보라!) 대규모 분리공정에 대한 기초로서 맛은 타당성 시험을 통과하지 못한다.

소금과 설탕은 용융점에서 차이가 있다. 설탕은 매우 낮은 온도에서 녹지만 소금은 그렇지 않으므로 낮은 온도에서 설탕/소금 혼합물에 열을 가하여 액체 설탕이 배출되게 하는 공정을 설계할 수 있다. 그러나 설탕이 갈색으로 되는 문제가 있다.

설탕과 소금을 물에 녹여보는 것은 어떤가? 두 물질은 물에 녹지만 설탕이 소금보다 훨씬 많이 녹는다. 어떤 농도에서는 모든 설탕과 약간의 소금이 녹을 것이다. 소금 결정은 여과에 의해 설탕과 소금 용액으로부터 회수된다. 이 공정은 순수 소금흐름을 생산할 수 있지만 설탕흐름은 순수하지 않다. 아마도 한 물질만 녹이고 다른 물질을 녹이지 않는 어떤 용매를 찾아야 한다.

다른 물리적 또는 화학적 특성의 차이가 있는가? 물에 용해된 소금은 전하를 띠지만 설탕은 그렇지 않다. 소금은 설탕보다 훨씬 더 물의 빙점을 낮게 한다. 열과 효소에 의해 설탕은 산화되어 이산화탄소와 물로 전환되지만, 소금은 반응하지 않는다. 어떤 다른 차이가 있는지 생각해 보라. 원하는 분리를 위하여 이들 차이점을 이용할 수 있는 실질적인 방법을 생각해 보라.

6.1.2 ▸ 혼합물과 상

분리 공정에서 다성분 혼합물은 조성이 다른 흐름으로 분리된다. 이 흐름의 상은 분리 공정이 실제로 어떻게 조업하는지에 큰 역할을 한다. 따라서 분리 공정을 이해하려면 상과 혼합물을 이해해야 한다. 여기서 우리는 몇 가지 개념과 정의를 검토할 것이다.

*Webster's New Collegiate Dictionary*에 따르면, **상**(phage)은 "균일하고, 물리적으로 독특하고, 기계적으로 분리할 수 있는 물질이다." (구체적으로 살펴보자.) 고체, 액체, 증기가 상의 전부이다. 초임계 유체와 플라즈마는 흔히 직면하지 않는 상이다.

상은 균일하다. 상 안에서 화학조성과 물성(즉 밀도, 점도)이 균일하다. 상은 단일 성분이거나, 분자 수준에서 균일하게 분산된 화학종으로 이루어진

그림 6.1 다성분 및/또는 다상 시스템의 예. 자세한 내용은 교재를 참조하라. (a) 물에 완전히 용해된 식염은 다성분 단일상이며, (b) 염 용해도를 초과하는 농도에서 물과 혼합된 소금은 다성분 액체상과 단일성분 고체상으로 다중상이다. (c) 물속의 각얼음은 단일 성분 다상 시스템의 예이다. (d) 끓는 물이 담긴 냄비에는 단일 성분의 액상과 다성분(공기, 물) 기상이 포함되어 있다. (e) 칠면조 기름액은 2개의 다성분 액상으로 분리되며, 위에는 오일층이 있고 아래에는 수용상이 있다. (f) 탄산소다는 다성분 액체에 분산된 CO_2 기포의 다상 혼합물이다. (g) 바닷물과 모래가 담긴 양동이에는 하나의 고체상과 다성분 용액이 들어 있다. (h) 원광의 금 입자는 다중 고체상의 예이다.

다성분 혼합물이다. 물에 용해된 설탕은 단일성분이 아니라 다성분 혼합물이다. 오일-식초 샐러드드레싱과 같은 에멀션이나 탄산소다 같은 기포성 액체 또는 진흙물 같은 현탁물은 분자 수준에서 균일하거나 완전하게 분산되어 있지 않다.

상은 물리적으로 독특하다. 증기, 액체, 고체는 근본적으로 다르다. 증기의 밀도는 액체의 밀도보다 낮다. 액체의 밀도는 고체의 밀도보다 항상 적다. (물은 예외이다. 얼음이 물보다 밀도가 낮다. 이것이 사실이 아니라면 얼어붙은 호수 위에서 스케이팅은 불가능할 것이다.) 증기는 매우 압축성이다(즉 증기의 밀도는 압력에 따라 변함). 반면 액체와 고체는 거의 비압축성이다. 이것은 증기의 거동이 압력에 매우 민감하고 고체와 액체의 밀도는 압력에 비교적 독립적이라는 것을 의미한다. 증기와 액체는 보관탱크의 형태를 취하지만 고체는 보관탱크와 무관한 형태로 유지된다.

상은 기계적으로 분리할 수 있다. 기계적 힘과 기계 장치를 사용하여 한 상을 다른 상과 분리할 수 있다. 예를 들어 종이 필터를 사용하여 액체 음료에서 고체 커피 찌꺼기를 분리할 수 있다.

> **Quiz 6.1**
> 탄산소다의 두 상의 각각의 주요 성분은 무엇인가?

그림 6.1은 다성분 및/또는 다상계의 몇 가지 예를 보여준다.

6.2 분리 기술의 분류

분리 기술은 조작 메커니즘에 따라 **기계적**, **속도 기초**, **평형 기초**의 세 가지 분류로 나눌 수 있다. 표 6.1은 기계적, 속도 기초, 평형 기초 분리 공정 간의 주요 차이점을 요약한 것이다.

6.2.1 ▸ 기계적 분리

기계적 분리(mechanical separation, 그림 6.2) 공정에서 공급물은 두 단계(예: 액체의 부유 고체, 기체의 고체 입자 또는 두 개의 비혼화성 유체)를 포함하며, 크기 또는 밀도의 차이를 이용하여 두 단계를 서로 분리한다. 이러한 공정 중 일부는 원심 분리와 같이 에너지 소모형 공정이 있고 침전과 같은 공정처럼 그렇지 않는 공정도 있다. 기계적 분리 기술의 몇 가지 예는 표 6.2를 참조하라.

표 6.1 ▸ 분리 기술의 분류

Technology	Input	Output	Basis for separation
Mechanical	Two phases	Two phases	Differences in size or density
Rate-based	One phase	One phase	Differences in rate of transport through a medium
Equilibrium-based	One phase	Two phases	Differences in composition of two phases at equilibrium

표 6.2 ▸ 몇 가지 기계적 분리 기술

기술	공급물 상	물성 차이	처리 원리
여과	고체 및 유체	크기	혼합물은 막과 같은 다공성 장벽을 가로질러 공급된다. 대부분의 유체가 통과하는 동안 고체가 유지된다.
침강	고체 및 액체	밀도	부유 고체 입자는 중력 침전에 의해 액체에서 부분적으로 분리된다.
부상	고체 및 액체 두가지 액체 두가지 고체	밀도	밀도가 낮은 고체 또는 액체 방울이 모여 표면으로 올라간다.
압축	고체 및 액체	크기	젖은 고체는 압축되어 액체가 빠져나갈 수 있다.
원심분리	고체 및 유체 두 가지 액체	밀도	혼합물이 빠르게 회전한다. 원심력으로 인해 밀도가 높은 상이나 고체가 바깥쪽으로 이동한다.

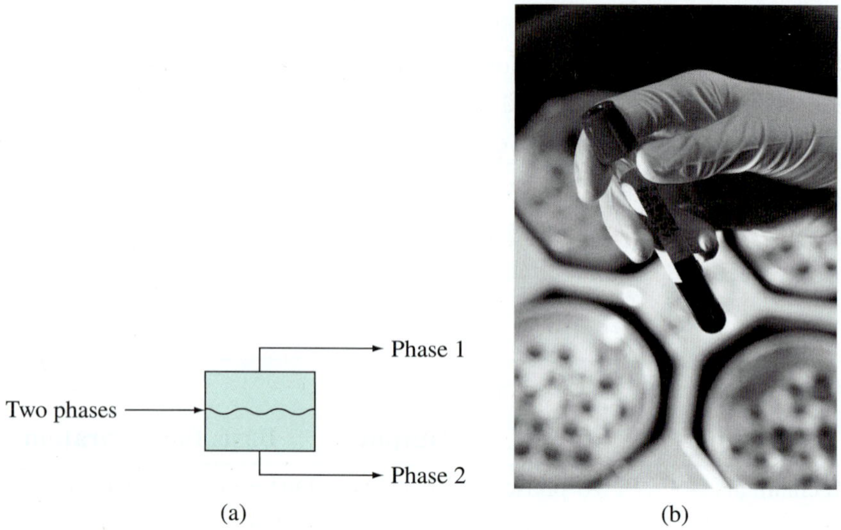

그림 6.2 기계적 분리에서는 두 상의 혼합물은 다른 상의 생성물흐름으로 분할된다. 기계적 분리는 크기나 밀도의 차이를 이용한다. 예를 들어, 원심분리기는 혈액을 혈세포와 혈장유체 부분으로 나눈다. *Photo: David Buffington/Stockbyte/Getty Images*

예제 6.2 ▸

기계적 분리: 문제와 기술의 일치

다음과 같은 분리 문제에 대해 어떤 기계적 분리 기술을 선택하겠는가? 당신의 추론을 설명하라.

(a) 빗물 유출로 인한 먼지 제거
(b) 우유에서 지방 분리
(c) 다진 사탕수수로부터 사탕수수즙 회수
(d) 와인에서 효모 제거
(e) 고밀도 폴리에틸렌으로부터 저밀도 폴리에틸렌의 분리

› 풀이

(a) *침강*은 많은 고체를 액체에서 분리하기 위한 저렴하고 실행 가능한 선택이다. 먼지 입자는 밀도 때문에 중력에 의해 쉽게 가라앉는다. 대량의 재료의 처리를 위하여 매우 저렴한 공정이 필요하다.
(b) *원심분리*는 좋은 선택이다. 우유에는 지방, 설탕, 단백질, 소금, 물이 포함되어 있다. 지방은 대부분의 설탕, 소금, 단백질을 포함하는 수성 액체와 별도의 액체상을 형성한다. 지방 상은 수용성 액상보다 밀도가 낮다. 침전에 의한 분리는 두 유체의 밀도 차이가 상대적으로 작기 때문에 매우 느리다.
(c) 사탕수수즙은 구멍이 많은 단단한 사탕수수 안에 있는 작은 액체 주머니에 숨겨져 있기 때문에 *짜내는* 것이 최선의 선택이다.
(d) 고체 효모 입자가 쉽게 분리되면 침전이 작용될 수 있다. *여과*가 더 나은 선택일 수 있으며 더 나은 분리를 생성하여 더 깨끗한 와인을 생산할 수 있다.

(e) 혼합된 플라스틱 폐기물은 물을 첨가하여 *부력*을 사용하여 분리할 수 있다. 저밀도 폴리에틸렌은 뜨고 고밀도 폴리에틸렌은 가라앉는다.

6.2.2 ▶ 속도 기초 분리

속도 기초 분리(rate-based separation) 기술은 분리할 성분의 매체를 통한 전송 속도의 차이에 의존한다. 대부분의 경우 매체는 다공성 고체이며 공급물과 제품 흐름은 모두 동일한 상이다. 화학 또는 생화학 실험실에서 박층 크로마토그래피 또는 겔 전기영동 실험을 수행한 적이 있다면 속도 기초 공정에 익숙할 것이다. 화합물은 종이 또는 젤의 한쪽 면에 유입된다. 그것들은 서로 다른 속도로 종이나 젤을 통해 이동하며 반대편에서 나올 때 한 번에 하나씩 포집할 수 있다. 계속 기다리면 모든 화합물이 종이나 젤을 가로질러 이동할 것이고 분리가 없을 것이다. 속도 기초 분리 기술은 분석 규모에서 매우 중요하다. 상업적으로 그들은 매우 높은 순도가 요구되는 생명 공학 산업, 담수화, 동위 원소 농축에서 가장 일반적으로 사용된다. 몇 가지 예가 표 6.3에 나열되어 있고 그림 6.3에 설명되어 있다.

! Hint

속도 기초 분리는 때때로 쇼핑몰의 쇼핑객과 비교된다. 어떤 쇼핑객은 단 하나의 품목만 구매하고 빠르게 빠져나가는 반면, 어떤 쇼핑객은 모든 매장을 둘러보고 하루 종일 소비한다.

표 6.3 ▶ 몇 가지 속도 기초 분리 기술

기술	공급물 상	물성 차이	처리 원리
크기차단 크로마토그래피	용매에 용해된 거대 분자	크기	혼합물은 다공성 비드가 포함된 컬럼에 주입된 다음 용매가 컬럼 위로 연속적으로 공급된다. 더 큰 분자는 기공에 들어갈 수 없고 빠르게 용리되는 반면, 더 작은 분자는 기공에 들어가고 컬럼에서 빠져나가는 데 더 오래 걸린다.
미세여과/한외여과	용매에 용해된 용질	크기	용액은 마이크로-나노 크기의 기공을 가진 막을 통해 고압으로 공급된다. 용매(예 물)의 약간은 막을 통과하지만 모든 용질은 거부된다.
역삼투	용매에 용해된 용질	크기	용액은 매우 작은 기공을 가진 막을 통해 고압으로 공급된다. 용매(예 물)의 약간은 막을 통과하지만 모든 용질은 거부된다.
젤 전기영동	용매에 용해된 거대 분자	크기, 전하	혼합물은 전기장에 놓인 얇은 젤 판 또는 튜브의 상단에 주입된다. 분자는 젤을 통해 다른 속도로 이동한다.

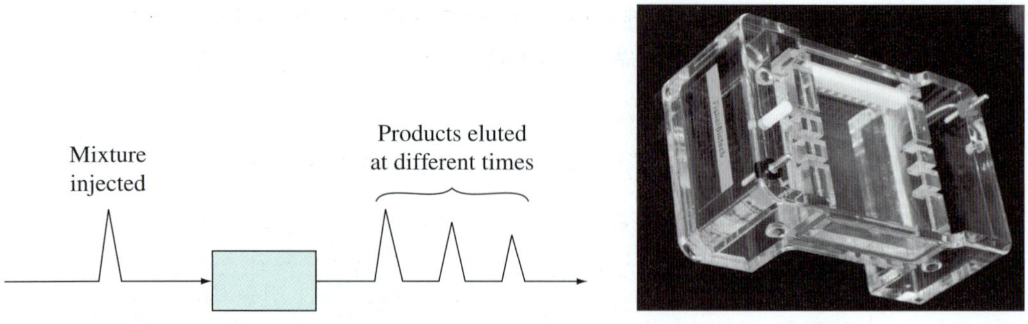

(a) (b)

그림 6.3 속도 기초 분리에서 혼합물의 각 성분은 매체를 통과하는 속도에서 서로 다르다. 예를 들면 전기영동 실험에서 단백질과 DNA는 적용된 전기장에서 다공성 고분자제를 통하여 이동할 때 분자 크기가 가장 작은 물질이 가장 빠르게 이동한다. *Photo: Auburn University Photographic Services/McGraw Hill*

예제 6.3 ▸

속도 기초 분리: 바닷물의 담수

해수는 1000 g H_2O당 약 35 g NaCl을 포함하는 용액이다. 세계의 건조한 지역에서는 역삼투막을 사용하여 물에서 소금을 분리하여 바닷물을 담수로 처리한다. 물이 용해된 소금보다 막을 통해 더 자유롭게 통과하기 때문에 막이 적용된다.

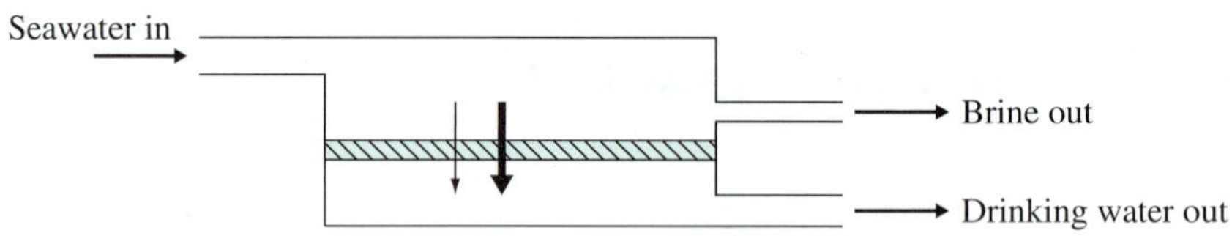

개략도에 표시된 대로 막(빗금 부분)은 홀더에 배치된다. 해수는 홀더에 공급된다. 물(굵은 화살표)과 소금(가는 화살표)은 둘 다 막을 통과하지만, 막을 통과하는 물의 플럭스(막 표면 면적당 유량)는 소금의 플럭스보다 훨씬 높다.

시중에서 구할 수 있는 막 제조업체는 막을 통과하는 물의 플럭스가 9.5 g/s-m^2이고 소금의 플럭스가 3.2×10^{-3} g/s-m^2라고 보고한다. 식수가 물 1000 g당 NaCl을 0.4 g 이하로 함유할 수 있다면 이 막이 바닷물을 식수로 처리하기에 충분할까? 장치로 유입되는 해수 유속이 50 g/s이고 막 표면적이 2.0 m^2인 경우 식수의 유출 유속은 얼마이며, 소금물의 염분 농도(g NaCl/g H_2O)는 얼마일까?

›풀이

장치는 시스템이며 물(W)과 소금(S)의 두 가지 성분, 하나의 유입(in)과 두 개의 배출, 식수(d)와 염수(b)가 있다. 막을 통과하는 유속은 플럭스에 막 면적을 곱한 것과 같다. 그러므로,

$$\dot{m}_{Wd} = \left(\frac{9.5\ \text{g}}{\text{s-m}^2}\right)(2.0\ \text{m}^2) = 19\ \text{g/s}$$

$$\dot{m}_{Sd} = \left(\frac{0.0032\ \text{g}}{\text{s-m}^2}\right)(2.0\ \text{m}^2) = 0.0064\ \text{g/s}$$

음용수에서 NaCl 대 H_2O의 비율은 유속의 비율 또는,

$$\frac{\dot{m}_{Sd}}{\dot{m}_{Wd}} = \frac{0.0064 \text{ g NaCl/s}}{19 \text{ g H}_2\text{O/s}} = \frac{0.00034 \text{ g NaCl}}{\text{g H}_2\text{O}} = \frac{0.34 \text{ g NaCl}}{1000 \text{ g H}_2\text{O}}$$

식수의 염분 함량이 최대 허용치 이하로 떨어지므로 막이 채택될 수 있다. 음용수 유량은 19 g/s를 조금 넘는다.

바닷물의 소금:물 질량비는 35 g NaCl/1000 g H_2O이다. 바닷물에 있는 소금의 무게 분율은 다음과 같다.

$$w_{S,\text{in}} = \frac{35}{1035} = 0.0338$$

해수 투입 속도가 50 g/s이므로,

$$\dot{m}_{S,\text{in}} = w_{S,\text{in}}\dot{m}_{\text{in}} = 1.69 \text{ g/s}$$

전체 장치에 대한 염분의 정상상태 물질수지식은 다음과 같다.

$$\dot{m}_{Sd} + \dot{m}_{Sb} = \dot{m}_{S,\text{in}}$$

알려진 값을 대입하고 재정렬하면

$$\dot{m}_{Sb} = \dot{m}_{S,\text{in}} - \dot{m}_{Sd} = 1.69 - 0.0064 = 1.684 \text{ g/s}$$

물에 대한 물질수지식은 다음과 같다.

$$\dot{m}_{Wd} + \dot{m}_{Wb} = \dot{m}_{W,\text{in}}$$

또는

$$\dot{m}_{Wb} = \dot{m}_{W,\text{in}} - \dot{m}_{Wd} = (1 - 0.0338)50 - 19 = 29.31 \text{ g/s}$$

소금물에서 소금과 물의 비율은 두 성분의 유속과 동일하다.

$$\dot{m}_{Sb}/\dot{m}_{Wb} = \frac{1.684}{29.31} = \frac{0.0575 \text{ g NaCl}}{\text{g H}_2\text{O}}$$

소금물에 있는 소금의 질량 분율은 바닷물보다 약 60% 더 짜다.

$$w_{Sb} = \frac{0.0575}{1 + 0.0575} = 0.0544$$

6.2.3 ▸ 평형 기초 분리

평형 기초 분리(equilibrium-based separation) 공정에서 공급물은 다성분 혼합물이지만 단일상(예: 고체, 액체 또는 기체)이다. 공정 내에서 두 번째 상이 생성된다. *두 상의 조성이 다르다*. 두 상은 두 제품이다. 두 번째 상의 생성은 자발적으로 발생하지 않는다. 따라서 **분리제**(separating agent)의 투입이 필요하다. 분리제는 에너지일 수도 있고 첨가되는 물질일 수도 있다. 분리제의 현명한 선택은 평형 기초 분리의 성공에 매우 중요하다.

가장 많이 사용되는 대규모 평형 기초 분리는 에너지(예: 가열 또는 냉각)를 추

가하거나 제거하여 온도 변화를 생성하고 두 번째 상을 생성한다. 이들은 *에너지 분리제*를 사용하는 평형 기초 분리의 경우이다(그림 6.4). 이러한 기술 중 일부는 표 6.4에 나열되어 있다.

표 6.4 ▸ 에너지를 분리제로 사용하는 일부 평형 기초 분리 기술

기술	공급물 상	제품 상	물성 차이	처리 원리
증발	액체	액체 및 증기	증기압 (끓는점)	액체 혼합물은 물질의 일부가 기화될 때까지 가열된다.
응축	증기	액체 및 증기	증기압 (끓는점)	물질 일부가 응축될 때까지 증기 혼합물이 냉각된다.
증류	액체 또는 증기	액체 및 증기	증기압 (끓는점)	혼합물은 반복되는 다단계 관으로 공급되고 증발 및 응축이 발생한다.
결정화	액체	고체 및 액체	낮은온도에서 용해도(용융점)	용해도 한계를 초과할 때까지 용액을 냉각한다.
건조	용액 또는 현탁물	고체 및 증기	증기압	공급물을 가열하여 용매를 휘발시키고 비휘발성 고체를 남긴다.

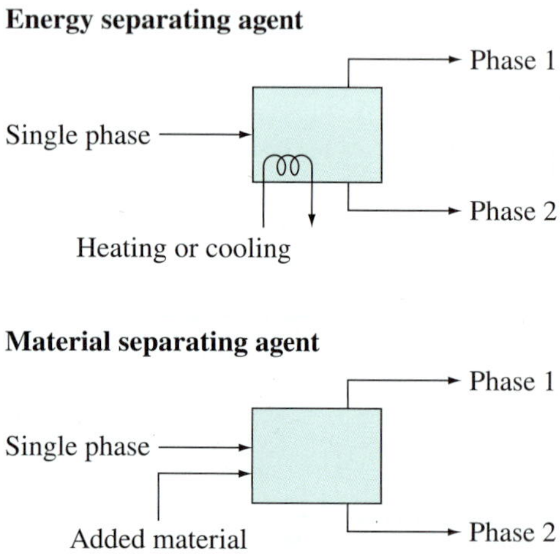

(a)

(b)

그림 6.4 평형 기초 분리에서 에너지 또는 물질일 수 있는 분리제는 단상 공급물을 조성이 다른 두 상으로 변환하는 데 사용된다. 예를 들어, 증류에서 탄화수소를 부분적으로 증발시키고 휘발성의 차이에 따라 분리하는 데 에너지가 사용된다. *Photo: Reed Kaestner/Corbis/Getty Images*

표 6.5 ▶ 첨가 물질을 분리제로 사용하는 일부 평형 기초 분리 기술

기술	공급물 상	제품 상	물성 차이	처리 원리
흡수	기체	액체	추가된 용매의 기체 용해도	가스 혼합물이 용매와 접촉한다; 가스 성분 중 하나가 용매에 더 잘 녹는다.
흡착	유체(기체 또는 액체)	고체	고체 표면에 대한 친화성	유체가 고체 물질과 접촉한다; 혼합물의 성분 중 하나가 고체에 달라붙는다.
침출	고체	액체	첨가된 용매에서 고체 성분의 용해도	고체에는 용해성 및 불용성 성분이 모두 포함되어 있다; 용해성 성분은 첨가된 용매에 용해된다.
추출	액체	액체	혼합되지 않는 두 유체 사이의 분배	비혼화성 용매가 공급물과 접촉한다; 유체의 용질은 추가된 용매로 우선적으로 분할된다.

때로는 온도를 변경할 수 없다. 예를 들어, 일부 물질은 기화하기에 충분히 가열되기 전에 화학적으로 분해되므로 증류는 선택 사항이 아니다. 또는 물질은 극도로 낮은 온도에서만 응결된다. 이러한 경우 분리제는 첨가 물질이다. 필요한 두 번째 상은 공급물과 다른 상인 물질을 첨가하여 생성된다. 그림 6.4는 에너지 분리제와 *물질 분리제*의 차이점을 보여준다. 한 가지 분리 문제를 해결하기 위해 물질 분리제가 사용될 수 있지만 일반적으로 재사용을 위해 물질 분리제를 회수하려면 두 번째 분리가 필요하다. 표 6.5는 이러한 방식으로 조작되는 가장 중요한 평형 기초 분리 기술 중 일부를 나열한다.

설명 ▶ 5장의 사례 연구에서 유기 공급 원료(바이오매스 또는 화석 연료)를 원하는 제품으로 가공할 때 수성 가스 전환 반응의 중요한 역할을 보았다. CO와 H_2O가 반응하면 CO_2와 H_2의 가스 혼합물이 생성된다. CO_2에서 H_2를 분리하려면 두 가지 평형 기초 분리(흡수, 탈수)를 순서대로 사용한다. 산성 CO_2를 염기성 액체 용액[디에탄올아민(DEA) 수용액과 같은]으로 흡수하는 것은 H_2가 DEA에 용해되지 않기 때문에 H_2에서 CO_2를 분리하는 탁월한 방법이다. DEA는 물질 분리제의 한 예이다. 그런 다음 용해된 CO_2를 가열하여 DEA에서 제거하여 CO_2를 제거하고 순환을 위해 DEA를 회수한다.

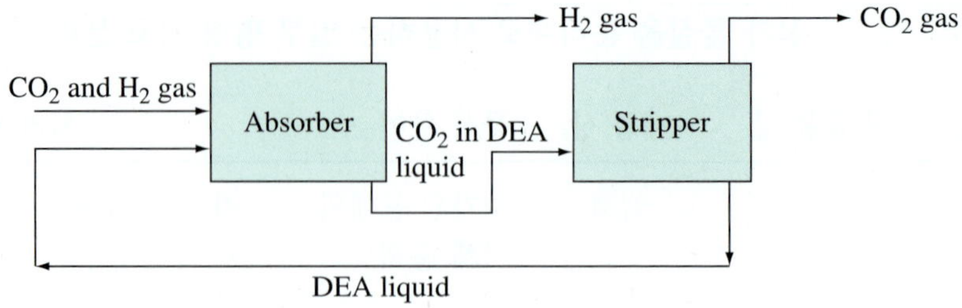

6.2.4 ▸ 분리 기술 선택을 위한 간편추론법

분리에 사용할 수 있는 가능한 기술이 너무 많기 때문에 실행 가능한 기술의 초기 선택을 위한 몇 가지 간편추론법을 갖는 것이 유용하다. 간편추론법은 엄격한 규칙이 아니라 지침이다. 숙련된 엔지니어는 간편추론법을 현명하게 사용하여 명확하게 실행 불가능한 계획을 제거하고 더 자세히 평가할 수 있는 몇 가지 합리적인 선택을 신속하게 수행한다. 몇 가지 유용한 간편추론법은 다음과 같다.

1. 원료가 두 상으로 되어 있다면 기계적인 분리 기술을 사용하라.
2. 원료가 단일상이라면 먼저 제품의 대량생산을 위하여 평형 기초 분리 기술을 고려하라.
3. 고순도를 요구하는 소량 고가 제품을 위해서는 속도 기초 분리 기술을 고려하라.
4. 평형 기초 분리에서 (a) 끓는점, (b) 용융점, (c) 일반 용매에서 용해도, (d) 고체 표면에서 결합성의 차이를 순서대로 조사하라. 끓는점에서 10°C 정도의 차이는 효과적으로 사용될 수 있다. 용융점, 용해도 또는 결합성에서는 보다 더 큰 차이가 항상 필요하다.
5. 가능한 한 대기 근처의 온도, 압력에서 조업하라. 그러나 대기 이하보다는 대기 이상의 온도, 압력이 더 낫다.
6. 가능한 이물질을 첨가하지 말라. 만약 이물질을 첨가한다면 독극물 또는 유해물질을 피하고, 곧바로 제거하라.
7. 극소량의 회수에 대하여, 소요 비용은 회수되는 물질의 양에 따라 증가해야 한다. 조업되는 흐름의 양에 따라 증가하지 않는 분리 방법을 선택하라.
8. 회수할 수 없는 소량의 오염물을 제거하기 위하여 물리적 분리 방법보다는 파괴 화학반응을 사용하라.

이러한 아이디어는 몇 가지 예에서 나타난다. 분리 공정의 설계와 분석을 더 깊이 파고들면 이러한 간편추론법의 많은 근거가 더 명확해질 것이다.

분리 기술의 선택: 톨루엔으로부터 벤젠의 분리 ◀ 예제 6.4

벤젠은 많은 화학공정의 원료로 사용되고 있음을 알았다. 벤젠은 매우 유사 화합물인 톨루엔을 포함하고 있는 정류흐름(refinery stream)으로부터 정제된다. *CRC Handbook of Chemistry and Physics*로부터 벤젠과 톨루엔에 대한 정보를 얻을 수 있다.

	Boiling point, °C	Melting point, °C	Soluble in
Benzene	80.1	5.5	Ethanol, diethyl ether, acetone
Toluene	110.6	−95	Ethanol, diethyl ether, acetone, benzene

50% 벤젠과 50% 톨루엔의 액체 혼합물을 두 개의 순수한 제품으로 분리하는 좋은 방법은 무엇인가?

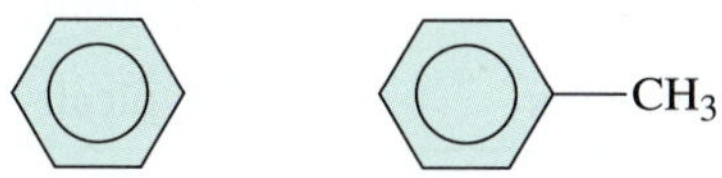

Benzene (C_6H_6) Toluene (C_7H_8)

› 풀이

공급물은 단일 액상이고, 벤젠은 대량으로 생산되는 비교적 저가의 물질이다. 그러므로 간편추론법 (1), (2), (3)에 따르면 평형 기초 분리공정이 최적이다. 벤젠과 톨루엔은 많은 부분에서 다르다. 끓는점과 용융점 모두 매우 다르므로 둘 중 어느 한 물성을 이용할 수 있다[간편추론법 (4)]. 간편추론법 (5)는 대기조건 이상으로 공정을 유지하기 위하여 끓는점의 차이를 이용하는 것이 낫다. 용매(즉, 화학적 유사 화합물이 같은 용매에서 잘 녹음)를 이용하는 공정은 필요하지 않으므로, 다른 물질을 첨가할 필요가 없다[간편추론법 (6)]. 벤젠 농도가 낮지 않으므로 간편추론법 (7)은 적용이 안 된다. 따라서 선택할 수 있는 분리 방법은 *증류*이다. 왜냐하면 증류는 끓는점 차이에 관련된 증기압 차이를 이용하는 평형 기초 분리 조작이기 때문이다.

분리 기술의 선택: 공업 항체로부터 바이러스 제거 ◀ 예제 6.5

공업 단백질을 생산하는 능력은 생명 공학과 제약 산업에 혁명을 일으켰다. 그러한 단백질은 세탁 세제에서 치즈, 세계에서 가장 발전된 의약품에 이르기까지 모든 것에 나타난다. 단클론 항체(MAb)는 특정 암과 자가면역 질환을 치료하는 데 사용하도록 제조된 대형 단백질이다. MAb는 생물 반응기에서 성장하는 유전적으로 변형된 세포에 의해 생성된다. 세포는 MAb를 생산한 다음 세포 배양액으로 분비된다. 생산 조업이 완료되면 유체가 수집되고 MAb가 정제된다. 바이러스에 의한 유체의 오염이 가능하며 제품을 판매하기 전에 바이러스를 MAb에서 분리해야 한다. MAb에서 바이러스를 분리하는 데 가장 적합한 분리 기술은 무엇인가?

풀이

MAb는 단백질이고 바이러스는 단백질 코트가 있는 유전 물질(RNA 또는 DNA)이다. 단백질은 양전하와 음전하를 모두 갖는 복잡한 분자이다. 바이러스와 MAb는 모두 수용액에 용해되며, 둘 다 고온과 대부분의 유기 용매에서 파괴된다. 이러한 사실은 증류 또는 용매 추출과 같은 분리 기술을 배제한다. 고체 표면에 대한 결합의 차이를 포함하는 평형 기초 분리 기술은 매력적일 수 있다[간편추론법(4)]. 체액 내 MAb, 특히 바이러스의 농도는 낮다. MAb는 일반적으로 1~10 g/L이고, 바이러스는 그보다 훨씬 낮다. 정제할 물질의 양은 상대적으로 적고 제품은 매우 가치가 높으며 순도가 매우 높아야 한다. 이러한 고려 사항은 속도 기초 분리 기술[간편추론법 (3)]을 제안한다.

바이러스와 MAb의 일부 물리화학적 특성은 표에 요약되어 있다.

	Size	Isoelectric point	Adsorption to protein A?
MAb	10 nanometers	8–9 typically	yes
Virus	20–400 nanometers	6–7 typically	mostly no

크기의 차이는 ~20 nm 직경의 기공이 있는 막이 MAb를 허용하지만, 대부분의 바이러스 입자를 거부하는 한외여과와 같은 속도 기초 분리 공정의 사용을 시사한다.

등전점(isoelectric point)은 물질에 알짜 전하가 없는 pH이다. pH 7에서 MAb는 순 음전하를 띠고 바이러스는 중성 또는 양전하를 띤다. 전하의 차이는 양전하 비드를 사용하는 흡착 과정을 시사한다. MAb는 바이러스가 흐르는 동안 비드에 흡착(고착)한다. 그런 다음 pH를 8 또는 9로 높이면 MAb의 전하가 중화되고 단백질이 비드에서 순수한 생성물로 탈착된다.

MAb는 단백질 A라는 단백질과 매우 강력하게 상호 작용하는 것으로 알려져 있지만, 바이러스는 일반적으로 단백질 A와 상호 작용하지 않는다. 이 차이를 활용할 수 있는 방법이 있는가? 단백질 A는 고체 물질에 화학적으로 접합될 수 있으며, MAb와 바이러스를 포함하는 유체를 고체 물질과 접촉시킬 수 있다. MAb는 흡착되지만 바이러스는 흡착되지 않는다. 이것은 흡착 분리의 또 다른 예이지만 다른 종류의 흡착제를 사용한다. pH를 3으로 낮추면 MAb와 단백질 A 사이의 상호 작용이 끊어져 MAb를 탈착하는 쉬운 방법을 제공하는 것으로 밝혀졌다. 추가로 산성 pH는 모든 바이러스를 파괴한다! 간편추론법 (8)을 적용한 것이다.

환자에게 주입될 MAb에서 바이러스의 모든 흔적을 제거하는 것이 매우 중요하다. 실제로 생물 제조업체는 제품의 안전성을 보장하기 위해 두 가지 이상의 서로 다른 분리 기술을 결합한다.

6.2.5 ▸ 순차적 분리를 위한 간편추론법

3개, 4개 또는 그 이상의 제품으로 분리해야 하는 다성분 혼합물이 있는 경우 어떻게 해야 하나? N개의 제품이 필요한 경우 $N-1$개의 분리 장치가 있을 수 있다. 설계자는 각 개별 분리막에 대한 최상의 기술뿐만 아니라 분리막을 배치할 최상의 순서도 선택해야 한다. 이는 어려운 조작이지만 몇 가지 간편추론법을 사용하면 조작을 더 쉽게 수행할 수 있다. 간편추론법의 기본 원리는 간단하다. 처리할 재료의 양이 증가하고 분리할 두 성분이 서로 유사해짐에 따라 분리 비용이 증가한다. 다른 간편추론법은 에너지 사용을 절약해야 할 필요성에서 비롯된다.

다음은 유용하고 간단한 간편추론법이다.

1. 유해한 부식성 물질을 조기에 제거하라.
2. 먼저 가장 많은 양의 성분을 분리하라.
3. 어려운 분리는 마지막에 하라.
4. 흐름을 동일한 부분으로 나누자.
5. 분리된 성분을 다시 혼합하지 않는다.
6. 모든 제품사양을 충족하되 과잉 정제하지 않는다.

여러 분리 장치가 필요한 흐름도를 개발할 때 이러한 간단한 경험 법칙을 염두에 둔다.

분리 기술의 순차적 배열: 방향족과 산 ◀ 예제 6.6

다음에 나타난 공정흐름이 주어졌을 때, 순수한 세 가지 주요 생성물흐름(톨루엔, *메타* 자일렌, *파라* 자일렌)과 폐황산 흐름으로 분리하기 위하여 가장 최적의 방법이라고 여기는 것을 고안해 보라. 사용할 수 있는 분리 기술의 형태와 분리 단계의 배열을 나타내라.

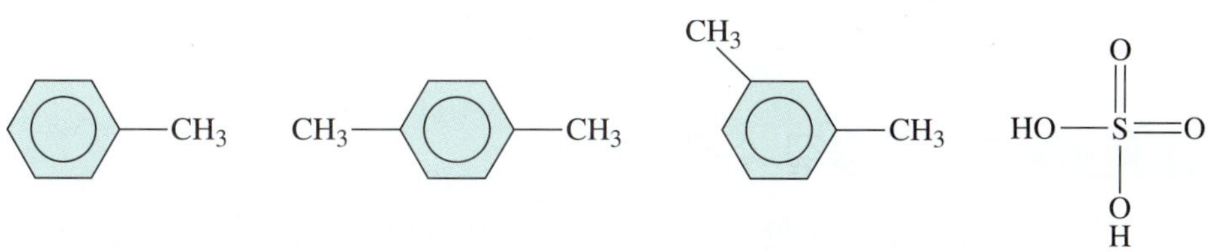

Toluene *p*-xylene *m*-xylene Sulfuric acid

Component	mol% in feed	Boiling point (°C)	Melting point (°C)	Soluble in water?	Soluble in benzene?
Toluene	51	110.6	−95	No	Yes
p-xylene	25	138.4	13.2	No	Yes
m-xylene	24	139.1	−47.2	No	Yes
Sulfuric acid	Trace	330	10.5	Yes	No

풀이

첫째 물성을 조사하라. 모든 화합물은 실온에서 액체이다. 황산은 끓는점과 용해도에서 다른 물질들과 크게 다르고, 화학적으로 매우 독특하다. 이것은 또한 부식성 물질이다. 톨루엔과 자일렌은 모두 화학적으로 유사하다. 톨루엔은 끓는점과 용융점에서 자일렌과 다르다. 끓는점은 실온 이상인 반면 용융점은 실온 이하이다. "실온 이상의 온도를 택하라"는 간편추론법 (5)에 의해 끓는점 차이에 기초한 분리가 바람직하다. 이것은 톨루엔을 생산하기 위한 분리 기술로서 증류가 적합하다는 결론을 준다. 자일렌 이성체는 끓는점과 용해도에서 약간의 차이가 있지만 용융점에서 매우 큰 차이가 있다. 비록 실온보다 약간 냉각된 온도를 요구할지라도 아마 큰 용융점 차이를 이용할 수밖에 없다. 따라서 *결정화*는 자일렌 이성체를 분리하기 위한 선택 방법이다. 황산이 매우 소량 존재하므로 산의 양에만 영향이 있고 다른 흐름의 양에 영향이 없는 분리가 상식이다. *액액 추출* 공정이 사용될 수 있다. 왜냐하면 황산은 물에 녹지만 물과 톨루엔/자일렌은 서로 불용성이기 때문이다.

Quiz 6.2
예제 6.6에서는 황산을 제거하기 위해 물을 용매로 사용했다. 대신 벤젠을 용매로 사용하여 방향족 물질을 제거하지 않는 이유는 무엇인가?

둘째, 공정 순차적 배열을 생각해 보라. 황산은 위험물질이기 때문에 이것을 먼저 제거하는 것이 최적일 것이다. 톨루엔이 가장 많이 존재하고 톨루엔과 자일렌 이성체의 분리는 더욱더 세분되어야 한다. 이 단계를 다음에 완성하는 것이 적절하다. *파라*-자일렌과 *메타*-자일렌의 분리는 가장 비용이 많이 들므로 이것은 가장 나중에 와야 한다.

제안된 분리공정도는 다음과 같다.

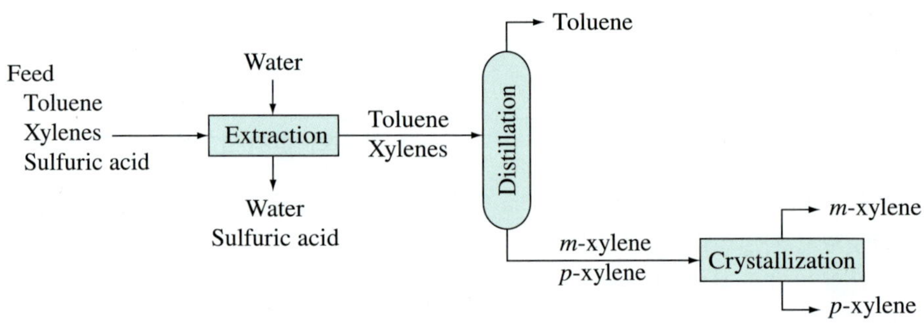

▶ 6.3 분리기 물질 수지 방정식

가장 단순하게, 분리장치에 한 개의 공급물이 들어가서 조성이 다른 두 생성물이 생산된다고 하자. 분리장치 주변의 물질수지를 사용하여 공정흐름을 계산하는 데 약간의 경험을 이미 가지고 있다. 이 장에서 첫 번째 목적은 분리기를 분석하는 데 매우 중요한 물질수지식의 해석을 공부하는 것이다.

우리의 정의에 따르면 분리 장치에는 화학 반응이 없기 때문에 질량 대 몰 단위의 선택은 단순히 편의를 위한 것이다. 선택은 일반적으로 흐름 조성 사양 및/또는 물리적 특성 정보가 질량 또는 몰 단위로 제공되는지 여부에 따라 결정된다.

분리 장치의 목적은 조성이 다른 두 개(또는 그 이상)의 제품을 생산하는 것이므로 성능은 종종 원료와 제품의 조성 측면에서 설명된다. 따라서 해당 성분의 몰 또는 질량 분율에 총 몰 또는 질량 유량을 곱하여 물질 수지 방정식을 작성하는 것이 종종 더 편리하다. 참고로 우리는 일반적으로 다음과 같은 규칙을 사용한다.

$$z_{ij} = \text{mole fraction of } i \text{ in stream } j$$

$$w_{ij} = \text{mass fraction of } i \text{ in stream } j$$

흐름의 상을 나타내려면 증기, 액체 또는 고체 흐름에서 각각 i의 몰분율에 대해 z_i 대신 y_i, x_i 또는 x_{iS}를 사용한다. 분리기로의 입력흐름에서 성분 i의 몰 유속은 단순히 몰분율에 총 몰 유속을 곱한 것이다.

$$\dot{n}_{i,\text{in}} = z_{i,\text{in}}\dot{n}_{\text{in}}$$

마찬가지로 유입흐름에서 성분 i의 질량 유량은 질량 분율에 총 질량 유량을 곱한 값이다.

$$\dot{m}_{i,\text{in}} = w_{i,\text{in}}\dot{m}_{\text{in}}$$

가장 간단한 형태의 구분 기호에는 조성이 다른 단일 유입흐름과 두 개의 배출(또는 제품)흐름이 있다. 분리기는 연속흐름 정상상태 공정 장치로 조작하거나 회분식 또는 반회분식 모드로 조업할 수 있다(그림 6.5). 물질 수지 방정식의 가장 적절한 선택은 조작 방식에 따라 다르다.

6.3.1 ▸ 정상상태 연속흐름분리기

정상상태 연속흐름분리기(continuous-flow steady-state separator)는 일반화학공장에서 자주 사용된다. 정상상태 연속흐름분리기에 대하여 미분 형식의 물질수지식이 가장 유용하다. 단일 공급물을 가진 정상상태 연속흐름분리기에 대한 미분 성분 몰수지식은 다음과 같이 간단히 나타난다.

$$\dot{n}_{i1} + \dot{n}_{i2} = \dot{n}_{i,\text{in}}$$

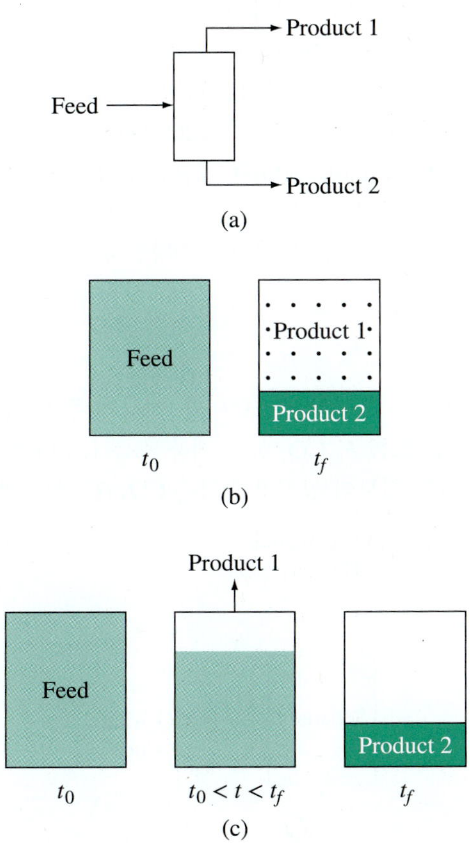

그림 6.5 분리기는 (a) 연속식, (b) 회분식, (c) 반회분식으로 조업된다. 제시되지 않은 여러 가지 다른 반회분식도 있다.

또는 몰분율과 총 몰 유량으로 작성된다.

$$z_{i1}\dot{n}_1 + z_{i2}\dot{n}_2 = z_{i,\text{in}}\dot{n}_{\text{in}}$$

단일 입력(공급)흐름과 여러 배출(제품)흐름으로 일반화하면 물질수지 방정식은

$$\sum_{\text{all } j_{\text{out}}} z_{ij}\dot{n}_j = z_{i,\text{in}}\dot{n}_{\text{in}} \tag{6.1a}$$

질량 단위에서 임의 개수의 배출흐름에 대한 물질 수지 방정식은 다음과 같다.

$$\sum_{\text{all } j_{\text{out}}} w_{ij}\dot{m}_j = w_{i,\text{in}}\dot{m}_{\text{in}} \tag{6.1b}$$

물론 물질 분리제가 필요한 분리의 경우 추가 입력흐름을 포함하도록 식 (6.1)을 수정해야 한다.

예제 6.7 ▸ **정상상태 연속 흐름 분리기: 연도(flue) 가스에서 CO_2 제거**

천연 가스, 석탄 또는 도시 고형 폐기물과 같은 유기물 연료는 보일러에서 연소되어 발전소에서 전기를 생성한다. 연소 가스(연도 가스라고도 함)는 N_2, O_2, H_2O, CO_2를 포함하고 용광로 굴뚝을 통해 대기로 방출된다(예제 4.3 참조). 대기 중 CO_2를 줄이기 위한 한 가지 아이디어는 연도 가스의 나머지 부분에서 CO_2를 지속적으로 분리하는 장치를 용광로 굴뚝에 배치하는 것이다. 예를 들어 농축된 CO_2는 시멘트 제조 또는 합성 연료 제조에 사용될 수 있다. 이제 CO_2가 제거된 나머지 흐름은 대기로 방출될 수 있다.

보일러에서 배출되는 연도 가스의 유속은 1260 kgmol/h이고 75.6 mol% N_2, 11.8 mol% O_2, 8.4 mol% H_2O, 4.2 mol% CO_2를 포함한다. 0.04 mol% CO_2 (현재 대기 중 CO_2 함량)만 포함하는 연도 가스를 방출하면서 최소 60 mol% CO_2를 포함하는 농축된 CO_2 흐름을 생성하는 분리기를 개발하기를 희망한다. 농축된 CO_2 흐름과 연도 가스의 유속을 구하라.

›풀이

연도 스택에 배치된 분리기가 우리의 시스템이다. 하나의 주입흐름과 두 개의 제품 흐름이 있다. 연도 가스 공급 흐름 F, CO_2 농축 제품 흐름 1, CO_2가 제거된 연도 가스흐름을 2라고 부른다. 네 가지 성분이 있지만 지금은 CO_2 (C)에만 관심이 있다.

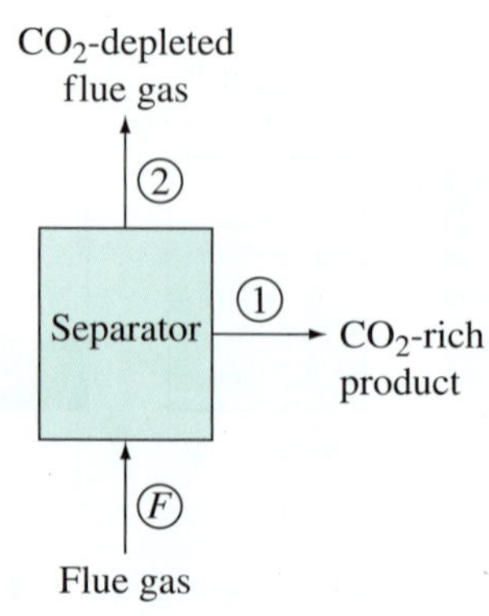

이것은 연속흐름 정상상태 분리이기 때문에 CO_2에 대한 물질 수지 방정식은 다음과 같이 단순화된다.

$$z_{C1}\dot{n}_1 + z_{C2}\dot{n}_2 = z_{CF}\dot{n}_F$$

우리는 유입 유속뿐만 아니라 세 가지 흐름 모두에서 몰분율 CO_2를 알고 있다. 이러한 수치값을 물질 수지 방정식에 삽입하면 다음과 같은 결과가 나타난다.

$$0.60\dot{n}_1 + 0.0004\dot{n}_2 = (0.042)(1260 \text{ kgmol/h})$$

두 개의 미지수가 있으므로 총 흐름의 물질 수지 방정식을 추가한다.

$$\dot{n}_1 + \dot{n}_2 = 1260 \text{ kgmol/h}$$

이 방정식 시스템을 풀면

$$\dot{n}_1 = 87 \text{ kgmol/h}$$

$$\dot{n}_2 = 1173 \text{ kgmol/h}$$

6.3.2 ▸ 회분식 분리기

회분식 분리기(batch separator)는 일반적으로 실험실 규모에서 사용되며 특히 응축상(액체상과 고체상, 또는 오일, 물과 같은 두 가지 액체상)이 관련된 경우 소량 제품의 제조에 때때로 사용된다. 이들은 대량 제품-화학 규모에 드물게 사용된다. 침전 또는 부상(flotation)과 같은 기계적 분리와 결정화, 흡착, 침출 또는 추출과 같은 일부 평형 기초 분리는 회분식 모드에 적용할 수 있다.

회분식 분리기에서 그림 6.5b와 같이 혼합물을 한꺼번에 분리기에 넣고($t = 0$에서) 분리가 일어나도록 한 다음 최종 시간($t = t_f$)에서 제품을 모두 함께 제거한다. 우리는 지정된 시간 간격에 관심이 있고, $t = 0$과 $t = t_f$ 사이에 분리기에 들어가거나 나가는 물질이 없기 때문에 적분 물질 수지(표 3.2)가 좋은 선택처럼 보일 것이다. 몰분율과 총 몰수를 사용하여 성분 i의 적분 수지는 다음과 같다.

$$z_{i,\text{sys},f}n_{\text{sys},f} = z_{i,\text{sys},0}n_{\text{sys},0}$$

그러나 이 형식은 $t = t_f$에서 분리기에 남아 있는 서로 다른 두 제품(2상)을 구분하지 않기 때문에 도움이 되지 않는다. 적분 수지의 더 유용한 형태는 두 제품을 설명하는데, $t = t_f$에서 시스템에 대해 아래 첨자 $P1$과 $P2$를 사용하여 계산한다.

$$z_{i,\text{sys},f}n_{\text{sys},f} = z_{i,P1}n_{P1} + z_{i,P2}n_{P2} = z_{i,\text{sys},0}n_{\text{sys},0} \tag{6.2a}$$

여기서

$$n_{\text{sys},f} = n_{P1} + n_{P2} = n_{\text{sys},0}$$

다음을 고려하면

$$z_{i,\text{sys},f} \neq z_{i,P1} \neq z_{i,P2}$$

질량 단위에서 회분식 분리기에 대한 성분 i의 적분 물질 수지 방정식은 다음과 같다.

$$w_{i,\text{sys},f} m_{\text{sys},f} = w_{i,P1} m_{P1} + w_{i,P2} m_{P2} = w_{i,\text{sys},0} m_{\text{sys},0} \quad \textbf{(6.2b)}$$

다음 관계식과 함께

$$m_{\text{sys},f} = m_{P1} + m_{P2} = m_{\text{sys},0}$$

예제 6.8 ▶ 회분식 분리기: 커피콩의 카페인

녹색(볶지 않은) 커피 아라비카 원두에는 마른 원두 kg당 35 g의 카페인이 들어 있다. 카페인은 다양한 용매를 사용하여 원두에서 걸러낼 수 있다. 그만큼 카페인이 제거된 원두는 로스팅되어 보다 순한 커피를 만드는 데 사용되며, 카페인은 용매에서 분리된 다음 "에너지" 음료에 혼합된다.

Jumpin' Java는 현장에서 자체적으로 카페인을 제거한 원두를 생산할 수 있기를 바라는 지역 카페이다. 주인은 20 kg의 콩을 처리할 수 있고 콩에서 카페인의 97%를 걸러내는 회분식 분리기를 만들고자 한다. 바나나와 사과와 같은 과일에 존재하는 화합물인 에틸 아세테이트가 카페인의 용매로 선택되었다. 에틸아세테이트에 용해된 카페인의 최대량이 1.0 gmol 카페인/100.0 gmol 에틸아세테이트라면, 콩 20 kg의 각 배치에 얼마나 많은 에틸아세테이트를 첨가해야 하는가?

풀이

항상 시스템 다이어그램을 스케치하는 것으로 시작한다. 처음에 생두 20 kg과 알 수 없는 양의 에틸 아세테이트를 용기에서 접촉시킨다. 카페인이 추출되면 카페인이 제거된 원두가 용기 바닥에 가라앉아 카페인 함유 용매가 원두에서 쉽게 분리될 수 있다.

카페인 C, 커피 생두 B(카페인을 제외한 모든 것을 포함하는 복합 재료), 에틸 아세테이트 용매 S의 세 가지 성분을 사용한다.

이제 카페인 함유 용제를 $P1$으로, 카페인을 제거한 콩을 $P2$로 간주하여 카페인에 대한 적분 수지 방정식을 작성한다. 질량 단위로 계산하였다.

$$w_{C,P1} m_{P1} + w_{C,P2} m_{P2} = w_{C,\text{sys},0} m_{\text{sys},0}$$

카페인의 초기 양은 전적으로 콩에서 나오거나,

$$\left(\frac{35 \text{ g 카페인}}{1000 \text{ g 콩}}\right)(20{,}000 \text{ g 콩}) = 700 \text{ g 카페인} = m_{C,\text{sys},0} = w_{C,\text{sys},0} m_{\text{sys},0}$$

카페인의 97%가 콩에서 제거되어야 하므로, 카페인을 제거한 콩 제품의 최종 카페인 질량은

$$(1 - 0.97)(700\ \text{g 카페인}) = 21\ \text{g 카페인} = m_{C,P2} = w_{C,P2}m_{P2}$$

이제 액체 제품 $P1$의 카페인 함량을 결정해야 한다. 먼저 에틸 아세테이트에서 카페인의 용해도를 몰에서 질량으로 변환한다.

$$\frac{1\ \text{gmol 카페인}}{100\ \text{gmol 에틸 아세테이트}} \times \frac{194\ \text{g 카페인}}{\text{gmol 카페인}} \times \frac{\text{gmol 에틸 아세테이트}}{88\ \text{g 에틸 아세테이트}} = \frac{0.022\ \text{g 카페인}}{\text{g 에틸 아세테이트}}$$

공정 종료 시 액상에서 카페인의 최대 중량 분율은 다음과 같다.

$$w_{C,P1} = \frac{0.022\ \text{g C}}{1\ \text{g S} + 0.022\ \text{g C}} = 0.0215$$

알려진 모든 값을 적분 물질 수지에 연결하면 다음을 찾을 수 있다.

$$(0.0215)\,m_{P1} + 21 = 700$$

이를 계산하면

$$m_{P1} = 31{,}580\ \text{g}$$

생성물 $P1$은 용해된 카페인과 에틸 아세테이트이므로

$$m_{S,P1} = (1 - 0.0215)(31{,}580\ \text{g}) = 30{,}900\ \text{g 에틸 아세테이트}$$

원하는 분리를 달성하려면 30.9 kg의 에틸 아세테이트를 20 kg의 생두에 첨가해야 한다.

6.3.3 ▸ 반회분식 분리기

반회분식 분리기(semibatch separator)는 회분식과 연속흐름 분리기의 기능을 결합한 것이다. 예를 들어 처리량이 적은 공정 또는 분리할 성분 중 하나가 매우 적은 양으로 존재하는 경우 사용될 수 있다. 반회분식 조작의 한 가지 예는 입자 여과이다. 부유 입자가 있는 유체는 일정한 속도로 여과기를 통해 지속적으로 공급되지만 입자는 여과기에 축적된다. 결국 시스템을 멈추고 입자를 청소해야 한다. 실험실 증류 장치는 반회분식 모드 조업의 또 다른 예이다. 이것의 대규모 공정은 제약 산업에서 흔히 볼 수 있다. 이 장치에서 용기는 초기에 다성분 액체 혼합물로 채워지고 열이 가해진다. 온도가 천천히 올라갈수록 더 많은 휘발성 성분이 증발한다. 액체 표면에서 상승하는 증기는 지속적으로 위에서 제거되어 다른 용기에 응축 및 저장된다. 용기의 부피는 시간이 지남에 따라 감소하고 비휘발성 물질이 용기에 농축된다.

반회분식 분리기는 본질적으로 비정상상태 조업이다. 물질 수지 방정식에는 시스템 내부의 축적뿐만 아니라 시스템 내부 및/또는 외부의 흐름에 대한 용어가 포함되어야 한다. 따라서 반회분식 분리기의 분석은 일반적으로 연속흐름 정상 상태 또는 회분식 분리기의 분석보다 더 어렵다. 물질 수지 방정식의 미분 또는 적분 형식이 반회분식 분리기에 더 유용한지는 해결해야 할 특정 문제에 따라 다르다. 단일 시점 분석의 경우 미분수지가 가장 좋다. 반회분식 분리기에 대한 성분 i에 대한 미분 몰 수지 방정식의 일반 형식은 다음과 같다.

$$\frac{dn_{i,\text{sys}}}{dt} = \sum_{\text{all } j_{\text{in}}} \dot{n}_{ij} - \sum_{\text{all } j_{\text{out}}} \dot{n}_{ij} \tag{6.3a}$$

지정된 시간 간격 동안 평균화된 시스템 동작 분석의 경우 적분 수지가 가장 좋다. 시스템 내부에 여러 제품(상)이 존재할 가능성을 고려하면 반회분식 분리기의 성분 i에 대한 적분 몰 수지 방정식의 일반적인 형식은 다음과 같다.

$$\sum_{\text{all } P} n_{iP,\text{sys},f} - n_{i,\text{sys},0} = \sum_{\text{all } j_{\text{in}}} n_{ij} - \sum_{\text{all } j_{\text{out}}} n_{ij} \tag{6.3b}$$

3장에서 시스템 경계를 가로지르는 물질의 총량은 시간 경과에 따른 유량을 통합하여 결정할 수 있음을 상기하라. 따라서 식 (6.3b)의 오른쪽에 있는 각 항은 다음과 같이 표현될 수 있다.

$$n_{ij} = \int_{t_0}^{t_f} \dot{n}_{ij}\, dt$$

물론 질량 단위 또는 몰 또는 질량 분율과 총량의 유사한 방정식도 사용할 수 있다.

예제 6.9 ▸ 반회분식 기계적 분리: 맥주 고형물의 여과

생맥주(밀도 = 1.04 g/mL)에는 0.5 wt% 고형분이 포함되어 있다. 맥주를 병에 담기 전에 고형물을 제거해야 한다. 여과가 분리 기술로 선택된다. 800 L/h의 생맥주는 바스켓 여과기를 통해 여과된다. 100 kg의 고형물이 필터에 퇴적된 후에는 공정을 중단하고 바스켓을 청소해야 한다. 바스켓에 고형물이 쌓이는 속도는 얼마인가? 바스켓을 청소해야 할 때까지 여과 시스템을 얼마나 오래 운전할 수 있는가?

풀이

이것은 기계적 분리다. 공급물은 액체와 고체의 두 단계를 포함하며, 여과는 두 단계를 액체 제품과 고체 부산물로 분리한다. 시스템은 여과된 고형물이 시간이 지남에 따라 축적되는 바스켓 필터이다. 흐름도가 다음과 같다.

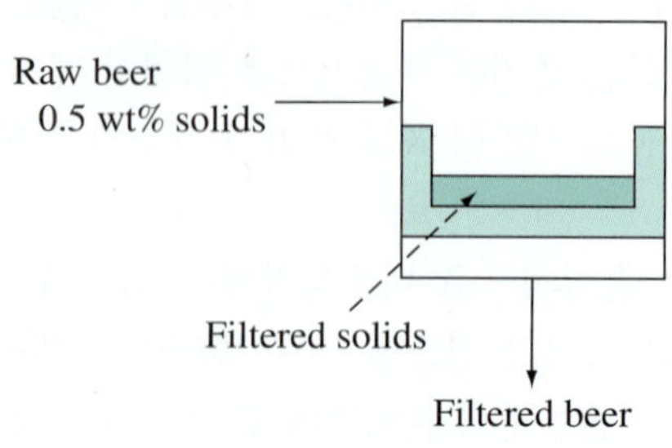

맥주(B)와 고체(S)라는 두 가지 복합 재료를 성분으로 선택한다. 부피에서 질량 유량으로 변환해야 한다. 생맥주와 여과된 맥주의 밀도가 같다고 가정하면 다음과 같이 계산된다.

$$\dot{m}_{\text{in}} = 800\frac{\text{L}}{\text{h}} \times \frac{1000\text{ mL}}{\text{L}} \times \frac{1.04\text{ g}}{\text{mL}} \times \frac{1\text{ kg}}{1000\text{ g}} = 832\frac{\text{kg}}{\text{h}}$$

$$\dot{m}_{S,\text{in}} = 832\frac{\text{kg}}{\text{h}} \times 0.005 = 4.2\frac{\text{kg}}{\text{h}}$$

이것은 반회분식 조업이다. 액체 맥주는 필터를 통해 지속적으로 공급되지만 고형물은 공급된 후 축적되며, 최대 축적량은 고형물 100 kg으로 설정된다. 이 고형물 양이 축적되는 시간 간격을 결정하기 위해 적분 물질 수지 방정식을 사용한다.

$$m_{S,\text{sys},f} - m_{S,\text{sys},0} = \int_{t_0}^{t_f} \dot{m}_{S,\text{in}}\, dt$$

$$100\text{ kg} = \int_{0}^{t_f} 4.2\frac{\text{kg}}{\text{h}} dt$$

$$t_f = 24\text{ h}$$

하루에 한 번 정도 청소를 위해 여과기를 멈추어야 한다.

속도 기초 분리: 신장 투석용 막

예제 6.10

신장은 혈액에서 요소 및 기타 노폐물을 제거하는 분리 장치다. 신부전 환자는 신장이 복구되거나 교체될 수 있는 경우가 아니면 투석을 계속해야 한다. 투석에서, 환자의 혈액에서 일부 저분자량 용질(예: 요소)은 버릴 수 있는 액체로 통과할 수 있지만, 환자와 함께 체류해야 하는 고분자량 용질(예: 단백질)은 통과하지 못하도록 막이 사용된다. 투석은 실제로 요소와 단백질이 막을 통과하지만, 요소의 통과 속도가 단백질의 통과 속도보다 훨씬 크기 때문에 속도 기초 분리 공정이다.

당신의 임무는 당신의 회사에서 제조하고 있는 새로운 신장 투석 기계에서 사용할 수 있도록 다양한 제조업체에서 제공하는 수십 개의 막의 성능을 평가하는 것이다. 시험용 막을 고정하기 위한 막 홀더가 있는 교반탱크로 구성된 작은 테스트 장치를 신속하게 구축한다. 막 위로는 투석액이 흐른다. 이 시스템은 막 아래 교반탱크의 유체 부피가 변하지 않도록 설계되었다. 실험은 간단하다. 요소가 포함된 혈장(세포가 제거되고 항응고제가 첨가된 혈액) 시료를 작은 탱크에 넣고 홀더에 시험용 막을 삽입하고 막을 가로질러 투석액을 공급한 다음 시간이 지남에 따라 교반탱크의 요소 농도를 측정한다.

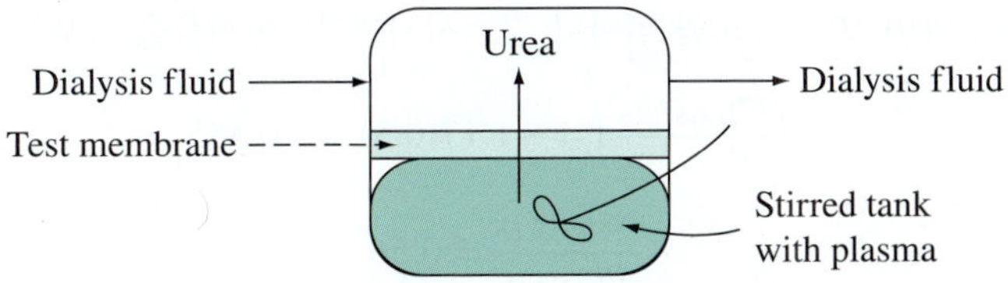

설계 목표는 혈장 샘플의 요소 농도가 3시간 내에 원래 농도의 3%로 떨어지는 것이다. 그러나 테스트할 막은 많고 시간은 많지 않다. 30분 후에 요소 농도를 측정한 다음 막이 설계 목표를 충족하는지 여부를 예측할 수 있기를 원한다. 한 가지 유용한 사실을 알고 있다. 요소(U)가 막을 통과하는 질량 유량 $\dot{m}_{U,\text{out}}$은 탱크의 요소 질량 $m_{U,\text{sys}}$가 감소함에 따라 선형적으로 감소한다.

$$\dot{m}_{U,\text{out}} = \beta m_{U,\text{sys}}$$

여기서 β는 막의 성능을 특징짓는 상수이다.

설계 목표를 달성하기 위해 30분 후에 탱크에 남아 있어야 하는 요소의 최대 비율은 얼마인가?

풀이

성분인 혈장과 요소를 포함하는 탱크를 계로 정한다. 분리는 반회분식으로 조업된다.

미분 물질수지식 식 (6.3a)를 요소에 대하여 작성해 보자. 요소는 계로 공급되지 않으므로 다음 식으로 된다.

$$\frac{dm_{U,\text{sys}}}{dt} = -\dot{m}_{U,\text{out}} = -\beta m_{U,\text{sys}}$$

다시 정렬하고 $t = 0$에서 t까지 적분하면 다음을 얻는다.

$$\int_{m_{U,\text{sys},0}}^{m_{U,\text{sys}}} \frac{dm_{U,\text{sys}}}{m_{U,\text{sys}}} = -\beta \int_0^t dt$$

또는

$$\ln\left(\frac{m_{U,\text{sys}}}{m_{U,\text{sys},0}}\right) = -\beta t$$

> **Quiz 6.3**
> 예제 6.10의 설계 목표가 변경되고 막이 1시간 안에 요소의 90%를 제거해야 한다면 필요한 최소 β는 얼마인가?

이것이 설계식이다.

3시간이 경과한 후(t = 3 h), 설계 목표는 요소 농도를 초기 농도값의 3%로 감소시키는 것이다.

$$m_{U,\text{sys},f} = 0.03 \times m_{U,\text{sys},0}$$

이들 수치를 설계식에 대입하면 설계 목표치에 부합되는 β의 값을 얻을 수 있다.

$$\ln\left(\frac{0.03 m_{U,\text{sys},0}}{m_{U,\text{sys},0}}\right) = \ln(0.03) = -\beta(3)$$

$$\beta = 1.17\ \text{h}^{-1}$$

따라서 막이 β = 11. 7 h^{-1}(또는 이상)의 값을 가진다면 설계기준에 부합할 것이다. 30분(0.5 h) 후 이 막이 요소 농도를 얼마나 감소시키는가? 설계식을 사용하면,

$$\ln\left(\frac{m_{U,\text{sys},0.5\text{h}}}{m_{U,\text{sys},0}}\right) = -1.17(0.5) = -0.585$$

$$\frac{m_{U,\text{sys},0.5\text{h}}}{m_{U,\text{sys},0}} = 0.56$$

설계 목표치에 부합하기 위하여 탱크에 있는 요소는 처음 30분이 경과하면 적어도 초기량의 56%까지 감소해야 한다. 시간에 따라 탱크의 요소 양이 변화하는 정도를 도시하면 흥미로운 결과를 얻을 수 있다.

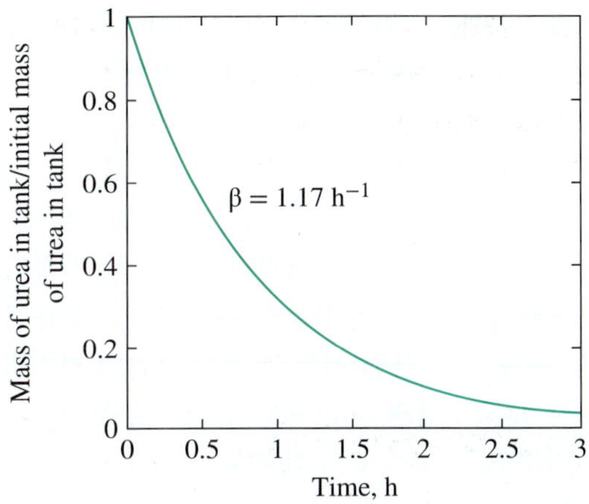

시간에 따라서 질량 유량이 감소하기 때문에, 처음 30분이 경과하면 거의 반이 제거되고, 나머지 반을 제거하기 위하여 2.5시간이 더 걸린다.

6.4 분리기의 흐름 조성과 계 성능 사양

완전분리기에서 제품은 순수하고, 원료에 있는 각 성분은 적당한 생성물흐름으로 완전히 분리된다. 완전분리기는 극히 드물다. 실질적으로 제품은 순수하지 않고, 원하는 성분은 적당한 생성물흐름에서 완전히 회수되지 않는다.

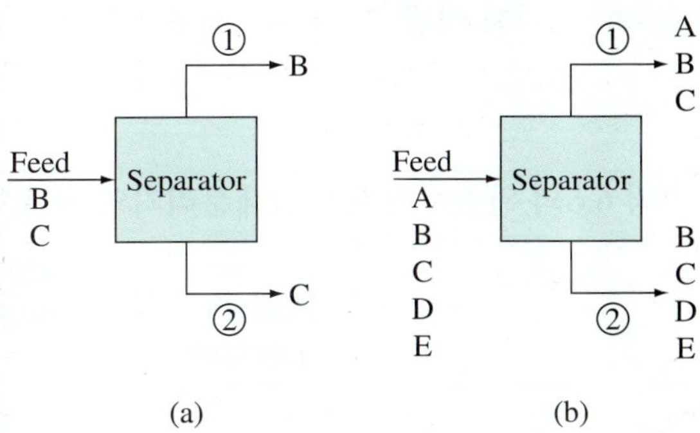

그림 6.6 주요 성분 B와 C를 포함하는 혼합물의 분리. (a) 완벽한 분리기는 공급물에 두 가지 주요 성분만 있고 배출물은 순수하다. (b) 실제 분리기. 성분 B는 제품 1에서 우선적으로 회수되는 반면, 성분 C는 제품 2에서 우선적으로 회수된다. 중요하지 않은 성분 A, D, E는 분배되지 않는다. 일부 분리기에서는 비핵심 성분이 두 제품 흐름에 분배된다.

그림 6.6에서 완전분리기와 실제분리기가 비교된다. (단지 한 개의 공급흐름과 두 개의 배출흐름만 고려한다.) 완전분리기(그림 6.6a)에서 공급물은 두 성분 B와 C의 혼합물이고, 생성물 1은 순수한 B, 생성물 2는 순수한 C이다. 보다 현실적으로 공급물은 분리될 두 성분 B와 C뿐만 아니라 오염물 A, D, E가 포함된 혼합물이다(그림 6.6b). 비록 B가 생성물 1에 비교적 더 많이 농축되고, C가 생성물 2에 더 많이 농축되지만, 두 생성물은 다섯 개의 성분을 포함하고 있다.

실제 분리기의 분석을 다소 단순하게 하기 위해 "핵심(key)"과 "비핵심(nonkey)" 성분을 정의해야 한다. 분리기(그림 6.6b)는 B와 C를 분리하기 위해 설계되므로, 이들 성분이 **핵심 성분**(key component)이 된다. **비핵심 성분**(nonkey component) A, D, E는 따라다니는 물질이다. 생성물 1에 B가 더 많이 들어가고 생성물 2에 C가 더 많이 들어가기는 하지만, 핵심 성분이 양쪽의 생성물흐름으로 나누어진다고 가정한다. 비핵심 성분은 나누어지지 않는다고 가정되므로 한 개의 생성물흐름으로 분리기를 나간다. 이런 생성물흐름은 비핵심 성분의 물성과 선택된 분리 기초에 의존한다. 예를 들면 분리 기초가 분자 크기의 차이라고 가정한다. 분자 크기가 A < B < C < D < E라면 A의 모두, B의 대부분, C의 약간이 생성물 1로 나오게 될 것이다. 반면, B의 약간, C의 대부분, D와 E의 모두는 생성물 2로 나오게 된다.

Quiz 6.4
실제 분리기에는 공급물에 B와 C라는 두 가지 성분만 있지만 B와 C는 두 제품 흐름에 모두 분포된다고 가정한다. 공급물의 유량과 조성만 알고 있다면 DOF는 얼마인가?

그림 6.6에 표시된 완전 분리기 대 실제 분리기의 자유도 비교로부터 이해가 될 수 있다. 우리는 정상상태 조업을 가정하고 공급흐름의 유속과 조성을 알고 있다고 가정한다. 공급흐름의 유속과 조성에 대한 사양은 완벽한 분리기가 완전히 지정되도록 충분하다. 실제 분리기에 대한 공급 속도와 공급물 조성이 모두 알려져 있지만, 그 외에는 아무것도 없는 경우 분리기가 지정되지 않는다. 이 예에서는 5개의 사양이 제공된다[1개의 유량과 4개의 흐름 조성(공급물에 5개의 성분이 있기 때문)]. 또한 각 성분에 대해 하나씩 5개의 물질 수지 방정식이 있다. 그러나 12개의 흐름 변수가 있으므로 비핵심 성분이 분산되지 않는 경우 실제 구분 기호에는 두 개의 추가 사양이 필요하다(표 6.6). 이러한 사양은 일반적으로 *제품 순도*, *성분 회수*, *분리 계수*의 세 가지 방법 중 하나로 제공된다. 각각을 차례로 설명하겠다.

표 6.6 ▸ 그림 6.6의 완전분리기와 실제분리기의 자유도 분석

	Perfect separator	**Real separator, non-distributing nonkeys**
Stream variables	4	12
Specified flows	1	1
Specified stream composition	1	4
Specified system performance	0	0
Material balances	2	5
Total equations	4	10
DOF	0	2

*제품 순도*는 흐름 조성 사양이다. 제품 순도 사양은 제품 흐름에서 성분의 허용 가능한 함량을 설정한다. 순도가 높을수록 비용이 많이 들기 때문에 대부분의 경우 목표는 고객이 허용할 수 있는 최소 수준에 최대한 가까운 순도에서 조업한다. 제품 흐름 j의 **부분 순도**(fractional purity)를 다음과 같이 정의한다.

$$\text{Fractional purity} = \frac{\text{moles (or mass) of desired component } i \text{ in product stream } j}{\text{total moles (or mass) of product stream } j}$$

정상상태 연속흐름 분리기에 대하여, 몰 단위를 사용하여 수학적으로 정의하면

$$z_{ij} = \frac{\dot{n}_{ij}}{\dot{n}_j} \quad \textbf{(6.4a)}$$

이다. 여기서 z_{ij}는 제품 j에서 원하는 성분 i의 몰분율이다. 항상 $0 \le z_{ij} \le 1.0$이다.

$$\sum_{\text{all } i} z_{ij} = 1 \quad \textbf{(6.4b)}$$

각 제품 흐름 j에 대해 N개의 성분이 있는 경우 최대 $N - 1$개의 제품 순도를 지정할 수 있다. 순도는 질량 단위 또는 회분식 분리기로 지정할 수도 있다. 퍼센트 순도는 단순히 부분 순도 × 100이다.

성분회수율(component recovery)은 단위공정의 배출량과 유입량에 관련하는 계성능규격이다. **회수율**(fractional component recovery)은 다음과 같이 정의된다.

$$\text{회수율} = \frac{\text{moles (or mass) of component } i \text{ in product } j}{\text{moles (or mass) of component } i \text{ in feed}}$$

정상상태 연속흐름분리기에 대하여, 수학적 형식으로 나타나는 성분 회수율 f_{Rij}는 몰 단위로 다음과 같이 정의된다.

$$f_{Rij} = \frac{\dot{n}_{ij}}{\dot{n}_{iF}} = \frac{z_{ij}\dot{n}_j}{z_{iF}\dot{n}_F} \quad \textbf{(6.5a)}$$

여기서 아래 첨자 F는 원료 또는 공급물흐름을 나타낸다. (회수율은 질량단위로 또는 회분식 분리기에 대해서도 규정된다.) %회수율은 회수율 × 100이다. 이 정의에 따라서 항상 $0 \le f_{Rij} \le 1$이다. 각 성분 i에 대하여

$$\sum_{\text{all } j_{\text{out}}} f_{Rij} = 1 \quad \textbf{(6.5b)}$$

이므로, 만약 *두 개*의 생성물이 있다면 성분당 *한 개*의 독립적인 회수율 규격이 있다.

Quiz 6.5
회분식 분리기에 대한 제품 순도 w_{ij}의 식을 작성하라.

Quiz 6.6
회분식 분리기에 대하여 질량 단위로 f_{Rij}의 식을 작성하라.

Hint
몰 단위로 계산된 순도는 질량 단위로 계산된 순도와 수치상 다르다. 그러나 회수율은 질량 또는 몰 단위에 대해 수치상으로 동일하다.

설명 ► 50.0 mol% H_2(몰질량 2 g/gmol)를 포함하는 혼합물, 25.0 mol% CH_3OH(32 g/gmol), 25.0 mol% CO_2(44 g/gmol)를 100 gmol/h의 유속으로 분리기에 공급한다. 두 제품이 분리기를 나간다. 생성물 1 유속은 72.5 gmol/h(50 gmol/h H_2, 2.5 gmol/h CH_3OH, 20 gmol/h CO_2)이다. 생성물 2 유속은 27.5 gmol/h(22.5 gmol/h CH_3OH, 5 gmol/h CO_2)이다. 핵심 성분인 $CH_3OH(M)$, $CO_2(C)$와 비분배형 비핵심 성분인 $H_2(H)$의 세 가지 성분이 있다. 몰 단위로 제품 순도는 다음과 같다.

$$z_{H1} = \frac{50}{72.5} = 0.69,\ z_{M1} = \frac{2.5}{72.5} = 0.034,\ z_{C1} = \frac{20}{72.5} = 0.276,$$

$$z_{H2} = \frac{0}{27.5} = 0.0,\ z_{M2} = \frac{22.5}{27.5} = 0.82,\ z_{C2} = \frac{5}{27.5} = 0.18$$

질량 단위의 순도는 먼저 몰질량을 사용하여 몰흐름을 질량흐름으로 변환하여 계산한다. 예를 들어 제품 1의 H_2 질량 유량은

$$\dot{m}_{H1} = (50 \text{ gmol/h})(2 \text{ g/gmol}) = 100 \text{ g/h}$$

유사한 계산은 제품 순도가 질량 기준으로 계산되는 모든 흐름의 질량 유량을 제공한다.

$$w_{H1} = \frac{100}{1060} = 0.094,\ w_{M1} = \frac{80}{1060} = 0.075,\ w_{C1} = \frac{880}{1060} = 0.83,$$

$$w_{H2} = \frac{0}{940} = 0.0,\ w_{M2} = \frac{720}{940} = 0.77,\ w_{C2} = \frac{220}{940} = 0.23$$

부분 회수율은 몰 유량에서 계산하든 질량 유량에서 계산하든 동일하다.

$$f_{RH1} = \frac{50}{50} = \frac{100}{100} = 1,\ f_{RM1} = \frac{2.5}{25} = \frac{80}{800} = 0.1,\ f_{RC1} = \frac{20}{25} = \frac{880}{1100} = 0.8$$

$$f_{RH2} = 0,\ f_{RM2} = 0.9,\ f_{RC2} = 0.2$$

분리 계수(separation factor)는 분리 장치의 성능을 특성화하는 세 번째 방법이다. 분리 계수는 두 가지 주요 성분을 서로 얼마나 잘 분리했는지에 대한 척도를 제공하며 분리 공정의 선택도 척도로 생각할 수 있다. 분리 계수는 일반적으로 비핵심 성분이 아닌 핵심 성분에 대해서만 정의된다. 분리할 성분 B와 C가 2개이고 제품 1과 2가 2개인 경우 분리 계수 α_{BC}는 다음과 같다.

$$\text{Separation factor} = \left(\frac{\text{quantity of B in product 1}}{\text{quantity of C in product 1}}\right) \times \left(\frac{\text{quantity of C in product 2}}{\text{quantity of B in product 2}}\right)$$

또는 몰 단위를 사용하는 정상상태 연속흐름 분리의 경우,

$$\alpha_{BC} = \frac{\dot{n}_{B1}}{\dot{n}_{C1}} \frac{\dot{n}_{C2}}{\dot{n}_{B2}} \qquad \textbf{(6.6a)}$$

(분리 계수는 질량 단위 또는 회분식 분리기로 지정할 수도 있다.) 분리 계수는 순도 또는 회수 사양과 관련이 있다. 방정식 (6.6a)을 방정식 (6.4) 또는 (6.5)와 결합하여 동등한 표현을 도출한다.

$$\alpha_{BC} = \frac{z_{B1}}{z_{C1}} \frac{z_{C2}}{z_{B2}} \qquad \textbf{(6.6b)}$$

$$\alpha_{BC} = \frac{f_{RB1}}{f_{RB2}} \frac{f_{RC2}}{f_{RC1}} = \frac{f_{RB1}}{(1 - f_{RB1})} \frac{f_{RC2}}{(1 - f_{RC2})} \qquad \textbf{(6.6c)}$$

관례적으로 우리는 항상 $1 \le \alpha_{BC} < \infty$인 B와 C를 정의한다.

Quiz 6.7
"완전한" 분리기의 순도, 회수율과 분리 계수는 얼마인가?

설명 ▶ 이전 그림에서 설명한 이산화탄소-메탄올 분리기의 경우 분리 계수는

$$\alpha_{CM} = \frac{z_{C1}}{z_{C2}} \frac{z_{M2}}{z_{M1}} = \frac{0.276}{0.18} \times \frac{0.82}{0.034} = 37$$

또한 질량 분율 또는 부분 회수율에서 계산할 수 있다.

$$\alpha_{CM} = \frac{w_{C1}}{w_{C2}} \frac{w_{M2}}{w_{M1}} = \frac{0.83}{0.23} \times \frac{0.77}{0.075} = 37$$

$$\alpha_{CM} = \frac{f_{RC1}}{f_{RC2}} \frac{f_{RM2}}{f_{RM1}} = \frac{0.8}{0.2} \times \frac{0.9}{0.1} = 36$$

(차이는 제품 순도 계산의 반올림 오차이다.)

그림 6.6b의 실제 구분자로 돌아가 보자. 표 6.6에서 우리는 두 개의 추가 독립 사양이 필요하다는 것을 알고 있다. 자주 사용되는 사양 세트에는 (1) 각 제품의 주요 성분의 순도(예: x_{B1}, x_{C2}), (2) 하나의 제품(예: x_{B1}, f_{RB1})의 핵심 성분의 순도와 회수율, (3) 각 제품의 핵심 성분 회수(예: f_{RB1}, f_{RC2}).

다음 몇 가지 예에서는 분리기 성능 사양의 정의를 명확히 한다. 그런 다음 분리 장치를 설계하고 분석하기 위해 분리기 성능 사양이 물질 수지 방정식과 공급물 조성 사양과 어떻게 결합되는지 보여준다.

분리기 성능규격 정의하기: 벤젠과 톨루엔 분리 ◀ 예제 6.11

증류는 정유와 산업용 화학 물질 제조에서 생물 공정에 이르기까지 모든 분야에서 사용되는 흔히 볼 수 있는 분리 기술이다. 증류탑에서 공급물은 탑의 중간 근처로 들어가고 두 개의 생성물흐름으로 분리된다. 하나의 생성물흐름인 "증류액"은 탑의 상단을 떠나 더 휘발성이 높은(더 높은 증기압, 더 낮은 끓는점) 물질로 농축된다. "탑저액"(탑에서 나오는 위치를 추측하라!)이라고 하는 다른 흐름은 휘발성이 적은 성분이 풍부하다. 이 예에서는 벤젠과 톨루엔이라는 두 가지 방향족 화합물의 증류를 평가한다. 벤젠은 톨루엔보다 휘발성이 높기 때문에(예 6.4 참조) 증류액은 벤젠이 풍부하고 탑저액은 톨루엔이 풍부하다.

증류탑으로의 공급물에는 60 wt% 벤젠과 40 wt% 톨루엔이 포함되어 있다. 공급물 속도는 100 g/s이고 탑은 정상상태 연속흐름 방식으로 조업된다. 증류흐름은 57 g/s 벤젠과 1.2 g/s 톨루엔이다. (a) 증류액의 순도, (b) 탑저액 순도, (c) 증류액에서 벤젠 회수율, (d) 탑저액에서 톨루엔 회수율, (e) 분리 계수를 계산하라.

〉풀이

먼저 흐름도를 작성하자.

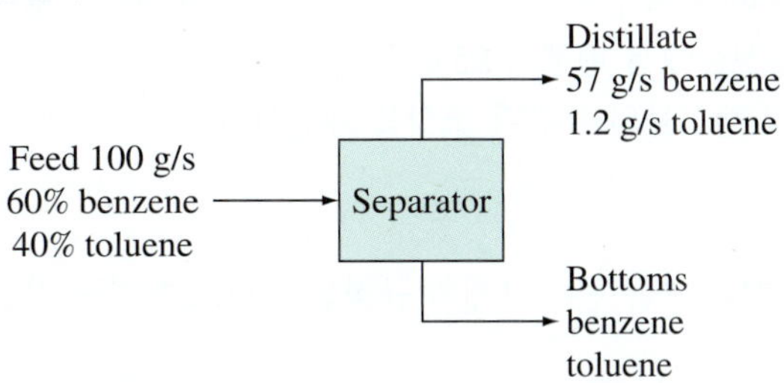

모든 정보가 g/s 단위와 질량 분율로 주어졌기 때문에, 이들 단위로 진행하자. 벤젠과 톨루엔을 아래 첨자 b와 t로 각각 정하고, F, D, B는 각각 공급물흐름, 증류액 생성물흐름, 탑저액 생성물흐름이다.

(a) 증류액 순도 $= w_{bD} = \dfrac{\dot{m}_{bD}}{\dot{m}_D} = \dfrac{\dot{m}_{bD}}{\dot{m}_{bD} + \dot{m}_{tD}} = \dfrac{57}{57 + 1.2} = 0.98 \dfrac{\text{g benzene}}{\text{g distillate}}$

(b) 탑저액의 순도를 계산하기 위하여 먼저 물질수지로부터 탑저액흐름의 각 성분에 대한 유량을 구하는 것이 필요하다. 벤젠에 대하여,

$$\dot{m}_{bF} = w_{bF}\dot{m}_F = \dot{m}_{bD} + \dot{m}_{bB}$$
$$(0.6)100 = 57 + \dot{m}_{bB}$$
$$\dot{m}_{bB} = 3 \text{ g/s}$$

마찬가지로 톨루엔에 대하여,

$$\dot{m}_{tF} = w_{tF}\dot{m}_F = \dot{m}_{tD} + \dot{m}_{tB}$$
$$(0.4)100 = 1.2 + \dot{m}_{tB}$$
$$\dot{m}_{tB} = 38.8 \text{ g/s}$$

그러므로 탑저액의 순도는

$$w_{tB} = \frac{\dot{m}_{tB}}{\dot{m}_B} = \frac{38.8}{38.8 + 3} = 0.93 \frac{\text{g toluene}}{\text{g bottoms}}$$

순도는 생성물흐름에서 많이 포함된 성분에 기초한다.

물질수지를 계산한 다면, 나머지 계산은 쉽게 된다.

(c) 증류액에서 벤젠의 회수율

$$f_{RbD} = \frac{\dot{m}_{bD}}{\dot{m}_{bF}} = \frac{57 \text{ g/s}}{60 \text{ g/s}} = 0.95$$

(d) 탑저액에서 톨루엔의 회수율

$$f_{RtB} = \frac{\dot{m}_{tB}}{\dot{m}_{tF}} = \frac{38.8 \text{ g/s}}{40 \text{ g/s}} = 0.97$$

(e) 분리인자

$$\alpha_{bt} = \frac{\dot{m}_{bD}\dot{m}_{tB}}{\dot{m}_{tD}\dot{m}_{bB}} = \frac{57}{1.2} \times \frac{38.8}{3} = 614$$

예제 6.12 ▸ 공정흐름 계산에서 순도와 회수율의 규격: 벤젠과 톨루엔 분리

60 wt% 벤젠과 40 wt% 톨루엔을 포함하는 공급물(100 g/s)이 증류탑으로 들어간다. 증류탑은 증류액 생성물에서 벤젠의 95%를 회수하고, 98 wt% 순도의 벤젠이 얻어진다. 증류액와 탑저액 생성물의 유량과 조성을 계산하라.

풀이

흐름선도를 보자. 6개의 흐름 변수, 1개의 규정된 유량, 2개의 규정된 흐름 성분, 1개의

성능규격(증류액에서 벤젠의 회수율 95%), 2개의 물질수지식이 있다. 그러므로 자유도 = 6 − (1 + 2 + 1 + 2) = 0이므로 이 문제는 완전히 규정된다.

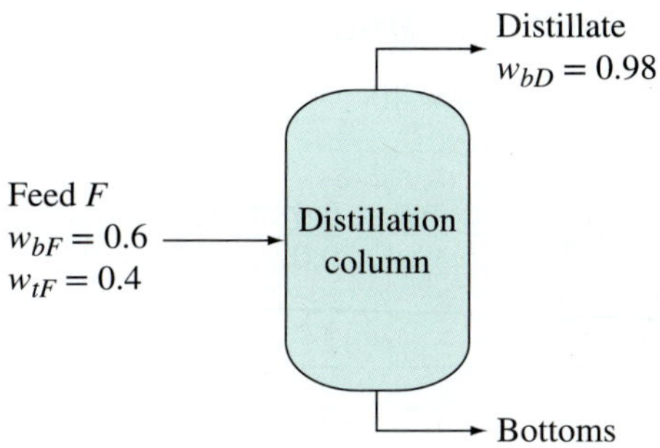

흐름은 F(공급액), D(증류액), B(탑저액)으로 나타낸다. 벤젠과 톨루엔은 아래 첨자 b와 t로 각각 나타낸다. 모든 유량은 g/s의 단위로 되어 있다.

증류액 생성물 순도는 98 wt% 벤젠으로 정해져 있다.

$$w_{bD} = 0.98 = \frac{\dot{m}_{bD}}{\dot{m}_D}$$

회수율이 정해졌다. 증류탑에 공급되는 벤젠의 95%가 증류액 생성물에서 회수되어야 한다.

$$0.95 = \frac{\dot{m}_{bD}}{\dot{m}_{bF}} = \frac{w_{bD}\dot{m}_D}{w_{bF}\dot{m}_F}$$

알려진 기초자료, 공급액 조성규격, 제품 순도규격을 대입하면,

$$0.95 = \frac{0.98\dot{m}_D}{0.6(100)}$$

$$\dot{m}_D = 58\frac{\text{g}}{\text{s}}$$

을 얻는다. 두 가지 성분(벤젠, 톨루엔)이 있으므로 두 가지 물질수지식이 작성될 수 있다. 다른 방법으로 벤젠과 총 질량에 대한 물질수지식을 작성해 보자. (왜? 이유는 증류액의 총 질량유량이 이미 계산되었기 때문이다.)

총 질량에 대한 물질수지식은

$$\dot{m}_F = \dot{m}_D + \dot{m}_B$$

$$\dot{m}_B = 100 - 58 = 42\frac{\text{g}}{\text{s}}$$

벤젠에 대한 물질수지식은

$$w_{bF}\dot{m}_F = w_{bD}\dot{m}_D + w_{bB}\dot{m}_B$$

$$0.6(100) = 0.98(58) + x_{b,B}(42)$$

$$w_{bB} = 0.075$$

각 흐름에서 질량 분율의 합은 1이다.

$$w_{tD} = 0.02$$

$$w_{tB} = 0.925$$

검산을 위해서 톨루엔의 물질수지를 작성해 보자.

$$w_{tF}\dot{m}_F = w_{tD}\dot{m}_D + w_{tB}\dot{m}_B$$

$$0.4(100) = 0.02(58) + 0.925(42)$$

$$40 = 40$$

분리인자는

$$\alpha_{bt} = \frac{w_{bD}}{w_{tD}}\frac{w_{tB}}{w_{bB}} = \frac{0.98}{0.02}\frac{0.925}{0.075} = 604$$

이다.

예제 6.13 ▸ **속도 기초 분리에서 회수율: 신장투석용 막**

예제 6.10에서 3시간 후에 혈장에 포함된 요소의 97% 제거를 설계기준으로 하여, 신장투석에 적당한 막을 선택하기 위하여 시험기구를 평가하였다.

실험을 완성하고, 상세한 조사를 요구하는 두 개의 막에 대해 확인해 보자. FlowTru 막에 대해서는 $\beta = 1.1\ \mathrm{h}^{-1}$인 반면, DiaFlo 막에 대해서는 $\beta = 1.7\ \mathrm{h}^{-1}$이었다. 또 다른 설계 목표는 막을 통하여 단백질의 손실을 최소화하는 것이다. 특히 혈장에서 최소한 단백질의 95%가 남아 있어야 한다. 탱크 속의 단백질 질량이 감소하면 막을 통과하는 단백질의 유량은 감소하므로(요소에 대해서도 같음) 새로운 파라미터 β_P가 여기에 정의된다.

$$\dot{m}_{P,\mathrm{out}} = \beta_P m_{P,\mathrm{sys}}$$

여기서 아래 첨자 P는 단백질을 나타낸다. 자료를 이용하여 계산하면, FlowTru 막에 $\beta_P = 0.016\ \mathrm{h}^{-1}$이고, DiaFlo 막에 대하여 $\beta_p = 0.05\ \mathrm{h}^{-1}$이 된다.

FlowTru와 DiaFlo 막 중에 어느 막을 선택할 것인가?

풀이

이것은 속도 기초 분리이다. 목표는 막을 통하여 요소와 단백질의 이동속도의 차이를 이용하여 이 두 물질을 분리하는 것이다. 분리가 완전하게 이루어진다면, 투석 유체 생성물에는 단백질 없이 모든 요소가 회수되고, 처리된 혈장 생성물에는 요소 없이 모든 단백질만 회수될 것이다. 그러나 분리는 완전하지 않다.

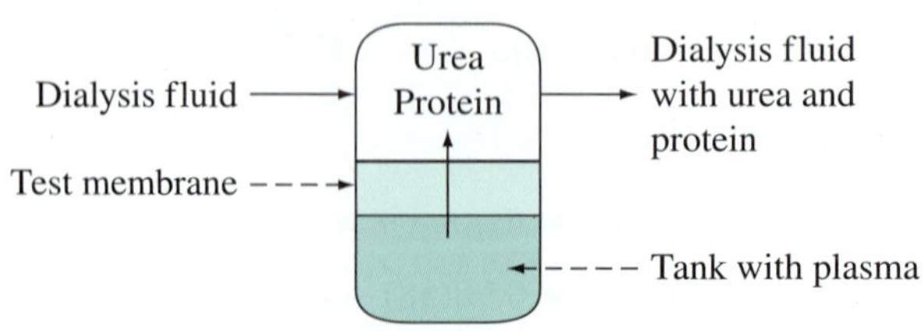

예제 6.10에서 요소와 단백질에 대해 적용할 수 있는 설계식이 유도되었다.

$$\ln\left(\frac{m_{U,\mathrm{sys}}}{m_{U,\mathrm{sys},0}}\right) = -\beta t$$

$$\ln\left(\frac{m_{P,\mathrm{sys}}}{m_{P,\mathrm{sys},0}}\right) = -\beta_P t$$

장치를 나가는 투석유체를 요소가 많은 생성물 1로 한다면, 어떤 시간 t에서 이 제품에서 요소 회수율 f_{RU1}은

$$f_{RU1} = 1 - \frac{m_{U,\text{sys}}}{m_{U,\text{sys},0}} = 1 - e^{-\beta t}$$

처리된 혈장은 단백질이 많은 생성물 2이므로 혈장에서 단백질의 회수율 f_{RP2}은 막을 평가하기 위하여 이 식들이 사용된다.

$$f_{RP2} = \frac{m_{P,\text{sys}}}{m_{P,\text{sys},0}} = e^{-\beta_P t}$$

이 식을 이용하여 막을 평가한다.

3시간 후 FlowTru에 대해,

$$f_{RU1} = 1 - e^{-\beta t} = 1 - e^{-(1.1h^{-1})(3h)} = 0.963$$

또는 요소의 96.3%가 회수된다. 탱크에 남아 있는 단백질은

$$f_{RP2} = e^{-0.016(3)} = 0.953$$

DiaFlo에 대하여 같은 방법으로 계산하면, 요소의 99.4%가 제거되고 단백질의 86%가 보존된다.

어느 막도 양쪽 규격에 잘 부합되지 않는다. 조업시간을 조절해 보자. 이들 시스템의 특성을 잘 파악하기 위하여 f_{RU1}과 f_{RP2}에 대한 식을 사용하여 회수율과 시간에 대해 그려보자.

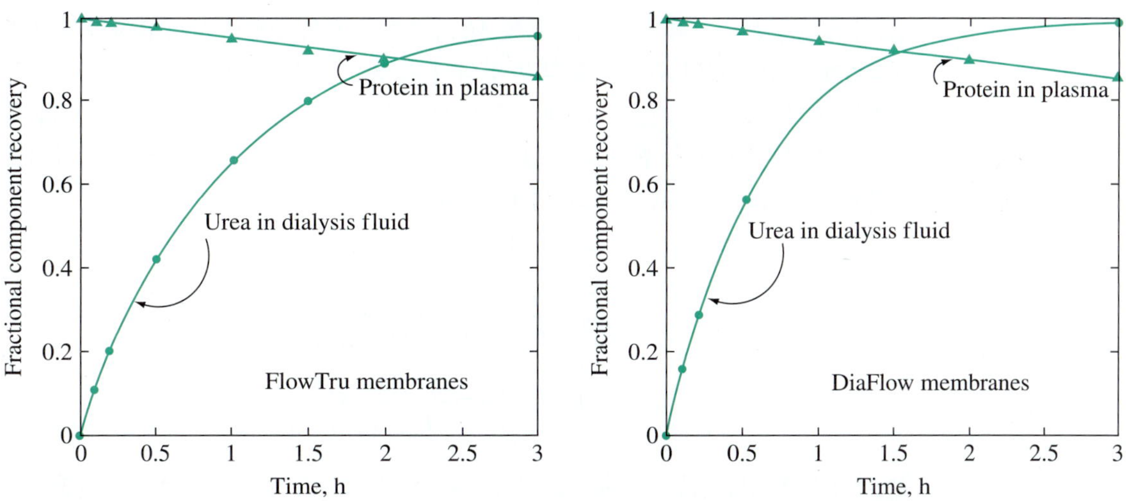

조업시간이 증가하면 요소의 제거량이 증가한다. 설계규격인 97%의 요소 제거를 만족하는 데 요구되는 시간을 계산해 보자. FlowTru에 대하여

$$f_{RU1} = 0.97 = 1 - e^{-1.1t}$$

$$t = 3.2\ \text{h}$$

이 조업시간에서 혈장에 남아 있는 단백질은

$$f_{RP2} = e^{-0.016(3.2)} = 0.950$$

DiaFlo에 대하여 같은 계산을 하면, 요소의 97%를 제거하는 데 필요한 시간은 2.1시간이며, 혈장에 남아 있는 단백질은 90%이다.

그러므로 어느 막도 설계요구량 모두를 만족시킬 수 없다. 선택은 규격이 얼마나 엄격한가에 달려 있다. DiaFlo는 환자에게 보다 더 짧은 치료 시간에 대한 장점이 있지만 단백질 손실에 대한 문제를 극복해야 한다.

6.5 순환이 있는 분리흐름도

순환은 낮은 반응 전환율을 극복하기 위하여 화학반응에서 유용하게 사용된다. 순환이 분리공정에서도 유용한가? 순환이 어떻게 순도와 회수율에 영향을 주는가?

그림 6.7은 순환을 포함하는 분리공정도를 나타내었다. 분리기로부터 공급흐름으로 되돌아가도록 생성물 2의 모든 양을 순환할 수 없기 때문에, 그림 6.7과 같이 분할기가 필요하게 된다. 왜? 흐름도는 단지 생성물 1을 생산하기 때문에 정상상태에서 생성물 1은 공급량과 정확하게 같아 이득이 전혀 없다. 이런 사고 연습을 통하여 분리공정과 순환이 조합될 때 어떻게 될 것인지를 정성적으로 알 수 있는 도움을 얻을 수 있다. 순환이 증가할수록 생성물 1의 조성은 공급물과 점점 같아질 것이다. 순환이 증가하면 생성물 1에서 성분 B의 회수율은 증가하지만 순도는 감소한다. 생성물 2에서는 반대 현상이 나타난다. 성분 C의 회수율은 감소하지만 순도는 증가한다.

이런 정성적인 추론을 정량적인 기초에 넣어보자. 단일상 분리기의 회수율: f_{RB1}와 f_{RCS}는 *분리기로 들어가는 흐름 M 기준으로* 흐름 1에서 성분 B의 회수율과 흐름 S에서 성분 C의 회수율로 각각 정의된다. 총 회수율: f_{RB}와 f_{RC}는 *공정으로 들어가는 공급물흐름 F 기준으로* 생성물 1에서 성분 B와 생성물 2에서 성분 C의 회수율로 각각 정의된다. 끝으로 분할율 f_S는 분할기 공급흐름 S에 대하여 혼합기로 순환되는 흐름의 분율로서 정의된다($f_s = \dot{n}_R/\dot{n}_S$).

회수율과 물질수지식으로부터 다음이 얻어진다.

$$f_{RB} = \frac{\dot{n}_{B1}}{\dot{n}_{BF}} = \frac{f_{RB1}}{1 - f_s(1 - f_{RB1})}$$

$$f_{RC} = \frac{\dot{n}_{C2}}{\dot{n}_{CF}} = \frac{f_{RCS}(1 - f_s)}{1 - f_S f_{RCS}}$$

앞 식의 왼쪽 항은 공정을 나가는 생성물과 공정으로 들어가는 공급물을 기준으로 하는 총 회수율이다. 반면 오른쪽 항은 단지 흐름도상에 있는 각각의 단위공정에 대한 성능규격을 포함한다. (이 식을 암기할 필요는 없다. 이 식은 흐름도의 분석에

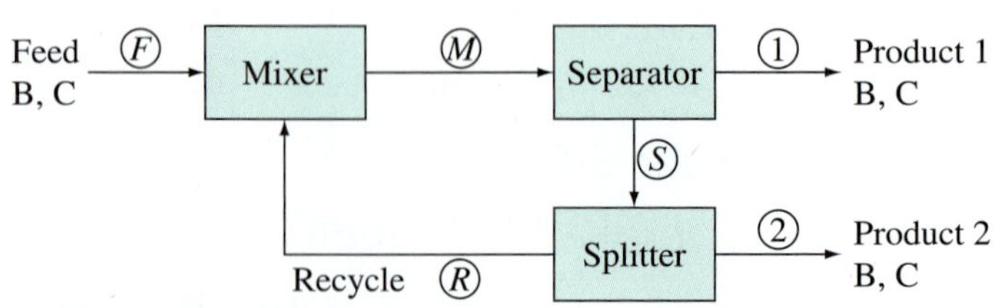

그림 6.7 순환을 포함하는 분리기흐름.

의하여 쉽게 유도된다.)

제품 순도는

$$z_{B1} = \frac{\dot{n}_{B1}}{\dot{n}_{B1} + \dot{n}_{C1}} = \frac{f_{RB}\dot{n}_{BF}}{f_{RB}\dot{n}_{BF} + (1 - f_{RC})\dot{n}_{CF}}$$

$$z_{C2} = \frac{\dot{n}_{C2}}{\dot{n}_{B2} + \dot{n}_{C2}} = \frac{f_{RC}\dot{n}_{CF}}{f_{RC}\dot{n}_{CF} + (1 - f_{RB})\dot{n}_{BF}}$$

이들 식을 사용하여 다음의 예제에서 회수율과 순도가 순환에 의해 어떻게 변하는지 공부해 보자.

순환이 포함된 분리: 당 이성체의 분리 ◀ 예제 6.14

프룩토오스(fructose)와 글루코오스(glucose)는 같은 분자식($C_6H_{12}O_6$)을 가지는 이성체지만 다른 분자구조를 가지고 있다. 둘 다 간단한 당이지만 프룩토오스가 글루코오스보다 훨씬 더 단맛을 내므로 많은 수요를 가지고 있다. 프룩토오스는 과일에 천연적으로 존재하지만, 상업적으로는 옥수수 녹말의 가수분해에 의하여 글루코오스를 얻고, 효소 촉매 이성화 반응에 의하여 글루코오스를 프룩토오스로 전환하여 대량 생산된다. 고 프룩토오스 옥수수 시럽(high-fructose corn syrup)은 물에 대부분의 글루코오스와 소량의 프룩토오스의 혼합물이다. 이것은 소다, 주스맛 음료수 및 단맛을 내는 많은 음식에 널리 사용된다.

화학반응 평형 제한 때문에 이성화 반응에서 글루코오스로부터 프룩토오스로의 전환율은 50% 이하이다. 반응기에서 물에 12 wt% 글루코오스, 8 wt% 프룩토오스를 포함하는 혼합물 500 kg/h이 생성된다. 이 혼합물이 분리기로 들어가서 분리기에 공급된 프룩토오스의 90%가 생성물 I에서 회수되고 글루코오스의 90%가 생성물 II에서 회수된다. 물은 총 당의 농도가 양쪽 제품에서 20 wt% 되게 분할된다.

(a) 두 제품의 유량과 순도를 계산하라.

(b) 프룩토오스가 글루코오스보다 더 가치 있는 제품이다. 순환을 사용하여 프룩토오스의 회수율 및/또는 프룩토오스가 많은 제품의 순도를 조절할 수 있는 방법을 생각해 보라.

풀이

(a) 공정흐름도가 제시된다(물을 무시하는 것이 가능한 이유는?).

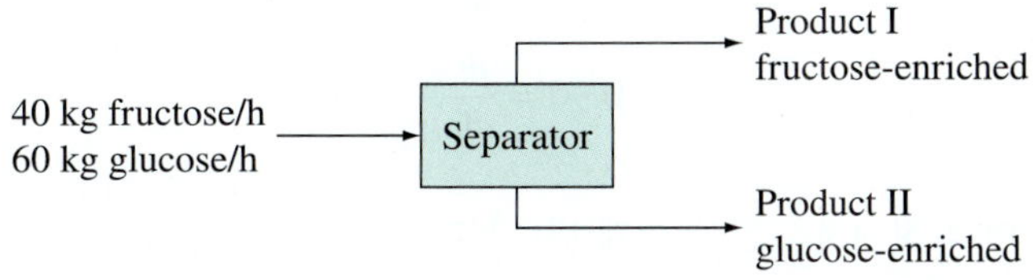

먼저 물질수지식을 작성해 보자. 이것은 정상상태 연속흐름공정이다. 프룩토오스를 F, 글루코오스를 G라고 하면

$$\dot{m}_{F,\text{feed}} = 40\frac{\text{kg}}{\text{h}} = \dot{m}_{F,\text{I}} + \dot{m}_{F,\text{II}}$$

$$\dot{m}_{G,\text{feed}} = 60\frac{\text{kg}}{\text{h}} = \dot{m}_{G,\text{I}} + \dot{m}_{G,\text{II}}$$

분리기 성능은 성분 회수율에 의해서 결정된다.

$$\dot{m}_{F,\text{I}} = f_{RF,\text{I}}\dot{m}_{F,\text{feed}} = 0.90(40) = 36 \text{ kg/h}$$
$$\dot{m}_{G,\text{II}} = f_{RG,\text{II}}\dot{m}_{G,\text{feed}} = 0.90(60) = 54 \text{ kg/h}$$

물질수지식을 고려함으로써 생성물 I에서 당의 86%는 프룩토오스이고, 당의 총 유량은 42 kg/h이다. 생성물 II에서 당의 93%가 글루코오스이고 당의 유량은 58 kg/h이다.

(b) 순환의 효과를 토의해 보자. 제시된 것은 생성물 II에서 프룩토오스의 10%를 손실한다는 것이다. 순환을 사용하여 생성물 I에서 프룩토오스의 회수율을 증가시킬 수 있는가? 제안되는 모식도는 다음과 같다.

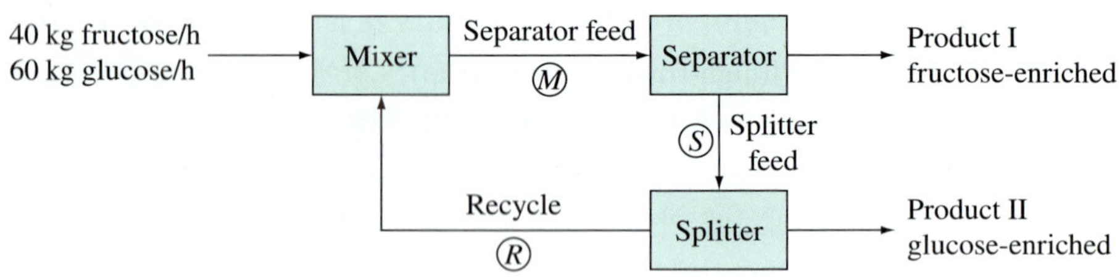

더 많은 물질수지식이 작성된다.

Mixer: $\dot{m}_{F,\text{feed}} + \dot{m}_{FR} = 40 + \dot{m}_{FR} = \dot{m}_{FM}$

$\dot{m}_{G,\text{feed}} + \dot{m}_{GR} = 60 + \dot{m}_{GR} = \dot{m}_{GM}$

Separator: $\dot{m}_{FM} = \dot{m}_{FS} + \dot{m}_{F,\text{I}}$

$\dot{m}_{GM} = \dot{m}_{GS} + \dot{m}_{G,\text{I}}$

Splitter: $\dot{m}_{FS} = \dot{m}_{FR} + \dot{m}_{F,\text{II}}$

$\dot{m}_{GS} = \dot{m}_{GR} + \dot{m}_{G,\text{II}}$

분리기 성능이 같다면, 다음과 같다.

$$0.90 = \frac{\dot{m}_{F,\text{I}}}{\dot{m}_{FM}}$$

$$0.90 = \frac{\dot{m}_{GS}}{\dot{m}_{GM}}$$

분할율은 아직 정해지지 않은 설계 변수이다.

$$f_S = \frac{\dot{m}_{FR}}{\dot{m}_{FS}} = \frac{\dot{m}_{GR}}{\dot{m}_{GS}}$$

식은 분할율의 함수로 풀 수 있다. (검산으로 환류가 없는 경우를 가정하여, f_S = 0.0에 대해 푸는 것이 바람직하다.) 생성물 I의 순도와 프룩토오스의 회수율을 f_S의 함수로 그려보라.

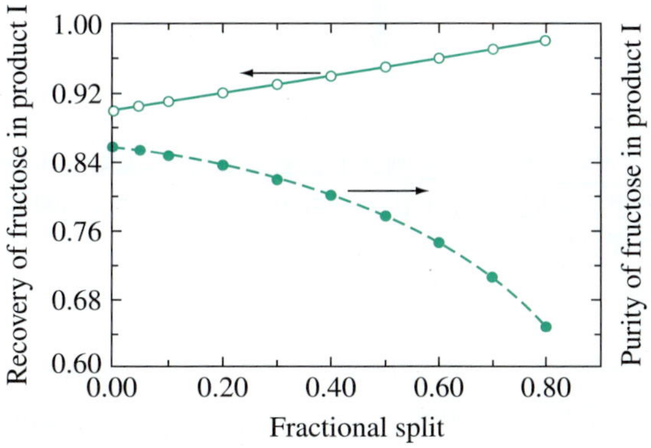

생성물 I에서 프룩토오스의 회수율이 증가함에 따라 순도는 감소한다. 저순도의 제품이 가능하다면 순환은 좋은 방법이 된다. 분할기의 위치를 바꾼다면 어떻게 되겠는가?

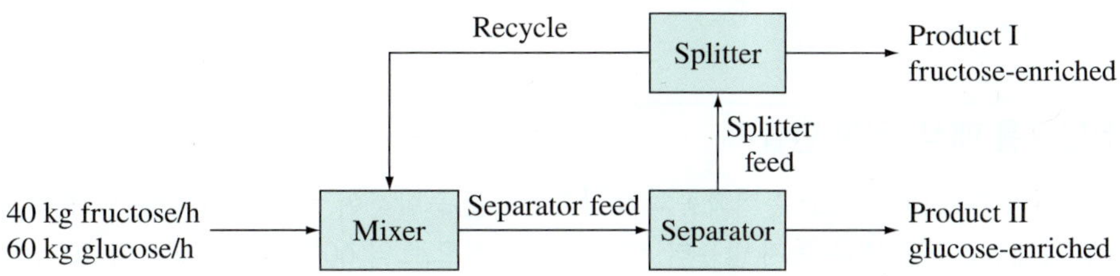

간단히 정리하면, 생성물 I에서 프룩토오스 회수율은 감소하지만 순도는 증가한다. (계산을 해보기 바란다.)

▸6.6 분리기가 완전하지 않는 이유: 동반흐름과 평형

기계적 분리에서 2상 공급은 2개의 제품인 2상으로 분리된다는 점을 상기하자. 상은 밀도 또는 크기의 차이에 따라 분리된다. "완벽한" 기계적 분리기에서는 두 단계로의 분리가 완료된다. 실제 분리기는 종종 두 단계의 불완전한 기계적 분리 또는 **동반흐름**(entrainment)으로 인해 어려움을 겪는다. 예를 들어 증기흐름에 부유하는 입자 또는 액체 방울을 고려하라. 이 2상 흐름이 수집판을 지나 빠르게 흐르면 입자 또는 액적이 수집판에 모이는 경향이 있다. 그러나 일부 입자 또는 액적은 "잡혀" 있거나 증기흐름에 동반되어 분리가 불완전하다(그림 6.8). 동반흐름은 액체-고체 분리에서 훨씬 더 문제이다. 예를 들어 양동이에 모래와 바닷물을 퍼 올리는 것을 생각해 보자. 모래는 빠르게 침강되고 바닷물은 쉽게 단일상으로 될 수 있다. 여전히 모래는 젖어 있고, 바닷물은 고체상에 동반된다.

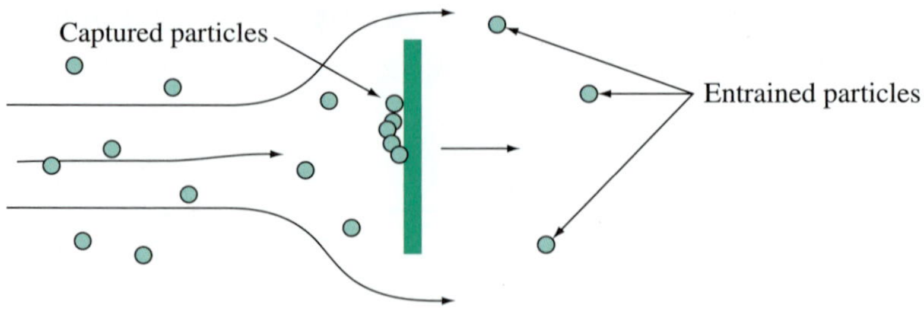

그림 6.8 기계적 분리의 동반. 입자는 빠르게 흐르는 유체흐름으로 운반된다. 흐름이 수집판에 충돌하면 입자가 수집판에 모이는 경향이 있다. 그러나 소수의 입자가 유체와 함께 휩쓸려 수집판에서 빠져나온다. 분리는 불완전하다.

Quiz 6.8
양동이에 있는 바닷물이 3.5 wt%의 염분이라면 젖은 모래에 포함된 액체의 염분의 질량 분율은 얼마인가?

증류, 용매 추출 또는 흡착과 같은 평형 기초 분리 기술에서 두 제품 흐름은 서로 다른 두 상이다. 이 두 상은 기계적으로 분리되어야 한다. 따라서 동반흐름은 평형 기초 분리의 성능에도 영향을 미칠 수 있다.

동반흐름은 성분 회수율과 제품 순도 모두에 영향을 미친다. 분리기 성능에 대한 동반흐름 효과의 분석은 하나의 합리적인 근사치가 도출되는 경우 단순화된다. *동반되는 물질의 조성은 벌크 상의 조성과 동일하다.* 이 아이디어는 다음 예에서 설명된다.

예제 6.15 ▸ **동반흐름 해석: 커피 만들기**

볶은 커피콩(coffee bean)은 화학종의 복합혼합물을 포함하며, 이들 중 약간은 물에 녹고(예: 카페인), 어떤 것은 녹지 않는다. 열매는 전형적으로 약 60% 용해성 성분과 40 wt% 비용해성 성분을 포함한다. 커피를 추출하기 위해, 볶아서 분쇄한 커피콩을 뜨거운 물과 접촉시킨다. 용해성 성분은 뜨거운 물에 의해서 커피콩으로부터 추출되고 향기롭고 중독성이 있는 갈색 액체를 만든다.

커피콩 65 g이 뜨거운 물 1800 g(대략 8컵)과 접촉한다고 하자. 10분 후에 커피콩에 있는 수용성 성분의 대부분이 액체로 추출된다. 액체상은 33 g 용해성 물질과 물을 포함하고 반면 커피 찌꺼기에는 6 g 용해성 물질과 모든 불용성 물질을 포함한다. (실제로는 커피콩에 포함된 모든 용해성 물질이 녹는 것은 아니다.) 얻어진 고액 혼합물은 커피 여과기에 붓고 유출되게 한다. 대부분의 액체는 여과기를 통과하여 커피포트로 들어간다. 약간의 액체는 여과기에 걸러진 커피 찌꺼기에 묻어 있다. 특히 건조된 고체 물질 단위 그램당 액체 용액의 2.5 g이 동반된다. 커피포트에 커피는 얼마나 있는가? 커피에서 용해성 물질의 비율은 얼마인가?

› 풀이

커피를 추출하는 것은 용매 침출공정의 한 예로서 용해성 성분은 용매를 첨가함으로써 고체로부터 제거된다. 침출은 식품 제조 공정에서 매우 흔하다. 다른 예로는 차 우리기, 생선 기름과 식물성 기름의 추출 등이 있다. 침출은 평형 기초 분리이다. 다른 상(뜨거운 물)을 고체 공급물에 첨가하고 고체 속에 포함된 용해성 물질은 첨가된 상으로 이동하게 된다. 침출 후에 고체와 액체는 기계적 분리 기술인 여과에 의해 분리된다.

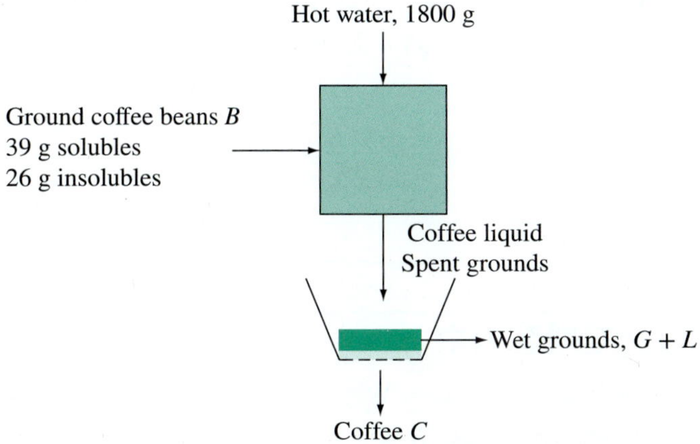

이 문제에서 여과기의 조업에 초점을 둔다. 세 성분: 용해성 물질 s, 불용성 물질 i, 물 w가 있다. (용해성 물질과 비용해성 물질은 단위공정에서 같이 거동하기 때문에 복합물질로서 단일상으로 취급될 수 있는 혼합물이다.)

여과기로 들어가는 공급액은 두 상 혼합물이다. 액체상은 33 g 용해성 물질과 물(1800 g)로 되어 있다. 고체상은 6 g 용해성 물질과 26 g 불용성 물질로 된다. 두 개의 생성물흐름은 액체상 커피 C와 습(wet) 찌꺼기이다. 습 찌꺼기는 건조 찌꺼기 고체 G와 동반되는 액체 L을 포함한다. 동반 액체 L은 액체 커피 생성물 C와 같은 성분을 가지기 때문에 생성물흐름에서 두 개의 상을 고려하는 것이 유리하다. 이 조성은 얼마인가? 습 찌꺼기에 있는 커피 생성물과 동반 액체는 공급물의 액체상과 같은 성분을 가진다.

Hint
상 분리에서 동반흐름이 발생할 때 동반상의 조성이 유체상의 조성과 같다고 가정한다.

$$w_{sC} = w_{sL} = \frac{33}{1800 + 33} = 0.018 \frac{\text{g solubles}}{\text{g solution}}$$

같은 이유로 인해 커피와 동반 액체에서 물의 질량 분율은 0.982 (g 물/g 용액)이다.

여과기로 들어가는 공급물에 있는 고체상은 6 g의 용해성 물질과 커피 열매에 원래 있는 모든 불용성 물질, 즉 (0.4)65 = 26 g이다. 건조 고체 찌꺼기 G는 이물질 모두를 포함하므로

$$m_G = 6 + 26 = 32 \text{ g}$$

여과기를 회분식 분리기로 간주하면, 적분물질수지식이 사용된다. 모든 양을 그램으로 나타내면, 용해성 물질에 대한 물질수지식은

$$39 = w_{sC}m_C + w_{sL}m_L + w_{sG}m_G = 0.018(m_C + m_L) + 6$$

$$33 = 0.018(m_C + m_L)$$

건조 찌꺼기 g당 2.5 g 물이 동반됨을 알 수 있으므로,

$$m_L = 2.5m_G = 2.5(32) = 80 \text{ g entrained liquid}$$

이 값을 용해성 물질의 물질수지식에 대입하면 다음을 얻는다.

$$m_C = 1753 \text{ g coffee}$$

Quiz 6.9
동반흐름 없이 커피 찌꺼기에서 불용성 물질의 질량 분율을 계산한 다음 동반흐름을 사용하여 계산하라.

커피는 (0.018)(1753) = 31.6 g 용해성 물질을 포함한다. 실질적으로 커피콩에 용해성 물질 39 g 중에 33 g이 물에 용해된다. 따라서 동반되는 액체가 없다면, 액체 속에 용해성 물질의 회수율은 (33/39) = 0.85이다. 커피 생성물에서 용해성 물질의 회수율은 동반흐름에 의하여 감소되었다.

$$f_{RsC} = \frac{31.6}{39} = 0.81$$

사례 연구

발효 배지에서 단백질 회수

박테리아나 효모와 같은 유전자 변형 미생물의 발효에 의해 생산된 단백질은 산업계에서 널리 사용된다. 예를 들어 효소는 단백질 얼룩을 제거하기 위해 세탁 세제에 첨가되거나 소화를 돕기 위해 동물 사료의 보충제로 사용되거나 오염 물질 수준을 줄이기 위해 산업 폐수에도 첨가된다.

이 사례 연구에서는 세탁 세제에 사용되는 프로테아제의 정제에 대해 살펴보겠다. 프로테아제는 단백질 얼룩을 용해성이고 간단히 씻어낼 수 있는 더 작은 펩타이드와 아미노산으로 분해한다. 이 응용 프로그램에 사용되는 프로테아제는 세탁기의 알칼리성 pH(9~12)와 뜨거운 물(40~50°C) 조건에서 안정적으로 유지되어야 한다. 이 적용에 이상적인 알칼리성 프로테아제로 알려진 효소를 만드는 바실러스 박테리아 균주가 발견되었다. 효소를 생산하기 위해 바실러스 박테리아는 효모 추출물, 포도당, 염분, 미네랄과 같은 영양소가 포함된 복잡한 액체 용액 ("매체" 또는 "배지"라고 함)에서 배양된다. "ProTase"라는 이름으로 우리가 만들고자 하는 특정 효소의 몰질량은 66,000 g/gmol이다. 5000리터 회분식 반응기에서 발효하는 동안 박테리아는 영양분을 소비하고 성장과 번식하며 단백질(ProTase 및 기타 단백질)을 배지로 분비한다. 48시간 후 발효기의 내용물을 수확하고 이 복잡한 혼합물에서 단백질을 정제해야 한다. 이 사례 연구에서 분리흐름도의 출발 물질은 다음과 같다(모두 kg 단위).

Total broth	Cells and cell debris	Salts (NaCl and others)	Glucose and organic acids	Proteins (including ProTase)	*ProTase*	Water
5000	100	310	60	50	*(7)*	4480

우리는 분리 순서와 분리 기술 선택에 영향을 미치는 다음 사항을 관찰한다.

1. 배지에는 액체와 고체 물질이 모두 포함되어 있다. 2상 혼합물이므로 고체에서 액체를 분리하는 기계적 분리가 좋은 첫 번째 단계이다. 원하는 제품은 물에 용해되므로 액상으로 회수된다.
2. ProTase는 배지에 있는 다른 단백질과 물리적·화학적 특성을 공유한다. 다른 단백질에서 프로테아제를 정제하는 것은 어려운 분리일 수 있으므로 분리 순

서의 마지막을 위해 저장해야 한다.

3. 물은 가장 풍부한 성분이다. 처리해야 하는 재료의 양을 줄이기 위해 비교적 초기에 대부분의 물을 제거하는 것이 유용할 수 있다.
4. 포도당, 유기산, 염은 혼합물의 ProTase 및 기타 단백질에 비해 저분자량 종(일반적으로 <200 g/gmol)이다. 우리는 분자 크기의 차이를 이용할 수 있다.

이러한 관찰을 통해 분리 조작의 예비 순서를 제안한다.

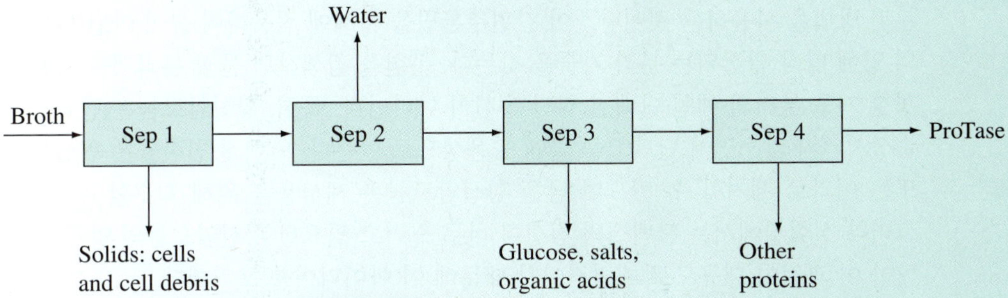

다음으로 첫 번째 분리 조작을 수행하는 방법을 살펴보자. 우리는 고체가 유체보다 밀도가 높다는 것을 알고 있다. 기계적 분리 기술 표(표 6.2)에서 여과, 침전, 원심분리는 모두 합리적인 선택이다. 실험실에서 몇 가지 실험을 수행한 후 우리는 침전이 매우 느리고 여과와 원심분리 모두 고형물에 상당한 양의 액체가 포함된다는 사실을 알게 되었다. 여과의 "케이크"는 약 40 wt% 고형물인 반면, 원심 분리는 약 20 wt% 고형물만 포함하는 케이크를 생성한다. 우리는 분리기 1에 대해 여과를 선택한다. 고체 케이크에 포함된 일부 동반 액체가 손실되지만 유체 상에는 고체 물질이 완전히 제거된다. 이는 고체 입자가 다운스트림 처리 장치를 막을 수 있기 때문에 유리하다. 물질수지을 적용하고 동반흐름을 고려하여 필터를 떠나는 재료의 양을 계산한다. 결과는 모든 수량(kg)과 함께 표에 나와 있다. 계산은 독자에게 맡긴다. (단백질에는 ProTase뿐만 아니라 다른 단백질도 포함된다. ProTase 질량은 이미 총 단백질 질량에 포함되어 있음을 나타내기 위해 괄호 안에 표시된다.)

Component	**Feed to filter**	**Filter cake (solids + entrained liquid)**	**Flowthrough (liquid)**
Cells, cell debris	100	100	0
Salts	310	9.5	300.5
Glucose, organic acids	60	1.8	58.2
Proteins	50	1.5	48.5
ProTase	*(7)*	*(0.2)*	*(6.8)*
Water	4480	137	4343
Total	5000	250	4750

순서의 다음 단계에서는 부피를 줄이기 위해 물을 제거해야 한다. 우리는 모든 물을 제거하고 싶지 않다. 오히려 우리는 수용액에서 단백질 농도를 높이고 싶다. 물은 다른 어떤 화합물보다 휘발성이 높기 때문에 증발이나 증류를 생각할 수 있다. 그러나 이러한 공정에는 높은 온도가 필요하므로 단백질이 손상될 수 있다. 또한 그만큼의 물을 증발시키는 데 필요한 에너지도 상당할 것이다. 어떤 다른 기술이 조업할까? ProTase는 처리할 배지의 총량과 비교하면 "미량"이며, 당사의 간편추론법 중 하나는 "처리할 흐름의 양이 아니라 회수할 물질의 양에 따라 비용이 증가하는 분리 방법을 사용하는 것이다." 이 간편추론법을 문제에 적용하여 *물*이 아닌 *단백질*의 양에 따라 확장되는 분리 기술을 찾는다. 문헌을 검색하면 물질 분리제를 사용한 평형 기초 분리의 예인 단백질 침전 옵션이 나타난다. 특히, 황산암모늄은 단백질을 손상시키지 않으면서 단백질을 물에 불용성으로 만든다. 단백질 침전물은 원심분리 또는 여과로 제거할 수 있으며 남은 황산암모늄은 재사용을 위해 회수할 수 있다. 그러나 실험실에서는 단백질의 침전이 너무 느리고 필요한 황산암모늄의 양이 너무 많아 이 과정이 대규모로 매력적이기 때문에 이 아이디어를 포기했다.

속도 기초 분리는 어떤가? 단백질의 분자량은 물보다 훨씬 크다. 한외 여과가 매력적일 수 있다. (한외여과는 표준여과와 다르다. 표준여과에서는 고체상과 유동상이 서로 분리되는 반면, 한외여과에서는 크기 선택성 막을 통과하는 유속의 차이에 따라 유동상에 용해된 용질이 분리된다.) 한외여과(UF) 막을 신중하게 선택하면 대부분의 단백질이 유지되는 동안 많은 양의 물(일부 염, 유기산, 포도당 포함)이 막을 통과한다. 증발 또는 증류와 비교하여 한외여과는 ProTase를 손상시키지 않는 온도에서 조업한다. 공정의 크기는 처리할 재료의 양에 따라 확장되며, 이는 우리의 간편추론법 중 하나에 위배된다. 그러나 침전과 비교하여 염을 회수하기 위한 2차 단계를 추가할 필요가 없다. 이러한 모든 고려 사항을 고려할 때 물을 제거하는 수단으로 한외여과가 선택된다. 실험실 실험에 따르면 단백질 농도를 ~20 wt%로 증가시키는 것이 가능하고, 단백질의 95%가 막에 유지되며, 염/물 또는 포도당과 유기산/물의 질량 비율은 두 제품 흐름에서 동일하게 유지된다. 물질 수지와 회수율 및 순도 사양을 적용하여 다음과 같은 양을 얻는다.

Component	**Feed to UF membrane**	**Retentate**	**Filtrate**
Salts	300.5	11.7	288.8
Glucose, organic acids	58.2	2.3	55.9
Proteins	48.5	46	2.5
ProTase	*(6.8)*	*(6.5)*	*(0.3)*
Water	4343	170	4173
Total	4750	230	4520

한외여과는 물의 96%를 제거했으며, 많은 양의 염분과 작은 유기 화합물도 씻

어내어 분리 조작 2와 3을 완료했다. 우리는 두 단계가 아닌 한 단계로 우리가 하고 싶었던 많은 것을 성취했다!

ProTase를 다른 단백질에서 분리해야 하기 때문에 분리 조작 4가 가장 어려울 수 있다. 이를 위해서는 이 혼합물에 있는 다양한 단백질의 특성을 자세히 살펴봐야 한다. 당신은 단백질의 분자량이 약 14,000에서 약 100,000에 이르는 것을 발견했다. 66,000 g/gmol의 ProTase는 중간에 위치하여 크기 기초 분리가 불가능하다. 단백질은 양전하와 음전하 모두 많은 전하를 가지고 있으며 ProTase의 등전점(단백질이 순전하가 0인 pH)은 10.5인 반면 다른 단백질은 모두 등전점이 7 이하이다. pH가 8로 조정되면 ProTase는 양전하를 띠고 나머지 단백질은 음전하를 띤다. 이러한 특성 차이는 이온 교환(IEX)이라는 흡착 기술의 기초를 제공한다. 간단히 말해서, 단백질 함유 용액은 음전하를 띤 그룹(예: 카르복시메틸 또는 설포프로필 그룹)을 운반하는 폴리머 비드와 접촉하게 된다. ProTase는 비드에 흡착되지만 나머지 단백질(포도당 포함)은 흡착되지 않는다. 결합되지 않은 단백질은 물로 씻어낸 후 pH를 11 이상으로 조정하거나 고농도의 염을 포함하는 완충액을 추가하여 ProTase를 용출(탈착)한다. 실험실에서의 실험은 이온 교환 흡착이 소량의 다른 단백질만 흡착하면서 ProTase의 85%를 회수하고 용출된 단백질이 90 wt% ProTase이고 용출된 액체가 25 wt% 단백질과 6 wt% 염이라는 것을 밝혔다. 이 순도는 세탁 세제에 사용하기에 충분하다. 필요한 경우 제품을 건조하여 남은 물기를 제거할 수 있다.

각 분리 단계에서 ProTase 양, 순도, 회수율뿐만 아니라 흐름도가 표시된다. 순도는 다른 모든 재료의 합계를 기준으로 한다. 회수율은 배지에 있는 ProTase의 초기 양을 기준으로 계산된다.

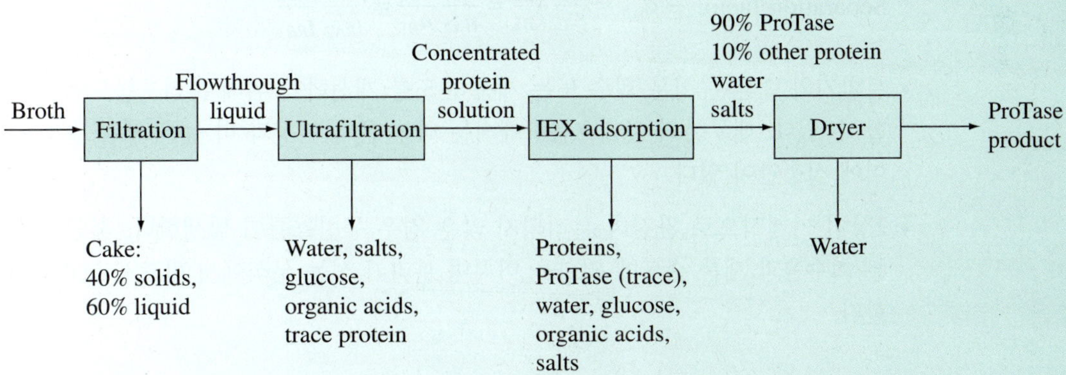

	Broth	Post-Filtration	Post-UF	Post-IEX	Post-Dryer
ProTase (kg)	7	6.8	6.5	5.5	5.5
Protein (kg)	50	48.5	46	6.1	6.1
Total (kg)	5000	4750	230	24.4	7.6
Purity (%)	0.14	0.14	2.8	22.5	72.3
Recovery (%)		97	93	78	78

요약

- 분리는 전형적인 화학공정설비의 운전 비용과 전체 자본 비용의 50%를 차지한다. 선택되는 분리 기술에 차이점이 많지만 간단하게 3가지 중 하나로서 분류된다. (a) **기계적 조작**, (b) **속도 기초 조작**, (c) **평형 기초 조작**. 분리는 분리되는 물질의 물리적·화학적 특성 차이를 이용함으로써 실시된다. 기술자는 기술 선택을 위하여 간편추론법을 이용한다.
- 대부분의 대규모 분리기는 정상상태 연속흐름 모드에서 조업한다. 회분식 또는 반회분식 방식은 고형물을 처리하거나 속도 기초 기술이 사용되는 소규모 공정을 위해 때때로 선택된다.
- 분리 공정 성능의 3가지 척도는 **순도**(purity), **성분 회수율**(component recovery), **분리 인자**(separation factor)이다.

$$\text{Fractional purity} = \frac{\text{quantity of desired component } i \text{ in product stream } j}{\text{quantity of product stream } j}$$

$$z_{ij} = \frac{\dot{n}_{ij}}{\dot{n}_j} \quad \text{or} \quad w_{ij} = \frac{\dot{m}_{ij}}{\dot{m}_j}$$

$$\text{Fractional recovery} = \frac{\text{quantity of desired component } i \text{ in product } j}{\text{quantity of desired component } i \text{ in feed}}$$

$$f_{Rij} = \frac{\dot{n}_{ij}}{\dot{n}_{i,feed}} = \frac{\dot{m}_{ij}}{\dot{m}_{i,feed}}$$

$$\text{Separation factor} = \alpha_{AB} = \frac{z_{A1}}{z_{A2}}\frac{z_{B2}}{z_{B1}} = \frac{\dot{n}_{A1}}{\dot{n}_{A2}}\frac{\dot{n}_{B2}}{\dot{n}_{B1}} = \frac{f_{RA1}}{f_{RA2}}\frac{f_{RB2}}{f_{RB1}}$$

- 분할기와 순환은 성분 회수 또는 제품 순도를 개선하기 위해 분리흐름도에 사용할 수 있다. 대부분의 분리흐름도에서는 더 높은 선택성과 더 높은 제품 순도 사이에 절충안이 있다.
- 2상이 기계적으로 완전히 분리되지 않은 경우 동반흐름이 발생한다. 혼입은 성분 회수율과 제품 순도에 영향을 미치며 분리기 성능 분석에서 반드시 고려해야 한다.

화학 이야기 어떻게 해서 달지?

사탕수수는 다년생 풀이며 남아시아 원산이다. Christopher Columbus가 스페인, 영국, 프랑스가 지배하던 신대륙(New World), 유럽 식민지로 가져와 급속하게 열대 카리브해에서 재배농장이 설립되었다. 사탕수수로 갈색의 정제되지 않은 시럽(syrup)인 당밀을 생산하였다. 당밀은 배를 이용하여 뉴잉글랜드(New England)로 수송하였으며, 이곳에서 럼주로 제조되었다. 럼주는 아프리

Norbert Rillieux
GRANGER

카 노예 무역상에게 운송되었고, 재배농장에서 일할 새로운 노예와 함께 섬으로 돌아왔다.

프랑스령 카리브해에서 노예들이 폭동을 일으켰을 때, 프랑스 재배농장주들은 New Orleans로 도피하였다. Lousiana의 비옥한 토양과 넓은 수로는 설탕 산업의 설립에 도움이 되었다. 1800대 초까지 사탕수수는 남Lousiana에서 재배되는 주요 작물이었다. 설탕을 제조하기 위하여 수많은 노예의 노동과 연료가 필요하였다. 사탕수수 줄기는 분쇄기에서 분쇄하여 즙을 내고, 설탕 공장에서 수분을 증발시켰다. Jamaica 노예들은 수증기가 발생하는 솥에서 다른 솥으로 끓는 설탕즙을 퍼 날렀다. 시럽에서 수크로오스(sucrose) 농도가 결정화될 정도로 충분히 농축되었을 때, 결정화가 더 진행되도록 사탕수수액을 냉각시켰다. 액과 설탕 결정 혼합물을 구멍 뚫린 통에 보관하여 갈색 설탕 결정만 남기고 당밀만 빠져 나오게 한다. 이 가공되지 않은 설탕은 재결정화를 통해 백설탕으로 정제하기 위해 북부로 수송되었다.

1806년, 루이지애나 매입(Lousiana Purchase: 1803년 미국이 프랑스로부터 사들인 현재 미국 중부의 광대한 지역) 이래 3년이 지난 후, Norbert Rillieux가 New Orelans에서 태어났다. 그는 부유한 백인 목화 상인과 쿼드룬(quadroon; 1/4 흑인과 3/4 백인 혼혈)인 어머니 사이에서 태어났다. 그는 아프리카-미국인 혼혈로서 유복하였으며 잘 교육받았고 땅과 노예를 소유할 권리도 있었지만, 투표나 백인과의 결혼은 불가능했다. 1820년대 루이지애나에서 설탕은 큰 돈벌이가 되었다. Norbert는 고등교육을 위하여 파리로 건너갔으며 기계공학과 열역학에 흥미를 보였다. [오히려 아이러니하게도 백인보다 남부의 유색인이 당시 미국 학교보다 훨씬 발전한 유럽 대학에서 교육을 받는 것이 더 일반적이었다. 그 시기의 유럽 대학은 미국 교육보다 한참 앞서 있었다.]
1820년대 파리에서 산업 혁명(Industrial Revolution)이 진행되고 있었다. 엔진 효율, 일과 열의 관계가 뜨거운 주제였다. 파리 사람인 Sadi Carnot는 1822~1824년에 증기 엔진의 선구적인 연구 결과를 발표했으며, 제2열역학 법칙을 체계화하는 연구를 하였다. (Carnot의 연구는 열

Sugar manufacture in Antigua, West Indies. Drawing by William Clark, 1823.
DeAgostini/Getty Images

역학 제1법칙-에너지수지를 체계화했던 James Joule의 연구보다 약 30년 먼저 일어났다.) Rillieux는 액상에서 증기로 바뀌는 데 소요되는 잠열(latent heat)에 특별히 관심을 가지고 있었다.

그 시기 유럽산 설탕의 대부분은 사탕무에서 추출하였다. 프랑스 과학자와 기술자들은 설탕 공정을 뒷받침하는 이론적 근거와 기술 개발을 위하여 광범위한 연구를 진행하였다. 이는 루이지애나 제당업자들의 경험적이고 전통에 얽매인 방법과는 거리가 멀었다. 사탕무 액에서 물을 증발시키기 위해서는 막대한 에너지를 필요로 하여 프랑스인들은 끓는 설탕 액으로부터 발생되는 스팀 에너지를 이용하는 방법을 개발하고자 하였다. Rillieux는 이 문제에 관심을 가졌다. 그는 끓는 동안 한 솥에서 다른 솥으로 설탕 액을 옮기는 자메이카 방식을 잘 알고 있었다. 그의 아이디어는 한 솥에서 증발된 증기의 잠열을 다른 솥의 증발 에너지로 공급하는 사이클을 고안하는 것이다. 열역학으로부터 Rilieux는 열은 뜨거운 곳에서 차가운 곳으로 흐르며 끓는점은 압력이 감소되면 낮아지는 것을 알고 있었다. 그는 각각 이전보다 높은 진공도로 조작되는 3개의 연속된 밀폐된 용기의 배열을 고려하였다. 시럽은 점점 낮은 온도에서 끓게 되며 한 용기에서 발생된 수증기는 다음 용기를 가열하는 데 이용된다.

이론적으로 매우 훌륭한 아이디어였지만 Rillieux는 시작품을 설계하여 운전되는 것을 증명하고자 했다. 불행하게도 프랑스 경제가 급격하게 침체하고 있었기 때문에 이 아이디어를 검증할 수 있는 제조업자나 자금을 구할 수 없었다. 이와 대조적으로 대서양 반대편에서는 설탕 사업이 폭발적인 성장세를 보이고 있었다. 1833년 Rillieux는 파리를 떠나 부유한 Edmond Forstall이 운영하고 있던 설탕 정제소의 주임 기술자로서 루이지애나에 돌아왔다. 노예 제도가 아직 합법적인 지역으로 돌아오는 것은 어려운 결정이었을 것이다. Rillieux가 돌아온 후 발견한 것은 여전히 낙후한 루이지애나의 설탕 제조 기술이었다. Jamaica 방식으로 제조된 설탕은 검고, 지저분하고, 무거웠다. 연방 관세는 경쟁으로부터 가공업자를 보호하였다. 설탕 시럽 증발은 매우 많은 에너지와 노동이 필요하며, 지역 늪지는 자라는 목재가 없이 헐벗었다.

Forstall은 낮은 설탕 품질, 높은 에너지 사용, 높은 노동비 문제를 해결하기 위해 Rillieux를 고용하였다. Rillieux는 10년 동안 처음에는 Forstall을 위하여 이후에는 혼자서 일하면서 3단 효용 증발기 설계를 완성하여 특허를 출원하고 공정을 만들었다. 그러나 장치는 조업에 실패하였다. 그는 규격에 적합한 장치를 설계할 수 있는 전문적인 기계 장치 회사와 재정적인 지원이 필요하였다. 그가 최초의 유대인 미국 상원 의원이자 백만장자 농장주인 Judah Benjamin을 만남으로써 행운이 찾아왔다. Riliieux는 전문적으로 설계된 장치를 얻을 수 있었다. 3단 시스템은 전적으로 폐기된 건조 사탕수수 줄기(bagasse)를 연료로 이용하였다. 이 장치는 1843년에 Benjamin의 농장에 설치되었으며 뛰어난 성능을 보였다. 70% 이상 이익이 올라갔다. 제조된 설탕은 북부에서 2차 정제소로부터 제조되는 어떠한 제품보다 매우 뛰어난 품질이었다.

그러나 남부의 상황은 악화되어 갔으며 남북 전쟁이 발발하였다. Rillieux가 몇 년 동안 누렸던 법적인 권리들이 박탈되었다. 그의 발명품이 설치된 주를 여행할 때에도 그는 노예 구역에 머물도록 강요받았다. 특허 심사관들은 특허 출원할 수 있는 그의 법적 권리를 흑인으로 바꾸어버렸다. 좌절감이 든 그는 1860년대 프랑스로 되돌아갔으며 젊은 프랑스 여성과 결혼하였다. 그는 기술적인 일은 단념하고 이집트 상형문자 연구를 하였다.

Rillieux의 발명은 중앙 유럽에 큰 영향을 미쳤으며 농부들은 열정적으로 이 기술을 채택하였다. 1888년까지 150기의 Rillieux 증발기가 독일, 오스트리아, 러시아에 설치되었다. 1900년까지 독일 농업은 강력한 과학적 기술적 바탕으로 변화되었으며 독일 경제의 팽창을 주도하게 되는 식품 수출이 시작되었다. Rillieux의 다단 효용 증발기는 세계적으로 여전히 이용되고 있다.

Quiz 정답

6.1 액체: 물과 설탕. 증기: CO_2

6.2 황산은 적은 함량이지만 방향족이 많이 포함되어 있기 때문이다. 액-액 추출은 회수되는 물질의 양에 비례하여 설계되므로 많은 양의 벤젠이 필요하다. 더구나 벤젠은 다른 방향족 성분보다 분리하기 매우 어려우며 물보다 훨씬 비싸다.

6.3 $\beta = 2.2\ \mathrm{h}^{-1}$

6.4 자유도(DOF) = 2(6개 흐름 변수들, 1개의 특정 흐름, 1개의 특정 조성, 2개의 물질수지식)

6.5 $w_{ij} = m_{ij}/m_j$.

6.6 $f_{Rij} = m_{ij}/m_{iF} = w_{ij}m_j/w_{iF}m_F$.

6.7 순도 = 1.0, 회수율 = 1.0, 분리 인자(separation factor)는 무한대이다.

6.8 3.5 wt%.

6.9 동반흐름 없는 경우 0.8125, 있는 경우 0.78.

참고 문헌 및 추천 도서

1. 적절한 분리 기술을 초기에 선정하기 위하여 필요한 물성 자료는 *CRC Handbook of Chemistry and Physics, Lange's Handbook of Chemistry* and *Physical*과 1999년 Tayer와 Francis에 의해 발간된 Thermodynamic Properties of Pure Chemicals (DIPPR Database) 같은 참고서적에서 찾을 수 있다. Knovel Engineering and Scientific Online Reference도 또한 참고할 수 있다.
2. Nobert Rillieux의 생애에 대한 더 많은 정보는 McGrayne에 의해 출판된 *Promtheans in the Lab.*을 읽어보면 알 수 있다.

연습 문제

준비 단계

6.1절

P6.1 분리의 기초로 사용될 수 있는 NaCl과 H_2O의 세 가지 물리적 특성 차이를 나열하라.

P6.2 석회석($CaCO_3$)은 기본적으로 물에 녹지 않는 반면 NaCl은 물에 최대 360 g/L까지 용해될 수 있다. 비커에 $CaCO_3$ 10 g과 NaCl 400 g을 넣고 물을 1 L까지 채우면 몇 개의 상이 있는가? 각 단계에는 어떤 성분이 있는가?

P6.3 헥산 100 mL, 물 100 mL, 유성 염료 1 mL를 컵에서 부드럽게 섞은 다음 그대로 둔다. 두 개의 층이 형성된다. 두 층을 식별하고 염료가 상단 또는 하단 층에 있는지 설명하라.

P6.4 간단한 샐러드드레싱은 식초와 기름을 섞어 만드는 것이고, 마요네즈는 식초, 기름, 계란노른자를(조미료와 함께) 섞어서 만드는 소스이다. 이 샐러드드레싱은 1단계인가, 2단계인가? 마요네즈는 1단계인가, 2단계인가? 두 식품 모두 각 단계의 주요 성분을 나열하라.

6.2절

P6.5 사례 연구에서는 여과와 한외여과가 모두 사용된다. 여과가 기계적 분리이지만 한외여과가 속도 기초인 이유를 간략하게 설명하라.

P6.6 분리 기술(왼쪽)과 이용되는 물성 차이(오른쪽)를 연결지어 보라.

결정화	섞이지 않는 두 액체의 용해도 차이
흡착	어는점 차이
액-액 추출	고체에 부착되는 차이
증류	크기 차이
막여과	휘발도 차이
흡수	액체에서 기체의 용해도 차이

P6.7 홀래쉬 기화, 응축, 증류 사이의 유사점과 차이점을 간략하게 설명하라.

P6.8 흡착, 흡수, 용매 추출의 유사점과 차이점을 간략하게 설명하라. 설명하기 위해 순서도를 그려라.

6.3절

P6.9 두 가지 성분 A와 B를 포함하는 공급흐름 F가 연속흐름 정상상태 분리기로 공급된다. 2개의 제품 흐름 $P1$과 $P2$가 분리기를 떠난다. 두 흐름 모두 A와 B를 포함하지만, A는 $P1$에 더 농축되고 B는 $P2$에 더 농축된다. 질량 분율과 질량 유량을 사용하여 A, B 및 합계에 대한 물질 수지 방정식을 기호로 작성하라.

P6.10 반회분식 방식에서 조업하는 분리기는 처음에 두 성분 *A*와 *B*를 포함하는 공급물 *F*가 투입된다. 하나의 제품 흐름 *P*1이 분리기에서 연속적으로 제거된다. 다른 제품 흐름인 *P*2는 공정이 종료될 때 분리기에서 한번에 수집된다. *P*1과 *P*2 모두 *A*와 *B*를 포함하지만, *A*는 *P*1에 더 집중되어 있고 *B*는 *P*2에 더 집중되어 있다. 질량 단위를 사용하여 *A*, *B* 및 합계에 대한 물질수지 방정식을 기호로 작성하라.

6.4절

P6.11 25 mol% CO_2와 75 mol% N_2를 포함하는 100 gmol의 가스가 *P*1과 *P*2의 두 제품으로 분리된다. *P*1은 20 gmol $CO_2(C)$와 10 gmol $N_2(N)$를 포함한다. z_{CP1}, z_{NP2}, f_{RCP1}, f_{RNP2}는 얼마인가?

P6.12 분리기에 대한 피드에는 *A*, *B*, *C*, *D*의 4개 성분이 포함된다. 제품 흐름에는 *A*, *B*, *C*가 포함된다. 다른 제품 흐름에는 *B*, *C*, *D*가 포함된다. 핵심 성분과 비핵심 성분을 식별하라. 공급 유량과 공급 조성이 주어진 경우 DOF = 0에 필요한 추가 사양 수를 결정하라.

P6.13 25 mol% CO_2와 75 mol% N_2를 포함하는 기체 흐름이 두 개의 생성물 흐름으로 분리된다. 하나는 80 mol% CO_2이고, 다른 하나는 93.3 mol% N_2이다. 분리 계수 $\alpha_{CO_2\text{-}N_2}$를 계산하라.

6.5절

P6.14 순환이 포함된 분리기 흐름도(그림 6.7)의 경우 성분 B의 전체 회수율 f_{RB}는 분리기 장치에서 성분 B의 회수율 f_{RB1} 및 분수 분할 f_S와 관련이 있다($f_{RB} = f_{RB1}/(1 - f_S(1 - f_{RB1}))$. $f_S = 0$과 $f_S = 1$의 두 가지 경우에 대해 f_{RB}와 f_{RB1} 사이의 관계를 유도하라. 각 경우에 결과가 의미가 있는 이유를 간략하게 설명하라.

6.6절

P6.15 석회석($CaCO_3$)은 본질적으로 물에 녹지 않는 반면 NaCl은 물에 최대 360 g/L까지 용해될 수 있다. 10 g $CaCO_3$와 400 g NaCl을 비커에 넣고 1리터 표시까지 물을 넣는다. 밤새 교반한 후, 액체를 따라낸다. 비커에 남아 있는 것은 고체와 동반흐름 액체이다. 동반흐름 액체의 조성은 무엇인가?

심화 문제

6.6절

P6.16 아래에서 열거된 것처럼 다양한 분리 문제에 직면해 있다. 각각의 문제에 대하여 증류, 홀래쉬 증발, 응축, 흡수, 여과, 추출, 결정화, 용매 추출, 흡착 중에서 가장 적합한 분리 기술을 선택하라. 표에 선택한 기술의 이름을 적어라. 그것이 기계적 분리인지 평형 기초 분리인지 설명하라.

분리 문제	최고의 분리 기술
발효액에서 항생제 회수	
공기 중 이소프로판올 증기 제거	
식염수에서 석회석 슬러지 회수	
콩에서 콩기름 회수	
고과당 옥수수 시럽의 유색 불순물 제거	
발효 거름에서 메탄 분리	
CO_2와 H_2의 분리	
에틸벤젠과 스티렌의 분리	
맥주에서 효모 제거	
수용액에서 질산칼륨 회수	

P6.17 다음 분리 기술을 고려하라. 고체의 건조, 흡착, 증류, 전기영동, 흡수, 역삼투. 이러한 각 기술에 대해 (a) 기계적, 속도 기초 또는 평형 기초 여부, (b) 평형 기초인 경우 에너지 분리제 또는 물질 분리제 여부, (c) 상 또는 공급물의 상, (d) 두 제품의 상.

P6.18 세계적으로 담수가 부족한 지역에서는 바닷물을 담수화하여 물을 얻는다. 물과 NaCl(바닷물의 주요 염분) 사이에 다른 세 가지 물리적 특성을 식별하고 이러한 특성 차이를 기반으로 순수한 물을 생산하는 데 사용할 수 있는 최소 세 가지 분리 기술을 선택하라. 어떤 기술이 소도시에 담수를 제공하는 데 가장 적합한 선택인지 간략하게 설명하라.

P6.19 다음 표와 같이 공정흐름이 주어졌을 때, 순수한 4개의 생성물로 분리하기 위한 최적의 공정흐름을 고안하라. 선택한 분리 기술과 분리 단계의 배열을 나타내라. 정량적인 답은 필요 없으며 간단하게 이유를 설명하라.

Compound	Mol% in feed	Normal boiling point (°C)	Normal melting point (°C)	Soluble in water?	Soluble in benzene
Naphthalene	12	218	80.2	no	yes
Ethylene glycol	18	197	−11.5	yes	no
Ethylbenzene	32	136.2	−95	no	yes
Styrene (vinylbenzene)	38	145.2	−30.6	no	yes

P6.20 액체 브롬은 2% 염소와 0.02% 클로르포름의 오염 물질을 함유하고 있다. 브롬이 정밀화학공정에 이용되기 위해서 오염물은 반드시 제거되어야 한다. 문제는 브롬의 끓는점과 클로르포름의 끓는점이 매우 유사한 것이다(부록 B 참조). 그러나 다음 반응이 촉매상, 250°C에서 일어난다. 액체 브롬으로부터 염소 오염물을 제거하기 위한 공정흐름도를 그려보라. 설계한 것에 대한 타당한 이유를 제시하라.

$$\frac{3}{2}Br_2 + CHCl_3 \rightarrow CHBr_3 + \frac{3}{2}Cl_2$$

6.3절, 6.4절

P6.21 70 mol% 메탄과 30 mol% 에탄을 포함한 100 gmol/min의 기체흐름이 증류탑에 공급되어 90 mol% 메탄을 포함한 탑정흐름(overhead)과 98 mol% 에탄을 포함한 탑저흐름(bottom)으로 분리되었다. 탑정흐름과 탑저흐름의 유량과 해당 생성물흐름에서 메탄과 에탄의 회수율(fractional recoveries)을 계산하라.

P6.22 혼합물(18 mol% A, 32 mol% B, 23 mol% C, 27 mol% D)이 100 gmol/min에서 두 개의 생성물흐름이 있는 연속흐름 정상상태 분리기에 공급된다. 생성물 2의 유속은 81 gmol/min이고, 그 조성은 3.7 mol% A, 34.6 mol% B, 28.4 mol% C, 33.3 mol% D이다. 흐름도를 그리고 표기하라. 제품 1의 유량과 조성을 계산하라. z_{A1}이란 무엇인가? f_{RB2}? α_{AB}란?

P6.23 한 학생이 실험실 증류 장치에서 30 mol% 에탄올과 물의 혼합물 10 gmol을 분리하는 데 관심이 있다. 그는 둥근 바닥 플라스크에 액체 에탄올-물 혼합물을 채운다. 플라스크에는 가지달린 긴 목이 있다. 그는 긴 관의 한쪽 끝을 가지에 연결한 다음 관의 다른 쪽 끝을 비커 위에 놓는다. 그는 긴 관을 얼음으로 감쌌다. 그런 다음 가열 맨틀 위에 둥근 바닥 플라스크를 놓고 증류 과정을 시작한다. 플라스크의 용액이 가열되면 증기가 관을 통해 빠져나와 응축되어 비커에 모인다. 증기 유속은 0.25 gmol/min으로 일정하게 유지된다. 증기와 액체의 몰분율 에탄올은 $y_E = 1.2\ x_E$와 관련이 있다. 이 분리가 연속흐름 정상상태, 반회분식 또는 회분식의 예인지 설명하라. 플라스크의 액체를 시스템으로 사용하여 에탄올과 시스템의 총 몰수에 대한 미분 물질 수지 방정식을 작성하라. 20분 후 플라스크에 남아 있는 gmol 액체와 액체의 에탄올 몰분율을 계산하라.

P6.24 발효액은 2 wt% 항생제를 함유하고 있으며, 이는 유기용매로 추출하여 회수한다. 단순화를 위해 배지의 유일한 다른 성분은 물이라고 가정할 수 있다. 10 kg 배지를 20 kg 용매와 혼합한다. 침전 후 혼합물은 두 개의 액상을 형성한다. 모든 물과 1%의 항생제는 수성 상에 있고 모든 용매와 나머지 항생제는 "오일" 상에 있다. 두 단계 각각에서 wt% 항생제를 계산하라.

P6.25 유청의 주요 단백질은 알파-락트알부민(ALA)과 베타-락토글로불린(BLG)이다. ALA는 유아용 조제분유의 귀중한 성분인 반면 BLG는 식품에서 겔화제로 사용한다. 두 단백질은 등전점이 다르므로 전하 막이라는 기술을 사용하여 분리할 수 있다. 간략하게 설명하면, 대부분의 음전하를 띤 ALA가 막을 통해 흐를 수 있는 반면 양전하를 띤 BLG는 거부되도록 양전하가 다공성 막에 배치된다. 3.0 g ALA와 7.0 g BLG를 1000 g 물에 용해하고 하전된 막을 통해 처리한다. BLG의 3%와 ALA의 87%는 막을 통해 흐르고(이 제품을 여과액이라고 함) 나머지는 거부된다(보유액). 분리 계수 $\alpha_{\text{ALA-BLG}}$를 계산하라.

P6.26 유독하고 악취가 나는 가스인 황화수소(H_2S)를 메탄(CH_4)에서 분리하는 한 가지 방법은 화학반응을 이용하는 것이다. "Sour" 메탄이 산화아연

(ZnO) 펠렛이 들어 있는 용기로 주입되어 H_2S가 ZnO와 반응하여 고체 ZnS를 석출한다, 물은 메탄과 함께 증기상으로 남는다.

$$H_2S(g) + ZnO(s) \rightarrow ZnS(s) + H_2O(g)$$

0.75 mol% H_2S를 포함하는 1백만 SCF/day 사워 메탄을 처리해야 한다. “가당” 가스는 0.01 mol% 이하의 H_2S를 포함해야 한다. 하루에 한 번만 ZnS를 제거하고 폐기하고 싶다. 반회분식 모드에서 조업하는 시스템으로 펠릿이 채워진 용기를 사용하여 H_2S와 ZnO에 대한 물질 수지 방정식을 작성하라. Vessel에 채워야 하는 ZnO의 최소량은 얼마인가?

P6.27 대기에서 CO_2를 제거하기 위해 제안된 해법 중 하나는 바다에 주입하는 것이다. 이를 달성하려면 먼저 공기에서 CO_2를 포집하고 농축해야 한다. CO_2는 산성이므로 직접 주입하면 해양 생물에 악영향을 미친다. 한 가지 해결책은 해양 근처에 위치한 발전소에 CO_2 격리 원자로를 건설하는 것이다. 굴뚝을 통해 대기로 방출되는 연소 가스에는 약 10 mol%의 CO_2가 포함되어 있다. 이러한 가스는 지속적으로 물이 분사되는 다공성 석회석($CaCO_3$) 층을 가로질러 주입된다. CO_2는 석회석에 흡착되어 반응하여, 알칼리성이며 물에 용해되는 중탄산칼슘($Ca(HCO_3)_2$)을 생성한다(1000 L당 5 gmol). 중탄산칼슘 용액은 지속적으로 바다로 주입되고 나머지 연소 가스는 대기로 방출된다. 당신은 연소 가스에서 1톤/일의 CO_2를 처리하는 공정 설계를 담당하고 있으며 연소 가스에서 CO_2의 98%를 제거하고 하루에 한 번 석회석을 교체하려고 한다. 하루에 필요한 석회석(kg)은 얼마인가? 필요한 물의 유량(L/day)은 얼마인가?

P6.28 72 mol% CH_4, 13 mol% CO_2, 12 mol% H_2S, 3 mol% COS를 포함하는 가스 혼합물은 가스를 액체 용매와 접촉시켜 흡수기에서 정화된다. 가스는 3200 gmol/h로 공급되고 가스 공급 속도/용매 공급 속도 비율은 3:1이다. 용매는 가스 공급 흐름에서 H_2S의 97.2%를 흡수한다. 배출 가스흐름의 COS 농도는 0.3 mol%이다. CH_4와 CO_2는 용매에 전혀 흡수되지 않으며 용매가 기체와 함께 남지 않는다. 먼저 DOF 분석을 완료하고 문제가 완전히 지정되었음을 보여라. 출구 가스의 유속과 조성, 출구 액체(용매)흐름의 H_2S와 COS 농도를 계산하라.

› 6.5절, 6.6절

P6.29 아래의 공정도에 의하여 팝콘이 뜨거운 공기로 건조되었다. 순환 기체 유량은 공급되는 뜨거운 공기 유량의 4배이다. 요구되는 팝콘 생산 속도는 50 kg/h이다. 만약 배출 공기가 15 mol% 물을 함유하고 있었다면 뜨거운 공기의 공급 유량은 얼마인가? 부피유량(liters/h)으로 답하라. 공기의 온도와 압력은 80°C와 1 atm이며, 공기는 이상기체로 가정한다. 건조기로 들어가는 공기의 수분 함량은 얼마인가?

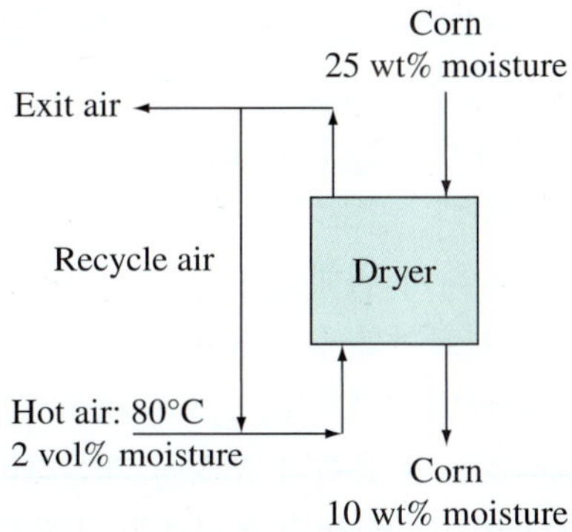

P6.30 세라믹 입자는 강철 볼로 채워진 원통형 회전 장치인 볼밀이라는 기계에서 분말로 분쇄된다. 입자는 볼 밀에 공급되고 밀이 회전하면서 일부 입자가 미세한 분말로 분쇄된다. 분말과 더 큰 입자는 더 큰 분쇄되지 않은 입자에서 분말 제품을 분리하는 채로 보내진다. 밀에 공급되는 입자의 70%는 분말로 충분히 분쇄되지 않으며 이들 중 대부분은 밀 유입구로 다시 순환된다. 공정에 공급되는 세라믹 입자에는 분쇄하기에는 너무 단단한 1 wt% 오염 입자가 포함되어 있다. 밀에서 이러한 단단한 입자가 과도하게 축적되는 것을 방지하기 위해 재순환흐름의 10%가 퍼지흐름으로 분리된다. 이 시스템은 하루에 10톤의 세라믹 분말을 생산하도록 설계되었다. 흐름도를 그리고 표기를 규정하라. 순도와 회수율 사양을 확인하고 DOF 분석을 완료하라. 그런 다음 모든 흐름의 유속을 계산하라.

P6.31 30 wt% Na_2CO_3 수용액이 10,000 lb/h의 속도로 증발기에 공급되고 여기서 물의 40%가 제거된다. 이것은 순수한 Na_2CO_3 결정과 17.7 wt% Na_2CO_3 수용액을 포함하는 슬러리를 생성한다. 이 슬러리는 필터에 공급되어 필터 케이크와 여과액을 생성한다. 필터 케이크는 4.5 lb 결정당 1.0 lb 용액을 동반한다. 필터 케이크 생산율, 필터 케이크의 순도(wt% Na_2CO_3)와 필터 케이크에서 Na_2CO_3의 회수율을 계산하라.

P6.32 30 wt% KNO_3 수용액 100 kg/h를 5°C로 냉각하면 일부 KNO_3가 고체로 침전된다. 나머지 용액은 14 wt% KNO_3이다. 고상과 액상은 여과에 의해 분리된다. 필터 케이크는 고체 9 kg당 액체 1 kg을 동반한다. 필터 케이크의 순도(wt% KNO_3), 필터 케이크에서 KNO_3의 부분 회수율과 분리 계수를 계산하라.

P6.33 P6.32에 설명된 KNO_3 분리 문제의 경우 감독자는 여과액의 50%를 다시 공급물로 순환할 것을 제안했다. 순환은 제품 순도, 부분 회수율과 분리 계수를 어떻게 변화시키는가?

P6.34 이산화황(SO_2)은 공기(79 mol% N_2, 21 mol% O_2)를 산소 공급원으로 사용하여 고체 황 S의 산화에 의해 제조된다. S와 O_2는 화학양론적 비율로 공급되고 반응은 100% 완결된다. 반응은 많은 열을 발생시키므로 냉각된 불활성 기체는 냉각된 반응기 온도를 유지하는 데 유용하다. 이상적으로는 반응기에 공급되는 O_2몰당 5.0몰의 불활성 기체가 있을 것이다. Eddie Engineer

는 공기 중의 질소를 불활성 기체로 사용할 것을 제안한다. 이 방식에서 공기와 황은 반응기로 공급되고 이산화황은 반응기 하류의 질소에서 분리된다. Eddie는 분리기가 SO_2가 99 mol%인 제품 흐름에서 SO_2의 97%를 회수할 것으로 추정한다. 질소가 풍부한 다른 제품은 반응기 입구에 충분한 불활성 가스를 제공하기 위해 순환될 수 있다. Eddie의 아이디어를 설명하는 흐름도를 그리고 표기를 규정한다. 기본으로 100 gmol/min 유황 공급을 선택하여 DOF 분석을 완료한다. 질소가 풍부한 흐름의 어떤 부분을 순환해야 하는가? 모든 흐름의 유속과 조성을 계산하라. (*힌트*: 초기 추정치를 얻기 위해 먼저 SO_2의 100% 회수로 사례를 해결한다.)

P6.35 30 mol% 에탄(C_2H_6)과 70 mol% 메탄(CH_4)을 포함하는 100 gmol/min의 기체 흐름이 증류탑으로 공급되어, 90 mol% 메탄을 함유하는 탑정 생성물과 98 mol% 에탄을 함유하는 탑저 생성물로 분리된다. 구매자는 97% 메탄을 함유한 제품을 구매하고자 한다. 이 제품을 제조하기 위하여 증류탑으로부터 나온 탑정 생성물이 2차 증류탑으로 이송되었다. 2차 증류탑에서 얻어진 탑정 생성물이 원하는 제품이며, 100 gmol/min의 탑저 생성물은 첫 번째 증류탑으로 순환되었다. 최종 제품의 유량과 순환된 흐름의 조성을 계산하라. 해당 제품 흐름에서 메탄과 에탄의 회수율을 계산하라.

P6.36 평균적으로 위스콘신 치즈 공장은 부산물로 300,000 lb/day 유장을 생산한다. 근처의 강에 유장을 투기하는 것은 폐기물 처분 방법으로 바람직하지 않다. 유장으로부터 제품을 제조하는 방법을 개발하는 것이 나을 것이다.

치즈 유장(cheese whey)은 93.4 wt% 물, 0.9 wt% 단백질, 5 wt% 락토오스($C_{12}H_{22}O_{11}$, 젖당), 0.2 wt% 젖산($CH_3CHOHCOOH$), 0.5 wt% 무기염을 포함한다. 다음에 각각의 성분에 대한 정보가 있다.

단백질: 분자량 15,000~150,000 범위의 단백질 혼합물. 물에 매우 잘 녹음. 50~60 wt%로 농축되면 겔(gel)로서 석출됨. 동물 사료 또는 가공 식품 재료로서 유용함.

락토오스: 분자량 342. 물에서 용해도 약 200 g/L. 농도가 높으면 포유동물에게 과도섭취는 설사를 유발함. 고온에서 분해됨. 이온 교환 흡착제에는 흡착되지 않음. 동물 사료, 발효액 또는 폴리머 생산 원료로 어느 정도 가치가 있음.

젖산: 분자량 90. 물에 매우 잘 녹음. 전기장에서 매우 높은 이동도(mobility)를 보임. 에탄올과 에테르에 매우 잘 용해되는 무색 점성 액체.

무기질 염(mineral salt): 주로 분자량 50~100 범위의 나트륨과 칼슘염. 이온으로서 물에 잘 녹음. 전기장에서 높은 이동도를 보임. 염은 사료의 맛을 감퇴시킴.

당신 임무는 치즈 유청으로부터 고단백, 저염 건조 고형물 및 고유당, 저염 건조 고형물이라는 두 가지 고부가가치 제품을 만들기 위한 예비흐름도를 개발하는 것이다. 최상의 공정도라고 생각하는 것을 스케치하라. 각 분리에 대한 특정 기술을 제안하라. 당신의 공정도를 설명하고 당신의 설계가 최고라고 생각하는 이유를 설명하는 한두 단락을 작성하라.

P6.37 벤젠은 염소화되어 클로르벤젠(원하는 물질)과 염산으로 된다.

$$C_6H_6 + Cl_2 \rightarrow C_6H_5Cl + HCl$$

모노클로로벤젠의 원치 않는 추가 염소화를 방지하기 위해 공급물의 Cl_2 농도는 10 mol% 미만으로 유지된다. 기본적으로 모든 염소는 반응기 조건에서 반응한다.

두 번째 반응기에서 부산물인 HCl은 다음에 의해 Cl_2로 다시 전환된다.

산화:

$$4HCl + O_2 \rightarrow 2Cl_2 + 2H_2O$$

반응은 가역적이다. 반응기 조건에서 반응물의 60%가 생성물로 변환된다.

다음 정보가 제공된다.

O_2 또는 H_2O는 첫 번째 반응기로의 공급되지 않는다.

물에 용해된 Cl_2는 분배 계수(사염화탄소 리터당 Cl_2 몰/물 리터당 Cl_2 몰)가 5.0인 조건에서 사염화탄소를 우선적으로 분배한다.

물에서 Cl_2의 용해도는 3.5 g/리터이다.

물에서 HCl의 용해도는 720 g/리터이다.

클로로벤젠 생산을 위한 공정흐름도를 도시하라. 흐름도에 각 흐름의 성분을 표시하라. 모든 경우의 분리 근거를 나타내라(예: 휘발성 또는 용해도의 차이). 계산은 할 필요가 *없다*.

P6.38 프로필렌(C_3H_6)과 염소(Cl_2)가 반응하여 부산물인 염화수소(HCl)와 함께 알릴 클로라이드(C_3H_5Cl)를 생성한다. 몇 가지 원치 않는 반응도 발생할 수 있으며, 그중 주요 원치 않는 부산물은 1,3 디클로로프로판($C_3H_6Cl_2$)이다.

다음에 설명된 반응기 유출물 정보가 주어지면 반응하지 않은 프로필렌과 염소를 반응기 공급물로 다시 순환하면서 순수한 알릴 클로라이드를 생산하기 위한 최상의 공정흐름도라고 생각하는 것을 고안하라. 사용할 분리 기술의 유형과 분리 단계의 순서를 나타내라. 추론을 간략하게 설명하라. 정량적 답변은 필요하지 않다.

Component	Relative amount, weight basis	Normal boiling point, °C	Solubility in water, wt%
1,3 dichloropropane	1.8	112	Insoluble
Acrolein chloride	0.2	84	Insoluble
Allyl chloride	9.3	50	0.33
Chlorine	3	−34	0.35
Propylene	105	−48	0.89
Hydrogen chloride	93	−85	72

P6.39 아세트알데하이드(C_2H_4O)는 촉매를 이용하여 에탄(C_2H_6)의 부분 산화로부터 제조된다.

$$C_2H_6 + O_2 \rightarrow C_2H_4O + H_2O$$

많은 부반응이 역시 일어나며, 이 중 가장 중요한 것은

$$C_2H_6 + 3.5O_2 \rightarrow 2CO_2 + 3H_2O$$

$$C_2H_6 + 1.5O_2 \rightarrow CH_3OH + CO + H_2O$$

아세트알데하이드 제조공정에서 6,000 gmol/h의 에탄은 30,952 gmol/h의 공기와 혼합된다. 새 공급물은 순환흐름과 혼합되어 반응기로 공급되었다. 반응기 공급물에서 에탄과 공기 비율은 6:1로 유지된다. 반응기 배출흐름은 기-액 분리기 1로 공급되어서 질소, 이산화탄소, 일산화탄소, 에탄이 상부에서 분리되어 순환된다. 순환흐름의 일부분은 나누어져서 연소탑으로 이송되어 태워진다. 퍼지흐름은 10% 에탄, 이산화탄소와 일산화탄소 비율이 2:1로서 포함되어 있으며, 산소가 포함되어 있지 않다. 분리기 1로부터 배출된 탑저흐름은 증류탑 2로 이송되어 메탄올과 아세트알데하이드가 물로부터 분리된다. 증류탑 3에서 아세트알데하이드는 메탄올로부터 분리된다. 간단한 공정흐름도가 제시된다. 공기는 79 mol% 질소, 21 mol% 산소로 되어 있고, 증류탑으로부터 분리된 생성물은 극소량의 불순물이 있지만 순수하다고 가정한다.

분리기 1, 증류탑 2, 증류탑 3의 주요 성분을 정의하라. 배운 간편추론법에 의하여, 이것이 분리법의 최적 배열이라고 생각하는가? 그 이유를 설명하라.

DOF 분석을 완료하고 공정이 올바르게 지정되었음을 보여라. 퍼지 가스의 조성과 유속, 전체 공정에 대한 에탄에서 아세트알데히드의 분획 수율, 선택도, 전환율을 계산하라. 증류탑 3에서 나오는 생성물 스트림의 전체 순도(mol% 아세트알데히드)와 반응기를 떠나 최종 생성물에서 회수되는 아세트알데히드의 회수율을 계산하라.

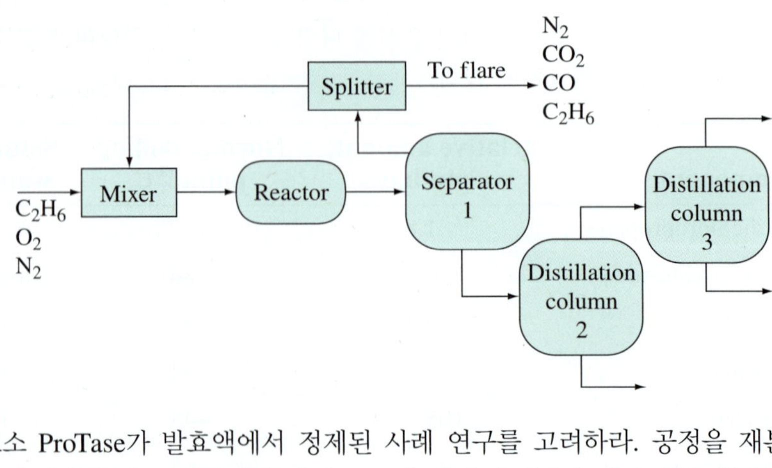

P6.40 효소 ProTase가 발효액에서 정제된 사례 연구를 고려하라. 공정을 재분석하되 다음과 같은 차이점이 있다. (a) 첫 번째 단계에서 여과 대신 원심분리

(20 wt% 고체 케이크 생성)를 사용했으며 (b) 단 15 wt% (20 wt%가 아닌) 단백질 함량까지 한외여과가 가능하다. 최종 제품의 순도와 ProTase의 전체 부분 회수율을 결정하라. 사례 연구와 비교하고 이러한 변화가 경미한 영향을 미치는지 아니면 중대한 영향을 미치는지 언급하라.

P6.41 전자 장치와 태양 전지 제조에 사용되는 고순도 실리콘은 두 가지 저렴한 원료인 모래(SiO_2)와 코크스(C)로 생산된다. 일반적으로 약 500 kg의 모래와 200 kg의 코크스를 증류기에 넣는다. 모래와 코크스는 약 400°F로 가열되어 고체 실리콘과 일산화탄소 가스를 생성한다.

$$SiO_2(s) + 2C(s) \rightarrow Si(s) + 2CO(g)$$

Si와 CO는 고체상과 기체상으로 쉽게 분리된다. 모래의 불순물로 인해 고체 Si 상은 약 98.5 wt% 순도이다. 이것은 충분히 순수하지 않으므로 두 가지 추가 반응이 사용된다. 먼저 Si는 염소 가스와 반응하여 테트라클로로실란을 만든다.

$$Si(s) + 2Cl_2(g) \rightarrow SiCl_4(g)$$

테트라클로로실란은 마그네슘과 반응한다.

$$SiCl_4(g) + 2Mg(s) \rightarrow MgCl_2(s) + Si(s)$$

$MgCl_2$는 물에 용해되지만(물 1000 g당 54.2 g), Si는 용해되지 않는다. 따라서 충분한 물을 첨가하여 $MgCl_2$를 용해시킨다. 고체와 액체는 여과에 의해 분리된다. Si는 약간의 혼입 액체(고체 lb당 액체 0.1 lb)와 함께 여과액 케이크로 회수된다. 케이크는 동반된 액체를 제거하기 위해 건조기로 보내진다.

흐름도를 그리고 표기하라. 각 반응에서 Si 함유 화합물의 전환율을 100%로 가정하여 모든 원료의 양, 건조된 Si 생성물의 양, 최종 생성물의 순도를 계산하라.

P6.42 경질 알칸 혼합물은 석유 정제시설에서 원유를 증류할 때 만들어지는 제품 중 하나이다. 혼합물은 산업적으로 중요한 다양한 반응을 위한 귀중한 공급 원료인 성분으로 추가로 분리되어야 한다. 증류는 선택한 분리 기술이며 각 증류 장치는 "탑정"와 "탑저"의 두 가지 제품을 생산한다.

한 공장에서 가벼운 알칸 흐름은 10 mol% 메탄, 30 mol% 에탄, 15 mol% 프로판, 30 mol% 부탄, 15 mol% 펜탄을 포함한다. 이 흐름(1000 kgmol/일)은 분리기 1로 보내진다. 메탄과 에탄의 100%, 프로판의 44.6%는 탑정에서 회수되고, 나머지는 모두 탑저에서 회수된다. 분리기 1의 탑정은 혼합기 1에서 분리기 4의 탑정과 혼합되고, 혼합기 1의 유출물은 분리기 2로 보내진다. 분리기 2로 공급된 메탄의 99.5%는 탑정에서 회수된다. 분리기 2에 공급된 99.83%의 에탄과 모든 프로판은 탑저에서 회수된다. 분리기 2의 탑저는 분리기 3으로 공급된다. 분리기 3으로 공급된 메탄의 100%와 에탄의 99.5%는 탑정으로 회수된다. 분리기 3에 공급된 프로판의 98.5%

는 탑저에서 회수된다. 분리기 1의 탑저는 분리기 4로 공급된다. 분리기 4로 공급된 프로판의 96.4%는 위에서 언급한 바와 같이 혼합기 1로 보내지는 탑정으로 회수된다. 분리기 4로 공급된 부탄과 펜탄의 100%는 분리기 5로 공급되는 탑저에서 회수된다. 분리기 5에 공급된 프로판 100%와 부탄 99%는 탑정으로 회수되는 반면, 분리기 5에 공급된 펜탄 100%는 탑저에서 회수된다.

공정의 흐름도를 그리고 표기하라. 각 구분 기호의 주요 성분을 판별한다. 전체 공정이 올바르게 지정되었는지 확인하려면 DOF 분석을 완료하라. 그런 다음 모든 흐름과 조성에 대해 해결하라.

P6.43 셀룰로오스 아세테이트 제조 공정에서 수성 아세트산 폐기물 흐름(30% 아세트산, 0.2% 황산, 물)이 생성된다. (모든 조성은 질량 퍼센트이다.) 에테르를 용매로 사용하는 용매 추출 공정은 아세트산을 정제하고 농축하기 위해 개발되었다.

공정은 다음과 같이 설명된다. 수성 아세트산 폐기물 흐름은 소량의 물로 오염된 용매 디에틸 에테르와 함께 추출관에 공급된다. 추출관의 상단을 떠나는 에테르가 풍부한 상에는 24%의 아세트산, 물, 에테르가 포함되어 있다. 이것은 용매 회수 증류기로 공급된다. 이 증류기의 탑정은 에테르 98.8%와 물 1.2%를 포함하며 추출관으로 다시 재순환된다. 용제 회수관의 하부는 60% 아세트산과 40% 물을 포함하며 산 최종 증류관으로 공급된다. 산성 최종 관의 하부에는 99%의 아세트산과 나머지 물이 포함되어 있다. 이 농축된 아세트산 흐름이 원하는 제품이다. 산 최종 관에 공급된 아세트산의 67.5%가 제품으로 회수된다. 물에 묽은 아세트산인 산 최종 관의 상부는 다시 순환되어 원료 공급물과 혼합된다. 새로운 공급물에서 2.3lb 아세트산마다 1lb 아세트산이 순환된다.

추출관의 하부에서 나오는 물이 풍부한 흐름에는 7% 에테르, 아세트산, 물, 황산이 포함되어 있다. 이 흐름은 에테르 제거 증류관으로 공급된다. 에테르 제거 컬럼의 상부에는 98.8% 에테르와 1.2% 물이 포함되어 있다. 이것은 추출관으로 다시 순환된다. 하부에는 0.1% 에테르, 아세트산, 물, 황산이 포함되어 있으며 폐기된다. 이 컬럼 하부에서 에테르 손실을 보충하기 위해 신선한 에테르 용매(1% 물로 오염됨)를 다른 순환 에테르 흐름과 혼합하여 추출관으로 공급한다.

(a) 간편추론법에 비추어 분리 기술의 선택과 분리 순서를 평가하라. 이 공정에서 성분과 관련한 물리적 성질을 찾을 수 있다. 증류가 아닌 용매 추출이 첫 번째 단계로 사용되는 이유는 무엇인가?

(b) 공정흐름도를 그리고 표기하라. 4개의 분리기 각각에 대해 분리되는 두 가지 주요 성분을 식별하라. DOF 분석을 완료하고 기준 선택을 제외하고 공정이 올바르게 지정되었음을 보여라. 수성 아세트산 폐기물 흐름의 공급 속도가 1000 lb/h라고 가정하고 모든 흐름의 흐름과 조성을 계산하라. 흐름도와 함께 제공되는 표에 흐름과 조성을 요약하라. 공정에

공급된 아세트산의 어떤 부분이 농축된 제품에서 회수되는가?

P6.44 다음의 공급흐름이 일련의 증류탑에 의해 4개의 생성물로 분리된다.

Species	Flow rate, gmol/h
Pentane	4000
Benzene	1000
Toluene	1000
Orthoxylene	6000

생성물 1: 98% 펜탄, o-자일렌과 톨루엔이 포함되지 않음

생성물 2: 90% 벤젠, 4% 톨루엔, o-자일렌이 포함되지 않음

생성물 3: 90% 톨루엔, 2% 벤젠, 펜탄이 포함되지 않음

생성물 4: 99% o-자일렌, 펜탄과 벤젠이 포함되지 않음

당신의 상사는 다음과 같은 설계를 제안하였다. 이것이 최고의 공정배열이라고 생각하는가? 분석하려면 네 가지 화합물의 끓는점을 찾고 분리 공정배열에 대한 간편추론법을 검토하라. 그렇지 않다면 대체 설계안을 제안하라. 선택한 설계에 대해 적절한 제품에서 각 성분의 제품 유속과 순도 및 회수율을 계산하라.

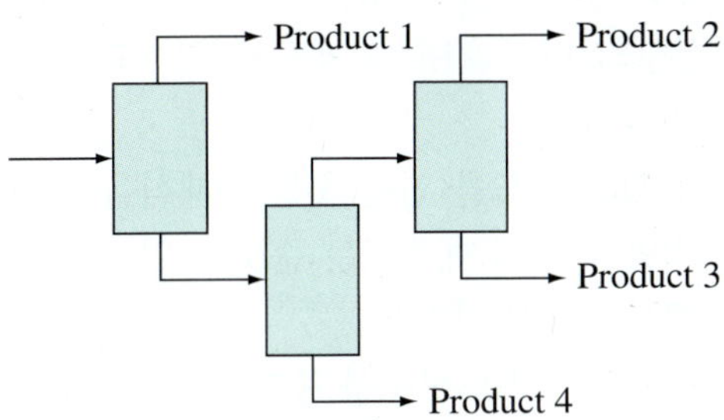

P6.45 회분 농축기는 하부에 구멍이 있는 원통형 탱크이며 때때로 침강 조작을 위해서 이용된다. 초기에 하부 구멍이 닫히며 슬러리가 채워진다(슬러리는 액체 용액과 현탁된 고체 입자의 혼합물). 물질은 침전되었으며 어떤 시간 후에 탱크 상부로 맑은 용액이 배출되었으며, 농축된 슬러지는 하부 구멍으로 배출되었다.

2 g NaCl과 230 g 석회석(대부분이 $CaCO_3$)을 포함하는 1 L 슬러리가 작은 원통형 유리 탱크에 주입되었다. 탱크에는 하부배출구(bottoms drawoff)가 설치되어 있다. 슬러리는 탱크의 36 cm 높이에 도달되었다. 8시간 침강 이후, 슬러지와 맑은 액의 계면은 탱크의 10 cm 높이에 도달되었다. (맑은 액의 윗면은 여전히 36 cm 높이에 이른다.) 슬러지는 하부에서 조심스럽게 배출되었으며 탱크 상부에서 맑은 액이 제거되었다. 두 생성물흐름의 양[전체 부피(리터)와 g로 표현되는 석회석과 염화나트륨]과 조성(g/L로 표현되는 NaCl과 석회석)은 무엇인가? 물에서 석회석 용해도는 0.015 g/L,

물에서 염화나트륨의 용해도는 360 g/L, 석회석 밀도는 2.7 g/cm^{3}로 가정하라.

세 성분으로 구성된 공급물흐름과 두 개의 생성물흐름이 있다. 이 공정은 염화나트륨으로부터 석회석을 분리하고자 하는 것인가, 아니면 물로부터 석회석을 분리하고자 하는 것인가, 아니면 물로부터 염화나트륨을 분리하고자 하는 것인가, 아니면 ...? 제품 순도와 제품 회수율은 얼마인가? 분리 인자는 얼마인가?

P6.46 통증 완화제인 아세틸살리실산(ASA, 아스피린으로 알려져 있음)을 합성하기 위한 공정에서 최종 반응기로부터 배출되는 흐름은 11 wt% 아세틸살리실산과 2 wt% 초산나트륨, 물을 포함한다. 최종 건조 제품은 결정화, 건조 등을 거쳐 제조된다. 건조 고체에서 아세틸살리실산 wt%로 측정되는 제품 순도가 매우 중요하다.

(a) 건조 제품을 얻는 가장 간단한 방법은 물을 증발시키는 것이다. 증발을 선택한 경우 제품 순도는 얼마인가?

(b) 초산나트륨이 물에 용해성이 높으므로 대체 공정이 제안되었다. 물의 일부는 증발에 의해 제거되며 농축된 용액은 순수 아세틸살리실산을 결정화하기 위하여 냉각된다. 아세틸살리실산 4 kg당 1 kg 용액을 동반하는 여과 케이크가 건조된다. 결정화기/여과기 온도에서 물에 대한 아세틸살리실산 용해도는 35 wt%이다. 충분한 물을 증발하여 공급된 아세틸살리실산의 반이 건조 고체로서 회수되었다면 제품 아세틸살리실산 순도는 얼마인가?

(c) 회수율과 제품 순도를 연관 짓는 관계식을 세워보라. 아세틸살리실산의 회수율이 90%일 때 예측되는 순도는 얼마인가? 회수율이 10%일 때 예측되는 순도는 얼마인가?

(d) 수율, 순도 또는 양쪽 모두를 증가시키기 위한 공정 개선을 제안하라.

P6.47 30 wt% Na_2CO_3 용액이 10,000 lb/h로 그림에 나타난 증발기/결정화기 시스템에 공급된다. 여과 케이크는 3.5 lb의 결정에 대하여 1 lb의 여과액을 동반한다. 동반 및 순환하는 용액 모두는 용액 100 lb당 17.7 lb 탄산나트륨을 함유한다. 결정의 생산 속도는 얼마인가? 증발기에서 얼마만큼의 물이 제거되는가? 만약 증발기에 공급된 물의 40%가 증발되었다면 순환되는 용액에 대한 원료 공급물의 비율은 얼마인가? 제품의 순도(% Na_2CO_3)는 얼마인가?

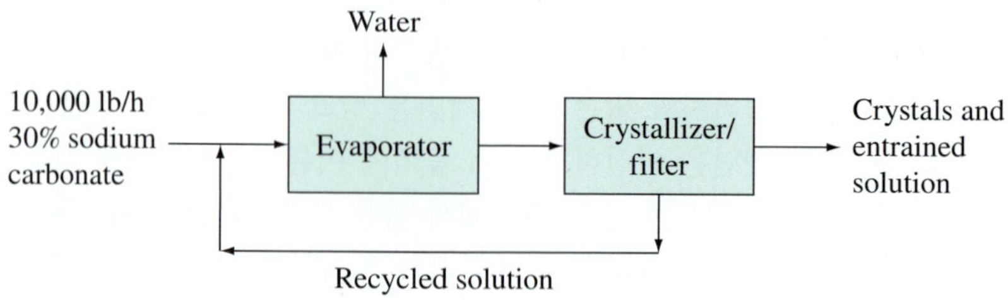

공정의 성능을 향상하고자 한다. 증발기는 최대 시간당 7500 lb 물을 증발시킬 수 있다. Na_2CO_3 농도는 용해도 한계인 17.7 lb/100 lb 용액으로 고정되었다. (a) 동반흐름이 같다고 가정하면, 순환 비율을 변화시켜 제품 순도 및/또는 회수율을 향상시킬 수 있는가? 설명하라. (b) 적어도 하나의 다른 공정 개선안을 제안하라. 이 제안이 제품 순도 및/또는 회수율에 어떤 영향을 미치는지 분석하라.

P6.48 자일렌 이성질체 *p*-자일렌은 폴리에스테르 섬유 생산을 위한 출발 물질이다. *m*-자일렌은 휘발유에 혼합되며 *p*-자일렌보다 가치가 떨어진다. 두 자일렌의 휘발성은 매우 유사하지만 녹는점이 다르기 때문에, 이를 분리하는 수단으로 결정화가 제안된다.

30 wt% *p*-자일렌과 70 wt% *m*-자일렌의 혼합물이 100 kg/h의 속도로 열 교환기에 공급되며, 여기서 흐름은 −45°C로 냉각된다. 이 온도에서 일부 *p*-자일렌은 고체로 결정화되고 나머지 용액은 16.5 wt% *p*-자일렌이다. 흐름은 다음에 결정이 액체 용액에서 분리되는 결정화기/필터 장치로 보내진다. 일부 용액은 15 kg 결정당 1 kg 용액으로 결정과 동반된다. 공정을 떠나는 결정의 생산 속도와 순도는 얼마인가(동반흐름 액체 포함)? 필터를 떠나는 용액의 조성과 유속은 얼마인가? *p*-자일렌이 농후한 제품에서 *p*-자일렌의 회수율은 얼마인가?

동료는 다음 아이디어를 제안한다. 반응기에 공급된 *m*-자일렌의 일부가 *p*-자일렌으로 변환되는 이성질체화 반응기로 액체 용액을 보내지 않는 이유는 무엇인가? (다이어그램 참조) 30 wt% *p*-자일렌인 반응기의 생성물은 새로운 공급물과 혼합된다. *p*-자일렌 농축 제품에서 *p*-자일렌의 회수율과 순도는 얼마인가? 이 아이디어에 대해 어떻게 생각하나?

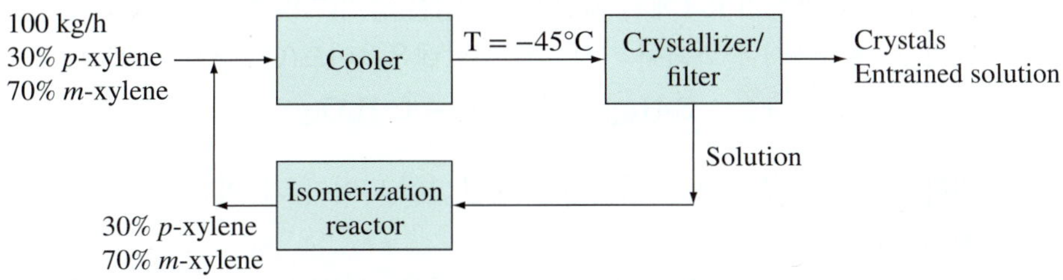

P6.49 식기세척 세제의 주요 활성 성분은 계면활성제 또는 표면 활성 분자로, 기름-물 계면을 변화시킨다. 이 분자는 기름과 그리스를 용해하는 지용성 부분과 수상으로 분리되어 오일과 그리스를 용해시키는 수용성 부분을 가지고 있다. 세제는 탄화수소에서 합성되는 반면 비누는 천연 지방산으로 만들어지기 때문에 세제는 비누와 다르다.

계면활성제를 제조하는 한 공정에서 직쇄 탄화수소 $C_{10}H_{22}$(데칸)은 광촉매 단계에서 염소화되어 모노클로로데칸($C_{10}H_{21}Cl$, MCD)을 생성한다.

$$C_{10}H_{22} + Cl_2 \rightarrow C_{10}H_{21}Cl + HCl$$

MCD가 디클로로데칸($C_{10}H_2OC_{12}$, DCD)으로 염소화되는 원치 않는 반응도 발생한다.

$$C_{10}H_{21}Cl + Cl_2 \rightarrow C_{10}H_{20}Cl_2 + HCl$$

반응기의 생성물은 염소와 HCl이 가스로 제거되는 고압 분리기로 공급되고 액체 생성물은 증류 장치로 보내진다. 액체 생성물은 40 mol% 데칸, 50 mol% MCD, 10 mol% DCD를 포함하고 유속은 1000 gmol/min이다. 분리흐름도는 순도가 97 mol%인 MCD가 풍부한 제품 흐름에서 이 흐름의 MCD의 99%를 회수하도록 설계되었다. DCD가 풍부한 제품에는 데칸이 없어야 한다. 데칸 제품은 반응기로 다시 순환된다. 과도한 염소화를 피하기 위해 데칸 제품은 DCD를 포함하지 않고 2 mol% MCD를 초과하지 않아야 한다. 제품이 3개이므로 분리 트레인에는 2개의 증류탑이 필요하다.

데칸, MCD, DCD의 정상 끓는점이 각각 174°C, 215°C, 241°C임을 염두에 두고 증류 장치의 두 컬럼에 대해 두 가지 다른 구성을 제안하라. 각각의 핵심 성분과 비핵심 성분을 식별한다. 증류 장치에 공급되는 데칸의 97%가 순환을 위해 회수된다고 가정한다. DOF 분석을 사용하여 문제가 완전히 지정되었는지 확인한다. 두 가지 다른 구성에 대한 흐름의 흐름 속도와 조성(가능한 한 많이)을 계산하고 결과를 두 개의 블록흐름선도와 함께 표 형식으로 요약한다. 하나의 구성이 바람직한가? 그렇다면 그 이유는 무엇인가?

설계 문제

P6.50 에틸렌글리콜[$C_2H_4(OH)_2$, 부동액]은 두 단계로 제조된다. 간략화된 공정흐름선도가 묘사되었다.

첫 번째 반응기 R-1에서 에틸렌(C_2H_4)은 공기(79% N_2, 21% O_2)와 혼합되며 은 촉매에서 산화되어 기상으로 에틸렌옥사이드(C_2H_4O)를 제조한다.

$$C_2H_4(g) + \frac{1}{2}O_2(g) \rightarrow C_2H_4O(g)$$

원하지 않는 부반응으로 에틸렌은 완전 연소되어 물과 이산화탄소가 발생될 수 있다.

$$C_2H_4(g) + 3O_2(g) \rightarrow 2CO_2 + 2H_2O(g)$$

공정에 공급된 모든 산소는 소모되었다. CO_2, H_2O, C_2H_4O들은 A-1 탑에서 냉각수로 흡수에 의해 미반응 C_2H_4과 N_2로부터 분리되었다. C_2H_4, O_2, N_2는 퍼지흐름으로 나가는 것을 제외하고 반응기 입구로 순환되었다. C_2H_4O와 CO_2는 증류탑 D-1에서 H_2O와 분리되었다. H_2O은 폐기되고 CO_2는 A-2 탑에서 TEA (triethanolamine)로 흡수에 의해 C_2H_4O로부터 제거되었다.

C_2H_4O는 반응기 R-2로 이송된다. 두 번째 반응에서, 에틸렌옥사이드는 용해력이 높은 물과 혼합된다. 에틸렌옥사이드는 물과 반응하여 에틸렌글리콜을 생성한다.

$$C_2H_4O(g) + H_2O(l) \rightarrow C_2H_4(OH)_2(l)$$

원하지 않는 부반응으로, 에틸렌글리콜은 에틸렌옥사이드와 디글리콜(diglycol)을 생성한다.

$$C_2H_4O(g) + C_2H_4(OH)_2(l) \rightarrow (C_2H_4OH)_2O(l)$$

반응성이 매우 강한 에틸렌옥사이드는 생성물로 100% 전환된다. 물과 디글리콜은 2개의 증류탑 D-2와 D-3에서 에틸렌글리콜로부터 분리된다.

각각의 분리 장치를 확인하라. 사용된 분리 기술과 분리장치의 주요 목적을 명기하라. 이 분리 기술이 이 분리 문제에서 최선의 선택인지 아닌지 이유를 설명하라. 원하지 않는 반응이 일어나지 않도록 나타낼 수 있는 흐름선도를 간단히 작성하라.

공정에 공급되는 원료 에틸렌 유량은 1000 gmol/h이다. 공급물에서 C_2H_4/O_2 비는 2:1이다. 50 gmol/h의 CO_2는 흡수기 A-2에서 제거된다. R-1에서 C_2H_4의 전환율은 0.25이다. R-1으로부터 C_2H_4O의 생산 속도, 퍼지 기체의 조성 및 유량, R-1으로 순환흐름의 유량을 계산하라.

원료 물은 5:1의 물:에틸렌옥사이드의 비로 R-2로 공급되었다. 생성되는 10 mol의 에틸렌글리콜에 대하여 1 mol의 디글리콜이 생성되었다. 에틸렌글리콜의 생산 속도를 계산하라. 전체 공정에서 에틸렌글리콜로 전환되는 에틸렌의 총괄 전환율을 계산하라.

공정은 약 10년 동안 성공적으로 운전되어 왔다. 갑자기 에틸렌의 가격이 두 배로 되었다. 에틸렌 이용을 개선할 수 있는 두 가지의 공정 개선을 제안하라. 이들 공정 개선이 전체 공장에 미치는 영향을 확인하라(유량 또는 조성에서 증가/감소). 이유를 설명하라.

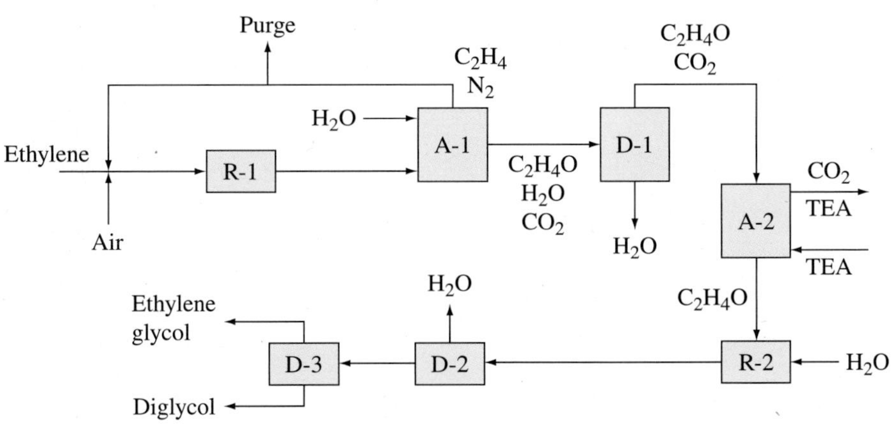

제 7 장

평형 기초 분리 기술

Equilibrium-Based Separation Technologies

▷ 이 장에서는

평형 기초 분리 기술에 대하여 보다 더 상세히 살펴보고자 한다. 이러한 유형의 분리 기술은 화학 공정 산업에서 가장 일반적이다. 두 개의 상이 서로 평형상태에 있을 때의 온도와 압력 그리고 조성에 대한 관계를 찾는 방법을 배우게 될 것이다. 이 관계는 평형 기초 분리의 설계와 분석에서 중요한 정보이다. 왜냐하면 상평형의 제약이 성분 회수와 제품 순도에 제한을 두기 때문이다. 이는 화학 평형 반응이 반응기에서 전환율과 수율에 제한을 두는 것과 유사하다.

이 장을 마친 다음에는 질문에 답을 할 수 있어야 한다.

- 분리 기술을 설계할 때 상평형이 매우 중요한 이유는 무엇인가?
- 평형상태에 있는 두 개의 상 조성을 어떻게 아는가?
- 물질수지식을 이용하여 분리기술을 설계하고 분석할 때 상평형에 대한 정보를 어떻게 조합하는가?
- 최적의 온도와 압력을 어떻게 선정하는가?

▷ 학습 용어

제7장에서는 다음과 같은 용어들을 배우게 된다.

평형 기초 분리(equilibrium-based separation)
분리제(separating agent)
핵심 성분(key component)
상평형(phase equilibrium)
평형단(equilibrium-based separations)
Gibbs 상률(Gibbs phase rule)
증류(distillation)
결정화(crystallization)
추출(extraction)
흡착(adsorption)
흡수(absorption)

7.1 서론

평형 기초 분리(equilibrium-based separation)는 가장 일반적인 유형의 분리 기술이다. 이 범주에는 식품 가공에서 의약품 제조, 원유 정제에 이르기까지 다양한 산업에서 광범위하게 사용되는 기술이 포함된다. 증류, 결정화, 추출, 흡수, 흡착. 이 기술과 관련 기술은 어디에나 존재하며 현대 생활의 일상 제품에 필수적이다.

모든 분리와 마찬가지로 평형 기초 분리는 분리할 성분의 물성 차이를 이용한다. 평형 기초 분리의 경우 이러한 물성 차이로 인해 성분이 두 개의 상으로 분포되는 방식이 달라진다. 이 장의 각 절에서는 우선 두 상 사이의 성분 분포를 결정하는 방법을 배우고, 둘째로 해당 지식을 사용하여 특정 유형의 분리를 평가하는 법을 배운다.

7.1.1 상: 간단한 복습

평형 기초 분리 공정에서 다성분 혼합물은 조성이 다른 두 단계로 분리된다. 따라서 분리 과정들을 이해하려면 상에 대해 이해해야 한다.

이전 장에서 **상**(phase)이란 "*균질*(homogeneous)하고, *물리적으로 구별*(physically distinct)되며, *기계적으로 분리*(mechanically separable)할 수 있는 물질의 부분"이라는 것을 상기하라. 고체, 액체, 증기 및 초임계 유체는 모두 상이다.

상은 균일하다. 상 내에서 화학적 조성과 물리적 특성(예: 밀도, 점도)은 균일하다. 상은 단일 성분일 수도 있고 여러 화학종의 다성분 혼합물일 수도 있으며 화학종은 분자 수준에서 균일하게 분포되어 있다.

상은 물리적으로 구별된다. 증기, 액체, 고체는 몇 가지 면에서 근본적으로 다르다. 증기는 액체보다 밀도가 훨씬 낮다. 증기는 압축성이 높지만(즉, 밀도가 압력에 따라 많이 변함), 액체와 고체는 거의 압축할 수가 없다. 이는 증기의 거동이 압력에 매우 민감한 반면 고체나 액체의 거동은 상대적으로 압력과 무관하다는 것을 의미한다. 증기와 액체는 용기의 모양을 따르지만 고체는 용기와 관계없이 모양을 유지한다.

상은 기계적으로 분리 가능하다. 기계적 힘과 기계 장치를 사용하여 한 상을 다른 상과 분리할 수 있다.

용어. 기체상은 순수할 때 주변 조건 또는 그 근처에서 응축된 상(액체 또는 고체)으로 존재하는 화합물의 "증기"로 정의된다. "기체"라는 단어는 일반적으로 주변 온도와 압력에 가까운 온도와 압력에서 기체 상태로 남아 있는 화합물을 설명한다. 따라서 스팀(steam)은 증기이지만 공기는 기체다. 모든 성분이 순물질 상태에서 액체일 때 액체는 "혼합물"로 정의된다. 만약 한 개 이상의 성분이 순물질 상태에서 고체일 때 액체는 "용액"으로 정의된다. "유체"는 기체이거나 액체이다. "응축상"은 액체 또는 고체이다.

7.1.2 단일 성분 상평형

먼저 단일 성분 시스템인 물을 고려해보자. 물의 상은 온도 T와 압력 P에 따라 달라진다. 예를 들어 물이 100°C와 760 mmHg에서 액체에서 증기로 변한다는 것을 이미 알고 있을 것이다. 이것을 물의 **정상 끓는점 T_b**(normal boiling point)라고 한다. 또한 물이 0°C와 760 mmHg (**물의 일반적인 녹는점 T_m**)에서 고체에서 액체로 변한다는 사실도 알고 있을 것이다. 물의 **삼중점**(triple point)인 0.01°C와 4.58 mmHg의 단일 온도와 압력에서 물은 증기, 액체, 고체로 공존한다는 것을 알 수 있다. 중요한 사실이 하나 더 있다. 바로 **임계점**(critical point)이다. 물의 임계점은 1.67×10^5 mmHg [**임계압력**(critical pressure) P_c]와 374°C [**임계온도**(critical temperature) T_c]이다. 온도와 압력이 모두 임계점 이상이면 물질은 액체도 증기도 아닌 초임계 유체가 된다. 이 모든 정보는 그림 7.1에 나타낸 것처럼 ***P-T* 상 도표**(*P-T* phase diagram)에 매우 간결하게 표시된다.

그림 7.1을 자세히 살펴보자. 먼저 세 개의 상이 동시에 존재하는 삼중점을 찾아보라. 물이 삼중점에 있다는 것은 물이 *반드시* 0.01°C와 4.58 mmHg에 있다는 것을 의미한다. 삼중점에서 다른 온도나 압력을 선택할 수 있는 자유도가 없다는 것이다! 다음으로, **공존 곡선**(coexistence curve)이라고 하는 실선을 확인해보라. 이 선은 두 상(액체와 증기, 액체와 고체, 고체와 증기)이 공존할 수 있는 P와 T의 모든 조합을 보여준다. 2개의 상이 동시에 존재하는 경우 자유도는 1개뿐이다. 예를 들어 P가 지정되면 공존 곡선상에서 T가 정해지고, 혹은 T가 지정되면 P가 정해진다.

Quiz 7.1

증기와 액체 상태의 물이 모두 존재하고 온도가 100°C일 때 압력은 얼마인가?

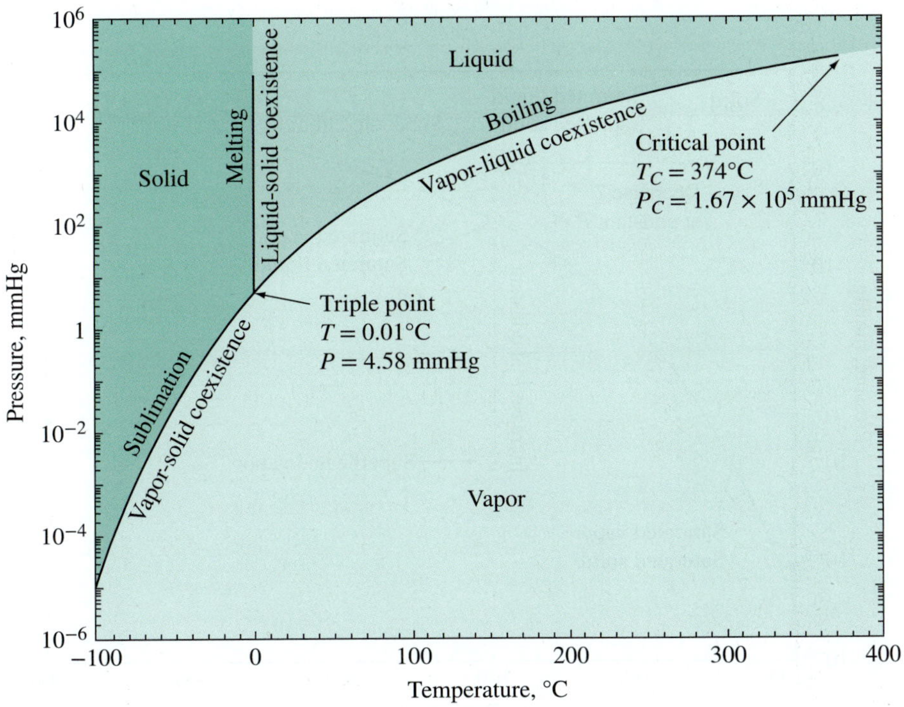

그림 7.1 순수한 H_2O에 대한 압력-온도 선도. *Perry's Chemical Engineers' Handbook, 6th edition, McGraw Hill*의 데이터를 기반으로 한다.

Quiz 7.2

끓는점 온도와 녹는점 온도 중 압력 변화에 따라 더 많이 바뀌는 것은 무엇인가?

Quiz 7.3

H_2O가 10,000 mmHg와 120°C이면 어떤 상인가?

120°C의 포화 증기가 있다고 가정해보라. 이것의 압력은 어떻게 되는가?

100°C와 760 mmHg의 순수한 H_2O가 있다고 가정해보라. 이것은 증기인가, 액체인가, 둘 다인가 아니면 미지의 상인가?

Hint

액체-기체 혹은 고체-기체 평형에 있는 순물질에 대해, $P = P^{sat}$이다.

액체-증기 또는 고체-증기 공존 곡선에서 특정 T에 해당하는 압력을 **포화 압력 P^{sat}**(saturation pressure)이라고 한다. T와 P의 증기가 공존 곡선상에 있을 때 이를 **포화 증기**(saturated vapor)라고 한다. 그림 7.1에서 T와 P의 증기가 증기-액체 공존 곡선 아래 영역에 있을 때 이를 **과열 증기**(superheated)라고 한다. T와 P의 액체가 공존 곡선상에 있다면 이를 **포화 액체**(saturated liquid)라고 한다. 그림 7.1에서 증기-액체 공존 곡선 위 영역의 액체를 **과냉각**(subcooled)이라고 한다. 예를 들어, 100°C와 760 mmHg에서 물은 포화 액체 또는 포화 증기(또는 둘의 혼합물)이다. 100°C와 10,000 mmHg에서 물은 과냉각 액체이다. 100°C와 0.01 mmHg에서 물은 과열 증기이다. −50°C와 10,000 mmHg의 H_2O는 고체이다. 이 점들은 그림 7.2에 표시되어 있다. T가 일정할 때 P를 변경하거나 P가 일정할 때 T를 변경하며 상 변화가 어떻게 일어나는지를 선도를 통해 확인할 수 있다.

많은 물질에 대한 그림 7.1에 표시된 유형의 P-T 선도는 핸드북(장 끝의 참고 논문을 참조)에서 찾을 수 있다. 때때로 이들 정보가 선도 대신 표 형식으로 제시되는데, 더 높은 정확도가 필요한 경우 더 편리하다.

P^{sat}를 T의 함수로 계산하는 데 사용할 수 있는 몇 가지 유용한 *모델 식*(model equation)이 있다. 가장 단순하고 가장 널리 사용되는 방정식 중 하나는 **Antoine 식**(Antoine equation)이다.

$$\log_{10} P^{sat} = A - \frac{B}{T + C} \tag{7.1}$$

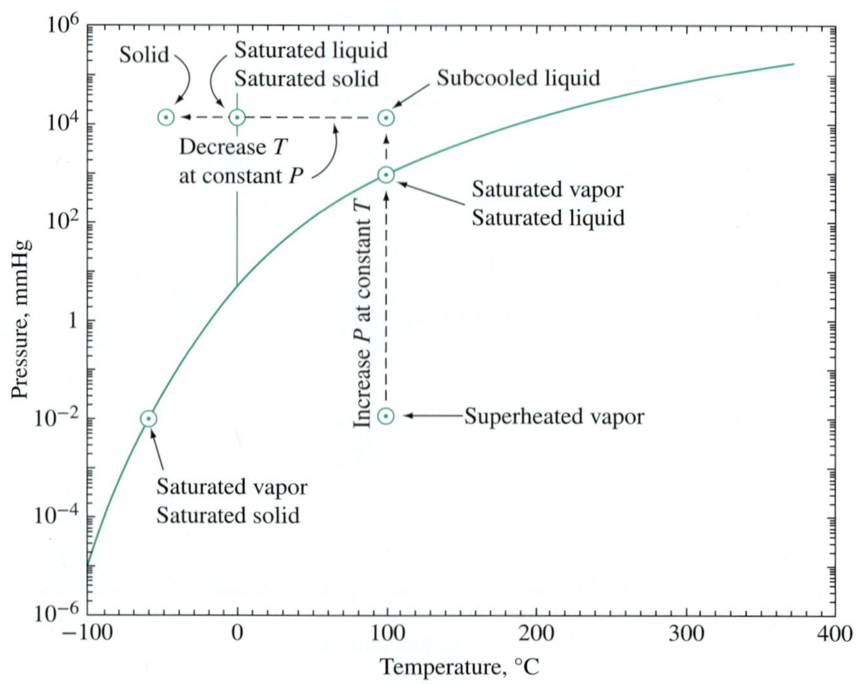

그림 7.2 압력-온도 선도를 읽는 방법.

여기서 A, B, C는 실험적으로 결정된 물질마다 다른 상수이다. 일반적인 화학 물질에 대한 Antoine 상수는 부록 B의 표 B.6에 제시되어 있다.

Quiz 7.4
Antoine 식으로부터 H_2O의 100°C에서의 증기압을 계산하면 얼마인가?

설명 ▸ 표 B.6에 있는 Antoine 식 계수를 통해 물의 포화 압력을 다음과 같이 계산한다.

$$\log_{10} P^{\text{sat}}(\text{mmHg}) = 8.10765 - \frac{1750.286}{T(°C) + 235.0} \quad \text{from 0°C to 60°C}$$

$$\log_{10} P^{\text{sat}}(\text{mmHg}) = 7.96681 - \frac{1668.21}{T(°C) + 228.0} \quad \text{from 60°C to 150°C}$$

이 식을 사용하여 0°C에서 150°C까지 T에 대한 P^{sat}를 계산할 수 있다. 이 그림을 그림 7.1과 비교하라. 이 온도 범위에 대한 증기-액체 공존 곡선을 구성한 것이다!

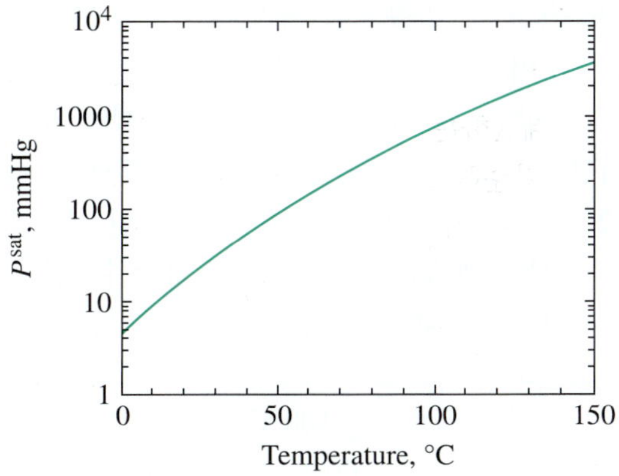

▸ 7.2 다성분 상평형과 평형단의 개념

이전 장의 내용은 단일 성분을 포함하는 시스템에 적용된다. 그러나 분리 문제에 관심이 있다면 적어도 두 가지 성분에 대해 논해야 한다! **다성분 상평형**(multicomponent phase equilibrium)에 대해 이해해야 함을 의미한다. 다중 성분 시스템의 상거동을 설명하기 위해 와 T, P뿐만 아니라 각 상의 성분 몰 또는 질량 분율 또한 필요하다. 일반적으로 혼합물에서 화합물 i의 몰분율을 나타내기 위해 z_i를 사용하였다. 상평형에서는 화학 반응 평형과 마찬가지로 상에 집중해야 한다. y_i, x_i, x_{iS}가 각각 증기, 액체, 고체에서 i의 몰분율을 나타낸다고 하자. 상이 지정되지 않은 경우 z_i를 계속 사용한다. 일부 상평형 데이터는 질량 분율로 나타나며, 이는 증기보다 액체 또는 고체상에서 더 일반적이다. 이 경우 i의 질량 분율에 대해 w_{iP}를 사용한다. 여기서 아래 첨자 P는 상을 나타낸다. 상이 지정되지 않은 경우 w_i를 사용한다.

7.2.1 ▸ Gibbs 상률

몇 개의 변수(T, P, 모든 상의 몰분율)가 서로 독립인가? 답은 매우 간단하고 유용한 **Gibbs 상률**(Gibbs phase rule)이라 불리는 규칙에 있다.

$$F = C + 2 - \Pi \tag{7.2}$$

여기서

F = 독립적으로 설정할 수 있는 변수의 수
C = 성분 수
Π = 상의 수

먼저 순수 액체 물과 같은 단일 성분, 단일 상 시스템에 대해서 $C = 1$, $\Pi = 1$이다. 그러므로 $F = 1 + 2 - 1 = 2$이다. 2개의 변수가 독립적으로 정해질 수 있다는 것을 의미한다. 단일 성분 시스템에서, 몰(혹은 질량) 분율은 $x_W = 1$이고, 따라서 두 개의 독립변수는 T와 P이다. Gibbs 상률이 알려주는 것은 액체 물에 대해 T, P를 독립적으로 선택할 수 있다는 것이다. 즉, 물이 액체 상태로 존재할 수 있는 T, P의 조합이 무수히 많다는 것이다. 그림 7.1을 통해 이것이 사실이라는 것을 알 수 있다. 중간의 회색 영역("액체"로 표시됨)에 있는 T, P의 모든 값은 액체 상태의 물이다. (Gibbs 상률은 주어진 T, P에서 물이 *액체인지 여부*를 알려주지 않으며, 물이 액체일 수 있는 T, P의 *값이 여러 개 존재*한다는 사실만 알려준다.)

이제 물이 증기상과 액체상으로 공존한다고 가정해보자. 이 경우 $C = 1$, $\Pi = 2$이므로 $F = 1 + 2 - 2 = 1$이다. 따라서 하나의 변수만 지정할 수 있다. T가 지정되면 순수한 물이 증기상과 액체상으로 동시에 존재할 수 있는 P는 *단 하나뿐*이다. P가 지정되면 증기와 액체가 공존하는 T는 *단 하나뿐*이다.

설명 ▸ 그림 7.1 또는 식 (7.1)에서 T는 100°C이고 증기와 액체 물이 공존한다면 P는 760 mmHg일 수밖에 없다. T = 200°C이고 증기와 액체 상태의 물이 공존하는 경우 P = 11,700 mmHg이다. 반대로, P = 1000 mmHg이고 증기와 액체 물이 공존하는 경우 T가 가질 수 있는 값은 108°C뿐이다.

Quiz 7.5
삼중점에서 F는 몇인가?

Gibbs 상률이 다중 성분 시스템에 어떻게 적용되는가? 이제 살펴봐야 할 변수에 T, P 그리고 모든 상에서 모든 성분의 몰(또는 질량) 분율이 포함된다. 예를 들어 액체(L)와 증기(V)가 공존하는 에탄올(E)-물(W) 혼합물을 상상해 보자. 변수는 T, P, x_E, x_W, y_E, y_W이다. 그러나 각 상의 몰분율의 합은 1이어야 하므로 T, P, x_E 또는 x_W, y_E 또는 y_W의 4개 변수만 고려해야 한다. $C = 2$, $\Pi = 2$이므로 Gibbs 상률에 따르면 $F = 2 + 2 - 2 = 2$이다. 4개의 변수 중 두 개를 선택하면 나머지는 자연적으로 결정된다는 것을 의미한다. 따라서 T와 x_E를 특정하면 다른 변수를 더 이상 지정할 수 없다. 긍정적인 언어로 바꿔보자면, 일단 T와 x_E를 설정한다면 상평형 관계를 사용하여 P와 y_E가 무엇인지 알 수 있다. Gibbs 상률은 상평형과 평형 기초 분리에 대해 더 학습하는 과정에서 기억해두면 편리하다.

7.2.2 ▸ 평형단

평형 기초 분리 기술에서 공급물은 단일 상, 다성분 혼합물이다. 분리 장치 내에서 두 번째 상이 생성된다(분리제의 추가에 의해). 두 개의 상은 기계적 수단에 의해

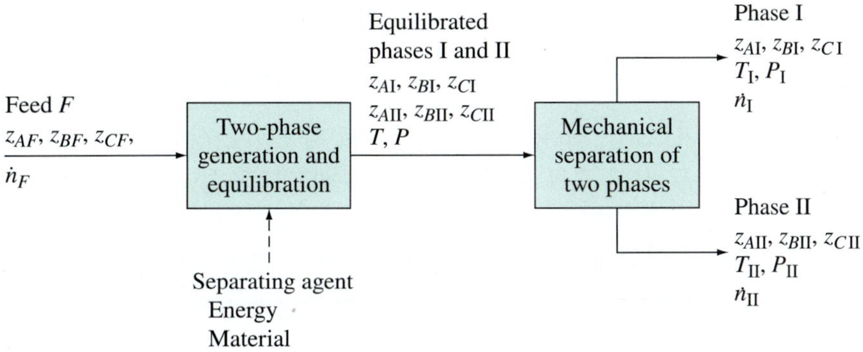

그림 7.3 평형단의 개념도. 단은 분리제의 첨가로 인한 두 번째 상의 생성, 두 상의 평형, 두 상의 완전한 기계적 분리를 포함한다. 아래 첨자 F, I, II는 각각 공급물, 상 I, 상 II를 나타낸다. 그림에 나타난 공정은 연속흐름이지만, 평형단은 회분식으로도 운전할 수 있다.

분리된다. **평형단**(equilibrium stage)(그림 7.3)은 이 모든 단계를 결합한 공정 유닛이다. 중요한 것은 *두 상의 구성이 다르다는 것이다. 상의 구성은 상평형 제약 조건에 의해 설정된다.* 두 상의 조성 차이가 바로 분리를 달성하기 위한 원리이다.

평형단은 상평형이 평형 기초 분리기의 성능에 어떠한 영향을 미치는지 이해하기 위한 기본 개념이다. 평형단은 하나의 개념일 뿐 실제 장비의 일부일 필요는 없다. 공급물 F는 분리되어야 할 성분 A, B, C, ...로 구성되어 있다. 평형단으로 분리제(에너지 또는 물질일 수 있음, 표 6.4와 6.5 참조)가 추가된다. 분리제를 추가하면 두 상이 생성된다. 상은 단 내에서 평형에 도달한 다음 기계적으로 분리된다. 두 생성물(두 개의 상)이 단을 빠져나간다.

평형단을 떠나는 두 상은 정의에 의해 평형상태에 있다. 이것은 다음을 의미한다:

- 두 상의 *온도*(temperature)는 동일하다: $T_I = T_{II}$
- 두 상의 *압력*(pressure)은 동일하다: $P_I = P_{II}$
- 두 상의 *화학 포텐셜*(chemical potential)은 동일하다: *????*

화학 포텐셜은 혼합물에서 각 성분의 Gibbs 에너지에 대해 설명하는 매우 유용한 열역학 물성이다. 화학 포텐셜에 대한 구체적인 수학적 설명이 있지만 다음 외에는 추가로 언급하지 *않겠다*. 두 상에서 각 성분의 화학 포텐셜이 동일하더라도 *두 상의 조성은 동일하지 않을 수도 있다. 하지만 서로 관련되어 있다.* 이 장의 나머지 부분에서는 먼저 분리 기술별 상평형 관계를 찾는 방법을 설명한 후, 해당 분리 기술을 설계하고 분석하기 위해 물질 수지식과 함께 상평형 관계를 사용하는 법을 보여줄 것이다.

시스템에서 성분의 상평형 거동에 대한 지식으로부터, 한 상의 성분별 몰분율을 다른 상의 성분별 몰분율을 관계짓는 함수 f (아직 모르지만)를 정의할 것이다. 예를 들어, 성분 A, B, C가 평형상태에서 상 I, II 모두에 있다고 해보자. 상 I의 A의 몰분율을 상 II의 A의 몰분율과 관련시키는 어떤 함수가 있다. 마찬가지로,

! Hint
그림 7.3을 주의 깊게 공부해야 한다! 평형 기초 분리의 설계와 분석에 성공하려면 평형단 개념에 대한 명확한 이해가 필요하다.

Hint
가끔씩 $z_{BI} + z_{BII} = 1.0$이라는 실수를 하곤 하는데, 이것은 *사실이 아니다!* 이러한 오류를 피하기 위해 조심하라.

두 상에서 B와 C의 몰분율을 다음과 같이 연관지을 수 있다.

$$z_{AI} = f(z_{AII}),\ z_{BI} = f(z_{BII}),\ z_{CI} = f(z_{CII}) \tag{7.3}$$

함수 f의 정보는 표, 그림, 식 등의 다양한 형태로 제공된다. 상평형 관계식은 평형단을 *빠져나가는* 두 상이 *오직 서로 평형인 경우에만* 그 조성 간의 관계를 설명해준다.

평형단(상평형 + 기계적 분리)을 시스템으로 하는 물질 수지식은 간단하게 유도할 수 있다. 그림 7.1과 같은 연속흐름 정상상태 공정의 경우는 다음과 같다.

Hint
때때로 성분은 하나의 상에서만 나타난다. 이 경우 해당 성분에 대한 식 (7.3)이 없다. 그러나 성분은 여전히 물질 수지식에 포함되어야 한다.

$$z_{iF}\dot{n}_F = z_{iI}\dot{n}_I + z_{iII}\dot{n}_{II} \tag{7.4}$$

각 흐름의 모든 성분의 몰분율의 합이 1이어야 한다는 제약 조건은 다음과 같다:

$$\sum_{\text{all } i} z_{ij} = 1 \tag{7.5}$$

평형 기초 분리의 경우 *물질 균형 방정식과 결합된 상평형 관계를 통해 달성 가능한 제품 순도와 성분 회수율을 결정할 수 있다.*

아래 표는 상평형과 해당 평형 기초 분리 기술 간의 상관 관계를 요약한 것이다. 7.3절에서는 에너지를 분리제로 사용하는 여러 기술을 설명하고 7.4절에서는 물질 분리제를 사용하는 기술을 설명한다.

Section	Phase equilibrium	Separation technology
7.3.1	liquid-solid	Crystallization
7.3.2	vapor-liquid	Evaporation, condensation, equilibrium flash, distillation
7.4.1	gas-liquid	Absorption
7.4.2	fluid-solid	Adsorption
7.4.3	liquid-liquid	Extraction

7.3 에너지 분리제를 활용한 평형 기초 분리 기술

결정화, 증발, 증류는 가장 중요하고 널리 사용되는 산업용 분리 기술이다. 이러한 분리는 모두 에너지 분리제를 사용하여 두 번째 상을 생성하며, 대부분 가열 또는 냉각을 통해 온도를 변경한다. 대표적인 흐름도가 그림 7.4에 나와 있다.

공급물은 5가지 성분의 혼합물이며 평형단은 성분 B와 성분 C를 분리하도록 설계되었다. 성분 B, C는 핵심 성분이며 두 상 모두에 나타나는 반면, 성분 A, D, E는 비분산 성분이며 하나의 흐름으로만 배출된다. 12개의 독립적인 흐름 변수가 있다. 공급 유량과 공급 조성이 알려진 경우, 5가지 규격과 5가지 물질 수지식이 주어지게 되어 DOF = 12 − (5 + 5) = 2가 된다. 단에서 배출되는 흐름이 평형상태에 있고, 그 때의 온도와 압력을 안다면 계성능규격이 결정된다. 시스템을 완전

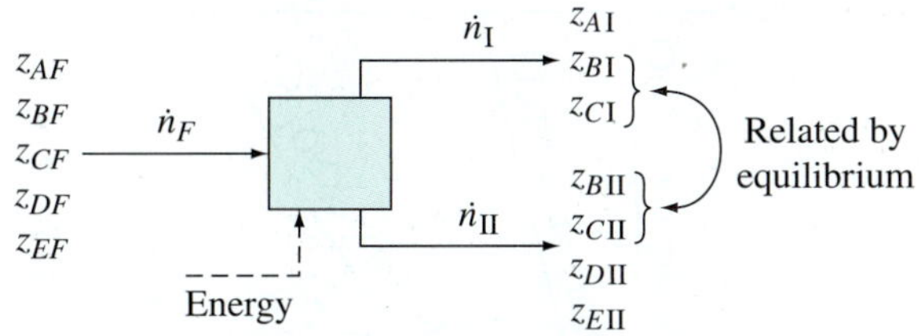

그림 7.4 에너지 분리제가 있는 대표적인 평형단 분리기. 에너지 분리제는 공급물의 온도 및/또는 압력을 변경한다. B, C는 핵심 성분이며 두 개의 상에서 모두 나타난다. 상평형 데이터는 $x_{B\mathrm{I}}$와 $x_{B\mathrm{II}}$의 관계, 그리고 $x_{C\mathrm{I}}$와 $x_{C\mathrm{II}}$의 관계를 설명하는 데 사용된다. A, D, E는 두 상으로 분배되지 않는 비핵심 성분이므로 이러한 성분에 대한 상평형 방정식이 없다.

히 결정하는 데 필요한 마지막 두 개의 정보는 두 상 모두에 존재하는 두 성분 B, C에 대한 상평형 관계식이다.

다음 장에서는 그림 7.3, 7.4, 그리고 식 (7.3)~(7.5)에 나타난 기본 개념들이 어떻게 에너지를 분리제로 사용하는 분리 기술에 적용되는지 설명한다.

7.3.1 ▸ 액체-고체 평형과 결정화

결정화는 식품 가공(예: 설탕), 의약품 제조(예: 카이랄성 약물), 무기화학산업(예: 염)에서 흔한 분리 공정이다. 일반적으로 공급물은 액체 용액이며 원하는 제품은 순수한 고체이다. 결정화 공정을 분석하고 설계하려면 먼저 고체-액체 상평형(SLE)과 특히 온도가 SLE에 미치는 영향을 이해해야 한다.

7.3.1.1 2성분 액체-고체 상평형

일반 식염(NaCl)은 물에 쉽게 용해된다. 소금을 너무 많이 넣으면 두 번째 고체상이 나타난다. 고체상은 순수한 NaCl이다. 고체상과 액체상이 모두 공존하고, 평형 상태에 있을 때의 액체를 **포화 용액**(saturated solution)이라고 하며, 용액의 NaCl 농도는 용해도 한계에 도달한다.

대부분의 염의 용해도는 T의 함수이고 보통 P와는 무관하다. 따라서 물에 대한 염의 용해도에 대한 정보는 그림 7.5와 같은 용해도 도표에 간결하게 표시될 수 있다(부록 B, 표 B.10의 데이터 참조). 용해도 도표에는 두 가지 상이 나타나 있다. 염과 물을 모두 포함하는 액체 용액과 순수한 염인 고체이다. 실선은 온도의 함수로서 포화 액체 용액에서 염의 질량 분율을 나타낸다. 불포화 염 용액(용해도 한계 미만의 염 농도를 갖는 용액)은 곡선의 왼쪽에 있다. 오른편에 있는 세로축은 순수한 고체 염에 해당한다.

주어진 온도 T와 염의 질량 분율 w_A 조건의 염수 혼합물의 상 거동을 결정하기 위해 먼저 용해도 도표에서 w_A와 T에 해당하는 점을 찾는다. w_A는 전체 혼합물에서 염 A의 질량 분율이라는 것이 중요하다. 점이 용해도 곡선의 왼쪽에 있으면 염 농도가 용해도 한계 미만이며 혼합물은 단일상 불포화 용액이다. 점이 용해도 곡선의 오른쪽에 있으면 혼합물이 두 개의 상으로 나뉜다. 하나의 상은 염 농도

Quiz 7.6

90°C의 50 wt% KNO_3의 혼합물을 20°C로 냉각한다. 무슨 일이 발생하는가?

60°C에서 NaCl과 KNO_3 중 어떤 것이 물에 더 잘 녹는가?

10°C에서는 어떠한가?

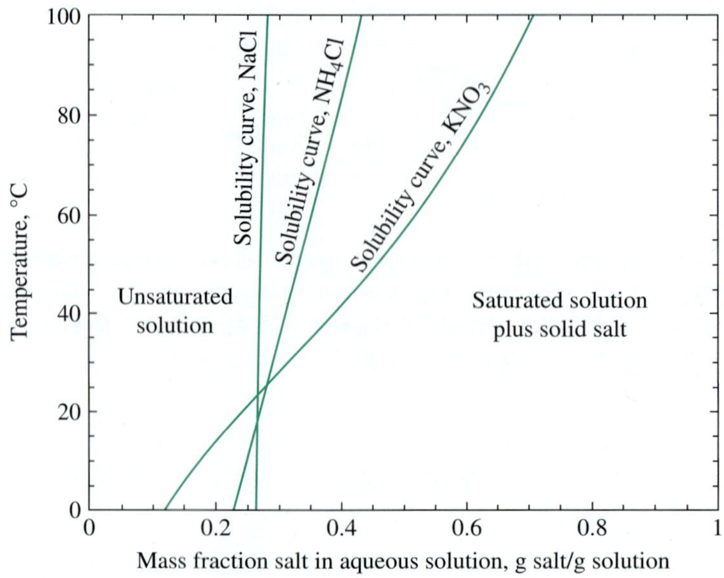

그림 7.5 KNO_3, NH_4Cl and NaCl의 용해도 곡선. *Perry's Chemical Engineers' Handbook, 6th edition, McGraw Hill*에서 데이터 발췌.

가 용해도 한계에 있는 포화 액체 용액이다. 포화 액체 용액의 w_{AL}을 결정하려면 T를 상수로 두고 수평 방향으로 움직여 용해도 곡선과의 교점을 찾는다. 다른 상은 고체의 순수한 염(w_{AS} = 1)이다. 용액과 고체상의 상대적인 양을 결정하기 위해 *역 지렛대 규칙*(inverse lever rule)을 사용한다.

$$\frac{m_S}{m_L} = \frac{w_A - w_{AL}}{w_{AS} - w_A} \tag{7.6}$$

여기서 m_S는 고체상의 질량이고, m_L는 액체 용액의 질량이다. 역 지렛대 규칙은 질량 보존법칙을 다시 쓴 것이다. [물질 수지식에서 식 (7.6)을 유도하여 이를 증명해 보라!]

설명 ▸ 용해도 그래프 읽기

30°C에서 물(w_A = 0.5)에 용해된 50 wt% KNO_3의 혼합물은 31 wt% KNO_3 (w_{AL} = 0.31)의 포화 용액과 100% KNO_3의 고체상(w_{AS} = 1.0)의 두 상으로 분리된다. 고체상과 액체상의 질량 비율은

$$\frac{m_S}{m_L} = \frac{w_A - w_{AL}}{w_{AS} - w_A} = \frac{0.5 - 0.31}{1 - 0.5} = 0.38$$

또는 혼합물의 72.5%가 액상이고 27.5%가 고체이다.

혼합물을 57°C 이상으로 가열하면 고체상이 사라지고 혼합물이 단일 액체상이 된다.

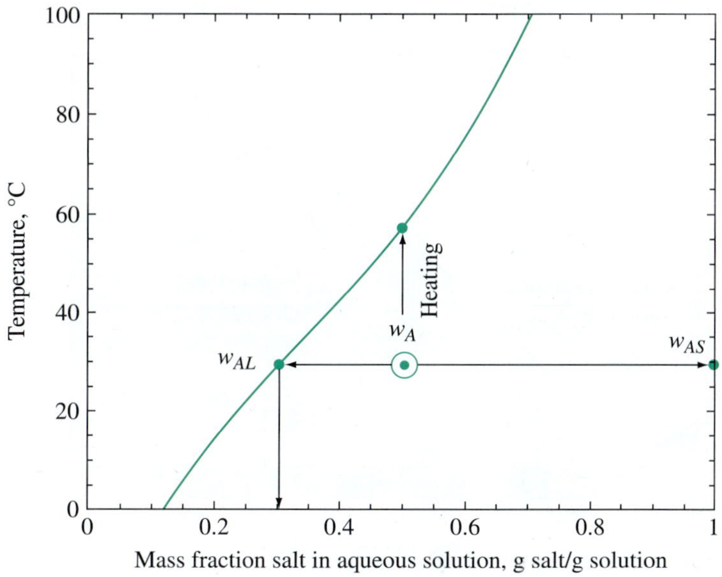

이제 benzene (C_6H_6)-naphthalene ($C_{10}H_8$) 시스템을 고려하자. Naphthalene 순물질의 T_m은 80.2°C이고 benzene 순물질의 T_m은 5.5°C이다. Naphthalene과 benzene을 섞으면 어떻게 되는가?

Benzene　　Naphthalene

Benzene과 naphthalene의 혼합물에 대한 상도표는 그림 7.6에 나와 있다(표 데이터는 부록 B, 표 B.11 참조). 도표에는 4개의 영역이 있다. 실선은 액체-고체 공존 곡선이다. 곡선보다 위의 영역에서 혼합물이 단일 액체 용액을 형성한다. 이 곡선 아래 영역에서의 혼합물은 도표에 표시된 대로 포화 액체 용액과 고체 naphthalene 또는 고체 benzene을 형성한다. 이 곡선의 오른쪽 끝과 왼쪽 끝은 각각 순수한 naphthalene과 순수한 benzene의 T_m에 해당한다. 놀랍게도 0.14 몰분율 naphthalene의 혼합물은 benzene이나 naphthalene이 단독으로 있을 때의 녹는점보다 낮은 −4°C까지 액체 상태를 유지한다! 이 점을 공융점(eutectic point)이라 하며, 고체-액체 상평형의 공통적인 특징이다. 공융점 온도 이하에서는 benzene과 naphthalene이 두 개의 고체상으로 분리된다. 하나의 고체는 순수한 benzene이고 다른 하나는 순수한 naphthalene이다.

설명 ▸ 고체-액체상의 *T-x* 그래프 읽기

처음에 80°C에서 6 gmol naphthalene (*N*)과 4 gmol benzene (*B*)이 혼합되어(z_N = 0.6) 단일 액상을 형성한다. 이어서 혼합물을 천천히 20°C로 냉각시킨다. 54°C에서 혼합물은 용해도 한계에 도달하고 냉각이 계속됨에 따라 혼합물은 27 mol%

Quiz 7.7

5 mol% naphthalene/95 mol% benzene 용액이 0°C로 냉각됐을 때, 상이 한 개인가 두 개인가?

액체상에서의 naphthalene mol%는 얼마인가?

고체상이 naphthalene 순물질인가 benzene 순물질인가?

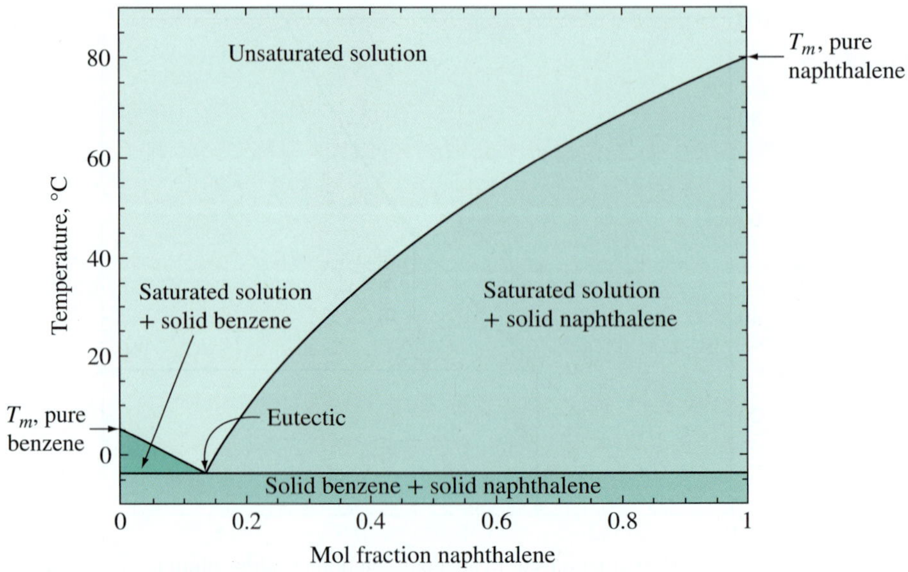

그림 7.6 Benzene-naphthalene 혼합물의 액체-고체 상평형.

naphthalene/73 mol% benzene ($x_N = 0.27$)의 포화 액체 용액과 순수한 naphthalene ($x_{NS} = 1.0$)의 고체상으로 분리된다. 고체와 액체의 비율은 다음과 같다.

$$\frac{n_S}{n_L} = \frac{z_N - x_N}{x_{NS} - z_N} = \frac{0.6 - 0.27}{1 - 0.6} = 0.825$$

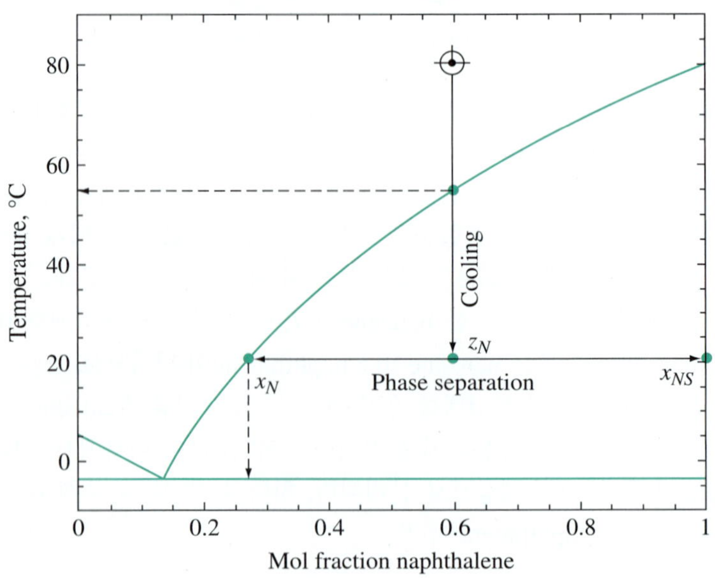

7.3.1.2 결정화

결정화(crystallization)는 평형상태에서 액체와 고체의 조성 차이를 이용하는 매우 일반적인 분리 공정이다. 일반적으로 원하는 제품은 순수한 고체이다. 에너지 분리제를 사용하여 액체 용액에서 고체 생성물을 결정화하는 두 가지 방법이 있다. (1) 원하는 생성물의 용해도가 온도에 따라 감소하는 경우 용액을 냉각하거나, (2) 결정화 가능한 물질의 농도가 용해도 한계를 초과할 때까지 용매를 증발시킨다. 두 경우 모두 평형을 2상 영역으로 이동하려면 에너지를 추가하거나 제거해야 한다. 결정화 공정의 분석과 설계를 위해 그림 7.5, 7.6과 같은 액체-고체 상평형 도표 정보와 물질 수지식을 결합한다.

액체-고체 평형 데이터를 사용한 공정흐름 계산: 질산칼륨 결정화 ◂ 예제 7.1

80°C의 50 wt% KNO_3 수용액 100 g을 20°C로 냉각한다. 액체의 KNO_3 wt%는 얼마인가? 얼마나 많은 고체 염이 생산되는가? 고체 염 생성물로의 KNO_3 회수율은 얼마인가?

〉풀이

항상 그렇듯이 순서도를 그리고 명칭을 지정하는 것으로 시작된다. 두 성분인 KNO_3와 물을 K와 W를 이용하여 나타낸다.

w_{iF} = 공급물에서 i의 질량 분율
w_{iL} = 액체 용액에서 i의 질량 분율
w_{iS} = 고체에서 i의 질량 분율
m_F = 시스템의 초기 질량(g)
m_L = 평형상태 시스템의 액체상 전체 질량(g)
m_S = 평형상태 시스템의 고체상 전체 질량(g)

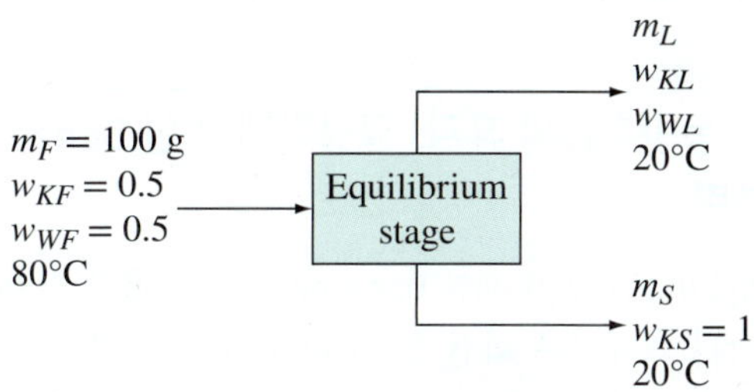

공급량과 흐름 조성은 문제에서 주어졌다.

$$m_F = 100 \text{ g}$$
$$w_{WF} m_F = 0.5(100) = 50 \text{ g } H_2O$$
$$w_{KF} m_F = 0.5(100) = 50 \text{ g } KNO_3$$

회분식 공정이므로 두 성분에 대한 적분 물질 수지식은 다음과 같이 단순화된다.

$$w_{WS} m_S + w_{WL} m_L = 50$$
$$w_{KS} m_S + w_{KL} m_L = 50$$

평형상태에서 고체와 액체의 조성을 찾기 위해서는 상평형 정보가 필요하므로 그림 7.5로 돌아가보자. 80°C, w_{KF} = 0.5에서 용액은 불포화 상태이다. 용액이 냉각될 때 일어나는 일을 살펴보기 위해 질량 분율 $w_F = 0.5$에서 수직으로 아래로 이동한다. 고체상은 55°C에서 형성되기 시작한다. 시스템이 더 냉각되면 용해도가 감소한다. 20°C에서 포화 액체는 24 wt% KNO_3이고 고체상은 순수한 염이다. 따라서 $w_{FL} = 0.24$, $w_{WF} = 0.76$, $w_{KS} = 1.0$, $w_{WF} = 0.0$이다.

이 값을 물질 수지식에 대입하면

$$0.76m_L = 50$$

$$m_S + 0.24m_L = 50$$

여기서 다음을 계산할 수 있다

$$m_L = 66 \text{ g}$$

$$m_S = 34 \text{ g}$$

고체상에서 KNO_3의 회수율은 다음과 같다.

$$f_{RKS} = \frac{w_{KS}m_S}{w_{KF}m_F} = \frac{34}{50} = 0.68$$

따라서 20°C에서 단일 평형단은 순수한(100 wt%) KNO_3 염을 생성했지만 공급된 KNO_3의 68%만 회수하였다.

결정화 과정에서 생성된 고체상과 액체상은 기계적 수단으로 분리해야 한다. 이것은 종종 여과(filtration)에 의해 달성된다. 여과 케이크에 용액이 동반(entrainment)되는 것은 6장에서 설명한 것처럼 일반적인 문제이다. 결정화 공정의 성능은 다음 예제에서 설명하는 것처럼 동반흐름의 영향을 받는다.

예제 7.2 ▸

평형 기초 분리에서 동반흐름의 효과: 결정화에 의한 Benzene과 Naphthalene의 분리

80°C에서 60 wt% naphthalene/40 wt% benzene의 액체 용액 1000 kg/h를 10°C로 냉각한다. 생성된 고체상과 액체상은 회전 원통(rotary drum) 여과기에서 분리된다. 공정은 정상상태로 운전된다. 원통 여과기가 얼마나 잘 작동하는지 확인해야 한다. 여과된 액체 유량이 505 kg/h라고 결정되었다. 여과기에서 얼마나 많은 동반흐름(kg 동반되는 액체/kg 고체)이 발생하는가? 여과 케이크 제품의 naphthalene 회수율 또는 제품 순도에 동반흐름이 얼마나 영향을 미치는가?

› 풀이

흐름도는 다음과 같다.

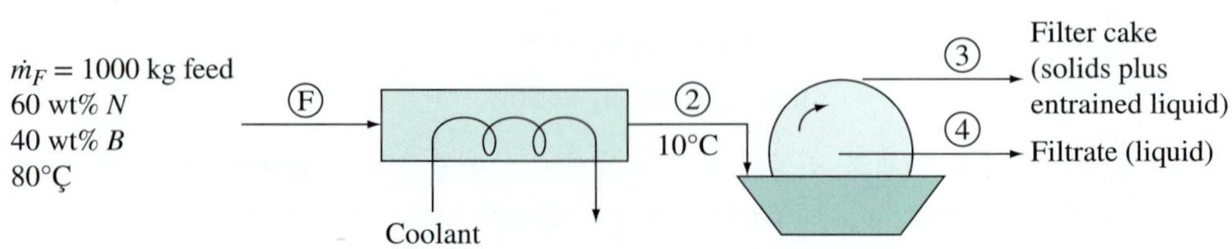

Benzene-naphthalene 시스템에 대한 고체-액체 평형 데이터가 있다(그림 7.6). 데이터가 몰분율로 제공되는 반면 문제의 정보는 질량 단위이므로 일관된 단위로 변환해야 합니다:

$$\dot{n}_F = \sum \frac{\dot{m}_{iF}}{M_{iF}} = \frac{600 \text{ kg/h naphthalene}}{128 \text{ kg/kgmol}} + \frac{400 \text{ kg/h benzene}}{78 \text{ kg/kgmol}} = 9.82 \text{ kgmol/h}$$

$$z_{NF} = \frac{600/128}{9.82} = 0.478$$

$$z_{BF} = \frac{400/78}{9.82} = 0.522$$

냉각기/결정화기를 시작으로 각 유닛을 분리 시스템으로 해석한다. 액체 용액은 결정화기로 들어가서(흐름 *F*) 액체와 고체의 다상 혼합물로서 빠져나온다(흐름 2). Naphthalene (*N*)과 benzene (*B*)에 대한 물질 수지식은 다음과 같다.

$$0.478(9.82) = 4.69 = x_{NL}\dot{n}_{L2} + x_{NS}\dot{n}_{S2}$$

$$0.522(9.82) = 5.13 = x_{BL}\dot{n}_{L2} + x_{BS}\dot{n}_{S2}$$

여기서 $\dot{n}_{L2}$와 $\dot{n}_{S2}$은 각각 흐름 2의 액체와 고체 유량을 나타내고, x_{iL}과 x_{iS}은 평형에서 성분 *i*의 액체와 고체 몰분율을 나타낸다.

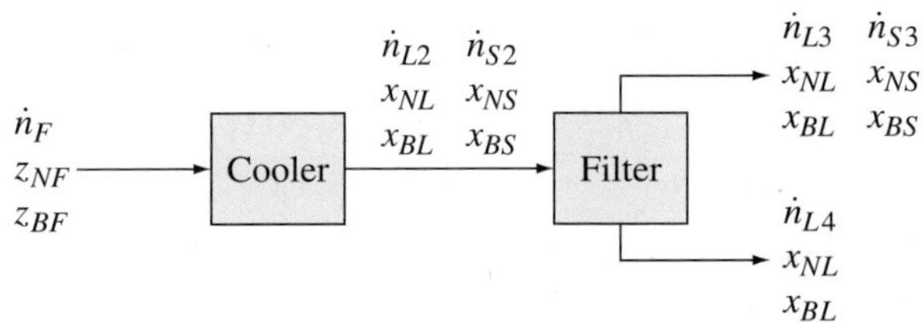

이제 naphthalene과 benzene의 각 상에서의 몰분율을 결정하기 위해 상평형 정보가 필요하다. 그림 7.6을 통해 10°C에서 48 mol% naphthalene/52 mol% benzene 혼합물이 20 mol% naphthalene의 포화 액체($x_{NL} = 0.2$, $x_{BL} = 0.8$)과 고체 naphthalene 순물질($x_{NS} = 1.0$)을 생성한다는 것을 알 수 있다. 따라서,

$$4.69 = 0.2\dot{n}_{L2} + 1.0\dot{n}_{S2}$$

$$5.13 = 0.8\dot{n}_{L2}$$

이를 풀어 다음을 얻는다.

$$\dot{n}_{L2} = 6.41 \text{ kgmol/h}$$

$$\dot{n}_{S2} = 3.41 \text{ kgmol/h}$$

두 상이 완벽히 기계적 분리에 의해 분리된다면 naphthalene의 고체로의 회수율은 다음과 같다.

$$f_{RNS} = \frac{x_{NS}\dot{n}_{S2}}{z_{NF}\dot{n}_F} = \frac{(1.0)3.41}{0.478(9.82)} = 0.726 \qquad \text{(perfect filter)}$$

그리고 생성물 순도는 100%이다.

여액(filtrate) 흐름(흐름 4)의 측정 유량은 505 kg/h이다. 여액이 20 mol% naphthalene/80 mol% benzene의 포화 액체 용액임을 알기 때문에, 여액흐름을

질량에서 몰 단위로 전환할 수 있다.

$$\dot{n}_{L4} = \frac{\dot{m}_{L4}}{x_{NL}M_N + x_{BL}M_B} = \frac{505 \text{ kg/h}}{0.2(128 \text{ kg/kgmol}) + 0.8(78 \text{ kg/kgmol})}$$
$$= 5.74 \text{ kgmol/h}$$

여과기가 완벽하게 작동했다면, 여액(흐름 4)은 냉각기를 빠져나가는 모든 액체를 포함하므로 6.41 kgmol/h이다. 완벽한 상황과 실제 상황에서의 유량의 차이는 여과 케이크로의 동반 액체흐름의 양이 된다.

$$\dot{n}_{L3} = \dot{n}_{L2} - \dot{n}_{L4} = 6.41 - 5.74 = 0.67 \text{ kgmol/h}$$

모든 고체가 여과 케이크에 있다고 가정하면 동반흐름 용액을 질량 단위로 다음과 같이 나타낼 수 있다.

$$\frac{\dot{n}_{L3}(x_{NL}M_N + x_{BL}M_B)}{\dot{n}_{S3}M_N} = \frac{0.67[0.2(128) + 0.8(78)]}{3.41(128)} = 0.135 \text{ kg solution/kg solid}$$

회수율은 다음과 같다.

$$f_{RNS} = \frac{x_{NS}n_{S3} + x_{NL}n_{L3}}{z_{NF}\dot{n}_F} = \frac{1(3.41) + 0.2(0.67)}{0.478(9.82)} = 0.755 \qquad \text{(real filter)}$$

여과 케이크(고체 + 동반 액체흐름) 내의 naphthalene 몰분율은

$$\frac{x_{NL}\dot{n}_{L3} + x_{NS}\dot{n}_{S3}}{\dot{n}_{L3} + \dot{n}_{S3}} = \frac{0.2(0.67) + 1(3.41)}{0.67 + 3.41} = 0.87$$

동반흐름은 회수율을 약간 증가시켰지만 여과 케이크의 naphthalene 순도를 100%에서 87 mol%로 감소시켰다.

7.3.2 ▸ 증기-액체 평형과 관련 분리 기술

상대 휘발성의 차이를 활용하는 분리 기술은 화학 엔지니어를 고용하는 산업에서 보편적이다. 이러한 기술에는 증발, 응축, 홀래시(flash), 증류가 포함된다. 에너지가 분리제로 사용되는데, 이는 액체 공급물을 부분적으로 증발시키기 위해 가열하거나 증기 공급물을 부분적으로 응축하기 위해 냉각하기 위함이다. 이러한 유형의 분리 공정을 설계하고 분석하려면 VLE (증기-액체 상평형)에 대한 이해가 필요하다. 증기상과 액체상의 조성 간의 관계는 온도 또는 압력의 함수이고 T-x-y 또는 P-x-y 도표에 자주 표시된다. 경우에 따라 Raoult의 법칙이라는 간단한 방정식을 사용하여 이 관계를 찾을 수 있다. VLE 지식과 물질 수지를 결합한 분리 공정의 설계법을 보여주기 전에 먼저 도표의 사용을 설명한 다음 Raoult의 법칙을 설명한다.

7.3.2.1 증기-액체 상평형 도표

VLE는 두 가지 면에서 SLE와 다르다. 첫째, VLE는 온도와 압력 모두에 민감하지만 SLE는 압력에 크게 영향을 받지 않는다. 둘째, VLE의 경우 일반적으로 모든

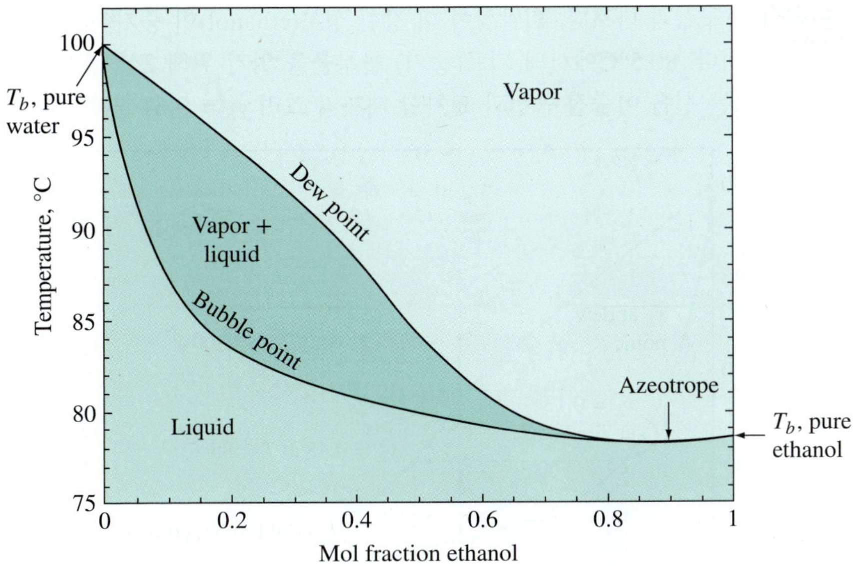

그림 7.7 P = 1 atm에서 ethanol-water 혼합물에 대한 T-x-y 도표. *Perry's Chemical Engineers' Handbook, 7th edition, McGraw Hill*에서 데이터 발췌.

성분이 증기상과 액체상 모두에 분포되는 반면 SLE의 경우 고체상이 순수한(단일 성분) 것이 일반적이다. VLE 관계를 그래프로 표시하기 위해 일반적으로 (1) 압력 P를 일정하게 유지하고 증기(y_i)와 액체(x_i) 몰분율을 온도 T의 함수로 도시하거나, (2) T를 일정하게 유지하고 y_i, x_i를 P의 함수로 도시한다. T-x-y, T-x-y 도표 모두 유용하지만 분리 유닛을 상압 P에서 운전하도록 설계하는 것이 더 일반적이기 때문에 T-x-y 도표에 중점을 둘 것이다.

그림 7.7은 $P = 1$ atm인 ethanol (E)과 water (W)의 T-x-y 도표이다. (표 형식의 동일한 데이터에 대해서는 표 B.13 참조.) 순수한 물의 정상 끓는점 온도 T_b = 100°C는 왼쪽에 표시되어 있다(여기서 $y_E = 0.0$, $y_W = 1.0$). 순수한 에탄올의 경우 T_b = 78.3°C는 오른쪽에 표시되어 있다(여기서 $y_E = 1.0$).

그림 7.7의 두 개의 실선 곡선 사이의 주머니 모양의 영역은 증기와 액체가 공존하는 혼합물 조성과 온도를 나타낸다. **이슬점**(dew point) 곡선이라고 하는 상단 곡선은 해당 이슬점 온도에서 포화 증기 상태의 에탄올 몰분율을 나타낸다. **기포점**(bubble point) 곡선이라고 표시된 하단 곡선은 해당 기포점 온도에서 포화 액상의 에탄올 몰분율을 x_E를 나타낸다. 에탄올-물의 혼합물이 2상 영역(증기 + 액체)에 위치해 있을 때 두 성분 모두 증기상과 액체상 내에 존재한다는 점에 유의하라.

설명 ▸ 증기-액체 *T-x-y* 다이어그램 읽기

77°C ($z_E = 0.4$, $T = 77$°C, $P = 1$ atm)에서 40 mol% ethanol/60 mol% water 공급물은 과냉각 액체이다. 온도를 높이는 과정에서 80.5°C에서 기포점 곡선을 교차한다. 이제 액체가 포화되고 첫 번째 증기 기포가 나타난다. 기포점에서 포화 액체상의 ethanol 몰분율은 혼합물에서의 몰분율과 동일하다($x_E = z_E = 0.4$). 증기의

Hint

이슬점에서의 혼합물은 액체 "이슬"의 작은 방울을 제외한 모든 증기이다. 기포점에서의 혼합물은 작은 증기 "기포"를 제외하고 모두 액체이다.

구성은 액체의 구성과 다르다. 휘발성이 더 강한 성분(ethanol)이 증기에 더 농축되어 있기 때문이다. 80.5°C에서의 기포(증기) 몰분율을 읽기 위해 2상 영역을 *수평*으로 가로지르는 선을 이슬점 곡선과 교차할 때까지 그려 $y_E = 0.61$을 얻는다.

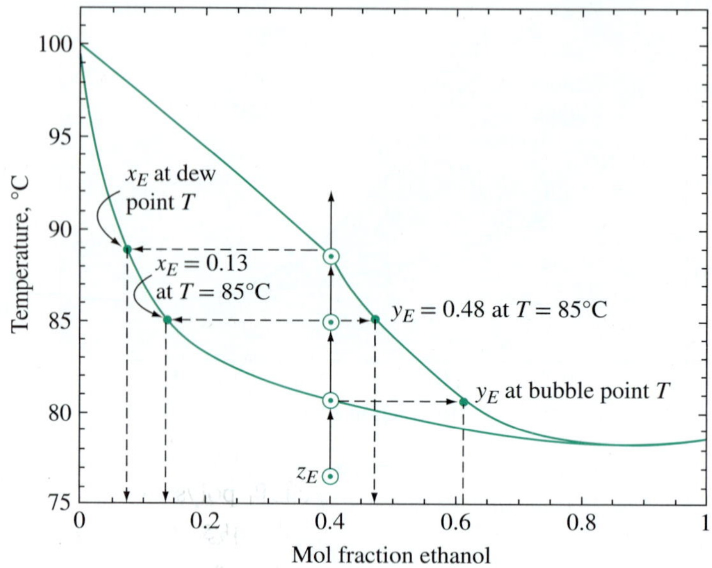

> **Hint**
> 두 선분 $z_E - x_E$와 $y_E - z_E$의 길이를 자로 측정하여 비율을 계산함으로써 증기와 액체의 비율을 결정할 수 있다.

이제 혼합물의 온도를 85°C ($z_E = 0.4$, $T = 85$°C)로 올린다. 이 점은 분명히 2상 영역 내에 있다. 혼합물은 자발적으로 포화 액체와 포화 증기상으로 분리된다. 이슬점 및 기포점 곡선과 교차할 때까지 양방향으로 수평선을 그려서 평형 상태에 있는 액체와 증기의 조성을 결정한다. 포화 액체 조성은 $x_E = 0.13$, $T = 85$°C에서 기포점 곡선상에 위치한다. 포화 증기 조성은 $y_E = 0.48$, $T = 85$°C에서 이슬점 곡선상에 위치한다. 증기와 액체의 상대적인 양은 역 지렛대 규칙으로 계산된다.

$$\frac{n_V}{n_L} = \frac{z_E - x_E}{y_E - z_E} = \frac{0.4 - 0.13}{0.48 - 0.4} = 3.375$$

이제 혼합물을 이슬점 온도로 가열한다. 88.5°C에서 혼합물은 한 방울의 액체($x_E = 0.08$)와 평형을 이루는 포화 증기($y_E = 0.4$)이다. 마지막으로 혼합물의 온도를 더 올리면 과열 증기 영역으로 이동한다.

> **Quiz 7.8**
> 20 mol% ethanol/80 mol% water 혼합물의 이슬점과 기포점 온도는 몇도인가?
>
> 20 mol% ethanol/80 mol% water 혼합물이 92°C까지 가열되었다. 한 개의 상이 있는가 혹은 두 개의 상이 있는가? 만약 두 개라면 각 상에서 ethanol의 몰분율은 얼마인가?

그림 7.7을 다시 보자. $z_E = 0.89$에서 이슬점과 기포점 곡선이 교차하고 증기와 액체 조성이 동일하다는 점에 주목하라. 이 몰분율에서의 온도(78.15°C)는 순수한 ethanol이나 순수한 물의 정상 끓는점보다 낮다. 이 점을 **공비혼합물**(azeotrope)이라고 한다. Ethanol-water 시스템은 최소-끓는점 공비혼합물의 예시이다. 일부 2 성분 혼합물은 최대-끓는점 공비혼합물을 형성하고, 증기상을 생성하기 위한 온도가 각 순물질의 끓는점보다 높다. 공비혼합물의 존재는 액상에서 두 성분 사이에 강한 상호작용이 형성된 것에 대한 결과이다. Ethanol과 물의 경우 수소 결합 상호작용이 공비 혼합물의 원인이다.

7.3.2.2 증기-액체 상평형에 대한 모델 방정식

방금 설명한 유형의 그래프와 표는 매우 유용하다. 그러나 때로는 방정식의 형태로 상평형 정보를 표현하는 것이 유용할 수 있다. 정확한 온도와 압력에 대한 데이터가 없는 경우 *모델 식*(model equation)을 사용한다.

증기-액체 평형에 대해, 만약 혼합물의 분자 크기와 화학 구조가 비슷하고 서로 강하게 상호작용하지 않는 경우 **Raoult의 법칙**(Raoult's law)을 이용해 증기와 액체의 몰분율을 연관 지을 수 있다.

$$y_i = \left(\frac{P_i^{\text{sat}}}{P}\right) x_i \quad \textbf{(7.7)}$$

여기서, P_i^{sat}은 혼합물 온도에서 순물질 i의 *포화 압력*(saturation pressure)이다. Raoult의 법칙은 사실 법칙이 아니고 단지 매우 유용한 모델 방정식일 뿐이다. 이 법칙은 hexane과 heptane 또는 benzene과 styrene과 같은 혼합물에 잘 적용된다. Raoult의 법칙을 따르는 액체 혼합물을 이상 용액이라고 한다. Ethanol과 water (강한 수소 결합 상호작용이 있는 경우), benzene의 polystyrene (분자 크기가 매우 다른 경우) 또는 DNA와 water (강한 정전기적 상호작용이 있고 분자 크기는 매우 다른 경우)에 대한 증기-액체 평형 곡선의 예측에는 잘 들어맞지 않는다. *식 (7.7)은 증기와 액체가 공존하고 평형상태에 있을 때만 적용된다.*

Raoult의 법칙을 여러 가지 방법으로 사용할 수 있다. 성분 i에 대한 포화 압력 데이터가 있거나 Antoine 식[식 (7.1)]과 같은 식이 있는 경우, T가 주어지면 P_i^{sat}을 찾을 수 있다. 그런 다음 P를 지정하면 Raoult의 법칙을 사용하여 증기와 액체 상의 몰분율을 계산할 수 있다. 이때 다음의 두 가지 제약 조건이 있다.

$$\sum x_i = 1 \qquad \text{and} \qquad \sum y_i = 1$$

주어진 혼합물 조성과 온도에서 이슬점과 기포점 압력을 계산하는 것은 특히 간단하다. 우선, 다음 식을 살펴보자.

$$\sum y_i P = P \sum y_i = P$$

Raoult의 법칙을 모든 성분에 적용하고 합산하면 기-액 평형에서 다음과 같은 식을 얻을 수 있다.

$$\sum y_i P = \sum x_i P_{i\text{sat}}$$

기포점에서 $z_i = x_i$이다. 이 식을 앞의 두 방정식과 결합하면 기포점을 계산하는 데 유용한 방정식을 찾을 수 있다.

$$P = \sum x_i P_{i\,\text{sat}} = \sum z_i P_{i\,\text{sat}} \text{ at bubble-point} \quad \textbf{(7.8)}$$

T가 주어졌을 때 모든 화합물에 대한 P_i^{sat}를 찾을 수 있다. 그 후 기포점의 몰분율을 이용하여 T와 혼합물 조성이 주어졌을 때 기포점 압력 P를 구하기 위하여 식 (7.8)을 사용한다.

Hint
기포점에서 $z_i = x_i$와 y_i는 상평형에서 찾을 수 있다. 이슬점에서, $z_i = y_i$와 x_i는 상평형에서 찾을 수 있다.

유사한 분석으로 이슬점 압력을 계산하는 다음 방정식을 얻을 수 있다.

$$\frac{1}{P} = \sum \frac{y_i}{P_i^{\text{sat}}} = \sum \frac{z_i}{P_i^{\text{sat}}} \text{ at dew point} \tag{7.9}$$

다양한 혼합물 조성에서 이슬점과 기포점 압력 계산을 반복함으로써 전체 P-x-y 도표를 그릴 수 있다. 또는 문제를 다음과 같이 바꿀 수 있다. P와 혼합물 조성이 주어지면 이슬점과 기포점 온도를 계산하고 T-x-y 도표를 생성할 수 있다. 예제 7.3에 나와 있는 것처럼 실제 계산은 더욱 복잡하다.

예제 7.3 ▸ **Raoult의 법칙 사용: hexane-heptane 혼합물의 이슬점과 기포점 온도**

2 atm 압력에서 40 mol% n-hexane (C_6H_{14})/60 mol% n-heptane (C_7H_{16}) 혼합물의 이슬점과 기포점 온도는 얼마인가?

› 풀이

Hexane을 나타내기 위해 아래 첨자 6을 사용하고 heptane을 나타내기 위해 7을 사용한다. 먼저 포화 압력을 계산할 수 있도록 Antoine 식의 상수를 찾는다. 부록 B에서 다음의 식을 찾을 수 있다.

$$\log_{10}(P_6^{\text{sat}}) = 6.87601 - \frac{1171.17}{T + 224.41}$$

$$\log_{10}(P_7^{\text{sat}}) = 6.89677 - \frac{1264.90}{T + 216.54}$$

여기서 T의 단위는 °C이고 P_i^{sat}의 단위는 mmHg이다. 총 압력을 2 atm에서 1520 mmHg으로 변환하여 단위를 맞춘다.

이슬점에서 혼합 조성은 액체 조성과 동일하다. $y_6 = 0.4$, $y_7 = 0.6$이며, 식 (7.9)을 적용하여 다음을 얻는다.

$$\frac{1}{1520} = \frac{0.4}{P_6^{\text{sat}}} + \frac{0.6}{P_7^{\text{sat}}}$$

위 방정식을 풀어 $T = 114$°C를 얻는다. (T는 2 atm 압력에서 순수한 hexane과 순수한 heptane의 끓는점 온도 사이 어딘가에 있어야 한다.) 또한 이 혼합물의 이슬점에서 $x_6 = 0.234$, $x_7 = 0.776$임을 계산한다.

기포점 온도 계산은 정확히 같은 방식으로 진행된다. 다만 $x_6 = 0.4$, $x_7 = 0.6$, 식 (7.8)을 사용한다. 기포점에서 $T = 108.5$°C를 얻는다. (기포점 온도가 이슬점 온도보다 낮다는 것이 가능한가?)

7.3.2.3 증발, 응축, 평형 홀래쉬

증발, 응축, 평형 홀래쉬는 매우 유사한 분리 기술이다. 각 공정은 서로 평형인 증기와 액체 생성물을 생산한다. "증발"은 액체 공급물이 부분적으로 기화될 때 가장 자주 사용된다. “응축”은 증기 공급이 부분적으로 응축될 때 일반적으로 사용된다. “평형 훌래쉬”는 일반적으로 혼합물의 성분이 상당히 유사한 휘발성을 갖는 경우를 일컫는다. “훌래쉬 드럼”은 흐름이 “훌래쉬”되는 용기이다. 즉, 흐름의 일부가 기화될 때까지 가열된 후, 액체와 증기 흐름이 평형에 도달하고 분리된다. 증발, 응축, 평형 훌래쉬 분리 공정은 모두 VLE 정보와 물질 수지식과 결합하여 유사한 방식으로 설계 및 분석된다.

Raoult의 법칙을 사용한 공정흐름 계산: 응축에 의한 공기의 제습 ◀ 예제 7.4

27°C와 760 mmHg의 습한 공기에는 2.6 mol%의 수증기가 포함되어 있다. 반응기에 1000 kgmol/h의 공기를 공급하고, 공기에는 최대 0.6 mol%의 수증기가 포함되어야 한다. 응축으로 물을 제거할 것을 제안하였다. 응축기를 빠져나가는 건조 공기의 유량을 계산하고 적절한 운전 온도를 결정하라. 마지막으로 습한 공기의 상대 습도를 결정하라. (상대 습도는 공기의 실제 수증기 함량 대비 공기가 물로 포화되었을 때의 수증기 함량의 비율이다.) 공기가 물에 대해 완전 불용성이라고 가정할 수 있다.

›풀이

물은 쉽게 응축되지만 공기는 그렇지 않다. 공기를 냉각시켜 물의 일부를 응축해 보자. 모든 공기는 기체 상태로 남아 있다.

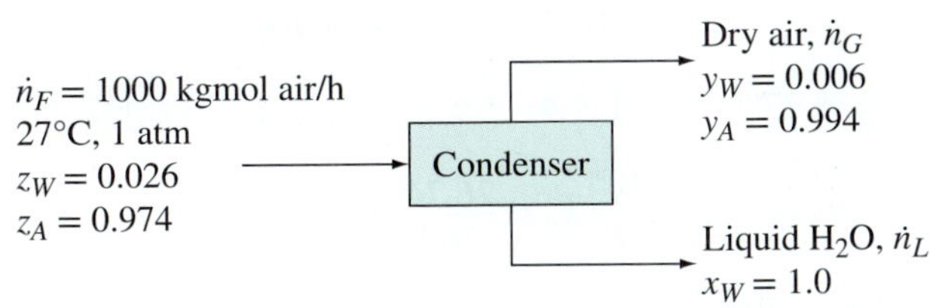

이것은 정상상태 연속흐름 분리기이다. 우리는 건조한(물이 없는) 공기 A 내의 O_2, N_2, argon 등의 별도 성분을 고려하지 않고 단일 혼합물로 취급할 것이다(이것이 괜찮은 이유는 무엇인가?). 물 W는 두 번째 성분이다. 응축기를 떠나는 기체흐름은 두 성분을 모두 포함하는 반면 액체흐름은 물만 포함하는 것으로 추정된다. (이것이 괜찮은 이유는 무엇인가?) 공기와 물에 대한 정상상태 물질 수지식은 다음과 같다.

$$z_A\dot{n}_F = 0.974(1000) = 974 \text{ kgmol/h} = y_A\dot{n}_G = 0.994\dot{n}_G$$

$$z_W\dot{n}_F = 0.026(1000) = 26 \text{ kgmol/h} = y_W\dot{n}_G + x_W\dot{n}_L = 0.006\dot{n}_G + 1.0\dot{n}_L$$

그리고 $\dot{n}_G$은 $\dot{n}_L$각각 기체와 액체 생성물의 몰 유량(kgmol/h)이다. 이 식을 풀어 다음을 얻는다

$$\dot{n}_G = 980\frac{\text{kgmol}}{\text{h}}$$

$$\dot{n}_L = 20\frac{\text{kgmol}}{\text{h}}$$

이제 $y_W = 0.006$에서 운전 온도를 찾아야 한다. 물은 두 상에 존재하는 유일한 성분이므로 물에 대해서만 VLE 거동을 해석한다. Raoult의 법칙을 사용하여 물의 기-액 평

Hint
만약 어떤 성분이 하나의 상에만 존재하면 그 성분에 대한 평형 관계식을 사용하지 않는다.

형을 모델링해보자.

$$y_W = 0.006 = \frac{P_W^{\mathrm{sat}}}{P} x_W$$

액체는 순수한 물이므로 $x_W = 1.0$이다. 문제 설명에서 $P = 760$ mmHg이므로,

$$P_W^{\mathrm{sat}} = \frac{y_W P}{x_W} = \frac{0.006(760)}{1} = 4.56 \text{ mmHg}$$

포화 압력은 온도의 함수다. $P_W^{\mathrm{sat}} = 4.56$ mmHg일 때의 온도를 결정하기 위해 물에 대한 표 데이터 또는 Antoine 방정식을 사용할 수 있다. Antoine 방정식(부록 B 표 B.6)을 사용한다.

$$\log_{10} P_W^{\mathrm{sat}} = \log_{10}(4.56 \text{ mmHg}) = 8.10765 - \frac{1750.286}{T(°C) + 235}$$

$$T = 0°$$

충분한 수분을 응축하기 위해 공기를 0°C로 냉각해야 한다. 이 온도에서는 얼음 형성을 고려해야 한다.

마지막으로, 습한 공기 공급물의 상대 습도를 계산하기 위해 27°C의 포화 공기에서의 수증기 몰분율을 찾아야 한다.

$$\log_{10} P_W^{\mathrm{sat}} = 8.10765 - \frac{1750.286}{27 + 235} = 1.427$$

$$P_W^{\mathrm{sat}} = 10^{1.427} = 26.74 \text{ mmHg}$$

Raoult의 법칙을 통해 27°C에서의 포화 조성을 다음과 같이 계산할 수 있다

$$y_w = \frac{P_w^{\mathrm{sat}}}{P} x_w = \frac{26.74}{760}(1) = 0.035$$

3.5 mol%는 27°C에서 공기 수증기가 가질 수 있는 최대 몰분율이다. 이는 100% 상대 습도에 해당한다. 실제 상대습도는 다음과 같다.

$$\frac{0.026}{0.035} \times 100\% = 74\%$$

예제 7.5 ▸

Raoult의 법칙을 사용한 증기-액체 분리: Hexane/Heptane 혼합물의 평형 플래쉬

40 mol% n-hexane (C_6H_{14})/60 mol% n-heptane (C_7H_{16}) 혼합물이 1520 mmHg의 압력에서 운전되는 플래쉬 드럼에 공급된다. 공급 유량은 100 gmol/s이다. 혼합물이 111°C로 가열되고, 증기와 액체 생성물을 계속해서 제거한다. 증기와 액체의 유량과 조성을 계산하라. Hexane의 증기로의 회수율과 heptane의 액체로의 회수율은 얼마인가?

› 풀이

흐름도는 다음과 같다.

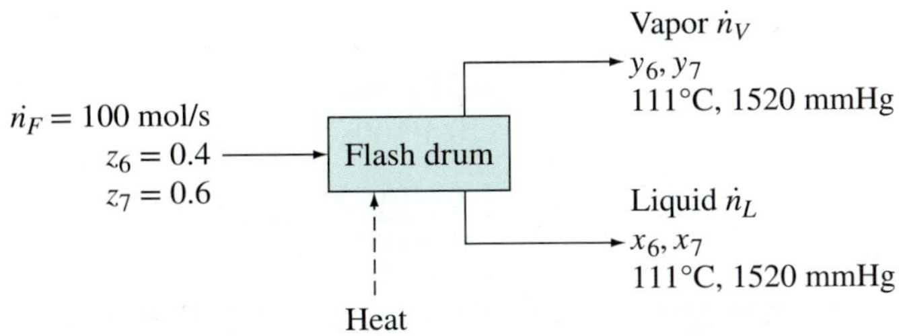

(Hexane과 heptane을 구별하기 위해 각각 6과 7이라는 아래 첨자를 사용한다.) 정상상태 물질 수지식은 다음과 같다.

$$0.4(100) = y_6\dot{n}_V + x_6\dot{n}_L$$

$$0.6(100) = y_7\dot{n}_V + x_7\dot{n}_L$$

Raoult의 법칙을 사용하여 hexane과 heptane의 상평형 거동을 모델링한다.

$$y_6 = \frac{P_6^{\text{sat}}}{P}x_6$$

$$y_7 = \frac{P_7^{\text{sat}}}{P}x_7$$

Antoine 식(부록 B)을 통해 111°C에서 hexane과 heptane의 포화 압력을 찾을 수 있다:

! Hint
평형상태에서 두 상에 존재하는 모든 성분에 대한 상평형 관계를 작성해보자.

$$\log_{10}(P_6^{\text{sat}}) = 6.87601 - \frac{1171.17}{111 + 224.41} = 3.3843$$

$$P_6^{\text{sat}} = 10^{3.384} = 2422 \text{ mmHg}$$

$$\log_{10}(P_7^{\text{sat}}) = 6.89677 - \frac{1264.90}{111 + 216.54} = 3.035$$

$$P_7^{\text{sat}} = 10^{3.035} = 1084 \text{ mmHg}$$

위의 값과 전체 압력 조건(1520 mmHg)을 Raoult의 법칙에 대입하면 다음과 같다

$$y_6 = \frac{2422}{1520}x_6 = 1.593x_6$$

$$y_7 = \frac{1084}{1520}x_7 = 0.713x_7$$

또한 다음을 알 수 있다.

$$x_6 + x_7 = 1$$

$$y_6 + y_7 = 1$$

(참고: $x_6 + y_6 \neq 1$!)
이 조건들을 결합하여, 다음을 얻을 수 있다.

$$1 = 1.593x_6 + 0.713x_7 = 1.593x_6 + 0.713(1 - x_6)$$

방정식을 연립하여 다음을 찾는다.

$$x_6 = 0.326,\ x_7 = 0.674$$

$$y_6 = 0.519,\ y_7 = 0.481$$

$$\dot{n}_V = 38.5 \text{ gmol/s},\ \dot{n}_L = 61.5 \text{ gmol/s}$$

Quiz 7.9

예제 7.5의 hexane-heptane 홀래쉬의 분리 계수는 얼마인가? Hexane과 heptane의 포화 압력은 얼마인가? 두 답이 같은 것이 우연인가?

회수율은 다음과 같다.

$$f_{R6V} = \frac{y_6 \dot{n}_V}{z_6 \dot{n}_F} = \frac{0.519(38.5)}{0.4(100)} = 0.50$$

$$f_{R7L} = \frac{x_7 \dot{n}_L}{z_7 \dot{n}_F} = \frac{0.674(61.5)}{0.6(100)} = 0.69$$

제품은 특별히 순수하지 않으며 회수율 역시 크게 인상적이지 않다. 더 좋은 방법이 있는가? 계속 지켜보자!

예제 7.6 ▸

비이상적 용액에서의 증기-액체 분리: Ethanol-Water 혼합물의 평형 홀래쉬 분리

40 mol% ethanol과 60 mol% water을 포함하는 액체흐름이 1 atm에서 운전되는 홀래쉬 드럼에 공급된다. 공급 유량은 100 gmol/s이다. 단 내에서 온도가 85°C로 증가된다. 단을 떠나는 증기 및 액체 흐름의 유량과 조성이 어떻게 되는가? 정상상태 운전을 가정한다.

› 풀이

흐름도는 다음과 같다.

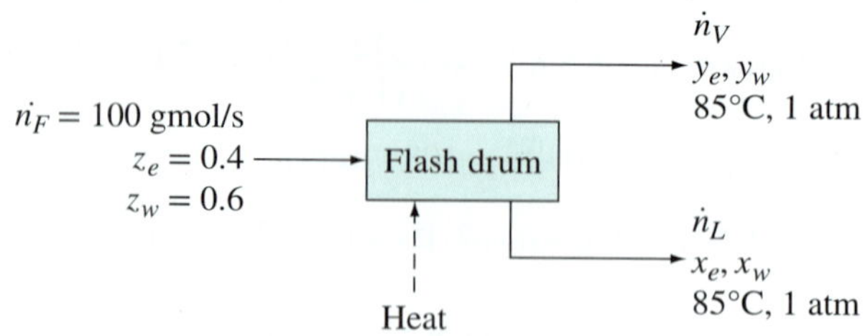

Ethanol과 water에 대한 물질 수지식은 다음과 같이 단순화된다.

$$0.4(100) = y_e \dot{n}_V + x_e \dot{n}_L$$

$$0.6(100) = y_w \dot{n}_V + x_w \dot{n}_L$$

이제 증기상과 액체상의 조성을 결정해야 한다. 이를 위해 상평형 정보가 필요하다. Ethanol과 water가 분자간 상호작용이 강하고 비이상적인 용액을 형성하기 때문에 Raoult의 법칙을 사용할 수 없다. 다행히 그림 7.7이 있다. 첫째, 용액이 2상 증기-액체 공존 영역에 있는지 확인한다. (그렇다.) 둘째, 그림 7.7을 사용하여 85°C에서 ethanol 증기와 액체의 몰분율이 다음과 같음을 알 수 있다.

$$y_e = 0.48$$

$$x_e = 0.13$$

$$y_w = 0.52$$

$$x_w = 0.87$$

이제 상평형 정보를 물질 수지식에 대입한다. 연립방정식을 풀어 다음을 얻는다.

$$\dot{n}_V = 77 \frac{\text{gmol}}{\text{s}}$$

$$\dot{n}_L = 23 \frac{\text{gmol}}{\text{s}}$$

7.3.2.4 증류

예제 7.5의 hexane-heptane 혼합물의 평형 홀래쉬 분리를 다시 살펴보자. 증기 생성물은 단지 52mol% hexane이었고, 증기 생성물에서 heptane의 회수율은 단지 50%였다. 더 높은 순도와 성분 회수율을 얻을 수 있는 방법이 있을까?

다행히도 그렇다. 기본 아이디어는 다음과 같다. 평형 홀래쉬에서 액상 생성물을 가져오고, 부분적으로 기화되도록 가열하여, 증기와 액체로 분리한다. 두 번째 홀래쉬의 액상 생성물은 heptane이 더 농축된 상태이다. 유사하게, 첫 번째 평형 홀래쉬에서 증기 생성물을 취하고, 부분적으로 응축되도록 냉각하여, 증기와 액체로 분리한다. 이 공정의 증기 생성물은 hexane이 더 농축된 상태이다. 평형 홀래쉬를 반복적으로 진행한다.

증류(distillation)는 다중 평형 홀래쉬를 이용한 분리 기술이다. 증류탑에서 공급물은 대략 탑의 중간에 투입되고 생성물은 탑의 상단과 하단으로 나온다(그림 7.8). 탑 상단의 생성물을 *증류액*(distillate)이라고 하며 휘발성이 더 높은(끓는점이 낮은) 성분이 우선적으로 포함된다. 탑의 하단에서 나오는 생성물을 *탑저 생성물*(bottom)이라고 하며, 휘발성이 더 낮은(끓는점이 높은) 성분을 포함한다. 탑 하단에는 재비기(reboiler, 히터)가 추가되어 증기가 탑 위로 다시 흘러 올라가게 하고, 응축기(condenser, 냉각기)는 탑 상단에 추가되어 액체가 탑 아래로 흘러 내려

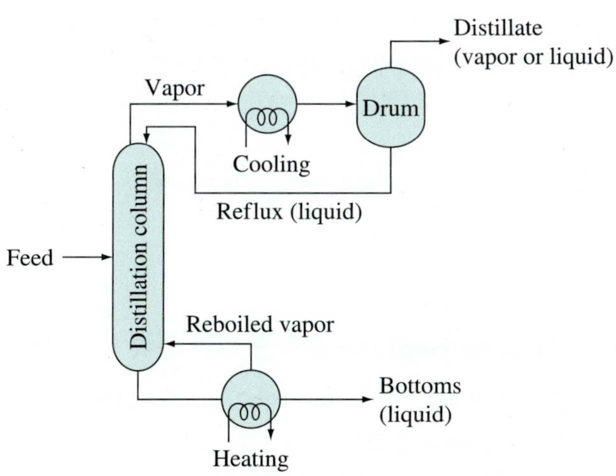

그림 7.8 일반적인 증류탑의 개형. 탑은 다수의 평형 단을 포함한다.

가게 한다. 기본적으로 에너지는 탑의 하단에 투입되고 상단에서 제거되며, 이것이 분리를 촉진한다.

탑 압력은 거의 일정한 반면 탑 위로 이동함에 따라 온도가 감소한다. 탑의 꼭대기는 증류액의 이슬점 온도(탑 압력에서)에 가까운 온도에서 작동하고, 탑의 하단은 탑저 생성물의 기포점 온도에 가까운 온도에서 운전한다.

증류탑은 본질적으로 여러 단이 쌓인 것이며 각 단은 평형단으로 작동한다. 많은 단을 쌓는 것이 상대적으로 쉽기 때문에 증류가 매우 유용한 기술이다. 20개, 30개 혹은 더 많은 단을 가지고 있는 증류탑이 일반적이다. 즉, 증류를 사용하여 끓는점 온도가 비슷한(예: 몇 도 차이) 화합물을 경제적으로 분리할 수 있는 경우가 많다. 분리 문제에 필요한 총 단수를 추정하는 쉬운 방법이 있다. **Fenske 식** (Fenske equation)으로 알려진 방정식은 다음과 같다.

$$N_{\min} = \frac{\log\left(\frac{y_{Ad}x_{Bb}}{y_{Bd}x_{Ab}}\right)}{\log\left(\frac{P_A^{\text{sat}}}{P_B^{\text{sat}}}\right)} \tag{7.10}$$

여기서 A는 휘발성이 더 높은 화합물(주로 증류액 d에서 회수되는 물질)이고 B는 휘발성이 낮은 화합물(주로 탑저 생성물 b에서 회수되는 물질)이다. $N_{\min}$은 필요한 최소 단수이다. 실제 단수는 일반적으로 $N_{\min}$보다 약 20%에서 100% 더 많다. Fenske 식의 분자는 단순히 탑 전체에 대한 분리 계수 α_{AB}의 log이다. 분모는 혼합물이 Raoult의 법칙을 따르는 경우 단일 평형 단에 대한 분리 계수의 log이다. 평형에서 다음이 성립하기 때문이다

$$\frac{P_A^{\text{sat}}}{P_B^{\text{sat}}} = \frac{y_A P/x_A}{y_B P/x_B} = \left(\frac{y_A}{y_B}\frac{x_B}{x_A}\right)$$

따라서 Fenske 식을 다음처럼 생각할 수 있다. 필요한 총 단수는 전체 분리의 필요량(분자)를 하나의 단에서 달성할 수 있는 분리 정도(분모)로 나눈 비율이다. 포화압력은 증류액의 이슬점과 탑저 생성물의 기포점의 평균 값으로 계산된 평균 탑 온도에서 계산된다.

$$T_{\text{ave}} = \frac{T_{\text{dp,distillate}} + T_{\text{bp,bottoms}}}{2}$$

예제 7.7 ▸ **다단조작의 위력: Hexane/Heptane 분리를 위한 증류 대 평형 홀래쉬**

예제 7.5에서는 단일 단 홀래쉬 드럼을 사용하여 2 atm과 111°C의 조건에서 40 mol% n-hexane과 60 mol% n-heptane 혼합물의 분리를 분석했다. 그 결과는 인상적이지 않았다. 증기의 n-hexane 분율은 51.9 mol%에 불과했고, 액체의 n-heptane 분율은 67.4 mol%에 불과했다.

고객 요구사항은 99 mol% 순도의 *n*-hexane과 99.5 mol% 순도의 *n*-heptane이다. 고객 사양에 맞게 증류탑을 설계하기로 결정하고, 운전 압력을 1520 mmHg로 선택한다. 탑의 상단과 하단의 온도를 추정하라. 탑은 대략 몇 개의 단으로 구성되어야 하는가?

풀이

탑 상단의 온도는 탑의 운전 압력에서 대략 증류액(99% *n*-hexane)의 이슬점 온도이다. 이슬점 온도를 계산하기 위해 Raoult의 법칙과 식 (7.9)을 사용할 것이다. 예제 7.3에 사용된 것과 유사한 전략을 사용한다.

$$\frac{1}{1520} = \frac{y_6}{P_6^{\text{sat}}} + \frac{y_7}{P_7^{\text{sat}}}$$
$$= \frac{0.99}{P_6^{\text{sat}}} + \frac{0.01}{P_7^{\text{sat}}}$$

Antoine 식을 이용하여 포화 압력을 다음과 같이 나타낼 수 있다

$$\log_{10} P_6^{\text{sat}} = 6.87601 - \frac{1171.17}{T(°\text{C}) + 224.41}$$
$$\log_{10} P_7^{\text{sat}} = 6.89677 - \frac{1264.90}{T(°\text{C}) + 216.54}$$

이 방정식을 풀어 T를 계산한다. 증류액의 이슬점 온도는 93.1°C이다.

탑저 생성물의 기포점 온도는 식 (7.8)과 탑저 생성물이 99.5 mol% *n*-heptane을 함유한다는 것으로부터 계산할 수 있다.

$$1520 = x_6 P_6^{\text{sat}} + x_7 P_7^{\text{sat}} = 0.005 P_6^{\text{sat}} + 0.995 P_7^{\text{sat}}$$

Antoine 식과 결합하여 T를 풀면 탑저 생성물의 기포점 온도가 123.7°C임을 알 수 있다.

이제 Fenske 식을 사용하여 최소 단수를 계산한다. 탑의 평균 온도는 $(T_{\text{dp}} + T_{\text{bp}})/2 = 108.4°\text{C}$이다. Antoine 식으로 계산한 108.4°C에서의 hexane과 heptane의 포화 압력은 각각 2275 및 1009 mmHg이다. 그러므로,

$$N_{\min} = \frac{\log\left(\dfrac{y_{6d}}{y_{7d}}\dfrac{x_{7b}}{x_{6b}}\right)}{\log\left(\dfrac{P_6^{\text{sat}}}{P_7^{\text{sat}}}\right)} = \frac{\log\left(\dfrac{0.99}{0.01}\dfrac{0.995}{0.005}\right)}{\log\left(\dfrac{2275}{1009}\right)} = \frac{\log(19{,}700)}{\log(2.255)} = 12$$

실제 탑의 단수는 일반적으로 최소 단수의 약 1.2배에서 2배이다. 이 경우 약 15에서 25개가 필요한 단수라는 것을 추정할 수 있다.

방정식을 설정하였다면 이제 다양한 형태로 문제를 변형할 수 있다. 예를 들어, 제품 순도 요구 사항에 따라 최소 단수가 어떻게 변하는지 살펴볼 수 있다. 단수가 증가함에 따라 탑을 건설하는 비용이 증가하기 때문에 이 경향을 파악하는 것이 중요하다. 아래 그래프는 증류액과 탑저 생성물 순도를 80%에서 99.99%로 증가하였을 때의 계산 결과를 보여준다.

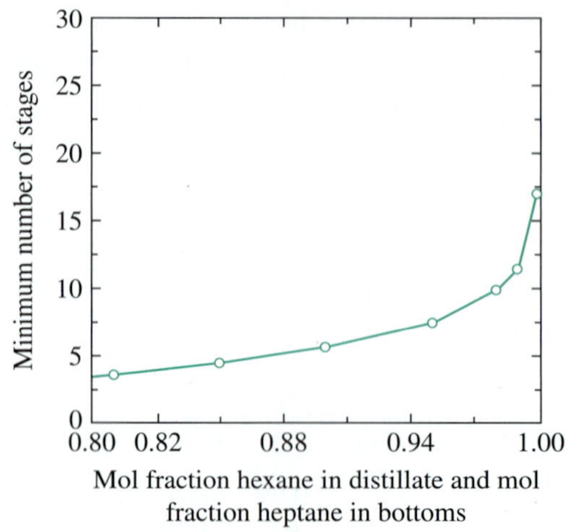

이 그래프는 순도가 1에 가까워질수록 단수가 크게 증가하여, 이에 따른 비용이 크게 증가한다는 것을 보여준다! 고객이 수용할 수 있는 한 가장 낮은 순도의 제품을 제공하는 것이 경제적으로 합리적이다.

▶7.4 물질 분리제를 사용한 평형 기초 분리 기술

이전 장에서는 결정화, 증발, 응축, 평형 훌래쉬, 증류와 같은 몇 가지 매우 일반적인 평형 기초 분리 기술에 대해 설명했다. 모든 예제 문제에서 공급물의 온도는 두 상이 다른 조성을 갖도록 조절되었다.

그러나 때로는 경제적 또는 기술적 이유로 인하여 원하는 분리를 달성하기 위해 온도(또는 압력)을 자유롭게 조절할 수 없는 경우가 있다. 예를 들어, 많은 의약품 화합물은 높은 온도에서 기화되기 전에 먼저 분해된다. 또 다른 예로, 어떤 기체를 응축하여 분리하는 경우 응축에 필요한 매우 낮은 온도가 필요한데, 이 공정은 매우 비용이 많이 들 수 있다. 세 번째 예로서, 오염된 물에서 미량의 비휘발성 오염물질을 제거하는 공정에서, 모든 물을 증발로 제거하는 것보다 오염물질을 선택적으로 뽑아내고 물을 그대로 두는 편이 훨씬 바람직하다.

이러한 경우 물질 분리제를 통한 분리 기술이 사용된다. 공급물은 단일 상 다성분 혼합물이며, 공급물과 상이 다른 물질 분리제가 추가된다(그림 7.9a). 공급 혼합물의 성분 중 하나가 두 번째로 추가된 상으로 우선적으로 분배된다. 공급물의 다른 성분은 추가된 상으로 분배되지 않는다.

물질 분리제를 사용하는 분리 기술의 주요 *이점*(advantage) 중 하나는 분리제를 드넓은 화학 세계 전체 중에서 자유롭게 선택할 수 있다는 것이다. 응용 분야마다 적합한 재료를 정교하게 선택할 수 있다. 이러한 광범위한 화학적 선택은 높은 선택성이 가능하다는 것을 시사한다. 운과 기술이 있다면 원하는 분리를 매우 효율적으로 수행할 수 있다.

물질 분리제를 사용하는 분리 기술의 주요 *단점*(disadvantage) 중 하나는 공정

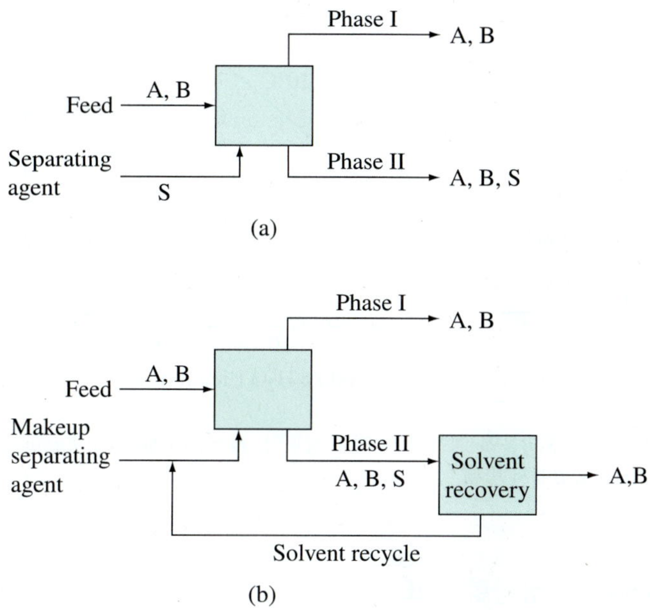

그림 7.9 물질 분리제를 이용한 평형 기초 분리의 일반적인 형태. (b)에 나타난 두 번째 공정 유닛은 분리제의 회수와 재활용을 위해 자주 사용된다.

이 기술적으로나 경제적으로 타당하기 위해서는 항상 분리제를 제거하고 회수해야 한다는 것이다. 원하는 성분이 추가된 상으로 분배되었다면, 결국 그 상에서부터 성분을 다시 회수해야 한다. 한 개가 아니라 두 개의 분리 문제를 고려해야 한다는 것을 의미한다. 원래의 분리에 더하여 분리제로부터 원하는 제품을 분리하는 두 번째 분리 문제가 필요하다(그림 7.9b). 적합한 분리제를 선택하려면 두 측면을 모두 고려해야 한다.

이 장에서는 세 가지 분리 기술에 대해 설명한다. 각각의 경우에 먼저 상평형 관계를 설명하는 데 필요한 도표 및/또는 식을 소개한다. 그 후 상평형 관계를 물질 수지식과 결합하여 물질을 분리제로 추가하는 평형 기초 분리를 설계하고 분석하는 방법을 보여준다.

7.4.1 ▸ 기체-액체 평형과 흡수

기체 혼합물이 주어져 있고, 하나의 기체를 다른 기체로부터 분리하는 문제를 상상해보자. (“증기”와 “기체”를 구분한다는 점을 상기하라. 증기는 주변 온도와 가까운 온도에서 응축될 수 있는 반면, 기체는 극저온 혹은 고압에서만 응축된다. 예를 들어, 수증기는 증기로 분류하지만, 산소는 기체로 분류한다. 이 정의는 편리하지만 정확한 것은 아니다.) 기체는 극한 조건에서만 응축되기 때문에 증류와 같은 에너지 기반 분리 방법은 좋은 선택이 아닐 수 있다. 오히려 흡수가 일반적으로 사용된다. 흡수에서 기체 혼합물은 분리제인 액체 용매와 접촉한다. 용매를 선택하되, 기체 혼합물 중 하나는 액체에 용해도가 높고 나머지는 용해도가 낮도록 선택한다. 따라서 흡수를 이해하기 위해 먼저 기체-액체 상평형에 대한 정보를 얻어야 한다.

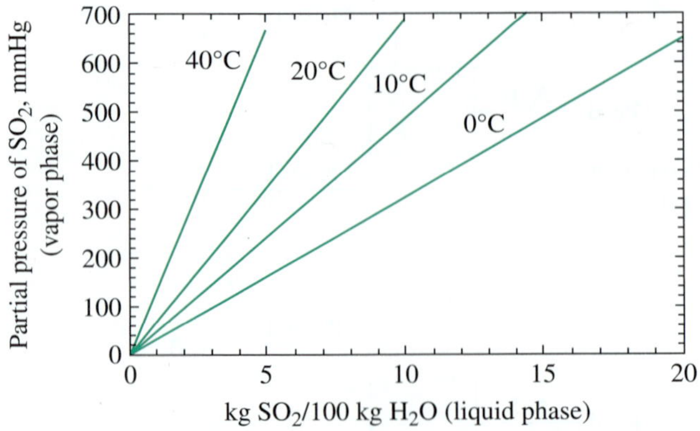

그림 7.10 SO_2-H_2O 혼합물에 대한 기체-액체 상평형. *Perry's Chemical Engineers' Handbook, 6th edition, McGraw Hill*에서 발췌.

7.4.1.1 기체-액체 상평형 도표

기체-액체 평형에서 액체상에 대한 기체의 용해도는 T, P 모두에 따라 달라진다. 평형 데이터는 그림으로 표현되어 유용하게 사용될 수 있다. 물에 용해된 SO_2가 그림 7.10에 예시로 표현되었다. (추가적인 기체-액체 평형 데이터는 부록 B 참조) 기체상의 조성은 **분압** $\boldsymbol{p_i}$(partial pressure)로 주어진다.

$$p_i = y_i P \tag{7.11}$$

여기서 y_i는 기체상의 화합물 i의 몰분율이다. p_{SO_2}는 그림 7.10의 y축에 표시되어 있다. 물에 용해된 기체의 양은 kg SO_2/kg 액상 water로 표시된다. 실선은 등온선(isotherm), 즉 일정한 온도의 선이다. 선위의 점들은 특정한 T에서 기체와 액체상의 조성 간의 관계를 나타낸다.

설명 ▸ 기체-액체 평형 그래프 읽기

(1) 1320 mmHg, 10°C의 기체 혼합물에는 9 mol% SO_2와 91 mol% N_2가 포함되어 있다. 분압은 $p_{SO_2} = y_{SO_2}P = 0.09(1320) = 120$ mmHg이다. 점($p_{SO_2} = 120$ mmHg, $T = 10$°C)은 그림의 왼쪽 하단에 원으로 표시되어 있다. SO_2의 물에 대한 용해도는 x축에서 100 kg H_2O당 약 2.8 kg SO_2로 결정되며, 이는 질량 분율 $w_{SO_2} = 0.027$, 몰분율 $x_{SO_2} = 0.0079$에 해당한다.

(2) 100 kg H_2O에 10 kg SO_2가 용해된 수용액이 10°C와 760 mmHg에서 공기와 평형을 이룬다. 이 점은 그림의 상단에 원으로 표시되어 있다. 분압 p_{SO_2}는 도표를 통해 470 mmHg라는 것을 알 수 있다. 이를 통해 기체상의 SO_2 몰분율을 계산한다.

$$y_{SO_2} = \frac{p_{SO_2}}{P} = \frac{470\ \text{mmHg}}{760\ \text{mmHg}} = 0.62$$

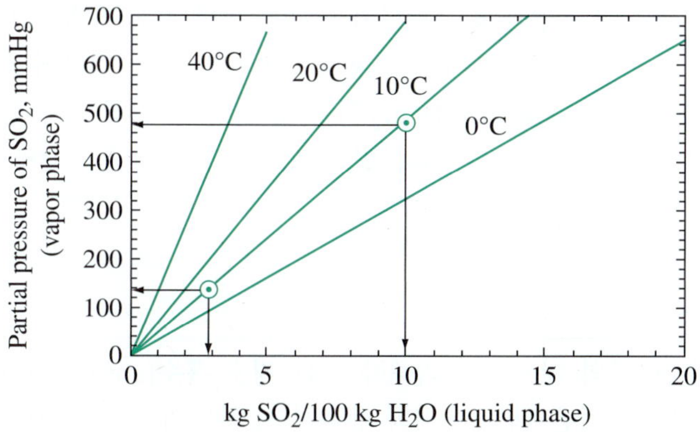

7.4.1.2 기체-액체 상평형에 대한 모델 식

저농도의 기체가 액체에 용해되고 액체와 용해된 기체 사이에 강한 상호작용이 없을 때, 액체 내 기체의 용해도는 **Henry의 법칙**(Henry's law)을 사용하여 모델링할 수 있다.

$$y_i = \left(\frac{H_i}{P}\right)x_i \qquad \textbf{(7.12)}$$

H_i는 Henry의 법칙 상수라고 불리며, T 그리고 용해된 기체와 액체의 종류에 대한 함수이다. 몇몇 기체의 물의 용해도에 대한 Henry의 법칙 상수는 부록 B에 주어져 있다. Henry의 법칙은 전혀 법칙이 아니며 일부 상황에서 유용한 모델식일 뿐이다. 이 법칙은 N_2 또는 CO_2와 같은 기체의 물에 대한 용해도는 잘 모델링하지만, NH_3 또는 SO_2와 같은 기체에 대해서는(매우 낮은 농도를 제외하고는) 좋지 않은 모델이다. Henry의 법칙은 비응축성(noncondensable) 기체에만 사용되며, 응축성 증기에 대한 상평형을 계산하는 데 사용해서는 안 된다. Raoult의 법칙은 응축 가능한 증기에 사용된다. *식 (7.12)은 기체와 액체가 공존하고 평형상태에 있을 때만 적용된다.*

설명 ▸ Henry의 법칙 사용

98 mol% N_2, 2 mol% CO_2를 포함하는 기체는 10°C, 20 atm에서 물과 평형을 이룬다. N_2와 CO_2는 이 온도와 압력에서 모두 비응축성이고 물과 강한 상호작용이 없기 때문에 Henry의 법칙을 사용할 수 있다. 부록 B의 표 B.7에서 상수를 찾을 수 있다.

$$y_{CO_2} = 0.02 = \frac{H_{CO_2}}{P}x_{CO_2} = \frac{1040\ \text{atm}}{20\ \text{atm}}x_{CO_2}$$

$$x_{CO_2} = 0.0004$$

$$y_{N_2} = 0.98 = \frac{H_{N_2}}{P}x_{N_2} = \frac{66800\ \text{atm}}{20\ \text{atm}}x_{N_2}$$

$$x_{N_2} = 0.0003$$

Quiz 7.10

10°C, 20 atm에서 N_2와 CO_2의 기체 혼합물은 물과 평형을 이룬다. 기체에 포함된 물의 몰분율을 계산하기 위해서 Raoult의 법칙을 사용하겠는가 혹은 Henry의 법칙을 사용하겠는가?

Henry의 법칙 상수가 높을수록 용해도가 낮음을 나타낸다. 기체상의 질소 농도가 높음에도 불구하고 CO_2보다 물에 대한 용해도가 훨씬 낮다. 액상에 용해된 기체의 몰분율이 매우 낮다는 것을 통해 Henry의 법칙 식이 이 기체-액체 상평형 시스템을 잘 모델링할 수 있는 경우라는 것을 알 수 있다. 또한 x_{H_2O}는 1.0에 가깝다.

7.4.1.3 흡수

혼합물에서 둘 이상의 기체를 분리해야 하는 경우 **흡수**(absorption)가 일반적인 선택이다. 기체 혼합물은 액체 용매와 접촉하고, 하나의 기체가 액체에 우선적으로 용해되며, 평형 후에 액체와 기체 상이 기계적으로 분리된다. 기체상의 가용성(soluble) 성분이 고갈되고 불용성 성분이 풍부해진다. **탈거**(stripping)은 흡수와 동반되는 분리 공정이다. 탈거에서는 흡수된 기체를 포함하는 액체는 추가된 기체상과 접촉하고, 액체에 용해된 기체는 다시 기체상으로 이동한다. 일반적으로 흡수는 저온, 고압 상태에서 운전되는데, 이는 액체에 대한 기체의 용해도를 높이기 위함이다. 반면, 탈거는 고온, 저압 상태에서 운전되는데, 흡수의 정반대 효과를 얻기 위함이다.

흡수는 기체흐름에서 미량의 오염 물질을 제거하기 위해 사용된다. 전형적인 예는 천연 가스로부터 유독하고 악취가 나는 H_2S를 흡수하는 것이다. 이 공정은 경험 규칙을 따른다. *미량 물질의 회수를 하는 경우 흐름의 양이 아니라 회수할 재료의 양에 따라 비용이 증가하는 분리 방법을 사용한다.* 흡수의 성공 여부는 용매의 선택에 달려 있다. 먼저, 물론, 흡수할 기체가 용매 액체에 대해 선택적으로 높은 용해도를 가지는 용매를 선택해야 한다. 이때, 다른 기체의 용해도는 낮아야 한다. 또한 이상적인 경우에 용매는 무독성이고, 저렴하고, 불연성이며, 환경 친화적이고, 비부식성이며, 안정하고, 거품이 없고, 비휘발성이며, 점성이 높지 않아야 한다. 물은 일반적으로 사용되는 용매이다. 물은 단독으로 사용되기도 하고, 기체의 용해도를 개선하기 위해 첨가제와 함께 사용하기도 한다.

예제 7.8은 물질 수지식과 기체-액체 상평형 정보를 결합하여, 단일 평형단으로 작동하는 흡수기를 설계하는 방법을 보여준다. 기체-액체 상평형 데이터는 그래프 형식으로 제공될 수 있다. 또는 경우에 따라 Henry의 법칙과 같은 모델 방정식이 적절하다. 상평형 제약 조건은 평형 단을 *떠나*는 두 상의 조성 간의 관계를 알려준다.

예제 7.8 ▸ 기체-액체 평형 데이터를 사용한 공정흐름 계산: 오염된 공기의 흡수를 통한 정화

기체흐름이 SO_2 (공기 300 kg, SO_2 63 kg)로 오염되었다. 기체가 대기로 방출되기 전에 SO_2 농도를 줄여야 한다. SO_2를 제거하기 위해 0°C, 21,000 mmHg (27.6 atm)에서 기체와 물이 접촉하고, 흐름이 평형을 이룬 후, 기체와 물 흐름이 분리된다. 기체에 있는 SO_2의 95%를 제거해야 한다면 얼마나 많은 물이 필요한가? 공기는 물에 완전히 녹지 않으며 물은 비휘발성이라고 가정할 수 있다.

〉풀이

항상 그렇듯이 명칭이 지정된 흐름도부터 시작한다. kg 단위로 작업하고 아래 첨자 a, s, w를 사용하여 각각 공기, SO_2, 물을 나타내고, 아래 첨자 F, S, G, L을 사용하여 공급물, 용매, 기체, 액체 흐름을 나타낸다.

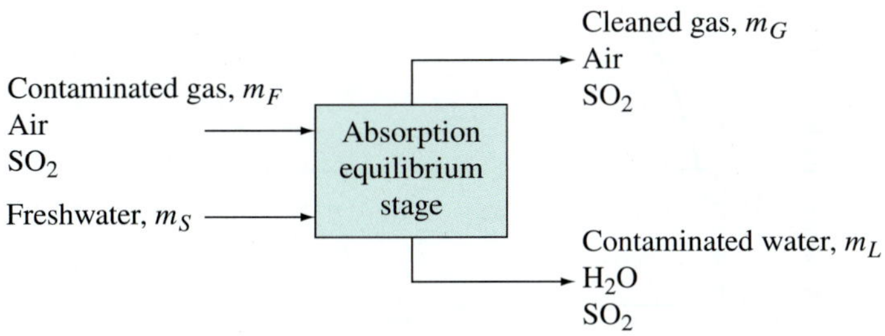

액체 생성물에서 SO_2의 회수율은 0.95로 정해졌고, 따라서 다음과 같다.

$$f_{RsL} = 0.95 = \frac{m_{sL}}{m_{sF}} = \frac{m_{sL}}{63}$$

$$m_{sL} = 60 \text{ kg } SO_2$$

물질 수지에 따라 3 kg의 SO_2가 정화 기체에 남아 있다는 것을 알 수 있다.

$$m_{sG} = m_{sF} - m_{sL} = 63 - 60 = 3 \text{ kg } SO_2$$

정화 기체와 흡수기를 *떠나는* 오염된 물 흐름은 서로 평형을 이룬다. 따라서 그림 7.10에서 나타난 상평형 데이터가 필요하다. 이 데이터를 사용하려면 정화된 기체의 SO_2 질량 분율을 분압으로 변환해야 한다.

$$p_s = y_s P = \left[\frac{3 \text{ kg } SO_2 \left(\dfrac{\text{kgmol } SO_2}{64 \text{ kg } SO_2} \right)}{3 \text{ kg } SO_2 \left(\dfrac{\text{kgmol } SO_2}{64 \text{ kg } SO_2} \right) + 300 \text{ kg air} \left(\dfrac{\text{kgmol air}}{28.8 \text{ kg air}} \right)} \right] (21{,}000 \text{ mmHg})$$

$$= 94 \text{ mmHg}$$

그림 7.10을 통해 0°C에서 $p_s = 94$ mmHg는 3.4 kg SO_2/100 kg 포화 상태 액상의 물에 해당한다는 것을 알 수 있다. 오염된 물 흐름은 60 kg의 SO_2를 운반해야 하므로,

$$m_{wL} = \left(\frac{100 \text{ kg water}}{3.4 \text{ kg } SO_2} \right) 60 \text{ kg } SO_2 = 1765 \text{ kg water}$$

물의 물질 수지식을 이용하여 용매 요구량을 다음과 같이 계산할 수 있다.

$$m_S = m_{wL} = 1765 \text{ kg water}$$

7.4.2 ▸ 고체-유체 평형과 흡착

흡착(adsorption, 알파벳 “d”)에서, 공급은 다중성분 유체(기체, 증기, 액체)이고, 목적은 유체의 성분 중 하나를 선택적으로 제거하는 것이다. 고체를 물질 분리제로

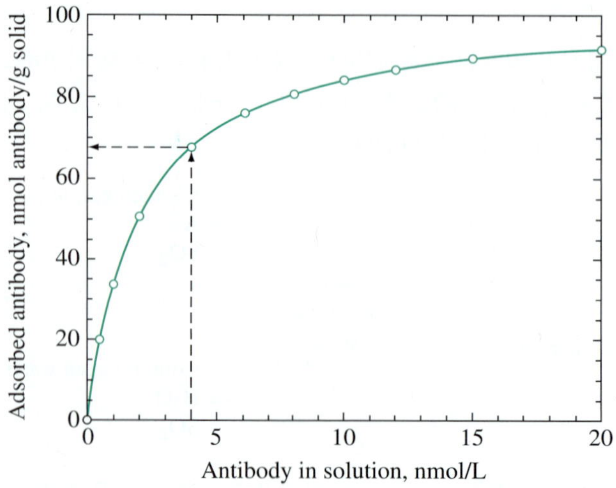

그림 7.11 항체-면역흡착제 시스템의 고체-유체 상평형에 대한 흡착 등온선.

사용한다. 오직 하나의 성분만 고체에 흡착하고 다른 성분은 흡착하지 않도록 하는 고체를 신중하게 선택해야 한다. 유체와 고체 상은 기계적 방법을 이용하여 곧바로 분리될 수 있다. 운전 조건(예, 고체를 다른 유체와 접속)을 바꿔서 흡착된 성분이 고체로부터 회수될 수 있고, 고체는 재사용된다. 분리의 목적이 가치 있는 성분의 순도를 높이는 것이 아닌 오염물을 제거하는 경우에는 고체를 단순히 폐기하기도 한다.

지하실에 있는 물 연화제(softener)와 부엌 수도꼭지에 있는 탄소 여과기는 널리 사용되는 두 가지 흡착 장치이다. 두 장치 모두 저농도(예, 칼슘과 마그네슘 이온 또는 유기 오염물)의 물질을 많은 양의 다른 물질(물)로부터 제거하기 위해 설계되었다. 고체 흡착제의 표면을 화학적으로 변형할 수 있기 때문에 흡착 시스템은 복잡한 다성분 유체로부터 저농도의 단일 성분을 회수하는 것에 대한 선택성이 높다. 이 방법은 항체나 기타 단백질 의약품과 같은 고부가가치 생성물의 정제에 일반적으로 사용된다.

흡착 방법의 성공은 *흡착제*(adsorbent)라고 불리는 고체 물질분리제의 선택에 달렸다. 이상적인 상황에서 유체로부터 제거되어야 할 물질 *흡착질*(adsorbate)은 흡착제에 큰 친화도(affinity)를 가지고 있고, 다른 유체는 친화도가 낮다. 이상적인 흡착제는 유체에 녹지 않아야 하고, 저렴하며, 무독성이어야 한다. 만약 흡착질이 원하는 생성물이라면 흡착이 가역적이어서 흡착질이 곧바로 탈착(desorbed)될 수 있도록 하는 흡작제를 선택해야 한다.

흡착 등온선(adsorption isotherms)은 유체에 있는 성분 양과 고체 흡착제로의 흡착 양의 관계를 도시하기 위해 사용된다. 흡착 등온선의 한 예시가 그림 7.11에 나타나있다. 이 그림은 용액의 항체(antibody)와 면역흡착제(immunosorbent, 항체는 의료 진단, 일부 암·자가면역 질환·기타 질환 치료에 사용됨)라고 불리는 고체에 흡착된 항체에 대한 상평형을 도시한다.

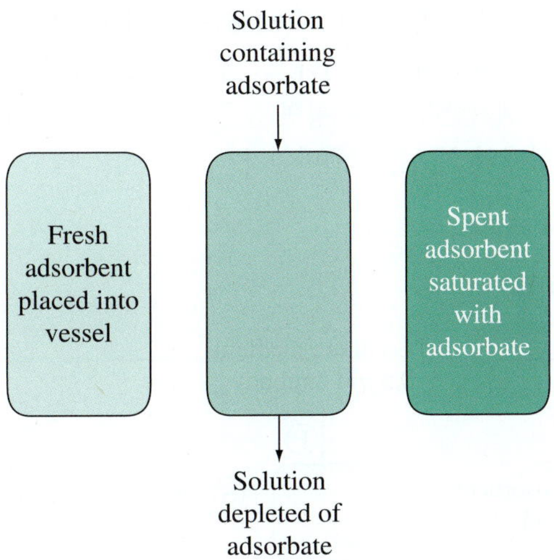

그림 7.12 흡착공정은 종종 반회분식으로 운전된다. 고체 흡착제가 용기에 먼저 투입된다. 공급 용액이 흡착제 베드(bed)로 들어가고, 흡착질이 흡착제에 부착된다. 일정 시간이 경과한 후 흡착제는 흡착질로 완전 포화된다. 사용된 흡착제는 새 흡착제로 교체되고 공정은 재개된다. 사용된 흡착제는 재사용을 위하여 재생된다.

설명 ▸ 흡착 등온선 읽기

어떤 용액은 4 nmol/L의 단일클론 항체를 포함하고 있고 면역흡착제와 평형에 있다. 면역흡착제 위에 존재하는 항체량은 등온선으로부터 67 nmol/g solid임을 알 수 있다. (*참고*: 1 nmol/L = 10^{-9} gmol/L)

흡착기는 보통 회분식 혹은 반회분식으로 운전된다. 그림 7.12에 나타나 있듯이 보통 고체를 펌프로 순환시키기 어렵기 때문이다. 분리기의 관점에서 흡착기의 설계와 분석은 흡수기와 동일하게 상평형 데이터와 물질수지식을 조합하여 수행한다.

흡착 등온선을 이용한 공정흐름 계산: 단일클론 항체 정제 ◂ 예제 7.9

하이브리도마(융합세포, hybridoma cell)는 단일클론 항체를 생산하는 특별한 포유류 세포이다. 단일클론 항체는 다른 단백질 또는 세포들과 매우 강하고 선택적으로 결합한다. 단일클론 항체는 임신 진단 시약과 암치료와 같은 헬스케어와 생명공학 제품에 사용된다. 이들 제품에 필요한 단일클론 항체의 순도는 매우 높다. 세포는 배양 배지(culture media: 비타민, 단백질, 성장 인자, 당, 아미노산 등의 수용액)로 단일클론 항체를 저농도로 분비한다. 단일클론 항체는 대부분의 단백질과 마찬가지로 온도에 매우 민감하고 pH 극한조건이나 대부분의 유기 용매조건에서 분해된다. 이런 사실로 인해 증류, 결정화, 용매 추출과 같은 분리기술은 이용될 수 없다. 단일클론 항체는 고체 면역 흡착제에 매우 강하게 결합한다는 유용한 특성을 지닌다. 세포질 내의 다른 성분은 면역 흡착제에 흡착되지 않으므로 고순도로 흡착된 항체 생성물을 얻을 수 있다.

0.5 μmol/L (5×10^{-7} M) 농도의 단일클론 항체를 포함한 5 L의 배양 배지를 만

들었다고 하자. 34.9 g의 면역흡착제 비드(bead)를 용기에 투입하여 배양 배지와 함께 혼합하고 평형에 도달할 때까지 기다린다. 그 후 액상으로부터 기계적으로 비드를 분리하고 나머지를 모두 제거한다. 흡착 평형 등온선은 그림 7.11에 그려졌다. 공급물에서 비드에 흡착되는 항체의 회수율은 얼마인가?

풀이

분리는 회분식으로 이루어진다.

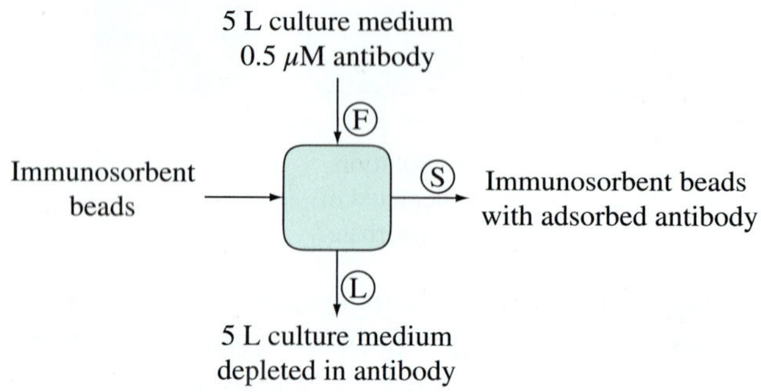

용기는 시스템으로 설정되고 항체(Ab)가 핵심 성분이다. 적분 물질 수지식은 다음과 같이 간단히 나타난다.

$$n_{Ab,L} + n_{Ab,S} = n_{Ab,F}$$

시스템에 초기에 있는 항체의 몰수는 항체 농도와 배양 배지 부피의 곱이다.

$$n_{Ab,F} = c_{Ab,F}V_L = 0.5\frac{\mu\text{mol}}{\text{L}} \times 5\text{ L} = 2.5\ \mu\text{mol} = 2500\text{ nmol}$$

여기서 $c_{Ab,F}$는 공급물의 항체 농도이며 V_L은 액체의 전체 부피이다. 평형에서 항체는 액체와 고체(bead) 상에 분배된다. 상 사이의 분배를 정량화하기 위해 그림 7.11을 참조하자. 그림 데이터는 용액 내의 Ab 농도(nmol/L) 대비 nmol Ab/g 면역흡착제를 나타낸다. 항체가 매우 낮은 농도로 존재하므로, 액체 배지의 전체 부피는 고체 흡착제와 평형을 이룬 뒤로 변화하지 않는다. 따라서 다음이 성립한다.

$$n_{Ab,L} = c_{Ab,L}V_L = c_{Ab,L}(5\text{ L})$$

여기서 $c_{Ab,F}$는 평형상태에서 액체상에서의 항체 농도(nmol/L)이다. 고체상에서,

$$n_{Ab,S} = q_{Ab,S}M_S = q_{Ab,S}(34.9\text{ g})$$

$q_{Ab,S}$는 평형에서 고체 비드에 흡착한 항체의 농도(nmol/g)이고 M_S는 면역흡착제 비드의 전체 질량(g)이다. 이들 정의와 물질 수지식을 결합하여 다음을 얻는다.

$$5c_{Ab,L} + 34.9q_{Ab,S} = 2500\text{ nmol}$$

$c_{Ab,L}$과 $q_{Ab,S}$의 관계는 그림 7.11에 나타나 있다. 시행착오를 통해 정확한 값을 찾을 수 있다. 먼저 $c_{Ab,L}$의 값을 대략적으로 정하여 그림 7.11로부터 $q_{Ab,S}$의 값을 찾고, 물질 수지식이 성립되는지 체크한다. (*주의*: $c_{Ab,F}$가 아닌 $c_{Ab,L}$이 그림 7.11에서 필요한 농도값이다!)

첫 번째 반복에서 $c_{Ab,L}$ = 20 nmol/L로 추정하였다. 유체상에서 $q_{Ab,S}$ = 90 nmol/g

이다. 이 값으로부터

$$5(20\text{ nmol/L}) + 34.9(90\text{ nmol/g}) = 3240\text{ nmol} > 2500\text{ nmol}$$

이 추정값($c_{Ab,L}$)은 너무 크다. 몇 회의 반복계산을 통해 정확한 답을 얻을 수 있다. $c_{Ab,L} = 5$ nmol/L, $q_{Ab,S} = 71$ nmol/g. 다음이 성립하기 때문이다.

$$5(5\text{ nmol/L}) + 34.9(71\text{ nmol/g}) = 2500\text{ nmol}$$

고체상에서 항체의 회수율은 다음과 같다.

$$f_R = \frac{n_{Ab,S}}{n_{Ab,F}} = \frac{34.9(71\text{ nmol/g})}{2500\text{ nmol}} = 0.99$$

면역흡착제로부터 항체의 탈착이 분리 단계에서 수행되어야 한다. 보통 다른 용질을 첨가하거나, 용매의 염 함량 또는 pH를 변화시킴으로써 분리를 수행한다.

Hint
평형 단에서 두 개의 *생성물* 흐름은 서로 평형을 이루고 있다. *공급물* 농도를 상평형 데이터에 사용하려는 유혹을 피하라!

7.4.3 ▸ 액체-액체 상평형과 용매 추출

샐러드드레싱을 만들기 위해 오일과 식초를 섞을 때, 아마도 오일과 식초가 두 개의 상이한 액체 층으로 분리되는 것을 관찰하였을 것이다. 유기 액체와 수용성 액체가 상 분리되어 샐러드드레싱 제조사를 곤란하게 하는 것은 일반적인 현상이다. 이러한 유기 액체와 수용성 액체가 분리되는 현상을 유용하게 사용할 수 있다. *용매 추출*에서 공급물은 다성분 단일 액체상이다. 물질 분리제로서 추가로 투입되는 액체 용매와 공급물이 접촉한다. 예를 들어, 공급물이 수용액이라면 추가되는 용매는 보통 무극성 유기 액체이다. 또한 공급물의 성분 중 하나가 추가되는 용매 상에 선택적으로 분배될 수 있도록 용매를 선택해야 한다. 용매를 선택하고 용매 추출 시스템을 설계하고 분석하기 위해 액-액 상평형(liquid-liquid equilibrium, LLE)와 친숙해져야 한다.

7.4.3.1 액체-액체 상평형

유기 용매 S, 물 W, 세 번째 성분 A로 이루어진 3성분 시스템을 고려해보자. S, W는 두 액체상이고, 이제 A가 어떻게 두 개의 상에 분배되는지가 관심사이다. 두 가지의 경우가 가능하다. 유기 상과 수용액 상 내의 A의 농도 간의 관계가 단순한 방정식으로 표현되는 경우와 복잡한 도표가 필요한 경우이다.

Case 1. W와 S는 완전히 *섞이지 않는*(immiscible) 혹은 불용성(insoluble)이다. 두 액체상은 수용액 상 I과 유기 상 II을 형성하고, 모든 W는 상 I에, 모든 S는 상 II에 있다. 성분 A는 섞이지 않는 두 상에 분배된다. 각 상에서의 A의 몰(혹은 질량) 분율은 온도 T, S의 물성에 대한 함수이다. 압력의 영향은 보통 액체나 고체 시스템에서는 무시된다. 상평형은 **분배 계수**(distribution coefficient) $\boldsymbol{K_D}$로 설명할 수 있다.

$$x_{A\text{II}} = K_D x_{A\text{I}} \tag{7.13}$$

여기서 x_{AI}는 상 I에서 성분 A의 몰(혹은 질량) 분율이고, x_{AII}는 상 II에서 성분 A의 몰(혹은 질량) 분율이다. K_D는 T와 성분의 분배 성질, 그리고 두 용매에 대한 함수이다. 부록 B에 몇 가지 용질이 다양한 유기 용매와 물로 분배되는 K_D 데이터를 수록되어 있다. 식 (7.13)은 보통 성분 A가 매우 묽을 때에만 적합하다.

Quiz 7.11

부록 B에서 K_D를 봤을 때, acetic acid가 benzene과 물 중 어디에 더 용해도가 높은가?

설명 ▸ 분배 계수의 사용

1.2 wt% acetic acid 수용액($w_{AI} = 0.012$)이 methyl acetate와 평형을 이루고 있다. Methyl acetate와 물은 두 개의 서로 섞이지 않는 액체상을 이룬다. 부록 B의 표 B.17로부터 acetic acid가 methyl acetate와 물에 분배되는 경우 $K_D = 1.273$을 얻을 수 있다. 따라서 다음이 성립한다.

$$w_{AII} = 1.273(0.012) = 0.0153$$

Case 2. W와 S가 A의 존재 하에 서로 부분적으로 섞인다. 이 경우에 W와 S는 여전히 두 개의 액체상으로 분리되지만 W의 일부가 S에 용해되고 반대의 경우도 성립한다. 물론 용질 A의 존재 하에 두 용매의 상호 용해도는 증가한다. *끼리끼리 녹는다*라는 경험 규칙이 들어맞는다. 만약 용질 A가 용매 W에도 용해된다면 A는 W와 비슷한 종류일 것이다. 하지만 W와 S가 서로 섞이지 않으므로 W는 S와 전혀 다른 종류이다. 그렇다면 A가 W, S 모두와 비슷한 종류가 된다면 어떻게 될까? 한 예시가 water-acetic acid-methylisobutylketone (MIBK) 시스템이다.

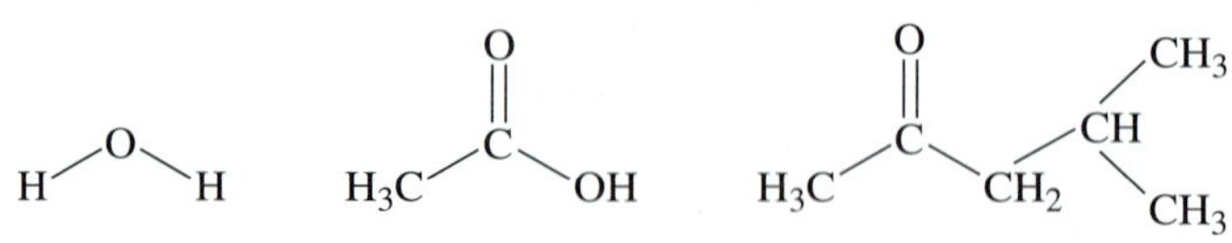

Water　　Acetic acid　　MIBK

Acetic acid는 물과 MIBK 모두에 대한 용해도가 높지만, 물과 MIBK는 서로 거의 섞이지 않는다. 분자 구조를 봤을 때 그 이유를 짐작할 수 있을 것이다. Acetic acid-water-MIBK 혼합물은 acetic acid 함량이 낮을 때 두 액체상으로 분리되고, acetic acid 함량이 높다면 단일 액체상을 형성한다. 두 개의 분리된 액체상이 존재한다면 모든 세 성분이 두 상에 존재한다.

세 개의 성분이 존재하기 때문에 액체-액체 시스템의 그래픽 데이터는 이들 성분 중 두 개의 질량(혹은 몰) 분율을 포함해야 한다. 온도 효과를 포함하면서 그래프를 2차원으로 표시하기 어려우므로 보통 데이터는 하나의 온도에서 표현되어 있다!

3성분 water-acetic acid-MIBK 시스템에 대한 액-액 상평형도가 그림 7.13에 그려져 있다. (이 데이터는 부록 B에도 수록되어 있다.) Acetic acid의 질량 퍼센트가 MIBK의 질량 퍼센트와 도시되어 있다. 물의 질량 퍼센트는 차이로부터 계산될 수 있다. 그래프에 돔(dome) 모양 곡선이 있다는 것을 주목하라. 돔 아래에 있는

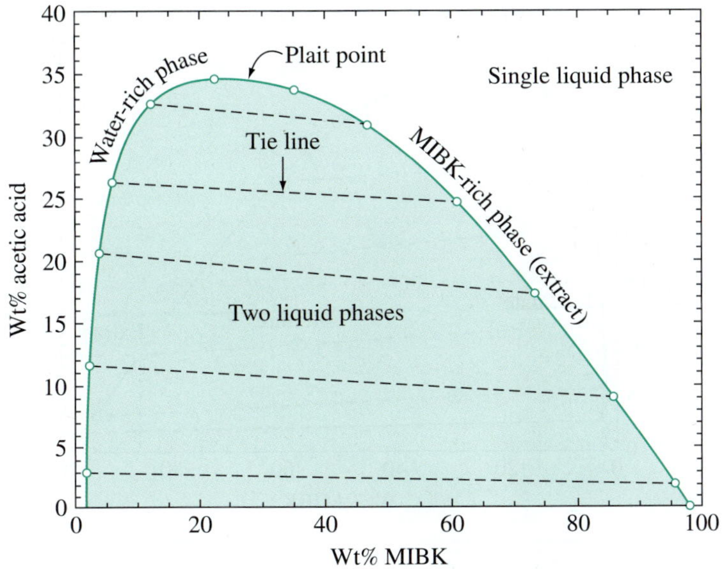

그림 7.13 25°C에서 MIBK-acetic acid-water 액-액 상평형도. *Perry's Chemical Engineers' Handbook, 6th edition*에서 발췌.

모든 점은 두 개 상 영역이다. 이 조성에서는 혼합물이 두 개의 액체상으로 자발적으로 분할된다. 돔 아래의 파선(dashed-line)은 *연결선*(tie lines)이다. 연결선으로 연결된 곡선 위의 점들은 두 액체상이 평형에 있을 때의 조성을 나타낸다. 연결선의 우측 꼭지점은 MIBK (유기) 상 조성을 나타내고, 좌측 꼭지점은 water-rich (수용액) 상의 조성을 나타낸다. 보통 유기 상을 *추출상*(extract)이라고 하고, 수용액 상을 *추출 잔류상*(raffinate)라고 한다. 돔 바깥의 조성을 갖는 혼합물은 단일 액체 상을 형성한다. 돔의 꼭대기 근처를 *상계점*(plait point)라고 한다. 이 점은 2상 영역으로부터 단일-상을 분리하는 혼합물 조성이다.

설명 ▸ 액체-액체 상평형도 읽기

25°C에서 57 wt% MIBK, 10 wt% acetic acid, 33 wt% water 혼합물이 돔 아래에 위치하여 두 개의 상으로 분할된다. 이 조성은 정확히 연결선 위에 위치한다. 연결선을 따라 양방향으로 진행하여 두 상의 조성을 찾고자 한다. 추출상은 86 wt% MIBK, 9 wt% acetic acid, 5 wt% water (100%에서 빼서)이다. 추출 잔류상은 2.5 wt% MIBK, 11.5 wt% acetic acid, 86 wt% water이다.

만약 혼합물 조성이 연결선 위에 있지 않다면 연결선의 위치를 시각적으로 내삽(혹은 "눈대중")해야 한다. 연결선의 기울기는 인접하는 두 개의 연결선 기울기의 사이값을 가질 것이다. 예를 들어 30 wt% MIBK, 5 wt% acetic acid, 65 wt% water은 두 개의 상으로 분리된다. 추출 잔류상은 약 2 wt% MIBK, 6 wt% acetic acid, 92 wt% water이고, 추출 상은 약 93 wt% MIBK, 3 wt% acetic acid, 4 wt% water이다.

Quiz 7.12

38 wt% acetic acid, 22 wt% water, 40 wt% MIBK 혼합물은 단일 상인가 이상인가?

평형에서 두 개의 액체상으로 분리되는 acetic acid, water, MIBK의 혼합물이 있다. 한 상은 61 wt% MIBK이다. 두 상의 조성은 어떻게 되는가?

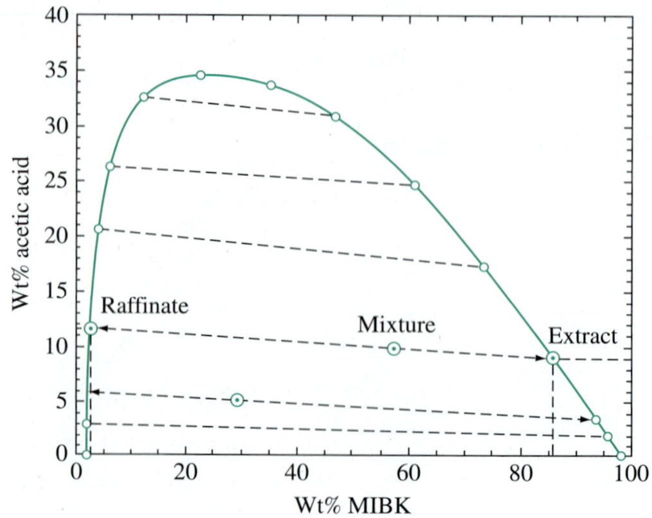

7.4.3.2 용매 추출

일반적인 용매 추출흐름도가 그림 7.14에 나타나 있다. 공급물은 선택된 용매와 접촉기(contactor)에서 혼합된다. 혼합물이 평형에 이른 후 침강기(settler)에서 두 개의 액체상으로 밀도 차를 이용하여 분리된다. 공정의 목적은 공급물의 성분 중 하나를(용질) 용매 상으로 전달하는 동시에 다른 성분을 공급물 상에 보존하는 것이다. 두 개의 상은 보통 *추출상*(extract, 용매-rich)과 *추출 잔류상*(raffinate, 용매-poor)로 일컫는다. 용매 추출 공정은 연속흐름식, 회분식, 반 회분식으로 운전될 수 있다.

용매의 선택이 성공적인 분리를 위한 열쇠이다. 이상적인 용매는 무독성, 저렴, 불연성, 환경 무해성이어야 하고, 공정 다운스트림(downstream)과 호환 가능해야 한다. 이상적인 용매는 공급물로부터 추출되어야 할 성분과 화학적으로 호환성이 있어야 한다. 이상적인 용매는 거품을 형성하지 않아야 한다. 이상적인 용매는 침강기에서 두 개의 상이 쉽게 분리가 될 수 있도록 공급물 액체와 밀도가 크게 차이가 나야 한다. 이상적인 용매는 공급물 액체상과 완전히 섞이지 않아야 하고, 동시에 공급물로부터 용매 상으로 전달되어야 할 성분이 용매에 대한 용해도가 무한해야 한다. 마지막으로, 이상적인 용매는 용질과 쉽게 분리가 되어 순수한 용질이 회수되고 용매가 재활용될 수 있어야 한다. 이상적인 용매가 없다는 것은 쉽게 생각할 수 있을 것이다!

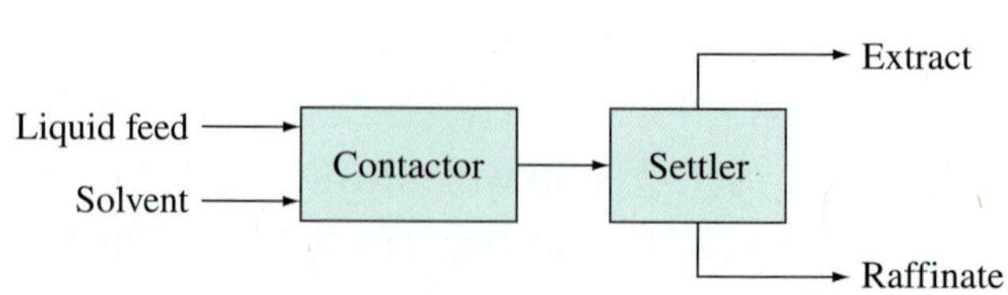

그림 7.14 용매 추출. 추출상은 "용매-rich"(대부분 혹은 모든 용매를 포함)이고 추출 잔류상은 "용매-poor"(용매를 거의 혹은 하나도 포함하지 않음).

용매 추출 공정의 설계와 분석 과정은 예상한대로이다. 상평형 정보와 물질 수지식을 다음 두 예제에 나타난 것처럼 결합한다.

액-액 분배 계수를 이용한 공정흐름 계산: 용매 추출을 통한 폐수흐름 정화 ◀ 예제 7.10

폐수흐름(10,000 kg/h)은 6 wt% acetic acid로 오염되어 있다. 물이 배출되기 전에 acetic acid 함량을 0.5 wt%로 줄여야 한다. Methyl acetate와 1-heptadecanol의 두 가지 용매가 고려 대상이다. Methyl acetate의 분배 계수 K_D는 1.273이고(용매 상에서 acetic acid의 질량 분율/수용액 상에서 acetic acid의 질량 분율), 1-heptadecanol의 분배 계수는 0.312이다. 용매가 단일 평형 단에서 일어날 때 각 용매의 필요량은 얼마인가? 어떤 용매를 선택할 것인가? Methyl acetate와 1-heptadecanol이 물에 완전히 불용성이라고 가정한다.

› 풀이

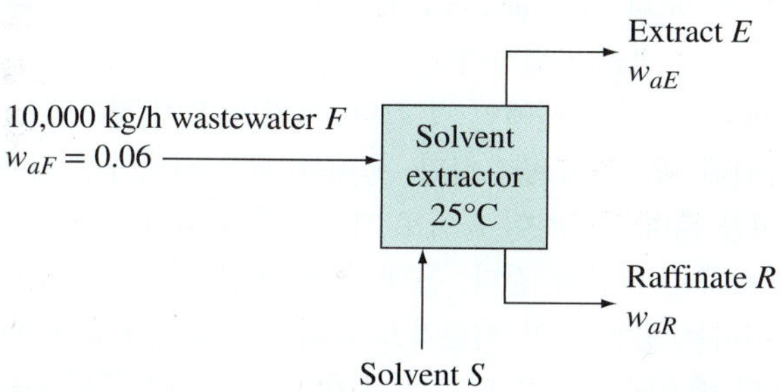

단위는 kg/h이다. 각 흐름은 다음 아래 첨자를 이용하여 나타낸다. S = 공급 용매, F = 수용액 공급물 유입, E = 추출액(용매-rich 배출흐름), R = 추출 잔류상(물-rich 배출흐름). 세 가지 성분이 있다: 물(w), acetic acid (a), methyl acetate 혹은 1-heptadecanol의 유기 상(o). 흐름 E와 R은 평형에 있다. Acetic acid는 두 액체상에 분배되지만 유기물과 물은 완전히 섞이지 않는다. 기저($\dot{m}_F$ = 10,000 kg/h)와 두 개의 흐름 조성(폐수의 Acetic acid 함량, $z_{aF} = 0.06$, 추출 잔류상의 acetic acid 함량 $x_{aR} = 0.005$) 규격이 주어져 있다. Acetic acid의 정상상태 물질 수지식은 다음과 같다.

$$w_{aF}\dot{m}_F = w_{aE}\dot{m}_E + w_{aR}\dot{m}_R$$

$$0.06(10000) = 600 = w_{aE}\dot{m}_E + 0.005\dot{m}_R$$

두 액체상에서 acetic acid 질량 분율의 평형 관계는 다음과 같다:

$$w_{aE} = K_D w_{aR}$$

이를 물질 수지식과 결합하여 다음을 얻는다

$$600 = 0.005K_D\dot{m}_E + 0.005\dot{m}_R$$

여기서 methyl acetate의 K_D = 1.273이고 1-heptadecanol의 K_D = 0.312이다. 추가로, 유기물과 물에 대한 물질 수지식을 다음과 같이 나타낸다:

$$\dot{m}_S = w_{oE}\dot{m}_E$$

$$w_{wF}\dot{m}_F = w_{wR}\dot{m}_R = 0.94(10000) = 9400 \text{ kg/h}$$

! Hint
만약 어떤 성분이 하나의 상에만 존재한다면, 그 성분에 대한 상평형 관계를 사용하지 않아도 된다.

용매와 물이 서로 완전히 불용성이기 때문에 각각은 오직 한 개의 상에만 존재하고 상평형 관계식은 없다. 각 상에서의 질량 분율은 합하여 1이다.

$$w_{wR} = 1 - w_{aR} = 1 - 0.005 = 0.995$$

$$w_{oE} = 1 - w_{aE} = 1 - 0.005K_D$$

이 방정식들로부터 다음을 얻는다

$$\dot{m}_R = \frac{9400}{0.995} = 9447 \text{ kg/h}$$

$$\left.\begin{aligned} w_{aE} &= 0.00636 \\ \dot{m}_S &= 86{,}000 \text{ kg/h} \end{aligned}\right\} \quad \text{with methyl acetate}$$

$$\left.\begin{aligned} w_{aE} &= 0.00156 \\ \dot{m}_S &= 354{,}000 \text{ kg/h} \end{aligned}\right\} \quad \text{with heptadecanol}$$

용매가 methyl acetate일 때 추출상은 0.6 wt% acetic acid을 포함하고 용매가 heptadecanol일 때 0.2 wt%보다 적은 acetic acid를 포함한다. (두 용매의 K_D 비율이 용매 필요 유량과 비슷하다는 것을 유념하라.)

Methyl acetate가 더 나은 용매인 것 같다. 하지만 용매 필요량이 높다. 이 공정의 경제성을 높이기 위해 재사용이 필요하다. 용매를 최종 선택하기 전에 methyl acetate로부터 acetic acid를 분리하는 것이 곧바로 가능한지 고려해야 한다.

또 다른 고려사항은 다음과 같다. 용매 추출 대신 평형 훌래쉬를 통해 물로부터 acetic acid를 분리하는 방법은 안 되는가? 그 이유는 과다하게 존재하는 물이 acetic acid보다 높은 포화 증기압을 갖고 있기 때문이다. 이는 대부분의 물이 기상으로 존재해야 하고, 높은 에너지 비용을 초래한다는 것을 의미한다.

예제 7.11 ▸

삼각 상도표를 이용한 공정흐름 계산: 물로부터 acetic acid의 분리

100 g의 45 wt% acetic acid/55 wt% water 용액이 25°C에 있고, 100 g의 MIBK와 접촉하고 있다. 혼합물이 하나의 상으로 있는가 혹은 두 개의 상으로 있는가? 만약 두 개의 상이 형성된다면 각 상의 조성은 어떻게 되는가? 각 상은 얼마나 많은 양으로 형성되는가? 만약 모든 MIBK가 추출액으로부터 제거된다면, 생성물 순도와 성분 회수율은 얼마인가?

› 풀이

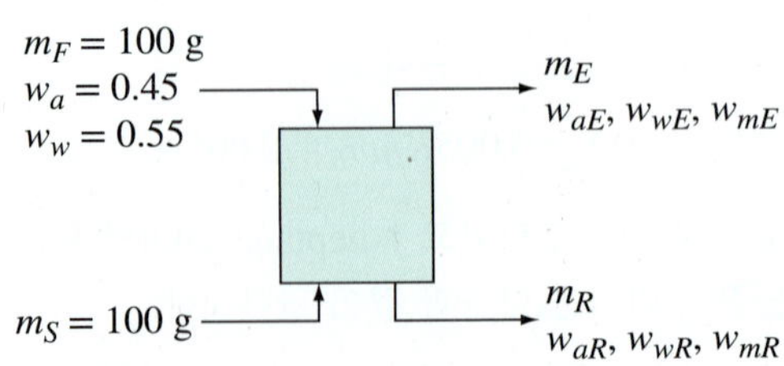

회분식 공정 문제이다. 용액과 용매가 초기에 투입되고 추출상과 추출 잔류상이 평형

의 마지막 순간 분리된다. 예제 7.10과 마찬가지로 세 성분이 있다. 하지만 이번에는 모든 MIBK가 추출상에서 빠져나가는 것과 모든 물이 추출 잔류상을 빠져나간다는 것을 가정할 수 없다.

총 200 g이 추출기로 투입된다. 100 g MIBK (50 wt%), 45 g acetic acid (22.5 wt%), 55 g water (27.5 wt%). 이제 상평형 데이터가 필요하고, 그림 7.13에 주어져 있다.

추출상과 추출 잔류상의 평형 조성을 찾기 위해 그림 7.13에 혼합물 조성의 위치를 표시해야 한다. 이 점은 돔 아래에 위치하므로 두 개 상 영역에 있다. 혼합물 조성은 두 연결선 사이에 있으므로 이 두 연결선 사이에 있고 혼합물 조성점을 지나는 가상의 세 번째 연결선을 상상해야 한다. 가상의 연결선이 실선 곡선과 만나는 점을 추정해보건대, 추출 잔류상은 약 24 wt% acetic acid ($w_{aR} = 0.24$), 71 wt% water ($w_{wR} = 0.71$), 5 wt% MIBK ($w_{mR} = 0.05$)를 포함하고, 추출상은 약 21 wt% acetic acid ($w_{aE} = 0.21$), 12 wt% water ($w_{wE} = 0.12$), 67 wt% MIBK ($w_{mE} = 0.67$)를 포함한다는 것을 알 수 있다.

세 개의 물질 수지식이 있고, 알고 있는 값을 대입한다.

$$m_S = w_{mE}m_E + w_{mR}m_R \qquad 100 = 0.67m_E + 0.05m_R$$

$$w_{wF}m_F = w_{wE}m_E + w_{wR}m_R \qquad 0.55(100) = 0.12m_E + 0.71m_R$$

$$w_{aF}m_F = w_{aE}m_E + w_{aR}m_R \qquad 0.45(100) = 0.21m_E + 0.24m_R$$

(오직 두 식이 독립이다!) 첫 두 식을 풀어 m_E = 145 g와 m_R = 55 g을 얻는다. (만약 다른 방정식 쌍을 사용한다면 약간 다른 답을 얻게 된다. 이는 그래프에서 읽어낸 조성이 부정확하기 때문이다.)

추출상에서 acetic acid의 회수율은

$$f_{RaE} = \frac{w_{aE}m_E}{w_a m_F} = \frac{0.21(145)}{0.45(100)} = 0.68$$

용매 제외 기준(solvent-free basis)에서의 추출상의 순도는

$$\frac{w_{aE}m_E}{w_{aE}m_E + w_{wE}m_E} = \frac{0.21(145)}{0.21(145) + 0.12(145)} = 0.64$$

(용매 제외 기준은 모든 MIBK가 추출상으로부터 제거되었다고 가정한다.) 추출상에서 acetic acid의 질량 분율이 공급물에서보다 약간 작음에도 불구하고 *용매 제외 기준*에서 계산한 질량 분율이 더 높다. 왜냐하면 추출상에서 물의 질량 분율이 매우 낮기 때문이다.

7.4.4 ▸ 물질 분리제를 이용한 다단 분리

예제 7.8~7.11에서 물질 분리제를 이용한 여러 종의 평형-기반 분리를 살펴보았다. 어떤 공정(예, 항체 흡착)은 높은 순도와 높은 회수율을 갖는 생성물을 생산했지만, 다른 공정(예, MIBK로의 acetic acid 추출)에서는 순도와 회수율 모두 크게 높지 않았다. 또 다른 공정(예, 물로의 SO_2 흡수)에서, 용매 필요량이 꽤 높았다. 더 높은 순도와 성분 회수율을 달성할 수 있는 방법이 없는가? 용매 필요량을 줄일 수

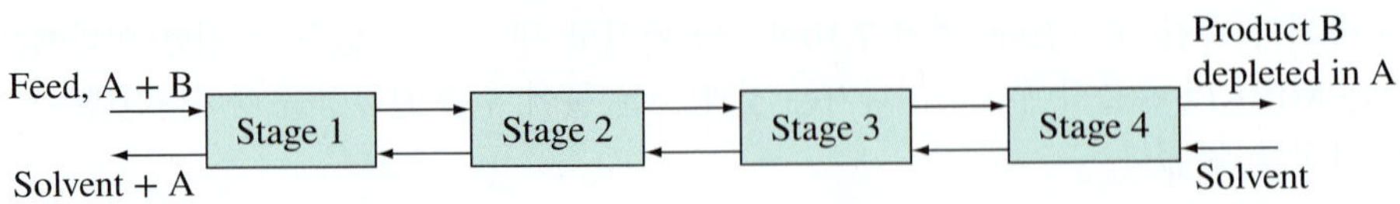

그림 7.15 4단 향류 추출 공정. 각 단은 독립적인 평형 단으로서 작동한다. 각 단을 빠져나가는 흐름의 조성은 상평형 관계식을 따른다.

있는 방법이 없는가?

방법이 있다. 기본 아이디어는 다음과 같다. 분리 문제를 매우 작은 여러 단계로 나누는 것이다. 각 단계는 단일 평형 단에 해당한다. 이 개념을 **다단조작**(multi-staging)이라고 한다. 증류(7.3.2.4절)이 에너지를 분리제로 사용하는 다단 분리의 한 예이다. 두 번째 물질의 추가를 필요로 하는 분리에서(예, 흡수, 추출), 다단조작은 단일단 조작에 비해 용매나 흡착제 필요량을 줄이고, 생성물 순도를 늘리고, 성분 회수율을 개선할 수 있다.

4단 용매 추출을 예시로 하여 그림 7.15에 개념이 나타나 있다. 이 그림에서 공급물은 왼쪽에서 들어와 오른쪽으로 흐른다. 용매는 오른쪽으로 들어와 왼쪽으로 빠져나간다. 이를 **향류**(countercurrent flow)라고 부른다. 각 단에서 두 흐름이 혼합되고 평형에 이르러 두 생성물 상으로 분리된다. *각 단*을 나가는 흐름은 서로 평형을 이루고 있다. *공정*을 나가는 흐름들은 평형이 *아니다*. 예를 들어 그림 7.15에서, 많은 양의 A를 포함하는 공급물은 2단을 빠져나가는 용매흐름(추출액)과 접촉하고 있다. 이 용매는 앞 단에서 이미 A의 일부를 가지고 왔다. 1단을 빠져나가는 추출액은 1단을 빠져나가는 추출 잔류상와 평형을 이루고 있다. (추출액은 용매-rich 상이고 추출 잔류액은 용매-poor 단이라는 것을 기억하라.) 1단을 빠져나가는 추출 잔류상은 A가 일부 고갈된 채로 2단으로 이동하여, 3단을 빠져나오는 추출액과 혼합된다. 2단을 빠져나가는 추출 잔류상은 2단을 빠져나가는 추출액과 평형을 이루고 있다. 4단으로 들어가는 추출 잔류상에서 A가 상당히 고갈되었고, 가장 “깨끗한” 용매와 접촉한다는 것을 유념하라. 가장 “더러운” 공급물은 1단에서 가장 “더러운” 용매와 접촉한다. 다시 말해서, A의 평균 양은 왼쪽에서 오른쪽으로 갈수록 감소하고, 이는 추출 잔류상과 추출액에 모두 해당한다.

다단 공정의 성능을 계산하기 위해 다음 과정을 따른다. 각 단에 대한 물질 수지식을 작성하고, 각 단을 빠져나가는 흐름에 대한 상평형 관계식을 작성한다. 공급물에 두 성분이 있고 용매에 한 성분이 있을 때, *단 한 개당* 3개의 물질 수지식과 3개의 상평형 관계식이 있다. 즉, 4개의 단에 총 12개의 물질 수지식과 12개의 상평형 관계식이 있다. 방정식과 관계식이 서로 연결되어 있다. 왜냐하면 한 단을 나가는 평형흐름이 다음 단으로의 공급물이기 때문이다. 분리 유닛의 설계와 분석을 위해 공급 유량 및 규격, 생성물 규격, 유닛 성능규격 등이 필요하다.

몇 가지 제한된(하지만 중요한) 경우에 단의 개수와 용매 유량 및 다단 성능 간의 관계를 설명하는 간단한 표현식이 있다. 용질이 묽고 상평형 관계가 선형일 때, Kremser-Souder-Brown (KSB) 식이 유용한 근사치를 제공한다.

$$f_{RiS} = \frac{\left(\dfrac{\dot{n}_S K_i}{\dot{n}_F}\right)^{N+1} - \left(\dfrac{\dot{n}_S K_i}{\dot{n}_F}\right)}{\left(\dfrac{\dot{n}_S K_i}{\dot{n}_F}\right)^{N+1} - 1} \qquad \textbf{(7.14)}$$

여기서 f_{RiS}는 추가 상에서의 i의 회수율이고, $\dot{n}_S$는 분리 첨가제의 유량이고, $\dot{n}_F$는 공급 유량, N은 단의 수, K_i는 두 상에서의 평형을 설명하는 상수이다. 흡수에서는 기-액 평형이 Henry의 법칙으로 묘사된다.

$$K_i = \frac{x_i}{y_i} = \frac{P}{H_i}$$

두 상이 완전히 섞이지 않는 용매 추출에서는 액-액 평형이 분배 계수 K_D로 묘사된다.

$$K_i = \frac{x_{iE}}{x_{iR}} = K_D$$

KSB 식이 얼마나 간단하고 유용한지 볼 수 있다. (KSB 식은 몰 단위 대신 질량 단위로도 사용될 수 있다.) 예를 들어, 성분 회수율이 주어져 있을 때, 단의 개수와 용매 필요량의 관계를 알 수 있다. 공정의 비용을 최적화하는 데 사용할 수 있다. 왜냐하면 자본(투자) 비용은 단의 수에 관계되어 있고, 운전 비용은 용매 필요량과 관계되어 있기 때문이다.

다단조작의 위력: 폐수로부터 Acetic Acid의 회수 ◀ 예제 7.12

예제 7.10에서 6 wt% acetic acid로 오염된 폐수흐름(10,000 kg/h)의 처리에 대해 살펴보았다. 폐수가 방류되기 전 acetic acid 함량이 0.5 wt%로 줄어들어야 한다. Methyl acetate와 단일 평형 단을 이용하였을 때, 용매 요구량은 86,000 kg/h보다 많았다. 이제 항류 2단 공정을 이용하여 동일한 문제를 풀어보자. 용매 양의 차이가 얼마인가? 2단보다 많은 단을 사용할 때 이점이 있는가? Methyl acetate와 물은 완전히 섞이지 않는다.

풀이

공정은 다단 정상상태 연속 운전 용매 추출이다.

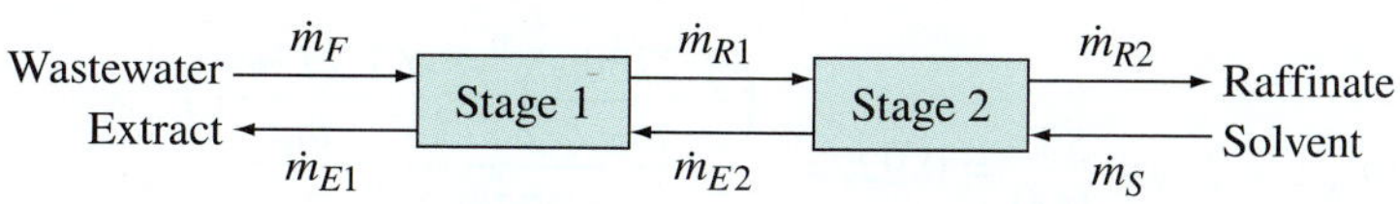

흐름도에 흐름의 번호가 매겨져 있다. w, a, m은 water, acetic acid, methyl acetate를 나타낸다. 문제로부터 $\dot{m}_{wF}$ = 9400 kg/h이고 $\dot{m}_{aS}$ = 600 kg/h이다. Methyl acetate와 물이 완전히 섞이지 않는다면,

$$\dot{m}_{wF} = \dot{m}_{wR1} = \dot{m}_{wR2} = 9400 \text{ kg/h},$$

$$\dot{m}_{mS} = \dot{m}_{mE2} = \dot{m}_{mE1}$$

> **Hint**
> 다단 분리에서, 상평형 관계식은 각 단을 빠져나가는 두 흐름의 조성에 적용될 수 있다.

생성물 순도 규격으로부터 공정을 빠져나가는 추출 잔류상 흐름은 0.5 wt% acetic acid만을 포함해야 한다.

$$w_{aR2} = 0.005 = \frac{\dot{m}_{aR2}}{\dot{m}_{aR2} + \dot{m}_{wR2}} = \frac{\dot{m}_{aR2}}{\dot{m}_{aR2} + 9400}$$

이로부터 다음을 얻을 수 있다

$$\dot{m}_{aR2} = 47 \text{ kg/h}$$

전체 공정을 시스템으로 하여 물질 수지식을 세우면 다음 식을 얻을 수 있다.

$$\dot{m}_{aE1} = \dot{m}_{aF} - \dot{m}_{aR2} = 600 - 47 = 553 \text{ kg/h}$$

이제 각 단에 대해 acetic acid의 물질 수지식과 상평형 관계식을 적용한다. 예제 7.10의 분배 계수 $K_D = 1.273$을 사용한다. 1단을 빠져나가는 추출 잔류상은 1단을 빠져나가는 추출액과 평형을 이루고 있고, 2단에서도 마찬가지이다.

1단:

$$600 + \dot{m}_{aE2} = \dot{m}_{aR1} + 553$$

$$w_{aE1} = K_D w_{aR1}, \Rightarrow \frac{553}{553 + \dot{m}_{mE1}} = 1.273\left(\frac{\dot{m}_{aR1}}{\dot{m}_{aR1} + 9400}\right)$$

2단:

$$\dot{m}_{aR1} = \dot{m}_{aR2} + \dot{m}_{aE2} = 47 + \dot{m}_{aE2}$$

$$w_{aE2} = K_D w_{aR2} \Rightarrow \frac{\dot{m}_{aE2}}{\dot{m}_{aE2} + \dot{m}_{mE2}} = 1.273(0.005) = 0.0063$$

연립방정식을 풀어서 다음을 얻을 수 있다:

$$\dot{m}_{aR1} = 186 \text{ kg/h}$$

$$\dot{m}_{aE2} = 139 \text{ kg/h}$$

$$\dot{m}_{mS} = 21{,}800 \text{ kg/h}$$

이 결과와 예제 7.10에서 얻은 용매 필요량을 비교해보자. 설계를 1단에서 2단으로 바꿈으로써 용매 요구량이 4배 감소하였다! 또한 1단과 2단 사이의 물의 acetic acid 함량이 폐수 공급물과 정수 생성물의 acetic acid 함량의 중간값이라는 것에 유념하라.

단이 3, 4개로 늘어날수록 방정식의 개수가 증가한다. KSB 식이 유용해지는 순간이다. 5단에서 용매 필요량을 계산하고자 한다. KSB 식에 $N = 5$를 대입한다.

$$f_{RaS} = \frac{553}{600} = 0.922 = \frac{\left(\dfrac{1.273\dot{m}_S}{\dot{m}_F}\right)^6 - \left(\dfrac{1.273m_S}{\dot{m}_F}\right)}{\left(\dfrac{1.273\dot{m}_S}{\dot{m}_F}\right)^6 - 1}$$

이를 풀어서 다음을 얻는다

$$\frac{\dot{m}_S}{\dot{m}_F} = 1.023$$

$$\dot{m}_S = 10{,}230 \text{ kg/h}$$

5 단에서 용매 필요량이 2 단일 때에 비해 약 절반으로 줄었다. 일반적인 단수에서 용매 필요량을 KSB 식을 통해 추정할 수 있다.

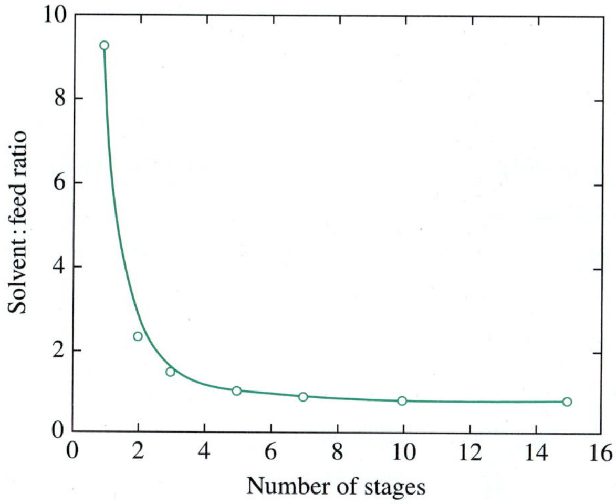

용매량 감소가 첫 몇 개의 단에서 일어난다. 단수의 증가에 따른 자본 비용 증가와 용매 요구량의 감소에 따른 운전 비용 감소의 균형점이 있다. 보통 적은 단수(2에서 10)에서 경제성 최적점이 존재한다.

그림 7.15는 다단 분리를 할 때 각 단이 물리적으로 상이한 용기처럼 행동한다는 인상을 줄 수도 있다. 일부는 맞지만, 보통 층을 높이는 것이 양옆으로 늘리는 것보다 낫고, 단을 보통 쌓아 올린다. 단은 하나의 높은 탑(column) 안에 쌓아 올려진다. 화학 공정 플랜트를 볼 기회가 있다면, 높은 탑은 보통 증류나 흡수탑과 같은 다단 분리 공정일 가능성이 높다. 탑의 높이를 통해 단의 개수를 추정해볼 수 있다. 경험적으로, 한 단은 보통 1에서 2 feet의 높이이다.

산성 가스 탈거(Scrubbing Sour Gas)

사례 연구

석탄은 한때 유럽과 미국에서 중요한 에너지원이었지만, 고체 연료 처리의 어려움으로 인하여 액체와 기체 연료로 바뀌게 되었다. 원유 가격이 급등할 경우 언제든지 쓸 수 있는 대량의 석탄 매장 광산이(그리고 사촌격인 셰일오일)이 여전히 있다. 현대식 집과 빌딩에서 사용될 수 있는 편리한 형태로 고체 석탄을 전환시키는 것을 목표로 하는 석탄 액화 또는 석탄 가스화 공정이 개발되어 왔다. 불행하게도 석탄은 가스화에 의해서 황화수소(H_2S)로 전환되는 황 화합물을 포함하고 있다. 황화수소와 다른 휘발성 황 화합물에서는 “썩은 계란” 냄새가 난다. 황화수소는 메스꺼운 냄새를 낼 뿐만 아니라 매우 유독한 물질이기도 하다. 만약 황화수소 기체가 연료로서 연소된다면 SO_x (SO_2와 SO_3의 혼합물) 발생한다. SO_x는 공기의 수분과 반응하여 산성비를 만들기 때문에 대기 중으로 SO_x를 방출하는 것은 엄격히 금지되어 있다. 그러므로 산성 가스(sour gas)가 연료로서 연소되기 황화수소를 반드시 제거하거나, 혹은 굴뚝 가스(flue gases)로부터 SO_x를 제거해야 한다. 이 과정을 통해 "스위트 가스(sweet gas)", 즉 황화수소 함유량이 적은 가스를 생성한다.

본 연구 사례에서는 연소되기 전 산성 가스 1000 kgmol/h의 탈거 공정을 살펴본다. 기체 조성은 석탄 원료와 반응 조건에 따라 달라질 수 있다. 가스는 CH_4, H_2, CO_2, 그리고 2 mol%의 H_2S를 포함한다. 가스는 20 atm, 100°C이다. 가스의 H_2S 함량을 0.04 mol%로 줄여야 한다. 가능하다면 CH_4, H_2와 달리 발열량이 없는 CO_2도 제거하고자 한다.

첫 번째 질문은 다음과 같다. 최적의 분리기술은 무엇인가? 분리기술의 선정에 대해서 배웠던 경험규칙들을 상기해보자. 단일 기체상이므로 기계적 분리는 제외한다. 대용량 부피 공정이므로 평형 기초 분리가 적합하다. H_2S의 끓는점은 −60°C이고, CH_4의 끓는 점은 −161°C이다. 이렇게 낮은 온도에서 냉각과 응축을 필요로 하는 분리기술은 비용이 매우 높다. 게다가 공정흐름으로부터 상대적으로 낮은 농도의 오염물을 제거해야 하기 때문에 경제성이 떨어진다. 경험규칙으로부터 유추해보건대, 기체 흡수가 바로 기대되는 기술이다. H_2S는 메테인과 수소보다 물에 대한 용해성이 더 높으므로 흡수가 매력적인 선택지이다.

그러면 운전 온도와 압력을 어떻게 정해야 하는가? 경험규칙에 의하면 가능한 한 대기 온도와 압력에서 분리조작을 진행하는 것이 좋다. 반면, 온도가 낮아지고 압력이 증가함에 따라 기체 용해도가 일반적으로 증가되기 때문에 가능한 한 낮은 조작 온도와 높은 운전 압력에서 운전해야 한다. 예비 설계 단계에서 액체 물을 용매로 선택하였기 때문에 최저 운전 온도는 0°C로 제한되었다. 10°C를 운전 온도로 정해보자. 기체가 이미 20 atm이므로 이를 운전 압력으로 정해보자.

산성 가스의 조성은 매일 매일 변한다. 산성 가스가 2 mol% H_2S와 98 mol% H_2만을 포함한다고 가정해보자. 이후에 조성 변화가 공정 운전에 미치는 영향을 조사할 것이다. 메테인이 물에 완전히 불용성이며 물이 완전히 비휘발성이라는 가정을 사용하지 *않을* 것이다. H_2S, H_2, H_2O의 세 성분을 각각 s, h, w로 나타낸다. 공급물, 액체 생성물, 기체 생성물의 몰분율을 각각 z_i, x_i, y_i로 나타낸다. 전체 유량을 표시할 때 아래 첨자로 공급물은 F, 용매(물)은 S, 단을 떠나는 액체를 L, 단을 떠나는 스위트 가스를 G로 표시한다. 모든 단위는 kgmol/h이다.

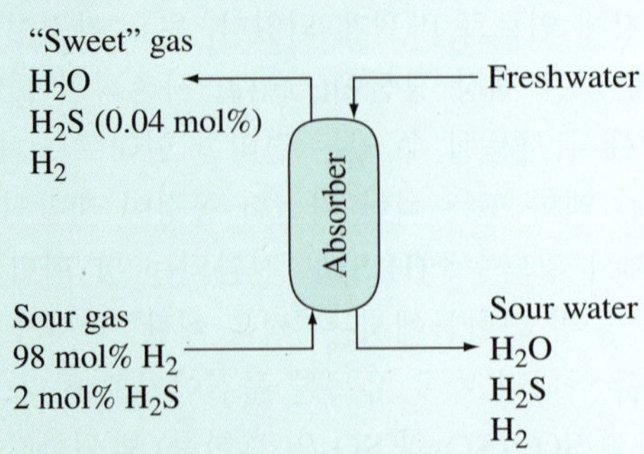

평형단(equilibrium stage)를 포함하는 다른 문제들처럼 상평형 데이터를 물질

수지식, 흐름조성규격, 계성능규격과 결합할 것이다.

세 개의 성분 모두에 대한 상평형을 설명하기 위해 모델식을 사용하거나 데이터를 찾아야 한다. H_2S, H_2가 모두 비응축성 기체이기 때문에 Henry의 법칙을 이용하여 물에 대한 용해도를 모델링할 수 있다. 부록 B로부터 10°C에서 H_2, H_2S의 Henry 상수는 63,600 atm, 367 atm이다. Antoine 식으로부터 10°C에서 물의 포화증기압은 0.012 atm임을 계산할 수 있다. 기체상과 액체상 조성을 연관짓는 세 개의 상평형 방정식을 성분별로 하나씩 얻게 되었다.

$$y_s = \frac{H_s}{P} x_s = \frac{367}{20} x_s$$

$$y_h = \frac{H_h}{P} x_h = \frac{63,600}{20} x_h$$

$$y_w = \frac{P_w^{sat}}{P} x_w = \frac{0.012}{20} x_w$$

공정은 정상상태 연속흐름 시스템이고, 3개의 독립 물질수지식으로 구성되어 있다.

$$z_s\dot{n}_F = 0.02(1000) = x_s\dot{n}_L + y_s\dot{n}_G$$

$$z_h\dot{n}_F = 0.98(1000) = x_h\dot{n}_L + y_h\dot{n}_G$$

$$\dot{n}_S = x_w\dot{n}_L + y_w\dot{n}_G$$

또한 다음을 알 수 있다.

$$x_s + x_h + x_w = 1$$

$$y_s + y_h + y_w = 1$$

마지막으로 흡수기가 0.04 mol% H_2S를 포함하는 스위트 가스를 생산한다는 순도규격이 있다.

$$y_s = 0.0004$$

이 연립방정식은 해가 존재한다. 우선 H_2S에 대한 Henry 법칙과 순도규격으로부터 다음을 계산할 수 있다.

$$x_s = 2.2 \times 10^{-5}$$

나머지 연립방정식을 풀어서 얻은 해는 두 가지 놀라운 사실을 보여준다. 첫 번째, 요구되는 물의 유량은 905,000 kgmol/h에 약간 못 미치는 값이고(1000 kgmol/h의 가스를 처리하기 위해서!), 두 번째, 산성 물(sour water)은 0.031 mol% H_2를 포함한다. 이는 얼마 되지 않는 수소로 보이지만 엄청난 액체 유량이 곱해지면 공정으로 공급되는 수소의 약 30%가 손실되는 것에 해당한다.

물의 요구량이 상당히 크다. 높은 온도에서 기체 용해도는 감소하며 물의 요구량은 더욱 늘어난다. 물의 요구량이 증가되는 것을 살펴보기 위하여 운전 온도를 50°C로 설정해보자. H_2, H_2S의 물에 대한 Henry 법칙 상수는 각각 76,500 atm, 884 atm이다. 50°C에서 물의 포화증기압은 0.12 atm이다. 새로운 조건에서 방정식을 풀면 물의 요구량이 2×10^6 kgmol/h 이상이고 수소 손실은 58%이 된다! 물의 요구량을 감소시키려면 운전 압력은 어떻게 설정해야 하는가? 압력 P를 변화시켜 물의 유량을 10,000 kgmol/h (여전히 기체 공급량의 10배이지만)로 줄인다면 그때의 압력은 1700 atm 이상이 된다. 비합리적인 결과이다.

확실히 이 설계는 가능성이 없다. 그리고 산성 가스의 조성이 매일 매일 변한다는 문제가 있다. 이런 변동성에 강건(robust)하게 대응할 수 있는 분리기술이 필요하다. 어느 날 산성 가스가 2 mol% H_2S, 3 mol% CO_2, 18 mol% CH_4를 함유한다고 가정해 보자. 10°C와 20 atm에서 물의 유량이 905,000 kgmol/h으로 운전되는 흡흡수기를 만들었을 때, 기체 조성이 흡수기 조작에 어떤 영향을 미칠까? CO_2와 CH_4는 이 조건에서 비응축성 기체이고 Henry의 법칙이 상평형 거동을 모델링하는 데 사용될 수 있다. 10°C에서 $H_{CO_2} = 1040$ atm, $H_{CH_4} = 29{,}700$ atm이다. 앞서 얻은 상평형 관계식에 이어 메테인과 수소에 대한 두 개의 상평형 관계식이 추가된다.

$$y_c = \frac{H_{CO_2}}{P} x_c = \frac{1040}{20} x_c$$

$$y_m = \frac{H_{CH_4}}{P} x_m = \frac{29{,}700}{20} x_m$$

그리고 메테인과 수소의 물질수지식은 다음과 같다.

$$0.03(1000) = x_c \dot{n}_L + y_c \dot{n}_G$$

$$0.18(1000) = x_m \dot{n}_L + y_m \dot{n}_G$$

몰유량 제약조건은 다음과 같이 수정된다.

$$x_s + x_h + x_w + x_c + x_m = 1$$

$$y_s + y_h + y_w + y_c + y_m = 1$$

물의 유량은 905,000 kgmol/h로 설정하였으며 연립방정식의 해를 풀면 다음 조건을 얻을 수 있다.

	Sour gas	**Sweet gas**	**Fresh solvent**	**Sour liquid**
Total, kgmol/h	1000	620	905,000	905,380
Mol%:				
H_2S	2	0.04	0	0.0022
H_2	77	85.1	0	0.027
CO_2	3	0.17	0	0.0033
CH_4	18	14.6	0	0.0098
H_2O	0	0.05	100	99.96

H_2S의 함량은 스위트 가스의 순도규격에 적합하며 산성 가스로부터 약 50% 메테인과 99% CO_2를 제거하였다. 스위트 가스 생산 속도는 산성 가스에서 H_2와 H_2S만 있다고 가정했을 때의 700 kgmol/h과 비교하여 620 kgmol/h으로 줄어들었다. 이는 메테인이 수소보다 물에 대한 용해도가 더 높기 때문이다. 공정은 기체 조성 변화에 대응하여 여전히 순도규격을 만족하고 있지만 대신 스위트 가스 생산 속도가 감소하였다.

대량의 물이 투입되어 대량의 산성 물(sour water)가 생산되었다. 산성 물 처리비용과 연료 손실로 인하여 막대한 경제적 비용이 발생하였고, 다른 대안을 찾을 수밖에 없게 되었다. 어떤 가능성이 있는가?

아이디어 1. *다단조작을 이용하라.* KSB 식을 이용하여 초기 계산을 할 수 있다.

$$f_{RsL} = \frac{\left(\frac{\dot{n}_S K_s}{\dot{n}_F}\right)^{N+1} - \left(\frac{\dot{n}_S K_s}{\dot{n}_F}\right)}{\left(\frac{\dot{n}_S K_s}{\dot{n}_F}\right)^{N+1} - 1}$$

KSB 식에 필요한 모든 가정들이 본 사례 연구에 정확하게 적용되지 않는다. (예를 들어 유량이 일정하지 않다.) 그렇더라도 대략적인 계산을 위해 KSB 식을 사용해보자. 액체상 생성물에 공급되는 98.6% H_2S 회수를 설계 목표로 설정하고 실제 단수를 10 (N = 10)으로 가정했을 때 10°C와 20 atm에서 $K_s = x_s/y_s = P/H_s = 0.0545$이다. KSB 식에 이 값을 대입하면

$$0.986 = \frac{\left(\frac{0.0545\dot{n}_S}{\dot{n}_F}\right)^{1} - \left(\frac{0.0545\dot{n}_S}{\dot{n}_F}\right)}{\left(\frac{0.0545\dot{n}_S}{\dot{n}_F}\right)^{11} - 1}$$

용매 유량과 공급물 유량의 비를 얻을 수 있다.

$$\frac{\dot{n}_S}{\dot{n}_F} = 24.4$$

물의 요구량은 24,400 kgmol/h로 감소하였으며 905,000 kgmol/h 이상 소요되었던 흡수법에 비해 크게 개선되었다. 그러나 여전히 많은 물이 소요된다.

아이디어 2. *우수한 용매를 사용하라.* 물은 확실히 값싸고 무독성이지만 더 우수한 용매가 있다. 용매의 화학적 성질과 가스의 화학적 성질을 조율한다면, 가스에 대한 용매의 선택도와 성능을 크게 향상할 수 있을 것이다. 화학적 성질에 대해 조사해 본 결과 H_2S와 CO_2가 모두 산성 가스이고 H_2와 CH_4는 그렇지 않다는 것을 알게 되었다. 물성의 이러한 차

이점을 이용할 수 있지 않을까? 아마도 염기성을 갖는 용매가 산성 기체에 대한 더 높은 선택적 용해도를 가지고 있을 것이다. H_2S와 CO_2에 대한 더 나은 용매는 monoethanolamine (MEA, $NH_2C_2H_4OH$) 혹은 diethanolamine (DEA, $NH(C_2H_4OH)_2$)의 수용액인 것으로 밝혀졌다. MEA 혹은 DEA의 수용액은 염기성이고(아민기 때문에), 따라서 산성 기체와 착화합물을 형성하여 용해도를 크게 증가시킨다. 제거되어서는 안 될 H_2 기체는 산성이 아니므로 MEA 혹은 DEA 수용액에 대한 용해도는 물에 대한 용해도와 크게 다르지 않다.

H_2S가 MEA 수용액에 용해되는 경우에 발생하는 강한 산-염기 상호작용 때문에 Henry의 법칙이 잘 맞지 않게 된다. 40°C에서 H_2S와 5 mol% MEA 수용액의 평형 데이터를 다음과 같이 얻을 수 있다.

Partial pressure H_2S (mmHg)	1	10	100	200	500	700
Moles H_2S per mole MEA	0.128	0.374	0.802	0.890	0.959	0.980

운전 압력을 20 atm으로, 운전 온도를 40°C로 정하자(이 온도에서의 데이터를 갖고 있으므로). 세 개의 물질수지식은 변하지 않고, 마찬가지로 H_2S의 부분 회수율에 대한 계성능규격 역시 변하지 않는다.

$y_s = 0.0004$의 규격이 여전히 필요하다. 20 atm (15,200 mmHg)의 운전 조건에서 H_2S의 스위트 가스에서의 부분압력은 다음과 같다.

$$p_s = y_s P = 0.0004(15200) = 6.08 \text{ mmHg}$$

스위트 가스흐름은 산성 액체(sour liquid)흐름과 평형을 이루고 있으므로, 표의 데이터를 내삽(interpolate)하여 산성 액체 내의 MEA 1 mole당 0.27 mole의 H_2S가 있다는 것을 추정할 수 있다.

문제를 간략화하기 위해 모든 CH_4와 H_2가 가스흐름을 통해 배출되고, 모든 MEA 용액이 액체흐름을 통해 배출된다는 것을 가정한다. 이 가정은 물이 용매일때보다 MEA가 용매일 때 더 알맞다. MEA는 H_2S와 같은 산성 가스에 선택도가 더 높다는 이유로 선택된 용매라는 것을 기억하라. 이 경우에 H_2S에 대한 물질수지식을 풀어 산성 액체와 함께 19.6 kgmol H_2S/h만큼 배출된다는 것을 알 수 있다. 이 결과와 평형 데이터를 종합하여 MEA 유량이 (19.6/0.27) = 72.6 kgmol/h MEA라는 것을 계산할 수 있다. 표에서 설명된 용액은 5 mol% MEA 수용액이고, 이 공정이 1450 kgmol/h의 용매 유량을 필요로 한다는 것을 알 수 있다. MEA 용매흐름을 순수 물을 사용했을 때와 비교해보자. 용액 화학을 고려하여 용매 사용량을 600배 이상 줄였다! 이는 장치와 운전 비용의 큰 절약으로 이어진다.

아이디어 3. *우수한 용매와 다단조작을 이용하라.* 백지장도 맞들면 낫듯이, 두 개의 아이디어를 함께 사용하는 것이 더 좋지 않을까? 두 개의 아이디어가 상보적이다. MEA 용매를 다단 흡수탑과 함께 사용한다면 용매 사용량을 더 줄일 수 있을 것이다. Henry의 법칙이 상평형 데이터를 정확히 모델링할 수 없기 때문에 KSB 식을 사용할 수 없다. 대신 모든 단(stage)에 대한 계산을 수행해야 한다. 각 단별로 물질수지식과 상평형 데이터를 함께 사용해야 한다. 이것은 챕터 마지막 문제로 남겨둔다.

아직 문제를 다 풀지 않았다. 스위트 가스흐름을 생산하였지만, 산성 액체에 대해서는 어떻게 해야 하는가? 용매를 그냥 폐기하기에는 너무 비싸다. 대신 용매를 다시 흡수기로 재활용하고자 한다. 분리 용액이 물질 분리제의 사용을 수반하는 고전적인 문제를 맞닥뜨렸다. 하나의 분리 문제를 해결하였더니 다른 분리 문제가 만들어졌다. 새로운 문제에 대한 최적의 분리 기술은 무엇인가? 하나의 아이디어는 탈거(stripping)이다. 탈거 가스를 산성 액체와 접촉시켜 H_2S를 탈거하고 깨끗한 용매로 분리하는 것이다. 이 설계를 완성하기 위해 탈거 가스(아마도 질소기체)를 선택해야 하고, 최적의 운전 온도와 압력을 결정하며, 올바른 단수를 계산해야 할 것이다. H_2S를 포함하는 또 다른 가스흐름을 만들어내고, 이를 어떻게 처리해야 할지 결정해야 한다! 가장 널리 사용되는 방법은 H_2S를 SO_2에 반응시켜 H_2SO_4를 생산하여 판매하는 것이다. 다른 아이디어는 용매 내에서 SO_2와 함께 H_2S의 제자리(in-situ) 반응을 수행하거나, 혹은 황 원소와 같은 다른 생산물과 반응을 시키는 것이다. 이러한 아이디어는 본 챕터와 이전 챕터들에서 설명하였던 아이디어를 활용하여 가스흐름으로부터 황화수소를 제거하여 유용한 생산물로 전환하는 통합 공정의 설계를 완성할 수 있을 것이다.

요약

- **평형단**(equilibrium stage)은 평형 기반 분리공정의 기본 단위이다. 평형단에서는 다성분 혼합물이 두 개의 상을 형성하도록 하는 운전 조건을 사용한다. 이는 분리제[에너지 혹은 물질(혹은 둘 다)]를 필요로 한다.
- 만약 다성분 혼합물의 두 상이 평형에 있으면, 두 상의 온도와 압력은 동일하지만 조성은 다르다. 두 상의 조성 관계를 설명하기 위해 그래프, 표, 모델 방정식 등이 필요하다. 상평형 관계와 물질수지식을 통해 평형단의 성능을 설명할 수 있다.
- 상평형 모델링을 위한 두 개의 유용한 방정식은 다음과 같다.

$$\textbf{Raoult의 법칙: } y_i = \frac{P_i^{\text{sat}}}{P} x_i$$

$$\textbf{Henry의 법칙: } y_i = \frac{H_i}{P} x_i$$

Raoult의 법칙은 성분들의 크기와 화학적 성질이 유사하고, 시스템의 온도와 압력에서 응축성(condensable)이 있을 때의 기-액 평형을 모델링하는 데 사용된다. Henry의 법칙은 성분이 시스템 온도와 압력에서 비응축성(noncondensable)이고 액체상에 대해 난용성(sparingly soluble)일 때 사용한다.

- **다단**(multiple stage)조작과 향류(countercurrent flow)를 사용함으로써, 더 높은 생산물 순도와 성분 회수율을 달성할 수 있고, 용매와 에너지 비용을 줄일 수 있다.

Quiz 정답

7.1 1 atm (760 mmHg, 1.01 bar, 101 kPa).

7.2 끓는점 온도.

7.3 액체, 약 1500 mmHg, 알 수 없음(모두 증기, 혹은 모두 액체, 혹은 혼합상)

7.4 760 mmHg.

7.5 $F = 0$.

7.6 일부 염은 침전된다. 60°C에서 KNO_3의 용해도가 더 높다. 10°C에서 NaCl의 용해도가 더 높다.

7.7 2상. 약 10 mol%의 naphthalene. 순수한 고체 benzene.

7.8 약 95°C, 약 83°C, 2상, 액체에 약 6%의 ethanol, 증기에 약 30%의 ethanol.

7.9 2.23, 2.23, 그렇지 않다!

7.10 Raoult's law.

7.11 Water.

7.12 단일 상 61% MIBK, 24.5% acetic acid, 14.5% water; 6% MIBK, 26% acetic acid, 68% water.

참고 문헌 및 추천 도서

1. *Perry's Chemical Engineers' Handbook*은 분리기술에 대한 상세한 설명을 몇 section에 걸쳐서 제공하고 매우 방대한 상평형 데이터 리스트를 포함한다. 이 교과서의 부록 B는 표의 일부만 발췌한 것이다.
2. 물성 데이터는 *CRC Handbook of Chemistry and Physics, Lange's Handbook of Chemistry, Physical and Thermodynamic Properties of Pure Chemicals* (DIPPR database)와 같은 참고 문헌에서 찾을 수 있다. Knovel Engineering이나 Scientific Online Reference도 유용한 정보원이다.

연습 문제

준비 단계

7.1절

P7.1 100 mmHg에서 포화 수증기의 온도는 얼마인가? 그림 7.1을 참조하라.

P7.2 H_2O를 담고 있는 vessel의 센서가 T = 150°C, P = 40 bar (gauge)를 가리

킨다. Vessel에서 H_2O의 상은 무엇인가? 그림 7.1을 참조하라.

P7.3 Antoine 식을 이용하여 2.0 atm에서 물의 끓는점을 계산하라.

P7.4 H_2O를 담고 있는 vessel의 센서가 $T = 120°C$, $P = 5.0$ psig를 가리킨다. Antoine 식을 이용하여 vessel에서의 H_2O의 상을 결정하라.

P7.5 미지의 성분 A의 정상 끓는점은 56°C이다. 그리고 20°C에서의 포화 증기압은 190 mmHg이고, 0°C에서의 포화 증기압은 69.4 mmHg이다. 이 데이터를 이용하여 성분 A의 Antoine 계수를 계산하라.

7.2절

P7.6 3성분(A, B, C) 혼합물이 두 개의 상(I, II)을 이루고 있다. Gibbs 상률을 이용하여 F를 결정하라.

P7.7 −21.1°C에서 NaCl과 H_2O의 혼합물이 고체 얼음, 고체 NaCl, 액체 용액의 3상으로 분리된다. Gibbs 상률을 이용하여 이 상황에서 액체상에서의 NaCl 질량 분률이 *오직 하나의* 값을 갖는지 혹은 *하나 이상의* 값을 갖는지 결정하라.

P7.8 4성분(A, B, C, D) 혼합물이 평형 단에 공급되고, 두 개의 상 I, II가 단을 떠난다. 성분 A, B, C는 상 I에 있고, 성분 A, B, C, D가 상 II에 있다. 공정 분석에 몇 개의 상평형 관계식이 포함되는가? 몇 개의 물질수지식이 있는가? 만약 공급흐름의 모든 성분에 대한 유입 유량과 몰분율이 알려져 있을 때, 자유도는 얼마인가?

P7.9 A와 B 혼합물의 100 gmole 혼합물($z_{AF} = 0.6$)이 평형단에 공급된다. 두 상 I, II가 단을 떠나고, 샘플링 결과 $x_{AI} = 0.833$, $x_{BII} = 0.75$임을 알게 되었다. A, B의 두 상에서의 몰분율에 대한 상평형 관계식을 써라. 단을 떠나는 각 상의 전체 몰수와 분리 계수 α_{AB}를 계산하라.

7.3절

P7.10 그림 7.5를 참조하였을 때, 어떤 염이 10°C와 가장 용해도가 높은가, 80°C에서는 어떤가?

P7.11 40°C에서 benzene과 naphthalene의 포화 액체 용액에서 benzene의 mol%는 얼마인가? 만약 용액이 25°C로 냉각되었을 때, benzene의 액상 mol%는 무엇인가? 생성된 고체의 양은 얼마인가?

P7.12 물질수지식으로부터 역 지렛대 규칙(inverse lever rule)을 유도하라.

P7.13 35 mol% 에탄올/65 mol% 물 혼합물이 1 atm, 86°C에서 평형을 이루고 있다. 그림 7.7을 이용하여 y_E, x_E, 그리고 기화된 혼합물의 분율을 계산하라.

P7.14 35 mol% 에탄올/65 mol% 물 혼합물이 1 atm하에 있다. (a) 이슬점 온도, (b) 기포점 온도, (c) 이슬점에서의 x_E, (d) 기포점에서의 y_E를 계산하라.

P7.15 드럼이 물로 절반이 채워져 있고 대기중으로 노출되어 있다. 온도가 23°C일 때, Raoult의 법칙과 Antoine 식을 이용하여 대기중 수증기의 최대량(y_w)를 구하라.

7.4절

P7.16 질소(N)-이산화황(S) 혼합물이 $y_S = 0.15$, $P = 1800$ mmHg의 조건에서 100 kg의 액체 물과 평형을 이루고 있다. 얼마만큼의 kg SO_2가 물에 용해되어 있는가? w_{SL}, x_S는 얼마인가? 그림 7.10을 참조하라.

P7.17 여름에 큰 물고기는 따뜻한 연안을 떠나 더 깊고 차가운 물로 가려는 경향이 있다. 산소 기체의 물에 대한 Henry 상수를 이용하여 이를 설명하라.

P7.18 40 wt% MIBK, 20 wt% acetic acid, 42 wt% 물이 25°C에서 평형을 이루고 있다. 상이 한 개인가 두 개인가? 만약 두 개라면 각 상에서 각 성분의 wt%는 얼마인가? 그림 7.13을 참조하라.

P7.19 다음 상황들에서 Raoult의 법칙과 Henry의 법칙 중 어떤 것을 사용해야 할지 서술하라. (a) 탄산소다의 CO_2 몰분율 계산. (b) Ethylbenzene과 styrene 혼합물의 기체와 액체 조성 계산. (c) 물에 용해되는 질소 기체의 양 계산. (d) 질소 기체에 존재하는 수증기의 양 계산.

P7.20 "산성" 가스(sour gas)는 CH_4에 1% H_2S가 있는 가스로서, H_2S의 물로의 흡수를 통해 "스위트" 가스(sweet gas)가 된다. 흡수는 1 atm, 25°C에서 이루어진다. 불행히도, 필요한 물의 양은 매우 크다. 물의 필요량을 줄이기 위한 두 가지 방법을 제시하라.

심화 문제

7.1절

P7.21 생분해성 고분자를 만드는 데 사용될 수 있는 새로운 성분을 개발하였다. 새로운 성분을 산업규모(industrial scale)로 생산하는 공정을 개발하기 위해 이 물질의 상거동을 파악해야 한다. 실험을 통해 이 물질의 정상 녹는점이 16°C이고, 정상 끓는점이 118°C이고, 1 mmHg와 0°C에서 승화한다는 것을 알게 되었다. 이 미지 성분의 압력-온도 도표를 실험 결과를 통해 그림 7.1과 유사하게 최대한 스케치해보라. 2 atm, 150°C에서의 상을 결정하라.

P7.22 H_2O의 압력-온도 도표(그림 7.1)에서 증기-액체 평형 곡선을 생각해보자. H_2O의 압력-부피 도표를 그리고자 한다. 그림 7.1의 데이터와 이상기체 법칙을 이용하여 포화 수증기의 0~300°C 온도 범위에서 압력과 비부피(specific volume, cm^3/gmol)를 50°C 간격으로 계산하라. 그리고 포화 액체 물의 비부피(cm^3/gmol)를 밀도가 약 1 kg/L라는 것을 이용하여 추정하라. 마지막으로 압력 대비 두 가지의 비부피 계산 결과를 도시하라.

P7.23 표 B.6에 주어진 Antoine 식의 상수를 이용하여 몇 가지 alkane (*n*-pentane, *n*-hexane, *n*-heptane), alcohol (methanol, ethanol, *n*-propanol, *n*-butanol), 물의 포화 증기압을 80°C 조건에서 계산하라. 그리고 80°C에서 P^{sat}과 몰질량을 도시하라. 경향성에 대해 화학적 지식을 이용하여 논하라.

7.2절

P7.24 5성분(A, B, C, D, E) 혼합물 F이 평형단으로 공급된다. 분리를 위해 분리제 S를 첨가해야 한다. 평형단의 출구는 두 개의 상으로 이루어져 있다. 상

I는 A, B, C 그리고 *S*의 대부분을 포함하고 있다. 상 II에는 B, C, D, E 그리고 약간의 S가 있다. 몰분율과 전체 몰유량을 변수로 하여 모든 물질수지식과 상평형 관계식을 작성하라($x_{iI} = f(x_{iII})$의 형태로 나타내고, 몰분율의 합이 1이 되는 것을 나타내라). 모든 변수를 나열하라. 그리고 자유도 분석을 통해 이 문제를 풀기 위해 몇 개의 추가적인 규격이 필요한지 결정하라.

7.3절

P7.25 NaCl의 물에 대한 용해도는 그림 7.5에 나타나 있다. NaCl과 물은 −21.1°C, 23.3 wt% NaCl 조건에서 공융점(eutectic point)를 형성하고 있다. 물은 T_m = 0°C이고 NaCl은 T_m = 801°C이다. 질량 분율을 몰분율로 전환하고, H_2O와 NaCl의 액체-고체 상평형도를 도시하라. 그림 7.6에 나타난 benzene과 naphthalene의 상평형도와 유사하게 나타내라. 상평형도를 이용하여 왜 NaCl이 Chicago, Illinois의 빙판길에 사용되고 Fairbanks, Alaska에서는 사용되지 않는지 설명하라.

P7.26 황산나트륨은 세 가지 형태의 결정구조를 형성한다: Anhydrous (Na_2SO_4), heptahydrate (Na_2SO_4°$7H_2O$), decahydrate (Na_2SO_4°$10H_2O$). 표 B.10에 용해도 데이터가 주어져있다. 데이터를 이용하여 *T-x* 상도표를 그려라. 25 wt% Na_2SO_4 수용액이 50°C에서 결정화 반응기에 투입된다. 50%의 Na_2SO_4를 결정화하기 위해 혼합물이 어떤 온도까지 냉각되어야 하는가? 결정이 decahydrate, heptahydrate, anhydrous 중 어떤 형태인가?

P7.27 메탄올과 물의 101.3 kPa에서의 기-액 상평형 데이터가 표로 주어져 있다. 데이터는 J. G. Dunlop의 Brookly Polytechnic Institute에서의 1948년도 석사 논문에서 발췌하였다. 이 데이터에 의하면 메탄올의 101.3 kPa에서의 끓는점이 얼마인가? 물의 101.3 kPa에서의 끓는점은 얼마인가? 50 mol% 메탄올/50 mol% 물 혼합물에서 이슬점과 기포점 온도는 몇 도인가? 50 mol% 메탄올/50 mol% 물 혼합물이 101.3 kPa, 95°C에 있을 때, 이 혼합물의 상은 기체, 액체, 기-액 평형 중 어떤 것인가?

T, °C	**64.5**	**65.0**	**66.0**	**67.5**	**69.3**	**71.2**	**73.1**	**75.3**	**78.0**	**81.7**	**84.4**	**87.7**	**89.3**	**91.2**	**93.5**	**96.4**	**100.0**
y_{meth}	1.00	0.979	0.958	0.915	0.870	0.825	0.779	0.729	0.665	0.579	0.517	0.418	0.365	0.304	0.230	0.134	0.00
x_{meth}	1.00	0.950	0.900	0.800	0.700	0.600	0.500	0.400	0.300	0.200	0.150	0.100	0.080	0.060	0.040	0.020	0.00

P7.28 100 gmol의 액체가 15 mol% 메탄올, 85 mol%의 물로 이루어져 있다. 이 액체 혼합물이 101.3 kPa에서 87.7°C로 가열되었다. 문제 P7.27의 데이터를 이용하여 y_{meth}, x_{meth}, 기체와 액체의 양, 기체에서의 메탄올 부분 회수율, 분리계수를 결정하라.

P7.29 Styrene은 커피잔, 패킹 "피넛"(포장용 충전재) 등 여러 생산품에 범용적으로 활용되는 polystyrene의 단위체이다. Styrene은 ethylbenzene의 탈수소화반응을 통해 만들어진다. 반응기 전환율이 100%보다 크게 작기 때문에 styrene과 ethylbenzene의 분리가 필요하다. Antoine 식을 이용하여 포화증

기압을 계산하고, Raoult의 법칙과 함께 다음을 계산하라.

(a) 순수한 styrene의 2 bar에서의 끓는점 온도

(b) 순수한 ethylbenzene의 2 bar에서의 끓는점 온도

(c) 50:50 (mol:mol) styrene-ethylbenzene 혼합물의 2 bar에서의 이슬점, 기포점 온도

P7.30 자동차 부동액과 냉각수는 물과 ethylene glycol ($HOCH_2CH_2OH$)의 혼합물이다. 두 성분의 Antoine 식 계수는 부록 B에 수록되어 있다.

(a) 여름철에서의 적절한 성능을 위해 혼합물이 대기압에서 최소 260°F 이상에서 기화를 시작해야 한다. Ethylene glycol이 가질 수 있는 최소의 몰 퍼센트 값은 무엇인가? 그때의 질량 퍼센트는 얼마인가?

(b) 전형적인 온도조절기(thermostat) 압력 캡은 자동차 라디에이터 압력을 15 psig까지 견딜 수 있다. (a)에서의 라디에이터 냉각수 혼합물이 15 psig에서 기체를 형성하는 최소 온도는 몇 도인가?

P7.31 10 atm 압력에서 40 mol% benzene과 60 mol% toluene 혼합물 100 gmol이 있다. 이 혼합물을 202°C까지 가열하면 혼합물의 일부가 기화된다. 기체 상에서 benzene의 몰분율과 benzene의 부분회수율은 얼마인가? 얼마나 많은 양의 기체가 생성되었는가? Antoine 식과 Raoult의 법칙을 사용하여 답을 계산하라.

P7.32 100 gmol/h의 methyl ethyl ketone (MEK)와 100 gmol/h의 질소 기체가 혼합되어 훌래쉬 탱크(flash tank)로 주입되고, 탱크에서 기체와 액체 흐름이 제거될 수 있다. 훌래쉬 탱크가 80°C, 3050 mmHg에 있다고 하자. 기체와 액체 유량과 기체흐름의 조성을 계산하라. 탱크의 압력이 3050 mmHg이고 기체만 생성된다고 하자. 이때 탱크의 최소 온도는 얼마인가? 탱크의 온도가 80°C이고 기체만이 생성된다고 하자. 이때 탱크의 최소 압력은 얼마인가? MEK에 대해 Antoine 식과 Raoult의 법칙을 사용할 수 있다. 질소 기체는 액체에 전혀 용해되지 않는다고 가정한다.

P7.33 어떤 기체흐름이 40 mol%의 isopropanol을 포함하고 있고 240 gmol/min, 70°C, 1 atm에 있다고 하자. 더 낮은 온도에서 운전되는 응축기를 이용하여 기체흐름을 액화하고 isopropanol을 회수하여 공정에 재사용하고자 한다. 응축기는 냉각수 코일을 사용하여 기체흐름을 25°C까지 냉각하고, 배출되는 기체흐름과 평형에 있는 액체 응축흐름을 생성한다. 응축기를 나타내는 공정흐름도를 작성하라. 모든 흐름 유량과 조성을 계산하고 isopropanol의 응축물에서의 퍼센트 회수율을 계산하라.

98%의 isopropanol이 액체에서 제거되어야 하는 새로운 환경 규제가 있다고 가정하자. 이때 응축기의 운전 온도를 계산하라. 응축기를 빠져나가는 기체흐름에서의 isopropanol 몰분율을 계산하라.

P7.34 30 mol% ethanol과 70 mol% 물 혼합물이 1 atm에서 평형 훌래쉬 탱크로 공급된다. 50% 기체와 50% 액체를 생산하기 위해 탱크 온도를 몇 도로 조정해야 하는가? 이 온도에서 액체와 기체 상의 조성은 얼마인가? Ethanol과

물의 부분 회수율과 분리 계수를 계산하라.

P7.35 30 mol% benzene (C_6H_6)/70 mol% toluene (C_7H_8) 혼합물이 있고, 이를 두 개의 생성물: benzene이 많은 생성물과 toluene이 많은 생성물로 분리하고자 한다. 분리가 130°C 조건에서 평형 훌래쉬 드럼에서 일어난다고 할 때, 최소 운전 압력은 얼마인가?

P7.36 30 mol% benzene/70 mol% toluene (100 gmol/min) 혼합물을 증류를 통해 두 생성물로 분리하고자 한다. Toluene 생성물흐름이 최소 98% 순도가 되어야 하고, 최소한 96%의 toluene이 toluene 생성물흐름으로 회수되어야 한다는 설계 규격이 있다. 첫 번째로 증류액(distillate)과 탑저(bottom) 생성물의 유량과 조성을 계산하라. 탑이 1.0 atm에서 운전된다고 할 때, 증류액 흐름의 이슬점 온도, 탑저흐름의 기포점 온도, 최소 필요 단수를 계산하라.

7.4절

P7.37 Streptomycin 항생제는 발효 배양액(broth)에서 유기 용매를 통해 추출된다. 이때 $K_D = 40$ (g streptomycin/kg extract/g streptomycin/kg raffinate)이다. 1 wt% streptomycin을 포함하는 배양액이 용매 추출기로 150 kg/min의 유량으로 주입될 때, 80%의 streptomycin을 회수하기 위해 필요한 용매 유량은 얼마인가?

P7.38 천연가스흐름(100 kgmol/h)이 98 mol%의 메테인(CH_4)과 2 mol%의 황화수소(H_2S)를 포함한다. H_2S는 유독 가스이다. 천연가스가 연료 혹은 화학원료로 사용되기 위해 천연가스흐름에서 H_2S의 농도가 0.01 mol% H_2S로 감축되어야 한다. 공정 엔지니어가 물을 용매로 한 단일단 평형 흡수를 추천하였다. 흡수기는 35 atm, 10°C에서 운전된다. 흡수기로의 물 유량이 얼마나 필요한지 계산하라.

P7.39 100 lb diethylamine (DEA)를 50,000 lb의 물이 있는 웅덩이에 방류하고자 한다. DEA가 방류된 웅덩이 물을 지역 하천에 방류하기 위해 방류된 DEA의 99%가 제거되어야 한다. 정수 작업을 위해 용매 추출을 하고자 한다. 표 B.17에 나열된 용매를 고려해 볼 때, 어떤 용매를 선택하겠는가? 그 이유는 무엇인가? 얼마나 많은 양의 용매가 필요한가?

P7.40 50 kg의 30 wt% acetic acid/70 wt% 물 용액이 50 kg의 methyl isobutyl ketone (MIBK)와 혼합된다. 평형에 이르렀을 때, 몇 kg의 추출(MIBK-rich 상)과 몇 kg의 추출 잔류상(물-rich 상)이 생성되는가? 각 상에서의 조성(wt%)는 얼마인가? (그림 7.13 참조.)

P7.41 Acetic acid는 혼합-침강기(mixer-settler) 유닛에서 methyl isobutyl ketone (MIBK)를 용매로 하여 물에서부터 추출된다. 원료는 25 wt% acetic acid 수용액이고, 물-rich 생성물흐름은 6 wt% acetic acid 이상을 포함해서는 안 된다. 공정을 떠나는 두 개의 흐름에 대해 kg solvent/kg feed 값과 조성과 유량을 계산하라(그림 7.13 참조).

P7.42 폐수에 있는 미량의 유기 오염물이 *활성 탄소*(activated carbon)라고 불리는 고체에 흡착된다. 활성 탄소는 연탄(charcoal briquet)과 크게 다르지 않다.

Phenol이 활성 탄소에 흡착되는 평형 데이터가 그림에 나타나 있다. 1 g의 phenol을 포함하는 1 L의 폐수가 20°C에서 5 g의 활성 탄소와 접촉하였다. 평형에서 phenol이 흡착되는 분율은 얼마인가?

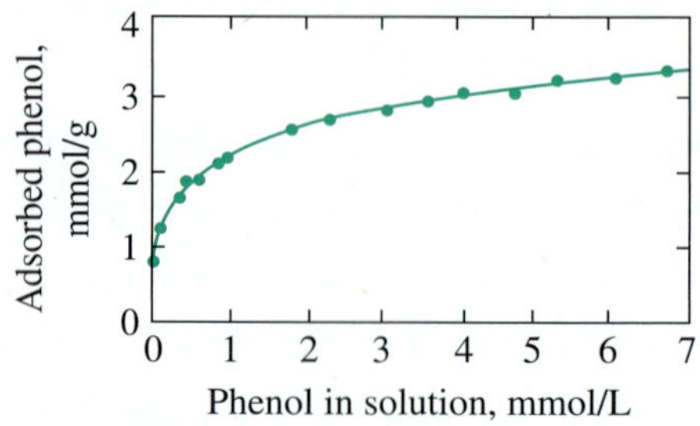

P7.43 10 L의 물이 200 mmol의 phenol로 오염되어 있다. 물이 배출되기 전 5 mmol phenol보다 낮은 농도가 되도록 정수되어야 한다. 활성 탄소로 충전되어 있는 vessel에 용액을 펌핑하고, 상평형이 이루어질 때까지 대기한 후 액체 용액을 제거함으로써 정수가 가능하다. Vessel에 얼마만큼의 활성 탄소를 충전해야 하는가? 운전 온도는 20°C이다. 문제 P7.42에 주어진 평형 데이터를 사용하라.

P7.44 단일클론 항체(monoclonal antibody, MAb)는 복잡한 영양분 배양액(broth) 내에서 *hybridomas*라는 특수한 세포를 생장시켜 얻는 단백질이다. 배양액에서 MAb를 분리하는 공정을 개발하고자 한다. 면역흡착제 비드(immunosorbent bead)를 이용하여 흡착하고자 한다. 배양액은 처음에 300 nmol/L MAb를 함유한다. 99%의 MAb를 배양액에서 구슬로 흡착해야 한다. 2 L의 배양액이 있을 때, 몇 g의 구슬이 필요한가? 그림 7.11의 상평형 데이터를 참조하라.

핵심 문제

P7.45 문제 7.39를 다시 살펴보자. 용매에 diethylamine이 있을 때, diethylamine과 용매를 (거의) 순수한 형태로 회수하여 재사용하고자 한다. Diethylamine을 용매로부터 분리하는 방법을 설명하라. (물성 데이터를 참조해야 할 것이다.) 용매 회수 문제가 추출용 용매를 선택하는 데에 영향을 주는가? Diethylamine의 회수에 용매 추출이 최적의 방법인지, 혹은 다른 방법이 있는지 논하라.

P7.46 30 wt% KNO_3 수용액 1000 kg/h이 90°C에 있고, 이를 정제하여 건조 KNO_3 결정을 만들어야 한다. 다음 장비의 사용이 가능하다.

한 대의 진공 증발기. 최대 90°C, 최대 50 wt% salt에서 운전 가능하다.
한 대의 냉각기. 최소 5°C까지 냉각 가능하다.
한 대의 회전 원통 여과기. 19 kg 고체 결정당 1 kg의 용액을 동반(entrain)한다.
한 대의 드럼 건조기. 15 kg/h 물 제거가 가능하다.

이 장비들만을 이용하여 최소 245 kg/h의 순수 KNO_3 결정을 생산해야 한다는 명을 받았다. 뿐만 아니라 1시간 내로 공정흐름도를 준비하여 보고하지 않는다면 해고된다. 만약 준비한다면 큰 보너스를 받는다. 먼지 쌓인 이력서를 다시 꺼내 들어야 하는가? 혹은 내가 그토록 원하던 스포츠카를 살 수 있게 되는가?

P7.47 60 wt% benzene/40 wt% naphthalene 혼합물 1000 lb/h를 80°C, 1 atm에서 분리하는 공정을 설계하고자 한다. 분리 생성물은 99% 순도의 benzene과 96% 순도의 naphthalene가 되어야 한다. 부록 B와 그림 7.6에 몇 가지 물성 데이터가 주어져 있다. 혼합물이 150°C보다 크게 높은 온도에 노출되면 타르 중합체를 형성하는 문제가 있다.

현장에 다음 장비들이 유휴상태(idle)에 있다.

냉각기. 최소 운전 온도가 12°C이다.

회전 원통 여과기. 여과 케이크 내의 10 lb 고체당 1 lb 용액을 동반(entrain)한다.

증류탑. 4개의 평형 단수가 있고 최소 운전 압력은 1 atm이다.

혼합 침강기 유닛. 단일 상 용매 추출에 사용될 수 있다.

진공 증발기. 최소 운전 압력이 300 mmHg이고 최대 운전 온도가 250°C이다.

공정흐름도를 작성하라. 공정에 사용할 장비를 표시하라. 가능한 한 운전 온도, 압력, 유량, 그리고 다른 설계 정보를 명시하라. 설계과정을 설명하라.

P7.48 10 wt% Na_2SO_4 수용액 1000 kg/h가 20°C에 있고, 무수 Na_2SO_4 결정을 만들고자 한다. 다음 장비를 사용할 수 있다. 진공 증발기. 최대 70°C에서 운전 가능하고 최대 60 wt% Na_2SO_4 용액을 처리할 수 있다. 냉각기. 최소 5°C로 냉각할 수 있다. 회전 원동 여과기. 19 kg 고체 결정당 1 kg 용액을 동반(entrain)한다. 드럼 건조기. 모든 잔여수(residual water)를 탈수할 수 있다. 드럼 건조기는 다른 장비에 비해 특별히 비싸다. 이 장비를 이용하여 (모든 장비를 이용할 필요는 없음) 원하는 생성물을 생산하는 공정을 설계하라. 예비 공정흐름도를 작성하라. 가능한 한 운전 온도와 모든 흐름의 유량, 조성을 나타내라. 생성물의 회수율을 계산하라. 설계과정을 설명하라. (표 B.10의 상평형 데이터를 참조.)

P7.49 20 wt% K_2SO_4 용액 10,000 lb/h가 증발기/결정화기로 투입된다(그림 참조). 전체 공정은 40°C에서 운전된다. 충분한 물이 증발기에서 제거되어 40 wt% K_2SO_4 용액을 만든다. 결정화기에서 결정이 형성되고 여과를 통해 생성물로서 제거된다. 10 lb 결정당 1 lb 용액이 동반(entrain)된다. 잔여 용액은 증발기로 재활용된다. 용해도 데이터는 부록 B에 수록되어 있다.

(a) 결정 생산 속도, 물 증발 속도, 재활용흐름 유량을 계산하라.

(b) 증발기를 단순 냉각기로 대체하여 물을 제거하지 않고 공급물을 0°C로 냉각하여 결정화를 개시하게끔 하려고 한다. 이 아이디어에 대해 어떻게 생각하는가?

(c) 운전 도중 증발기의 용량이 천천히 감소한다. 증발기 내의 열전달 튜브

가 마모되기 때문이다. 증발기 용량이 시간당 6000 lb 물 증발 미만으로 떨어질 때 청소를 위하여 플랜트를 셧다운한다. 결정화기로 공급되는 K_2SO_4 농도는 40 wt%로 유지되지만 유입유량, 결정 생성 속도, 재활용흐름:유입유량 비율이 조정된다. 플랜트가 청소를 위해 셧다운되는 순간에 유입 유량, 결정 생성 속도, 재활용 속도를 계산하라.

(d) 플랜트 감독관이 플랜트가 운전되는 동안 유입유량을 처음과 동일한 상수값으로 유지하려고 한다. 그리고 이것을 재활용률과 증발기에 투입되어 증발하는 물의 유량 비율을 조절함으로써 달성할 수 있다고 주장한다. (결정화기를 나가는 용액의 농도와 여과 케이크 내의 결정 대 용액의 비율은 바뀔수 없다.) 감독관의 아이디어에 대한 답변서를 작성하라.

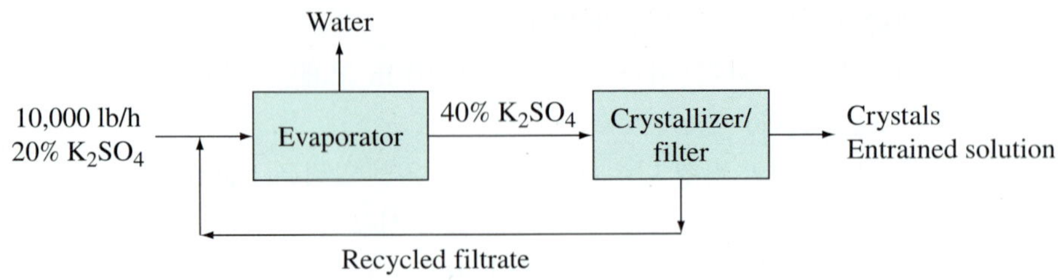

P7.50 Xylene 이성질체 *p*-xylene은 polyester 섬유 생산의 출발 물질이다. *m*-xylene은 가솔린에 블렌딩하는 데 사용되고, *p*-xylene보다 가치가 떨어진다. 두 xylene의 휘발도는 유사하지만 녹는점들은 다르기 때문에 결정화가 두 물질의 분리를 위해 제안되었다. 액체-고체 상평형 데이터가 부록 B의 표 B.12에 주어졌다.

30 mol% *p*-xylene과 70 mol% *m*-xylene이 1000 gmol/h의 유량으로 열전달기로 주입되어 −50°F로 냉각된다. 흐름은 다음으로 결정화기/여과기 유닛으로 가서 결정이 액체 용액으로부터 분리된다. 19 mol 결정당 1 mol 용액의 비율로 약간의 용액이 동반(entrain)된다. 공정을 나가는 생성물의 생산 속도와 결정의 순도는 얼마인가? 여과기를 나가는 용액의 조성과 유량은 얼마인가? *p*-xylene과 *p*-xylene-rich 생성물의 부분 회수율은 얼마인가?

액체 용액을 이성질화 반응기로 투입하여 *m*-xylene의 일부가 *p*-xylene으로 전환하는 반응을 일으키는 것이 어떤지에 대한 새로운 아이디어가 제시되었다. (도표 참조) 반응기의 생성물인 30 mol% *p*-xylene은 공급물과 혼합된다. *p*-xylene-rich 생성물흐름의 *p*-xylene의 부분 회수율과 순도는 얼마인가? 이 아이디어를 어떻게 평가하는가?

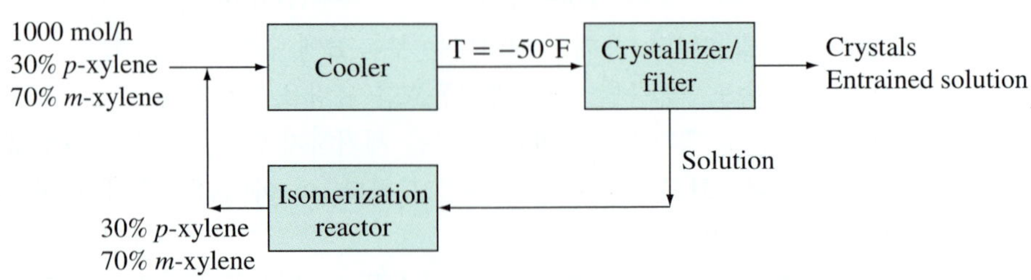

P7.51 Styrene을 생산하는 플랜트에서, 반응기 출구(100 kgmol/h, 1.2 atm, 400°C) 흐름은 50 mol% H_2, 20 mol% ethylbenzene (C_8H_{10}), 30 mol% styrene (C_8H_8)을 포함한다. 반응기 출구흐름이 냉각되고 부분 응축되어 훌래쉬 드럼에서 기체와 액체 흐름으로 분리된다. 수소-rich 기체흐름은 플랜트 시설 내 다른 곳에 위치한 탈황공정으로 보내진다. 탈황공정 운전자를 위해 수소-rich 흐름내 styrene 분율이 0.2 mol% styrene보다 낮도록 유지되어야 한다. 반응기 출구흐름이 얼마만큼의 온도로 냉각되어야 하는가? 수소-rich 흐름에 얼마만큼의 ethylbenzene이 있는가?

P7.52 300 gmol/s CO, 300 gmol/s H_2, 100 gmol/s CO_2가 반응기에 200°C, 4000 kPa의 조건에서 투입된다. 다음 두 반응이 일어난다.

$$CO + 2H_2 \rightleftarrows CH_3OH$$

$$CO_2 + H_2 \rightleftarrows CO + H_2O$$

반응기 배출흐름은 상평형을 이루고 있다. 배출흐름의 상이 기체, 액체, 기-액 평형상태 중 어떤 것인가? (*힌트*: 기체상을 가정하고 그때의 이슬점을 조사하라.)

P7.53 산소량을 높인 습한 공기가 발효 공정에 필요하다. 따뜻한 습한 공기를 만들기 위해 대기가 특수 가습챔버에서 순수한 건조 산소와 액체 물과 혼합되고, 가열된다. 대기는 $T = 20°C$, $P = 1$ atm (절대압력)이고 상대 습도 h_r은 20%이다. (상대 습도는 $h_r(\%) = 100\, y_{H_2O} P/P^{sat}_{H_2O}$로 정의되고, y_{H_2O}는 대기 중 물의 몰분율이다.)

대기중 N_2/O_2 (몰)분율이 3.76 (mol N_2/mol O_2)라고 가정한다. 가습챔버를 나가는 습한 공기는 40 mol% O_2 ($y_{O_2} = 0.40$)이고, 상대습도는 37°C, 1 atm 압력에서 100%이다. 습한 공기의 전체 부피 유량은 2000 ft^3/min이다. 가습 챔버로 투입되는 대기, 액체 물, 순수 건조 산소기체의 질량 유량(kg/min)과 부피 유량(ft^3/min)을 계산하라.

P7.54 40 mol% isopentane과 60 mol% *n*-pentane의 혼합물을 이용하여 순물질에 가까운 생성물로 분리하고자 한다. Raoult의 법칙은 기-액 평형 거동을 잘 근사할 수 있다.

(a) 첫 번째로, 단일 평형단을 생각해 보자. 단이 350 kPa에서 운전될 때 기체와 액체 흐름 유량을 동일한 값으로 얻기 위해 필요한 운전 온도는 얼마인가? 이 온도에서 각 성분의 부분 회수율은 얼마인가?

(b) 99.5%의 isopentane이 증류액 생성물, 99%의 *n*-pentane이 탑저 생성물로 회수되기를 원한다. 증류탑의 운전 압력이 350 kPa일 때 증류탑의 최소 평형단수를 추정하라.

P7.55 평형 훌래쉬 드럼을 이용하여 benzene으로부터 methanol을 분리하고자 한다. 공정유입흐름은 20 mol% methanol을 포함하고 전체 유량이 5 gmol/min이다. 드럼에서 나가는 기체흐름 조성이 50 mol% methanol, 50 mol% benzene이고, 공정 유입 중 90%의 methanol을 포함하기를 원한다. 훌래쉬

드럼은 1 atm에서 운전된다. 드럼을 나가는 기체와 액체 흐름의 몰 유량과 조성을 계산하라. 분리를 단일 평형단만으로 성공할 수 있는가? 그렇다면 운전 온도를 결정하라. 그렇지 않다면 다음 조건에 맞는 운전 온도를 결정하라.

(a) 회수율 규격은 만족 못하지만 순도 규격은 만족하는 온도,

(b) 순도 규격은 만족 못하지만 회수율 규격은 만족하는 온도. (기체-액체 평형 데이터는 부록 B의 표 B.14에 주어져 있다.)

P7.56 C_8H_{10}의 네 가지 이성질체 혼합물이 주어져 있다. 30% ethylbenzene, 20% *m*-xylene, 35% *o*-xylene, 15% *p*-xylene. 다음 네 생성물을 생산하는 증류탑 배열을 설계하고자 한다.

생성물 1: 98% ethylbenzene. *m*-xylene 혹은 *o*-xylene을 포함하지 않음

생성물 2: 95% *p*-xylene, 3% ethylbenzene, 1% *m*-xylene, 1% *o*-xylene

생성물 3: 90% *m*-xylene, 8% *o*-xylene, ethylbenzene은 포함하지 않음

생성물 4: 95% *o*-xylene. ethylbenzene과 *p*-xylene은 포함하지 않음.

증류탑의 비용이 대략 다음처럼 변한다고 하자.

$$\$ = C_1\sqrt{Q}\,N$$

여기서 Q는 몰유량, N은 단수, C_1는 비용 인자이다.

증류탑을 배치하는 세 가지 다른 방법을 생각해 보자. 각 탑의 탑상 및 탑저 흐름의 온도를 추정하고, 최소 단수를 추정하라. 그 후 세 가지 배치 방법에 대해 실제 단수와 탑 비용을 추정하라. 최적의 증류배열이 존재하는가? 학습하였던 경험규칙과 해답이 잘 맞는가?

P7.57 천연가스흐름(1000 kgmol/h)이 90 mol% methane (CH_4)와 10 mol% 황화수소(H_2S)를 포함한다. H_2S는 유독성 가스이다. 천연가스를 연료 혹은 화학 원료로 사용하기 전에 천연가스흐름 내의 H_2S 농도를 0.1 mol%로 줄여야 한다. MEA 수용액을 이용한 가스 흡수를 이용하여 정화를 할 수 있다. 탈거기(stripper)에 N_2 기체를 650 kmol/h로 흘려줘서 H_2S를 탈거해 냄으로써 MEA 수용액을 재생할 수 있다(도표 참조). CH_4와 N_2는 MEA 수용액에 대해 불용성이다. H_2S의 용해도 데이터는 아래에 주어져 있다.

Partial pressure H_2S, mmHg	Moles H_2S per mole MEA, 40°C	Moles H_2S per mole MEA, 100°C
1	0.128	0.029
10	0.374	0.091
100	0.802	0.279
200	0.890	0.374
500	0.959	0.536
700	0.980	0.607

흡수기와 탈거기가 단일 평형단처럼 거동한다고 가정하자. 압력은

760~10,000 mmHg 사이이고, 온도는 40~100°C 사이이다. 흡수기와 탈거기의 적절한 운전 온도와 압력을 정하라(둘의 운전 조건은 다를 수 있음). MEA 유량(kmol/h)를 계산하라. 다른 유량이 그대로인 채 N_2 유량이 줄어들 때, 흡수기의 성능이 어떻게 변화할 것인지 설명하라.

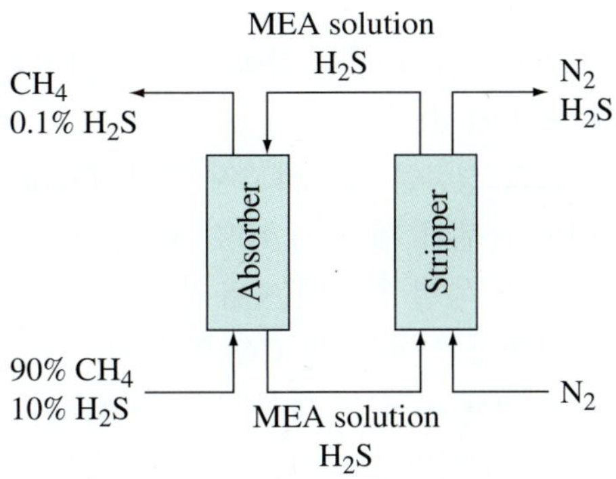

P7.58 어떤 기체흐름(100 gmol/s, 40°C, 26 atm)이 95 mol%의 대기와 5 mol%의 CO_2를 포함한다. 대기의 CO_2 함유량을 0.5 mol%로 감축해야 한다. 단일 평형단의 흡수기를 이용하여 분리를 수행하고자 한다. 흡수기는 기체 유입흐름의 온도와 압력에서 운전된다고 가정한다.

(a) 물이 비휘발성이고 대기가 물에 불용성이라고 가정하자. 물의 필요량을 gmol/s로 계산하라.

(b) 물이 비휘발성이고 대기가 물에 불용성이라고 가정하였다. Raoult의 법칙과 Henry의 법칙을 이용하여 이 가정이 타당한지 보여라.

(c) 더 나은 분리기를 설계하고자 한다. 한 가능성은 운전 온도와 압력을 조절하는 것이다. 온도에 따른 물의 사용량을 0°C에서 50°C의 범위에서 도시하고, 1 atm에서 100atm 범위에서도 도시하라. 어떤 T, P를 선택할 것인가? (물이 비휘발성이고 대기가 물에 불용성이라는 가정을 유지하라.)

(d) 위에서 선택한 T, P 조건에서, 단수를 더하는 것이 물 사용량을 크게 줄이는지 아닌지 조사하라. 먼저, 두 개의 단일 때 물질수지식과 Henry의 법칙을 각 두 개의 단에 도입하여 물 유량을 계산하라. 다음, KSB 식을 단수에 대한 함수로 놓고 단수를 1에서 10까지 변경하면서 물 유량을 계산하라. 결과에 대해 논하라. (물이 비휘발성이고 대기가 물에 불용성이라는 가정을 유지하라.)

P7.59 산성 가스(sour gas) 흐름(2 mol% H_2S, 98 mol% H_2)에서 98%의 H_2S를 물을 흡수제로 하여 제거해야 한다. 운전 조건은 10°C, 20 atm이다. 향류(countercurrent) 평형단에서 단수의 증가에 따라(10단까지) 물 유량이 감소하는 것을 도시하라. 두가지 방법으로 풀이하라. (1) 각 단에 대한 물질수지식과 상평형 관계식을 세워서 소프트웨어을 이용한 방정식 풀이를 수행, (2) KSB 식을 사용. 답을 비교하고 두 답이 다르면 그 이유를 설명하라. 이 문제에서 H_2는 물에 불용성이고, H_2O는 비휘발성이라고 가정하라. 단수의 증가와 물 유량의 증가에 따른 경제적인 trade-off를 고려하라.

P7.60 어떤 흡수기가 22.5 gmol/min 메테인과 2.5 gmol/min 이산화탄소를 포함하는 기체흐름을 처리하고, 이때 50 gmol/min의 기밀 수용액을 사용한다. 공정은 큰 스프레이탑에서 운전되고, *배출* 액체흐름이 *공급* 기체흐름과 평형을 이룬다고 생각한다. 현재 공정에서 유입된 CO_2의 80%가 수용액으로 회수된다.

(a) 수용액과 기체흐름의 평형 분배 계수를 계산하라(mol CO_2/mol 액체/mol CO_2/mol 기체).

(b) 흡수기의 분리 성능을 개선하고자 한다. Frannie는 CO_2의 수용액 상으로의 용해도를(분배 계수를) 10% 증가시키는 특별 첨가제를 사용하자고 제안하였다. 특별 첨가제는 유입되는 액체와 혼합이 가능해야 한다. 새로운 첨가제가 사용될 때 CO_2의 %회수율은 얼마인가? Zooey는 수용액 종류를 그대로 두고, 대신 액체 유입흐름을 두 개의 동일한 흐름으로 분할하여 두 개의 분리기를 그림에 나타낸 것처럼 cross-current 모드로 운전하자고 제안하였다. 각 분리기에서 배출 액체흐름이 유입 기체흐름과 평형을 이룬다고 가정한다. 새로운 공정에 대한 CO_2의 %회수율은 얼마인가? Frannie와 Zooey의 아이디어 중 어떤 것이 좋고, 그 이유는 무엇인가?

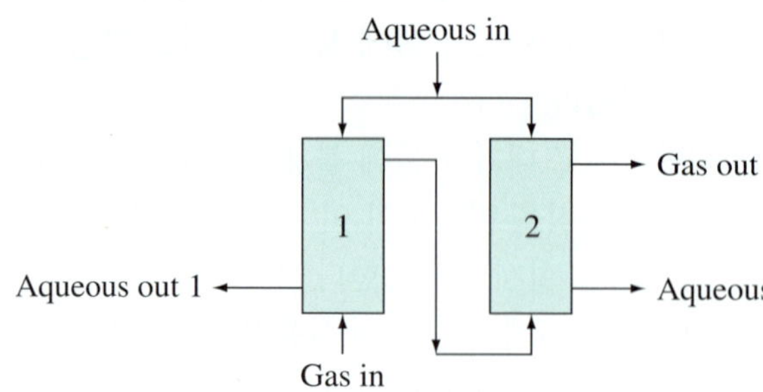

P7.61 25 mol% CO_2/75 mol% N_2 흐름에서 이산화탄소가 순수 기체흐름으로 회수되어야 한다. 공급물흐름의 유량은 100 kgmol/h이고, CO_2의 85%를 회수하는 것이 설계 목표치이다. 분리방법으로 흡수를 사용하고, 15.3 wt% monoethanolamine (MEA) 수용액을 용매로 사용하고자 한다. 용매가 비싸기 때문에, CO_2를 순물질흐름으로서 제거하고, 용매를 재순환하는 설계를 수행해야 한다. CO_2를 용매로부터 분리해내기 위해 또 다른 분리기인 탈거기(stripper)를 추가하여, 흡수기를 빠져나가는 CO_2-용해 MEA 용액의 온도와 압력을 조절하려는 계획을 하였다. 예비 설계 계산을 위해 흡수기와 탈거기가 각각 평형 단처럼 거동한다고 가정한다. 순수한 CO_2와 질소-rich 기체흐름을 생성하고 용매를 재순환하는 공정의 블록흐름도를 그려라. 흡수기와 탈거기의 타당한 운전 압력과 온도를 선정하고, 그 운전 조건에서의 MEA 필요유량(kgmol/h)를 계산하라. (*힌트*: 흡수기로 유입되는 MEA 용액에 CO_2가 있을 것이다!) 운전 압력은 1에서 20 atm까지 가능하다. 평형 데이터는 다음과 같이 주어져 있다.

Solubility of CO_2 in 15.3 wt% MEA		
Partial pressure CO_2 (mmHg)	moles CO_2/mole MEA, 40°C	moles CO_2/mole MEA, 100°C
1	0.383	0.096
10	0.471	0.194
100	0.576	0.347
200	0.614	0.393
760	0.705	0.489
1000	0.727	0.509

P7.62 Benzoic acid는 희석 수용액에서부터 benzene을 이용한 용매 추출을 통해 단일 평형단에서 추출될 수 있다. 유닛으로의 유입 유량은 10,000 kg/h이고, 유입 용액은 0.02 kg benzoic acid/kg water을 포함한다. Benzene은 물에 대한 용해도가 작으므로, 물-rich 추출 잔류상(raffinate) 흐름은 0.07 kg benzene/kg water을 포함할 것이다. Benzene-rich 추출흐름은 물을 포함하지 않는 것으로 가정할 수 있다. Benzoic acid는 추출 잔류상과 추출상 모두에 포함되어 있고, 두 흐름 간의 분배는 다음과 같다.

$$K_D = 4 = \frac{\text{kg benzoic acid/kg benzene}}{\text{kg benzoic acid/(kg water + kg benzene)}}$$

Benzene으로 추출되는 benzoic acid가 \$1.35/kg의 가치가 있고, benzene은 \$0.03/kg의 가치가 있다고 하자. 알짜 이익을 benzene 유량에 대한 함수로 나타내고 최적의 benzene 유량을 결정하라.

P7.63 사례연구에서, 용매 사용량을 줄이기 위한 두 가지 방법에 대해 고려하였다: 물을 용매로 하는 다단 흡수탑, 혹은 MEA를 용매로 하는 단일 단 흡수탑. 이제 이 두 방법을 통합하는 것을 고려해 보자. 2단 향류(countercurrent) 흡수탑에 대해 MEA 용매 유량을 결정하라. Henry의 법칙이 상평형 데이터를 정확하게 모델링할 수 없기 때문에 KSB 식을 사용해서는 안 된다.

P7.64 Penicillin을 비롯한 항생제는 보통 수용성 발효 배양액(broth)으로부터 amyl acetate를 이용하여 회수된다(바나나 향으로도 유명하다). 분배 계수는 $K_D = 9.0$이고, $C_E = K_D C_R$이다. 여기서 C_E = amyl acetate내의 penicillin 농도(g/L), C_R = 수용액 흐름 내의 penicillin 농도(g/L)이다. Amyl acetate와 물은 서로 불용성이고, penicillin의 농도가 매우 낮아서 밀도와 부피 변화는 무시할 만하다. 일반적인 회분식 배양 생성물은 5000 L의 수용액이고, 2 g/L의 penicillin과 amyl acetate에 다행히 용해되지 않는 기타 부산물들을 포함한다. 목적은 95%의 penicillin을 회수하는 것이다.

(a) 분리가 단일 단계 회분 공정으로 이루어진다고 할 때, 몇 L의 amyl acetate가 필요한가?

(b) 사용하고 있지 않은 7000 L 탱크를 얻었다. 5000 L의 배양액을 탱크에

투입하고, 용매를 채워 평형을 이룬 후, 용매를 제거하는 것이 아이디어이다(배양액은 탱크에 남긴 채로). 회수율 규격을 만족하기 위해 용매를 채우고 비우는 것을 몇 회 반복해야 하는가? 용매 대신 배양액을 배출하는 경우는 어떤가?

P7.65 Alcohol이 40 wt% alcohol/60 wt% ketone 혼합물에서 세척수를 이용하여 제거된다. 사용한 세척수는 4 wt% alcohol로 오염되었다. 물과 ketone은 서로 불용성이고, 분배 계수는

$K_D = 0.25$이다. 이때, ketone이 용매상 I이고, 물이 용매상 II이다.

500 kg/h의 alcohol-ketone 혼합물이 공정으로 유입되고, 300 kg/h의 세척수를 사용 가능하다. 다음 세 가지의 접촉 방법에 대해 alcohol의 제거 분율을 비교하라.

(a) 단일 단 접촉
(b) 3단 직교류(crosscurrent) 접촉. 세척액이 세 단으로 동일하게 분할된다.
(c) 3단 향류(countercurrent) 접촉. 유입흐름이 1단으로 투입되고 세척액은 3단으로 투입된다.

P7.66 당신은 새로운 항생제 "Picro"를 대량 생산하는 극비 속성 프로젝트의 수석 엔지니어이다. Picro는 진균(fungus)의 발효를 통해 얻을 수 있다. 발효 배양액은 0.001053 g Picro/cm^3 배양액 및 물(주 성분), 당, 산, 그리고 다른 부산물을 포함한다.

협력엔지니어 Ima Smartee는 성능이 우수한 용매, 코드네임 "Elixir"를 발견하였다. Picro는 Elixir에 대한 용해도가 우수하고, 당, 산, 기타 부산물은 용해도가 낮다. 게다가 Elixir는 완전히 물과 섞이지 않으며, 비휘발성이고 무독성이다. Ms. Smartee는 다음의 실험 데이터를 보고하였다.

실험 1: Picro의 Elixer (용매상 I)과 물(용매상 II)에 대한 분배 계수 K_D은 45,000이다.

실험 2: 순수한 Elixir는 5°C의 녹는점을 가지고 있다. 순수한 Picro의 녹는점은 80°C이다. Picro와 Elixir 혼합물의 공융점은 −4°C이며, 공융 조성은 20 wt% Picro, 80 wt% Elixir이다. Picro와 Elixir의 액체-고체 상평형도는 이 데이터를 이용하여 도시할 수 있다.

Ima가 학교로 돌아오기 전, Picro를 발효 배양액으로부터 정제하는 공정의 예비 흐름도를 두고 왔다. 그녀는 당신의 시설에서 사용되지 않고 있는 두 개의 공정 장비를 사용하는 것을 제안하였다: 혼합/침강기 유닛과 결정화기/여과기 유닛. 혼합/침강기 유닛은 단일-단 용매 추출기처럼 작동하고, 결정화기/여과기 유닛의 최소 운전 온도는 10°C이고 용액의 동반흐름 없이 고체 생성물을 (매우 잘) 생산한다. Ima의 공정에서 Elixer과 배양액이 혼합/침강기로 투입되고, 혼합/침강기의 추출물은 결정화기/여과기로 주입된다. Ima가 제안한 공정은 10,000 cm^3/day 유량의 발효 배양액을 37°C에서 처리할 수 있다. 배양액의 밀도는 1 g/cm^3이다. Ima는 공정을 통해 배양액 내

의 Picro 농도를 0.00001053 g Picro/cm^3 배양액으로 낮출 수 있다고 말한다. 하지만 Ima는 공정흐름 계산 기록을 남기지 않았다.

(a) 혼합/침강기로 유입되는 Elixer의 유량을 계산하라.

(b) Picro 결정의 생산량(g/day)을 계산하라. Picro의 회수율은 얼마인가?

(c) Picro의 회수율을 증가시킬 수 있는 방안을 제시하라. 공정 개선 방안을 도시하고, 그 이유를 설명하라.

P7.67 수은은 한때 제지, chloralkali 및 여러 산업에 사용되었다. 처리를 미숙하게 한 결과 수은의 수로로의 누출 사례가 다수 있었다. 일반적인 오염 폐수는 100 μg 수은/mL water를 포함한다. 용매를 이용하여 수은을 제거하는 방법 중 하나는 그 분배 계수가 pH에 크게 의존한다. Chapman-Caban 공정에서 수은 오염 폐수는 pH 1로 산성화된 후 유기 용매(triisooctal amine in xylene)와 혼합기/침강기에서 접촉한다. 이때 분배 계수 $K_D = 990$ (μg/mL 수은 유기상/μg/mL 수은 수용액상)이다. 정화된 물은 주변으로 방류될 수 있고, 수은이 용해된 용매는 pH 13에서 신선한 물과 두 번째 혼합기/침강기에서 접촉된다. 이때 분배계수 $K_D = 0.0015$ (μg/mL 수은 유기상/μg/mL 수은 수용액상)이다. 이 단계에서 대부분의 수은이 용매에서부터 제거되고, "정화된" 용매(10μg Hg/mL)가 생성되어 첫 번째 혼합기/침강기로 재활용된다. 그리고 농축된 수용액은 유독성 폐기물로서 배출되어야 한다. 1000 kg/h의 수은 오염수(100 μg Hg/mL)를 처리하여 수은 농도를 1 μg/mL로 줄일 수 있는 Chapman-Caban 공정을 설계하고자 한다. 공정은 두 개의 혼합기-침강기를 사용한다. 각각은 단일 평형단으로 운전되고, 운전 pH는 각각 1과 13이다. 흐름도를 그리고, 라벨링하라. 두 개의 혼합기/침강기 사이를 순환하는 유기 용매의 유량을 계산하고, 두 번째 혼합기/침강기로 유입되는 신선한 물의 유량을 계산하라. 농축된 독성 폐기물의 유량과 Hg 농도(μg/mL)를 계산하라.

설계 문제

P7.68 Styrene을 생산하는 가장 중요한 경로는 benzene을 ethylene과 함께 alkylation하여 생산된 ethylbenzene을 dehydration하여 styrene을 생산하는 것이다. 이미 존재하는 styrene 생산 플랜트가 있다. 반응기 성능에 대해 다음의 정보가 있다.

Alkylation 반응기. Alkylation 반응기에서 고체 산 촉매를 이용하여 95°C, 0.3 atm에서 다음 반응이 일어난다.

$$C_6H_6 + CH_2CH_2 \rightarrow C_6H_5CH_2CH_3 \quad \textbf{(R1)}$$

$$C_6H_6 + 2CH_2CH_2 \rightarrow C_6H_4(CH_2CH_3)_2 \quad \textbf{(R2)}$$

$$C_6H_6 + C_6H_4(CH_2CH_3)_2 \rightleftarrows C_6H_5CH_2CH_3 \quad \textbf{(R3)}$$

반응 (R1)과 (R2)는 비가역적이고 반응 (R3)는 평형을 이룬다. Diethylbenzene의 생성을 최소화하기 위해 반응기로 주입되는 ethylnene과 benzene의 비율이 0.58 mol ethylene/mol benzene으로 조절된다. 반응기 유출흐름은 평형상태에 있는 기체 혼합물이고 다음 조성을 갖는다.

Benzene:	65 mol%
Ethylbenzene:	30 mol%
Diethylbenzene:	5 mol%

Dehydrogentation 반응기. 99.5 mol%의 순도를 갖는 ethylbenzene은 과열 스팀과 (스팀 온도 710°C) 스팀-ethylbenzene 몰 비율 15로 혼합되어 반응기로 630°C로 주입된다. Iron dehydrogenation 촉매를 이용하여 1.0 atm에서 다음 반응이 일어난다.

$$C_6H_5CH_2CH_3 \rightarrow C_6H_5CHCH_2 + H_2 \quad \textbf{(R4)}$$

$$C_6H_5CH_2CH_3 + H_2 \rightarrow C_6H_6 + C_2H_6 \quad \textbf{(R5)}$$

$$C_6H_5CH_2CH_3 + H_2 \rightarrow C_6H_5CH_3 + CH_4 \quad \textbf{(R6)}$$

$$2C_6H_5CH_2CH_3 \rightarrow C_6H_5CHCHC_6H_5 + C_2H_6 + H_2 \quad \textbf{(R7)}$$

반응기 유출흐름 조성은 다음과 같다.

Hydrogen	5.70 mol%
Methane	0.25 mol%
Ethane	0.39 mol%
Benzene	0.30 mol%
Water	84.70 mol%
Toluene	0.25 mol%
Ethylbenzene	2.64 mol%
Styrene	5.64 mol%
Stilbene	0.13 mol%

Polystyrene의 수요가 점점 증가하고 있고, 이에 맞추어 styrene 생산 플랜트를 증설하려고 한다. 새로운 플랜트는 130 kgmol/h의 styrene을 생산할 계획이다. 새로운 플랜트는 기존 플랜트와 동일한 반응기 조건을 사용한다.

Dehydrogenation 반응기 유출흐름을 3개의 생성물로 분리하고자 한다: 연료로 사용되는 hydrogen-rich 흐름, styrene-rich 생성물, 반응기 유입구로 재사용되는 ethylbenzene-rich 흐름. Styrene 생성물흐름의 순도는 최소 98%이어야 한다. 공정은 반응기 출구로 빠져나오는 styrene의 최소 95%를 회수해야 한다. Styrene은 100°C 이상의 온도에서 자발적으로 중합된다. 새로운 플랜트의 분리기 부분의 예비 설계를 진행하라. 적절한 분리기술을 선정하라. 각 공정 유닛의 운전 온도와 압력을 결정하라. 주요 흐름의 유량과 조성을 계산하라.

제 8 장

공정에너지 계산과 안전하고 효율적인 에너지흐름도 설계

Process Energy Calculations and Synthesis of Safe and Efficient Energy Flow Sheets

▶ 이 장에서는

화학공정에서의 에너지 필요성에 관하여 살펴본다. 예를 들면, 빠른 반응속도나 원하는 반응평형을 얻기 위하여 반응온도와 압력을 조절하거나 효율적인 분리공정을 위하여 분리단위의 온도와 압력이 조절되어야 하는 것을 이미 본 적이 있다. 다양한 반응기, 혼합기, 분리장치 등으로 원료물질과 생성물이 들어가거나 나와야 하는 것을 보았다. 이런 모든 공정은 에너지를 포함한다. 이 장에서 우리는 시스템의 에너지를 계산하는 법을 배운다. '일'이나 '열'과 같은 용어도 정의할 것이다. 에너지수지식을 소개하고, 이 식이 실제 문제를 해결하는 데 어떻게 사용되는가도 배우게 될 것이다.

이 장에서는 다음과 같은 항목들을 다룬다.

- 어떤 천연자원이 우리가 필요로 하는 에너지를 제공하는가?
- 에너지와 관련된 공정장치의 주요 형태는 어떠한 것들이 있는가?
- 시스템이 지니고 있는 에너지의 또 다른 형태는 어떤 것들이 있는가?
- 일과 열은 무엇인가?
- 에너지수지식은 무엇인가?
- 어떻게 공정에너지수지 계산을 완성할 수 있는가?
- 어떻게 에너지 효율적인 화학공정을 설계할 수 있는가?

▶ 학습 용어

제8장에서는 다음과 같은 용어들을 배우게 된다.

위치에너지(potential energy)
열용량(heat capacity)
용액엔탈피(enthalpy of solution)
운동에너지(kinetic energy)
증기화엔탈피(enthalpy of vaporization)
반응엔탈피(enthalpy of reaction)
내부에너지(internal energy)
용융엔탈피(enthalpy of melting)
일(work)
엔탈피(enthalpy)
생성엔탈피(enthalpy of formation)
열(heat)
기준상태(reference state)
연소엔탈피(enthalpy of combustion)
에너지수지식(energy balance equation)
상태함수(state function)
혼합엔탈피(enthalpy of mixing)

▶8.1 서론

*에너지*는 우리 모두에게 익숙한 용어이다. 정부 관리들이 자주 에너지 정책에 관하여 이야기한다. 우리는 에너지를 얻기 위해 카페인이 들어 있는 음료수를 마신다. 광고에서 계속 쉬지 않고 움직이는 에너자이저 버니(Energizer Bunny®)를 보기도 한다.

화학공정과 생성물 또한 에너지를 필요로 한다. 에너지가 증류나 결정화 같은 분리공정을 촉진하는 데 필요한 것을 알고 있다. 반응기의 전환율은 온도와 관계가 있는 것을 이미 관찰하였는데, 그것은 에너지의 공급이나 회수에 의해 조절된다.

인공신장과 같은 장치는 액체를 주위로 공급하기 위해 에너지가 필요하다. 현장의 효율적인 화학공정을 설계하기 위해 에너지 수요를 주의 깊게 고려해야 한다.

전체 화학산업에서 에너지 비용은 평균적으로 생성물 총 제조비용의 8%를 차지한다. 에너지 비용은 생필품(예, 식량)의 생산 이윤에 있어서 특히 중요하지만, 특수품목(예, 의약품)에 있어서는 덜 중요하다. 예를 들면, 질소비료의 경우 총 제조비용의 약 70%를 에너지비가 차지한다. 에너지 비용이 그다지 중요하지 않은 공정이나 생성물에 대해서 에너지 필요량의 조절은 공정의 안전과 신뢰도에 직접적으로 매우 중요하다. 예를 들면, 세포배양액의 위생은 충분히 긴 시간 동안 충분히 높은 온도에서 배양액을 가열하는 것이 필요하다. 또 다른 예로, 반응이 높은 발열반응일 때 안전한 조작을 위하여 열 제거가 필수적이다.

8.1.1 ▶ 에너지원

지구자원이 상품을 만드는 데 필요한 원료물질을 제공하는 것과 똑같이 지구상의 자원은 에너지를 공급한다. 미국에서 연소 가능한 연료(대부분 화석연료)는 에너지용 천연물질의 주요 공급원이 되고 있다(그림 8.1).

원자력 반응뿐만 아니라 태양, 바람, 지열 등의 재생에너지원은 지금은 적지만 에너지 수요에 점차적으로 높은 비중을 차지하고 있다(표 8.1).

고체연료: 이 항목에는 석탄, 폐지, 나무, 사탕수수 찌꺼기 등과 같이 탈 수 있는 고체 물질이 있다. 이 연료들은 상대적으로 덜 비싸지만, 특별한 버너가 필요하거나 고체 물질을 처리하는 설비가 필요하기도 하고, 폐기물 문제가 되는 재가 남는다.

(a) (b) (c)

그림 8.1 재생에너지의 비율이 증가하고 있을지라도, 화석연료는 가장 큰 에너지원을 구성한다. (a) 발전소에 쌓여있는 거대한 석탄 더미, (b) 북해 석유 시추선, (c) 농업자원에서 생산되는 에너지. *(a) Hemera Technologies/PHOTOS.com/Getty Images; (b) vitstudio/Shutterstock; (c) Wittelsbach bernd /E+/Getty Images.*

표 8.1 ▶ 2019년 미국의 에너지소비량(10^{15} kJ)

Fossil Fuels			Nuclear	Renewable				
75.96			8.02	10.90				
coal	natl gas	petroleum		hydroelectric	geothermal	solar	wind	biomass
10.76	30.43	34.80		2.36	0.20	0.96	2.60	4.71

(Source: US Energy Information Administration), reported as quadrillion kJ (10^{15} kJ) per year.

액체연료: 1920년대 미국과 1950년대 유럽에서 시작된 원유(석유)는 액체연료의 주요 근원이었다. 재생농업자원으로부터 생산되는 에탄올과 바이오디젤이 중요한 대체 액체연료로 부상하고 있다. 수송용으로는 가볍고(보다 휘발성이 좋은) 깨끗한 액체를 사용한다[가솔린, 제트유, 디젤. 산업용 로는 휘발성이 낮은(보다 무거운) No. 2 연료와 같은 기름을 사용한다.]

가스연료: 천연가스(대부분 메탄)는 상대적으로 값이 저렴하고, 폭넓게 사용될 수 있으며, 깨끗하다. 이 때문에 의심할 바 없이 가정과 산업체에서 폭넓게 활용되는 연료이다. 다소간의 이견이 있을 수 있지만 수압파쇄와 같은 채굴기술의 도입은 천연가스의 사용성을 폭넓게 확대하였다.

연료비는 구매자의 형태뿐만 아니라 연료 형태에 따라 다르다. 거주용, 상업용, 산업용 등 소비자 형태에 따라 다른 값이 매겨진다. 대형 산업소비자가 지불하는 연료비를 개략적으로 정리하였다. 연료는 에너지 함량에 따라 가격이 책정된다. 때와 장소에 따라 그 가격은 크게 변화됨을 주시해야 하며, 세계 정치적 현황에도 민감하다. 이 가격은 단지 개략적인 추산치일 뿐이다. 연료비용과 소비에 관한 최근 정보는 미국 에너지정보부(EIA)에서 얻을 수 있다.

Fuel type	\$/million kJ
Natural gas	3.90
No. 2 fuel oil	13.70
Coal	1.90
Wood	10.50

탄소:수소 비는 고체연료(4:1 이상)에서 액체연료(약 1:1에서 1:2)와 기체연료(약 1:4)로 갈수록 감소한다. 이 비율은 중요하다. 왜냐하면 탄소:수소 비가 더 높을수록 생산되는 단위에너지당 이산화탄소 발생량이 크기 때문이다. 수소(이산화탄소가 발생하지 않음)가 주요 에너지원이 될 것이기 때문에 '수소경제'로의 전환이 큰 관심사이다. 불행하게도 수소는 쉽게 얻을 수 있는 천연물질이 아니다. 최근 수소를 화석연료로부터 메탄의 직접 연소로 많은 이산화탄소를 생성하는 공정을 통하여 상업적으로 제조한다. 그러나 연료로서 수소의 사용이 국지적으로 이산화탄소 배출을 감소할지라도 지구 전체적으로는 이산화탄소를 감소시키지 못하는 것

이다. 다양하게 진행 중인 연구는 재생에너지원으로부터 직접 수소를 만드는 공정을 개발하는 방향으로 이루어지고 있다.

각 연료들의 에너지양을 다음 표에 비교하였다.

Fuel	Energy content: kJ produced per g fuel combusted	Emissions: g CO_2 generated per kJ produced	Energy density: kJ produced per cm^3 fuel combusted
Coal (anthracite)	31.5	0.112	27.4
Gasoline (C_8H_{18})	48.0	0.064	33.6
Natural gas (methane)	55.6	0.0495	0.0364
Hydrogen	142.9	0.0	0.0117

석탄은 단위질량당 에너지양은 낮지만 부피당 에너지는 매우 높으며 값이 저렴하다. 그러나 지저분하고 취급하기 어려운 문제점이 있다. 더 나아가 석탄에 함유되어 있는 황과 질소화합물은 연소 시 산성가스 형태로 배출한다. 석탄은 거대한 화력발전소에서 주요 연료로 사용된다. 석탄의 낮은 가격은 고체 물질 취급과 오염방지시설에 대한 높은 초기 투자비를 상쇄할 수 있다. 가솔린은 높은 에너지 밀도를 가지고 있으며, 보다 깨끗하고 사용하기 쉽다. 특히 운송과 같은 경우의 에너지원으로 사용하기가 훨씬 쉬운 연료이고, 공급이 용이하다. 가솔린은 석탄보다 적은 양의 이산화탄소를 발생한다. 단위 그램당 천연가스는 매우 우수한 연료이며, 가솔린에 비하여 이산화탄소 발생량도 4분의 1 정도로 줄일 수 있다. 그러나 천연가스는 매우 낮은 에너지밀도를 지니고 있다. 가스는 압축될 수 있으나 압력이 가솔린같은 액체 연료의 수백 배까지 증가되어야 한다. 수소는 질량 기준으로 보았을 때 매우 높은 에너지양을 가지고 있으나 부피 기준으로는 형편없이 낮은 것이 단점이다.

8.1.2 ▸ 에너지분포: 전력, 가열유체, 냉각유체

*전기*는 이용할 수 있는 에너지원은 아니지만 보급할 수 있는 에너지의 한 수단이다. 깨끗하고, 일반적으로 믿을 수 있고, 일하기 편한 에너지원이다. (우리 머리를 말리기 위하여 불꽃을 점화시켜 사용하는 것보다 벽에 설치된 콘센트에 헤어드라이어 플러그를 꽂아 쓰는 것이 분명히 편리하다!) 대부분의 큰 도시나 상업용 화력발전소는 화석연료를 연소시켜 전기를 생산한다. 연소에너지는 스팀을 생성하고, 스팀은 발전기를 구동할 수 있는 터빈을 가동시킨다. 전기는 또한 핵반응기, 댐, 풍차농장, 태양 집열판에서 생산되기도 한다. 작은 디젤 동력 발전기는 덜 효율적이지만 휴대용 전기 생성장치가 필요할 때나 전력선이 차단되었을 때 유용하다.

*가열유체와 냉각유체*는 공정 전체에 걸쳐 사용된다. 어떤 공정 유체가 가열되어야 할 때, 우리는 그 자리에서 가능한 모든 수단을 사용하여 즉시 연료를 태울 수 있다. 그렇지만 중앙에서 가열유체를 생산하여 열에너지를 필요로 하는 모든 공정에 가열유체를 공급하는 것이 더 저렴하거나 편리하고 안전하다. (이것은 대부분의 현대 가정에서 사용하는 시스템과 다르지 않다. 즉, 난로에서 연료를 태워 뜨

거운 공기나 스팀을 생산하여 집 안의 모든 방에 공급하는 방식이다. 개별적인 난방원으로 각 방에 난로를 갖춘 예전의 가정과 비교된다.) 확대해서 보면, *스팀*은 거대한 화학공정에서 사용되는 가열유체이다. 전형적인 스팀의 온도는 250°F에서 500°F(120°C에서 260°C)이다. *온수*는 30°C에서 90°C 범위에서 꽤 유용한(그리고 매우 저렴한) 열원이다. *Dowtherm*과 같은 상업용 유체는 200°C에서 400°C 범위에서 유용하다.

*공기*와 *물*은 보통 냉각 목적으로 사용된다. 팬은 뜨거운 표면에 차가운 공기를 불어 넣는다. 강, 호수, 바다로부터 공급되는 차가운 물은 열저장용으로 사용된다. 대형 제조시설은 종종 냉각탑에서 필요한 *냉각수*를 제조한다. 냉각수는 약 30°C까지 냉각시키는 유용하다. 상온보다 낮은 온도로 냉각시키기 위해서는 *냉매*가 필요하다. 냉매는 불화탄소(불소나 염소를 포함하는 유기물질), 탄화수소(예, 프로판), 무기물질(예, 암모니아) 등이 있다. 냉매의 선택은 조업온도, 독성, 인화성과 같은 필요한 조건에 따라 결정된다. 프레온-12(CCl_2F_2)는 한때 냉매로서 널리 사용되었던 물질이지만, 지금은 오존층 파괴를 유발하기 때문에 더 이상 제조되지 않고 있다. 암모니아는 식품제조산업에서 널리 사용되는 냉매이다. 암모니아는 우수한 열역학적 물성을 가지고 있으나, 독성 때문에 많은 사람들에게 노출되지 않는 조건에서만 사용된다.

전력, 가열유체, 냉각유체 비용은 공급비용뿐만 아니라 생산 연료비에 따라 정해진다. 가격은 화석연료 비용에 따라 변화가 심하고, 지역, 크기, 설비 특성 및 기타 조건에 따라 다양하다. 최근 가격에 대한 개략적인 지침서를 요약하였다.

	$/million kJ	Heating fluids	$/million kJ	Cooling fluids	$/million kJ
Electricity	19	High pressure steam, 260°C	6	Cooling water, 25°C	0.20
		Medium pressure steam, 180°C	4	Chilled water, 5°C	25
		Low pressure steam, 120°C	2	Refrigerant, −20°C	35
				Refrigerant, −50°C	65

8.1.3 ▸ 에너지 전달장치

블록흐름선도로부터 공정흐름선도로 옮겨보면, 에너지 관련 장치가 포함된다. 혼합기, 분류기, 반응기, 분리장치 외에 압력과 온도를 변화시키거나 추출작업, 또한 열을 제거하거나 공급하는 데 필요한 공정단위를 고려할 필요가 있다. 우리는 이것을 단위에너지 전달장치라고 한다. 그림 8.2는 흐름선도에 사용되는 장치 부호이다.

일전달과 압력 변화 장치 *펌프*는 온도 변화가 없거나 매우 적은 양의 변화를 수반하며, 액체의 압력을 증가시킨다. 펌프는 상대적으로 운전 비용이 저렴하다. 큰 펌프가 스팀이나 가스 터빈에 의해 추진될지라도 펌프를 추진하는 데 필요한 일은 대개 전기모터로 공급한다. *압축기*는 가스의 압력을 상승시킨다. 가스의 온도는

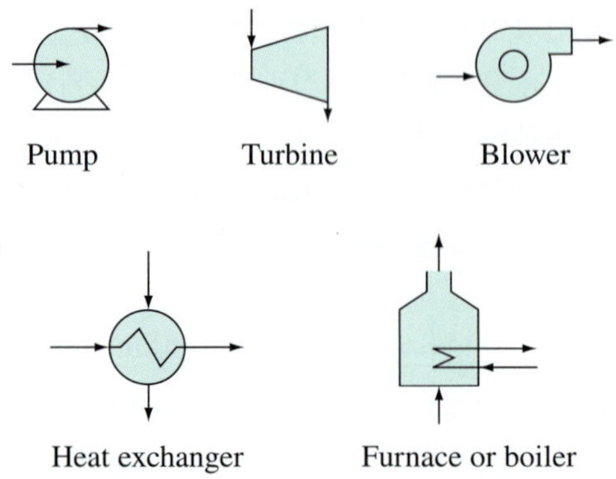

그림 8.2 공정흐름선도에서 사용되는 에너지 전달 장치에 관한 대표적인 부호.

압력이 증가하면서 증가한다. 그러므로 보다 큰 압축기들은 다단 냉각기가 부착되어 있다. 압축기는 상대적으로 구매, 유지, 운전하기가 비싸다. 압축기는 대체로 전기모터, 스팀터빈, 가스터빈에 의해 공급되는 일을 필요로 한다. *송풍기*나 팬은 약간의 압력증가만 필요할 때 압축기보다 더 빈번히 사용된다.

터빈은 가스의 압력을 낮추고, 회전 혹은 왕복운동을 한다. 터빈을 발전기에 직접 부착하면 전기를 생산한다. 터빈은 펌프나 압축기와 직접적으로 연결되어 있어 추진에 필요한 작업을 할 수 있다. *팽창밸브*는 가스의 압력을 줄이지만 시스템 밖으로부터 일을 얻지 않는다. 그것은 터빈보다 훨씬 저렴하다. 터빈을 구매하거나 설치하는 것이 항상 효과적인 것은 아니고, 압력 축소로부터 적은 양의 에너지를 회수할 수 있을 뿐이다.

열전달과 온도 변화 장치 열원으로부터 공정물질로 열을 전달하거나 공정물질에서 열 저장고로 직·간접적으로 전달하는 두 가지 형태가 있다.

*직접*분사에서, 가열(혹은 냉각) 물질은 공정온도를 신속히 상승시키거나(감소시키기 위해) 공정물질과 직접 혼합된다. 직접분사는 온도 변화가 빠를 때 유리하다. 그렇지만 단점도 있다. 가열(혹은 냉각) 물질을 공정물질과 혼합시켜야 한다. 공정흐름에 적합한 물질만이 사용될 수 있다.

열전달의 *간접* 형태는 화학공정 산업에서 보다 일반적인 형태이다. 간접 가열에서는 스팀과 같은 가열유체를 열전도 고체로 통과시키면서 공정에 간접적으로 접촉시킨다. 핵심적인 장점은 공정흐름이 혼합되지 않는 것이다. 단점은 열전달 속도가 직접분사식만큼 빠르지 않다는 것이다. 이러한 열접촉은 *열교환기*에서 이루어진다. 쉘-관 열교환기는 화학공정산업의 중요한 장치이다. 그것은 한 유체는 관을 통하여, 또 다른 유체는 쉘을 통하여 분사시키는 형태로 커다란 원통형 쉘 안에 관 다발을 넣어서 제작한다. 관은 표면에 접촉하는 열을 제공한다. 특별한 용도를 위한 여러 가지 다른 형태의 열교환기도 있다. 이중관 열교환기는 관 안에 관이 있는 단순한 형태이고, 적은 유량과 고온 변화에 유리하다. 판형 열교환기는 압력강하가 낮기 때문에 부유물질이나 점성유체가 있을 때 효과적이다. 긁개꼴 열교환기(scraped-surface heat exchanger)는 조각날과 함께 회전자를 가지고 있고, 특히 결정화 공정의 열교환이나 심한 표면 막힘 현상이 있는 열교환, 혹은 고점성 유체에 대하여 유용하다. (가정용 아이스크림 제조기는 긁개꼴 열교환기이다.) 공기 냉각식 열교환기에서는 팬은 핀 형태의 관들로 구성된 다발을 가로질러 공기를 불어넣는다—핀들은 열전달 면적을 크게 증가시킨다. 분리장치나 반응기의 벽을 통한 직접적인 가열이나 냉각은 공정 용기 주변의 얇은 덮개를 통하여 분사되는 유체에 의해 이루어진다.

로에서 연료와 공기는 연소상자에서 혼합된다. 고체연료는 로의 바닥으로 넣어지는 반면, 유체연료는 연소상자의 바닥이나 측면에 위치한 버너로 공급된다(가스 스토브 버너와 유사). 연료-공기 혼합물의 점화가 연소반응을 일으킨다. 뜨거운 연소가스가 공정물질을 가열한다. 다시 말해서 화학반응은 연료에 저장되어 있는 화학에너지를 열에너지로 변화시키면서 발생한다. 공정물질은 1650°F (900°C) 이상으로 올라갈 수 있다. 직접 연소로에서 화염과 연소 생성물은 설비소재(예를 들면, 석회석 로 또는 캠프파이어용 마시멜로)와 직접 접촉한다. 간접가열 난로에서 화염과 연소 생성물은 금속이나 내화물 벽에 의해 공정물질로부터 분리된다(연소로 관을 통하여 흐르는 공정유체). 대형화학공정에서 사용되는 표준형 간접 가열식 난로에서 공정물질은 로의 벽을 감싸고 있는 관들을 통하여 지나간다. 가장 뜨거운 온도는 불꽃에서 가까운 로의 낮은 층 주변에서 발견된다. 연소가스는 로를 따라 상승하면서 공정물질로 열을 발산시키고 나서 배기가스(굴뚝)를 통하여 배출된다. *보일러*는 관에 물이 있는 간단한 로이다. 연소가스로부터 얻는 열이 물을 끓이고, 스팀을 발생시킨다.

8.1.4 ▸ 개략적인 에너지 관련 차원과 단위

공정에너지를 계산해 보기 전에 에너지 관련 단위를 먼저 확인해보도록 하겠다. 제2장으로 돌아가 보면, "몇 가지 기초 단위가 있고, 이 책에서 다루는 것들은 질량 M, 길이 L, 시간 t, 열역학 온도 T, 몰질량 N이다." 그러고 나서 온도, 부피, 질량속도 등과 같은 양을 측정할 수 있는 많은 수의 다른 단위를 살펴보았다. 몇 가지 더 필요한 단위가 있는데, 그것은 힘, 에너지, 동력이다.

힘(force)은 $[M{\cdot}L/t^2]$의 차원을 갖는다. 일반적으로 사용되는 힘의 단위는 newton (N)과 dyne이다. 영국 체계는 힘의 단위로서 lb_f와 poundal을 사용한다. lb_f $[M{\cdot}L/t^2]$와 lb $[M]$가 다른 차원을 가짐을 주목해야 한다.

서로 다른 힘의 단위를 활용하기 위해서 아래의 환산인자를 사용할 수 있다.

$$1\ \text{N} = 1\ \text{kg m/s}^2 = 0.10197\ \text{kg}_\text{f} = 10^5\ \text{dynes} = 0.22481\ \text{lb}_\text{f} = 7.233\ \text{poundals}$$

$$1\ \text{lb}_\text{f} = 32.174\ \text{lb ft/s}^2 = 0.45359\ \text{kg}_\text{f} = 4.4482\ \text{N} = 4.482 \times 10^5\ \text{dynes} = 32.174\ \text{poundals}$$

설명 ▸

$$18.0\ \text{N}\left(\frac{0.22481\ \text{lb}_\text{f}}{\text{N}}\right) = 4.05\ \text{lb}_\text{f}$$

무게(weight)는 중력 분위기에서 물체에 작용하는 힘이다. 그러므로 지구에서 사람의 무게는 목성에서 무게와는 다르지만, 질량은 두 행성 모두에서 같다. 무게 W와 질량 m은 다음과 같은 관계가 있다.

$$W = mg$$

여기서 g는 중력에 의한 가속도이다. 지구에서 해수면 기준으로,

$$g = 9.8066\,\frac{\mathrm{m}}{\mathrm{s}^2} = 980.66\,\frac{\mathrm{cm}}{\mathrm{s}^2} = 32.174\,\frac{\mathrm{ft}}{\mathrm{s}^2}$$

설명 ▸ 어떤 물질이 1 kg의 질량을 가지고 있다. 지구에서의 무게는

$$W = mg = 1\text{ kg} \times 9.8066\text{ m/s}^2 = (9.8066\text{ kg m/s}^2) \times \frac{1\text{ N}}{\text{kg m/s}^2}$$
$$= 9.8066\text{ N} = 1\text{ kg}_\text{f}$$

어떤 물체가 1 lb의 질량을 갖는다. 지구에서 이 물질의 중량은

$$W = mg = 1\text{ lb} \times 32.174\text{ ft/s}^2 = (32.174\text{ lb ft/s}^2)$$
$$\times \frac{1\text{ lb}_\text{f}}{32.174\text{ lb ft/s}^2} = 1\text{ lb}_\text{f} = 32.174\text{ poundals}$$

lb_f와 lb가 다른 차원일지라도, 지구 해수면 기준에서 그것들은 숫자상으로는 동일하다.

에너지(energy)는 힘 × 길이, 혹은 같은 양으로, $[M{\cdot}L^2/t^2]$의 차원을 갖는다. 화학공장은 색다른 분류의 에너지단위를 사용한다[kWh(kilowatt-hour), Btu(British thermal unit), J(joule), kcal(kilocalorie, 식이요법주의자들이 흔히 사용하는 “칼로리”), EFOB (equivalent fuel oil barrel, 연료오일 42-gal 배럴을 태워서 얻는 에너지양)]. 서로 다른 에너지단위 간에는 아래의 환산 인자를 사용하도록 한다.

$$1\text{ J} = 1\text{ N m} = 1\text{ kg m}^2/\text{s}^2 = 10^7\text{ ergs} = 0.2389\text{ cal} = 0.737562\text{ ft lb}_\text{f} = 9.47817 \times 10^{-4}\text{ Btu} = 2.7778 \times 10^{-7}\text{ kWh} = 0.009869\text{ L atm} = 0.0003485\text{ ft}^3\text{ atm}$$

$$1\text{ kcal} = 1000\text{ cal} = 4.184\text{ kJ} = 3086\text{ ft lb}_\text{f} = 3.966\text{ Btu}$$

$$1\text{ Btu} = 1.055056\text{ kJ} = 1055.056\text{ J} = 252\text{ cal} = 778\text{ ft lb}_\text{f} = 3.929 \times 10^{-4}\text{ hp h}$$

설명 ▸

$$50\text{ Btu}\left(\frac{778\text{ ft lb}_\text{f}}{\text{Btu}}\right) = 38{,}900\text{ ft lb}_\text{f}$$

동력(power)은 에너지/시간 단위나 $[M{\cdot}L^2/t^3]$의 차원을 갖는다. 서로 다른 동력

단위 간에는 아래의 환산 인자를 사용한다.

$$1\ \text{kW} = 1\ \text{kJ/s} = 860.4\ \text{kcal/h} = 3412\ \text{Btu/h} = 737.6\ \text{ft lb}_f\text{/s} = 1.3405\ \text{hp}$$

$$1\ \text{hp} = 745.7\ \text{J/s} = 641.88\ \text{kcal/h} = 2545\ \text{Btu/h} = 550\ \text{ft lb}_f\text{/s} = 0.7457\ \text{kW}$$

설명 ▸

$$\left(\frac{42\ \text{Btu}}{\text{s}}\right)\left(\frac{3600\ \text{s}}{\text{h}}\right)\left(\frac{1\ \text{hp}}{2545\ \text{Btu/h}}\right) = 59\ \text{hp}$$

▸ 8.2 에너지수지식

필요한 에너지를 화학공정설계에 반영하기 위해서는 공정흐름을 계산해야 하는데, 이미 배운 것과 같은 방법으로 공정에너지 계산을 완성시켜야 한다. 이 장의 나머지 부분은 이러한 계산을 완성하는 필요한 방법과 요령에 관하여 기술하고자 한다. 이 장에서는 에너지수지식을 소개하고, 시스템이나 흐름이 지니고 있는 서로 다른 형태의 에너지와 시스템 경계를 가로질러 에너지가 전달되는 방식에 대해 고찰하고자 한다.

8.2.1 ▸ 에너지수지식

2장과 3장에서 시스템은 면적으로 둘러싸인 부피라고 학습하였다. 어떤 시간 t에서 시스템은 질량을 보유한다. 물질은 시스템 경계를 가로질러 들어가거나 나간다. 질량은 생성되거나 소멸될 수 없다(핵반응이 없는 경우). 그래서 총 질량에 대한 물질수지식은 2장에서 배운 바와 같이,

$$\text{축적량} = \text{유입량} - \text{유출량}$$

수학적 형태의 미분질량 수지식은(3장)

$$\frac{dm_{\text{sys}}}{dt} = \sum_{\text{all } j_{\text{in}}} \dot{m}_j - \sum_{\text{all } j_{\text{out}}} \dot{m}_j \tag{3.14}$$

적분질량 수지식은

$$m_{\text{sys},f} - m_{\text{sys},0} = \sum_{\text{all } j_{\text{in}}} m_j - \sum_{\text{all } j_{\text{out}}} m_j \tag{3.18}$$

질량처럼 에너지도 보존된다. (에너지보존 법칙은 열역학 제2법칙 후에 발견되었어도 종종 열역학 제1법칙이라고 한다.) 총 질량과 같이 에너지는 생성되거나 소멸될 수 없다(핵반응 없이). 다시 말해서 에너지수지식은 매우 일반적으로

$$\text{축적량} = \text{유입량} - \text{유출량}$$

수학적 형태로 에너지수지식은 또한 매우 친근하다. 미분형태는

$$\frac{dE_{\text{sys}}}{dt} = \sum_{\text{all } j_{\text{in}}} \dot{E}_j - \sum_{\text{all } j_{\text{out}}} \dot{E}_j \tag{8.1}$$

그리고 적분형태는

$$E_{\text{sys},f} - E_{\text{sys},0} = \sum_{\text{all } j_{\text{in}}} E_j - \sum_{\text{all } j_{\text{out}}} E_j \tag{8.2}$$

여기서 E_{sys}는 총 시스템 에너지이고, $\dot{E}$는 시스템 밖이나 안으로 흐르는 에너지흐름을 의미한다.

Quiz 8.1
식 (8.1)과 식 (8.2)에서 각 항들의 차원은 무엇인가?

많은 부분에서 에너지수지식은 물질수지식보다 단순하다. 생성이나 소비 항이 없다. 단지 총 에너지수지식만 있고, 개별적인 에너지수지식은 없다. 우리는 질량 대비 몰단위에 대한 미분식을 쓰지 않는다. 그렇지만 다른 면에서 에너지수지식은 이해하기 더 어렵기도 하다. 물질수지식에서 필요한 바와 같이 시스템의 질량을 정량화하거나 시스템의 안이나 밖으로의 질량흐름은 꽤 직관적일 뿐이다. 그러나 에너지나 에너지흐름을 통해 무엇을 의미할 수 있는가? 시스템 에너지와 에너지흐름을 어떻게 정량화할 수 있는가? 공정 문제를 풀기 위한 에너지수지식을 사용하기 위하여 더 깊이 들어가기 전에, 이런 문제에 대한 해답을 얻기 위해서는 좀 더 다른 내용을 살펴볼 필요가 있다.

8.2.2 ▸ 시스템 에너지와 에너지흐름

불 위에 놓여 있는 실온의 물 그릇을 상상해 보자. 그리고 끓는 뜨거운 우유 한 컵을 그릇에 넣는다고 가정하자(그림 8.3). 그릇과 그 내용물을 시스템이라고 하면, 분명히 시스템은 *에너지*를 함유하고 있고, 시스템 에너지는 두 가지 다른 종류의 *에너지흐름*의 결과로 인하여 시간에 따라 변한다. 불과 뜨거운 물로부터의 열, *이 두 가지 에너지흐름은 근본적으로 다르다*. 불로부터 발생하는 열은 물질흐름이 없는 에너지흐름인 반면, 뜨거운 우유는 물질흐름으로 인한 에너지흐름이다.

먼저 *시스템 에너지*를 살펴보자[식 (8.1) 또는 (8.2)의 E_{sys}]. 시스템이 지닐 수

그림 8.3 그릇과 그 내용물이 시스템이다. 에너지는 두 가지 경로로 시스템에 전달된다. (1) 그릇에 부어진 뜨거운 액체가 물질전달을 통해 시스템으로 에너지를 전달한다. (2) 불에서 발생하는 열이 물질전달 없이 그릇으로 에너지를 전달한다.

있는 에너지 형태는 세 가지가 있다: 운동에너지, 위치에너지, 내부에너지. 시스템의 **운동에너지**(kinetic energy)는 $E_{k,sys}$로 표기하고, 시스템 속도의 함수이다. **위치에너지**(potential energy) $E_{p,sys}$는 시스템 위치의 함수이다. **내부에너지**(internal energy) U_{sys}는 시스템의 분자들에 존재하는 에너지로부터 기인한다. 이러한 세 가지 유형의 에너지는 시스템의 에너지를 구성하며, 다음과 같이 표기된다.

$$E_{sys} = E_{k,sys} + E_{p,sys} + U_{sys} \tag{8.3a}$$

때때로 시스템에너지는 단위 질량이나 몰당 에너지의 항으로 표시하는 것이 편리하다. 단위 질량당 에너지를 *비에너지*(specific energy)라고 하고, 단위 몰당 에너지를 *몰에너지*(molar energy)라고 한다. 우리는 이러한 비 또는 몰에너지를 $\hat{E}$와 같은 모자 형태로 표기한다. 실제로, 사람들은 비에너지와 몰에너지를 명확히 구분하지는 않는다. 우리는 단위 질량이나 몰에 관계 없이 단순히 생각해서 '비에너지'를 물질의 단위에 대한 에너지양으로 이해한다. 수식 형태로 보면,

$$E_{sys} = m_{sys}\hat{E}_{sys} = m_{sys}\hat{E}_{k,sys} + m_{sys}\hat{E}_{p,sys} + m_{sys}\hat{U}_{sys}$$

또는 좀 더 간단하게

$$E_{sys} = m_{sys}(\hat{E}_{k,sys} + \hat{E}_{p,sys} + \hat{U}_{sys}) \tag{8.3b}$$

몰 단위로 비슷하게 다시 표현하면,

$$E_{sys} = n_{sys}(\hat{E}_{k,sys} + \hat{E}_{p,sys} + \hat{U}_{sys}) \tag{8.3c}$$

다음으로, *에너지흐름*(energy flow)을 고려해보자. 시스템 경계를 가로질러 흐르는 에너지에 의한 메커니즘이 두 가지 있다. 첫째, *열린* 계에서 물질은 물질 자체가 에너지를 보유하고 있기 때문에 시스템 경계를 가로질러 흐르면서 에너지를 운반한다(그림 8.4). 물질은 운동에너지, 위치에너지 또는 내부 에너지를 보유할 수 있

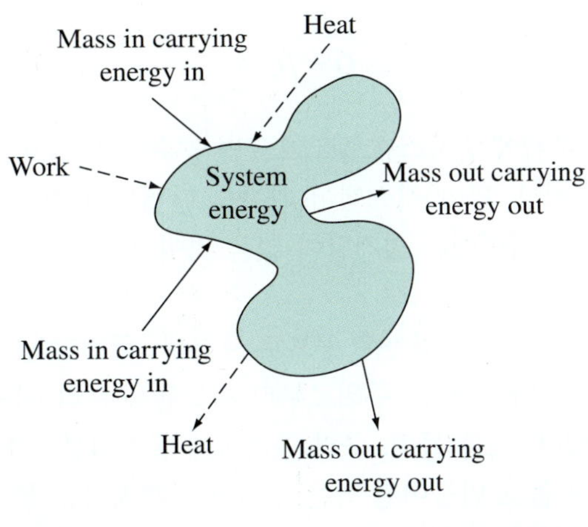

그림 8.4 복합에너지 입력과 출력시스템. 시스템은 시스템 경계로 에워싸인 3차원 부피이다. 시스템(실선으로 표시)의 안과 밖을 흐르는 물질을 통하여 에너지는 시스템으로 들어가거나 나갈 수 있다. 또는 물질흐름 없이 열이나 일과 같이(점선으로 표시) 에너지가 흐른다. 위 시스템은 열린 시스템이다.

기 때문에 시스템 경계를 가로지르는 유체 j에 있는 물질흐름으로 인한 에너지흐름은 다음과 같다.

$$\dot{E}_j = \dot{E}_{k,j} + \dot{E}_{p,j} + \dot{U}_j \quad \textbf{(8.4a)}$$

에너지흐름 $\dot{E}_j$는 유체 j에서 물질의 유속과 물질의 비에너지를 곱한 것과 같으므로 질량단위로는,

$$\dot{m}_j \hat{E}_j = \dot{m}_j \hat{E}_{k,j} + \dot{m}_j \hat{E}_{p,j} + \dot{m}_j \hat{U}_j = \dot{m}_j(\hat{E}_{k,j} + \hat{E}_{p,j} + \hat{U}_j) \quad \textbf{(8.4b)}$$

몰 단위로 비슷하게 다시 표현하면

$$\dot{n}_j \hat{E}_j = \dot{n}_j \hat{E}_{k,j} + \dot{n}_j \hat{E}_{p,j} + \dot{n}_j \hat{U}_j = \dot{n}_j(\hat{E}_{k,j} + \hat{E}_{p,j} + \hat{U}_j) \quad \textbf{(8.4c)}$$

여기서 $\dot{m}_j$와 $\dot{n}_j$는 각각 유체 j의 총질량과 몰유량이다.

8.2.3 ▸ 열과 일

시스템 경계를 가로지르는 물질이 없더라도 시스템을 가로지르는 두 번째 에너지 흐름이 있는데, **열** 또는 **일**을 통해서이다(그림 8.4). 열과 일은 공정에너지 개념에 있어서 매우 전문적이고 명확한 의미를 가지고 있다는 사실을 잊기 쉬운 흔한 용어들이다.

열(heat)은 물질흐름이 없는 상황에서 *시스템과 주위 사이의 온도 차이*로 인한 시스템 경계를 가로지르는 에너지흐름이다. 예를 들면, 그림 8.3으로 돌아가 보자. 주전자 아래 불의 온도는 주전자 안에 있는 물의 온도보다 훨씬 높기 때문에 주위로부터 시스템으로 열의 형태로 에너지흐름이 있는 것이다. 주전자에 뜨거운 우유를 부어 시스템에 더해지는 에너지는 열이 **아니다**. 그것은 에너지를 보유하고 있는 물질의 전달로 인한 에너지 전달이다.

열전달 속도를 $\dot{Q}$로 표기하고, 특정한 시간 동안 전달되는 총 열량을 Q로 표시하면,

$$Q = \int \dot{Q}\, dt \quad \textbf{(8.5)}$$

Q와 $\dot{Q}$는 *열흐름이 주위에서 시스템으로 흐르면 양수*이고, 열흐름이 시스템에서 주위로 흘러가면 음수이다. 만약 시스템이 완전히 단열되어 있다면, 온도 *차이가 있더라도* 시스템과 주위 사이에는 열전달이 없을 것이다. 그러한 시스템을 **단열**(adiabatic)이라고 한다.

열은 항상 *뜨거운 곳에서 차가운 곳*으로 흐른다. 열전달율은 주위로부터 시스템을 분리하는 물질의 단열 물성, 주위로부터 시스템을 분리하는 표면적, 온도차의 크기에 따라 달려 있다. 예를 들면, 구리 주전자에 물을 4분의 1 정도 채워서 개방된 화염 위에 놓으면 돌로 만들어진 작은 주전자를 꺼져가는 불 위에 밀어 넣는 것보다 훨씬 빠르게 가열될 것이다.

> **Quiz 8.2**
>
> $\dot{Q}$의 차원은 무엇인가?
>
> 한 컵의 끓는 물을 보온병에 넣었다. 만약 보온병이 시스템이라고 한다면, $\dot{Q}$는 양수인가, 음수인가, 또는 0인가?
>
> 끓는 물로 가득찬 주전자가 쟁반 위에 놓여 있다. 만약 주전자가 시스템이라면, $\dot{Q}$는 양수인가, 음수인가 또는 0인가?

일(work) 일은 온도보다는 추진력에 의해 시스템 경계를 가로지르는 기계적 에너

지흐름이다. 일률을 $\dot{W}$로 표기하고, 정해진 시간 동안 전달되는 총 일을 W로 표시하면,

$$W = \int \dot{W}\, dt \tag{8.6}$$

일은 *주위에서 시스템으로 기계적 에너지흐름이 있을 때 양수*로 표시하고, 기계적 에너지흐름이 시스템에서 주위로 흐를 때 음수로 정의한다.

> **Hint**
> 유체의 일(경계면에서 유체의 추진으로부터 발생하는 일)은 시스템 경계면을 가로지르는 물질로 인하여 에너지 흐름과 동일하지 않다.

화학공정에 대해서 두 가지 중요한 일의 종류가 있다. "축일" W_s와 "흐름일" W_f이다.

$$\begin{aligned} W &= W_s + W_f \\ \dot{W} &= \dot{W}_s + \dot{W}_f \end{aligned} \tag{8.7}$$

축일 $\dot{W}_s$는 시스템에 행하여지는 일이나 펌프, 압축기, 터빈, 혼련기와 같은 회전 또는 왕복운동 장치가 있는 시스템에 의해 행해지는 일이다. (장치가 축이기 때문에 이런 이름이 붙여졌다.) 흐름일 $\dot{W}_f$는 시스템에 이미 있는 물질을 밀어가면서(또는 시스템에 있는 물질에 의해 밀려나가는 물질의 흐름) 시스템으로 들어가는 물질의 흐름과 관련이 있다. 흐름일은 진입부의 압력 곱하기 물질의 일정량 부피와 동일하다. 그래서 때때로 그것을 PV 일로 부르기도 한다. 만일 시스템으로 진입하거나 나가는 다수 흐름이 존재한다면 압력 P_j에서 각 흐름으로 다음과 같이 표현할 수 있다.

$$\dot{W}_f = \sum_{\text{all } j_{\text{in}}} P_j \dot{V}_j - \sum_{\text{all } j_{\text{out}}} P_j \dot{V}_j \tag{8.8}$$

여기서 $\dot{V}_j$ 흐름 j의 부피유속이다.

그림 8.5는 이들 두 가지 일의 종류를 설명하고 있다.

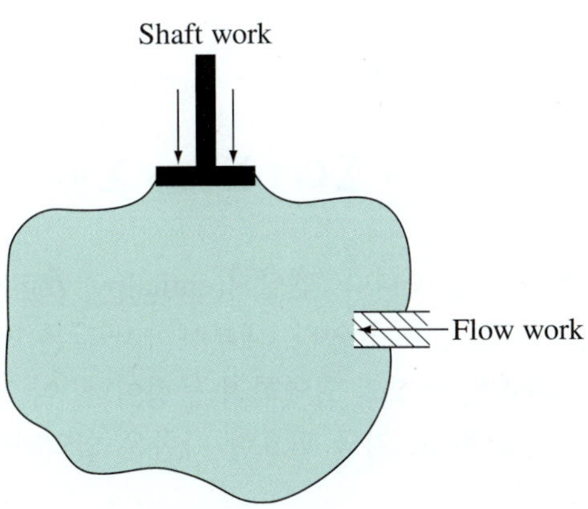

그림 8.5 일의 두 가지 종류. 시스템 경계는 실선으로 표시하였다. 외부 힘은 피스톤이 시스템 경계 위를 누를 때 적용된다. 피스톤은 시스템에 축일을 한다. 어떤 물질(사선으로 표시)이 시스템을 들어가기 위해서는, 시스템에 이미 있던 물질을 밀어야만 한다. 시스템에 있던 물질을 밀면서 시스템으로 들어가는 물질에 의해 행해지는 일을 흐름 일이라고 한다.

8.2.4 ▸ 에너지수지식–반복

8.2.1절로 돌아가서 **에너지수지식**(energy balance equation)을 다시 살펴보자.

$$\text{축적량} = \text{유입량} - \text{유출량}$$

미분방정식 형태로는

$$\frac{dE_{sys}}{dt} = \sum_{\text{all } j_{in}} \dot{E}_j - \sum_{\text{all } j_{out}} \dot{E}_j \tag{8.1}$$

적분식으로 하면

$$E_{sys,f} - E_{sys,0} = \sum_{\text{all } j_{in}} E_j - \sum_{\text{all } j_{out}} E_j \tag{8.2}$$

E_{sys}는 총 시스템 에너지이고, $\dot{E}$는 시스템을 나가거나 들어가는 에너지흐름을 의미한다.

이제 보다 유용한 형태로 E_{sys}와 $\dot{E}$를 사용할 수 있게 되었다. 먼저 질량 단위를 사용해서 확장된 미분에너지수지식을 세운다. 이미 앞서 배웠듯이 시스템의 에너지는 시스템의 운동, 위치, 내부 에너지를 포함한다.

그러므로 식 (8.1)의 확장표현인 식 (8.3b)를 E_{sys}에 대해 치환하면 다음과 같은 관계를 얻는다.

$$\frac{d(m_{sys}(\hat{E}_{k,sys} + \hat{E}_{p,sys} + \hat{U}_{sys}))}{dt} = \sum_{\text{all } j_{in}} \dot{E}_j - \sum_{\text{all } j_{out}} \dot{E}_j$$

$\dot{E}_j$에는 두 가지 종류의 에너지흐름이 있다. 시스템으로 유입되거나 유출되는 물질흐름으로 인한 에너지흐름을 설명하기 위하여 식 (8.4)를 에너지수지식에 대입한다. 일과 열에 의한 에너지흐름을 설명하기 위해서는 복수의 열이나 일흐름이 있는 경우에 대비하여 j를 이용하여 $\dot{Q}_j$, $\dot{W}_{sj}$, $\dot{W}_{fj}$의 항을 추가한다. 이 관계는 다소 긴 식이 된다.

$$\frac{d(m_{sys}(\hat{E}_{k,sys} + \hat{E}_{p,sys} + \hat{U}_{sys}))}{dt} = \sum_{\text{all } j_{in}} \dot{m}_j(\hat{E}_{kj} + \hat{E}_{pj} + \hat{U}_j) - \sum_{\text{all } j_{out}} \dot{m}_j(\hat{E}_{kj} + \hat{E}_{pj} + \hat{U}_j) + \sum_j \dot{Q}_j + \sum_j \dot{W}_{sj} + \sum_j \dot{W}_{fj} \tag{8.9}$$

이것으로 완전하게 끝난 것은 아니다. **엔탈피**(enthalpy, $\hat{H}$)라고 하는 내부에너지($\hat{U}$)와 관련된 물성을 도입할 필요가 있다. 내부에너지 같은 엔탈피는 물질을 구성하는 분자의 에너지와 관련된 물질의 열역학적 물성이다. 이 장의 뒷부분에서 $\hat{U}$와 $\hat{H}$에 대하여 더 학습하기로 한다. 지금 필요한 사항은 열역학에 기반한 $\hat{U}$와 $\hat{H}$ 간의 관계이다.

$$\hat{H} = \hat{U} + P\hat{V} \tag{8.10}$$

여기서 $\hat{H}$는 비엔탈피이고, P는 압력, $\hat{V}$는 비부피이다. 이제 식 (8.9)에 있는 $\hat{H}_j - P_j\hat{V}_j$를 $\hat{U}_j$으로 치환하기 위하여 식 (8.10)을 사용하고, $\dot{V}_j = m_j\hat{V}_j$이므로 $\dot{W}_{fj}$를 치환

하기 위하여 식 (8.8)을 사용한다.

$$\frac{d(m_{sys}(\hat{E}_{k,sys} + \hat{E}_{p,sys} + \hat{U}_{sys}))}{dt}$$

$$= \sum_{\text{all } j_{in}} \dot{m}_j(\hat{E}_{k,j} + \hat{E}_{p,j} + \hat{H}_j - P_j\hat{V}_j) - \sum_{\text{all } j_{out}} \dot{m}_j(\hat{E}_{kj} + \hat{E}_{pj} + \hat{H}_j - P_j\hat{V}_j)$$

$$+ \sum_j \dot{Q}_j + \sum_j \dot{W}_{sj} + \sum_{\text{all } j_{in}} \dot{m}_j P_j \hat{V}_j - \sum_{\text{all } j_{out}} \dot{m}_j P_j \hat{V}_j$$

에너지수지식이 유용한 미분형태로 구성되면서 $P_j\hat{V}_j$ 항이 삭제된 것을 주목하자.

Quiz 8.3
식 (8.11)에서 물질흐름으로부터 발생하는 축적량(유입량 – 유출량)과 물질흐름이 없을 때 에너지흐름으로부터 기인하는 축적량을 설명하는 항들을 정의하라.

$$\frac{d(m_{sys}(\hat{E}_{k,sys} + \hat{E}_{p,sys} + \hat{U}_{sys}))}{dt} = \sum_{\text{all } j_{in}} \dot{m}_j(\hat{E}_{kj} + \hat{E}_{pj} + \hat{H}_j) - \sum_{\text{all } j_{out}} \dot{m}_j(\hat{E}_{kj} + \hat{E}_{pj} + \hat{H}_j) + \sum_j \dot{Q}_j + \sum_j \dot{W}_{sj} \quad \textbf{(8.11)}$$

유사한 방법으로, 식 (8.2)로부터 시작하여 유용한 내부에너지수지식 형태를 유도한다.

Quiz 8.4
식 (8.12)에서 물질흐름으로부터 발생하는 축적량(유입량 – 유출량)과 물질흐름이 없을 때 에너지흐름으로부터 기인하는 축적량을 설명하는 항들을 정의하라.

$$(m_{sys,f}(\hat{E}_{k,sys} + \hat{E}_{p,sys} + \hat{U}_{sys})_f) - (m_{sys,0}(\hat{E}_{k,sys} + \hat{E}_{p,sys} + \hat{U}_{sys})_0) = \sum_{\text{all } j_{in}} m_j(\hat{E}_{kj} + \hat{E}_{pj} + \hat{H}_j) - \sum_{\text{all } j_{out}} m_j(\hat{E}_{kj} + \hat{E}_{pj} + \hat{H}_j) + \sum_j Q_j + \sum_j W_{sj} \quad \textbf{(8.12)}$$

식 (8.11)과 (8.12)는 어려워 보인다. 다행히도 많은 문제에서 이들 항 가운데 일부가 제거되어 식이 단순화될 수 있다. 어떤 항이 포함되고, 어떤 항이 제거되는지 알아보는 것도 좋은 연구이다.

마지막으로, 식 (8.11)과 (8.12)에서 만일 비에너지보다 몰에너지양이 주어진다면 질량속도보다는 몰속도가 사용될 수 있는 것에 주목하자.

8.2.5 ▸ 공정에너지 계산

8.2.5.1 에너지에 수치대입

에너지수지식을 이용하기 위하여 에너지항을 정량화할 필요가 있다. 비에너지 $\hat{E}$에는 두 가지 중요한 특성이 있다.

1. $\hat{E}$은 물질이나 시스템의 *상태*함수이다.
   a. $\hat{E}_k$는 속도의 함수
   b. $\hat{E}_p$는 *역학장에서의 위치*의 함수
   c. $\hat{U}$와 $\hat{H}$는 온도, *압력*, *상*, 조성의 함수

2. $\hat{E}$는 *절대량이 아니다*. 그 값은 선택한 **기준상태**(reference state)에 따라 정해진다. 정의에 따르면, 기준상태에서 $\hat{E} = 0$이다. 기준상태는 다음과 같이 정의된다.
   a. $\hat{E}_k$에 대해서는 *기준속도*
   b. $\hat{E}_p$에 대해서는 *역학장에서의 기준위치*
   c. $\hat{U}$와 $\hat{H}$에 대해서는 *기준온도, 압력, 상, 조성*

만약 에너지가 절대량이 아니라면, 어떻게 정량화할 수 있을까? 두 가지 방법이 있다.

방법 1: 원하는 상태에서 대상 물질의 $\hat{E}$에 대한 데이터를 찾는다. $\hat{E}$의 수치값은 그 데이터에 대한 참고상태에 준한다.

방법 2: 참고상태를 정의하고, 그 상태에서 $\hat{E} = 0$으로 놓는다. 참고상태와 관계있는 상태(속도, 위치, 압력, 온도, 상, 조성)에 $\hat{E}$가 어떻게 의존하는지를 설명하는 모델식을 찾는다. 참고상태와 실제상태의 차이를 계산하기 위하여 그 식을 사용한다.

8.2.5.2 공정에너지 계산을 위한 체계적인 순서

완전한 공정에너지 계산을 위하여 모든 요소(에너지흐름, 열, 일, 에너지수지식)들을 한군데 모을 필요가 있다. 체계적인 접근은 공정흐름 계산을 성공적이고, 정확하게 완성시킬 수 있는 접근이다. (쉬울 것 같은 생각?) 다음에 매우 좋은 방법이 제시해 본다.

쉬운 12단계의 공정에너지 계산

단계 1. *흐름선도*를 그린다.

단계 2. *시스템*을 정의한다.

단계 3. *성분*을 정하고, 시스템으로 유입되고 유출되는 모든 물질흐름에 대해 *흐름 변수*를 정의한다.

단계 4. 모든 수치 관련 정보를 질량 또는 몰의 *일관된 단위*로 바꾼다.

단계 5. *계산기준*을 정한다.

단계 6. 공정흐름 계산을 시작하고, 가능하면 해결한다.

단계 7. 시스템이 열린 계이면, 모델식을 써내려가고, 시스템을 들어가고 나가는 물질흐름($\dot{E}_k$, $\dot{E}_p$, $\dot{H}$)으로 인한 에너지흐름에 대한 자료를 찾는다.

단계 8. 시스템의 밖이나 안으로 흐르는 *열*이나 *일*을 정의하고, $\dot{Q}$와 $\dot{W}_s$에 대한 식을 써내려간다.

단계 9. *시스템 에너지 변화량*을 결정한다. 모델식이나 $E_{k,\mathrm{sys}}$, $E_{p,\mathrm{sys}}$ 또는 U_{sys}에 대한 자료를 찾는다.

단계 10. 이미 정의한 흐름과 시스템 변수를 사용하여 *에너지수지식*을 세운다.

단계 11. 식을 *계산*한다.

단계 12. 해답을 *검토*한다.

8.2.5.3 공정에너지 계산을 위한 유용한 힌트

공정에너지 계산을 위한 쉬운 12단계법을 적용하는 데 도움이 되는 유익한 힌트를 몇 가지 요약하였다. 이 목록을 훑어보고, 문제를 해결할 때 어려움에 부딪히면 참고하길 바란다.

단계 1. 흐름선도를 그린다.
- 실선으로 물질흐름을 표시하고, 점선으로 일이나 열흐름을 표시한다.
- 만일 알고 있다면 일이나 열흐름의 방향을 표시한다.
- 개략적으로 상승하는 변화량을 표시한다.

단계 2. 시스템을 선택한다.
- 시스템은 개방 혹은 폐쇄(물질의 유입 혹은 유출과 함께)일 수 있다.

단계 4. 모든 수치적인 정보는 일관된 단위로 전환한다.
- 비엔탈피의 단위를 주의한다. 자료는 단위질량당 에너지 혹은 단위몰당 에너지로 보고될 것이다.

단계 6. 공정흐름 계산을 위한 식을 세우고, 가능하면 계산한다.
- 때때로 공정흐름과 공정에너지식을 동시에 계산할 필요가 있다.

단계 7. 식을 쓰거나 시스템의 모든 물질흐름의 에너지 자료를 찾는다.
- 참고상태로 어떤 흐름상태를 선택했을 때, 그 흐름의 비에너지는 0이 된다.
- 온도, 상 또는 화학조성의 변화가 있는 많은 화학공정에 대하여 운동과 위치에너지 영향은 엔탈피 영향에 비하여 무시할 수 있다.
- 엔탈피에 대한 압력의 영향은 대체로 온도, 상 또는 조성의 영향보다 훨씬 낮다.

단계 8. 시스템 안으로 또는 밖으로 향하는 열이나 일흐름을 정의하고, Q와 W_s에 대한 식을 쓴다.
- 시스템이 완벽하게 단열되지 않은 경우에 대해서만 시스템과 주위 사이의 온도차로 인하여 열은 흐른다.
- 축(펌프, 압축기 등)이 있는 일련의 장비는 W_s 항이 필요한 좋은 예이다.
- 일과 열 항목들의 부호(양 또는 음)에 주의한다.

단계 9. 만일 시스템 에너지가 변하면, $\hat{E}_{k,\mathrm{sys}}$, $\hat{E}_{p,\mathrm{sys}}$ 또는 $\hat{E}_{\mathrm{sys}}$에 대한 식을 써야 한다.

- 단계 7과 같은 참고상태를 사용한다.
- 많은 화학공정에서 운동과 위치에너지 변화는 내부에너지 변화에 비하여 무시할 정도이다.
- 내부에너지에 대한 압력의 영향은 보통 온도, 상 또는 조성의 영향에 비하여 낮다.

단계 10. 에너지수지식을 세운다.

- 시간에 따른 특정한 점에 대해서는 미분에너지식을 사용한다.
- 시간 간격에 대해서는 적분에너지수지식을 사용한다.
- 가능하다면 항들을 제거한다.

단계 11. 식들을 계산한다.

- 공정흐름 계산을 위하여 세운 식들을 잊지 말아야 한다.

단계 12. 계산을 재확인한다.

- 계산한 일과 열의 부호(양 혹은 음)를 주의해서 살펴본다.
- 온도, 압력, 상, 조성의 변화가 논리적인지 확인한다.
- 단위가 옳은지 검토한다!

이제 공정흐름 계산에 대하여 충분히 이해하였으므로 공정에너지 계산도 다르지 않으므로 쉽게 마무리할 수 있다. 한 가지만 제외하고, 거의 옳은 결론이다. 단계 7에 있는 에너지흐름이나 단계 9에 있는 시스템 에너지를 어떻게 찾아낼 수 있는가? 좀 더 상세하게는 $\hat{E}_{kj}$, $\hat{E}_{pj}$, $\hat{H}_j$ (단계 7), 또는 $\hat{E}_{k,sys}$, $\hat{E}_{p,sys}$, $\hat{U}_{\mathrm{sys}}$의 수치값을 어떻게 알 수 있을지가 과제이다. 이 부분이 공정에너지 계산에서 가장 어려운 문제이다.

8.3~8.5절에 데이터나 적절한 모델을 사용하여 에너지 각각의 형태를 정량화하는 방법과 공정에너지 문제들을 해결하기 위해 에너지수지식에 있는 $E_{k,\mathrm{sys}}$나 $E_{p,\mathrm{sys}}$에 대한 수치적인 값들을 사용하는 방법을 제시하였다.

▶ 8.3 운동에너지와 위치에너지, 그리고 에너지수지식

이미 익숙히 알고 있는 두 가지 형태의 에너지는 *운동에너지*와 *위치에너지*이다. 이 두 가지 에너지는 전체 시스템이나 대상 유체흐름의 속도나 위치에 따라 정해진다. 이 장에서는 수치적인 값들을 찾는 방법과 운동 또는 위치에너지가 중요한 항인 에너지수지식에서 공정에너지 문제를 해석하는 방법을 설명하기로 한다.

8.3.1 ▸ 에너지의 두 가지 형태: 운동과 위치

시스템이나 흐름은 질량 m과 속도 v의 결과로서 **운동에너지**(kinetic energy) E_k를 갖는다.

$$E_k = m\hat{E}_k = m\frac{v^2}{2} \tag{8.13a}$$

시스템이나 물질이 *역학장에서 위치*에 의한 결과로서 **위치에너지**(potential energy) E_p를 갖는다. 중력장은 이 책에서 다루는 유일한 조건이다. E_p는 기준 표면 위의 시스템 높이 h의 함수이다.

$$E_p = m\hat{E}_p = mgh \tag{8.14a}$$

여기서 g는 중력가속도이다.

유사하게, 질량속도 $\dot{m}_j$와 속도 v_j의 유체흐름 j로부터 발생하는 운동에너지의 흐름 또는 높이 h_j에서 유체흐름 j로 인하여 발생하는 위치에너지는 다음과 같이 계산될 수 있다.

$$\dot{E}_{k,j} = \dot{m}_j\hat{E}_{k,j} = \frac{\dot{m}_j v_j^2}{2} \tag{8.13b}$$

$$\dot{E}_{p,j} = \dot{m}_j\hat{E}_{p,j} = \dot{m}_j g h_j \tag{8.14b}$$

$\hat{E}_k$와 $\hat{E}_p$의 값은 시스템의 *기준상태*에 따라 결정된다. $\hat{E}_k$는 기준상태의 속도에 비례하고, $\hat{E}_p$는 역학장에서의 기준상태의 위치와 비례하는 것으로 알려져 있다. 예를 들면, 비행기가 시스템이라고 가정하자. 조종사는 지표에 *상대적인* 비행기의 속도와 높이를 알려준다. 기준상태는 지구의 표면이다. 만약 지구의 표면이 기준상태라고 하면 비행기는 운동에너지와 위치에너지를 둘 다 갖는다. 조종사는 운동에너지와 위치에너지를 보유하고 있을까? 그것은 기준위치를 어떻게 선정하느냐에 달려 있다. 만일 지국의 표면이 기준상태라면, 그 답은 '네'이다. 만약 조종사의 좌석이 기준상태라고 한다면, 그 답은 '아니오'이다.

운동에너지와 위치에너지: 아이의 난관 ◀ 예제 8.1

몸무게가 33파운드인 두 명의 아이들이 마당에서 놀고 있다. 한 아이는 시간당 2마일(2.9 ft/s) 속도로 벽돌 정원 벽을 향해 달리고 있다. 그녀의 쌍둥이 언니는 10피트 높이의 사다리 위에서 다소 흔들리고 있었다. 엄마는 어느 아이부터 구해야 하는가?

Quiz 8.5

사다리 위에 있는 아이가 바닥으로 떨어졌다고 가정하자. 아이의 위치에너지 변화량은 얼마인가? 아이가 먼저 공중으로 뛰어오른 후 바닥으로 떨어졌다고 가정하자. 위치에너지 변화는 아이가 뛰어오르지 않는 것과 다르거나 같을까?

› 풀이

아이가 시스템이고, 지구 표면이 참고상태이다. 달리는 아이는 다음과 같은 운동에너지(지구 표면에 상대적인)를 가지고 있다.

$$E_k = \frac{mv^2}{2} = \frac{33\text{ lb} \times (2.9\text{ ft/s})^2}{2} \times \frac{1\text{ lb}_\text{f}}{32.174\text{ lb ft/s}^2} = 4.3\text{ ft lb}_\text{f}$$

흔들리는 아이는 (지상에 상대적인) 위치에너지를 가진다.

$$E_p = mgh = 33\text{ lb} \times 32.174\text{ ft/s}^2 \times 10\text{ ft} \times \frac{1\text{ lb}_\text{f}}{32.174\text{ lb ft/s}^2} = 330\text{ ft lb}_\text{f}$$

그래서 흔들리고 있는 아이가 달리는 아이보다 더 크게 다칠 수 있다.

속도가 v_1에서 v_2로 변하는 시스템의 운동에너지의 변화 계산은(시스템 질량 변화가 없다고 가정하면),

$$E_{k2} - E_{k1} = \frac{m}{2}(v_2^2 - v_1^2)$$

비슷하게, 시스템의 높이가 h_1에서 h_2 (일정한 질량에서)로 변하는 위치에너지 변화 계산은

$$E_{p2} - E_{p1} = mg(h_2 - h_1)$$

여기서 주목해야 할 점은 (1) 상태 1과 상태 2에 대하여 동일한 참고상태를 사용해야 하며, (2) 에너지 변화는 선택한 참고상태와 무관하다.

예제 8.2 ▸ **위치에너지 변화: 녹는 눈**

3100 m 높이의 산 정상으로부터 녹는 눈이 1200 m에 있는 호수로 산 사면을 따라 흘러내린다. 녹는 눈 1톤당 위치에너지 변화량(kJ)은 얼마인가?

› 풀이

시스템은 눈 1톤(909 kg)이다. 바다 표면을 참고상태로 가정하자. 우선, 눈은 h_1 = 3100 m에 있다. 나중에 눈은 h_2 = 1200 m에 있다. 그러므로 위치에너지 변화는

$$E_{p2} - E_{p1} = mg(h_2 - h_1) = 909 \text{ kg} \times 9.8066 \text{ m/s}^2$$
$$\times (1200 - 3100 \text{ m})\left(\frac{1 \text{ kJ}}{1000 \text{ kg m}^2/\text{s}^2}\right) = -16{,}900 \text{ kJ}$$

흐름의 운동에너지 변화: Thomas Edison 또는 Rube Goldberg? ◂ **예제 8.3**

한 발명자가 새로운 에너지 증폭장치를 보고하였다. 120 cm^3/s의 물이 4.0-cm 직경의 관을 통하여 장치로 흘러들어간다. 물은 다시 2.5-cm 직경의 관을 통하여 장치 밖으로 흘러나간다. 발명자는 장치가 물의 운동에너지를 증가시킨다고 주장한다. 그럴까? 얼마나? 물의 밀도는 1.0 g/cm^3라고 가정하자.

›풀이

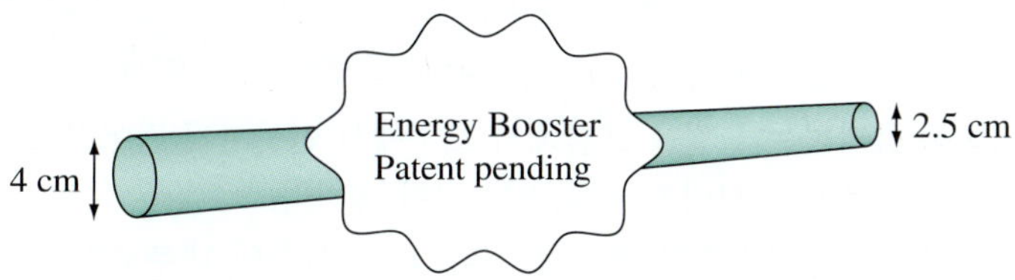

물의 비운동에너지를 계산하기 위해서는 속도가 필요하다. 입구에서

$$v_{\text{in}} = \frac{\text{volumetric flow rate in}}{\text{cross-sectional area of pipe}} = \frac{120 \text{ cm}^3/\text{s}}{(\pi/4)(4.0 \text{ cm})^2} = 9.6 \text{ cm/s}$$

비슷한 방법으로 하면 $v_{\text{out}} = 24.4$ cm/s가 된다.

입력과 출력의 유량은 같다. 부피에 밀도를 곱하여 질량으로 전환시킨다.

$$\dot{m} = 120\frac{\text{cm}^3}{\text{s}} \times 1.0\frac{\text{g}}{\text{cm}^3} = 120\frac{\text{g}}{\text{s}}$$

그러므로

$$\dot{E}_{k,\text{out}} - \dot{E}_{k,\text{in}} = \frac{\dot{m}}{2}(v_{\text{out}}^2 - v_{\text{in}}^2)$$
$$= \frac{120 \text{ g/s}}{2}\left[\left(24.4\frac{\text{cm}}{\text{s}}\right)^2 - \left(9.6\frac{\text{cm}}{\text{s}}\right)^2\right]\left(\frac{1 \text{ J}}{10^7 \text{ g cm}^2/\text{s}^2}\right) = 0.0030 \text{ J/s}$$

출구와 입구 운동에너지 차이는 양수이기 때문에 장치는 운동에너지를 증가시킨다.

8.3.2 ▸ 운동에너지와 위치에너지를 이용한 공정에너지 계산

다음 문제는 운동에너지나 위치에너지가 에너지수지식에서 주요 변수인 공정에너지 문제에 대한 풀이를 설명해주고 있다.

예제 8.4 ▸ **위치에너지로부터의 일: 댐 너머의 물**

물이 고요한 산 호수로부터 1000 m 아래의 잔잔한 연못으로 흘러내린다. 물이 1 kg/s로 낙하하면서 터빈 날개를 돌리면 얼마 만큼의 일을 얻을 수 있는가?

› 풀이

단계 1. 그림 도표를 개략적으로 그린다.

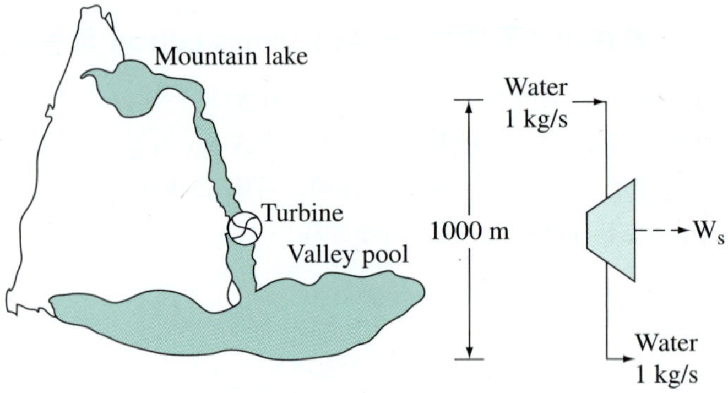

단계 2. 터빈을 통과하는 물질을 포함해서 호수에서 연못까지 떨어지는 흐름의 모든 것을 시스템으로 선택한다. 이것이 열린 계이다.

단계 3. 오직 두 개의 물질흐름 변수가 있다. $\dot{m}_{\text{in}}$ (시스템 내부로의 물흐름)과 $\dot{m}_{\text{out}}$ (시스템 외부로의 물흐름). 이러한 흐름과 관련된 비에너지들은 $\hat{E}_{k,\text{in}}$, $\hat{E}_{k,\text{out}}$, $\hat{E}_{p,\text{in}}$, $\hat{E}_{p,\text{out}}$, $\hat{H}_{\text{in}}$, $\hat{H}_{\text{out}}$이다. 추가적인 에너지흐름 변수는 $\dot{W}_s$ (터빈의 축일)와 $\dot{Q}$ (시스템과 주위 사이의 열흐름).

단계 4, 5. 전체적으로 SI 단위체계(kg, kJ, s)를 사용한다. 이미 모든 정보가 이 단위로 주어졌을 것이다. 기본은 $\dot{m}_{\text{in}} = 1$ kg/s.

단계 6. 물질수지식은 매우 간단하다. $\dot{m}_{\text{out}} = \dot{m}_{\text{in}} = 1$ kg/s.

단계 7. 기준상태는 계곡 연못에 있는 물로 선택한다. 왜냐하면 유출흐름은 기준상태에서 계곡 연못의 물처럼 산 호수에 있는 물은 정지해 있다(속력 0). 즉,

$$\hat{E}_{k,\text{in}} = \hat{E}_{k,\text{out}} = 0$$

엔탈피와 내부에너지는 온도, 압력, 상, 그리고 물질 조성의 함수라는 것을 기억하자. 물은 순수하고 액체상태이고, 조성과 상은 유입부와 유출부가 같다. 물은 유입부와 유출부에서 공기에 노출되어 있기 때문에, 양쪽에서의 온도와 압력이 동일하다고 말할 수 있다. 이것은 유입부와 유출부에서 물의 비엔탈피가 같다는 것을 의미한다. 즉,

$$\hat{H}_{\text{in}} = \hat{H}_{\text{out}} = 0$$

기준상태($\hat{E}_{p,\text{out}}= 0$)의 계곡 연못에서와 같이 산 호수에 있는 물의 위치에너지는

$$\hat{E}_{p,\text{in}} = gh = (9.8066\ \text{m/s}^2)(1000\ \text{m})\left(\frac{1\ \text{kJ}}{1000\ \text{kg m}^2/\text{s}^2}\right) = 9.8\ \text{kJ/kg}$$

단계 8. 공기와 물의 온도는 거의 같다(이것이 합리적인 근사값인가?). 시스템과 주위 간의 온도차가 없다는 의미이다.

$$\dot{Q} = 0$$

터빈에 대하여 단지 하나의 일 항, $\dot{W}_s$만이 있다. 이것이 우리가 해결해야 할 항목이다.

단계 9~12. 이것은 한 개의 입력과 출력흐름이 있는 연속흐름의 정상상태 공정이고, 입력과 출력 사이에 엔탈피나 운동에너지가 차이가 없다. 그리고 열전달도 없다. 에너지수지식은 다음과 같이 간단히 쓸 수 있다.

$$\dot{m}_{\text{out}}\hat{E}_{p,\text{out}} - \dot{m}_{\text{in}}\hat{E}_{p,\text{in}} = \dot{W}_s$$

단계 6과 단계 7로부터 수치값을 넣어서 더 간단히 하면,

$$-9.8\,\frac{\text{kJ}}{\text{s}} = \dot{W}_s$$

일은 터빈에 의해 *시스템으로부터 주위로* 행해지기 때문에 음수 부호가 된다. 이것은 두 개의 전기 잔디 깎는 기계를 작동시키기에 충분한 동력이다.

Hint
만약 시스템과 주위가 동일한 온도일 경우, $\dot{Q}$는 0이어야한다.

8.4 내부에너지, 엔탈피, 에너지수지식: 압력, 온도, 상 영향

어떤 시스템이나 물질은 분자 활동으로 인하여 내부에너지($\hat{U}$)를 보유한다. 내부에너지는 화학적 공유결합, 분자간의 비공유인력(서로 고체와 액체 분자를 가깝게 유지하는 힘), 그리고 열 운동의 형태로 분자들 내에 저장되어 있는 에너지를 의미한다. 내부에너지는 외부 힘에 의해 발생하는 에너지는 제외한다. 즉, 질량속도(E_k) 중심이나 역학장에서의 위치로 인한 에너지(E_p)는 제외한다. $\hat{H} = \hat{U} + P\hat{V}$와 같이 엔탈피 $\hat{H}$는 $\hat{U}$와 밀접한 관계에 있다. 그러므로 $\hat{H}$는 또한 분자 내부에 존재하는 에너지의 척도이다. $\hat{H}$와 $\hat{U}$는 둘 다 온도 T, 압력 P, 상 ϕ, 조성 z_i의 함수이다.

운동에너지와 위치에너지처럼, $\hat{H}$와 $\hat{U}$는 *어떤 기준상태*에 따라 정의된다. 위치에너지에 대하여, *기준상태*는 중력장에서의 위치이다(즉, 지구의 표면). 운동에너지에 대하여 기준상태는 속도이다. *$\hat{H}$와 $\hat{U}$*에 대하여 기준상태는 *물질의 상태*이다. 내부에너지와 엔탈피에 대한 기준상태를 특정화하려면 기준상태의 *압력, 온도, 상, 조성*이 정해져야 한다.

이 절에서는 주어진 P, T, ϕ에 대하여 $\hat{H}$와 $\hat{U}$의 수치값을 찾는 방법을 다루기로 한다. 때때로 표에 정리된 자료를 사용하기도 한다. 또한 모델식을 활용하기도 하지만, $\hat{H}$와 $\hat{U}$에 대해서는 E_k와 E_p에서만큼 그렇게 간단하지는 않다. 그 후 공정에너지 문제를 계산하기 위해서 에너지수지식에 있는 값들을 사용하는 방법을 소개한다.

Quiz 8.6
압력 × 부피(PV)는 에너지와 같은 차원을 가짐을 보여라.

8.4.1 ▸ $\hat{U}$와 $\hat{H}$를 구하기 위한 표와 그래프의 사용

매우 중요한 H_2O 같은 몇 가지 순수 화합물이 있는데, 압력, 온도 그리고 상태함수로서 $\hat{U}$와 $\hat{H}$의 광범위한 표와 그래프를 *Perry's Chemical Engineers' Handbook* 과 같은 자료에서 찾아볼 수 있다. 표 8.2는 "증기표"라고 하는 표의 일부 예이다. 보다 완전한 형태는 부록 B.18에 나타냈다. 표 8.2에 있어서 기준상태는 P = 0.006116 bar, T = 0.01°C, ϕ = 액체이다. 이러한 상태(물의 삼중점)에서, $\hat{U} = 0$으로 정의한다.

표 8.2는 사용이 간단하다. 압력 P는 괄호 안의 포화온도(물이 액체와 증기상태로 동시에 존재하는 온도)와 함께 첫 번째 열에 나열되어 있다. 포화 액상 물과 포화증기에 대한 비엔탈피 $\hat{H}$(kJ/kg), 비내부에너지 $\hat{U}$(kJ/kg)과 비부피 $\hat{V}$(m^3/kg)가 다음 열에 나열되어 있다. 나머지 열은 주어진 T 값에서 과냉각된 액상의 물과 과열 증기에 대한 데이터를 포함하고 있다. (포화, 과냉각, 과열에 대한 의미를 잊었다면 7장으로 돌아가 보자.) 표에 나타나 있지 않은 T 또는 P 값에서 $\hat{H}$, $\hat{U}$, $\hat{V}$는 선형 내삽법에 의해 찾을 수 있다.

Quiz 8.7

5 bar에서 포화증기에 대한 비엔탈피와 온도는 얼마인가?

300°C, 100 bar에서 H_2O는 과냉각 액상인가, 포화 액체인가, 포화증기인가, 아니면 과열 증기인가?

설명 ▸ 1 bar, 99.6°C에서 액상의 물이 $\hat{H}$ = 417.5 kJ/kg과 $\hat{U}$ = 417.4 kJ/kg로 포화된다.

200°C, 10 bar에서 $\hat{H}$ = 2828.3 kJ/kg과 $\hat{U}$ = 2622.2 kJ/kg로 물은 과열된 증기상태이다.

1 bar, 127°C에서 증기에 대한 $\hat{H}$는 표에 기입되어 있지 않다. 1 bar, 100°C에서 $\hat{H}$ =2675.8 kJ/kg이고, 1 bar, 150°C에서 $\hat{H}$ =2776.6 kJ/kg이다. 선형 내삽법을 통해 $\hat{H}$을 구하면,

$$\hat{H} = \left(\frac{127-100}{150-100}\right)(2776.6-2675.8)+2675.8 = 2730.2\,\frac{\text{kJ}}{\text{kg}}.$$

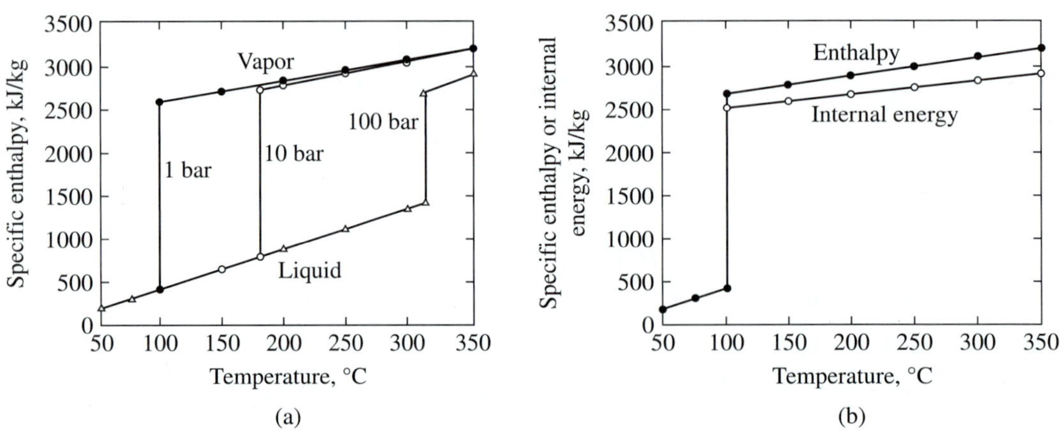

그림 8.6 순수한 물의 $\hat{H}$와 $\hat{U}$. (a) P, T, ϕ의 함수로서의 H_2O의 비엔탈피 $\hat{H}$. (b) 1 bar에서 H_2O의 비엔탈피 $\hat{H}$와 내부에너지 $\hat{U}$.

표 8.2 물과 증기의 비엔탈피 $\hat{H}$(kJ/kg), 비에너지 $\hat{U}$(kJ/kg), 비부피 $\hat{V}$(m3/kg). 참고상태는 삼중점에서 액체물이다. $T = 0.01°C$, $P = 0.006116$ bar

P, bar (T^{sat}, °C)		Sat'd liquid	Sat'd vapor	Temperature (°C)						
				50	100	150	200	250	300	350
0.006116	$\hat{H}$	0.00	2500.9	2594.5	2688.6	2783.7	2880.0	2977.8	3077.0	3177.7
(0.01)	$\hat{U}$	0.00	2374.9	2445.4	2516.4	2588.4	2661.7	2736.3	2812.5	2890.1
	$\hat{V}$	0.00100	206.55	244.45	282.30	320.14	357.98	395.81	433.64	470.69
0.1	$\hat{H}$	191.81	2583.9	2592.0	2687.5	2783.1	2879.6	2977.5	3076.8	3177.6
(45.806)	$\hat{U}$	191.80	2437.2	2443.3	2515.5	2587.9	2661.4	2736.1	2812.3	2890.0
	$\hat{V}$	0.00101	14.670	14.867	17.197	19.514	21.826	24.137	26.446	28.755
1.0	$\hat{H}$	417.50	2674.9	209.46	2675.8	2776.6	2875.5	2974.5	3074.6	3175.8
(99.606)	$\hat{U}$	417.40	2505.6	209.36	2506.2	2583.0	2658.2	2733.9	2810.7	2888.7
	$\hat{V}$	0.00104	1.6939	0.00101	1.6959	1.9367	2.1725	2.4062	2.6389	2.8710
5.0	$\hat{H}$	640.09	2748.1	209.80	419.51	632.24	2855.9	2961.1	3064.6	3168.1
(151.83)	$\hat{U}$	639.54	2560.7	209.30	418.99	631.69	2643.3	2723.8	2803.3	2883.0
	$\hat{V}$	0.00109	0.37481	0.00101	0.00104	0.00109	0.4250	0.4744	0.5226	0.57016
10.0	$\hat{H}$	762.52	2777.1	210.19	419.84	632.5	2828.3	2943.1	3051.6	3158.2
(179.88)	$\hat{U}$	761.39	2582.7	209.18	418.80	631.41	2622.2	2710.4	2793.6	2875.7
	$\hat{V}$	0.00113	0.1944	0.00101	0.00104	0.00109	0.2060	0.2328	0.2580	0.2825
20.0	$\hat{H}$	908.5	2798.3	211.06	420.59	633.12	852.45	2903.2	3024.2	3137.7
(212.38)	$\hat{U}$	906.14	2599.1	209.03	418.51	630.94	850.14	2680.2	2773.2	2860.5
	$\hat{V}$	0.00118	0.0996	0.00101	0.00104	0.00109	0.00116	0.1115	0.1255	0.1386

(계속)

표 8.2 (계속)

40.0	$\hat{H}$	1087.5	2800.8	212.78	422.10	634.36	853.27	1085.8	2961.7	3093.3
(250.35)	$\hat{U}$	1082.5	2601.7	208.74	417.93	630.01	848.65	1080.8	2726.2	2827.4
	$\hat{V}$	0.00125	0.04978	0.00101	0.00104	0.00109	0.00115	0.00125	0.0589	0.0665
60.0	$\hat{H}$	1213.9	2784.6	214.50	423.60	635.61	854.09	1085.7	2885.5	3043.9
(275.58)	$\hat{U}$	1206.0	2589.9	208.44	417.36	629.08	847.18	1078.2	2668.4	2790.4
	$\hat{V}$	0.00132	0.03245	0.00101	0.00104	0.00109	0.00115	0.00125	0.0362	0.0423
100.0	$\hat{H}$	1408.1	2725.5	217.94	426.62	638.11	855.8	1085.8	1343.3	2924.0
(311.00)	$\hat{U}$	1393.5	2545.2	207.86	416.23	627.27	844.31	1073.4	1329.4	2699.6
	$\hat{V}$	0.00145	0.0180	0.00101	0.00104	0.00108	0.00115	0.00124	0.00140	0.0224
150.0	$\hat{H}$	1610.2	2610.7	222.23	430.39	641.27	857.99	1086.1	1338.3	2693.1
(342.16)	$\hat{U}$	1585.3	2455.6	207.15	414.85	625.05	840.84	1067.6	1317.6	2520.9
	$\hat{V}$	0.00166	0.01034	0.00101	0.00104	0.00108	0.00114	0.00123	0.00138	0.0115
200.0	$\hat{H}$	1827.2	2412.3	226.51	434.17	644.45	860.27	1086.7	1334.4	1646.0
(365.75)	$\hat{U}$	1786.4	2295.0	206.44	413.50	622.89	837.49	1062.2	1307.1	1612.7
	$\hat{V}$	0.00204	0.00586	0.00100	0.00103	0.00108	0.00114	0.00123	0.00136	0.00166
220.64	$\hat{H}$	2084.3	2084.3	228.28	435.73	645.77	861.23	1087.0	1333.0	1635.6
(373.95)	$\hat{U}$	2015.7	2015.7	206.16	412.95	622.01	836.14	1060.0	1303.1	1599.6
	$\hat{V}$	0.00311	0.00311	0.00100	0.00103	0.00108	0.00114	0.00122	0.00135	0.00163

Source: E.W. Lemmon, M.O. McLinden and D.G. Friend, "Thermophysical Properties of Fluid Systems" in NIST Chemistry WebBook, NIST Standard Reference Database Number 69, Eds. P.J. Linstorm and W.G. Mallard, June 2005, National Institute of Standards and Technology, Gaithersburg MD, 20899 (http://webbook.nist.gov).

표 8.2에 있는 데이터를 도시하는 것은 유용한 시도이며, 엔탈피와 내부에너지가 압력, 온도, 상에 따라 어떻게 변하는지 설명해준다(그림 8.6). 특별히 주목할 만한 몇 가지 경향이 그림 8.6에 있다. 첫째, 액체에서 증기로 상 변화가 있을 때 $\hat{H}$와 $\hat{U}$에 큰 증가가 있다. 둘째, $\hat{H}$와 $\hat{U}$는 일정한 상태에서 온도에 따라 선형적으로 증가한다. 셋째, 동등한 온도와 압력에서의 액상에서 $\hat{H}$와 $\hat{U}$는 거의 동일하지만, 증기상에서는 $\hat{H}$와 $\hat{U}$보다 약간 크다. 넷째, $\hat{H}$와 $\hat{U}$는 특별히 낮은 압력과 액상에서 압력으로부터 큰 영향을 받는 함수가 아니다. 이러한 경향들은 우리가 $\hat{H}$와 $\hat{U}$에 대한 모델식을 개발할 때 밝혀질 것이다.

증기표 사용은 다음 예제에 설명하였다.

$\hat{H}$를 찾기 위한 증기표의 사용: 몇 가지 경우 ◀ 예제 8.5

1. 다음의 비엔탈피는 얼마인가?
   (a) 150 bar, 50°C에서의 H_2O
   (b) 150 bar, 300°C에서의 H_2O
   (c) 0.1 bar, 50°C에서의 H_2O
   (d) 0.1 bar, 300°C에서의 H_2O
   (e) 1 bar에서 포화액체 상태의 H_2O
   (f) 1 bar에서 포화증기 상태의 H_2O
2. 다음과 관련된 비엔탈피 변화는 얼마인가?
   (a) 150 bar, 50°C에서 300°C로 H_2O를 가열
   (b) 0.1 bar, 50°C에서 300°C로 H_2O를 가열
   (c) 1 bar에서 포화액체 H_2O을 포화증기로 가열

풀이

1. 이 문제들은 표 8.2와 표 B.18을 참고해서 해결할 수 있다. 요약해보면,

Conditions	P, bar	T, °C	ϕ	$\hat{H}$, kJ/kg
a	150	50	Liquid	222.23
b	150	300	Liquid	1338.3
c	0.1	50	Vapor	2592.0
d	0.1	300	Vapor	3076.8
e	1	99.6	Saturated liquid	417.5
f	1	99.6	Saturated vapor	2674.9

모든 비엔탈피는 세 점에서 액상물에 대한 $\hat{H} = 0$의 상태를 기준으로 한다.

2. $\hat{H}_2 - \hat{H}_1$와 같이 상태 1에서 상태 2로 옮겨갈 때의 엔탈피 변화를 살펴볼 것이다.
   (a) $\hat{H}_2 - \hat{H}_1 = 1338.3 - 222.23 = 1116.1$ kJ/kg
   (b) $\hat{H}_2 - \hat{H}_1 = 3076.8 - 2592.0 = 484.8$ kJ/kg
   (c) $\hat{H}_2 - \hat{H}_1 = 2674.9 - 417.5 = 2257.4$ kJ/kg

가장 큰 엔탈피 증가는 일정 온도와 압력에서 상 변화 시 일어난다[경우 (c)]. 액체 물을 150°C 올리는 것[경우 (a)]은 수증기를 같은 온도량만큼 올리는 것보다 2배 이상의 엔탈피 변화를 유발한다[경우 (b)].

예제 8.6 ▶ **증기표 활용: 물 흡입과 증기 압축**

다음의 경우에 대하여 엔탈피 흐름 변화를 계산해 보자.

경우 1. 60°C에서 1.5 kg/s 물을 5 bar에서 100 bar로 흡입해 올릴 때

경우 2. 5 bar, 200°C의 증기를 1.5 kg/s의 속도로 350°C, 100 bar로 압축할 때

표 8.2와 표 B.18의 엔탈피 자료를 사용하라.

› 풀이

경우 1.

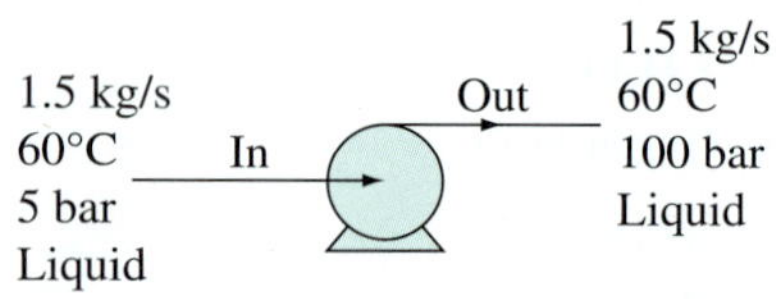

먼저 두 가지 상태에 대한 비엔탈피 값을 찾는다. 표에는 60°C 자료가 없기 때문에 50°C와 100°C 자료를 사용하여 선형내삽법을 이용해야 한다.

$P = 5$ bar, $T = 50$°C, $\phi =$ 액체에서

$$\hat{H} = 209.80 \text{ kJ/kg}$$

$P = 5$ bar, $T = 100$°C, $\phi =$ 액체에서

$$\hat{H} = 419.51 \text{ kJ/kg}$$

선형내삽법에 의해,

$P = 5$ bar, $T = 60$°C, $\phi =$ 액체에서

$$\hat{H} = \frac{(60-50)}{(100-50)}(419.51 - 209.80) + 209.80 = 251.74 \text{ kJ/kg}$$

유사한 방법을 사용하여, $P = 100$ bar, $T = 60$ °C, $\phi =$ 액체 조건에서,

$$\hat{H}_{out} - \hat{H}_{in} = 259.67 - 251.74 = 7.93 \text{ kJ/kg}$$

단위 시간당 엔탈피 변화량을 구하기 위해 질량속도를 곱해야 한다.

$$\dot{H}_{out} - \dot{H}_{in} = \dot{m}(\hat{H}_{out} - \hat{H}_{in}) = 1.5 \text{ kg/s}(7.93 \text{ kJ/kg}) = 11.9 \text{ kJ/s}$$

경우 2.

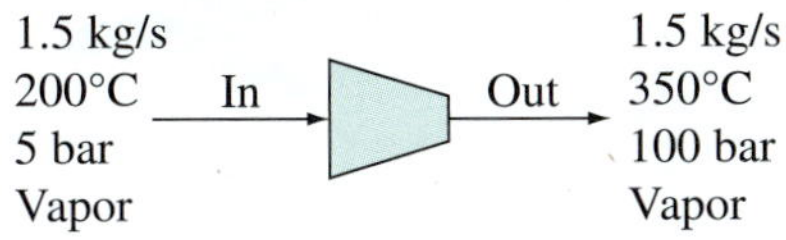

증기표로부터

P = 5 bar, T = 200°C, ϕ = 증기에서:

$$\hat{H} = 2855.9 \text{ kJ/kg}$$

P = 100 bar에서, T = 350 °C, ϕ = 증기에서:

$$\hat{H} = 2924.0 \text{ kJ/kg}$$

그러므로

$$\hat{H}_{\text{out}} - \hat{H}_{\text{in}} = 2924.0 - 2855.9 = 68.1 \text{ kJ/kg}$$

$$\dot{H}_{\text{out}} - \dot{H}_{\text{in}} = \dot{m}(\hat{H}_{\text{out}} - \hat{H}_{\text{in}}) = 1.5 \text{ kg/s}(68.1 \text{ kJ/kg}) = 102.2 \text{ kJ/s}$$

만일 어떤 시스템이 운동, 위치, 내부 에너지를 지니고 있으면 어떻겠는가? 그 시스템의 총 에너지는 단순히 이들 에너지의 합이 되며,

$$E = E_k + E_p + U$$

한 상태(상태 1)에서 다른 상태(상태 2)로 옮겨감에 따라 발생하는 시스템 에너지의 변화는 운동, 위치, 내부 에너지 변화량의 합이 된다.

$$E_2 - E_1 = (E_{k,2} - E_{k,1}) + (E_{p,2} - E_{p,1}) + (U_2 - U_1)$$

내부 에너지 변화는 운동이나 위치 에너지의 변화와 비교하면 매우 큰 편이다. 이 점은 다음 예에서 설명하기로 한다.

운동, 위치, 내부 에너지 비교: 빈번한 비행 ◀ 예제 8.7

1 bar, 75°C에서 10 kg의 물을 담고 있는 컵이 지면에 있는 비행기 안에 있다. 비행기가 이륙하고, 1시간 후에 고도 30,000 ft에서 550 mph에 도달한다. 반면에 컵에 있는 물은 50°C로 식는다. 물의 에너지 변화량은 얼마인가?

〉풀이

시스템은 컵에 있는 물이다. “1”은 비행기가 지면에 있는 초기상태를 의미하고, “2”는 비행기가 비행 고도에 도달했을 때의 최종상태이다. E_k와 E_p에 대한 기준상태로서 지표면을 선택하고, U에 대해서는 물의 세 지점을 정한다.

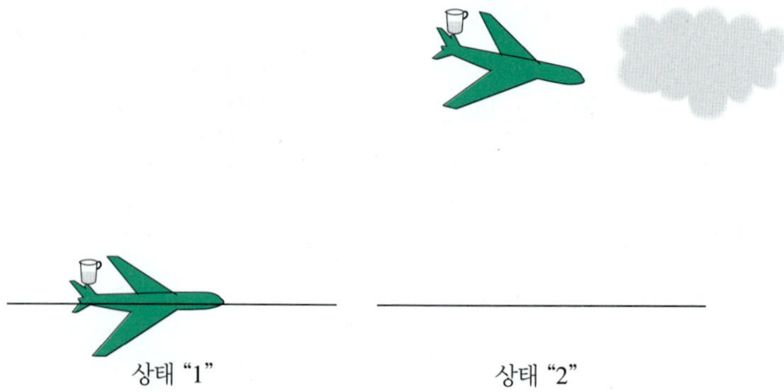

상태 1에서 컵의 속도와 위치는 기준상태와 동일하다.

$$E_{k,1} = E_{p,1} = 0$$

표 8.2에 있는 자료를 선형내삽하여 1 bar, 75°C에서 $\hat{U} = 313.4$ kJ/kg임을 알 수 있다. 그러므로

$$U_1 = m\hat{U}_1 = (10 \text{ kg})(313.4 \text{ kJ/kg}) = 3134 \text{ kJ}$$

비행기 안의 컵이 비행기가 비행 중일 때(상태 2),

$$E_{k,2} = \frac{1}{2}mv^2 = \frac{1}{2}(10 \text{ kg})\left[\left(550\frac{\text{miles}}{\text{h}}\right)\left(1609\frac{\text{m}}{\text{mile}}\right)\left(\frac{\text{h}}{3600 \text{ s}}\right)\right]^2$$
$$\times\left(\frac{1 \text{ kJ}}{1000 \text{ kg m}^2/\text{s}^2}\right) = 302 \text{ kJ}$$

$$E_{p,2} = mgh = (10 \text{ kg})(9.8066 \text{ m/s}^2)(30{,}000 \text{ ft})(0.305 \text{ m/ft})$$
$$\times\left(\frac{1 \text{ kJ}}{1000 \text{ kg m}^2/\text{s}^2}\right) = 897 \text{ kJ}$$

그리고 표 8.2로부터 1 bar, 50°C에서,

$$U_2 = m\hat{U}_2 = (10 \text{ kg})(209.36 \text{ kJ/kg}) = 2094 \text{ kJ}$$

운동에너지 변화량은

$$E_{k,2} - E_{k,1} = 302 \text{ kJ} - 0 \text{ kJ} = +302 \text{ kJ}$$

위치에너지 변화량은

$$E_{p,2} - E_{p,1} = 897 \text{ kJ} - 0 \text{ kJ} = +897 \text{ kJ}$$

내부에너지 변화량은

$$U_2 - U_1 = 2094 \text{ kJ} - 3134 \text{ kJ} = -1040 \text{ kJ}$$

시스템의 총 에너지 변화량은

$$E_2 - E_1 = (E_{k,2} - E_{k,1}) + (E_{p,2} - E_{p,1}) + (U_2 - U_1)$$
$$= 302 + 897 + (-1040) = 159 \text{ kJ}$$

온도 25°C에서 단순한 강하는 30,000 ft 상승과 550 mph의 속도 증가로 인한 운동에너지와 위치에너지의 증가를 상쇄시킬 수 있을 만큼 시스템의 내부에너지를 감소시킨다.

8.4.2 ▸ $\hat{U}$와 $\hat{H}$를 찾기 위한 모델식의 사용

8.4.1절의 표와 그래프로부터 물의 $\hat{U}$와 $\hat{H}$가 다음 조건과 어떠한 관계에 있는지를 살펴보았다.

- 압력 P
- 온도 T
- 상 ϕ

불행하게도 대상 혼합물이나 화합물의 엔탈피나 내부에너지에 관한 데이터를 제공하는 표나 차트가 그렇게 흔한 것은 아니다. 다행히 *다른 특성은 일정한 것으로 고정한 채*, 한 가지 특성(P, T, ϕ) 변화에 따라 $\hat{U}$와 $\hat{H}$의 변화량을 계산할 수 있는 모델식들이 있다. 어떤 모델식들이 있고, 어떻게 그것들을 사용할 수 있는지만 알면 된다. 이 절에서 압력, 온도, 상 또는 조성의 변화와 더불어 $\hat{U}$와 $\hat{H}$의 변화를 계산할 수 있는 모델식들을 다루고자 한다.

> **Hint**
> U나 H를 계산하는 모델식을 사용할 때, 항상 한 번에 하나의 물성만을 변화시킨다.

P 변화에 따른 $\hat{U}$와 $\hat{H}$의 변화 T와 ϕ는 일정하게 유지한 채 P_1에서 P_2로 압력변화가 있는 *이상기체*에 대해서,

$$\hat{U}_2 - \hat{U}_1 = 0$$
$$\hat{H}_2 - \hat{H}_1 = 0 \tag{8.14a}$$

이 식은 압력 변화가 매우 크지 않는 한, 이상기체들에 잘 맞고, “실제”기체(이상기체법칙을 따르지 않는 기체들)들에 대해서도 매우 근사한 관계를 나타낸다.

*고체와 액체*에 대하여,

$$\hat{U}_2 - \hat{U}_1 = 0$$
$$\hat{H}_2 - \hat{H}_1 \approx \hat{V}(P_2 - P_1) \tag{8.14b}$$

여기서 $\hat{V}$는 비부피($\hat{V} = 1/\rho$, ρ는 밀도)이다.

> **Quiz 8.8**
> 일정한 온도와 상에서 압력 변화에 따른 H_2O의 엔탈피와 내부에너지 변화를 살펴보기 위하여 표 8.2를 사용하자. 증기의 엔탈피변화가 압력 변화에 따르는가? 액상의 물은 어떤가?

설명 ▸ 50°C에서 액체 물의 비부피가 1.01×10^{-3} m^3/kg이다. 압력이 50°C, 1 bar에서 10 bar로 증가할 때의 엔탈피 변화는

$$\hat{H}_2 - \hat{H}_1 \approx \hat{V}(P_2 - P_1) = 1.01 \times 10^{-3}\,\frac{\text{m}^3}{\text{kg}}$$
$$\times (10\text{ bar} - 1\text{ bar}) \times \frac{10^5\,\text{N/m}^2}{\text{bar}} \times \frac{1\text{ kJ}}{1000\text{ N m}} = 0.91\,\frac{\text{kJ}}{\text{kg}}$$

T 변화에 따른 $\hat{U}$와 $\hat{H}$의 변화 시스템의 온도가 증가하면, $\hat{U}$와 $\hat{H}$가 증가한다. 이것은 분자들의 불규칙적인 열운동의 증가로서 물리적으로 이해된다. 우리는 온도 변화를 느낄 수 있으므로 이것을 *현열효과*라고 한다(어리석은 열효과에 반대되는 의미로서).

$\hat{H}$의 변화는 T 변화에 비례한다(일정한 P, ϕ에서). 비례상수는 정압 **열용량**

(heat capacity) C_p라고 한다.

C_p가 온도에 무관하면, 압력, 상태, 조성이 일정한 조건에서,

$$\hat{H}_2 - \hat{H}_1 = C_p(T_2 - T_1) \quad \textbf{(8.15a)}$$

온도 변화에 따른 $\hat{U}$의 변화는 일정한 부피, 상태, 조성하에서 결정되며, **일정한 부피-열용량 C_v**에 비례한다. 만일 C_v가 온도에 무관하면 부피, 상태, 조성이 일정한 상태에서,

$$\hat{U}_2 - \hat{U}_1 = C_v(T_2 - T_1) \quad \textbf{(8.15b)}$$

여러 가지 화합물과 혼합물에 대한 C_p와 C_v의 값은 사전에서 찾아볼 수 있다(부록 B).

C_p가 온도와는 무관하다는 가정은 대부분의 고체와 액체, 그리고 온도 변화가 크지 않는다면 기체에 대해서 합리적이다. 보다 정확성을 높이기 위하여, 특히 큰 온도 변화가 있는 기체에서도 C_p와 C_v는 온도의 함수로서 다음과 같이 된다.

$$\hat{H}_2 - \hat{H}_1 = \int_{T_1}^{T_2} C_p\,dT \quad \textbf{(8.15c)}$$

$$\hat{U}_2 - \hat{U}_1 = \int_{T_1}^{T_2} C_v\,dT \quad \textbf{(8.15d)}$$

가장 정확한 계산을 위하여 C_p에 대한 표가 계산에 사용된다. 이것들은 대체로 쉽게 적분할 수 있는 다항식 형태를 취하고 있다. 어떤 화합물의 C_p에 대한 다항식 형태는 부록 B에 나와 있다. 더 확장된 표가 많은 참고서적에 나와 있다.

T 변화와 더불어 $\hat{U}$와 $\hat{H}$ 사이의 유사성을 볼 수 있다. 차이점은 무엇인가? 차이점은 바로 압력이나 부피가 '일정하게 유지되는가'이다. 기체로 채워진 풍선을 상상해 보자. 만약 기체가 가열되면, 풍선의 부피는 팽창한다. 풍선의 내부 압력은 일정하게 유지된다. 이러한 시스템에서 *일정 압력* 변화에 해당하는 $\hat{H}_2 - \hat{H}_1$를 계산할 수 있다. 이제 가스가 가득 찬 철 실린더를 상상해 보자. 만약 기체가 가열되면, 부피가 증가할 수 없기 때문에 압력이 증가한다. 이런 시스템에 대해서는 일정 부피 변화의 $\hat{U}_2 - \hat{U}_1$을 계산할 수 있다.

$\hat{U}$와 $\hat{H}$와 같이 C_p와 C_v는 다음과 같은 상관관계를 갖는다.

$C_p \approx C_v$	액체와 고체의 경우
$C_p \approx C_v + R$	기체의 경우

여기서 R은 기체상수이다.

Hint

엄지손가락 법칙에 따라

1. 액체 물의 $C_p \approx$ 4 J/g °C, 1 cal/g °C, 1 Btu/lb °F
2. 유기 액체의 $C_p \approx$ 2 J/g °C, 0.5 cal/g °C, 0.5 Btu/lb °F
3. 25°C에서 기체의 $C_p \approx$ 1 J/g °C, 0.25 cal/g °C, 0.25 Btu/lb °F

설명 ▸ 액체 물에 대한 일정 부피 열용량 C_v는 4.19 kJ/kg °C이다. 1 bar, 50°C에서 60°C로 액체 물의 온도가 상승할 때 비내부에너지 변화량은

$$\hat{U}_2 - \hat{U}_1 = C_v(T_2 - T_1) = 4.19\frac{\text{kJ}}{\text{kg °C}} \times (60\text{°C} - 50\text{°C}) = 41.9\frac{\text{kJ}}{\text{kg}}$$

설명 ▸ CO_2의 열용량 C_p는 온도의 함수이다.

$$C_p\ (\text{J/gmol °C}) = 19.8 + 0.07344T - 5.602 \times 10^{-5}T^2 + 1.715 \times 10^{-8}T^3$$

T는 K 단위이다. 200 kPa, CO_2 기체의 온도가 50°C에서 200°C (323 K에서 473 K)로 증가할 때의 엔탈피 변화는

$$\begin{aligned}\hat{H}_2 - \hat{H}_1 &= \int_{T_1}^{T_2} C_p\, dT = \int_{323}^{473}(19.8 + 0.07344T \\ &\quad - 5.602 \times 10^{-5}T^2 + 1.715 \times 10^{-8}T^3)dT \\ &= 19.8(473 - 323) + \frac{0.07344}{2}(473^2 - 323^2) \\ &\quad - \frac{5.602 \times 10^{-5}}{3}(473^3 - 323^3) + \frac{1.715 \times 10^{-8}}{4}(473^4 - 323^4) \\ &= 6175 \frac{\text{J}}{\text{gmol}}\end{aligned}$$

Quiz 8.9
위 사례에서의 엔탈피를 계산하는 데 유익한 힌트의 엄지손가락 법칙을 사용해 보자.

ϕ 변화에 따른 $\hat{U}$와 $\hat{H}$의 변화 그림 8.6에서 관찰했듯이 액체 물의 $\hat{U}$와 $\hat{H}$는 수증기의 $\hat{U}$와 $\hat{H}$보다 적다. 에너지는 액체를 붙들고 있는 분자 간의 힘을 끊어내어 분자가 수증기로 이탈하는 데 필요하다. 비슷하게 얼음을 물로 녹이기 위해 에너지가 더해져야 한다. 그러므로 일정한 온도와 압력에서 상 변화는 내부에너지와 엔탈피 변화를 포함해야만 한다.

액체 상태(상태 1)에서 증기(상태 2)로의 상 변화로 인한 엔탈피 변화를 **증기화 엔탈피**(enthalpy of vaporization) $\Delta\hat{H}_v$라고 한다.

$$\hat{H}_2 - \hat{H}_1 = \Delta\hat{H}_v \qquad \textbf{(8.16a)}$$

고체(상태 1)에서 액체(상태 2)로의 상 변화로 인한 엔탈피 변화를 **용융엔탈피**(enthalpy of melting) $\Delta\hat{H}_m$라고 한다.

$$\hat{H}_2 - \hat{H}_1 = \Delta\hat{H}_m \qquad \textbf{(8.16b)}$$

상 변화와 관련된 엔탈피 변화를 가끔 증기화 열, 용융열, 또는 단순히 **잠열**(lanten heat)이라고 하기도 한다. 응축(증기에서 액체로의 변화)과 용해(액체에서 고체로의 변화) 엔탈피는 증기화와 용융엔탈피의 음수값을 갖는다.

상 변화의 엔탈피와 내부에너지는 다음과 같은 상관관계가 있다:

$$\Delta\hat{U}_v \approx \Delta\hat{H}_v - RT_b \qquad \textbf{(8.16c)}$$

$$\Delta\hat{U}_m \approx \Delta\hat{H}_m \qquad \textbf{(8.16d)}$$

여기서 T_b는 비등점이다. 일부 화합물에 대한 $\Delta\hat{H}_v$와 $\Delta\hat{H}_m$의 자료가 부록 B에 있다. 더 많은 자료는 *Perry's Chemical Engineers' Handbook*이나 기타 참고서에서 구할 수 있다.

Hint
상 변화에 대한 엄지손가락 법칙이 있다.

1. 물의 $\Delta\hat{H}_v \approx$ 1000 Btu/lb 또는 2000 kJ/kg.
2. 유기화학물의 $\Delta\hat{H}_v \approx$ 500 kJ/kg 또는 250 Btu/lb.
3. $\Delta\hat{H}_v$는 $\Delta\hat{H}_m$보다 2~6배 크다.

설명 ▸ 부록 B로부터 아세트산이 16.6°C에서 용해되고, 고체에서 액체로의 상 변화 시 엔탈피 변화는 11.535 kJ/gmol 또는 192 kJ/kg임을 알 수 있다. 1기압에서 순수 아세트산은 118.3°C에서 액체에서 증기로 상 변화한다. 이러한 상 변화를 수반하는 엔탈피는 23.7 kJ/gml, 또는 395 kJ/kg이 된다.

***P*, *T*, ϕ 변화에 따른 $\hat{U}$와 $\hat{H}$의 변화** 만약, 당신이라면 다음 질문에 답할 수 있는가?

시스템 변화의 압력과 온도는?
고체가 용융점까지 가열되어 용융되고, 액체가 더 가열된다면?
기체가 정상적인 비등점이 아닌 다른 온도의 고압에서 증발하면?

다행히도 $\hat{U}$와 $\hat{H}$는 **상태함수**(state function)들이다. 상태함수는 물질의 어떤 경로가 아닌 단지 *상태*에만 의존하는 함수이다. 기본적인 개념을 그림 8.7에 설명하였다.

$\hat{U}$와 $\hat{H}$의 상태함수 성질은 실질적으로 중요한 점을 가지고 있다. 다음의 방법을 사용하여 T, P, ϕ의 특성화된 상태에서 $\hat{U}$와 $\hat{H}$를 계산할 수 있음을 의미한다.

1. P_{ref}, T_{ref}, ϕ_{ref}의 편리한 참고상태를 선택한다.
2. 참고상태에서 $\hat{U}$와 $\hat{H}$가 0이 되게 한다.
3. P_{ref}에서 P로 압력이 변할 때 $\hat{U}$나 $\hat{H}$의 변화량을 계산한다.
4. T_{ref}에서 T로 온도가 변할 때 $\hat{U}$나 $\hat{H}$의 변화량을 계산한다.
5. ϕ_{ref}에서 ϕ로 상태가 변할 때 $\hat{U}$나 $\hat{H}$의 변화량을 계산한다.

어떠한 편리한 순서대로(단계 3, 4, 5) $\hat{U}$나 $\hat{H}$를 계산할 수 있다!

6. 단계 3, 4, 5의 결과를 합한다.

시스템이 T_1, P_1, ϕ_1의 특정한 한 상태로부터 T_2, P_2, ϕ_2의 다른 특정한 상태로 변

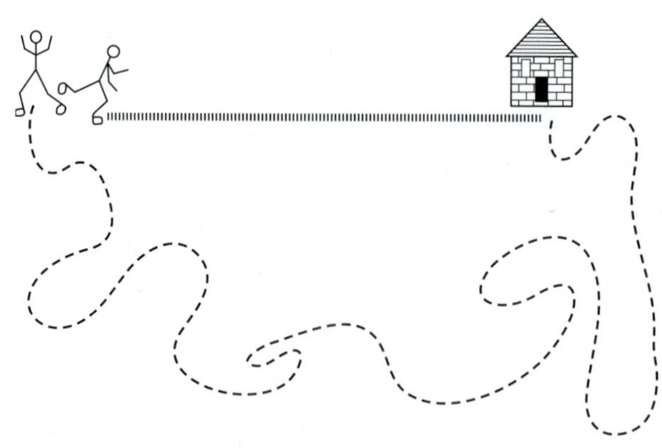

그림 8.7 Fran은 가장 직접적인 경로를 선택하여 학교까지 달려간다. Jo는 구불구불한 숲길을 돌아간다. Fran과 Jo는 둘 다 같은 위치에서 멈춘다. *Fran과 Jo의 위치에서 순수 변화량은 같다.* 그것이 단지 처음과 끝의 위치에만 의존하는 상태함수이다. Fran과 Jo가 학교까지 가는 데 걸리는 시간이나 각각의 거리양은 상태함수가 아니다. 그것은 경로함수이다.

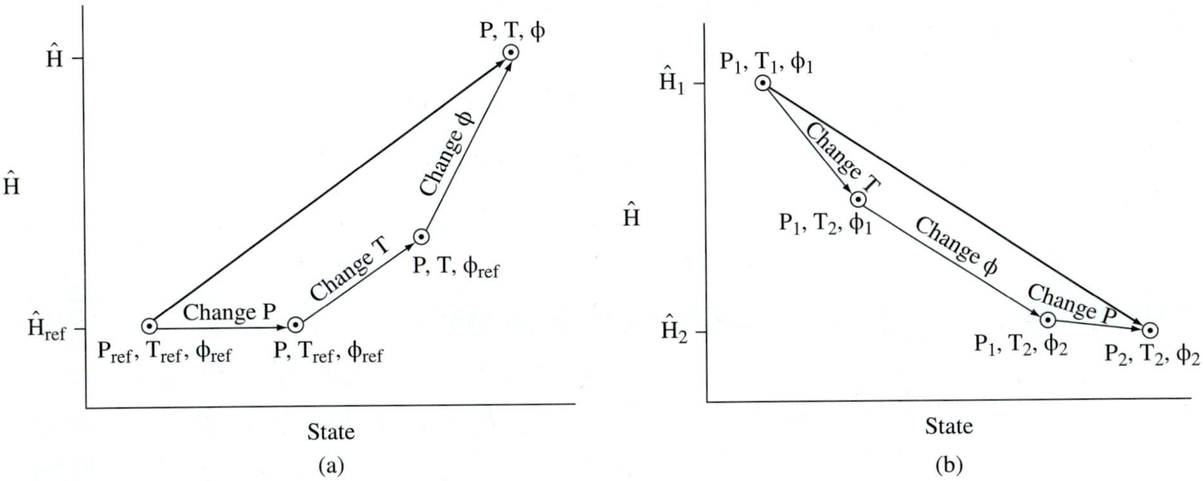

그림 8.8 (a) 주어진 $\hat{H}_{ref}$ (P_{ref}, T_{ref}, ϕ_{ref})에서 $\hat{H}$ (P, T, ϕ)을 계산하는 대표적인 경로. 모델식을 사용함에 있어서 한 번에 한 가지의 변수만 변화시키는 것이 중요하다. 계산은 어떤 순서로도 행할 수 있다. (b) 상태 1에서 상태 2로 T, P, ϕ 모두 변할 때 $\hat{H}_2 - \hat{H}_1$을 계산하는 대표적인 경로이다.

화할 때 $\hat{U}_2 - \hat{U}_1$이나 $\hat{H}_2 - \hat{H}_1$을 계산하기 위하여 비슷한 방법을 사용할 수 있다. 이러한 생각은 그림 8.8에 설명되어 있다.

이런 방식의 계산을 하는 과정은 많을 수 있으므로, 미리 적절한 계산 프로그램을 갖추어두는 것도 유용한 방안이 될 수 있다. (a) 그림 8.8과 유사한 선도를 도시하거나 한 단계의 경로와 계산해야할 총 변화량을 보여주는 표를 만드는 것, (b) 경로에 있는 각 단계를 산정하는 데 필요한 모든 자료를 수집하고, (c) 각 단계에 대한 엔탈피 변화를 계산하는 식을 산정하거나 자료를 써내려가고, (d) 합계를 내는 것은 좋은 아이디어이다.

때때로 우리는 다소 간접적인 길을 택해야 할 때가 있다. 왜냐하면 그것이 유용한 자료가 있는 유일한 경로이기 때문이다(그림 8.9 참조). 예를 들면, 만일 우리가

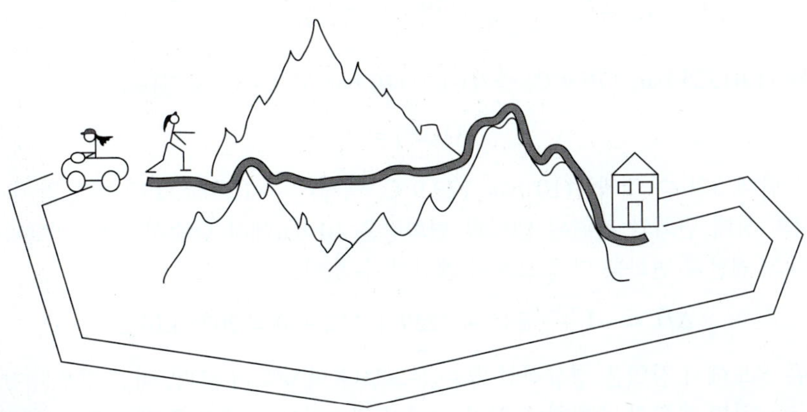

그림 8.9 Fran과 Jo는 둘 다 아담한 식당으로 가고 있다. Fran은 걸어서 산을 가로질러 간다. Jo는 운전을 하기 때문에 길이 적당하지 않다. 그녀가 갈 수 있는 유일한 길은 고속도로이다. Jo는 Fran보다 더 길고 돌아가는 길을 택하였지만, Fran과 Jo는 모두 같은 지점을 출발해서 같은 지점에 도착한다.

Hint
경로의 각 단계에서 하나의 변수만 바꿀 수 있다. 선택된 경로는 가장 안정적이고 유용한 자료이다.

10기압에서 어떤 화합물의 증발과 관련된 엔탈피 변화를 알고자 한다면, 1기압과 정상적인 비등점에서 $\Delta\hat{H}_v$에 대한 자료를 갖는다. 다행히도 엔탈피는 상태함수이다! 우리는 다음과 같은 간접적인 경로를 생성한다. 10기압에서 1기압으로의 압력 강하, 정상에서 비등점으로의 온도 강하, 정상적인 비등점에서 상 변화, 그리고나서 다시 온도의 상승, 다시 압력의 상승. 이 모든 변화를 합하여 계산되는 엔탈피의 순수 변화량이 우리가 원하는 엔탈피 변화이다.

예제 8.8 ▸

엔탈피 계산: 고압에서 물의 증기화 엔탈피

10 bar, 179.9°C에서 물이 증발할 때의 엔탈피 변화는 얼마인가? 정상적인 비등점(1.01325 bar에서 100°C)에서, 물의 $\Delta\hat{H}_v = 2259$ kJ/kg. 액체 물의 $C_p = 4.19$ kJ/kg °C. 수증기의 $C_p = 1.9$ kJ/kg °C. 179.9°C에서 액체 물의 비부피 = 0.00113 m^3/kg.

풀이

먼저 $\Delta\hat{H}_v = \hat{H}$(10 bar, 179.9°C, 증기) − $\hat{H}$(10 bar, 179.9°C, 액체)를 계산한다. 한 번에 한 개의 변수만을 변화시키는 경로를 설정하고, 주어진 자료에서 T와 P(100°C, 1.01325 bar)를 활용한다.

P 변화: (10 bar, 179.9°C, 액체)에서 (1.01325 bar, 179.9°C, 액체)로.

$$\hat{V}(\Delta P) = \frac{0.00113\ \text{m}^3}{\text{kg}}(1.01325 - 10\ \text{bar})\frac{100\ \text{kJ/m}^3}{\text{bar}} = -1\ \text{kJ/kg}$$

T 변화: (1.01325 bar, 179.9°C, 액체)에서 (1.01325 bar, 100°C, 액체)로.

$$C_{p,\text{H}_2\text{O},(l)}(\Delta T) = \frac{4.19\ \text{kJ}}{\text{kg °C}}(100°\text{C} - 179.9°\text{C}) = -335\ \text{kJ/kg}$$

ϕ 변화: (1.01325 bar, 179.9°C, 액체)에서 (1.01325 bar, 179.9°C, 액체)로.

$$\Delta\hat{H}_v = +2259\ \text{kJ/kg}$$

T 변화: (1.01325 bar, 100°C, 증기)에서 (1.01325 bar, 179.9°C, 증기)로.

$$C_{p,\text{H}_2\text{O}(l)}(\Delta T) = \frac{1.9\ \text{kJ}}{\text{kg °C}}(179.9°\text{C} - 100°\text{C}) = +152\ \text{kJ/kg}$$

P 변화: (1.01325 bar, 179.9°C, 증기)에서 (10 bar, 179.9°C, 증기)로.

$$\hat{V}(\Delta P) = 0$$

이러한 단계 5의 순 결과는(10 bar, 179.9°C, 액체) → (10 bar, 179.9°C, 증기)이다. 여기서의 상태 변화와 관련된 엔탈피 변화량은 10 bar에서 단순히 증발 엔탈피이고, 각 단계의 엔탈피 변화를 더 함으로써 계산할 수 있다.

$$\Delta\hat{H}_v = -1 + -335 + 2259 + 152 + 0 = 2075\ \text{kJ/kg}$$

더 높은 온도에서 잠열은 정상적인 끓는 온도보다 약 9% 더 낮다. 이런 경우가 전형적이다. 왜냐하면 온도가 증가함에 따라 잠열이 감소하므로 증기에 대한 C_p는 액체보다 낮아지기 때문이다. 변화량은 크지 않고, 개략적인 계산을 할 때는 잠열에 대하여 온도의 영향을 무시할 수 있다.

Quiz 8.10
표 8.2로부터 10 bar에서 $\Delta\hat{H}_v$는 얼마이고, 우리가 계산한 것과는 왜 차이가 나는가?

임계 T와 P에서 $\Delta\hat{H}_v$는 얼마인가?

8.4.3 ▸ 미니 요약

이 절은 $\hat{U}$와 $\hat{H}$를 찾기 위한 많은 정보를 다루었다. 우리가 배운 내용을 여기 요약하였다.

찾아보자. 일반적인 화합물이나 혼합물에 대하여 요약된 값들이 있고, 그래프나 표로부터 단순히 읽기만 하면 된다. 어떤 참고 조건이 있는지만 확인하면 된다. 만일 한 가지 정보원 이상 사용한다면, *참고상태가 모두 같은지 확인해야 한다*. 같지 않으면 어려움이 있다.

계산해 보자. 한 번에 단지 한 개의 변수(온도, 압력, 상 또는 조성)를 변화시킴으로써 상태 1에서 상태 2로부터 구할 수 있는 경로를 파악한다(또는 기준상태에서 시스템 상태로). 경로를 설정할 때, 어떠한 물리적 성질의 자료가 유용한지 고려해야 한다. 경로의 각 단계에 대한 $\hat{U}$와 $\hat{H}$의 변화를 계산하고, 모든 단계를 더한다. 어떻게 이러한 계산을 완성시키는지 표에 요약하였다.

Change in	$\Delta\hat{H}$	$\Delta\hat{U}$	Comments
Pressure	~0 (gas) ~$\hat{V}\Delta P$ (solid or liquid)	~0	Usually can be neglected unless pressure change is large.
Temperature	$\int C_p\, dT$	$\int C_v\, dT$	Polynomial expressions for C_p available. $C_p \approx C_v + R$ (gases) $C_p \approx C_v$ (solids and liquids)
Phase	$\Delta\hat{H}_v$ (liquid to vapor) $\Delta\hat{H}_m$ (solid to liquid)	$\Delta\hat{U}_v \approx \Delta\hat{H}_v - RT_b$ $\Delta\hat{U}_m \approx \Delta\hat{H}_m$	Data often available only at normal boiling point T_b and normal melting point T_m.

8.4.4 ▸ 공정에너지 계산: 압력, 온도, 상 영향

다음의 예에서, $\hat{H}$와 $\hat{U}$에 대한 압력, 온도, 그리고 상의 영향은 공정에너지 문제의 중요한 특징들이다. 몇 가지 다른 유형의 문제를 해결하기 위한 에너지수지식이 있는 $\hat{H}$와 $\hat{U}$의 수치적 계산을 어떻게 활용하는지를 설명하고자 한다. $\hat{H}$와 $\hat{U}$를 정량화시키는 방법을 선택하는 것뿐만 아니라 각 상황에 대하여 에너지수지식을 어떻게 간단하게 처리하는지에 대한 방법에 주목하기 바란다. 각각의 풀이를 통하여 12단계의 편리한 방법론이 설명될 것이다.

닫힌 계에서의 적분에너지수지: 얼음 막대기를 빼내는 경우 ◂ 예제 8.9

Cancun에서의 멋진 겨울 휴가를 마치고 Calgary 집으로 돌아와 보니 파이프 안의 물이 얼어 있다. 파이프 하나에 2-lb 얼음 막대기가 있다고 생각되었다. 헤어드라이어를 사용해서 얼음 막대를 녹이는 것이 가능한가?

풀이

단계 1~3. 시스템은 얼음 막대기이다. 이것은 시스템을 들어가거나 나가는 물질이 없는 닫힌 계이므로, 물질흐름 변수가 필요치 않다. 헤어드라이어로부터 시스템으로 하나의 에너지흐름이 있다. 필요한 유일한 흐름 변수는 $\dot{Q}$이다.

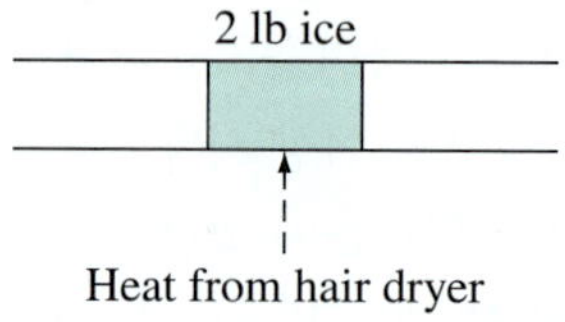

단계 4~8. 시스템의 질량은 $m_{\text{sys}} = 2$ lb이다. 헤어드라이어를 검토해야 하는데, 1.5 kW이거나 영국 단위로는 약 5000 Btu/h이다. 열이 주위에서 시스템으로 가해지기 때문에, $\dot{Q} = +5000$ Btu/h이다. 일 항목은 없다.

단계 9. 속도나 위치의 변화가 없기 때문에 얼음 막대기의 운동이나 위치에너지는 없다. 상 변화가 있으므로 시스템의 내부에너지가 변화한다. 얼음 온도나 압력에 관한 어떠한 정보도 주어지지 않았지만, 시스템에서 상태 변화가 유일한 상 변화일지라도 상 변화는 종종 적은 온도 변화보다 더 큰 내부에너지 변화에 영향을 끼친다. 부록 B에 있는 자료로부터, 물은 $\Delta\hat{H}_m = 6.008$ kJ/gmol = 144 Btu/lb임을 알 수 있다. 따라서 $\Delta\hat{H}_m \approx \Delta\hat{U}_m$,

$$U_{\text{sys},f} - U_{\text{sys},0} = m_{\text{sys}}\,\Delta\hat{U}_m = 2\text{ lb}\left(144\frac{\text{Btu}}{\text{lb}}\right) = 288\text{ Btu}$$

단계 10~12. 헤어드라이어 방법이 합리적인가를 판단하기 위하여, 얼음 막대기가 녹는 데 걸리는 총 시간을 측정해야 한다. 일정 시간 동안 일어나는 것에 관심을 가지기 때문에 적산 에너지수지식을 사용해야 한다. 분석 내용이 주어졌으므로 이 식은 다음과 같이 단순화시킬 수 있다.

$$U_{sys,f} - U_{sys,0} = Q$$

또는

$$U_{\text{sys},f} - U_{\text{sys},0} = 288 = \int_{t_0}^{t_f} \dot{Q}\,dt = \int_{0}^{t_f} 5000\,dt = 5000\,t_f$$

이 식을 풀면,

$$t_f = \frac{288\text{ Btu}}{5000\text{ Btu/h}} = 0.058\text{ h, or about 3.5 minutes}$$

이 결과는 파이프를 가열하거나 녹는 온도까지 얼음을 가열하는 데 필요한 시간을 무시했기 때문에 얼음 막대기가 녹는 데 필요한 실제 시간의 낮은 한계치이다. 그리고 헤어드라이어로부터 얻는 모든 열이 얼음을 녹이는 데로 간다고 가정하였다. 이 계산의 목적이 헤어드라이어를 사용하는 것이 합리적인 방법인가를 간단하게 결정하는 데 있기 때문에 이러한 근사치는 인정할만하다.

Hint
특정 시간 간격에 대한 공정을 분석하기 위하여 적산 에너지식을 사용하자.

미분에너지식: 열교환기 ◂ 예제 8.10

공기(100 lbmol/h, C_p = 7 Btu/lboml °F)가 이중관 열교환기에서 500 psia의 포화증기를 응축시킴으로써 70°F에서 400°F로 예열된다. 열교환기는 정상상태로 작동된다. 공기로 전달되는 열량은 얼마인가? 열교환기를 통하여 흐르는 증기량은 얼마인가?

› 풀이

단계 1. 이중관 열교환기는 단순히 하나의 관 내부에 관이 하나 더 있는 것이다. 어떤 유체가 내부로 흐르고, 또 다른 유체는 외부로 흐른다. 열은 내부 관의 벽을 통하여 뜨거운 유체로부터 차가운 유체로 전달된다. 외부는 보통 대기 쪽으로 열손실이 발생하는 걸 방지하기 위하여 단열시킨다.

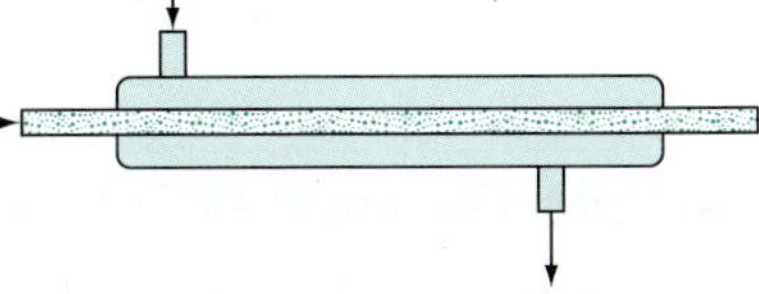

단계 2~5. 공기 쪽으로의 열전달율을 계산하기 위하여 열전달이 일어나는 경계면의 시스템을 선택하여야 한다. 내부관의 공기를 시스템으로 선택한다. lbmol, Btu, °F의 단위를 이용한다. 공기 유량은 $\dot{n}_{A,\text{in}}$ = 100 lbmol/h이고, 우리 기준으로 사용한다. 내부 관의 직경은 변하지 않고, 관의 높이도 변하지 않으므로 유체흐름의 변수를 $\dot{H}_{A,\text{in}} = \dot{n}_{A,\text{in}}\dot{H}_{A,\text{in}}$와 $\dot{H}_{A,\text{out}} = \dot{n}_{\text{A,out}}\dot{H}_{A,\text{out}}$ 같이 지정한다.

단계 6~7. 공기의 유입, 유출량은 동일하거나 $\dot{n}_{A,\text{in}} = \dot{n}_{A,\text{out}}$ = 100 lbmol/h 이다. 온도가 변하므로 공기의 엔탈피는 변한다. 따라서 열용량 값이 주어진다. $\hat{H}_{A,\text{in}} = C_{pA}(T_{\text{in}} - T_{\text{ref}})$와 $\hat{H}_{A,\text{out}} = C_{pA}(T_{\text{out}} - T_{\text{ref}})$이다. 기준온도를 유입공기의 온도로 정한다면, $\hat{H}_{A,\text{in}} = 0$이고, $\hat{H}_{A,\text{in}} = 7(400 - 70) = 2310$ Btu/lbmol이 된다.

단계 8~9. 기계적 장치가 없으므로 일 항목이 없다. 공기 속으로 전달되는 열의 양인 $\dot{Q}$를 계산해야 한다. 공정의 정상상태로 운전되므로 시스템의 에너지 변화는 고려할 필요가 없다.

단계 10~12. 미분에너지수지식은 다음과 같이 단순화시킬 수 있다.

$$0 = \dot{n}_{\text{A,in}}\hat{H}_{A,\text{in}} - \dot{n}_{\text{A,out}}\hat{H}_{A,\text{out}} + \dot{Q}$$

아는 값들을 넣으면,

$$0 = 0 - (100\ \text{lbmol/h})(2310\ \text{Btu/lbmol}) + \dot{Q}$$

그러므로

$$\dot{Q} = 231{,}000\ \text{Btu/h}$$

해답은 열이 주위(스팀)로부터 시스템(공기)으로 전달되는 것을 의미하는 양수이다.

스팀의 유량을 알기 위해 시스템으로서 외부 파이프에 있는 스팀을 선택할 필요가 있다. 에너지수지식은 다음과 같이 단순화시킬 수 있다.

$$0 = \dot{m}_{s,\text{in}}\hat{H}_{s,\text{in}} - \dot{m}_{s,\text{out}}\hat{H}_{s,\text{out}} + \dot{Q}$$

공기로 전달되는 열은 스팀의 외부로 전달되는 열이어야 하므로, 시스템의 변화량을 알아야 한다.

$$\dot{Q} = -231{,}000 \text{ Btu/h}$$

스팀 표는 500 psia에서의 포화증기와 포화액체의 엔탈피에 관한 정보를 제공한다. $\hat{H}_{s,\text{in}} = 1205.1$ Btu/lb와 $\hat{H}_{s,\text{out}} = 453.0$ Btu/lb. 스팀의 유입, 유출량은 동일하므로 에너지수지식은,

$$0 = \dot{m}_s(1205.1) - \dot{m}_s(453.0) + (-231{,}000)$$

이 식으로부터 스팀의 유량을 구할 수 있다:

$$\dot{m}_s = 307 \text{ lb/h}$$

예제 8.11 ▸ 에너지와 물질 동시 수지: Mel과 Dan의 레모네이드 판매대

Mel과 Dan은 레모네이드 판매대를 운영한다. 어떤 고객들은 거의 차갑지 않은 것을 좋아하는 반면, 다른 사람들은 차가운 것을 좋아한다. 그들은 (사업을 부흥시키고) 고객들을 기쁘게 하기 위해서 새로운 방법을 늘 찾는다. Mel은 새로운 레모네이드 주문 방법을 알게 되었다. Mel은 고객에게 원하는 온도를 물어보고(시원한 것: 60°F, 찬 것: 45°F, 언 것: 35°F), 그리고 컵에 얼음조각을 정확히 몇 개 넣음으로써 레모네이드 온도를 미세하게 조절할 수 있다고 말한다. Dan은 Mel이 몇 개의 얼음조각을 넣어야 하는지 어떻게 알지가 궁금했지만, Mel은 원하는 온도와 레모네이드의 크기(8 oz, 12 oz 또는 16 oz)를 알려주면 넣어야 할 얼음조각의 개수를 계산하는 간단한 수학식이 있다고 주장했다.

Mel과 Dan의 판매대의 레모네이드는 얼음을 넣기 전에는 약 85°F 정도인 상온과 같다. 얼음조각은 1 in^3의 부피와 어는점보다 약간 낮은 온도를 유지한다. 레모네이드는 고객에게 보온컵에 넣어 판매된다. 항상 품질을 생각하며, Mel은 온도가 균형을 유지하지 못하는 어떠한 컵도 고객에게 판매하지 않는다. Dan은 냅킨에 다음과 같은 메모를 적었다: $\Delta\hat{H}^\circ_{m,\text{ice}} = 330$ J/g $\approx \Delta\hat{H}_{m,\text{ice}}$, $C_{p,\text{water}} \approx C_{v,\text{water}} = 2.3$ J/g°F, 물의 밀도 $= 1 \text{ g/cm}^3 = 29.6$ g/fl. oz. $= 16.4 \text{ g/in}^3$.

Mel은 그의 비밀 방법을 공개하지 않을 것이다. 우리가 알아낼 수 있을까?

〉풀이

단계 1~5. 시스템은 컵의 내용물이다. 반회분식 공정으로 이 시스템을 설정한다: 시스템은 초기에 얼음이 없이 레모네이드를 담고 있었으나, 일정한 시간이 지난 후 얼음을 넣은 후 시스템의 상태를 고려해보자. 질량단위로 g, 에너지는 J, 온도단위로는 °F를 사용한다. N은 얼음조각의 수를 그리고 m_{ice}를 각 조각의 질량으로 놓는다. 각 얼음조각은 부피 1 in^3; 밀도 1.0 g/cm^3 또는 16.4 g/in^3. 그러므로 m_{ice} = 16.4 g/cube. 컵에 넣어진 총 얼음의 질량은 Nm_{ice} =16.4N이다. Mel과 Dan의 판매대에서는 세 개의 다른 크기의 컵을 판매한다. 컵에 있는 레모네이드의 초기질량을 $m_{sys,0}$으로 표기한다. 만일 레모네이드의 질량이 물과 같다고 하면,

$$m_{sys,0} = \frac{29.6 \text{ g}}{\text{fl. oz.}} \times V_{cup} = 29.6\ V_{cup}$$

여기서 V_{cup}은 유체 온스(fl. oz.)당 컵에 있는 레모네이드의 부피이다.

단계 6. 이 반회분식 공정에 대한 적분 물질수지로부터 다음과 같은 관계를 얻을 수 있다.

$$m_{sys,f} - m_{sys,0} = \int_{t_0}^{t_f} \dot{m}\, dt$$

$$m_{sys,f} = m_{sys,0} + Nm_{ice} = 29.6\ V_{cup} + 16.4N$$

물질수지식으로는 더 이상 나아갈 수 없으므로 이 정도에서 그친다.

! Hint

때때로 물질수지식을 계산하기 위하여 에너지수지식이 필요하다.

단계 7, 8. 참고상태로 용융점 온도가 32°F인 순수 액체상 물을 선택한다. 순수 물로서 레모네이드를 대신한다. 왜냐하면 레모네이드의 열물리학적 자료가 없기 때문이다. 말할 수 있는 운동에너지나 위치에너지가 없다. 유입흐름의 상태와 참고상태의 유일한 차이점은 상이다. 기준상태에서 흐름상태로 옮아감에 따라 액체에서 고체로 변한다. 그러므로 컵에 넣어지는 얼음의 비엔탈피는 $\hat{H}_{ice,in} = -\Delta\hat{H}^{\circ}_{m,ice} = -330$ J/g이다. 컵이 보온되기 때문에, $Q = 0$. 기계적 장치가 없기 때문에 $W_s = 0$.

단계 9. 시스템의 내부에너지는 시간에 따라 변한다. 초기 컵 내용물은 85°F, 1기압에서의 액체 레모네이드이다. 기준상태(여기서 $\hat{U}_{ref} = 0$)로는 순수 액체 물이 주어지므로,$\hat{U}_{sys,0}$와 $\hat{U}_{ref}$ 사이의 유일한 차이는 온도로부터 기인한다.

$$\hat{U}_{sys,0} = \hat{U}_{sys,0} - \hat{U}_{ref} = C_v(T_0 - T_{ref}) = 2.3\frac{\text{J}}{\text{g °F}}(85\text{°F} - 32\text{°F}) = 122\frac{\text{J}}{\text{g}}$$

궁극적으로 내용물은 시원해지고(60°F), 차갑게 되거나(45°F), 냉각된다(35°F). Mel은 시스템이 열적으로 평형이 될 때까지 기다린다. 온도가 모두 용융점 이상이기 때문에 더해진 모든 얼음은 녹게 된다. 그러므로 선택한 기준상태 대비(액상의 물, 32°F, 1기압), 마지막 상태의 비내부에너지에 대한 온도의 영향만을 고려하면 된다.

$$\hat{U}_{sys,f} = \hat{U}_{sys,f} - \hat{U}_{ref} = C_v(T_f - T_{ref}) = 2.3\frac{\text{J}}{\text{g °F}}(T_f - 32\text{°F})$$

여기서 생성물에 따라 T_f = 60°F, 45°F 또는 35°F이다.

단계 10~12. 특정한 시간 간격에 대하여 적분에너지수지식을 선택한다. 이러한 상황에서 식은 다음과 같이 단순화시킬 수 있다.

$$U_{\text{sys},f} - U_{\text{sys},0} = \int_{t_0}^{t_f} \dot{m}_{\text{in}} \hat{H}_{\text{in}}\, dt$$

또는

$$m_{\text{sys},f}\hat{U}_{\text{sys},f} - m_{\text{sys},0}\hat{U}_{\text{sys},0} = Nm_{\text{ice}}\hat{H}_{\text{ice,in}}$$

아는 값에 대하여 치환하고, 물질수지식으로부터의 결과로부터 다음의 관계식이 얻어진다.

$$(29.6\, V_{\text{cup}} + 16.4N)[2.3(T_f - 32)] - 29.6V_{\text{cup}}(122) = 16.4N(-330)$$

다시 정리하면, 레모네이드 크기 V_{cup}와 원하는 최종 온도 T_f의 함수로서 더해지는 N개의 얼음조각에 대한 표현은

$$N = \frac{3611.2 - 88.8(T_f - 32)}{5412 - 37.72(T_f - 32)} V_{\text{cup}}$$

8온스, 12온스, 16온스 컵에 있어서 T_f의 함수로써 N을 도시한다. 각 실선은 다른 크기를 표시하고, 점선은 다른 온도를 표시한다. 시원한 8온스 컵에 단지 두 개의 얼음조각을 넣으면 되지만, 16온스 얼음컵에 대해서는 10개의 조각이 필요하다.

85°F에서는 얼음이 필요없다. 이것은 우리 계산의 좋은 확인이 될 수 있다. 또한 얼음조각의 수가 레모네이드 부피와 정비례하는 것을 주목하는데, 이것은 일리가 있다. 확인해야 할 한 가지 요소는 '얼음이 녹은 이후 컵에 남아 있는 액체의 부피가 몇 퍼센트 증가하는가'이다.

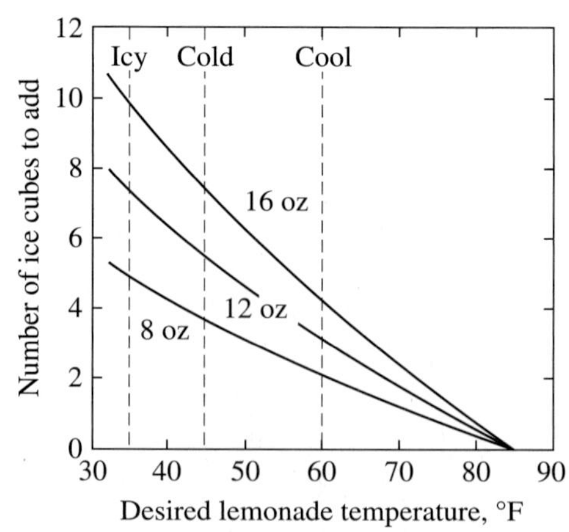

Mel과 Dan은 고객들이 연하고, 묽은 레모네이드에 대하여 불평할 것을 걱정해야 하는가? 이 질문에 대한 답은 마케팅 전문가에게 맡겨두자.

평형순간의 에너지수지: 헥산과 헵탄의 분리 ◂ 예제 8.12

25°C에서 40 mol% n-헥산(C_6H_{14})과 60 mol% n-헵탄(C_7H_{16})의 액체 혼합물이 1520 mmHg의 압력에서 조작되고 있는 홀래쉬 드럼으로 퍼올려지고 있다. 공급량은 100 gmol/s이다. 혼합물은 111°C로 가열되고, 증기와 액상생성물은 지속적으로 제거된다. 얼마나 많은 열이 홀래쉬 드럼으로 가해져야 하는가? 자료:

헥산 증기 $C_p = 143$ J/gmol °C, 액체 헥산 $C_p = 189$ J/gmol °C

헵탄 증기 $C_v = 166$ J/gmol °C, 액체 헵탄 $C_v = 212$ J/gmol °C

헥산 69°C에서 $\Delta\hat{H}_v = 28{,}900$ J/gmol, 헵탄 98.4°C에서 31,800 J/gmol

› 풀이

이 문제는 예제 7.5에서의 평형순간에 대한 공정흐름 계산과 유사하다.

단계 1~6. 흐름선도에 드럼 안으로 들어가는 열흐름 표시만 제외하고는, 예제 7.5에서 사용한 것과 같은 흐름도, 흐름 변수, 단위, 기초 정보를 사용한다. 에너지 단위로는 J을 사용한다. 물질수지 계산은 예제 7.5에서 완성하였다. 여기 그 결과를 나타냈다

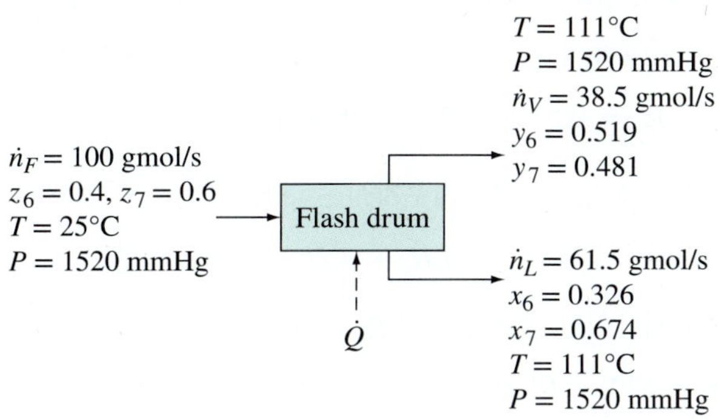

단계 7~9. 홀래쉬 드럼은 열린 계이고, 일은 없고, 열만 가해진다. 드럼은 정상상태로 운전되기 때문에 시스템 에너지 변화가 없다. 유입흐름과 유출흐름의 엔탈피를 계산하기 위하여 설명되어야 하는 유입, 유출물질흐름 사이에는 온도, 상, 그리고 조성의 변화가 있다. 유입, 유출 사이의 운동에너지나 위치에너지 차이는 무시할 수 있다.

$T = 25$°C, $P = 1520$ mmHg, $\phi =$ 액체인 조건에서 순수 헥산과 순수 헵탄의 주어진 기준상태에서의 각 흐름의 엔탈피를 계산한다. 공급흐름은 참고 T, P, ϕ인 상태에 있지만, 순수 성분이라기보다는 혼합물이다. 헥산과 헵탄은 화학적으로 유사하기 때문에,

$$\hat{H}_F = \hat{H}_{\text{ref}} = 0$$

라고 쉽게 얘기할 수 있다. 그러므로 홀래쉬 드럼을 나가는 액체흐름은 다른 T이지만 기준상태로서 같은 P와 ϕ이다. 그러므로,

$$\hat{H}_L - \hat{H}_{\text{ref}} = \hat{H}_L = \sum x_i \int_{T_{\text{ref}}}^{T} C_{pi}\, dT = [0.326(189) + 0.674(212)](111 - 25) = 17{,}590 \text{ J/gmol}$$

이것은 액체혼합물의엔탈피이다.

훌래쉬 드럼을 떠나는 증기흐름은 기준상태로서 같은 P이지만 T와 상은 다른 상태이다. 증기자료에는 헥산과 헵탄의 정상적인 끓는점, T_b에서의 엔탈피가 있다. 이 자료를 사용하기 위해서는 기준상태에서 증기상태에 이르는 아래의 경로를 세워야 한다.

1. 액상 1520 mmHg, 25°C에서 T_b로 성분의 T 증가
2. T_b, 1520 mmHg 액체에서 증기로의 상 변화
3. 증기상 1520 mmHg, T_b에서 111°C로 성분의 T 증가

이것은 성분들이 실제로 갖는 경로가 아니라는 것을 다시 한번 주의한다. 성분이 혼합물 형태이고, 더 높은 압력에 있을 때, 액체에서 증기상태로 갑작스러운 변화는 없다! 그러나 엔탈피는 상태함수이므로 처음과 나중의 상태가 옳으면 상상했던 경로는 괜찮다.

각 성분에 대하여 우선 엔탈피 변화를 계산하고, 섞는다.

$$\hat{H}_{6v} = (189)(69 - 25) + 28{,}900 + (143)(111 - 69) = 43{,}220 \text{ J/gmol}$$

$$\hat{H}_{7,v} = (212)(98.4 - 25) + 31{,}800 + (166)(111 - 98.4) = 49{,}450 \text{ J/gmol}$$

$$\hat{H}_v = 0.519(43{,}220) + 0.481(49{,}450) = 46{,}220 \text{ J/gmol}$$

단계 10~12. 정상상태의 미분에너지수지식은 다음과 같이 단순화될 수 있다.

$$\dot{n}_v\hat{H}_v + \dot{n}_L\hat{H}_L - \dot{n}_F\hat{H}_F = \dot{Q}$$

우리가 계산했던 값을 삽입하면,

$$38.5(46{,}220) + 61.5(17{,}590) - 100(0) = 2.86 \times 10^6 \text{ J/s} = 2860 \text{ kJ/s} = \dot{Q}$$

열이 탱크로 더해졌기 때문에 결과는 양수이어야 한다.

예제 8.13 ▸ **비정상상태의 열손실: 위생 배양액의 냉각**

회분식 반응기 내에 있는 10,000리터의 발효 배양액을 121°C에서 26분 동안 낮은 압력으로 살균한다. 그리고 사용하기 전에 37°C로 냉각시켜야만 한다. 반응기는 온도 35°C인 큰 방에서 식혀진다. 냉각속도는 배양액과 방 사이의 온도 차이에 비례한다.

$$\dot{Q} = 3760(T - T_{\text{room}})$$

여기서 T는 °C로 주어지고, $\dot{Q}$는 kJ/min의 단위이다. 제거되어야 할 총 열량은 얼마인가? 배양액의 온도를 시간의 함수로 도시하라. 배양액을 식히는 데 필요한 시간은 얼마인가? 배양액의 밀도를 1.05 kg/liter, 열용량, C_v = 4 kJ/kg °C라고 가정한다.

풀이

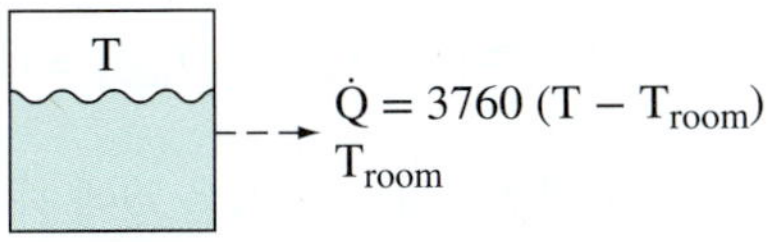

단계 1~6. 시스템은 단순히 배양액 용기이다. 질량의 단위는 kg, 에너지는 kJ, 온도는 °C, 시간은 분이다. 시스템의 질량은 시간에 따라 변하지 않으므로, $m_{\text{sys},0} = m_{\text{sys},f} = m_{\text{sys}} = 100{,}00\ \text{L}\ (1.05\ \text{kg/L}) = 10{,}500\ \text{kg}$. 이 양을 배양액의 기본값으로 설정한다.

단계 7~9. 이 시스템에는 물질흐름 양이 없으므로, 흐름에너지 계산이 필요 없다. 기계적 장치가 없기 때문에, $\dot{W}_s = 0$가 된다. 시스템의 운동에너지와 위치에너지는 시간에 따라 변하지 않지만, 내부에너지는 온도 변화가 있기 때문에 변한다. 실온(35°C)에서의 액체 배양액을 기준상태로 설정한다. (다른 온도도 기준상태로 사용할 수 있다. 원하는 온도 37°C나 초기온도 121°C도 좋은 선택이 될 수 있다.) 이러한 기준상태로부터 초기상태(뜨거운 배양액)는 기준상태와 단지 온도만 차이가 난다. 그러므로,

$$\hat{U}_{\text{sys},0} - \hat{U}_{\text{ref}} = \hat{U}_{\text{sys},0} = C_v(T_0 - T_{\text{ref}}) = 4\frac{\text{kJ}}{\text{kg °C}}(121\text{°C} - 35\text{°C}) = 344\frac{\text{kJ}}{\text{kg}}$$

최종상태(37°C로 냉각된 배양액)는 기준상태와 단지 온도만 다르다. 그래서,

$$\hat{U}_{\text{sys},f} - \hat{U}_{\text{ref}} = \hat{U}_{\text{sys},f} = C_v(T_f - T_{\text{ref}}) = 4\frac{\text{kJ}}{\text{kg °C}}(37\text{°C} - 35\text{°C}) = 8\frac{\text{kJ}}{\text{kg}}$$

단계 10~12. 먼저 특정한 시간 경과에서 제거되는 총 열량을 결정하기로 한다. 그러므로 적분에너지수지식을 세운다. 이 식은 다음과 같이 단순화시킬 수 있다.

$$U_{\text{sys},f} - U_{\text{sys},0} = m_{\text{sys}}(\hat{U}_{\text{sys},f} - \hat{U}_{\text{sys},0}) = \int \dot{Q}\,dt = Q$$

여기에 모아진 자료를 치환하면,

$$(10{,}500\ \text{kg})\left(8\frac{\text{kJ}}{\text{kg}} - 344\frac{\text{kJ}}{\text{kg}}\right) = Q = -3{,}528{,}000\ \text{kJ}$$

제거된 총 열량에 대한 첫째 문제의 해답이 되었다. (음수 부호는 시스템에서 주위로 열이 전달된 것을 의미한다.)

두 번째 문제는 특정한 시간 t에서 온도 T를 결정하는 것이다. 다시 말해서 T와 t에 관한 식이 필요하다. 미분에너지수지식으로 돌아가야 한다. 왜냐하면 유입이나 유출물질흐름이 없고, 일도 없으며, 운동에너지나 위치에너지 변화가 없으므로 식은 다음과 같이 단순화된다.

$$\frac{dU_{\text{sys}}}{dt} = \dot{Q}$$

기준상태와 실제상태 사이에서 변화하는 *유일한* 양은 온도이다(즉, 압력, 상, 조성은 같은 상태로 머물러 있음). 그리고 어느 순간에서

$$\hat{U}_{\text{sys}} - \hat{U}_{\text{ref}} = \hat{U}_{\text{sys}} = C_v(T - T_{\text{ref}})$$

그리고,

$$\frac{dU_{sys}}{dt} = \frac{d}{dt}[m_{sys}C_v(T - T_{ref})] = m_{sys}C_v\frac{dT}{dt}$$

(m_{sys}, C_v, T_{ref}는 t와는 무관하다). 이 식을 $\dot{Q}$에 대한 식으로 정리하여 미분 에너지수지식으로 변환시키면,

$$m_{sys}C_v\frac{dT}{dt} = -3760(T - T_{room})$$

m_{sys}, C_v, T 값을 치환해서 다시 정리하면,

$$\frac{dT}{T-35} = -\frac{3760}{(10{,}500)(4)}dt = -0.0895\ dt$$

초기상태($t_0 = 0$, $T_0 = 121°C$)로부터 어떤 시간 t와 온도 T까지 양변을 적분하면:

$$\int_{121°C}^{T}\frac{dT}{T-35°C} = -\int_0^t 0.0895\ dt$$

$$\ln\left[\frac{T-35}{121-35}\right] = -0.0895t$$

$$T = 35 + 86e^{-0.0895t}$$

여기서 T는 °C이고, t는 분이다.

이 함수를 도시하면:

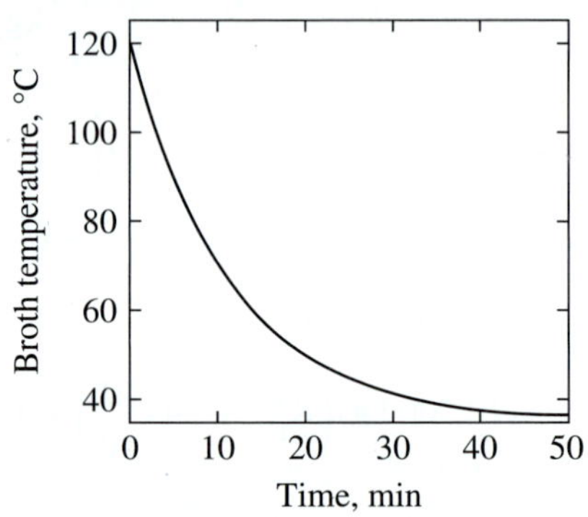

온도가 처음에는 빠르게 하강하지만, 배양액 온도가 실온에 접근할수록 냉각속도는 점차 느려진다.

유도한 식으로부터, t = 42분에서 T = 37°C임을 알 수 있다. 살균하는 것보다 배양액을 냉각시키는 게 더 오래 걸린다. 어떻게 이 시간을 단축할 수 있을까?

▶ 8.5 내부에너지, 엔탈피, 에너지수지식: 조성 영향

시스템이나 물질은 분자 활동으로 인하여 내부에너지 $\hat{U}$를 보유하고 있다. 내부에너지는 화학적 공유결합의 형태로 분자 내에 저장되어 있는 에너지를 일컫는다. 그

러므로 반응으로 인하여 화학결합의 특성이 변하면, $\hat{U}$(그리고 $\hat{H}$)도 변할 것이다. 내부에너지는 또한 비공유 분자간 인력으로부터의 영향 요소도 포함한다. 예를 들면, 두 개의 액체를 혼합하거나 액체에 고체를 녹여 넣음으로써 조성의 변화로부터 기인하여 이러한 분자간 상호인력의 특성이 변하면 $\hat{U}$(그리고 $\hat{H}$)가 변할 것이다. 이 장에서는 조성에 변화를 줄 수 있는 반응, 혼합이나 용해와 같은 공정에 대하여 다루고자 한다. $\hat{H}$와 $\hat{U}$을 수학적으로 어떻게 조성 z_i의 함수로서 산출할 수 있는지 살펴보고, 화학반응, 혼합 또는 용해를 포함하는 공정에너지 문제에 에너지수지식을 어떻게 적용하는지를 설명하고자 한다.

8.5.1 ▸ $\hat{U}$와 $\hat{H}$에 대한 조성의 영향 고찰

조성이 변할 때, $\hat{U}$와 $\hat{H}$의 변화량을 계산하기 위해서는 표에 요약한 자료가 필요하다.

z_i 변화에 따른 $\hat{U}$와 $\hat{H}$의 변화: 혼합과 용액 기름과 식초를 혼합하거나, 염화나트륨을 물에 녹이거나, 용액으로부터 단백질을 결정화시키는 작업들은 매우 흔한 공정이다. 이 모든 것들은 조성 변화를 수반한다. 혼합공정은 시스템의 화학 조성 변화를 포함한다. 용해와 결정화 공정은 상 변화와 조성 변화를 동시에 수반한다.

에탄올과 물을 혼합해 보자. 혼합물이 더 차갑게 느껴질 것이다. 만일 37 wt%의 염산용액을 물로 희석시키면 어떻게 될까? 용액은 점점 따뜻하게 될 것이다. 각각의 경우에는 중요한 **혼합엔탈피**(enthalpy of mixing) $\Delta\hat{H}_{mix}$가 있다(종종 혼합열이라고 함). 즉,

$$\hat{H}_{\text{mix}} - \sum x_i \hat{H}_{i,\text{pure}} = \Delta\hat{H}_{\text{mix}} \qquad \textbf{(8.17a)}$$

에탄올과 물의 혼합에 대한 $\Delta\hat{H}_{mix}$은 양수이고, HCl을 물로 희석하는 과정에서의 $\Delta\hat{H}_{mix}$은 음수이다. 두 성분 사이에 강한 비공유나 척력이 있다면(정전하나 수소결합으로 인해) $\Delta\hat{H}_{mix}$을 무시할 수 없다(Raoult의 법칙을 따르지 않는 변질된 혼합물들임).

아마도 화학실험실에서 수산화나트륨 알갱이를 물에 녹여보았을 것이다. 용액이 따뜻해지는 것을 느껴보았는가? 이러한 경우에 고체가 액체로 되면서 상 변화가 있고, NaOH를 물에 녹여 혼합시킴으로써 조성 변화도 있다. 이렇게 상 변화와 조성 변화가 함께 일어나는 엔탈피 변화를 **용액엔탈피**(enthalpy of solution) $\Delta\hat{H}_{\text{soln}}$이라고 한다. 즉,

$$\hat{H}_{\text{soln}} - (x_{iL}\hat{H}_{iL} + x_{iS}\hat{H}_{iS}) = \Delta\hat{H}_{\text{soln}} \qquad \textbf{(8.17b)}$$

여기서 $\hat{H}_{\text{soln}}$은 용액의 엔탈피이고, x_{iL}과 x_{iS}는 각각 용매와 용질 성분의 몰(또는 질량) 분율이다. 그리고 $\hat{H}_{iL}$와 $\hat{H}_{iS}$는 순수 액체로서 용매 성분과 순수 고체로서의 용질 성분의 비엔탈피이다. 결정화 엔탈피 $\Delta\hat{H}_{\text{cry}}$는 $\Delta\hat{H}_{\text{soln}}$의 음수값이다. $\Delta\hat{H}_{\text{soln}}$은 양수 또는 음수가 될 수 있다.

$\Delta\hat{H}_{\text{mix}}$와 $\Delta\hat{H}_{\text{soln}}$은 희석요소에 따라 변한다. 화합물의 몰당 더해지는 희석용매의 몰. 부록 B에 일부 혼합물과 용액에 대한 $\Delta\hat{H}_{\text{mix}}$와 $\hat{H}_{\text{soln}}$의 값이 있다. 더 많은

자료가 *Perry's Chemical Engineers' Handbook*이나 유사한 참고서에 있다.

설명 ▸ 4 g NaOH 알갱이를 18°C에서 10 L의 물에 녹일 때 엔탈피 변화는 얼마인가? 물 10 L는 10,000 g 또는 555.55 gmol H_2O이다. 4 g NaOH는 0.1 gmol NaOH와 같다. 그러므로 희석은 약 5555 gmol 물/gmol NaOH가 된다. 더 자세한 정보가 없는 상황에서는 "무한 희석"이라고 가정할 수 있다. 부록 B로부터 이러한 희석조건에서는 $\Delta\hat{H}_{\text{soln}} = -42.59$ kJ/gmol이다. 단위가 중요하다(이것은 NaOH를 물에 녹일 때의 *gmol NaOH에 대한* 엔탈피 변화임). 그러므로 총 엔탈피 변화는 (0.1 gmol NaOH)(−42.59 kJ/gmol NaOH) = −4.259 kJ.

---

z_i 변화에 따른 $\hat{H}\hat{U}$와 $\hat{H}$의 변화: 화학반응 화학물질이 반응할 때, 시스템의 에너지는 크게 변할 수 있다. 가장 자주 접할 수 있는 상황은 연소이다(탄소와 수소가 CO_2와 물로 산화되는 화학반응). 이러한 반응과 관련된 에너지 변화를 이용하는 것은 음식을 요리하는 것, 집의 난방, 자동차 운전 등을 의미한다.

화학반응을 수반하는 엔탈피 변화는 **반응엔탈피**(enthalpy of reaction)라고 하거나 반응열이라고 한다. 통상적으로 자료들은 일반적으로 표준 T와 P, 즉 25°C(298K), 1기압을 기준으로 한다. **반응의 표준 엔탈피**(standard enthalpy of reaction)는 $\Delta\hat{H}_r^\circ$과 같이 표시하며, 표준 T와 P에서의 반응 몰당 엔탈피 변화를 의미한다. $\Delta\hat{H}_r^\circ$을 계산하는 데는 다음과 같은 두 가지 방법이 있다.

방법 1 생성 엔탈피로부터,

$$\Delta\hat{H}_r^\circ = \sum_{\text{all } i} \nu_i \Delta\hat{H}_{f,i}^\circ \tag{8.18a}$$

여기서 표준**생성엔탈피**(enthalpy of formation) $\Delta\hat{H}_{f,i}^\circ$는 물질들이 자연상태나 응집된 상태로부터 25°C, 1기압에서 i 성분이 1몰 형성될 때의 엔탈피 변화이다. "응집의 자연상태"는 단일 원자 화합물로 모든 성분이 존재하지 않기 때문에 고려할 필요가 있다. 예를 들면, 산소의 자연상태와 응집상태는 (25°C, 1기압에서) O_2(g), 브롬은 Br_2(l), 탄소는 C(s), 여기서 (g)는 기체, (l)은 액체, (s)는 고체를 의미한다. $\Delta\hat{H}_f^\circ$ 자료는 부록의 표 B.5와 많은 사전에 나와 있다. 정의에 따르면 "자연상태와 응집상태"에 대한 성분들에 대하여 $\Delta\hat{H}_f^\circ = 0$이다.

방법 2 연소엔탈피로부터,

$$\Delta\hat{H}_r^\circ = -\sum_{\text{all } i} \nu_i \Delta\hat{H}_{c,i}^\circ \tag{8.18b}$$

여기서 **연소엔탈피**(enthalpy of combustion) $\Delta\hat{H}_{c,i}^\circ$는 i 성분 화합물이 산소와 반응하여 특정한 반응 생성물을 형성할 때의 25°C, 1 기압에서 화합물의 몰당 엔탈피 변화이다. CO_2(g), H_2O(g), SO_2(g), N_2(g), Cl_2(g)에 국한된다. $\Delta\hat{H}_{c,}^\circ$ 값은 부록 B에 일부 화합물에 대하여 정리되어 있다. 보다 많은

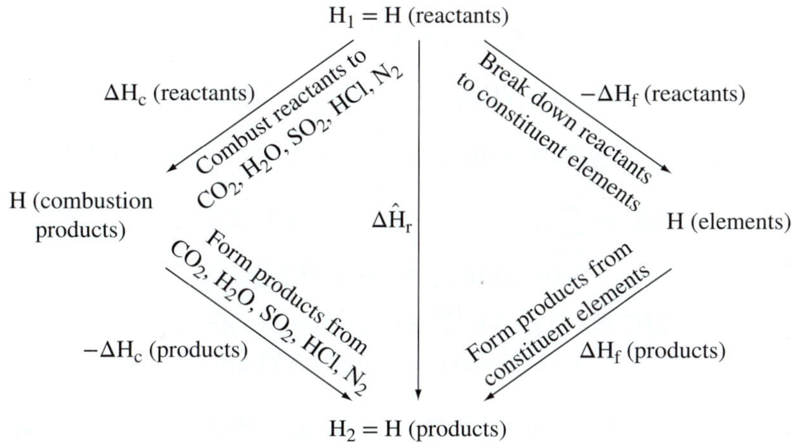

그림 8.10 반응물에서 생성물로의 직선 경로를 지니는 엔탈피 변화는 $\Delta\hat{H}_r$, 반응엔탈피이다. 이것은 좌측 경로(연소생성물에 대한 반응물의 연소 및 원하는 생성물에 대한 연소 생성물의 재형성)나 우측 경로(반응물의 개별 성분으로의 파괴 및 원소들의 원하는 생성물로의 재배열)를 선택하여 계산할 수 있다.

자료는 *Perry's Chemical Engineers' Handbook* 등에 나와 있다. CO_2(g), H_2O(g), SO_2(g), O_2(g), N_2(g), Cl_2(g)에 대해서 $\Delta\hat{H}^\circ_{c,i} = 0$이다. 이유는 무엇인가? 이것들은 표준 상태에서의 연소 생성물로 정의되어 있기 때문이다.

$\Delta\hat{H}^\circ_r$을 계산하는 두 가지 방법이 그림 8.10에 나와 있다. 이 방법을 활용하는 방법이 그림에 나와 있다. 방법 1($\Delta\hat{H}^\circ_f$)은 어떠한 반응에도 적용할 수 있다. 방법 2($\Delta\hat{H}^\circ_c$)는 C, H, O, N, S, Cl을 제외한 어떠한 성분을 포함하는 분자물질이 참여하는 반응에 대해서만 적용 가능하다(이것은 매우 중요한 화학분야이다!).

설명 ▸ 액체 메탄올(CH_3OH)은 메탄의 부분 산화에 의해 생성된다.

$$CH_4(g) + 0.5O_2(g) \rightarrow CH_3OH\ (l)$$

$\Delta\hat{H}^\circ_r$(kJ/gmol)는 부록 B에 나열되어 있듯이 식 (8.18a)을 사용하여 각 화합물의 $\Delta\hat{H}^\circ_f$로부터 계산할 수 있다.

$$\Delta\hat{H}^\circ_r = \sum_{\text{all } i} \nu_i \Delta\hat{H}^\circ_{f,i} = (-1)\Delta\hat{H}^\circ_{f,CH_4} + (-0.5)\Delta\hat{H}^\circ_{f,O_2} + (1)\Delta\hat{H}^\circ_{f,CH_3OH(l)}$$
$$= (-1)(-74.52) + (-0.5)(0) + (1)(-238.66) = -164.14 \text{ kJ/gmol}$$

동시에, $\Delta\hat{H}^\circ_r$(kJ/gmol)는 부록 B에 나열되어 있는 각 화합물의 $\Delta\hat{H}^\circ_c$로부터 식 (8.18b)를 이용하여 계산할 수 있다.

$$\Delta\hat{H}^\circ_r = -\sum_{\text{all } i} \nu_i \Delta\hat{H}^\circ_{c,i} = (1)\Delta\hat{H}^\circ_{c,CH_4} + (0.5)\Delta\hat{H}^\circ_{c,O_2} + (-1)\Delta\hat{H}^\circ_{c,CH_3OH(1)}$$
$$= (-802.6) + (0) + (-1)(-638.46) = -164.14 \text{ kJ/gmol}$$

설명 ▸ 아래 반응에 대하여 $\Delta\hat{H}^\circ_{c,CH4(g)} = \Delta\hat{H}^\circ_r$

$$CH_4(g) + 2O_2(g) \rightarrow CO_2(g) + 2H_2O\ (g)$$

그러므로 $\Delta\hat{H}^\circ_{c,CH_4(g)}$는 $\Delta\hat{H}^\circ_f$(부록 B)와 식 (8.18a)로부터 계산할 수 있다:

$$\Delta\hat{H}^\circ_r = \sum_{\text{all } i} \nu_i \Delta\hat{H}^\circ_{f,i} = (-1)\Delta\hat{H}^\circ_{f,CH_4} + (-2)\Delta\hat{H}^\circ_{f,O_2} + (+1)\Delta\hat{H}^\circ_{f,CO_2} + (+2)\Delta\hat{H}^\circ_{f,H_2O(g)}$$

$$\Delta\hat{H}^\circ_r = (-1)(-74.52) + (-2)(0) + (+1)(-393.5) + (+2)(-241.8) = -802.6 \text{ kJ/gmol}$$

$\Delta\hat{H}^\circ_{c,CH_4(g)} = -802.6$ kJ/gmol (부록 B 참조)는 $\Delta\hat{H}^\circ_r$ 계산 결과와 일치한다. $\Delta\hat{H}^\circ_f$ 값들은 직접 계산할 수 없고, 열량계라고 부르는 기기에서 $\Delta\hat{H}^\circ_c$을 측정함으로써 구할 수 있다.

$\Delta\hat{H}^\circ_r$와 관련하여 몇 가지 명시할 사항이 있다.

1. $\Delta\hat{H}^\circ_{f,i}$와 $\Delta\hat{H}^\circ_{c,i}$는 i 화합물의 상태함수이다. 화학반응수지식을 쓸 때는 항상 반응물과 생성물의 상태를 표시해야 한다. 만약 두 개의 다른 상태에 대한 $\Delta\hat{H}^\circ_{f,i}$나 $\Delta\hat{H}^\circ_{c,i}$의 자료가 주어진다면, 차이점은 단순히 25°C에서 상 변화의 $\Delta\hat{H}$로부터 기인한다.

설명 ▸ $H_2O(g)$에 대하여, $\Delta\hat{H}^\circ_f = -241.83$ kJ/gmol인 반면, $H_2O(l)$에 대해서는 $\Delta\hat{H}^\circ_f = -285.84$ kJ/gmol이다.

그 차이는 25°C에서 물의 증기화 엔탈피이다.

$$\hat{H}^\circ_v = -241.83 - (-285.84) = 44.01 \text{ kJ/gmol}$$

2. **발열반응**(exothermic)은 $\Delta\hat{H}^\circ_r < 0$인 것으로 정의한다. 연소는 매우 높은 발열반응이다. 산화(O_2 첨가), 수소화(H_2 첨가), 가수분해(H_2O 첨가) 반응은 실제로 항상 발열과정이다. **흡열반응**(endothermic)은 $\Delta\hat{H}^\circ_r > 0$인 경우이다. 탈수소화와 탈수과정은 전형적인 흡열공정이다. 이성질체 반응에서는 $\Delta\hat{H}^\circ_r \approx 0$.
3. 화학반응에 있어서 $\Delta\hat{H}^\circ_r$은 *반응 몰수*에 기반하여 계산한다. 양론적으로 정확히 반응수지식을 써야 하고, 계산 근거를 분명히 해야 한다. 반응과 관련된 총 엔탈피 변화는 반응지수 ξ를 곱한 $\Delta\hat{H}^\circ_r$와 같다.

! Hint

$\Delta\hat{H}^\circ_r$를 계산할 때 부호를 실수하기 쉬우므로 계산 과정에서 화학적인 부분을 체크해야 한다.

설명 ▸ 아래 반응에서

$$N_2(g) + 3H_2(g) \rightarrow 2NH_3(g)$$

$$\Delta\hat{H}^\circ_r = \sum \nu_i \Delta\hat{H}^\circ_{f,i} = (-1)\Delta\hat{H}^\circ_{f,N_2} + (-3)\Delta\hat{H}^\circ_{f,H_2} + (+2)\Delta\hat{H}^\circ_{f,NH_3}$$
$$= (-1)(0) + (-3)(0) + (+2)(-46.15) = -92.3 \text{ kJ/gmol}$$

100 gmol N_2가 과잉 H_2와 함께 반응기로 들어가서 60%의 N_2가 암모니아로 전환된다면, $\xi = 0.6(100) = 60$ gmol이고, 총 엔탈피 변화는 $\xi\Delta\hat{H}_r^\circ = 60$ gmol (−92.3 kJ/gmol) = −5538 kJ (25°C)와 같다.

반응:

$$0.5N_2(g) + 1.5H_2(g) \rightarrow NH_3(g)$$

$$\Delta\hat{H}_r^\circ = \sum \nu_i \Delta\hat{H}_{f,i}^\circ = (-0.5)\Delta\hat{H}_{f,N_2}^\circ + (-1.5)\Delta\hat{H}_{f,H_2}^\circ + (+1)\Delta\hat{H}_{f,NH_3}^\circ$$
$$= (-0.5)(0) + (-1.5)(0) + (+1)(-46.15) = -46.15 \text{ kJ/gmol}$$

100 gmol N_2가 과잉 H_2와 함께 반응기로 들어가서 60%의 N_2가 암모니아로 전환된다면, $\xi = 0.6(100)/0.5 = 120$ gmol이고, 총 엔탈피 변화는 $\xi\Delta\hat{H}_r^\circ = 120$ gmol (−46.15 kJ/gmol) = -5538 kJ (25°C)와 같다.

$\Delta\hat{U}_r^\circ$은 어떤가? 내부에너지와 엔탈피의 일반적인 관계로 돌아가 보자.

$$\Delta H_r = \Delta U_r + \Delta(PV)_r$$

여기서 $\Delta(PV)_r$는 반응 시(압력 × 부피)의 변화와 같다. 액체나 고체 상태에서 발생하는 반응에 대하여 화학반응과 함께 압력과 부피 변화는 대체로 작다. 그래서 $\Delta(PV)_r \approx 0$이다. 그러므로, $\Delta U_r \approx \Delta H_r$이고, $\Delta\hat{U}_r^\circ \approx \Delta\hat{H}_r^\circ$이다.

이상기체에 대하여 $PV = nRT$. 기체상태에서 일어나는 반응에 대하여 $\Delta(PV)_r = \Delta(nRT)_r$을 파악하기 위하여 이상기체 방정식을 사용한다. 단지 반응만으로 인한 엔탈피 변화를 고려하게 되면 온도 T는 일정하다. 그러므로 $\Delta(PV)_r = RT\Delta n_r$, 여기서 $\Delta n_r = n_{\text{products}} - n_{\text{reactants}}$. 그러므로 기체상 반응에 대해서는 $\Delta U_r \approx \Delta H_r - RT\Delta n_r$이다.

P, T, ϕ, z_i 변화에 따른 $\hat{U}$와 $\hat{H}$의 변화 엔탈피 변화가 혼합, 용액이나 반응으로 인한 조성 변화와 관계있다는 것을 배웠고, 표준상태(주로 25°C, 1기압)에서 이러한 공정들과 연관된 비엔탈피 변화(또는 내부에너지)를 계산하거나 찾는 법을 배웠다. 그렇지만 대부분의 화학 반응기나 상업적으로 관심있는 혼합기들은 25°C, 1기압에서 운전하지 않는다. 우리가 500°C, 10기압의 $\Delta\hat{H}_r$ 값을 알고자 한다면 어떻게 해야 할까? 50°C 물에 NaOH를 녹일 때의 엔탈피 변화를 계산한다면? 물론 엔탈피는 상태함수라는 장점을 가지고 있다. 유용한 자료의 특성을 고려해가면서 참고상태에서 원하는 상태(혹은 상태 1에서 상태 2로)로 가는 경로를 설정한다. 앞의 절에서 다루었던 내용과 이것은 한 가지 점을 빼놓고는 다르지 않다. 화학조성의 변화와 함께, $\hat{U}$나 $\hat{H}$보다 U나 H를 계산하는 것이 더 나을 때가 종종 있다. 이것은 $\hat{U}$나 $\hat{H}$를 계산할 때 일어날 수 있는 어떤 혼동을 피할 수 있다. 예를 들면, 반응에 관계되는 엔탈피 변화는 *반응 몰수*당 계산될 수 있는 반면, 반응물의 온도 변화와 관계되는 엔탈피 변화는 반응물의 몰수에 대하여 계산된다. 비슷하게, 용해와 관련된 엔탈피 변화는 *용질의 몰수*당 계산될 수 있는 반면, 용액의 온도 변화와 관계되는 엔탈피 변화는 *용액의 몰수*에 따라 계산된다.

예제 8.14 ▸ **엔탈피 계산: 고온에서의 반응엔탈피**

메탄(CH_4)과 산소(O_2)가 500°C, 1기압에서 CO_2와 H_2O 증기로 완전히 연소된다. 단위 gmol 메탄에 대한 반응과 관계되는 엔탈피 변화는 얼마인가?

$$CH_4(g) + 2O_2(g) \rightarrow CO_2(g) + 2H_2O(g)$$

› 풀이

우선 부록 B로부터 관련된 자료를 수집한다.

C_p, kJ/gmol°C (T는 °C)

$CH_4(g)$:	$19.25 + 0.05213T + 1.197 \times 10^{-5}\ T^2 - 1.132 \times 10^{-8}\ T^3$
$O_2(g)$:	$28.11 - 3.68 \times 10^{-6}\ T + 1.746 \times 10^{-5}\ T^2 - 1.065 \times 10^{-8}\ T^3$
$CO_2(g)$:	$19.80 + 0.07344T - 5.602 \times 10^{-5}\ T^2 + 1.715 \times 10^{-8}\ T^3$
$H_2O(g)$:	$32.24 + 0.001924T + 1.055 \times 10^{-5}\ T^2 - 3.596 \times 10^{-9}\ T^3$
$H_2O(l)$:	$72.43 + 0.0104T$

$$\Delta\hat{H}^{\circ}_{r,H_2O} = 40.65 \text{ kJ/gmol (100°C)}$$

$$\Delta\hat{H}^{\circ}_{r,CH_4(g)} = -890.6 \text{ kJ/gmol (25°C), 생성물은 } H_2O(l)$$

그러고 나서 유용한 자료에 부합하는 경로를 선택하고, 각 단계의 엔탈피 변화를 계산한 후 합한다.

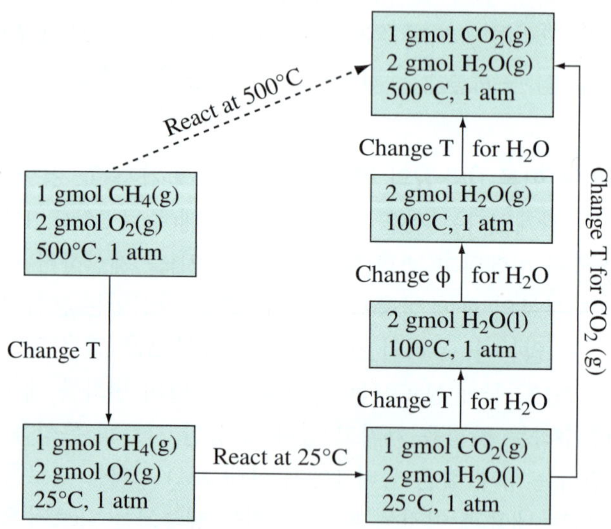

T 변화: 500°C에서 25°C, 1 gmol $CH_4(g)$와 2 gmol $O_2(g)$ (상세한 계산은 각자 해볼 수 있도록 생략함).

$$\int_{773}^{298} [n_{CH_4(g)}C_{p,CH_4(g)} + n_{O_2(g)}C_{p,O_2(g)}]\, dT = -53.1 \text{ kJ}$$

반응: 25°C에서 1 gmol $CH_4(g)$와 2 gmol $O_2(g)$에서 1 gmol $CO_2(g)$와 2 gmol $H_2O(l)$

$$\xi\Delta\hat{H}^{\circ}_r = \xi\Delta\hat{H}^{\circ}_{c,CH_4(g)} = (1 \text{ gmol})(-890.6 \text{ kJ/gmol}) = -890.6 \text{ kJ}$$

T 변화: 25°C에서 500°C, 1 gmol $CO_2(g)$

$$\int_{298}^{773} n_{CO_2(g)} C_{p,CO_2(g)} dT = +21.1 \text{ kJ}$$

T 변화: 25°C에서 100°C, 2 gmol $H_2O(l)$

$$\int_{298}^{373} n_{H_2O(l)} C_{p,H_2O(l)} dT = +11.4 \text{ kJ}$$

ϕ 변화: 100°C, 액체에서 증기로, 2 gmol H_2O

$$n_{H_2O}\Delta\hat{H}_v^\circ = (2 \text{ gmol})(40.65 \text{ kJ/gmol}) = +81.3 \text{ kJ}$$

T 변화: 100°C에서 500°C, 2 gmol $H_2O(g)$

$$\int_{373}^{773} n_{H_2O(v)} C_{p,H_2O(v)} dT = +29.0 \text{ kJ}$$

모두 더하면 총 엔탈피 변화량이 된다.

$$H_2 - H_1 = -53.1 - 890.6 + 21.1 + 11.4 + 81.31 + 29.0 = -800.9 \text{ kJ}$$

여섯 단계 공정의 순수 결과는 500°C 증기 상태에서 1 gmol CH_4와 2 gmol O_2를 1 gmol CO_2와 2 gmol H_2O로 태우는 것이기 때문에 500°C에서 메탄 연소에 대하여 $\Delta\hat{H}_r = -800.9$ kJ/gmol이 된다.

어떤 혼합물들은 너무 중요해서 온도, 압력, 조성의 영향을 보여주는 자료 그림들이 유용하다. 이러한 예는 암모니아-물 혼합물의 엔탈피를 압력, 온도, 상, 조성의 함수로 전개한 그림 8.11에서 볼 수 있다. 이러한 *엔탈피-조성* 그래프를 사용하는 것을 다음의 예제에서 설명한다.

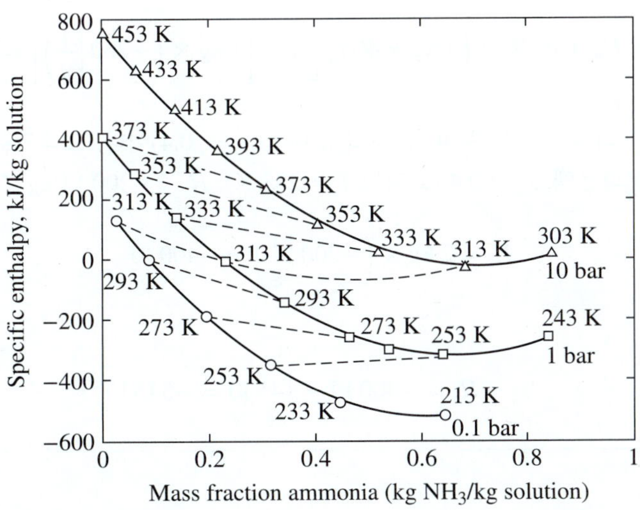

그림 8.11 포화액체 암모니아-물 용액에 대한 엔탈피-조성 그래프. 참고상태는 1 bar에 273 K 순수 액체 물과 196 K 순수 액체 암모니아이다. 실선은 일정한 압력을 나타내는 등압선이다. 점선은 일정한 온도를 나타내는 등온선이다.

Source: Data extracted from a figure in Perry's Chemical Engineers' Handbook (McGraw Hill).

예제 8.15 ▸ **엔탈피-조성 그래프의 사용: 암모니아-물 혼합물**

다음을 찾기 위하여 그림 8.11을 사용한다.

1. 용융점에서의 액상 물의 $\hat{H}$?
2. 1 bar, 293 K에서 포화 암모니아 용액의 $\hat{H}$?
3. 10 bar, 34 wt% 암모니아에서 암모니아와 물의 포화용액의 $\hat{H}$?
4. 1 bar, 373 K에서 1 kg 액체 물을 1 bar, 80 wt% 포화 암모니아 용액 1 kg과 혼합했을 때와 1 bar에서 포화온도까지 액체 혼합물을 끌어올릴 때 $\hat{H}$의 변화

› 풀이

1. 0°C(273 K)에서 순수 물은 녹는다. 이것이 그림 8.11에서의 기준상태이기 때문에 $\hat{H} = 0$(또한 196 K의 용융점에서 액체 암모니아에 대해서도 $\hat{H} = 0$. 이것들이 *이 그래프에서* 기준상태들임)이다.
2. 그림 8.11로부터 직접 읽는다. 1 bar, 293 K에서 포화 암모니아 용액은 $\hat{H} = -140$ kJ/kg 용액값을 지닌 약 34 wt%의 암모니아를 함유한다.
3. 암모니아 0.34 wt 분율에서 시작해서 10 bar에서 곡선과 교차할 때까지 직선을 그린다. x축의 좌표를 읽으면 이 용액에 대해 $\hat{H} = +200$ kJ/kg임을 알 수 있다. 포화 액체 용액의 온도는 약 370 K이다.
4. 혼합물뿐만 아니라 순수 화합물에 대하여도 그림 8.11을 사용할 수 있다.

   물에 대하여, $P = 1$ bar, $T = 373$ K, $\phi =$ 액체, $x_w = 1$, $x_a = 0.0$ (0.0 질량 분율 암모니아): $\hat{H}_w = 405$ kJ/kg.

   포화액체 암모니아 용액에 대하여, $P = 1$ bar, $\phi =$ 포화용액, $x_a = 0.8$ (그리고 T는 약 245 K): $\hat{H}_s = -260$ kJ/kg.

   그러므로,

$$H_1 = m_w\hat{H}_w + m_s\hat{H}_s = \left(1\text{ kg} \times 405\frac{\text{kJ}}{\text{kg}}\right) + \left[1\text{ kg} \times \left(-260\frac{\text{kJ}}{\text{kg}}\right)\right] = 145\text{ kJ}$$

   물질수지에 의해 혼합물은 40 wt% 암모니아($x_a = 0.4$)이다. 그래프로부터 $P = 1$ bar, $\phi =$ 포화용액, $x_a = 0.4$ (그리고 $T = 288$ K). $\hat{H}_s = -200$ kJ/kg. 그러므로,

$$H_2 = 2\text{ kg} \times \left(-200\frac{\text{kJ}}{\text{kg}}\right) = -400\text{ kJ}$$

   그리고,

$$H_2 - H_1 = -400\text{ kJ} - 145\text{ kJ} = -545\text{ kJ}$$

다음 표에 반응, 혼합 또는 용액에서의 엔탈피나 내부에너지를 어떻게 계산하는지를 요약하였다.

Change in	$\Delta\hat{H}$	$\Delta\hat{U}$	Comments
Composition due to reaction	$\Delta\hat{H}_r^\circ = \sum_i \nu_i \Delta\hat{H}_{f,i}^\circ$ $\Delta\hat{H}_r^\circ = -\sum_i \nu_i \Delta\hat{H}_{c,i}^\circ$	$\Delta\hat{U}_r \approx \Delta\hat{H}_r - RT\Delta n_r$ (gas) $\Delta\hat{U}_r \approx \Delta\hat{H}_r$ (solid or liquid)	Standard conditions are 25°C and 1 atm. Watch basis: per mole of reaction, not per mole of reactant or product.
Composition due to mixing or solution	$\Delta\hat{H}_{soln}$ $\Delta\hat{H}_{mix}$	$\Delta\hat{U}_{soln} \approx \Delta\hat{H}_{soln}$ $\Delta\hat{U}_{mix} \approx \Delta\hat{H}_{mix}$	Important for nonideal mixtures: acids, bases, alcohols, polymers. Watch basis: per mole of solute, not per mole of solution.

8.5.2 ▸ 공정에너지 계산: 조성의 영향

다음의 예제에서 화학반응, 혼합 또는 용액에서 $\hat{H}$와 $\hat{U}$에 대한 조성의 영향을 살펴보자. 여러 가지 다른 형태의 문제를 풀기 위하여 에너지수지식과 $\hat{H}$와 $\hat{U}$의 수식적 계산을 어떻게 활용하는지를 설명해보도록 하겠다. 위에서와 같이 각 풀이를 통하여 쉬운 12단계를 좇아가 보자.

용해가 있는 온도 변화: 부식성 탱크의 안전성 ◂ 예제 8.16

당류의 혐기성 발효는 젖산이나 초산과 같은 유기산을 생성한다. 이 산들은 염이 가해지지 않으면 견디기 힘들 정도로 낮은 수준까지 발효기의 pH를 감소시킨다. pH 조절을 위해 발효기에서 사용할 NaOH 수용액(수산화나트륨, 또는 가성소다)을 제조하는 작은 시스템을 설계한다고 하자. 설계에서 고체상 NaOH 알갱이가 10,000 g의 물을 담고 있는 탱크에 40 g/min의 유량으로 가해진다. 탱크는 0.2-hp 혼합기로 연속적으로 교반한다. 탱크에 있는 물은 처음엔 50°C이지만, NaOH 알갱이는 초기온도가 25°C이다.

만약 탱크온도가 어느 순간 70°C를 초과한다면, 안전 규칙은 탱크가 화재로부터 작업자를 보호할 수 있도록 단열되어야 하는 것으로 되어 있다. 탱크를 단열시킬 필요가 있을까?

› 풀이

단계 1~4. 혼합탱크의 도형이 있다.

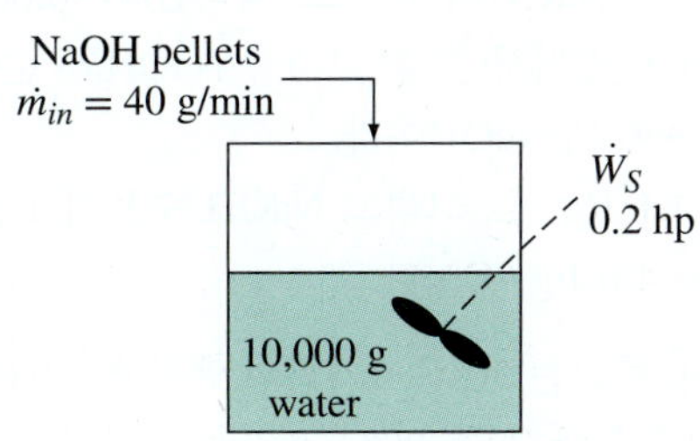

탱크를 시스템으로 선정하고, 탱크 내부에 쌓이거나 들어가는 물질과 함께 반회분식 공정으로 분석한다. 그러나 물질은 나가지 않는다(적어도 혼합공정 동안에). 처음에는 탱크가 10,000 g의 물을 함유하고 있었으므로, $m_{\text{sys},0} = 10{,}000$이다. 단지 하나의 물질흐름 변수가 있다. $\dot{m}_{\text{in}} = 40$ g/min. 여기서 g, joule, 시간(min)으로 계산한다. 유일하게 단위환산이 필요한 부분은 혼합기이다. 0.2 hp = 8950 J/min.

단계 5~6. 이러한 반회분식 시스템에 대한 적분물질수지식은 다음과 같다.

$$m_{\text{sys},f} = m_{\text{sys},0} + \int_{t_0}^{t_f} \dot{m}_{\text{in}}\,dt = 10{,}000 + \int_0^{10} 40\,dt = 10{,}400 \text{ g solution}$$

단계 7. NaOH 흐름의 기초상태에 대하여 25°C, 1기압에서 순수 고체를 설정한다. 그러므로 유입흐름의 비엔탈피, $\hat{H}_{\text{NaOH(s)}} = 0$. 위치에너지와 운동에너지 효과를 무시할 수 있다(왜냐하면 입력은 그 위치를 변화시키지 않으며, 흐름의 유속은 알려지지 않았으나 아마 작을 것임). 그래서 $\hat{E}_k \approx \hat{E}_p \approx 0$.

! Hint
흐름도가 축이 있는 장치를 일부 포함한다면, $\dot{W}_s$ 항을 포함시켜야 한다.

단계 8. 시스템으로 들어가는 유입열은 없다. 탱크 벽을 통한 열손실이 약간 있을 것이다(왜냐하면 탱크의 내용물은 주위보다 따뜻해짐). 그러나 최대로 가능한 온도는 열손실이 없는 경우에 도달할 수 있다. 가장 좋지 않은 경우에 대하여 문제를 풀고자 하므로 $\dot{Q} = 0$이다. 믹서로부터 가해지는 일정한 양의 일이 있다. $\dot{W}_s = +8950$ J/min. 그리고

$$W_s = \int_{t_0}^{t_f} \dot{W}_s\,dt = 8950\frac{\text{J}}{\text{min}}(10 \text{ min}) = 89{,}500 \text{ J} = 89.5 \text{ kJ}$$

단계 9. 혼합탱크를 보자. 속도와 위치가 변하지 않으므로 운동에너지와 위치에너지 변화량은 0이 된다.

시스템의 내부에너지는 변한다. 왜냐하면 시스템의 온도, 조성, 질량 변화가 있기 때문이다. U_{sys}를 계산하기 위하여 모델식과 자료뿐만 아니라 기준상태가 필요하다.

기준상태로서 이미 25°C, 1기압의 순수 NaOH(s)를 선택하였다. 물에 있어서는 25°C, 1기압에서의 순수 액체를 선택할 것이다. T와 x_i의 변화에 따른 U의 변화를 설명하기 위하여 모델식이나 자료를 찾을 필요가 있다. 필요한 자료는 물과 수용액상 NaOH의 C_v와 NaOH를 물에 녹이기 위한 $\Delta\hat{H}_{\text{soln}}$이다. 사전을 뒤져서 아래의 정보를 찾아보자.

1. NaOH 용액의 엔탈피는 희석에 의존한다. 공정 마지막 부분에서 55 gmol 물/gmol NaOH의 비율로 희석한다(10,000 g 물/400 g NaOH). 이러한 희석에 있어서 순수 고체상 NaOH와 순수 액체상 물 25°C에서 $\Delta\hat{H}_{\text{soln}} = -966$ J/gNaOH이다.
2. 물은 $C_v = 4.1$ J/g °C, 그리고 NaOH 수용액 1 gmol NaOH/55 gmol의 물에서 $C_v = 4.0$ J/g °C이다.

시간 $t = t_0$에서, 탱크는 50°C, 1기압의 액상 물 10,000 g을 담고 있다. 이 상태와 기준상태(순수 액상 물 25°C, 1기압) 사이의 유일한 차이점은 온도이다.

그러므로,

$$U_{sys,0} - U_{ref} = m_{sys,0}(\hat{U}_{sys,0} - \hat{U}_{ref}) = m_{sys,0}C_v(T_0 - T_{ref})$$
$$= 10{,}000\text{ g}\left(4.19\frac{\text{J}}{\text{g°C}}\right)(50°\text{C} - 25°\text{C})\left(\frac{1\text{ kJ}}{1000\text{ J}}\right) = 1050\text{ kJ}$$

시간 $t = t_f$에서, 시스템의 온도와 조성은 기준상태와는 다르다. 기준상태에서 최종상태로 두 단계 경로를 세워볼 수 있다.

1. 400 g의 NaOH를 1기압, 25°C에서 물 10,000 g에 녹인다.
2. 10,400 g 용액의 온도를 25°C에서 T_f(°C)로 올린다.

이 경로에 대한 U의 변화는 다음과 같이 계산할 수 있다.

$$\begin{aligned} U_{sys,f} - U_{ref} &= m_{NaOH}\Delta\hat{U}_{soln} + m_{sys,f}C_v(T_f - T_{ref}) \\ &= 400\text{ g NaOH }(-966\text{ J/g NaOH}) \\ &\quad + 10{,}400\text{ g solution }(4.0\text{ J/g °C})(T_f - 25°\text{C}) \\ &= -386{,}400 + 41{,}600\ (T_f - 25°\text{C})\text{ J} \\ &= -386.4 + 41.6\ (T_f - 25°\text{C})\text{ kJ} \end{aligned}$$

단계 10~12. 정해진 시간 간격에 있어서 온도 변화에 관심을 가질 필요가 있기 때문에 적분에너지수지식을 사용한다. 이미 운동에너지와 위치에너지 항을 무시할 수 있는 에너지수지식을 사용한다. 적절한 기준상태를 선택하여 유입흐름으로부터의 어떠한 에너지 영향도 소거할 수 있다. 그러므로 적분에너지수지식은 다음과 같이 단순화시킬 수 있다.

$$U_{sys,f} - U_{sys,0} = W_s$$

이 식에 수치를 대입하여 T_f를 계산한다.

$$-386.4 + 41.6(T_f - 25) - 1050\text{ kJ} = 89.5\text{ kJ}$$
$$T_f = 62°\text{C}$$

탱크 온도는 보호단열이 필요하지 않을 만큼인 62°C까지 상승한다.

! Hint
공정흐름 중 하나의 상태를 기준상태로 선택하면 문제를 단순화시킬 수 있는데, 그 흐름의 에너지량이 0과 같기 때문이다.

화학반응이 있는 에너지수지: 단열불꽃온도 ◀ 예제 8.17

130°C, 액체 황이 25°C 순수 산소와 양론비로 혼합되어 버너로 공급된다. 여기서 황은 SO_2로 완전연소가 일어난다. 버너는 완벽하게 단열되어 있고, 압력은 1기압이며, 시스템은 정상상태로 운전된다. 출구흐름의 온도는 얼마인가? 자료:

$\Delta\hat{H}_r^\circ = -296.8$ kJ/gmol for the reaction $S(s) + O_2(g) \rightarrow SO_2(g)$

$\Delta\hat{H}_m = 1.73$ kJ/gmol for S at 114°C

$C_p = 32$ J/gmol °C for S(l)

$C_p = 23.2$ J/gmol °C for S(s)

$C_p = 39.9$ J/gmol °C for $SO_2(g)$

$C_p = 29.3$ J/gmol °C for $O_2(g)$

풀이

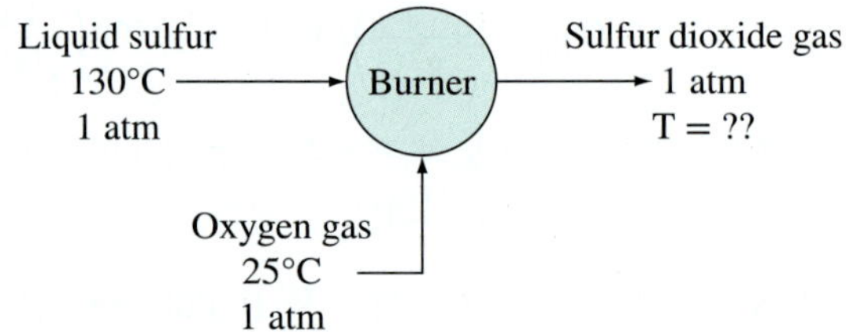

단계 1~6. 시스템으로서 버너를 선택한다. J, gmol, °C의 단위를 사용한다. 기초자료는 주어지지 않기 때문에 임의로 선택할 수 있다.

$$\dot{n}_{S,in} = 1\frac{\text{gmol}}{\text{s}}$$

황과 산소는 양론비로 주입되기 때문에

$$\dot{n}_{O_2,in} = 1\frac{\text{gmol}}{\text{s}}$$

반응양론이 주어지고, 공급되는 S의 100%가 생성물로 전환된다:

$$\dot{\xi} = 1\frac{\text{gmol}}{\text{s}}$$

물질수지로부터

$$\dot{n}_{SO_2,out} = \dot{\xi} = 1\frac{\text{gmol}}{\text{s}}$$

단계 7. 다음으로 시스템의 안과 밖을 향하는 물질흐름으로 인한 에너지흐름을 고려한다. 위치나 속도의 변화는 무시할 수 있으므로, 운동에너지나 위치에너지 항을 고려할 필요는 없다. 진입하는 두 흐름과 떠나는 하나의 흐름엔탈피를 계산해야 한다. 25°C, 1기압에서 순수 성분을 선택하고, 기준상태로 응집상태와 정상상태를 선정한다[S(s)와 O_2(g)]. 공급되는 산소 기체가 온도, 압력, 상, 조성이 참고상태에 있으므로,

$$\dot{H}_{O_2,in} = 0$$

공급되는 황의 흐름은 참고상태의 압력(1기압)과 조성(순수 황)에 있지만, 온도나 상은 아니다. 그러므로 참고상태와 비교하여 이 흐름의 상과 온도를 변화시켜 설명해야 한다. 114°C에서 녹는 엔탈피 변화에 관한 자료가 주어졌다. 그러므로 참고상태에서 유입흐름의 실제상태까지 한 경로를 설정한다.

1. 일정한 ϕ(고체)와 P(1기압)에서, 25°C부터 114°C까지 온도를 올림.
2. 일정한 T (114°C)와 P(1기압)에서, 고체에서 액체로 황을 녹임.
3. 일정한 ϕ (액체)와 P(1기압)에서, 114°C에서 130°C로 가열.

이 경로와 관련된 계산은 다음과 같다.

$$\dot{H}_{s,\text{in}} = \dot{n}_{s,\text{in}}(\hat{H}_{s,\text{in}} - \hat{H}_{\text{ref}}) = \left[\left(23.2\frac{\text{J}}{\text{gmol °C}}\right)(114 - 25°\text{C}) + 1730\frac{\text{J}}{\text{gmol}} + \left(32\frac{\text{J}}{\text{gmol °C}}\right)(130 - 114°\text{C})\right](1 \text{ gmol/s})$$

$$\dot{H}_{s,\text{in}} = 2065 + 1730 + 512 = 4307 \text{ J/s}$$

끝으로, 1기압의 압력과 알 수 없는 온도 T_{out}에서의 $\dot{H}_{SO_2,\text{out}}$를 계산하자. 기준상태는 25°C, 1기압, 정상상태, 응집상태에서 순수 성분들로 구성된 유입흐름과 동일해야만 한다. 기준상태로부터 빠져나가는 흐름의 실제 상태까지의 경로를 설정할 필요가 있다. 25°C에서 반응엔탈피를 가지고 있으므로, 가능한 경로는 다음 단계들로 구성할 수 있다.

1. 25°C, 1기압에서 1 gmol S(s)와 1 gmol O_2(g)가 반응하여 1 gmol SO_2(g)를 생성한다.
2. 1 gmol SO_2(g)의 온도가 25°C에서 T_{out}으로 상승한다.

$$\dot{H}_{\text{out},SO_2} - \dot{H}_{\text{ref}} = (\Delta\hat{H}_r)\dot{\xi} + C_{p,SO_2(g)}(T_{\text{out}} - T_{\text{ref}})\dot{n}_{SO_2,\text{out}}$$

$$\dot{H}_{\text{out},SO_2} = -296{,}800 + 39.9\,(T_{\text{out}} - 25°\text{C}) \text{ J/s}$$

단계 8, 9. 버너는 완벽하게 단열되어 있으므로, $\dot{Q} = 0$이고, 펌프, 압축기 또는 터빈이 없으므로 $\dot{W}_s = 0$이다.

단계 10~12. 정상상태의 연속흐름공정의 특성에 관심이 있기 때문에 미분에너지수지식을 사용한다. 에너지수지식은 다음과 같이 간단한 식으로 줄일 수 있다:

$$\dot{H}_{SO_2,\text{out}} = \dot{H}_{S,\text{in}} + \dot{H}_{O_2,\text{in}}$$

다음 식을 찾기 위하여 우리는 수치계산을 할 필요가 있다.

$$-296{,}800 + 39.9\,(T_{\text{out}} - 25) = 4307$$

풀어 보면 $T_{\text{out}} > 7500°\text{C}$임을 알 수 있다!

Quiz 8.11

O_2보다 공기가 예제 8.17의 버너에 공급된다면 배출가스 온도가 더 높아지겠는가, 낮아지겠는가, 아니면 같아지겠는가?

예제 8.17은 *단열 불꽃* 온도 계산의 한 가지 예이다. 단열조건하에서 어떠한 물질이 연소할 수 있을 만큼 온도가 올라간다. 주위로의 열손실, 전도, 복사손실이 없다. 이것은 정말로 비현실적이다. 왜냐하면 방사, 전도, 복사에 의해 불꽃에서의 열손실이 있기 때문이다. 그렇지만 계산이 여전히 유효하기 때문에 얻을 수 있는 온도의 상한을 제공한다.

혼합반응을 수반한 에너지수지: 아세트알데하이드의 합성 — 예제 8.18

에탄올과 공기로부터 시간당 1200 kgmol의 아세트알데하이드(CH_3CHO)를 생산하는 반응기를 설계, 제작하고자 한다. 두 반응이 반응기 조건에서 중요하다. (R1)은 원하는 생성물을 생산하는 반면 (R3)는 부산물인 아세틱산을 생산한다.

$$C_2H_5OH + 0.5O_2 \rightarrow CH_3CHO + H_2O \qquad \textbf{(R1)}$$

$$2CH_3CHO + O_2 \rightarrow 2CH_3COOH \qquad \textbf{(R3)}$$

실험 자료는 새로운 촉매를 사용할 경우 입력비를 5.7 mol 에탄올/mol 산소로 조절하고, 반응기를 300°C, 1.5기압에서 작동시켰을 때, 반응기에서 아세트알데하이드에 대한 선택도 0.6으로 에탄올 25% 전환율을 얻을 수 있다고 지적하고 있다. 일차적인 흐름도는 순수 에탄올 증기와 공기(79 mol% N_2, 21 mol% O_2)가 혼합되어 반응기로 혼합물이 공급되는 것을 보여주고 있다. 반응기 유출은 또한 1.5기압에서 이루어지고, 모두 증기이다. 300°C의 일정한 반응기 온도를 유지하기 위하여 열은 더해져야 하는가, 제거되어야 하는가? 그렇다면 얼마나 많은 양이 필요한가?

풀이

단계 1~6: 예제 4.15에서 이러한 설계에 대하여 반응기 유속과 반응 완성률을 계산할 수 있다. 흐름선도를 그려보자. 그것은 공정흐름 계산 결과를 보여줄 것이고, 반응기 안과 밖으로의 열흐름의 가능성을 첨가할 수 있을 것이다.

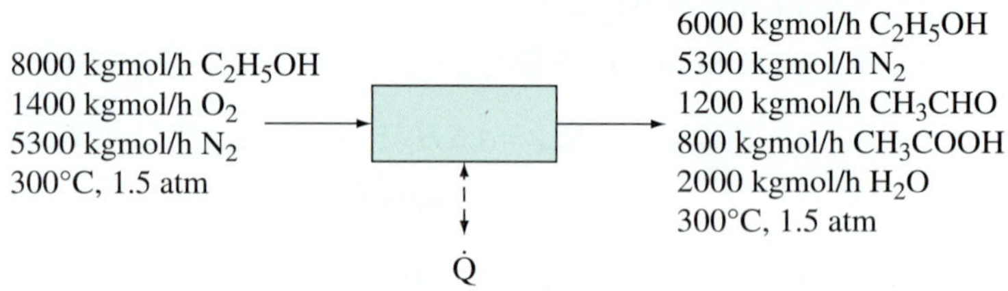

예제 4.15에서 $\xi_1 = 2000$ kgmol/h과 $\xi_3 = 400$ kgmol/h을 계산하였다. 이 값들은 에너지 계산을 간편하게 한다. 에너지 단위로 kJ을 사용할 것이다.

단계 7~9. 반응기는 정상상태에서 운전되고, 시스템 에너지 변화가 없다. 열 항목은 있지만 일 항목은 없다. 유입부와 유출부의 운동에너지와 위치에너지 변화가 없다. 입력과 출력부분의 T, P, ϕ는 0이다. 유일한 변화는 반응에 의한 조성이다. 반응은 실제로 300°C에서 일어나지만, 부록 B는 단지 25°C에서의 $\Delta\hat{H}_f^\circ$ 자료만을 제공한다. 그러므로 가상적인 경로를 설정해야 한다.

1. 반응기 유입부 압력은 300°C 증기상태에서 1.5기압에서 1기압으로 감소한다.
2. 1기압의 증기상태에서 반응물을 300°C에서 25°C로 식힌다.
3. 25°C, 1기압에서 증기상태로 반응한다.
4. 1기압의 증기상태에서 25°C에서 300°C로 반응기 유출물의 온도를 증가시킨다.
5. 300°C 증기상에서 1기압에서 1.5기압으로 압력을 증가시킨다.

이제 경로상의 각 단계별로 엔탈피 변화를 계산한다. 압력 변화로 인한 엔탈피 변화는 이상기체에 대해서는 0이기 때문에, 온도와 반응 영향만을 계산하면 된다. 질소는 반응하지 않기 때문에(그리고 T, P 또는 ϕ가 변하지 않음) 질소와 관련된 계산은 할 필요가 없다.

부록 B와 사전에 있는 일부 자료를 찾아볼 차례이고, C_p와 $\Delta\hat{H}_f^\circ$은 다음 표와 같다.

	C_p, J/gmol °C	$\Delta\hat{H}_f^\circ$, kJ/gmol
$O_2(g)$	29.3	0
$C_2H_5OH(g)$	65.5	−234.95
$CH_3CHO(g)$	54.7	−166.2
$CH_3COOH(g)$	66.5	−432.8
$H_2O(g)$	33.6	−241.83

반응식 (R1)과 (R3)의 표준엔탈피를 계산한다:

$$\Delta\hat{H}_{r1}^\circ = \sum \nu_{i1}\Delta\hat{H}_{f,i}^\circ = (-1)(-234.95) + (-0.5)(0) + (1)(-166.2) + (1)(-241.83) = -173.1 \text{ kJ/gmol}$$

$$\Delta\hat{H}_{r3}^\circ = \sum \nu_{i3}\Delta\hat{H}_{f,i}^\circ = (-2)(-166.2) + (-1)(0) + (2)(-432.8) = -533.2 \text{ kJ/gmol}$$

두 반응 모두 산화반응이기 때문에, 반응이 모두 발열과정이라고 하는 것이 합리적이다.

설정한 엔탈피 경로는 수학적으로 다음과 같이 표시할 수 있다.

$$\sum_{\text{input}} \dot{n}_i C_{pi}(T_{\text{ref}} - T_{\text{reactor}}) + \dot{\xi}_1\Delta\hat{H}_{r1}^\circ + \dot{\xi}_3\Delta\hat{H}_{r3}^\circ + \sum_{\text{output}} \dot{n}_i C_{pi}(T_{\text{reactor}} - T_{\text{ref}})$$

Hint
반응으로 인한 총엔탈피 변화량을 구하기 위하여 반응 정도 ξ에 $\Delta\hat{H}_r$를 곱한다.

수치값으로 치환한다(J에서 kJ로 C_p를 변환할 때 주의해야 함).

$$\dot{H}_{\text{out}} - \dot{H}_{\text{in}} = [8000(66.5) + 1400(29.3)](25 - 300)\left(\frac{1}{1000}\right) + 2000(-173.1) + 400(-533.2) + [6000(65.5) + 1200(54.7) + 800(66.5) + 2000(33.6)](300 - 25)\left(\frac{1}{1000}\right)$$

$$\dot{H}_{\text{out}} - \dot{H}_{\text{in}} = -157{,}580 - 559{,}480 + 159{,}240 = -557{,}320 \text{ kJ/h}$$

단계 10~12. 정상상태의 미분에너지수지식은

$$\dot{H}_{\text{out}} - \dot{H}_{\text{in}} = \dot{Q} = -557{,}320 \text{ kJ/h}$$

이 식은 반응기 온도를 300°C로 유지하기 위해 제거되어야만 하는 열이다.

사례 연구 화학반응기에서 에너지 관리

시안화수소(HCN)는 "비터아몬드(bitter almond)" 냄새를 가진 무색, 독극성 액체이다. 그것은 낮은 농도로 수많은 자연적인 식물 생산물에 존재한다. 수년 전에 시안화수소는 살충약으로 오렌지 나무에 살포되었다. 요즘은 주로 나일론, 아크릴 플라스틱, 제초제 같은 화학 물질을 사용된다.

HCN은 암모니아(NH_3)와 메탄(CH_4)으로부터 만들어진다.

$$CH_4(g) + NH_3(g) \rightarrow HCN(g) + 3H_2(g)$$

상업적으로 반응은 약 1100°C, 2기압에서 백금 촉매와 함께 이루어진다. 이 흡열 반응을 1100°C에서 메탄과 암모니아의 양론적 혼합물을 가열하여 진행시킨다고 가정하고, 혼합물을 단열 반응기로 주입한다. 반응기 온도는 900°C 이하로 내려가면 안 된다. 그렇게 되면 반응이 너무 느려지기 때문에 유출온도를 900°C로 유지해야 한다.

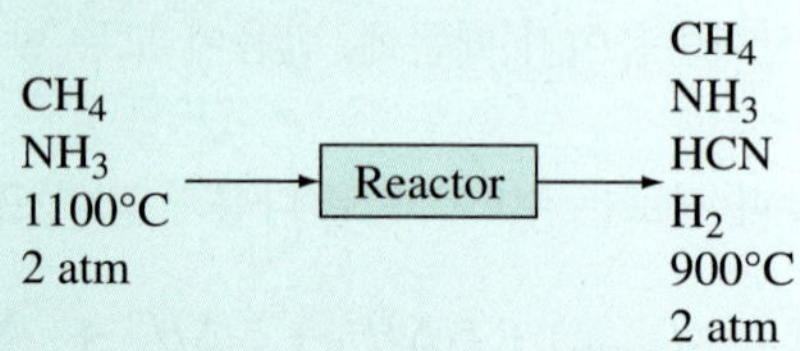

반응기로 들어가는 1 gmol/s-NH_3를 임의의 기준으로 삼는다. 정상상태 물질수지식을 분석해보면,

$$\dot{n}_{CH_4,in} = 1$$

$$\dot{n}_{NH_3,in} = 1$$

$$\dot{n}_{CH_4,out} = 1 - \dot{\xi}_1$$

$$\dot{n}_{NH_3,out} = 1 - \dot{\xi}_1$$

$$\dot{n}_{HCN,out} = +\dot{\xi}_1$$

$$\dot{n}_{H_2,out} = 3\dot{\xi}_1$$

(모든 단위는 gmol/s). 일 항은 없고, 반응기는 잘 보온된다. 보온은 반응기가 단열 조작되고 있을 정도로 충분히 좋아서 반응기와 주위 간의 열전달을 무시할 수 있다. 정상상태에서 에너지수지는 간단히 다음과 같이 된다.

$$\dot{H}_{out} = \dot{H}_{in}$$

약간의 자료를 모아서 엔탈피 변화 계산을 할 수 있으며, 다음의 값들을 사용한다.

$$C_p[CH_4(g)] = 36 \text{ J/gmol°C}$$

$$C_p[NH_3(g)] = 36 \text{ J/gmol°C}$$

$$C_p[HCN(g)] = 36 \text{ J/gmol°C}$$

$$C_p[H_2(g)] = 29 \text{ J/gmol°C}$$

$$\Delta\hat{H}_r^\circ = +255.8 \text{ kJ/gmol(높은 흡열!)}$$

유입상태로부터 유출상태로 이동하는 경로를 설정하고, 경로와 관계된 엔탈피 변화를 계산한다. 이 분석 결과를 표에 요약하였다. (상은 전체적으로 증기를 유지한다.)

	T, °C	P, (atm)	Flow rate, gmol/s				Equation	kJ/s
			CH_4	NH_3	HCN	H_2		
Inlet stream	1100	2	1	1	0	0		
Cool to standard T	25	2	1	1	0	0	$\sum \dot{n}_i \int C_{p,i}\, dT$	−77.4
Lower to standard P	25	1	1	1	0	0		~0
React	25	1	$1-\dot{\xi}_1$	$1-\dot{\xi}_1$	$\dot{\xi}_1$	$3\dot{\xi}_1$	$\dot{\xi}_1 \Delta \hat{H}_{r1}$	$+255.8\dot{\xi}_1$
Increase P	25	2	$1-\dot{\xi}_1$	$1-\dot{\xi}_1$	$\dot{\xi}_1$	$3\dot{\xi}_1$		~0
Heat to outlet T	900	2	$1-\dot{\xi}_1$	$1-\dot{\xi}_1$	$\dot{\xi}_1$	$3\dot{\xi}_1$	$\sum \dot{n}_i \int C_{p,i}\, dT$	$63.0 + 44.6\dot{\xi}_1$
Sum								$-14.4 + 300.4\dot{\xi}_1$

에너지수지에 이 결과를 사용한다.

$$0 = \dot{H}_{\text{out}} - \dot{H}_{\text{in}} = -14.4 + 300.4\,\dot{\xi}_1$$

$$\dot{\xi}_1 = 0.048\,\frac{\text{gmol}}{\text{s}}$$

원료물질의 5% 이하가 생성물로 전환된다. 왜 그런가? 문제는 반응이 높은 흡열공정이기 때문이다. 온도는 반응이 진행됨에 따라 낮아진다. 유출온도가 900°C 한계로 빠르게 오르는 것을 알 수 있다.

더 높은 전환율을 얻고 싶다. 가장 좋은 방법은 무엇인가?

아이디어 1. 반응기에서 완전한 전환이 이루어질 정도로 충분히 열교환기에서 유입물질을 가열하고, 반응기의 유출온도를 900°C를 유지하게끔 한다. 위와 같은 에너지수지를 이용하여 5200°C 이상의 유입온도를 필요로 하는지 계산해 본다. 스테인리스 합금의 최대 견디는 온도는 1100°C이다. 세라믹은 1450°C까지 오를 수 있다. [이것은 좋은 방안이 아닌 것 같다.]

아이디어 2. 반응기를 증기 자켓으로 감싸거나 반응기 안에 관을 삽입하여 관을 통한 스팀흐름이 반응기로 직접 열을 전달하게 한다. 가능한 최대 스팀온도는 약 550°C이고, 충분히 뜨겁지 않다.

아이디어 3. 백금 촉매가 있는 로 안에 관을 넣고, 로 관의 내부를 코팅한다. 원료물질은 관을 따라 흐르며 반응한다. 연료는 반응에 필요한 열을 공급하기 위하여 로 안에서 연소한다. 이 방법으로는 1100°C까지의 온도가 가능하다. 필수적으로 흡열반응에 필요한 열을 얻기 위하여 발열반응(로에서 연료의 연소)을 적용한다.

아이디어 4. 반응기 바로 내부에서 원하는 흡열반응과 발열반응을 혼합한다! 이것을 *혼합반응*이라고 한다. 두 가지 반응이 양립할 수 있다면 이 방법이 유용한 대책이다.

HCN 반응기에서 *아이디어 4*를 살펴보자. 산화공정은 높은 발열반응이다. 원하는 반응을 유도하기 위해 필요한 에너지를 공급하는 산화반응을 사용하는 것이 가능하다. 반응물 중 한 가지인 메탄은 쉽게 산화된다.

$$CH_4 + 2O_2 \rightarrow CO_2 + 2H_2O$$

반응기로 들어가는 산소 주입량을 조절함으로써 흡열반응에 필요한 만큼의 에너지를 발생시킬 수 있는 메탄을 연소시킬 수 있다. 일정한 1100°C에 반응기 온도를 유지하길 원한다. 얼마나 많은 메탄을 반응기에 추가적으로 넣어야 하는가? 얼마나 많은 산소가 들어가야 하는가?

이 질문에 답하기 위해서는 먼저 공정흐름 계산을 완성해야 하고, 여기서 반응기로 들어가는 1 gmol/s의 NH_3는 같은 기준이며, 암모니아, 메탄, 산소가 완전한 전환율을 얻을 수 있다고 가정한다. 두 가지 반응은

	$\dot{n}_{in}$	$\dot{n}_{out}$
CH_4	$\dot{n}_{CH_4,in}$	$\dot{n}_{CH_4,in} - \dot{\xi}_1 - \dot{\xi}_2 = 0$
NH_3	1	$1 - \dot{\xi}_1 = 0$
O_2	$\dot{n}_{O_2,in}$	$\dot{n}_{O_2,in} - 2\,\dot{\xi}_2 = 0$
HCN		$\dot{\xi}_1$
H_2		$3\,\dot{\xi}_1$
CO_2		$\dot{\xi}_2$
H_2O		$2\,\dot{\xi}_2$

이러한 물질수지식으로부터, 우리는 쉽게 $\dot{\xi}_1 = 1$과 $\dot{\xi}_2 = \frac{1}{2}\dot{n}_{O_2,in} = \dot{n}_{CH_4,in} - 1$을 계산할 수 있다.

그리고 에너지수지식으로 돌아간다. 반응기는 단열이고, 정상상태이다.

$$\dot{H}_{out} = \dot{H}_{in}$$

몇 가지 추가적인 자료가 필요하다.

$$C_p[O_2(g)] = 29 \text{ J/gmol°C}$$
$$C_p[CO_2(g)] = 37 \text{ J/gmol°C}$$
$$C_p[H_2O(g)] = 34 \text{ J/gmol°C}$$
$$\Delta\hat{H}^{\circ}_{r_2} = -802.6 \text{ kJ/gmol(높은 발열!)}$$

엔탈피를 다시 계산해보자.

	T, °C	P, atm	Flow rate, gmol/s							Equation	kJ/s
			CH_4	NH_3	O_2	CO_2	H_2O	HCN	H_2		
Inlet stream	1100	2	$1+\dot{\xi}_2$	1	$2\dot{\xi}_2$	0	0	0	0		
Cool to standard T	25	2	$1+\dot{\xi}_2$	1	$2\dot{\xi}_2$	0	0	0	0	$\sum \dot{n}_i \int C_{p,i}\, dT$	$-77.4-101.1\dot{\xi}_2$
Lower to standard P	25	1	$1+\dot{\xi}_2$	1	$2\dot{\xi}_2$	0	0	0	0		~0
React by (R1)	25	1	$\dot{\xi}_2$	0	$2\dot{\xi}_2$	0	0	1	3	$\xi_1 \Delta \hat{H}_{r1}$	+255.8
React by (R2)	25	1	0	0	0	$\dot{\xi}_2$	$2\dot{\xi}_2$	1	3	$\xi_2 \Delta \hat{H}_{r2}$	$-802.6\dot{\xi}_2$
Increase P	25	2	0	0	0	$\dot{\xi}_2$	$2\dot{\xi}_2$	1	3		~0
Heat to outlet T	1100	2	0	0	0	$\dot{\xi}_2$	$2\dot{\xi}_2$	1	3	$\sum \dot{n}_i \int C_{p,i}\, dT$	$132.2+104.3\dot{\xi}_2$
Sum											$310.6-799.4\dot{\xi}_2$

이제 우리는 에너지수지에 이것을 사용한다.

$$0 = \dot{H}_{\text{out}} - \dot{H}_{\text{in}} = 310.6 - 799.4\dot{\xi}_2$$

$$\dot{\xi}_2 = 0.39\frac{\text{gmol}}{\text{s}}$$

그래서 산소와 함께 CH_4를 약 39% 더 주입함으로써 반응기 온도는 1100°C를 유지할 수 있고, 암모니아는 모두 생성물로 전환될 수 있다. 이런 계산이 문제가 될 수 있다고 생각하는가? (힌트: 반응기의 유출부에서는 어떤 현상이 발생하는가?)

생성물이 H_2O가 되는 수소의 조건 산화를 위해 비슷한 계획이 적용된다. 메탄이나 수소의 산화는 반응기의 설계와 촉매선택과 관련이 있다. 아이디어 3에서와 같이 두 공정 모두 상업적으로 사용된다.

요약

- 시스템(또는 흐름)의 에너지는 **운동에너지**(kinetic energy) E_k , **위치에너지**(potential energy) E_p , **내부에너지**(internal energy) U의 합이다. E_k는 시스템 속도 v에 따라 변하고, E_p는 중력장에서 시스템의 높이 h에 의존한다. U는 시스템의 압력 P, 온도 T, 상 ϕ, 화학조성 z_i에 따라 변화한다. **엔탈피**(enthalpy) H는 시스템을 들어가고, 나가는 흐름의 에너지를 평가하기 편리한 함수이고, $H = U + PV$이다.
- 에너지는 **상태함수**(state function)이다. 시스템의 에너지는 시스템의 상태함수 (v, h, P, T, ϕ, z_i)이며, 상이 도달하는 경로가 아니다. 에너지는 상태함수이기 때문에 시스템의 에너지를 그 상만 알면 간단히 구할 수 있다. E_k, E_p, U, H는 항상 **기준상태**(reference state)로 정의되어 상대적으로 계산할 수 있다.

- $\hat{U}$와 $\hat{H}$를 계산하는 두 가지 방법이 있다.
  1. 몇 가지 일반적인 물질에 대해, 그래프와 표 형태의 자료가 이용 가능하다.
  2. 대부분의 다른물질에 대해서는 **열용량**(heat capacity) C_p, **상 변화 엔탈피**(enthalpy of phase change)(예, $\Delta\hat{H}_v$ 또는 $\Delta\hat{H}_m$), **용액 엔탈피**(enthalpy of solution) $\Delta\hat{H}_{\text{soln}}$와 **생성 표준 엔탈피**(standard enthalpy of formation) $\Delta\hat{H}_f^\circ$와 같은 물리적 특성을 사용한다. 잘 정의된 기준상태로부터 출발해서 한 가지 상태 변수(P, T, ϕ 또는 z_i)가 시간에 따라 변하는 경로를 설정한다. 변수들의 변화로 인한 $\hat{U}$나 $\hat{H}$의 변화를 계산하는 모델식을 사용한다. 그러고 나서 모든 변화들을 합한다.

Change in	$\hat{H}$	$\hat{U}$	Comments
Pressure	~0 (gas) ~$\hat{V}(P_2 - P_1)$(solid or liquid)	~0	Usually can be neglected unless pressure change is very large.
Temperature	$\int C_p dT$	$\int C_v\, dT$	Polynomial expressions for C_p available. $C_p \approx C_v + R$ (gases) $C_p \approx C_v$ (solids and liquids)
Phase	$\Delta\hat{H}_v$ (liquid to vapor) $\Delta\hat{H}_m$ (solid to liquid)	$\Delta\hat{U}_v \approx \Delta\hat{H}_v - RT_b$ $\Delta\hat{U}_m \approx \Delta\hat{H}_m$	Data often available only at normal boiling point T_b and normal melting point T_m.
Composition due to reaction	$\Delta\hat{H}_r^\circ = \sum_i \nu_i \Delta\hat{H}_{f,i}^\circ$ $\Delta\hat{H}_r^\circ = -\sum_i \nu_i \Delta\hat{H}_{c,i}^\circ$	$\Delta\hat{U}_r \approx \Delta\hat{H}_r - RT\Delta n_r$ (gas) $\Delta\hat{U}_r \approx \Delta\hat{H}_r$ (solid or liquid)	Standard conditions are 25°C and 1 atm. Per mole of reaction.
Composition due to mixing or solution	$\Delta\hat{H}_{\text{soln}}$ $\Delta\hat{H}_{\text{mix}}$	$\Delta\hat{U}_{\text{soln}} \approx \Delta\hat{H}_{\text{soln}}$ $\Delta\hat{U}_{\text{mix}} \approx \Delta\hat{H}_{\text{mix}}$	Important for nonideal mixtures—acids, bases, for example.

- **일**(work)과 **열**(heat)은 물질흐름이 없는 곳에서의 에너지흐름이다. 열 $\dot{Q}$는 시스템과 주위 사이의 온도 차에 의한 에너지흐름이다. 일 $\dot{W}$는 기계적 에너지흐름이다. **축일**(shaft work) $\dot{W}_s$는 회전 혹은 왕복 장치로 인한 일이다.
- 미분과 **에너지수지식**(energy balance equation)은 질량단위보다는 몰단위로 쓰일 수 있다.

  미분에너지수지식은

$$\frac{d(m_{\text{sys}}(\hat{E}_{k,\text{sys}} + \hat{E}_{p,\text{sys}} + \hat{U}_{\text{sys}}))}{dt} = \sum_{\text{all } j_{\text{in}}} \dot{m}_j(\hat{E}_{kj} + \hat{E}_{pj} + \hat{H}_j) - \sum_{\text{all } j_{\text{out}}} \dot{m}_j(\hat{E}_{kj} + \hat{E}_{pj} + \hat{H}_j) + \sum_j \dot{Q}_j + \sum_j \dot{W}_{sj}$$

  적분에너지수지식은:

$$(m_{\text{sys},f}(\hat{E}_{k,\text{sys}} + \hat{E}_{p,\text{sys}} + \hat{U}_{\text{sys}})_f) - (m_{\text{sys},0}(\hat{E}_{k,\text{sys}} + \hat{E}_{p,\text{sys}} + \hat{U}_{\text{sys}})_0)$$
$$= \sum_{\text{all } j_{\text{in}}} m_j(\hat{E}_{kj} + \hat{E}_{pj} + \hat{H}_j) - \sum_{\text{all } j_{\text{out}}} m_j(\hat{E}_{kj} + \hat{E}_{pj} + \hat{H}_j) + \sum_j Q_j + \sum_j W_{sj}$$

미분식과 에너지수지식은 모두 질량단위보다는 몰단위로 쓰일 수 있다.

- 공정에너지 문제를 해결하기 위한 에너지수지식의 성공적인 활용은 12가지 간단한 단계와 같은 체계적인 접근을 필요로 한다.

  1. 흐름선도를 그린다.
  2. 시스템을 정의한다.
  3. 조성을 선택하고 시스템 변수를 정의한다.
  4. 일관성 있는 단위인가를 확인한다.
  5. 기준을 정의한다.
  6. 공정흐름 계산을 준비하고, 가능하면 계산한다.
  7. 자료를 찾거나 공정흐름에 대한 모델식을 적는다.
  8. 열과 일 흐름을 확인한다.
  9. 시스템 에너지 변화에 대한 자료를 찾고, 모델식을 적는다.
  10. 에너지수지식을 쓰고, 단순화시킨다.
  11. 식을 계산한다.
  12. 해답을 확인한다.

화학 이야기 **서둘러 착수하라!**

1889년 5월 18일에 태어나고, James Watt의 후손이라는 소문이 있었던 Thomas Midgley는 뛰어난 발명가였다. 현대 기술에 기여한 여러 중요한 공헌 중에는, 회전볼 투수에게 침보다는 느릅나무 주스가 더 효과가 있다는 발견과 스크류드라이버(오렌지주스와 보드카)의 발명이 있다. Midgley는 코넬 대학교 기계공학과를 졸업하였다. 그는 화학에는 관심도 없는 평범한 학생이었다. 첫 직장은 그 당시 가장 매력적인 회사 가운데 한 곳이었던 Ohio Dayton에 국립현금금고(NCR)였다. NCR에서 겨우 1년을 지낸 후에 아버지의 타이어 회사에 합류하였으나 1916년에 파산하였다. 그는 특정한 직업 전망은 거의 없었고, 아내와 두 어린 자녀들을 부양하기 위해 Charles Kettering의 작은 회사에 입사하였다. Dayton 공학연구실은 낡은 창고 앞에 가짜 문을 달고 있는 영세한 회사였지만, 왕성하게 운영되고 있었다. Kettering은 전기점화를 발명했는데 그것은 무거운 수동 크랭크를 교체하는 "말이 끌지 않는 수송 수단"이 되었고, 일반적인 남자와 여자들이 자동차 엔진을 시동할 수 있게끔 하였다. 열정적인 발명가였으며, 대부분 엉뚱하지만 기발한 아이디어로 넘쳐났다. 예를 들면, 냉동된 야채더미가 결코 해동되지 않을 것이라는 사실을 입증하기 위하여 얼음조

Thomas Midgley
Corbis/Getty Images

각을 Birdsey 냉동 야채 더미에 넣는 것은 그의 아이디어였다.

1900년대 초의 자동차 엔진은 내연기관이 부하를 받을 때는 언제나 "핑"하는 소리의 소음이 발생하였는데, 이 문제는 단순한 골칫거리 이상이었다. 엔진은 급작스레 동력을 잃고, 심지어 부서지기까지 하였다. 내연기관 설계는 더 좋은 성능과 소음 방지 사이의 균형을 맞추면서 진행되는 작업이었다. 높은 압축비(실린더 내의 공기와 연료 혼합물의 높은 압력)는 더 효과적인 엔진 작동을 의미하지만, 소음을 증가시킨다. 일부 석유원에서 얻어지는 가솔린은 소음 문제가 많지 않지만, 벤젠, 톨루엔과 같은 자연적으로 방향족 물질이 많은 높은 옥탄가 가솔린으로서 값이 비쌌다. 미국 자동차 산업체는 저렴하고 낮은 옥탄가로 달리는 힘 있는 엔진을 만들고 싶어 했다. 제너럴 모터스사는 Kettering 회사와 계약을 맺고, 어떤 결과를 얻을 수 있는지 알아보았다. Midgley는 석유화학이나 내연기관에 대해 무지했다. 그러나 다른 사람들도 마찬가지였다.

Midgley는 먼저 소음이 무엇인지 이해하기 시작했다. 그는 토마토 캔 주위에 필름을 감고, 지붕 못 위에서 그것을 돌리는 고속 카메라를 임시로 장착하였다. 실린더 벽을 잘라낸 석영 창을 통해 작동 중인 엔진을 촬영함으로써, 소음이 실린더 내에서 연료가 충분히 채워지지 않은 상태에서 폭발하는 데 기인하는 것이라는 것을 알아냈다. Kettering은 가솔린에 염료를 추가하여 연료를 불꽃의 앞쪽으로 가게 함으로써, 흡수 방사 에너지를 더 좋게 하고 더 빨리 증발하게 할 것으로 추측했다. 그래서 Midgley는 창고에서 찾을 수 있는 것은 무엇이든지 시도해보기로 결심하였다. 유일하게 가능한 것은 어두운 색의 액체인 요오드였다. Midgley가 요오드를 가솔린에 첨가하자, 더 이상의 소음이 발생하지 않았다! 그는 시내를 돌아다니면서 그가 찾을 수 있는 모든 어두운 색의 지용성 염료를 찾아냈다. 그러나 아무런 효과가 없었다. 그래서 요오드를 다시 검토하기 시작했고(이번엔 색깔이 없는 것으로), 소음이 발생하지 않았다!

그러나 요오드는 부식성이 있고, 냄새가 나며, 값이 비쌌다. 하지만 이 실험을 통해 Midgley는 화학이 소음 문제를 해결할 수 있을 것이라는 믿음을 갖게 되었다. 그는 30,000개가 넘는 물질을 차례차례 검토하였고, 마침내 아닐린(석탄 타르에서 추출되는 매우 높은 방향족 화합물)을 발견하였다. 아닐린은 요오드보다 훨씬 저렴하고 효과가 더 좋았으나, 여전히 독성이 높고 부식성이 있었으며 악취가 났다. 1921년 그는 소음방지제로 셀레늄과 텔루리움 화합물을 발견하였으나, 이것들 또한 Midgley의 아내가 그를 7달 동안 지하실로 밀어낼 정도로 악취가 났다.

그러던 즈음, Midgley는 1913년에 개발된 주기율표에 대하여 배웠다. 그는 그가 발견한 거의 모든 소음 방지 화합물이 표의 우측 하부에 몰려 있다는 사실을 알아냈다. 그는 납이 작용할 수 있을 것으로 예측했다. 지용성 형태의 납은 테트라에틸 납 $Pb(C_2H_5)_4$에서 발견되었는데, 이 유독성의 희귀한 화합물은 75년 전에 독일 화학자가 기술한 것이었다. 이 물질은 저렴하고, 뛰어나게 효과적이었다. “유연” 가솔린은 엔진의 효율을 개선하고, 주행거리를 높이고, 소음을 줄이는 데 마법처럼 효과적이었다. Dow 화학사와의 공동 연구로 테트라에틸 납을 Ethyl-Dow라는 이름으로 상품화시켰고, Midgley는 부사장이 되었다. (후에 회사는 Ethyl Corporation이라는 이름으로 개칭하였다.)

납은 잘 알려진 신경독성 물질이었고, 1930년대까지는 납이 체내에 축적되어 직업상(예를 들면, 페인트 도색업자) 납에 노출된 노동자가 중독된다고 알려져 있었다. Ethyl Corporation은 “납”이라는 단어가 함축하는 부정적인 의미를 피하기 위해 유연가솔린을 “에칠”이라고 부르기로 결정했다. 에칠은 일반 가솔린보다 15% 가량 고가였음에도 불구하고, 자동차 시장에서 대중에게 큰 호응을 얻었다. 그러나 1924년 에칠을 제조하는 설비에서 일하는 여섯 명의 작업자가 납 중독으로 사망하였다. 몇 명의 작업자는 정신이 혼미해지고 환각 증상으로 고통을 받았다. 지역 신문은 납의 훈연을 “미친 가스”라고 불렀다. Midgley는 악의적인 기사를 발표한 언론에 대하여 공격적으로 대응하였다. 테트라에칠 납이 위해한지에 대한 질문에, 그는 작업자가 중독 징후를 보이면 해고하고, 납을 흘리면 해고하는 등 작업자를 면밀히 감독하는 것이 유일한 조치라고 말했다. 1925년, 일반외과의사가 그런 내용의 떠도는 이야기를 들었다. 산업체 대표들은 사망은 단순한 사고이고, 두려움 때문에 이 놀라운 화학물질의 사용을 막아서는 안 된다고 논쟁하였다. 일부 독립 과학자들은 에칠의 안전성을 보여주는 연구들에 심각하게 결함이 있다고 주장하면서 공격하였다. 그러나 그들은 힘이 있었고 자금이 풍부하였다. 자동차와 석유화학업계와 싸우는 그들은 페미니스트, 사회주의자, 평화주의자 같은 서민층으로 구성되어 있었다.

Bettmann/Getty Images

미국 운전자들은 고옥탄가 유연 가솔린을 “당신의 연료탱크에 호랑이를 넣으세요”라고 홍보하는 광고에 열렬한 반응을 보였다. 가솔린 엔진의 빠른 개선은 미국의 머슬카에 대한 사랑으로 번져나갔다. 그리고 새롭게 포장된 도로와 고속도로를 확장하고, 대중교통에 대한 지원을 떨어뜨리며, 교외 확장으로 이어졌다. 1960년까지 미국에서 팔리는 가솔린의 거의 90%가 테트라에칠납을 함유하고 있었다. 납은 단지 가솔린에만 있는 것이 아니었다. 납(tin) 깡통, 납 파이프, 납 비소 살충제, 납-유약 세라믹, 납 페인트 등에도 있었다. 미국인들은

1년에 20톤의 납을 섭취하였다.

이 모든 것이 화학자 Clair Patterson에 의해 어느 정도 바뀌었다. Iowa 출신에 키가 크고 열정적인 "Pat" Patterson은 Oak Ridge 국립연구소에서 Manhattan 프로젝트에 참가하였다. 거기서 그는 우라늄 동위원소를 분리하는 데 사용되는 질량분광학 기술을 배웠고, 일본 도시에 원자폭탄을 사용하는 것에 반대하였다. 시카고 대학교로 돌아와 박사 학위를 취득한 그는 지구의 나이를 측정하기 위해 동위원소를 사용하는 것(특히 우라늄이 납으로 붕괴되는 것)에 관심을 갖게 되었다. 7년 동안 그는 오래된 운석에서 납을 측정하는 데 어려움을 겪었는데, 왜냐하면 그의 실험실은 믿을 수 없을 만큼 납으로 오염되어 있었기 때문이다. 실험실의 납을 제거하는 과정에서 그는 전에 생각했던 것보다 더 많은 납이 일상적인 물질에 포함되어 있음을 발견하였다. 1963년 그는 원시림적인 국립공원에 내린 눈조차 인간의 활동으로 인해 납으로 심하게 오염되어 있음을 밝히는 논문을 투고하였다. Patterson의 논문 투고 3일 후에 Ethyl 경영진들이 그의 사무실에 나타났다. 짧은 토의 후에 그들은 떠났고, 얼마 후 미국공중보건국을 통한 Patterson의 연구비 지원은 중단되었다.

납 오염에 대한 그의 연구를 중단하라는 압력이 극심하였다. 그러나 독물학자인 Harriet Hardy와 만난 자리에서 Patterson은 어린이들이 납 중독으로 죽어가고 있다고 확신하였다. Patterson은 지구 끝까지 여행하면서 북극과 남극의 20세기 동안에 쌓인 눈과 얼음도 산업용 납으로 크게 오염되어 있음을 주장하였다. 1965년 Patterson은 지난 20년 동안 인간의 납 농도가 놀라울 정도로 증가하고 있다고 주장하면서 납 첨가물 산업을 비난하는 글을 기고하였다. 즉, 공장 노동자뿐만 아니라 페인트를 먹는 아기들까지 모든 사람이 위험한 수준의 납에 노출되어 있었다. 그는 일반적인 통념과는 달리 치명적이지 않은 수준의 납 노출도 인체에 해롭다고 주장하였다. Patterson은 이 기사로 인해 악의적인 비난을 받았다. 미국공중보건국의 독성학 책임자는 "Patterson은 제2의 Rachel Carson이 되고 싶은가?"라며 그의 연구를 폄하하였다.

전투가 형성되기 시작하였다. 환경 납에 대한 회의가 1965년 후반기에 열렸고, "납 방음제가 사라지면 초래될 경제적 어려움"을 강조하면서 끝을 맺었다. 정부 청문회는 사실상 모든 납 독성 연구는 납 사용과 경제적 이해관계가 있는 업계의 지원을 받아 왔고, 어떠한 연구 결과도 출판되는 것을 거부할 권리를 그들이 가지고 있다는 사실에 대하여 미국 대중들의 관심을 불러일으켰다. 대중의 분위기는 정부 규제를 요청하는 쪽으로 흘렀다. 1970년 의회는 공기청정 법안을 통과시켰고, 환경보호국을 신설하였다. General Motors와 같은 기업은 배출가스를 제어하기 위한 촉매 전환기를 부착하였다. 납은 촉매독이었기 때문에 유연 가솔린은 새 차에서는 사용될 수 없었다. 석유를 "열분해"하여 가지가 많고, 방향족 탄화수소류가 많은 높은 옥탄가의 연료를 찾는 새로운 기술이 개발되었다. 대중이 오래된 차를 새 차로 교환함에 따라 유연 가솔린의 사용은 급락하였다. 마찬가지로 극지의 얼음과 혈액의 납 수준도 함께 낮아졌다.

가솔린 첨가제에 관한 논쟁은 계속 이어졌다. 열분해에 의해 만들어진 가솔린은 발암물질로 알려진 벤젠의 함유량이 높다. 유해한 배출가스를 줄이기 위해 메칠 *t*-부틸 에테르(MTBE)와 같은 산화시킨 연료첨가제가 혼합되었으나, 수질오염 문제 때문에 MTBE는 제외되었다. 많은 중서부 주에서 옥수수로 제조한 에탄올이 가솔린에 첨가되었으나, 에탄올 생산업자에게 지급되는 막대한 보조금 지급이 공격을 받았다. 안전하고 효율적인 운송 연료에 대한 탐색은 계속되고 있다.

Quiz 정답

8.1 에너지/시간 또는 $[M{\cdot}L^2/t^3]$. 에너지 또는 $[M{\cdot}L^2/t^2]$

8.2 단위시간당 에너지, 또는 $[M{\cdot}L^2/t^2]$. 0 (만약 열 관련 부분이 잘 단열되어 있다면). 음수.

8.3 축적: $\dfrac{d(m_{\text{sys}}(\hat{E}_{k,\text{sys}} + \hat{E}_{p,\text{sys}} + \hat{U}_{\text{sys}}))}{dt}$

물질흐름이 있는 경우(유입 − 유출):

$$\sum_{\text{all } j_{\text{in}}} \dot{m}_j(\hat{E}_{kj} + \hat{E}_{pj} + \hat{H}_j) - \sum_{\text{all } j_{\text{out}}} \dot{m}_j(\hat{E}_{kj} + \hat{E}_{pj} + \hat{H}_j)$$

물질흐름이 없는 경우(유입 − 유출): $\sum_j \dot{Q}_j + \sum_j \dot{W}_{sj}$

8.4 축적: $(m_{\text{sys},f}(\hat{E}_{k,\text{sys}} + \hat{E}_{p,\text{sys}} + \hat{U}_{\text{sys}})_f) - (m_{\text{sys},0}(\hat{E}_{k,\text{sys}} + \hat{E}_{p,\text{sys}} + \hat{U}_{\text{sys}})_0)$

물질흐름이 있는 경우(유입 − 유출):

$$\sum_{\text{all } j_{\text{in}}} m_j(\hat{E}_{kj} + \hat{E}_{pj} + \hat{H}_j) - \sum_{\text{all } j_{\text{out}}} m_j(\hat{E}_{kj} + \hat{E}_{pj} + \hat{H}_j)$$

물질흐름이 없는 경우(유입 − 유출): $\sum_j Q_j + \sum_j W_{sj}$

8.5 330 ft lb_f. 점프 행위는 순 위치에너지 변화에 어떠한 차이도 발생시키지 않는다.

8.6 압력은 힘/면적이거나, $[M{\cdot}L/t^2{\cdot}L^2]$ 혹은 $[M/t^2{\cdot}L]$이다. 부피는 $[L^3]$이다. 그러므로 압력 부피는 $[M{\cdot}L^2/t^2]$이며, 그것은 에너지의 차원이다.

8.7 151.83°와 2748.1 kJ/kg. 과냉각.

8.8 꼭 그렇지는 않다. U와 H 모두 압력이 증가하면 약간 감소한다. 꽤 유사하지만 완벽하지는 않다.

8.9 약 6600 J/gmol

8.10 2014 kJ/kg; 증기의 압력 변화가 계산 시 무시되었기 때문에 다르다. 0.

8.11 N_2의 희석 영향으로 낮아진다.

참고 문헌 및 추천 도서

1. 열교환기, 압축기, 펌프 등의 공정 장치에 대한 개략도와 설명은 *Perry's Chemical Engineers' Handbook*에 있다.
2. 열역학 자료(U, H)와 물리적 특성 자료의 표는 *Perry's Chemical Engineers' Handbook, CRC Handbook of Chemistry and Physics, and Lange's Handbook of Chemistry* 등을 비롯하여 충분한 문헌이 있다. 또 다른 유용한 자료로는 *DIPPR (Design Institute for Physical Property Data) Chemical Database*가 있다. 국립표준기술연구소 (NIST)는 webook.nist.gov에서 NIST Chemistry WebBook에 대하여 열람할 수 있도록 제공하는데, 여기에는 수업 시 많은 화합물의 물리적 성상에 관한 자료와 스팀을 포함한 유체의 상세한 열역학 데이터가 포함되어 있다(예, 생성 엔탈피 또는 열용량).

연습 문제

준비 단계

›8.1절

P8.1 매일 사용하는 전기 기구의 목록을 적어라. 에너지 사용률을 W, hp, kJ/s, kcal/min, Btu/h의 단위로 계산하라.

P8.2 만약 사람이 매일 2000 kcal를 먹고, 같은 양의 에너지를 소비한다면, 평균 에너지소비량을 W, hp, kJ/s, BTU/h로 계산하라.

P8.3 일반적으로 사과는 약 0.33 lb의 무게가 나가고, 섭취 시 100 kcal의 열량을 제공한다. 이는 가솔린에 비하면 얼마만큼의 에너지양(kJ/gram)에 해당되는가(8.1.1절 참조)?

P8.4 석탄 광산에서 조랑말이 일을 할 때, 제임스 와트는 한 마리의 말이 1분에 22,000 ft-lb_f의 일을 하는 것으로 예측하였다. 1마력은 몇 마리의 조랑말의 힘에 해당하는가?

P8.5 다양한 에너지 자원에 대한 미국 연간 소비량을 8.1.1절에 요약하였다. 미국에서 3억 명이 사용한다고 하면, 한 사람이 하루에 사용하는 에너지양은 각각 얼마인가? (a) 천연가스, (b) 석탄, (c) 풍력. kcal, kJ의 단위로 계산하라.

P8.6 1400년대 초 이탈리아 피렌체에 있는 웅장한 대성당에서 건축은 시작됐다. 건설 중에 한 많은 시도 중 하나는 돔의 꼭대기까지 무거운 건축 자재를 옮기는 것이었다. Fillippo Brunelleschi는 소가 끄는 승강기를 발명했다. 한 마리의 소는 0.5톤의 짐을 200 ft 높이까지 13분만에 옮길 수 있다. 소의 힘에 대한 마력의 환산인자를 결정하기 위해 이 내용을 활용하라.

P8.7 직장까지 30분 동안 자전거를 타는 사람은 약 5마일을 가면서 약 200 kcal를 태우는데 이것은 사과 두 개를 먹는 것과 같다. 자동차가 연료 1갤런당 30마일을 운행할 수 있고, 연료 연소 시 125,000 kJ을 발생시킨다고 하면, 자동차로 같은 거리를 운전하는 사람의 에너지 소비를 사과의 양으로 비교하라.

P8.8 온대지역 위도에서 태양으로부터의 에너지흐름은 약 96.4 mW/cm^2이다. 태

양광을 활용하기 위한 새로운 페롭스카이트 태양광 소자는 22%까지의 높은 전환율을 나타낸다. 100 watt 전구 한 개를 켜는 데 필요한 소자의 면적은 얼마인가(ft^2)?

8.2절

P8.9 상온에서 그릇에 물이 약간 채워져 있다. 그릇을 핫플레이트 위에 올려 놓고, 몇 도 정도 온도를 상승시켰다. 그릇 안에 있는 물을 시스템으로 간주하고, 미분물질수지와 에너지수지식을 써보라. 무시할 수 있는 항들은 제거해서 단순화시켜라.

P8.10 상온에서 그릇에 물이 약간 채워져 있다. 그릇을 뜨거운 판 위에 올려놓고, 몇 도 정도 온도를 상승시켰다. 그릇 안에 있는 물을 시스템으로 간주하고, 미분물질수지와 에너지수지식을 써보라. 0이 되는 항들은 제거해서 단순화시켜라.

P8.11 한 학생이 교실에서 자고 있다. 학생을 시스템으로 간주하고, 미분물질수지와 에너지수지식을 써보라. 0이 되는 항들을 제거해서 단순화시켜라.

P8.12 아래의 각 상황에 대하여 다이어그램을 그리고, 0이거나 무시할 수 있는 항들은 제거하고, 미분에너지수지식을 써라. 시스템이 열린 상태인지, 닫힌 상태인지 확인하라. 또한 열이나 일이 양의 값인지 음의 값인지 판단하라.

(a) 원유는 국가 간 파이프라인을 통해 채굴한다. 유입파이프는 유출부보다 200 m 높고, 파이프의 직경은 일정하며, 펌프는 파이프라인의 중간 지점 부근에 위치한다. 전체 파이프라인은 단열되어 있다. 시스템: 파이프라인과 내용물.

(b) 질소와 수소가 정상상태에서 운전되고 있는 반응기로 일정한 유량으로 공급되어 암모니아와 반응한다. 유입과 유출부는 동일한 직경과 지표로부터 같은 높이를 갖는다. 시스템: 반응기와 내용물.

(c) 우유가 이중 관 형태의 열교환기의 내부 파이프를 통하여 25°C에서 80°C로 가열되면서 계속 이송된다. 시스템: 내부 파이프와 내용물.

(d) 물이 댐의 수문을 통과해 터빈으로 낙하하면서 발전기에 연결되어 있는 축을 회전시킨다. 댐의 양쪽 유속은 무시할 정도로 적고, 물은 유입과 유출 부분에서 압력이나 온도가 큰 차이가 없다. 시스템: 유입부로부터 수문과 터빈 유출부으로의 물

P8.13 다음의 각 상황에 대해서 0이 되는 항들은 제외하고 적분에너지수지식을 세워라. 또한 열이나 일이 음인지, 양인지를 판명하라.

(a) 야채통조림이 고압의 스팀으로 채워져 있는 살균기 안에 놓여 있다. 야채는 20분 동안 살균된다. 시스템: 통조림 내부의 야채.

(b) 야채통조림이 고압의 스팀으로 채워져 있는 살균기 안에 놓여 있다. 야채는 20분 동안 살균된다. 시스템: 살균기와 내용물.

(c) 한 한생이 농축된 황산이 반쯤 채워져 있는 비커에 물을 붓는다. 시스템: 비커와 내용물.

(d) 효모는 빵 반죽에서 설탕을 소화시킨다.

8.3절

P8.14 표 8.2를 참고해서 1, 10, 100 bar에서의 $\Delta\hat{H}_v$를 구하라. 압력에 따라 $\Delta\hat{H}_v$는 어떻게 변할까? 임계압력 P_c에서의 $\Delta\hat{H}_v$는?

P8.15 100-lb 체중의 스키 선수가 30° 경사를 60 mile/hr의 일정한 속도로 내려온다. 1200 ft의 높이를 내려오는 데 걸리는 시간은 32초이다. 이 선수는 세 개의 100-W 전구를 켤 수 있는 에너지와 동일한 마찰열을 발생한다. 마찰에 의해 소멸되는 에너지와 ΔE_k와 ΔE_p를 비교하라.

P8.16 운석은 약 11 km/s의 속도로 대기에 진입하지만 공기 분자와의 충돌로 인해 종단 속도 100 m/s까지 몇 초 이내에 감속한다. 5-kg 운석의 운동에너지 변화량은 얼마인가? 이 에너지 값에서는 어떤 현상이 발생하는가?

8.4절

P8.17 100°C 스팀 1 kg을 응축함으로써 50°C에서 75°C로 가열할 수 있는 물은 몇 kg인가? 표 8.2를 사용하라.

P8.18 한 컵의 커피를 70°C에서 실온까지 낮추는 데 얼마만큼의 열을 잃겠는가? cal, J, Btu의 단위로 계산하라. 합리적인 근사치를 설정하라.

P8.19 냉매 Freon R-22(CCl_2F_2)은 물(C_p는 약 0.6 J/g°C, 물은 4 J/g°C)에 비하여 매우 낮은 열용량을 갖는다. 냉매로서 물 대비 Freon-22을 고려해 보자. 만일 100 J 열이 10 g 유체를 사용하여 제거되어야 한다면 Freon-22의 온도 증가를 물과 비교해보라.

P8.20 부록 B에 있는 CO_2와 H_2O 증기의 C_p에 대한 다항식 표현을 찾아본 후, 100°C에서 500°C까지의 몇몇 온도에서 C_p를 계산하고, T 대비 C_p를 도시하라. 이렇게 얻은 정확한 식을 증기의 C_p 값이 약 1 J/g°C인 엄지손가락 법칙과 비교해보라.

P8.21 1 bar에서 10 kg의 물을 120°C에서 320°C로 가열한다. 증기표로부터 엔탈피 변화량(kJ)을 찾아보라. 그리고 부록 B에 있는 수증기의 C_p에 대한 다항식 표현을 사용하여 계산된 엔탈피 변화량과 비교하라.

P8.22 1 bar, 50°C의 물이 20 bar로 압축되고, 100°C로 가열된다. 증기표로부터 총 엔탈피 변화뿐만 아니라 각 경로에 대한 엔탈피 변화량은 얼마인지 찾아보라? 그리고 모델식을 이용하여 계산되는 엔탈피 변화량과 비교하라.

8.5절

P8.23 CO_2의 $\Delta\hat{H}_f^\circ$를 찾아보고, kJ/g의 단위로 전환하라. 그리고 g-석탄 대비 생산되는 kJ의 단위로 8.1절에 주어진 값과 비교해보라. 이것은 석탄의 화학조성에 대하여 무엇을 의미하는가?

P8.24 $\Delta\hat{H}_f^\circ$ 값으로부터 CO_2와 H_2O를 형성하는 CH_4와 O_2의 반응에 대한 $\Delta\hat{H}_r^\circ$를 계산하라. 8.1절에 주어진 단위 그램당 연소되는 천연가스로부터 생산되는 kJ로 주어지는 값과 $\Delta\hat{H}_c^\circ$(부록 B)을 비교하라.

P8.25 65 wt%의 암모니아 용액을 1 bar, 253 K로부터 0.1 bar, 213 K로 변화시키는 데 필요한 엔탈피 변화량을 찾기 위해 그림 8.11을 사용하라.

P8.26 효모가 포도당($C_6H_{12}O_6$)을 호기성 상태에서 대사시키면, CO_2와 H_2O가 생산된다. 이 반응에서의 $\Delta\hat{H}_r^\circ$은 얼마인가?

P8.27 물이 든 큰 비커에 1 gmol의 구연산을 녹일 때 발생하는 엔탈피 변화량을 계산하라. 비커는 따뜻하게 느껴질까, 차게 느껴질까? (용액 자료의 엔탈피 자료에 대해 부록 B를 참고하라.)

P8.28 에탄올(C_2H_5OH)과 아세트산(CH_3COOH)이 액상에서 반응하여 에칠아세테이트($C_4H_8O_2$)와 물을 형성한다. 반응의 표준 엔탈피는 얼마인가(kJ/gmol)?

P8.29 다음 반응에서 $\Delta\hat{H}_r^\circ$을 계산하기 위해 $\Delta\hat{H}_f^\circ$를 사용하라.

$$C_2H_6(g) + 3.5O_2(g) \rightarrow 2CO_2(g) + 3H_2O(l)$$

C_2H_6(부록 B)에 대해 $\Delta\hat{H}_c^\circ$와 비교하라.

P8.30 딱딱한 캔디가 21 g의 자당($C_{12}H_{22}O_{11}$)을 함유하고 있다. 만약 그것을 먹는다면, 몇 칼로리를 소모해야 할까? 자당(s)은 $\Delta\hat{H}_f^\circ = -2221$ kJ/gmol.

심화 문제

〉8.2절

P8.31 식 (8.11)이나 (8.12)로부터 시작해서 다음의 경우들에 대한 단순화시킨 에너지수지식을 유도하라. (a) 유입과 유출 흐름 사이에 온도, 압력, 상, 조성 차이를 무시할 수 있는 정상상태의 연속공정, (b) 유입과 유출 속도나 높이의 변화를 무시할 수 있는 정상상태의 연속공정, (c) 운동에너지와 위치에너지 변화를 무시할 수 있는 회분식 공정. 그리고 예를 하나 설명하거나 각각의 단순화시킨 모델을 적용할 수 있는 다이어그램을 그려라.

〉8.3절

P8.32 장난감 물총을 사용하기 위해 물의 속도를 0에서 25 cm/s로 증가시킬 수 있는 배터리로 구동하는 장치를 제작하려고 한다. 물의 성질에서 별다른 변화가 없다면, 이 장치를 통하여 흐르는 물의 단위 kg당 필요한 일의 양은 얼마인가? 먼저 미분에너지수지식을 쓰고, 단순화시켜라. 그리고 왜 일부 항을 삭제했는지 설명하라.

P8.33 풍력에너지의 문제점 중 하나는, 일정하지 않기 때문에 다음 사용을 위한 에너지 저장 방법이 필요하다는 것이다. 한 가지 방법은 풍력에너지를 펌프를 가동하는 데 사용하여, 바람이 세게 부는 동안 물(또는 유체)을 높은 곳에 위치한 탱크로 수송하는 것이다. 그러면 전기를 생산하는 터빈을 가동시켜 물을 유출시킴으로써 에너지가 회복될 수 있다. 평균적인 미국의 가정에서 매일 약 30 kWh의 전력을 사용한다. 만일 저장탱크가 1000-ft 높이에 있다면 매일 가정에 공급할 수 있는 물이 얼마나 많이 필요한가?

P8.34 10-kg짜리 장난감 로켓에 작은 엔진이 달려 있다. 엔진에서 연료를 연소하면 로켓에 600 kJ의 일이 전달되어 곧장 뻗어 올라가게 한다. 로켓이 상승을 멈추는 높이는 얼마나 될까? 적분에너지수지식을 이용하여 이 문제를 풀어라.

8.4절

P8.35 다음의 각 경우에서 엔탈피가 정말 상태함수인가? (a) 1 bar, 75°C 액체에서 10 bar, 200°C 증기로 변화할 때 H_2O의 엔탈피 변화를 계산하기 위해 표 8.2를 사용하라. (b) 다음의 각 경우에 대한 H_2O의 엔탈피 변화를 찾기 위해 표 8.2를 사용하라. (i) 1 bar의 액체 상태로 온도가 75°C에서 99.6°C로 증가할 때, (ii) 99.6°C, 1 bar 액체에서 증기 상태로 변화할 때, (iii) 1 bar에서 증기의 온도가 99.6°C에서 200°C로 증가할 때, (iv) 200°C에서 증기의 압력이 1 bar에서 10 bar로 증가할 때, 각 엔탈피 변화를 더하고 (a)에서 얻은 값과 비교하라.

P8.36 표 8.2를 참조하라. P = 1, 10, 100 bar에서 T 대비 $\hat{H}$의 자료를 50°C에서 350°C까지 도시하라. 도시한 그래프로부터 1, 10, 100 bar에서 (a) 스팀에 대한 C_p와 (b) 액체 물에 대한 C_p를 구하라.

P8.37 1 bar, 50°C에서 1 kg의 물이 10 bar와 100°C로 압축되고 가열된다. 이 공정과 관련된 엔탈피 변화는 얼마인가? 먼저 모델식을 사용하여 계산하고, 증기표와 비교하라.

P8.38 1 bar에서 20 kg의 물이 100에서 320°C로 가열된다. (a) 증기표로부터, (b) 부록 B에 주어진 C_p의 근사치, (c) 부록 B에 주어진 C_p에 대한 다항식을 이용하여 계산한 엔탈피 변화는 얼마인가?

P8.39 아세톤의 $\Delta\hat{H}_v$는 정상적인 끓는 점인 56.5°C에서 29.1 kJ/gmol이다. Antoine 식을 이용해서 압력이 2.0 atm이면 아세톤의 끓는 점은 얼마가 되는지 계산하라. 그리고 부록 B의 C_p를 이용하여 2.0 atm에서 아세톤의 $\Delta\hat{H}_v$를 계산하라.

P8.40 담수는 몇 가지 방법으로 바닷물로부터 개질될 수 있다. 두 가지 방법을 비교해보자. 바닷물을 얼음과 염수로 얼리는 것과 물을 증발시켜버리는 것이다. 각각 20°C에서 출발하여 1 kg의 물을 얼리는 데 필요한 에너지와 1 kg의 물을 1기압에서 증발시키는 데 필요한 에너지를 계산하라. 부록 B와 8.1절의 자료를 이용하여 각 공정의 에너지 비용을 추산하라($/metric ton).

다음의 문제들을 풀기 위하여 쉬운 12단계를 따르라.

P8.41 물이 10 lb/h의 유량으로 파이프를 흐른다. 물의 온도는 70°F이고, 압력은 1기압이다. 물을 1기압에서 포화증기로 만들기 위하여 가열한다고 가정하자. 헤어드라이어로 가능한가?

P8.42 20 mol%의 CO와 80 mol%의 CO_2가 혼합되어 있는 흐름이 50°C에서 250°C로 가열된다. 필요한 열량(kJ/kmol)은 얼마인가?

P8.43 22°C에서 25 kg의 물로 채워진 탱크가 윗부분의 작은 배출구를 통하여 대기중으로 열려 있다. 전열코일이 물속에 담궈져 있으며, 15 kW의 열을 계속 가한다. 나중에 유출구를 통해 증기가 빠져나가는 것이 목격되었다. 첫 번째 스팀이 보이는 데 걸리는 시간은 얼마인가? 모든 물이 증발하는 데 걸리는 시간은 얼마인가? 이 문제를 풀기 위하여 두 가지 시간대로 구분하고,

각 시간대에 대하여 적분에너지수지식을 세워라.

P8.44 10 bar에서의 100 kg 포화증기, 얼음 20 kg, 10 bar 50°C에서 80 kg의 물이 단열된 냄비에서 모두 혼합된다. 압력은 10 bar로 일정하게 유지된다. 평형에서 냄비 내 혼합물의 상과 온도는 얼마인가?

P8.45 500°C, 1 bar 압력에서 뜨거운 벤젠 증기가 25°C 1 bar 압력의 차가운 액체 벤젠과 혼합하여 빠르게 냉각된다. 혼합된 벤젠의 최종 온도가 150°C이어야 한다면, 얼마나 많은 액체 벤젠이 뜨거운 증기 100 gmol당 더해져야 하는가?

P8.46 15 psig, 60°C의 천연가스(10 gmol/h, 96 mol% 메탄, 4 mol% 에탄)가 이중관 열교환기에서 160°C로 가열된다. 만약 열이 30 psig에서 포화증기를 응축하여 공급되는 거라면 스팀의 유량(g/h)은 얼마나 필요할까?

P8.47 50°C, 1 bar에서 액체 물 1000 kg/min이 100 bar로 등온으로 퍼올려져서 일정한 압력으로 보일러에 들어가고, 거기서 포화증기가 생산된다. 펌프에 의해 공급되어야 하는 일은 얼마만큼인가? 얼마만큼의 열이 보일러에 의해 공급되어야 하는가?

P8.48 열교환기에서 뜨거운 *n*-octane 증기(150 gmol/min, 1 atm, 300°C)가 냉각되어 응축됨으로써 80°C의 액체가 된다. 냉각은 60°C, 5 bar에서 물을 가열함으로써 이루어진다. 얼마나 많은 양의 증기가 만들어질 수 있을까(kg/min)?

P8.49 스팀(4000 kg/h, 10 bar, 400°C)이 터빈으로 공급되어 단열 상태에서 0.5 bar로 팽창된다. 터빈을 나가는 스팀은 2300 kW의 열제거율로 다시 냉각되고, 응축되면서 0.5 bar에서 포화 액체를 생성한다. 열과 일의 흐름을 보여주는 다이어그램을 그려라. 터빈으로부터 얻게 되는 일을 얼마인가(kW)? 터빈을 떠나는 스팀의 비엔탈피는 얼마인가? 온도와 품질(증기의 함량)은 어떻게 되는가?

P8.50 당신은 'Toast-It'의 타르트를 좋아하지만, 50°C로 정확하게 식힌 후에 먹는 것을 좋아한다. 식히는 데 얼마나 걸리는지 단순하게 추측하기보다는 공학적으로 접근해보자. 'Toast-It' 타르트 한 개는 46 g이고, 갈변 반응(Maillard 반응)은 155°C에 도달하면 일어난다. 토스터로부터 꺼내서 타르트의 온도를 측정해보면 실온이 22°C일 때, 타르트가 30°C까지 식는데 27초가 걸리는 것을 알 수 있다. 만약 냉각속도가 $\dot{Q}[J/s] = h(T_{\text{tart}} - T_{\text{air}})$라면, 타르트가 완전한 온도에 도달하도록 식히는 데 얼마나 오래 걸릴까?

8.5절

P8.51 아래와 같은 변화에 놓여 있는 H_2O 1 gmol에 대한 에너지 변화를 J 단위로 계산하라.

(a) 0에서 100 km/h로 가속될 때

(b) 해수면 위치에서 킬리만자로 산(5.9 km)의 꼭대기까지 오를 때

(c) 50°C에서 압력이 1 bar에서 100 bar로 증가할 때

(d) 10 bar에서 온도가 0에서 170°C로 증가할 때

(e) 10 bar, 179.88°C에서 액체가 증기로 상변환할 때

(f) 25°C에서 H_2와 O_2로 분해될 때

(e) 핵반응이 진행될 때($E = mc^2$)

8.52 에탄올(C_2H_5OH)과 하이드라진(로켓 연료, N_2H_2)에 대한 연료값(kJ/kg 연소)과 CO_2 배출량(g/kJ)을 계산하라. 8.1절에 소개되어 있는 종래의 연료와 그 값들을 비교하라.

P8.53 봄 칼로리미터에서 샘플이 내부 연소실에 놓여 있고, CO_2와 H_2O로 연소된다. 연소실은 물이 정확히 채워져있는 또다른 챔버의 내부에 놓여 있다. 외부 챔버의 온도를 주의 깊게 기록하고 있다. 실험에서 분자식이 $C_8H_{10}O_3$인 유기화학물질을 봄 칼로리미터에서 연소시킨다. 650 g의 물이 있는 외부 챔버에서 온도가 23.6°C에서 36.2°C로 상승한다. 이 데이터를 미지의 화학물질의 생성 엔탈피(kJ/g) 계산에 사용하라.

P8.54 2-L들이 플라스틱 병을 만드는 데 테레프탈산(TPA, $C_8O_4H_6$)이 사용된다. TPA는 *p*-자일렌(C_8H_{10})을 부분 산화시켜서 제조한다. *p*-자일렌과 TPA의 $\Delta\hat{H}_f^\circ$은 알지 못하지만 *p*-자일렌과 고체상 TPA의 $\Delta\hat{H}_c^\circ$은 −4555 kJ/gmol과 −3220 kJ/gmol이다. 부록 B로부터 CO_2와 H_2O에 대한 $\Delta\hat{H}_f^\circ$ 값들과 필요한 정보를 사용해서 아래 반응에 대한 $\Delta\hat{H}_r^\circ$을 계산하라.

$$C_8H_{10}(l) + 3O_2(g) \rightarrow C_8H_6O_4(s) + 2H_2O(l)$$

또한 *p*-자일렌과 TPA의 $\Delta\hat{H}_f^\circ$를 찾아라.

P8.55 지역 양조장은 사용한 곡물을 지역보일러의 연료로 사용할 수 있도록 무상으로 공급할 것을 제안하였다. 이 곡물이 연료원으로서 얼마나 가치가 있는지 결정하고자 한다. 사용한 곡물은 전분, 당분, 알콜, 수분, 기타 화합물의 복합체이다. 원소 분석으로부터 곡물은 14.4% C, 6.4% H, 78.6% O, 0.6% S로 구성되어 있는 것으로 나타났다. 원소들이 자연상태(C, H_2, O_2, S)에 있다고 가정하고, 곡물의 열량($\Delta\hat{H}_c^\circ$, kJ/kg)을 계산하라. 석탄의 열량과 비교해보라. 이 곡물을 기증받는 것이 좋을까? 이 방법이 신뢰할 만한지 검토해보기 위하여 아세톤의 $\Delta\hat{H}_c^\circ$를 계산하는 데 사용해보고, 부록 B에 요약되어 있는 값들과 비교해보라.

P8.56 반도체 제조용 고순도 실리콘은 다음과 같은 반응을 통하여 모래(SiO_2)와 코크(C)로부터 만든다.

$$SiO_2 s) + 2C(s) \rightarrow Si(s) + 2CO(g)$$

$$Si(s) + 2Cl_2(g) \rightarrow SiCl_4(g)$$

$$SiCl_4(g) + 2Mg(s) \rightarrow Si(s) + MgCl_2(g)$$

위의 세 반응에 대한 $\Delta\hat{H}_c^\circ$를 찾고, 1 kg의 Si를 생산하는 데 필요하거나 제거되어야 할 순 에너지양을 계산하라.

P8.57 냉각팩은 운동선수나 트레이너들이 부상을 당한 후에 감염이나 붓기를 줄

이기 위해 사용한다. 냉각팩은 질산암모늄(NH_4NO_3)을 물에 녹여서 활성화시킨다. 어떤 제품은 25 g의 질산암모늄을 250 g의 물과 혼합해서 실온(약 22°C)에서 시작해서 제조한다. 팩은 대략 얼마나 냉각될 수 있을까? 무한희석에서 얻을 수 있는 용액의 엔탈피는 6.47 kcal/gmol-질산암모늄이다.

P8.58 주머니 크기의 핫팩은 스키선수나 그 외 겨울 스포츠 매니아들, 그리고 추운 날 외부에서 일하는 사람들에게 손난로로 인기다. 일회용 핫팩의 한 종류는 Fe가 밀봉된 백에 채워진다. 사용자가 밀봉을 풀면 공기가 새어 들어가고, 산소는 철과 반응하면서 주로 Fe_2O_3와 같은 산화철을 생성한다. 마케팅 연구에 의하면 소비자는 시간당 약 100 kJ의 비율로 천천히 열이 발생되길 원하고, 6시간 정도 지속되길 원한다. 이 팩에 얼마나 많은 양의 Fe를 넣어야 하는가? 사용하는 과정에서 핫팩의 질량은 얼마나 변하는가(총 g과 %)?

P8.59 물(100 g)이 단열 철제 컵에 담겨 있다. 금속 나트륨(1 g)이 더해지면 수소 기체가 발생한다. 컵의 온도는 얼마나 변할까?

P8.60 아세틸렌은 용접용 토치로 사용되지만, 메탄보다 훨씬 고가이다. 아세틸렌의 단열 불꽃 온도를 메탄과 비교하고, 왜 메탄 대신 아세틸렌이 사용되는지를 알아보자. (공기의 양론 양이 연료와 혼합된다고 가정한다.)

P8.61 폐가스흐름에 40 mol% 에탄(C_2H_6), 20 mol% N_2, 40 mol% CO가 포함되어 있다. 가스는 20% 과잉 공기로 소각로에 들어가서 연소된다. 공기와 폐가스는 25°C로 로에 유입된다. 연소가의 최대 온도는 얼마인가? 완전반응이라고 가정한다.

P8.62 광부의 램프는 칼슘 카바이드와 물을 함유하고 있으며, 그것은 아세틸렌과 칼슘하이드록사이드를 생산하는 반응을 일으킨다. 아세틸렌은 연소하면서 횃불 기능을 한다. 그 반응은 다음과 같다.

$$CaC_2(s) + 2\ H_2O(l) \rightarrow C_2H_2(g) + Ca(OH)_2(aq)$$

만일 아세틸렌이 100 W 전구에 해당하는 속도로 태워져야 한다면, 위 반응의 반응속도(gmol/s)는 얼마여야 하는가?

핵심 문제

P8.63 40 mol% *n*-헥산/60 mol% *n*-헵탄의 액체 혼합물(100 gmol/s)이 팽창밸브를 통해 10기압, 25°C에서 보내진다. 증기와 액체는 탱크 안에서 분리되고, 1기압, 85°C에서 떠난다. 탱크를 떠나는 증기와 액체 흐름의 조성과 유속을 계산하라. 탱크에 가해져야 하는 열량(kJ/s)을 계산하라.

P8.64 프린터는 인쇄실로부터 용매가 포함되어 발생하는 배기 흄을 청소해야 한다. 재활용을 위해 용매를 응축하고자 한다. 가스흐름은 공기 속에 20 mol% 이소프로판올이 있으며, 1 atm 25°C에서 0.75 m/s로 흘러 나간다. 이소프로판올 99%를 액상의 응축물로 회수하는 응축기에 대한 흐름도를 스케치하라. 필요한 응축기의 온도를 결정하고, 모든 흐름의 유량, 조성, 온도를 계산하라. 응축기에서 냉각되는 속도(kJ/s)를 계산하라.

P8.65 젖산은 200°C 구리 촉매 위에서 증기 상태로 프로필렌글리콜로 수소화될 수 있다. 이 공정에서 젖산의 액체 수용액은 가스상 H_2와 30°C, 1기압(760 mmHg)에서 혼합된다. 그리고 나서 혼합흐름은 반응기로 들어가기 전에 200°C로 히터에서 가열된다. 히터로 공급흐름은 46.51 mol%의 젖산, 41.86 mol% 물, 11.63 mol% 수소를 포함하고, 공급흐름의 몰 유속은 215 gmol/min이다. 히터를 떠나는 흐름이 포화증기인지, 과열 증기인지, 포화액체인지, 과열 액체인지, 아니면 증기-액체 혼합물인지 결정하라. 히터에 의해 공급되는 에너지양은 얼마인가(kW)?

P8.66 스티렌을 제조하는 한 공장에서 반응기 유출물(100 gmol/s, 1000 mmHg, 500°C)은 50 mol% H_2, 30 mol% 에칠벤젠(C_8H_{10}), 20 mol% 스티렌(C_8H_8)을 포함하고 있다. 반응기 출구흐름은 열교환기에서 냉각되어 부분적으로 응축되며, 단순 평형 단계로 조작되는 증발실에서 증기와 액체 흐름으로 분리된다. 증기흐름은 설비 내의 다른 납사 탈황 시설로 보내진다. 증기는 0.1 mol% 이상의 스티렌을 포함하면 안 된다. 증발실을 떠나는 증기와 액체 흐름의 유속과 조성을 계산하라. 몇 도의 온도에서 증발실을 작동시켜야 하는가? 열교환기에서 제거되어야 할 열(kJ/s)은 대략 얼마인가?

P8.67 당신은 아름답게 페인트된 나무 테이블, 의자, 책꽂이 등을 공급하는 고급 가구공장을 소유하고 있다. 페인트칠하는 사람들은 용매 증기로 인한 두통을 호소하고 있다. 그래서 도장실로 청정공기를 공급할 수 있는 팬을 설치하였다. 이제 이웃이 "화학물질" 냄새에 대해 불평하고 있다. 지역 업자는 용매 증기를 제거할 수 있는 응축기를 살 것을 권고하였다. 여기에 일부 자료가 있다. 도장실을 떠나는 배기 공기는 2.5 kgmol/min, 60°C였고, 대부분이 헵탄인 약 10 mol%의 용매를 포함하고 있었다. 증기를 응축하기 위하여 15°C의 차가운 물을 사용할 수 있다. 응축기에서 제거해야 할 일은 얼마인가? 배기 공기의 헵탄 내용물을 최대로 몇 % 감소시킬 수 있는가? 이 정도면 이웃을 만족시킬 수 있는가? (*힌트*: 냄새는 증기 상태로 공기를 통해 코에 전해진다.)

P8.68 당신의 새 아파트에 벌레가 기어 다닌다. 포름에칠($HCOOC_2H_5$)은 대단한 살충제이고, 지역의 원예센터에서 구입할 수 있다. 우리는 DIY 훈증기를 설계하기로 결정하였다. 12 mol% 포름에칠을 함유하고 있는 공기-포름 증기 혼합물을 생산하고, 아파트 주변에 분무할 수 있는 증기를 25 gmol/min 공급할 수 있는 훈증기가 필요하다. 필요한 에너지를 얻기 위해 헤어드라이어나 전구와 같은 가정용품을 사용할 수 있는가?

포름에칠에 대한 자료: C_p (1) = 0.508 cal/g °C. T_b = 54.3°C에서 $\Delta\hat{H}_v$ = 97.18 cal/g. 76°C에서 P^{sat} = 2기압, 110.5°C에서 P^{sat} = 5기압.

P8.69 더운 날 창문이 열리지 않는다. 방 중앙에 얼음으로 가득 채운 양동이를 놓아두고, 그늘을 드리움으로써 방을 시원하게 하고자 한다. 방의 온도가 95°F에서 시작하고, 크기는 가로 10 ft, 세로 12 ft이고, 높이는 9 ft라고 가정한다. 낮출 수 있는 최대 온도는 얼마인가? 합리적인 가정을 세우도록 한다.

P8.70 발효액은 37~121°C로 5분 동안 빠르게 가열한 다음, 그 온도에서 20분 동안 유지하여 온도를 올려 열 살균한다. 열은 통 내부에 배치된 코일에 의해 공급된다. 15 psig 증기가 이 코일에서 응축된다. 액체를 담고 있는 통이 충분히 단열되고 있지 않으므로 약간의 열손실이 통에서 일어난다. 열손실율은 액체 온도와 비례한다. 210 kJ/min °C × (T_{broth} − 25°C). 가열과 살균에 대한 시간에 대한 증기 유량을 도시하라.

P8.71 값비싼 약들로 가득 채운 트럭이 일시적인 파업으로 인하여 오전 6시부터 오후 6시까지 하역장에 머물러 있다. 일반적으로 트럭의 내용물은 50°F로 유지되지만, 냉각 시스템이 작동하지 않으므로 트럭은 더워지기 시작했다. 약들이 여전히 사용 가능한지를 판단할 필요가 있다. 약들은 140°F 이상에서 3시간 이상 노출되면 안 된다. 햇빛에 놓여 있는 트럭의 온도는 태양의 일정한 형태에 따라 변한다. 트럭으로 전달되는 순 열량은 다음과 같이 변화한다.

$$\dot{Q} = 2.4 \times 10^5 \sin\left(\frac{\pi t}{24}\right)\cos\left(\frac{\pi t}{24}\right)$$

$\dot{Q}$는 kJ/h이고, 오전 6시를 $t = 0$라고 하고, t (시간)는 h이다.

트럭은 약 8000 kg을 싣고 있다. 약의 열용량은 2 kJ/kg °C이다. 약을 사용할 수 있는가? 아니면 버려야 하는가?

P8.72 수소와 알데히드를 반응시켜 에탄올을 제조하는 반응에 대한 예비 공정흐름도를 담당하는 공정개발팀이 있다.

$$CH_3CHO + H_2 \rightarrow C_2H_5OH$$

반응은 10 atm의 압력이 가해지는 반응기의 촉매와 일어나고, 반응기 온도는 300°C이거나 조금 높고, 완전반응에 이르고 있다. 반응물과 생성물 모두 25°C, 10 atm에 저장되어 있다. 연구원 가운데 한 명이 반응기를 떠나는 뜨거운 생성물흐름을 취해서 차가운 유입 에탄올을 데우는 데 사용할 것을 제안하였다. 이 생각은 어떤가? 이유를 설명하라.

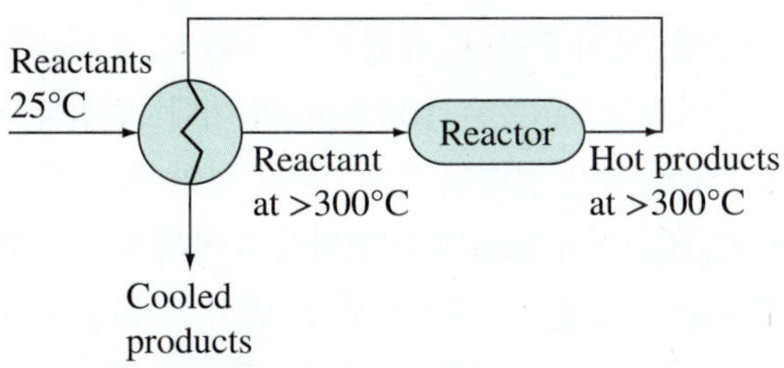

P8.73 톨루엔이 가스상 흐름 형태의 반응기 내에서 선택적 촉매 하에 벤조산으로 산화된다. 반응기 유입물은 1 atm, 125°C로 흐르는 증기상의 톨루엔과 산소의 혼합물이다. '톨루엔:산소'의 유입비율은 1:0.6 (mol toluene/mol oxygen)으로 조절되고 있다. 산소는 완전하게 반응한다. 반응기는 단열이 잘 되고 있다. 촉매는 350°C가 넘으면 비활성화되고, 희석된 스팀의 유량은

반응기의 한계 온도를 넘지 않은 채 유지하도록 제어되고 있다. 스팀의 유량(gmol steam/gmol toluene 유입)은 얼마가 적당한가? 스팀이 더 이상 추가되지 않는다면 반응기의 유출부 온도는 얼마에 이를 것인가?

P8.74 숲속 깊숙이 있는 매우 비밀스러운 시설에서 반응기가 운전되고 있다. 반응은 발열이고 액상이다. 반응물의 유속은 52 g/h이고, 반응기는 잘 혼합되고 있다. $\Delta\hat{H}_r^\circ$은 −4.2 kJ/g이고, 액체의 C_p는 4 J/g °C이다. 냉각 코일에 의해 제거되는 열은 21 kJ/h이다. 정상상태에서 반응물은 298 K로 반응기에 들어가고, 298 K로 떠나며 모든 것이 잘 되고 있다.

(a) 298 K에서 반응속도는 얼마인가(g/h)?

(b) 반응속도(g/h)는 다음과 같이 온도에 따라 증가한다.

$$\dot{R} = \dot{R}_{298}\exp\left[460\left(\frac{1}{298} - \frac{1}{T}\right)\right]$$

여기서 $\dot{R}_{298}$은 298 K에서 반응속도(g/h)이다. 400 K와 600 K에서의 반응속도를 계산하라.

(c) 이러한 불법 조업을 폐쇄시키는 업무를 담당한 고도로 훈련된 비밀요원이 있다. 그 요원이 현장을 발견하였고, 단지 바로 직전에 폐쇄한 사실을 밝혀냈다. 우선 냉각 코일을 폐쇄하는 것이 첫 번째 해야 할 일이다. 만일 반응기 내의 온도가 400 K 이상으로 상승하면 그 현장은 폭발할 것이다. 이 지점에서의 시간이 충분한가?

P8.75 아세트알데하이드(CH_3CHO)는 에탄올(C_2H_5OH)의 탈수소에 의해 생성된다.

$$C_2H_5OH \rightarrow CH_3CHO + H_2$$

바람직하지 않은 부반응이 발생하여 에칠아세테이트를 생성하기도 한다.

$$2C_2H_5OH \rightarrow CH_3COOC_2H_5 + 2H_2$$

파일롯 공장의 반응기에서 반응기로 투입되는 에탄올의 90%가 생성물로 전환되고, (반응기로 들어가는 총 에탄올 양을 기준으로) 아세트알데하이드는 65% 수율을 보여주었다. 에탄올은 300°C, 5 bar의 압력에서 증기상태로 반응기로 들어가고, 유속은 100 gmol/h이다. 반응기 출구 온도를 300°C로 유지시키기 위해서는 얼마나 많은 양의 열이 더해지거나 감해져야 할까?

P8.76 이소부탄(iC_4H_{10})이 1 atm의 단열반응기에서 백금촉매 하에 수소 (H_2)와 이소부텐(iC_4H_8)으로 탈수소된다. 만일 반응기 유출구가 평형을 이루고, 유출온도가 500°C이면, 이소부탄의 개별전환율과 반응기 유입온도는 얼마인가?

P8.77 이산화황은 황의 직접 산화에 의해 제조될 수 있다.

$$S + O_2 \rightarrow SO_2$$

반응은 빠르고 비가역적이며 많은 열을 발생한다. 모든 황이 소모되고, 반응기는 단열적으로 조작된다. 물질의 한계 때문에 반응기 온도는 450°C를 넘지 말아야 한다.

우선 공기가 양론적인 양으로 공급되고, 반응물들은 25°C에서 유입될 때 반응기의 온도를 계산하라. 그리고, 공기와 황이 양론비로 버너에 공급되고, 생성가스가 50°C로 냉각되며, SO_2로부터 질소를 분리하고, 질소 중 일부를 재사용한다고 가정하자. 450°C 이하의 반응기 온도를 유지하는 데 필요한 질소의 회수량은 얼마인가?

설계 문제

P8.78 메탄올(CH_3OH)의 포름알데하이드(HCHO)로의 전환은 흡열반응이다. 기존의 공정에서 100°C 메탄올 증기는 60 bar 포화 스팀으로 250°C까지 더 예열되고 나서, 반응기로 공급된다. 가열하는 충분한 스팀은 출구온도를 150°C를 유지시키기 위하여 촉매층의 코일을 통하여 가해진다. 스팀 코일은 늘 유지의 어려움이 있다. 코일은 종종 누설이 있고, 공장은 일 년에 6회 정도 수리를 위해 가동을 중단해야 한다. 공장 관리자는 계획에 없던 가동 중단을 피하기 위해 반응기로 공급되는 스팀이 필요 없기를 희망한다. 반응기로 스팀을 공급하는 것 대신 반응기에서 생성되는 약간의 수소를 태울 것을 제안하였다(그림 참조).

$$H_2 + \frac{1}{2}O_2 \rightarrow H_2O$$

이를 위해 100°C 공기(79% N_2, 21% O_2)를 100°C에서 메탄올 증기와 혼합할 것이다. 반응기 유입과 유출온도는 동일하게 유지할 것이다. 가해진 산소는 모두 소모된다고 가정하자.

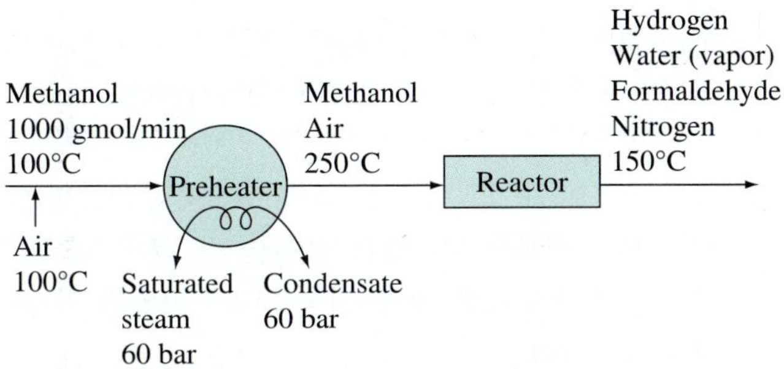

(a) 반응기로 더해져야 할 열을 완전히 필요 없게 할 수 있는 수소의 양을 계산하라(gmol/min).

(b) 가동 변화와 관련된 안전상의 문제를 한 가지 지적해 보고, 이러한 위험을 감소시킬 수 있는 방안을 제시하라. 제안한 변화의 환경 영향은 무엇인가? CO_2 배출의 순 변화가 있는가?

(c) 공정에서 다른 필요한 변화를 제시하라. 이 공정 변화를 실행하도록 추천해도 되는가? 왜 가능한가? 혹은 왜 가능하지 않은가?

P8.79 ABC 산업가스의 선임 행정관인 Big씨는 새로운 가스 제품이 회사의 지속적인 성장을 위해 필요하다고 결정하였다. 메탄올 시장은 팽창되고 있고, ABC의 공정기술자에게 21,500톤의 메탄올을 일산화탄소와 수소로부터 매년 생산하는 공정을 작성할 것을 지시하였다. 상황을 우선 점검하고, 다음과

같은 결론을 얻었다.

1. 일산화탄소와 수소를 현장에서 사용할 수 있다. 일산화탄소는 6 mol% 질소로 오염되어 있다. 수소는 순수한 상태이다.
2. 메탄올은 일산화탄소와 수소의 다음 가역반응을 통하여 얻어진다.

$$CO + 2H_2 \rightleftarrows CH_3OH$$

반응은 특히 촉매와 함께 증기상으로 일어나고, 온도가 100°C를 넘으면 빠르게 평형에 도달한다.

3. 반응기 온도가 100°C 이하로 되면, 반응속도는 평형이 더 이상 도달하지 않는 점까지 느려진다.
4. 20°C 냉각수는 실제로 현장에서 무한정 이용이 가능하다. 가열을 위한 스팀을 현장에서 사용할 수 있고, 보통 198°C이지만, 가끔 약간 온도가 낮아지기도 한다.
5. 반응기에 액체는 존재하지 않는다.

물질량과 에너지양을 고려한 합리적인 공정흐름선도를 그려라. 메탄올을 생산하는 공정에 관하여 Big씨와 함께 작업하라. 주말에 이미 계획을 세워두었는지는 중요하지 않다.

보고서 양식은 다음과 같다.

(a) 공정에 관한 간략한 요약(1~2페이지). 요약에는 공정의 목표와 어떻게 공정이 가동되는 건지 기술되어야 한다. 이 문제는 완전히 정의될 수는 없다. 어떤 방법을 따를지 선택해야 한다. 선택을 정의하고, 최적화하기 위한 추가적인 정보를 설명하라(예, 반응기를 제작하고, 세우는 비용).
(b) 모든 흐름이 표기되어 있는 블록흐름선도. 가능한 한 많이 흐름 상에 있는 모든 성분들의 유량을 보여줄 것. 분리기술과 조건뿐만 아니라 반응기 조건에 대한 내역. 가능하다면 가열과 냉각에 필요한 에너지양을 계산하라.
(c) 계산 과정과 다른 부수적인 데이터에 대한 부록.

제 9 장

공정에너지 사례집

A Process Energy Sampler

▶ 이 장에서는

공정에너지 계산에 관한 중요한 적용에 관해 살펴보기로 한다. 흥미로운 주제를 모두 다룰 수는 없지만 다양한 공정에너지 계산과 방법론을 설명해주는 사례들을 간단히 소개한다. 기본적으로 9장은 전혀 새로운 개념을 도입하는 것은 아니다. 대신, 이미 배운 아이디어와 전략들을 활용해보자. 제기하고자 하는 문제는 다음과 같다.

- 공학적인 베르누이식은 무엇이고, 왜 유용한가?
- 열교환 체계는 무엇이고, 어떻게 연계할 수 있는가?
- 반응에너지는 어떻게 일로 전환될 수 있는가?
- 폭발에 대한 에너지수지는 무엇을 의미하는가?
- 에너지 효율 면에서 어떻게 화학공정을 설계하면 되는가?

▶ 학습 용어

제9장에서 다루는 다음 용어들을 숙지하라.

베르누이 식(Bernoulli equation)
열 엔진(heat engine)
연료전지(fuel cell)
열교환기 체계(heat exchanger network)
열펌프(heat pump)

▸9.1 서론

공정에너지 사례에 각각의 주제는 상호 독립적이기 때문에 어떤 순서로 학습해도 된다. 각각의 사례에서, 이미 학습했던 개념, 수식, 전략의 적용 방법을 볼 수 있다.

▸9.2 일과 공학 베르누이 식

펌프를 구입한다고 가정하자. 펌프의 역할은 파이프를 통하여 언덕 위로 액체를 특정한 유속으로 이송하는 것이다. 탱크는 압력이 걸리는 상태이다. 필요한 모터의 크기를 어떻게 계산할 수 있는가? 이와 유사한 문제들은 *공학 베르누이 식*(engineering Bernoulli equation)이라고 부르는 에너지수지의 변동에 따라 답을 찾을 수 있다.

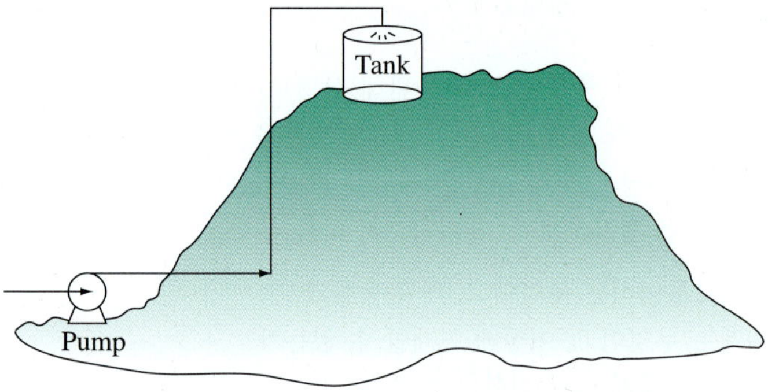

그림에 표현한 바와 같이 펌프의 유입구로부터 탱크의 유출부까지 모든 파이프를 시스템으로 선택하자. 정상상태 조업으로 가정한 미분에너지수지식을 세우도록 한다.

$$0 = (\dot{E}_{k,\text{in}} - \dot{E}_{k,\text{out}}) + (\dot{E}_{p,\text{in}} - \dot{E}_{p,\text{out}}) + (\dot{H}_{\text{in}} - \dot{H}_{\text{out}}) + \dot{W}_s + \dot{Q}$$

유입 질량흐름은 정상상태에서 유출 질량흐름과 동일하다. $\dot{m}_{\text{in}} = \dot{m}_{\text{out}} = \dot{m}$. $\dot{E}_k = \frac{1}{2}\dot{m}v^2$과 $\dot{E}_{\text{p}} = \dot{m}gh$를 치환해서 약간 재정리하면, 다음과 같다.

$$\dot{W}_s = \frac{1}{2}\dot{m}\,(\nu_{\text{out}}^2 - \nu_{\text{in}}^2) + \dot{m}g\,(h_{\text{out}} - h_{\text{in}}) + \dot{m}\,(\hat{H}_{\text{out}} - \hat{H}_{\text{in}}) - \dot{Q}$$

$\hat{H}_{\text{out}} - \hat{H}_{\text{in}}$은 어떤가? 유입부에서의 액체 압력은 유출부에서의 압력과 다르므로, 압력 차이로 인한 엔탈피 변화가 $\hat{V}(P_{\text{out}} - P_{\text{in}})$와 같이 존재한다. 유체의 상과 조성은 변하지 않는다. 온도는 변하는가? 열항목이 있는가?

이러한 문제를 고찰하기 위하여, 모서리나 밸브, 파이프를 통하여 유체가 흐르면서 마찰로 인한 일부 에너지 손실이 발생하는 것을 깨달아야 한다. (이것을 간혹 점성 소멸이라고 한다.) 만약 파이프가 보온이 잘 되어 있다면, 이것은 유체의 온도를 증가시킬 것이다. (유사하게, 우리가 손을 빠르게 비비면 따뜻해진다.) 만약 파이프가 보온이 잘 되어 있지 않는다면, 마찰로 인해 소멸되는 에너지는 주위로 열을 전달하며 잃는다. 소멸되는 양은 파이프 직경, 파이프 표면의 거칠기, 굴곡의 수, 밸브의 수와 종류, 유체 점도, 유체의 속도 등에 의존한다. 모든 소멸에너지를 하나의 항, $\dot{F}_s$로 통합시키며, 그것은 유체를 가열하는 에너지와 주위로 잃는 에너지를 포함한다. $\dot{F}_s$는 마찰로 인한 에너지 소멸속도와 같고, 필요한 축일을 항상 증가시킨다.

이러한 고찰과 함께 에너지수지식은 다음과 같이 된다.

$$\dot{W}_s = \frac{1}{2}\dot{m}\,(\nu_{out}^2 - \nu_{in}^2) + \dot{m}g\,(h_{out} - h_{in}) + \dot{m}\hat{V}(P_{out} - P_{in}) + \dot{F}_s \qquad \textbf{(9.1)}$$

식 (9.1)은 가끔 공학 베르누이 식이나 기계적 에너지수지식이라고 한다. 펌프에서 필요한 일의 양을 계산할 때 유용하다. 왜냐하면 펌프는 100% 효율이 될 수 없기 때문에-모터의 모든 출력이 유체에 의해 검출되는 축일로 전환되지 않는다. 펌프 효율 η에 대한 보정은 다음과 같이 된다.

$$\dot{W}_s = \eta \dot{W}_{pump} \qquad \textbf{(9.2)}$$

펌프 효율 η은 대체로 0.5에서 0.8이다.

공학 베르누이 식: 펌프의 크기 산정 ◀ 예제 9.1

밀도가 115 lb/ft^{3}인 액체 용액을 69 gal/min의 유량으로 이송할 수 있는 펌프를 구입하려고 한다. 펌프 입구에서 파이프 직경은 3 in이고, 액체 압력은 18 psia이다. 펌프 출구에서 파이프 직경은 2 in이다. 액체는 50 ft 높이 위치로 퍼올려져서 40 psia 질소 압력으로 유지되는 탱크로 들어간다. 펌프 효율은 65%이고, 마찰 손실은 10.0 ft lb$_f$/lb로 계산된다. 어떤 용량(마력)의 펌프를 구입해야 하는가?

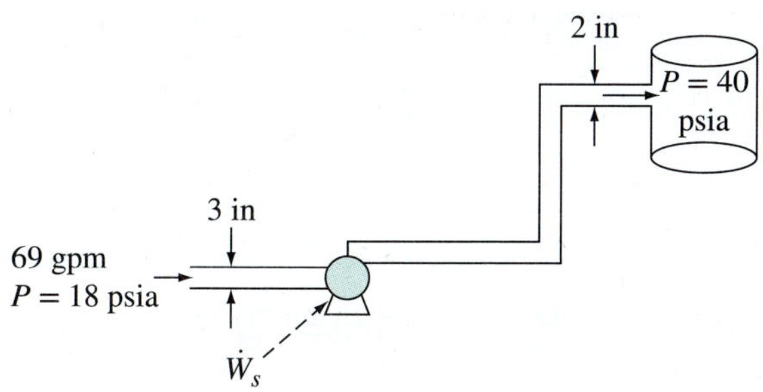

풀이

공학 베르누이 식을 적용해본다. 일정한 단위로 식에 있는 각 항을 계산하고, 식을 치환하고, 풀어보고자 한다.

우선 부피유량을 질량흐름 속으로 전환해야 한다.

$$\dot{m} = 69\,\frac{\text{gal}}{\text{min}} \times \frac{1\ \text{ft}^3}{7.4805\ \text{gal}} \times \frac{115\ \text{lb}}{\text{ft}^3} \times \frac{\text{min}}{60\ \text{s}} = 17.7\ \frac{\text{lb}}{\text{s}}$$

속도를 계산해 보자.

$$v_{in} = \frac{\text{volumetric flow rate}}{\text{pipe cross-sectional area}} = \frac{69\,\dfrac{\text{gal}}{\text{min}} \times \dfrac{1\ \text{ft}^3}{7.4805\ \text{gal}} \times \dfrac{\text{min}}{60\ \text{s}}}{\pi(1.5\ \text{in})^2 \times \left(\dfrac{1\ \text{ft}}{12\ \text{in}}\right)^2} = 3.13\ \frac{\text{ft}}{\text{s}}$$

비슷하게, v_{out} = 7.05 ft/s가 된다.

그러므로,

$$\dot{E}_{k,\text{out}} - \dot{E}_{k,\text{in}} = \frac{\dot{m}}{2}(v_{\text{out}}^2 - v_{\text{in}}^2)$$

$$= \frac{17.7 \text{ lb/s}}{2}\left(\frac{1 \text{ lb}_\text{f}}{32.174 \text{ lb ft/s}^2}\right)\left[\left(7.05\frac{\text{ft}}{\text{s}}\right)^2 - \left(3.13\frac{\text{ft}}{\text{s}}\right)^2\right] = 11\frac{\text{ft lb}_\text{f}}{\text{s}}$$

위치에너지에 대하여

$$\dot{E}_{p,\text{out}} - \dot{E}_{p,\text{in}} = \dot{m}g(h_\text{out} - h_\text{in}) = 17.7\frac{\text{lb}}{\text{s}}\left(\frac{1 \text{ lb}_\text{f}}{\text{lb}}\right)(50 \text{ ft} - 0 \text{ ft}) = 885\frac{\text{ft lb}_\text{f}}{\text{s}}$$

압력 변화에 의한 영향에 대하여

$$\dot{m}\hat{V}(P_\text{out} - P_\text{in}) = 17.7\frac{\text{lb}}{\text{s}}\left(\frac{\text{ft}^3}{115 \text{ lb}}\right)\left(40\frac{\text{lb}_\text{f}}{\text{in}^2} - 18\frac{\text{lb}_\text{f}}{\text{in}^2}\right)\left(\frac{144 \text{ in}^2}{\text{ft}^2}\right) = 488\frac{\text{ft lb}_\text{f}}{\text{s}}$$

마찰로 소멸되는 에너지는

$$\dot{F}_s = 10.0\frac{\text{ft lb}_\text{f}}{\text{lb}}\left(17.7\frac{\text{lb}}{\text{s}}\right) = 177\frac{\text{ft lb}_\text{f}}{\text{s}}$$

식 (9.1)을 치환하면, 다음과 같이 된다.

$$\dot{W}_s = 11 + 885 + 488 + 177 = 1561\frac{\text{ft lb}_\text{f}}{\text{s}} \times \frac{1 \text{ hp}}{550 \text{ ft lb}_\text{f}/\text{s}} = 2.8 \text{ hp}$$

65% 효율의 펌프를 사용할 때 일 계산은

$$\dot{W}_\text{pump} = \frac{\dot{W}_s}{\eta} = \frac{2.8}{0.65} = 4.3 \text{ hp}$$

펌프 효율이 65%이므로, 유체에 2.8마력을 전달하기 위해서는 4.3마력의 모터가 필요하다.

▸9.3 열교환기와 열교환 체계의 합성

! Hint

열은 항상 뜨거운 곳에서 찬 곳으로 흐른다. 열교환기와 관련해서 중요한 점은 이것이다. 열교환기의 어느 지점에서나 뜨거운 흐름은 차가운 흐름보다 더 차가울 수는 없다.

화학공정이 있는 공장에는 차갑게 식혀져야 할 뜨거운 흐름도 있고, 가열되어야 할 차가운 흐름도 있다. 이러한 흐름을 간접 접촉시킴으로써 열은 뜨거운 흐름과 차가운 흐름 사이에서 전달될 수 있다. Myriad 열교환기는 이러한 간접 접촉을 촉진할 수 있도록 설계되었다.

열은 물질흐름이 없는 곳에서 온도 차이로 인한 에너지흐름이라고 정의하였음을 기억하자. 열교환기에서 열전달율은 온도 차이의 크기와 두 흐름 간의 접촉면적에 따라 증가한다. 열교환기의 성능은 간단한 식으로 표시할 수 있다.

$$\dot{Q} = U_h A(\Delta T)_{LM} \tag{9.3}$$

여기서 U_h는 *열교환계수*라고 하고, $(\Delta T)_{LM}$은 뜨거운 흐름과 차가운 흐름 사이의 평균온도 차이다. U_h는 가열되거나 냉각될 공정흐름, 열교환기 소재, 유속 등을 포함한 다양한 변수에 의해 정해진다. U_h의 정확한 계산은 원래의 목적이 아니지만 개략적인 값은

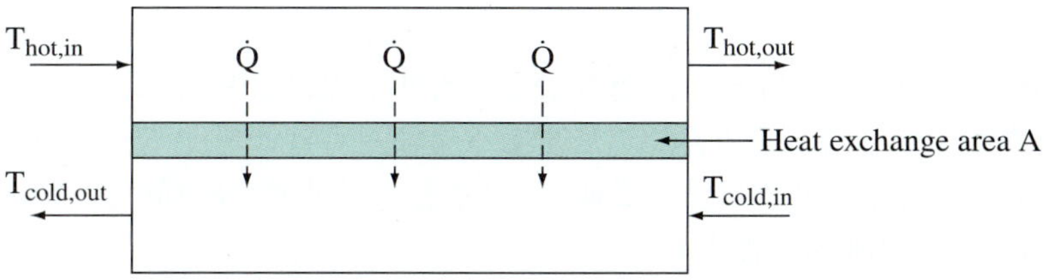

그림 9.1 역류 열교환기의 개략도. 열은 뜨거운 흐름에서 차가운 흐름 쪽으로 열교환기 표면을 가로질러 흐른다. 열교환기의 어느 점에서나 뜨거운 흐름은 차가운 흐름보다 따뜻하다. 뜨거운 흐름은 냉각되고, 찬 흐름은 가열되기 때문에, $T_{hot,in} \geq T_{hot,out}$, $T_{cold,out} \geq T_{cold,in}$.

Nature of process stream	U_h, Btu/h°F ft^2	U_h, J/s °C m^2
Vapor	2–20	10–100
Liquid	10–1000	50–5000
Boiling or condensing	200–20,000	1000–100,000

$(\Delta T)_{LM}$의 계산은 열교환기의 설계수치에 관한 지식이 필요하다. 역류 열교환기에 대하여(그림 9.1),

$$(\Delta T)_{LM} = \frac{(T_{\text{hot,in}} - T_{\text{cold,out}}) - (T_{\text{hot,out}} - T_{\text{cold,in}})}{\ln\left(\dfrac{T_{\text{hot,in}} - T_{\text{cold,out}}}{T_{\text{hot,out}} - T_{\text{cold,in}}}\right)} \quad \textbf{(9.4)}$$

식 (9.3)과 (9.4)를 사용하는 사례가 다음 예제에 나와 있다.

열교환기 설계: 메탄올 증기의 스팀 가열 ◀ 예제 9.2

포름알데하이드(HCHO)는 메탄올(CH_3OH)을 은 촉매 위에서 탈수소 반응을 통하여 제조한다. 반응기로 공급되기 전에 메탄올 증기(1000 lbmol/h)는 열교환기에서 175°F, 1기압에서 300°F로 가열된다. 포화증기는 세 가지 압력에서 열원으로 유용하다(700 psig, 150 psig, 15 psig).

먼저 열원으로 고압(700 psig) 스팀을 사용하는 필요한 스팀의 유량과 역류 열교환기의 면적을 계산한다. 열전달 계수를 U_h = 1000 Btu/h °F ft^{2}라고 하고, 메탄올 증기의 열용량은 12 Btu/lbmol °F으로 가정한다. 열교환기로부터 주위로의 열손실은 없다고 가정한다.

다음으로 고압증기의 대체물로서 매개체나 저압증기를 고려해 보자. 8.1.2절에 스팀 비용이 주어져 있는데, 어느 스팀원을 선택해야 할까?

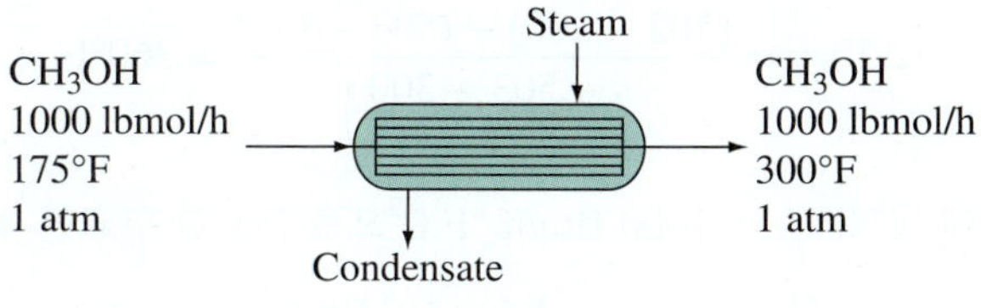

풀이

먼저 메탄올 증기로 전달되어야 할 열의 양을 결정한다. 셸로 스팀이 흐르고, 관으로 메탄올이 흐르는 셸-관 열교환기를 그려보았다. 응축물(응축된 스팀)은 열교환기 셸의 바닥으로 유출된다. 선택한 시스템은 열교환기의 관을 통하여 흐르는 메탄올 증기이다.

이것은 정상상태 시스템이며,

$$\dot{n}_{\text{in}} = \dot{n}_{\text{out}} = 1000 \text{ lbmol/h}$$

일 항목은 없고, 운동에너지와 위치에너지는 무시할 수 있다. 정상상태 에너지수지식은 다음과 같이 단순화시킬 수 있다.

$$\dot{n}_{\text{in}}(\hat{H}_{\text{out}} - \hat{H}_{in}) = \dot{Q}$$

메탄올 증기의 상과 압력은 일정하게 유지되지만, 온도는 175°F에서 300°F로 증가한다. 그러므로,

$$\hat{H}_{\text{out}} - \hat{H}_{\text{in}} = \int_{T_{\text{in}}}^{T_{\text{out}}} C_P\, dT = (12 \text{ Btu/lbmol °F})(300 - 175\text{°F}) = 1500 \text{ Btu/lbmol}$$

그리고

$$\dot{n}_{\text{in}}(\hat{H}_{\text{out}} - \hat{H}_{in}) = \dot{Q} = (1000 \text{ lbmol/h})(1500 \text{ Btu/lbmol}) = 1.5 \times 10^6 \text{ Btu/h}$$

1.5 million Btu/h가 주위(스팀)에서 시스템(메탄올 증기)으로 공급되어야만 한다.

다음으로 필요한 스팀의 양을 계산한다. 선택한 시스템은 열교환기를 통하여 흐르는 스팀이다. (스팀유량을 계산하기 위해서 시스템으로 스팀을 사용하는 이유를 알고 있는가?) 정상상태 에너지수지는

$$\dot{m}_{\text{steam}}(\hat{H}_{\text{condensate}} - \hat{H}_{\text{sat'd steam}}) = \dot{Q}$$

풀이의 처음 부분에서 $\dot{Q} = -1.5 \times 10^6$ Btu/h. (왜 음수가 되는 걸까?) 들어가는 스팀과 나가는 응축물 사이의 유일한 엔탈피 변화는 응축엔탈피이다. 이것은 증기표로부터 직접 알 수 있다. $\Delta\hat{H}_v$ (700 psig) = 710 Btu/lb. 그러므로,

$$\dot{m}_{\text{steam}}(\hat{H}_{\text{condensate}} - \hat{H}_{\text{sat'd steam}}) = \dot{m}_{\text{steam}}\,(\Delta\hat{H}v) = \dot{Q}$$

$$\dot{m}_{\text{steam}} = \frac{-1.5 \times 10^6 \text{ Btu/h}}{-710 \text{ Btu/lb}} = 2110 \text{ lb/h}$$

8.1.2절에 주어진 가격으로부터 고압 스팀의 비용은 약 \$6/million Btu이다. (대략, 1 Btu = 1 kJ). 그러므로 운전 비용은 약 \$ 9/h이다.

다음으로 열교환기 면적을 계산한다. 증기표로부터 700 psig에서 증기표의 온도는 503°F이다. 식 (9.4)를 사용하여 $(\Delta T)_{LM}$을 계산하고, $T_{\text{hot,in}} = T_{\text{hot,out}} = 503\text{°F}$으로 정한다(왜냐하면, 포화증기는 같은 압력과 온도에서 포화액체로 응축함). $T_{\text{cold,in}} = 175\text{°F}$와 $T_{\text{cold,out}} = 300\text{°F}$.

$$(\Delta T)_{LM} = \frac{(503 - 300) - (503 - 175)}{\ln\left(\dfrac{503 - 300}{503 - 175}\right)} = 260\text{°F}$$

이 값을 식 (9.3)에 넣고, $U_h = 1000 \text{ Btu/h °F ft}^2$으로 필요한 열교환기 면적은,

$$A = \frac{\dot{Q}}{U_h(\Delta T)_{LM}} = \frac{1.5 \times 10^6 \text{ Btu/h}}{(1000 \text{ Btu/h °F ft}^2)(260\text{°F})} = 5.8 \text{ ft}^2$$

이제 중간이나 저압 스팀의 대안을 고려해 보자. 150 psig에서 포화증기는 358°F 이고, 15 psig에서 포화증기는 단지 250°F이다. 중간 압력의 증기는 고압에서보다 덜 비싸지만, 더 낮은 증기 온도는 $(\Delta T)_{LM}$이 더 적다는 것을 의미한다. 즉, 열교환기 면적이 증가되어야만 한다. 비용이 낮기 때문에 우리는 일반적으로 저압스팀의 사용을 선호하지만 그럴 수는 없다. 왜냐하면 300°F까지 메탄올을 가열할 만큼 충분하지 않다. 한 가지 가능성은 175°F에서 230°F로 메탄올을 가열함으로써 저압 스팀을 하나의 열교환기에서 사용하는 것이다. 그러고 나서 메탄올을 230°F에서 300°F로 가열하는 데 중간 압력의 스팀을 사용한다.

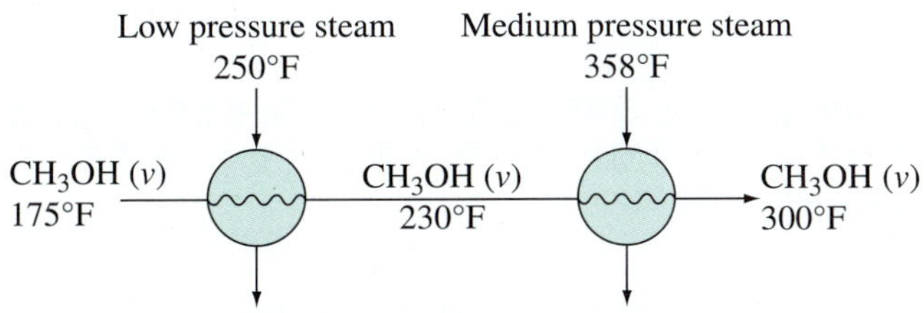

세 가지 설계안을 비교해 보자. 메탄올 온도를 230°F까지 상승시키는 데 설계 I은 고압 스팀을 사용한다. 설계 II는 중간 압력의 스팀을 사용하고, 설계 III은 저압 스팀을 사용한다. 그리고 나서 300°F까지 온도를 올리는 데 중간 압력 스팀을 사용한다. 설계 I은 이미 검토하였다. 설계 II와 III에 대한 계산은 비슷한 형태로 진행됐다. 결과를 아래 표에 요약하였다.

Design	Steam *P*, psig	Steam *T*, °F	ΔH_{vap}, Btu/lb	Steam flow, lb/h	Steam cost, $/h	ΔT_{LM}, °F	Area, ft²
I	700	505	710	2120	9	260	5.7
II	150	365	860	1745	6	116	12.9
III	15	250	950	695	1.3	41.6	15.9
	150	365	860	975	3.4	95.8	8.8

평균온도 차는 고압 스팀에서 훨씬 크다. 고압 스팀을 사용함으로써 발생하는 추가적인 운전 비용은 열교환기의 낮은 제작비용으로 상쇄된다(작은 표면적). 설계 I과 II 사이의 선택은 보다 상세한 비용분석에 의존한다. 설계 III는 크게 유망하지 않은 것 같다. 설계 II에 비한 스팀비용 절약은 매우 적고, 열교환기 크기도 별로 효과가 없다.

예제 9.2에서 단일 열교환기 문제를 분석하였으나, 현대의 복합 공정설비에서는 수십 가지 종류의 가열되어야 할 흐름과 냉각되어야 할 흐름이 있다. 각 흐름에 대하여 열 교환기를 사용할 수 있고, 가열시킬 모든 흐름을 가열할 수 있는 스팀을 사용하거나 냉각시킬 모든 흐름을 식힐 수 있는 냉매를 사용할 수 있다. 그러나 더 효과적인가? 물론이다. 만약 뜨거운 공정이 냉각되어야 한다면, 가열시킬 차가운 공정흐름으로 열을 교환하면 어떠한가? 스팀과 냉각 흐름 모두 절약하는 것을 생각할 필요가 있다.

어려운 점은 많은 냉각과 가열에 대한 수요를 복합시킬 수 있는 가능한 방법에

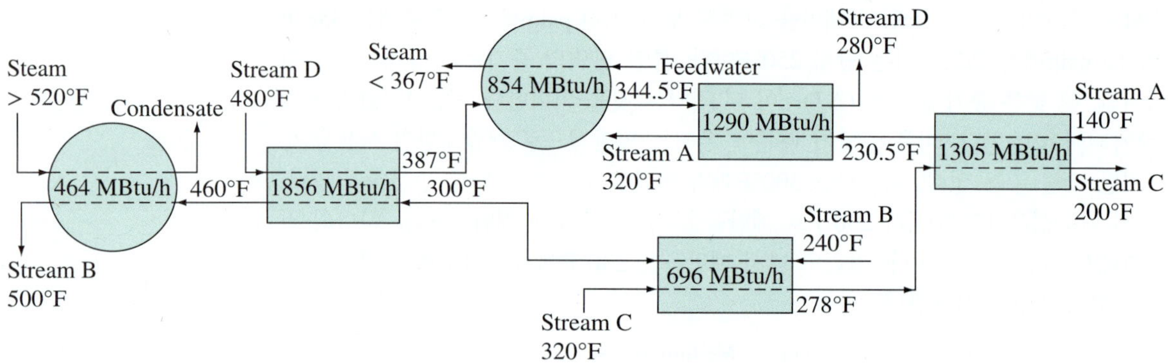

그림 9.2 열교환기 체계도. 설비(스팀이나 냉각수)를 필요로 하는 열교환기는 원으로 표시한다. 공정흐름만 있는 열교환기는 직사각형으로 표시한다. 냉각시킬 뜨거운 흐름은 좌측에서 우측 방향으로 정렬시킨 반면, 가열되어야 할 차가운 흐름은 우측에서 좌측 방향으로 나타냈다. 각 열교환기의 "용량"은 Btu/h (MBtu/h)의 단위로 표기한다.

순전히 달려 있다. 어떻게 열교환기의 효과적인 체계를 합성할 수 있는가? 여기서 다루지 않은 열교환기 설계에 있어서 매우 자세하고 체계적인 방법들이 있다. 여기 효과적으로 계산할 수 있는 방법이 몇 가지 있다.

1. 냉각되는 가장 뜨거운 흐름과 가열되는 가장 따뜻한 흐름 사이에 열을 교환한다.
2. 가열되는 가장 차가운 흐름과 냉각되는 가장 차가운 흐름 사이에 열을 교환한다.
3. 그 시스템에 열이 가해져야 한다면, 가능한 가장 낮은 온도에서 열을 가한다.
4. 그 시스템로부터 열이 제거되어야 한다면, 가능한 가장 높은 온도에서 열을 제거한다.

규칙 3과 4는 열원이 보다 낮은 온도(평상 온도보다는 여전히 높은 한)에서 가장 저렴하다고 한 것을 기억한다면 이해가 될 것이다. 시스템으로 열을 넣을 때면 언제나 가장 저렴한(보다 낮은 온도) 열원을 사용하길 원한다. 열교환 체계로부터 열을 빼내올 때는 가장 가치 있는 형태(가장 높은 온도)를 원한다. 논리가 조금 다를지라도 같은 규칙이 평상 온도보다 낮은 온도로 식힐 때도 적용된다. 그러한 시스템으로부터 열을 빼내기 위하여 우리는 냉매를 사용한다. 냉매 온도가 평상 온도에 더 가까울수록, 냉각비용은 더 낮다.

간단한 열교환기 체계의 한 예를 그림 9.2에 도시하였다. 이 체계는 네 가지 공

Stream	T_{in} °F	T_{out} °F	$\dot{m}$ lb/h	C_p Btu/lb °F	$\dot{Q}$ 1000 Btu/h
A	140	320	20,600	0.7	2595.6
B	240	500	23,200	0.5	3016
C	320	200	27,800	0.6	−2001.6
D	480	280	25,000	0.8	−4000

정흐름을 다루고 있고, 비싼 고압 스팀(고온)으로부터 464,000 Btu/h의 열을 필요로 하고 있으나, 또한 854,000 Btu/h의 유용한 중간압 스팀을 만들어낸다. 체계를 살펴보자. 학습법을 이해할 수 있는가? 공정흐름을 짝지우는 다른 방법을 고안할 수 있는가?

9.4 에너지 전환 공정

연료가 연소될 때 에너지가 방출된다. 이 절에서는 방출되는 에너지를 사용하는 세 가지 방법을 고찰해보기로 한다.

1. 연소로에서 반응에너지를 열로 전환하기
2. 열 엔진에서 반응에너지를 일로 전환하기
3. 연료전지에서 반응에너지를 일로 전환하기

반응에너지를 열로 전환하기: 연소로 집에 있는 연소로이든 대형 화학시설에 있는 연소로이든, 연료와 공기가 혼합되고 점화가 된다(그림 9.3). 연소반응은 크고, 음수의 반응엔탈피값을 갖는다. 뜨거운 연소 가스는 공정흐름에 간접 접촉을 일으킨다. 열은 연소 가스로부터 유체로 전달된다. 냉각된 가스는 통풍구나 굴뚝을 통하여 나가고, 때때로 배기가스 혹은 굴뚝 가스라고 부르기도 한다. 가열된 공정흐름은 다양한 방법으로 사용되는데, 아마도 집을 난방하거나 반응기에 공급될 것이다.

이상적으로는 연소엔탈피의 전부가 공정흐름에 전달된다. 그렇지만 배출가스의 최소 온도에 실질적인 한계가 있다. 만약 유출되는 가스에 있는 수증기가 배기가스 내에서 응축된다면, 부식 문제가 분명히 발생한다. 기체의 온도를 그 기체의 이슬점 온도 이상으로 유지시킴으로써 물의 응축은 피한다. 전형적으로, 배기가스 온도는 어디서든 50~175°C(120~350°F)이고, 연료의 열량값의 80~90%가 공정유체에 전달된다.

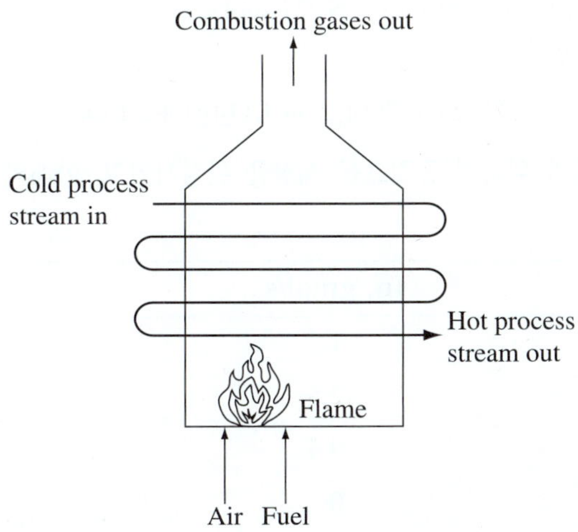

그림 9.3 전형적인 간접 가열로의 개략도. 보일러에서 차가운 공정흐름은 물로 대체하고, 뜨거운 공정흐름은 스팀으로 대체한다.

예제 9.3 ▸ **반응에너지를 열로 전환하기: 연소로 효율**

만약, 배기가스 출구에서 물이 응축되지 않는다고 하면, 25 mol% 과잉 공기로 메탄(CH_4)을 태우는 로의 최대 효율(실제로 회수되는 열/완벽한 로에서 회수되는 열)은 얼마인가? 상온은 25°C이다.

다음의 물성을 사용하도록 한다.

$$\Delta\hat{H}^{\circ}_{c,CH_4} = -890.6\ \text{kJ/gmol}\ [\text{생성물 } H_2O(\text{액체})\text{와 } CO_2(\text{기체})\text{와 함께}]$$

$$\Delta\hat{H}_{v,H_2O} = 44.01\ \text{kJ @25°C}$$

$$C_{p,H_2O}(g) = 33.6\ \text{J/mol °C}$$

$$C_{p,O_2}(g) = 29.3\ \text{J/mol °C}$$

$$C_{p,N_2}(g) = 29.1\ \text{J/mol °C}$$

$$C_{p,CO_2}(g) = 37\ \text{J/mol °C}$$

❯ 풀이

완벽한 연소로:

"완벽한 연소로"에서 공기와 메탄은 25°C로 들어가고, 메탄은 CO_2와 H_2O로 완전히 연소된다. 그리고 모든 물은 응축되고 모든 산소가 소비된 후, 연소 생성물은 25°C로 떠난다.

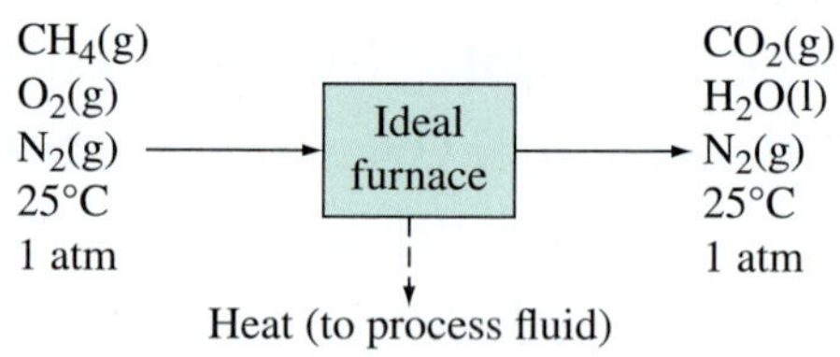

연소상자 내의 내용물은 포함하되 공정흐름은 포함하지 않는 연소로를 시스템으로 선택한다. 임의의 기준으로 1 gmol/s의 버너로 들어가는 CH_4를 선택한다. 정상상태로 가정하고, 25% 과잉 공기는 79 mol% N_2/21 mol% O_2이고, CH_4는 연소반응을 통하여 생성물로 완전히 전환된다.

$$CH_4(g) + 2O_2(g) \rightarrow CO_2(g) + 2H_2O(l)$$

ξ = 1 gmol/s를 찾기 위하여 공정흐름 계산을 완성시키고, 아래와 같은 유량을 얻을 수 있다.

	In, gmol/s	Out, gmol/s
CH_4	1	0
O_2	2.5	0.5
N_2	9.4	9.4
CO_2	0	1
H_2O	0	2
Total	12.9	12.9

일 항목이 없고, 운동에너지와 위치에너지 변화를 무시할 수 있다. 미분에너지수지 식을 단순화시키면,

$$\dot{n}_{out}\hat{H}_{out} - \dot{n}_{in}\hat{H}_{in} = \dot{Q}$$

유입부와 유출흐름의 T와 P는 같지만, 조성과 상은 화학반응 때문에 변화한다. 그래서 유출과 유입흐름 사이의 엔탈피 차이는 전적으로 연소에 기인한다. 더 나아가 유입과 유출흐름이 표준 T와 P 상태에 있기 때문에,

$$\dot{n}_{out}\hat{H}_{out} - \dot{n}_{in}\hat{H}_{in} = \dot{\xi}\Delta\hat{H}_c^0$$

CO_2(g)와 H_2O(l)로 변환되는 메탄의 연소에 대하여 $\Delta\hat{H}_c^\circ = -890.6$ kJ/gmol. 그래서,

$$\dot{\xi}\,\Delta\hat{H}_c^0 = \left(1\,\frac{\text{gmol}}{\text{s}}\right)\left(-890.6\,\frac{\text{kJ}}{\text{gmol}}\right) = -890.6\,\frac{\text{kJ}}{\text{s}} = \dot{Q}$$

이상적인 경우에 있어서 890.6 kJ/s의 열이 연소로의 연소가스로부터 공정흐름에 전달된다.

실제 연소로:

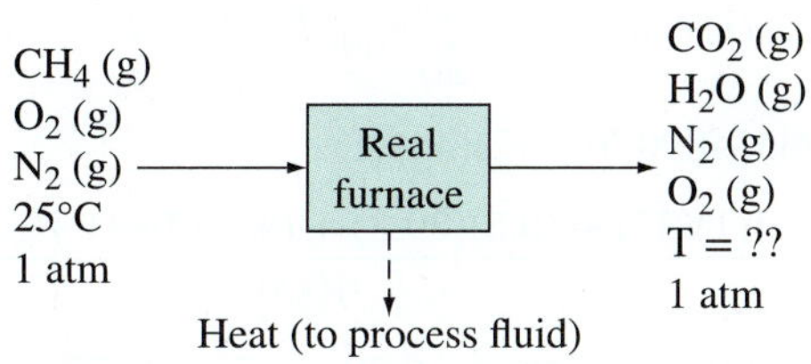

공정흐름 계산은 이상적인 연소로에서의 그것들과 동일하다. 응축을 피해야 하기 때문에 배기가스의 온도는 25°C 이상이다. 배기가스의 최소온도는 배기가스의 이슬점 온도이다. 왜냐하면 액적이 처음으로 형성되는 온도이기 때문이다. Raoult의 법칙은 다음과 같이 된다.

$$y_w = \frac{x_w P_w^{sat}}{P}$$

배기가스의 유일한 응축성분은 물이다. 그래서 $x_w = 1.0$이다. 몰흐름으로부터 계산되는 배출가스에 있는 물의 몰 비율은,

$$y_w = \frac{\dot{n}_w}{\dot{n}} = \frac{2}{12.9} = 0.155$$

$P = 1$기압으로 가스가 빠져나가기 때문에,

$$P_w^{sat} = \frac{y_w P}{x_w} = \frac{0.155(1\text{ atm})}{1.0} = 0.155\text{ atm}$$

$P_w^{sat} = 0.155$ (mmHg)에서 T를 찾기 위하여, 물에 대하여 Antoine 식을 적용하면,

$$\log_{10}P_w^{sat}(\text{mmHg}) = 8.10765 - \frac{1750.286}{T(°\text{C}) + 235.0}$$

P_w^{sat}(118 mmHg)에 대하여 치환하고 다시 풀면,

$$T = 55°\text{C}$$

이것이 *최소* 허용온도이다. 일반적으로 우리는 10°C를 안전을 위한 여유로 더해 주고, 연소가스의 배출온도를 65°C로 정한다.

실제 연소로에 대한 에너지수지식은 이상적인 연소로에 대한 것과 동일하다.

$$\dot{n}_{\text{out}}\hat{H}_{\text{out}} - \dot{n}_{\text{in}}\hat{H}_{\text{in}} = \dot{Q}$$

차이점은 반응, 상 변화, 엔탈피 항에서 온도 변화를 설명하고자 하는 것이다.

유입에서 유출 상태에 대하여 다음 경로를 설정하여 유용한 자료를 활용한다.

조성 변화: 1 gmol/s CH_4(g)와 2 gmol/s O_2(g)가 25°C, 1기압에서 반응하여 1 gmol/s CO_2(g)와 2 gmol/s H_2O(l) 생산한다.

상 변화: 2 gmol/s H_2O(l)를 증발시켜 25°C, 1기압에서 2 gmol/s H_2O(g)을 생성시킨다.

T 변화: 1 gmol/s CO_2(g), 0.5 gmol/s O_2(g), 9.4 gmol/s N_2, 1 gmol/s CO_2, 2 gmol/s H_2O(g)를 25°C로부터 65°C로 가열한다.

각 단계에 대한 엔탈피 변화를 계산하여 요약하면,

$$\begin{aligned}\dot{n}_{\text{out}}\hat{H}_{\text{out}} - \dot{n}_{\text{in}}\hat{H}_{\text{in}} &= \dot{\xi}\Delta\hat{H}_c^\circ + \dot{n}_w\Delta\hat{H}_v + \sum_{\text{all } i}\dot{n}_{i,\text{out}}\int_{T_{\text{in}}}^{T_{\text{out}}} C_{pi}\,dT \\ &= (1)(-890.6) + (2)(44.01) \\ &\quad + \frac{[(1)(37) + (0.5)(29.3) + (9.4)(29.1) + (2)(33.6)]}{1000}(65 - 25) \\ &= -890.6 + 88.01 + 15.70 = -786.9 \text{ kJ/s}\end{aligned}$$

Hint

열용량은 종종 J/mol°C로 주어지는 반면, 반응과 상 변화로 인한 엔탈피 변화는 종종 kJ/mol의 단위로 주어진다. 실수를 피하기 위해 모두 kJ이나 J의 단위로 전환시킨다.

공정물질로 전달될 수 있는 열의 양은 786.9 kJ/s이다. 이상적인 연소로의 890.6 kJ/s와 비교하면, 실제 연소로의 효율은 약 88%이다. 이것은 현대적인 표준 연소로의 합리적인 효율 추정치이다. (효율을 개선시키는 어떤 방법을 생각해 볼 수 있는가?).

반응에너지를 일로 전환하기: 열엔진 연소로부터 화학에너지가 어떻게 연소로와 보일러에서 열로 전환되는지를 살펴보았다. 그러나 우리가 열 대신 일을 하기를 원한다면(전기적 혹은 기계적 에너지) 무엇을 할 수 있는가? (진공청소기와 동력기구들을 연소로가 아닌 전기 콘센트에 꽂는다!) 해답은 열로부터 일을 생산하기 위하여 *열엔진*을 제작하는 것이다.

열엔진은 그림 9.4에 나타나 있듯이 순환조작이다. 종종 물/증기로 이루어진 채 열엔진을 순환하는 "일하는 유체"가 있다. 시스템으로서 일하는 유체를 고려하고, 사이클에서 각 단계를 표시해 보자.

단계 1. 액체물의 압력은 펌프를 사용하여 증가시킬 수 있다. $\dot{W}_{\text{pump}} > 0$

단계 2. 고압 물은 보일러로 주입된다. 연료는 연소되고 연소가스는 물을 데워 고압의 스팀을 생성시킨다. $\dot{Q}_{\text{boil}} > 0$.

단계 3. 고압 스팀은 터빈으로 주입된다. 스팀은 터빈 날개를 움직이도록 힘을 가하고, 축을 회전시킨다. 스팀은 더 낮은 압력으로 터빈을 떠난다. 터

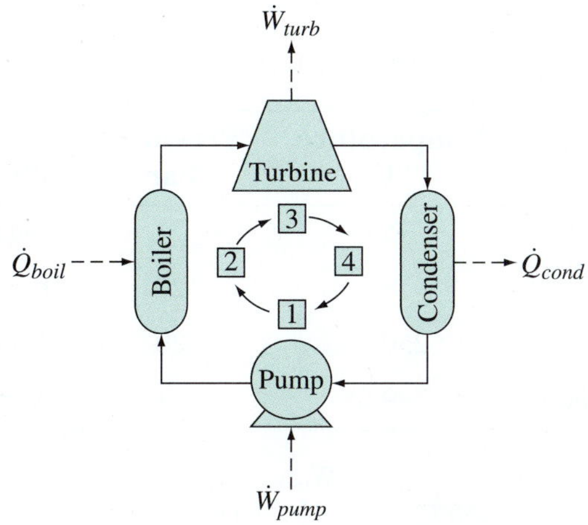

그림 9.4 순환열엔진의 개략도. 실선은 순환유체를 표시하고, 점선은 일이나 열의 유입/유출을 나타낸다.

빈 날개에 대한 손상을 피하기 위해 스팀은 응축되지 말아야 한다. $\dot{W}_{\text{turb}} < 0$. $|\dot{W}_{\text{turb}}| > |\dot{W}_{\text{pump}}|$.

단계 4. 저압 스팀은 응축기에서 냉각되어 응축된다. $\dot{Q}_{\text{cond}} < 0$. $|\dot{Q}_{\text{boil}}| > |\dot{Q}_{\text{cond}}|$

응축물은 펌프로 다시 회수되고, 순환은 계속된다. 순환 열엔진에는 열의 순 유입이 있고, 일의 순 유출이 있다. 열은 고온에서 들어가고(보일러 내부) 저온에서 배출된다(응축기 내부). 이것은 "값비싼" 열이 사이클에 더해지고 "값싼"(또는 가치 없는) 열이 제거된다는 것을 의미한다. 펌프에서 어떤 일의 유입이 필요하지만, 이러한 일의 유입은 터빈에서 출력되는 일보다 훨씬 적다. 터빈에서 일의 출력은 직접적으로 펌프나 압축기를 추진하는 데 사용되기도 하고, 전력을 생산하는 발전기와 짝을 이루기도 한다. 현대의 도시나 산업발전소는 그림 9.4에 묘사되어 있는 원리처럼 일을 하는 열엔진으로 동작한다. (대형 발전소는 응축기에 냉각수를 공급하기 위하여 종종 강이나 호수가에 위치한다. 강이나 호수로 배출되는 열은 지역 수중 식물과 동물계를 심각하게 변화시킨다.)

반응에너지를 일로 전환하기: 열엔진 분석 ◂ 예제 9.4

1000 kg/h의 물이 75°C, 1기압에서 펌프로 유입되고, 물의 압력은 20 bar까지 증가한다. 높은 압력의 물은 보일러로 들어가 250°C, 20 bar의 스팀을 생산한다. 그 스팀은 터빈으로 들어간다. 배출 스팀은 포화스팀 상태로 1 bar로 터빈으로부터 나온다. 배출되는 스팀은 더 냉각되어 75°C의 저냉각 액체 상태로 응축기를 떠나고 순환은 계속된다.

다음을 계산하라. (a) 터빈에 의해 생산되는 일, (b) 보일러로 유입되는 열, (c) 보일러의 효율이 85%일 경우 보일러에서 필요한 천연가스의 양, (d) 응축기에서 제거되는 열, (e) 펌프가 필요한 일. 터빈과 펌프는 100% 효율이라고 가정하자. 터빈이 전기를 발생시키고, 펌프가 전기 모터를 지니고 있다면, 가동 비용만 고려하여 순수 전력비용은 단위 kW당 얼마인가?

풀이

증기표에 주어진 T, P, ϕ에 대한 엔탈피가 나와 있다.

Stream	Temperature, °C	Pressure, bar	Phase	Enthalpy, kJ/kg
Feed to pump	75	1	Liquid	314.3
Feed to boiler	75	20	Liquid	315.8
Feed to turbine	250	20	Vapor	2903.2
Exhaust from turbine	99.6	1	Vapor	2674.9

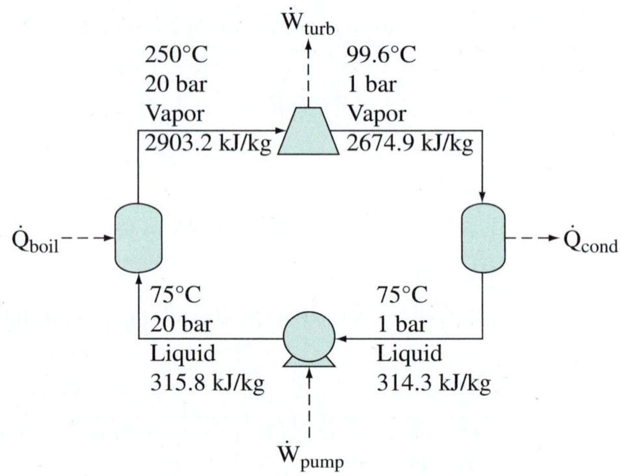

각 장치 주변에서의 에너지수지를 완성하는 것은 간단하다.

펌프:
$$\dot{W}_s = \dot{m}(\hat{H}_{out} - \hat{H}_{in}) = (1000 \text{ kg/h})(315.8 - 314.3 \text{ kJ/kg})$$
$$\dot{W}_s = 1500 \text{ kJ/h} = 0.42 \text{ kW}$$

보일러:
$$\dot{Q} = \dot{m}(\hat{H}_{out} - \hat{H}_{in}) = (1000 \text{ kg/h})(2903.2 - 315.8 \text{ kJ/kg})$$
$$\dot{Q} = 2.587{,}400 \text{ kJ/h} = 718.7 \text{ kW}$$

터빈:
$$\dot{W}_s = \dot{m}(\hat{H}_{out} - \hat{H}_{in}) = (1000 \text{ kg/h})(2675.9 - 2903.2 \text{ kJ/kg})$$
$$\dot{W}_s = -277{,}300 \text{ kJ/h} = -63.1 \text{ kW}$$

응축기:
$$\dot{Q} = \dot{m}(\hat{H}_{out} - \hat{H}_{in}) = (1000 \text{ kg/h})(314.3 - 2674.9 \text{ kJ/kg})$$
$$\dot{Q} = -2{,}360{,}600 \text{ kJ/h} = -656 \text{ kW}$$

응축기에서 가져가는 열(−656 kW)보다 보일러로 들어가는 열(718.7 kW)이 더 많고, 펌프로 유입되는 일(0.4 kW)이 터빈에서 생산되는 일(−63.1 kW)보다 훨씬 적음을 주목하자. 이러한 열 엔진의 효율(정의: 순수 일 생산/보일러에 주어지는 열)은 매우 낮다.

$$\eta = \frac{-\dot{W}_{net}}{\dot{Q}_{boiler}} = \frac{63.1 - 0.42}{718.7} = 0.087$$

보일러에서의 열은 천연가스의 연소에 의해 공급된다. 85% 효율의 보일러는 3 million kJ/h의 메탄에 해당하는 양을 필요로 한다. 천연가스 \$3.90/million kJ (8.1.1절 참조)

에서, 보일러를 가동하기 위한 연료는 약 \$11/h이다. 순수 전력 생산은 62.9 − 0.4 = 62.5 kW이다. 그러므로 이 사이클에서 전력을 생산하기 위한 운전 비용은 단위 kWh 당 약 18센트이거나 약 \$51/million kJ이다. (현대의 발전소들이 이 사이클보다 훨씬 더 좋은 효율을 얻을 수 있다고 할지라도, 이 예는 왜 전력이 화석연료보다 훨씬 비싼지를 설명해준다)

---

*냉장고*는 열엔진의 반대 형태로 작용한다. 유입되는 일은 생산되는 일보다 크고, 유입 열은 생산되는 열보다 적다. 냉장고는 또한 열펌프라고 부르기도 한다. 왜냐하면 열을 온도가 낮은 발생원에서 온도가 높은 사용처로 "펌프"하기 때문이다. 이것은 동시에 일어나지 않는다. 일이 사이클에 더해져야만 한다. 열엔진처럼, 작용하는 유체가 시스템을 순환하고, 증기로부터 액체로 변화하는 것이 다시 되풀이된다. 일반적인 작용 유체는 암모니아, 프레온, 프로판이다. 냉각 사이클을 그림 9.5에 도시하였다.

단계 1. 포화액체 냉매는 보다 낮은 압력으로 작용 유체를 "순간적으로 증발"시키는 팽창밸브를 통하여 흐른다. 이것은 온도를 떨어뜨리는 역할을 하고, 일부 액체는 증발한다. 초기건설 비용이 매우 낮기 때문에 터빈보다는 팽창밸브가 주로 사용된다. 팽창밸브에 대해서는 $\dot{W}_{\text{exp}} = 0$이 된다.

단계 2. 저압의 찬 유체는 증발기에서 냉각되고자 하는 공정 유체와 접촉하고 (예, 냉장고), 포화온도로 증발한다. $\dot{Q}_{\text{evap}} > 0$.

단계 3. 포화된 증기는 고압으로 압축된다. 압축은 증기의 온도를 상승시킨다. 압축기가 작용을 잘 하기 위해서 액체는 전체 압축 사이클 동안 증기로 남아 있어야 한다. $\dot{W}_{\text{comp}} > 0$

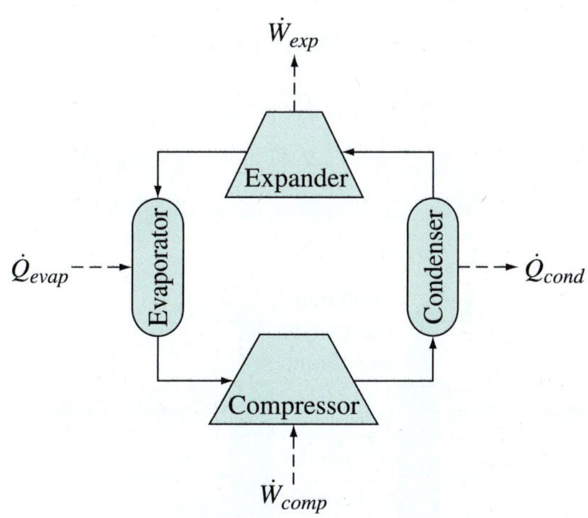

그림 9.5 냉각 사이클의 개략도. 실선은 순환 유체이고, 점선은 일과 열의 유입과 유출을 표시한다. 가정용 냉장고에서 증발기는 내부에 있으면서 열을 담아낸다. 증발기 내부의 유체는 냉장고의 온도보다 낮아야 한다. 응축기는 냉장고 밖에 위치하며, 열을 부엌으로 내보낸다. 응축기 내부의 유체는 부엌보다 더 따뜻하다. 터빈은 작은 냉장 단위에서는 간단한 팽창밸브로 대체되며, 일이 생산되지 않는다.

단계 4. 압축기로부터 오는 증기는 고온에서 액체로 응축된다(예, 부엌 온도). $\dot{Q}_{cond} < 0$.

냉장고에서는 $|\dot{Q}_{cond}| > |\dot{Q}_{evap}|$와 $|\dot{W}_{comp}| > |\dot{W}_{exp}|$. 이것은 열엔진의 역작용이다. (왜 냉장고 문을 열어 둠으로써 부엌을 시원하게 하는 것은 좋지 않은 생각인가?)

*히트펌프*도 냉장고와 동일한 원리로 작동하고, 가정에서 온도를 조절하는 데 사용한다. 예를 들면, 에어컨은 시원한 방이나 빌딩의 열을 따뜻한 바깥 공기로 내보낸다. 히트펌프는 차가운 기후에서 방안을 따뜻하게 유지하는 역할을 한다. 그 개념은 동일한데, 즉 차가운 바깥의 공기로부터 열을 따뜻한 방안으로 전달하는 체계이다. 순환하는 유체가 사용되기 때문에 증발할 때 온도와 압력은 차가운 발생원과 뜨거운 수용체의 온도와 잘 어울려야 한다.

반응에너지를 일로 전환하기: 연료전지 열엔진으로 조작하는 종래의 발전소에서는 연소반응으로부터 얻어지는 화학에너지를 보일러 물을 스팀으로 가열하는 데 사용하며, 스팀은 터빈을 작동시키면서 전력을 생산한다. 화학에너지를 열로 전환하고, 열을 일로 전환하는 비효율이 화학에너지를 일로 직접 전환하게끔 하는 기술을 찾도록 하는 계기가 되었다. *연료전지*는 그것을 하기에 적합한 수단이다. 연료전지는 발전소로부터 자동차 엔진이나 소형 컴퓨터와 휴대전화기를 위한 배터리까지 모든 종류의 용도에 적용될 수 있다.

연료전지에서 수소(혹은 다른 연료)는 음극 부분으로 들어가고, 공기는 양극 부분으로 들어간다. 두 가지 전기화학적 절반-반응이 각 전극에서 일어나며, 화학반응으로부터 전류를 생산한다.

$$H_2 \rightarrow 2H^+ + 2e^-$$

$$0.5O_2 + 2H^+ + 2e^- \rightarrow H_2O$$

전체 반응은 간단히,

$$H_2(g) + 0.5O_2(g) \rightarrow H_2O(l)$$

수소는 연료전지에 있어서 완벽한 연료이다. 왜냐하면 산화에 의한 부산물이 물이기 때문에 연료전지는 매우 깨끗하고, 온실가스 생성에 대한 염려가 없기 때문이다. 그것은 또한 매우 조용하다. 그렇지만 수소는 자연에서 구할 수 없다(천연가스

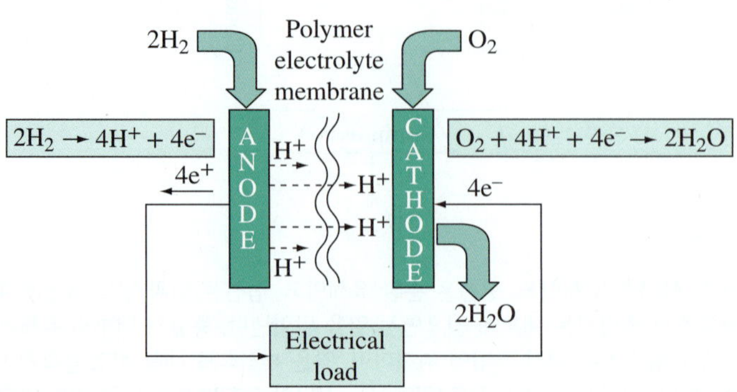

그림 9.6 연료로서 수소가 사용되는 전형적인 연료전지의 개략도.

와 다른 화석연료와는 다름). 대신에 연료전지용 수소는 천연가스를 재구성해서 생산한다. 이때 천연가스가 연소될 때만큼의 CO_2를 생산하게 된다. 글루코오스와 같은 재생 가능한 농작물로부터 수소를 만드는 노력이 지속되고 있다.

반응에너지를 일로 전환하기: 수소연료전지 ◀ 예제 9.5

200 kW 비상 전력발생장치를 사용하기 위한 서로 다른 연료전지 물질을 평가하고 있다. 두 가지 형태의 연료전지는 PEFC와 SOFC이다.

PEFC(polymer electrolyte fuel cell)에는 고분자 이온교환막이 전해질을 구성하고 있다. 유일한 액체는 물이다. 최대 동작온도는 약 100°C로 제한하고 있다. 장점은 부식성 액체가 없다는 점과 간단한 구성, 그리고 긴 수명이다. 한 가지 중요한 단점은 110°C 이내로 제한되기 때문에, 백금 전극을 손상시키는 것을 방지하기 위해 수소 가스는 기껏해야 수 ppm의 CO를 포함할 수 있다.

SOFC(solid oxide fuel cell)에는 산화이트륨과 같은 금속 산화물-안정화된 지르코니아가 고체 전극으로 작용하면서 고체 전극 사이의 얇은 층에 쌓이게 된다. 이러한 물질들은 매우 높은 온도(1000°C)에서 작용하지만, 제조하기는 어렵다.

공기(79 mol% N_2, 21 mol% O_2)가 산소의 원천이고, 산소는 양론 계수비로 공급된다고 가정하자. 공기와 수소는 25°C에서 연료전지로 들어간다. 일반적인 연료전지에는 들어간 수소의 약 90%가 물과 반응한다. 나머지는 전환되지 않은 채 연료전지를 빠져나간다. 배출흐름은 연료전지의 동작온도에 있다고 가정하자. 참고 문헌을 찾아보면 이론전 열손실은 연료전지의 동작온도의 함수가 되고, 반응하는 수소 gmol당 $0.045T$ kJ로 예측되며, 여기서 T는 K 단위를 가진 동작온도이다.

PEFC 대비 SOFC에 대한 수소 공급량은 얼마인가? 다음 자료를 활용한다.

$$\Delta\hat{H}^\circ_{f,H_2O(v)} = -241.8 \text{ kJ/gmol}$$

$$C_{p,H_2O(v)} = 33.6 \text{ J/mol °C}$$

$$C_{p,O_2(g)} = 29.3 \text{ J/mol °C}$$

$$C_{p,N_2(g)} = 29.1 \text{ J/mol °C}$$

$$C_{p,H_2(g)} = 29.1 \text{ J/mol °C}$$

〉풀이

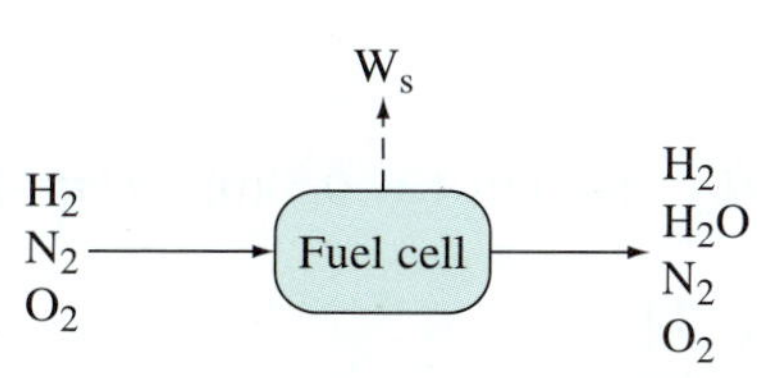

양론수지 반응식은 다음과 같다.

$$H_2 + 0.5O_2 \rightarrow H_2O$$

물질수지식은 기초로서 H_2 1 gmol/s를 공급하는 것으로 다음에 요약하였다. (이 기초 원리에 대한 일 생성량을 계산하고, 200 kW의 필요한 일량을 확대 혹은 축소한다.)

	$\dot{n}_{i,\text{in}}$ gmol/s	$\nu_i\ \dot{\xi}$	$\dot{n}_{\text{out}}$, gmol/s
H_2	1	−0.9	0.1
O_2	0.5	−0.45	0.05
N_2	1.88	0	1.88
H_2O	0	+0.9	0.9

연료전지의 동작온도는 PEFC에서는 100°C이고, SOFC에서는 1000°C이다. 연료전지를 떠나는 흐름은 동작온도와 같을 것이다. 연료전지는 거의 대기압에서 작용한다.

연료전지는 약간의 열을 생산하므로, 에너지수지는 어떤 열손실을 포함한다. 운동에너지와 위치에너지 변화를 무시하고, 정상상태의 동작을 가정하자. 에너지수지식은 다음과 같이 단순화시킬 수 있다.

$$\dot{n}_{\text{out}}\hat{H}_{\text{out}} - \dot{n}_{\text{in}}\hat{H}_{\text{in}} = \dot{W}_s + \dot{Q}$$

수지식에서의 각 항을 고려해 보자. 첫째, 열손실을 동작온도와 반응하는 H_2의 gmol의 함수로 표현할 수 있다. PEFC는 100°C에서 동작하기 때문에

$$\dot{Q}_{\text{PEFC}} \approx -0.045T\,\dot{\xi} = -0.045(373)(0.9) = -15\,\frac{\text{kJ}}{\text{s}}$$

그리고 SOFC에서는 1000°C에서 동작하므로

$$\dot{Q}_{\text{SOFC}} \approx -0.045(1273)(0.9) = -51.6\,\frac{\text{kJ}}{\text{s}}$$

에너지수지식에 있는 엔탈피 항을 계산하기 위하여 연료전지로 들어가는 25°C의 혼합가스와 주입 압력(약 1기압)를 참고상태로 선정한다. 그러므로 $\hat{H}_{\text{in}} = 0$. 이제 유출흐름의 엔탈피를 계산할 필요가 있다. 유입에서 유출 상태로 이동하는 두 단계 경로를 설정해 보자.

조성 변화: 1기압에서 25°C에서 0.9 gmol/s H_2(g)와 0.45 gmol/s O_2(g)가 반응하여 0.9 gmol/s H_2O(v)를 생성한다.

유출가스의 T 변화: 0.1 gmol/s H_2(g), 0.05 gmol/s O_2(g), 1.88 gmol/s N_2(g), 0.9 gmol/s H_2O(v)를 25°C에서 유출온도로 가열한다.

반응은

$$H_2(g) + 0.5O_2(g) \rightarrow H_2O\ (v)$$

계산해 보면

$$\Delta\hat{H}_r^\circ = \sum \nu_i \Delta\hat{H}_{f,i}^\circ = (-1)(0) + (-0.5)(0) + (1)\left(-241.8\,\frac{\text{kJ}}{\text{gmol}}\right)$$

$$= -241.8\,\frac{\text{kJ}}{\text{gmol}}$$

반응으로 인한 엔탈피 변화는

$$\dot{\xi}\Delta\hat{H}_r^0 = 0.9(-241.8) = -217.6\ \text{kJ/s}$$

유출가스의 증가하는 T에 대한 엔탈피 변화는

$$\sum_{\text{all } i} \dot{n}_{i,\text{out}} C_{pi}(T_{\text{out}} - T_{\text{ref}}) = [(0.1)(29.1) + (0.05)(29.3) + (1.88)(29.1) + (0.9)(33.6)](T_{\text{out}} - 25°\text{C})$$
$$= 89.3(T_{\text{out}} - 25°\text{C})\,\text{J/s} = 0.0893(T_{\text{out}} - 25°\text{C})\,\text{kJ/s}$$

PEFC에 대하여 Tout = 100°C, SOFC에 대하여 1000°C. 그러므로,

$$\sum n_i C_{pi}(T_{\text{out}} - T_{\text{ref}}) = 0.0893(100 - 25°\text{C}) = 6.7\frac{\text{kJ}}{\text{s}} \qquad \text{for PEFC}$$

$$\sum n_i C_{pi}(T_{\text{out}} - T_{\text{ref}}) = 0.0893(1000 - 25°\text{C}) = 87.1\frac{\text{kJ}}{\text{s}} \qquad \text{for SOFC}$$

두 단계로부터 엔탈피 변화를 합하면,

$$\dot{H}_{\text{out}} = -217.6 + 6.7 = -210.9\frac{\text{kJ}}{\text{s}} \qquad \text{for PEFC}$$

$$\dot{H}_{\text{out}} = -217.6 + 87.1 = -130.5\frac{\text{kJ}}{\text{s}} \qquad \text{for SOFC}$$

마지막으로, 에너지수지로부터 이론적인 일 생성량을 계산할 수 있다.

$$\text{For PEFC:} \quad \dot{W}_s = \dot{H}_{\text{out}} - \dot{H}_{\text{in}} - \dot{Q} = -210.9 + 15 = -195.9\frac{\text{kJ}}{\text{s}} = -195.9\,\text{kW}$$

$$\text{For SOFC:} \quad \dot{W}_s = \dot{H}_{\text{out}} - \dot{H}_{\text{in}} - \dot{Q} = -130.5 + 51.6 = -78.9\frac{\text{kJ}}{\text{s}} = -78.9\,\text{kW}$$

이 값들은 공급되는 수소가 1 gmol/s라 가정하면 이론적인 일 생성량이 된다. 일반적인 연료전지에서 실제 일 생성량은 PEFC에 대해서는 약 이론적인 일 양의 약 65%이고, SOFC에 대해서는 약 70%이다. 그러므로 PEFC는 공급되는 수소 gmol당 약 127 kW를 생산하고, SOFC는 수소 gmol당 약 55 kW를 생산한다. 200 kW까지 확대해서 보면 PEFC는 약 1.6 gmol/s의 수소가 필요하고, SOFC는 3.6 gmol/s의 수소를 필요로 한다.

SOFC가 더 효율적으로 작용하게 하는 방법을 생각해 볼 수 있는가? (*힌트*: 뜨거운 유출 가스를 어떻게 활용할 수 있을까?)

9.5 화학에너지와 화학안전: 폭발

폭발과 화재는 화학에 의존하는 현대의 삶에서 피할 수 없는 위험 요소이지만 주의 깊은 설계와 조작은 그 위험성을 줄일 수 있다. 그리고 만약 발생하더라도 사고의 결과를 줄일 수 있다. (위험요소와 위험은 다르다. 위험요소는 상처를 주거나 손상을 줄 수 있는 잠재성을 가진 어떤 것인 반면, 위험은 위험요소가 실현될 가능성이다.)

화재는 세 가지 조건이 필요하다. (1) 가연성 물질, (2) 산화제(예, 공기 중의 산소), (3) 점화원이다. 이들 중 어느 한 가지를 제거하면 화재의 가능성을 제거하는 것이다. 질소 저장 탱크를 덮거나 점화방지 전기장치를 사용하는 것은 화재의 위험을 줄일 수 있는 안전 수단이다.

저장된 화학에너지의 빠르고 갑작스러운 방출인 폭발은 화재보다 훨씬 파괴적이다. 폭발은 화합물이 빠르게 보다 안전한 화합물로 분해될 때 발생한다. 화재와는 달리, 폭발은 산화제가 필요하지 않다. 실제로 많은 화재는 가연성 물질이 공기 중으로 유출되는 폭발의 결과이다. 초기 설계공정에서는 화합물의 폭발 잠재성을 설정하는 것이 당연하다. 이러한 결정을 토대로 그 공정을 포기하도록 선택하고, 덜 위험한 화학반응 경로를 찾거나 폭발과 그 여파에 대비한 안전장치를 설치하는 것이 필요하다.

화합물의 다섯 등급이 특정한 폭발이나 화재 위험을 나타낼 때 고려된다. 탄화수소류, 산소를 함유하고 있는 유기화합물, 질산염, 질소화합물, 기타 질소를 포함한 화합물과 유기 과산화물이 있다. 모든 화합물이 이들 부문에 들어가지는 않는다. 특정한 화합물의 폭발 잠재성을 신속히 추정하기 위한 방법들이 개발되고 있다. 여기 한 가지를 소개하고자 한다. 필연적으로, 이 방법은 반응 시 유출되는 에너지의 양을 계산하거나 추정하고, 알고 있는 폭발 위험성 있는 화합물의 수와 비교하는 것에 의존한다.

1. 대상 화합물이 안정된 생성물로 분해하는 경우에 대한 $\Delta\hat{H}_r^\circ$을 계산한다.
2. 분해의 단열 반응온도를 계산한다.
3. 만일 $-\Delta\hat{H}_r^\circ$이 5 kJ/g이나 그 이상이고, 단열반응 온도가 1000 K 이상이면, 화합물은 폭발 위험성이 있다.

혼합물도 비슷한 방법을 사용해서 분석할 수 있다. 예를 들면, 질산암모늄은 유용한 비료이기 때문에 농업지역에서 광범위하게 사용되는 화학물질이다. 그것 자체로는 낮은 폭발 위험성을 가지지만, 단열반응온도는 높다. 적은 양의 연료오일과 섞이게 되면, 질산암모늄은 산소로 조화된 강력한 폭발성을 가지게 된다. 이 혼합물은 상업적인 폭발 보조제로 사용되고, 오클라호마시 폭발사건처럼 폭력적으로 사용되기도 한다.

$\Delta\hat{H}_r^\circ$를 측정하기 위해서는 분해 반응이 무엇인지를 우선 결정해야만 한다! 가장 안정된 생성물을 생산하는 반응 혼합물을 알고자 한다. 왜냐하면 가장 큰(음의 값) $\Delta\hat{H}_r^\circ$을 가져다주기 때문이다. C, H, O, N을 포함하고 있는 화합물들은 C, CO, CO_2, H_2, H_2O, N_2의 다양한 조합물을 분해생성물로 발생시킨다. 대상 화합물의 이러한 생성물(혹은 어떤 집합체)로의 분해에 대한 양론적 화학식은 일반적으로 여러 가지가 있을 수 있다. 시행착오법을 통하여 가장 음의 $\Delta\hat{H}_r^\circ$ 값을 생성시키는 화학반응을 찾을 수 있다. 반응에서 모든 화합물의 $\Delta\hat{H}_f^\circ$에 대한 정보가 있어야 계산을 할 수 있다. 이러한 계산은 표준 온도와 압력(25°C, 1기압)에서 적용할 수 있다.

다음, 단열 반응온도를 계산한다(예제 8.17 참조). 에너지수지식은 간단하다. $\dot{H}_{in} = \dot{H}_{out}$. 그렇지만 한 가지 사소한 어려움이 있다. "유출" 조성이 무엇인지 모르는 것이다! 이것을 고려하려면 유출 혼합물이 화학평형 상태에 있어야 한다. 이제 화학평형에서 조성을 알고 있다면(혹은 계산할 수 있다면) 계산을 진행할 수 있다. 그러나 평형조성이 온도에 의존하는 것을 모르고 있었다! 그래서 평형조성에 대한 식을 온도의 함수로 유도하고, 에너지수지식과 평형 표현을 모두 만족시키는 T를 찾는다. 다시 말해서, 해답을 찾기 위해서는 물질수지, 에너지수지, 화학반응평형을 혼합해야 한다.

이러한 방법들이 다음 예에 설명되어 있다.

폭발 잠재성 추정: 트리니트로톨루엔 ◂ 예제 9.6

TNT [(트리니트로톨루엔), $C_7H_5(NO_2)_3$]가 폭발 위험성이 있는가?

Compound	$\Delta\hat{H}_f^\circ$, kJ/gmol	$\Delta\hat{G}_f^\circ$, kJ/gmol	C_p, J/gmol °C
$C_7H_5(NO_2)_3$ (s)	−65.5	—	
C (s) (as graphite)	0	0	9
CO (g)	−110.6	−137.3	29
CO_2 (g)	−393.5	−394.4	43
H_2 (g)	0	0	29
H_2O (g)	−241.8	−228.6	34
N_2 (g)	0	0	29

›풀이

먼저 가장 가능성 있는 TNT의 폭발성 있는 분해 생성물을 결정해야 한다. 단지 C, H, N, O를 함유한 화합물에 대하여 고려해야 할 생성물은 C, CO, CO_2, H_2, H_2O, N_2이다. 네 개의 원소와 모두 일곱 개의 화합물이 있으므로, 최대 세 개의 독립적인 화학반응(4.2.2절)이 있다. 우리는 TNT를 제외한 모든 화합물에 대하여 양론 계수가 양수인 반응에 대해서만 관심이 있다. 세 개의 독립적으로 이루어진 반응 세트를 찾고, 각각에 대한 반응엔탈피를 계산한다.

$$C_7H_5(NO_2)_3 \rightarrow 5.25\ C + 1.75\ CO_2 + 2.5\ H_2O + 1.5\ N_2 \qquad \Delta\hat{H}_r^\circ = -1223\frac{\text{kJ}}{\text{gmol}} \qquad \textbf{(R1)}$$

$$C_7H_5(NO_2)_3 \rightarrow 4\ C + 3\ CO_2 + 2.5\ H_2 + 1.5\ N_2 \qquad \Delta\hat{H}_r^\circ = -1109\frac{\text{kJ}}{\text{gmol}} \qquad \textbf{(R2)}$$

$$C_7H_5(NO_2)_3 \rightarrow 3.5\ C + 3.5\ CO + 2.5\ H_2O + 1.5\ N_2 \qquad \Delta\hat{H}_r^\circ = -925\frac{\text{kJ}}{\text{gmol}} \qquad \textbf{(R3)}$$

TNT의 몰질량은 227 g/gmol이다. 첫 번째 반응은 가장 큰 음수의 반응엔탈피값을 가지며, $\Delta\hat{H}_r^\circ = -1223$ kJ/gmol $TNT = -5.4$ kJ/g TNT이다. 이것은 폭발의 첫 번째 범주보다 약간 크다(더 큰 음수의 값), 즉 $-\Delta\hat{H}_r^\circ > 5$ kJ/g이다. 그러므로 TNT가 폭발적이라는 첫 번째 징후를 보았다.

다음으로 단열 반응온도를 확인한다. 시스템이 완벽하게 차단되어 있다고 가정하고, 단열 반응온도가 유출온도라는 것을 기억하도록 한다. 유출흐름에는 목록에 있는 첫 반응의 생성물만이 아니라 모든 화합물이 있도록 해야만 한다.

이 문제를 보다 쉽게 처리하기 위하여 가상의 공정을 설정할 것이다. 두 가지 예를 상상해 보자. 첫째, 1 gmol/s TNT가 실온에서 약간의 열을 방출하며 C, CO_2, H_2O, N_2로 분해된다. 둘째, 열은 되돌아가고, 가스는 알려지지 않은 어떤 온도에서 재평형이 된다.

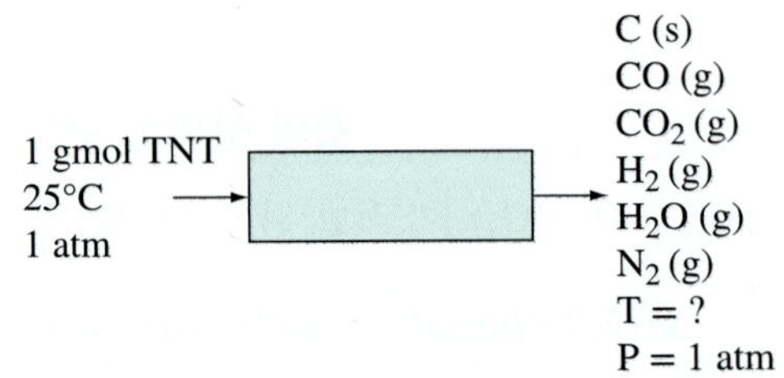

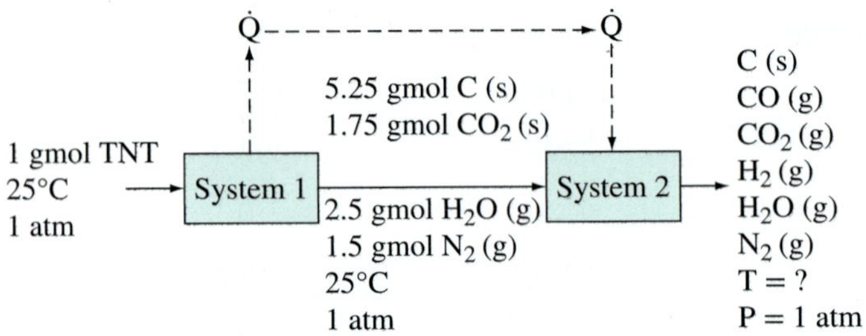

가상 시스템의 순 효과는 단열 시스템과 꼭 같다. 더 나아가 시스템 1은 이미 계산해서 얻은 $\Delta\hat{H}_r^\circ = -1223$ kJ/gmol TNT의 반응시나리오에 해당한다.

시스템 1 주위에 에너지수지를 적용하면 다음과 같다.

$$\hat{H}_{\text{out}} - \hat{H}_{\text{in}} = \dot{Q}_1 = 1223 \text{ kJ/s}$$

왜냐하면 유출과 유입 흐름 사이의 엔탈피 차이는 단지 반응의 표준엔탈피이기 때문이다.

시스템 1에서 제거된 열, $\dot{Q}_1$은 시스템 2에 가해진 열과 같다(그러나 부호는 반대). $\dot{Q}_2$. 만약 화학반응이 없다면, 열의 추가로 인해 시스템 2를 떠나는 물질의 온도 증가를 계산하는 것은 단순한 문제이다. 그렇지만 단열반응 온도 계산은 물질이 화학평형을 떠나는 조건이 필요하다. 시스템 2에는 네 가지 원소를 포함해서 여섯 개의 화합물이 있으므로, 두 개의 독립적인 화학반응이 있다. 두 개의 추가 화합물, CO와 H_2는 잠재적으로 유출흐름에 있으므로, 그것들을 생성시키는 두 가지 화학반응을 추가한다.

$$C + CO_2 \rightleftarrows 2\ CO \qquad \textbf{(R4)}$$

$$H_2O + CO \rightleftarrows CO_2 + H_2 \qquad \textbf{(R5)}$$

(동일하게 유효한 다른 종류의 화학반응이 있다. 반응이 독립적이면 어느 반응이 사용되든 관계 없다!)

어느 조건이 시스템 2에 대하여 동시에 만족시켜야만 하는지 다시 살펴보자. 물질수지식, 에너지수지식, 화학평형식! 물질수지식은 다음과 같은 관계를 가져다 준다(모든 단위는 gmol/s임).

$$\dot{n}_{C,out} = 5.25 - \dot{\xi}_4$$

$$\dot{n}_{CO_2,out} = 1.75 - \dot{\xi}_4 + \dot{\xi}_5$$

$$\dot{n}_{CO,out} = 2\dot{\xi}_4 - \dot{\xi}_5$$

$$\dot{n}_{H_2O,out} = 2.5 - \dot{\xi}_5$$

$$\dot{n}_{H_2,out} = \dot{\xi}_5$$

$$\dot{n}_{N_2,out} = 1.5$$

시스템 2로부터의 유출이 평형이라는 추가적인 조건을 적용한다. C는 고체, P = 1기압, 다른 모든 화합물은 기체이고, 배출흐름에 있는 *기체*의 총 몰흐름은 = 5.75 + $\dot{\xi}_4$라는 것을 명심하고, R1과 R2의 평형상수에 대한 표현을 사용한다:

$$K_4 = \Pi(a_i)^{\nu_{i4}} = \frac{y_{CO}^2 P^2}{a_C y_{CO_2} P} = \frac{(2\dot{\xi}_4 - \dot{\xi}_5)^2}{(1.75 - \dot{\xi}_4 + \dot{\xi}_5)(5.75 + \dot{\xi}_4)}$$

$$K_5 = \Pi(a_i)^{\nu_{i5}} = \frac{y_{CO_2} y_{H_2}}{y_{CO} y_{H_2O}} = \frac{(1.75 - \dot{\xi}_4 + \dot{\xi}_5)(\dot{\xi}_5)}{(2\dot{\xi}_4 - \dot{\xi}_5)(2.5 - \dot{\xi}_5)}$$

우리는 또한 K_1과 K_2가 식 (5.6)으로부터 온도의 함수인 것을 알고 있다.

$$\ln K_4 = \frac{-\Delta\hat{G}^\circ_{r4}}{298\,R} + \frac{\Delta\hat{H}^\circ_{r4}}{R}\left[\frac{1}{298} - \frac{1}{T}\right]$$

$$\ln K_5 = \frac{-\Delta\hat{G}^\circ_{r5}}{298\,R} + \frac{\Delta\hat{H}^\circ_{r5}}{R}\left[\frac{1}{298} - \frac{1}{T}\right]$$

문제 조건에서 주어진 자료로부터 다음을 계산할 수 있다.

$$\Delta\hat{H}^\circ_{r4} = 170.4 \text{ kJ/gmol}$$

$$\Delta\hat{G}^\circ_{r4} = 119.8 \text{ kJ/gmol}$$

$$\Delta\hat{H}^\circ_{r5} = -39.2 \text{ kJ/gmol}$$

$$\Delta\hat{G}^\circ_{r5} = -28.5 \text{ kJ/gmol}$$

이 식들을 조합하고, 수치를 대입하여 세 개의 변수로 구성되는 두 개의 방정식을 세울 수 있다:

$$\frac{(2\dot{\xi}_4 - \dot{\xi}_5)^2}{(1.75 - \dot{\xi}_4 + \dot{\xi}_5)(5.75 + \dot{\xi}_4)} = \exp\left(20.4 - \frac{20495}{T}\right)$$

$$\frac{(1.75 - \dot{\xi}_4 + \dot{\xi}_5)(\dot{\xi}_5)}{(2\dot{\xi}_4 - \dot{\xi}_5)(2.5 - \dot{\xi}_4)} = \exp\left(-4.56 + \frac{4715}{T}\right)$$

우리가 필요로 하는 마지막 식은 에너지 수지이다.

$$\hat{H}_{out} - \hat{H}_{in} = \dot{Q}_2 = 1223 \text{ kJ/s}$$

시스템 1에 대한 에너지수지의 풀이로부터 $\dot{Q}_2$ = +1223kJ/s. 유입조건으로부터 유출조건으로 이동하는 경로를 설계한다.

1. 평형조성으로 25°C에서 (R4)과 (R5)에 의해 반응한다.

2. 평형혼합물의 온도가 25°C에서 T로 증가한다.

이것은 다음 식을 형성한다.

$$\dot{\xi}_4\Delta\hat{H}^{\circ}_{r4} + \dot{\xi}_5\Delta\hat{H}^{\circ}_{r5} + \sum_{\text{all } i}\dot{n}_{i,\text{out}}C_{p,i}(T - 298K) = \dot{Q}_2$$

이제 알고 있는 수치값으로 치환하면:

$$\dot{\xi}_4(170.4) + \dot{\xi}_5(-39.2) + [(5.25 - \dot{\xi}_4)9 + (1.75 - \dot{\xi}_4 + \dot{\xi}_5)43 + (2\dot{\xi}_4 - \dot{\xi}_5)29$$

$$+ (2.5 - \dot{\xi}_5)34 + 29\dot{\xi}_5 + 44]\left(\frac{1}{1000}\right)(T - 298\text{ K}) = 1223\text{ kJ/s}$$

세 개의 변수($\dot{\xi}_4$, $\dot{\xi}_5$와 T)를 가진 세 개의 방정식(두 개의 화학평형식과 에너지수지)이 있다. 이론적으로는 적어도 해답을 찾을 수 있다. 그러나 우리가 여기서 가지고 있는 것과 같은 매우 비선형적인 방정식으로 물리적으로 합리적인 해답을 찾는 것은 애매하다. 우선 식을 점검하고, 중요한 경향성을 짚어내는 것이 필요하다. 먼저, $T = 1000$ K(한 화합물이 폭발 위험성이 있다는 것을 결정하는 분기점)를 주목하고, K_4과 K_5 모두 대략 1이다. 만약 TNT가 심각하게 폭발 위험이 있다면, 단열반응온도는 분명히 1000 K 이상이어야 한다. T가 1000 K 이상으로 증가함에 따라 K_4는 더 커지지만, K_5는 작아진다. T를 추측함으로써 $\dot{\xi}_4$와 $\dot{\xi}_5$를 T의 함수로 계산할 수 있고, 그러한 T에서 동시에 두 개의 화학평형식을 해결할 수 있다. 이러한 계산들은 $T = 1000$ K, $\dot{\xi}_4 = 2.05$와 $\dot{\xi}_5 = 1.36$임을 나타내주지만, T가 1000 K 이상으로 증가함에 따라 $\dot{\xi}_4$와 $\dot{\xi}_5$ 둘 다 점근값에 도달한다. $\dot{\xi}_4 \rightarrow 2.5$와 $\dot{\xi}_5 \rightarrow 0.75$. 이러한 반응의 점근값을 에너지수지식에 넣으면 단열반응온도가 3300 K에 도달함을 빠르게 알 수 있다! 분명히, TNT는 폭발 위험이 있다!

연습 문제

P9.1 50°C, 1 bar에서 1000 kg/min의 물이 등온으로 100 bar로 압축되고, 일정한 압력으로 포화증기를 생성하는 보일러로 유입된다. 포화증기는 팽창밸브를 통하여 흐르면서 60 bar로 압력이 낮아진다. 운동에너지 변화와 압력손실은 무시하고, 팽창밸브는 단열적으로 작동한다고 가정한다. 얼마만큼의 일이 펌프에 의해서 공급되어야 하는가? 보일러에서 공급되는 열은 얼마인가? 최종 온도, 압력, 상은 무엇인가?

P9.2 뜨거운 오일이 원유 증류 공장에서 용기로부터 8-in 직경의 파이프를 통하여 공장보다 300 ft 상부 언덕의 저장 탱크로 퍼올려진다. 오일은 저장되기 전에 200°F에서 80°F로 냉각되어야만 한다. 유량은 1400 gal/min이다. 오일의 비중은 50 lb/ft^{3}이고, 열용량은 0.63 Btu/lb °F라고 가정하자. 냉각기에서 필요한 냉매의 양(Btu/h)과 펌프가 하는 일(hp)을 계산하라. 마찰 손실은 무시할 수 있다. 모든 장치는 양호하게 단열되어 있다고 가정하자.

P9.3 폐가스흐름이 40 mol% 에탄(C_2H_6), 19 mol% N_2, 1 mol% H_2S, 10 mol% O_2, 30 mol% CO를 포함하고 있다. 가스는 20% 과잉 공기와 함께 연소

로로 들어가서 연소된다. 로에 들어가는 폐가스흐름은 25°C이다. 공기는 25°C로 로에 들어간다. 폐가스는 로 굴뚝을 150°C로 나간다. 완전연소라고 가정한다. 로에서 생성되는 열은 50°C, 10 bar의 보일러 공급수를 사용하여 10 bar의 포화 스팀을 생성하는 데 사용된다. 유입되는 폐가스의 단위 gmol 당 로에서 생성되는 스팀의 양을 계산하라(kg 스팀/gmol 가스).

P9.4 3기압, 50°C의 아세트산이 250 kgmol/hr의 유량으로 열교환기에서 10 bar의 응축포화증기에 의해 170°C로 가열된다. 스팀의 유량은 얼마인가(kg/hr)? 필요한 스팀의 유량이 더 적게 소요되기 때문에 열원으로서 10 bar의 포화증기보다는 5 bar의 포화증기가 더 나은 거 같다는 의견이 있다. 이 생각은 어떤가?

P9.5 풍력이나 태양과 같은 재생에너지원은 에너지공급의 많은 부분을 차지하기 때문에 에너지 저장원이 중요한 관심사이다. 풍력이나 태양으로부터 전력을 생산하는 것은 석탄이나 천연가스 보일러를 이용하는 것보다 훨씬 변수가 많고, 전력수요에 쉽게 대처할 수 없다. 100 MW까지 송전할 수 있는 150 GJ(기가줄) 저장용량에 육박하는 리튬이온 전지의 건설은 상업적으로 가능하다. 전지는 보다 전통적인 송전시스템에 비견된다. 즉, 수요가 공급을 초과할 때를 의미하는 에너지가 충분할 때 물을 높은 저장소에 보관해두는 원리이다. 전지 저장과 물을 저장하는 의미를 비교해 보는 첫 번째 단계로서 150 GJ의 용량을 공급하는 데 필요한 저장소의 크기(m^3)를 결정해야 하고, 저장고를 채우는 데 필요한 펌프의 크기를 정해야 한다. 지역의 지질구조가 펌프보다 3000 ft 위에 저장소를 설치하기에 적당해야 한다. 이때, 펌프는 3시간 이내에 저장소를 완전히 채울 수 있어야 하므로 펌프의 효율은 80%이고, 압력손실은 4.0 ft lb_f/lb이다.

P9.6 예제 9.5에서 두 종류의 연료전지가 구상되었다. SOFC 연료전지의 효율을 향상시키는 방법을 이해하고자 한다. 전지에서 나가는 뜨거운 가스, 차가운 수소, 전지로 들어가는 공기 사이에 열교환기를 두는 것은 어떨까. ΔT_{LM} ~ 20°C의 열교환기를 설계해보라. SOFC로부터 발생하는 이론적인 일에 대한 열교환기의 효과를 산출해보라.

P9.7 0.16 wt%의 연한 벤조산 수용액은 근처 호수로 버려지기 전에 처리될 필요가 있다. 벤조산(BA)은 122°C 이하에서 고체이므로, 오염된 흐름은 5 bar 압력의 포화 흐름을 사용하여 단순히 증발시켜 물을 날려버림으로써 처리할 수 있다. 그러고 나서 수증기는 응축되고, 찬물(15°C)과 혼합시켜 60°C로 냉각시킨 후, 흐름은 버려진다. 벤조산은 고체로서 제거되고, 팔린다.

증발하는 물은 많은 에너지를 지니고 있으므로, 대안 공정이 제시되었다(그림 참조). 희석시킨 벤조산 용액은 추출부에서 벤젠과 접촉한다. 두 개의 흐름이 생성된다. 추출물은 벤젠(B)과 벤조산이고, 증발기로 보내진다. 벤젠은 5 bar의 포화 스팀을 사용해서 증발시키고, 냉각수를 사용해서 열교환기에서 응축된 후, 추출부로 재순환된다. 벤조산은 판매를 위해서 고체로 제거된다. 라피네이트 흐름은 단위 kg 용액당 0.02 g의 회수되지 않은 벤조산을 포함한다. 또한 벤젠은 물에서 소량 녹으며, 라피네이트 흐름은 약간의 벤젠을 포함한다.

공급되는 용액의 유량은 3785 kg/h이고, 제안한 공정에서 벤젠 순환율은 3327 kg/h라고 가정하자. 두 공정은 모두 1기압에서 조작된다. 기존의 공정에서 물을 증발시키는 데 필요한 스팀의 양(kg/h)과 제안한 공정에서 벤젠을 증발시키는 데 필요한 스팀의 양을 계산하라(현열의 영향은 무시한다). 필요한 에너지 투입량은 어느 공정이 더 적은가? 각 공정의 장점 한 가지와 단점 한 가지를 각각 나열하고, 두 공정의 환경적 영향을 비교하라.

벤젠을 사용하지 않는 기존 공정의 스팀과 냉각수를 감소할 수 있는 다른 방법은 무엇인가?

Existing process

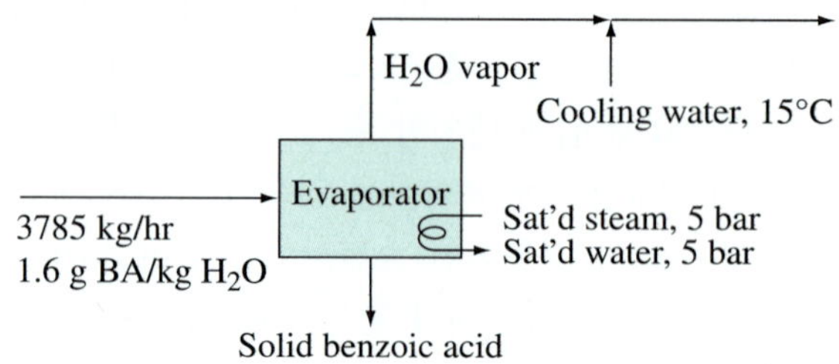

Proposed process

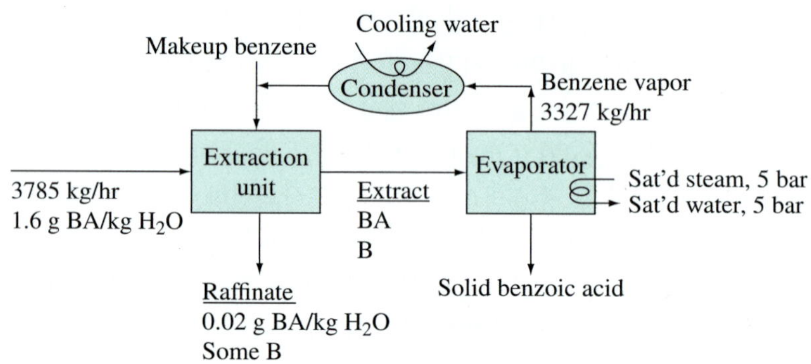

P9.8 코크(기본적으로 순수 탄소)는 보일러에서 공기와 함께 태워져서 60 bar 압력의 포화 스팀을 생산한다. 반응은

$$C(s) + O_2(g) \rightarrow CO_2\ (g)$$

스팀을 생산하기 위해 보일러로 공급되는 물은 보일러로부터 발생하는 연소가스에 의해 먼저 예열된다(그림 참조). 물은 50°C, 60 bar로 예열기로 들어간다. 탄소 1000 gmol/s가 25°C로 보일러에 들어가서, CO_2로 완전히 연소되며, 공기(21 mol% O_2/79 mol% N_2)는 25°C에서 5952 gmol/s의 속도로 보일러에 들어간다. 연소가스는 100°C로 예열기를 떠나고, 보일러로 들어가는 물은 60 bar의 포화된 물이다. 보일러와 예열기는 잘 단열되어 있다. 보일러를 떠나는 연소가스의 온도와 포화 스팀의 생산율을 kg/s로 계산

하라.

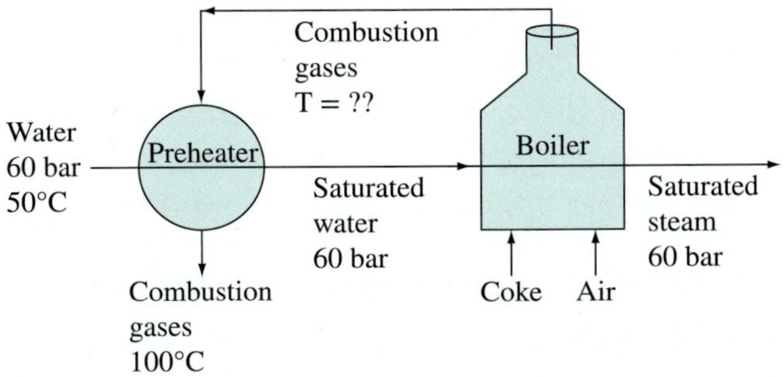

P9.9 메탄올은 구리 촉매와 함께 CO와 H_2의 다음 반응으로부터 생성된다.

$$CO + 2H_2 \rightarrow CH_3OH$$

또한 주변 반응이 일어나는데,

$$CO + 3H_2 \rightarrow CH_4 + H_2O$$

반응물(75 gmol/s H_2, 25 gmol/s CO)은 25°C로 공장에 들어가서 반응기로 투입되기 전에 275°C로 가열된다. 반응기는 50기압에서 단열적으로 가동된다. 반응기로 투입되는 CO의 80%가 생성물로 전환된다. 반응기를 나오는 CH_3OH의 생성율은 18.7 gmol/s이다. 반응기 생성물은 반응기를 들어가는 반응물과 함께 열교환기에 의해 냉각된다. 흐름은 냉각수로 25°C까지 냉각되고 나서 응축드럼으로 보내지고, 거기서 액체와 증기 흐름이 분리되고 가공된다(그림 참조). 반응기 출구의 온도는 몇 도인가? 열교환기 E-1을 떠나는 생성물흐름의 온도는?

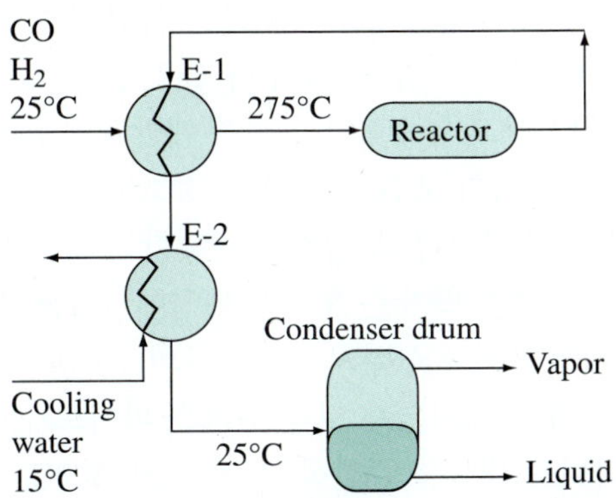

P9.10 시판 중인 발파제인 ANFO는 기본적으로 질산암모늄(NH_4NO_3)와 연료오일이 혼합된 형태이다. 질산암모늄과 연료오일을 각각 손쉽게 구할 수 있을지라도 ANFO의 구매는 엄격히 관리되고 있다. (농부들은 비료로 사용할 질산암모늄을 구입한다.) 순수 질산암모늄은 상온에서 안정하다. 연료오일과 질산암모늄을 혼합하여 폭발시키면, N_2, H_2O, CO_2가 폭발적으로 누출된다. ANFO의 폭발적인 반응을 평가하기 위하여 에이코산, $C_{20}H_{42}$으로 연

료오일을 설정한다.

(a) 에이코산의 $\Delta\hat{H}_f^\circ$(kJ/gmol)을 계산하라.

(b) 25°C에서 질산암모늄 4880 g과 에이코산 282 g의 혼합물이 N_2, H_2O, CO_2로 혐기성(무공기) 분해할 때의 $\Delta\hat{H}_r^\circ$을 계산하라.

(c) 약 2000 kg의 질산암모늄이 오클라호마 도시 폭발에서 터졌다. 폭발이 만약 1초 내에 일어났다면, 방출된 에너지는 몇 마력(hp)일까? 자료:

에이코산($C_{20}H_{42}$) $\Delta\hat{H}_c^\circ$(액체) = −12,390 kJ/gmol
질산암모늄(NH_4NO_3) $\Delta\hat{H}_f^\circ$(고체) = −365 kJ/gmol

P9.11 회사에서 새로운 고분자를 출시할 예정이다. 합성반응은 $\Delta\hat{H}_r^\circ = -2$ kJ/g으로 약간 발열이다. 실험실에서 반응은 직경 2.5 cm, 길이 100 cm의 원통형 작은 반응기에서 실시하였다. 지금 반응기를 1000배 더 큰 양산 규모로 확대하고자 한다. 반응기 길이는 고정한 채, 반응기 직경만 증가시키고자 한다. 반응기 벽으로 유실되는 열량은 작은 반응기에서는 등온을 유지하는 게 가능한 3.8 W/cm^{2}로 추정된다. 양산 규모 반응기에서는 추가적인 냉각이 필요할까?

P9.12 니트로글리세린 [$C_3H_5(NO_3)_3$]은 농축시킨 질산에 글리세린을 첨가하여 얻는다. 각각 1톤의 물질을 함유한 반회분식 대형 혼합기에서 생산한다. 용기는 처음 글리세린으로 채우고 산을 2시간 동안 서서히 첨가한다.

(a) 질산과 글리세린으로부터 생성되는 니트로글리세린에 대한 $\Delta\hat{H}_r^\circ$을 계산하라.

(b) 열이 제거되지 않으면, 니트로글리세린의 폭발적인 분해로부터 조절할 수 없는 반응이 일어난다. 니트로글리세린은 CO_2, H_2O, N_2, O_2로 분해한다. 니트로글리세린의 분해 $\Delta\hat{H}_r^\circ$ 값은 얼마인가?

(이 이야기는 반응용기를 지켜보는 동안 잠들지 못하도록 작은 실험실용 의자를 사용하는 작업자들로부터 들었다. 이제 반응시간과 반응기 크기를 줄인 더 안전하고 연속적인 공정이 개발되었다.)

P9.13 태양에너지를 분명히 포집할 수 있는 장소는 사막이지만, 낮 시간에 에너지를 저장해서 필요한 시간과 장소로 전달할 수 있도록 저장하는 것이 관건이다. 한 가지 방법은 뜨거운 유체에 태양에너지를 저장해두는 것이다. 어떤 시설에 2000개의 거울을 설치해서 하나의 탑으로 반사시킨다. 탑 안에는 태양 빛을 흡수하는 페이튼가 코팅된 많은 파이프가 있다. (질산칼륨과 같은) 용해염이 파이프 내부를 순환하고, 온도를 550°C까지 가열한다. 뜨거운 용해염은 스팀을 생산하는 열교환기로 사용되고, 스팀은 전기를 생산하는 터빈으로 보내진다. 이 시스템은 10,000 가정의 도시에 충분한 10 MW의 전력을 생산한다. 용해염의 평균 순환율은 얼마인가? 합리적인 계산식을 도출하고, 그 이유를 설명하라. 왜 스팀 대신에 파이프 내에서 용해염을 순환시키는 것을 고안했을까?

P9.14 85 mol%의 메탄과 15%의 에탄을 포함하고 있는 액화천연가스(LNG)를

273 K, 260기압으로 저장한다. 이 공정은 50기압, 500 K에서 천연가스를 증발시킨다. 이 공정을 적용하기 위해 LNG는 팽창밸브를 통과하고, 거기서 압력은 50기압으로 낮아진 후, 열교환기를 거치면서 온도가 500 K로 낮아지는 것이다. 30 bar의 압력에서 포화증기는 열교환기에서 천연가스를 가열하면서 응축된다. 팽창밸브는 단열적으로 가동되고, 운동에너지는 무시한다고 가정하자. 열교환기는 잘 보온되고, 증기는 이상기체법칙을 따른다. 스팀의 응축율은 얼마인가(kg-steam/gmol-LNG)?

3 bar에서 포화증기는 30 bar에서 보다 더 높은 $\Delta\hat{H}_v$ 값을 갖기 때문에 스팀이 필요하다. 또한 낮은 압력의 스팀은 값이 저렴하다. 이 공정에서 왜 3 bar의 스팀을 사용하지 않는가?

P9.15 톨루엔은 기체상 반응기에서 선택적 촉매반응을 통하여 벤조산으로 부분 산화된다. 반응기 유입물질은 1기압, 125°C의 톨루엔과 증기상 산소 혼합물이다. 톨루엔:산소 유입비는 1:0.6 (mol toluene/mol oxygen)으로 조절된다. 산소는 완전히 반응한다. 반응기는 단열조건이다.

(a) 왜 산소를 제한인자로 선택하였는지 설명하라. 반응이 발열 또는 흡열인지 추측할 수 있는 화학적 지식을 사용하라. 그리고 나서 $\Delta\hat{H}_r$를 계산하라. 옳게 추정한 것인가?

(b) 촉매는 350°C 이상의 온도에서는 비활성화되고, 증기 희석유량은 반응기 온도가 한계를 넘지 않도록 조절된다. 적당한 증기 유량은 얼마인가 (gmol steam/gmol toluene)?

P9.16 Eddie Entrepreneur는 열대 섬에서 고급 호텔을 운영하고 있다. 그는 한 가지 문제를 가지고 있는데, 부유한 손님을 대접하기 위해 시원한 공기가 필요하다. 그들은 방이 45°F의 이슬점 온도에서 68°F 정도가 되는 것을 좋아한다. 그렇지만 열대 공기는 덥고, 습하다. 보통 95°F (이슬점 온도는 90°F). 그러나 Eddie는 에너컨을 설치하지 않고자 한다. 왜냐하면 압축기 수리 부품을 먼 곳까지 가져오기가 어렵기 때문이다.

Ima Innovator는 획기적인 아이디어를 제시하였다. 공기를 식히고, 습도를 낮추기 위해 액상의 물을 사용하는 것. 아래와 같은 장치를 Eddie에게 판매할 계획이다.

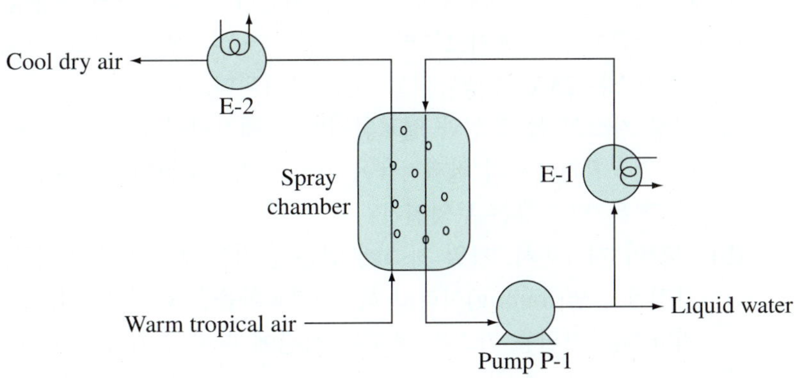

Ima에 따르면 시스템은 다음과 같은 작동한다. 더운 열대 공기가 분사챔버 하부로 들어간다. 액상 물은 분사챔버의 상부에 노즐로 분산되고, 물은 하부에서 모아진다. 대부분의 물은 열교환기를 거치면서 회수되지만, 일부는 유실된다. 챔버의 상부를 떠나는 공기는 또다른 열교환기를 통과하고 숙소를 시원하게 할 수 있도록 보내진다. 챔버는 760 mmHg (1기압)에서 가동된다. Ima는 분사챔버가 단일 평형단계로 작동한다고 설명한다(그러나 이 말이 무슨 뜻인지는 설명하지는 못함).

Eddie는 펌프가 압축기보다는 덜 성가신 것으로 알고 있다. 그는 아이디어에 흥미를 느끼고는 있지만 제대로 가동할지는 확신할 수는 없었다. Ima의 시스템을 평가해보자.

(a) 시원한 건조공기 1000 gmol/h (공기와 수증기 포함)를 생산하는 것으로 시작해보자. 시스템으로부터 얼마나 많은 액상의 물이 제거되어야 하는가(gmol/h)?

(b) 두 개의 열교환기(E-1, E-2)에 대한 $\dot{Q}$(J/h) 값을 계산하라. $\dot{Q}$가 각 열교환기에서 양의 값을 갖는지, 음수인지 설명하라. 펌프 P-1으로부터 주어지는 일은 무시할 수 있을 정도로 적다고 가정한다.

(c) Ima는 열교환기 E-1의 유체로서 지하수(60°F)를 사용할 것을 제안하였다. 작용할 수 있거나 없다면 그 이유는 무엇인가?

P9.17 수소는 스팀개질이라고 부르는 방법으로 프로판으로부터 생산할 수 있다.

$$C_3H_8(g) + 3H_2O(g) \rightarrow 3CO(g) + 7H_2(g)$$

또한 물-가스의 빠른 반응이 반응기에서 발생하여 수소를 생산한다.

$$C_3H_8(g) + H_2O(g) \rightarrow CO_2(g) + H_2(g)$$

반응은 셸-관 반응기에서 니켈 촉매와 함께 일어난다(그림 참조). 반응기 유입물은 10 gmol/s의 프로판과 60 gmol/s, 125°C 포화증기를 함유하고 있다. 생성물은 800°C 반응기에서 나타난다. 주입되는 과잉스팀은 프로판의 완전 연소를 반드시 이룬다. 열은 촉매가 있는 관의 바깥쪽 뜨거운 가스에 의해 반응기로 전달된다. 360 gmol/s로 공급되는 가열 가스는 1400°C로 장치에 들어가고, 900°C로 장치를 떠난다. 가열가스의 열용량은 0.040 kJ/gmol °C이다. 반응기로부터 생성되는 가스는 열교환기로 보내지고, 그곳에서 가스는 25°C로 냉각되고, 물은 응축된다.

(a) 생성 가스의 몰 조성과 열교환기에서 제거되어야 하는 열량을 계산하라. 열교환기에서의 열제거율은 가열용 가스로부터 얻어지는 열보다 큰가, 적은가? 이유는 무엇인가?

(b) 시간이 지나면서, 가열 가스에 있는 분진이 반응기의 관에 쌓인다. 이 과정을 *오염*(fouling)이라고 하며, 열교환율을 감소시킨다. 반응기를 빠져나가는 가열용 가스의 온도는 시간에 따라 증가하는 결과가 나타난

다. 열교환기의 특성으로 인하여 반응기를 떠나는 가열 가스의 온도가 얼마인지 간에 반응기를 떠나는 가열 가스와 반응기를 떠나는 생성물 가스 사이에 100°C의 일정한 온도차가 있다. 충분한 시간 후에 오염으로 인하여 배출 가스의 온도는 900°C에서 1000°C로 상승한다고 가정하자. 생성가스의 몰 조성과 열교환기에서의 열 제거율이 시간에 따라 변화함을 보여라. 결과를 설명할 수 있는가?

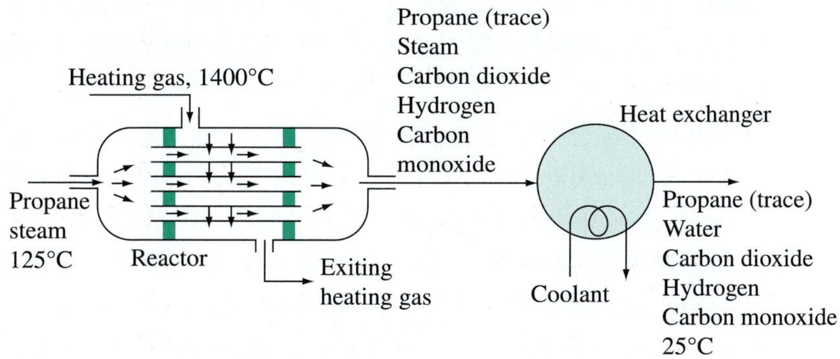

P9.18 아래와 같은 냉각 회로에서 각 장치부문 주위에 대한 에너지수지식을 작성하라. 적절한 경로에 대하여 열과 일이 양의 값인지, 음의 값인지 기입하라. y축은 엔탈피, x축은 압력으로 상호관계를 그려보자. 이 회로를 따라 냉매가 이동할 때 압력과 엔탈피의 변화는 어떻게 되는지 도시해보자. 선으로 각 지점들을 연결하고, 각각의 선들을 장치로써 설명하라.

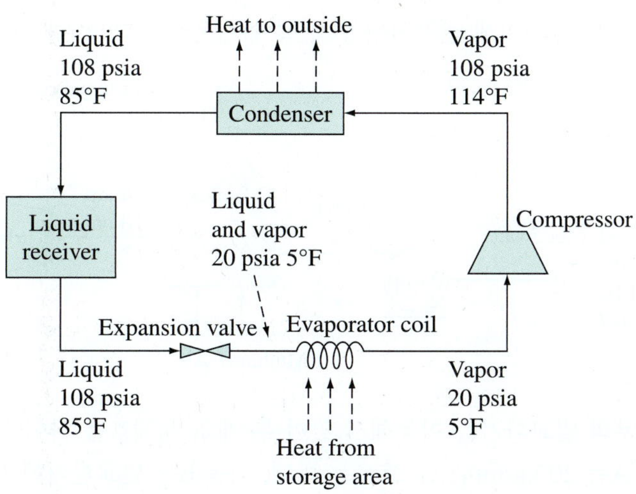

P9.19 열린 구조의 공기 냉방기에서 실내 온도와 압력하에 있는 공기는 200°C, 8기압으로 압축된다. 뜨거운 고압의 공기는 열교환기에서 50°C로 냉각되고, 공기는 1기압으로 팽창되면서 일을 생산하고, 공기를 −50°C까지 더 냉각시킨다. 공기의 유입률을 2 kg/min이라고 가정하자. 압축기를 가동하는 데 필요한 일과 팽창기에서 제공되는 일을 watt 단위로 계산해 보라. 열교환기에

서 전달되는 열을 계산하라. 공기가 냉방기를 흘러갈 때 공기의 총괄 엔탈피 변화량을 계산하라. 이것을 공정의 순수 유입 일과 비교하라. 이것은 효율적인 설계인가? 열린 구조의 공기 냉방기를 냉각 사이클과 비교해 보라.

P9.20 하수처리장에 있는 큰 펌프가 스팀 엔진에 의해 가동된다(그림 참조). 스팀 엔진에 있어서 1 bar, 50°C의 보일러 공급수(10 kg/s)는 10 bar의 압력으로 퍼올려져서 보일러로 들어간다. 보일러로부터 유체로 전달되는 유입열은 30,000 kJ/s이며, 메탄 연소로부터 생성된다. 보일러는 10 bar의 스팀을 생산하고, 스팀은 터빈으로 들어간다. 터빈을 나오는 배출가스는 1 bar 압력의 포화스팀이다.

(a) 터빈에서의 출력 일과 공급수 펌프를 작동시키는 데 필요한 일을 kJ/s의 단위로 계산하라. 스팀 엔진의 순수 출력 일은 얼마인가(생성된 일과 소모된 일의 차이)? 열 에너지를 기계적 에너지로 전환시킬 경우의 스팀 엔진의 효율 η은 얼마인가(η = 생산된 순수 일/순수 공급 열에너지)?

(b) 메탄은 보일러 버너에서 연료로 사용된다. 공기(79 mol% N_2, 21 mol% O_2)가 20%의 과잉 산소로 버너에 공급된다. CO_2로 완전연소된다고 가정하자. 만일 보일러 굴뚝을 떠나는 배기가스가 굴뚝에서의 물 응축을 방지할 수 있을 정도로 충분히 뜨거워야 한다면, 얼마나 많은 메탄이 보일러에 투입되어야 하는가? 메탄과 공기는 25°C로 보일러에 들어간다고 가정한다. 만일 배기가스가 보일러를 25°C로 나가고, 모든 물이 액체로 응축된다면 메탄 연소에 의해 스팀에 전달되는 최대 열은 얼마인가? 화학에너지에서 열에너지로의 전환 시 보일러의 효율 η_T은 얼마인가(η_T = 실제 전달되는 열/전달에 사용되는 최대열)?

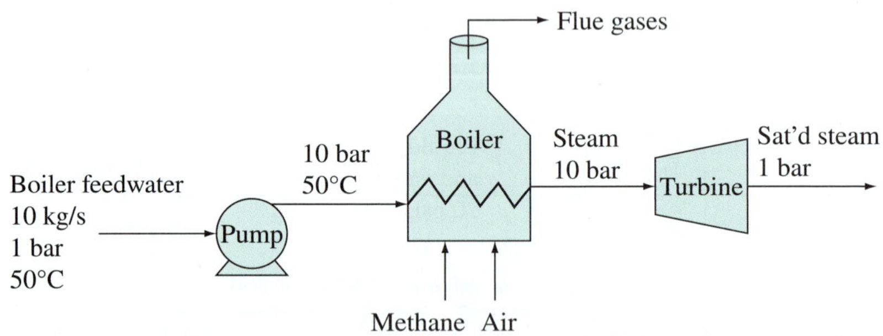

P9.21 여분의 열교환기를 이용해서 열이 두 개의 액체흐름 사이에서 전달된다. 흐름 A는 20 kg/min으로 흐르는 반면, 흐름 B는 열교환기에 15°C, 15 kg/min으로 들어간다. 열용량은 각각 C_{PA} = 2.4 kJ/kg °C와 C_{PB} = 4.5 kJ/kg °C이다. 열교환기는 4.0 m^2의 면적을 가지며, 열전달 계수는 400 kJ/m^2h °C이다. 이 열교환기가 맞흐름(countercurrent) 형태로 운전될 때, 총괄 열전달율과 출력 온도를 계산하라.

P9.22 뜨거운 오일 흐름이 60°F의 냉각수로 200에서 100°F로 냉각된다. 열교환기에 대한 총괄 열전달 계수는 U = 100 Btu/h °F ft^2이다. 흐름에 관한

자료는 다음과 같다.

	Hot oil	Cooling water
Flow rate, lb/h	10,000	6000
Heat capacity C_p, Btu/lb °F	0.8	1.0
Inlet temperature, °F	200	60
Outlet temperature, °F	100	?

(a) 얼마나 많은 열이 교환되어야 하는가? 냉각수의 유출온도는 몇 도인가? 얼마나 큰 열교환기가 필요한가?

(b) 물 출구 온도는 매우 높다. 냉각수의 유량을 증가시킬 경우의 장점을 고려해 볼 필요가 있다. 물 유량을 6000과 25,000 lb/h 사이의 범위에 대해 열교환기 설계 계산을 다시 실시하라. 결과를 그래프 형태로 제시하고, 설명하라.

P9.23 다음 세 가지 흐름은 지시한 바와 같이 가열되거나 냉각되어야 한다. 세 흐름 모두는 모든 온도에서 증기 상태이다. 예비 열교환기흐름도를 설계하여 아래에 도시하였다.

Stream	T_{in}, °F	T_{out}, °F	Flow, lb/h	C_p, Btu/lb °F
A	140	320	20,000	0.7
B	350	310	30,000	0.7
C	320	120	10,000	0.7

스팀은 250, 350, 550°F가 있고, 온도가 높을수록 비용이 상승한다. 냉각수는 80°F이다. 이 시스템에서 심각한 오류를 지적하라. 이 열교환기 시스템을 개선시킬 수 있는 적어도 두 가지 방법을 제시하라. 수정한 흐름도를 그려보고, 유입과 유출 흐름의 온도를 지정하라. 그 이유를 설명하라.

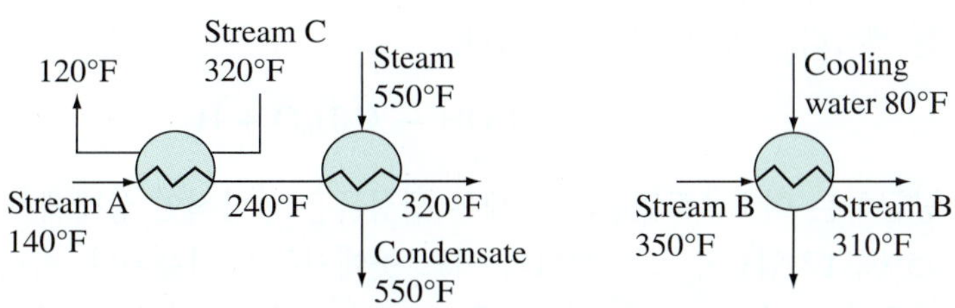

P9.24 다음 네 가지 흐름이 가열되거나 냉각되어야 한다.

40 bar 압력의 포화스팀과 20°C 냉각수가 공장에서 이용이 가능하다.

이 시스템에 대해 효과적인 열교환기 체계를 설계하라. 열전달 계수 U_h는 모든 열교환기에 대하여 300 kJ/m^2 hr °C라고 가정하고, 필요한 스팀과 냉각수의 유량과 총 표면적을 계산하라.

Stream	Flow rate, kmol/h	Inlet T, °C	Outlet T, °C	C_p (J/gmol °C)
A	2,000	240	50	80
B	10,000	25	200	29
C	8,000	150	25	123
D	20,000	40	100	72

P9.25 스티렌(C_8H_8)은 에칠벤젠(C_8H_{10})의 촉매 탈수소에 의해 생산된다.

$$C_8H_{10}\ (g) \rightarrow C_8H_8\ (g) + H_2\ (g)$$

650°C, 1기압의 유입 상태에서 단열 반응기에 반응이 일어난다. 이러한 상태에서 반응기로 공급된 에칠벤젠의 40%가 스티렌으로 전환된다. 스팀은 10:1(스팀:에칠벤젠의 몰비)로 반응기로 들어간 에칠벤젠과 혼합된다. (이것은 부반응을 방지하고, 촉매를 깨끗하게 유지하기 위해 행해진다. 스팀은 실제로 어떤 것과도 반응하지 않는다.)

원료물질과 에너지를 효과적으로 사용할 수 있는 공정흐름도를 작성하라. 모든 주요 공정단위(반응기, 열교환기, 증류탑, 연소로 등)를 보여라.

그 공정에 대한 물질수지와 에너지수지를 완성하라. 질량 또는 몰흐름속도, 온도, 어디서든 가능한 입력/출력 열(스팀 혹은 냉각수 흐름을 포함)을 지정하라. 설정해야 할 가정을 명확히 지적해보자.

그 공정에서 순수 에칠벤젠이 25°C에서 공급되고, 스티렌 생성물은 저장 탱크에 25°C로 보내진다고 가정하자. 수소는 설비 다른 곳에서도 사용된다.어떤 편리한 온도로 파이프를 통해 수송될 수 있다. 에칠벤젠과 스티렌은 증류에 의해 순수 흐름으로 분리될 수 있다. 물과 탄화수소 액체는 섞이지 않는다. 15°C 냉각수, 1 bar, 10 bar, 30 bar의 포화 스팀이 현장에서 필요하다.

P9.26 이소프로판올로부터 다음 반응에 의해 아세톤을 생성하는 예비공정흐름도를 제작하는 공정 개발팀이 있다.

$$C_3H_7OH \rightarrow C_3H_6O + H_2$$

공급하는 이소프로판올과 아세톤 생성물은 일상적인 상태에서 저장된다(약 25°C, 1기압). 수소는 설비의 어느 곳에서든지 사용된다. 합리적인 속도로 반응이 일어나기 위해서는 반응 온도가 300°C이거나 그 이상이어야 한다. 그 온도에서 이소프로판올이 완전히 생성물로 전환되는 것이 가능하다. 반응 압력은 5기압이라고 가정하자. 공장에서 활용 가능한 설비로는 냉각수와 포화스팀이 있다. 아래 설비가 공정 공장에서 사용 가능한 것이라고 가정하자.

450 psig 포화증기 \$18/1000 kg

150 psig 포화증기 \$6/1000 kg
15 psig 포화증기 \$1/1000 kg
60°F 냉각수 \$0.10/1000 kg
−10°F 암모니아 액체 냉매와 23 psia \$12/1000 kg

필요한 반응기, 분리기, 열교환기를 포함한 합리적인 공정흐름도를 제시하라. 공장으로 들어가는 이소프로판올 100 gmol/s을 기초로 사용하라. 어떤 필요한 설비(스팀, 냉각수 등)뿐만 아니라 각 공정흐름의 온도와 유속을 지정하라.

부록 A

수학적 기법

Mathematical Methods

A.1 행렬을 이용한 연립 선형방정식 풀이

A.1.1 행렬 방정식과 Gauss 소거법

이 책 전반에 걸쳐 연립 선형방정식(linear equations)을 풀어야 하는 상황이 많이 발생한다. 선형 대수학(Linear algebra)은 선형 방정식의 효율적인 풀이와 관련된 수학의 한 갈래이다. 이 장에서는 연립 방정식의 풀이를 위한 몇 가지 방법에 대해 논의할 것이고, 이론적으로 심도 있는 논의는 생략한다.

선형 방정식은 변수(혹은 미지수)들이 모두 1차 제곱(power)으로 이루어진 것을 말한다. 예를 들면, 다음 방정식은

$$2u + 3v + 4w = 10$$

변수 u, v, w에 대한 선형 방정식이다. 반면 다음 방정식은

$$2u^2 + 3\sqrt{v} + 4w = 10$$

w에 대해서 선형이지만, u와 v에 대해서는 선형이 아니다. 여러 개의 변수와 여러 개의 선형 방정식으로 이루어진 상황에 대해 생각할 것이다. 간단한 예로써, 3개의 변수로 이루어진 3개의 선형 방정식에 대해 생각해보자(G. N. Strang의 *Linear Algebra and Its Applications*에서 발췌):

$$\begin{aligned} u + v + w &= 6 \\ u + 2v + 2w &= 11 \\ 2u + 3v - 4w &= 3 \end{aligned} \qquad \textbf{(A1.1)}$$

2가지 중요한 의문이 있다: (1) 해는 존재하는가? (2) 해는 무엇인가? 행렬 방법은 해의 존재성을 결정하는 문제와 해를 찾는 문제에 대한 간결한 해답을 제공한다. 공학용 계산기 및 MATLAB과 같은 소프트웨어는 행렬 연산에 특화되어 있다. 이 도구들을 사용하기 위해, 행렬 수학에 대한 기초 지식을 가질 필요가 있다.

Gauss 소거법(Gaussian elimination)이라고 하는 행렬 표기법을 기반으로 하는 간단한 알고리즘이 있다. 식 (A1.1)처럼 주어진 연립 방정식에 대해 행렬 표기

법을 이용하면 계수를 3 × 3 행렬로, 변수 u, v, w를 열 벡터(column vector)로, 그리고 우변의 숫자들을 또다른 열 벡터로 표현할 수 있다:

$$\begin{bmatrix} 1 & 1 & 1 \\ 1 & 2 & 2 \\ 2 & 3 & -4 \end{bmatrix} \begin{bmatrix} u \\ v \\ w \end{bmatrix} = \begin{bmatrix} 6 \\ 11 \\ 3 \end{bmatrix} \tag{A1.2}$$

계수 행렬(coefficient matrix)는 **A**라고 한다. **A**의 각 성분은 a_{ij}와 같이 행과 열의 번호로 정의하는데, 여기서 i는 행, j는 열을 나타낸다. 변수들을 나타낸 열을 벡터 **x**라 한다. **x**에서 각각의 성분은 x_j로 지칭한다. 우변의 열벡터는 벡터 **b**라고 한다. **b**에서 각각의 성분은 b_i로 지칭한다. 식 (A1.2)는 다음에 나타난 일반적인 행렬 방정식의 한 예이다.

$$\mathbf{Ax} = \mathbf{b} \tag{A1.3}$$

행렬과 벡터의 곱셈은 행렬 **A**의 *행*(row)과 벡터 **x**의 *열*(column)을 곱하는 것으로 이루어진다. 얻어진 벡터는 우변 벡터 **b**의 같은 행의 원소와 동일해야 한다. 즉 다음이 성립해야 한다.

$$\sum_j a_{ij} x_j = b_i \tag{A1.4}$$

예제에서와 같이 차수가 3이라면, 식 (A1.4)를 $i = 1, 2, 3$에 대해 세 번 적용하여 세 개의 선형 방정식[식 (A1.1)]을 얻게 된다.

이제 해야 할 일은 해 **x**를 구하는 것이다. 식 (A1.2)에 대해 유일해(단지 하나의 해)가 존재하는가? 이에 대해 적용할 수 있는 두 가지 검증 방법이 있다. 첫째, **A**의 행의 개수는 열의 개수와 같아야 한다. (이는 미지수의 개수가 방정식의 개수와 같다는 것과 같은 의미이다.) 다시 말해서, **A**는 반드시 정사각 행렬이어야 한다. 둘째, **A**의 "기약행사다리꼴(reduced-row echelon form)"은 대각선상 원소가 0이 되어서는 안 되며(즉, a_{ij}에서 $i = j$인 모든 값들이 0이 되어서는 안 됨), 또한 대각선 아래의 수는 모두 0이어야 한다(즉, a_{ij}에서 $i > j$인 모든 값들이 0). 셋째, 벡터 **b**는 영벡터가 되어서는 안 된다. 다시 말해서, b_i 중 적어도 하나는 0이 아니어야 한다(*역주*: 추가적으로 고려해야 할 부분들이 있으나, 여기서 다루는 3가지 검증법들은 목적에 충분히 부합한다). 이 검증법을 만족시키지 못하는 경우는 문제가 과소규정되었거나(underspecified) 혹은 과도규정(overspecified)된 경우이다. 만약 **b** = 0이면 자명한 해 **x** = 0뿐만 아니라 다른 여러 해를 얻게 된다. (행사다리꼴 소거법은 본질적으로 자유도 분석과 동일하다!)

식 (A1.2)의 해를 구하기 위해 두 가지 방법 중 하나를 사용해 보자. 한 가지 방법은 **A**행렬의 역행렬 $\mathbf{A}^{-1}$을 찾는 것이다. 즉,

$$\mathbf{x} = \mathbf{A}^{-1}\mathbf{b}$$

유감스럽게도 $\mathbf{A}^{-1}$는 각각의 원소가 a_{ij}^{-1}으로 단순히 계산할 수 있는 행렬이 *아니다*! 계산기나 소프트웨어로 $\mathbf{A}^{-1}$를 쉽게 계산할 수 있지만, 손으로 계산하기는 쉽지 않다.

해를 구하는 또 다른 방법은 Gauss 소거법을 사용하는 것이고, 이는 행사다리꼴 소거법과 동일한 과정을 거친다. 3×3 행렬 **A**에 대해 Gauss 소거법의 절차는 다음과 같다.

1. 첫 행 전체에 어떤 인수(*pivot*이라고 함)를 곱하여 두 번째 행에 뺀다. $a_{21} = 0$이 되도록 하는 pivot을 선택한다. 새로운 행렬을 적게 되면: *첫 행은 그대로이고, 두 번째 행만 변한 상태이다.*
2. b_1에 같은 pivot을 곱하고 b_2에 뺀다. b_1은 그대로이고, b_2만 변한다.
3. 나머지 행에 대해 단계 1, 2를 반복한다. 즉, 각각 다른 pivot을 선택하여 첫 행에 곱해 주고 각 행에 빼는 것을 반복하여 첫 번째 열이 a_{11}를 제외하고 모두 0이 되도록 한다.
4. 두 번째 행에 pivot을 곱하여 세 번째 행에 뺀다. $a_{32} = 0$이 되도록 하는 pivot을 선택한다.
5. b_2에 같은 pivot을 곱하고 b_3에 뺀다.
6. 나머지 행에 대해 단계 4, 5를 반복한다. 즉, 각각 다른 pivot을 선택하여 두 번째 행에 곱해 주고 각 행에 빼는 것을 반복하여 두 번째 열 a_{22} 아래의 모든 숫자가 0이 되도록 한다.

행끼리 바꾸는 것은 괜찮으며, 때로는 해를 더 빠르게 구할 수 있다. **A**의 기약행사다리꼴을 구하는 것과 Gauss 소거법을 이용하여 $\mathbf{Ax} = \mathbf{b}$의 방정식을 구하는 것의 유일한 차이점은 기약행사다리꼴을 구하는 경우에는 위의 단계들을 단지 **A**에 대해서만 행하고, 해를 구하는 경우에는 **A**와 **b** 둘 다에 적용한다는 것이다.

식 (A1.2)를 이용하여 살펴보자.

1. 1을 pivot으로 선택한다. 첫 행의 각 원소에 1을 곱하고 두 번째 행에 빼면 다음을 얻는다.

$$\begin{bmatrix} 1 & 1 & 1 \\ 0 & 1 & 1 \\ 2 & 3 & -4 \end{bmatrix}$$

2. b_1에 1을 곱하고 b_2에 빼면 방정식은 다음과 같이 변한다.

$$\begin{bmatrix} 1 & 1 & 1 \\ 0 & 1 & 1 \\ 2 & 3 & -4 \end{bmatrix}\begin{bmatrix} u \\ v \\ w \end{bmatrix} = \begin{bmatrix} 6 \\ 5 \\ 3 \end{bmatrix}$$

3. 2를 pivot으로 선택하고 반복한다. 첫 행의 각 원소에 2를 곱하고, 그 후 세 번째 행에 결과값을 빼면 다음을 얻는다.

$$\begin{bmatrix} 1 & 1 & 1 \\ 0 & 1 & 1 \\ 0 & 1 & -6 \end{bmatrix}\begin{bmatrix} u \\ v \\ w \end{bmatrix} = \begin{bmatrix} 6 \\ 5 \\ -9 \end{bmatrix}$$

4. a_{11}아래의 1열에 있는 모든 원소는 0이 된다. 2열로 넘어가 보자. 1을 pivot으로 선택하고, 두 번째 행에 1을 곱한 다음에 결과를 세 번째 행에 뺀다.

$$\begin{bmatrix} 1 & 1 & 1 \\ 0 & 1 & 1 \\ 0 & 0 & -7 \end{bmatrix} \begin{bmatrix} u \\ v \\ w \end{bmatrix} = \begin{bmatrix} 6 \\ 5 \\ -14 \end{bmatrix}$$

이제 대각선 아래의 모든 원소가 0인 계수 행렬을 얻었다. (만약 세 번째 행 양변을 −7로 나누면 기약행사다리꼴을 얻는다.) 해를 구하는 것은 쉽다. 제일 아래쪽에서부터 계산한다.

$$-7w = -14$$

$$w = 2$$

한 행씩 위로 올라가면서 각 변수에 값을 대입한다.

$$v + w = 5$$

$$v + 2 = 5$$

$$v = 3$$

끝으로, 제일 위의 행에 도달한다.

$$u + v + w = 6$$

$$u - 1 + 2 = 6$$

$$u = 1$$

식 (A1.2)의 해는 다음과 같다.

$$\mathbf{x} = \begin{bmatrix} 1 \\ 3 \\ 2 \end{bmatrix}$$

만약 연립방정식이 다음과 같다면 어떻게 되겠는가?

$$\begin{bmatrix} 0 & 1 & 1 \\ 1 & 1 & 1 \\ 2 & 3 & -4 \end{bmatrix} \begin{bmatrix} u \\ v \\ w \end{bmatrix} = \begin{bmatrix} 5 \\ 6 \\ 3 \end{bmatrix}$$

언뜻 볼 때, 이 방정식은 첫 행의 첫 원소가 0이기 때문에 문제가 있어 보인다. 이 경우에는 단순히 행들의 위치를 바꾸기만 해도 된다. *만약 행렬* **A***의 행을 바꾸면 벡터* **b***의 해당 행 역시도 바꿔줘야 한다.* 행렬 **A**에 0이 많은 경우, pivot을 구하여 해를 구하기 전 가능한 한 대각선 아래에 0이 많도록 행을 적절하게 바꾸어 문제를 푸는 것이 훨씬 수월하다. 공학용 계산기나 MATLAB과 같은 소프트웨어는 행렬 연산을 쉽게 수행하여 식 (A1.3)과 같은 행렬 방정식의 해를 빠르게 구할 수 있다. 크기가 큰 선형 방정식도 문제없이 풀 수 있다.

A.1.2 ▸ MATLAB을 이용한 화학 반응식의 계수 맞추기

1장에서 선형 방정식을 이용하여 화학 반응식의 계수를 맞추는 방법에 대해 설명하였다. MATLAB을 비롯한 프로그램에서 화학 반응식의 계수를 맞추기 위한 행렬 연산을 쉽게 수행할 수 있다. Cyclohexanol과 nitric acid을 반응시켜 adipic acid, nitrogen oxide, 물을 생성하는 반응의 반응 계수를 찾는 문제를 생각해보자. 계수가 맞추어지지 않은 반응식은 다음과 같다.

$$C_6H_{12}O + HNO_3 \rightarrow C_6H_{10}O_4 + NO + H_2O$$

4개의 원소와 5개의 성분이 있다. Cyclohexanol을 기준 화합물(화학양론 계수가 1)으로 선택하여, 미지의 화학양론 계수 4개에 대해 C, H, O, N 4개의 원소 수지식을 적는다. 이 방정식을 행렬 형태로 나타내면 다음과 같다.

$$\begin{matrix} C \\ H \\ O \\ N \end{matrix} \begin{bmatrix} 0 & 6 & 0 & 0 \\ 1 & 10 & 0 & 2 \\ 3 & 4 & 1 & 1 \\ 1 & 0 & 1 & 0 \end{bmatrix} \begin{bmatrix} \nu_2 \\ \nu_3 \\ \nu_4 \\ \nu_5 \end{bmatrix} = \begin{bmatrix} 6 \\ 12 \\ 1 \\ 0 \end{bmatrix}$$

기준 화합물인 cyclohexanol은 CHON 식에서 벡터 **b**가 되고, 2, 3, 4, 5번째 성분이 행렬 **A**의 열을 구성하게 된다! 이러한 관찰을 통해 행렬식을 간단하게 적을 수 있다.

MATLAB에서는, 행렬 **A**와 벡터 **b**의 값을 Command Window에 간단히 입력할 수 있다. 대괄호를 이용하여 **A**와 **b**가 각각 행렬과 벡터임을 나타낼 수 있다. 행 원소의 경우 숫자 간에 간격을 두어 구분할 수 있다. 새로운 행을 입력하기 위해서 세미콜론(;)을 입력한다.

```
Command Window
>>  A=[0 6 0 0;1 10 0 2;3 4 1 1;1 0 1 0]

A =

     0     6     0     0
     1    10     0     2
     3     4     1     1
     1     0     1     0

>> b=[6;12;1;0]

b =

     6
    12
     1
     0
```

Source: MatLab

해 **x**를 얻기 위해 다음 명령을 입력한다. >>x=A^-1*b.

```
>> x=A^-1*b

x =

   -2.6667
    1.0000
    2.6667
    2.3333
```

Source: MatLab

A.1.3 ▸ MATLAB을 이용한 선형 독립 화학 반응 찾기

자유도 분석의 한 예로 독립적인 화학반응의 개수를 세는 문제를 풀어보았다. 소수의 반응만 있다면 이는 간단한 작업이지만, 반응 개수가 많다면 어떻게 할 것인가? 독립 반응과 그 개수를 어떻게 찾을 것인가? 행렬 연산을 이용하면 해답을 쉽게 찾을 수 있다. 이 방법을 4.2.2절에서 소개하였다. 여기에서는 어떻게 MATLAB을 이용할지를 소개한다. 우선 성분을 나열하고, *반응에 대한 사전지식이 없다고 가정한다*. 그리고 양론계수가 맞추어진 독립 화학반응을 찾고자 한다. 화학적인 지식을 전혀 사용하지 않기 때문에, 여기서 계산된 반응은 성분이 실제로 합쳐지고 재조합되는 반응 메커니즘을 전혀 반영하지 못한다. 하지만 반응 메커니즘을 찾는 것은 현재 목표가 아니고, 단지 공정 흐름 계산이 목표일 뿐이다. 예시로 7가지 성분, CH_4, CO, CO_2, O_2, H_2O, H_2, CH_3OH, 그리고 3가지 원소 C, H, O에 대해 분석해보자. 3개의 원소에 해당하는 3개의 행과 7개 성분에 해당하는 7개의 열로 구성된 행렬 **A**를 생성한다. 행렬의 숫자는 각 성분에 있는 원소의 개수를 나타낸다. 예를 들어, 1열이 methane일 때, 1 C, 4 H, 0 O를 가지고 있다. MATLAB의 Command Window에 이를 입력하면 다음과 같다.

```
Command Window
>> A=[1 1 1 0 0 0 1;4 0 0 0 2 2 4;0 1 2 2 1 0 1]

A =

     1     1     1     0     0     0     1
     4     0     0     0     2     2     4
     0     1     2     2     1     0     1
```

Source: MatLab

다음 단계는 A의 *기약행사다리꼴*을 찾는 것이다. 이를 행렬 **R**이라고 부르고, MATLAB 명령어 rref를 이용하여 계산할 수 있다.

```
>> R=rref(A)

R =

    1.0000         0         0         0    0.5000    0.5000    1.0000
         0    1.0000         0   -2.0000   -2.0000   -1.0000   -1.0000
         0         0    1.0000    2.0000    1.5000    0.5000    1.0000
```

Source: MatLab

첫 세 행과 세 열이 항등 행렬(identity matrix)임을 알 수 있다. 어떤 행의 원소가 모두 0일 때(본 예제는 해당 사항이 없음) 그 행을 제거해야 한다.

다음 단계는 새로운 행렬 ANEW를 다음 절차를 통해 만드는 것이다: (a) 행렬 **R**에서 항등 행렬 부분을 삭제하고, (b) 나머지 숫자에 −1을 곱한 후, (c) 새로운 항등행렬을 아래에 덧붙인다(본 예제에서는 4 × 4 항등행렬임). MATLAB을 이용한다면 다음과 같다.

(a) 행 1~3, 열 4~7을 선택

```
>> Rnew=R(1:3,4:7)

Rnew =

         0    0.5000    0.5000    1.0000
   -2.0000   -2.0000   -1.0000   -1.0000
    2.0000    1.5000    0.5000    1.0000
```

Source: MatLab

(b) −1을 곱함

```
>> Rnewneg=-1*Rnew

Rnewneg =

         0   -0.5000   -0.5000   -1.0000
    2.0000    2.0000    1.0000    1.0000
   -2.0000   -1.5000   -0.5000   -1.0000
```

Source: MatLab

(c) "identity" 명령어를 사용하여 4 × 4 항등행렬 **I**을 생성하고 **Rnewneg**과 **I**를 세미콜론을 이용하여 **I**를 새로운 행으로 결합한다.

```
>> I=identity(4)

I =

     1     0     0     0
     0     1     0     0
     0     0     1     0
     0     0     0     1

>> Anew=[Rnewneg;I]

Anew =

         0   -0.5000   -0.5000   -1.0000
    2.0000    2.0000    1.0000    1.0000
   -2.0000   -1.5000   -0.5000   -1.0000
    1.0000         0         0         0
         0    1.0000         0         0
         0         0    1.0000         0
         0         0         0    1.0000
```

Source: MatLab

독립 화학 반응의 개수는 두 개 혹은 그 이상의 0이 아닌 숫자를 가지고 있는 열의 개수와 동일하다. 이 예제에서 독립 반응의 개수는 4이다. 화학양론 계수는 성분 목록의 순서대로 열의 성분을 아래로 읽어 내려가면 된다. 즉 반응은 다음과 같다:

$$2CO_2 \rightarrow 2CO + O_2$$
$$0.5CH_4 + 1.5CO_2 \rightarrow 2CO + H_2O$$
$$0.5CH_4 + 0.5CO_2 \rightarrow CO + H_2$$
$$CH_4 + CO_2 \rightarrow CO + CH_3OH$$

만약 성분과 원소를 다른 순서로 정하여 행렬 **A**를 만든다면 다른 독립 화학 반응의 집합을 얻을 것이다. 하지만 자유도 분석을 위해 독립 화학 반응의 개수를 결정하고, 계수가 맞추어진 화학 반응을 이용하여 물질 수지식을 계산하는 것만이 관심 사항이므로 문제없다.

▶ A.2 비선형 방정식의 해 구하기

비선형 방정식의 해를 구하는 문제를 자주 접하게 되는데, 부록 A.1에서 설명한 행렬법은 더 이상 도움이 되지 않는다. 다음 두 예를 생각해보자

설명 1 ▶ 예제 5.4에서 K_a 값이 다음과 같이 주어진 ammonia 합성반응의 경우에 평형 반응 진행도 $\dot{\xi}$를 구할 필요가 있었다.

$$K_a = 6.6 \times 10^5 \text{ atm}^{-2} = \frac{(2\dot{\xi})^2(4000 - 2\dot{\xi})^2}{(1000 - \dot{\xi})(3000 - 3\dot{\xi})^3}\frac{1}{(1 \text{ atm})^2}$$

설명 2 ▶ 예제 7.3에서 포화 증기압이 다음과 같은 Antoine 식으로 주어질 경우에 1520 mmHg에서 40% hexane/60% heptane 혼합물의 이슬점 T를 구할 필요가 있었다.

$$x_6 + x_7 = 1 = \frac{y_6 P}{P_6^{\text{sat}}} + \frac{y_7 P}{P_7^{\text{sat}}}$$
$$= \left[\frac{0.4}{10^{6.87601(1171.17/T+224.41)}} + \frac{0.6}{10^{6.89677(1264.90/T+216.54)}}\right]1520$$

$\dot{\xi}$ (설명 1) 또는 T(설명 2)를 시행착오(trial and error)를 통해 구할 수 있다. 즉 $\dot{\xi}$ 또는 T 값을 가정한 다음에 이 값을 방정식에 대입하여 계산하여 맞는지를 확인한다. 만약 맞지 않으면, 새로운 값을 가정하고 새로운 값으로 식을 다시 계산한다. 방정식을 만족하는 값에 가깝게 근접할 때까지 이를 계속한다. 예를 들어, 첫 번째 설명에서 $\dot{\xi} = 0.1$이라고 가정하자. 식을 계산하면, 우변항의 값이 2.37×10^{-8}로써 찾는 값과 크게 다르다. 시행착오법은 만약 방정식을 검토하여 해의 적절한 추정값을 찾을 때 잘 작동한다. 첫 번째 설명에 $\dot{\xi}$의 값이 1000보다 작아야만 한다는 것을 알 수 있다. 왜냐하면 $\dot{\xi} = 1000$이면 분모가 0이 되고, $\dot{\xi} > 1000$이면 음수가 되기 때문

이다. 또한 $\xi > 0$이어야 한다는 것을 알 수 있다. 평형 상수가 매우 크게 되면 평형 전환율이 상당히 높아지므로 ξ는 상당히 커지게 된다. 이러한 실마리를 통해 $\xi = 900$ 근방의 어떤 값이 될 것임을 예측할 수 있다. 이 가정값을 사용하면 우변항은 5808이 구해짐으로써 보다 근접하기는 하지만, 실제 K_a 값보다는 여전히 작다는 것을 알 수 있다. 계산기나 스프레드시트를 이용하면 더 많은 시도를 해볼 수 있을 것이다.

그러나 시행착오를 손으로 할 필요는 없다. Microsoft Excel과 같은 Spreadsheets (스프레드시트)는 이러한 반복계산을 빠르고 쉽게 수행해 준다. Excel에서 수행할 수 있는 두가지 툴인 *Goal Seek*과 *Solver*에 대해 예를 들도록 한다. (세부 항목은 프로그램의 버전에 따라서 약간의 차이가 있다. 만약 문제가 발생하면 프로그램의 help file을 참고하라.)

*Goal Seek*은 Excel에서 방정식의 근을 구하는 가장 간단한 방법이다. 앞의 설명에서 반응 진행도 ξ를 구하기 위해서는 ξ의 적절한 초기 근사치를 셀 **B1**에 입력하고 (예, 900), K_a에 대한 방정식을 셀 **B2**에 입력한다(=을 입력해야 함). 방정식을 입력한 후 엔터를 누르면 셀 **B1**에 입력한 진행도에 대한 K_a의 값(5808)을 얻을 수 있다.

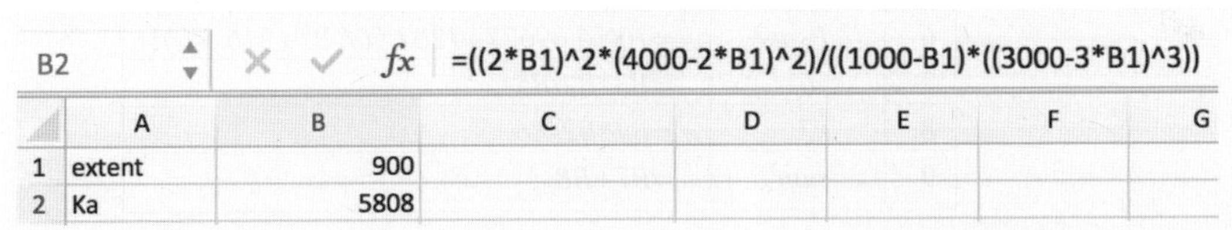

Microsoft Corporation

이제 *Tools* 풀다운 메뉴로 가서 *Goal Seek*을 선택한다. 윈도우 창이 열리면 얻고자 하는 K_a의 값(660,000)을 입력하고 K_a가 정확한 값이 나오도록 셀 **B1**의 값을 조정하도록 선택한다.

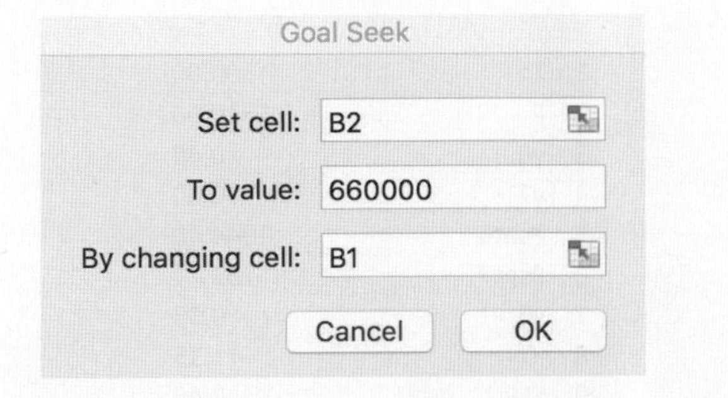

Microsoft Corporation

끝으로 OK를 클릭하자마자 *Goal Seek*는 해를 구해주는 것을 알 수 있으며, 그 값이 셀 **B1**이 표현된다. 해는 969.23이다.

(만약 초기 가정값을 −900 또는 1400과 같이 크게 벗어난 값을 입력하면 어떤 일이 발생하는지 살펴보라. 적절한 초기 가정값을 사용했는가에 따라 종종 성공과 실패가 갈린다!). 식을 셀에 올바르게 입력했는지를 확인하기 위해 계산기의 해를 점검하는 것도 좋은 방법이다.

변수가 하나인 경우에는 방정식이 두 개 이상이더라도 *Goal Seek*을 사용할 수 있다. 두 번째 설명을 살펴보자. 식을 대수적으로 변형하여 한 개의 방정식으로 변경하는 것 대신, Antoine 식을 이용하여 온도 T의 함수로써 hexane (P_6^{sat})과 heptane (P_7^{sat})의 포화 증기압을 계산하기 위한 별도의 셀들을 만들고, 압력 P와 증기 몰분율(y_6과 y_7)의 주어진 값을 입력할 셀을 만든다. 그런 다음에 $x_6 + x_7$를 계산할 셀을 만들고, Goal Seek을 설정하여 $x_6 + x_7 = 1$이 될 때까지 T를 조절한다. 이렇게 하면 필요에 따라 다른 압력에서의 이슬점 온도를 구하는 데 스프레드시트를 재활용할 수 있다. 스프레드시트의 설정은 다음과 같다.

	A	B
1	*T*	
2	*P*	*1520*
3	*y6*	*0.4*
4	*y7*	*=1-B3*
5	*Psat6*	*=10^(6.87601-(1171.17/(B1+224.41)))*
6	*Psat7*	*=10^(6.89677-(1264.90/(B1+216.54)))*
7	*x6*	*=B3*B2/B5*
8	*x7*	*=B4*B2/B6*
9	*sum*	*=B7+B8*

전략은 $x_6 = y_6P/P_6^{\text{sat}}$과 $x_7 = y_7P/P_7^{\text{sat}}$를 독립적으로 계산하고, 그 합이 1.0이 되는지를 점검하는 것이다.

T에 대한 초기 추정치(100°C가 초기값으로 적당함)를 정한다. T = 100°C에서 다른 값들의 계산 결과는 다음과 같다.

	A	B
1	T	100.00
2	P	1520.00
3	y6	0.40
4	y7	0.60
5	Psat6	1844.40
6	Psat7	795.70
7	x6	0.33
8	x7	1.15
9	SUM	1.48

Microsoft Corporation

T = 100°C에서 $x_6 + x_7$의 값이 1이 아니므로, 해를 찾지 못하였다. *Goal Seek*을 다음과 같이 설정한다.

셀 설정:	*B9*
목표값 입력:	*1.0*
변경할 셀:	*B1*

해가 즉시 구해진다: $T = 114$이다.

	A	B
1	T	100.00
2	P	1520.00
3	y6	0.40
4	y7	0.60
5	Psat6	1844.40
6	Psat7	795.70
7	x6	0.33
8	x7	1.15
9	SUM	1.48

Microsoft Corporation

Excel에서 *Solver*는 *Goal Seek*보다 더 강력한(그리고 덜 복잡한) 방정식 해 구하기 툴이다. *Tools*의 풀다운 메뉴에서 *Solver*를 찾는다. (만약 *Solver*가 없다면 설치해야 한다.) *Goal Seek* 대비 *Solver*가 가지는 몇 가지 이점이 있다. (1) 해의 허용범위에 대한 제약조건을 입력할 수 있고, (2) 어떤 함수를 최대화 혹은 최소화 할 수 있는 파라미터의 값을 찾을 수 있으며, (3) 두 개 이상의 식과 변수들을 갖는 경우에도 해를 구할 수 있다.

*Solver*를 이용하여 이슬점을 구하기 위해서 *Goal Seek*에 입력하였던 것과 동일한 방법으로 스프레드시트를 설정한다. *Tools* 풀다운 메뉴에서 *Solver*를 선택한다. 열린 윈도우 창에 다음과 같이 설정한다.

목표 셀 설정:	*B9*
목표 값 입력("Value of" 버튼 클릭):	*1.0*
변경할 셀:	*B1*

그런 다음 *Solve*를 클릭한다. 스프레드시트 상의 셀 **B1**에 해가 나타난다. *Close*를 클릭하여 스프레드시트로 되돌아간다.

이제 *Solver*로 풀 수 있는 보다 어려운 문제들을 살펴보자.

제약조건 부여하기: 2차 또는 3차 방정식은 두 개 또는 세 개의 근을 가진다. 단지 양수의 근이나 가장 큰 근만을 원할 수도 있다. 원하지 않는 근을 피하기 위해 제약조건(constraint)하에서 문제를 풀 수 있다. 예로서 예제 3.8로 돌아가 다음의 2차 방정식을 풀어보자.

$$60 = 2t_f - 0.015t_f^2$$

문제에서 주어진 증발속도에 관한 정보로부터 t_f가 66.67 min보다 작아야 한다는 것을 알고 있다. *Solver*를 사용하기 위해 간단한 스프레드시트를 작성한다.

	A	**B**
1	*Time*	
2	*Equation*	*=2*B1-0.015*B1*B1*

이제 *Solver* 창을 열고 다음과 같이 입력한다.

목표 셀 설정:	*B2*
목표 값 입력("Value of" 버튼 클릭):	*60*
변경할 셀:	*B1*

Solver 윈도우 창이 열린 채로 "Subject to the Constraints"라는 상자로 이동하여 "Add"를 클릭한다. 이렇게 하면 *Add Constraint* 윈도우 창이 열린다. *Cell Reference*에 **B1**을 입력하고 패널을 < =에 맞춘 후, *Constraint*에 *66.7*을 입력한다. 이는 **B1**에 있는 값이 66.7보다 같거나 작아야 한다는 것을 의미한다. OK를 클릭한 후 *Solver* 윈도우 창으로 돌아온다. 마지막으로 "Solve"를 클릭한다. (이 문제를 제약조건 없이 66.7 min의 초기 추정치를 이용하여 풀어보고, 66.6 min의 초기 추정치를 이용하여 다시 한번 풀어보라. 두 결과가 다르다! 항상 해의 타당성을 검토해야 한다.)

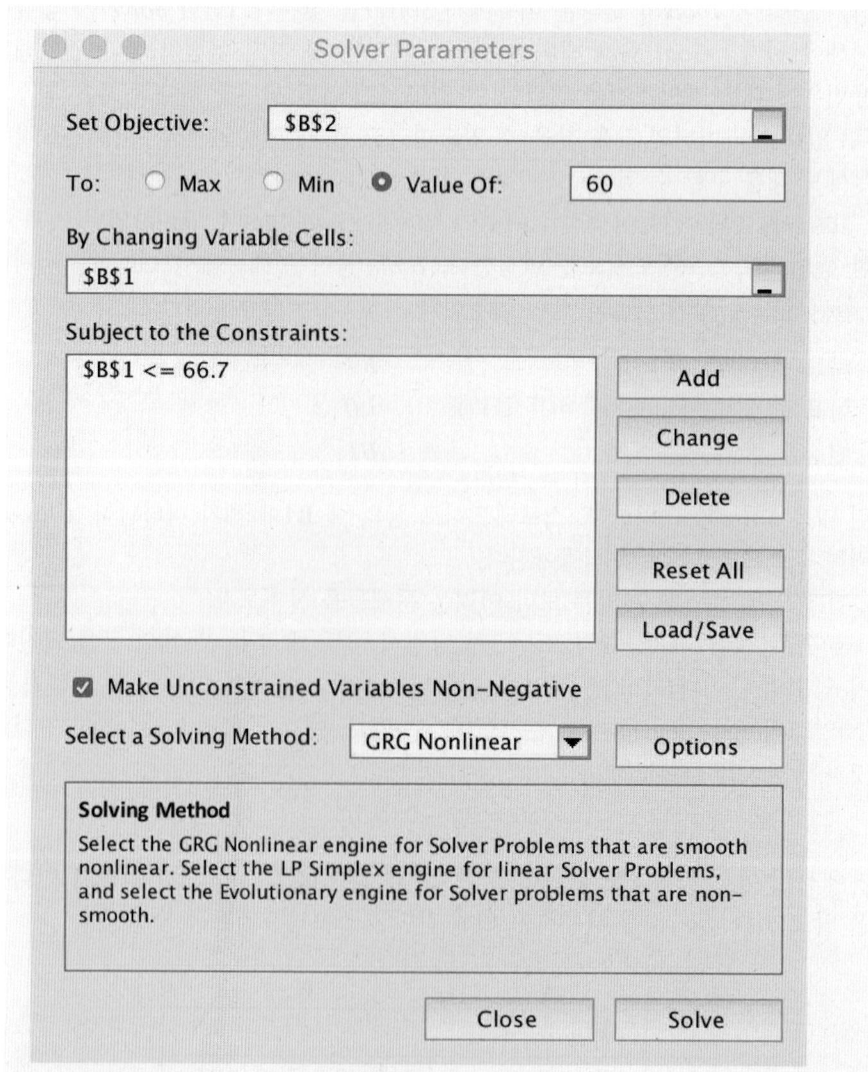

Microsoft Corporation

함수값의 최대화/최소화: 이익을 최대화하거나 비용을 최소화하는 최적의 온도, 압력, 유량 등을 구하는 문제가 자주 발생한다. *Solver*를 이용하여 이 문제를 쉽게 풀 수 있다. 예를 들어, benzene을 용매로 쓰고 benzoic acid를 회수하는 공정을 해석해보자. 목표는 benzoic acid의 가격과 benzene의 비용을 고려하여 이익을 최대화하는 benzene의 최적 유량을 구하는 것이다. 이익은 다음과 같이 나타난다.

$$\$ = 1.35m_{BAe} - 0.03(m_{Be} + 686.3)$$

여기서 첫 번째 항은 회수된 benzoic acid의 가격이고, 두 번째 항은 사용된 benzene의 비용이다. 회수와 용매는 상평형으로 주어지는 제약조건을 따라야 하며, 이는 다음과 같다.

$$K_D = 4 = \frac{m_{BAe}/m_{Be}}{(196 - m_{BAe})/10490.3}$$

상평형 제약조건하에서 최대 \$를 구하는 것이 목표인 문제이다. 스프레드시트에 다음과 같이 입력한다.

	A	B
1	*mBAe*	
2	*mBe*	
3	*\$*	*=1.35*B1-0.03*(B2+686.3)*
4	*Kd*	*=(B1/B2)/((196-B1)/10490.3)*

평형 제약조건식을 살펴보면 m_{BAe}가 196보다는 작아야만 하고, 0보다는 커야만 한다는 결론에 도달하게 된다. 따라서 초기 추정치를 $m_{BAe} = 100$으로 설정한다. 또한 m_{Be}가 m_{BAe}보다 커야 하므로, 초기 추정치 $m_{Be} = 500$를 사용한다. 전략은 m_{BAe}와 m_{Be}를 둘 다 변화시켜가며 $K_D = 4$인 제약조건을 따르도록 하고, 동시에 **B3**의 값을 최대한으로 하는 것이다.

이제 *Solver* 창을 열어서 다음과 같이 설정한다.

목표 셀 설정:	*B3*
목표 값 입력("Max" 버튼 클릭):	
변경할 셀:	*B1, B2*

"Add"를 클릭한 다음, *Subject to the Constraints* 박스를 클릭한다. 그러면 *Add Constraints* 윈도우 창이 열린다. 제약조건 **B4** = 4.0을 입력한 다음에 *Add Constraints* 윈도우 창을 닫고, *Solver* 윈도우 창으로 돌아가서 "Solve"를 클릭한다. 그러면 *Solver*는 최대 이익 \$34.12, 최대 이익 조건에서 $m_{BAe} = 89.1$, $m_{Be} = 2186$임을 빠르게 풀어준다.

비선형 연립방정식 해 찾기: 열 유입량을 알고 있는 어떤 반응기에서 흡열반응이 일어나며, 출구의 온도와 평형에서의 반응 진행도를 동시에 알고자 하는 상황이 있다. 물론 화학 반응 평형상수는 온도에 대한 함수이지만, 에너지 수지를 통해

온도가 반응의 진행도에도 영향을 받는다! 이 경우에는 두 개의 식이 얻어지는데, 하나는 화학반응 평형상수를 기술하는 식이고, 하나는 에너지수지로부터 얻어지는 식으로서, 이들 식은 두 개의 미지수, 즉 반응 진행도 ξ와 온도 T를 갖는다. 평형상수 K_a가 다음과 같이 나타나는 상황을 생각해보자.

$$K_a = \frac{(2\,\dot{\xi})^2}{(1.75 - \dot{\xi})(5.75 + \dot{\xi})} = \exp\left(20.399 - \frac{20{,}495}{T}\right)$$

그리고 에너지 수지로부터 다음을 얻는다.

$$\dot{\xi}(170.4) + 0.041(10.3 + \dot{\xi})(T - 298) = 550$$

여기서 첫 번째 항은 반응엔탈피이고 두 번째는 $nC_p\Delta T$항이다. 그리고 우변은 반응기에 유입되는 열이다. 이 두 방정식의 해를 손으로 구하기는 쉽지 않다! 스프레드시트에 두 개의 변수와 두 개의 식을 설정한다. 문제 해결을 쉽게 하기 위해 방정식을 분석하는 것을 생각해볼 수 있다. 스프레드시트는 다음과 같다.

	A	B
1	*extent*	
2	*T*	
3	*Ka*	*=exp(20.399-(20495/B2))*
4	*Ka*	*=(2*B1*2*B1)/((1.75-B1)*(5.75+B1))*
5	*Energy bal*	*=170.4*B1+0.041*(10.3+B1)*(B2-298)*

먼저 초기 추정치를 정하고, 이를 방정식에 대입하여 값을 구해보자. 식을 관찰해보면 $\xi < 1.75$임을 추측할 수 있고, $\xi = 1$으로 가정하자. 화학 공정인 이상, 통상적으로 온도가 매우 높으므로 $T \approx 800$ K (약 527°C)으로 가정하여 시작한다.

이 값들을 스프레드시트에 입력하고, 식의 초기 계산과정으로 돌아가서 식의 값을 계산하면 다음과 같다.

	A	B
1	extent	1.00
2	T	800.00
3	Ka	0.0054
4	Ka	0.7901
5	Energy bal	402.98

Microsoft Corporation

중간 계산 결과를 검토하는 것은 유용하다. T에 근거하여 계산된 K_a (셀 **B3**)는 ξ에 근거하여 계산된 K_a (셀 **B4**)에 비해 매우 작은데, 이는 반응진행도의 추정치가 작은 값이라는 것을 말해준다. 또한 에너지 수지는 합이 550이 되어야 하는데, 너무 낮다. 이를 통해 온도가 더 높아야 한다는 것, 그리고 초기 추정치가 대체로 타당한 범위에 있다는 것을 알 수 있다.

해가 옳을 경우에는 T에 근거하여 계산된 K_a (셀 **B3**)는 ξ에 근거하여 계산된 K_a (셀 **B4**)이 같게 된다. 또 다른 셀을 만들어서 이 두 계산값의 비율을 다음과 같이 계산한다.

	A	B
1	*extent*	*1*
2	*T*	*800*
3	*Ka*	0.0054
4	*Ka*	0.790
5	*Energy bal*	402.98
6	*ratio*	*=B3/B4*

전략은 셀 **B5** (에너지 수지)이 550이 되고, 동시에 셀 **B6**이 1.0이 되는 제약조건을 따르는 해를 구하는 것이다. *Solver*를 열고 다음을 설정한다.

목표 셀 설정: *B5*

목표 값 입력("Value of" 버튼 클릭): *550*

변경할 셀: *B1, B2*

앞에서 설명한 바와 같이, T에 근거하여 계산된 K_a (셀 **B3**)는 ξ에 근거하여 계산된 K_a (셀 **B4**)이 같게 되도록 하는 제약조건을 "Add"한다. 즉,

$$B6 = 1$$

끝으로 "Solve"를 클릭한다. *Solver*가 해가 구해진 것을 알려주며, OK를 클릭하면 스프레드시트상에 다음이 나타난다.

	A	B
1	extent	1.21
2	T	1026.90
3	Ka	1.5541
4	Ka	1.5541
5	Energy bal	550.00
6	ratio	1.00

Microsoft Corporation

숫자들이 물리적 의미를 올바르게 나타내는지 확인해보고, 그 후 이 값들을 원래의 방정식에 대입하여 방정식이 성립하는지 확인해보는 것이 중요하다.

비선형 연립방정식을 푸는 것은 까다롭고, 타당한 해를 구하는 것이 어려울 수 있다. 해를 구하는 것에 어려움이 따른다면, 우선 식이 올바르게 설정되었는지 확인하고, 스프레드시트에 올바르게 입력되었는지 확인한다. 해를 구하는 데 도움이

될 수도 있는 몇 가지 아이디어가 있다.

- 문제를 단순화시키고, 보다 간단해진 문제를 풀 수 있는지 먼저 알아본다.
- 극한 조건을 살펴본다. 예를 들어, 완전한 전환율, 혹은 전환이 아예 일어나지 않는 경우를 살펴본다.
- 각 함수들이 변수들이 달라짐에 따라 어떻게 변하는지를 조사하고, 주어진 변수에 작은 변화가 주어질 때 어느 함수가 매우 민감하고 또는 어떤 함수가 덜 민감한지를 본다.
- 제약조건을 추가한다. 예를 들면 어떤 변수들은 음수가 되어서는 안 된다.
- 방정식을 다시 적는다. 예를 들어 K_a보다 ln K_a를 사용한다. 이는 T에 따라 ln K_a가 보다 부드럽게 변화하기 때문이다. 스프레드시트에서 0으로 나누거나, 혹은 특정 변수가 극단적으로 커지거나 작아지는 상황을 피해야 한다.

▶ A.3 식을 데이터에 맞추기: 선형, 비선형회귀법

화학공정공학에서는 데이터와 모델식을 자주 다룬다. 여기서는 두 가지 방법, 즉 표 형식의 데이터에 대한 선형보간법과 데이터를 모델식에 맞추는 파라미터를 찾는 문제에 대해 논의한다.

A.3.1 ▸ 선형보간법(interpolation)과 선형회귀법(regression)

예제 8.6에서 스팀 테이블 상에서 주어지지 않는 온도에서 스팀의 엔탈피를 구하기 위해 선형보간법을 사용하였다. 여기서 선형보간법을 행하는 방법에 대해 자세하게 다루고자 한다.

1 bar, 127°C에서의 스팀의 $\hat{H}$를 구해보자. 이 상태는 표 8.2나 부록 B에 주어져 있지 않지만, 1 bar와 다른 여러 온도에서의 $\hat{H}$는 알고 있다. 선형보간법을 사용하기 위해 원하는 온도 구간의 양쪽에 있는 두 온도(T_1와 T_2)에서의 $\hat{H}$를 검토한다. 예제에서 이 두 온도는 $T_1 = 100°C$ ($\hat{H}_1 = 2675.8$ kJ/kg), $T_2 = 150°C$ ($\hat{H}_2 = 2776.6$ kJ/kg)이다. $\hat{H}$는 온도 T에 대한 선형함수라고 가정하자. 즉,

$$\hat{H}_1 = a + bT$$

여기서 a와 b는 상수이다. 이제 두 온도에서의 엔탈피 값들을 대입한다.

$$2675.8 = a + b\,(100°C)$$
$$2776.6 = a + b(150°C)$$

이를 풀면 $a = 2474.2$, $b = 2.02$이 구해지므로

$$\hat{H}_1 = 2474.2 + 2.02T$$

여기서 $\hat{H}$의 단위는 kJ/kg이고, T의 단위는 °C이다. 그러므로 127°C에서는

$$\hat{H}_1 = 2474.2 + 2.02(127) = 2730.7 \text{ kJ/kg}$$

선형적으로 내삽하는 또 다른 방법은 비례관계를 이용하는 것이다.

$$\frac{\hat{H} - \hat{H}_1}{\hat{H}_2 - \hat{H}_1} = \frac{T - T_1}{T_2 - T_1}$$

또는

$$\hat{H} = \frac{T - T_1}{T_2 - T_1} \times (\hat{H}_2 - \hat{H}_1) + \hat{H}_1$$

예제의 경우에

$$\hat{H} = \frac{127 - 100}{150 - 100}(2776.6 - 2675.8) + 2776.6 = 2730.7 \text{ kJ/kg}$$

Microsoft Excel과 같은 스프레드시트는 데이터를 맞추기 위한 선형 방정식을 찾는 데 유용하다. 1 bar에서의 스팀 $\hat{H}$를 T에 대한 선형 식으로 구하기 위해 스팀 테이블에서 세 개의 값, 예를 들어 100°C, 150°C, 200°C에서의 값을 사용하여 스프레드시트에 다음과 같이 입력한다.

	A	B
1	T (°C)	H (kJ/kg)
2	100	2675.8
3	150	2776.6
4	200	2875.5

Microsoft Corporation

그리고 마우스를 이용하여 셀들의 끝에서 끝을 선택한 후 *=LINEST(B2:B4;A2:A4)*를 입력한다. 컴퓨터와 엑셀의 버전에 따라 Enter 혹은 Ctrl+Shift+Enter를 입력하면 기울기(셀 **A7**)와 y 절편(셀 **B7**)을 알 수 있다.

A7 fx {=LINEST(B2:B4,A2:A4)}

	A	B	C	D	E
1	T (°C)	H (kJ/kg)			
2	100	2675.8			
3	150	2776.6			
4	200	2875.5			
5					
6					
7	1.997	2476.4			

Microsoft Corporation

그리고 기울기와 절편을 이용하여 임의의 온도 T에서의 H (1 bar)의 값을 알게 된다.

B10 f_x =$B$7+$A$7*A10

	A	B	C	D	E
1	T (°C)	H (kJ/kg)			
2	100	2675.8			
3	150	2776.6			
4	200	2875.5			
5					
6					
7	1.997	2476.4			
8					
9	127	2730.0			
10	175	2825.9			

Microsoft Corporation

"\$" 기호를 사용하여 기울기와 절편의 셀 값을 상수로 유지한다.

$\hat{H}$가 온도 T에 대해 선형식으로 가정하는 것이 타당한가? 이에 대한 답으로, 데이터를 플롯하는 것이 도움이 된다. 스팀 테이블 데이터에 대해 그림 8.6처럼 도시해보았다. 그래프를 시각적으로 분석하면 $\hat{H}$의 온도에 대한 선형 의존성이 타당하다는 것을 알 수 있다.

A.3.2 ▸ 데이터를 비선형 방정식에 맞추기

이 책 전반에 걸쳐 여러 가지의 모델 식을 살펴보았다. 여기서는 특별히 데이터의 상관관계를 통해 물성을 예측할 수 있는 식에 대해 살펴본다. Antoine 식이 하나의 예로서, 온도에 따라 포화 증기압을 계산하는 식이다. 또 다른 예는 열용량의 온도에 대한 영향을 다항함수로 표현한 것이다. 이들 식에서 상수들은 자료를 모델 식에 회귀 맞춤(regression fit)을 하여 얻은 것이다. 회귀분석은 데이터에 식을 "최적"으로 맞춤하는 것이 목표이다. 최적 맞춤(best fit)이란 나머지(residual)의 제곱합을 최소화하는 모델 파라미터를 찾는 것으로 정의된다. 나머지(residual)는 특정 조건에서 데이터 점과 예측 값의 차이로 정의된다(예, 300 K에서 실제 포화 증기압과 Antoine 식으로 계산한 포화 증기압의 차이). 나머지들을 계산하여 제곱하고, 그 값들을 합하여 합이 최소가 되는 파라미터 값을 구한다. "선형" 회귀는 모델 식이 선형인 경우를 의미하고, "비선형" 회귀는 모델 식이 비선형 식인 경우를 의미한다.

Microsoft Excel을 포함한 많은 소프트웨어 프로그램은 선형 및 비선형 회귀를 수행할 수 있다. 여기서는 Excel의 Solver 함수를 이용하여 비선형식을 데이터에 맞추는 것을 살펴본다.

Antoine 식 예제 문제를 사용하여 설명을 진행한다. *Perry's Chemical Engineers' Handbook*에는 여러 가지 성분들의 온도에 따른 증기압 데이터가 표로 수록되어 있다. 예를 들어, *d*-limonene (매력적인 감귤향을 가진 화합물)에 대한 다음의 자료가 *Perry* 책에 보고되어 있다.

T, °C	14.0	40.4	53.8	68.2	84.3	94.6	108.3	128.5	151.4	175.0
P, mmHg	1	5	10	20	40	60	100	200	400	760

d-limonene의 포화 증기압을 나타내는 Antoine 식을 구하고자 한다. Antoine 식은 다음과 같이 나타난다.

$$\log_{10} P^{\mathrm{sat}} = A - \frac{B}{T + C}$$

여기서 A, B, C는 관심 대상 성분에 따라 달라지는 상수이다.

먼저 스프레드시트의 두 열에 데이터를 입력한다.

	A	B
1	T (°C)	P (mm Hg)
2		
3	14	1
4	40.4	5
5	53.8	10
6	68.2	20
7	84.3	40.0
8	94.6	60.0
9	108.3	100.0
10	128.5	200.0
11	151.4	400.0
12	175	760.0

Microsoft Corporation

그다음 컬럼 C에 A, B, C의 값에 따라 P^{sat}을 계산할 수 있도록 설정한다. 파라미터에 대한 적절한 추정치가 필요하다. 표 B.6을 살펴보면 A는 보통 6~8, B는 보통 1000~2000, C는 보통 200 근처의 값을 갖는다는 것을 알 수 있다. 따라서 $A = 7$, $B = 1500$, $C = 200$으로 추정한다. Antoine 식 공식을 입력하여 이 추정치에서의 P^{sat} 값을 계산한다.

C3   *fx* =10^($F$1-($F$2/(A3+$F$3)))

	A	B	C	D	E	F
1	T (°C)	P (mm Hg)	P(calc)		A	7
2					B	1500
3	14	1	0.97871041		C	200
4	40.4	5	5.75969299			
5	53.8	10	12.2980008			
6	68.2	20	25.5363509			
7	84.3	40.0	52.9521041			
8	94.6	60.0	80.9748786			
9	108.3	100.0	136.33556			
10	128.5	200.0	271.512579			
11	151.4	400.0	538.716495			
12	175	760.0	1000			

Microsoft Corporation

이제 나머지(계산값과 데이터의 오차)를 계산하여 제곱해야 한다. P^{sat}의 값이 여러 스케일에 걸쳐 있으므로 상대오차(P^{sat} 값으로 나눔)를 계산하는 편이 더 좋다. 컬럼 D에 상대 오차의 제곱을 계산하도록 한다: $[(P(\text{calc}) - P)/P]^2$

D3 fx =((C3-B3)/B3)^2

	A	B	C	D	E	F
1	T (°C)	P (mm Hg)	P(calc)	sq rel resid	A	7
2					B	1500
3	14	1	0.97871041	0.00045325	C	200
4	40.4	5	5.75969299	0.02308534		
5	53.8	10	12.2980008	0.05280807		
6	68.2	20	25.5363509	0.07662795		
7	84.3	40.0	52.9521041	0.10484813		
8	94.6	60.0	80.9748786	0.12220709		
9	108.3	100.0	136.33556	0.13202729		
10	128.5	200.0	271.512579	0.12785122		
11	151.4	400.0	538.716495	0.12026416		
12	175	760.0	1000	0.09972299		

Microsoft Corporation

이제 컬럼 D에 있는 오차의 제곱합을 계산하여 셀 **D14**에 입력한다.

D14 fx =SUM(D3:D12)

	A	B	C	D	E	F
1	T (°C)	P (mm Hg)	P(calc)	sq rel resid	A	7
2					B	1500
3	14	1	0.97871041	0.00045325	C	200
4	40.4	5	5.75969299	0.02308534		
5	53.8	10	12.2980008	0.05280807		
6	68.2	20	25.5363509	0.07662795		
7	84.3	40.0	52.9521041	0.10484813		
8	94.6	60.0	80.9748786	0.12220709		
9	108.3	100.0	136.33556	0.13202729		
10	128.5	200.0	271.512579	0.12785122		
11	151.4	400.0	538.716495	0.12026416		
12	175	760.0	1000	0.09972299		
13						
14			SUMSQ	0.8598955		

Microsoft Corporation

이제 SUMSQ가 최소가 되도록 A, B, C 값을 변경할 수 있도록 *Solver*를 사용한다.

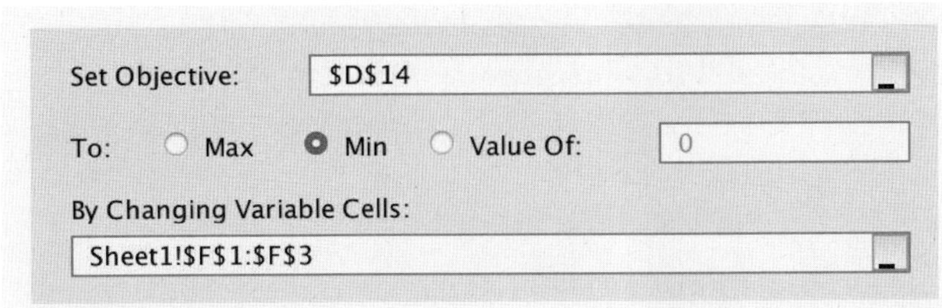

Microsoft Corporation

*Solver*는 다음의 해로 수렴한다.

	A	B	C	D	E	F
1	T (°C)	P (mm Hg)	P(calc)	sq rel resid	A	7.52
2					B	1950.65
3	14	1	1.0031713	1.0057E-05	C	245.60
4	40.4	5	4.95403558	8.4509E-05		
5	53.8	10	10.0047853	2.2899E-07		
6	68.2	20	19.914804	1.8146E-05		
7	84.3	40.0	40.0438814	1.2035E-06		
8	94.6	60.0	60.4715303	6.1761E-05		
9	108.3	100.0	100.811665	6.588E-05		
10	128.5	200.0	200.04331	4.6894E-08		
11	151.4	400.0	399.842363	1.5531E-07		
12	175	760.0	754.361854	5.5036E-05		
13						
14			SUMSQ	0.00029702		

Microsoft Corporation

파라미터의 여러 초기 추정치에 대해 해가 비슷한 값으로 수렴하는지 살펴보며 해의 강건성을 점검하는 것이 좋다.

부록 B

물성치

Physical Properties

표

B.7 스팀 테이블

표 **B.18** 여러 온도와 압력에서 H_2O의 비엔탈피 $\hat{H}$, 비내부에너지 $\hat{U}$ 및 비체적 $\hat{V}$

B.8 열용량

표 **B.19** 몇 가지 액체 및 증기들의 열용량 C_p

표 **B.20** 몇 가지 고체들의 열용량 C_p

표 **B.21** 기타 물질들의 열용량 C_p

B.9 상 전이 온도와 엔탈피

표 **B.22** 1 atm에서 정상 녹는점 ΔT_m에서의 용융엔탈피 $\Delta \hat{H}_m$, 및 정상 끓는점 ΔT_b에서의 기화엔탈피 $\Delta \hat{H}_v$

B.10 용해엔탈피와 혼합엔탈피

표 **B.23** 25°C에서 무한희석 수용액에서의 무기 고체물의 용해엔탈피 $\Delta \hat{H}_{soln}$

표 **B.24** 18°C에서 정해진 희석율의 수용액에서의 무기 고체물의 용해엔탈피 $\Delta \hat{H}_{soln}$

표 **B.25** 25°C에서 무한희석 수용액에서의 액체 혹은 기체의 혼합엔탈피

다음과 같은 참고서적들에서 물성치에 대한 보다 많은 자료를 얻을 수 있다.

Perry's Chemical Engineers' Handbook, edited by R. H. Perry and D. W. Green, McGraw Hill, Inc., New York, NY.

CRC Handbook of Chemistry and Physics, CRC Press, Boca Raton, FL.

Lange's Handbook of Chemistry, J. A. Dean, McGraw Hill, Inc., New York, NY.

Chemical Properties Handbook, C. L. Yaws, McGraw Hill, Inc., New York, NY.

Physical and Thermodynamic Properties of Pure Chemicals: Evaluated Process Design Data, T. E. Daubert et al., Taylor & Francis, Philadelphia, PA.

NIST Chemistry Webbook, edited by P. J. Linstrom and W. G. Mallard, National Institute of Standards and Technology, Gaithersburg, MD. (http://webbook.nist.gov.)

Knovel 과학 및 공학 온라인 데이터베이스(www.knovel.com)를 이용하면 다양한 핸드북과 데이터베이스를 이용할 수 있다.

이 부록에 주어진 자료들은 이 참고 문헌 및 다른 원문으로부터 수집한 것이다. 중요한 프로젝트에 대해 이 원문을 잘 참고해야 한다.

B.1 단위 환산 인자

표 B.1 ▶ 단위 환산 인자

Quantity	Equivalent Units
Mass	1 kg = 1000 g = 10^{-3} metric ton = 2.2046 lb = 35.274 oz. 1 lb = 0.45359 kg = 453.59 g = 16 oz. = 5 × 10^{-4} ton (short) 1 ton (short) = 2000 lb = 907.18 kg = 0.90718 metric ton
Temperature	T(K) = T(°C) + 273.15 = (5/9)T(°R) T(°F) = 1.8 T(°C) + 32 = T(°R) − 459.67
Pressure	1 bar = 0.1 MPa = 100 kPa = 10^5 Pa = 750.062 mm Hg (at 0°C) = 33.4553 ft H_2O (at 4°C) = 14.50377 lb_f/in^2 (psi) = 0.9869233 atm 1 atm = 0.101325 MPa = 101.325 kPa = 1.01325 × 10^5 Pa = 760 mm Hg (at 0°C) = 33.89864 ft H_2O (at 4°C) = 14.69595 lb_f/in^2 (psi) = 1.01325 bar
Volume	1 cm^3 = 1 mL = 0.001 L = 0.06102374 in^3 = 3.5315 × 10^{-5} ft^3 = 0.033814 fl. oz. (U.S.) = 2.6418 × 10^{-4} gal (U.S.) 1 liter (L) = 1000 cm^3 = 1 dm^3 = 0.001 m^3 = 61.02374 in^3 = 0.03531467 ft^3 = 33.814 fl. oz. (U.S.) = 1.056688 qt (U.S. liquid) = 0.26417205 gal (U.S.) = 0.21997 gal (U.K.) 1 ft^3 = 28317 cm^3 = 28.316847 L = 7.480519 gal (U.S.) = 0.803564 bushels (U.S. dry) 1 barrel (bbl) oil = 42 gal (U.S.) = 158.987 L = 1.333 barrels (U.S. liquid)
Density	1 g/cm^3 = 1000 kg/m^3 = 1 kg/L = 62.42796 lb/ft^3 = 8.345404 lb/gal (U.S.) = 0.0361279 lb/in^3
Energy	1 J = 0.001 kJ = 1 kg m^2/s^2 = 10^7 erg = 0.2389 cal = 2.7778 × 10^{-7} kWh = 0.737562 ft lb_f = 9.47817 × 10^{-4} Btu = 0.009869 L atm = 0.0003485 ft^3 atm 1 kcal = 1000 cal = 4.184 kJ = 4184 J = 3086 ft lb_f = 3.966 Btu 1 Btu = 1.055 kJ = 1055 J = 252 cal = 778.16 ft lb_f = 3.929 × 10^{-4} hp h
Power	1 kW = 1 kJ/s = 1000 J/s = 860.4 kcal/h = 3412 Btu/h = 737.6 ft lb_f/s = 1.3405 hp 1 hp = 745.7 J/s = 641.88 kcal/h = 2545 Btu/h = 550 ft lb_f/s = 0.7457 kW

Physical Constants

Ideal gas constant $\boldsymbol{R}$	83.144 bar cm^3/gmol K = 82.057 atm cm^3/gmol K = 62.361 mmHg L/gmol K = 0.083144 bar L/gmol K = 0.082057 atm L/gmol K = 1.314 atm ft^3/lbmol K = 555.0 mmHg ft^3/lbmol °R = 10.73 psi ft^3/lbmol °R = 0.7302 atm ft^3/lbmol °R = 8.3144 J/gmol K = 1.9872 cal/gmol K = 1.9872 Btu/lbmol °R = 1544.3 ft lb_f/lbmol °R
Acceleration due to gravity $\boldsymbol{g_c}$	9.8066 m/s^2 = 980.66 cm/s^2 = 32.174 ft/s^2
Speed of light in vacuum $\boldsymbol{c}$	2.99792 × 10^8 m/s

B.2 원자량과 원자번호

표 B.2 첫 100개 원소의 원자량과 원자번호

Element	Symbol	Atomic number	Atomic mass	Element	Symbol	Atomic number	Atomic mass
Hydrogen	H	1	1.00794	Manganese	Mn	25	54.93085
Helium	He	2	4.00260	Iron	Fe	26	55.847
Lithium	Li	3	6.941	Cobalt	Co	27	58.9332
Beryllium	Be	4	9.012182	Nickel	Ni	28	58.69
Boron	B	5	10.811	Copper	Cu	29	63.546
Carbon	C	6	12.011	Zinc	Zn	30	65.39
Nitrogen	N	7	14.00674	Gallium	Ga	31	69.723
Oxygen	O	8	15.9994	Germanium	Ge	32	72.61
Fluorine	F	9	18.99840	Arsenic	As	33	74.92159
Neon	Ne	10	20.1797	Selenium	Se	34	78.96
Sodium	Na	11	22.989768	Bromine	Br	35	79.904
Magnesium	Mg	12	24.3050	Krypton	Kr	36	83.80
Aluminum	Al	13	26.981539	Rubidium	Rb	37	85.4678
Silicon	Si	14	28.0855	Strontium	Sr	38	87.62
Phosphorous	P	15	30.97362	Yttrium	Y	39	88.90585
Sulfur	S	16	32.066	Zirconium	Zr	40	91.224
Chlorine	Cl	17	35.4527	Niobium	Nb	41	92.90638
Argon	Ar	18	39.948	Molybdenum	Mo	42	95.94
Potassium	K	19	39.0983	Technetium	Tc	43	(98)
Calcium	Ca	20	40.078	Ruthenium	Ru	44	101.07
Scandium	Sc	21	44.95591	Rhodium	Rh	45	102.9055
Titanium	Ti	22	47.88	Palladium	Pd	46	106.42
Vanadium	V	23	50.9415	Silver	Ag	47	107.8682
Chromium	Cr	24	51.9961	Cadmium	Cd	48	112.411

Element	Symbol	Atomic number	Atomic mass	Element	Symbol	Atomic number	Atomic mass
Indium	In	49	114.82	Rhenium	Re	75	186.207
Tin	Sn	50	118.71	Osmium	Os	76	190.2
Antimony	Sb	51	121.75	Iridium	Ir	77	192.22
Tellurium	Te	52	127.60	Platinum	Pt	78	195.09
Iodine	I	53	126.90447	Gold	Au	79	196.96654
Xenon	Xe	54	131.29	Mercury	Hg	80	200.59
Cesium	Cs	55	132.90543	Thallium	Tl	81	204.3833
Barium	Ba	56	137.327	Lead	Pb	82	207.2
Lanthanum	La	57	138.9055	Bismuth	Bi	83	208.98037
Cerium	Ce	58	140.115	Polonium	Po	84	(209)
Praseodymium	Pr	59	140.90765	Astatine	At	85	(210)
Neodymium	Nd	60	144.24	Radon	Rn	86	(222)
Promethium	Pm	61	(145)	Francium	Fr	87	(223)
Samarium	Sm	62	150.36	Radium	Ra	88	226.025
Europium	Eu	63	151.965	Actinium	Ac	89	227.028
Gadolinium	Gd	64	157.25	Thorium	Th	90	232.0381
Terbium	Tb	65	158.92534	Protactinium	Pa	91	231.03588
Dysprosium	Dy	66	162.50	Uranium	U	92	238.0289
Holmium	Ho	67	164.93032	Neptunium	Np	93	237.0482
Erbium	Er	68	167.26	Plutonium	Pu	94	(244)
Thulium	Tm	69	168.93421	Americium	Am	95	(243)
Ytterbium	Yb	70	173.04	Curium	Cm	96	(247)
Lutetium	Lu	71	174.967	Berkelium	Bk	97	(247)
Hafnium	Hf	72	178.49	Californium	Cf	98	(251)
Tantalum	Ta	73	180.9479	Einsteinium	Es	99	(252)
Wolfram	W	74	183.85	Fermium	Fm	100	(257)

괄호 안의 질량 번호는 가장 안정하고 가장 잘 알려진 동위원소에 대한 것이다.

출처: *CRC Handbook of Chemistry and Physics* 70판; *Perry's Chemical Engineers' Handbook* 6판.

표 B.3 ▶ 주기율표

Periodic Table of the Elements

Period	IA (1) Alkali Metals	IIA (2) Alkaline Earth Metals	IIIB (3)	IVB (4)	VB (5)	VIB (6)	VIIB (7)	VIIIB (8)	VIIIB (9)	VIIIB (10)	IB (11)	IIB (12)	IIIA (13)	IVA (14)	VA (15)	VIA (16)	VIIA (17) Halogens	VIIIA (18) Noble gases
1	Hydrogen 1 **H** 1.008																	Helium 2 **He** 4.003
2	Lithium 3 **Li** 6.941	Beryllium 4 **Be** 9.012											Boron 5 **B** 10.81	Carbon 6 **C** 12.01	Nitrogen 7 **N** 14.01	Oxygen 8 **O** 16.00	Fluorine 9 **F** 19.00	Neon 10 **Ne** 20.18
3	Sodium 11 **Na** 22.99	Magnesium 12 **Mg** 24.31											Aluminum 13 **Al** 26.98	Silicon 14 **Si** 28.09	Phosphorus 15 **P** 30.97	Sulfur 16 **S** 32.07	Chlorine 17 **Cl** 35.45	Argon 18 **Ar** 39.95
4	Potassium 19 **K** 39.10	Calcium 20 **Ca** 40.08	Scandium 21 **Sc** 44.96	Titanium 22 **Ti** 47.88	Vanadium 23 **V** 50.94	Chromium 24 **Cr** 52.00	Manganese 25 **Mn** 54.94	Iron 26 **Fe** 55.85	Cobalt 27 **Co** 58.93	Nickel 28 **Ni** 58.69	Copper 29 **Cu** 63.55	Zinc 30 **Zn** 65.39	Gallium 31 **Ga** 69.72	Germanium 32 **Ge** 72.61	Arsenic 33 **As** 74.92	Selenium 34 **Se** 78.96	Bromine 35 **Br** 79.90	Krypton 36 **Kr** 83.80
5	Rubidium 37 **Rb** 85.47	Strontium 38 **Sr** 87.62	Yttrium 39 **Y** 88.91	Zirconium 40 **Zr** 91.22	Niobium 41 **Nb** 92.91	Molybdenum 42 **Mo** 95.94	Technetium 43 **Tc** (98)	Ruthenium 44 **Ru** 101.1	Rhodium 45 **Rh** 102.9	Palladium 46 **Pd** 106.4	Silver 47 **Ag** 107.9	Cadmium 48 **Cd** 112.4	Indium 49 **In** 114.8	Tin 50 **Sn** 118.7	Antimony 51 **Sb** 121.8	Tellurium 52 **Te** 127.6	Iodine 53 **I** 126.9	Xenon 54 **Xe** 131.3
6	Cesium 55 **Cs** 132.9	Barium 56 **Ba** 137.3	Lanthanum 57 **La** 138.9 *	Hafnium 72 **Hf** 178.5	Tantalum 73 **Ta** 180.9	Tungsten 74 **W** 183.8	Rhenium 75 **Re** 186.2	Osmium 76 **Os** 190.2	Iridium 77 **Ir** 192.2	Platinum 78 **Pt** 195.1	Gold 79 **Au** 197.0	Mercury 80 **Hg** 200.6	Thallium 81 **Tl** 204.4	Lead 82 **Pb** 207.2	Bismuth 83 **Bi** 209.0	Polonium 84 **Po** (209)	Astatine 85 **At** (210)	Radon 86 **Rn** (222)
7	Francium 87 **Fr** (223)	Radium 88 **Ra** (226)	Actinium 89 **Ac** (227) ‡	Rutherfordium 104 **Rf** (261)	Dubnium 105 **Db** (262)	Seaborgium 106 **Sg** (266)	Bohrium 107 **Bh** (264)	Hassium 108 **Hs** (277)	Meitnerium 109 **Mt** (268)	Ununnilium 110 **Uun** (281)	Unununium 111 **Uuu** (272)	Ununbium 112 **Uub** (285)		Ununquadium 114 **Uuq** (289)				

Transition Elements: groups IIIB (3) – IIB (12)

Legend: Metals / Semiconductors / Nonmetals

Inner Transition Elements

*Lanthanides 6	Cerium 58 **Ce** 140.1	Praseodymium 59 **Pr** 140.9	Neodymium 60 **Nd** 144.2	Promethium 61 **Pm** (145)	Samarium 62 **Sm** 150.4	Europium 63 **Eu** 152.0	Gadolinium 64 **Gd** 157.3	Terbium 65 **Tb** 158.9	Dysprosium 66 **Dy** 162.5	Holmium 67 **Ho** 164.9	Erbium 68 **Er** 167.3	Thulium 69 **Tm** 168.9	Ytterbium 70 **Yb** 173.0	Lutetium 71 **Lu** 175.0
‡Actinides 7	Thorium 90 **Th** 232.0	Protactinium 91 **Pa** 231.0	Uranium 92 **U** 238.0	Neptunium 93 **Np** (237)	Plutonium 94 **Pu** (244)	Americium 95 **Am** (243)	Curium 96 **Cm** (247)	Berkelium 97 **Bk** (247)	Californium 98 **Cf** (251)	Einsteinium 99 **Es** (252)	Fermium 100 **Fm** (257)	Mendelevium 101 **Md** (258)	Nobelium 102 **No** (259)	Lawrencium 103 **Lr** (262)

Key: element name — Hydrogen; atomic number — 1; symbol of element — **H**; atomic weight — 1.008

Values in parentheses are the mass numbers of the most stable or best-known isotopes.

Names and symbols for elements 110–114 are under review.

▶ B.3 비이상기체 방정식과 임계 성질

이상기체법칙을 기술하는 방법 중의 하나는 다음과 같다.

$$\frac{P\hat{V}}{RT} = 1$$

여기서 P = 압력, T = 온도, R = 이상기체상수, $\hat{V}$ = 비몰부피(몰당 부피)이다. 이상기체법칙은 낮은 압력에서부터 중간 압력 범위에서 기체의 비체적(혹은 밀도)을 계산하는 데 매우 유용한 모델식이다. 보다 높은 압력에서 정확한 계산을 위해서는 실험 자료나 보다 복잡한 모델식이 필요하다. *Perry's Chemical Engineer's Handbook*이나 여러 화학공학 열역학 교과서들에서 여러 가지 모델식들을 참고할 수 있다. 비록 세부적으로 다소 차이가 있으나 이들 식들을 이용하여 압축인자 Z의 값을 계산할 수 있다. 여기서

$$Z = \frac{P\hat{V}}{RT}$$

이상기체의 경우 $Z = 1$이고 실제기체의 경우는 $Z < 1$이다. (대개의 경우 $0.7 < Z < 1$의 값을 갖는다.) 실제기체의 비체적을 예측하는 데 가장 폭넓게 사용되는 모델식 중의 하나가 Redlick-Kwong 식이다.

$$Z^3 - Z^2 + (A - B^2 - B)Z - AB = 0$$

여기서

$$A = \frac{aP}{R^2 T^{2.5}} \qquad a = \frac{\Omega_a R^2 T_c^{2.5}}{P_c} \qquad \Omega_a = \frac{1}{9(\sqrt[3]{2} - 1)}$$

$$B = \frac{bP}{RT} \qquad b = \frac{\Omega_b R T_c}{P_c} \qquad \Omega_b = \frac{\sqrt[3]{2} - 1}{3}$$

대상 성분에 대한 임계온도 T_c와 임계압력 P_c를 알기만 하면, 주어진 T와 P에서 Z(따라서 비체적 혹은 밀도)를 구할 수 있다. Redlick-Kwong 식은 3차 방정식으로, 근이 3개이다. 가장 큰 실근이 기체의 Z 값이다. 몇 가지 성분들에 대한 임계온도 및 임계압력을 표 B.4에 나타냈다. Redlick-Kwong 식에 대입하기 전에 T_c를 절대온도로 변경해야 한다.

표 B.4 ▸ 몇 가지 화합물들에 대한 임계온도 T_c와 임계압력 P_c

Compound	Formula	T_c, °C	P_c, atm	Compound	Formula	T_c, °C	P_c, atm
Acetaldehyde	C_2H_4O	188.0		Hydrogen chloride	HCl	51.4	81.6
Acetic acid	$C_2H_4O_2$	321.6	57.2				
Acetic anhydride	$C_4H_6O_3$	296.0	46.0	Hydrogen cyanide	HCN	183.5	53.2
Acetone	C_3H_6O	235.0	47.0	Hydrogen sulfide	H_2S	100.4	88.9
Acetonitrile	C_2H_3N	274.7	47.7				
Acetylene	C_2H_2	36.0	62.0	Isobutane	C_4H_{10}	134.0	37.0
Air		−140.7	37.2	Isopentane	C_5H_{12}	187.8	32.8
Ammonia	NH_3	132.4	111.5	Mercury	Hg	>1550	>200
Argon	Ar	−122	48.0	Methyl acetate	CH_3COOCH_3	233.7	46.3
Benzene	C_6H_6	288.5	47.7	Methanol	CH_3OH	240.0	78.7
Bromine	Br_2	311	102	Methyl ethyl ether	$CH_3OC_2H_5$	164.7	43.4
Butadiene, 1,3	C_4H_6	152	42.7				
n-butane	C_4H_{10}	153	36.0	Neon	Ne	−228.7	25.9
Carbon dioxide	CO_2	31.1	73.0	Nitric oxide	NO	−94.0	65.0
Carbon disulfide	CS_2	273.0	76.0	Nitrogen	N_2	−147.1	33.5
				Nitrogen tetroxide	N_2O_4	158.0	100
Carbon monoxide	CO	−139	35.0				
				Nitrous oxide	N_2O	36.5	71.7
Chlorine	Cl_2	144.0	76.1	*n*-Octane	C_8H_{18}	296.0	24.6
Diethylamine	$(C_2H_5)_2NH$	223.5	36.2	Oxygen	O_2	−118.8	49.7
Dimethylamine	$(CH_3)_2NH$	164.6	51.7	*n*-Pentane	C_5H_{12}	197.2	33.0
Ethane	C_2H_6	32.1	48.8	Phenol	C_6H_5OH	419.0	60.5
Ethyl acetate	$CH_3COOC_2H_5$	250.1	37.8	Phosgene	$COCl_2$	182.0	56.0
Ethanol	C_2H_5OH	243.1	63.1	*n*-Propane	C_3H_8	96.8	42.0
Ethylene	C_2H_4	9.7	50.5	Propionic acid	C_2H_5COOH	339.5	53.0
Ethylene oxide	C_2H_4O	192.0		*n*-Propanol	C_3H_7OH	263.7	49.95
Fluorine	F	−155	25.0	Propylene	C_3H_6	92.3	45.0
Helium	He	−267.9	2.26	Pyridine	C_6H_5N	344.0	60.0
Heptane	C_7H_{16}	266.8	26.8	Radon	Rn	104.0	62.0
Hydrazine	N_2H_4	380.0	145.0	Sodium	Na	2546	343
Hydrogen	H_2	−239.9	12.8	Silicon tetrafluoride	SiF_4	−1.5	50.0
Sulfur dioxide	SO_2	157.2	77.7	Triethylamine	$(C_2H_5)_3N$	262.0	30.0
Sulfur trioxide	SO_3	218.3	83.6	Trimethylamine	$(CH_3)_3N$	161.0	41.0
Toluene	$C_6H_5CH_3$	320.6	41.6	Water	H_2O	374.15	218.4

T (K)로 바꾸려면 273.15를 더한다.
P (bar)로 바꾸려면 1.01325로 나눈다.
출처: *Perry's Chemical Engineers' Handbook* 6판.

B.4 생성 Gibbs 에너지, 생성 엔탈피, 연소엔탈피

식 (5.3)에서와 같이 표준 생성 Gibbs 에너지는 298 K에서 반응에 따른 Gibbs 에너지 변화를 구하는 데 유용하다.

$$\Delta \hat{G}_r^\circ = \sum v_i \Delta \hat{G}_{i,f}^\circ$$

식 (5.6)의 van't Hoff 식을 이용하면 임의의 온도 T에서 Gibbs 에너지 변화를 근사적으로 계산할 수 있다.

$$\ln K_a = -\frac{\Delta \hat{G}_r^\circ}{298R} + \frac{\Delta \hat{H}_r^\circ}{R}\left(\frac{1}{298} - \frac{1}{T}\right)$$

여기서

$$\Delta \hat{H}_r^\circ = \sum v_i \Delta \hat{H}_{i,f}^\circ$$

혹은

$$\Delta \hat{H}_r^\circ = -\sum v_i \Delta \hat{H}_{i,c}^\circ$$

van't Hoff 식을 이용하기 전에 절대온도(K)로 바꾸어야 한다.

표 B.5 ▸ 298 K에서 표준 생성 Gibbs 에너지 $\Delta \hat{G}_f^\circ$, 생성 엔탈피 $\Delta \hat{H}_f^\circ$ 및 연소엔탈피 $\Delta \hat{H}_c^\circ$

Compound	Formula	$\Delta \hat{G}_f^\circ$ kJ/gmol	$\Delta \hat{H}_f^\circ$ kJ/gmol	$\Delta \hat{H}_c^\circ$ kJ/gmol
Acetaldehyde (g)	C_2H_4O	−133.1	−166.2	−1104.5
Acetic acid (g)	$C_2H_4O_2$	−374.6	−432.8	−814.6
(l)		−392.5	−486.18	
Acetic anhydride (g)	$C_4H_6O_3$	−473.4	−572.5	−1675
Acetone (g)	C_3H_6O	−151.3	−215.7	−1659
(l)		−155.5	−248.2	
Acetonitrile (g)	C_2H_3N	91.868	74.04	−1190.4

(계속)

표 B.5 ▸ *(계속)*

Compound	Formula	$\Delta\hat{G}_f^\circ$ kJ/gmol	$\Delta\hat{H}_f^\circ$ kJ/gmol	$\Delta\hat{H}_c^\circ$ kJ/gmol
Acetylene (g)	C_2H_2	210.68	228.2	−1257
Adipic acid (l)	$C_6H_{10}O_4$	−985.4	−741.3	
Ammonia (aq)	NH_3	−26.57	−80.8	
Ammonia (g)	NH_3	−16.6	−46.15	−316.8
Ammonium chloride (s)	NH_4Cl	−203.89	−705.63	
Ammonium nitrate (s)	$N_2H_5NO_3$		−251.58	
(aq)		−28.9	−215.1	
Argon (g)	Ar	0	0	0
Benzene (g)	C_6H_6	129.6	82.88	−3136
Butadiene, 1,3 (g)	C_4H_6	149.7	109.24	−2409
n-Butane (g)	C_4H_{10}	−15.707	−124.73	−2657.3
Calcium carbonate (s)	$CaCO_3$	−1133.0	−1211.3	
Calcium chloride (s)	$CaCl_2$	−752.28	−797.47	
Carbon dioxide (g)	CO_2	−394.37	−393.5	0
Carbon disulfide (g)	CS_2	66.8	116.9	−1076.9
Carbon monoxide (g)	CO	−137.27	−110.53	−283
Carbonyl sulfide (g)	COS	−165.5	−141.5	
Chlorine (g)	Cl_2	0	0	0
Chlorobenzene (l)	C_6H_5Cl	89.2	11.5	
Chloroform (g)	$CHCl_3$	−103.61	−70.1	
Cyclohexane (g)	C_6H_{12}	31.8	−123.1	
(l)		26.7	−156.2	
Diethylamine (g)	$(C_2H_5)_2NH$	73.08	−71.42	−2800.3
Diethyl carbonate	$C_5H_{10}O_3$		−681.5	
Diethyl ether (g)	$(C_2H_5)_2O$	−122.3	−252.7	
(l)		−116.1	−272.8	
Dimethylamine (g)	$(CH_3)_2NH$	68.0	−18.6	
Dimethyl carbonate (g)	$C_3H_6O_3$	−452.4	−570.1	
Dimethyl ether (g)	$(CH_3)_2O$	−109.0	−184.1	−28.84
Ethane (g)	C_2H_6	−31.92	−83.82	−1428.6
Ethanol (g)	C_2H_5OH	−167.85	−234.95	−1235
(l)		−174.72	−277.61	
Ethyl acetate (g)	$CH_3COOC_2H_5$	−328.0	−444.5	−2061
(l)		−318.4	−463.3	

Compound	Formula	$\Delta\hat{G}_f^\circ$ kJ/gmol	$\Delta\hat{H}_f^\circ$ kJ/gmol	$\Delta\hat{H}_c^\circ$ kJ/gmol
Ethylamine (g)	$C_2H_5NH_2$	36.16	−47.15	−1587.4
Ethylbenzene (g)	C_8H_{10}	130.73	29.92	−4345
(l)		119.7	−12.5	
Ethylene (g)	C_2H_4	68.44	52.51	−1323
Ethylene glycol (g)	C_2HO_2	−302.6	−387.5	−1059
(l)		−319.8	−451.5	
Ethylene oxide (g)	C_2H_4O	−13.23	−52.63	−1218
Formaldehyde (g)	CH_2O	−102.6	−108.6	−526.8
Formic acid (g)	CH_2O_2	−351.0	−378.6	−211.5
Gallium nitride (s)	GaN		−109.6	
Glucose (s)	$C_6H_{12}O_6$	−910.56	−1273.3	
Glycerol (glycerin) (g)	$C_3H_8O_3$		−577.9	
(l)		−475.5	−665.9	
n-Heptane (g)	C_7H_{16}	8.165	−187.8	−4464.7
(l)		1.757	−224.4	
Hexamethylenediamine (g)	$C_6H_{16}N_2$	120.96	−127.9	
n-Hexane (g)	C_6H_{14}	−0.066	−166.94	−3855.1
(l)		−3.81	−198.8	
Hydrazine (g)	N_2H_4	159.17	95.353	−534
(l)			50.46	
Hydrogen (g)	H_2	0	0	−241.8
Hydrogen chloride (g)	HCl	−95.30	−92.31	−28.6
Hydrogen peroxide (g)	H_2O_2	−105.48	−136.11	
(l)		−118.11	−188.95	
Hydrogen cyanide (g)	HCN	124.7	135.14	−623.3
Hydrogen sulfide (g)	H_2S	−32.84	−19.96	−518.7
Iron oxide (ferrous) (s)	FeO	−248.45	−270.37	
(ferric, hematite) (s)	Fe_2O_3	−749.35	−830.5	
(magnetite) (s)	Fe_3O_4	−1013.8	−1116.7	
Isobutane (g)	C_4H_{10}	−20.76	−131.418	−2649
Isobutene (g)	C_4H_8	70.27	−0.54	−2540.8
Isopentane (g)	C_5H_{12}	−14.05	−153.7	−3239.5
Magnesium carbonate (s)	$MgCO_3$	−1012.1	−1095.8	
Magnesium chloride (s)	$MgCl_2$	−601.5	−641.1	

(계속)

표 B.5 ▶ (계속)

Compound	Formula	$\Delta\hat{G}_f^\circ$ kJ/gmol	$\Delta\hat{H}_f^\circ$ kJ/gmol	$\Delta\hat{H}_c^\circ$ kJ/gmol
Methane (g)	CH_4	−50.49	−74.52	−802.6
Methyl acetate (g)	CH_3COOCH_3		−410.0	
Methanol (g)	CH_3OH	−162.32	−200.94	
(l)		−166.12	−238.655	−638.46
Methyl ethyl ether	$CH_3OC_2H_5$	−117.1	−216.4	−1931.4
Naphthalene (g)	$C_{10}H_8$	224.08	150.58	−498.09
Nitric acid (g)	HNO_3	−73.51	−133.85	
(l)		−79.91	−173.22	
Nitric oxide (g)	NO	86.57	90.25	−90.2
Nitroglycerin (l)	$C_3H_5(NO_3)_3$		−279.1	
Nitrogen (g)	N_2	0	0	0
Nitrogen dioxide (g)	NO_2	51.3	33.3	
Nitrogen tetroxide (g)	N_2O_4	97.95	9.33	
Nitrous oxide (g)	N_2O	104.16	82.05	−82
n-Octane (g)	C_8H_{18}	16.0	−208.75	−5074.2
(l)		7.4	−249.95	
Ozone (g)	O_3	163.2	143	
Oxygen (g)	O_2	0	0	0
n-Pentane (g)	C_5H_{12}	−8.81	−146.76	−3244.9
(l)		−9.25	−173.05	
Phenol (g)	C_6H_5OH	−32.637	−96.399	−2921
(l)		−46.11	−158.16	
Phosgene (g)	$COCl_2$	−206.8	−220.1	
n-Propane (g)	C_3H_8	−24.39	−104.68	−2043.1
Potassium chloride (s)	KCl	−408.5	−436.68	
Propionic acid (g)	C_2H_5COOH	−366.7	−453.5	−1395
(l)		−383.5	−509.2	
n-Propanol (g)	C_3H_7OH	−159.9	−255.2	−1843.8
(l)		−166.69	−300.70	
Propylene (g)	C_3H_6	62.15	19.71	−1925.7
Silicon tetrachloride (l)	$SiCl_4$	−560.24	−627	
Silicon dioxide (c,quartz)	SiO_2	−796.6	−850.8	
Sodium borohydride (aq)	$NaBH_4$	−147.61	−199.6	
Sodium carbonate (c)	Na_2CO_3	−1044.12	−1127.42	

Compound	Formula	$\Delta\hat{G}_f^\circ$ kJ/gmol	$\Delta\hat{H}_f^\circ$ kJ/gmol	$\Delta\hat{H}_c^\circ$ kJ/gmol
Sodium chloride (aq)	NaCl	−393.17	−407.27	
Sodium chloride (c)	NaCl	−384.485	−411.375	
Sodium cyanide (c)	NaCN	−76.4	−94.0	
Sodium hydroxide (s)	NaOH	−379.4	−425.9	
(aq)		−419.2	−469.15	
Sodium metaborate (aq)	$NaBO_2$	−940.81	−1012.49	
Sodium nitrate (s)	$NaNO_3$	−367.06	−424.8	
Styrene	C_8H_8	213.9	147.4	−4219
Sucrose (s)	$C_{12}H_{22}O_{11}$		−2226.1	
Sulfur dioxide (g)	SO_2	−299.9	−296.81	0
Sulfur trioxide (g)	SO_3	−370.66	−394.93	
Sulfuric acid (l)	H_2SO_4	−689.9	−810.4	
(aq)			−887.1	
Toluene (g)	$C_6H_5CH_3$	122.0	50.17	−3734
(l)		114.148	11.996	
Triethylamine (g)	$(C_2H_5)_3N$	114.1	−95.8	−4040.5
Trimethylamine	$(CH_3)_3N$	98.99	−243.1	−2244.9
Trinitrotoluene (g)	$C_7H_5(NO_2)_3$		24.1	
(s)			−65.6	
Urea (g)	$(NH_2)_2CO$	−152.7	−235.5	
(l)		−194.3	−324.5	
(s)		−196.8	−333.6	
Vinyl chloride (g)	C_2H_3Cl	41.95	28.45	−1178
Water (g)	H_2O	−228.59	−241.83	0
(l)		−237.19	−285.84	−44.0
o-Xylene (g)	C_8H_{10}	122.2	19.08	−4333.0
(l)		110.33	−24.44	
m-Xylene (g)	C_8H_{10}	118.76	17.32	−4331.8
(l)		107.654	−25.418	
p-Xylene (g)	C_8H_{10}	121.4	18.03	−4333.0
(l)		110.08	−24.246	

$\Delta\hat{H}_c^\circ$는 화합물이 지정된 상에서 연소되어 CO_2(g), H_2O(g), Cl_2(g), N_2(g), SO_2(g)와 같은 생성물로 전환되는 경우의 엔탈피 변화이다. 생성물이 $\Delta\hat{H}_c^\circ$(l)인 경우에 $\Delta\hat{H}_c^\circ$는 44.0n kJ/gmol 감소하며, 여기서 n은 H_2O의 몰수이다. $-\Delta\hat{H}_c^\circ$는 저발열량(lower heating value)이라 하고, 액체의 물이 생성물인 경우의 $-\Delta\hat{H}_c^\circ$를 고발열량(higher heating value)라고 한다.

출처: *Perry's Chemical Engineers' Handbook* 6판 및 7판, *Lange's Handbook of Chemistry* 14판, 그리고 *NIST Chemistry Webbook*에 주어진 자료를 정리하였다.

▶B.5 Antoine 식 상수

Antoine 식은

$$\log_{10} P^{\text{sat}}(\text{mmHg}) = A - \frac{B}{T(°C) + C}$$

액체나 고체들의 포화압력을 구하는 데 유용한 식이다. 상수들은 주어진 온도 범위 바깥에서는 사용할 수 없다.

표 B.6 ▶ 몇 가지 화합물들의 Antoine 식 상수

Compound	Formula	Range, °C	*A*	*B*	*C*
Acetaldehyde	CH_3CHO	−45 to +70	8.0055	1600	291.8
Acetic acid	CH_3COOH		7.38782	1533.313	222.309
Acetic anhydride	$C_4H_6O_3$		7.14948	1444.718	199.817
Acetone	CH_3COCH_3		7.02447	1161.0	224
Acetonitrile	CH_3CN		7.11988	1314.4	230
Acrylonitrile	C_3H_3N	−20 to +140	7.03855	1232.53	222.47
Ammonia	NH_3	−83 to +60	7.36050	926.132	240.17
Benzene	C_6H_6	+8 to +103	6.90565	1211.033	220.790
Benzoic acid	C_6H_5COOH	96 to 250	7.3533	1771.4	145.67
Bromine	Br_2		6.87780	1119.68	221.38
n-Butanol	C_4H_9OH	+15 to +131	7.47680	1362.39	178.77
Butadiene, 1,3	C_4H_6	−58 to +15	6.84999	930.546	238.854
Carbon disulfide	CS_2	3 to 80	6.94279	1169.11	241.59
Chlorine	Cl_2		6.93790	861.34	246.33
Chloroform	$CHCl_3$	−35 to 61	6.4934	929.44	196.03
Diethanolamine	$(C_2H_5O)_2NH$	194 to 241	8.1388	2327.9	174.4
Diethylamine	$(C_2H_5)_2NH$	31 to 61	5.8016	583.30	144.1
Dimethylamine	$(CH_3)_2NH$	−72 to +6.9	7.08212	960.242	221.67
Ethanol	C_2H_5OH	−2 to +100	8.04494	1554.3	222.65
Ethanolamine	C_2H_7ON	65 to 171	7.4568	1577.67	173.37
Ethyl acetate	$CH_3COOC_2H_5$	15 to 76	7.10179	1244.95	217.88
Ethylamine	$C_2H_5NH_2$	−20 to +90	7.05413	987.31	220.0
Ethylbenzene	C_8H_{10}	26 to 164	6.95719	1424.255	213.21
Ethylene glycol	$C_2H_6O_2$	50 to 200	8.0908	2088.9	203.5

Compound	Formula	Range, °C	*A*	*B*	*C*
Ethylene oxide	C_2H_4O	−49 to +12	7.12843	1054.54	237.76
Formic acid	CH_2O_2	37 to 101	7.5818	1699.2	260.7
Glycerol	$C_3H_8O_3$	183 to 260	6.165	1036	28
n-Heptane	C_7H_{16}	−2 to +124	6.89677	1264.90	216.54
n-Hexane	C_6H_{14}	−25 to 92	6.87601	1171.17	224.41
Hydrogen cyanide	HCN	−16 to 46	7.5282	1329.5	260.4
Hydrogen peroxide	H_2O_2		7.96917	1886.76	220.6
Isopentane	C_5H_{12}		6.78967	1020.012	233.097
Isopropanol	C_3H_7OH	0 to 100	8.11778	1580.92	219.61
Lactic acid	$C_3H_6O_3$		8.06	1823.7	134
Methanol	CH_3OH	−14 to 65	7.89750	1474.08	229.13
		65 to 110	7.97328	1515.14	232.85
Methyl acetate	CH_3COOCH_3	1 to 56	7.0652	1157.63	219.73
Methyl ethyl ketone	$CH_3COC_2H_5$		6.97	1210	216
Naphthalene (s)	$C_{10}H_8$	86 to 250	7.01065	1733.71	201.86
(l)		125 to 218	6.8181	1585.86	184.82
Nitrogen	N_2		6.49457	255.68	266.55
n-Octane	C_8H_{18}	19 to 152	6.91868	1351.99	209.15
Oxygen	O_2		6.69144	319.013	266.697
n-Pentane	C_5H_{12}	−50 to 58	6.85221	1064.63	233.01
Phosgene	$COCl_2$	−68 to 68	6.84297	941.25	230
Phenol	C_6H_5OH	107 to 182	7.133	1516.79	174.95
n-Propanol	C_3H_7OH	2 to 120	7.84767	1499.21	204.64
Propionic acid	C_2H_5COOH	56 to 139	6.403	950.2	130.3
Silicon tetrachloride	$SiCl_4$	0 to 53	6.85726	1138.92	228.88
Styrene	C_8H_8	32 to 82	7.14016	1574.51	224.09
Tetramethyl lead	$C_4H_{12}Pb$	0 to 60	6.9377	1335.3	219.1
Toluene	C_7H_8	6 to 137	6.95464	1344.8	219.48
Water	H_2O	0 to 60	8.10765	1750.286	235.0
		60 to 150	7.96681	1668.21	228.0
n-Xylene	C_8H_{10}	32 to 172	6.99891	1474.679	213.69
m-Xylene	C_8H_{10}	28 to 166	7.00908	1462.266	215.11
p-Xylene	C_8H_{10}	27 to 166	6.99052	1453.43	215.31

출처: *Lange's Handbook of Chemistry* 14판, 그리고 *NIST Chemistry Webbook.*

▶ B.6 상평형 데이터

표 B.7 ▸ Henry 법칙 상수(atm), $H_i = {}^{y_iP}/x_i = {}^{p_i}/x_i$, 물에 용해된 기체에 대한

	0°C	10°C	20°C	30°C	40°C	50°C
He	129,000	126,000	125,000	124,000	121,000	115,000
H_2	57,900	63,600	68,300	72,900	75,100	76,500
N_2	52,900	66,800	80,400	92,400	104,000	113,000
CO	35,200	44,200	53,600	62,000	69,600	76,100
O_2	25,500	32,700	40,100	47,500	53,500	58,800
CH_4	22,400	29,700	37,600	44,900	52,000	57,700
C_2H_6	12,600	18,900	26,300	34,200	42,300	50,000
C_2H_4	5,520	7,680	10,200	12,700		
CO_2	728	1,040	1,420	1,860	2,330	2,830
H_2S	268	367	483	609	745	884

출처: A.L. Hines and R.N. Maddox, *Mass Transfer: Fundamentals and Applications* (1984), Prentice-Hall에서 인용.

표 B.8 ▸ 물에 용해된 SO_2와 평형을 이루고 있는 SO_2의 부분압

Grams SO_2 per 100 grams water	Partial pressure of SO_2, p_{SO_2}, mmHg									
	10°C	20°C	30°C	40°C	50°C	60°C	70°C	80°C	90°C	100°C
0.5	21	29	42	60	83	111	144	182	225	274
1.0	42	59	85	120	164	217	281	356	445	548
1.5	64	90	129	181	247	328	426	543	684	850
2.0	86	123	176	245	333	444	581	756	940	
2.5	108	157	224	311	421	562	739	956		
3.0	130	191	273	378	511	682	897			
3.5	153	227	324	447	603	804				
4.0	176	264	376	518	698					
4.5	199	300	428	588	793					
5.0	223	338	482	661						
5.5	247	375	536	733						

표 B.8 (계속)

Grams SO_2 per 100 grams water	Partial pressure of SO_2, p_{SO_2}, mmHg									
	10°C	20°C	30°C	40°C	50°C	60°C	70°C	80°C	90°C	100°C
6.0	271	411	588	804						
6.5	295	448	642							
7.0	320	486	698							
8.0	370	562	806							
9.0	421	638								
10.0	473	714								
11.0	526	789								
12.0	580									
13.0	635									
14.0	689									
15.0	743									
16.0	799									

출처: *Perry's Chemical Engineers' Handbook* 6판.

표 B.9 물에 용해된 NH_3와 평형을 이루고 있는 NH_3의 부분압

Grams NH_3 per 100 grams solution	Partial Pressure of NH_3, p_{NH_3}, mmHg								
	0°C	10°C	21°C	32°C	43°C	54°C	65.5°C	77°C	88°C
4.74	13.4	24.3	42.9	70	111	170	247	349	477
9.5	26.9	46	78.6	130	207	315	461	655	
14.3	46.5	78	134	220	344	520	760		
19.1	78	131	221	356	550				
23.9	138	215	355	563					
28.8	221	343	556						
33.7	338	530							
38.6	462	788							
43.6	731								

출처: *Perry's Chemical Engineers' Handbook* 6판에서 인용.

표 B.10 ▸ 물에 대한 염의 용해도

Compound	Formula	0°C	10°C	20°C	30°C	40°C	50°C	60°C	70°C	80°C	90°C	100°C
Calcium bicarbonate	$Ca(HCO_3)_2$	16.15		16.6		17.05		17.50		17.95		18.4
Magnesium chloride	$MgCl_2 \cdot 6H_2O$	52.8	53.5	54.5		57.5		61.0		66.0		73.0
Potassium nitrate	KNO_3	13.3	20.9	31.6	45.8	63.9	85.5	110.0	138	169	202	246
Potassium sulfate	K_2SO_4	7.35	9.22	11.11	12.97	14.76	16.50	18.17	19.75	21.4	22.8	24.1
Sodium chloride	NaCl	35.7	35.8	36.0	36.3	36.6	37.0	37.3	37.8	38.4	39.0	39.8
Sodium sulfate	$Na_2SO_4 \cdot 10H_2O$	5.0	9.0	19.4	40.8							
	$Na_2SO_4 \cdot 7H_2O$	19.5	30	44								
	Na_2SO_4					48.8	46.7	45.3		43.7		42.5

자료는 포화액체 용액에서 물 100 g당 무수물질의 g으로 주어졌다. 분자식은 포화용액과 평형에 있는 고체상(수화물 또는 무수물)을 나타낸다.
출처: Perry's Chemical Engineers' Handbook 6판.

표 B.11 ▸ Benzene-Naphthalene의 고체-액체 평형

Mole fraction naphthalene in liquid phase, x_n	Temperature, °C	Solid phase
0.0	5.5	Benzene
0.023	4	Benzene
0.039	3	Benzene
0.083	0	Benzene
0.135	−3	Benzene
0.148	0	Naphthalene
0.17	5	Naphthalene
0.20	10	Naphthalene
0.26	20	Naphthalene
0.34	30	Naphthalene
0.43	40	Naphthalene
0.54	50	Naphthalene
0.67	60	Naphthalene
0.82	70	Naphthalene
1.0	80.2	Naphthalene

단일 성분 고체상과 평형에 있는 benzene과 naphthalene의 포화액체 용액(이상용액거동으로 가정하고 순수 성분들의 녹는점과 녹는점 엔탈피를 사용하여 계산되었다).

표 B.12 ▶ *m*-Xylene-*p*-Xylene의 고체-액체 평형

Mole fraction *p*-xylene in liquid phase, x_p	Temperature, °C	Solid phase
0.0	−47.2	*m*-xylene
0.074	−50	*m*-xylene
0.125	−52	*m*-xylene
0.165	−45	*p*-xylene
0.20	−40	*p*-xylene
0.285	−30	*p*-xylene
0.396	−20	*p*-xylene
0.536	−10	*p*-xylene
0.71	0	*p*-xylene
0.923	10	*p*-xylene
1.0	13.2	*p*-xylene

단일 성분 고체상과 평형에 있는 *m*-Xylene과 *p*-Xylene의 포화액체 용액. (이상용액거동으로 가정하고 순수 성분들의 녹는점과 녹는점 엔탈피를 사용하여 계산되었다.)

표 B.13 ▶ 1 atm에서 Ethanol-Water의 증기-액체 평형

Temperature, °C	Mole fraction ethanol in liquid phase, x_e	Mole fraction ethanol in vapor phase, y_e
100.0	0.000	0.000
95.5	0.019	0.17
89.0	0.0721	0.3891
86.7	0.0966	0.4375
85.3	0.1238	0.4704
84.1	0.1661	0.5089
82.7	0.2337	0.5445
82.3	0.2608	0.5580
81.5	0.3273	0.5826
80.7	0.3965	0.6122
79.8	0.5079	0.6564
79.7	0.5198	0.6599
79.3	0.5732	0.6841
78.74	0.6763	0.7385
78.41	0.7472	0.7815
78.15	0.8943	0.8943

출처: *Perry's Chemical Engineers' Handbook* 6판.

표 B.14 ▸ 1 atm에서 Methanol-Benzene의 증기-액체 평형

Temperature, °C	Mole fraction methanol in liquid phase, x_m	Mole fraction methanol in vapor phase, y_m
70.67	0.026	0.267
66.44	0.050	0.371
62.87	0.088	0.457
60.20	0.164	0.526
58.64	0.333	0.559
58.02	0.549	0.595
58.10	0.699	0.633
58.47	0.782	0.665
59.90	0.898	0.760
62.71	0.973	0.907

출처: *Perry's Chemical Engineers' Handbook* 6판.

표 B.15 ▸ 25°C에서 Water-Acetic Acid-Methyl Isobutyl Ketone의 액체-액체 평형

Weight % in raffinate			Weight % in extract		
Water	Acetic acid	MIBK	Water	Acetic acid	MIBK
98.45	0	1.55	2.12	0	97.88
95.46	2.85	1.7	2.80	1.87	95.33
85.8	11.7	2.5	5.4	8.9	85.7
75.7	20.5	3.8	9.2	17.3	73.5
67.8	26.2	6.0	14.5	24.6	60.9
55.0	32.8	12.2	22.0	30.8	47.2
42.9	34.6	22.5	31.0	33.6	35.4

각 행은 평형에서 추출잔류물 추출물의 조성을 나타낸다.
출처: *Perry's Chemical Engineers' Handbook* 6판.

표 B.16 ▸ 25°C에서 Ethylbenzene-Styrene-Ethylene Glycol의 액체-액체 평형

Weight % in raffinate			Weight % in extract		
Ethylbenzene	**Styrene**	**Ethylene glycol**	**Ethylbenzene**	**Styrene**	**Ethylene glycol**
90.56	8.63	0.81	9.85	1.64	88.51
80.40	18.67	0.93	9.31	3.49	87.20
70.49	28.51	1.00	8.72	5.48	85.80
60.93	37.98	1.09	8.07	7.45	84.48
53.55	45.25	1.20	7.35	9.25	83.40
52.96	45.84	1.20	7.31	9.49	83.20
43.29	55.32	1.39	6.30	12.00	81.70
41.51	57.09	1.40	6.06	12.54	81.40

각 행은 평형에서 추출잔류물 추출물의 조성을 나타낸다.
출처: *Perry's Chemical Engineers' Handbook* 6판.

표 B.17 ▸ 서로 섞이지 않는 두 액체 사이에 분배되는 용질의 분배 계수
$K_D = x_{A,\text{phase II}}/x_{A,\text{phase I}}$

Solute A	Solvent phase I	Solvent phase II	K_D
Acetic acid	Water	Methyl acetate	1.273
Acetic acid	Water	Furfural	0.787 (26.7°C)
Acetic acid	Water	Heptadecanol	0.312
Acetic Acid	Water	Benzene	0.0328
Acetic Acid	Water	1-Butanol	1.613 (26.7°C)
Oleic acid	Cottonseed oil	Propane	0.150 (85°C)
Chlorine	Water	Carbon tetrachloride	5.0
Bromine	Water	Carbon tetrachloride	27
Iodine	Water	Carbon tetrachloride	55
Ammonia	Water	Carbon tetrachloride	0.0042
Diethylamine	Water	Chloroform	2.2

(계속)

표 B.17 (계속)

Solute A	Solvent phase I	Solvent phase II	K_D
Diethylamine	Water	Benzene	1.8
Diethylamine	Water	Toluene	0.63
Diethylamine	Water	Xylene	0.20
Ethanol	Water	Benzene	0.1191
Ethanol	Water	Heptadecanol	0.270
Ethanol	Water	*n*-Butanol	3.00 (20°C)
Methyl ethyl ketone	Water	Gasoline	1.686
Methyl ethyl ketone	Water	2-Methyl furan	84.0
Penicillin F	Water (pH 6.0)	Amyl acetate	0.06
Penicillin F	Water (pH 4.0)	Amyl acetate	32

다른 언급이 없으면 25°C에서의 자료이다. 용질의 농도가 묽은 경우에만 사용 가능하다.

Perry's Chemical Engineers' Handbook 6판; *Biochemical and Biotechnology Handbook*, 1991, 2판; 그리고 *Process Synthesis*, D. F. Rudd, G. J. Powers and J. J. Siiroia, 1973의 자료를 수집하였다.

B.7 스팀 테이블

$\hat{H}$와 $\hat{U}$는 액체 물의 3중점(273.15 K, 0.00611 bar)을 기준조건으로 하여 kJ/kg의 단위로 주어졌다. $\hat{V}$는 m^3/kg의 단위로 주어졌다.

출처: E. W. Lemmon, M. O. McLinden and D. G. Friend, "Thermophysical Properties of Fluid System" in *NIST Chemistry Webbook*, *NIST Standard Reference Database Number* 69판, P. J. Linstrom and W. G. Mallart, June 2005, National Institute of Standards and Technology, Gaithersburg MD, 20899 (http://webbook.nist.gov)에서 수집.

(다음 페이지의 표 참고)

표 B.18 ▸ **여러 온도와 압력에서 H_2O의 비엔탈피 $\hat{H}$, 비내부에너지 $\hat{U}$ 및 비체적 $\hat{V}$**

P, bar (T^{sat}, °C)		Sat'd liquid	Sat'd vapor	Temperature (°C) 50	100	150	200	250	300	350
0.006116	$\hat{H}$	0.00	2500.9	2594.5	2688.6	2783.7	2880.0	2977.8	3077.0	3177.7
(0.01)	$\hat{U}$	0.00	2374.9	2445.4	2516.4	2588.4	2661.7	2736.3	2812.5	2890.1
	$\hat{V}$	0.00100	206.55	244.45	282.30	320.14	357.98	395.81	433.64	470.69
0.1	$\hat{H}$	191.81	2583.9	2592.0	2687.5	2783.1	2879.6	2977.5	3076.8	3177.6
(45.806)	$\hat{U}$	191.80	2437.2	2443.3	2515.5	2587.9	2661.4	2736.1	2812.3	2890.0
	$\hat{V}$	0.00101	14.670	14.867	17.197	19.514	21.826	24.137	26.446	28.755
1.0	$\hat{H}$	417.50	2674.9	209.46	2675.8	2776.6	2875.5	2974.5	3074.6	3175.8
(99.606)	$\hat{U}$	417.40	2505.6	209.36	2506.2	2583.0	2658.2	2733.9	2810.7	2888.7
	$\hat{V}$	0.00104	1.6939	0.00101	1.6959	1.9367	2.1725	2.4062	2.6389	2.8710
5.0	$\hat{H}$	640.09	2748.1	209.80	419.51	632.24	2855.9	2961.1	3064.6	3168.1
(151.83)	$\hat{U}$	639.54	2560.7	209.30	418.99	631.69	2643.3	2723.8	2803.3	2883.0
	$\hat{V}$	0.00109	0.37481	0.00101	0.00104	0.00109	0.4250	0.4744	0.5226	0.57016
10.0	$\hat{H}$	762.52	2777.1	210.19	419.84	632.5	2828.3	2943.1	3051.6	3158.2
(179.88)	$\hat{U}$	761.39	2582.7	209.18	418.80	631.41	2622.2	2710.4	2793.6	2875.7
	$\hat{V}$	0.00113	0.1944	0.00101	0.00104	0.00109	0.2060	0.2328	0.2580	0.2825
20.0	$\hat{H}$	908.5	2798.3	211.06	420.59	633.12	852.45	2903.2	3024.2	3137.7
(212.38)	$\hat{U}$	906.14	2599.1	209.03	418.51	630.94	850.14	2680.2	2773.2	2860.5
	$\hat{V}$	0.00118	0.0996	0.00101	0.00104	0.00109	0.00116	0.1115	0.1255	0.1386
40.0	$\hat{H}$	1087.5	2800.8	212.78	422.10	634.36	853.27	1085.8	2961.7	3093.3
(250.35)	$\hat{U}$	1082.5	2601.7	208.74	417.93	630.01	848.65	1080.8	2726.2	2827.4
	$\hat{V}$	0.00125	0.04978	0.00101	0.00104	0.00109	0.00115	0.00125	0.0589	0.0665
60.0	$\hat{H}$	1213.9	2784.6	214.50	423.60	635.61	854.09	1085.7	2885.5	3043.9
(275.58)	$\hat{U}$	1206.0	2589.9	208.44	417.36	629.08	847.18	1078.2	2668.4	2790.4
	$\hat{V}$	0.00132	0.03245	0.00101	0.00104	0.00109	0.00115	0.00125	0.0362	0.0423
100.0	$\hat{H}$	1408.1	2725.5	217.94	426.62	638.11	855.8	1085.8	1343.3	2924.0
(311.00)	$\hat{U}$	1393.5	2545.2	207.86	416.23	627.27	844.31	1073.4	1329.4	2699.6
	$\hat{V}$	0.00145	0.0180	0.00101	0.00104	0.00108	0.00115	0.00124	0.00140	0.0224
150.0	$\hat{H}$	1610.2	2610.7	222.23	430.39	641.27	857.99	1086.1	1338.3	2693.1
(342.16)	$\hat{U}$	1585.3	2455.6	207.15	414.85	625.05	840.84	1067.6	1317.6	2520.9
	$\hat{V}$	0.00166	0.01034	0.00101	0.00104	0.00108	0.00114	0.00123	0.00138	0.0115
200	$\hat{H}$	1827.2	2412.3	226.51	434.17	644.45	860.27	1086.7	1334.4	1646.0
(365.75)	$\hat{U}$	1786.4	2295.0	206.44	413.50	622.89	837.49	1062.2	1307.1	1612.7
	$\hat{V}$	0.00204	0.00586	0.00100	0.00103	0.00108	0.00114	0.00123	0.00136	0.00166
220.64	$\hat{H}$	2084.3	2084.3	228.28	435.73	645.77	861.23	1087.0	1333.0	1635.6
(373.95)	$\hat{U}$	2015.7	2015.7	206.16	412.95	622.01	836.14	1060.0	1303.1	1599.6
	$\hat{V}$	0.00311	0.00311	0.00100	0.00103	0.00108	0.00114	0.00122	0.00135	0.00163

(계속)

표 B.18 (계속)

P, bar (T^{sat}, °C)		Sat'd liquid	Sat'd vapor	Temperature (°C) 400	500	600	700	800	900	1000
0.006116	$\hat{H}$	0	2500.9	3280.1	3489.8	3706.3	3930	4160.7	4398.4	4642.8
(0.01)	$\hat{U}$	0.00	2374.9	2969.4	3133	3303.4	3480.8	3665.4	3856.9	4055.3
	$\hat{V}$	0.00100	206.55	507.96	583.42	658.88	734.35	809.81	885.27	960.73
0.1	$\hat{H}$	191.81	2583.9	3279.9	3489.7	3706.3	3929.9	4160.6	4398.3	4642.8
(45.806)	$\hat{U}$	191.80	2437.2	2969.3	3132.9	3303.3	3480.8	3665.3	3856.9	4055.2
	$\hat{V}$	0.00101	14.670	31.063	35.680	40.296	44.911	49.527	54.142	58.758
1.0	$\hat{H}$	417.50	2674.9	3278.6	3488.7	3705.6	3929.4	4160.2	4398.0	4642.6
(99.606)	$\hat{U}$	417.40	2505.6	2968.3	3132.2	3302.8	3480.4	3665.0	3856.6	4055.0
	$\hat{V}$	0.00104	1.6939	3.1027	3.5655	4.0279	4.4900	4.9519	5.4137	5.8754
5.0	$\hat{H}$	640.09	2748.1	3272.3	3484.5	3702.5	3927.0	4158.4	4396.6	4641.4
(151.83)	$\hat{U}$	639.54	2560.7	2963.7	3129.0	3300.4	3478.5	3663.6	3855.4	4054.0
	$\hat{V}$	0.00109	0.37481	0.6173	0.7109	0.8041	0.897.0	0.9897	1.0823	1.1748
10.0	$\hat{H}$	762.52	2777.1	3264.5	3479.1	3698.6	3924.1	4156.1	4394.8	4639.9
(179.88)	$\hat{U}$	761.39	2582.7	2957.9	3125.0	3297.5	3476.2	3661.7	3853.9	4052.7
	$\hat{V}$	0.00113	0.1944	0.3066	0.3541	0.4011	0.4478	0.4944	0.5408	0.5872
20.0	$\hat{H}$	908.5	2798.3	3248.3	3468.2	3690.7	3918.2	4151.5	4391.1	4637.0
(212.38)	$\hat{U}$	906.14	2599.1	2945.9	3116.9	3291.5	3471.6	3658.0	3850.9	4050.2
	$\hat{V}$	0.00118	0.0996	0.1512	0.1757	0.1996	0.2233	0.2467	0.2701	0.2934
40.0	$\hat{H}$	1087.5	2800.8	3214.5	3446.0	3674.9	3906.3	4142.3	4383.9	4631.2
(250.35)	$\hat{U}$	1082.5	2601.7	2920.7	3100.3	3279.4	3462.4	3650.6	3844.8	4045.1
	$\hat{V}$	0.00125	0.04978	0.0734	0.0864	0.0989	0.1110	0.1229	0.1348	0.1465
60.0	$\hat{H}$	1213.9	2784.6	3178.2	3423.1	3658.7	3894.3	4133.1	4376.6	4325.4
(275.58)	$\hat{U}$	1206.0	2589.9	2893.7	3083.1	3267.2	3453.0	3643.2	3838.8	4040.1
	$\hat{V}$	0.00132	0.03245	0.0474	0.0567	0.0653	0.0735	0.0816	0.0896	0.0976
100.0	$\hat{H}$	1408.1	2725.5	3097.4	3375.1	3625.8	3870.0	4114.5	4362.0	4613.8
(311.00)	$\hat{U}$	1393.5	2545.2	2833.1	3047.0	3242.0	3434.0	3628.2	3826.5	4029.9
	$\hat{V}$	0.00145	0.0180	0.0264	0.0328	0.0384	0.0436	0.0486	0.0535	0.0584
150.0	$\hat{H}$	1610.2	2610.7	2975.7	3310.8	3583.1	3839.1	4091.1	4343.7	4599.2
(342.16)	$\hat{U}$	1585.3	2455.6	2740.6	2998.4	3209.3	3409.8	3609.2	3811.2	4017.1
	$\hat{V}$	0.00166	0.01034	0.0157	0.0208	0.0249	0.0286	0.0321	0.0355	0.0388
200.0	$\hat{H}$	1827.2	2412.3	2816.9	3241.2	3539.0	3807.8	4067.5	4325.4	4584.7
(365.75)	$\hat{U}$	1786.4	2295.0	2617.9	2945.3	3175.3	3385.1	3590.1	3795.7	4004.3
	$\hat{V}$	0.00204	0.00586	0.00995	0.0148	0.0182	0.0211	0.0239	0.0265	0.0290
220.64	$\hat{H}$	2084.3	2084.3	2732.9	3210.8	3520.4	3794.7	4057.7	4317.8	4578.8
(373.95)	$\hat{U}$	2015.7	2015.7	2551.9	2922.0	3160.9	3374.7	3582.1	3789.3	3999.0
	$\hat{V}$	0.00311	0.00311	0.0082	0.0131	0.0163	0.019.0	0.0216	0.0239	0.0263

B.8 열용량

표 B.19 몇 가지 액체 및 증기들의 열용량 C_p

근사적인 계산을 위해 컬럼에서 "C_p (approx.)"로 라벨링된 숫자를 사용한다. 이는 25°C에서의 열용량이다. 보다 정확한 계산을 위해 $C_p = A + BT + CT^2 + DT^3$의 다항식 표현을 사용한다. 여기서 C_p는 J/gmol K (혹은 J/gmol °C)이고 T는 K이다. cal/gmol K를 Btu/lbmol °F로 환산하기 위해 0.239를 곱한다.

Compound	Formula	C_p (approx.)	A	B	C	D
Acetaldehyde (g)	C_2H_4O	54.7				
(l)		89.05				
Acetic acid (g)	$C_2H_4O_2$	66.5	4.840	0.2549	−1.753e-4	4.949e-8
(l)		124.4				
Acetone (g)	C_3H_6O	74.5	6.301	0.2606	−1.253e-4	2.038e-8
(l)			72.2	0.186		
Acetonitrile (g)	C_2H_3N	52.2	20.48	0.1196	−4.492e-5	3.203e-9
Acetylene (g)	C_2H_2	44.2	26.82	0.07578	−5.007e-5	1.412e-8
Ammonia (g)	NH_3	35.6	27.31	0.02383	1.707e-5	−1.185e-8
Argon (g)	Ar	20.8	20.8			
Benzene (g)	C_6H_6	81.7	−33.92	0.4739	−3.017e-4	7.13e-8
(l)		134.3	−6.2106	0.5650	−3.141e-4	
Bromine (g)	Br_2	36.3	33.86	0.01125	−1.192e-5	4.534e-9
Butadiene, 1,3 (g)	C_4H_6	79.5	−1.687	0.3419	−2.340e-4	6.335e-8
n-Butane (g)	C_4H_{10}	98.9	9.487	0.3313	−1.108e-4	−2.822e-9
Carbon dioxide (g)	CO_2	37.0	19.80	0.07344	−5.602e-5	1.7115e-8
Carbon disulfide (g)	CS_2	34.2	27.44	0.08127	−7.666e-5	2.673e-8
Carbon monoxide (g)	CO	29.1	30.87	−0.01285	2.789e-5	−1.272e-8
Carbon tetrachloride (g)	CCl_4	84.0	40.72	0.2049	−2.270e-4	8.843e-8
Chlorine (g)	Cl_2	34.0	26.93	0.03348	−3.869e-5	1.547e-8
Chloroform (g)	$CHCl_3$	65.8	24.00	.1893	−1.841e-4	6.657e-8
(l)		114.8	159.75	−0.3566	6.902e-4	
Chlorobenzene (l)	C_6H_5Cl	150.8	93.77	0.2732	−2.652e-4	
Cyclohexane (l)	C_6H_{12}	155.9	−75.225	1.1754	−1.344e-3	
Diethylamine (g)	$(C_2H_5)_2NH$	119.5				
(l)		172.5				

(계속)

표 B.19 (계속)

Compound	Formula	C_p (approx.)	A	B	C	D
Diethyl ether (g)	$(C_2H_5)_2O$	112.5	21.42	.3359	−1.035e-4	−9.357e-9
Dimethylamine (g)	$(CH_3)_2NH$	115.7				
(l)		136.8				
Dimethyl ether (g)	$(CH_3)_2O$	65.6				
(l)		102.3				
Ethane (g)	C_2H_6	52.5	5.409	0.1781	−6.94e-5	8.71e-9
(l)		68				
Ethanol (g)	C_2H_5OH	65.5	9.014	0.2141	−8.39e-5	1.373e-9
(l)		112.0				
Ethyl acetate (g)	$CH_3COOC_2H_5$	113.6				
(l)		169.9				
Ethylbenzene (g)	C_8H_{10}	128.4	−43.10	0.7072	−4.811e-4	1.301e-7
(l)		185.6				
Ethylene (g)	C_2H_4	43.7	3.806	0.1566	−8.348e-5	1.755e-8
Ethylene glycol (g)	C_2HO_2	78.0				
Ethylene oxide (g)	C_2H_4O	48.2	−7.519	0.2222	−1.256-e4	2.592e-8
Formaldehyde (g)	CH_2O	35.4				
Glycerol (glycerin) (l)	$C_3H_8O_3$	150.2				
n-Heptane (g)	C_7H_{16}	165.9	−5.146	0.6762	−3.651e-4	7.658e-8
(l)		212				
n-Hexane (g)	C_6H_{14}	143.1	−4.413	0.528	−3.119e-4	6.498e-8
(l)		189.1				
Hydrazine (g)	N_2H_4	45.5	9.768	0.1895	−1.657e-4	6.025e-8
(l)		98.9				
Hydrogen (g)	H_2	29.1	27.14	0.0093	−1.381e-5	7.645e-9
Hydrogen chloride (g)	HCl	29.5	30.67	−0.0072	1.246e-5	−3.898e-9
Hydrogen cyanide (g)	HCN	36.0	21.86	0.06062	−4.961e-5	1.815e-8
Hydrogen sulfide (g)	H_2S	34.2	31.94	0.001436	2.432e-5	−1.176e-8
Isobutane (g)	C_4H_{10}	97.2	−1.390	0.3847	−1.846e-4	2.895e-8
Isobutene (g)	C_4H_8	89.9	16.05	0.2804	−1.091e-4	9.098e-9
Isopentane (g)	C_5H_{12}	118.7	−9.525	0.5066	−2.729e-4	5.723e-8
Isopropanol (g)	C_3H_7OH	80	32.43	0.1885	6.406e-5	−9.261e-8
(l)		155				

Compound	Formula	C_p (approx.)	*A*	*B*	*C*	*D*
Lactic acid (g)	$C_3H_6O_3$	145				
(l)		262				
Methane (g)	CH_4	35.7	19.25	0.05213	1.197e-5	−1.132e-8
Methyl acetate (l)	CH_3COOCH_3	155.6				
Methanol (g)	CH_3OH	43.9	21.15	0.07092	2.587e-5	−2.852e-8
(l)		81.2				
Nitric oxide (g)	NO	29.8	29.35	−9.378e-4	9.747e-6	−4.187e-9
Nitrogen (g)	N_2	29.1	31.15	−1.357e-2	2.680e-5	−1.168e-8
Nitrogen dioxide (g)	NO_2	36.97				
Nitrogen tetroxide (g)	N_2O_4	77.26				
(l)		142.51				
Nitrous oxide (g)	N_2O	38.5	21.62	7.281e-2	−5.778e-5	1.830e-8
n-Octane (g)	C_8H_{18}	188.7	−6.096	0.7712	−4.195e-4	8.855e-8
(l)		255				
Oxygen (g)	O_2	29.3	28.11	−3.68e-6	−1.746e-5	−1.065e-8
n-Pentane (g)	C_5H_{12}	120.1	−3.626	0.4873	−2.58e-4	5.305e-8
(l)		168.6				
Phenol (g)	C_6H_5OH	103.6				
Phosgene (g)	$COCl_2$	57.7				
Potassium nitrate (l)	KNO_3	123.4				
n-Propane (g)	C_3H_8	73.6	−4.224	0.3063	−1.586e-4	3.215e-8
n-Propanol (g)	C_3H_7OH	87.3	2.470	0.3325	−1.855e-4	4.296e-8
(l)		150.9	346.30	−1.749	3.552e-3	
Propylene (g)	C_3H_6	63.9	3.710	0.2345	−1.160e-4	2.205e-8
Silicon tetrachloride (l)	$SiCl_4$	135.6				
Sodium nitrate (l)	$NaNO_3$	155.6				
Styrene (g)	C_8H_8	122.1	−28.25	0.6159	−4.023e-4	9.935e-8
(l)		182.6				
Sulfur (g)	S_8	156.1				
(l)	S	32				
Sulfur dioxide (g)	SO_2	39.9	23.85	0.06699	−4.961e-5	1.328e-8
Sulfur trioxide (g)	SO_3	50.8	19.21	0.1374	−1.176e-4	3.700e-8

(계속)

표 B.19 (계속)

Compound	Formula	C_p (approx.)	*A*	*B*	*C*	*D*
Toluene (g)	$C_6H_5CH_3$	103.8	−24.35	0.5125	−2.765e-4	4.991e-8
(l)		157.2	125.8	0.0565	1.3593-4	
Triethylamine (g)	$(C_2H_5)_3N$	160.9				
Trimethylamine (g)	$(CH_3)_3N$	91.8				
Water (g)	H_2O	33.6	32.24	0.001924	1.055e-5	−3.596e-9
(l)		75.4	72.43	0.0104		
o-Xylene (g)	C_8H_{10}	133.3	−15.85	0.5962	−3.443e-4	7.528e-8
m-Xylene (g)	C_8H_{10}	127.6	−29.27	0.6297	−3.747e-4	8.478e-8
p-Xylene (g)	C_8H_{10}	126.9	−25.09	0.6042	−3.374e-4	6.820e-8

출처: *Introductory Chemical Engineering Thermodynamics*, J. R. Elliott and C. T. Lira, Prentice-Hall, 1999; *Perry's Chemical Engineers' Handbook*, 6판; 그리고 *Lange's Handbook of Chemistry*, 14판에서 수집.

표 B.20 몇 가지 고체들의 열용량 C_p

Compound	Formula	C_p, J/gmol K (with T in K)
Benzoic acid	C_6H_5COOH	147
Calcium carbonate	$CaCO_3$	$82.3 + 0.497T - 1.287e6/T^2$
Carbon (graphite)	C	$11.2 + 0.0109T - 4.89e5/T^2$
Glucose	$C_6H_{12}O_6$	226 (25°C)
Gold	Au	$23.47 + 0.006T$
Iron oxide	FeO	$52.8 + 0.006T - 3.188e5/T^2$
	Fe_2O_3	$103.4 + 0.69T - 1.77e6/T^2$
	Fe_3O_4	$172.3 + 0.0787T - 4.1e\text{-}6/T^2$
Magnesium chloride	$MgCl_2$	$72.4 + 0.0158T$
Naphthalene	$C_{10}H_8$	$150.5 + 0.6T$
Phenol	C_6H_5OH	220.6 (at 20°C)
Silicon	Si	$24.0 + 0.0025T - 4.225e5/T^2$
Silicon dioxide (quartz)	SiO_2	$45.5 + 0.036T - 1.01e6/T^2$
Sodium chloride	NaCl	$45.15 + 0.0176T$
Sucrose	$C_{12}H_{22}O_{11}$	428 (at 20°C)
Titanium dioxide	TiO_2	$49.4 + 0.0315T - 1.75e5/T^2$
Urea	CH_4N_2O	80.3 (at 20°C)

출처: *Perry's Chemical Engineers' Handbook*, 6판 그리고 *NIST Chemistry Webbook*에서 수집.

표 B.21 ▶ 기타 물질들의 열용량 C_p

Material	C_p, J/g K
Cellulose	1.34
Clay	0.94
Coal	1.09 to 1.55
Concrete	0.65
Diamond	0.61
Fireclay brick	1.25 (1500°C)
Glass (pyrex)	0.8
Limestone	0.91
Rubber	1.74
Sand	0.8
Silk	1.38
Steel	0.50
Wood	1.9 to 2.7
Wool	1.36

출처: *Perry's Chemical Engineers' Handbook*, 6판

▶ B.9 상 전이 온도와 엔탈피

표 B.22 ▶ 1 atm에서 정상 녹는점 ΔT_m에서의 용융엔탈피 $\Delta\hat{H}_m$ 및 정상 끓는점 ΔT_b에서의 기화엔탈피 $\Delta\hat{H}_v$

Compound	Formula	T_m (°C)	$\Delta\hat{H}_m$ kJ/gmol	T_b (°C)	$\Delta\hat{H}_v$ kJ/gmol
Acetaldehyde	C_2H_4O	−123.5	3.2	21	25.8
Acetic acid	$C_2H_4O_2$	16.6	11.535	118.3	23.7
Acetic anhydride	$C_4H_6O_3$	−73.1	10.5	137	41.2
Acetone	C_3H_6O	−94.8	5.691	56.5	29.1
Acetonitrile	C_2H_3N	−45	8.2	81.6	34.2
Acetylene	C_2H_2	−80.8	3.8	−84	17.0
Acrylonitrile	C_3H_3N	−83.5	6.23	77.3	32.6
Adipic acid	$C_6H_{10}O_4$	153.2	34.58		

(계속)

표 B.22 ▸ (계속)

Compound	Formula	T_m (°C)	ΔH_m kJ/gmol	T_b (°C)	ΔH_v kJ/gmol
Ammonia	NH_3	−77.7	5.66	−33.4	23.35
Argon	Ar	−189.3	1.2	−185.8	6.65
Benzene	C_6H_6	5.5	9.951	80.1	30.7
Benzoic acid	C_6H_5COOH	122	18.0	249	90.6
Bromine	Br_2	−7.2	10.79	58.0	31.045
Bromoform	$CHBr_3$	−6	11.1	149	39.66
Butadiene, 1,3	C_4H_6	−108.9	7.984	−4.4	22.5
n-Butane	C_4H_{10}	−138.3	4.664	−0.5	22.4
Calcium carbonate	$CaCO_3$	1282	(53)		
Calcium chloride	$CaCl_2$	782	25.5		
Carbon (graphite)	C	3600	46		
Carbon dioxide	CO_2	−57.5	7.95	−78.4	25.23
Carbon disulfide	CS_2	−112	4.395	46.5	
Carbon monoxide	CO	−205.0	0.837	−191.5	6.04
Carbon tetrachloride	CCl_4	−24.0	2.69	77	30.46
Chlorine	Cl_2	−100.98	6.41	−34.6	20.41
Chlorobenzene	C_6H_5Cl	−45	9.55	131.8	35.19
Chloroform	$CHCl_3$	−63.6	8.80	61	29.24
Diethylamine	$(C_2H_5)_2NH$	−93	5.94	58	29.1
Diethyl ether	$(C_2H_5)_2O$	−116.3	7.272	34.6	27.39
Dimethylamine	$(CH_3)_2NH$	−92.2	5.943	7.8	26.4
Dimethyl carbonate	$C_3H_6O_3$	−5.6	11.58	90	33.2
Dimethyl ether	$(CH_3)_2O$	−141.6	4.94	−24	21.51
Ethane	C_2H_6	−183.3	2.859	−88.9	14.7
Ethyl acetate	$CH_3COOC_2H_5$	−83.6	10.481	77.1	31.9
Ethylbenzene	C_8H_{10}	−94	9.2	136.2	35.6
Ethanol	C_2H_5OH	−114.5	5.021	78.3	38.6
Ethylamine	$C_2H_5NH_2$	−81		15	27.5
Ethylene	C_2H_4	−169.4	3.4	−103.7	14.45
Ethylene glycol	$C_2H_6O_2$	−11.5	11.234	197	49.6
Ethylene oxide	C_2H_4O	−112.44	5.2	13	25.5
Formaldehyde	CH_2O	−92		−19	23.3

Compound	Formula	T_m (°C)	$\Delta\hat{H}_m$ kJ/gmol	T_b (°C)	$\Delta\hat{H}_v$ kJ/gmol
Formic acid	CH_2O_2	8.3	12.72	101	22.7
Gallium	Ga	29.8	5.59	2071	
Glycerol	$C_3H_8O_3$	18.2	8.475	287	91.7
n-Heptane	C_7H_{16}	−90.6	14.162	98.4	31.8
n-Hexane	C_6H_{14}	−95.3	13.078	68.74	28.9
Hydrazine	N_2H_4	2	12.7	113.3	45.3
Hydrogen	H_2	−259.2	0.117	−252.7	0.904
Hydrogen chloride	HCl	−114.2	1.99	−85.0	16.15
Hydrogen peroxide	H_2O_2	−2	10.54	158	42.97
Hydrogen cyanide	HCN	−13.4	8.412	25.7	25.217
Hydrogen sulfide	H_2S	−85.5	2.376	−60.3	18.67
Iron	Fe	1530	14.895	2735	354
Iron oxide	FeO	1380			
Isobutane	C_4H_{10}	−159.42	4.611	−11.7	
Isopentane	C_5H_{12}	−159.9	5.147	27.86	
Isopropanol	C_3H_8O	−89.5	5.373	82.3	39.9
Lactic acid	$C_3H_6O_3$	16.8		217	63.4
Methane	CH_4	−182.5	0.937	−161.4	8.535
Methyl acetate	CH_3COOCH_3	−98		56.3	30.3
Methanol	CH_3OH	−97.9	3.177	64.7	35.2
Methylamine	CH_2NH_3	−93.5	6.133		25.6
Methyl ethyl ether	$CH_3OC_2H_5$			10.8	26.7
Naphthalene	$C_{10}H_8$	80.2	19.123	218	43.3
Nitric acid	HNO_3	−47	2.51	83	
Nitric oxide	NO	−163.6	2.3	−151.7	13.83
Nitrogen	N_2	−210.0	0.720	−195.8	5.59
Nitrogen dioxide	NO_2			21.93	
Nitrogen tetroxide	N_2O_4	−13	23.2	30	29.5
Nitroglycerin	$C_3H_5N_3O_9$	13		256	92
Nitrous oxide	N_2O	−90.8	6.5	−88.5	16.53
n-Octane	C_8H_{18}	−56.8	20.652	125.66	34.4
Oxygen	O_2	−218.9	0.444	−182.9	6.816

(계속)

표 B.22 (계속)

Compound	Formula	T_m (°C)	$\Delta\hat{H}_m$ kJ/gmol	T_b (°C)	$\Delta\hat{H}_v$ kJ/gmol
n-Pentane	C_5H_{12}	−129.7	8.419	36.08	25.8
Phenol	C_6H_5OH	40.9	11.289	181.8	45.9
Phosgene	$COCl_2$	−127.9	5.74	7.6	24.4
Propane	C_3H_8	−181.7	3.526	−42.1	19.0
Propionic acid	C_2H_5COOH	−21	10.66	139.3	55
n-Propanol	C_3H_7OH	−126.1	5.195	97.2	41.4
Propylene	C_3H_6	−185.3	3.004	−47.7	18.4
Silicon	Si	1427	39.6	2290	
Silicon tetrachloride	$SiCl_4$	−67.6	7.7	56.8	28.7
Silicon dioxide (quartz)	SiO_2	1470	14.226	2230	
Sodium carbonate	Na_2CO_3	854	29		
Sodium chloride	NaCl	747	25.69	1392	158.78
Sodium cyanide	NaCN	562		1500	155.98
Sodium hydroxide	NaOH	322	8.4	1378	
Sulfur	S	114	1.727	444.6	9.20
Sulfur dioxide	SO_2	−75.5	7.401	−5	24.94
Sulfur trioxide	SO_3	17			
Sulfuric acid	H_2SO_4	10.5	9.87		
Styrene	C_8H_8	−30.6	11.0	145.1	37.05
Toluene	$C_6H_5CH_3$	−95	6.851	110.6	33.2
Triethylamine	$(C_2H_5)_3N$	−114		89.6	31.0
Trimethylamine	$(CH_3)_3N$	−117.1	6.5	2.9	22.9
Trinitrotoluene	$C_7H_5N_3O_6$	79	23.4	explodes	
Urea	CH_4N_2O	133	14.5	decomposes	87.9 (sublim.)
Water	H_2O	0.0	6.008	100.0	40.65
o-Xylene	C_8H_{10}	−25.2	13.611	144.4	36.2
m-Xylene	C_8H_{10}	−47.2	11.554	139.1	36.7
p-Xylene	C_8H_{10}	13.2	16.805	138.4	35.7

출처: *Perry's Chemical Engineers' Handbook*, 6판; *CRC Handbook of Chemistry and Physics*, 70판; 그리고 *Lange's Handbook of Chemistry*, 14판에서 수집.

▶ B.10 용해엔탈피와 혼합엔탈피

표 B.23 ▶ 25°C에서 무한희석 수용액에서의 무기 고체물의 용해엔탈피 $\Delta\hat{H}_{soln}$

Compound	Formula	$\Delta\hat{H}_{soln}$ kJ/gmol solute
Acetic acid	$C_2H_4O_2$	+9.418
Citric acid	$C_6H_8O_7$	+22.598
Lactose	$C_{11}H_{22}O_{11}\cdot H_2O$	+15.50
Maleic acid	$C_4H_4O_4$	+18.58
Menthol	$C_{10}H_{20}O$	0
Phenol	C_6H_5OH	+10.9
Phthalic acid	$C_8H_6O_4$	+20.38
Picric acid	$C_6H_3N_3O_7$	+29.7
Potassium citrate		−11.8
Sodium citrate(tri)		−22.05
Sucrose	$C_{12}H_{22}O_{11}$	+5.518
Urea	CH_4N_2O	+15.1
Vanillin		+21.8

출처: *Perry's Chemical Engineers' Handbook* and *CRC Handbook of Chemistry and Physics*에서 발췌.

표 B.24 ▶ 18°C에서 정해진 희석율의 수용액에서의 무기 고체물의 용해엔탈피 $\Delta\hat{H}_{soln}$

Compound	Formula	Dilution, gmol water per g substance	$\Delta\hat{H}_{soln}$ kJ/gmol solute
Aluminum chloride	$AlCl_3$	600	−325.9
Ammonium chloride	NH_4Cl	∞	+15.98
Ammonium sulfate	$(NH_4)_2SO_4$	∞	+11.5
Calcium chloride	$CaCl_2$	∞	−20.5
Calcium chloride	$CaCl_2\cdot H_2O$	∞	−51.46

(계속)

표 B.24 (계속)

Compound	Formula	Dilution, gmol water per g substance	$\Delta\hat{H}_{soln}$ kJ/gmol solute
Ferric chloride	$FeCl_2$	1000	−132.6
Phosphoric acid	H_3PO_4	400	−11.67
Potassium chloride	KCl	∞	17.22
Potassium hydroxide	KOH	∞	−57.61
Sodium bicarbonate	$NaHCO_3$	1800	+17.15
Sodium carbonate	Na_2CO_3	∞	−23.30
Sodium carbonate	$Na_2CO_3 \cdot H_2O$	∞	−9.16
Sodium carbonate	$Na_2CO_3 \cdot 7H_2O$	∞	+45.22
Sodium carbonate	$Na_2CO_3 \cdot 10H_2O$	∞	+67.86
Sodium chloride	NaCl	∞	3.88
Sodium hydroxide	NaOH	∞	−42.59

주의: $\Delta\hat{H}_{soln}$는 수화작용을 하는 물과 희석율에 매우 민감하다.

출처: *Perry's Chemical Engineers' Handbook* and *CRC Handbook of Chemistry and Physics*에서 발췌.

표 B.25 25°C에서 무한희석 수용액에서의 액체 혹은 기체의 혼합엔탈피

Compound	Formula	$\Delta\hat{H}_{mix}$ kJ/gmol solute
Acetic acid (l)	CH_3COOH	−1.506
Ammonia (g)	HN_3	−30.5
Formic acid (l)	HCOOH	−0.85
Hydrogen chloride (g)	HCl	−74.84
Nitric acid (l)	HNO_3	−33.27
Sulfuric acid (l)	H_2SO_4	−96.19

출처: *Perry's Chemical Engineers' Handbook* 6판.

용어 해설

Glossary

A

Absorption(흡수) 액체를 첨가하여 기체 혼합물을 각 구성성분들로 분리하는 평형 기초 분리공정. 액체는 기체의 성분들과 서로 다른 용해도를 갖는 것을 선택함.

Adsorption(흡착) 유체가 고체 물질과 접촉하여 유체 중의 한 성분이 고체 물질에 우선적으로 부착하는 평형 기초 분리공정.

Atom economy(원자 경제성) 반응물을 생성물로 전환시키는 데 있어서 반응경로의 효율을 분석하는 간단한 척도. 원자 경제성 분율은 생성된 원하는 생성물의 질량을 소모된 반응물의 질량으로 나눈 것임.

B

Balanced chemical reaction equation(계수를 맞춘 화학반응식) 화학반응의 모든 반응물과 생성물들의 분자식과 상대적인 몰수들을 나타낸 식.

Basis(계산기준) 공정의 크기를 나타내는 양 또는 유량.

Batch(회분식) 유입흐름이 한꺼번에 들어가고, 시간에 따라 공정 내에서 물리, 화학적 변화가 일어나며, 유출흐름은 일정 시간 후에 한꺼번에 제거되는 공정의 처리 방식.

Bernoulli equation(베르누이 방정식) 펌프와 파이프 시스템의 계산을 위해 사용하는 에너지 수지식의 일종.

Block flow diagram(블록흐름선도) 주요 공정단위들을 블록으로 나타내어 공정흐름들이 공정단위들 간에 어떻게 움직이는지를 보여주는 공정흐름선도.

C

Catalyst(촉매) 반응평형이나 화학양론 계수를 변화시키지 않고 반응에 의해 소모되지 않으면서 반응속도를 빠르게 하는 물질.

Centriguation(원심분리) 기계적 분리의 일종으로, 혼합물이 빠른 속도로 회전되어 원심력에 의해 밀도가 더 높은 물질이 바깥으로 이동하는 현상을 이용.

Chemical kinetics(화학속도론) 화학반응속도에 대한 연구.

Chemical process synthesis(화학공정합성) 적절한 원료물질과 화학반응경로를 선택하고, 효율적이고, 경제적이며, 신뢰할 수 있고, 안전한 화학공정들을 선택하는 기술 및 과학.

Chemical reaction equilibrium(화학반응평형) 상온 및 상압에서 반응하는 시스템에서, 반응물과 생성물이 시간에 따라 변하지 않을 때 그 관계를 화학반응 평형상수 K_a를 이용하여 표현.

Component(성분) 원소, 화합물 또는 복합재료. 물질수지식은 정의된 성분들에 대해 작성됨.

Component recovery(성분회수) 분리기에서 어떤 성분이 유입흐름 대비 특정 배출흐름으로 나가는 비율.

Continuous-flow(연속흐름) 공정의 처리 방식으로써 유입흐름은 연속적으로 공정에 들어가고, 유출흐름은 연속적으로 공정에서 나감. 연속흐름 공정은 일부 예외를 제외하고는 대부분 정상상태에서 운전됨.

Conversion(전환) 공급물 몰당 반응으로 소모되는 반응물의 몰수.

Crystallization(결정화) 액체 원료가 고체상이 형성되게끔 조절되는 평형 기초 분리공정. 고체상은 조성이 용액과는 다름.

D

Degree of freedom analysis(자유도 분석) 어떤 문제가 방정식과 미지수가 동일한 개수를 가지고 있는지 판단하는 체계적이고 빠른 방법.

Distillation(증류) 구성성분들을 분리하는 데 상대휘발도의 차이를 이용하는 평형 기초 분리방법. 공정은 다단 탑에서 운전되며 증발과 응축이 반복적으로 일어남.

E

Energy balance equation(에너지수지식) 유입량 − 유출량 = 축적으로 요약되는 에너지보존 법칙에 대한 설명. 때로는, 열역학 제1법칙이라 하기도 한다.

Enthalpy(엔탈피) 내부에너지에 *PV* 에너지를 더한 것과 같은 것으로 계 에너지의 유용한 척도.

**Enthalpy of combustion(연소엔탈

피) 물질이 완전히 연소되어 $CO_2(g)$, $H_2O(g)$, $Cl_2(g)$, $N_2(g)$, $SO_2(g)$를 생성할 때 기인되는 계의 엔탈피 변화.

Enthalpy of formation(생성엔탈피) 자연 상태의 원소로부터 군집을 통해 물질을 생성하는 과정에서 기인되는 계의 엔탈피 변화.

Enthalpy of melting(융해엔탈피) 고체에서 액체로 상전이를 일으키는 과정에서 기인되는 계의 엔탈피 변화.

Enthalpy of mixing(혼합엔탈피) 일정한 온도, 압력 및 상에서 둘 또는 그 이상의 유체들의 혼합에 기인되는 계의 엔탈피 변화.

Enthalpy of reaction(반응엔탈피) 일정한 온도, 압력 및 상에서 화학반응에 기인되는 계의 엔탈피 변화.

Enthalpy of solution(용액엔탈피) 일정한 온도 및 압력하에서 고체가 액체에 용해되는 데 기인되는 계의 엔탈피 변화.

Enthalpy of vaporization(기화엔탈피) 액체에서 증기로 상전이를 일으키는 과정에서 기인되는 계의 엔탈피 변화.

Equilibrium-based separation(평형기초분리) 원료가 단일상이고 다성분인 경우의 분리공정. 분리공정 내에서는 두 번째 상이 생성되며, 두 상의 조성은 서로 다름.

Equilibrium stage(평형단) 평형 기초 분리를 이해하기 위한 기본적인 개념. 평형단에서는 분리제를 사용하여 다성분의 원료 혼합물이 두 개(또는 그 이상)의 상을 형성하게끔 조절되고, 형성된 상들은 평형에 도달하여 각각 서로 분리되도록 조절됨.

Excess reactant(과잉반응물) 다른 반응물들에 비하여 그것의 화학양론비보다 더 많이 공급되는 반응물.

Extent of reaction(반응 진행도) 어떤 화합물의 화학양론 계수에 대한 몰 반응 속도의 비.

Extraction(추출) 부분적 또는 전체적으로 섞이지 않는 액체 용매를 원료에 첨가함으로써 원하는 용질이 원료와 첨가된 용매 사이에 분배하는 평형 기초 분리공정.

F

Filtration(여과) 다상의 혼합물이 다공성 층을 통하여 지나가는 기계적 분리. 큰 입자들은 걸러지고, 반면에 작은 입자들과 유체들은 다공성 층을 통과하여 지나간다.

Fractional conversion(전환율) 반응기에 대한 계 성능규격. 반응에 의해 소비된 반응물의 몰수를 반응기에 공급된 반응물의 몰수로 나눈 값.

Fractional recovery(회수율) 분리기에 대한 계 성능규격. 분리기로부터 유출되는 흐름 내에 있는 성분들의 몰수를 분리기에 들어가는 유입 흐름 내에 있는 성분들의 몰수로 나눈 값.

Fractional split(분할율) 분할기에 대한 계 성능규격. 분할기에 들어가는 유입물의 양 또는 몰유량에 대한 분할기에서 나가는 하나의 유출흐름에서의 양 또는 몰유량의 비.

Fuel cells(연료전지) 화학반응 에너지를 일로 곧바로 전환하는 장치

G

Generation-consumption analysis(생성량-소비량 분석) 다중화학반응을 수반하는 반응경로를 분석하는 체계적인 방법. 생성량-소비량 분석으로부터 생성물 1몰을 생산하는 데 소비된 원료물질의 몰수를 계산함으로써 원하는 생성물 단위 몰당 생산된 모든 부산물들의 몰수가 구해짐.

Gibbs energy of formation(생성 Gibbs 에너지) 자연 상태의 원소로부터 군집을 통해 물질을 생성하는 과정에서 기인되는 계의 Gibbs 에너지 변화.

Gibbs energy of reaction(반응 Gibbs 에너지) 화학반응에 기인되는 계의 Gibbs 에너지 변화.

Gibbs phase rule(Gibbs 상률) 상평형에서 계의 독립적인 변수의 개수는 성분의 개수 빼기 상의 개수 더하기 2와 같다는 규칙.

H

Heat(열) 물질흐름이 없는 경우에 계와 주위 사이의 온도차에 기인되는 계의 경계를 통한 에너지의 흐름.

Heat capacity(열용량) 정압 열용량은 일정 압력, 상 및 조성하에서 온도 변화에 따른 엔탈피 변화로 정의되는 비례상수임. 정용 열용량은 일정부피, 상 및 조성하에서 온도 변화에 따른 엔탈피 변화로 정의되는 비례상수임.

Heat engines(열기관) 일로부터 열을 생성하는 열역학적 사이클.

Heat exchanger networks(열교환망) 에너지 효율적인 열교환을 위해 설계된 열교환기 시스템.

Heat pumps(열펌프) 온도 기울기에 대항하여 열을 뽑아내기 위해 사용되는 열역학적 사이클.

I

Input-output diagram(입출력선도) 공정에서의 모든 물리적, 화학적 조작들을 하나의 블록으로 나타내고, 공정에 공급되는 원료물질과 공정에서 배출되는 생성물 및 부산물들을 보여주는 공정흐름도의 가장 간단한 형태.

Internal energy(내부에너지) 분자 활동에 기인하여 계가 갖는 에너지. 분

자에 저장된 에너지는 화학공유결합, 비공유 분자간 힘 및 열적운동의 형태로 포함됨.

K

Key component(핵심성분) 분리기에서 서로 분리하고자 하는 다성분 원료 중의 두 개의 성분.

Kinetic energy(운동에너지) 속도에 기인하여 계가 갖는 에너지.

L

Limiting reactant(제한반응물) 다른 반응물에 비하여 화학양론비보다 적게 공급되는 반응물.

Linear equation(선형방정식) 모든 변수들이 1차 멱수에 따라 증가하는 방정식.

Linear model(선형모델) 공정흐름도를 나타내는 선형방정식계.

M

Material balance equation(물질수지식) 유입 − 유출 + 생성 − 소비 = 축적으로 요약되는 질량보존법칙에 대한 설명.

Mechanical separation(기계적 분리) 둘 또는 그 이상의 상을 가진 원료를 크기나 밀도 차에 의해 두 상을 서로 분리하는 분리공정.

Mixers(혼합기) 입력은 둘 또는 그 이상의 공정흐름을 가지고, 출력은 하나의 혼합된 공정흐름을 갖는 공정단위.

P

Phase equilibrium(상평형) 일정 온도 및 압력하에서 한 개 이상의 상을 가진 계에서 각 상의 양과 조성이 시간에 따라 변하지 않는 조건.

Potential energy(위치에너지) 어떤 계가 중력과 같은 힘의 장에서 위치에 기인되어 갖는 에너지.

Process economy(공정 경제성) 생성물 알짜 생성량의 가치와 소모된 원료물질 가치의 차이.

Process flow diagram(PFD, 공정흐름도) 모든 주요 공정장치를 개념적으로 보여주고 공정흐름들이 각각의 각 장치들과 어떻게 연결되는지를 나타내주는 공정흐름도. PFD에는 (1) 반응기, 분리기, 혼합기, 분할기, (2) 물질과 에너지를 전달하는 장치들로서 펌프, 압축기, 열교환기, (3) 주요 유틸리티로서 스팀과 냉각수가, (4) 양적인 정보로서 모든 공정흐름의 유량, 조성, 온도, 압력, 상이 나타남.

Process flow sheet(공정도) 화학공정의 기술적인 정보를 담고 있는 도면. 흐름도의 종류에는 입출력선도, 블록흐름도, 공정흐름도가 있음.

Process stream(공정흐름) 공정단위 안으로 들어가거나 밖으로 나가는 물질흐름.

Process variables(공정변수) 공정단위의 공정흐름 상태를 정의하는 양, 유량, 조성, 압력, 온도와 같은 변수들.

Product purity(생성물순도) 분리기에 대한 흐름조성규격으로 흐름 내의 어떤 성분의 몰수 또는 질량을 그 흐름의 총 몰수 또는 질량으로 나눈 것과 같음.

Purge(퍼지) 공정을 나가는 순환흐름으로부터 분할된 공정흐름. 대개 순환이 있는 반응기계로부터 불활성 성분들을 제거하기 위하여 사용됨.

R

Rate-based separation(속도기초 분리) 일반적으로 적용된 힘의 장에서 매체를 통한 성분들의 전달속도 차이에 기초하여 단일상 흐름에서 성분들을 분리하는 분리공정.

Reactors(반응기) 화학반응이 일어날 수 있는 조건을 제공하는 공정단위. 가장 간단한 경우로는 반응물을 포함하고 있는 하나의 유입흐름과 반응생성물을 포함하고 있는 하나의 유출흐름이 존재한다.

Recycle(순환) 공정단위의 유출부로부터 공정단위의 유입부로 물질이 다시 돌아가는 것. 일반적으로 반응기의 전화율이 낮을 때 사용됨.

Reference state(기준상태) 계의 에너지가 0인 계의 상태(온도, 압력, 조성, 상, 속도, 위치).

S

Scale factor(규모 인자) 생성량-소비량 분석 결과 또는 공정흐름의 계산을 원하는 새로운 기준으로 조정하기 위하여 공정에서의 모든 양들에 적용하는 곱해주는 값.

Selectivity(선택도) 반응기에 대한 계 성능규격. 원하는 생성물로 전환된 반응물의 몰수를 모든 반응에 의해 소비된 반응물의 몰수로 나눔.

Semi-batch(반회분) 회분 모드와 연속흐름 모드의 특징을 결합한 운전 모드. 일부 물질이 공정에 한번에 들어오거나 떠나고, 다른 일부 물질흐름이 연속식으로 출입한다. 반회분식 공정은 자연적으로 비정상상태임.

Separating agent(분리제) 두 번째 상을 생성시키기 위하여 평형단에 첨가하는 에너지 또는 물질 중의 한 가지 작용물.

Separators(분리기) 하나 또는 그 이상의 흐름이 물리적 변화를 일으켜 물질이 서로 다른 조성을 가진 둘 또는 그 이상의 유출흐름으로 분리되는 공정단위.

Splitters(분할기) 단일 유입흐름을

흐름의 조성은 변화시키지 않고서 둘 또는 그 이상의 유출흐름으로 분할하는 공정단위.

State function(상태함수) 계의 상태에만 관계가 있고 계가 특정 상태에 도달하는 경로에는 무관한 물성(예를 들어, 온도, 압력, 상, 조성).

Steady state(정상상태) 공정변수들이 시간에 따라 변하지 않는 운전조건.

Stoichiometric coefficient(화학양론 계수) 소비된 반응물 또는 생성된 생성물들의 상대적인 몰수를 나타내는 계수를 맞춘 화학반응식에서의 숫자. 반응물에 대한 화학양론 계수는 음의 부호이고, 생성물에 대한 화학양론 계수는 양의 부호임.

Stream composition specification(흐름조성규격) 공정흐름의 조성(질량 또는 몰퍼센트, 질량 또는 몰분율, 혹은 농도)에 대한 규정된 값.

System(계) 잘 정의된 경계를 갖는 규정된 부피.

System performance specification(시스템성능규격) 계의 성능에 대한 규정된 값. 공정단위 내에서 일어나는 물리적 또는 화학적 변화에 대한 정도.

T

Transient(과도) 공정변수들이 시간에 따라 변하는 운전조건.

W

Work(일) 온도보다는 다른 구동력에 기인된 계의 경계를 통한 기계적 에너지의 흐름. 축일은 회전 또는 왕복운동을 하는 장치를 포함하고 있는 계에 한 일 또는 계에 의해서 한 일임.

Y

Yield(수율) 반응기에 대한 계성능 사양. 원하는 생성물로 전환된 반응물의 몰수를 반응기에 공급된 반응물의 몰수로 나눈 값.

찾아보기

Index

ㅅ

ㅇ

ㅈ

ㅊ

ㅋ

ㅌ

ㅍ

ㅎ

A

B

D

F

G

H

K

M

N

P

R

기타

옮긴이 소개

경희대학교 • 조영민
부경대학교 • 이민규
서강대학교 • 류재건
서울과학기술대학교 • 조은범
성균관대학교 • 김덕준
인천대학교 • 김종우
한밭대학교 • 김광주

*가나다순

머피의 **화학공정계산** 제2판

Introduction to Chemical Processes:
PRINCIPLES, ANALYSIS, SYNTHESIS
Sencond Edition

| 발 행 일 2024년 3월 1일 2판 1쇄
| 지 은 이 Regina M. Murphy
| 옮 긴 이 김광주, 김덕준, 김종우, 류재건, 이민규, 조영민, 조은범
| 발 행 인 박 종 성
| 발 행 처 사이플러스 Science plus
| 주 소 (우) 07202 서울특별시 영등포구 양평로 30길 14 세종앤까뮤스퀘어 1106호
| 전 화 02-332-6171
| 팩 스 02-332-6185
| 등 록 2005.10.20. 제2022-000100호

| I S B N 979-11-88731-42-8 93570 값 43,000원